Felix Klein

Vorlesungen über die Entwicklung der Mathematik im 19. Jahrhundert

Ausgabe in einem Band

Reprint

Springer-Verlag
Berlin Heidelberg New York 1979

ISBN-13: 978-3-540-09235-3 e-ISBN-13: 978-3-642-67230-9
DOI: 10.1007/978-3-642-67230-9

Reprografischer Nachdruck: Druckerei Erwin Lokay, Reinheim/Odenwald
Einband: Grafischer Betrieb Konrad Triltsch, Würzburg

2140/3014-54321

DIE GRUNDLEHREN DER

MATHEMATISCHEN WISSENSCHAFTEN

IN EINZELDARSTELLUNGEN MIT BESONDERER BERÜCKSICHTIGUNG DER ANWENDUNGSGEBIETE

GEMEINSAM MIT

W. BLASCHKE
HAMBURG

M. BORN
GÖTTINGEN

C. RUNGE
GÖTTINGEN

HERAUSGEGEBEN VON

R. COURANT
GÖTTINGEN

BAND XXIV

VORLESUNGEN ÜBER DIE ENTWICKLUNG DER MATHEMATIK IM 19. JAHRHUNDERT

VON

FELIX KLEIN

BERLIN
VERLAG VON JULIUS SPRINGER
1926

FELIX KLEIN

VORLESUNGEN ÜBER DIE ENTWICKLUNG DER MATHEMATIK IM 19. JAHRHUNDERT

TEIL I

FÜR DEN DRUCK BEARBEITET VON

R. COURANT UND O. NEUGEBAUER

MIT 48 FIGUREN

BERLIN
VERLAG VON JULIUS SPRINGER
1926

Vorwort.

Kaum jemals wird ein Werk eines Historikers einen so starken Reiz üben und so tiefe Einblicke in das Wesen der Geschichte öffnen wie Gedanken und Erinnerungen eines großen Staatsmannes, welcher selbst ein langes Leben hindurch an führender Stelle in die Geschicke der Welt eingegriffen hat und eine überlegene geistige Persönlichkeit mit der Kraft künstlerischer schriftstellerischer Gestaltung verbindet.

Solche Werke, schon für die politische Geschichte eine kostbare Seltenheit, sind für die Geschichte der exakten Wissenschaften bisher wohl kaum geschrieben worden. Um so notwendiger erschien es, als Felix Klein vor Jahresfrist starb, mit der Herausgabe seiner Vorlesungen zur Geschichte der Mathematik und mathematischen Physik des 19. Jahrhunderts nicht zu zögern.

Diese Vorlesungen sind die reife Frucht eines reichen Lebens inmitten der wissenschaftlichen Ereignisse, der Ausdruck überlegener Weisheit und tiefen historischen Sinnes, einer hohen menschlichen Kultur und einer meisterhaften Gestaltungskraft; sie werden sicherlich auf alle Mathematiker und Physiker und weit über diesen Kreis hinaus eine große Wirkung ausüben. In einer Zeit, wo der Blick der Menschen auch in der Wissenschaft allzusehr am Gegenwärtigen hängt und das Einzelne in unnatürlicher Vergrößerung und übertriebener Bedeutung gegenüber dem Ganzen zu betrachten pflegt, kann das Kleinsche Werk vielen die Augen wieder öffnen für die Zusammenhänge und Entwicklungslinien unserer Wissenschaft im Großen.

Schon zu Lebzeiten Kleins haben diese Vorlesungen, in zahlreichen Schreibmaschinen-Abschriften verbreitet, einen starken Zauber ausgeübt. Klein hat diese Vorträge während der ersten Kriegsjahre in seiner Wohnung vor einem engen Kreise gehalten und mit Unterbrechungen bis zum Jahre 1919 fortgesetzt. Die Veranlassung war ursprünglich der Plan, eine größere Darstellung im Rahmen der „Kultur der Gegenwart" vorzubereiten. Aber zur Ausführung dieser Absicht ist es nicht mehr gekommen. Klein selbst dachte in seinen letzten Lebensjahren daran, gewissermaßen als Abschluß seiner Lebensarbeit, diese Vorträge noch einmal gründlich zu überarbeiten und zu ergänzen und sie dann als selbständiges Werk zu veröffentlichen.

Seine Krankheit und dann sein Tod haben die Ausführung des Planes verhindert, und so blieb für diejenigen, die mit der Herausgabe des Kleinschen Nachlasses betraut wurden, die schwere Entscheidung, ob und wie weit sie an diesen Vorlesungen Ergänzungen und Änderungen vornehmen durften. Wir haben uns dazu entschlossen, so wenig wie möglich an dem von Klein selbst herrührenden Text zu ändern und uns auf tatsächliche Berichtigungen, kleine Zusätze und notwendige rein äußere Umgestaltungen zu beschränken. Gewiß, das Werk in der Form, wie es jetzt herauskommt, trägt durchaus den Stempel des Fragmentarischen und Unfertigen; es ist mehr ein Entwurf als eine fertige ausgeglichene geschichtliche Darstellung. Der Charakter seiner Ausführungen ist keineswegs einheitlich. Neben Auseinandersetzungen von höchstem allgemeinen Interesse und mehr populärem Stile finden wir, besonders gegen Schluß des Buches hin, viele ins Einzelne dringende Darstellungen; der zweite Band vollends wird vor allem der Darstellung einer einzigen Disziplin, nämlich der allgemeinen Invariantentheorie und Relativitätstheorie in ihrer historischen Entwicklung gewidmet sein. Nicht überall ist die historische Darstellung nach allen Richtungen hin gleichmäßig abgewogen; charakteristisch dafür ist z. B., daß Zahlentheorie, Algebra und Mengenlehre nicht voll gewürdigt werden; auch finden sich manche andere Ausführungen und Wertungen, die vielleicht ein wenig subjektiv anmuten. Die ursprünglich geplanten Kapitel über Poincaré und Lie fehlen ganz. Aber was bedeuten alle diese Dinge gegenüber dem lebendigen Geist, der uns aus jeder Seite des Kleinschen Manuskriptes entgegenweht? Und schon deswegen wäre es uns als ein Unrecht erschienen, zu ändern und zu ergänzen, auch wenn die würdige Erfüllung dieser Aufgabe nicht allzusehr über unsere Kräfte gegangen wäre.

Den größten Teil der trotz allem sehr erheblichen Arbeit, die bei der Herausgabe zu leisten war, hat der jüngere der Bearbeiter auf sich genommen.

Im übrigen schulden wir einer Reihe von Fachgenossen für wertvolle Ratschläge und Hilfe bei der Korrektur herzlichen Dank; insbesondere Herrn Carathéodory in München, Herrn Struik in Delft, Herrn Müller in Hannover; vor allem aber Herrn Bessel-Hagen in Göttingen, dessen hilfreiche Sorgfalt bei der Durchsicht der Korrekturen und Kontrolle mancher historischen Tatsache für die Herausgeber von unschätzbarem Wert war.

Göttingen, August 1926.

R. Courant.

O. Neugebauer.

Inhaltsverzeichnis.

Zweites Kapitel.

Frankreich und die École Polytechnique in den ersten Jahrzehnten des 19. Jahrhunderts.

Drittes Kapitel.

Die Gründung des Crelleschen Journals und das Aufblühen der reinen Mathematik in Deutschland.

Viertes Kapitel.

Die Entwicklung der algebraischen Geometrie über Moebius, Plücker und Steiner hinaus.

Fünftes Kapitel.

Mechanik und mathematische Physik in Deutschland und England bis etwa 1880.

Mechanik.

Mathematische Physik.

Sechstes Kapitel.

Die allgemeine Funktionentheorie komplexer Veränderlicher bei Riemann und Weierstraß.

Siebentes Kapitel.

Vertiefte Einsicht in das Wesen der algebraischen Gebilde.

Weiterführung der algebraischen Geometrie.

Von den algebraischen Zahlen und dem Parallelismus ihrer Theorie mit derjenigen der algebraischen Funktionen.

Achtes Kapitel.

Gruppentheorie und Funktionentheorie, insbesondere automorphe Funktionen.

Gruppentheorie.

Automorphe Funktionen.

Einleitung.

Bei den mannigfachen Bestrebungen, das weitverzweigte geistige Leben unserer Tage zusammenzufassen und, wenigstens in seinen Haupterscheinungen, geschlossen und übersichtlich darzustellen, liegt es für jeden mathematisch Interessierten auf der Hand, daß in einer solchen Übersicht der kulturbildenden Faktoren der Jetztzeit unsere Wissenschaft nicht fehlen darf. Vielmehr muß versucht werden, auch der Mathematik die Stellung einzuräumen, die ihr als einer der ältesten und edelsten Betätigungen des menschlichen Geistes und als einer der richtunggebenden Kräfte in seiner Entwicklung gebührt, — die sie aber im Bewußtsein der Gebildeten, wenigstens in Deutschland, leider nur selten einnimmt. An diesem nicht erfreulichen Verhältnis trägt wohl vor allem ein Umstand Schuld, welcher auch der Lösung dieser Aufgabe große Schwierigkeiten entgegensetzt. Wie keine andere Wissenschaft, ist die Mathematik ein auf wenigen Grundprinzipien nach zwingenden Gesetzen aufgerichtetes Gebilde. Der Charakter der Ausschließlichkeit, der ihre Entwicklung vor der anderer Gebäude des Geistes auszeichnet und ihr die vielgerühmte „Klarheit" verleiht, bringt es mit sich, daß sie auch die am schwersten zugängliche aller Wissenschaften ist. Denn wer in sie eindringen will, muß in sich durch eigene Arbeit die ganze Entwicklung Schritt für Schritt wiederholen; es ist doch unmöglich, auch nur *einen* mathematischen Begriff zu erfassen, ohne all die davorliegenden Begriffe und ihre Verbindungen in sich aufgenommen zu haben, die zu seiner Erschaffung führten.

Diese schroffe Abgeschlossenheit der Mathematik macht sie begreiflicherweise sehr wenig geeignet für das nur aufs Allgemeine gerichtete Interesse des Laien; denn sein Ziel ist nichts weiter, als in großen Zügen das Wesen des ihm fremden Gebietes ungefähr zu erfassen und etwas von seiner Eigenart und Schönheit zu ahnen. Soll trotzdem etwas diesem Zwecke Dienendes zustande kommen, so muß jedenfalls eine starke Beschränkung des an sich Wünschenswerten eintreten. Es kann sich nur darum handeln, ein Bild von dem zu geben, was die Mathematiker etwa treiben, von der Unbegrenztheit der Probleme, die unsere Wissenschaft in stetem Vorwärtsschreiten allmählich in den Bereich ihrer Herrschaft einzubeziehen versucht. Ohne eine gewisse „pia fraus", möchte ich sagen, geht es dabei nicht ab. Alles Systematische, dessen Verständnis eigene Arbeit erfordern würde, muß auf ein Minimum beschränkt werden. Dagegen muß die historische Entwicklung in den Vordergrund gestellt werden. Denn durch das natürliche Interesse am Werden einer Sache wird der Leser unwillkürlich mitgezogen; daß er dabei den Dingen näher zu kommen glaubt, während er nur ihre äußere Form erfaßt, darin liegt eben jene „pia fraus", ohne welche eine populäre Darstellung dieses streng abgeschlossenen Gebietes kaum wird auskommen können. Schließlich wird die Betonung der Einwirkung der Mathematik auf ihre Nachbargebiete und eine lebendige Darstellung ihrer Beziehungen zu unserem gesamten Kulturleben für jeden gebildeten Leser irgend einen Anknüpfungspunkt bieten.

Eine Darstellung der Entwicklung der Mathematik im 19. Jahrhundert begegnet erheblich größeren Schwierigkeiten als dies etwa für Altertum und Mittelalter oder für das 16., 17. oder 18. Jahrhundert der Fall ist. Denn während eine Geschichte der Mathematik des Altertums und des Mittelalters noch relativ elementare Gegenstände zu behandeln hat und das 16., 17. und 18. Jahrhundert eine Epoche bildet, die im wesentlichen einheitlichen Charakter trägt, und deren Ergebnisse durch ihre Beziehungen zu den Nachbargebieten der Mathematik auch den Außenstehenden leicht erfaßbar sind, so wird uns ein Vergleich mit dem 19. Jahrhundert sogleich lehren, wie sehr hier die Verhältnisse anders liegen.

Jene frühere Epoche umfaßt als Wichtigstes die um 1700 beginnende Entwicklung der Differential- und Integralrechnung, die ganz neue Möglichkeiten zur Beherrschung von Mechanik und Astronomie gewährt. Ihren Höhepunkt erreicht sie in zwei Werken französischer Mathematiker, die, obwohl erst im 19. Jahrhundert abgeschlossen, nach Inhalt und Form dem 18. Jahrhundert angehören. Es sind dies:

Lagrange: Mécanique analytique. 2 vol. 1811—15[1]).

Laplace: Mécanique céleste. 5 vol. 1799—1825.

Jeder Mathematiker, der sich für die Entwicklung seiner Wissenschaft interessiert, muß noch heute diese Werke kennen. Vielleicht darf ich daneben noch nennen:

Legendre: Exercices de calcul intégral. 3 vol. 1811—19,

weil hier das Erträgnis der Untersuchung der Integrale, soweit sie damals gediehen war, zusammengestellt und vor allem nach Seite der numerischen Exekutive ausgeführt ist. (Tafeln der elliptischen und der Eulerschen Integrale; man erinnere sich, daß von 1500 an die Verbreitung der Dezimalbrüche Platz gegriffen hatte und um 1600 die Erfindung der Logarithmen erfolgt war.)

---

[1]) Erste Auflage in einem Bande 1788.

Neben diesen großen Leistungen der angewandten Mathematik fehlt natürlich auch im 18. Jahrhundert nicht die reine. Ich erinnere an Newtons Werk: Enumeratio linearum tertii ordinis, an Euler und Lagrange, denen wir große Fortschritte bei den algebraischen Gleichungen, sehr viel Zahlentheoretisches und das Additionstheorem der elliptischen Integrale verdanken, um nur einige wichtige Punkte hervorzuheben. Im ganzen tritt aber doch die unabhängige Bearbeitung der reinen Mathematik zurück hinter den gewaltigen Schöpfungen, mit denen die reine und die angewandte im Bunde den Forderungen der Zeit gerecht wurden.

Das 19. Jahrhundert zeigt nun einen gänzlich anderen Charakter. Die angewandte Mathematik bleibt zwar nicht in ihrer Entwicklung stehen. Vielmehr erfaßt sie immer weitere, neue Gebiete, wofür nur die Erinnerung an die Erschaffung der gesamten „mathematischen Physik", d. h. unseres theoretischen Rüstzeuges in allen physikalischen Gebieten außer der Mechanik, zeugen möge. Daneben tritt nun aber die reine Mathematik mächtig hervor, und zwar gleich bedeutsam in zweifacher Weise: Ganz neue Gebiete werden geschaffen, so die Theorie der Funktionen komplexen Arguments und die projektive Geometrie; die überkommenen wissenschaftlichen Güter aber werden einer kritischen Durchsicht unterzogen, wie es dem wiedererwachten Gefühl für Strenge entsprach, das in dem an neuen Erfindungen überreichen 18. Jahrhundert etwas zurückgedrängt war.

Neben diesen neuen Gedankenrichtungen machen ferner die starken sozialen Verschiebungen, wie sie die französische Revolution und die anschließenden geschichtlichen Ereignisse mit sich brachten, ihren Einfluß auf das wissenschaftliche Leben geltend. Die Demokratisierung aller Anschauungen führt zu einer Verbreiterung der Kultur und innerhalb derselben zur strengen Spezialisierung der einzelnen Zweige der Wissenschaft. Der Forderung der Zeit entsprechend gewinnt die Lehrtätigkeit eine große Bedeutung. Das nicht mehr durch Standes- und Klassenunterschiede gehemmte Berufsleben schafft einen Andrang zu wissenschaftlichen Studien, wie er früher undenkbar gewesen wäre, nämlich unter dem gänzlich neuen Gesichtspunkte der Ausbildung zu dem nun so bedeutungsvoll gewordenen Lehrerberuf. Damit beginnt eine Verschiebung des Hauptgewichts wissenschaftlichen Lebens; seine Träger sind nun nicht mehr die Akademien, sondern die Hochschulen. In Frankreich nimmt diese Entwicklung nach ersten Anfängen in der École normale ihren Ausgang von Monge und der Begründung der *École Polytechnique* (1794), in Deutschland von Jacobi, der 1827 in Königsberg Ähnliches ins Leben rief.

Unter dem Druck der an Ausdehnung so sehr gewachsenen und so mannigfaltigen Aufgaben beginnt nun die schon angedeutete Spezialisierung der Wissenschaften. Die Mathematik trennt sich von der Astronomie, der Geodäsie, der Physik, der Statistik usf. Die Zahl der Fach- und Spezialfachmathematiker wächst ins Ungemessene und verteilt sich über die entferntesten Nationen. In dieser überreichen Entwicklung der Einzelforschung ist es auch für den universalsten Kopf nicht mehr möglich, innerlich eine Synthese des Ganzen zu vollziehen und nach außen fruchtbar zu machen. An Stelle dieses lebendigen Zusammenhalts entstehen eine gewaltige Literatur — insbesondere Zeitschriften umfassend —, große internationale Kongresse und andere Organisationen, die mit Mühe einen äußeren Zusammenhang aufrechtzuerhalten streben.

Es unterliegt keinem Zweifel, daß dem wissenschaftlichen Leben in dieser gedrängten neuzeitlichen Entwicklung viele wertvolle Züge verloren gegangen sind. Welche Bewunderung erregt nicht in uns die kleine Schar auserlesener Männer, die im 18. Jahrhundert unsere Wissenschaft vertraten! In akademischer Stellung, ohne nationale Schranken, in ständigem Gedankenaustausch durch eine persönliche Korrespondenz verbunden, vereinigten sie das fruchtbarste wissenschaftliche Schaffen mit einer idealen, nach allen Seiten ebenmäßigen Ausbildung der eigenen Persönlichkeit. In diesem Bilde ist es nur ein Zug, daß der Gelehrte dieser Zeit die reichsten Kenntnisse auch außerhalb seines eigenen Gebietes besaß und sich ständig in lebendigem Zusammenhang mit der Entwicklung der Wissenschaft, als Ganzes gesehen, wußte. Man bedenke, daß Newtons Gravitationstheorie in Frankreich durch Voltaire zur Geltung gebracht wurde. Aber das universale Streben der Zeit geht auch über das Reich der Wissenschaft noch hinaus und sucht den Zusammenhang mit allen kulturellen Werten, mit Religion, Kunst und Philosophie. Die große Aufgabe der Menschheitsvervollkommnung ist überall durchzuspüren. Ein Zeugnis dafür ist die Tendenz, jede wissenschaftliche Einzelarbeit zusammenhängend und abgerundet darzustellen und so als ein in sich geschlossenes Ganzes dem gebildeten Publikum vorzulegen. Laplace begleitet seine „Mécanique céleste" durch die für das allgemeine Publikum bestimmte „Exposition du système du monde", seine „Théorie analytique des probabilités" durch seinen „Essai philosophique sur les probabilités". Freilich werden die großen Schönheiten dieser kristallklaren, abgeschlossenen, klassischen Darstellungsweise nicht ohne Einbuße erkauft. Es ist nämlich diesen Meisterwerken kaum mehr ihre Werdegeschichte zu entnehmen. Dadurch ist dem Leser die eigentümliche und für einen selbständigen Geist größte Freude versagt, unter der Führung des Meisters die gefundenen Resultate selbsttätig gleichsam noch einmal zu entdecken. In diesem Sinne mangelt den Werken der klassischen Zeit das eigentlich erzieherische Moment. Der Gedanke, den Leser nicht nur zu erfreuen und zu belehren, sondern in ihm über das Werk hinausgehende Kräfte zu wecken, zur eigenen Tätigkeit anzuregen — eine

Wirkung, wie sie etwa von Monges, von Jacobis oder auch von Faradays Schriften ausgeht — gehört durchaus dem 19. Jahrhundert an[1]).

Haben wir so aus vielen Gründen das Universalitätsideal des 18. Jahrhunderts verlassen und verlassen müssen, so scheint es doch angebracht, sich zuweilen an seine Vorzüge zu erinnern, wenn wir den heute üblichen Wissenschaftsbetrieb betrachten. Da gibt es in jedem Kulturland Hunderte von produzierenden Mathematikern, von denen jeder nur eine ganz kleine Ecke seiner Wissenschaft beherrscht, die ihm dann begreiflicherweise an Wichtigkeit alles andere zu überragen scheint. Die Früchte seiner Arbeit publiziert er in abgerissenen Einzelaufsätzen in mehreren, womöglich verschiedensprachigen, weitverstreuten Zeitschriften. Die Darstellung, nur für wenige Spezialkollegen berechnet, enthält sich jeder Andeutung eines Zusammenhangs mit größeren allgemeinen Fragen und ist dadurch vielleicht schon einem etwas anderweitig interessierten Kollegen schwer zugänglich, einem größeren Kreise aber gänzlich ungenießbar.

Nun, es kann hier nicht unsere Aufgabe sein, einmal Verlorenes zurückzuwünschen oder die Vorzüge aufzuzählen, die den Verlust etwa ausgleichen möchten. Auch um Besserungsvorschläge handelt es sich hier nicht. Vielmehr ergibt sich aus diesen Verhältnissen für uns nur die Frage: wie sollen wir uns durch diese verwickelten, unübersichtlichen Zustände durchfinden? Wie muß eine Darstellung angelegt sein, die eine solche, der Einheit und des Zusammenhangs mangelnde Entwicklung für ein weiteres Publikum klarlegen soll?

Ich möchte hier folgende Gesichtspunkte geltend machen. An sich ist es gewiß eine wichtige Aufgabe, das Wesentliche erst einmal zu sammeln. Das ist jedoch die Aufgabe unserer großen „Enzyklopädie der mathematischen Wissenschaften", gegen deren Arbeitsfeld wir uns hier von vornherein abgrenzen müssen. Denn das hier angestrebte Ziel wäre keineswegs erreicht, wenn wir etwa nur eine gekürzte Umarbeitung der Enzyklopädie geben würden. Aber auch den an sich naheliegenden Gedanken, die Hauptgebiete herauszugreifen und systematisch darzustellen, möchte ich ablehnen. Vielmehr will ich nur ausgewählte Skizzen aneinanderfügen, in denen ich bald das Lebenswerk einzelner hervorragender Persönlichkeiten, bald die Ziele und

[1]) Die in diesem Absatz geschilderten Verhältnisse treffen genau genommen nur für das Ende des 18. Jahrhunderts zu. So führt z. B. Euler den Leser genau den Weg, den er selber gegangen ist, warnt auch vor den Irrungen, die zu vermeiden sind und erzählt oft genug von den eigenen vergeblichen Versuchen, die er vor Auffindung des richtigen Weges unternommen hat. Auch von noch ungelösten Schwierigkeiten berichtet er und weist, soweit er vermag, den Weg, den man nach seiner Ansicht versuchen sollte, und bemüht sich eben dadurch, die eigene Tätigkeit des Lesers anzuregen. — Daß Klein diese Stellung Eulers nicht gewürdigt hat, erklärt sich einfach dadurch, daß er, wie er selbst gelegentlich sagte, niemals zu einer eingehenden Beschäftigung mit den Schriften Eulers gekommen ist. Anm. d. Herausg.

Ergebnisse bestimmter Schulen zur Darstellung bringe. Dabei erhebe ich keinen Anspruch auf Vollständigkeit irgendwelcher Art und verzichte von vornherein auf minutiöse vorbereitende Studien meinerseits. Nur darum wird es sich handeln, den allgemeinen Charakter und Sinn einer Leistung leidlich getroffen zu haben.

An den Beginn meiner Ausführungen habe ich jedenfalls einen ersten großen Abschnitt zu stellen, der sich ausschließlich mit *Gauß* beschäftigt. Gauß steht nicht nur zeitlich an der Spitze des 19. Jahrhunderts, sondern er bildet auch den Ausgangspunkt für die mannigfachen neuen Entwicklungen der Wissenschaft, die es umfaßt. Die Betrachtung der großen Persönlichkeit von Gauß ist um so mehr geeignet, in den hier darzulegenden Gegenstand einzuführen, als uns in diesem Manne eine einzigartige, sehr glückliche Verbindung des Geistes der beiden Epochen entgegentritt, an deren Wende er steht.

In seiner äußeren Erscheinung, d. h. in der Art seiner Einwirkung auf seine Zeitgenossen ist Gauß noch durchaus ein Typ des 18. Jahrhunderts. Gerade bei ihm findet sich der wissenschaftliche Verkehr in Form einer ausgiebigen Korrespondenz mit wenigen auserlesenen Männern; die klassische Form seiner Werke zeichnet ihn aus wie nur irgendeinen seiner Vorgänger. Mit diesen Zügen verbindet sich eine ausgesprochene Abneigung gegen den Lehrbetrieb, den er allerdings nur als Elementarunterricht verstand; gegen die Unterweisung einzelner hervorragend begabter Schüler und Jünger hat sich Gauß nicht ablehnend verhalten. Gerade hierin zeigt er sich aber konservativer als etwa der ältere Monge, der durch die schon erwähnte Begründung der École Polytechnique (1794) der Entwicklung des 19. Jahrhunderts vorgriff. Während aber Monge in seinem mathematischen Ideenkreis noch mehr im Rahmen des 18. Jahrhunderts blieb, eröffnet Gauß durch seine ganz neuartigen Gedanken in Wahrheit die neue Zeit.

Erstes Kapitel.

Gauß.

Zunächst einige biographische Daten:

geboren 1777 zu Braunschweig,

1795—98 Student in Göttingen,

1799 Promotion in Helmstedt, privatisiert in Braunschweig,

1807 bis zu seinem Tode Direktor der Sternwarte[1]) und ordentlicher Professor in Göttingen,

gestorben 1855.

---

[1]) Die Göttinger Sternwarte wurde von 1811 an unter Jérôme ernstlich gefördert, aber erst 1816, als längst wieder Hannoversches Régime eingeführt war, fertiggestellt.

Gauß' wissenschaftlicher Nachlaß ist in den von der Gesellschaft der Wissenschaften zu Göttingen herausgegebenen „Werken" bequem zugänglich gemacht[1]).

Angewandte Mathematik.

Ich möchte mit Gauß' Arbeiten über *angewandte Mathematik* beginnen, weil sich von diesen Gebieten aus am leichtesten eine gegenseitige Verständigung erzielen läßt. Der Anlaß zu Gauß' Leistungen in dieser Richtung tritt jeweils von außen an ihn heran; die Problemstellung wird dann freilich mit der ihm eigenartigen Kraft geschaffen und durchgeführt, die er an den Fragen der reinen Mathematik zur Entfaltung gebracht hatte, und die sich in seinen Worten ausspricht: „Nil actum reputans si quid superesset agendum"[2]).

Seine Tätigkeit in dieser Richtung läßt sich etwa folgendermaßen zeitlich festlegen:

1800—1820 Astronomie,

1820—1830 Geodäsie,

1830—1840 Physik,

wobei diese Daten natürlich nur lose Anhaltspunkte sein sollen.

Für die Astronomie ist von Bedeutung, daß Gauß seit 1807 Direktor der Sternwarte in Göttingen war, welche Stellung ihn naturgemäß zu weitergehenden Forschungen in dieser Wissenschaft anregte. Ihr Erträgnis gipfelt in zwei großen Leistungen:

1. Die Wiederauffindung der Ceres und die an dies Problem sich anschließenden Verbesserungen der Methoden der Bahnbestimmung.

2. Die Arbeiten zur Störungstheorie, wie sie sich insbesondere an die Berechnungen der Pallas-Störungen anschlossen.

Es ist ebenso für Gauß persönlich, wie für die in seiner Zeit lebendige Auffassung der Wissenschaft, die noch keine trennende Scheidewand zwischen praktischem Bedürfnis und rein theoretischem Schaffensdrang aufgerichtet hatte, durchaus kennzeichnend, daß die umfassenden auch in rein mathematischer Hinsicht äußerst fruchtbaren Arbeiten über diese beiden Probleme sich unmittelbar an äußere, praktische Anlässe anschließen.

---

[1]) Ihre Anordnung ist die folgende: Bd. 1, Disquisitiones Arithmeticae. Bd. 2, Höhere Arithmetik. Bd. 3, Analysis. Bd. 4, Wahrscheinlichkeitsrechnung und Geometrie. Bd. 5, Mathematische Physik. Bd. 6, Astronomische Abhandlungen. Bd. 7, Theoretische Astronomie. Bd. 8, Nachträge zu Bd. 1 bis 4. Bd. 9, Geodäsie, Fortsetzung von Bd. 4. Bd. 10, 1, Nachträge zur reinen Mathematik, Tagebuch. Bd. 11, 1, Nachträge zur Physik. Die Bde. 10, 2 und 11, 2 enthalten Essais über Gauß' wissenschaftlichen Nachlaß.

[2]) Werke, Bd. 5, S. 629.

Am 1. Januar 1801 entdeckte Piazzi den ersten der sogenannten kleinen Planeten, die, wie wir jetzt wissen, zu vielen Hunderten zwischen Mars und Jupiter verteilt liegen. Die Beobachtung der Bahn des neuen Sternes, der *Ceres*, war indessen auf ein sehr kleines Intervall beschränkt; denn schon nach einer Durchlaufung von etwa 9^0 verschwand sie in den Sonnenstrahlen, um am Morgenhimmel nicht wieder zu erscheinen. Es ergab sich nun die Aufgabe, aus den wenigen Beobachtungsdaten die Bahn des neuen Planeten zu bestimmen. Die bisherigen Methoden der Bahnbestimmung waren hier nicht zu verwenden; denn sie waren auf das reichliche, durch immer wiederholte Beobachtung gesicherte Material gegründet, das bei den großen, seit dem Altertum bekannten Planeten vorlag.

Gauß stellt sich nun die Aufgabe, eine Keplersche Bewegung aus drei vollständigen Beobachtungen (Zeit, Rektaszension und Deklination) zu berechnen. Mathematisch bedeutet das die Bestimmung eines Kegelschnitts im Raume, dessen einer Brennpunkt (die Sonne) bekannt ist, der drei gegebene Raumgeraden (die Sehstrahlen von der selbst auf einer Ellipse laufenden Erde zu dem in Frage stehenden Planeten) schneidet, und dessen Bogen zwischen diesen Geraden in gegebenen Zeiten nach dem zweiten Keplerschen Gesetz durchlaufen werden. Das Problem führt auf eine Gleichung 8. Grades, von der eine Lösung, nämlich die Erdbahn selbst, bekannt ist. Die gesuchte wird von den sechs übrigen durch physikalische Bedingungen abgesondert.

Diese Aufgabe gelöst und bis in alle Einzelheiten rechnerisch durchgeführt zu haben, ist das große Verdienst des damals 24 jährigen Gauß. Er bediente sich dabei umfangreicher Näherungsmethoden, die er sich zu diesem Zwecke schuf. Des weiteren führte er eine Berechnung der Bahn auf Grund von vier unvollständigen Beobachtungen durch und verband nun die beiden gewonnenen Resultate durch die Methode der kleinsten Quadrate, die, obwohl zu dieser Zeit noch nicht veröffentlicht, seinem eigenen Zeugnis gemäß schon seit 1795 in seinem Besitz war. Auf diese Weise gelangte Gauß zu derartig genauen Resultaten, daß die Ceres tatsächlich nach seinen Angaben wiedergefunden wurde, und zwar nicht weniger als 7^0 östlich von der Stelle, an der sie nach der rohen Kreisannäherung hätte vermutet werden müssen. Dieser glänzende, auch dem Verständnis weiterer Kreise zugängliche Erfolg verschaffte dem jungen Gauß seinen ersten großen Ruhm und gehört noch heute zu seinen populärsten Leistungen.

Auf Grund der Arbeiten über die Ceres, indem er die dabei angewendeten Methoden weiter ausbaute, schuf nun Gauß sein großes Werk, die „*theoria motus*" (erschienen 1809 bei Perthes[1])), die durch die darin niedergelegte vorbildliche Art, Probleme der Himmelsmechanik zu

---

[1]) Werke, Band 7, S. 1 ff.

behandeln und bis ins Zahlenmäßige durchzuführen, geradezu das Gesetzbuch der rechnenden Astronomie geworden ist. Auch dies Werk ist in der bereits charakterisierten, klassischen Darstellungsweise abgefaßt, deren Ziel es ist, durch den Eindruck eines formvollendeten, abgeschlossenen Baues zu erheben, nicht das Interesse an seiner Entstehung durch Aufdeckung der Fundamente und konstruktiven Einzelheiten zu befriedigen.

Die Methoden, die Gauß anwandte, sind natürlich inzwischen weitergebildet und verschärft worden, wie er ja auch nicht ohne Vorgänger auf diesem Gebiete war. Als Vorläufer wäre Lagrange, als Nachfolger Gibbs zu nennen, um nur zwei Namen herauszugreifen. Eine eingehende Geschichte dieses Wissenschaftszweiges findet sich in Band VI, 2 der mathematischen Enzyklopädie in dem Artikel von Herglotz: „Bahnbestimmung der Planeten und Kometen".

Wir wenden uns nun der zweiten Gruppe von astronomischen Arbeiten zu, die *Störungen* betreffend. Auch sie sind veranlaßt durch eine Entdeckung, die Auffindung der *Pallas* durch Gauß' väterlichen Freund Olbers am 28. März 1802. Dieser ebenfalls zu den Asteroïden gehörige Planet zeichnet sich durch besonders große Exzentrizität ($e = 1/5$) und Neigung ($i = 34^0$) der Bahn aus, ein Umstand, der ihm wegen der daraus resultierenden starken Beeinflussung durch die anderen Planeten besonderes Interesse verleiht, andererseits aber seiner Berechnung außerordentliche Schwierigkeiten entgegensetzt. Die Pariser Akademie versuchte wiederholt durch Aussetzen von Preisen zur Bearbeitung dieses Problems anzureizen, aber vergeblich. Es gehörte die virtuose Rechenkunst und die zähe, beharrliche Energie eines Gauß dazu, um sich die Bewältigung einer solchen Aufgabe auch nur zuzutrauen. Als wahrhaft tragisch ist es darum anzusehen, daß es selbst ihm nicht gelungen ist, bis zu letzten Resultaten durchzudringen. Es ist eine sehr merkwürdige Tatsache, daß seine Arbeiten über diesen Gegenstand, denen er sein regstes Interesse und viele Jahre hindurch einen une müdlichen Fleiß zuwandte, Fragmente geblieben sind. Nach großen Anstrengungen, von denen die umfangreichen Rechnungen Zeugnis ablegen, die Brendel in Band 7 der gesammelten Werke (1906) veröffentlicht hat, und nachdem die Rechnungen der von Jupiter und Saturn ausgehenden Störungen bereits vollendet waren mit Hilfe seines Schülers Nicolai, den Gauß selbst „iuvenem in calculis perficiendis indefessum" nennt, bricht das Werk unvollendet ab.

Diese Verhältnisse müssen um so mehr erstaunen, als immer wieder zahlreiche Anzeichen dafür sprechen, daß Gauß dem Gegenstand das größte Interesse entgegenbrachte. 1812 — man vergegenwärtige sich einen Augenblick die politische Lage des damaligen Deutschland — veröffentlicht er ein mysteriöses Anagramm, in einer bestimmten Anordnung der Zahlen 1 und 0 bestehend, welches das wichtigste Resultat über die Pallasbewegung enthält[1]). Chiffrenmäßig ist es noch heute, trotz Brendels Bemühungen, nicht aufgeklärt; den Inhalt aber legt Gauß selbst dar in einem Brief an Bessel[2]). Danach enthält das Anagramm den Satz, daß der Quotient der mittleren Bewegungen von Jupiter und Pallas um einen festen rationalen Wert, nämlich 7 : 18, hin- und herschwanke, daß also hier eine Libration besteht.

Welche Methoden führten nun Gauß zu diesem und anderen wichtigen Resultaten? Wie alle Mathematiker und Astronomen vor ihm, bedient er sich unendlicher trigonometrischer Reihen, deren Argumente nun aber dem Zweck entsprechend besonders ausgewählt sind, während die Koeffizienten durch numerische Auswertung (mechanische Quadratur) bestimmter Integrale gewonnen werden. Hier kann man sich nun einer gewissen Enttäuschung nicht erwehren, wenn man nämlich von der Vorstellung ausgegangen ist, Gauß — der doch als erster in seiner Arbeit über die hypergeometrische Reihe von 1812 exakte Konvergenzkriterien aufstellt — werde den Fehler, der sich bei Berücksichtigung von nur endlich vielen Reihengliedern ergibt, abgeschätzt haben. Eine derartige Überlegung findet sich nicht. Vielmehr bricht Gauß, dem allgemeinen Brauche folgend, hier wie auch später bei seinen geodätischen Rechnungen, die Reihen ab, sobald ihm die einzelnen Glieder hinreichend klein erscheinen.

In der Tat hat denn auch eine Dissertation von Struve[3]) neuerdings gezeigt, daß die Pallasbahn in den Jahren 1803—1910 durch die Gaußschen Störungen erster Ordnung nur unvollkommen dargestellt wird; Struve meint, daß man behufs genügender Übereinstimmung bis zu den Störungen dritter Ordnung werde gehen müssen.

Einen Mathematiker der heutigen rein abstrakt gerichteten Schule mag es vielleicht in Erstaunen versetzen, Gauß, den Begründer strenger Konvergenzbetrachtungen, in praxi sich solchermaßen ganz anders verhalten zu sehen als in der Theorie. Denn daß die geschilderte Behandlung unter Umständen zu ganz falschen Resultaten führen kann, da sie logisch nicht genügend begründet ist, liegt auf der Hand.

Gelöst kann dieser Widerspruch nur werden durch die psychologische Einsicht, daß nur das interessiert, was zur Erreichung des aufgestellten Zieles zweckdienlich ist. Für den reinen Mathematiker ist das Ziel das vollständige, gänzlich durchforschte, nach großen Gesichtspunkten geordnete System aller Möglichkeiten, die der erwählte Gegenstand bietet. Die streng logische Trennung und Einordnung der einzelnen Fälle ist dabei sein wesentliches Hilfsmittel. Darum bieten für ihn künstlich konstruierte Ausnahmefälle dasselbe, wenn nicht ein größeres Interesse als die sich natürlich darbietenden Gebilde. Um

[1]) Werke, Bd. 6, S. 350. [2]) Werke, Bd. 7, S. 421.

[3]) G. Struve: Die Darstellung der Pallasbahn durch die Gaußsche Theorie in dem Zeitraum 1803 bis 1910. Berlin 1911.

eine praktische Verwendbarkeit, die etwa die letzteren auszeichnen möchte, kümmert er sich gar nicht.

Das Ziel des rechnenden Praktikers hingegen ist die Erreichung des zahlenmäßigen Resultates. Er übergeht darum die ausgefeilte logische Rechtfertigung seines Verfahrens, d. h. er verläßt sich mehr oder minder unbewußt auf seinen mathematischen Instinkt, der ihm die stillschweigende Annahme der notwendigen Voraussetzungen — hier etwa: abwechselnde Vorzeichen der Terme und unbegrenzte Abnahme ihrer Beträge — diktiert. Die mehr geahnte als gewußte Berechtigung zu solchem Vorgehen, das er anwenden muß, wenn er überhaupt vorwärts kommen will, wird ihm durch den immer wieder vorgenommenen Vergleich mit der Beobachtung bestätigt. —

Übrigens möchte ich noch hinzufügen, um das Studium der Gaußschen Schriften (wie überhaupt der älteren Literatur) zu erleichtern, daß Gauß' Sprachgebrauch des Wortes „Konvergenz" ein anderer ist als der uns geläufige. Gauß nennt eine Reihe konvergent, deren Glieder von einer gewissen Stelle an unbegrenzt abnehmen, während wir unter „Konvergenz" verstehen, daß die Partialsummen der Reihe einen Grenzwert besitzen. Er hat als erster die Aufmerksamkeit auf diesen Unterschied gerichtet, wie er denn auch die ersten Kriterien für „Konvergenz" in unserem Sinne aufstellte, beides in seiner Abhandlung über die hypergeometrische Reihe, 1812. Von einer Reihe mit der heute als Konvergenz bezeichneten Eigenschaft sagt er gelegentlich[1]: „summam finitam ex asse determinatam praebet." —

Nach dieser kleinen Abschweifung möchte ich zurückkehren zu der Frage, warum wohl Gauß die so energisch und erfolgreich betriebenen Arbeiten über die Pallas abgebrochen haben mag. Die Erscheinung, der wir hier begegnen, steht in Gauß' Schaffen nicht vereinzelt da; oft hat er seine schönsten Errungenschaften nicht veröffentlicht. Was mag dies seltsame Stillstehen dicht vor dem Ziele veranlaßt haben? Vielleicht ist der Grund in einer gewissen Hypochondrie zu suchen, die Gauß offenbar zuweilen mitten im erfolgreichsten Schaffen überfiel. Ein eigenartiges Zeugnis für solche Stimmungen findet sich z. B. in den Aufzeichnungen zu den Arbeiten über elliptische Funktionen etwa aus den Jahren 1807—1810. Da steht plötzlich mitten zwischen den rein wissenschaftlichen Notizen ganz fein mit Bleistift geschrieben: „Der Tod ist mir lieber als ein solches Leben." — Man mag den Anlaß zu solchen Stimmungen in den äußerst traurigen Verhältnissen suchen, in denen Gauß sich damals befand. Seine neue Stellung in Göttingen, die ihm zunächst keinen Verdienst einbrachte, während ihm französischerseits eine beträchtliche Kriegskontribution auferlegt war, versetzte ihn in große finanzielle Schwierigkeiten. Er lebte in einer elenden Wohnung

---

[1]) Werke, Bd. 3, S. 126.

in der Turmstraße, nahe dem noch heute stehenden Befestigungstürmchen, auf dem die gänzlich ungenügenden astronomischen Arbeitsmittel montiert waren. Seine Umgebung, vor allem seine Familie, zeigte nicht das geringste Verständnis für seine anscheinend ganz zweck- und ziellose Riesenarbeit, die ihn von allen anderen Interessen abzog, ohne je einen äußeren Erfolg zu bringen. Man machte ihm die bittersten Vorwürfe, und es gab Leute, die bezweifelten, daß er bei gesunden Sinnen sei.

Ich möchte aber die Quelle des seelischen Leidens dennoch tiefer suchen als in diesem drückenden Elend des Alltags. Es scheint mir vielmehr als ein Rückschlag gegen die übergroße Intensität der Produktion, eine Erlahmung des Unternehmungsgeistes und der Willenskräfte, wie sie wohl bei einer so früh und so heftig schöpferischen Natur, die dauernd unter dem Zwang einer gewaltsam nach außen drängenden Begabung stand, nicht ausbleiben konnte. Einer solchen seelischen Ermüdung mag auch das Pallasproblem zum Opfer gefallen sein.

Ist aber auch der Zweck dieser Arbeit selbst nicht erreicht, so trug sie doch reiche, rein wissenschaftliche Früchte. Drei große Publikationen legen davon Zeugnis ab:

1812: *Über die hypergeometrische Reihe.*

1814: *Über mechanische Quadratur.*

1818: *Über Säkularstörungen.*

Die erstgenannte, schon mehrmals zitierte Abhandlung (Werke, Bd. 3, S. 123—196) hat rein analytischen Charakter, enthält aber mancherlei Reihenentwicklungen und Beziehungen, die aus den Störungsrechnungen hervorgegangen sind. Sie ordnet die astronomischen Probleme in das System allgemeiner analytischer Fragen ein.

Die Arbeiten über mechanische Quadratur der Integrale sind zusammengefaßt unter dem Titel: *Methodus nova integralium valores per approximationem inveniendi*[1]). Sie entsprangen dem Bedürfnis, die Koeffizienten einzelner Terme der bei den Störungsrechnungen auftretenden Reihen numerisch auszuwerten und liefern allgemeine Überlegungen, an welche die numerische Ausführung zweckmäßig anzuknüpfen hat.

Die „Gaußsche Methode" speziell löst die Aufgabe, den Inhalt einer unter einer Kurve liegenden von zwei Ordinaten begrenzten Fläche so gut wie möglich angenähert zu berechnen, unter Benutzung von möglichst wenigen Ordinatenwerten, und findet zu jeder vorgegebenen Ordinatenzahl eine dem Zweck am besten entsprechende Auswahl der zugehörigen Abszissen. Damit wäre also z. B. die Frage beantwortet wie man drei Temperaturmessungen über einen Tag verteilen muß, um ein möglichst gutes Bild des Gesamttemperaturverlaufs während des Tages zu erhalten.

[1]) Werke, Bd. 3, S. 163—196.

In der dritten der angeführten Arbeiten (Werke, Bd. 3, S. 331—360) gibt Gauß die anschauungsmäßige Deutung und Berechnung der *Säkularstörungen*, welche ein Planet ausübt, wobei er übrigens Gelegenheit nimmt, seine Methode der Periodenberechnung für das elliptische Integral erster Gattung auseinanderzusetzen. Der Charakter dieser Abhandlung wird schon an ihrem Titel erkannt: *Determinatio attractionis quam in punctum quodvis positionis datae exerceret planeta, si eius massa per totam orbitam ratione temporis, quo singulae partes describuntur, uniformiter esset dispartita.* Er gibt an, wie Gauß sich die von einem Planeten ausgehende Säkularstörung veranschaulicht: Es möge die Masse des Planeten längs seiner Bahn verteilt sein, und zwar umgekehrt proportional der an jedem Punkte herrschenden Umlaufsgeschwindigkeit; dann ergibt sich als Anziehung dieses Ringes auf einen andern Körper gerade die Größe der Säkularstörung. Diese Auffassung ist ein Beispiel für das eigenartig plastische Denken, das bei Gauß immer wieder hervortritt. Er war eben nicht nur der virtuose Rechner, der alle Schwierigkeiten siegreich überwand, sondern seine Zahlen waren für ihn voll von Leben und verbanden sich ihm gern mit anschaulichen Vorstellungen.

Außer dem in diesen drei Publikationen Enthaltenen ist uns von Gauß' wissenschaftlichen Leistungen aus diesen Jahren nur Einzelnes in den Umrissen bekannt. Über die jahrelangen Rechnungen zu den Pallasstörungen erfahren wir jetzt durch den von Brendel in Bd. 7 herausgegebenen Nachlaß einiges Nähere. Bd. 6 und 7 der Werke geben im übrigen davon Kenntnis, daß Gauß neben diesen riesenhaften Rechnungen noch manche andere und namentlich auch ungeheuer viele Beobachtungen ausgeführt hat. Man fragt sich vergeblich, wie er, der sich doch erst in späteren Jahren der ausübenden Astronomie widmete, sich die Geschicklichkeit in der Handhabung der Instrumente erworben hat, wie er auch nur rein äußerlich die Zeit gewonnen haben mag zu solch gewaltiger Arbeitsleistung, neben all den großen mathematischen Problemen, die ihn unablässig beschäftigten. Die schier unbegreifliche Energie und der übermenschliche Fleiß, der aus diesen nachgelassenen Blättern spricht, rücken den schon an Genie Unvergleichlichen hinaus über jedes gewöhnliche Maß der Beurteilung.

Ich wende mich nun dem zweiten Gebiet der angewandten Mathematik zu, dem Gauß seine Kräfte widmete, nämlich der *Geodäsie*. Das Problem, das sich ihm hier zunächst darbot, war wiederum durchaus praktischer Natur. Es handelte sich nämlich um die Vermessung des Königreichs Hannover.

Genaue geodätische Vermessungen wurden zuerst im 17. und 18. Jahrhundert vorgenommen, angeregt durch das rein wissenschaftliche Interesse an der Gestalt der Erde. Es handelte sich vor allem darum, den

Streit, ob unser Planet ein abgeplattetes oder ein verlängertes Rotationsellipsoid sei, durch eine exakte Gradmessung zu entscheiden. Nachdem die erste Annahme endgültig bewiesen war, begann im 19. Jahrhundert das genauere Studium der Gestalt im einzelnen, das schließlich zu der von Listing als „Geoid“ bezeichneten, irregulären Fläche führte. Übrigens war es Gauß schon bekannt, daß das Rotationsellipsoid nur eine Annäherung der wahren Erdgestalt bedeute.

In diese rein wissenschaftliche Entwicklung greift nun um die Wende des 18. Jahrhunderts die gewaltige Umwälzung aller Lebensbedingungen ein. Wie auf so vielen Gebieten, so gab auch hier Napoleon den ersten Anstoß zu großen Fortschritten und Erfindungen. Die Strategie und die neu geordnete Steuerverwaltung bedurfte genauer geographischer Karten, die nur auf Grund planmäßiger exakter Vermessung der in Frage kommenden Gebiete herzustellen waren. Die Länder beginnen daher von sich aus mit der systematischen Durchführung dieser Aufgabe. Hannover wurde hierzu von Dänemark angeregt, wo der in Kiel ansässige Schumacher (Direktor der dortigen Sternwarte, Herausgeber der Astronomischen Nachrichten), Gauß' einstiger Schüler, die Arbeit bereits in Angriff genommen hatte, ausgehend von einer bei Hamburg gelegenen geodätischen Basis, die dann Gauß später mitbenutzte.

1816 erging an Gauß die Aufforderung der Regierung, die entsprechende Aufgabe für Hannover zu lösen. Seine eigenen Messungen liegen in den Jahren 1821—1825; zu Ende geführt wurde die von Gehilfen fortgesetzte Arbeit erst 1841. Die beiden wichtigen, aus dieser Tätigkeit hervorgegangenen, wissenschaftlichen Publikationen sind:

1828: *Bestimmung des Breitenunterschiedes zwischen den Sternwarten von Göttingen und Altona* (Bd. 9 der ges. Werke S. 1ff.).

1843: *Untersuchungen über Gegenstände der höheren Geodäsie* (Bd. 4 S. 259ff.).

Die erstgenannte Schrift enthält u. a. einen Hinweis auf die Abweichung der wahren Erdgestalt von dem sie annähernden Ellipsoid, die zweite ist als Bruchstück eines geplanten größeren Werkes anzusehen [1]).

Aus diesen Arbeiten möchte ich nur zwei Punkte hervorheben, die besonders populär geworden sind. Da ist vor allem die berühmte Ausmessung des größten bis dahin beobachteten und geodätisch bearbeiteten Dreiecks, gebildet durch die drei Berggipfel: Hoher Hagen, Brocken, Inselsberg zu vermerken. Ferner wird in dieser Schrift der von Gauß erfundene und viel verwendete *Heliotrop* beschrieben, ein Instrument, das durch die Konzentration reflektierter Sonnenstrahlen gut sichtbare, für Messungen brauchbare Visierpunkte schafft.

Wie dieser Apparat längst durch unsere intensiven punktförmigen Lichtquellen und elektrischen Scheinwerfer überflüssig geworden ist, so ist natürlich noch in vielen anderen Punkten die Gaußsche Arbeit

[1]) Eine zweite Abhandlung erschien 1847 (Werke, Bd. 4, S. 301ff.).

durch bessere Methoden und schärfere Resultate überholt. Es fehlt den Messungen z. B. ein einheitlicher, zweckmäßiger Gesamtplan der Anlage, was sich aus den vielen Schwierigkeiten aller Art — mangelnde Geldmittel, Schwierigkeit der Auffindung geeigneter Beobachtungspunkte im ebenen aber bewaldeten Gelände usw. —, die sich der über 20 Jahre erstreckten, nie vorher versuchten Arbeit entgegensetzten, wohl erklären läßt.

Trotz dieser selbstverständlichen Überholung im einzelnen hat aber Gauß' Arbeit große bleibende Verdienste, deren Wert über die Leistung als erster diese Messung unter Überwindung enormer praktischer Widerstände mit mangelhaften Hilfsmitteln wirklich durchgeführt zu haben, weit hinausgeht. Er hat die Methoden und Schemata gegeben, in denen sich die messende Geodäsie noch heute ausschließlich bewegt. Als wichtigster Punkt ist vor allem die konsequente Anwendung der Methode der kleinsten Quadrate zu nennen. Eine Gaußsche Spezialität ist die Benutzung einer bestimmten konformen Projektion des Ellipsoids auf die Ebene, die Gauß in Anlehnung an die Gradmessungsaufgabe unter Zugrundelegung des Meridians Göttingen—Altona als Richtlinie, bis in die feinsten Abweichungen der geodätischen Linien von der Geraden hinein selbst berechnete. Diese beiden Gedankenwendungen und die Art ihrer Durchführung haben so bestimmend auf alle Weiterentwicklung der Vermessungswissenschaft eingewirkt, daß die Geodäten Gauß ganz zu den Ihren zählen[1]).

Während dieser Jahre praktischer Tätigkeit, die ihm offenbar eine erfreuliche Abwechslung und körperliche Erholung brachten — man bedenke, daß der Begriff der „Ferienreise" damals noch unbekannt war —, war Gauß auch innerlich schöpferisch aufs regste tätig. 1821 und 1823 veröffentlichte er seine *Methode der kleinsten Quadrate*[2]). Vor allem aber beschäftigten Gauß in dieser Zeit die tiefsinnigen Spekulationen über Differentialgeometrie, die in der großen Abhandlung: *Disquisitiones circa superficies curvas* 1827 (Werke, Bd. 4, S. 217ff.) veröffentlicht wurden. Durch einige Stichproben möchte ich den Inhalt kennzeichnen.

Von der sphärischen Abbildung beliebiger Flächen ausgehend, wird der wichtige Begriff des *Krümmungsmaßes* für einen Flächenpunkt gewonnen $\left(\frac{1}{R_1 \cdot R_2}\right.$, wo R_1 und R_2 die Hauptkrümmungsradien der Fläche in dem betreffenden Punkte bedeuten$\left.\right)$. Hierauf folgt nun der große Satz von der *Konstanz des Krümmungsmaßes* bei beliebiger Biegung der Fläche (ohne Dehnung), dem sich als weiteres wichtiges Theorem

[1]) Über diese Einwirkung von Gauß sowie über die ganze hier nur angedeutete Entwicklung verweise ich auf das Referat von Pizetti: „Höhere Geodäsie" in Bd. VI, 1 der mathematischen Enzyklopädie. Ferner: Galle: Über die geodätischen Arbeiten von Gauß, Gauß' Werke, Bd. 11, 2.

[2]) Werke, Bd. 4. Insbes. S. 1 bis 108.

der Satz anschließt, daß der Flächeninhalt des sphärischen Bildes eines geodätischen Dreiecks dem sphärischen Exzeß — oder, je nachdem, Defekt — proportional sei. Auch der Legendresche Satz, daß man, um ein sphärisches Dreieck mit gegebenen Seiten a, b, c mit einem ebenen Dreieck derselben Seitenlängen vergleichen zu können, den sphärischen Exzeß zu $^1/_3$ von jedem der drei Winkel abziehen müsse, wird genauer präzisiert.

Diese letzten Entwicklungen gehen, wie Stäckel gefunden hat, schon auf das Jahr 1816 zurück, als Gauß sich mit den ersten Plänen, die Landesvermessung betreffend, beschäftigte[1]). Den Satz von der Konstanz des Krümmungsmaßes bei Biegung leitet Gauß 1822 ab aus der Form des Bogenelementes

$$ds^2 = m^2 (dt^2 + dn^2)$$

(Bd. 8, S. 381, 385); die sehr viel weniger durchsichtige Entwicklung aus der allgemeinen Form

$$ds^2 = E\,dp^2 + 2\,F\,dp\,dq + G\,dq^2,$$

wie sie Gauß in den Disquisitiones veröffentlichte, ist also späteren Ursprungs (Bd. 4, S. 236).

Die Wirkung der Disquisitiones war von außerordentlicher Tragweite. Sie bedeuten die erste große Förderung der Differentialgeometrie über Monge hinaus und haben dieser Disziplin bis heute die wesentliche Richtung gegeben (vgl. Referat von Voß über Flächenabwicklung, Enzykl. Bd. III, D6a).

Aber nichts in diesen Ausführungen läßt erkennen, daß Gauß auch hier wieder einmal seine kühnsten Ideen zurückhielt. Der Briefwechsel mit Olbers, Schumacher, Bessel u. a., sowie Gauß' Nachlaß lassen es nämlich nicht zweifelhaft erscheinen, daß Gauß im Besitz der *nichteuklidischen Geometrie* war. Obwohl er nie ein Wort über diese Errungenschaft veröffentlicht hat, so verließ ihn doch der Gedanke daran bei keiner seiner Arbeiten, wie aus seinen Briefen deutlich hervorgeht. In diesem Zusammenhang bekommt nun die Vermessung des großen Lichtstrahlendreiecks noch eine ganz andere Bedeutung. Um mich der Georg Cantorschen Terminologie zu bedienen, so handelte es sich für Gauß keineswegs nur um die „immanente", sondern sehr wesentlich um die „transiente" Seite der Mathematik. Es interessierte ihn nicht nur das widerspruchslose Gefüge der Wissenschaft in sich, sondern die Möglichkeit, mit ihrer Hilfe die Erscheinungen der Natur zu verknüpfen und zu beherrschen. Welche der ihm gleich lebendigen, gleich gegenwärtigen Geometrien hierfür die geeignetste sei, das sollte nun das Experiment entscheiden. Da nämlich die Abweichung der Winkelsumme des ebenen Dreiecks von 180^0 bei den nichteuklidischen Geometrien mit den Dimensionen des Dreiecks wächst — Gauß spricht in dieser Zeit immer

[1]) Vgl. Stäckel: Gauß als Geometer, Gauß' Werke, Bd. 10, 2, Abh. IV.

nur von einer möglichen negativen Abweichung—, so hoffte Gauß auf Grund der Messung eines so großen Dreiecks seine Frage beantworten zu können. Das Resultat war indessen negativ, denn die beobachtete Abweichung der Winkelsumme von 2π blieb durchaus innerhalb der durch die Messung bedingten Fehlergrenze. Es ist bekannt, daß diese von Gauß aufgeworfene Frage noch heute offensteht. Die von Lobatscheffski vorgeschlagene Ausmessung eines von einem Fixstern und zwei diametral entgegengesetzten Punkten der Erdbahn gebildeten Dreiecks ist wegen der Komplikationen durch Aberration des Lichtes, Eigenbewegung des Fixsternes und des Sonnensystemes usw., nie zur Ausführung gelangt.

In einem späteren Abschnitt werden wir ausführlich besprechen, wie weit Gauß schon damals im Besitz seiner als „antieuklidisch" bezeichneten Geometrie war. Jetzt wende ich mich den Leistungen zu, die ihm die *Physik* verdankt.

Ehe ich jedoch mit der Betrachtung dieses Gebietes beginne, möchte ich eines Mannes gedenken, der, obwohl nicht selbst Mathematiker, von größter Bedeutung war für die Entwicklung der exakten Wissenschaften in seiner Zeit und in seinem Lande: Alexander von Humboldt. Einige biographische Daten mögen als Anhaltspunkte genannt sein. Geboren wurde er 1769 in Tegel bei Berlin. Als folgenreichster Abschnitt seines Lebens ist wohl 1799—1804 seine südamerikanische Reise anzusehen, von der er eine Fülle wissenschaftlichen Materials heimbrachte. Er lebte darauf lange Jahre in Paris in Fühlung mit allen bedeutenden Geistern der Zeit, von 1827 ab in Berlin, wo er als 90jähriger 1859 starb.

Humboldt selbst war Geograph und Biologe, wie wir heute etwa sagen würden, also durchaus der beschreibenden, nicht der exakten Naturwissenschaft zugewandt. Er besaß aber die seltene Gabe, auch ohne genaues Verständnis die Bedeutung ihm ferner liegender Gebiete zu erkennen, ja er hat nicht selten, durch seine allgemeinen Auffassungen und ein sicheres Gefühl für die Forderungen der Zeit geleitet, fruchtbare Anregungen für ihm fremde Wissenschaften gegeben. Im Zusammenhang mit dieser Eigenschaft steht seine Fähigkeit, junge, vielversprechende Talente schon vor ihren eigentlichen Leistungen mit sicherem Instinkt zu erkennen. Da Humboldt zudem in Berlin eine außerordentliche gesellschaftliche Stellung genoß, die ihm durch seine Beziehung zum Hofe und seine vielseitigen Verbindungen einen großen Einfluß verschaffte, so war er der geeignete Mann, um auf Jahre hinaus die Entwicklung der ihn interessierenden Wissenschaften in Preußen zu bestimmen. Er ist denn auch der eigentliche Urheber einer Erscheinung auf dem Gebiete der Mathematik und Naturwissenschaften, die für die philologischen Fächer schon etwa 10 Jahre früher, nämlich 1810 mit der Gründung der Berliner Universität, beginnt, und die ich als „deutsche wissenschaftliche Renaissance" bezeichnen möchte. 1824 bringt Humboldt den 21 jährigen Liebig nach Gießen, 1827 Dirichlet im Alter von 23 Jahren nach Breslau, beide nach Überwindung des heftigsten Widerspruchs seitens der Fakultäten. Auch Gauß wünschte Humboldt für preußische Dienste heranzuziehen; er versuchte Anfang der 20er Jahre ihn für die Stellung eines Direktors der in Berlin zu gründenden polytechnischen Schule zu gewinnen. Gauß sollte keine Vorlesungsverpflichtungen haben, sondern in der Hauptsache nur die gesamten Forschungsinstitute des Staates wissenschaftlich beaufsichtigen. Aber trotz so großen Entgegenkommens lehnte Gauß dies Anerbieten ab. Erst 1828 gelegentlich der Naturforscherversammlung in Berlin gelang es Humboldt, den bei ihm persönlich zu Gast geladenen Gauß kennen zu lernen. Die wissenschaftliche Bedeutung dieser Beziehung, die sich allmählich zu einer durch das ganze Leben währenden Freundschaft entwickelte (vgl. den von Bruhns 1877 herausgegebenen Briefwechsel von Gauß und A. v. Humboldt), liegt vor allem darin, daß Humboldt Gauß die erste Anregung zu einer Beschäftigung mit erdmagnetischen Problemen gab.

Schon nach seiner südamerikanischen Reise hatte Humboldt einen die ganze Erde umspannenden *Verein zum Zwecke erdmagnetischer Beobachtungen* gegründet. Durch seine Anregung unterzog dann Gauß das gesammelte Material einer eingehenden mathematischen Behandlung, wie wir später sehen werden.

In Humboldts Haus und durch Humboldtsche Vermittlung knüpfte sich nun aber (1828) eine zweite Beziehung an, die von größter Bedeutung für die weitere Entwicklung der Physik wurde, die zwischen Gauß und Weber. Wilhelm Weber (geb. 1804) war damals Privatdozent in Halle. 1831 wurde er auf Gauß' Vorschlag nach Göttingen berufen, wo er, mit Ausnahme einer zeitweiligen Leipziger Professur (1843—49) bis zu seinem Tode, 1890, blieb (vgl. die Gedächtnisrede von Riecke in den Abhandlungen der Göttinger Gesellschaft der Wissenschaften, 1890).

Mit Webers Berufung nach Göttingen beginnt das überaus fruchtbare Zusammenarbeiten der beiden grundverschiedenen Männer. Gauß war damals 54 Jahre alt und stand auf der Höhe seines Ruhmes. Weber hingegen, erst 27, war dem großen Führer zunächst eine geschickte Hilfe bei den instrumentellen Arbeiten und Beobachtungen. Allmählich wächst er in seiner Tätigkeit zu immer größerer Selbständigkeit und Bedeutung heran. Die eigentliche Höhe seiner Leistung aber erreicht er nach der hier in Frage stehenden Periode, nämlich 1846 in Leipzig mit seinen ersten Arbeiten über elektrodynamische Maßbestimmungen. Der innere Unterschied der beiden Männer drückt sich auch in der äußeren Erscheinung deutlich genug aus. Gauß war von kräftiger, untersetzter Statur, ein echter Niedersachse, wortkarg und von schwer zugänglichem Wesen. Einen eigentümlichen Gegensatz dazu bildete der kleine, zierliche, bewegliche Weber, dessen überaus freundliche, gesprächige Art sofort den echten Sachsen verriet; war er doch aus Wittenberg gebürtig, aus dem Lande der „Doppelsachsen". In dem Göttinger „Gauß-Weber-Denkmal" ist dieser Gegensatz aus künstlerischen Gründen abgeschwächt, wie auch ihr Alter näher aneinandergerückt erscheint, als es der Wirklichkeit entspricht.

Um nun die Zusammenarbeit der beiden Forscher recht würdigen zu können, möchte ich einen kurzen Überblick über die unmittelbar vorangehende Entwicklung des von ihnen bearbeiteten Gebietes geben, der *Elektrodynamik.*

1820 entdeckt Oersted die Grunderscheinung des Elektromagnetismus, die Einwirkung eines Stromkreises auf die Magnetnadel.

1821 stellen Biot und Savart ein erstes exaktes Gesetz über diese Wirkung auf, indem sie die von einem Stromkreis auf einen Magnetpol wirkende Kraft berechnen. Diese Wirkung aber auch zwischen zwei Strömen beobachtet zu haben und daraus eine Erklärung des Magnetismus durch molekulare Ströme abgeleitet zu haben, das ist das Verdienst Ampères in den Jahren 1822—26. Mit unerhörter Schnelligkeit schreitet die Entwicklung fort. 1827 erscheint Ohms „mathematische Bearbeitung der galvanischen Kette", als wichtigstes Resultat das *Ohmsche Gesetz* enthaltend. 1828 liefert Green die ersten Anfänge der *Potentialtheorie,* welche aber lange ganz unbekannt bleiben, da Green, als ein armer Bäckerssohn in Nottingham geboren, zunächst wenig Wirkungsmöglichkeit hatte. Leider diente der Umstand, daß sein Talent entdeckt und ans Licht gezogen wurde, nicht zu seinem Heil; nach Cambridge berufen, verfiel er dem Alkohol. — Es ist interessant und geschichtlich wichtig, was Green in seinem Werk unter der nach ihm benannten „*Greenschen Funktion*" versteht. Es ist nämlich weiter nichts als ein experimentell wichtiger Spezialfall des elektrostatischen Potentials, nämlich das Potential einer Massenbelegung, welche ein elektrischer Massenpunkt auf einem zur Erde abgeleiteten Konduktor induziert. Green braucht dafür auch das Wort „potential function", und zwar im Sinne von „Funktion der Kräfte". Wie wir später sehen werden, erklärt Gauß das Wort „Potential" auf ganz andere Weise. Es ist danach unwahrscheinlich, daß Gauß die bei ihm nie erwähnte Greensche Arbeit gekannt hat, was sich aus ihrer späten Verbreitung — erst durch William Thomsons Neudruck — wohl erklären läßt. Greens Essay findet sich denn auch nicht auf der Gaußbibliothek. Erwähnt sei noch, daß man heutzutage den Begriff „Greensche Funktion" viel weiter faßt. Man bezeichnet damit allgemein eine im Raume definierte Funktion, die einen singulären Punkt hat und irgendeiner vorgegebenen linearen Differentialgleichung bei geeigneten Randbedingungen genügt. Darin ist „das Potential" als Spezialfall enthalten.

1831 wird die junge Elektrodynamik um ein sehr bedeutendes Stück gefördert durch die Entdeckung der induzierten Ströme durch

Faraday. (Bemerkt sei, daß auch dieser Forscher aus kleinen Verhältnissen kam. Er begann als Buchbinderlehrling und Laboratoriumsdiener.)

So stand die Entwicklung, als Gauß und Weber sich dem Gebiete zuwandten. Schon vor Webers Auftreten in Göttingen hatte Gauß physikalische Fragen bearbeitet. Man findet in Bd. 5 der gesammelten Werke die beiden aus den letzten 20er Jahren stammenden Abhandlungen:

1829: *Über ein neues allgemeines Grundgesetz der Mechanik* („Prinzip des kleinsten Zwanges"),

1830: *Principia generalia theoriae fluidorum in statu aequilibrii* (Theorie der Kapillarität),

die direkt an Lagrange und Laplace anknüpfen. Und nun beginnt das Jahrzehnt der gemeinsamen Arbeit mit Weber, eine der berühmtesten Perioden der Göttinger Universität, die die dauernde Zusammengehörigkeit von Mathematik und Physik in Göttingen begründet.

Als erste große Frucht dieser Zeit ist Gauß' Abhandlung über das absolute Maß bei magnetischen Messungen (1832) zu nennen[1]). Die Rückführung aller Messungen auf drei Grundgrößen, Masse m, Länge l, Zeit t, ist der gewaltige Fortschritt, den sie bringt. Hier tritt der Mathematiker als Gesetzgeber der messenden Physik auf (vgl. das allgemeine Schema, Bd. 5, S. 630). Zugleich bringt diese Arbeit, unter Einführung der Spiegelablesung (als einzelner Zug sei die Benutzung der Fadenaufhängung an Stelle des Spielenlassens einer Nadel auf einer Spitze genannt) eine Verfeinerung der magnetischen Meßinstrumente bis zu astronomischer Genauigkeit.

Mehr als ein Nebenprodukt, gewonnen im Fortschreiten der Arbeiten mit Weber, möchte ich nun die Leistung nennen, die ihrer großen praktischen Bedeutung wegen in weiten Kreisen einen besonderen Ruhm genießt: die Konstruktion des elektromagnetischen Telegraphen. Die Leistung lag darin, für Zwecke der Telegraphie, nicht wie bisher schon geschehen war, optische (Gauß mit dem Heliotrop) oder elektrochemische (Soemmering) Wirkungen zu benutzen, sondern die elektromagnetische, die sich auf viel weitere Strecken exakt übertragen läßt. Übrigens unternahmen die beiden Forscher die diesbezüglichen Experimente, um das Ohmsche Gesetz und gewisse Verzweigungsgesetze (die später durch Kirchhoff ihren endgültigen Ausdruck fanden) zu prüfen. Über die praktische Bedeutung der Resultate waren sie sich jedoch sehr deutlich bewußt. Gauß äußert sich darüber in einem Brief an Schumacher, indem er es nur noch als eine technische und finanzielle Frage hinstellt, ein Nachrichtensystem über die ganze Erde zu verbreiten[2]).

[1]) Intensitas vis magneticae terrestris ad mensuram absolutam revocata, Werke, Bd. 5, S. 79 ff.

[2]) Briefwechsel Gauß-Schumacher, Bd. II, S. 411 u. S. 417.

Die konstruktiven Einzelheiten wurden von Weber durchgeführt. Die Sende- und Empfangsapparate waren in der Sternwarte und in dem physikalischen Institut (an Stelle der heutigen Universitäts-Bibliothek) aufgestellt, die verbindende Leitung hatte auf dem Johannisturm einen Stützpunkt. In Gauß' Werken finden sich Bemerkungen über diese Arbeiten in Bd. 5, S. 338, 356 und 369.

Rein wissenschaftlich bieten die Arbeiten des nächsten Jahres (1834) vielleicht noch mehr Interesse. Hier treten nun die Humboldtschen Anregungen hervor. Auf dem Sternwartengrundstück wird ein magnetisches Observatorium gebaut, und Gauß widmet seine Kräfte der Weiterausbreitung und Ausbildung des magnetischen Vereins, übrigens mit besonderem Vergnügen an dieser organisatorischen Tätigkeit. 1836/37 erscheint das erste Heft der „Resultate aus den Beobachtungen des magnetischen Vereins", von denen im ganzen 7 Hefte vorliegen[1]). Es enthält Angaben über die besondere Art des Instrumentenbaues und der Beobachtungskunst.

Auf Grund der von Gauß und Weber gelieferten Hauptresultate konnte man später zu feineren Einzelfragen übergehen, zu deren Lösung die entwickeltere Technik die Mittel lieferte. Gauß und Weber gelang es (durch Beobachtungen im Abstand von 5 Minuten — bis dahin waren nur stündliche Beobachtungen gemacht worden) die tägliche Variation der Intensität im großen und ganzen festzulegen, und die Anstellung der gleichen Beobachtung an vielen verschiedenen Orten der Erde lieferte das unzweifelhafte Resultat, daß diese Variation auf der ganzen Erde gleichzeitig erfolgte, also jedenfalls terrestrischen Ursprungs sein müßte. Auf Grund dieser Resultate konnten dann später mit feineren Apparaten und häufigeren Beobachtungen die kleineren lokalen Variationen ermittelt werden.

In den folgenden Heften der „Resultate" erscheinen nun Gauß' grundlegende Arbeiten auf diesem Gebiet.

1838/39: *Allgemeine Theorie des Erdmagnetismus* (Bd. 5, S. 119).

1839/40: *Allgemeine Lehrsätze in Beziehung auf die im verkehrten Verhältnisse des Quadrats der Entfernung wirkenden Anziehungs- und Abstoßungskräfte* (Bd. 5, S. 195).

Der Titel der ersten Arbeit könnte vielleicht irreleiten. Es handelt sich nicht um eine physikalische Theorie, sondern um eine interpolatorische Darstellung der Beobachtungsresultate durch Kugelfunktionen, also etwa der ptolemäischen Darstellung des Planetenlaufs entsprechend. Merkwürdigerweise ist Gauß über die Bedeutung seiner Arbeit ganz anderer Meinung. Er glaubt eine Aufklärung über das Wesen der magnetischen Kraft gegeben zu haben — etwa im Sinne des Newtonschen Gesetzes — und verwahrt sich ausdrücklich in der Vorrede gegen das

---

[1]) Herausgeg. von C. F. Gauß und W. Weber.

Verfahren, den Erdmagnetismus durch die Superposition einzelner Magnete darstellen zu wollen, wie es etwa Tobias Mayer vor ihm getan hatte. Tatsächlich ist aber auch sein Verfahren nichts anderes, da man jede Kugelfunktion als Wirkung eines Multipols auffassen kann, wenn man nur zu verschwindend kleinen Dimensionen übergeht. Wegen dieses vollzogenen Grenzüberganges ist die Gaußsche Entwicklung bedeutend bequemer und präziser als die durch Superposition endlicher Magnete erhaltene, aber prinzipiell ist sie nicht davon verschieden.

In dieser Weise stellt nun Gauß das Potential des Erdmagnetismus durch eine endliche Reihe von Kugelfunktionen dar, und zwar geht er bis zur vierten Ordnung einschließlich:

$$V = \frac{P_1}{r^2} + \frac{P_2}{r^3} + \frac{P_3}{r^4} + \frac{P_4}{r^5},$$

wobei P_n ein homogenes Polynom in x, y, z ist, das der Gleichung

$$\Delta P_n = 0$$

genügt. Ein solches Polynom hat $2n + 1$ unabhängige Konstante, so daß also zu der obigen Darstellung die Berechnung von 24 Koeffizienten notwendig ist [1]). Aus dieser Reihe werden nun durch Differentiation die Kräfte X, Y, Z abgeleitet. Daß diese Reihen, auch die durch Differentiation gewonnenen, sich der Beobachtung vorzüglich anschließen, mußte der Rechner vorausahnen. Die Durchführung des Ansatzes ist später auf Grund einer größeren Beobachtungsanzahl oft wiederholt worden, doch zeigte es sich, daß es gerade das Zweckmäßigste ist, die Entwicklung nach den Gliedern vierter Ordnung abzubrechen; bei Berücksichtigung der fünften Ordnung werden die Koeffizienten zu ungenau, die lokalen und zeitlichen Störungen zu bedeutend, um noch eine allgemeine Darstellung von Wert zu liefern. An dieser Stelle sei wiederum eine populär gewordene Leistung erwähnt, nämlich die Berechnung des magnetischen Südpols, die sich als ziemlich genau erwiesen hat.

Ich komme nun zu der an zweiter Stelle genannten Arbeit, in der die *Theorie des Potentials* begründet wird, wie wir sie heute kennen. (Zur Geschichte des Gegenstandes verweise ich auf Math. Enzykl., II A 7b.) Das Wort „Potential" wird in Bd. 5, S. 200 eingeführt, im Atlas für Erdmagnetismus [2]) wird es erklärt als „mögliche Arbeit", die nämlich geleistet würde wenn man einen elektrischen Massenpunkt aus der Unendlichkeit an die beobachtete Stelle brächte. Woher Gauß das Wort „Potential" hat, ist nicht klar ersichtlich. Die Idee einer Kräftefunktion, aus der sich durch Ableitung nach der Richtung die

---

[1]) Die ausführliche Angabe dieser Konstanten findet sich in Bd. 5, S. 150, 151.

[2]) Atlas des Erdmagnetismus nach den Elementen der Theorie entworfen, Supplement zu den Resultaten . . . , herausgeg. von C. F. Gauß und W. Weber. Leipzig 1840.

Newtonschen Anziehungskräfte ergäben, findet sich zuerst bei Lagrange 1773. Die Gleichung $\Delta V = 0$ wird von Laplace 1782 behandelt[1]), die Gleichung $\Delta V = -4\pi\varrho$ im Innern einer Massenbelegung zuerst von Poisson 1813, in einem Spezialfall. Diese Ansätze fand also Gauß vor. Es ergibt sich aber noch eine historisch interessante Frage, nämlich: hat Gauß den Zusammenhang der Potentialtheorie mit der Theorie der Funktionen komplexen Arguments gekannt? Viele Gründe lassen die Bejahung dieser Frage als sehr wahrscheinlich annehmen; doch hat sich Gauß nie in irgendeiner Weise darüber geäußert.

Neben diesen großen mathematischen Arbeiten beschäftigen Gauß aber auch Spekulationen über das Wesen der in der Elektrodynamik auftretenden Kräfte, die uns ganz besonders interessieren müssen. Hierher gehören verschiedene Bemerkungen aus den Jahren 1833—36, und in dem noch nicht abschließend bearbeiteten Nachlaß[2]) wird gewiß noch manches Bemerkenswerte gefunden werden. Hier möchte ich nur aufmerksam machen auf einen Brief an Weber von 1845 (Bd. 5, S. 627—29). Darin findet sich die beachtenswerte Bemerkung, die Zusatzkräfte für die Wechselwirkung zweier bewegter elektrischer Teilchen müßten abgeleitet werden aus einer (ähnlich wie beim Licht) mit der Zeit sich fortpflanzenden Wirkung! In diesen Worten spricht sich unzweifelhaft eine Vorahnung der heutigen Verbindung von Elektrodynamik und Optik aus. Leider wurde dieser Gedanke von Weber nicht aufgenommen, vielmehr völlig zurückgedrängt durch das bald darauf 1846 geschaffene „*Webersche Gesetz*". Nach diesem sollte zwischen den bewegten Teilchen e und e' die instantane Kraft

$$K = e \cdot e' \left(\frac{1}{r^2} - \frac{1}{c^2 \cdot r^2} \left(\frac{dr}{dt} \right)^2 + \frac{1}{c^2 \cdot r} \frac{d^2 r}{dt^2} \right)$$

wirken (die also von der relativen Geschwindigkeit und der relativen Beschleunigung der beiden Teilchen abhängt). Hierin bedeutete c die sog. Webersche Konstante, die die Dimension einer Geschwindigkeit hat und 1855 von Weber und Kohlrausch zu $439450 \cdot 10^6$ mm/sec bestimmt wurde. Dieses Gesetz galt 30 Jahre lang als der Schlußstein der physikalischen Naturerklärung, bis es nach heftigem Widerstand, durch die Maxwellsche Theorie ausgelöscht wurde. Zwar fand schon 1857 Kirchhoff den merkwürdigen Zahlenzusammenhang, daß $\frac{c}{\sqrt{2}}$ gleich der Lichtgeschwindigkeit sei, jedoch ohne jede weitere Bemerkung. Auch bei Weber findet sich diese Tatsache in seiner Arbeit über die elektrischen Schwingungen 1864 (Werke, Bd. 4, S. 105ff); doch fügt er

---

[1]) Auch schon bei Euler tritt diese Gleichung auf; vgl. E. Hoppe: Geschichte der Physik, Braunschweig 1926, S. 80f. Anm. d. Herausg.

[2]) Das Material liegt indessen in Druckbogen zu Bd. 11, 1 von Gauß' Werken fertig vor. Anm. d. Herausg.

hinzu, daß wegen der Unähnlichkeit der Verhältnisse weitere Beziehungen nicht zu vermuten seien (S. 157). Übrigens wurden bei Weber wie bei Kirchhoff immer Schwingungen längs eines Leitungsdrahtes beobachtet; die Tatsache der elektrischen Schwingungen im Dielektrum, wie überhaupt letzterer, von Faraday geschaffene Begriff, war diesen Forschern noch unbekannt. 1858 wagte es Riemann in einer Mitteilung an die Gesellschaft der Wissenschaften[1]), Gedanken, hieran anschließend, auszusprechen, die man als eine Vorausnahme der 1865 von Maxwell begründeten Theorie bezeichnen kann. Doch zog Riemann diese Mitteilung wegen einer kleinen rechnerischen Unexaktheit wieder zurück, so daß sie erst nach seinem Tode bekannt wurde. So dauerte es denn noch viele Jahre, bis die Ideen Maxwells in Deutschland Eingang fanden. Denn auch Helmholtz' Polemik gegen das Webersche Gesetz hatte keinen endgültigen Erfolg. In indirekter Weise hat Helmholtz jedoch großen Anteil an der modernen Entwicklung: er machte seinen Schüler H. Hertz nachdrücklich auf die von England kommenden Ideen aufmerksam und ermutigte ihn zur Fortsetzung seiner Experimente. Das glänzende Gelingen der kühnen Versuche dieses genialen jungen Physikers verhalf schließlich im Jahre 1888 der Maxwellschen Theorie auch in Deutschland zum endgültigen Siege.

Reine Mathematik.

Die besprochenen Arbeiten von Gauß auf dem Gebiet der angewandten Mathematik möchte ich als die Krönung seines Lebenswerkes bezeichnen. Der eigentliche Kern und das Fundament seiner Leistungen aber liegt auf dem Gebiet der *reinen Mathematik*, der er sich in seinen Jugendjahren widmete.

Ich möchte wiederum als Anhaltspunkte einige z. T. schon genannte Daten geben, zu denen ich erst Näheres auszuführen habe.

Gauß wurde am 30. April 1777 in Braunschweig geboren und wuchs in äußerst bescheidenen Verhältnissen auf. Zahlreiche Anekdoten erzählen von der Frühreife des begabten Knaben, der trotz härtester Inanspruchnahme und Widerstände seitens seiner Umgebung mit zäher Energie in gestohlenen Stunden seinen Geist weiterbildete, bis ihm das Glück zuteil wurde, durch seine ungewöhnlichen Leistungen die Aufmerksamkeit hochgestellter Personen auf sich zu ziehen. Hier habe ich nun vor allem den Herzog Ferdinand von Braunschweig zu nennen, dem Gauß zeitlebens von Herzen dankbar ergeben blieb. Er ermöglichte dem Knaben den Besuch des Gymnasiums und später das Universitätsstudium. 1788 trat Gauß in das Catharineum ein, nach dessen Absolvierung 1793 er die eigentliche Vorschule der Universität das Carolinum (das den Keim der heutigen technischen Hochschule

---

[1]) Werke, 1. Aufl. S. 270ff.; 2. Aufl. S. 288ff.

bildet) besuchte. Es folgt dann eine kurze Studienzeit in Göttingen, 1795—98, nach der sich Gauß wieder in seine Heimat in die Nähe seines großherzigen Gönners begibt. Hier in Braunschweig, 1798—1807, erlebt nun Gauß seine Heldenzeit, möchte ich sagen, die Periode der drängenden Produktivität, der großen, fundamentalen Entdeckungen.

Die Gebiete, denen er sich widmet, sind zunächst „die drei großen A": *Arithmetik, Algebra, Analysis.* Die Geometrie nahm ihn, abgesehen von dem Interesse an den Prinzipienfragen, erst später in Anspruch und möge darum in der Besprechung noch zurückgestellt werden.

Eine große Entdeckung eröffnet Gauß' mathematische Tätigkeit und führt ihn zu dem Entschluß, sich dauernd dieser Wissenschaft zu widmen, nachdem er lange Zeit gleichstarke Neigung zur Philologie zu spüren glaubte. Am 30. März 1796 gelingt ihm der Nachweis, daß das *reguläre Siebzehneck* sich mit Zirkel und Lineal konstruieren lasse, oder, anders ausgedrückt: die Auflösung der Gleichung:

$$x^{17} - 1 = 0, \quad \text{bzw.:} \quad x^{16} + x^{15} + x^{14} + \cdots + x + 1 = 0$$

durch Quadratwurzeln. Gauß war noch nicht 19 Jahre alt, als ihm diese Entdeckung zufiel, die mit einem Schlage das seit zwei Jahrtausenden in der Entwicklung stehen gebliebene Problem der Konstruierbarkeit regulärer Vielecke um ein gewaltiges Stück förderte, ja endgültig abschloß. Denn es gelang ihm auch bald, das Kriterium für die Konstruierbarkeit eines beliebigen regulären n-Ecks zu geben, indem er die Lösbarkeit des Problems als allein abhängig von der zahlentheoretischen Natur der Zahl n erkannte, die, im Falle n Primzahl ist, die Form $n = 2^{2^k} + 1$ haben muß. Mit dieser überraschenden Leistung trat der junge, unscheinbare, etwas linkische Student, der in Göttingen sehr zurückgezogen fast ausschließlich seiner privaten Arbeit lebte, plötzlich an die Öffentlichkeit. Sein Gönner Zimmermann ließ in dem „Jenenser Intelligenzblatt" 1796 eine kurze Notiz veröffentlichen, der er selbst eine Bemerkung hinzufügt, in der er auf Gauß' außergewöhnliche Leistung hinweist[1]). Dies ist Gauß' erste Publikation, wenn auch bei weitem nicht seine erste wissenschaftliche Leistung, wie wir später sehen werden. Es folgt 1799 die Helmstedter Dissertation, die den *Beweis des Fundamentalsatzes der Algebra* zum Gegenstand hat. Schon in diesen jungen Jahren wählt Gauß seine Ausdrucksform sehr vorsichtig, indem er seine tiefsten Ideen verhüllt, um sie zunächst noch für sich auszubilden. So vermeidet er hier sorgfältig die Erwähnung imaginärer Größen, deren Bewußtsein doch deutlich dem ganzen Gedankengang zugrunde liegt, und spricht nur von der Zerlegung jedes Polynoms in reelle Faktoren ersten oder zweiten Grades. Er operiert

[1]) Gauß Werke, Bd. 10, 1, S. 3.

dabei in einer xy-Ebene, ohne irgendwo anzudeuten, daß es sich dabei um eine geometrische Deutung der komplexen Zahlen $x + iy$ handelt.

Diesen aus Dankbarkeit gegen den Herzog erfolgten selbständigen Publikationen schließt sich nun 1801 Gauß' erstes großes Meisterwerk an: *Disquisitiones Arithmeticae*. Durch die sehr langwierige Drucklegung in Goslar wurde das Erscheinen des Werkes bedeutend verzögert, so daß der Beginn um mehrere Jahre früher anzusetzen ist. Mit diesem großen Wurf schließt die rein mathematische Entdeckerzeit ab und Gauß wird, wie wir gesehen haben, mehr und mehr von Fragen der angewandten Mathematik, zunächst der Astronomie, in Anspruch genommen. Auch die 1809 erschienene theoria motus ist, sowohl ihrer Entstehungszeit als ihrem mathematischen Gehalt nach noch in die Zeit des Braunschweiger Aufenthaltes zu rechnen.

In den *Disquisitiones Arithmeticae*[1]) schuf Gauß im eigentlichen Sinne die moderne Zahlentheorie und bestimmte bis zum heutigen Tage die ganze folgende Entwicklung. Unsere Bewunderung für diese Leistung muß noch wachsen, wenn wir beobachten, wie Gauß diese ganze Gedankenwelt ursprünglich rein aus sich selbst schafft, ohne irgendwelche äußere Anregung. Denn die geschichtliche Forschung ergibt, wie wir noch sehen werden, daß Gauß die meisten seiner Entdeckungen schon besaß, ehe er in Göttingen die erste diesbezügliche Literatur kennen lernte, nämlich Euler, Lagrange und Legendre, die seinem leidenschaftlichen Interesse das Selbstgeschaffene neu darboten. Außer dieser Lektüre und einem spärlichen Kollegienbesuch bei Kaestner hat sich Gauß keinem Einfluß überlassen als dem Gebot seines eigenen unerbittlichen Schaffensdranges.

Den Inhalt des Werkes möchte ich hier zunächst äußerlich angeben. Er umspannt drei Teile. Der erste beschäftigt sich mit der Frage der *quadratischen Reste* und enthält den ersten Beweis des *quadratischen Reziprozitätsgesetzes*, dieses fundamentalen Satzes aller Zahlentheorie. Drückt man in Legendres bequemer Schreibweise durch $\left(\frac{q}{p}\right) = +1$ die Tatsache aus, daß q als Rest eines Quadrats nach dem Modul p auftreten kann, durch $\left(\frac{q}{p}\right) = -1$, daß dies nicht der Fall ist (q ist ein „Nichtrest" mod p), so heißt das Reziprozitätsgesetz

$$\left(\frac{q}{p}\right) \cdot \left(\frac{p}{q}\right) = (-1)^{\frac{p-1}{2} \cdot \frac{q-1}{2}}$$

d. h. $\left(\frac{q}{p}\right)$ und $\left(\frac{p}{q}\right)$ besitzen so oft gleiches Vorzeichen, als nicht beide von der Form $4n + 3$ sind. Diesen Satz nannte Gauß im Bewußtsein seiner großen Bedeutung das „theorema aureum". Schon Euler hat

[1]) Werke, Bd. 1.

ihn erkannt, ohne ihn jedoch beweisen zu können. Auch Gauß fand ihn zunächst rein induktiv, vom Zahlenmäßigen ausgehend, danach erst erzwang er sich in härtester Arbeit den deduktiven Beweis. Diese für Gauß charakteristische Arbeitsweise wird uns im Verlauf der Betrachtung wieder und wieder begegnen.

Im zweiten Teil der Disquisitiones Arithmeticae beschäftigt sich Gauß mit der Theorie der *quadratischen Formen*, d. h. mit der Frage, welche Werte durch $am^2 + 2bmn + cn^2$, wo a, b, c ganze Zahlen sind, dargestellt werden für ganzzahlige m und n.

Der dritte Teil endlich handelt von der *Auflösbarkeit der Kreisteilungsgleichung* $x^n = 1$ *durch Quadratwurzeln.* — Das Kriterium $n = 2^{2^k} + 1$ haben wir schon angegeben.

Diese Andeutungen müssen hier genügen[1]; sie erschöpfen nicht den Inhalt des großen Werkes, am wenigsten aber werden sie der darin verkörperten außerordentlichen Energie des Gedankens gerecht, die unter Überwindung aller Hemmungen oft auf dem schwierigsten Wege jeweils zum vollen Beweise führt. Freilich, wer einen Einblick in die Geschichte der großen, hier niedergelegten Entdeckungen zu gewinnen wünscht, der wird sich durch das Studium der Disquisitiones Arithmeticae nicht befriedigt fühlen. Diese lückenlose, mit unerbittlicher Strenge durchgeführte Deduktion verrät nichts von den Entdeckungsversuchen und überwundenen Schwierigkeiten. Die Darstellung knüpft an keinerlei allgemeine Gesichtspunkte an, beschäftigt sich auch nicht etwa mit der Frage, welche Bedeutung die aufgeworfenen Probleme haben, die so virtuos gelöst werden, und ist darum in ihrer Unzugänglichkeit äußerst schwierig zu lesen. Erst durch Dirichlets interpretierende Vorlesungen, die eine vorzügliche Einführung in Gauß' Problemstellung und Denkweise geben, ist dem Werk zu der ihm gebührenden Wirkung verholfen worden.

Neben diesen abgeschlossenen selbständigen Werken, die, wie schon erwähnt, ihre frühzeitige Entstehung wesentlich dem Verpflichtungsgefühl gegen den Herzog Ferdinand verdanken — Gauß gibt seiner Dankbarkeit gegen ihn in der Widmung zu den Disquisitiones Arithmeticae besonders schönen und würdigen Ausdruck —, entstehen später eine große Reihe einzelner Abhandlungen, die meist in den Schriften der Göttinger Gesellschaft der Wissenschaften veröffentlicht worden sind.

In der *Algebra* ist es vor allem der *Fundamentalsatz*, der Gauß wieder und wieder beschäftigt hat. Auf den Beweis der Dissertation (1799)

---

[1]) Es ist dies eine der Stellen, wo der im Vorwort erwähnte fragmentarische Charakter dieser Vorträge klar zum Ausdrucke kommt. Man vergleiche hierzu etwa den (von Klein angeregten) Artikel von P. Bachmann: „Über Gauß' zahlentheoretische Arbeiten“, Gauß' Werke, Bd. 10, 2, Abh. I. Anm. d. Herausg.

folgt 1815 ein ganz neuer und 1816 wiederum einer, der sich völlig anderer Methoden bedient. Während in der Abhandlung von 1815 der Beweis so gewandt wird, daß nur das reelle Gebiet in Betracht gezogen zu werden braucht, verwendet Gauß in der Arbeit von 1816 Doppelintegrale in der komplexen Ebene. 1849 anläßlich seines goldenen Doktorjubiläums kam dann Gauß noch einmal auf den Beweis von 1799 zurück[1]).

Ähnlich wie in der Algebra schließen sich auch in der Arithmetik alle folgenden Arbeiten wesentlich an ein Grundproblem, das theorema aureum, an, zu dem Gauß nicht weniger als sechs verschiedene Beweise geschaffen hat. Sie sind in den Arbeiten von 1808 und 1817 veröffentlicht, in denen auch auf kubische und biquadratische Reste hingewiesen wird. Dem theorema aureum entsprechende Sätze über biquadratische Reste sind dann in den Abhandlungen von 1825 und 1831 enthalten, die durch Einführung der Zahlen $a + bi$ (wo a und b ganze Zahlen bedeuten) zugleich das Gebiet der Zahlentheorie ungeheuer bereichern[2]).

Die Arbeiten in der *Analysis* schließlich möchte ich nach Schlesingers Anregung als Teile eines großen dreigliedrigen Werkes auffassen, das freilich seinen Abschluß nicht mehr gefunden hat. Teil I bildet die Abhandlung von 1812 über die *hypergeometrische Reihe*

$$F(\alpha, \beta, \gamma, x) = 1 + \frac{\alpha \cdot \beta}{1 \cdot \gamma} \cdot x + \frac{\alpha \cdot (\alpha + 1) \cdot \beta \cdot (\beta + 1)}{1 \cdot 2 \cdot \gamma \cdot (\gamma + 1)} x^2 + \cdots$$

(eine Reihe, deren besondere Bedeutung darin liegt, daß sie sehr viele unserer bekannten Reihen als Spezialfall enthält). Wie schon bei der Darlegung der astronomischen Arbeiten bemerkt wurde, enthält dieses Werk u. a. die ersten exakten Konvergenzkriterien. Der zweite Teil würde dann die *Theorie der Differentialgleichungen* mit rational von x abhängigen Koeffizienten behandelt haben, für welche die hypergeometrische Reihe ein partikuläres Integral bildet. Damit wäre die Behandlung der elliptischen Modulfunktionen mit Umkehr verbunden gewesen, die sich ebenfalls durch hypergeometrische Reihen darstellen lassen. Schließlich hätte Teil III die *Theorie der allgemeinen elliptischen Funktionen* enthalten.

Von den unter II und III eingeordneten Dingen aber hat Gauß nichts publiziert, und erst die Durchforschung des Nachlasses förderte diese Schätze zutage, deren Besitz die Welt nun ein für allemal Abel (1825) und Jacobi (1827) verdankt. (Genaueres über das Verhältnis der Gaußschen Resultate zu den später von Abel und Jacobi gefundenen vgl. Kap. 3, S. 100ff.) Nur kleine Andeutungen finden sich, so in den Disquisitiones Arithmeticae[3]) über die Lemniskate und in den Säkular-

[1]) Wieder abgedruckt Gauß' Werke, Bd. 3, S. 1ff., S. 31ff., S. 57ff., S. 71ff.
[2]) Vgl. Werke, Bd. 2. — Vgl. auch unten S. 38f.
[3]) Art. 335; Werke, Bd. 1, S. 412f.

störungen 1808, wo der Zusammenhang der lemniskatischen Periode mit dem arithmetisch-geometrischen Mittel gegeben ist durch die Formel

$$\omega_1 = \frac{1}{\mu(m,n)} = \int_{0^0}^{360^0} \frac{dt}{2\pi\sqrt{m^2\cos^2 t + n^2\sin^2 t}}.$$

Auch hier hat also Gauß wieder die äußerste Zurückhaltung geübt. Immerhin riefen schon die wenigen veröffentlichten Stücke seiner geistigen Schöpfung einen ganz gewaltigen Eindruck bei seinen Zeitgenossen hervor sowohl wegen der Neuheit und Bedeutung des mathematischen Inhalts als auch wegen der zwingenden Strenge der Durchführung. Bald verbreitete sich auch das Gerücht, daß Gauß im Besitz noch viel größerer, ungeahnter Erkenntnisse sei, was dann wieder ebenso lebhaft bestritten wurde. So gelangte Gauß besonders bei den Jüngeren zu einer grenzenlosen, von Mißtrauen nicht ganz freien Achtung und Verehrung, die vereint mit der Unnahbarkeit seines Wesens nicht gerade dazu beitrug, ihm nähere Beziehungen zu erwerben. Z. B. vermied Abel auf seiner Reise von Paris nach Berlin 1827 ausdrücklich Göttingen, um einer Begegnung mit Gauß zu entgehen. Wahrscheinlich wäre Gauß dem schüchternen, ungelenken jungen Mann durchaus liebenswürdig entgegengekommen. So fand Dirichlet ohne weiteres Zugang zu ihm, ebenso später Eisenstein, beide auf Humboldts lebhafte Empfehlung hin. Hingegen ließ Gauß Jacobi, dessen nicht eben liebenswürdiges, sarkastisches Wesen seiner Natur durchaus zuwiderlief, recht deutlich abfallen.

Erst die Nachwelt ist imstande, die Frage nach Gauß' wissenschaftlichem Besitz zu entscheiden, und sie förderte Schätze zutage, die alle Erwartungen weit übertreffen. Je mehr wir allmählich in den Gaußschen Nachlaß eindringen, um so mehr wächst unsere Bewunderung für diesen gewaltigen Genius, dem jede Schwierigkeit und jede Schranke schließlich weichen mußte.

Die ersten hier für uns in Betracht kommenden Stücke des Nachlasses sind bereits Anfang der 70er Jahre durch Schering in Bd. 2 und 3 der Werke veröffentlicht worden, aber nur z. T. historisch geordnet, weil die Anhaltspunkte, die wir heute haben, noch nicht alle bekannt waren. Es folgt dann allmählich die Herausgabe der wichtigsten Briefwechsel, so schon 1860/62 die von Peters besorgte Ausgabe der Korrespondenz mit Schumacher, 1880 die Auwerssche der Gauß-Bessel-Briefe, die, obwohl sie sich hauptsächlich um astronomische Fragen drehen, doch auch viel mathematisch wertvolles Material enthalten. 1811 z. B. bespricht Gauß in einem Briefe[1]) das Integral $\int \frac{dx}{x}$ in der komplexen

[1]) Werke, Bd. 8, S. 90ff.

Ebene und gibt den Wert des Integrals über eine den Nullpunkt k-mal umschlingende Kurve an zu $\int \frac{dx}{x} = 2k\pi i$; dies lange, ehe Cauchy seine großen Arbeiten über Integrale im komplexen Gebiet schuf! Schließlich ist in diesem Zusammenhang (der die Geometrie außer Acht läßt, darum Bolyai und Gerling nicht heranzieht) noch der Briefwechsel mit Olbers, 1900 herausgegeben von Schilling in Bremen, zu erwähnen.

Von 1898 an beginnt dann unsere Weiterführung der Herausgabe von Gauß' Werken, die aus der Bearbeitung des gesamten, auch des nichtpublizierten Nachlasses herauswächst. Hier muß ich nun einige unerfreuliche Umstände doch erwähnen, die für das ganze Unternehmen nicht eben förderlich gewesen sind. Nach Gauß' Tode 1855 wurde nämlich der Nachlaß von der Regierung angekauft, aber nur insofern er „von wissenschaftlicher Bedeutung" sei; der „private", insbesondere der belletristische Teil der Bibliothek kam an die Familie und wurde hier im Laufe der Jahre bis zu gänzlicher Unauffindbarkeit zersplittert. Wie bedauerlich diese Tatsache ist, geht in einem, glücklicherweise noch günstig erledigten Falle deutlich hervor: in dem des *Gaußschen Tagebuchs*[1]). Dieses unvergleichlich wichtige Dokument der Gaußschen und aller mathematischen Entwicklung überhaupt war als ein unscheinbares kleines Heft „privaten" Inhalts der Familie überwiesen worden. 1899 wurde es von Stäckel bei einem Enkel von Gauß in Hameln entdeckt und konnte nur mit Mühe zu wissenschaftlicher Bearbeitung erlangt werden. Es enthält in fortlaufender Datierung die Entdeckungen von 1796—1801 annähernd vollständig, dann mit großen Unterbrechungen die bis 1814. Wieviel anderes wichtiges Material mag verloren gegangen sein? Dieser Gedanke muß uns besonders bewegen, wenn wir von den wenigen Büchern, die Gauß in seiner Jugend besaß, diejenigen durchsehen, die uns überlassen wurden. Mit einem ganz eigentümlichen Sinn für Papierersparnis, der aus seiner harten Jugendzeit stammen mag, hat nämlich Gauß jeden freien Raum mit winzig klein gekritzelten Aufzeichnungen bedeckt. In dieser Beziehung ist ganz besonders wichtig ein im übrigen belangloses mit weißen Blättern durchschossenes Rechenbuch von Leiste, das Gauß schon vor seiner Göttinger Zeit besessen hatte, und das ihm nun, parallellaufend neben dem Tagebuch, bis 1798 für Aufzeichnungen aller Art diente. In dieser merkwürdigen Weise ist uns z. B. die Darstellung elliptischer Funktionen durch ein unendliches Produkt überliefert.

Für die Zeit nach 1798 kommen die „Schedae", später „Handbücher" in Betracht und viele einzelne Zettel, die z. T. mit Hilfe des übrigen Materials datiert werden können.

---

[1]) Werke, Bd. 10, 1, S. 483 ff.

Die aus der Bearbeitung dieses Nachlasses gewonnene Erkenntnis von Gauß' Schaffen ist selbstverständlich noch nicht abgeschlossen. Dennoch konnten wir mit Veröffentlichungen nicht warten, bis einmal alle, jetzt vielleicht noch nicht einmal geahnten Aufschlüsse aus dem vielfach rätselhaften und vielverschlungenen Material gewonnen sein würden. Wir mußten vielmehr die überaus interessanten Resultate möglichst bald zur allgemeinen Kenntnis bringen und uns gefallen lassen, daß unser weiteres Studium uns in manchen Punkten Irrtümer nachweisen würde. Als ein besonders krasser Fall der irreleitenden Familientradition möge erwähnt werden, daß die Buchausgabe des Tagebuchs ein angebliches Gaußporträt aus der Olbersschen Zeit enthält, welches, wie sich inzwischen unzweifelhaft ergeben hat, trotz aller beglaubigenden Erklärungen in Wahrheit den zu gleicher Zeit bei Olbers viel verkehrenden Bessel darstellt.

Nach dem heutigen Stande der Gaußforschung ergibt sich nun offenbar folgendes Bild seiner mathematischen Entwicklung.

Erste, *vorhistorische Periode*, wie ich die Zeit bis zum Beginn des Tagebuches nennen möchte.

Ein natürliches Interesse, ich möchte fast sagen, eine gewisse kindliche Neugier, führen den Knaben unabhängig von allen äußeren Einflüssen zuerst auf mathematische Fragen. Und zwar ist es das reine Handwerk des Zahlenrechnens, das ihn zunächst anzieht. Er rechnet immerfort mit einem geradezu überwältigenden Fleiß und nicht zu ermüdender Ausdauer. Durch diese fortwährende Übung im Handhaben der Zahlen, z. B. Dezimalbrüchen von unglaublicher Stellenzahl, erwirbt er sich nicht nur die erstaunliche Virtuosität der Rechentechnik, die ihn zeitlebens auszeichnete; er erringt sich auch ein ungeheures Gedächtnismaterial an bestimmten numerischen Werten und damit eine Kennerschaft und einen Überblick im Reiche der Zahlen, wie ihn vorher und nachher wohl kaum jemand besessen hat. Neben dem Zahlenrechnen beschäftigt ihn das numerische Operieren mit unendlichen Reihen. Von den Erfahrungen, die er an seinen Zahlen macht, also auf induktivem, „experimentellem" Wege, kommt er dann schon frühe zu der Erkenntnis allgemeiner Beziehungen und Gesetze. Diese Arbeitsweise ist bereits gelegentlich des theorema aureum erwähnt worden. Sie ist im 18. Jahrhundert, z. B. auch bei Euler, nicht so selten, steht aber zu den heutigen Gewohnheiten der Mathematiker in starkem Gegensatz.

Einer der ältesten Gegenstände, der Gauß' Entdeckerlust reizte, ist das sog. *arithmetrisch-geometrische Mittel.* Sozusagen um die Vorzüge der beiden Mittel $m' = \frac{m+n}{2}$ und $n' = \sqrt{m \cdot n}$ durch Mischung zu vereinigen, setzt er die Methode der Bildung fort:

$$m'' = \frac{m'+n'}{2}, \quad n'' = \sqrt{m' \cdot n'}$$

und bemerkt — natürlich mit bestimmten Zahlen rechnend, etwa $m = 1$, $n = \sqrt{2}$ — daß das Verfahren konvergiert gegen einen Wert, den er bis auf viele Dezimalen bestimmt. Selbstverständlich ahnte Gauß zu dieser Zeit noch nicht die Tragweite, die diese Tatsache einst in der Theorie der elliptischen Funktionen haben sollte. Wir begegnen aber hier einer seltsamen und gewiß nicht zufälligen Erscheinung. All diese frühen, nur zu eigner Lust ersonnenen Gedankenspiele sind Ansätze zu dem großen, erst viel später bewußt gewordenen Ziel. Es ist eben die ahnende Weisheit des Genies, selbst bei den halbspielenden Erstlingsproben der Kräfte, ohne Bewußtsein des tieferen Sinnes, die Spitzhacke gerade da ans Gestein zu setzen, wo die Goldmine verborgen liegt. — Es kommt nun das Jahr 1795, über das wir etwas nähere Zeugnisse besitzen. Nach Gauß' eigener Aussage fand er damals die Methode der kleinsten Quadrate. Dann erfaßt ihn (immer noch vor seiner Göttinger Zeit), nachhaltiger als bisher, das leidenschaftliche Interesse an den ganzen Zahlen, wovon die Vorrede der Disquisitiones Arithmeticae lebhaft Zeugnis gibt. Unbekannt mit jeglicher Literatur, muß er sich alles und jedes selbst erschaffen. Auch hier ist es wieder der unermüdliche Rechner, der die Wege ins Unbekannte bahnt. Gauß legt große Tabellen an, der Primzahlen, der quadratischen Reste und Nichtreste, der Brüche $\frac{1}{p}$ für $p = 1$ bis $p = 1000$ in Dezimalbrüchen ausgedrückt, und zwar bis zur vollen Periode, was unter Umständen eine Stellenzahl von mehreren Hunderten bedeutet! Bei dieser letzten Tabelle verfolgte Gauß den Zweck, die Abhängigkeit der Periode vom Nenner p kennen zu lernen. Welcher heutige Forscher würde wohl diesen seltsamen Weg einschlagen, um einen neuen Satz zu finden? Für Gauß aber führte gerade dieser, den er mit unerhörter Energie verfolgte — er selbst behauptet, daß er sich von den anderen Menschen nur durch seinen Fleiß unterscheide! — zum Ziel. So findet er, wie schon Euler vor ihm, numerisch-induktiv das quadratische Reziprozitätsgesetz, das „theorema aureum". — Im Herbst 1795 erfolgte nun die Übersiedelung nach Göttingen, wo er die ihm zum erstenmal dargebotene Literatur, Euler und Lagrange, geradezu verschlungen haben muß. Da trifft ihn am 30. März 1796 sein Tag von Damaskus. Mit ihm beginnt die

Zweite Periode, nämlich die der regelmäßigen Führung des Tagebuches, 1796—1801.

Gauß war schon seit längerer Zeit mit der Gruppierung der Einheitswurzeln $x^n = 1$ auf Grund seiner Theorie der „Primitivwurzeln" beschäftigt. Da steht plötzlich morgens vor dem Aufstehen klar und deutlich vor ihm, daß die Konstruierung des Siebzehnecks aus seiner Theorie folgt. Wie schon bemerkt, bedeutet diese Entdeckung einen Wendepunkt in Gauß' Leben. Er faßt den Entschluß, sich nicht der

Philologie, sondern ganz der Mathematik zu widmen. Mit diesem Datum beginnt nun das Tagebuch, das interessanteste Dokument, daß wir über Gauß' Entwicklung besitzen. Hier tritt uns nicht der unnahbare, abgeschlossene, vorsichtige Mann entgegen; hier sehen wir Gauß, wie er seine großen Entdeckungen erlebte und empfand. Er äußert seine Freude und Genugtuung auf das lebhafteste, er legt sich lobende Attribute bei und bricht in begeisterte Ausrufe aus. Wir sehen die stolze Reihe der großen Entdeckungen in Arithmetik, Algebra und Analysis (freilich nicht vollständig) vor uns, und erleben die Genesis der Disquisitiones Arithmeticae. Fast rührend mutet es einen an, zwischen diesen Spuren eines gewaltsam hervorbrechenden Genius die Anzeichen der treuen Schülerarbeit im Kleinen zu finden, die auch einem Gauß nicht erspart blieb. Da findet sich eine Verzeichnung gewissenhafter Differenzierübungen, und unmittelbar vor der Lemniskatenteilung stehen ganz banale Integralsubstitutionen, wie sie jeder Student üben muß.

Ich möchte nun eine kleine Zusammenstellung von besonders charakteristischen Bemerkungen des Tagebuchs geben. Ich führe sie numeriert an nach Art der Zählung in Bd. 10, 1 der gesammelten Werke.

1. Am 30. März 1796: Die geometrische Teilung des Kreises in 17 Teile.

2. 8. April: Der erste exakte Beweis des „theorema aureum". Dieser äußerst umständliche Beweis, der allein acht verschieden zu behandelnde Fälle enthält, ist dennoch höchst bemerkenswert wegen der unerschrockenen Konsequenz der Durchführung. Kronecker nennt ihn eine „Kraftprobe des Gaußischen Genius". Mit

51. 7. Januar 1797 beginnt nun die Beschäftigung mit der Lemniskate und in

60. 19. März 1797 hat er den Grund — „cur" — gefunden für das Auftreten des Exponenten n^2 in der Lemniskatenteilungsgleichung. Das heißt also nichts anderes, als daß er unter Zuhilfenahme des komplexen Gebiets die doppelte Periodizität des lemniskatischen Integrals

$$\int \frac{dx}{\sqrt{1-x^4}} = \int \frac{dx}{\sqrt{(1-x)(1+x)(1-ix)(1+ix)}}$$

erkannt hat. Unter

80. im Oktober findet sich der Beweis des Fundamentalsatzes der Algebra, der ihm 1799 die Doktorwürde erwarb.

Nun aber kommt er unter

98. 30. Mai 1799 zu einem hochbedeutsamen Resultat: er findet den Zusammenhang des arithmetisch-geometrischen Mittels mit der Länge der Lemniskate, und zwar wiederum auf rein rechnerischem Wege, indem er den Wert $\frac{1}{M(1, \sqrt{2})}$ bis auf 11 Dezimalen bestimmt. Ohne noch die Verhältnisse klar zu erkennen, übersieht er die Tragweite dieser Entdeckung, die ein „ganz neues Feld der Analysis" eröffne. Von

da an geht die Entwicklung auf dem Gebiet der elliptischen Funktionen rapide vorwärts. Zunächst beschäftigt er sich noch mit der „lemniskatischen" Funktion, d. h. mit dem Spezialfall eines quadratischen Periodenparallelogramms. Die Nummern

105—109. vom 6. Mai bis 3. Juni 1800 aber verzeichnen die Entdeckung der allgemeinen doppeltperiodischen Funktionen. Das Quadrat ist durch das allgemeine Parallelogramm ersetzt. Damit ist die volle Theorie der allgemeinen elliptischen und der Modulfunktionen geschaffen, und mit einem Schlage die Entwicklung noch über Abel und Jacobi hinausreichend vorausgenommen.

Mit der zunehmenden astronomischen Beschäftigung findet dann die große Entdeckerperiode ihren Abschluß. Erwähnen möchte ich noch

144. 23. Oktober 1813, wo die wahre Theorie der biquadratischen Reste und die Einführung der Zahlen $a + bi$ auch in die Zahlentheorie gegeben ist. Diese Entdeckung erfüllte Gauß offenbar mit besonderer Freude. Denn er fügt hinzu, daß ihm die seit 7 Jahren vergeblich gesuchte Lösung zusammen mit der Geburt eines Sohnes beschert worden ist.

Ich möchte nun die Betrachtung dieses einzigartigen Dokumentes nicht verlassen, ohne noch einige Bemerkungen allgemeiner Art anzuschließen.

Es gibt vielleicht Leute, welche bedauern, daß Gauß so viel Kraft auf schon erledigte Probleme gewendet hat, daß er ohne jede Anleitung und Hilfe alle die Schwierigkeiten noch einmal überwinden mußte, deren Besiegung bereits Allgemeingut der Wissenschaft war. Dieser Meinung gegenüber möchte ich den Segen der Selbsttätigkeit nachdrücklichst hervorheben. Gerade an diesem Beispiel können wir die pädagogische Weisheit lernen, daß es offenbar bei einer erfolgbringenden Entwicklung eines Individuums viel weniger ankommt auf die Erwerbung von Kenntnissen als auf die Ausbildung von Fähigkeiten. Die Hartnäckigkeit, mit der Gauß einen einmal erwählten Weg verfolgte, das jugendliche Ungestüm, mit dem er regelmäßig unbekümmert gerade den steilsten Anstieg zum Ziele in Angriff nahm — diese harten Proben stärkten seine Kraft und machten ihn fähig, nach Überwindung der auch von anderen beseitigten Hemmungen unaufhaltsam weiter über sie hinauszuschreiten.

Und zu diesem Lobe der Selbsttätigkeit möchte ich noch ein zweites hinzufügen: das Lob der Jugend. Das, was ich sagen will, bedeutet vielleicht nur, daß die Entwicklung des mathematischen Genies denselben Gesetzen unterliegt wie die jeder anderen produktiven Gabe: in den jungen Jahren, wenn der Mensch körperlich eben voll ausgewachsen ist, setzt die Zeit der großen, sich überstürzenden Offenbarungen ein; hier schafft er, was er als eigenen neuen Wert in die Welt zu bringen hat, mag auch seine Äußerungsmöglichkeit vielleicht der Fülle der zuströmenden Ideen noch nicht gewachsen sein. Das anschließende, weniger gesegnete und gedrängte Leben bietet dann die Zeit des Ausbaues und der Verwertung, für welche Reife des Urteils, Erfahrung, Ausmaß und Beherrschung der eigenen Kräfte, also alle die Güter des Alters erforderliche Vorbedingungen sind. So erfährt die Welt oft erst von einer Leistung, deren Kern vielleicht 20 Jahre zurückliegt und glaubt den Mann auf der Höhe seines Schaffens, der, im Ausbau seines Lebenswerkes begriffen, nicht mehr imstande ist, es auch nur um einen neuen Zug zu bereichern.

Nachdem ich so Gauß' Arbeiten zur reinen Mathematik mehr äußerlich gekennzeichnet habe, möchte ich nun diesen Vorträgen eine Wendung geben und, um mir für später die nötige Bewegungsfreiheit zu sichern, an einigen Punkten tiefer in die Materie hineingehen. Ich wähle als Beispiel für Gauß' produktive Leistung einiges aus der *Theorie der elliptischen Funktionen* und aus der *Zahlentheorie*; zur Charakteristik seiner kritischen Strenge möchte ich schließlich einige Beispiele aus den Arbeiten zur *Grundlage der Geometrie* bringen.

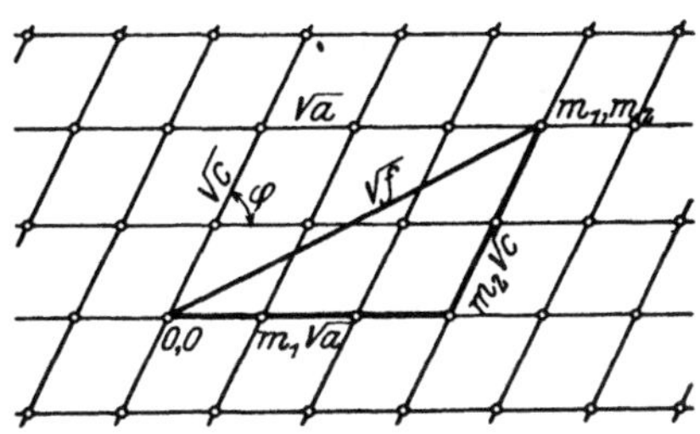

Fig. 1.

Am leichtesten gelingt wohl die Einführung in das erstgenannte Gebiet, wenn ich an eine ganz elementare Figur erinnere, an die Einteilung der Ebene durch zwei Systeme äquidistanter, paralleler Geraden. Das einem solchen Netz kongruenter Parallelogramme, einem „*Gitter*", entsprechende räumliche Gebilde ist jedermann von der Kristallographie her bekannt. Dieser wichtige, nicht nur äußerliche Zusammenhang wird auch von Gauß betont in einer Anzeige des Seeberschen Buches über ternäre quadratische Formen, 1831 (Werke, Bd. 2, S. 188), in der Gauß zum ersten Mal zahlentheoretische Dinge durch geometrische Beziehungen anschaulich erläutert.

Wir wollen uns hier auf das binäre Gebiet beschränken und nur positiv definite Formen in Betracht ziehen, d. h. solche Formen

$$f = a m_1^2 + 2\, b m_1 m_2 + c m_2^2,$$

die für alle reellen Wertepaare m_1, m_2 einen positiven Wert besitzen. Dafür ist notwendig und hinreichend, daß für die a, b, c folgende Bedingungen bestehen:

$$a > 0, \qquad b > 0, \qquad b^2 - ac = -D < 0.$$

Über den zahlentheoretischen Charakter der a, b, c machen wir zunächst nur die Voraussetzung der Realität, während es im Wesen dieser Betrachtungsweise liegt, daß die Zahlen m_1, m_2 ganz sein sollen.

Die Eigenschaften einer solchen Form studieren wir nun geometrisch an der erwähnten Figur (vgl. Fig. 1). In der Art eines schiefwinkligen Koordinatensystems ist jedem Gitterpunkt ein bestimmtes Wertepaar m_1, m_2 zugeordnet. Wir erteilen nun speziell dem Grundparallelogramm die Seiten $\sqrt{a}$ (in der m_1-Richtung), $\sqrt{c}$ (in der m_2-Richtung) und lassen sie um einen Winkel φ gegen einander geneigt sein, der gegeben ist durch die Bestimmung $\cos\varphi = \frac{b}{\sqrt{ac}}$. Dann ist die Diagonale des Grundparallelogramms gegeben durch $\sqrt{a + 2b + c}$ und allgemein bedeutet die Form $f = am_1^2 + 2bm_1 m_2 + cm_2^2$ das Quadrat des Abstandes des Gitterpunktes m_1, m_2 vom Nullpunkt. Es ist nun möglich, auf diese Weise zahlentheoretische Probleme experimentell geometrisch zu lösen. So wäre z. B. die Frage, ob eine bestimmte ganze Zahl A durch die gegebene Form f darstellbar und welches Wertepaar m_1, m_2 dazu nötig sei, zu beantworten, indem man mit $\sqrt{A}$ einen Kreis um den Nullpunkt schlägt und sieht, ob er durch einen Gitterpunkt geht. Auch die zahlentheoretisch wichtige Größe D gewinnt eine einfache geometrische Bedeutung; es ist nämlich $\sqrt{D} = \sqrt{ac - b^2}$ gleich dem Inhalt des Elementarparallelogramms.

Wir gehen nun weiter zu zahlentheoretischen Grundbegriffen, wie sie schon bei Lagrange vorkommen. Da ist vor allem der Begriff der *Äquivalenz*. Äquivalent nennen wir Gitter, welche dieselben Gitterpunkte enthalten, nur durch andere Gitterstäbe verbunden. Solche Gitter gehen in einander über durch die Transformation

$$m'_1 = \alpha m_1 + \beta m_2\,, \quad m'_2 = \gamma m_1 + \delta m_2\,, \quad \text{wo} \quad \alpha\delta - \beta\gamma = 1$$

ist und $\alpha, \beta, \gamma, \delta$ übrigens beliebige ganze Zahlen bedeuten. Bei dieser Transformation bleibt der Flächeninhalt $\sqrt{D}$ ungeändert, doch reicht diese Bedingung nicht hin, die Äquivalenz sicherzustellen. Anschaulich ist jedenfalls klar, daß es unendlich viele äquivalente Gitter gibt und unter diesen immer mindestens eines, dessen Elementarparallelogramm einem Rechteck am nächsten kommt. Ein solches Gitter nennen wir *reduziert*; wir konstruieren es, indem wir den kleinsten Abstand eines Gitterpunktes vom Nullpunkt als Parallelogrammseite $\sqrt{a}$ bestimmen, den nächstgrößeren oder — im Falle er vorhanden — den ebenso großen nicht in derselben Richtung liegenden Abstand als $\sqrt{c}$. Da dann jede der beiden Diagonalen $\sqrt{a + c + 2b}$ und $\sqrt{a + c - 2b}$ größer sein muß als $\sqrt{c}$, so ergibt sich als genaues Kriterium des reduzierten Gitters oder der reduzierten Form: $|2b| \leqq a \leqq c$. Da es, abgesehen von Symmetrien, immer nur e i n reduziertes Gitter in der Schar der äquivalenten gibt, so können wir auch sagen: Formen sind äquivalent, wenn sie zu derselben reduzierten Form führen. Eine solche Schar äquivalenter Formen nennt man eine *Formenklasse*.

Wir gehen nun zu dem Spezialfall über, daß a, b, c g a n z e Zahlen sind. Man spricht dann von einem *ganzzahligen*, oder besser, von einem *singulären Gitter*. Wir haben schon gesehen, daß der Flächeninhalt $\sqrt{D}$

eine Invariante der Transformation ist. Es erhebt sich nun die Frage: Wieviele Formenklassen gibt es im Falle ganzzahliger a, b, c bei einem vorgegebenen D? Oder, was dasselbe ist: Wie groß ist die Anzahl der Reduzierten bei gegebenem D? D. h. also: Wie oft läßt sich $|2b| \leqq a \leqq c$ erfüllen, wenn $D = ac - b^2$ einen festen Wert hat? Da die a, b, c ganze Zahlen sein sollen, so ergibt sich eine endliche Anzahl h von Reduzierten; man nennt h die zu D gehörige *Klassenzahl*.

Unter den zu einer Determinante D gehörigen Formen ist jedesmal eine sog. *Hauptform*. Für sie ist $b = 0$, $a = 1$, also $c = D$; sie heißt mithin $m_1^2 + Dm_2^2$, ihr Elementarparallelogramm ist ein Rechteck. Sie ist die Reduzierte ihrer Klasse, die den Namen *Hauptklasse* führt.

Damit möchte ich das Gebiet der elementaren Zahlentheorie verlassen und mich der höheren zuwenden, die sich von ihr durch einen wesentlich neuen Gedanken unterscheidet. Um mich in der Sprache der Physiker auszudrücken, will ich sagen: Die bisherige Betrachtungsweise einer Werteverteilung über die Ebene war skalar, jetzt wollen wir uns unter Berücksichtigung der Richtung eine vektorielle Auffassung zu eigen machen.

Wir machen nämlich jetzt die Ebene zur Trägerin komplexer Zahlen $x + iy$, durch die wir unsere Gitterpunkte in einem rechtwinkligen Koordinatensystem darstellen. Drehen wir die Richtung der Parallelogrammseite $\sqrt{a}$ in die x-Achse und bezeichnen die Seiten mit ω_2 und ω_1, so ist $\omega_2 = \sqrt{a}$ reell, $\omega_1 = \dfrac{b + \sqrt{-D}}{\sqrt{a}}$ komplex. Dabei ist

$$\frac{b + \sqrt{-D}}{\sqrt{ac}} = e^{i\varphi},$$

also $\omega_1 = \sqrt{c} \cdot e^{i\varphi}$, und $\dfrac{\omega_1}{\omega_2}$ hat einen positiven imaginären Teil. Der allgemeine Gitterpunkt ist gekennzeichnet durch $x + iy = m_1\omega_2 + m_2\omega_1$, oder, wie wir von nun an unter Abänderung der Bezeichnung der ganzen Zahlen m_1 und m_2 sagen wollen, durch $m_1\omega_1 + m_2\omega_2$. Diesen Ausdruck nennen wir eine *Gitterzahl*. Ist die Seite ω_2 nicht in die x-Achse gedreht, so würde noch ein drehender Faktor $e^{i\chi}$ hinzutreten, so daß also die allgemeine Gitterzahl heißt

$$\left(\sqrt{a}\,m_2 + \frac{b + \sqrt{-D}}{\sqrt{a}}\,m_1\right)e^{i\chi}.$$

Durch die Einführung dieser Gitterzahlen haben wir nun den Vorteil errungen, daß wir mit ihnen die gewöhnlichen Rechenoperationen einschließlich der Multiplikation ausführen können, während bei den Gitterpunkten nur eine additive Verbindung möglich war. Da ergibt sich nun ein überraschender Satz von grundlegender Bedeutung: Wenn wir Zahlen aus zwei ganzzahligen Gittern G' und G'' derselben Determinante D multiplizieren, so gehören die Produkte wieder einem bestimmten ganzzahligen Gitter G''' derselben Determinante D an. Wir schreiben das symbolisch

$$G' \cdot G'' = G'''.$$

Im Falle der Hauptform möchte ich die kleine Rechnung ausführen. Es ergibt sich:

$$(m_2 + m_1 \sqrt{-D}) \cdot (m_2' + m_1' \sqrt{-D})$$
$$= (m_2 m_2' - D m_1 m_1') + (m_1 m_2' + m_1' m_2) \sqrt{-D}.$$

Das Produkt gehört also in diesem Falle sogar demselben Gitter an, was wir symbolisch ausdrücken durch:

$$G \cdot G = G \quad \text{für das Hauptgitter.}$$

Die Gitter einer Determinante bilden folglich einen zusammenhängenden Organismus, sie gehören, wie wir uns jetzt ausdrücken, einer *Gruppe* an, und zwar einer *kommutativen* oder *Abelschen Gruppe*, wie sich aus der kommutativen Eigenschaft der Multiplikation komplexer Zahlen ohne weiteres ergibt. Dabei spielt das Hauptgitter die Rolle der Einheit, da $G \cdot G = G$ ist.

Dies ist nun das Problem der „*Komposition der Formen*“, von dem die berühmt schwierige Sectio V der Disquisitiones Arithmeticae handelt. Wie die gesamte ältere Literatur, so spricht nämlich auch Gauß hier nicht von Gitterzahlen, sondern er operiert mit den Formen selbst. Das heißt aber nur, daß er an Stelle der komplexen Gitterzahlen ihre Normen (d. h. das Produkt mit den konjugierten Größen) verwendet, denn es ist

$$a m_2^2 + 2 b m_1 m_2 + c m_1^2$$
$$= \left(\sqrt{a} \cdot m_2 + \frac{b + \sqrt{-D}}{\sqrt{a}} m_1\right) \cdot \left(\sqrt{a} \cdot m_2 + \frac{b - \sqrt{-D}}{\sqrt{a}} m_1\right).$$

In dieser Ausdrucksweise untersucht nun Gauß unter Vermeidung des Komplexen die allgemeinen Gruppeneigenschaften der Formen von gegebener Determinante, und zwar nicht nur im positiv definiten Fall, sondern in größter Allgemeinheit, was denn die große Schwierigkeit dieses Abschnittes verursacht. Diese Darstellung gibt nicht etwa die ursprüngliche Form der Theorie, sondern bedeutet vielmehr eine der Gaußschen Tendenz entsprechende Verkleidung des Grundgedankens. Lagrange, der in seinen „Additions à l'Algèbre d'Euler“ (Bd. VII der ges. Werke) die ersten Beispiele für Formenkomposition gibt, geht von den Linearfaktoren der Formen aus; aus dem Interesse an diesen Faktoren und ihren Verbindungen ist zweifellos zuerst der Gedanke der Formenkomposition entstanden.

Es erhebt sich denn auch die Frage, ob nicht Gauß die Behandlung des Problems unter Zuhilfenahme des Komplexen gekannt und nur in der ihm eigentümlichen Vorsicht zurückgehalten hat. Die Antwort, die der Historiker hierauf geben kann, lautet unentschieden, denn es hat sich nicht die leiseste Andeutung in dieser Richtung im Nachlaß vorgefunden. Trotzdem bin ich überzeugt, daß Gauß schon im Besitz dieser nun bei mir hier historisch zuerst hervortretenden Gedankengänge war[1]).

Dafür spricht nicht nur, daß er sämtliche Ansätze dazu in der Hand hatte, sondern auch besonders der Umstand, daß er in demselben Jahre 1831 die schon erwähnte Anzeige des Seeberschen Buches mit ihren geometrischen Interpretationen bekanntgibt, wie er andererseits die Abhandlung über die biquadratischen Reste veröffentlicht, wo er die ganzen Zahlen $m_2 + m_1 i$ behandelt[2]). Sollte Gauß wirklich nicht auf den Gedanken gekommen sein, auch im Falle allgemeiner Parallelogramme komplexe Zahlen einzuführen, und sollte er den Zusammenhang mit der Kompositionstheorie nicht bemerkt haben? Ich halte das für ganz undenkbar und neige sogar zu der Ansicht, daß er schon 1799 diese Theorien in aller Vollständigkeit besaß.

Ich gehe nun zu der funktionentheoretischen Bedeutung dieser selben Figur des Gitters über. Bei der Darstellung dieses an entwicklungsgeschichtlichen Rudimenten besonders reichen Gebietes will ich mich, ohne Berücksichtigung der historisch vielleicht wichtigen, an sich mehr zufälligen Ansätze lediglich auf die Dinge stützen, die uns heute eine klare, vollständige Übersicht des ganzen Gebietes ermöglichen[3]).

Den Ausgangspunkt bildet für uns die gruppentheoretische Betrachtungsweise. Wir haben drei unabhängig Veränderliche: u, ω_1, ω_2, wo $\frac{\omega_1}{\omega_2}$ einen positiven imaginären Teil besitzt, und wir haben eine ternäre Gruppe von Transformationen, bestehend aus der Verschiebung

$$u' = u + m_1\,\omega_1 + m_2\,\omega_2$$

und der unimodularen Substitution

$$\begin{aligned} \omega_1' &= \alpha\,\omega_1 + \beta\,\omega_2 \\ \omega_2' &= \gamma\,\omega_1 + \delta\,\omega_2 \end{aligned} \qquad \alpha\delta - \beta\gamma = 1,$$

wobei m_1, m_2, α, β, γ, δ ganze Zahlen sein sollen. Gesucht sind invariante oder *automorphe Funktionen* dieser ternären Transformationsgruppe. Ich erwähne hier gleich, daß sehr häufig nur automorphe Funktionen der ersten Transformation, also lediglich *doppeltperiodische*

---

1) Dirichlet und Dedekind haben den Gitteransatz nur indirekt, indem sie Zahlen der Gestalt

$$a m_2 + (b + \sqrt{-D})\, m_1 \quad \text{und} \quad a' m_2' + (b' + \sqrt{-D})\, m_1'$$

miteinander multiplizieren, dann zu dem Produkt der Normen übergehen und aus ihm den Faktor $a a'$ wieder herausziehen!

2) Man vgl. auch Stäckel: Gauß als Geometer, Gauß' Werke, Bd. 10, 2, Abh. IV, insbes. S. 63f.

3) Vgl. auch später Kap. 6 und 8.

Funktionen $f(u \mid \omega_1, \omega_2)$, wo ω_1, ω_2 konstant sind, betrachtet werden. Das Verhalten gegenüber den Substitutionen der ω ist aber nicht minder wichtig und interessant. Erst das Studium der Invarianten der ganzen ternären Gruppe führt zur Theorie der *allgemeinen elliptischen Funktionen.*

Über diese allgemeinen Funktionen $f(u \mid \omega_1, \omega_2)$ machen wir nun traditionsgemäß einige funktionentheoretische Voraussetzungen; unsere kritische, an Anomalien besonders interessierte Zeit verlangt die ausdrückliche Aussprache dieser Bedingungen, die frühere Geschlechter in ahnungsloser Selbstverständlichkeit — „als wir noch im Paradiese lebten", wie P. Dubois-Reymond sagt — innehielten. Es sei also die Funktion $f(u)$ in der ganzen Ebene eindeutig und überall im Endlichen wohldefiniert, d. h. sie habe keine wesentlich singulären Stellen und keine natürlichen Grenzen. Für $f(\omega_1, \omega_2)$ lassen sich diese Voraussetzungen der „Gutartigkeit", wie ich sie nennen möchte, weniger einfach ausdrücken, ohne ins Detail zu gehen; ich begnüge mich zu sagen, es verhalte sich $f(\omega_1, \omega_2)$ so vernünftig wie möglich. Eine weitere Anforderung, die ich stelle, ist die *Homogenität* von f in allen drei Variabeln, wobei irgend ein Grad in u, ω_1, ω_2 auftreten kann. Diese Annahme ermöglicht nämlich eine bedeutend elegantere, schönere Behandlung sämtlicher Probleme. Ich bemerke, daß sie nicht von allen Autoren, die sich mit diesen Dingen beschäftigt haben, aufgestellt wird. Man beschränkt sich vielmehr gern auf homogene Funktionen nullten Grades, d. h. Funktionen der Verhältnisse $u : \omega_1 : \omega_2$ etwa $f\left(\frac{u}{\omega_2}, \frac{\omega_1}{\omega_2}\right)$. So verfährt z. B. Jacobi.

Neben den schon erwähnten doppeltperiodischen Funktionen $f(u \mid \omega_1, \omega_2)$ gibt es nun auch solche, die nur von ω_1, ω_2 abhängen. Diese nenne ich *Modulformen*, wenn sie homogen in ω_1 und ω_2 von irgend einer Dimension sind, *Modulfunktionen*, wenn sie von der nullten Dimension, also nur von dem Verhältnis $\frac{\omega_1}{\omega_2}$ abhängig sind.

Schließlich nenne ich noch als einen interessanten Spezialfall der doppeltperiodischen Funktionen die zur Gruppe der Transformation $u' = u + m_2 + m_1 i$ gehörigen automorphen Funktionen. Das sind die sog. *lemniskatischen Funktionen*. Ihren Namen verdanken sie ihrem ersten Auftreten bei der Berechnung des Lemniskatenbogens, ebenso wie die (viel zu enge) Bezeichnung „elliptische Funktionen" von der Anwendung derartiger Funktionen beim Ausmaß des Ellipsenbogens herrührt. Lemniskatenbogen und Ellipsenbogen stehen dabei übrigens nicht in genauer Parallele, denn der erstere ist durch das Integral „erster Gattung" $\int \frac{dz}{\sqrt{1 - z^4}}$ gegeben, der letztere aber durch ein Integral „zweiter Gattung". Auch diesen Unterschied hatte sich Gauß erst klar zu machen.

Ich will nun die einfachsten allgemeinen elliptischen Funktionen nennen, die den oben angeführten Bedingungen genügen.

Es sind nach Weierstraßscher Bezeichnung:

$$\wp(u \mid \omega_1, \omega_2), \qquad g_2(\omega_1, \omega_2),$$
$$\wp'(u \mid \omega_1, \omega_2) = \frac{\partial \wp}{\partial u}, \qquad g_3(\omega_1, \omega_2).$$

Sie sind definiert durch folgende, überall absolut konvergente Reihen, die von Eisenstein herrühren, und die ich hier nenne, um damit gleich in einfachster Weise den Existenzbeweis der gesuchten Gebilde zu führen:

Dimension—2: $\wp(u \mid \omega_1, \omega_2)$

$$= \frac{1}{u^2} + \sum{}' \left\{ \frac{1}{(u + m_1 \omega_1 + m_2 \omega_2)^2} - \frac{1}{(m_1 \omega_1 + m_2 \omega_2)^2} \right\},$$

„ —3: $$\wp'(u, \omega_1, \omega_2) = -2 \sum \frac{1}{(u + m_1 \omega_1 + m_2 \omega_2)^3},$$

„ —4: $$g_2(\omega_1, \omega_2) = 60 \sum{}' \frac{1}{(m_1 \omega_1 + m_2 \omega_2)^4},$$

„ —6: $$g_3(\omega_1, \omega_2) = 140 \sum{}' \frac{1}{(m_1 \omega_1 + m_2 \omega_2)^6}.$$

Zu der ersten Reihe ist zu bemerken, daß die in geschweifte Klammern gesetzten Ausdrücke nicht auseinandergerissen werden dürfen, wenn die absolute Konvergenz erhalten werden soll. Der Strich am Summenzeichen bedeutet die Auslassung des Wertepaares $m_1 = m_2 = 0$.

Die beiden Funktionen $\wp(u)$ und $\wp'(u)$ heißen die *Grundfunktionen*. Sie besitzen Pole zweiter resp. dritter Ordnung in den Gitterpunkten der Ebene. Die Größen g_2, g_3 heißen schlechthin die *Invarianten*. Sie sind die einfachsten Modulformen. Da sich die „*Diskriminante*" Δ in ihnen ausdrückt durch $\Delta = g_2^3 - 27\, g_3^2$, so wäre die Funktion $J = \frac{g_2^3}{\Delta}$ ein einfachstes Beispiel einer Modulfunktion.

Zwischen diesen vier Funktionen besteht nun folgende algebraische Beziehung:

$$\wp'^2 = 4\wp^3 - g_2 \wp - g_3,$$

und ferner der merkwürdige fundamental wichtige Satz, daß sich jede andere automorphe Funktion der drei Variabeln, die den obigen Bedingungen der Vernünftigkeit entspricht, rational in den vier gefundenen ausdrücken läßt. Mit diesem Satz ist das Gebiet aller möglichen Funktionen der gesuchten Art umschrieben.

Für die theoretische Einsicht ist nun aber noch eine andere Darstellung dieser Funktionen von größter Wichtigkeit. Es gelingt nämlich, die Funktionen durch sog. ganze Funktionen (die im Endlichen keinen Unendlichkeitspunkt besitzen) auszudrücken; die automorphen Funktionen werden solcherweise in Zähler und Nenner gespalten, die ihrerseits nun ganze, freilich nicht mehr doppeltperiodische Funktionen sind. Die in diesem Zusammenhang wichtigste Funktion ist die von Weierstraß geschaffene *σ-Funktion*, dargestellt durch das unendliche Produkt:

$$\text{Dimension } +1 \quad \text{in} \quad u,\ \omega_1,\ \omega_2\text{:}$$

$$\sigma(u) = u \cdot \prod{}' \left(1 - \frac{u}{m_1\omega_1 + m_2\omega_2}\right) \cdot e^{\frac{u}{m_1\omega_1 + m_2\omega_2} + \frac{1}{2}\left(\frac{u}{m_1\omega_1 + m_1\omega_2}\right)^2},$$

wobei die Exponentialfunktion die Rolle eines konvergenzerzeugenden Faktors spielt. Diese Funktion besitzt in sämtlichen Gitterpunkten den Wert Null. Durch sie lassen sich nun die $\wp$-Funktionen darstellen, z. B. ist

$$\wp = -\frac{d^2[\log\sigma(u)]}{du^2} = \frac{\sigma\sigma'' - \sigma'^2}{\sigma^2}.$$

Wie schon bemerkt, ist σ selbst nicht doppeltperiodisch. Vielmehr ist

$$\sigma(u + \omega_1) = -\sigma(u) \cdot e^{\eta_1\left(u + \frac{\omega_1}{2}\right)},$$

$$\sigma(u + \omega_2) = -\sigma(u) \cdot e^{\eta_2\left(u + \frac{\omega_2}{2}\right)},$$

wo η_1, η_2 gewisse Konstanten sind, deren Bedeutung ich hier nicht weiter erörtere; σ ist aber eine Modulform, d. h. es ist

$$\sigma(u \mid \alpha\omega_1 + \beta\omega_2,\ \gamma\omega_1 + \delta\omega_2) = \sigma(u \mid \omega_1,\ \omega_2).$$

Diese äußerst wichtige Funktion wurde, wie schon erwähnt, von Weierstraß entdeckt. Immerhin waren Gauß und Abel nahe daran; sie operierten nämlich mit einer Funktion $C \cdot \sigma \cdot e^{-\varkappa \cdot u^2}$ (wo ich die Konstanten C und $\varkappa$ der Kürze halber nicht definiere), die sich zunächst beim Verfolg der Rechnungen darbietet, wenn man an die gewöhnlich gebrauchte Normalform der elliptischen Integrale anknüpft, und die für die Zerlegung der doppeltperiodischen Funktionen in Zähler und Nenner dasselbe leistet wie $\sigma(u)$. Wir würden sie jetzt eine Funktion „zweiter Stufe" nennen, weil sie nicht invariant ist gegen die ganze Modulgruppe, sondern nur gegen einen Teil[1]). Weierstraß gab ihr zu Abels Ehren den Namen *Al*. Diese Funktion hat besondere Verbreitung gefunden durch das Buch von Briot und Bouquet, zwei aus der Cauchyschen Richtung hervorgegangenen Schülern Liouville's, deren 1859 erschienenes Werk, „Théorie des fonctions doublement périodiques", längere Zeit das Studium auf diesem Gebiet ganz beherrschte. Komischerweise wird hier die Bezeichnung „Al" mit dem deutschen Wort „Alles" in Beziehung gebracht, ein lehrreiches Beispiel für die Geschwindigkeit etymologischer Sagenbildung.

Nachdem ich die fundamentalen elliptischen Funktionen und ihre wesentlichste Darstellung genannt habe, möchte ich doch an einem hiermit zusammenhängenden Gebiet, das sich seiner großen Reich-

---

[1]) Vgl. Kap. 6, S. 289.

haltigkeit an rechnerischen Problemen und seiner glänzenden Anwendbarkeit wegen zu selbständiger Bedeutung ausgewachsen hat, nicht ganz vorübergehen, wenn uns seine Betrachtung auch zum gedanklichen Aufbau der Theorie, den zu skizzieren hier allein mein Bestreben sein kann, nicht wesentlich Neues liefert; ich meine das vielbearbeitete Gebiet der *Thetafunktionen.*

Es gelingt nämlich, die σ-Funktionen so in Faktoren zu spalten, daß der eine Faktor in bezug auf eine der Perioden automorph ist. So entsteht die von Jacobi als ϑ_1 bezeichnete Funktion, für die das Verfahren eine brillant konvergierende, für analytisches und numerisches Rechnen gleich geeignete Reihenentwicklung liefert. Die Formeln für diese Zerlegung sind:

$$\sigma(u \mid \omega_1, \omega_2) = \frac{e^{\frac{\eta_2 u^2}{2\omega_2}}}{\sqrt{\frac{\omega_2}{2}} \cdot \sqrt[8]{\Delta}} \cdot \vartheta_1\left(\frac{\pi u}{\omega_2}, q\right),$$

wo

$$q = e^{i\pi\frac{\omega_1}{\omega_2}} = e^{i\pi\omega}, \qquad \Delta = g_2^3 - 27 g_3^2$$

ist. ϑ_1 ist in u und ω von nullter Dimension. Durch rechnerische Umformung erhält man die Reihe

$$\vartheta_1\left(\frac{\pi u}{\omega_2}, q\right) = 2\left(q^{\frac{1}{4}} \sin\frac{\pi u}{\omega_2} - q^{\frac{9}{4}} \sin\frac{3\pi u}{\omega_2} + q^{\frac{25}{4}} \sin\frac{5\pi u}{\omega_2} - \cdots\right).$$

Durch ähnliche Reihen werden noch weitere „Thetafunktionen" definiert. Es gibt nun eine ganze Lehre von den sog. *Thetarelationen*, d. h. von den Identitäten, die zwischen den Thetafunktionen geeignet ausgewählter Argumente statthaben, die eine Zeit lang ein Hauptjagdgebiet für alle Mathematiker bildete. Jetzt ist sie wieder mehr in den Hintergrund getreten, ein Beispiel dafür, daß auch die Wissenschaft ihren Moden unterworfen ist. Gegen eine Addition von Perioden verhalten sich die ϑ sehr einfach; dagegen wird durch Substitution der ω_1, ω_2 ihre Form in recht komplizierter Weise beeinflußt. Aus dem Studium dieser Verhältnisse ergibt sich die Lehre von den unendlich vielen Formen der Thetafunktionen.

Wie wohl schon vermutet, erwähne ich dies alles nur, um nun zu sagen, daß Gauß schon in Besitz davon war. Er bildete Thetafunktionen im lemniskatischen Falle schon 1798, im allgemeinen 1800, und 1808 beschäftigt er sich mit Thetarelationen.

Ich fahre nun fort, die Theorie unserer automorphen Funktionen ihren Hauptgedanken nach darzulegen. Nach Aufstellung der Grundfunktionen und ihrer Beziehungen zu allen anderen Funktionen der geforderten Art liefert uns die systematische Gruppentheorie (vgl. mein Erlanger Programm 1872[1])) als nächsten förderlichen Gedanken die

[1]) Klein: Ges. math. Abh. Bd. 1, S. 460ff.

Frage nach automorphen Funktionen von Untergruppen der vorangestellten ternären Substitutionsgruppe, die wir dann als „Funktionen höherer Stufe" bezeichnen. Wir fragen: Gibt es solche Funktionen, und wie hängen sie mit den Grundfunktionen zusammen? Wann ist der Zusammenhang algebraisch, und welche algebraische Beziehungen werden durch die solcherweise gefundenen Funktionsbeziehungen „uniformisiert", d. h. durch eindeutige Funktionen identisch befriedigt?

Aus der Fülle der sich hier ergebenden Probleme möchte ich nur die herausgreifen, die sich bei Verfolgung des Gedankens in bezug auf u allein ergeben. Hier führt der geschilderte Weg zu der Lehre von der „*Transformation*" (in besonderem, sogleich zu definierendem Sinne), der *Multiplikation* und *Teilung* der elliptischen Funktionen.

Funktionen, die nur gegen einen Teil, nicht gegen alle Substitutionen der ternären Gruppe automorph sind, findet man, wenn man in das gegebene Gitter ein neues „einlagert", das von den gegebenen Punkten gewisse ausläßt. Das Elementarparallelogramm des neuen Gitters besitzt dann nicht mehr den Inhalt $\sqrt{-D}$, sondern ein ganzes Vielfaches dieser Größe, $n \cdot \sqrt{-D}$. Seine Seiten sind gegeben durch die Ausdrücke

$$\begin{aligned} \bar{\omega}_1 &= \bar{\alpha}\,\omega_1 + \bar{\beta}\,\omega_2 \\ \bar{\omega}_2 &= \bar{\gamma}\,\omega_1 + \bar{\delta}\,\omega_2 \end{aligned} \qquad (\bar{\alpha}\bar{\delta} - \bar{\beta}\bar{\gamma} = n),$$

wo $\bar{\alpha}$, $\bar{\beta}$, $\bar{\gamma}$, $\bar{\delta}$ ganze Zahlen bedeuten. Bilden wir nun in diesem neuen Gitter, das durch „*Transformation n-ter Ordnung*" gewonnen ist, die elliptischen Grundfunktionen

$$\begin{aligned} \wp(u \mid \bar{\omega}_1, \bar{\omega}_2) &= \bar{\wp}, \\ \wp'(u \mid \bar{\omega}_1, \bar{\omega}_2) &= \bar{\wp}', \end{aligned}$$

so sind die $\bar{\wp}$, $\bar{\wp}'$ in bezug auf die ursprünglich vorgelegte Gruppe

$$\begin{aligned} u' &= u + m_1\,\omega_1 + m_2\,\omega_2 \\ \bar{\omega}_1 &= \alpha\,\omega_1 + \beta\,\omega_2 \\ \bar{\omega}_2 &= \gamma\,\omega_1 + \delta\,\omega_2 \end{aligned} \qquad (\alpha\delta - \beta\gamma = 1)$$

Funktionen von der gesuchten Art. Ist etwa das neue Parallelogramm entstanden durch Zusammenfassen einer Anzahl der alten, also dem alten ähnlich gelegen, so wiederholen sich die Werte $\bar{\wp}$ und $\bar{\wp}'$ nicht bei jeder Verschiebung, $u' = u + m_1\omega_1 + m_2\omega_2$, sondern nur, wenn die m_1, m_2 Vielfache gewisser ganzen Zahlen sind.

Es handelt sich nun um den Zusammenhang der $\wp$, $\wp'$ mit den $\bar{\wp}$, $\bar{\wp}'$. Dieser ergibt sich äußerst einfach aus dem Satz. daß alle elliptischen Funktionen rational sind in den zugehörigen Grundfunktionen. Da nun die neuen Perioden $\bar{\omega}_1$, $\bar{\omega}_2$ auch Perioden der alten $\wp$, $\wp'$ sind, so ergibt sich, daß $\wp$, $\wp'$ rational in $\bar{\wp}$, $\bar{\wp}'$ sind. Umgekehrt drücken sich die $\bar{\wp}$, $\bar{\wp}'$ algebraisch in den $\wp$, $\wp'$ aus. Ein spezieller

Fall dieser Transformation n-ten Grades ist die *Multiplikation*, gegeben durch die Formeln

$$\begin{aligned}\bar{\omega}_1 &= \varkappa \cdot \omega_1\\ \bar{\omega}_2 &= \varkappa \cdot \omega_2\end{aligned} \qquad n = \varkappa^2, \qquad \varkappa \text{ ganz.}$$

Das neue Parallelogramm ist mit dem alten ähnlich und ähnlich gelegen. Es ergibt sich durch Einsetzen in die Eisensteinschen Reihen:

$$\bar{\wp} = \wp(u \mid \varkappa\omega_1, \varkappa\omega_2) = \frac{1}{\varkappa^2}\wp\left(\frac{u}{\varkappa} \,\middle|\, \omega_1, \omega_2\right),$$

$$\bar{\wp}' = \wp'(u \mid \varkappa\omega_1, \varkappa\omega_2) = \frac{1}{\varkappa^3}\wp'\left(\frac{u}{\varkappa} \,\middle|\, \omega_1, \omega_2\right),$$

oder wenn man $\frac{u}{\varkappa} = v$ setzt:

$$\bar{\wp} = \wp(\varkappa v \mid \varkappa\omega_1, \varkappa\omega_2) = \frac{1}{\varkappa^2}\,\wp(v \mid \omega_1, \omega_2),$$

$$\bar{\wp}' = \wp'(\varkappa v \mid \varkappa\omega_1, \varkappa\omega_2) = \frac{1}{\varkappa^3}\,\wp'(v \mid \omega_1, \omega_2),$$

und schließlich, da

$$\wp, \wp'(\varkappa v \mid \omega_1, \omega_2) \quad \text{rational in} \quad \bar{\wp}, \bar{\wp}'$$

ist, ergibt sich, daß

$$\wp, \wp'(\varkappa v \mid \omega_1, \omega_2) \quad \text{rational in} \quad \wp, \wp'(v \mid \omega_1, \omega_2).$$

Hier treten nicht mehr die Perioden, sondern die Variable u oder v mit einem neuen Faktor behaftet auf. Man nennt das die *Multiplikation der elliptischen Funktionen*, resp. von der andern Seite gelesen, die *Teilung*. Der algebraische Charakter der letzteren ist natürlich des näheren zu untersuchen.

Um aber Gauß ganz gerecht werden zu können, müssen wir noch einen Schritt weitergehen zur sog. *komplexen Multiplikation* der elliptischen Funktionen. Diese ist nur in singulären Gittern möglich, in die sich nämlich ähnliche, aber nicht ähnlich gelegene Parallelogramme einlagern lassen. Für diese Gitter lassen sich in $\wp(v)$ rationale Funktionen $\wp(\varkappa v)$ bilden, wo $\varkappa = \varkappa_1 + i\varkappa_2$ einen komplexen Wert bedeuten soll.

Wir wollen das in dem einfachen Fall der Lemniskate näher untersuchen. Für sie ist $\omega_1 = i\omega_2$. Führt man eine komplexe Multiplikation aus, so ergibt sich

$$\begin{aligned}\bar{\omega}_1' &= (\varkappa_1 + i\varkappa_2)\,\omega_1 = \varkappa_1\omega_1 - \varkappa_2\omega_2,\\ \bar{\omega}_2' &= (\varkappa_1 + i\varkappa_2)\,\omega_2 = \varkappa_2\omega_1 + \varkappa_1\omega_2,\end{aligned} \qquad \varkappa_2^1 + \varkappa_2^2 = n,$$

d. h. die Operation ist eine „Transformation" vom Grade $n = \varkappa_1^2 + \varkappa_2^2$. Folglich gilt für diesen Fall der Satz

$$\begin{aligned}&\wp(\varkappa v \mid \omega_1, \omega_2)\\ &\wp'(\varkappa v \mid \omega_1, \omega_2)\end{aligned} \quad \text{rational in} \quad \begin{aligned}&\wp(v \mid \omega_1, \omega_2),\\ &\wp'(v \mid \omega_1, \omega_2),\end{aligned}$$

auch wenn $\varkappa$ einen komplexen Wert besitzt. Etwas Ähnliches läßt sich nun für alle singulären Gitter aufstellen; nur muß man, wenn man es nicht nur mit einem Hauptgitter zu tun hat, die Gesamtheit aller zu einer Determinante D gehörigen Gitter in den Kreis der Betrachtung ziehen. Es leuchtet ein, daß dieses Problem auf das innigste mit der Komposition der Formen einer Determinante D zusammenhängt.

Der ganze hier angedeutete Kreis von Fragen, der immer für eines der interessantesten und feinsten Gebiete der Theorie der elliptischen Funktionen gegolten hat, wurde von Gauß schon in mannigfacher Weise bearbeitet. Gleich im Anfang bei der Lemniskate wendet er die gemeine und die komplexe Multiplikation an. Er zerlegt nämlich die Multiplikation mit 5 in zwei komplexe Schritte $5 = (2 + i)(2 - i)$ und ermöglicht dadurch in Verfolg des umgekehrten Weges die Auflösung einer Gleichung 25. Grades durch Quadratwurzeln, womit das Problem der Lemniskatenteilung gelöst ist. Über diese große Leistung findet sich eine ganz geringfügige Andeutung in den Disquisitiones Arithmeticae in der Einleitung zur Kreisteilung: Werke, Bd. 1, S. **412**, **413**. Diese Stelle ist nicht nur an sich sehr merkwürdig, sondern vor allem auch durch ihre Wirkung. Denn sie gab Abel den Anstoß, sich 1825 dem Problem zuzuwenden, das er durch Entdeckung der doppelten Periodizität und der allgemeinen Möglichkeit komplexer Multiplikation bei elliptischen Funktionen vollständig erledigte.

Wir haben uns bisher wesentlich mit der Abhängigkeit unserer Automorphen von u, mit dem Bilde des Parallelogrammgitters in der u-Ebene beschäftigt. Jetzt wollen wir im Gegensatz dazu u beiseite lassen und Funktionen allein von ω_1, ω_2 eingehender studieren. Das führt zur *Theorie der Modulformen* resp. *Modulfunktionen*, auf welch letztere wir uns hier beschränken wollen. Da sie, wie schon gesagt wurde, in ω_1, ω_2 homogen vom nullten Grade sind, so setzen wir $\frac{\omega_1}{\omega_2} = \omega$ und machen nun die Substitutionen

$$\omega' = \frac{\alpha\omega + \beta}{\gamma\omega + \delta}, \quad \alpha\delta - \beta\gamma = 1$$

zum Gegenstand unserer Betrachtung. Es erhebt sich die Frage, ob man sich diese Gruppe durch eine Zerlegung der komplexen ω-Ebene in Diskontinuitätsbereiche anschaulich deuten kann, entsprechend dem Verfahren, das wir zur Deutung der Gruppe $u' = u + m_1\omega_1 + m_2\omega_2$ in der u-Ebene anwendeten. Dies ist nun in der Tat möglich. Es entsteht die sog. *Modulfigur*, die auch wieder Gauß zuerst hat, und mit der er Abel, Jacobi und den nächstfolgenden Mathematikern überlegen bleibt, bis sie von Riemann ab zum bevorzugten Arbeitsmittel in dieser Theorie sich entwickelt (vgl. Fig. 2). Der Ausgangsbereich ist durch die schraffierten Flächen mit ihrem stark ausgezogenen Rand gegeben. Wenn ω nicht reell ist, so läßt es sich im Falle positiven imaginären Teiles durch Transformation stets in den oberen Teil des Fundamentalbereiches legen, im Falle negativen imaginären Teiles in den unteren. In diesen Worten spricht sich im Grunde nichts anderes aus als die Reduktionstheorie der zu den Gitterpunkten mit den komplexen Argumenten $m_1\omega_1 + m_2\omega_2$ gehörigen Form $am_2^2 + 2bm_1m_2 + cm_1^2$. Jedes im Fundamentalbereich liegende ω repräsentiert nämlich das reduzierte Gitter in der unendlichen Zahl der äquivalenten, die ihrerseits durch die mit ω äquivalenten Punkte der übrigen Bereiche dargestellt werden.

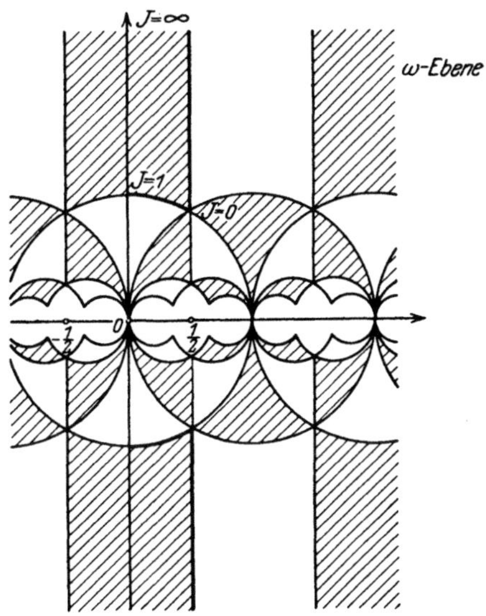

Fig. 2.

Diese übrigen Bereiche entstehen aus dem Fundamentalbereich durch fortgesetzte Spiegelung an den Geraden und dem Kreis der Figur nach dem Prinzip der reziproken Radien. Durch dies Verfahren wird die ganze ω-Ebene lückenlos von Kreisbogendreiecken bedeckt, die sich von beiden Halbebenen her nach der reellen Achse zu immer mehr zusammendrängen. Wie schon gesagt, lassen sich die ω der positiven und negativen Halbebene durch die Modulsubstitutionen nicht ineinander überführen. Die reelle Achse bildet für alle Modulfunktionen eine sog. „natürliche Grenze". Ihre sämtlichen rationalen Punkte sind Mündungsspitzen für unendlich viele Bereiche. Die reelle Achse trägt also eine unendliche Schar überall dicht liegender Punkte, die jeder unendlich vielen Bereichen angehören (je 2 unendliche Büschel), wird von diesen aber noch nicht ausgefüllt. Wegen dieses ganz singulären Verhaltens („da wohnen die Dämonen", wie Gordan sagt) verdient der Fall eines reellen ω eine eingehende Sonderbetrachtung.

Wir fragen nun nach den zu dieser Einteilung gehörigen *Modulfunktionen*. Die einfachste ist die *„absolute Invariante"* $J = \frac{g_2^3}{\Delta}$. Sie nimmt jeden Wert einmal und nur einmal im Fundamentalbereich an und ist übrigens so normiert, daß sie an den in Fig. 2 angegebenen Stellen 0, 1 und ∞ wird. Dieses $J(\omega)$ steht daher in einem besonders einfachen Zusammenhang mit der Theorie der quadratischen Formen. Sagten wir früher, daß eine Klasse äquivalenter Formen durch einen Wert im Fundamentalbereich und sämtliche äquivalente Punkte dargestellt werde, so ist jetzt deutlich, daß zu jeder Klasse von Formen (i.e. zu jeder Schar äquivalenter Gitter) ein einziger Wert von $J(\omega)$ gehört. Umgekehrt ist auch jedem $J(\omega)$ eine einzige Klasse von Formen zugeordnet, wenn man auf die absolute Größe der Parallelogramme keinen Wert legt. Die Bedeutung, die diese Größe $J(\omega)$ in der ganzen Theorie besitzt, sowohl funktionentheoretisch als zahlentheoretisch, möge damit angedeutet sein. Sie wird noch gehoben durch den Umstand, daß alle anderen Modulfunktionen sich in J rational ausdrücken lassen. Sie sind selbstverständlich nicht mehr einwertig im Fundamentalbereich, d. h. sie nehmen jeden Wert im Fundamentalbereich mehrfach an.

Gauß kannte diese Funktion und ihre wichtigen Eigenschaften; in Bd. 3, S. 386 findet man eine Notiz über die „summatorische Funktion" (J) abgedruckt. Auch die Modulfigur und das Prinzip der Spiegelung waren ihm bekannt, wie schon erwähnt wurde.

Wir wenden nun auch hier den gruppentheoretischen Gedankengang an und fragen nach *Untergruppen* der Substitution $\omega' = \frac{\alpha\omega + \beta}{\gamma\omega + \delta}$ und nach ihrem Zusammenhang mit der vollständigen Gruppe. Das allgemeine Prinzip zur Auffindung von Untergruppen kann ich hier leider nicht angeben; ein Beispiel möge genügen: Als *Hauptkongruenzgruppe n-ter Stufe* bezeichnet man Substitutionen, deren Koeffizienten $\equiv 1$ oder $\equiv 0$ sind mod n in folgender Verteilung

$$\alpha \equiv 1, \ \beta \equiv 0, \ \gamma \equiv 0, \ \delta \equiv 1 \pmod{n},$$

was ich kurz schreibe

$$\begin{pmatrix} \alpha & \beta \\ \gamma & \delta \end{pmatrix} \equiv \begin{pmatrix} 1 & 0 \\ 0 & 1 \end{pmatrix} \pmod{n}.$$

Wir wollen die Hauptkongruenzgruppe zweiter Stufe kurz betrachten. Es gibt sechs Möglichkeiten von Koeffizientensystemen:

$$\begin{vmatrix} \alpha & \beta \\ \gamma & \delta \end{vmatrix} \equiv \begin{vmatrix} 1 & 0 \\ 0 & 1 \end{vmatrix}, \ \begin{vmatrix} 1 & 1 \\ 0 & 1 \end{vmatrix}, \ \begin{vmatrix} 1 & 0 \\ 1 & 1 \end{vmatrix}, \ \begin{vmatrix} 0 & 1 \\ 1 & 0 \end{vmatrix}, \ \begin{vmatrix} 1 & 1 \\ 1 & 0 \end{vmatrix}, \ \begin{vmatrix} 0 & 1 \\ 1 & 1 \end{vmatrix} \pmod{2}.$$

Diese Untergruppe erzeugt einen Fundamentalbereich, der sechs der bisherigen zusammenfaßt. Eine Fundamentalfunktion in diesem Bereich — die wir nun als *Modulfunktion zweiter Stufe* bezeichnen, da sie nur gegen die durch den Modul 2 ausgeschiedene Untergruppe invariant ist — ist das „Doppelverhältnis" $\lambda(\omega)$ auch $\varkappa^2(\omega)$ geschrieben, wobei $\varkappa(\omega)$ unter dem Namen „*Legendrescher Modul*" bekannt ist. Da diese Funktion einen sechsmal größeren Fundamentalbereich besitzt als $J(\omega)$, was ja nichts anderes heißt, als daß einem Wert von J sechs Werte von λ zugeordnet sind, so leuchtet ein, daß die beiden Größen durch eine rationale Beziehung sechsten Grades zusammenhängen. In der Tat ist

$$J = \frac{4(\lambda^2 - \lambda + 1)^3}{27\lambda^2(1-\lambda)^2}$$

Auch diese Untergruppe ist Gauß bekannt. Fragmente darüber finden sich mit der zugehörigen Figur in Bd. 8, S. 103, 105, auch Bd. 3, S. 386. Aber erst das Tagebuch gewährt eine genauere Einsicht in seine Kenntnisse. Die Bemerkung vom 3. Juni 1800 (Bd. 10, 1, S. 550) kommt hier in Betracht.

Ich wende mich nun zu einer ganz anderen Seite des Gegenstandes, um auch hier die gewonnenen Auffassungen geltend zu machen. Bekanntlich entwickelte sich die Theorie der elliptischen Funktionen historisch nicht in der angegebenen Weise. Vielmehr fand man zuerst die *elliptischen Integrale*, aus denen man dann durch Umkehr die von uns bisher betrachteten elliptischen Funktionen gewann. Uns bleibt nun noch vorbehalten, von den Funktionen kommend, auch die Eigenschaften der inversen Integrale kennen zu lernen.

Aus der Relation

$$\wp'(u)^2 = 4\wp^3 - g_2\wp - g_3$$

ergibt sich, wenn man $\wp(u) = z$ setzt

$$\wp(u) = z$$

$$u = \int\limits_{\infty}^{z} \frac{dz}{\sqrt{4z^2 - g_2 z - g_3}}.$$

Diese von Eisenstein herrührende und von Weierstraß vielbenützte Form ist eine *homogene Normalform erster Stufe*, so benannt, weil ihre Koeffizienten Modulformen erster Stufe sind. Es kann aber unter Umständen zweckmäßig sein, u durch ein Integral höherer Stufe — dessen Koeffizienten nur gegen eine Untergruppe invariant sind — darzustellen. Es ergibt sich als *Normalform zweiter Stufe* (in inhomogener Gestalt)

$$v = \int\limits_{0}^{z} \frac{dz}{\sqrt{z(1-z)(1-\lambda z)}},$$

wobei λ die schon angedeutete Eigenschaft eines Doppelverhältnisses hat. Setzt man hierin $z = \sin^2\varphi$, $\lambda = \varkappa^2$, so entsteht die noch jetzt viel gebräuchliche *Legendresche Normalform*:

$$u = \int\limits_{0}^{\varphi} \frac{d\varphi}{\sqrt{1 - \varkappa^2 \sin^2\varphi}}.$$

Gauß ist auch hier prinzipieller als die meisten Autoren seiner Zeit; er hält an der Homogenität der Normalform zweiter Stufe fest. Die von ihm in den Säkularstörungen[1]) angeführte und mit der obigen Normalform zweiter Stufe aufs engste zusammenhängende *Gaußsche Form* heißt:

$$u = \int_0^\varphi \frac{d\varphi}{2\pi\sqrt{m^2\cos^2\varphi + n^2\sin^2\varphi}}.$$

Und nun kann ich endlich den Zusammenhang klarlegen, in dem das schon so häufig erwähnte *arithmetisch-geometrische Mittel* mit dieser ganzen Theorie steht. Es handelt sich nämlich um die Berechnung der einen Periode des elliptischen Integrals, also um

$$\int_0^{2\pi} \frac{d\varphi}{2\pi\sqrt{m^2\cos^2\varphi + n^2\sin^2\varphi}}.$$

Statt durch andere Annäherungsmethoden, berechnete Gauß diesen Wert nach einem Gedanken, der schon bei Lagrange u. a. auftritt, durch wiederholte quadratische Transformation; d. h. er verdoppelte immer wieder das Periodenrechteck der zu integrierenden Funktion, ein Verfahren, das als Limes den Periodenstreifen der zyklometrischen Funktion liefert, dessen Höhe durch den Grenzausdruck des Integrals gegeben ist. Bei jeder solchen quadratischen Transformation geht nun das Integral in ein neues von derselben Bauart über

$$\int_0^{2\pi} \frac{d\varphi'}{2\pi\sqrt{m'^2\cos^2\varphi' + n'^2\sin^2\varphi'}},$$

wo

$$m' = \frac{m+n}{2}, \quad n' = \sqrt{mn},$$

so daß im Limes herauskommt

$$\int_0^{2\pi} \frac{d\varphi^{(\infty)}}{2\pi\mu\sqrt{\sin^2\varphi^{(\infty)} + \cos^2\varphi^{(\infty)}}} = \frac{1}{\mu}.$$

Damit ist der Zusammenhang gegeben. Gauß findet ihn im lemniskatischen Falle $m^2 = 1$, $n^2 = 2$ laut Tagebuch am 23. Dezember 1799. Ausgeführt bot er ihn erst 1818 in der Theorie der Säkularstörungen dar.

Damit möchte ich meinen kleinen Exkurs über die elliptischen Funktionen abschließen. Ich habe versucht, an jeder Stelle zu zeigen,

---

[1]) Werke, Bd. 3, S. 331 ff.; insbesondere S. 352 ff., sowie auch S. 359.

wie früh und wie weitgehend Gauß im Besitz der verschiedensten Elemente der Theorie war. Es ist wunderbar, zu sehen, wie ihm diese Wissenschaft aus drei ganz verschiedenartigen Quellen zufließt, die sich dann aufs günstigste vereinigen:

die rein zufällige Beschäftigung mit dem arithmetisch-geometrischen Mittel,

die Theorie der definiten quadratischen Formen,

das Studium der Lemniskate.

Es erhebt sich natürlich die Frage nach den Teilen der Theorie, die er noch nicht besessen hat. Das ist die allgemeine, durch Herumintegrieren im Komplexen gewonnene Bestimmung der Perioden beim elliptischen Integral, d. h. bei einem Integral einer mehrdeutigen Funktion. Es ist möglich, daß dieser Umstand Gauß von der Publikation ablenkte. In dieser Richtung hat erst Puiseux Bahn gebrochen (C. R. Bd. 32. 1851), und ganz klar wurden die Verhältnisse erst, als Riemann den Begriff der „mehrblättrigen Fläche" brachte. Erst durch den Satz, daß das Periodenparallelogramm in der u-Ebene das konforme Abbild der zweiblättrig über der z-Ebene ausgebreiteten und zweckmäßig zerschnittenen Fläche für $\wp'(u) = \sqrt{f(z)}$ sei, wurde die Theorie vollendet.

Nachdem ich in großen Zügen den Reichtum angedeutet habe, den uns auf dem Gebiet neuer, fruchtbarer Gedanken der Gaußsche Genius geschenkt hat, muß ich mich nun, um das hier beabsichtigte Charakterbild zu vollenden, den Leistungen zuwenden, die ihm unsere Wissenschaft hinsichtlich der *Kritik der Grundlagen* und der *Strenge der Methoden* verdankt. Ich möchte diesen Ausführungen drei allgemeine Leitsätze vorausschicken, die sich mir aus der geschichtlichen Betrachtung der Dinge zu ergeben scheinen.

Der Begriff der „Strenge" in unserer Wissenschaft und die Forderung des in ihm enthaltenen Ideals stammt von den Griechen. Sie verstanden darunter die rein logische Ableitung der ganzen Mathematik aus einer möglichst beschränkten Anzahl an die Spitze gestellter Voraussetzungen. Hier möchte ich nun betonen, daß selbst bei einer idealen „Strenge" in diesem Sinne ein gewisses anschauungsmäßiges, alogisches Element bei der Bildung der Grundlagen beteiligt bleibt. Schon bei der Entstehung des Zahlbegriffs ist es wirksam; es ist kein logisch prinzipieller Unterschied, wenn die Griechen als Anschauungssubstrat einfachste ebene Figuren benutzen, an der sie eine Streckenrechnung entwickelten, während wir heute lieber mit Buchstaben operieren; denn auch in der Handhabung dieser Zeichen bleibt noch ein anschauliches Element im Spiele. In diesem Sinne formuliert der Logiker E. Schroeder gelegentlich als Axiom, daß die Zeichen, die wir auf Papier schreiben, über Nacht ungeändert stehen bleiben („Axiom von der Inhärenz der Zeichen")[1]).

Das Ideal der „Strenge" hat geschichtlich nicht immer die gleiche Bedeutung für die Entwicklung unserer Wissenschaft gehabt, vielmehr je nach den Zeitverhältnissen eine recht verschiedene. In Zeiten großer gewaltsamer Produktivität tritt es zugunsten des möglichst reichen und raschen Wachstums oft in den Hintergrund, um in einer darauffolgenden kritischen Periode, die die gewonnenen Schätze sichtet, um so mehr wieder betont zu werden. Man denke nur an die Entstehungszeit der Differential- und Integralrechnung im 18. Jahrhundert, in der neben vielem mangelhaft Begründeten auch manches direkt Falsche durch die aufs lebhafteste angeregte Phantasie und Entdeckerlust zutage gefördert wurde, oder an die Erschaffung der Theorie der algebraischen Kurven im 19. Jahrhundert. Als Gegenbild möchte ich an die Zeit der Scholastik erinnern, welche mit geringer Produktivität die äußerste Schärfe des kritischen und dialektischen Verstandes verband. Sehr zu Unrecht wird die Scholastik häufig als eine sich in unfruchtbaren Spitzfindigkeiten verlierende Geistesrichtung verächtlich beurteilt. Gerade unsere Zeit sollte diesem oberflächlichen Urteil nicht beistimmen, das seine Ursache wohl in dem uns befremdlichen mystischmetaphysischen Hintergrund haben mag, der allen Schöpfungen dieser Epoche gemein ist. Entkleidet man die scholastischen Spekulationen dieses Gewandes, das sie dem oberflächlichen Blick als rein theologische Spitzfindigkeiten erscheinen läßt, so erweisen sie sich häufig als die korrektesten Ansätze dessen, was wir heute als „Mengenlehre" bezeichnen. Wenn etwa die Frage aufgeworfen wird, ob Gott die unendliche Welt in einer Stunde habe erschaffen können, so behandeln die daran geknüpften Überlegungen in der Tat nichts anderes als die Dinge, auf die unsere heutigen Mathematiker etwa durch das Problem der unendlichen Menge von Punkten auf der Einheitsstrecke geführt werden. Tatsächlich ist denn auch Georg Cantor, der Schöpfer der Mengenlehre, bei den Scholastikern in die Schule gegangen. Rückschauend müssen wir sagen, daß in wenigen Zeiten der Geist der Kritik, das Streben nach minutiöser Zerlegung jedes gedanklichen Schrittes, das „Ideal der Strenge" so lebendig gewesen ist als in der Zeit der Scholastik.

Derselbe Gegensatz, den wir hier zwischen den verschiedenen wissenschaftlichen Perioden festgestellt haben, läßt sich auch an den einzelnen Forschertypen erkennen. Es gibt die kühnen Eroberer, die mit stärkster Intuition, aber ungeordneten Begriffen arbeiten, die durch Instinkt und Anempfinden neue Schätze auffinden und zutage fördern; und es gibt die sorgfältigen Ordner und Verwalter des Gewonnenen, die

---

[1]) E. Schroeder: Arithmetik und Algebra. Bd. 1, S. 16f. Leipzig 1873.

jedes Ding richtig einzuschätzen und an seinen Platz zu stellen vermögen mit der klaren, sicheren Kritik eines scharfen Verstandes. Die Vereinigung dieser beiden sich widersprechenden Gaben findet sich nur in ganz seltenen Fällen; mit Recht erteilt die Geschichte ihnen eine einzigartige Stellung als Beherrscher und Könige ihres Gebietes, erhaben über allen Streit der Meinungen und der Zeiten. Daß zu diesen wenigen Auserwählten Gauß in vollem Maße zu rechnen ist, das möchte ich nun auch nach Seite der kritischen Begabung darlegen. Doch habe ich noch eine dritte allgemeine Bemerkung vorauszuschicken.

Aus der Betrachtung der Geschichte unserer Wissenschaft ergibt sich nämlich, daß „Strenge" bei alledem etwas Relatives ist, eine Forderung, die sich mit der fortschreitenden Wissenschaft erst entwickelt. Es ist interessant zu beobachten, wie in einer auf Strenge gerichteten Periode die Zeitgenossen jedes Mal glauben, das Maximum in dieser Richtung geleistet zu haben, und wie dann noch eine spätere Generation in ihren Forderungen und Leistungen über sie hinwegschreitet. So wurde Euklid überholt, so Gauß, so Weierstraß. Es scheinen der Entwicklung in dieser Richtung so wenig Grenzen gesetzt zu sein, wie sie für die schöpferische Erfindungskraft existieren.

Diesen letzten Punkt möchte ich vor allem betonen, wenn ich nun von Gauß' Leistung auf dem Gebiet kritischer Durcharbeitung spreche. Er steht auch hier nicht unvermittelt einzigartig da, sondern als Glied in einer vor- und rückwärts fortgesetzten Kette, freilich als ein Glied von unvergleichlicher Bedeutung.

Das am Ende des 18. Jahrhunderts deutlich wieder hervortretende Bedürfnis nach Strenge findet einen ersten Ausdruck in Legendres *„Éléments de la géométrie"* 1794 und Lagranges *„Théorie des fonctions"* 1797. Beide Werke befriedigen unser kritisches Bedürfnis von heute nicht; aber sie sind doch bedeutungsvoll als erste Arbeitsversuche in der seit langem nicht mehr verfolgten Richtung. Nun tritt 1801 Gauß hervor mit den *Disquisitiones Arithmeticae* und entwickelt darin eine nicht mehr gekannte, strenge und lückenlose Durchführung des dargestellten Gebietes, die einen großen Fortschritt über seine Zeitgenossen hinaus bedeutet und ihm früh den Ruf der Unanfechtbarkeit und Unübertrefflichkeit der Methoden verschafft. Dieser Ruf besteht durchaus zu Recht, soweit er sich auf Gauß' eigentliche Deduktionen bezieht. Dieses Gebiet möglichst auszudehnen, das der Voraussetzungen hingegen denkbar einzuschränken, liegt indessen noch nicht in seinem Bedürfnis. In den Disquisitiones Arithmeticae ist der ganze Komplex des normalen Rechnens mit Zahlen und Buchstaben ohne Untersuchung vorausgesetzt. Eine axiomatische Analyse dieser Grundlage fand nicht sein Interesse. Anders hingegen verhält sich Gauß, wenn es sich um eine Erweiterung des gewohnten Arbeitsmaterials handelt. So verfährt er bei der Einführung des von seinen Zeitgenossen noch oft in seiner Berechtigung angezweifelten „Imaginären" äußerst gewissenhaft. 1799 in seiner Dissertation behandelt er das Problem, das um 1800 viele Köpfe beschäftigte, noch unter vorsichtiger Verhüllung. Später aber tritt er mit seiner alle logischen Bedenken überwindenden Ansicht deutlich hervor, besonders in der klassisch klaren Darlegung der Selbstanzeige zur zweiten Abhandlung über die biquadratischen Reste von 1831 (Bd. 2, S. 174—178). Hier vermeidet er geflissentlich alles, was dem neuen Rechengebiet einen Anhauch von Mystik und Phantasterei verleihen könnte, vor allem in den Bezeichnungen. Er prägt den Ausdruck „*komplexe Zahl*"; mit seinem Vorschlag „direkte und inverse laterale Einheit" für „positive und negative imaginäre Einheit" ist er leider nicht durchgedrungen. Durch seine geometrische Deutung aber hat er das Rechnen in einer zweifachen Mannigfaltigkeit ein für allemal aus der Sphäre mystischer Phantasien in die klarer Vorstellungen gerückt.

Ich möchte noch besondere Gebiete etwas eingehender betrachten, denen Gauß sein kritisches Interesse zuwandte. Da ist vor allem der *Fundamentalsatz der Algebra*, dessen Bearbeitung er immer wieder in Angriff nahm. Es existieren die drei Beweise von 1799, 1815, 1816 (Bd. 3, S. 1, 31, 57). Ein späterer von 1849 ist nur eine genauere Durchführung des ersten. Dann kommt als wichtiges Gebiet der strengen Durchführung die Konvergenz der Reihen in Betracht. Gauß stellt die ersten allgemeinen Regeln für die Konvergenz von Potenzreihen auf in der Abhandlung über die hypergeometrische Reihe (Bd. 3, S. 123ff., 139—143) 1812. Interessieren wird es in diesem Zusammenhang, daß ein Gebiet Gauß' Aufmerksamkeit nicht auf sich zog, obwohl gerade hier der Mangel einer kritischen Durcharbeitung der Grundlagen den merkwürdigsten Produktionen des menschlichen Gehirns Wachsen und Gedeihen verstattete, nämlich die Differential- und Integralrechnung. Die Aufgabe, hier Ordnung und Klarheit zu schaffen, blieb Cauchy 1821 vorbehalten. Von Gauß werden diese Rechnungsarten selbstverständlich korrekt gehandhabt, doch äußert er sich nicht zur Frage ihres logischen Aufbaus.

Wir wollen nun die Beweise des *Fundamentalsatzes der Algebra* etwas genauer betrachten. Gerade an ihnen läßt sich erkennen, einerseits was Gauß über seine Vorgänger hinaus an Strenge der Beweisführung leistete, andererseits, was die heutige Wissenschaft noch zu ergänzen findet. Dabei möchte ich mich auf die beiden ersten Beweise beschränken, da zum dritten die Heranziehung komplizierterer Methoden notwendig wäre.

Der Fundamentalsatz der Algebra wurde von d'Alembert aufgestellt und in einem gewissen Maase bewiesen in seinen „*Recherches sur le calcul intégral*", 1746, die er in den damals „Histoire de l'Académie de Berlin" benannten Abhandlungen veröffentlichte[1]). Die Franzosen bezeichnen den Satz darum noch heute als „théorème de d'Alembert", und Gauß nannte seine Dissertation „demonstratio nova", womit er also keineswegs Anspruch erhob auf die Leistung, die ihm jetzt so häufig zugeschrieben wird: er habe „den ersten strengen Beweis" dieses Satzes geschaffen. Freilich beginnt seine Abhandlung mit einer eingehenden Kritik aller vorangegangenen Beweisansätze. Dann bringt Gauß seinen eigenen, neuen Gedankengang, der in moderner Sprache etwa folgendermaßen darzustellen wäre. Er betrachtet die Funktion

$$P + Qi = f(x + iy),$$

wo $f(x+iy) = f(z) = z^n + a_1 z^{n-1} + \cdots + a_n$ ist und untersucht den Verlauf der Kurven $P = 0$ und $Q = 0$ in der $(x + iy)$-Ebene. Weit entfernt vom Nullpunkt, d. h. für große absolute Werte von $z = re^{i\varphi}$ nähern sich diese Kurven asymptotisch denjenigen für $z^n = 0$, d. h. an $r^n \cos n\varphi = 0$, $r^n \sin n\varphi = 0$. Durch die beiden letzteren Gleichungen werden zwei in abwechselnder Lage befindliche Strahlensysteme durch den Nullpunkt dargestellt. Aus dieser Lage der Asymptoten der gesuchten Kurven schließt Gauß auf die Existenz eines Kreuzungspunktes.

Vom heutigen Standpunkte würden wir zu diesem Beweis etwa sagen: er ist im Prinzip richtig, aber nicht vollständig. Gauß benutzt dabei stillschweigend Eigenschaften der algebraischen Kurven, er wendet den Begriff „Kurve" sozusagen harmlos an. Daß eine „Kurve" nicht abbrechen könne, wird zwar ausgesprochen, aber nicht weiter untersucht. Ferner werden die kombinatorischen Möglichkeiten, welche hinsichtlich der Schnitte der verschiedenen Kurvenäste von $P = 0$ mit denen von $Q = 0$ bestehen, nicht genügend zergliedert. Vor allem aber werden die fundamentalen Stetigkeitssätze des zweidimensionalen Gebietes als selbstverständlich angesehen, z. B. daß zwei Kurven, die sich überkreuzen, sich irgendwo schneiden.

Der *zweite Beweis* ist sehr viel einfacher hinsichtlich der angewendeten Mittel. Er bewegt sich ganz im Gebiete des eindimensionalen Kontinuums.

Den Satz, daß eine Gleichung $\varphi = 0$ von ungeradem Grade sicher eine reelle Wurzel hat, betrachtet Gauß als selbstverständlich. Er macht nun folgenden genialen Ansatz: Aus der Gleichung $f(z) = 0$ vom Grade n, wo n den Faktor 2 einmal enthalten möge, läßt sich eine ganze Funktion einer neuen Veränderlichen u, die Resultante von $P(z, u)$ $= f(z+u) + f(z-u)$ und $Q(z, u) = \frac{f(z+u) - f(u)}{u}$, herstellen, deren

[1]) Schon früher wurde dieser Satz behauptet von Albert Girard in seinem Werke „Invention nouvelle en l'algèbre", Amsterdam 1629 (Neudruck von Bierens de Haan, Leiden 1884).

Koeffizienten durch rationale Rechenoperationen aus denen von $f(z)$ gefunden werden können und die den Grad $n(n-1)$ hat, aber als eine Funktion $F(u^2)$ von u^2 des Grades $\frac{n(n-1)}{2}$ aufgefaßt werden kann. Dann kann man, ohne die Existenz der Wurzeln $z_1, z_2, \ldots, z_n$ der Gleichung $f(z) = 0$ vorauszusetzen, nachweisen, daß das Verschwinden von $F(u^2)$ notwendig und hinreichend dafür ist, daß $P(z, u) = 0$ und $Q(z, u) = 0$ eine gemeinsame Wurzel haben. Da $F(u^2)$ in u^2 ungeraden Grad hat, besitzt $F(u^2) = 0$ eine Wurzel h, so daß also $P(z, \sqrt{h}) = 0$ und $Q(z, \sqrt{h}) = 0$ eine gemeinsame Wurzel $z = g$ besitzen, woraus die Existenz von Wurzeln von $f(z) = 0$ folgt, nämlich $g \pm \sqrt{h}$. Es kann nun g aus $\sqrt{h}$ und den Koeffizienten von f wieder rein formal durch rationale Rechnungen (größter gemeinschaftlicher Teiler) erschlossen werden.

Enthält n den Faktor 2 zweimal, so besitzt ihn $\frac{n(n-1)}{2}$ nur noch einmal; F gehört also zu den eben erledigten Fällen, und derselbe Schluß kann angewendet werden. In dieser Weise schreitet der Beweis zu beliebigen n fort nach dem Prinzip der vollständigen Induktion.

Zu diesem glänzenden Beweis hat die heutige Theorie nur zum ersten Schritt eine Ergänzung zu machen, zu der Behauptung, daß $f = 0$ eine reelle Wurzel habe, wenn n ungerade ist. Daß f den Wert 0 passiere, wenn es bei gleichmäßig wachsendem z von positiven zu negativen Werten übergehe (oder umgekehrt), war für Gauß selbstverständlich. Wir fühlen heute das Bedürfnis, diesen Schluß zu zergliedern und stoßen dabei auf den grundlegend wichtigen Begriff der Stetigkeit. Wir würden also sagen: es fehlt erstens eine explizite Theorie der reellen Zahlen, deren Vollständigkeit nach dem Prinzip des Dedekindschen Schnittes hergestellt wird; zweitens der Satz: nimmt eine stetige Funktion $f(z)$ Werte verschiedenen Zeichens an, so passiert sie zwischendurch den Wert 0; drittens der Beweis, daß die in Frage kommende Funktion $f(z)$ stetig ist.

Diese Punkte wurden erst 1817 durch die Schrift von B. Bolzano „Rein analytischer Beweis des Lehrsatzes, daß zwischen je zwey Werthen, die ein entgegengesetztes Resultat gewähren, wenigstens eine reelle Wurzel der Gleichung liege" (Prag, = Ostw. Klass. 153) erledigt, der damit auch über die späteren Entwicklungen von Cauchy hinausgegangen ist. Bolzano ist einer der Väter der eigentlichen „Arithmetisierung" unserer Wissenschaft. Er war katholischer Geistlicher und Religionsphilosoph, und es ist mir darum nicht zweifelhaft, daß er die Anregung zu seinen Untersuchungen aus scholastischen Traditionen geschöpft hat. Übrigens existierte dieser Stetigkeitssatz in aller Klarheit schon bei dem Griechen Eudoxus! Wenn man damit vergleicht, daß 1810 der Franzose Lacroix in harmloser Selbstzufriedenheit erklärte[1]: „Solche Spitzfindigkeiten, mit denen sich die Griechen quälten, brauchen wir jetzt nicht mehr", so hat man eine recht lebendige Illustration dessen, was oben von dem Charakter der verschiedenen mathematischen Zeitalter gesagt wurde.

Ich wende mich nun zu dem Gebiete, das in diesem Zusammenhang als das bedeutungsvollste zu gelten hat, zu Gauß' Arbeiten über die *Grundlagen der Geometrie.* Über diesen Gegenstand ließe sich seines Interesses und seiner Ausdehnung wegen sehr viel sagen, doch möchte ich für eingehenderes Studium auf die Enzyklopädieartikel von Enriques und Zacharias (III AB 1 und AB 9) hinweisen.

Gauß hat von allen seinen diesbezüglichen Arbeiten nichts veröffentlicht. Nur durch persönliche Bemerkungen und Briefe wurde allmählich, oft in entstellter Form, gerüchtweise bekannt, Gauß sei bei Beschäftigung mit der Theorie der Parallelen auf eine neue, höchst paradoxe Geometrie gestoßen. Immerhin verbreitete sich diese Behauptung weit genug, um in der folgenden Zeit alle, die sich irgendwie mit ähnlichen Gedanken trugen, sich um Gauß sammeln zu lassen. Hier tritt nun schlagend eines der merkwürdigsten Gesetze der Menschheitsgeschichte zutage, daß nämlich offenbar nicht nur der Einzelne Schöpfer eines neuen Gedankens ist, sondern daß sozusagen die Zeit selbst die großen Gedanken und Probleme in sich birgt, und sie in der Reifestunde den genial begabten Köpfen selbst darbietet, ja aufzwingt. So tritt auch hier plötzlich, fast gleichzeitig an verschiedenen, gänzlich unabhängigen Stellen der umwälzende Gedanke der *nichteuklidischen Geometrie* zutage, der während vieler tausend Jahre keines Menschen Hirn beunruhigt hatte. — So weit wir aber auch in die Geschichte der Einzelentdeckungen eindringen, es stellt sich heraus, daß Gauß in jedem Punkte allen anderen um einige Jahre voraus war. Abgesehen von dieser Priorität, die ja durch sein Schweigen nicht zur Wirkung kam, hat aber Gauß das größte Verdienst um die nichteuklidische Geometrie durch das Gewicht seiner Autorität, durch die er dieser sogleich schwer angefochtenen Geistesschöpfung zu allgemeiner Beachtung und schließlich zum Siege verhalf.

Der erste öffentliche Hinweis auf Gauß' geometrische Neuschöpfung findet sich in der Schrift von Sartorius von Waltershausen: *Gauß zum Gedächtnis*, 1856 (die hierauf bezügliche Stelle ist wieder abgedruckt in Gauß' Werke Bd. 8, S. 267). Von 1862 an beginnt dann die Veröffentlichung des in dieser Hinsicht reichhaltigen Briefwechsels mit Schumacher. Ganz klar aber konnte der Umfang und die Tiefe dieser Seite Gaußschen Schaffens erst durch die Veröffentlichung des Nach-

---

[1]) Lacroix, P.: Traité du Calcul Différentiel et du Calcul Intégral, 2. éd., t. I, Préface p. 11.

lasses werden, wie er 1900 von Stäckel in Bd. 8 der Werke herausgegeben wurde.

Danach läßt sich die Entwicklung etwa folgendermaßen skizzieren: Von 1792 an beschäftigte sich Gauß, wie alle seine Zeitgenossen, mit vergeblichen Versuchen, das Parallelentheorem aus den gegebenen Axiomen zu beweisen. Er widerlegt alle ihm von anderen zugesandten „Beweise", so etwa in den Briefen an Bolyai, den älteren, von 1799 und 1804 (Bd. 8, S. 159, 160). Während der Aufdeckung all dieser Trugschlüsse wendet er seine Gedanken mehr und mehr zu der positiven Schöpfung einer nichteuklidischen Geometrie. Er kann darin keinen Widerspruch finden. In einem Brief an Schumacher 1808 (S. 165) deutet er an, daß aus einer solchen nichteuklidischen Annahme die Existenz einer absoluten Längeneinheit im Raume folgen würde. Es beschäftigen ihn Skrupel, ob eine solche Annahme auch vernünftig sei. 1816 aber steht er bereits auf viel festerem Boden, wie ein Brief an Gerling (S. 168) und vielleicht noch viel deutlicher die einleitenden Worte eines Referates in den Göttinger gelehrten Anzeigen 1816 (Werke, Bd. 8, S. 170, 171) zeigen. Er spricht dort geradezu von einer „Lücke, die man nicht ausfüllen kann".

Gauß faßte seine nichteuklidische Geometrie durchaus nicht im nominalistischen Sinne als ein bloßes Gedankenspiel auf; auch die pragmatistische Auffassung, die in der euklidischen Geometrie zwar keine absolute Wahrheit sieht, aber doch eine für alle unsere Verhältnisse, auch die astronomischen, längst genügende Annäherung lag ihm fern. Er stand vielmehr auf einem rein empiristischen Standpunkt. Für ihn existierte der Raum außerhalb von uns und hatte seine eigenen festen Eigenschaften, die es zu erforschen galt. Die Frage, welche Geometrie die „in Wirklichkeit" existierende, also die richtige sei, sollte durch das Experiment entschieden werden. Ähnlich äußert sich Gauß 1817 an Olbers (S. 177). Hier räumt er allein der Arithmetik eine Wahrheit a priori ein, während er die Geometrie als eine Erfahrungswissenschaft mit der Mechanik auf gleiche Stufe stellt. Sehr bedeutsam ist eine nun folgende (S. 178) Korrespondenz mit Gerling, 1818. Dieser hatte Gauß einen kurzen Zettel eines gewissen Schweikart zugehen lassen, eines Juristen, 1812—16 in Charkow, später in Marburg, zuletzt in Königsberg, der eine neue Geometrie, „Astralgeometrie" entdeckt zu haben behauptete. Tatsächlich handelte es sich um Gauß' nichteuklidische Geometrie, wie Gauß mit großer Freude bestätigt. Auch Schweikart hatte die überraschende Folgerung einer im Raum existierenden absoluten Längeneinheit gezogen. Als Illustration dieser Verhältnisse fügt er die seltsame Bemerkung hinzu: wenn diese Länge für uns gleich dem Erdradius wäre, so würde die Verbindungslinie zweier Sterne, die vom Erdmittelpunkt gesehen unter 90^0 erschienen, die Erde gerade tangieren. Offenbar wollte Schweikart durch diese

Bemerkung eine Anregung geben, in welcher Weise etwa die Frage nach der Wahrheit der verschiedenen Geometrien empirisch zu entscheiden sei. Er bringt dabei eine Figur, die der von Gauß in seinem Nachlasse verwendeten sehr ähnlich ist. Die Längeneinheit e soll durch das Lot auf die Seite eines — wie wir heute im Besitz der projektiven Maßbestimmung sagen — dem zugrunde gelegten Kreise einbeschriebenen Quadrates gegeben sein (vgl. Fig. 3).

Gauß äußerte sich sehr anerkennend über die Schweikartschen Ideen, warnt aber vor der Veröffentlichung. Der Grund für Gauß' absolutes Schweigen in dieser Angelegenheit war seine gänzliche Hoffnungslosigkeit, beim Publikum irgendwelches Verständnis für eine so paradox aussehende Sache zu finden. Er warnt wiederholt vor den „Wespen", die dem um die Ohren fliegen werden, der etwas Derartiges zu äußern wage, oder vor dem „Geschrei der Böotier" (S. 179, 181, 200). Auch in einem Brief an Taurinus, 1824 (S. 186), in dem er manche Einzelheit mitteilt, bittet er sich strengste Geheimhaltung aus. Um so größere Freude bereitete es ihm, wenn er von einem beweglichen Geiste verstanden wurde. Einen Beleg dafür gibt der Briefwechsel mit Bessel 1829 (S. 200—201), der sich sofort auf den praktischen Standpunkt stellte, soweit es die Figuren auf der Erde angeht.

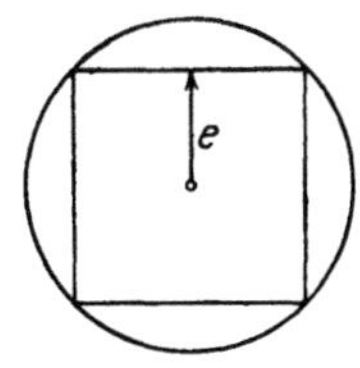

Fig. 3.

Indessen rückte unabweislich die Zeit heran, in der das Geheimnis durch den Mund jüngerer selbständiger Entdecker laut wurde. 1832 erschienen die Resultate Joh. Bolyais des Jüngeren, herausgegeben als Appendix zum Werke seines Vaters. In einem Briefe an den Vater (S. 220) äußert sich Gauß in Tönen höchster Anerkennung und größten Erstaunens über die Arbeiten des jungen Mannes, die seine geheimsten Entdeckungen offenbarten. Leider glaubte der junge Bolyai, ein leidenschaftlicher, zerrissener Mensch, der auch in seiner Offizierskarriere viel Stürme erlebte und anrichtete, den wohlwollenden Worten des großen Mannes nicht. Offenbar kränkte es ihn, daß Gauß vor ihm und unabhängig von ihm seine Gedanken besessen haben wollte. Er verbitterte sich völlig gegen Gauß; ja, er ging sogar so weit, die nun bald hervortretenden Arbeiten von Lobatscheffsky für eine Finte von Gauß zu erklären, nur ihm zum Tort an die Öffentlichkeit gebracht. Lobatscheffsky, der russischer Staatsrat in Kasan war, trat etwa 1841 in Gauß' Gesichtskreis, der mit Eifer und Freude von seinen 1829 erschienenen Publikationen Kenntnis nahm (S. 232).

Damit möchte ich den kurzen Überblick über den in Bd. 8 veröffentlichten Nachlaß abschließen. Für jeden, der Interesse an dem Gegenstand hat, sind die hier abgedruckten Schriftstücke höchst lesenswert. Eine ausführliche Bearbeitung haben sie in den Monographien gefunden, die als wissenschaftliche Gauß-Biographien in den letzten Bänden der Werke veröffentlicht sind (Bd. 10, 2, Abh. IV, Stäckel: Gauß als Geometer).

Wir haben nun das ungeheuere Gebiet von Gauß' Arbeiten einigermaßen durchwandert und können versuchen, uns seine Bedeutung zusammenfassend vor Augen zu stellen. Schon seine Zeitgenossen fühlten das Überragende dieses Genius, wie es kurz und schlagend die Inschrift andeutet, die sein König auf der 1855 geprägten Gauß-Medaille anbringen ließ: *Mathematicorum princeps.* Hätten seine Zeitgenossen gar Einblick in Gauß' unveröffentlichte Produktion gehabt, wie sie uns jetzt durch den Nachlaß zugänglich geworden ist, so hätten sie vielleicht zu noch höheren Ausdrücken gegriffen.

Wenn wir uns nun fragen, worin eigentlich das Ungewöhnliche, Einzigartige dieser Geisteskraft liegt, so muß die Antwort lauten: es ist die Verbindung der größten Einzelleistung in jedem ergriffenen Gebiet mit größter Vielseitigkeit; es ist das vollkommene Gleichgewicht zwischen mathematischer Erfindungskraft, Strenge der Durchführung und praktischem Sinn für die Anwendung bis zur sorgfältig ausgeführten Beobachtung und Messung einschließlich; und endlich, es ist die Darbietung des großen selbstgeschaffenen Reichtums in der vollendetsten Form.

Sehen wir uns nach etwa vergleichbaren Heroen unserer Wissenschaft um, so können nur zwei Vorläufer von Gauß als von der Natur mit gleichen Segnungen ausgestattet in Betracht kommen: Archimedes und Newton. Mit beiden hat auch Gauß die ungewöhnlich lange Lebensdauer gemein, die eine volle Auswirkung der Persönlichkeit möglich machte.

Die Vielseitigkeit in der Wahl der Arbeitsgebiete allein macht diese Größe noch nicht aus. Dafür möchte ich ein merkwürdiges Beispiel anführen, indem ich neben Gauß den 25 Jahre älteren Mathematiker Legendre stelle, der wie durch einen sonderbaren Zwang geleitet, auf fast allen Gebieten über dieselben Gegenstände wie Gauß gearbeitet hat. Aber so anerkennungswert auch seine Leistungen sein mögen, so ist er doch nirgends so in die Tiefe gedrungen, wie Gauß bei jedem Problem, das er angriff. Ein Überblick der Gebiete wird diese merkwürdige Übereinstimmung und Verschiedenheit lehren:

Zahlentheorie: 1798 erscheint Legendres Lehrbuch: *Essai d' une Théorie des nombres,* in der u. a. auch die Theorie der quadratischen Formen behandelt wird. 1801 wird es durch Gauß' Disquisitiones Arithmeticae überholt.

Analysis: Von 1786 ab beschäftigte sich Legendre mit den elliptischen Integralen $\int R(z, \sqrt{f_4(z)})\, dz$. Er schafft die Einteilung in Integrale erster, zweiter und dritter Gattung und berechnet, von ähnlichem

Zahleninteresse und ähnlicher Rechenbegabung und -energie erfüllt wie Gauß, ausführliche Tafeln für $\int \frac{dz}{\sqrt{f(z)}}$. Den Gedanken, die umgekehrte Funktion zu betrachten und damit den Schlüssel zur Theorie der elliptischen Funktionen ergreift er jedoch nicht. Auch über Eulersche Integrale arbeitet Legendre von **1793** an. Er berechnet Tafeln für $\Gamma(p)$ genau entsprechend den Gaußschen in der Theorie der hypergeometrischen Reihe von 1812.

Geometrie: Legendre macht den ersten Versuch, ein streng aufgebautes Elementarlehrbuch zu verfassen. Es ist die Elementargeometrie von 1794, die seitdem unzählige Neuauflagen erlebte und eine bedeutende Rolle in der Geschichte des mathematischen Unterrichts gespielt hat. Auch er beschäftigt sich unausgesetzt mit der Theorie der Parallelen, doch beharrt er bis zu seinem Ende bei den vergeblichen Versuchen, einen Beweis zu finden.

Geodäsie: **1792** wird eine genaue Gradmessung von Dünkirchen bis Barcelona in die Wege geleitet, an der Legendre theoretisch und praktisch aufs eifrigste beteiligt ist. Er hat große Verdienste um diese erste zuverlässige Gradmessung, die als Grundlage des Einheitslängenmaßes, des Meters, und für die theoretische Ausgestaltung des Vermessungswesens überhaupt von großer Bedeutung war. Die Anregungen aus dieser Arbeit führten ihn zu wichtigen Sätzen der sphärischen Trigonometrie. Aber Gauß' tiefster Gedanke, der ihn in Verbindung mit derartiger Tätigkeit beschäftigte, die Frage der nichteuklidischen Geometrie, blieb Legendre wiederum versagt. Erwähnt sei noch, daß Legendre stark beteiligt war bei der damals versuchten, leider nicht durchgedrungenen Einführung der „Neugrade", i. e. eines dezimalen Winkeleinteilungssystems, für das er ausführliche trigonometrische Tafeln berechnete.

Astronomie: Legendre beschäftigte sich **1805** mit der Attraktion der Ellipsoide, er findet und veröffentlicht auch die Methode der kleinsten Quadrate, auch hier also ein unmittelbares Zusammentreffen mit Gauß. Schließlich:

Physik: Auf diesem Gebiete hat Legendre keine Leistung aufzuweisen, die der Gaußschen Theorie des Erdmagnetismus an die Seite zu stellen wäre. Vielleicht kann man aber doch die Theorie der Kugelfunktionen eines Argumentes, der sog. Legendreschen Polynome, die er schon seit **1785** besaß und in der Abhandlung von der Attraktion der Ellipsoide verwendete, zur theoretischen Physik rechnen. Auch hier ist Gauß durch die Erschaffung der Potentialtheorie über ihn hinausgeschritten. (Die Kugelfunktionen zweier Argumente hatte inzwischen Laplace gefunden.)

Dieser Vergleich, der nicht dazu bestimmt ist, das Rätsel der Gaußschen Begabung zu erklären, sondern es nur in seiner ganzen Unbegreiflichkeit noch deutlicher herausstellen soll, ist aber auch in anderer Beziehung lehrreich. Er zeigt nämlich, daß die Mathematik nicht in dem Maße die subjektive Wissenschaft ist, die ihre Entwicklung der zufälligen, willkürlichen Einwirkung der in ihr schöpferischen Männer verdankt, wie es von mancher Seite behauptet wird. Die Gegenstände der Forschung scheinen vielmehr weitgehendst durch den Charakter der Epoche nach irgend einer inneren Folgerichtigkeit gegeben zu sein. Diese Ansicht wird bestätigt durch das eigentümliche Geschick, das den im Nachlaß vorgefundenen Gaußschen Entdeckungen durch die Weiterentwicklung der Wissenschaft zuteil wurde. Fast alle sind früher oder später von anderen Forschern unabhängig aufgefunden worden. Sollten sich unter den uns jetzt noch unverständlichen Aufzeichnungen noch neue wissenschaftliche Entdeckungen befinden, so dürfen wir getrost erwarten, daß das Wachstum unserer Wissenschaft sie an anderer Stelle zum zweiten Male ans Licht treten lassen und uns auch diese Gaußschen Andeutungen verstehen lehren wird. Das Werk des Genius scheint es zu sein, die natürliche Weiterentwicklung, um ein gut Stück dem Bewußtsein der Zeitgenossen vorauseilend, vorzuahnen, und eben dadurch eine entscheidende Wendung und eine gesteigerte Produktion in neuem, früher nicht gekanntem Geiste herbeizuführen. An ihm scheiden sich die geschichtlichen Epochen, er ist die höchste Ausbildung der vergangenen, die er abschließt, zugleich das Fundament der neuen, die er noch weit — durchgreifender und wirksamer als es vielleicht im Bewußtsein der Zeit lebendig ist — mit seinen letzten Ausstrahlungen durchsetzt; wenn es mir gestattet ist, ein Gleichnis zu brauchen: Gauß erscheint mir wie die Zugspitze im Gesamtbild unserer bayrischen Berge, wie es sich dem Beschauer von Norden her darbietet. Die allmählich von Osten her ansteigenden Kuppen gipfeln in dem einen riesigen Koloß, der steil abfällt in die Niederungen einer neuen Formation, in die seine Ausläufer noch auf viele Meilen weit hineinragen und in denen die von ihm abströmenden Wasser neues Leben erzeugen.

Ich möchte mich nun von Gauß abwenden und beginne mit einer Begrenzung, die selbst dieser umfassende Geist sich gefallen lassen muß. Sie liegt in der Bezeichnung, die wir ihm schon früher zuteil werden ließen: Typus des 18. Jahrhunderts. Es fehlen Gauß gerade die Eigenschaften, die wir nun im folgenden Kapitel hervorzukehren haben werden: die gesteigerte Lehrtätigkeit vor großem Publikum, das Heranziehen einer richtunggebenden Schule, der lebhafte Verkehr mit den Gelehrten aller Länder, die den modernen Forschertypus kennzeichnen. Es fehlen schließlich denn doch auch einige Wissenschaftsgebiete, die bald zur Geltung gelangen, so etwa die projektive Geometrie. Diese Dinge treten nun gerade in glänzender Weise bei demjenigen Kreise von Mathematikern hervor, dem wir jetzt unsere Aufmerksamkeit zuwenden.

Zweites Kapitel.

Frankreich und die École Polytechnique in den ersten Jahrzehnten des 19. Jahrhunderts.

Um die ferneren Darlegungen verständlich zu machen, wird es nötig sein, einiges über das Wesen und die Organisation der *École Polytechnique* in Paris zu sagen. Ich halte mich dabei an den Grundplan der Schule, ohne die vielfachen Einzelveränderungen seit der Zeit ihres Bestehens zu berücksichtigen.

Man denkt sich unter der École Polytechnique häufig ein Analogon oder auch das Urbild unserer technischen Hochschulen. Wenn sich auch ein sehr bedeutender Einfluß aus dieser Richtung auf unsere Verhältnisse nicht leugnen läßt, so ist eine solche Gleichsetzung doch nur in beschränktem Maße richtig. Insbesondere ist bei uns die militärische Seite der Ausbildung, die an der École Polytechnique eine sehr große Rolle spielt, völlig zurückgetreten. Zur Erläuterung möchte ich das Schema des französischen Unterrichts in unseren Fächern hier anführen.

Die Grundlage der Schulbildung ist gegeben durch die „höhere Schule", die bis zum Abschluß unserer Unterprima führt. Daran schließt sich als eine Art Selekta die „Mathématiques spéciales", eine Lehranstalt mit außerordentlich starker Vertretung des mathematischen Unterrichts — bis zu 16 Stunden wöchentlich —, in der die elementare analytische Geometrie und Mechanik, neuerdings auch die elementare Infinitesimalrechnung völlig erledigt und durch viele Übungen zum sicher beherrschten Werkzeug des Schülers gemacht werden. Wir besitzen schlechterdings keine Unterrichtseinrichtung, die diesem Schulgebilde vergleichbar wäre. Es folgt nun ein sehr strenges Aufnahmeexamen, das nach einem rein statistischen Verfahren (nach Anzahl der geleisteten „Punkte", deren ideelle Höchstzahl 2000 beträgt; bis jetzt wurde seit Bestand der Schule einmal der Rekord von 1875 Punkten erreicht, und zwar durch Hadamard!) aus großem Andrang die 150 zur École Polytechnique zugelassenen Kandidaten auswählt.

Die École Polytechnique umfaßt zwei Jahre und bildet den einzigen Zugang zu den höheren technischen Staatsämtern, zu denen der Ingenieur in weiteren zwei Jahren in einer der verschiedenen Fachschulen vorgebildet wird. Von diesen Fachschulen möchte ich hier nennen: die „*École des Ponts et Chaussées*", die „*Mines*", das militärische „*Génie*" und die „*Artillerie*". Sie sind in Rang und Ansehen unterschieden in der angegebenen Reihenfolge und stehen dem Absolventen der École Polytechnique nicht frei zur Wahl offen; vielmehr ist die Wahl nach der Güte des Abgangszeugnisses beschränkt, so nämlich, daß dem Inhaber des besten alle Schulen zugänglich sind, einem geringeren etwa nur die von „Génie" abwärts. Abgesehen von den Polytechniciens werden übrigens die Fachschulen von einer großen Zahl Privatingenieuren während eines vierjährigen Kursus besucht. Doch genießen diese, für die Staatskarriere nicht in Betracht kommenden Studenten nicht das Ansehen und die Vorrechte der Polytechniciens, die als angestellte Staatsbeamte bereits Gehalt beziehen. Schon in der École Polytechnique gelten die Schüler, die Anwärter auf alle hohen Beamtenstellen, als Beamte des Staates, wenn auch an Stelle des bei der Gründung ausgesetzten Gehalts im Gegenteil ein vom Schüler zu entrichtendes Honorar getreten ist. Die streng militärische Ordnung des Internates — die Schüler tragen Uniform — deutet auch äußerlich auf die ganz eigentümliche Stellung dieser lediglich auf Staats- und Kriegsinteressen zugeschnittenen Schule. An deutschen Verhältnissen gemessen, läßt sich der Stand der Polytechniciens nach seiner gesellschaftlichen Stellung, seiner Vorbildungsorganisation und seinem staatlichen Einfluß vielleicht noch am ehesten mit unserem Juristenstand vergleichen.

Der eigentümliche, uns gänzlich fremde Typ dieser Schule läßt sich natürlich nur aus der geschichtlichen Entwicklung begreifen. Eine glänzende Darstellung dieser Verhältnisse gibt Jacobi in einem Vortrag über die École Polytechnique, gehalten 1835 vor der physikalisch-ökonomischen Gesellschaft in Königsberg (in Bd. 7 seiner Werke, S. 355).

Die Schule wurde gegründet in der ärgsten Revolutionszeit, als die Auflösung aller Bildungsstätten, der fortwährende Verlust an jungen, kräftigen, zum Kriegsberuf vorgebildeten Männern eine Ergänzung eben in dieser Hinsicht dringend forderte. Diesem Ursprung verdankt die Schule ihren militärischen Zuschnitt, ihre enge Fühlung mit den Bedürfnissen des Staates, Dinge, die selbstverständlich auf den Unterricht und den Geist der Anstalt von dauerndem großem Einfluß sein mußten. Die Schule war dazu da, die Offiziere für das Revolutionsheer und später für Napoleons Armee heranzubilden. Nur durch Betonung dieses Zweckes und auf Grund eines streng republikanischen Patriotismus, der theoretisch nicht einmal den Vorrang des Talentes anerkannte, war es 1794 möglich, die Erlaubnis zur Gründung der Schule zu erhalten, die sich nun, eben durch ihre militärische Tendenz, durch alle Stürme der wechselnden Verfassung hindurch am Leben erhielt; ganz zu schweigen von den materiellen Schwierigkeiten in einer Zeit, wo Geld wertlos war und nur in Naturalien Subsidien geschafft werden konnten. Trotz der enormen kriegerischen Ansprüche, die Lehrer- und Schülermaterial verschlangen, Notexamina, abgekürzte Ausbildung usw. zur gewohnten Erscheinung machten — Napoleon gebot schließlich Einhalt mit dem Ausspruch: man dürfe nicht die Henne schlachten, die ihm die goldenen Eier lege —, wuchs die Schule unablässig an Ausdehnung und Bedeutung, und entwickelte sich zu einem der wichtigsten Geistesfaktoren des 19. Jahrhunderts.

Sieht man sich nach den Männern um, die dieses gewaltige Stück Arbeit schufen, so ist an erster Stelle der Geometer und Verwaltungsmann Monge (1746—1818) zu nennen, der bis zu seinem Tode die eigentliche Antriebskraft des großen Werkes war. Durch ihn, der schon vor seiner Pariser Zeit an der Militärschule zu Mezières den Unterricht in der darstellenden Geometrie methodisch durchgebildet hatte, wurde der Impuls zur Weiterentwicklung einer modernen, auf die Wirklichkeit gerichteten Geometrie in eine zahlreiche, aufstrebende Zuhörerschaft getragen. Seine wissenschaftliche Wirkung geht weit über die Grenzen seiner Schule und seines Vaterlandes hinaus und gibt den Anstoß zu der bald einsetzenden Entwicklung der Geometrie auch in Deutschland. Selbst ich bin durch meinen Lehrer Plücker noch in Monges Traditionen aufgewachsen. Dem wissenschaftlichen und pädagogischen Wirken Monges hält aber sein Verwaltungs- und Organisationsinteresse durchaus die Wage. Wiederholt war er mit wichtigen Staatsämtern betraut, und auch unter Napoleons Regime, dessen Vertrauen er genoß, behielt er seine öffentliche Tätigkeit. Für eine Zeit hatte er den Posten des Marineministers inne, er beteiligt sich an der ägyptischen Expedition, dann wieder leitet er eine umfangreiche Pulverfabrikation in die Wege. Wir sehen, damals war der Mathematiker und Ingenieur der Mann des Tages, wie es jetzt bei uns nur etwa der Jurist sein kann.

Der Charakter einer Schule, in der ein solcher Mann den entscheidenden Einfluß ausübt, ist, wie zu erwarten steht, wesentlich aufs praktische Leben gerichtet. Dies zeigt sich in der Organisation des Unterrichts, die ganz auf höchste Anspannung der Kräfte, auf möglichst bedeutende Fachleistung abzielt. Welcher Gegensatz zu dem Ideal einer allseitig harmonischen Durchbildung der Persönlichkeit, wie es dem 18. Jahrhundert vorschwebte! Alle Mittel der Strenge, der Anstachelung des Ehrgeizes, der glänzenden Lebensaussicht werden hier herangezogen, um die Kräfte aufs äußerste zu entfalten. Die Kenntnisse werden bis zur wirklichen Beherrschung des Stoffes in die Köpfe hineingetrieben. So stehen neben den Professeurs die Répétiteurs, welche die Vorträge erläutern und abfragen. Und schließlich haben die Examinateurs die Aufgabe, in einer äußerst strengen, eingehenden Abgangsprüfung, der sich jeder Kandidat einzeln unterziehen muß, die erzielten Leistungen festzustellen. Poisson pflegte am Jahresschluß während vier Wochen täglich neun Stunden durch diese Prüfungen in Anspruch genommen zu sein.

Der Organisation des Unterrichts entspricht der zielbewußte, gewaltige Anforderungen stellende Lehrplan. In den ersten Jahrzehnten, die uns hier interessieren, steht die Mathematik durchaus im Vordergrund, und zwar umfaßt

Reine Analysis	108	Doppelvorträge (zu je $1^1/_2$ Stunden)
Anwendung der Analysis auf Geometrie	17	desgl.
Mechanik	94	desgl.
Darstellende Geometrie	153	desgl.
Zeichnen	175	desgl.
	547	Doppelvorträge (zu je $1^1/_2$ Stunden).

Eine Umrechnung auf deutsche Verhältnisse ergibt etwa das Besuchen von fünf vierstündigen Kollegs nebeneinander als entsprechende Beanspruchung. Rechnen wir dazu die ständigen Repetitionen, so können wir uns ein Bild von der Arbeitslast eines Polytechnicien machen.

Da in diesen erstaunlichen Betrieb die bedeutendsten Mathematiker Frankreichs als Lehrer berufen wurden, so ist es nicht verwunderlich, daß die Leistung der Schule bald auf eine ganz außerordentliche Höhe stieg. Der Eifer der jungen Leute, die in organisierten Übungen, durch persönliche Bezugnahme in Zeichensaal und Laboratorium dem unmittelbaren Einfluß anfeuernder und bedeutender Lehrer ausgesetzt waren, trug das seinige dazu bei. Nach außen wurde das Leben dieser Schule um so wirksamer, als es Gesetz war, die Vorlesungen zu veröffentlichen. Die große Mehrzahl der führenden Lehrbücher der höheren Mathematik zu Anfang des 19. Jahrhunderts ist aus dem Unterrichtsbetrieb der École Polytechnique hervorgegangen, und aus dieser Quelle sind sozusagen alle unsere heutigen Lehrbücher abgeleitet (vgl. Klein-Schimmack: Der mathematische Unterricht in den höheren Schulen, S. 176ff.).

Der Einfluß eines so intensiven Betriebes auf die gesamte Wissenschaft konnte nicht ausbleiben. Tatsächlich ist fast alles, was in den ersten Jahrzehnten des 19. Jahrhunderts in Mathematik, Physik und Chemie in Frankreich geleistet wurde, aus der École Polytechnique hervorgegangen. Dem Wesen der Schule nach steht die angewandte Mathematik zuerst in Blüte. Ich möchte darum die Resultate, die dieser gewaltige Aufschwung gezeitigt hat und zu deren Betrachtung ich mich jetzt wenden möchte, in folgender Reihenfolge vorführen:

1. Mechanik und mathematische Physik.
2. Geometrie.
3. Analysis und Algebra.

Mechanik und mathematische Physik.

Die Zeit, die wir betrachten, steht unter der Nachwirkung der großen astronomischen Epoche des 18. Jahrhunderts, die in den Werken von Lagrange und Laplace ihre klassische Zusammenfassung gefunden hatte. Von bedeutendem Einfluß sind noch die durch Laplace geschaffenen ersten erfolgreichen Ansätze, die astronomischen Methoden auf das Verhalten der physikalischen Körper, die man als Molekularaggregate auffaßt, zu übertragen, so etwa in der Theorie der Kapillarität. Daneben freilich geht von Euler und Lagrange ein Einfluß aus in

Richtung der „phänomenologischen Auffassung" des physikalischen Geschehens. Die Physik wandte übrigens, in den Traditionen Coulombs stehend (1736—1806), ihr Interesse ausschließlich der quantitativen Festlegung qualitativ bekannter Erscheinungsklassen zu. Von den Arbeiten zur Bestimmung des Meters ist schon gesprochen worden. Ähnlich heftete sich das Interesse an die Fixierung der übrigen metrischen Einheiten, der Länge des Sekundenpendels u. a. m.

Da bricht plötzlich in den ersten Jahrzehnten des neuen Jahrhunderts eine gewaltige Entdeckungsperiode an. Sie setzt ein mit der *Optik*. Nach der Entdeckung der Polarisation des Lichtes durch Malus, 1808, beginnt von 1815 ab das Genie von Fresnel sich wirksam zu entfalten. (Fresnel 1799—1827, vgl. übrigens den Artikel von Wangerin: Enzykl. V 21). Er entdeckt die Transversalität der Lichtschwingungen, denen er einen quasielastischen Äther als Medium unterlegt. Er beobachtet und erklärt die Lichtfortpflanzung auch in zweiachsigen Kristallen, die Zirkularpolarisation in Quarz, die Erscheinungen der Aberration und schafft die ausführlichen Formeln zur Theorie der Reflexion. 1821 beginnt dann mit Oersteds Entdeckung die überwältigend rasche Entwicklung des *Elektromagnetismus* und der *Elektrodynamik*, wie ich es an anderer Stelle schon dargelegt habe (S. 19f.). Ihre klassische Darstellung findet die junge Theorie in dem 1826 (in Paris) erschienenen Werk von Ampère (1775—1836): *Théorie des phénomènes électrodynamiques uniquement déduite de l'expérience.* Dieser Titel mag einigermaßen erstaunen, wenn der Leser erfährt, daß Ampère nicht eins der beschriebenen Experimente wirklich ausgeführt hat. Für ihn hatte das „Experiment" im wesentlichen einen rein methodischen Wert, dem die bloße gedankliche Ausführung genügte. Auch für diese Entwicklung möchte ich auf einen Enzyklopädieartikel hinweisen, nämlich den von Reiff und Sommerfeld (V 12).

Von dem Ansturm dieser physikalischen Entdeckungen ging eine starke Anregung aus auf die mathematische Produktivität; denn das Gewirr und Gewoge der sich überstürzenden neuen Vorstellungen und Theorien bedurfte dringend der ordnenden Hand des Mathematikers. Hier setzen nun die Männer ein, deren Werk zu betrachten jetzt auf unserem Wege liegt[1]).

Es sind vor allem drei Mathematiker zu nennen und zu charakterisieren, die historisch koordiniert erscheinen, trotzdem sie bei Lebzeiten fast in fortwährender Polemik miteinander verwickelt waren: Poisson, Fourier und Cauchy.

Poisson (1781—1840) ist der typische Vertreter des Polytechnicien; er gehörte seiner Schule der Reihe nach als Schüler, Repetent, Pro-

[1]) Ausführliche zeitgenössische Biographien finden sich in Aragos Werken, insbesondere Bd. 1 und 2, deutsch herausgeg. von Hankel, Leipzig 1854.

fessor und Examinator an. Als Lehrer dieser Anstalt schuf er den regelmäßigen Kurs in Mechanik, aus dem der noch heute nachwirkende „*Traité de Mécanique*" (2 Bände, 1. Aufl. 1811) hervorging. Seine Forschertätigkeit betreffend Mechanik im engeren Sinne steht unter dem Einfluß der Lagrange-Laplaceschen Ideen, die Poisson weiterbildet und ausbaut. Es beschäftigen ihn Einzelprobleme (Kreisel auf einer Ebene spielend), vor allem aber allgemein methodische Fragen. So ist ihm der wichtige Übergang von den bei Lagrange verwendeten Geschwindigkeitskoordinaten $\dot{q}_i$ zu den Impulskoordinaten $p_i = \frac{\partial T}{\partial \dot{q}_i}$ zu verdanken, durch den alle Relationen der Mechanik eine vorteilhaftere Gestalt erhalten. Außerdem unterzog er alle Teile der älteren mathematischen Physik seiner fördernden Bearbeitung: Kapillarität, Plattenbiegung, Elektrostatik, Magnetostatik, Wärmeleitung. Wie fruchtbar und vielseitig Poisson tätig war, möge man aus den vielen Einzelheiten ersehen, die sich immer noch an seinen Namen knüpfen: Poissons Klammerausdrücke in der Mechanik, Poissons Konstante in der Elastizitätslehre, Poissons Integral in der Potentialtheorie und schließlich die allgemein bekannte, viel verwendete Poissonsche Gleichung $\Delta V = -4\pi\varrho$, die er im Innern eines anziehenden Körpers an die Seite der Laplaceschen $\Delta V = 0$ im äußeren Raume setzte. Poisson schrieb über 300 Abhandlungen und war in jedem Gebiet fruchtbar, das er berührte. Doch sind seine Werke wegen ihrer Weitschweifigkeit nicht leicht zu lesen. Theoretisch war er ein orthodoxer Anhänger der Atomistik im Laplaceschen Sinne. Er ging so weit, in den Differentialquotienten und Integralen der Physik nur eine abgekürzte Schreibweise für Differenzenquotienten und Summen zu sehen.

Auch Fourier (1768—1830) war an der École Polytechnique tätig, aber nur von 1796 bis 98. In den folgenden ereignisreichen Jahren nahm er (wie auch Monge) an Napoleons ägyptischer Expedition teil und wurde dann (1802) Präfekt des Departements der Isère in Grenoble. 1817 kehrte er nach Paris zurück, wo er als Akademiker lebte, einen kleinen Kreis aufstrebender Talente um sich sammelnd, dem u. a. auch Dirichlet vorübergehend angehörte. Fouriers Leistung ist in der Hauptsache gegeben durch sein klassisches, auch in der Form vollendetes Werk: *Théorie analytique de la chaleur* (1807 bzw. 1811 begonnen, erst 1822 erschienen). Es behandelt die Probleme der Wärmeleitung mit verschiedenen Oberflächenbedingungen, und zwar vom rein theoretischen Ansatz bis zur wirklichen numerischen Durchführung, wobei die physikalische Grundlage der rein phänomenologischen Auffassung nahekommt. Das Werk zeichnet sich aus durch den prinzipiellen Gebrauch der trigonometrischen Reihen und Integrale, welche seine Schüler ihm zu Ehren als Fouriersche Reihen und

Integraldarstellungen bezeichneten, wie es auch heute noch vielfach geschieht.

Ehe ich näher auf den Inhalt des Fourierschen Werkes eingehe, möchte ich einiges über die prinzipielle Haltung sagen, die er seiner Wissenschaft gegenüber einnimmt. Der erste Satz der Einleitung lautet: „Les causes primordiales ne nous sont point connues; mais elles sont assujetties á des lois simples et constantes, que l'on peut découvrir par l'observation et dont l'étude est l'objet de la philosophie naturelle".

Er kennzeichnet Fouriers rein phänomenologische Betrachtungsweise der Natur. Das Mittel, dessen er sich bei diesem, als Gegenstand der Naturphilosophie bezeichneten Studium bedient, ist die Mathematik und vor allem die Analysis in ihrem durch ihn wesentlich weiter entwickelten Teil, der Theorie der Differentialgleichungen und ihrer Integration. Er glaubt, in ihr ein unübertreffliches Werkzeug zu besitzen, das freilich erst, wenn es bis zur zahlenmäßigen Ausführung vorgedrungen ist, seinem eigentlichen Zwecke dient: „La méthode qui en dérive ne laisse rien de vague et d'indéterminé dans les solutions; elle les conduit jusqu'aux dernières applications numériques, condition nécessaire de toute recherche, et sans laquelle on n'arriverait qu'à des transformations inutiles" (p. 12).

Es ist ihm gewiß, daß alle Naturerscheinungen mathematisch faßbar seien, und ihre Verhältnisse mit Hilfe dieser Wissenschaft bis zur völligen Befriedigung geklärt werden können. „Considérée sous ce point de vue, l'analyse mathématique est aussi étendue que la nature elle-même, ... Son attribut principal est la clarté; elle n'a point de signes pour exprimer des notions confuses." Dieser Auffassung entsprechend ist seine Darstellung von meisterhafter Klarheit und Formvollendung.

Den Gegenstand des Werkes bildet die Aufstellung der Differentialgleichung der Wärmeleitung

$$\frac{\partial v}{\partial t} = C \cdot \left(\frac{\partial^2 v}{\partial x^2} + \frac{\partial^2 v}{\partial y^2} + \frac{\partial^2 v}{\partial z^2} \right)$$

und ihre Integration unter besonderen Randbedingungen; es können v oder $\frac{\partial v}{\partial n}$ oder $\frac{1}{v} \frac{\partial v}{\partial n}$ am Rande vorgeschrieben sein. Die Integration wird ausgeführt durch das Auffinden geeigneter Partikularlösungen, deren Summe die allgemeine Lösung der Gleichung darstellt; es wird also fortwährend die Methode der Reihenentwicklung verwendet. Als Nebenprodukt dieser Arbeit ergibt sich die Darstellung der willkürlich vorgegebenen Randwerte durch Reihen, die an sich ein großes funktionentheoretisches Interesse besitzt. Wie bekannt, heftet sich noch heute Fouriers Name an die gewöhnlichen trigonometrischen Reihen

$$f(x) = \sum_{0}^{\infty} (a_n \cos n x + b_n \sin n x),$$

die indessen schon vor Fourier bekannt waren und häufig benutzt wurden. Weit darüber hinausgehend wendet Fourier auch kompliziertere Reihen an, wo der Gegenstand es erfordert; so etwa die Reihe

$$f(x) = \sum (a_\lambda \cos \lambda x + b_\lambda \sin \lambda x),$$

wo die λ durch eine kompliziertere Bedingung transzendenten Charakters bestimmt sind: etwa $\operatorname{tg} \lambda \pi = a \lambda$ (a eine positive Konstante), eine Bedingung, die für unendlich viele λ befriedigt ist (vgl Enzyklop. II A 12, Nr. 43). Auch Entwicklungen nach Besselschen Funktionen treten auf, und schließlich wird die ebenfalls nach Fourier benannte Integraldarstellung angewendet, die als Limes aus der Reihe durch Vergrößerung des Intervalls entsteht:

$$f(x) = \int (a(\varkappa) \cos \varkappa x + b(\varkappa) \sin \varkappa x)\, d\varkappa.$$

Mit all diesen Mitteln hat Fourier eine große Reihe neuer, gegen die vorhandenen sehr willkürlich erscheinender Funktionen dargestellt. Einen strengen Beweis für die darstellende Kraft seiner Methoden besitzt er nicht, doch vertritt er überall die ihrer selbst sichere Behauptung, daß man mit ihnen „des fonctions absolument arbitraires", d. h. solche, die aus irgendwelchen „Teilen" gesetzmäßiger Funktionen zusammengesetzt sind, darstellen könne und belegt sie durch viele Beispiele.

Die von Fourier ausgegangene Anregung ist auf allen Gebieten der mathematischen Physik wie der reinen Mathematik wirksam geblieben bis zu unserer Zeit. (Poincaré: Existenz der Eigenschwingungen materieller Teile zur Erklärung akustischer Erscheinungen.) Während aber bei ihm der Gedanke an die Nützlichkeit, an die Anwendbarkeit der Methode auf die großen, von Natur vorliegenden praktischen Probleme der eigentliche Antrieb alles Schaffens war, gewinnt später ein abstraktes, rein funktionentheoretisches Interesse an dem immer mehr verfeinerten mathematischen Werkzeug die Oberhand. Wenn man mir ein Beispiel gestattet: Die Mathematik unserer Tage erscheint mir wie ein großes Waffengeschäft in Friedenszeiten. Das Schaufenster ist erfüllt von Prunkstücken, deren sinnreiche, kunstvolle, auch dem Auge gefällige Ausführung den Kenner entzückt. Der eigentliche Ursprung und Zweck dieser Dinge, das Dreinschlagen zur Besiegung des Feindes ist bis zur Vergessenheit in den Hintergrund des Bewußtseins getreten.

Damit möchte ich meine Bemerkungen über Fourier abschließen und mich nun einem Manne zuwenden, der sich mit seinen glänzenden Leistungen auf allen Gebieten der Mathematik fast neben Gauß stellen kann, nämlich C a u c h y. In diesem Zusammenhang, der uns gestattet nur erst seiner Arbeiten über Mechanik und mathematische Physik zu gedenken, werden wir ihm einstweilen sehr unvollkommen gerecht; doch werden wir uns bei Betrachtung der reinen Analysis noch ausführlich mit ihm beschäftigen.

In Cauchys äußeres Leben greifen die großen geschichtlichen Zeitereignisse bedeutsam ein; genaueres findet sich in der Biographie von Valson: La vie et les travaux du baron Cauchy (Paris 1868). Geboren wurde er 1789 zu Paris, wo er auch seine Jugend verlebte, und zwar unter dem Einfluß streng klerikaler Traditionen, denen er bis zu seinem Ende treu blieb. Nach Absolvierung der polytechnischen Schule war er Ingenieur des ponts et chaussées in Cherbourg, von wo er 1813 nach Paris zurückkehrte. Seit 1816 als Akademiker und Professor an der polytechnischen Schule tätig, mußte er 1830 nach der Julirevolution, seiner klerikal-königstreuen Gesinnung wegen, mit den Bourbonen in die Verbannung gehen, die er, zeitweise als Erzieher des Herzogs von Bordeaux, im wesentlichen in Turin und Prag verbrachte. 1838 kehrte er nach Paris zurück, konnte aber, da er den Eid auf das neue Regiment verweigerte, keine Staatsstellung erhalten. Er beschied sich mit der Lehrertätigkeit an einem Jesuitenkollegium. Schließlich wurde er 1848 nach der erneuten Revolution doch, wenn auch ohne den Eid geleistet zu haben, an der Sorbonne angestellt, in welcher Tätigkeit ihn Napoleon 1852 unbehelligt ließ. Er starb 1857.

In Cauchy tritt uns ein Mann von so ausgesprochener politischer Haltung entgegen, daß ich bei dieser Gelegenheit die Frage aufwerfen möchte, ob man im allgemeinen einen Zusammenhang zwischen der Neigung zu mathematischem Denken und einer bestimmten Auffassung der allgemeinen Lebensfragen, seien sie politischer, sozialer oder religiöser Art, feststellen kann. Die Erörterung dieser Frage scheint um so mehr berechtigt, als im Publikum vielfach die Meinung verbreitet ist, Mathematiker und Naturforscher, die ich hier mit einbeziehen möchte, müßten, ihrer vorurteilsfreien, logisch scharfen Denkweise entsprechend, zu liberalen, ja radikalen Gesinnungen neigen. Ein Blick in die Geschichte lehrt, daß diese Meinung durchaus nicht den Tatsachen entspricht, daß vielmehr unsere Wissenschaft hervorragende Vertreter in allen Lagern und Parteien aufzuweisen hat.

Die Aufklärung des 18. Jahrhunderts und die darauffolgende Revolutionszeit bringt zwar auch in unserer Wissenschaft Männer von radikaler Tendenz hervor, und aus dieser Zeit mag die in der öffentlichen Meinung herrschende Tradition herrühren. D'Alembert, einer der Führer der Enzyklopädisten, war ein entschiedener Vertreter der damals modernen, gegen die bestehenden Verhältnisse opponierenden Richtung; Monge war Jacobiner, war Marineminister in der Revolution; in dem älteren Carnot, dem Verteidiger Antwerpens 1815, begegnen wir dem reinsten Typus streng republikanischer Gesinnung, die sich durch alle Zeitläufte hindurch unverfälscht behauptet. Nun aber zeigt uns das Beispiel Cauchys, daß auch genau der entgegengesetzte Gesinnungstypus im Rahmen unserer Wissenschaft möglich ist. Dabei ist dieser Mann nicht etwa eine vereinzelte Erscheinung; in der späteren Zeit findet er Gesinnungsgenossen an Hermite, Camille Jordan, Pasteur, die ebenfalls der streng klerikalen Richtung angehören. — Ihnen gegenüber stehen Faraday oder Riemann als Vertreter einer naiven, durch die hohe Entwicklung des Intellekts in keiner Weise gehemmten protestantischen Frömmigkeit; bei Salmon, professor of Divinity, tritt das Dogmatisch-protestantische mehr hervor. Gauß, der uns auch in diesem Zusammenhang besonders interessieren muß, besaß für seine Person ebenfalls eine schlichte, tiefe Religiosität; nach außen wünschte er „ein geordnetes Regiment, das ihm die Ruhe seiner Arbeit gewährleistete". Von ganz anderer Geistesart wiederum ist der öffentlich stärker hervortretende Jacobi; in den Wirren von 1848 gehörte er zur ausgesprochenen radikalen Partei. Die Auffassung des Staates als eines aus unhistorischen Voraussetzungen logisch deduzierten Gebildes kennzeichnet seine Stellung.

Dieser kurze Überblick bestätigt die Erfahrung, die jede Betrachtung des Menschen lehrt, daß nämlich in Weltanschauungsfragen die Gaben des Verstandes nicht ausschlaggebend sind. Die Veranlagung des Gemüts und des Willens, die Einflüsse der Erziehung, der Erlebnisse, alle Einwirkungen der Umwelt und der eigenen Natur sind an ihrer Bildung beteiligt. Vielleicht läßt sich aber der in der Weltanschauung zutage tretende Gegensatz der Naturen in Zusammenhang bringen mit einer Scheidung der Geister nach ihrer grundsätzlichen Stellungnahme zur eigenen Wissenschaft: Die eine Gruppe von Mathematikern hält sich für unbeschränkte Selbstherrscher in ihrem Gebiet, das sie nach eigener Willkür logisch deduzierend aus sich heraus schaffen; die andere geht von der Auffassung aus, daß die Wissenschaft in ideeller Vollendung vorexistiere, und daß es uns nur gegeben ist, in glücklichen Augenblicken ein begrenztes Neuland als Stück davon zu entdecken. Nicht Erfinden nach Gutdünken, sondern Auffinden des ewig Vorhandenen, nicht die selbstbewußte Tat, sondern die vom Bewußtsein und Willen unabhängige, rein geschenkte Eingebung erscheint ihnen als das Wesen ihres Schaffens.

Ich wende mich nun zu Cauchys Werken. Cauchy war nichts weniger als ein Klassiker der Form. Die überwältigende Menge seiner Publikationen — Valson zählt deren 789, darunter acht selbständige Werke — nimmt mit fortschreitender Entwicklung einen immer eiligeren, skizzenhafteren Charakter an. Unzählige Male wird bereits Gesagtes wiederholt, um in Anknüpfung an eine frühere, nicht abgeschlossene Abhandlung augenblickliche Ideen wiederum ohne Abschluß darzulegen. Etwas mehr Sorgfalt auf die Form verwandte Cauchy in seinen selbständigen einheitlichen Werken, die in den 20er Jahren seinen frühen Ruhm begründeten. Neben diesen erscheinen schon damals einzelne Abhandlungen im Journal de l'École Polytechnique und den Mémoires de l'Académie. Dann aber benutzte Cauchy von 1835 ab die seit dem

1. Juli wöchentlich erscheinenden Comptes Rendus zu unablässigen Mitteilungen. Seine Beanspruchung der Zeitschrift war eine derartige, daß seinetwegen eine Beschränkung der Artikellänge auf höchstens vier Seiten eingeführt wurde. Trotzdem erschöpfte sich Cauchys Mitteilungsbedürfnis hierin noch lange nicht; daneben erschienen die selbständig von ihm herausgegebenen Sammelbände: *Exercices de Mathématique* in mehreren Serien, Vorlesungen usw.

Cauchys sämtliche Publikationen werden als „gesammelte Werke" herausgegeben. Die Ausgabe dient freilich wenig zur Erleichterung des Eindringens in diesen Schriftenurwald; ohne Sichtung bringt sie Wichtiges und Nebensächliches chronologisch geordnet mit der rein äußerlichen Einteilung: sér. I. Veröffentlichungen in den Akademieschriften, sér. II. Andere Veröffentlichungen. Ein wissenschaftlich wertvoller Nachlaß, wie im Falle Gauß, scheint sich bei Cauchy nicht vorgefunden zu haben.

In dem hier in Frage stehenden Zusammenhange haben wir von Cauchys Leistungen betreffend Mechanik und mathematische Physik zu sprechen. Ich kann hier nur die wichtigsten Punkte berühren, nämlich seine *Theorie der Elastizität und der Optik.*

Die Differentialgleichungen der Elastizität dreidimensionaler Körper wurden zuerst 1821 von Navier aufgestellt, und zwar, vom Interesse der Technik geleitet, ausgehend von molekulartheoretischen Vorstellungen und allein für den Fall „isotroper" Medien. Cauchy begründet etwa von 1825 an eine phänomenologische Darstellungsweise der Verhältnisse, die den Körper als Continuum betrachtet und nun mit den beiden „Tensoren" *Spannung* und *Formänderung* operiert. Diese Begriffsbildung bedeutet einen großen Fortschritt gegenüber dem des bloßen, sich nach allen Seiten gleichmäßig fortsetzenden Flüssigkeitsdruckes, wie ihn das 18. Jahrhundert allein kannte. Cauchy dehnte die Behandlung 1827 auf anisotrope (kristallinische) Medien aus, und von 1828—30 gelang ihm, von diesem Fundamente aus, die mathematische Grundlegung der einfachen Sätze der *Fresnelschen Optik,* eine Leistung, die er sich von Beginn der Arbeiten an als eines der Hauptziele gesetzt hatte. Freilich zeigte seine Theorie in zwei wichtigen Punkten eine Abweichung von den Fresnelschen Beobachtungen und Auffassungen:

1. sie verlangte, daß die Schwingungen des polarisierten Lichtes, die nach Fresnel in der Polarisationsebene liegen, senkrecht zu dieser stattfinden sollten;

2. sie lieferte in allen Medien neben den Transversal- auch Longitudinalschwingungen, die beobachtungsgemäß in der Optik gar keine Rolle spielen. Diese beiden bekannten Streitfragen haben bis zur endgültigen Herrschaft der Maxwellschen Theorie noch jahrzehntelang die Köpfe beschäftigt. Ja selbst 1896 noch beim Auftreten der Röntgen-

strahlen wurde der Gedanke laut, es handle sich um die lange gesuchten optischen Longitudinalschwingungen.

Außer diesen Diskrepanzen blieb nun aber noch ein ganzes Erscheinungsgebiet der Optik, das sich mit der phänomenologischen Elastizitätslehre durchaus nicht fassen ließ: die *Dispersion des Lichtes.* Um sie zu erklären, griff Cauchy 1835 (36) in seinem *Mémoire sur la dispersion de la lumière* (Prag) auf molekulare Vorstellungen zurück und erreichte sein Ziel wenigstens qualitativ durch die Annahme, daß die Molekularabstände gegen die Lichtwellenlänge nicht verschwindend klein seien. Noch heute wird Cauchys Dispersionsformel: $n = a + \frac{b}{\lambda} + \frac{c}{\lambda^2} + \cdots$ für Medien, deren Absorptionsstreifen im Ultraroten liegen, angewendet. — Die Untersuchungen über Mechanik und mathematische Physik, über die wir soweit berichtet haben, sind bald internationales Gemeingut geworden und haben insbesondere an den deutschen Universitäten rasch Wurzel gefaßt. Neben diesem Hauptstamm der Entwicklung aber haben wir eines Nebenzweiges zu denken, der erst sehr viel später seinen Einfluß über seinen Ursprungsort hinaus geltend machte. Es ist dies die in den Kreisen der École Polytechnique einsetzende Ausgestaltung der Mechanik nach der technischen Seite hin. Auch hier handelt es sich darum, neue Erscheinungsklassen der mathematischen Formulierung zu unterwerfen, aber immer in bewußtem Hinblick auf die technische Anwendbarkeit.

Völlig isoliert, aber doch an dieser Stelle zu nennen ist eine im Urdruck in den Bibliotheken kaum noch erhältliche Schrift des frühverstorbenen Sadi Carnot (1796—1832), die „*Réflexions sur la puissance motrice du feu*“ 1824. Der kleine Aufsatz, der 1878 neu gedruckt und mit biographischen Notizen über den Autor (Sohn des Carnot der Napoleonzeit) herausgegeben wurde, hatte das Ziel, die Wirkungsweise der Dampfmaschine verständlich zu machen, verdankt aber seine Bedeutung wesentlich der ferneren Entwicklung des Gebietes, die sich an ihn anschloß. Wenn auch die Meinung, er enthalte bereits den zweiten Hauptsatz der Wärmetheorie, entschieden zu weit geht, so lieferte Carnot doch den Ansatz zu der später von Clausius abgeschlossenen Theorie durch seine Idee, daß die bewegende Kraft der Wärme ihren Grund habe in dem Übergang von höherer zu niederer Temperatur, also in einem Wärmestrom von höherem zu niederem Temperaturniveau, welche Vorstellung Carnot in Analogie mit dem Antrieb eines Wasserrades ausbaute. Diese Ideen, die man wohl als Keim des ersten und zweiten Wärmesatzes bezeichnen kann, sind ziemlich unmathematisch dargelegt. Die genauere Formulierung nach dieser Seite erhielten sie durch den Ingenieur Clapeyron im 23. Heft des Journal de l'École Polytechnique, Bd. XVI, 1834 (deutsch übersetzt in Poggendorfs Annalen). Die Arbeit Clapeyrons ist mathematikgeschichtlich insofern wichtig, weil von hier aus die bei den Technikern schon lange übliche graphische Darstellung zum ersten Male in die nach dieser Richtung recht zurückhaltenden Physikerkreise dringt. Betrachtet man freilich heute die von Clapeyron gebrachten fünf kleinen Diagramme, so ist man über ihre Bescheidenheit recht erstaunt.

Die „*technische Mechanik*" (im engeren, heutigen Sinne) verdankt ihre Entstehung, wie schon bemerkt, den polytechnischen Kreisen. Hier sind vor allem Poncelet und Coriolis zu nennen. Poncelet (1789—1867) wird uns in der Folge noch viel beschäftigen als der eigentliche Begründer der projektiven Geometrie. Von seinen weitgehenden technischen Vervollkommnungsarbeiten besaß das „Ponceletsche Wasserrad" zu seiner Zeit eine gewisse Popularität; jetzt ist es wohl durch die Turbinen in Vergessenheit geraten. Der Name Coriolis (1792—1843) ist uns allen bekannt durch die sog. Coriolisschen Zusatzkräfte, die bei Relativbewegung, insbesondere bei Bewegungen auf der rotierenden Erde sich geltend machen (sofern man eben ein mitbewegtes Koordinatensystem benutzt).

Die beiden hier in Betracht kommenden Werke dieser Männer sind: Poncelet: *Cours de Mécanique, appliquée aux machines* (1826). Coriolis: *Traité de la Mécanique des corps solides et du calcul de l'effet des machines* (1829). Beide Werke haben im wesentlichen die gleiche Tendenz: sie streben im Gegensatz zu den abstrakten Formulierungen von Lagranges Mécanique analytique („die vornehme, reibungslose Mechanik") eine synthetische Betrachtung der in den Maschinen auftretenden Kraftwirkungen an, unter Berücksichtigung der tatsächlichen Verhältnisse, wie Reibung usw. Sie sind mathematisch sehr elementar; wir verdanken ihnen aber die Erarbeitung eines Fundamentalbegriffes, der für die Entwicklung der mechanischen Wärmetheorie und für die Aufstellung des großen Satzes von der Erhaltung der Energie entscheidend werden sollte: des Begriffes der *mechanischen Arbeit.* Ich erwähne gern dies bedeutsame Beispiel befruchtender Rückwirkung eines rein technischen Problems — hier die Frage nach dem Nutzeffekt der Maschinen — auf die theoretische Forschung.

In einem gewissen Zusammenhang mit diesen Männern steht schließlich der Geometer Charles Dupin (1784—1873), der uns bei Behandlung der Geometrie noch näher beschäftigen wird. Als echter Mann seiner Zeit war auch er Theoretiker, Praktiker und Organisator zugleich. Seine technischen Interessen galten vor allem dem Schiffsbau, dem er als Marineingenieur nahestand. Ähnlich wie Poncelet, machte auch er große Studienreisen, und zwar nach England, um den dortigen Industrialismus zu studieren. Als Professor des Conservatoire des Arts et des Métiers errichtete er 1819 Volkshochschulkurse, durch die seine neuzeitlichen Ideen, das Interesse an Technik, Industrie und Nationalökonomie, weite Verbreitung fanden. Wir sehen, wie hier als ganz modern anmutender Zug auch das soziale Interesse sich bereits geltend macht.

Näher eingehen möchte ich aber auf die Persönlichkeit und die Schicksale Poncelets, die ihr besonderes psychologisches Interesse haben.

Poncelet wurde 1789 in Metz geboren. Nach Absolvierung der polytechnischen Schule (1808—1810) trat er als Sous-Lieutenant du génie in die école d'application de Metz ein, wurde Anfang 1812 Napoleons grande armée zugeteilt und wurde beim russischen Winterfeldzug im November 1812 gefangen genommen. Zwei Jahre verbrachte er in Saratow an der Wolga in Kriegsgefangenschaft, und erstaunlicherweise verhalf ihm gerade diese Zeit der unfreiwilligen Muße und völligen Abgeschlossenheit von allen Hilfsmitteln zu seiner genialsten Leistung: der Erschaffung der *projektiven Geometrie*. Vor einem kleinen Kreis mitgefangener Polytechniciens entwickelte er seine neuen Ideen. Der Friede schenkte ihm die Freiheit wieder. Von 1815 ab war er als Genieoffizier in Metz im Arsenal tätig. Die Schöpfungen seiner Gefangenenzeit gab er heraus in dem 1822 erschienenen *traité des propriétés projectives des figures*. Die Öffentlichkeit aber nahm seine Kräfte mehr und mehr in Anspruch und zog ihn von den ihm liebsten Aufgaben der reinen Wissenschaft ab. Gegen seine Neigung, auf Wunsch von Arago, wie er später sagte, wurde er Professor an der Metzer École d'application (1825—1835). Aus Interesse am Gedeihen seines Vaterlandes widmete er sich in großen Informationsreisen dem Studium des Auslandes; insbesondere das aufblühende Industrieleben Englands schien ihm bedeutungsvoll. Zwar veröffentlichte er 1826 seinen *Cours de Mécanique*, aber bald nahmen ihn organisatorische und pädagogische Aufgaben völlig in Anspruch. Von 1835 ab bekleidete er in Paris hohe militärische Stellungen, war Mitglied des comité des fortifications und daneben 1838—1848 Professeur de Mécanique physique et appliquée an der Sorbonne, dann Commandent der École polytechnique. Sein großes Ansehen ließ ihn 1851 zum Vertreter Frankreichs auf der ersten Londoner Weltausstellung und Chef der Jury gewählt werden; auch an der Vorbereitung der ersten Pariser Weltausstellung 1855 war er beteiligt. — Es ist die Tragik dieses Lebens, daß ein so selten erfolgreicher Mann, der, wie man meinen sollte, seine Kräfte zur Entfaltung bringen durfte wie wenige, dennoch seiner wahren Bestimmung nicht genügt zu haben glaubte. Als alter Mann, bei der Neuauflage seines „traité" 1864/66 beklagt er sich bitter über sein Schicksal, das ihn gezwungen habe, seine Lieblingsstudien so völlig zu verlassen und ihn verhindert habe, ihnen zu der nötigen Anerkennung zu verhelfen. Es ist der alte Konflikt der vita activa mit der vita contemplativa, der dies Leben mit einem Mißton hat schließen lassen. Poncelet starb 1867.

Geometrie.

Ich komme nun zum zweiten Punkt meiner Einteilung, der sich an die École Polytechnique anschließenden Produktion, zur *Geometrie*.

Wir erwähnten bereits die hervorragende Bedeutung, die der Geometer Monge (1746—1818) für die Gründung und die Entwicklung der École Polytechnique besitzt. Seiner außerordentlich erfolgreichen Tätigkeit als Organisator und Lehrer ist es zu verdanken, daß während der ersten 20 Jahre des Bestehens der Schule die Geometrie den eigentlichen Mittelpunkt des Lehrbetriebes bildete. Das Wesen dieses Unterrichts, das Geheimnis des großen Erfolges, lag offenbar in Monges besonderer Persönlichkeit, die im unmittelbaren Verkehr ungemein fesselnd und die eigenen Kräfte weckend auf seine Schüler einwirkte. Von der Energie und Lebendigkeit dieses Unterrichts geben naturgemäß die gedruckten, auf uns überkommenen Zeugnisse nur ein unvollkommenes Bild, wenn auch selbst sie noch der Begeisterung Ausdruck verleihen, die jeder Teilnehmer ihm entgegenbrachte.

Zwei Werke sind es, die Monge, aus der Praxis des Unterrichts hervorgegangen, uns hinterlassen hat:

1. Die *géométrie descriptive*, die von 1795 an zunächst in losen Blättern erschien und dann zu dem grundlegenden Lehrbuch dieses von Monge in feste Formen gebrachten Faches wurde. In ihr findet sich die Veröffentlichung des normalen Lehrplans, wie ihn Monge schon in Mezières ausgebildet hatte. Wir haben noch eine spätere Ausgabe von 1849, ed. Brisson, und eine deutsche Übersetzung nach der Ausgabe von 1798 von Haußner, erschienen in Ostwalds Klassikern (Nr. 117). In beiden Ausgaben findet sich eine lebhafte Schilderung von Monges Lehrtätigkeit.

2. *L'application de l'analyse à la géométrie*, ebenfalls von 1795 beginnend allmählich erschienen, ein Lehrbuch der analytischen Geometrie des Raumes mit besonderer Betonung der differentiellen Verhältnisse. Es existiert eine Ausgabe von Liouville aus dem Jahre 1850; sie enthält viele Zusätze, u. a. einen vollständigen Abdruck von Gauß' Disquisitiones circa superficies curvas.

Neben diesen beiden selbständigenWerken steht nun aber die große Produktivität der Mongeschen Schüler, die von der Geistesrichtung und dem Ideenreichtum des Lehrers beredten Ausdruck gibt. Sie tritt an die Öffentlichkeit in *Gergonnes Annales des mathématiques pures et appliquées* (21 vol. 1810—31, Nîmes), der ersten (ihrem Namen widersprechend) rein mathematischen Zeitschrift, die weithin Bedeutung gewann.

Diese Zeitschrift repräsentiert uns, zusammen mit Monges Werken, den allgemeinen Charakter seiner geometrischen Schule. Sie zeichnet sich dadurch aus, daß sie die lebhafteste räumliche Anschauung auf das natürlichste mit analytischen Operationen verbindet. Die analytische Formel ist nicht Selbstzweck, sondern nur der kürzeste Ausdruck tatsächlich angeschauter räumlicher Beziehungen; ihre Weiterentwicklung wird gewonnen auf Grund räumlicher Konstruktionen.

Auf den Inhalt des ersten Mongeschen Werkes brauche ich kaum einzugehen, denn der damals geschaffene Lehrgang behauptet noch heute in Vorlesungen und Übungen über darstellende Geometrie seine Gültigkeit. Von besonderem Interesse dürfte es vielleicht sein, daß Monge von dem bloßen Zeichnen bereits zum Modellieren übergeht, ein Darstellungsverfahren, das von seinen Nachfolgern, insbesondere von Olivier für immer weitergehende Aufgaben verwendet wurde. Leider sind Oliviers Modelle im Conservatoire des Arts et Métiers infolge der mangelnden Haltbarkeit der Seidenfäden jetzt ganz zerfallen. In diesen Bestrebungen ist der geschichtliche Ursprung aller späteren Sammlungen mathematischer Modelle zu sehen. Wie heute, so war auch damals der Zweck des Modells, nicht etwa Schwäche der Anschauung auszugleichen, sondern eine lebendige, deutliche Anschauung zu entwickeln, ein Ziel, das vor allem durch das Selbstanfertigen von Modellen am besten erreicht wird.

Das zweite angeführte Werk von Monge „liest sich wie ein Roman", d. h. es zeichnet sich aus durch eine zusammenhängende, klare (nicht etwa nach dem alten Schema: Voraussetzung, Behauptung, Beweis zerteilte) flüssige Darstellung. Aus den Elementarformeln entwickelt sich in freier Betätigung der Phantasie eine Fülle geometrischer Betrachtungen, die sich auf die von Natur sich zunächst anbietenden Probleme erstrecken. Rotationsflächen, Schraubenflächen, Linienflächen und das Problem der Flächenabwicklung werden in dieser Weise behandelt und schließlich eine allgemeine überzeugende Deutung der von Lagrange gegebenen Integrationstheorie der partiellen Differentialgleichung $f\left(x, y, z, \frac{\partial z}{\partial x}, \frac{\partial z}{\partial y}\right) = 0$ gewonnen. Dabei ist als Triebkraft der Entwicklung überall das durchzuspüren, was nach einem Ausspruch von Clebsch in seiner Plückerbiographie den wahren Geometer macht: die Freude an der Gestalt. Das Ziel ist, ähnlich wie auf anderem Gebiete bei Fourier, nicht die formelle Exaktheit der Schlüsse, sondern die Klarheit der Erkenntnis und das Ausspinnen naturgemäßer Fragestellungen.

Die so umschriebene Denkart kam noch zu Monges Zeiten vor allem den Gebilden zweiten Grades zugute, den Kreisen und Kugeln, den Kegelschnitten und den Flächen zweiten Grades. Es entstanden u. a. die Lehre von Pol und Polare, von der doppelten geradlinigen Erzeugung des einschaligen Hyperboloids und des hyperbolischen Paraboloids, von den Krümmungskurven und ihrer Bestimmung auf den Flächen zweiten Grades usw.

In der folgenden Zeit wirkt der von Monge ausgehende Impuls nach, und es darf als höchster Erfolg des Lehrers Monge bezeichnet werden, daß unter den Schülern sich eine ganze Anzahl selbständiger Persönlichkeiten entwickelt, die im einzelnen ihren Führer übertreffen. Unter ihnen kann ich hier nur diejenigen nennen, deren Arbeiten in der Folge von besonderer Bedeutung gewesen sind.

Ich greife zunächst auf Dupin zurück, dessen schiffsbautechnische Leistungen schon in anderem Zusammenhang erwähnt wurden. Die Geometrie verdankt ihm viele neue Betrachtungen und Theoreme, deren Behandlung sich durch besondere Eleganz auszeichnet. Sie sind enthalten in Dupins großem geometrischen Werk „*Développements de géométrie*" 1813. Ich hebe nur die bekanntesten Theoreme heraus, die sich an seinen Namen knüpfen. Da ist vor allem die berühmte *Dupinsche Zyklide*, eine Fläche, die umhüllt wird von allen Kugeln, die drei feste Kugeln (und damit eine ganze zweite Kugelschar) berühren; ferner das sog. *Dupinsche Theorem*, welches aussagt, daß sich die Flächen eines Orthogonalsystems in ihren Krümmungslinien wechselseitig schneiden. Beide Betrachtungen laufen zusammen in der Theorie der konfokalen Flächen zweiten Grades. Auch Dupins *Indicatrix*, betreffend konjugierte Tangenten in einem Flächenpunkte, möchte ich erwähnen. Diese kleine Auswahl einzelner schöner Entdeckungen möge ein Bild geben von der Fülle wertvoller Bereicherung, die die Geometrie Dupin verdankt.

Ehe ich nun zu Monges größtem Schüler, Poncelet, übergehe, möchte ich doch eines etwas abseits stehenden Mannes gedenken, des älteren Carnot. Sein uns hier interessierendes Buch „*Géométrie de position*" erschien 1803[1]). Carnot (1753—1823) war schon in Mezières Schüler von Monge. Als General und überzeugter Republikaner spielte er eine bedeutende Rolle in der Revolutionszeit, wie wir schon oben andeuteten. Erst in späterem Alter gewann er wieder Muße zu wissenschaftlicher Arbeit, die er zumeist auf mathematische Probleme prinzipieller Art anwendete.

Seine „géométrie de position" ist ein sehr merkwürdiges Buch. Sie enthält einen an sich bedeutenden, ganz modernen Gedanken: man müsse in der Geometrie die verschiedenen Fälle, welche eine Figur je nach Anordnung ihrer Teile darbieten kann, nicht trennen, wie es seit Euklid immer geschah, sondern sie durch Einführung des Prinzips der Vorzeichen unter eine gemeinsame Betrachtung stellen. In dieser Form spricht aber Carnot den Gedanken nicht etwa aus. Im Gegenteil: er wehrt sich hartnäckig gegen die ganze in der Analysis übliche Lehre von den Vorzeichen, die er für schlecht begründet und widerspruchsvoll

---

[1]) Deutsche Übersetzung von H. C. Schumacher: „Geometrie der Stellung". Altona 1810.

erklärt. Diese Behauptung glaubt er zu beweisen, indem er fortwährend rein formalistisch mit mehrdeutigen Funktionen herumrechnet, um dann schließlich zu „falschen" Resultaten zu kommen, wie etwa $\sqrt{-a}\cdot\sqrt{-a} = \sqrt{a^2} = \pm a$ usw. Für sein geometrisches Bedürfnis will er die Zeichenregeln lediglich durch Betrachtung der Figur und ihrer Änderungen selbst entstehen lassen, und auf diesem Grunde eine „théorie des figures corrélatives" schaffen. So soll die Geometrie von der „Hieroglyphenschrift der Analysis" befreit werden und wieder in rein synthetischer Form neu entstehen.

Die Durchführung dieser Gedanken ist zuweilen ideenreich, vielfach aber elementar bis zur Trivialität. Vielleicht kann man das Buch auffassen als ein Gegenbild zu Carnots unbestechlicher, aber nicht genialer Persönlichkeit.

Erwähnen möchte ich als einzelnen Zug, daß der sehr bekannte elementare Satz über die Gleichheit der Produkte der Abschnitte, die von einer beliebigen Transversale auf den Seiten eines Dreiecks gebildet werden, von Carnot stammt, wie er denn auch häufig als Carnotsches Theorem bezeichnet wird.

Von geschichtlicher Bedeutung ist das Carnotsche Buch durch seine Ablehnung der Analysis. Hier ist die Quelle für den nun bald hervortretenden Gegensatz zwischen analytischer und synthetischer neuerer Geometrie, der sich schließlich zu einer Gegnerschaft von prinzipieller Bedeutung auswächst.

War in Carnot schon eine unklare Ahnung vorhanden, in welcher Richtung die Entwicklung der neuen Geometrie zu suchen sei, so tritt uns nun in Poncelet ihr großer Schöpfer entgegen, der die Ideen Monges und Carnots mit größter Genialität aufnimmt und ihnen unter Überwindung aller Schwierigkeiten zum Durchbruch verhilft. Durch Voranstellung des „Projizierens" und der „Reziprozität" als einheitliches geometrisches Prinzip wird er zum Entdecker und Begründer der „projektiven Geometrie", die, alle bisherigen Gegensätze einend, zu größter Fruchtbarkeit sich weiterbilden sollte. Die neue Art geometrischer Anschauung, „das projektive Denken" ist es, was ihn wesentlich über seine Vorgänger hinauswachsen läßt.

Über die besondere Entstehungsweise von Poncelets großem geometrischen Werk, dem „traité des propriétés projectives des figures" (1813 bzw. 1822) wurde bereits berichtet.

Poncelet geht von der Betrachtung der *Zentralprojektion* aus, die studiert wird in Hinsicht auf diejenigen Beziehungen der in der Figur auftretenden Stücke, die bei einer beliebigen Zentralprojektion ungeändert bleiben. Durch diese Betrachtungsweise sieht er sich veranlaßt, den zunächst vorliegenden geometrischen Elementen ganz bestimmte „unendlich ferne" hinzuzufügen, der Geraden einen unendlich fernen Punkt, der Ebene eine unendlich ferne Gerade, dem Raum eine unendlich ferne Ebene. Nun ist er imstande, Sätze in aller Allgemeinheit auszusprechen, unter denen der Satz von der Konstanz des Doppelverhältnisses von vier auf einer Geraden gelegenen Punkten eine hervorragende Rolle spielt. Ich will hier nicht untersuchen, wieweit solche Ideenbildungen schon bei älteren Autoren vorhanden waren; bei Poncelet werden sie bewußt zur Grundlage alles Weiteren gemacht, und darin liegt der wesentliche Fortschritt der Auffassung.

Als zweites wichtiges Element der neuen Geometrie ist die aus der Lehre von Pol und Polare bei den Kurven und Flächen zweiten Grades hervorgehende Entwicklung anzusehen, die zu einer allgemeinen *Theorie der Reziprozität* führt. In der Ebene werden Punkt und Gerade, im Raum Punkt und Ebene gleichberechtigt und vertauschbar als geometrische Grundelemente einander gegenübergestellt. So entspricht z. B. die aus Punkten gebildete ebene Kurve der von Tangenten umhüllten ebenen Kurve, d. h. sich selbst, der Raumkurve entspricht die Developpable usw.

Zu diesen beiden neuen Ideenbildungen tritt nun, von allen Unklarheiten befreit und genial durchgeführt, der Carnotsche Gedanke von der *„Correlativität der Figuren", das Prinzip der Kontinuität.* Es sagt aus, daß eine an einer Figur mit hinreichender Allgemeinheit erkannte Beziehung auch für alle anderen Figuren gilt, die sich aus ihr durch kontinuierliche Lagenveränderung ableiten lassen.

Von diesem Prinzip macht Poncelet die kühnsten und weitgehendsten Anwendungen, unbekümmert wagt er sich in das Gebiet des Imaginären, wo die Verhältnisse ihm das zu verlangen scheinen. So folgt z. B. für ihn aus der Tatsache, daß zwei Kegelschnitte sich in höchstens vier Punkten schneiden, der Satz, daß diese Anzahl von Schnittpunkten immer vorhanden sein müsse; nur können zwei oder alle vier imaginär geworden sein. Von hier aus gelingt ihm die *projektive Definition des Kreises*, als eines Kegelschnittes, der mit der unendlich fernen Geraden zwei feste imaginäre Punkte — die „Kreispunkte", wie wir heute sagen — gemein hat. Ebenso definiert er die Kugel als Fläche zweiten Grades, die aus der unendlich fernen Ebene eine bestimmte imaginäre Schnittkurve ausschneidet, die wir heute als „Kugelkreis" bezeichnen. Weil das einschalige Hyperboloid zwei Scharen geradliniger Erzeugender trägt, muß dies auch beim Ellipsoid gelten; nur daß die Geradenscharen hier offenbar imaginär sind, usw.

Fragen wir uns nun, welche Begründung Poncelet diesen unerhört kühnen Gedankenkonstruktionen gibt, so müssen wir zu unserem Erstaunen feststellen, daß eine solche überhaupt nicht vorhanden ist. Für das Prinzip der Kontinuität, das Poncelet intuitiv klar war, fehlt jeder Beweisansatz; aber auch zu einer etwaigen Definition des imaginären Punktes wird nicht einmal ein Versuch gemacht. Offenbar fehlte Poncelet jegliches Bedürfnis in dieser Richtung, insbesondere als seine

Schlußresultate immer konjugiert komplexe Elemente enthalten, also sich ganz im Reellen bewegen.

Erst die Bezugnahme auf die Analysis, die Poncelet grundsätzlich ablehnt, konnte das neue Gedankengebäude auf eine sichere Grundlage stellen. Der imaginäre Punkt ist dann ebenso wie der reelle nur ein gemeinsamer Lösungswert einer Anzahl gleichzeitig erfüllter Gleichungen, die je eines der zum Schnitt gebrachten geometrischen Gebilde darstellen. Daß die nämliche Anzahl von Gebilden gleichen Grades immer das gleichartige Schnittgebilde, z. B. die gleiche Anzahl „Punkte", hervorbringen, ist nichts als der Satz über die gemeinsamen Lösungswerte algebraischer Gleichungen, die je nach den Größenverhältnissen der Koeffizienten reell oder imaginär ausfallen, aber bei gleicher Zahl und gleichem Grad der beteiligten Gleichungen immer in gleicher Anzahl vorhanden sind. Was endlich das Prinzip der Kontinuität selbst anbetrifft, so ist auch dieses mit den Mitteln der modernen Funktionentheorie nicht schwer zu begründen. Ein jeder geometrischer Satz ist analytisch auszudrücken (wenn wir Geometrie so umgrenzen, wie es damals üblich war) durch die Nullsetzung einer algebraischen oder auch nur analytischen Funktion $f(a, b, c, \ldots)$ der darin in Beziehung gesetzten Stücke $a, b, c \ldots$ der Figur. Das Prinzip der Kontinuität spricht dann nichts anderes aus, als daß eine analytische Funktion, die längs eines noch so kleinen Stückes ihres Bereiches verschwindet, überhaupt gleich Null ist.

Poncelet ist als einer der vornehmsten Vertreter jener kühnen Eroberer anzusehen, wie wir sie an anderer Stelle charakterisiert haben. Die von ihm ausgehende große Nachwirkung durchzieht das ganze 19. Jahrhundert und ist ein wesentliches Stück unseres eigenen Denkens geworden.

Analysis und Algebra.

Ich wende mich nun zu dem dritten Punkt meiner Einteilung, der Algebra und Analysis an der polytechnischen Schule.

Wir werden uns hier darauf beschränken müssen, von Cauchy zu sprechen und aus der Fülle wichtiger Arbeiten, die er auf allen Gebieten der reinen Mathematik aufzuweisen hat, nur die allerbedeutendsten herauszugreifen.

Allen voran stehen seine Arbeiten über die *Grundlegung der Analysis*; sie erscheinen aufs engste verknüpft mit dem Unterricht an der École Polytechnique. Es sind

1. *Cours d'Analyse* (Analyse algébrique) 1821. Werke sér. 2, III, S. 1—331.

2. *Résumé des leçons données sur le calcul infinitésimal,* 1823[1]). Werke sér. 2, IV, S. 1—261.

3. Zahlreiche Einzelveröffentlichungen über *Differentialgleichungen,*

[1]) Eine Neuauflage ist 1829 erschienen (Werke, sér. 2, IV, S. 263—609).

die an autographierte Blätter aus den 20er Jahren anknüpfen, aber erst um 1840 in den Comptes Rendus und anderwärts ausgeführt werden.

Die beiden erstgenannten Werke stammen noch aus Cauchys Zeit der sorgfältigen Form. Es sind wohlgegliederte Lehrbücher, in denen aber nicht wie bei Fourier oder Monge ein freies Gedankenspiel, sondern eine streng deduktiv geordnete Denkweise hervortritt. Der Cours d'Analyse behandelt etwa das, was wir heute im Anschluß an Cauchy „algebraische Analysis" zu nennen pflegen, nämlich das Studium der elementaren Funktionen auch im komplexen Gebiet, einschließlich der Lehre von den unendlichen Reihen. Denselben Gegenstand etwa behandelt auch Euler in seiner Introductio in analysin infinitorum; aber gerade ein Vergleich mit diesem früheren Werk läßt Cauchys ganz neuartige, kritische Betrachtungsweise erkennen. Der längst bekannte Gegenstand wird allein auf Grund streng umgrenzter, rein analytischer Begriffe neu aufgebaut. So findet sich auf S. 37ff. (Werke) eine einwandfrei strenge Erklärung des „unendlich Kleinen" durch einen Grenzübergang. Auf den hiermit gewonnenen Begriff des unendlich Kleinen wird auf S. 43 eine Definition der Stetigkeit gegründet: eine Funktion ist stetig, wenn einem unendlich kleinen Zuwachs der Variabeln ein unendlich kleiner Zuwachs der Funktion entspricht.

Von S. 114 an beginnt dann eine ausführliche Lehre von der *Konvergenz der unendlichen Reihen*. Verschiedene strenge Konvergenzkriterien werden gegeben. Auch in diesem Kapitel arbeitet Cauchy nie mit dem vielverbreiteten unklaren Begriffe über unendliche Summen usw. Er hat es mit endlichen, womöglich numerischen Summen zu tun, die einen Wert in einem Grade annähern, der durch das exakt abgeschätzte Restglied genau gemessen werden kann. Aber nicht nur nach der Seite der strengen Begründung, auch neuschöpferisch behandelt Cauchy seinen Gegenstand. So findet sich auf S. 240 der Satz, daß eine Potenzreihe im komplexen Gebiet einen Konvergenzkreis besitzt. Anschließend an dies Kapitel bringt Cauchy S. 274ff. einen *Beweis des Fundamentalsatzes der Algebra*. Die Existenz einer Nullstelle der ganzen rationalen Funktion $f(x + iy) = u + iv$ wird nachgewiesen mit Hilfe der Betrachtung der Funktion $z = u^2 + v^2$ und ihrer Minima.

Wie enorm Cauchys Verdienst bei der Darstellung dieser zum größeren Teil bekannten Dinge ist, das läßt sich erst ganz durch den Vergleich mit seinen Vorgängern und Zeitgenossen ermessen. Das Buch unterscheidet sich nach prinzipieller Seite ebensoweit von den bis dahin meist herrschenden unbestimmten anschauungsmäßigen Begründungsversuchen der Infinitesimalrechnung, wie von dem ganz äußerlich formalen Standpunkt Lagranges in seiner Théorie des fonctions analytiques und in den Leçons sur les calcul des fonctions[1]), der den

[1]) Théorie des fonctions: 1. éd. 1797, 2. éd. 1813, Oeuvres t. 9; Leçons ...: 1801 bzw. 1806, Oeuvres t. 10.

Kern der neuen Gedankenwelt zu verhüllen sucht. Es bringt statt dessen in allen kritischen Punkten eine einwandfreie arithmetische Begründung; von diesem Fundamentalwerk aus beginnt die sog. „Arithmetisierung" der gesamten Mathematik.

Daß auch dieser große Geist Vorläufer hatte, wie er andererseits Unvollkommenheiten der Nachwelt auszugleichen überließ, wird keinen geschichtlich Denkenden überraschen. Von den Vorgängern (die Cauchy nicht zitiert) ist vor allem Bolzano zu nennen, der 1817 den ganz scharfen Begriff der Stetigkeit ebenfalls erfaßte und sogar noch weitergehend zergliederte (wie schon oben S. 56 bemerkt). Über Reihenkonvergenz finden sich bei Gauß 1812 eine Anzahl Kriterien, die freilich nicht so tief in den Gegenstand eindringen. Was schließlich den eigenartigen Beweis des Fundamentalsatzes der Algebra betrifft, so war dieser von Argand schon 1815 in Gergonnes Annalen gegeben worden. Argand ist auch einer der ersten, die mit der geometrischen Deutung der Zahlen $x + iy$ hervorgetreten sind, und zwar in einer besonderen Schrift von 1806[1]).

Schließlich bleibt uns noch übrig, auf das aufmerksam zu machen, was Cauchy noch mangelte. Es ist ein ihm fehlender wichtiger Begriff, der seine Theorie der unendlichen Reihen nicht zu letzter Vollkommenheit gelangen ließ, der Begriff der gleichmäßigen resp. ungleichmäßigen Konvergenz einer Reihe in einem Intervall. Die Unkenntnis dieses Begriffes läßt Cauchy auf S. 120 den unrichtigen Satz aussprechen, daß eine konvergente Reihe stetiger Funktionen im Konvergenzintervall notwendig stetig sei, den er, eben unter Umgehung des wichtigen Begriffes der Gleichmäßigkeit, daselbst fälschlich beweist. Die endgültige Klärung dieser Verhältnisse blieb einer späteren Zeit vorbehalten[2]).

Das zweite Cauchysche Werk, die *Leçons sur le calcul infinitésimal*, behandelt die Fragen der Grundlegung der Infinitesimalrechnung. Es enthält die strenge, von aller Metaphysik befreite, auf dem Grenzbegriff ruhende Darstellung dieses Gebietes, wie sie seitdem in der Mathematik maßgebend geworden ist. Im Gegensatz zum Cours d'Analyse bewegt sich dieses Werk fast durchweg im reellen Gebiet.

Zum Grundstein des ganzen Gebäudes wird der an sich seit langem, jedenfalls schon Lagrange bekannte Mittelwertsatz gemacht (S. 46), den wir in Cauchys moderner Ausdrucksweise schreiben

$$\frac{f(x+h)-f(h)}{h} = f'(x+\vartheta h).$$

Die Integralrechnung ihrerseits beginnt S. 122 mit der Definition des bestimmten Integrals, für welches ebenda der arithmetische Existenz-

[1]) Zuerst findet sie sich bei Caspar Wessel 1798 (reproduziert Arch. for Math. ok Nat. 18, 1896).

[2]) Vgl. S. 102.

beweis gegeben wird. Erst daran anschließend wird von S. 214 an die Entwicklung von Funktionen in die Taylorsche Reihe gegeben, die unter ständiger Berücksichtigung des genau abgeschätzten Restgliedes durchaus unter dem Gesichtspunkt der praktischen Annäherung einer vorgegebenen Funktion betrachtet wird. Durch numerische Beispiele wird die praktische Brauchbarkeit der Methode dargelegt. Darüber wird selbstverständlich der Ausbau nach theoretischer Seite nicht vernachlässigt. S. 230 findet sich das berühmte Beispiel einer trotz Konvergenz der Taylorschen Reihe nicht entwickelbaren Funktion: $f(x) = e^{-\frac{1}{x^2}}$ an der Stelle $x = 0$.

Dem Aufbau würde es sich nun natürlich anschließen, wenn an dieser Stelle der Fundamentalsatz der Infinitesimalrechnung, nämlich daß die Operationen des Differenzierens und Integrierens zueinander invers sind

$$\frac{d}{dx}\int^{x} f(x)\,dx = f(x)$$

ausgesprochen wäre. (In anderer Darstellung wird diese Relation häufig zur Definition des Integrals gemacht.) Der Satz findet sich hier jedoch nicht und ist erst ausführlich ausgesprochen in dem Werk des Abbé Moigno, das dieser nach Cauchys Ideen und auf seine Anregung hin 1840—44 herausgab: *Leçons sur le calcul différentiel et intégral* (d'après Cauchy). Die Stelle findet sich Band II, S. 4.

Das Gebiet der *Differentialgleichungen* ist von Cauchy in so mannigfacher Weise und nach so vielen Richtungen hin bearbeitet worden, daß es schlechterdings unmöglich erscheint, alle Resultate zu nennen oder gar über die Fülle der hierher gehörigen Publikationen einen Überblick zu geben. Ich begnüge mich damit, einige wesentliche Punkte hervorzuheben.

Auch auf diesem Gebiet gebührt Cauchy der Ruhm, als erster den *Existenzbeweis* für die Lösungen irgendwelcher Differentialprobleme geführt zu haben, die sich im nichtsingulären Gebiet irgendwelchen Anfangswerten anpassen. Von den verschiedenen Methoden, die Cauchy anwendet, nenne ich hier nur die beiden bekanntesten:

1. Das Differentialproblem wird durch ein Differenzenproblem — die gesuchte Funktionskurve durch einen Polygonzug — ersetzt und von dessen Lösung durch Verkleinerung der die Polygonseiten bestimmenden Intervalle zur Grenze übergegangen. Durch den Nachweis der Konvergenz des Verfahrens gegen eine Grenze — eben die Lösung des Differentialproblems —, ist der Existenzbeweis der letzteren geführt. Dies Verfahren entspricht genau der von Cauchy gegebenen Definition des bestimmten Integrals und dessen numerischer Berechnung. (Für praktische Approximation verbessert in der Simpsonschen Regel.)

2. Man nimmt an, daß sich die Koeffizienten der Differentialgleichung in konvergente Potenzreihen entwickeln lassen. Dann lassen sich für die gesuchten Integrale Potenzreihen formal ansetzen, deren Konvergenz man durch die Aufstellung von Majoranten beweisen kann. Cauchy nannte dies Beweisverfahren „méthode des limites" und erstreckte den Ansatz und seine Durchführung auch auf komplexes Gebiet.

Auch diese Gedanken Cauchys verdanken ihre Entstehung schon den 20er Jahren. Wir finden in ihnen Schritt für Schritt die Anfänge der arithmetisierten modernen Analysis. Um so wunderbarer muß es uns erscheinen, daß gerade diese Arbeiten aus der Lehrtätigkeit an der polytechnischen Schule hervorgegangen sind, ein Beweis dafür, welch ungewöhnlich hohe Anforderungen nach rein mathematischer Seite der auf das Praktische gerichteten Ausbildung zugrunde gelegt wurden.

Weniger im Zusammenhang mit seiner pädagogischen Tätigkeit steht die zweite große Leistung Cauchys, die sich an Bedeutung neben die der kritischen Begründung der Analysis stellen darf: *die Grundlegung einer allgemeinen Theorie der Funktionen komplexen Arguments.*

Wie im Gebiet der Differentialgleichungen, ist es mir auch hier unmöglich, eine erschöpfende Darstellung des von Cauchy Geschaffenen zu geben. Ich hebe nur zwei grundlegend wichtige Probleme heraus, um die sich alles übrige gruppiert:

1. *Die Integration im komplexen Gebiet über geschlossene Kurven.* Cauchys berühmter Satz über das Kurvenintegral eindeutiger komplexer Funktionen

$$\int_C f(z)\,dz = 2\pi i \sum k,$$

wo k die Residua der von der Kurve C umschlossenen einzelnen Unstetigkeitsstellen bedeutet (höhere Singularitäten, wie etwa wesentlich singuläre Punkte oder Häufungsstellen von Polen usw. kannte Cauchy noch nicht), wurde ganz allmählich, tastend gefunden. Cauchy, der keineswegs die bewußte Absicht hatte, eine allgemeine Theorie der komplexen Funktionen zu begründen, begann mit der Integration über die Seiten eines Rechtecks, wobei er die beiden verschiedenen Verbindungswege zwischen zwei einander diagonal gegenüberliegenden Ecken wählte. Diesen Untersuchungen schließt sich die Integration über eine beliebige, die betreffenden Punkte verbindende krumme Linie an, die schwieriger war, weil sie die Definition des allgemeinen Kurvenintegrals voraussetzte. Im Besitz des fertigen, abgeklärten Satzes war Cauchy erst 1840, doch datiert man seine diesbezüglichen Arbeiten gern von einer kleinen Abhandlung an, die 1825 für sich erschien[1]): „*Mémoire sur les intégrales définies prises entre des limites imaginaires.*" Deutsch liegt sie in der von Stäckel besorgten Ausgabe, in Ostwalds Klassikern

[1]) Neuerlich abgedruckt: Bull. Soc. math. France, Bd. 7, S. 265. 1874; Bd. 8, S. 43, 185. 1875.

(Nr. 112) vor. Der Inhalt dieser Abhandlung berührt sich vielfach mit Gauß' drittem Beweis des Fundamentalsatzes der Algebra. Auch hier wird von Doppelintegralen, genommen über die von der Kurve umschlossene Fläche, ausgegangen. Daß übrigens die von Valson aufgestellte Behauptung, niemand sei vor dieser Arbeit Cauchys im Besitz der Idee des umschließenden Kurvenintegrals gewesen, unrichtig ist, wird schon durch die früher mitgeteilte Tatsache widerlegt, daß Gauß bereits 1811 den Charakter des Integrals $\int \frac{dz}{z}$ genau kannte. Sogar bis zu dem auf beliebige Integranden bezüglichen allgemeinen Satz, den wir Cauchy verdanken, scheint er schon vorgedrungen zu sein[1]). Wie sehr aber Cauchy die Tragweite dieses Satzes erkannte, zeigen die vielen schönen und wichtigen Anwendungen, die er sogleich davon machte.

2. *Die Entwicklung einer beliebigen Funktion komplexen Arguments in eine Potenzreihe*, deren Konvergenzradius durch die Entfernung des nächstliegenden singulären Punktes gegeben ist.

Der Satz erschien 1831 in den Turiner Memoiren, als Cauchy bereits in der Verbannung lebte. 1837 teilte er ihn in einem in den Comptes Rendus veröffentlichten Brief an Coriolis mit, als er seine Rückkehr nach Paris vorbereitete, die 1838 erfolgte. Auch bei diesem Problem arbeitet Cauchy stets mit den als Annäherungsformeln aufgefaßten endlichen Summen, deren Restglied er genau abschätzt.

Obwohl Cauchy nach seiner Rückkehr keine öffentliche Unterrichtstätigkeit ausübte, war er doch durch seine Schriften, die nun allmählich zu wirken begannen, von großem Einfluß auf die Weiterentwicklung der Wissenschaft. So erfährt sein Satz bald durch zwei jüngere Mathematiker eine wesentliche Erweiterung:

1843 (Comptes Rendus Bd. 17, S. 938) gelingt Laurent die Entwicklung einer im Bereiche eindeutigen Funktion $f(x + iy)$ innerhalb eines Kreisringes, dessen Umgrenzungen durch die nächstgelegenen singulären Punkte gehen, nach positiven und negativen Potenzen von $x + iy$.

1850 (J. math. pures appl. (Liouville) Bd. 15, S. 365) setzt Puiseux die Reihenentwicklung in einem „Verzweigungspunkte" an und zeigt, daß sie nach gebrochenen Potenzen von $x + iy$ fortschreitet.

Mit diesen Ergänzungen, die ich der Vollständigkeit halber gebe, greife ich bereits weit hinaus über den Zeitraum, von dessen Bedeutung in der Enwicklungsgeschichte der polytechnischen Schule nach mathematischer Hinsicht hier berichtet werden sollte und der 1830 seinen Abschluß findet. Es erscheint natürlich, dieses Jahr als Grenze anzusehen; denn um diese Zeit beginnt mit dem Weggang Cauchys von

[1]) Vgl. den Brief an Bessel, Gauß' Werke Bd. 10, 1, S. 365ff.

Paris eine nicht zu verkennende Erschlaffung der französischen Produktivität, während gleichzeitig sich die Deutschen allmählich zur führenden Nation entwickeln.

Für die merkwürdige Erscheinung des Absterbens des bis zu dieser Zeit so überaus blühenden Lebens unserer Wissenschaft in Frankreich sind mannigfache Gründe angeführt worden. Man hat die von Poisson und anderen Schülern von Laplace vertretene Tendenz, nur noch die angewandte Mathematik zu pflegen und gelten zu lassen, dafür verantwortlich gemacht. Es will mir aber scheinen, daß man hier Ursache und Wirkung verwechselt hat, denn ich bin der Meinung, daß eine solche einseitige Entwicklung, die das richtige Gleichgewicht zwischen Theorie und Anwendung nicht mehr zu halten weiß, bereits die Folge und das äußere Anzeichen eines tiefergehenden Übels ist. Auch die Ansicht, der Niedergang habe seine Ursache in der traurigen Aussiebung des jungen Nachwuchses durch die fortgesetzten großen Kriege, kann sich nicht halten angesichts des Emporblühens des mindestens ebenso hart mitgenommenen Deutschland.

Der Grund, dem ich diese eigentümliche Erscheinung zuschreiben möchte, scheint mir vielmehr in einem allgemeinen psychologischen Gesetz zu liegen, das für die einzelnen wie für die Völker sich geltend macht: daß auf Perioden des Aufschwungs erbarmungslos Perioden der Ruhe und Unproduktivität folgen. Und wie im Leben der einzelnen ein junger kräftiger Ersatz meist vorhanden zu sein pflegt, wenn man ihm nur Raum gibt, um heranzuwachsen und sich zu entfalten, so schieben sich auch im Völkerleben andere Nationen an die Stelle der ermüdeten, deren Errungenschaften sie der eigenen, neue Früchte bringenden Arbeit zugrunde legen.

Natürlich können und sollen zeitliche Einteilungen der Geschichte nur dazu dienen, die großen Linien der Entwicklung klar hervorzuheben; sie dürfen nicht mechanisch in allzu wörtlichem Sinne aufgefaßt werden. So scheint eine überraschende Erscheinung das eben Gesagte Lügen zu strafen, die gerade um 1830 herum in Frankreich als ein neuer Stern von ungeahntem Glanze am Himmel der reinen Mathematik aufleuchtet, um freilich, einem Meteor gleich, sehr bald zu verlöschen: Évariste Galois.

Galois wurde im Oktober 1811 bei Paris geboren. Bereits als Schüler des Lycée begann er 1828 zu publizieren. Er beabsichtigte, in die École Polytechnique einzutreten, fiel jedoch 1829 zweimal in der Aufnahmeprüfung durch. Als Erklärung gibt er selbst an, die an ihn gestellten Fragen seien zu kindische gewesen, als daß es ihm möglich gewesen wäre, sie zu beantworten. Schließlich wurde er 1829 in die École Normale aufgenommen; schon 1830 aber wird er wieder entlassen wegen ungebührlichen Betragens. Besonders sein „unerträglicher

Hochmut" wird gerügt. Galois stürzte sich nun in die politische Agitation, geriet infolgedessen in Konflikt mit der Regierung und schließlich ins Gefängnis, in dem er monatelang festgehalten wurde. Im Mai 1832 fand dies vielbewegte Leben bereits ein Ende; Galois fiel in einem Duell, zu dem ihn eine Liebesgeschichte getrieben hatte.

Eine ausführliche Biographie von Galois hat Dupuis gegeben in den Annales de l'École Normale Supérieure 1896. Seine Werke wurden zum ersten Mal von Liouville 1846 einem weiteren Kreise zugänglich gemacht[1]). Sie umfassen in der Sonderausgabe (1897) 60 Seiten Oktav! Der Ausgabe ist ein Porträt des jugendlichen Autors beigegeben, dessen knabenhaft kecker, fast mutwilliger Ausdruck den seltsamsten Gegensatz bildet zu dem wunderbar tiefgehenden, dabei völlig klaren, reif durchgebildeten Text des Werkes. Dieser Gegensatz veranschaulicht den inneren Widerspruch, an dem Galois zugrunde gegangen ist. Eine unerhörte Frühreife, verbunden mit einem nicht zu bändigenden Temperament, daß sich keiner Ordnung, keiner Regel fügen wollte, eine Leidenschaftlichkeit des Wesens, die sich selbst verzehrte, lassen ihn als den typischen Vertreter des ungeordneten, echt französischen Genies erscheinen.

Galois' große Leistungen liegen nach zwei Richtungen.

1. Er schuf die erste, durchgreifende Klassifikation der Irrationalitäten, die durch algebraische Gleichungen definiert werden, die Lehre, die man noch heute kurzweg als *Galoissche Theorie* bezeichnet.

2. Er beschäftigte sich weitgehend mit den Integralen beliebiger algebraischer Funktionen einer Veränderlichen — *Abelschen Integralen*, wie wir heute sagen — und hinterließ auf diesem Gebiete gewisse Resultate, die ihn als Vorläufer Riemanns erscheinen lassen.

Als einen dritten Punkt hätte man vielleicht noch eine Andeutung zu erwähnen, auf deren präzisen Inhalt aber wegen ihrer gar zu knappen Fassung nicht geschlossen werden kann. Galois spricht in seinem Abschiedsbrief an Chevalier von Untersuchungen über die „ambiguité des fonctions"; es wäre möglich, daß hierin ein Hinweis auf die Idee der Riemannschen Fläche und des vielfachen Zusammenhangs enthalten wäre.

Die Leistungen Galois' sind ohne eine Kenntnis der „Galoisschen Theorie" nicht in ihrem Wert richtig einzuschätzen. Ich möchte darum versuchen, mit wenigen Worten die hauptsächlichen Gedankenwendungen dieser Theorie anzudeuten, wenn es mir auch nicht möglich sein wird, von ihrer ganzen Tragweite in dieser Kürze einen Begriff zu geben. Ehe ich aber damit beginne, möchte ich auf die eigentümliche Rolle

---

[1]) Journ. math. pures appl. Bd. 11, S. 381 ff. — Deutsch in den von Maser herausgegebenen „Abhandlungen über die algebraische Auflösung der Gleichungen von N. H. Abel und F. Galois," Berlin 1889. Ferner: Jules Tannery: Manuscrits de Évariste Galois, Paris 1889 (Extrait du Bull. d. sciences Math., 2. sér., t. 30 et 31, 1906, 1907).

hinweisen, welche die Galoissche Theorie als Unterrichtsgegenstand an unseren Universitäten spielt. Sie löst hier einen Widerspruch aus, der sowohl für die Lehrenden als für die Lernenden zu bedauern ist. Auf der einen Seite fühlen sich nämlich die Dozenten, begeistert durch die besondere Genialität der Erfindung und die Tragweite der tief eindringenden Resultate, besonders dazu bewogen, über Galoissche Theorie zu lesen; auf der anderen Seite bietet gerade dieses Gebiet für das durchschnittliche Verständnis des Anfängers ganz ungeheure Schwierigkeiten. So kommt denn in den meisten Fällen das traurige Ergebnis zustande, daß die mit besonderer Begeisterung und Freudigkeit unternommene Anstrengung des Dozenten an der Menge seiner Zuhörer mit ganz wenigen Ausnahmen abgleitet, ohne irgendwelches Verständnis erweckt zu haben. Die besondere Schwierigkeit der Aufgabe, welche die Galoissche Theorie dem Darsteller bietet, mag ihren Anteil an diesem Resultat haben.

Der Nimbus, den die Galoissche Theorie infolge der Schwierigkeit des Eindringens allmählich erhielt, mag ein wenig beigetragen haben zu der Überschätzung, die sie im breiten mathematischen Publikum häufig genießt. Man glaubt, mit ihr seien alle Probleme der algebraischen Gleichungslehre endgültig erledigt. Dies ist natürlich nicht der Fall. Die Galoissche Theorie beantwortet zwar wichtige Fragen der Gleichungslehre in allgemeinster Weise; sie bildet aber das Tor zu einem neuen, weitausgedehnten, noch gänzlich unbekannten Gebiet, dessen Problemfülle abzusehen wir noch gar nicht imstande sind. Dies Gebiet möchte ich, einer im persönlichen Gespräch mit Gordan entstandenen Tradition folgend, als „Hypergalois" bezeichnen.

Und nun zum Inhalt der Theorie selbst. Ich beginne mit einer Angabe der traditionellen Fragestellung, wie sie sich angesichts irgend einer vorgelegten Gleichung

$$a_0 x^n + a_1 x^{n-1} + \cdots + a_n = 0$$

erhob. Sie lautete: wie steht es mit der allgemeinen Auflösung einer solchen Gleichung durch Resolventenbildung, d. h. durch die Bildung von Gleichungen, deren Wurzeln rationale Funktionen der gesuchten Wurzeln der vorgelegten Gleichung sind? Kann die Gleichung durch rationale Prozesse auf irgend eine Reihe einfacher Hilfsgleichungen zurückgeführt werden? Insbesondere: ist etwa die Rückführung auf eine Kette reiner Gleichungen, oder, was dasselbe ist, die Auflösung der Gleichung durch Wurzelzeichen möglich?

Wir müssen nun von vornherein verschiedene Fälle unterscheiden, nach der Art der Allgemeinheit, in der die Gleichung aufgestellt ist. Um die beiden extremen Fälle zu nennen:

1. Die Koeffizienten $a_0, a_1, \ldots$ der Gleichung können völlig frei veränderliche Größen sein. Dann liegt also eine ganze Schar von Glei-

chungen vor, die nur durch den gemeinsamen Grad n von der Gesamtheit aller algebraischen Gleichungen ausgeschieden sind.

2. Die Koeffizienten $a_0, a_1, \ldots$ können ganz bestimmte, feste Werte etwa bestimmte ganze Zahlen bedeuten.

Dazwischen dehnt sich ein großes Gebiet mannigfaltiger Übergangsfälle. Die Koeffizienten können etwa ganzzahlige rationale Funktionen eines Parameters sein und dergleichen mehr.

Es ist nun die erste wichtige Gedankenwendung von Galois, daß er vorab eine genaue Definition dessen verlangt, was als „rational" angesehen werden soll. Er schafft den Begriff des „Rationalitätsbereiches". Diese Bezeichnung ist später, der Begriff selbst findet sich, unabhängig von Galois, auch bei Abel in seinem „Mémoire sur une classe particulière d'équations résolubles algébriquement" Crelle Bd. 4. 1829 (Werke, Bd. I, S. 479). Als einfachster, „natürlicher" Rationalitätsbereich ergibt sich die Gesamtheit der Koeffizienten a_0, $a_1, \ldots$ und alles dessen, was sich mit Hilfe ganzer Zahlen aus ihnen rational aufbauen läßt, d. h. der Bereich der rationalen ganzzahligen Funktionen der $a_0, a_1, \ldots$ Nun kann aber der Rationalitätsbereich erweitert werden, indem man zu den Elementen $a_0, a_1, \ldots$, aus denen er aufgebaut ist, eine oder mehrere bestimmte Größen hinzunimmt und nun aus ihnen und den Koeffizienten rationale, ganzzahlige Funktionen bildet, deren Gesamtheit den „Bereich" ausmacht. Man sagt: die betreffenden Größen sind dem Bereich „*adjungiert*". So können z. B. die n-ten Wurzeln der Einheit oder irgend ein für die Koeffizienten wichtiger Parameter dem Rationalitätsbereich adjungiert werden.

Auf Grund dieser Begriffe spricht Galois das Grundtheorem aus: Bei gegebener Gleichung $f = 0$ und gegebenem Rationalitätsbereich gibt es immer eine *Vertauschungsgruppe* der Gleichungswurzeln $x_1, x_2, \ldots, x_n$ von der Eigenschaft, daß jede „rationale" Funktion $R(x_1, x_2, \ldots, x_n)$ — i. e. jede aus den Wurzeln und Größen des Rationalitätsbereiches rational aufgebaute Funktion —, welche bei den Vertauschungen der Gruppe numerisch ungeändert bleibt, „rational" ist (dem Rationalitätsbereich angehört), und umgekehrt: so, daß jede Funktion $R(x_1, x_2, \ldots, x_n)$, die „rationalen" Wert hat, bei den Vertauschungen der Gruppe numerisch ungeändert bleibt.

Die ganze Tragweite dieses Theorems, dessen Beweis ich hier nicht einmal andeuten kann, läßt sich selbstverständlich nicht in wenigen Minuten darstellen und erfassen; sie wird wohl nur dem wirklich bewußt werden, der sich selbständig mit Einzelproblemen dieses Gebietes beschäftigt. Um nicht nur im Allgemeinen stecken zu bleiben, möchte ich wenigstens e i n spezielleres Beispiel andeuten, mit dem sich Galois besonders beschäftigte. Es handelt sich darum, die Bedingungen aufzustellen, daß eine irreduzible Gleichung vom Primzahlgrade p durch reine Gleichungen zu lösen ist. Galois findet sie in der Möglichkeit, die

Wurzeln so anzuordnen, daß die „Gruppe“ der Vertauschungen gegeben ist durch

$$x_{\nu'} = x_{a\nu+b}, \quad \nu' \equiv a\nu + b \pmod{p}, \quad \nu = 1, 2, \ldots, p,$$

wo $a = 1, 2, \ldots, (p-1)$ sein kann, und $b = 0, 1, 2, \ldots, (p-1)$ ist, so daß die Gruppe im Maximum $p(p-1)$ Vertauschungen enthält. Im Falle $a = \text{const} = 1$, wo nur p Vertauschungen existieren, spricht man von einer *zyklischen* Gruppe, die übrigen Fälle bezeichnet man als *metazyklische* Gruppen. Die notwendige und hinreichende Bedingung für die Auflösbarkeit einer irreduziblen Gleichung vom Primzahlgrade durch Wurzelzeichen ist also die Existenz einer metazyklischen Gruppe, an deren Stelle im Spezialfall die zyklische Gruppe treten kann.

Es mögen nun hier auch die Grenzen angedeutet sein, die der Tragweite der Galoisschen Theorie gesetzt sind. Sie liefert für die Auflösbarkeit der Gleichungen durch Resolventen ein allgemeines Kriterium und einen Weg zu ihrer Auffindung. Sofort ergeben sich aber weitere Probleme: Die Aufstellung aller Gleichungen $f_n = 0$, die bei gegebenem Rationalitätsbereich eine bestimmte, vorgegebene Gruppe besitzen; die Untersuchung, ob und eventuell durch welche Mittel zwei derartige Gleichungen aufeinander reduziert werden können usw. Das ist das ungeheure Gebiet noch heute ungelöster Fragen, auf welche die Galoissche Theorie hinweist, ohne zu ihrer Beantwortung die Mittel zu geben.

Galois' Arbeiten sind bei aller Ursprünglichkeit natürlich nicht ohne Zusammenhang mit der sonstigen Entwicklung der Wissenschaft. Lagrange, Gauß und Abel sind von entscheidendem Einfluß für ihn gewesen. Während aber diese Vorgänger die Lösung des Problems doch nur in Einzelfällen besaßen, wenn nämlich die Rückführung auf Kreisteilungsfunktionen oder elliptische Funktionen möglich war, wurde sie von Galois in vollkommenster Allgemeinheit erbracht.

Man darf vermuten, daß Galois auf dem eingeschlagenen Wege zu neuen Erfolgen weitergeschritten wäre und die Welt mit heute noch ungeahnten Erkenntnissen beschenkt hätte, wenn ihm sein leidenschaftliches Temperament nicht ein so frühes Ende bereitet hätte. Von der Kühnheit und Zuversicht, mit der er seiner Schöpfung und den noch wartenden Problemen gegenüberstand, gibt uns ein Brief Kenntnis, in dem er am Abend vor seinem Tode seinem Freunde Chevalier sein wissenschaftliches Vermächtnis mitteilt (Werke, S. 32). Das eigenartige Dokument wirkt ergreifend durch die schlichte Klarheit, mit welcher der 20jährige Schreiber stolz-bescheiden sich und seine Bedeutung für die Wissenschaft einschätzt. Es schließt ab mit den Worten:

„Je me suis souvent hasardé dans ma vie à avancer des propositions dont je n'étais pas sûr; mais tout ce que j'ai écrit là est depuis bientôt un an dans ma tête, et il est trop de mon intérêt de ne pas me tromper pour qu'on me soupçonne d'énoncer des théorèmes dont je n'aurais pas la démonstration complète.

„Tu prieras publiquement Jacobi ou Gauß de donner leur avis non sur la vérité, mais sur l'importance des théorèmes.

„Après cela, il y aura, j'espère, des gens qui trouveront leur profit à déchiffrer tout ce gâchis."

Mit der Behauptung, daß er nichts Unrichtiges hinterlasse, hat Galois recht behalten; leider ist aber seine Hoffnung auf eine Anerkennung und Fortwirkung durch Gauß und Jacobi nicht in Erfüllung gegangen. Erst viel später sind seine Werke durch die Tätigkeit Liouvilles (1846) langsam an die Öffentlichkeit gedrungen[1]).

Drittes Kapitel.

Die Gründung des Crelleschen Journals und das Aufblühen der reinen Mathematik in Deutschland.

Das neue Deutschland des 19. Jahrhunderts, das sich allmählich aus den Napoleonischen Kriegen heraus entwickelt, ist in seinem Wesen bestimmt durch die von Frankreich kommenden Anregungen, die im Sinne des deutschen Geistes verarbeitet werden. Wie auf anderem Gebiet Goethe, so steht in unserer Wissenschaft Gauß außerhalb der von der Zeitströmung getragenen Entwicklung. Diese Entwicklung setzt in Berlin ein, aber, wie schon früher bemerkt, für die exakten Wissenschaften etwas später als auf anderen wissenschaftlichen Gebieten. Für die Geisteswissenschaften bildet die Gründung der Universität Berlin 1810 den Ausgangspunkt. Sie blühen auf, gestützt auf die neuhumanistische Lehre von der freien Bildung der Persönlichkeit, die sich vom Interesse für die exakten Wissenschaften direkt abwandte.

Hier macht sich die neuzeitliche Regung erst von 1820 ab bemerkbar, wesentlich durch die Initiative Alexander von Humboldts, wie ich es früher ja bereits dargelegt habe. In enger Verbindung mit diesem anregenden, unternehmenden Geiste steht der General von Müffling, der seit 1820 Chef des Generalstabes war. Wir finden hier die Napoleonische Tradition einer Wertschätzung der Mathematik von militärischen Gesichtspunkten aus fortgesetzt, wie sie durch Scharnhorst für Preußen von Einfluß geworden ist. Aus diesen Kreisen entsteht nun, unabhängig von den gleichzeitigen Bestrebungen, die überall zur Hebung des Gewerbes einsetzen, und aus denen unser technisches Fach- und Hochschulwesen entstanden ist, der Gedanke, ein umfassendes polytechnisches Institut von vornehm-wissenschaftlichem Cha-

[1]) Vgl. auch L. Koenigsberger: C. G. J. Jacobi, Festschrift, Leipzig 1904, S. 435.

rakter nach dem Muster der École Polytechnique zu gründen. Man versuchte, Gauß als Direktor dieser Neuschöpfung zu gewinnen, der er ohne jede Lehrverpflichtung — abgesehen von der ihm selbst erwünschten Heranbildung von Spezialschülern — nur durch seine wissenschaftliche Persönlichkeit und seine organisatorischen Gaben dienen sollte. Alle wissenschaftlichen Institute (z. B. Sternwarten) des Staates sollten ihm unterstehen, und ein bestimmter Einfluß auf die Gesamtentwicklung des Unterrichtswesens in Preußen ward ihm eingeräumt (Bruhns: Briefe zwischen A. von Humboldt und Gauß. 1877). Aber Gauß lehnte den Vorschlag Ende 1824 ab. Von dieser Zeit an gerät der großzügige Plan ins Stocken. Auch die Militärbehörden ziehen sich zurück. Es wird der Versuch gemacht, das Projekt in die Gründung eines besonderen Oberlehrerbildungsinstituts umzuwandeln, und in dieser Form wird der Plan noch jahrelang vom Kultusministerium verfolgt. Als schließlich auch die Berufung von Abel 1829, die wenige Tage nach seinem Tode in Kristiania eintraf, zu keinem Erfolge führte, wurde der Plan endgültig fallen gelassen. Diesem Umstand ist es zuzuschreiben, daß die mathematisch-naturwissenschaftliche Lehrerbildung in Preußen schließlich doch den Universitäten als eine beträchtliche, für ihre Entwicklung sehr wesentliche Aufgabe zufiel. Der heutige Zustand, den man zuweilen als aus dem Begriff der Universität mit logischer Notwendigkeit folgend hinzustellen beliebt, verdankt also zufälligen Ereignissen seine Entstehung.

Bei der Betrachtung dieser Entwicklung möchte ich eines Mannes gedenken, der zwar nicht selbst in produktiver Hinsicht von Bedeutung war, der Wissenschaft aber durch seine vielseitigen Interessen, seine vermittelnde Natur und seine organisatorischen Fähigkeiten große Dienste leistete, des Oberbaurats Crelle (1780—1855). Crelle ging von der Technik aus, für deren Unterrichtswesen er sich lebhaft interessierte. Von 1824 an wirkte er allgemein für die Hebung der exakten Studien, bis er 1828 als Referent in das preußische Kultusministerium eintrat. Auch zum Mitglied der Berliner Akademie wurde er gewählt. Seine eigenen mathematischen Arbeiten, die er neben vielen anderen Interessen nie ganz liegen läßt, sind zahlreich, aber nicht bedeutend. Sie tragen den damals in Deutschland vielverbreiteten enzyklopädischen Charakter — eine Tradition des 18. Jahrhunderts —, indem sie viele verschiedenartige Gebiete berühren, ohne irgendwo in die Tiefe zu gehen. Hervorragende Dienste aber leistete Crelle der Wissenschaft durch seine organisatorischen Gaben, durch seine liebenswürdige, vielseitige Persönlichkeit, die überall junge Talente erkannte und an sich zog. Vielen verhalf er durch Schaffung einer Universitätsstellung zu einem Wirkungskreis und zu freier Entfaltung ihrer Kräfte. Am meisten aber ist ihm unsere Wissenschaft verpflichtet für die Anregung und den Zusammenschluß, den er ihr gab durch die Gründung des *Journals für die reine und angewandte Mathematik* (1826).

Nimmt man heute einen Band dieser Zeitschrift zur Hand, so mag der Titel vielleicht Verwunderung erregen. Er erklärt sich zunächst historisch, denn er wurde von Gergonnes Annalen herübergenommen, wie er sich auch später noch, längst inhaltslos geworden, auf Liouvilles Journal (1836) übertrug. Es unterliegt aber keinem Zweifel, daß Crelle mit diesem Titel die ernste Absicht verband, eine die ganze Mathematik umfassende Zeitschrift ins Leben zu rufen. Wie die Vorrede zu Band I zeigt, beabsichtigte er nicht nur dem Wachstum, sondern auch der Verbreitung der Wissenschaft zu dienen. Er wendet sich darum an einen „ausgedehnten" Leserkreis, nicht nur an die Spezialfachvertreter, den er durch Übersetzungen fremdsprachlicher Werke, durch Bücherbesprechungen, durch Aufgaben, in Zusammenhang mit allen Quellen wissenschaftlichen Lebens zu bringen beabsichtigt. So beginnt der erste Band des Journals mit der Bestimmung der Wassermenge eines Stromes durch Eytelwein, woran sich die erste Abhandlung von Abel schließt, eine Zusammenstellung, die den heutigen Leser des Journals wohl überraschen mag.

Daß die tatsächliche Entwicklung so ganz anders gegangen ist, als es in Crelles Absicht lag, hat seine Ursache in dem herrschenden Geist der Epoche. Der neuhumanistische Untergrund des neuen wissenschaftlichen Lebens, dessen vornehmstes Organ die Zeitschrift bald werden sollte, erwies sich stärker als das mehr schematische Denken ihres Begründers, der eher eine vermittelnde als eine führende Natur war. Das neuhumanistische Ideal der reinen Wissenschaft als Selbstzweck, das die Verachtung aller Nützlichkeit im gemeinen Sinne in sich barg, führte bald zu einer geflissentlichen Abkehr von allen der Praxis zugewandten Bestrebungen. Diese Geistesrichtung ergriff auch das ursprünglich allen Zweigen der Wissenschaft gewidmete Journal und stempelte es zu einem Organ abstrakter Spezialmathematik von strengster Ausprägung, die ihm den Scherznamen „Journal für reine, unangewandte Mathematik" eingetragen hat.

Crelle, der dem Strom der Entwicklung nicht entgegenzutreten vermochte, ist darum doch sich selbst treu geblieben; es war ihm jedoch nur in der Form möglich, daß er die beiden Sphären, in denen er heimisch war, nach außen trennte. Von 1829 an gibt er, seinem technischen Interesse folgend, ein besonderes „Journal für Baukunst" heraus. Was Crelle nach dieser Seite bedeutete, beleuchtet die Tatsache, daß der 1838—40 erfolgte Bau der wichtigen Eisenbahn Berlin—Potsdam nach seinen Plänen ausgeführt wurde. Die Mehrzahl der „Kunststraßen" waren in Preußen schon in früheren Jahren ebenfalls auf Grund seiner Entwürfe entstanden.

Crelles Journal für Mathematik hingegen entwickelt sich, wie schon angedeutet, trotz aller anfänglichen finanziellen Schwierigkeiten zum wichtigsten Organ der fortschreitenden, reinen Mathematik, die nun in einseitiger aber glänzender Ausbildung an den deutschen Universitäten ihren Siegeszug antritt.

Der erste Band enthält nicht weniger als fünf Abhandlungen von Abel; daneben eine Abhandlung von Jacobi und verschiedenes von Steiner. In Band 3 (1828) erscheinen die Namen: Dirichlet, Moebius und Plücker.

Damit sind die Namen der sechs Forscher aufgezählt, die wir nun zunächst zu besprechen haben. Ich nehme die drei „Analytiker" Dirichlet, Abel und Jacobi voran und lasse die drei „Geometer" Moebius, Plücker und Steiner folgen.

Analytiker des Crelleschen Journals.

Ich beginne mit Dirichlet, weil er sich am engsten an die bisher besprochenen Untersuchungen, an Gauß und die Franzosen anschließt. Weniger revolutionär veranlagt als seine beiden Zeitgenossen Abel und Jacobi, brachte er die ererbte Tradition, indem er sie lebendig weiterbildete, zur Geltung.

Lejeune Dirichlet (1805—59) entstammte einer französischen Emigrantenfamilie. Er wurde 1805 als Sohn eines Posthalters geboren in Düren, wuchs also auf unter den Eindrücken der rheinischen Großindustrie. 1822—27 lebte er als Hauslehrer in Paris und verkehrte dort, wie schon erwähnt wurde, viel in dem Fourierschen Kreise. Auf Empfehlung Humboldts wurde er 1827 Dozent in Breslau. Das Jahr 1829 führte ihn nach Berlin, wo er nun eine zusammenhängende Tätigkeit von 26 Jahren ausübte, erst als Dozent, seit 1831 als außerordentlicher und von 1839 ab schließlich als ordentlicher Professor. Mit seiner Professur verband er eine eingehende Lehrtätigkeit an der Kriegsakademie und an der Bauakademie, eine Verbindung von Wirkungskreisen, wie sie seither bei Berliner Dozenten nicht selten gewesen ist. 1855 wurde Dirichlet als Nachfolger von Gauß nach Göttingen berufen, wo ihm jedoch nur noch eine kurze Wirksamkeit vergönnt war. Er starb 1859.

In der Geschichte der Mathematik hat Dirichlet seine dauernde Bedeutung nicht allein durch seine wissenschaftlichen Entdeckungen; auch sein ganz besonderer Einfluß auf die Bildung des an unseren Universitäten noch heute üblichen Vorlesungstypus gibt nicht allein den Anlaß. Was seinen Namen vor allem fortleben läßt, das ist die ihm eigentümliche Art der Erfassung und Vermittlung mathematischer Erkenntnis. Das innerlich klar Geschaute wußte er, allein durch das Mittel der Sprache, so überzeugend darzustellen, daß es aus seinen Gründen wie selbstverständlich hervorzugehen schien. Niemand ist der besonderen Art dieses Mannes in schönerer Weise gerecht geworden als Minkowski in seiner auf Dirichlet anläßlich der Göttinger Zentenarfeier 1905 gehaltenen Gedächtnisrede (Minkowskis Werke, Bd. 2, S. 447 ff.).

In besonders eindringlicher, lebendiger Weise schildert Minkowski den ihm wahlverwandten Meister. Ihn möchte ich zitieren, um Dirichlets Art am lebendigsten zu bezeichnen: „Er besaß die Kunst, mit einem Minimum blinder Formeln ein Maximum sehender Gedanken zu verbinden." Diese Tendenz nennt Minkoswki „das wahre Dirichletsche Prinzip".

Wie bei Dirichlet Forschung und Unterricht untrennbar verbunden waren, so möchte ich auch hier diese beiden Richtungen seiner Tätigkeit neben einander besprechen.

In dem ersten hier zu nennenden Gebiet, der *Zahlentheorie*, hat sich Dirichlet zunächst ein großes Verdienst erworben um eine Pflicht, die die Mit- und Nachwelt bis zu seiner Zeit dem großen Gauß schuldig geblieben war. Dirichlet war der erste verständige Leser der Disquisitiones Arithmeticae, die er immer bei sich trug, wieder und wieder studierte und durch vereinfachte Darstellung in weiten Kreisen wirksam machte. Aus ihrem Geist sind seine eigenen Schöpfungen geboren, unter denen die bedeutendsten sind: Der Nachweis der Existenz unendlich vieler Primzahlen in jeder arithmetischen Progression, deren Anfangsglied und Differenz teilerfremde ganze Zahlen sind (1837; Werke, Bd. 1, S. 313ff.), die Bestimmung der Klassenanzahl binärer quadratischer Formen gegebener Determinante (Crelle, Bd. 18, S. 1838ff.) und die Inangriffnahme der Theorie der höheren algebraischen Zahlen (von 1840 an). Die beiden erstgenannten Fragen stehen in engem Zusammenhange; Dirichlets große Leistung, die der gesamten weiteren Entwicklung der Zahlentheorie die Wege gewiesen hat, war die Anwendung analytischer Funktionen auf arithmetische Probleme; insbesondere stehen im Mittelpunkte seiner Betrachtungen Reihen der Form $\sum_{n=1}^{\infty} \frac{a_n}{n^s}$ (jetzt „Dirichletsche Reihen" genannt). Auch die Art, wie er durch geschickte Verwendung von Einheitswurzeln (wir sagen heute dafür: Charaktere mod. m) gerade die ihn interessierenden Bestandteile aus seinen Reihen aussondert, ist eine der wichtigsten Erfindungen und blieb für die Folge vorbildlich. In der Theorie der algebraischen Zahlen dehnte Dirichlet als erster die Betrachtungen über die quadratischen Irrationalitäten und die Kreisteilungszahlen aus, indem er den Begriff einer durch eine ganzzahlige Gleichung

$$x^n + a x^{n-1} + b x^{n-2} + \cdots + p = 0$$

bestimmten Größe an die Spitze stellte (nach Dedekind: „ganze algebraische Zahl") und nach den Einheiten fragte, die in dem durch diese bestimmten „Körper" (wie wir heute sagen) liegen. Eine „Einheit" ist eine ganze algebraische Zahl, die einer Gleichung

$$x^n + a x^{n-1} + b x^{n-2} + \cdots \pm 1 = 0$$

mit ganzen Koeffizienten genügt. Es gelang Dirichlet in einfacher Weise, die Zahl der unabhängigen Einheiten in einem Körper zu bestimmen. Ein besonderer Zug in diesen Arbeiten ist die von Dirichlet zuerst angewendete Art des Existenzbeweises, die auf eine direkte Herstellung der fraglichen Größe oder auch nur eine Methode zu solcher Herstellung ganz verzichtet.

Das zweite Gebiet, die *Grundlagen der Analysis*, ist besonders in Dirichlets Vorlesungen über Reihenlehre und bestimmte Integrale bereichert worden. Hier wird zum ersten Mal eine klare Erkenntnis der bedingten Konvergenz ausgesprochen und zugleich an Beispielen die Tatsache, daß bei einer bedingt konvergenten Reihe durch Umordnung der Reihenglieder jeder Wert angenähert werden kann, mit handgreiflicher Klarheit zum Bewußtsein gebracht. Eine kritische Betrachtung des erschütterten Begriffes „Summe" schließt sich an. Auch die Konvergenz der trigonometrischen Reihen wird nun auf festeren Grund gestellt als es noch bei Fourier der Fall war. Der Begriff der abteilungsweise stetigen und monotonen Funktionen wird scharf definiert und genau abgegrenzt und ihre Darstellung durch eine trigonometrische Reihe streng bewiesen.

Auch Dirichlet hat sich — drittens — der *Mechanik und mathematischen Physik* zugewandt, aber in weitaus abstrakterem, mathematischerem Sinne als Gauß oder Fourier. Von ihm stammt der Satz, daß ein stabiles Gleichgewicht eines Punktsystems besteht, wenn ein wirkliches Minimum der potentiellen Energie vorhanden ist. Der Satz ist rein begrifflich gefaßt und überzeugend dargestellt, ohne die notwendig komplizierten, in Formeln auszudrückenden Kriterien zu geben, welche die Existenz eines solchen Minimums bedingen. Sehr häufig hat Dirichlet gelesen über die Kräfte, die nach dem umgekehrten Quadrat der Entfernung wirken, oder, wie wir heute sagen würden, über *Potentialtheorie*. Hier behandelt er die grundlegende Randwertaufgabe des Gebietes, die von den Franzosen heute noch als „problème de Dirichlet" bezeichnet wird, obwohl sie schon bei Fourier und vielen anderen ausgesprochen und behandelt ist. Das Neue, was Dirichlet bringt, ist der Beweis der Eindeutigkeit der Lösung dieser Aufgabe und der Ausgang von einem durch wenige Grundeigenschaften charakterisierten Potential. — Hier findet sich dann auch das sog. „*Dirichletsche Prinzip*", d. h. die Methode, auf die Existenz der gesuchten Lösung v aus dem Umstande zu schließen, daß sie unter allen sich an die Randwerte anschließenden v das Integral

$$\int \left[\left(\frac{\partial v}{\partial x}\right)^2 + \left(\frac{\partial v}{\partial y}\right)^2 + \left(\frac{\partial v}{\partial z}\right)^2\right] dk$$

zu einem Minimum macht. Sie findet sich in entsprechend unzureichender Weise schon bei Gauß, William Thomson und anderen angewendet, verlor dann durch Weierstraß' Kritik allen Kredit und wurde erst durch Hilbert auf festen Boden gestellt[1]).

Obwohl Dirichlet eine Schule im engeren Sinne nicht begründet hat, so sind doch seine Vorlesungen auf eine große Zahl hervorragendster Mathematiker der Folgezeit von großem Einfluß gewesen, so auf Eisenstein, Kronecker, Dedekind, vor allem aber auf Riemann. Ihre Nachwirkung war um so größer und weitreichender, als sie später von dankbaren Schülern herausgegeben wurden, und zwar:

Zahlentheorie von Dedekind;

Analysis unter dem Titel: *Bestimmte Integrale* von G. F. Meyer (1871); nochmals herausgegeben (in engerem Anschluß an Dirichlet) von G. Arendt (Braunschweig 1904);

Über Kräfte, die im umgekehrten Verhältnis des Quadrates der Entfernung wirken von Grube (1876).

Die Dirichletschen Ideen zu den partiellen Differentialgleichungen, zu Elektrizität und Magnetismus, leben wirksam fort in den von Hattendorff herausgegebenen Riemannschen Vorlesungen.

Noch heute bilden die Dirichletschen Vorlesungen in sinngemäßer Fortentwicklung den Grundstock unserer, sich an etwas gereiftere Hörer wendenden Kollegs. Einen wichtigen Punkt möchte ich aber hier erwähnen, der den Dirichletschen Unterrichtsbetrieb doch recht wesentlich von dem heutigen unterscheidet. Dirichlet hat immer nur für einen auserwählten Kreis von Hörern gelesen, nicht etwa für die große Zahl der Lehramtskandidaten, für welche diese Dinge als weit über den zu stellenden Anforderungen stehend angesehen wurden. Es gab für ihre Ausbildung besondere Vorlesungen, die in Göttingen von Stern und Ulrich gehalten wurden. Während seiner langen Lehrtätigkeit war Dirichlet nie Mitglied der Prüfungskommission; er hat sich nie an der Leitung des hiesigen mathematischen Seminars beteiligt. Die neue Entwicklung, deren Folgen wir heute sehen und spüren, ist erst durch Jacobis großen Einfluß herbeigeführt worden, der die bis dahin bestehenden Schranken zwischen Lehrer und Forscher niederriß, wie wir später ausführlicher darlegen werden.

Gegenüber dem sehr aktiven gewalttätigen Jacobi, mit dem ihn eine langjährige Studienfreundschaft verband, war Dirichlet überhaupt eine mehr kontemplative, rückhaltende, ja fast schüchterne Natur. Sein einziges, mit ganzem Wesen erstrebtes Ziel war die klare Einsicht in die idealen Zusammenhänge des mathematischen Denkens; dies Ziel ließ ihn auf äußere Wirkung und Erfolge gern verzichten. Wie so oft das Los stiller, in sich Befriedigung suchender und findender Menschen, so war aber auch sein Schicksal, von aggressiven, stark auf

[1]) Vgl. hierzu Enzyklop. II A 7b Nr. 23 bis 25 und II C 3 Nr. 45.

die Außenwelt gerichteten Menschen umgeben zu sein. Dirichlet heiratete in das reiche, geistvolle Haus Mendelssohn, indem er sich mit Rebekka, einer der Schwestern von Felix Mendelssohn, verband. Wie in Berlin — dem damaligen Berlin W — dies Haus einer der glänzendsten Mittelpunkte für alle Art des geselligen Verkehrs gewesen war, so wußte Frau Dirichlet auch während der kurzen Göttinger Zeit alle wissenschaftlich und künstlerisch interessierten Geister in einer lebhaft gepflegten Geselligkeit um sich zu sammeln. Es wird erzählt, daß Dirichlet an allen Veranstaltungen seines Hauses nur sehr zurückhaltend und bescheiden teilgenommen habe. Der unaufhörliche kurze Wellenschlag des blendenden Intellekts seiner Umgebung mochte der tieferen Meeresdünung seines Geistes wohl nicht ganz entsprechen. Eine nahe Verwandte Dirichlets bestätigte mir diese Auffassung bei unserer Feier 1905, indem sie hinzufügte, es sei ihr außerordentlich lieb, daß hier auch Dirichlet einmal nach seiner Persönlichkeit zur Geltung komme; in der Familie habe man ihn immer nur beiläufig bewertet. So ist es also auch damals nicht gelungen, was der deutschen Gesellschaft versagt zu sein scheint: eine einheitliche Kulturstimmung herauszubilden, die das exakt-wissenschaftliche Element als einen eigenartigen und selbstverständlichen Bestandteil mit umfaßt.

In eine völlig anders geartete Welt führt uns unsere Betrachtung, wenn wir uns nun Dirichlets Zeit- und Forschungsgenossen, Niels Henrik Abel, zuwenden.

In Abel begegnen wir einem der großen, ursprünglichen Genies unserer Wissenschaft, der ähnlich wie Galois, sich völlig den Problemen der reinsten abstraktesten Mathematik von allgemeinster Tragweite widmete. Vielleicht ist es nur die Kürze des Lebens gewesen, die er mit dem großen Franzosen gemein hat, welche die beiden gehindert hat, ihr Talent noch nach anderer Seite zu entwickeln.

Abel, der aus den beschränktesten Verhältnissen stammte — er wurde am 5. August 1802 als Sohn eines Pastors in dem kleinen norwegischen Ort Finhö geboren — war als Persönlichkeit schüchtern, von Not und äußerem Mißerfolg niedergedrückt. Seine Grundstimmung, an der ein früh einsetzendes, schwindsüchtiges Leiden Anteil haben mag, war die einer tiefen Melancholie, über die ihn nur der lebhaft gepflegte Verkehr mit seinen norwegischen Freunden, vor allem aber die immer wieder durchdringende Begeisterung der eigenen wissenschaftlichen Produktion emporheben konnte.

Über alle Einzelheiten von Abels Leben und Persönlichkeit sind wir ziemlich genau unterrichtet durch das „Mémorial", das die norwegische Regierung 1902 anläßlich der von Mathematikern aller Nationen besuchten Zentenarfeier Abels veröffentlicht hat. Es bildet eine willkommene Ergänzung zu der heute maßgeblichen Herausgabe der

Abelschen Werke, die von Sylow und Lie 1881 in zwei Bänden besorgt wurde[1]).

Abel war völlig Autodidakt. Der Rat einiger mathematischer Freunde und die wenigen ihm zugänglichen Bücher waren seine einzige Stütze in seinen aus eigenem Antrieb unternommenen Studien, auch noch als er 1822 die Universität Kristiania besuchte, wo damals noch keine mathematischen Vorlesungen gehalten wurden. 1823 zog der „studiosus Abel" zuerst ein etwas weitergehendes wohlwollendes Interesse und Bewunderung auf sich, merkwürdigerweise durch eine falsche Untersuchung. Er glaubte nämlich eine Auflösung der allgemeinen Gleichung 5. Grades durch Wurzelzeichen gefunden zu haben. Sehr bald entdeckte er aber seinen Irrtum und drang nun auf dem gefundenen Wege zu der klaren Erkenntnis durch, daß eine solche Lösung unmöglich sei, ein Theorem, das er 1824 als besonderes Flugblatt veröffentlichte (Werke, Bd. 1, S. 28—33).

Dieser Erfolg und eine Schrift über die Integration algebraischer Ausdrücke — die in ihrer originalen Fassung verloren ist — verschaffte dem völlig mittellosen Abel eine glückliche Schicksalswendung: es wurde ihm ein Stipendium zum Zweck einer Studienreise ins Ausland verliehen. Diese Reise ist für Abel von entscheidender Bedeutung gewesen; hier entstanden seine hauptsächlichsten Ideen, oder besser gesagt, durch die Berührung mit der ihm neu entgegentretenden mathematischen Umgebung wurde Abel gezwungen, ihnen Form zu geben, um sie durchzusetzen; etwa wie eine übersättigte Lösung durch die kleinste äußere Erschütterung plötzlich zur Kristallisation gebracht wird.

Sein Weg führte ihn zuerst nach Berlin, wo er sich vom September 1825 bis Februar 1826 aufhielt. Von größter Bedeutung war es, daß er gleich nach seiner Ankunft mit Crelle zusammentraf, der, selbst schon ein gereifter Mann (45 Jahre), gleich in der ersten Unterhaltung in dem ungeschickten, jungen Mann trotz der sprachlichen Schwierigkeit, die ihn behinderte, das große Genie erkannte und ihn zum Mitarbeiter an dem geplanten Journal gewann. Auch in der Folgezeit ist Crelle Abels treuer und fürsorgender Freund geblieben; in seinem Hause fand der vom Schicksal so viel Benachteiligte die freundliche Aufnahme und den ermunternden Zuspruch, dessen seine schüchterne, scheue Natur bedurfte. Abel seinerseits antwortete auf die ihm gebotene Güte mit großem Vertrauen. Mit wahrem Feuereifer ging er auf Crelles Vorschlag ein, so daß Band 1 des Journals gleich sechs Aufsätze und

---

[1]) „Memorial" vgl. Anm. 1, S. 106. Vgl. ferner die Biographie von C. A. Bjerknes: N. H. Abel, Tableau de sa vie et de son action scientifique, Paris 1885 sowie Ch. Lucas de Peslouan: N. H. Abel, Sa vie et son oeuvre, Paris 1906. Es sei schließlich bemerkt, daß die erste (von Holmboe, Christiania 1839, besorgte) Ausgabe von Abels Werken auch Stücke enthält, die Sylow und Lie nicht in die zweite Ausgabe aufgenommen haben.

Bemerkungen aus seiner Feder bringen konnte; sie alle sind in der kurzen Zeit seines ersten Berliner Aufenthalts niedergeschrieben oder doch beinahe vollendet. Abels ganzes Wesen blühte auf; in seinem sonst so kummervollen Leben bedeuten diese wenigen Monate eine Zeit reiner Glücksempfindung.

Von den in dieser Periode entstandenen Arbeiten nenne ich vor allem die Abhandlung über die *Unmöglichkeit der Auflösung der Gleichungen fünften Grades durch Wurzelzeichen*, die bis auf den heutigen Tag von klassischer Bedeutung geblieben ist. Voraussetzung dieser Untersuchung ist, daß man die Koeffizienten der Gleichung als frei verändeliche Größen ansehen kann; der allgemeine Begriff des irgendwie gegebenen Rationalitätsbereiches, wie ihn Galois besitzt, ist also hier noch nicht vorhanden. (Er findet sich indessen auch bei Abel in späteren Notizen.) Der hier eingeschlagene Weg ist vielmehr der, daß Wurzelausdrücke allgemeinsten Charakters aufgestellt werden und der Nachweis geführt wird, daß diese niemals einer Gleichung fünften Grades von allgemeinem Typ genügen können.

Dieser Arbeit reiht sich ebenbürtig die Abhandlung über die *binomische Reihe* an. Sie bedeutet Abels wichtigsten Beitrag zur exakten Grundlegung der Analysis. Dem oft behandelten Problem gibt er eine neue Wendung, indem er die Frage stellt: Welche Funktion stellt die Reihe

$$1 + m_1 x + m_2 x^2 + m_3 x^3 + \cdots$$

dar, wenn sie konvergiert? Diese Arbeit ist als reine Frucht des Berliner Aufenthaltes anzusehen, wo Abel in Crelles Bibliothek Cauchys Cours d'analyse kennen lernte. Jedenfalls hat er die Lücke in Cauchys Darstellungen, die wir früher (S. 84) besprochen haben, bemerkt, denn er füllt sie in der vorliegenden Arbeit zu voller Befriedigung aus, indem er dem falschen, von Cauchy stammenden Satz die Behauptung entgegenstellt, die wir noch heute den *Abelschen Stetigkeitssatz* nennen: Konvergiert eine Potenzreihe in einem gegebenen Punkte des Konvergenzkreises, so ist diese Reihe auf dem ganzen zu diesem Punkte gehörigen Radius gleichmäßig konvergent, so daß also die im Innern des Konvergenzkreises durch die Potenzreihe dargestellte Funktion bei radialer Annäherung an den gegebenen Punkt einen Grenzwert besitzt, der der Summe der Reihe gleich ist.

Im Februar 1826 schloß sich Abel einigen norwegischen Freunden zu einer italienischen Reise an. Er verbrachte einige Monate mit ihnen in Venedig, um sich im Juli nach Paris zu begeben, wo er bis Jahresschluß verblieb.

Der Pariser Aufenthalt gestaltete sich für Abel sehr viel weniger glücklich als die Berliner Zeit. Er blieb in dem durch eine lange glorreiche Tradition viel vornehmeren wissenschaftlichen Paris ganz vereinsamt und litt sehr unter diesen Verhältnissen. An die akademischen

Größen, insbesondere an Cauchy war keine Annäherung möglich, obwohl Abel am 30. Oktober sein großes „*Mémoire sur une classe très étendue de fonctions transcendentes*", welches das „Abelsche Theorem" enthält, der Akademie überreichte. Das Manuskript wurde Cauchy zur Begutachtung übergeben, in dessen Papieren es sich aber zunächst verlor. Bei Cauchys Verbannung 1830 kam es an Gergonne zur Aufbewahrung, wurde aber erst 1841 auf dringende Verwendung der norwegischen Regierung in Band 7 der Savants étrangers[1]) gedruckt, wobei das originale Manuskript endgültig verloren ging. Ist nun damit auch die wichtige Arbeit vor völligem Untergang bewahrt worden, so konnte doch mit dieser späten Genugtuung gegen den Toten nicht mehr gutgemacht werden, was Abel an Kränkung und Kummer über diese ungerechtfertigte Handlungsweise und die vielen bitteren Erfahrungen in Paris hat durchleben müssen[2]).

Zu dem Kummer über diese traurigen Enttäuschungen kamen noch andere drückende Sorgen, besonders in finanzieller Hinsicht, die Abels Gemüt gegen Ende des Jahres 1826 mehr und mehr verdüsterten. Auch manche Freundlichkeit seitens seiner Landsleute in Paris — es entstand in dieser Zeit das bekannte Abelporträt, ein Aquarell von der Hand eines Freundes — konnte seine Stimmung nur vorübergehend aufhellen. Aber trotz dieser schweren Depressionen und des gänzlichen Mangels an persönlicher Hilfe ist Paris für Abels wissenschaftliche Entwicklung sehr förderlich gewesen, wie wir bald des näheren sehen werden.

Auf das wichtigste Stück des „Mémoire", das *Abelsche Theorem*, möchte ich nun etwas näher eingehen, soweit es der Rahmen dieser Darlegungen gestattet.

Das Abelsche Theorem ist eine sehr weitgehende Verallgemeinerung des Additionstheoremes der elliptischen Integrale. Es war Eulers Entdeckung, daß eine endliche Summe solcher Integrale, die allgemein durch $\int R(x, \sqrt{f_4(x)})\,dx$ gegeben sind (der Grad 4 des Polynoms f_4 kann eventuell auf den Grad 3 herabsinken), sich zusammenziehen läßt in ein einziges Integral dieses Typs, abgesehen von algebraischen oder logarithmischen Funktionen der unter dem Integralzeichen stehenden Größen

$$\int_0^a R(x, \sqrt{f_4(x)})\,dx + \int_0^b + \cdots + \int_0^h R(x, \sqrt{f_4(x)})\,dx$$

$$= \int_0^N R(x, \sqrt{f_4(x)})\,dx + R_1(a, \sqrt{f_4(a)}; b, \sqrt{f_4(b)}; \ldots; h, \sqrt{f_4(h)}; N, \sqrt{f_1(N)})$$

$$+ \Sigma \,\mathrm{const} \cdot \log R_2(a, \sqrt{f_4(a)};\ b, \sqrt{f_4(b)}; \ldots;\ h, \sqrt{f_4(h)};\ N, \sqrt{f_4(N)}).$$

[1]) Mémoires présentés par divers savants à l'académie des sciences.

[2]) Nach seinem Tode (1830) wurde ihm auch der große Preis der Pariser Akademie verliehen. Näheres über das Schicksal der Abelschen Arbeit findet man bei L. Koenigsberger: Zur Geschichte der Theorie der elliptischen Transcendenten, Leipzig 1879, S. 30ff.

Etwas Ähnliches gilt nun auch für die allgemeinen hyperelliptischen bezugsweise „Abelschen" Integrale $\int R(x, y)\,dx$, wo nicht $y^2 = f_4(x)$ ist, sondern y und x durch irgendeine algebraische Gleichung $F(x, y) = 0$ aneinander gebunden sind. Eine Summe solcher Integrale läßt sich zwar nicht allgemein durch ein Integral derselben Art (abgesehen von algebraischen und logarithmischen Funktionen) darstellen, sondern durch eine bestimmte Anzahl p solcher Integrale, wo p allein von der Natur der algebraischen Beziehung $F(x, y) = 0$ abhängt. Diese Anzahl p, deren Bestimmung im einzelnen Fall Abel noch viel Mühe machte, ist dieselbe, welche Clebsch später das „*Geschlecht*" der Gleichung $F(x,y) = 0$ benannte[1]). Das ist das Abelsche Theorem. Im Falle der hyperelliptischen Integrale niedrigster Stufe ist $F = y^2 - f_6(x)$ (wo f_6 eventuell durch ein Polynom f_5 ersetzt werden kann), und es ergibt sich $p = 2$. Es ist also

$$\int_0^a R(x, \sqrt{f_6(x)})\,dx + \int_0^b + \cdots + \int_0^h R(x, \sqrt{f_6(x)})\,dx$$

$$= \int_0^A R(x, \sqrt{f_6(x)})\,dx + \int_0^B R(x, \sqrt{f_6(x)})\,dx$$

$$+ R_1(a, \sqrt{f_6(a)}; \ldots; h, \sqrt{f_6(h)};\ A, \sqrt{f_6(A)};\ B, \sqrt{f_6(B)})$$

$$+ \Sigma\,\mathrm{const}\cdot\log R_2(a, \sqrt{f_6(a)}; \ldots; h, \sqrt{f_6(h)}; A, \sqrt{f_6(A)}; B, \sqrt{f_6(B)}).$$

Die Förderung, die Abel trotz aller Mühen und Sorgen seinem Pariser Aufenthalt zu danken hatte, lag vor allem in der Anregung, die ihm die nähere Kenntnis der französischen Mathematik seiner Zeit gab. An dem Studium Cauchys und Legendres gemessen, lernte er den Wert der eigenen Ansätze schätzen und wurde veranlaßt, auf alte Ideen wieder zurückzugreifen. Cauchys Vorbild ermunterte ihn zu einer unerschrockenen Handhabung des Komplexen. In Legendres Werken hatte er ein unermüdliches Streben um die Theorie der elliptischen Integrale vor Augen. 1811—19 waren Legendres „Exercices de calcul intégral", die Theorie der elliptischen Integrale enthaltend, zum ersten Mal erschienen, und während Abels Pariser Aufenthalt bereitete der Verfasser die zweite Auflage vor, die 1827—32 unter dem Titel: „Traité des fonctions elliptiques et des intégrales eulériennes" herauskam.

Unter dem Eindruck dieser Anregungen begann Abel in Paris — zunächst für Gergonnes Annalen — die Ideen auszuarbeiten, die er schon lange über die *Inversion des elliptischen Integrals erster Gattung*

$$\int \frac{dx}{\sqrt{f_4(x)}}$$

in sich trug. Im Dezember 1826 äußerte er sich brieflich gegen Crelle und Gergonne über die Lemniskatenteilung und die komplexen Zahlen.

---

[1]) Der Buchstabe p ist von Riemann eingeführt.

Aus diesen Ansätzen entstanden im folgenden Jahre die „*Recherches sur les fonctions elliptiques*", die, der ersten Abrede entgegen, schließlich doch bei Crelle erschienen, und zwar der erste Teil (20. Sept. 1827) in Bd. 2, der zweite (26. Mai 1828) in Bd. 3. Es ist dies die große Fundamentalpublikation, mit der für das mathematische Publikum, da Gauß ja seine Resultate zurückgehalten hatte, die Theorie der elliptischen Funktionen — in Gegensatz zu Legendres Theorie der elliptischen Integrale — beginnt.

Abel schreibt das Integral erster Gattung in der Form

$$\alpha = \int \frac{dx}{\sqrt{(1 - c^2 x^2)(1 + e^2 x^2)}}$$

um die doppelte Periodizität besser hervortreten zu lassen. Er faßt nun die Idee, das Integral umzukehren und die Funktion $x = \varphi(\alpha)$ zu betrachten. Von der doppelten Periodizität aus kommt er zur Multiplikation und Teilung der elliptischen Funktionen (algebraische Auflösung der Teilungsgleichungen) und endlich durch Grenzübergang zur Darstellung von $\varphi(\alpha)$ als Quotient zweier doppelt unendlicher Produkte.

Der Weg, den Abel in dieser Untersuchung verfolgt, liegt durchaus in der von Gauß eingeschlagenen Richtung; ja, es finden sich Übereinstimmungen in den Arbeiten beider Männer bis in die Bezeichnungen hinein. Um so tiefer ist es zu bedauern, daß Abel einen Besuch bei Gauß, der für die ihm so verwandten Bestrebungen gewiß den wärmsten Anteil gehabt hätte, vermied. Offenbar durch Legendre u. a. in übertriebener Weise vor Gauß' Unnahbarkeit gewarnt, unterließ es Abel, Gauß auf seinem Rückweg von Paris nach Berlin Anfang des Jahres 1827 in Göttingen aufzusuchen, eine Handlung, die nur aus Abels scheuer Natur zu erklären ist.

Die gedrückte Stimmung wich trotz der großen wissenschaftlichen Erfolge auch nach seiner Rückkehr nach Berlin nicht von Abel. Es stellt sich zum ersten Mal eine schwere Erkrankung bei ihm ein. Nach seiner Heimkehr nach Kristiania aber, im Mai 1827, erwartet ihn seine trübste Zeit. In allen Hoffnungen auf eine Anstellung sieht er sich enttäuscht, nach wie vor muß er als „studiosus Abel", arm wie eine Kirchenmaus, wie er selbst sagt, seine Tage hinbringen. Eine kleine vorübergehende Besserung seiner Lage bringt ihm im Laufe des Jahres 1828 ein kurzer Stellvertretungsauftrag an der Universität. Bald darauf aber ergreift ihn die heftige Krankheit, von der er sich nicht mehr erholte. Er starb am 6. April 1829, wenige Tage vor dem Eintreffen der Glücksbotschaft einer Berufung nach Berlin.

Betrachtet man diese niederdrückenden tragischen Verhältnisse, so muß man nur den Menschen und das Genie Abel aufs höchste bewundern, dem es dennoch gelang, in diesen Jahren die Recherches abzuschließen und die folgenden daran anschließenden Arbeiten zu Stande zu bringen, in denen er scheinbar spielend die größten Schwierigkeiten allgemeinster Fragestellungen überwindet.

An den letzten übermenschlichen Anstrengungen Abels, die wohl dazu beitrugen, sein Ende zu beschleunigen, hat allerdings ein gewaltiger Impuls von außen seinen Anteil: das Auftreten von Jacobi. Es wiederholt sich hier das eigentümliche Schauspiel, das uns gelegentlich der nichteuklidischen Geometrie begegnete: nachdem die neuen Gedanken jahrelang still in Gauß' Papieren geruht haben, treten sie plötzlich fast gleichzeitig in zwei jungen genialen Köpfen auf, die sich nun in heißem Ringen den Ruhm der Schöpfung streitig machen.

An Legendre anknüpfend, aber weit über ihn hinausragend, veröffentlicht Jacobi in den Astronomischen Nachrichten (Schumacher) gerade auch im September 1827 ein erstes allgemeines Theorem, wonach es rationale Transformationen des elliptischen Integrals bei jedem Transformationsgrad gibt. Noch im November folgte ein Beweis, bei dem er ebenfalls von dem Inversionsgedanken und der doppelten Periodizität Gebrauch macht.

Das nun folgende Jahr 1828 ist eine Epoche angestrengtester Konkurrenz von Abel und Jacobi um den Ausbau der Theorie der elliptischen Funktionen. Gerade durch die Gleichheit der zu bearbeitenden Probleme tritt in diesem Wettkampf der grundverschiedene Charakter der beiden Beteiligten scharf hervor. Abel bewältigt mit größter Genialität die allgemeinsten Probleme; die mathematische Idee ist das bei ihm wirksame Element; und zwar rein abstrakt ohne das Mittel geometrischer Anschauung. Jacobi hingegen läßt sich in seinen einzelnen Schritten zwar von der divinatorischen Kraft seiner Begabung leiten, gibt aber dem Eroberten sofort ein festes Gefüge durch eine virtuos gehandhabte, glänzende Rechenkunst. Während so Jacobi mit unermüdlicher Energie den Weg verfolgt, den ihm sein Scharfsinn diktiert und der ihn über alle Hindernisse hinweg zum Ziele führt, hat Abels Geist die Kraft, sich in die Lüfte zu erheben und in scheinbar mühelosem Flug, alles überschauend, noch allgemeineren Zielen zuzuschweben.

Auf die Einzelheiten dieses Wettkampfes, der für jeden Mathematiker ein unvergleichliches Interesse bietet, kann ich hier leider nicht eingehen. Ich verweise auf die Darstellung Sylows in Abels Mémorial 1902 und auf die Koenigsbergers in der Festschrift zum 100 jährigen Geburtstag Jacobis[1]). Hier muß es uns genügen, einige Hauptpunkte herauszuheben.

---

[1]) *N. H. Abel:* Memorial publié a l'occasion du centenaire de sa naissance, Kristiania 1902. Koenigsberger: *C. G. J. Jacobi*, Festschrift zur Feier der hundertsten Wiederkehr seines Geburtstages, Leipzig 1904. — Man vgl. ferner Koenigsberger: Zur Geschichte der elliptischen Transcendenten in den Jahren 1826—29, Leipzig 1879.

Von Abels Seite haben wir zunächst die Arbeit über die allgemeinste Fassung der Transformationstheorie (Mai 1828) in den Astronomischen Nachrichten (Werke I, Nr. 29). Abel kommt hier auch auf die komplexe Multiplikation, über die er aber nur Andeutungen gibt. Diese Arbeit rief bei Jacobi die größte Bewunderung hervor. Er schreibt an Legendre, daß sie „au dessus de ses éloges" sei, wie auch „au dessus de ses forces". Ihr ließ Abel den Beginn einer zusammenfassenden Darstellung folgen im „*Précis d'une théorie des fonctions elliptiques*", von dem aber nur ein erster umfangreicher Teil in Crelle Bd. 4, 1829 erschienen ist.

Jacobi füllt die Bände 3 und 4 des Crelleschen Journals mit seinen hochinteressanten, ohne Beweise erschienenen „*Notices sur la théorie des fonctions elliptiques*" und veröffentlicht 1829 als selbständiges Werk seine „*Fundamenta nova theoriae functionum ellipticarum*" Königsberg; (Bd. 1 der siebenbändigen Werke, herausgegeben von der Berliner Akademie von 1881 an).

Vergleicht man die Werke beider Meister und des ihnen nicht bewußten Mitkämpfers Gauß nach ihren Resultaten, so erscheint als besondere Leistung bei Jacobi jedenfalls in seinen späteren Arbeiten die Vorausstellung der selbständigen Transzendenten ϑ und das Rechnen mit Thetarelationen — Dinge, in deren Besitz freilich auch Gauß schon gewesen ist; Abel überflügelt beide Genossen durch sein Hinüberleiten zu den Integralen beliebiger algebraischer Funktionen, wofür ihm das Abelsche Theorem den Schlüssel gab. Gauß schließlich ist dennoch in einem Punkte der Sieger geblieben: er allein besaß die Theorie der Modulfunktionen.

Mit dem Tode Abels bricht diese eigentümliche Entwicklung ab, die kaum ihresgleichen besitzt in der Geschichte der Mathematik. Jacobi, als der Überlebende, arbeitete allein weiter, aber in ständiger Erinnerung an den von ihm, der zur Anerkennung anderer sonst nicht sehr geneigt war, hochverehrten Forscher. In Anerkennung der Abelschen Leistungen prägte er die Ausdrücke: „Abelsche Transcendenten", „Abelsches Theorem".

Damit müssen wir die Betrachtung der Abelschen Leistung schließen; leider muß ich es mir versagen, auf die weiteren Arbeiten über die Auflösung der algebraischen Gleichungen einzugehen, von denen der Nachlaß noch vieles enthält, was unmittelbar auf Galois hinleitet.

Ich möchte mich von diesem idealen Typ eines Forschers, wie ihn die Geschichte der Wissenschaft nur selten aufzuweisen hat, nicht trennen, ohne an eine Gestalt aus einer andern Sphäre zu erinnern, die ihm trotz der weitgetrennten Betätigungsgebiete verwandt erscheint. Abel teilte mit vielen Mathematikern das Schicksal eines völligen Mangels an musikalischer Begabung; dennoch meine ich etwas Richtiges zu sagen, wenn ich seine Art der Produktivität und seine Persönlichkeit mit Mozart vergleiche. So müßte man diesem gottbegnadeten Mathematiker ein Denkmal errichten, wie es für Mozart in Wien geschehen ist: Mozart, selbst schlicht und unansehnlich, steht lauschend da, umschwebt von zierlichen Genien, die ihm seine Eingebungen aus einer anderen Welt wie spielend zutragen.

Ich kann es mir nicht versagen, bei dieser Gelegenheit an das ganz anders geartete Denkmal zu erinnern, das statt dessen für Abel in Kristiania errichtet wurde und das jeden, der seine Natur kennt, schwer enttäuschen muß. Auf einem hochragenden steilen Granitblock schreitet ein jugendlicher Athlet von Byronschem Typus über zwei gräuliche Opfer hinweg in die Höhe. Kann man den Helden allenfalls noch als Symbol des menschlichen Geistes auffassen, so fragt man sich vergeblich nach der tieferen Bedeutung dieser Ungeheuer. Sind es die besiegten Gleichungen fünften Grades oder die elliptischen Funktionen? Oder Kummer und Sorge des täglichen Lebens? Der Sockel des Denkmals trägt in riesigen Lettern die Inschrift ABEL.

Wir haben uns nun einer ganz anders gearteten Persönlichkeit zuzuwenden, Abels großem Nebenbuhler Jacobi. Weniger tief und ursprünglich, aber sehr viel vielseitiger angelegt als Abel, besaß Jacobi nicht nur den Drang nach rein wissenschaftlicher Erkenntnis, sondern auch das lebhafte Bedürfnis, das Erkannte durch Weitervermittlung und Darstellung wirksam zu machen. Dieser Trieb, auf andere Menschen einzuwirken, äußert sich nach der einen Seite in Form einer glänzenden pädagogischen Begabung, nach der andern in einem bis zur Rücksichtslosigkeit gehenden Willen, die eigene Persönlichkeit durchzusetzen. Die Schärfe und Beweglichkeit seines brillanten Geistes, namentlich ein vielberühmter und gefürchteter sarkastischer Witz, lieferten ihm zu den unausgesetzten Kämpfen, die eine so gewalttätige Natur herausfordern mußte, die wirksamsten Waffen, bei deren Verwendung er nicht eben wählerisch verfuhr.

Wie der inneren Natur nach, so zeigt sich auch in den äußeren Verhältnissen die denkbar größte Verschiedenheit zwischen Abel und Jacobi.

Carl Gustav Jacob Jacobi wurde als Sohn eines Potsdamer Bankiers am 10. Dezember 1804 geboren. Er wuchs unter den günstigsten Verhältnissen heran, in einem wohlhabenden, interessenreichen Hause, in Berührung mit allen Bildungsmöglichkeiten der Zeit. Nach einer frühzeitig glänzend absolvierten Schulzeit besuchte er als Student die Universität Berlin. Hier hörte er jedoch nur wenig mathematische Vorlesungen und beschäftigte sich mit seiner Wissenschaft vielmehr durch private Studien, indem er sich besonders in Eulers Werke vertiefte. Daneben eignete er sich eine umfassende und zugleich gründliche Bildung auf den verschiedensten Wissensgebieten an. Insbesondere folgte er seiner von früherer Jugend an gepflegten Neigung zu den klassischen Sprachen und gehörte während einiger Zeit dem klassisch-philologischen Seminar als ein eifriger Mitarbeiter an, das sich unter Böckh damals zu besonderer Blüte entfaltete. Die hier empfangenen Einflüsse blieben für Jacobi von dauernder Bedeutung. Das in diesen Kreisen heimische Ideal der rein wissenschaftlichen Hochkultur, das System des Unterrichts, wie es hier ausgebildet war, ist für seine spätere Lehrtätigkeit bestimmend gewesen.

Im Herbst 1825 wurde er Doktor, indem er sich gleichzeitig habilitierte. Schon Ostern 1826 kam er nach Königsberg, wo er nun — ähnlich wie Dirichlet in Berlin — nacheinander als Dozent, Extraordinarius (1827) und Ordinarius (1831) während 17 Jahren eine großartige Wirksamkeit entfaltete. Als bemerkenswert für Jacobis Auftreten möge der kleine Zug genannt werden, daß Jacobi beim Eintritt in die Königsberger Fakultät Schwierigkeiten bereitet wurden, „weil er jedem der Mitglieder irgend etwas Unangenehmes gesagt habe". Schließlich siegte aber doch die unbestreitbare Bedeutung seiner wissenschaftlichen Leistungen. Die außerordentlich vielseitige, energische Tätigkeit, der Jacobi sich hier in Königsberg hingab, führte 1843 zu einer Erschöpfung seiner Kräfte. Er war gezwungen, während eineinhalb Jahren Erholung in Italien zu suchen und folgte dann einem Rufe nach Berlin, wo ihm eine rein akademische Stellung ohne feste Lehrverpflichtung angeboten wurde. Trotz des ruhigen Lebens, in das sich allerdings schwere äußere Sorgen mischten, da Jacobi in den vierziger Jahren sein gesamtes Vermögen verlor, erreichte er seine frühere Leistungsfähigkeit nicht wieder. Auch durch die politischen Verhältnisse, die den ursprünglich beim König sehr wohlangeschriebenen Gelehrten vorübergehend auf die revolutionäre Seite zogen oder doch bei Hofe verdächtig machten, wurden Jacobis letzte Jahre, in denen er bereits kränkelte, getrübt. Er starb am 18. Februar 1851 an den Blattern.

Als besonders charakteristisch für Jacobis Persönlichkeit, wie auch für den fast gleichaltrigen ruhigeren Dirichlet möchte ich einige Worte zitieren aus einem Brief, den die scharfsinnige Frau Rebekka Dirichlet anläßlich Jacobis Tode schrieb: „Sein Verhältnis zu Dirichlet war gar zu hübsch, wie sie so stundenlang zusammensaßen, ich nannte es Mathematik schweigen, und wie sie sich gar nicht schonten und Dirichlet ihm oft die bittersten Wahrheiten sagte, und Jacobi das so gut verstand und seinen großen Geist vor Dirichlets großem Charakter zu beugen wußte . . ."

Der großen Vielseitigkeit seiner Natur entsprechend hat Jacobi kaum ein Gebiet der Mathematik unberührt gelassen. Nicht nur die elliptischen Funktionen und ihre Weiterbildungen haben durch ihn intensivste Förderung erfahren, wenngleich die hierhergehörigen Schöpfungen als Jacobis originellste Leistungen anzusehen sind; aber auch der angewandten Mathematik widmete er sich, hier, wie bei seinen rein mathematischen Arbeiten, vielfach an Gauß anknüpfend, in der Königsberger Periode angeregt durch den astronomischen Verkehr mit Bessel. In dieser Zeit entstanden seine umfangreichsten Arbeiten, die, an Hamilton anknüpfend, von der *Mechanik*, von den *partiellen Differentialgleichungen erster Ordnung*, von der *Variationsrechnung* handeln und in ihrer Durchführung bis zur numerischen Anwendung inklusive reichen. Diese Leistungen Jacobis werden wir jedoch erst in einem späteren Abschnitt näher betrachten. In dem augenblicklichen Zusammenhang beschäftigen uns seine Schöpfungen auf dem Gebiet der reinen Mathematik, insbesondere die Theorie der Transzendenten, die nun während der folgenden Jahrzehnte den Mittelpunkt für die Entwicklung der hohen Wissenschaft bildet.

Nach dem Erscheinen der „*Fundamenta*" 1829 war es Jacobis wichtigster Fortschritt, daß es ihm gelang, die Behandlung der elliptischen Funktionen von den Thetareihen und ihren Identitäten aus beginnend, in Angriff zu nehmen. Diesen Weg verfolgte er u. a. in der großen zehnstündigen Vorlesung 1837—38, die von Borchardt ausgearbeitet vorliegt, und in den gesammelten Werken, Bd. 1, S. 497 ff., abgedruckt ist. Mit dem seit Jacobi traditionell gewordenen Buchstaben ϑ (die Bezeichnung: „Jacobische Funktion" hat sich in Deutschland wenig eingebürgert) werden Funktionen bezeichnet von dem Typus $\sum\limits_{\nu=-\infty}^{\infty} e^{a\nu^2+2b\nu}$, wo (in unserer früheren Bezeichnung) $a = \frac{\pi i \omega_1}{\omega_2}$, $b = \frac{\pi i u}{\omega_2}$ ist.

Von dieser Darstellung der elliptischen Funktionen dringt nun Jacobi vor zum Begriff der „Abelschen Funktionen". Zunächst mußte Jacobi allerdings auf Grund der Suche nach diesen neuen Transzendenten auf Irrwege geraten. Es lag nahe, nach dem Muster der elliptischen Integrale auch auf die hyperelliptischen Integrale den Inversionsgedanken anzuwenden. Im niedrigsten Falle $p = 2$ führte die Umkehr der „überall endlichen" Integrale

$$\int^x \frac{dx}{\sqrt{f_6(x)}} = u_1 \quad \text{und} \quad \int^x \frac{x\,dx}{\sqrt{f_6(x)}} = u_2$$

auf vierfach periodische Funktionen $x(u_1)$ und $x(u_2)$, deren Verhalten rätselhaft erschien. Jacobi zeigte, daß man aus den vier Perioden ein unendlich kleines Inkrement herstellen könne, so daß $x(u_1)$ oder $x(u_2)$ an jeder Stelle jeden beliebigen Wert annehme. Er schloß daraus, daß diese Funktionen „unvernünftig" seien, daß auf diesem Wege kein Vordringen in die Theorie möglich sei.

Diese Verhältnisse wurden erst durch Riemann geklärt, es war dazu der Jacobi noch unbekannte Begriff der mehrblättrigen Flächen nötig. Die Funktionen $x(u_1)$ und $x(u_2)$ sind durchaus „vernünftige" analytische Funktionen, nur sind sie unendlich vieldeutig. Ihre Riemannsche Fläche erwächst aus der immer wiederholten Abbildung der Figur zweier durch einen Verzweigungsschnitt aneinandergehefteten Parallelogramme auf die Ebene (vgl. Fig. 4). Zu jedem Wert von u gehören unendlich viele Werte von x, die jeder beliebigen Zahl beliebig nahe kommen, aber die zu einem u gehörigen nahezu gleichen Werte von x liegen auf verschiedenen Blättern verteilt.

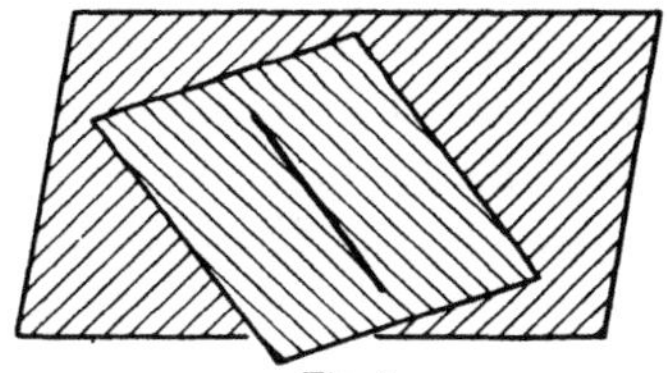

Fig. 4.

Wenn nun auch Jacobi noch weit davon entfernt war, diese Verhältnisse zu übersehen, so half er sich doch auf kühne, wahrhaft geniale Weise aus der Schwierigkeit. Veranlaßt durch das Abelsche Theorem, bildete er zwei Summen zweier überall endlicher Integrale

$$\int^{x_1} \frac{dx}{\sqrt{f_6(x)}} + \int^{x_2} \frac{dx}{\sqrt{f_6(x)}} = u_1,$$

$$\int^{x_1} \frac{x\,dx}{\sqrt{f_6(x)}} + \int^{x_2} \frac{x\,dx}{\sqrt{f_6(x)}} = u_2$$

und behauptete nun, daß die symmetrischen Funktionen der oberen Grenzen, $x_1 + x_2$ und $x_1 \cdot x_2$, vierfach periodische Funktionen in dem damals bekannten Sinne — also eindeutig! — von den zwei Variabeln u_1 und u_2 seien. Man bezeichnet sie als „Abelsche Funktionen" dieses niedersten Falles.

Diese erstaunliche, zu sehr interessanten Resultaten führende Wendung des Problems findet sich in Crelle's Journal Bd. 13, 1834—35: *de functionibus duarum variabilium quadrupliciter periodicis quibus theoria transcendentium Abelianarum innititur* bzw. schon in Crelle Bd. 9 (1832): *Considerationes generales de transcentibus Abelianis.* Die in dieser Schöpfung liegende divinatorische Leistung ist um so größer, als Jacobi von dem Verhalten der Funktionen auch nur einer Variabeln im komplexen Gebiet noch eine recht ungenügende Vorstellung hatte. Aber seine kühne Ahnung ließ sich hieran noch nicht genügen. Er vermutete vielmehr des weiteren, daß man diese neuen Funktionen durch *mehrfache Thetareihen*

$$\vartheta = \sum_{\nu_1=-\infty}^{\infty} \sum_{\nu_2=-\infty}^{\infty} e^{a_{11}\nu_1^2 + 2a_{12}\nu_1\nu_2 + a_{22}\nu_2^2 + 2\nu_1 v_1 + 2\nu_2 v_2}$$

müsse darstellen können, wo die a_{11}, a_{12}, a_{22} Periodenverbindungen, die v_1, v_2 lineare Kombinationen der u_1, u_2 sind. Die Aufgabe wurde von der Pariser Akademie als Preisfrage gestellt und 1846 in einer preisgekrönten Arbeit von Rosenhain gelöst, die 1851 in Bd. XI der

Mémoires der „Savants étrangers" erschien. Während hier das Ziel wesentlich algorithmisch durch Rechnen mit Thetafunktionen erreicht wird, liegt in einer 1847 bei Crelle (Bd. 35) erschienenen Arbeit von Göpel eine mehr gedankliche Bewältigung des Problems durch übersichtliche Überlegungen vor.

Bei einem so heftigen gewaltsamen Vorwärtsstürmen der wissenschaftlichen Entwicklung darf es nicht wundernehmen, wenn im einzelnen noch manches unvollkommen blieb. Als eine wesentliche Lücke der Theorie bei Abel sowohl wie bei Jacobi ist es anzusehen, daß ein Beweis für die Eindeutigkeit der durch Inversion gewonnenen Funktionen auch im elliptischen Fall, ja auch nur das Bedürfnis danach, völlig fehlt. Die Unkenntnis dieser Seite des Problems war es, was Jacobi im Fall der hyperelliptischen Integrale, wie wir sahen, in Irrtümer verstrickte.

Ferner fehlt in beiden Darstellungen der Theorie der ganze große Komplex der Modulfunktionen. Ohne eine genaue Einsicht in ihr Verhalten, ohne eine Kenntnis der Modulfigur (die Gauß bekanntlich hatte) läßt sich aber auch der Bau nach der Seite der elliptischen Funktionen nicht vollenden. In Jacobis Darstellung würde die Schwierigkeit da einsetzen, wo es sich darum handelt, zu beweisen, daß man von den zulässigen Werten des $a = i\frac{\omega_1}{\omega_2}$ aus zu beliebigen Werten von $\varkappa^2 = \lambda\left(\frac{\omega_1}{\omega_2}\right)$ kommen kann.

Würden wir von Jacobis Arbeiten über partielle Differentialgleichungen reden, so wäre der Kritik noch mancher Punkt hinzuzufügen. Jacobi ist an Cauchys Existenzbeweisen ganz vorbeigegangen, meist behandelt er nur den „allgemeinen Fall" usw. Seiner rastlos vorwärtsdrängenden, abwechslungsbedürftigen Natur fehlte eben die Ruhe, die zur ebenmäßigen Vollendung des Baus nach allen Seiten nötig ist; wie denn Jacobi einmal geäußert haben soll: „Meine Herren, für Gaußsche Strenge haben wir keine Zeit."

Einem so regsamen, gewalttätigen Geiste konnte die stille Forschertätigkeit nicht genügen, und so gehört denn zu dem Bild dieses Mannes notwendig seine ungeheure Wirksamkeit nach außen. Diese kommt zuerst in seiner Königsberger Lehrtätigkeit klar zum Ausdruck. Der Einfluß, den Jacobi auf seine Schüler ausübte, ist ganz enorm. Die widerstrebendsten Naturen zwang er in seine Denkweise hinein, jeden riß er zur Höhe speziell mathematischen Ehrgeizes, zum brennenden Interesse an der von ihm gegebenen Problemstellung des Tages mit fort. Nicht nur fremde Fähigkeiten anregend und weckend wie etwa Gauß oder Dirichlet, sondern jeden in den Bann seines augenblicklichen Gedankenganges hineinzwingend, war Jacobi der ausersehene Mann dazu, eine umfangreiche, auf lange hinaus blühende Schule zu begründen. Die sog. Königsberger Schule, wie sie von Jacobi und Franz Neumann als Vertreter der mathematischen Physik begründet wurde, ist die erste derartige Erscheinung in Deutschland, welche dauernde Bedeutung gewonnen hat. (Vorübergehend wichtig war schon die um 1790 von Hindenburg in Leipzig inspirierte „kombinatorische“ Schule gewesen, deren wir in unserer Darstellung nicht gedachten, weil sie mehr als Ausläufer früherer wissenschaftlicher Tendenzen (von Lagrange u. a.), denn als Anfang neuer wissenschaftlicher Entwicklungen erscheint[1].) Wie neuartig ein solcher Unterrichtsbetrieb, der den Traditionen des 18. Jahrhunderts diametral entgegensteht, damals war, mag aus der Tatsache erhellen, daß Bessel ablehnte, an dem 1834 gegründeten mathematisch-physikalischen Seminar (dem ersten in Preußen) teilzunehmen.

Die Jacobische Schule ist noch lange nach dem Weggang des Meisters, mindestens 30 Jahre lang, in Blüte geblieben, insbesondere durch die Bemühungen seines Lieblingsschülers Richelot, der mit ungeheurem Lehreifer die vom Gründer überlieferten Traditionen festhielt. Dennoch nahm das Gebilde begreiflicherweise in seiner Hand ganz andere Gestalt an. Der Ideenvorrat, den er zu verwalten hatte, war für ihn ein für alle Mal gegeben, und da er nicht durch neuen Zuschuß ergänzt wurde — ganz anders wie zu Zeiten des immerfort sich anderm zuwendenden Jacobi —, so konnte es nicht ausbleiben, daß die Schule in der Folge hinter der Entwicklung der Zeit zurückblieb. Gewisse Äußerlichkeiten treten mehr und mehr in den Vordergrund, z. B. die einseitige Betonung des Studiums der elliptischen Funktionen und dergleichen mehr. Dennoch möchte ich in dem langsamen Erstarren des Systems vielleicht eine Vorbedingung für seine nachhaltige Wirksamkeit sehen; denn nur die wenigsten Menschen sind imstande, einem so beweglichen Geiste, wie Jacobi es war, in alle Biegungen und Wendungen hinein zu folgen, ohne den Grund unter den Füßen zu verlieren; die Masse ist dieser Anforderung nicht gewachsen.

Der starke, von Jacobi ausgehende Impuls setzt sich nun in seiner Wirkung fort, weit über die Grenzen von Königsberg hinaus. Alle deutschen Universitäten erfahren seinen Einfluß teils indirekt, sehr oft aber auch durch die auf die Königsberger sich häufenden Berufungen. Kirchhoff und Hesse kommen nach Heidelberg, Clebsch nach Karlsruhe, Gießen und Göttingen usw. Der Geist der spezialwissenschaftlichen Vertiefung ergreift alle mathematischen Kreise Deutschlands und überwindet allmählich die bis dahin herrschenden flachen enzyklopädischen Neigungen. Diese Entwicklung ergreift insbesondere auch die große Masse der an der Universität sich vorbildenden Lehramtskandidaten. Auch hier gewinnt die Tendenz nach hohen wissenschaftlichen

[1]) Man vgl. hierzu H. Hankel: Die Entwicklung der Mathematik in den letzten Jahrhunderten, Antrittsrede, Tübingen 1869, S. 24ff.

und entsprechend spezialisierten Anforderungen die Oberhand. Ihren Gipfel erreichen diese Bestrebungen in der preußischen Prüfungsordnung von 1866, die von jedem Lehramtskandidaten verlangt, daß er in die höhere Geometrie, die höhere Analysis und die analytische Mechanik weit genug eingedrungen ist, um auf diesen Gebieten eigene Untersuchungen mit Erfolg anstellen zu können.

Aber auch über die Grenzen Deutschlands hinaus ist Jacobis Einfluß von bedeutender Wirksamkeit gewesen. Die aufstrebenden Mathematiker Frankreichs in den 40er Jahren bekennen sich als Schüler Jacobis, so Hermite und Liouville. In England zeigt sich Cayley als ganz von Jacobi beherrscht, und noch heute knüpfen die Astronomen aller Länder an ihn an, wie etwa Tisserand, um ein Beispiel zu nennen, in seinem Traité de Mécanique céleste (Paris 1889—96).

Fragen wir nun nach dem Geist, der diese ganze Entwicklung trägt, so können wir kurz sagen: es ist der naturwissenschaftlich gerichtete Neuhumanismus, der in der unerbittlich strengen Pflege der reinen Wissenschaft sein Ziel sieht und durch einseitige Anspannung aller Kräfte auf dies Ziel hin eine spezialfachliche Hochkultur von zuvor nicht gekannter Blüte erreicht. Jacobi selbst bekennt sich verschiedentlich zu diesen Auffassungen, so in der Antrittsrede als Königsberger Ordinarius 1831 (Math. Annalen Bd. 56, S. 252 ff. (Dyck), in Königsbergers Jacobi-Biographie S. 131 ff.) mit der berühmten Thesis: „Mathesis est scientia earum quae per se clara sunt"; reiner und überzeugter aber als in dieser lateinischen, von ihm selbst in einem Brief an Legendre als „fulminant" bezeichneten Prunkrede (Werke I, S. 454f., 2. Juli 1830, Crelle Bd. 80, S. 272f.):

„Il est vrai que Monsieur Fourier avait l'opinion que le but principal des mathématiques était l'utilité publique et l'explication des phénomènes naturels; mais un philosophe comme lui aurait dû savoir que le but unique de la science c'est l'honneur de l'esprit humain et que sous ce titre une question de nombres vaut autant qu'une question du système du monde."

Ehe ich die Betrachtung über Jacobi schließe, möchte ich noch eine Tatsache erwähnen, die mir unter dem Gesichtspunkt der Charakteristik des Mannes als auch unter dem der Entwicklung unserer Wissenschaft nicht unwichtig erscheint. Bekanntlich hatte das Jahr 1812 die Emanzipation der Juden in Preußen gebracht. Jacobi ist der erste jüdische Mathematiker, der in Deutschland eine führende Stellung einnimmt. Auch hiermit steht er an der Spitze einer großen, für unsere Wissenschaft bedeutungsvollen Entwicklung. Es ist mit dieser Maßnahme ein neues großes Reservoir mathematischer Begabung für unser Land eröffnet, dessen Kräfte neben dem durch das französische Emigrantentum gewonnenen Zuschuß sich in unserer Wissenschaft sehr bald fruchtbar erweisen. Es scheint mir durch solch' eine Art Blutserneuerung eine starke Belebung der Wissenschaft gewonnen zu werden; neben dem schon berührten Gesetz der Wanderung der Produktivität von Land zu Land möchte ich das Hervorkommen dieser Erscheinung als Wirkung der nationalen „Infiltration" bezeichnen.

Geometer des Crelleschen Journals.

Auch auf geometrischem Gebiete nimmt die modern-mathematische Entwicklung in Deutschland ihren Ausgang von dem Einfluß der Franzosen. Es ist aber nicht etwa die Differentialgeometrie, deren Fortbildung sie unternimmt — von Gauß' grundlegenden „Disquisitiones circa superficies curvas" 1827 soll hier abgesehen werden —; vielmehr richtet sich das Interesse auf die *algebraische Geometrie*, insbesondere die der linearen und quadratischen Gebilde.

Ehe ich des näheren auf diese Entwicklung eingehe, möchte ich zwei Gegensätze andeuten, die von entscheidender Bedeutung für sie gewesen sind.

Da ist erstens die Trennung der Auffassungen, die uns schon an der École Polytechnique entgegengetreten war, nach Seite der analytischen oder der synthetischen Behandlung der Geometrie. Dieser Gegensatz wird nun in der Folgezeit von schärfster prinzipieller Bedeutung; die Anhänger beider Richtungen suchen ihre Ehre darin, nur mit dem einmal erwählten Werkzeug zu arbeiten. Die Vorzüge und Nachteile zeigen sich um so prägnanter, je einseitiger die Methoden ausgebildet werden. Die analytische Geometrie hat den bequemen Algorithmus für sich, der die höchsten Verallgemeinerungen ermöglicht, der aber auch leicht dazu verführt, das eigentliche Objekt der Geometrie: die Figur und die Konstruktion, aus dem Auge zu verlieren. Bei der synthetischen Geometrie wiederum droht die Gefahr, daß der Geist am einzelnen angeschauten Fall oder doch nur einer beschränkten Zahl von Möglichkeiten haften bleibt; die Lage wird wenig gebessert, wenn, um ihr zu entgehen, ein neuer Algorithmus ad hoc erfunden wird, der schwerfällig bleibt, solange er sich nicht in die einfachsten Ansätze der analytischen Geometrie verwandelt. Zu begrüßen ist bei der synthetischen Behandlung das deutliche Bewußtsein der lebendigen Wurzel aller Geometrie, der Freude an der Gestalt.

Eine gesunde Entwicklung wird sich beider Methoden bedienen und die Früchte ihrer wechselseitig anregenden Einwirkung auf einander genießen.

Der zweite Gegensatz, von dem ich sprechen möchte, ist weniger sachlicher Natur, jedoch wegen der großen Bedeutung, die er in der Folgezeit gehabt hat, nicht zu übergehen. Wenn er auch im allgemeinen in der Kunst eine weitaus lebhaftere Rolle spielt, so hat sich doch selbst unsere, die „objektivste" Wissenschaft, nicht frei davon halten können in dem

Maße, wie sie an Verbreitung und Organisation zunahm. Ich meine den Gegensatz der Schulmeinungen, der Cliquen, das ganze große Gebiet der wissenschaftlichen Polemik, die denn oft ins Persönliche entgleitend zum Austausch stark subjektiv gefärbter Meinungen wird, die sich auf die folgenden Generationen weiter vererbt.

In unserem Falle handelt es sich um den Streit des von Jacobi und seinem Anhang gestützten Synthetikers Steiner gegen Plücker. Moebius steht in seiner stillen Art mehr außerhalb dieser Kämpfe, die zudem auch durch den Gegensatz von Hauptstadt und Provinz verschärft werden. Noch heute sind ihre Spuren nicht selten zu entdecken, so etwa, wenn noch bis vor kurzem in gewissen Kreisen Steiner als der unvergleichliche, größte Geometer der ersten Hälfte des 19. Jahrhunderts gefeiert wurde.

Es gibt ein gutes Mittel, um sich vor der Gewalt solcher Schulmeinungen, denen sich der einzelne, besonders als junger Mensch, schwerlich entziehen kann, zu schützen, und das mir einst der Leipziger Physiologe Ludwig empfahl: man entferne sich 600 km von ihrem Heimatsorte und sehe sich von dort die Verhältnisse an; gewiß wird man über das Wegfallen mancher bereits für selbstverständlich gehaltener Ansichten erstaunt sein.

Es ist kein Zweifel, daß die folgende Entwicklung, wie sie die persönlichen Verdienste vielfach an ihren rechten Platz hat rücken lassen, so auch den sachlichen Kampf entschieden hat, indem sie der analytischen Geometrie nach allen Richtungen das Übergewicht sicherte. Ich erinnere nur an die Beziehungen der Lehre der algebraischen Kurven zur höheren Funktionentheorie, an die Beziehung zur Mengenlehre, an den Ausbau der Differentialgeometrie, wo überall die „synthetische" Richtung nicht mitgekommen ist. Im übrigen halte ich an der These fest, die Jacobi 1831 bei seiner Disputation zum Eintritt in die Königsberger Fakultät aufstellte: „Principium methodi geometricae et analyticae idem est".

Nach der Zeit des Erscheinens ihrer ersten größeren Werke ordne ich die drei großen Geometer in der Reihenfolge: Moebius, Plücker, Steiner.

August Ferdinand Moebius war wie Gauß und viele andere, denen die Mathematik in jener Zeit Förderung verdankt, ursprünglich Astronom. Die astronomische Stellung gab jenen Forschern die gesicherte Existenz, welche die Voraussetzung ihres mathematischen Schaffens war. Auch Hamilton wäre hier zu nennen. Moebius war in der Tat während des größten Abschnittes seines stillen Lebens astronomischer Direktor auf der Pleißenburg in Leipzig. Hier hat er ruhig seine Gedanken reifen lassen, um sie dann in vollendeter Klarheit vorzutragen, um nichts anderes bemüht, als um die Ausgestaltung der

Ideen, die sich seiner geometrischen Erfindungsgabe beim Studium der verschiedenen an ihn herantretenden Gebiete aufdrängten.

Er wurde am 17. November 1790 geboren in der Fürstenschule zu Schulpforta. Wenn man den schlichten, stillen Mann vor Augen hat, muß es einen einigermaßen in Erstaunen setzen, daß sein Vater an der besagten Schule den Beruf eines Tanzlehrers ausübte. Um die Verschiedenheit der Generationen vollends vor Augen zu führen, erwähne ich, daß ein Sohn des Mathematikers der bekannte Neurologe ist, der Verfasser des vielbesprochenen Buches „Vom physiologischen Schwachsinn des Weibes".

Moebius verbrachte 1813—14 eine längere Lehrzeit bei Gauß, der ihn aber, wie auch andere Schüler, wesentlich zu astronomischen Beobachtungen und Rechnungen anleitete. Damit sicherte er ihm zwar die spätere Anstellung, traf aber nicht den Kern seiner Begabung, die sich erst an dem Studium der französischen Geometer entwickelte. Seit 1816 war Moebius erst Observator, dann Direktor auf der Pleißenburg, später auch Professor der Mathematik an der Universität. In diesen Stellungen blieb er bis zu seinem Tode (1868.)

Seine Werke wurden gesammelt herausgegeben seitens der Königl. sächsischen Gesellschaft der Wissenschaft in vier Bänden, 1885—87. Am Schlusse des vierten Bandes findet sich eine Besprechung des Nachlasses, aus welcher die ganze Genesis von Moebius' wissenschaftlichen Gedanken klar wird. Mehr persönliche Züge finden sich in der Schrift von Bruhns: Die Astronomen der Pleißenburg.

Unter den Werken von Moebius steht zeitlich und inhaltlich als sein Fundamentalwerk *„Der barycentrische Calcul"* von 1827 voran, eine wahre Fundgrube neuer Ideen in wunderbar abgeklärter Darstellung.

Der Name ist abgeleitet von der Grundidee des Buches, den Begriff des Schwerpunktes geometrisch zu verwerten. Um in der Ebene zu bleiben: als Koordinaten eines Punktes P werden diejenigen Gewichte p_1, p_2, p_3 gewählt, die man in die Ecken eines bestimmten festen Dreiecks legen muß, um den Schwerpunkt nach P fallen zu lassen. Es ist dies das erste Beispiel homogener Koordinaten, d. h. solcher, die ihr Objekt allein durch ihr Verhältnis bestimmen (λp_1, λp_2, λp_3 geben denselben Schwerpunkt). Indes sind es noch nicht die homogenen Koordinaten allgemeinster Art, wie sie durch Plücker eingeführt wurden. Es ist dazu noch eine kleine Erweiterung nötig, die gewonnen wird, wenn man jede der Koordinaten mit einem willkürlichen Faktor λ_1, λ_2, λ_3 versieht, also etwa die Vorstellung einführt, daß die in den drei Eckpunkten lagernden Gewichte mit verschiedenem Maße gemessen werden. Die Gleichung der Ponceletschen unendlich fernen Geraden, die auch bei Moebius schon eine handgreifliche Realität bekommt durch die Darstellung $p_1 + p_2 + p_3 = 0$, lautet dann $\lambda_1 p_1 + \lambda_2 p_2 + \lambda_3 p_3 = 0$, und es ermöglicht sich, durch Grenzübergang, den Fall des Parallel-Koordinatensystems als Spezialfall unter dem allgemeinen Fall der Dreieckskoordinaten zu begreifen, ein Gedanke, der Moebius noch ganz fern lag.

Ist nun dies neue Koordinatensystem schon viel schmiegsamer als das übliche, weil es sechs wählbare Konstanten besitzt (das Plückersche hat acht), so gewinnt es doch erst dadurch seinen Wert, daß Moebius nun mit seiner Hilfe eine ganze Reihe neuer Gedankengänge herausstellt.

1. Moebius benutzt als erster ganz konsequent das Prinzip der Vorzeichen in der Geometrie, und zwar nicht nur beim Messen von Strecken, sondern auch von Flächen- und Rauminhalten, bei deren Ausmessung er einen „Umlaufungssinn" unterscheidet.

2. Indem die Koordinaten p_1, p_2, p_3, p_4 eines Punktes im Raum rationalen Funktionen von Parametern gleich gesetzt werden, gelingt Moebius eine neue Darstellung der Kurven und Flächen, die zu einer ganz anderen Anordnung der Gebilde führt als üblich war. Hierbei entdeckt Moebius die Raumkurve dritter Ordnung.

3. Moebius faßt klar den Gedanken einer Punkt für Punkt sich entsprechenden Beziehung von zwei Räumen und schafft damit den Begriff der einfachsten, systematisch abgestuften „Verwandtschaften": Gleichheit, von uns jetzt gewöhnlich Kongruenz genannt, Ähnlichkeit, Affinität (eine von Euler stammende Bezeichnung), Kollineation, mit welch letzterem Ausdruck er die allgemeinste Verwandtschaft bezeichnet, welche gerade Linien in gerade Linien überführt[1]).

4. Mit dieser Klassifizierung verbindet er nun sogleich die Idee, nach den Ausdrücken oder Gebilden zu fragen, die bei irgend einer dieser Verwandtschaften ungeändert bleiben. Hier wird zum ersten Mal eine ausführliche Theorie des Doppelverhältnisses von vier Punkten auf einer geraden Linie gegeben, wie es nun erst nach Einführung der Vorzeichen möglich war.

5. Die Herstellung der Kollineation gelingt ihm ohne jede metrische Bestimmung allein durch die Annahme von vier sich entsprechenden Punkten in den aufeinander zu beziehenden Ebenen (fünf im Raum) und ihre entsprechende Verknüpfung durch Geraden. An dieses sog. „Moebiussche Netz" hat von Staudt später die Grundlage seiner synthetischen Entwicklung angeknüpft.

Diese Stichproben mögen die außerordentliche Bedeutung des Buches erweisen. Trotz seines Ideenreichtums ist es erst sehr langsam zu der ihm zustehenden Wirkung gekommen, teils weil viele neue, besonders geartete termini das Eindringen erschwerten, teils weil Moebius' bescheidene Art ihm nicht den nötigen Nachdruck zu geben

[1]) Wenn auch Moebius noch nicht den modern formulierten Gruppenbegriff besitzt, so bietet doch der Begriff der „Verwandtschaft" ein Äquivalent; Moebius wird dadurch genau zu einem Vorläufer des „Erlanger Programms".

wußte. Nicht anders ging es mit seinem zweiten hochbedeutenden Werk, dem *Lehrbuch der Statik*, das 1837 in zwei Bänden erschien (Wiederabdruck Werke Bd. 3, S. 1 ff. bzw. S. 272 ff.).

Es enthält eine geometrische Entwicklung der vielen Beziehungen, die beim Zusammenwirken von Kräften an starren Körpern oder auch Körperketten statthaben, und bildet eine Weiterführung der Betrachtungen, die Poinsot von 1804 an in seinem bekannten Lehrbuch „Eléments de statique" verfolgt hat, indem er neben die Einzelkraft das „Kräftepaar" stellte. Dem Buch gehen einige einzelne Arbeiten (Crelle, Bd. 10, 1833 = Ges. Werke, Bd. 1, S. 489 ff.) voran, in denen Moebius den Begriff des „Nullsystems" ausgestaltet, d. h. des Inbegriffs von Geraden im Raume, um welche ein gegebenes Kräftepaar das Moment Null hat. Durch die sich hier ergebenden dualistischen Beziehungen der „Null-Punkte" und „Null-Ebenen" gelangte Moebius zu sehr schönen Theoremen; so entdeckte er z. B. daß Tetraeder einander zugleich eingeschrieben und umgeschrieben sein können.

Die einzelnen, hervorragend schönen Entdeckungen, durch die Moebius' Schaffen auf allen Gebieten ausgezeichnet ist, charakterisieren nun auch die vielen Einzelaufsätze, die er bis ins hohe Alter hinauf in den Berichten der Königl. sächsischen Gesellschaft veröffentlichte; Moebius „Gesammelte Werke" umfassen vier Bände. Als Mann von 68 Jahren gelang ihm noch eine kapitale Entdeckung, die dann freilich, als Preisarbeit 1861 nach Paris gesandt, unter den Papieren der Akademie schlummerte, bis Moebius sie 1865 bekanntgab: von den einseitigen Flächen und Polyedern, für die das „Kantengesetz" nicht gilt und die keinen definierbaren Inhalt haben[1]). Das „*Moebiussche Band*", für dessen Anstrich man doppelt soviel Farbe braucht, als man zunächst vermutet (diese Veranschaulichung steht bereits bei Moebius), ist ja jetzt hinlänglich bekannt. Merkwürdigerweise wurde es im selben Jahr 1858 auch von Listing entdeckt und 1862 im „Zensus räumlicher Komplexe" bekanntgegeben — wieder ein Beispiel für den zwangläufigen Charakter der Entwicklung der Wissenschaft.

In Moebius begegnet uns ein seltenes Beispiel spät reifender Genialität — der barycentrische Calcul ist mit 37 Jahren geschrieben —, gesegnet mit einer, bis ins hohe Alter anhaltenden, ungebrochenen Produktivität. Wenn man der Ostwaldschen Einteilung der Mathematiker in Romantiker und Klassiker folgen soll, so muß man Moebius als den typischen Vertreter der zweiten Gruppe ansprechen.

Mit Julius Plücker treten wir nun schon in die Periode ein, der wir selber durch viele Beziehungen verbunden sind. Ich selbst verehre in ihm meinen Lehrer, dessen physikalischer Assistent ich von 1866 bis 1868 gewesen bin, und dem ich auch durch Heimatsbeziehungen nahe stehe.

---

[1]) Über die Bestimmung des Inhaltes eines Polyeders, Werke, Bd. 2, S. 472 ff.

Plücker war eine viel weltläufigere Erscheinung als Moebius; er pflegte besonders lebhafte Beziehungen zu Frankreich und England, während sich das Verhältnis zu Berlin, wie schon angedeutet, unfreundlich gestaltete. Plücker bildet einen ungewöhnlichen Entwicklungstypus. Vom fünfunddreißigsten Lebensjahr ab vereinigte er die mathematische und physikalische Professur in Bonn und wurde durch diese Umstände allmählich seiner bisherigen mathematischen Arbeit entzogen, um sich ganz experimentalphysikalischen Forschungen hinzugeben. Erst gegen Ende seines Lebens kehrte er zur Geometrie zurück, ein Umstand, der für meine eigene Entwicklung (Herausgabe der Plückerschen Werke) entscheidend wurde.

Die Familie Plückers, der niederrheinischen Industrie angehörig, war in der Zeit der Religionswirren aus Aachen verbannt und nach Elberfeld übergesiedelt. Hier wurde Plücker am 16. August 1801 geboren. Er besuchte das Düsseldorfer Gymnasium, studierte in Bonn und Paris 1823/24 und habilitierte sich 1825 in Bonn, wo er 1828 außerordentlicher Professor wurde. 1832—34 war er außerordentlicher Professor in Berlin, zugleich am Friedrich-Wilhelm-Gymnasium tätig. Auch auf ihn fiel vorübergehend die Wahl zum zukünftigen Direktor des geplanten polytechnischen Instituts, das damals freilich schon als Oberlehrerbildungsanstalt gedacht war. Aus Plückers Berliner Zeit her schreibt sich wohl die Verschärfung des Konflikts mit dem Jacobi-Steinerschen Kreis. Steiner selbst kam 1835 als Extraordinarius an die Berliner Universität, als Plücker bereits seit einem Jahr Ordinarius in Halle war. 1836 wurde er nach Bonn berufen, wo durch von Münchows Tod drei Professuren: Mathematik, Physik und Astronomie verwaist waren. Die letztere fiel Argelander zu, die beiden anderen hatte Plücker bis zu seinem Tode (22. Mai 1868) inne.

Bei der Besprechung von Plückers Werken möchte ich zunächst auf seine physikalischen Leistungen eingehen wegen der persönlichen Beziehungen, die uns Göttinger damit verbinden. Plückers physikalische Abhandlungen sind zusammengefaßt im zweiten Band der von der Göttinger Gesellschaft der Wissenschaften gesammelten Abhandlungen, versehen mit einer Vorrede von Riecke.

Obwohl von der Mathematik ausgehend, war Plücker nichts weniger als ein mathematischer Physiker. Ihn reizte vielmehr die rein experimentelle Forschung, mit der er, dem Beispiel Faradays folgend, am liebsten in ganz unbekanntes Gebiet eindrang. So gelangen ihm eine ganze Reihe von Entdeckungen. 1847 bemerkte er die Erscheinung des Kristallmagnetismus an einer zwischen den Polen eines Elektromagneten aufgehängten Turmalinplatte, die sich, je nach ihrer Aufhängung axial oder transversal einstellt[1]). Von 1857 an beobachtete er die Einwirkung

[1]) Diese Untersuchungen sind zu einem gewissen Abschluß gebracht in dem Buche von A. Beer: Einleitung in die Elektrostatik, die Lehre vom Magnetismus und die Elektrodynamik, Braunschweig 1865, herausgegeben von Plücker.

des Magneten auf die elektrische Entladung in verdünnten Gasen, insbesondere auf die positive Entladung und das negative Glimmlicht; bei diesen Beobachtungen gelangte er bis dicht an die Erkenntnis der Kathodenstrahlen heran, die dann sein Schüler Hittorf vollendete. Auch das Ausziehen der Geißlerschen Röhren zu Kapillaren und die dadurch ermöglichten ersten Beobachtungen der Entladungsspektra wurden 1857 (Bd. 2, S. 502) von Plücker ausgeführt. Er erkannte die Spektra als Attribute der Gase und beobachtete insbesondere die drei ersten Wasserstofflinien. 1864 erreichte er mit Hittorf (Bd. 2, S. 665ff.) viel genauere Ergebnisse und entdeckte insbesondere die durch die Natur der elektrischen Entladung bedingten Doppelspektra (Linien resp. Bandenspektra). Die abschließenden Arbeiten über diese Dinge finden sich sämtlich in den Philosophical Transactions. Aber auch diese Dinge fanden in Deutschland, gehemmt durch den Berliner Einfluß, keine Anerkennung. In Heidelberg begannen Kirchhoff und Bunsen 1858 mit der Spektralanalyse, beobachteten aber zunächst nur die einfachen Spektra der Metalldämpfe. Eine verschiedene Natur des Spektrums ein und desselben Gases bei verschiedenen Bedingungen des Leuchtens ist ihnen nicht entgegengetreten. Beiläufig gedenke ich der Ablehnung, welche Hittorf noch später, als er seine großartigen Entdeckungen betreffend die Kathodenstrahlen den Berliner Physikern Magnus, Poggendorff u. a. vorführte, in Berlin erfuhr. Die Gegensätze, welche wir hiermit berühren, reichen ziemlich bis zur Gegenwart heran.

Ich komme nun zur Fortführung unseres eigentlichen Gegenstandes, indem ich mich Plückers geometrischen Arbeiten zuwende. Fünf große selbständige Publikationen verdanken wir ihm außer den in Bd. 1 der gesammelten Abhandlungen abgedruckten Arbeiten:

1. Analytisch-geometrische Entwicklungen, Bd. 1 u. 2. 1828, 1831.
2. System der analytischen Geometrie (der Ebene). 1834.
3. Theorie der algebraischen Kurven. 1839.
4. System der analytischen Geometrie des Raumes. 1846.
5. Neue Geometrie des Raumes, gegründet auf die Betrachtung der geraden Linie als Raumelement. 1868, 1869 (Teil II posthum von mir herausgegeben).

Über das letzte Werk, das Plückers zweiter geometrischer Periode entstammt, werde ich erst im späteren Verlauf dieser Vorträge sprechen. Als einen bemerkenswerten Zug aber möchte ich anführen, daß der Wiederbeginn von Plückers geometrischen Arbeiten mit Steiners Todesjahr 1863 zusammenfällt. Ob hier ein Zusammenhang vorliegt, kann natürlich nicht entschieden werden.

Plückers Ziel in der Geometrie und seine Leistung ist der Neuaufbau der analytischen Geometrie. Er verfolgte dabei eine aus der Mongeschen Tradition weitergebildete Methode: das völlige Zusammenwachsen von

Konstruktion und analytischer Formel. In der Vorrede seines ersten Werkes, S. IX, sagt er: „Ich möchte mich zu der Ansicht bekennen, daß die Analysis eine Wissenschaft ist, die, unabhängig von jeder Anwendung, selbständig für sich allein dasteht, und die Geometrie, so wie von einer anderen Seite die Mechanik, bloß als bildliche Deutung gewisser Beziehungen aus dem großen, erhabenen Ganzen erscheint.“ In diesen Worten klingen deutlich Auffassungen von Monge nach, die wir in anderer Form bei Gauß kennen lernten.

In der Plückerschen Geometrie wird die bloße Kombination von Gleichungen in geometrische Auffassung übersetzt und rückwärts durch letztere die analytische Operation geleitet. Rechnung wird nach Möglichkeit vermieden, dabei aber eine bis zur Virtuosität gesteigerte Beweglichkeit der inneren Anschauung, der geometrischen Ausdeutung vorliegender analytischer Gleichungen ausgebildet und in reichem Maße verwendet.

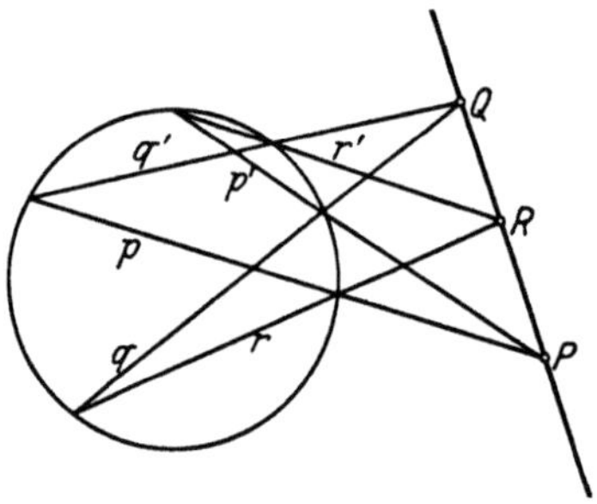

Fig. 5.

Als Beispiel für die Plückersche Denkweise gebe ich seinen Beweis des Pascalschen Satzes.

Es handelt sich um zwei Tripel von Geraden p, q, r und p', q', r', von deren neun Schnittpunkten sechs auf einem Kegelschnitt liegen (vgl. Fig. 5). Es wird behauptet, daß die übrigen drei auf einer geraden Linie liegen. Wir betrachten p, q, r, p', q', r' als lineare Ausdrücke, deren Nullsetzung die Gleichungen der sechs in Frage kommenden Geraden ergeben. Dann ist die Kombination $pqr - \mu p'q'r' = 0$ die Gleichung eines Büschels von Kurven dritter Ordnung, die sämtlich durch die neun Schnittpunkte der beiden Geradentripel gehen. Da nun von den neun Punkten sechs auf dem Kegelschnitt liegen und in dem μ noch eine Konstante zu freier Verfügung steht, so kann ich durch geeignete Wahl von μ eine Kurve herausgreifen, die noch einen siebenten Punkt mit dem Kegelschnitt gemein hat. Eine C_3 und eine C_2 haben aber im allgemeinen nur sechs Schnittpunkte. Besitzt die Gleichung sechsten Grades, die ihren Schnitt bedingt, mehr als sechs Wurzeln, so ist sie identisch Null. Folglich muß die C_3 zerfallen in den Kegelschnitt selbst und einen linearen Restbestandteil, der notwendig die drei anderen Schnittpunkte der beiden Geradentripel enthalten muß. Also liegen diese drei Punkte auf einer Geraden.

Dieser Beweis, der bei einiger Übung so einleuchtet, daß er sogar noch kürzer gefaßt werden könnte, zeigt gleich noch zwei andere Plückersche, sehr wertvolle Eigenheiten. Das eine ist die „abgekürzte Bezeichnungsweise“, die sich mit der Benennung einer Gleichung begnügt, ohne sie explizite hinzuschreiben; das zweite ist der von Plücker bei jeder Gelegenheit verwendete unbestimmte Koeffizient, „das Plückersche μ“. Dies μ findet sich hie und da auch schon in Gergonnes Annalen. (Auch Steiner war es bekannt, aber nur von Jacobis Seite, weshalb er das μ als „Judenkoeffizienten“ bezeichnete.) Aber erst bei Plücker wurde es zu einem wesentlichen Werkzeug, das ihm große Hilfe leistete in seiner Kunst, „in den Gleichungen zu lesen“.

Zu der charakterisierten, allgemeinen Methode Plückers treten nun die Fortschritte im einzelnen. Von der Einführung der *allgemeinsten homogenen Dreieckskoordinaten* und ihrem Vorzug wurde bereits gesprochen — sie werden im „System“ 1834 definiert als die mit willkürlichen Konstanten multiplizierten Abstände des Punktes P von den Dreiecksseiten; in Crelle, Bd. 5, 1830, sind noch die Abstände selbst als Koordinaten eingeführt, wodurch eine ähnliche Beschränkung resultiert wie bei Moebius. Durch diese Einführung werden nun sämtliche Gleichungen der geometrischen Gebilde homogen, was infolge des Eulerschen Theorems über homogene Funktionen sehr elegante Darstellungen ermöglicht, die von Plücker in der weitestgehenden Weise ausgebildet werden. Insbesondere die Tangenten- und Polarenlehre erfährt eine völlige Umbildung. Wenn $f = 0$ einen Kegelschnitt bedeutet, der den Punkt x, y, z enthält, so stellt nämlich die Gleichung

$$\frac{\partial f}{\partial x} \cdot x' + \frac{\partial f}{\partial y} \cdot y' + \frac{\partial f}{\partial z} \cdot z' = 0,$$

je nach Auffassung der x', y', z' oder der x, y, z als laufende Koordinaten, entweder die Tangente der Kurve $f = 0$ in dem festen Punkte x, y, z dar, oder die Polare des festen Punktes x', y', z' in Bezug auf die Kurve $f = 0$. Der Wechsel dieser Auffassung wird bis zur Virtuosität ausgebildet und zu eleganten Beweisen åller Arten von Theoremen verwendet.

Durch die homogenen Koordinaten gelingt nun auch eine glänzende analytische Realisierung der kühnen Ponceletschen Konzeptionen der unendlich fernen Geraden, der Kreispunkte usw. Die Kreisgleichung $(x - a)^2 + (y - b)^2 = r^2$ geht durch Einführung von

$$x = \frac{x_1}{x_3}, \quad y = \frac{x_2}{x_3} \quad \text{über in} \quad (x_1 - a\,x_3)^2 + (x_2 - b\,x_3)^2 = r^2\,x_3^2.$$

Die Gleichung der unendlich fernen Geraden $x_3 = 0$ ergibt nun in der Tat für jeden beliebigen Kreis das Durchschnittsgebilde $x_1^2 + x_2^2 = 0$, d. h. das Punktepaar, das durch die Koordinaten $x_1 : x_2 : x_3 = 1 : +i : 0$ und $x_1 : x_2 : x_3 = 1 : -i : 0$ gegeben ist; das sind aber gerade die sog. Kreispunkte.

Nicht minder wichtig als die Einführung der homogenen Koordinaten ist folgende neue Gedankenwendung. Die Gleichung der Geraden $u_1 x_1 + u_2 x_2 + u_3 x_3 = 0$ ist in den Koeffizienten u und den Koordinaten x völlig symmetrisch. Plücker faßt nun die u als veränderliche Größen auf, deren jedes System eine Gerade durch den festgehaltenen Punkt x_1, x_2, x_3 bezeichnet. Er nennt die u_1, u_2, u_3 „*Linienkoordinaten*"; in ihnen drückt die obenstehende Gleichung das durch den Punkt gehende Strahlbüschel, d. h. diesen Punkt selber aus. So gut wie ich die lineare Relation als Gleichung einer Geraden in Punktkoordinaten auffassen kann, so berechtigt bin ich auch, die Gleichung eines Punktes in Linienkoordinaten in ihr zu sehen.

Mit diesem Gedanken des *beliebigen* „*Raumelements*", das zum Ausgangspunkt der Geometrie gewählt werden kann, ist nun eine völlige Klärung des Poncelet-Gergonneschen Prinzips der Dualität gegeben: Weil die Gleichung für die vereinigte Lage von Punkt und Gerade (im Raume von Punkt und Ebene) in den zweierlei Elementen symmetrisch ist, kann man in allen Sätzen, die auf bloße Verknüpfung der beiden Elemente begründet sind, die beiden Worte vertauschen!

Dies sind die wesentlich neuen Gedanken, die Plücker in das vielbebaute Gebiet der Geometrie der linearen und quadratischen Gebilde hineintrug. Darüber hinaus ergreift er nun ganz neue Objekte der Untersuchung. Während die französischen Geometer sich auf das angegebene Gebiet meist beschränkt hatten, Poncelet bei den ersten weitergehenden Versuchen auf Schwierigkeiten geraten war, gelingt nun Plücker der erste erfolgreiche Vorstoß auf die allgemeine *Theorie der algebraischen Kurven der Ebene.*

Als Hauptleistung möchte ich hier die „*Plückerschen Formeln*" nennen, welche die Ordnung einer Kurve n (Grad der Gleichung in Punktkoordinaten) mit der Klasse k (Grad der Gleichung in Linienkoordinaten) und den einfachen (sog. notwendigen) Singularitäten verknüpfen[1]). Sie finden sich am Schluß des „Systems" von 1834. Zunächst fand Plücker die Beziehung $k = n(n-1) - 2d - 3r$, wo d die Anzahl der Doppelpunkte, r die der Rückkehrpunkte der Kurve bezeichnet. Diese Gleichung ließ sich nicht ohne weiteres, etwa durch Vertauschung von n und k dualisieren. Dem Prinzip der Dualität wurde erst Genüge getan durch die Entdeckung und Einführung der sog. „Liniensingularitäten". Den Doppelpunkten d entsprechen dualistisch die Doppeltangenten t, den Rückkehrpunkten r die oskulierenden, d. h. die Kurve durchdringenden Wendetangenten w, deren Berührungspunkte man als Wendepunkte bezeichnet. Für die Anzahl dieser Wendepunkte fand Plücker die Beziehung $w = 3n(n-2)$, die sich im Falle des Auftretens von Punktsingularitäten in

$$w = 3n(n-2) - 6d - 8r$$

verwandelt. Damit ist nun das Material gewonnen, aus dem durch Dualisieren das volle Formelnsystem der Singularitäten hervorgeht:

$$k = n(n-1) - 2d - 3r, \qquad n = k(k-1) - 2t - 3w,$$
$$w = 3n(n-2) - 6d - 8r, \qquad r = 3k(k-2) - 6t - 8w.$$

1) Poncelet hatte sich nicht erklären können, warum man nicht die Beziehung $k = n(n-1)$ in $n = k(k-1)$ dualisieren durfte („Ponceletsches Paradoxon").

Im Falle $n = 3$, $d = 0$, $r = 0$ ergibt sich $w = 9$. Bis dahin waren nur drei Wendepunkte der allgemeinen Kurve dritter Ordnung C_3 bekannt gewesen, und Plücker beweist, daß sechs von den neun immer imaginär sein müssen. Es war nun schon im 18. Jahrhundert von Maclaurin bewiesen, daß die drei reellen Wendepunkte der C_3 auf einer Geraden, der „Wendelinie", liegen. Da die reellen Wendepunkte keine ausgezeichnete Eigenschaft vor den übrigen besitzen im Sinne der allgemeinen Lagengeometrie, muß dieser Satz auch für jedes andere Tripel von Wendepunkten gelten. Der Beweis läßt sich, ganz ähnlich wie oben der des Pascalschen Satzes, durch abgekürzte Bezeichnung führen. Die C_3 besitzt folglich zwölf Wendelinien, deren einfachstes Schema später von Hesse gegeben wurde. Dies Beispiel möge zeigen, welche Bereicherung die Geometrie der Kurven durch Plückers Entdeckung erfuhr. S. VI des „Systems" von 1834 äußert er sich selbst: „Es ist ein neuer Flug der Anschauung nötig, um das zu ergreifen, was in allen Fällen imaginär ist und imaginär bleibt."

Daß die Trainierung der Anschauung nötig sei, um in dieser neuen Geometrie sicher zu gehen, zeigt Plückers Beispiel selbst, der sich bei der Anordnung der 28 Doppeltangenten der allgemeinen C_4 in Irrtümer verstrickte (Algebraische Kurven, 1839). Aus der Zahl der willkürlichen Konstanten der allgemeinen C_4 schließt er — auch eine spezifische Plückersche Schlußweise — mit Recht, daß ihre Gleichung sich in die Form $\Omega^2 - \mu p q r s = 0$ setzen läßt, wo $\Omega = 0$ einen Kegelschnitt, $p = 0$, $q = 0$, $r = 0$, $s = 0$ Geraden bedeuten, die dann Doppeltangenten der C_4 sind. Aber irrtümlicherweise leitet er hieraus den Satz ab, daß die Berührungspunkte von je vier Doppeltangenten auf einem Kegelschnitt lägen, während die Behauptung nur für eine bestimmte Auswahl und Zusammenstellung von vier Tangenten richtig ist. Die p, q, r, s sind nämlich nicht alle vier frei wählbar, sondern nach Auswahl von zweien sind die beiden anderen auf fünffache Weise bestimmt. (Dieser Fehler wurde später von Steiner nachgewiesen.)

Nach einer Seite freilich lassen die Plückerschen Formeln trotz ihrer großen Leistungsfähigkeit noch Probleme offen; sie liefern nichts zur Trennung des Reellen und Imaginären. Wenn auch dem abstrakten Denken diese Fragen jahrzehntelang gleichgültig waren, so haben sie doch das größte Interesse für den, der die wahre geometrische Gestalt des Gebildes zu erforschen sucht, und es ist entschieden als ein Auswuchs der modernen Geometrie zu betrachten, wenn das Gewicht dieser Frage überhaupt geleugnet wird. Diese Probleme des Verhaltens geometrischer Gebilde nach Seite ihrer Realität liegen im allgemeinen sehr tief und fordern weit in die algebraische Natur der Gleichung eindringende Forschungen. Um so lieber nenne ich hier eine 1876 von mir gefundene Formel (Math. Ann. Bd. 10 = ges. Abh. Bd. 2, S. 78ff.), die allein mit den Plücker zu Gebote stehenden Mitteln auf elementarem

Wege abzuleiten ist, und seine Formeln nach dieser Seite wenigstens zu einem gewissen Teil ergänzt. Bezeichnet w' die Zahl der reellen Wendepunkte, t'' die der reellen isolierten Doppeltangenten, r' und d'' entsprechend die der reellen Rückkehrpunkte und reellen isolierten Doppelpunkte, so ist

$$n + w' + 2t'' = k + r' + 2d''.$$

Durch diese Formel ist z. B. die Frage nach der Realität der Wendepunkte der C_3 erledigt. Aus

$$3 + w' + 0 = 6 + 0 + 0$$

ergibt sich $w' = 3$. Der Satz von der Realität der Wendepunkte der C_3 tritt also aus seiner isolierten Stellung heraus.

Daß Plücker diese Formel, die auf seinem Wege lag, nicht gekannt hat, ist um so bedauerlicher, als sie bei seinem großen Interesse an der wahren geometrischen Gestalt der Kurven ihm gewiß willkommen gewesen wäre. Plücker war bei all seinen Leistungen zum Ausbau der projektiven Geometrie kein Projektiviker im eigentlichen Sinne. Im Stile der alten Geometer des 18. Jahrhunderts haftete er am Konkreten, richtete sein Augenmerk auf das Verhalten der Kurve im Unendlichen, widmete z. B. ausführliche Untersuchungen der Frage nach den Asymptoten usw., alles Dinge, deren Bedeutung vom rein projektiven Standpunkt aus verschwindet. Die konsequente Durchbildung des projektiven Denkens und damit die Ausgestaltung der Invariantentheorie blieb einer späteren Generation vorbehalten.

Ehe wir auf sie näher eingehen, haben wir uns nun mit dem Neubegründer der synthetischen Geometrie in Deutschland zu beschäftigen, mit Jacob Steiner.

Steiner, der Schweizer Bauernsohn, der bis zum 19. Jahr den Acker pflügte und sich dann, von seiner großen Sehnsucht nach dem Lehrerberuf getrieben, der Pestalozzischen Ausbildung widmete, ist, soviel ich weiß, das einzige Beispiel in unserer Wissenschaft für eine Heranbildung mathematischer Fähigkeiten erst im reifen Mannesalter, die trotzdem noch bis zur Meisterschaft führt; einzigartig dürfte er auch dastehen als ein führender Geist und bedeutender Universitätslehrer, der aus der methodischen Zucht des Volksschulbetriebes hervorgegangen ist.

Steiner wurde am 18. März 1796 in Utzendorf bei Solothurn geboren. Als Bauer aufgewachsen, trat er 1815 zunächst zur eigenen Weiterbildung, später als Lehrer in das pädagogische Institut ein, das Pestalozzi zu Iferten gegründet hatte, um seine reformatorischen Ideen auf dem Gebiet der Erziehungskunst in die Praxis umzusetzen. So schöpferisch und belebend auch Pestalozzis Ideen waren, wie ja ihre Nachwirkung nach vielen Seiten beweist, so fehlte es ihm offenbar selbst doch an Geschick, ihnen durch die Tat zum Durchbruch zu verhelfen. Sein

Unternehmen in Iferten scheiterte, vor allem an finanziellen Schwierigkeiten. Steiner, den es mächtig nach wissenschaftlicher Weiterbildung verlangte, verließ ihn 1818, um bis 1821 in Heidelberg, kümmerlich durch Privatstunden seinen Unterhalt verdienend, sich vor allem durch eigene Studien der französischen Geometrie weiter zu entwickeln. Dennoch verhalf ihm seine frühere Lehrertätigkeit zuerst vorwärts. In Berliner ministerialen Kreisen war nämlich ein Interesse an der Pestalozzischen Methode lebendig, und so wurde Steiner nach Berlin gezogen, wo er zunächst verschiedene Lehrerstellungen inne hatte. Der Zutritt zum Hause Wilhelm von Humboldts, des früheren Ministers, dessen Sohn er unterrichtete, verhalf ihm zum Anstieg. 1834 wurde, als letzter Ausläufer der Bestrebungen nach Gründung einer polytechnischen Schule, ein Extraordinariat an der Berliner Universität für ihn errichtet; zugleich wurde er Mitglied der Akademie. Er starb am 1. April 1863.

Es mag auffallen, daß Steiner ein Ordinariat in Berlin versagt geblieben ist. Offenbar hielt man dafür, daß es ihm für eine solche Stellung an der gesellschaftlichen Befähigung mangele. Und in der Tat würde Steiner sich in die offiziellen Kreise auf eine seltsame Weise eingefügt haben, zumal in späteren Jahren, als der alternde Mann, mit Gott und der Welt zerfallen, seinen Argumenten im Gespräch häufig durch eine nicht leicht zu übertreffende, urwüchsige Grobheit Nachdruck zu verleihen pflegte. Über seine Persönlichkeit und seine Entwicklung finden sich viele interessante Notizen in der Schrift seines Neffen C. F. Geiser: Zur Erinnerung an Jacob Steiner (Verhandlungen der Schweizerischen naturforschenden Gesellschaft 1872—73, 56. Jahresversammlung. Schaffhausen 1873, S. 215ff.).

Nach allem, was Geiser über Steiners Entwicklung erzählt, und nach der Art, wie sich Steiners Gaben äußerten, müssen wir sein Talent, das von der anschauungsmäßigen Erfassung der Raumformen ausgeht, und eben darum die Analysis verschmäht, als ein durchaus ursprüngliches ansehen. Die Rückführung seiner Anschauungskraft auf Pestalozzischen Einfluß muß jedem als unhaltbar erscheinen, der einmal das in diesem Zusammenhang oft genannte Pestalozzische Buch „ABC der Anschauung“ in der Hand gehabt hat. Das Buch ist von einer inhaltlichen Armut, die einen wahrlich erschrecken und in dem Verfasser den Begründer der auf Anschauung gerichteten neuen Pädagogik nicht ahnen läßt. Einzig und allein die Zerlegung von Strecken in gleiche Teile, von Quadraten in gleiche Quadrate, wird in immer neuer ansteigender Anzahl bis zum Überdruß geübt. Welch sonderbare Vorstellungen diese ersten Pädagogen, die doch wirklich eine neue, äußerst fruchtbare Idee lebendig gemacht haben, von der Ausführung ihrer Pläne hatten, geht auch aus dem Kommentar hervor, den der große Philosoph und Pädagoge Herbart zu dem Pestalozzischen Werk verfaßte. Herbart entwirft für die Pflege der Anschauung eine Tafel mit lauter rechtwinkligen Dreiecken verschiedener Gestalt und Größe, durch deren ständigen Anblick er eine lebhafte Vorstellung der rechtwinkligen Dreiecksgestalt in seinen Zöglingen erwecken wollte; ja, zur dauernden, unvergeßlichen Einprägung empfiehlt er, diese Tafel bereits neben der Wiege des Säuglings aufzuhängen! Um den richtigen Kern aus diesen pädagogischen Monstrositäten herauszuschälen und die Erziehungskunst in vernünftigere Bahnen zu lenken, bedurfte es erst eines Fröbel. Er, und mit ihm Harnisch, stellte die körperliche Gestalt, also das Dreidimensionale, bei der Erziehung des Kindes voran. Bei beiden Pädagogen macht sich der eigene Bildungsgang, nämlich das Ausgehen von Mineralogie und Kristallographie, geltend.

Seine anschauliche Kraft hat also Steiner gewiß nicht aus dieser Quelle geschöpft; aber etwas anderes verdankte er für sein Leben der eigenartigen Ausbildung: die Kunst des Unterrichtens. Die Pestalozzische Richtung pflegte das liebevolle, sorgfältige Eingehen auf den Standpunkt des Lernenden, zu dessen Förderung sie die sog. Sokratische Methode anwandte. Alle Erkenntnis soll von dem Schüler selbst erarbeitet, entdeckt, produziert werden; nur eine Anleitung für die einzuschlagende Richtung soll der Lehrer dem selbstdenkenden Schüler geben. Steiner verwendete aus diesem Prinzip, das er mit großem Geschick und Erfolg ausbaute, in seinen Vorlesungen keine Figuren; das lebendige Mitdenken des Hörers sollte ein so deutliches Bild in seiner Vorstellung erzeugen, daß er das sinnlich Angeschaute entbehren könnte. (Noch weiter geht später, beim Unterricht seiner Seminarkandidaten in Mörs, Diesterweg, indem er beim Geometrieunterricht die Stube auch noch ausdrücklich verfinsterte!)

Steiners Arbeiten sind als gesammelte Werke in zwei Bänden von der Berliner Akademie herausgegeben (1880/82). Sie zerfallen in zwei recht scharf getrennte Gruppen.

Die erste umfaßt die Periode von 1826 (Crelle, Bd. 1) bis etwa 1845. Sie enthält die eigentlich originalen Konzeptionen Steiners, freilich an relativ elementaren Gebilden durchgeführt.

Die zweite Periode enthält Arbeiten über höhere algebraische Gebiete, oft nur Ankündigungen von Resultaten ohne Beweis. Leider geht aus dem von Graf 1896 herausgegebenen Briefwechsel Steiners mit Schläfli aus den Jahren 1848 bis 1856 mit Deutlichkeit hervor, daß Steiner sich hier in ausgiebiger Weise englischer (und anderer) Quellen bedient hat, die er nicht zu kennen vorgab. Es ist die Tragik dieses an sich gewiß ungewöhnlichen Mannes, daß er nach einem selten ruhmvollen Aufstieg, von seiner Umgebung mit Verehrung und Bewunderung überschüttet, das Schicksal der im Alter versiegenden Produktivität nicht ertrug und, verbittert, wie er war, sich mit verzweifelten Mitteln dagegen wehrte, indem er vor sich selbst und anderen den Glanz früherer Tage zu erhalten suchte. Wieweit hier wirkliche Täuschung vorliegt, wieweit

Steiner selbst das Opfer einer durch lebhaften Wunsch getrübten Beurteilung der eigenen Erfindungskraft war, wer will das entscheiden?

Jedenfalls beschränken wir uns hier im Zusammenhang mit den Betrachtungen, die uns z. Zt. beschäftigen, auf die früheren Steinerschen Arbeiten. Das Hauptwerk ist die „*Systematische Entwicklung der Abhängigkeit geometrischer Gestalten von einander*", von dem aber statt der geplanten fünf Teile nur der erste Teil, Berlin 1832, erschienen ist.

Der Plan eines rein synthetischen Aufbaues der Geometrie ruht auf der Grundidee der *projektiven Erzeugung*. Ausgehend von der Projektivität der „Grundgebilde" — in der Ebene: Gerade, Strahlbüschel, die Ebene selbst; im Raume: Gerade, ebenes Strahlbüschel, Ebenenbüschel, Strahlbündel und Ebenenbündel, der Raum selbst — soll das Lehrgebäude der Geometrie durch sukzessive Erzeugung höherer Gebilde aufgeführt werden. Die Grundgebilde werden projektiv aufeinander bezogen und die Erzeugnisse dieser Beziehungen als die nächstwichtigen höheren Gebilde untersucht.

Ausgeführt ist diese Untersuchung im vorliegenden Teil I nur für Kegelschnitte und einschalige Hyperboloïde, die als Durchschnitt der entsprechenden Ebenen zweier projektiver Ebenenbüschel erzeugt werden. Etwas weiter führen die von Schröter 1867 herausgegebenen Vorlesungen.

Das Neue und Wichtige an diesen Ausführungen liegt nach Seite der Systematik; stofflich ist in ihnen nicht wesentlich Neues enthalten. Die Strenge der Durchführung des einmal gefaßten Planes aber, die sich mit einer glänzenden Diktion verbindet, zwingt durch ihre Einseitigkeit und Originalität den Leser in ihren Bann. Es kommt bei Steiner neben dem Interesse der Forschung immer auch der Sinn für Darstellung und Unterricht zur Geltung. Welchen Wert er selbst seinen Untersuchungen beilegte, geht aus der Vorrede hervor:

„Gegenwärtige Schrift hat versucht, den Organismus aufzudecken, durch welchen die verschiedenartigen Erscheinungen in der Raumwelt mit einander verbunden sind ... Es tritt Ordnung in das Chaos ein, und man sieht, wie alle Teile naturgemäß ineinandergreifen, und verwandte zu wohlbegrenzten Gruppen sich vereinigen."

Die Mittel, mit denen Steiner dieses Ziel erreichen wollte, sind heute bekannt genug, aber wir wissen auch, daß sie nur einen Ausschnitt der Geometrie beherrschen, und daß andererseits Steiner selbst sie nicht bis zur vollkommenen Durchführung brachte.

Das „Steinersche Prinzip" der sukzessiven Erzeugung höherer Gebilde aus niederen entspricht analytisch der Nullsetzung von Determinanten gewisser Matrices. So wird etwa die projektive Erzeugung der Regelfläche zweiten Grades gewonnen durch Nullsetzung der aus den Ebenengleichungen gebildeten Determinante in zweifacher Anordnung:

$$\begin{vmatrix} p & q \\ p' & q' \end{vmatrix} = 0 \quad \text{ergibt} \quad \begin{matrix} p - \mu q = 0 \\ p' - \mu q' = 0 \end{matrix} \quad \text{oder} \quad \begin{matrix} p - \lambda p' = 0 \\ q - \lambda q' = 0 \end{matrix}$$

als die zwei Scharen von Erzeugenden. Ähnlich führt nun die Weiterbildung des Steinerschen Prinzips, wie sie von Reye, von Schur und Sturm vollzogen ist, auf die systematische Kombination von Determinanten aus einer Matrix,

$$\begin{vmatrix} \varphi & \psi & \chi & \cdot & \cdot & \cdot \\ \varphi' & \psi' & \chi' & \cdot & \cdot & \cdot \\ \cdot & \cdot & \cdot & \cdot & \cdot & \cdot \end{vmatrix}$$

durch deren Nullsetzung immer neue geometrische Theoreme entstehen. So übersichtlich dies Prinzip scheint, so trägt es doch nicht weit genug, um einem Aufbau der gesamten Geometrie als Grundlage zu dienen. Es erschöpft sich bereits bei den Problemen dritten Grades.

Steiner bleibt jedoch auch innerhalb des von ihm ausgeführten Gebietes hinter seinem Ziel zurück, indem er, Moebius' Fortschritt rückgängig machend, das Prinzip der Vorzeichen nicht in die synthetische Geometrie aufnimmt und sich dadurch einer Möglichkeit allgemeiner Formulierungen beraubt. So ist er gezwungen, bei dem Doppelverhältnis immer noch besonders die Reihenfolge der Elemente zu nennen; vor allem aber fehlte ihm die Handhabe, das Imaginäre zu bewältigen. Er hat sich nie damit auseinandergesetzt und es bei Bezeichnungen, wie „das Gespenst" oder „das Schattenreich der Geometrie" bewenden lassen. Daß durch diese Selbstbeschränkung auch die Vollständigkeit seiner Systematik Mangel leidet, liegt auf der Hand[1]). So gibt es, projektiv gesehen, zwei Kegelschnitte, $x_1^2 + x_2^2 - x_3^2 = 0$ und $x_1^2 + x_2^2 + x_3^2 = 0$; für die Einordnung des zweiten Falles ist in dem Steinerschen System kein Raum. Von diesen und anderen Unvollkommenheiten ist die synthetische Geometrie erst durch von Staudt befreit worden, wie wir noch ausführlich besprechen werden.

Neben Teil I der systematischen Entwicklungen stellt sich noch als selbständig erschienenes kleines Buch 1833: „*Die geometrischen Konstruktionen ausgeführt mittels der geraden Linie und Eines festen Kreises* (als Lehrgegenstand auf höheren Schulen und zur praktischen Benutzung)". Der Grundgedanke ist von Poncelet entlehnt, die Ausführung wieder besonders anregend. Der Untertitel verrät, daß Steiner sich damals (wie anderweitig bekannt) für die Leitung des geplanten polytechnischen Instituts empfehlen wollte. Es ist auch charakteristisch, daß Steiner sich nach 1835, wo er die ersehnte Anstellung an der Universität erreicht hatte, nicht mehr zur Fertigstellung der doch geplanten zusammenfassenden Darstellungen entschließen konnte.

[1]) Weitere Unvollkommenheiten haften den Grunddefinitionen von Steiner an, so daß noch viel mehr Sätze Ausnahmen erleiden als ihm bewußt war. Vgl. darüber eine Arbeit von R. Baldus: Zur Steinerschen Definition der Projektivität, Math. Ann. Bd. 90 (1922/23), S. 86ff.

Von den verschiedenen Einzelabhandlungen der frühen Steinerschen Periode erwähne ich eine kleine Schrift, die durch ihren nach völlig anderer Seite liegenden Inhalt zeigt, wie umfassend Steiner trotz seiner Einseitigkeit im rein Geometrischen war, und die sich durch ihre hervorragend klare und glänzende Darstellungsweise auszeichnet: *Sur le maximum et le minimum des figures dans le plan, et sur la sphère dans l'espace en général* (Crelle, Bd. 34. 1842). Sie enthält eine Behandlung zahlreicher Probleme der Maxima und Minima mit elementargeometrischen Methoden. Bekannt ist z. B. die Aufgabe, einem Dreieck eine Figur von vorgeschriebenem Umfang (größer als der des einbeschriebenen Kreises) einzubeschreiben, so daß ihr Inhalt ein Maximum wird. Sie setzt sich aus drei Kreisbogen von gleichem Radius und Stücken der Dreiecksseiten zusammen. Besonders berühmt aber ist der darin enthaltene Beweis, daß beim Wegfall aller Nebenbedingungen der Kreis die ebene Figur sei, die bei kleinstem Umfang den größten Inhalt besitzt. Die mit elementaren Mitteln glänzend durchgeführten Untersuchungen über diese und andere Fälle der „isoperimetrischen" Aufgabe enthalten freilich eine logische Lücke, die erst eine spätere Zeit zu empfinden imstande war: den Existenzbeweis für die Auflösung der Aufgabe. Diese Lücke wurde von Weierstraß, bei den speziellen Beispielen von H. A. Schwarz ausgefüllt.

Fassen wir das über Steiner Gesagte zusammen, so müssen wir zu dem Schluß kommen, daß auch er noch nicht der einseitige und in sich systematische Projektiviker ist, auf den die Entwicklung dieser Jahre hinzielt. Wie in seinem Hauptwerk das Doppelverhältnis, ebenso wie bei Poncelet und Moebius, auf metrische Weise definiert wird, so bleibt auch in dem ganzen Gebäude die Beziehung der metrischen Geometrie zur projektiven unaufgeklärt.

Wie die Folgezeit dieses Problem löste, das wird uns die Betrachtung der Entwicklung nach 1830 lehren, der das folgende Kapitel gewidmet ist.

Viertes Kapitel.

Die Entwicklung der algebraischen Geometrie über Moebius, Plücker und Steiner hinaus.

Unter „algebraischer Geometrie" verstehe ich hier, wie es allmählich in dieser Zeit üblich geworden war, die Theorie der niedrigsten algebraischen Gebilde (zunächst die der Gebilde vom ersten und zweiten Grade), im Gegensatz zur Infinitesimalgeometrie. Es wird sich also um die von Monge und Poncelet begründete, von Moebius, Plücker und Steiner ausgebildete Disziplin und ihr Wachstum während der folgenden Zeit handeln. Dabei verzichte ich auf die übliche Trennung der Geometrie in analytische und synthetische, die, wie wir gesehen haben, eine unwesentliche Seite des methodischen Verfahrens zum wichtigsten Unterscheidungsmerkmal macht, und möchte vielmehr das Interesse auf die Frage lenken: Welche Förderung wurde bei Fortentwicklung dieser Disziplin einerseits den geometrischen, andererseits den algebraischen Grundgedanken zuteil, die in ihr enthalten sind? Es wird uns also, ohne damit eine erschöpfende Disposition geben zu wollen, beschäftigen:

1. Die Herausarbeitung einer rein *projektiven Geometrie*, die sich, auf die von Poncelet stammende projektive Denkweise gegründet, nachdem Steiner durch Einführung seiner Grundgebilde den Anfang einer Systematik gemacht hatte, zu einem völlig in sich geschlossenen, streng systematischen Bau entwickelt.

2. Die Ausbildung einer parallellaufenden algebraischen Disziplin: der *Invariantentheorie*, d. h. der Lehre von den Eigenschaften der homogenen, algebraischen Formen ersten, zweiten und höheren Grades, welche bei beliebiger linearer Substitution der Variabeln unverändert bleiben.

Die Herausarbeitung einer rein projektiven Geometrie.

Wir beginnen mit demjenigen deutschen Geometer, dem wir die für die prinzipielle Entwicklung der hier in Betracht kommenden geometrischen Gedanken wichtigste Leistung verdanken, mit Staudt.

Christian von Staudt's Leben und Entwicklung klingt in manchem an die seines Vorläufers Moebius an, dem er auch an Begabung und Temperament ähnlich ist. Er wurde 1798 in Rothenburg o. d. Tauber als Sohn einer alteingesessenen fränkischen Patrizierfamilie geboren. Wie Moebius, war er eine Zeitlang Schüler von Gauß, der auch ihn auf astronomische und zahlentheoretische Probleme wies, ohne seine geometrischen Neigungen zu berücksichtigen, die erst im gereiften Alter zum Durchbruch kamen. 1822—25 war Staudt in Würzburg an der Universität, daneben am Gymnasium tätig. Eine ähnliche Doppelstellung bekleidete er 1825—35 in Nürnberg am Gymnasium und der polytechnischen Schule (einem Technikum, wie wir heute sagen würden). 1835 wurde er Professor in Erlangen, wo er bis zu seinem Tode 1868 verblieb (vgl. den Nachruf von Nöther, 1906 gehalten bei der Feier der hundertjährigen Zugehörigkeit Erlangens zu Bayern). In der Stille und Einfachheit der damaligen Erlanger Zustände, die vom großen Leben nicht berührt wurden, fand Staudt die Ruhe und Abgeschlossenheit, die zum ungestörten Ausspinnen der eigenen Gedankenwelt nötig ist. In größter Zurückgezogenheit und Gleichmäßigkeit, die sich auch in seinem äußeren Wesen ausprägte — als ich 1872 ihm auf seinem Lehrstuhl folgte, den inzwischen Hankel

(1868—69) und Hans Pfaff (1869—72) innegehabt hatten, erzählte man mir noch, er habe ein Gesicht gehabt, wie eine Ziffer —, vollendete hier Staudt seine fundamentalen Werke, die ausgereiften Früchte eines langen gedankenvollen Lebens:

Geometrie der Lage (erschienen in Nürnberg 1847).

Beiträge zur Geometrie der Lage, 3 Hefte (Nürnberg 1856, 1857, 1860).

Diese Bücher bieten einen außerordentlichen Gedankenreichtum in einer lückenlosen, bis zur Leblosigkeit erstarrten Form, wie es Staudts gründlicher, systematischer Natur und seinem Alter entspricht; stand er doch bereits im 63. Lebensjahr, als er das zweite Werk vollendete. Mir selbst ist die Staudtsche Darstellungsweise immer gänzlich unzugänglich gewesen. Wenn ich trotzdem von seinen Gedanken viel Anregung gewonnen und viel über sie gearbeitet habe, so verdanke ich dies einzig meinem inzwischen verstorbenen Studienfreunde, dem Tiroler Stolz (geb. 1842 in Hall bei Innsbruck), mit dem ich 1869/70 in Berlin, Sommer 1871 in Göttingen viel zusammen war (wir wohnten Sommer 1871 zusammen). Stolz hatte den ihm verwandten Staudt viel gelesen und führte mich durch seine unermüdlichen Erzählungen in diese Welt ein, die mich auf das lebhafteste interessierte und anregte.

Im Rahmen dieser Vorträge kann ich jedenfalls nur in ganz freier Form über die wesentlichen Fortschritte, die wir Staudt verdanken, berichten, indem ich gleich einflechte, wie sie späterhin vervollständigt worden sind. Leider muß ich mich auch hier, wie auf anderen Gebieten, auf die Auswahl einiger weniger Dinge beschränken.

Der erste wichtigste Punkt, auf den die ganze Entwicklung der letzten Jahrzehnte hindrängte, wie ich es ja auch am Ende des letzten Kapitels darlegte, ist die von metrischen Betrachtungen unabhängige Begründung der projektiven Geometrie. Wie wir sahen, enthielt nämlich die projektive Geometrie Poncelets und Steiners eine verhängnisvolle Inkonsequenz, wenn als Ziel ins Auge gefaßt war, die metrische Geometrie ganz beiseite zu schieben oder gar, wie es nun bald darauf gelang, sie als einen besonderen Teil der projektiven Geometrie einzuordnen. Der wichtigste Begriff der projektiven Geometrie, das Doppelverhältnis, und mit ihm das allgemeine projektive Koordinatensystem ruhte noch auf einer aus der Metrik stammenden Definition. Wie der Name schon sagt, war das „Doppelverhältnis“

$$DV = \frac{(\xi - \xi')}{(\xi - \xi''')} \cdot \frac{(\xi'' - \xi''')}{(\xi'' - \xi')} = x$$

ein Verhältnis von Strecken oder Abständen im gewöhnlichen Sinn. Dieses Verhältnis nun zur „allgemeinen projektiven Koordinate“ x zu machen, bezogen auf die drei Grundpunkte

$$\xi = \xi' \quad \text{oder} \quad x = 0,$$
$$\xi = \xi'' \quad \text{oder} \quad x = 1,$$
$$\xi = \xi''' \quad \text{oder} \quad x = \infty,$$

durch eine hieran gelehnte Konstruktion eine projektive Skala auf der Geraden zu erzeugen, dementsprechend Dreieckskoordinaten in der Ebene, Tetraederkoordinaten im Raum einzuführen bedeutet, wenn man sich außerhalb der metrischen Geometrie zu stellen wünscht, deren Werkzeug, der „Abstand", doch dazu dient, dieses ganze Gedankengebilde aufzubauen — offenbar eine Inkonsequenz.

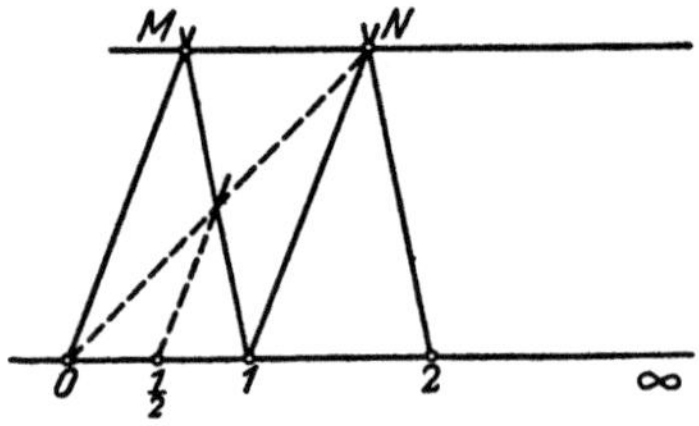

Fig. 6.

Hier schaffte nun Staudt Wandel, indem er deutlich erkannte, daß eine von der Metrik unabhängige Definition der allgemeinen projektiven Koordinate nicht nur vonnöten, sondern auch möglich sei. Um auch die Erinnerung an das frühere Mißverständnis zu vermeiden, unterdrückte er das Wort „Doppelverhältnis" und gab der hier in Betracht kommenden rein lagengeometrischen Konstellation von vier Punkten die Bezeichnung „*Wurf*". Der Wurf, den ein beliebiger Punkt *P* mit drei willkürlich gewählten Grundpunkten 0, 1, ∞ bildet, ein reiner Zahlenwert, wird zur Koordinate von *P* erwählt.

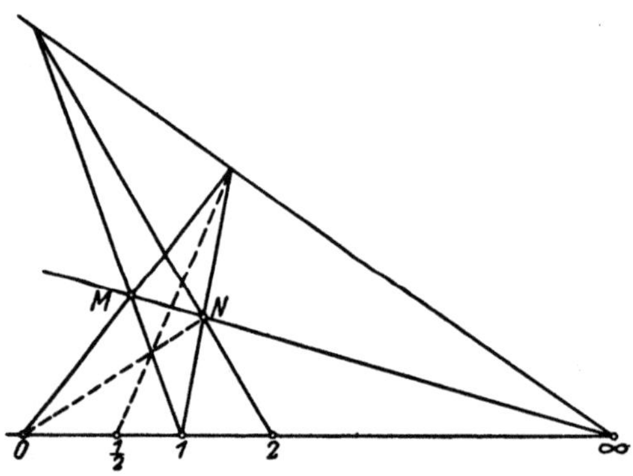

Fig. 7.

Die rein projektiv-geometrische Definition des als Wurf bezeichneten Zahlenwertes gelingt nun in Anlehnung an die Moebiussche Netzkonstruktion. In moderner Ausdeutung besagt Staudts Entwicklung von 1847, daß die Zahlenskala der Würfe für die Punkte einer Punktreihe nach Annahme dreier fester Grundpunkte auf rein projektivem Wege, nur durch Verbinden von Punkten und Schneiden von Geraden, konstruiert werden kann. Diese Konstruktion ist eben die uns bereits bekannte des Moebiusschen Netzes. Im gewöhnlichen metrischen Falle, der noch die Fähigkeit, Parallelen zu ziehen, benötigt, würde die Konstruktion folgendermaßen auszuführen (vgl. Fig. 6) sein: Durch die Punkte 0 und 1 ziehe man je einen beliebigen Strahl, durch den Schnittpunkt *M* dieser Geraden eine Parallele zu 01, durch 1 eine Parallele $1N$ zu $0M$; dann schneidet die Parallele durch *N* zu $1M$ aus der Geraden 01 den Punkt 2 aus. Der Satz von der Gleichheit gegenüberliegender Parallelogrammseiten genügt, um einsehen zu lassen, daß auf diese Weise die gewöhnliche metrische Skala gewonnen wird. Durch Diagonalenziehen und Unterteilung können alle

Dualpunkte und schließlich alle rationalen Werte der Skala hinzugefügt werden. Man braucht nun nur diese Figur projektiv aufzufassen, indem man die unendlich ferne Gerade ins Endliche legt, und der allgemeine Fall einer projektiven Koordinatenbestimmung auf Grund dreier beliebig gewählter Grundpunkte ist gewonnen (vgl. Fig. 7).

Selbstverständlich muß, um diese Werteverteilung zu einer Definition der projektiven Koordinate werden zu lassen, nun noch der Eindeutigkeitsbeweis für die Konstruktion zu ihrer Herstellung geführt werden; d. h. es muß nachgewiesen werden, daß die Konstruktion nach Wahl der drei Grundpunkte immer auf dieselbe Skala führt, wie man auch die willkürlichen Geraden durch die Grundpunkte gelegt haben mag. Diesen Beweis, der Staudts eigentliche Leistung bedeutet, darzulegen, fehlt es mir leider an Zeit. Es soll uns vielmehr noch kurz die Übertragung seines Gedankens auf das gesamte Zahlensystem der Analysis beschäftigen.

Hier ist zunächst mit einem Mißverständnis aufzuräumen. Wegen der Leichtigkeit und Eleganz, mit der die projektive Geometrie von wenigen Anfangsbegriffen rasch zu vielsagenden Sätzen aufsteigt, wurde sie nämlich von ihren begeisterten Anhängern häufig überschätzt. Man glaubte, auf diesem Wege könne man die schwierigen Untersuchungen axiomatischen Charakters vermeiden, wie sie der euklidischen Geometrie von alters her anhafteten. So behauptet Hankel in seiner rednerisch glänzenden, sachlich aber unzureichenden Antrittsrede in Tübingen 1869, die neuere Geometrie sei der „Königsweg“ unserer Wissenschaft, den Euklid zu Unrecht dem König Ptolemäus gegenüber in Abrede gestellt habe[1]).

Euklid behält dennoch recht: es gibt keinen „Königsweg“ in der Mathematik. Auch wenn man von der Seite der projektiven Geometrie in sie eindringt, bieten sich an ihrem Platz dieselben Schwierigkeiten dar, die wir in der metrischen Geometrie bereits kennen, und die nur durch scharfsinnige, logische Überlegungen zu beseitigen sind.

So erhebt sich an dieser Stelle nach Ausführung der Staudtschen Konstruktion, die uns alle rationalen Werte der Koordinate x lieferte, die Frage nach den irrationalen und ihrer Bedeutung in der Geometrie. Und genau wie in der üblichen Geometrie muß auch hier ein Axiom die Kluft überbrücken, das wir etwa so ausdrücken mögen: Jedem Wert der durch den Dedekindschen Schnitt zur Stetigkeit vervollständigten Zahlenreihe möge ein geometrischer Punkt der Geraden eindeutig entsprechen und umgekehrt.

An die Einführung des Stetigkeitsaxioms in die projektive Geometrie, insbesondere an die Vorstellung der beliebigen Annäherung eines irrationalen Wertes durch sukzessive Konstruktion rationaler

[1]) H. Hankel: Die Entwickelung der Mathematik in den letzten Jahrhunderten, Vortrag, Tübingen 1869.

Werte im Moebiusschen Netz, haben sich merkwürdigerweise allerhand Irrtümer angeschlossen. Verschiedene Logiker glaubten nämlich, daß von einem Grenzübergang hier nicht gesprochen werden könne, wo doch der Begriff des Kleinseins oder -werdens, ja der des großen oder kleinen Abstands überhaupt keine Geltung habe. Leider kann ich auf diese Schwierigkeiten nicht genauer eingehen. Nur zwei Punkte mögen erwähnt werden, von denen mir diese Hemmungen des Verständnisses ihren Ursprung zu nehmen scheinen. Das eine ist eine schiefe Auffassung der einer Strecke als „Maß" zugeordneten Zahl. Von der Metrik her mag sich hier eine naive Vorstellung eingenistet haben, als handele es sich hier um eine Anzahl von Dingen, etwa die Anzahl der in der Strecke aufgehenden Einheiten — also um eine „Kardinalzahl". — Schon in der metrischen Geometrie versagt aber diese Auffassung gegenüber den Irrationalzahlen, und in der projektiven ist sie in der Tat ganz unhaltbar. Der Zahlwert der Koordinate hat hier lediglich den Charakter einer Ordnungszahl. Dieser allein — die eindeutige Anordnung der Koordinatenzahlen —, ist nun aber das, was einzig für die Ausführung eines Grenzübergangs notwendig ist. Und hier scheint mir nun die zweite Schwierigkeit zu liegen. Offenbar haftet in vielen Köpfen dem Grenzprozeß — dank seiner historischen Entstehung aus dem Bildlich-geometrischen — allerhand an, was mit seinem Wesen nichts zu tun hat. An Stelle der allein nötigen Begriffe des „Kleinerwerdens", „Näher-heranrückens" usw. sind die Vorstellungen von „klein", „nah herangerückt" usw. getreten, die jedoch bei keinem Grenzübergang je eine Bedeutung haben können.

Ist diese Schwierigkeit des Irrationalen überwunden, so läßt sich nun die analytische Behandlung der projektiven Geometrie so streng aufbauen wie die der metrischen, und die Theorie genau so umfassend bis zur Behandlung beliebiger transzendenter Kurven ausgestalten. Auch hier werden selbstverständlich homogene Koordinaten $x_1 : x_2 : x_3$ (in der Ebene) und die Plückersche Art der Gleichungsbehandlung verwendet.

Damit verlasse ich das Gebiet der Grundlegung der projektiven Geometrie, um nun Staudts zweite große Leistung zu betrachten: die *Deutung des Imaginären in der projektiven Geometrie* (Beiträge 1857).

Gegenüber dem Imaginären in der Geometrie kann man sich gewiß auf den Standpunkt stellen, daß es keiner geometrischen Deutung mehr bedürfe, sobald nur der Kontakt zwischen Geometrie und Analysis ganz sichergestellt ist, da ja dann die in sich logische Analysis einen genügenden Einblick in die Verhältnisse gewähre. Dieser logisch unanfechtbare Standpunkt ist in der Tat oft eingenommen worden. Kein wahrer Geometer wird sich indessen damit begnügen; denn daß er zu sehen imstande ist, was er denkt, macht ihm Reiz und Wert seiner Wissenschaft aus. Man wird also dennoch versuchen, sich, ganz im Reellen verbleibend, ein geometrisches Abbild der imaginären Elemente zu verschaffen, um diese vollends vor jedem Anhauch von Mystik zu bewahren.

Es lag nun nahe und war schon vor Staudt vorgeschlagen worden, ein konjugiert imaginäres Punktepaar zu repräsentieren durch die reelle Involution zweiter Art — d. h. die Gesamtheit der zu zwei Grundpunkten harmonischen Punktepaare —, die es auf seiner reellen Verbindungsgeraden erzeugt. Indem ich zwei einander trennende Punktepaare a, a'; b, b' hinzeichne (vgl. Fig. 8), ist die Involution eindeutig gegeben und damit ein bestimmtes, konjugiert imaginäres Punktepaar repräsentiert. Genau so können zwei konjugiert imaginäre Strahlen durch eine Involution zweiter Art in einem reellen Strahlbüschel dargestellt werden. Da der Begriff der Involution ein projektiver ist, so liegt hier in der Tat eine projektive, reelle Sichtbarmachung zweier konjugiert imaginärer Elemente vor.

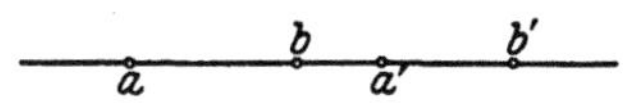

Fig. 8.

Diese Darstellung lieferte jedoch immer nur das Gewünschte für ein Paar von Elementen; es galt nun, eine Methode zu finden, um die beiden Exemplare eines solchen Paares im Reellen sichtbar zu trennen. Dies wurde geleistet durch Staudts genialen Gedanken, der Geraden, die Träger der Involution ist, einen „Sinn“ beizulegen, den wir durch einen beigefügten Pfeil andeuten. Denkt man sich nämlich — indem man für den Augenblick von einer gänzlich anders gearteten geometrischen Darstellung Gebrauch macht — die Gerade zur Gaußschen Ebene verbreitert, so würden in dieser die Grundpunkte der Involution durch zwei zur reellen Geraden symmetrisch gelegene komplexe Punkte gegeben sein. Um nun die beiden Gaußschen Halbebenen durch eine im Reellen sichtbare, der Geraden angeheftete Marke voneinander zu unterscheiden, füge ich ihr einen Pfeil an und treffe die Verabredung, daß, mit diesem Pfeil versehen, die Gerade Träger der Punkte derjenigen Halbebene sein soll, die in der Pfeilrichtung im entgegengesetzten Sinn des Uhrzeigers umlaufen wird (vgl. Fig. 9). Eine entsprechende Verabredung wird für das Strahlbüschel getroffen.

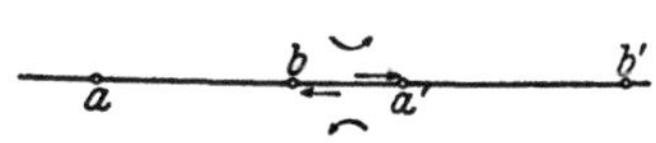

Fig. 9.

Damit ist in der Tat die Trennung geleistet und jedes einzelne imaginäre Element nun im Reellen ein greifbares Gebilde geworden, mit dem alle Operationen der Konstruktion ausgeführt werden können. In Staudts Sinne i s t ein imaginärer Punkt nichts anderes als eine Involution zweiter Art auf einer in bestimmtem Sinn zu durchlaufenden Geraden; eine imaginäre Gerade i s t eine Involution zweiter Art in einem in bestimmtem Sinn zu durchlaufenden Strahlbüschel. Die Aufgabe: einen reellen Punkt P mit einem imaginären Q zu verbinden, ist gelöst, wenn durch Verbinden von P mit der Involution Q das Strahlbüschel samt Involution und samt Sinn hergestellt ist, das der imaginären Geraden PQ gleichkommt.

Mit Hilfe dieser Auffassung ist es uns nun möglich, in das gefundene Netz der Werteverteilung in der Ebene resp. auf der Geraden auch die imaginären Zahlen einzutragen, den reellen Koordinaten solcherweise die imaginären sichtbar hinzuzufügen, und zwar auf Grund der gewohnten Konstruktion. Sind nämlich $u + iv$ und $u - iv$ (wo $v > 0$) zwei konjugiert komplexe Punkte, so ist

$$(x - (u + iv)) \cdot (x - (u - iv)) = (x - u)^2 + v^2 = 0$$

die Gleichung dieses Punktepaares,

$$(x - u) \cdot (x' - u) + v^2 = 0$$

die Gleichung der durch das Paar bestimmten Involution. Geht man durch die Substitution $x = \frac{\xi}{\tau}$, $x' = \frac{\xi'}{\tau'}$ zu homogenen Koordinaten über, so heißt sie

$$(\xi - u\tau) \cdot (\xi' - u\tau') + v^2 \tau\tau' = 0.$$

Daraus lassen sich nun leicht zwei Punktepaare der Involution ausrechnen. Es ergibt sich dann

$$\tau' = 0, \qquad \frac{\xi}{\tau} = u,$$

$$\frac{\xi'}{\tau'} = 1 + u, \quad \frac{\xi}{\tau} = u - v^2.$$

Es gehören also zusammen die Punkte (vgl. Fig. 10)

$$x = u, \qquad x' = \infty :$$

$$x = u - v^2, \quad x' = u + 1,$$

deren Werte auf der reellen Skala aufgesucht werden können. Wird z. B. verlangt, den Punkt $u + iv$ rein projektiv zu konstruieren, so suche ich die Punkte $u - v^2, u, u + 1, \infty$, betrachte sie als zwei sich trennende Paare einer Involution und bestimme, daß sie im Sinne $0, 1, \infty$ durchlaufen werden sollen. Damit ist die Aufgabe gelöst[1]).

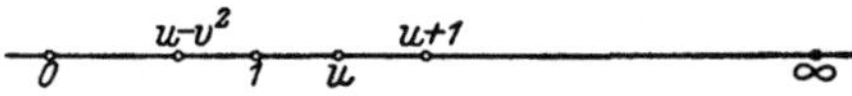

Fig. 10.

Wie die Ausbildung dieser Methode sich im einzelnen macht, das möchte ich nun an einem Beispiel zeigen, das uns schon, als wir von Plücker sprachen, beschäftigte. Wir betrachteten den Satz, daß eine ebene Kurve dritter Ordnung C_3 neun Wendepunkte besitzt, von denen immer drei reell, sechs imaginär sind, und die zu je dreien auf einer Geraden, also auf zwölf eigentümlich konfigurierten geraden Linien liegen. Die natürliche Aufgabe, die sich hier anschließt, ist nun, diese neun Wendepunkte und ihre Konfiguration in der Staudtschen Weise wirklich zu zeigen.

---

[1]) Man vgl. hierzu auch Klein: Elementarmathematik vom höheren Standpunkte aus, Bd. 2, S. 133ff., 3. Aufl., Berlin 1925.

Um eine leichtere Übersicht zu ermöglichen, nehme ich eine prinzipiell unwichtige Veränderung des Problems vor. Ich dualisiere nämlich die Aufgabe und setze an Stelle der Kurve dritter Ordnung C_3 eine Kurve dritter Klasse C^3. Diese besitzt nach obigem Satz neun Rückkehrtangenten (Spitzentangenten), die zu je drei durch einen Punkt gehen. Diese neun Rückkehrtangenten und ihre zwölf Schnittpunkte zu je dreien aufzuweisen, ist nun das Problem.

Nach den Plückerschen Formeln ist die in Frage kommende Kurve dritter Klasse eine Kurve sechster Ordnung, die bei geeignet gewählten Symmetrien etwa die in Fig. 11 angegebene Form hat. Unsere erste Frage muß nun die sein nach den reellen Trägern imaginärer Tangenten. Es sind dies diejenigen Punkte, von denen nur eine reelle Tangente an die C_6 möglich ist. Sie erfüllen das ringförmige Gebiet, und zwar doppeltzählend, da jeder Punkt Träger zweier imaginärer Tangenten ist. (Stellt man sich tatsächlich eine in sich zusammenhängende ringförmige Fläche vor, deren Vorderansicht die Figur darstellt, so kommt man zu dem Begriff meiner „neuen Art Riemannscher Flächen", wie sie der Aufsatz in Bd. 7 der Annalen behandelt. Jeder Punkt dieses Raumes ist also Träger einer Strahleninvolution, der man noch zweierlei Sinn beilegen kann, entsprechend Vorderseite und Rückseite des ringförmigen Flächenstücks[1])).

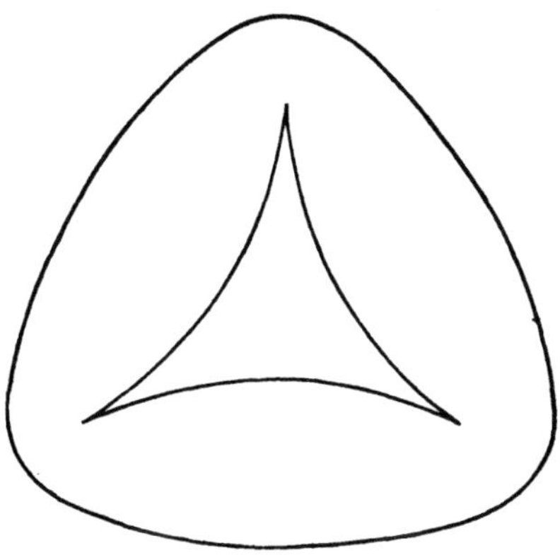

Fig. 11.

Die neun Rückkehrtangenten sind nun leicht eingezeichnet. Außer den drei reellen, sind es drei — bei symmetrischer Zeichnung rechtwinklige — Strahleninvolutionen mit je zweierlei Sinn, getragen von drei dem besprochenen Raum angehörigen Punkten, die zudem je auf einer der reellen Rückkehrtangenten liegen müssen wegen des Satzes von den zwölf Punkten, in denen sich je drei Rückkehrtangenten schneiden (vgl. Fig. 12). Diese 12 Punkte ergeben sich wie folgt:

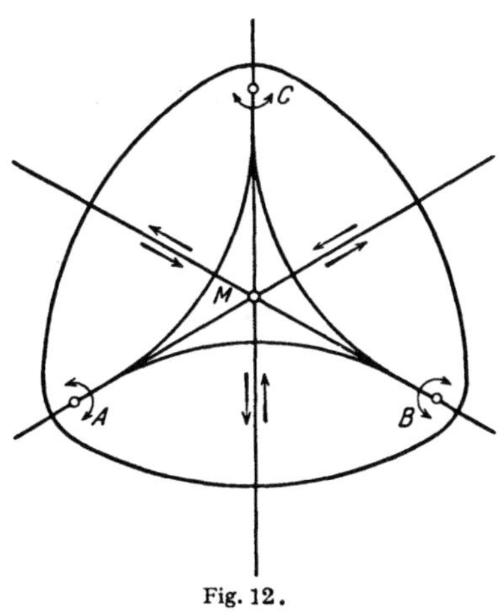

Fig. 12.

[1]) Klein, Ges. Abh., Bd. 2, S. 89ff.; vgl. auch ebendort S. 69.

1 der Mittelpunkt M der Figur, als Schnittpunkt der drei reellen.

2 bis 4 die drei markierten Punkte A, B, C mit Doppelpfeil, in denen sich je eine reelle mit zwei konjugiert komplexen schneidet.

5 bis 10 eine Involution mit zweifachem Sinn auf jeder der Geraden AM, BM, CM. In ihnen schneiden sich je eine reelle mit zwei imaginären, aber nicht konjugierten. So schneidet sich etwa in der Involution auf CM mit dem Sinne $\overrightarrow{CM}$: die Gerade CM mit der Strahleninvolution $A\curvearrowright$ und $B\curvearrowright$.

10 bis 12 die beiden Kreispunkte oder die Involution auf der unendlich fernen Geraden mit zweifachem Sinn. In ihnen schneiden sich die drei von A, B, C ausgehenden imaginären, und zwar $A\hookrightarrow$, $B\hookrightarrow$, $C\hookrightarrow$ in einem Kreispunkt, $A\curvearrowright$, $B\curvearrowright$, $C\curvearrowright$ im andern. Die fast triviale Lösung dieser Aufgabe läßt gewiß an Anschaulichkeit und Übersichtlichkeit nichts zu wünschen übrig.

Damit verlasse ich die Betrachtung der Leistungen, die die projektive Geometrie Staudt verdankt, und wende mich zu der Entwicklung, die sie, unabhängig von dieser prinzipiellen Durchbildung, aber parallellaufend damit, in *Frankreich* und *England* genommen hat, indem ich aus der Fülle der bedeutenden Einzelleistungen wiederum vor allem das herausgreife, was für das Verhältnis von projektiver und metrischer Geometrie wichtig geworden ist.

Um mit Frankreich zu beginnen, so möchte ich von Michel Chasles sprechen als von dem typischen Vertreter der französischen Mathematik dieser Tage. Geboren 1793 in Epernon bei Paris, gehört er an sich der älteren Generation an; seine eigentümliche Entwicklung aber brachte ihm erst spät eine Periode wissenschaftlicher Produktivität. Nachdem er nämlich als Schüler der École Polytechnique bereits 1813 im Journal der Schule eine interessante Arbeit über die projektive Erzeugung des einschaligen Hyperboloïds veröffentlicht hatte, zog er sich in der Folgezeit vom wissenschaftlichen Leben gänzlich zurück, um sich in seiner Heimatprovinz in Chartres dem Bankwesen zu widmen, in welcher Tätigkeit er lange Jahre verblieb und sich ein großes Vermögen erwarb. Erst 1837, also mit 44 Jahren, trat er mit seinem ersten größeren Werk hervor: *Aperçu historique sur l'origine et le développement des méthodes de la géométrie.* 1841 wurde er Professor der Maschinenkunde an der École Polytechnique, und nun beginnt allmählich sein Anstieg im öffentlichen und wissenschaftlichen Leben. Ein besonderer Lehrstuhl an der Sorbonne wurde 1846 für ihn geschaffen als den Vertreter der géométrie supérieure. Als solcher wurde er mehr und mehr Führer und Mittelpunkt der französischen Geometrie, der er durch viele Publikationen und eine weitreichende, schulebildende Lehrtätigkeit zu großer Bedeutung verhalf. Sein Einfluß wurde noch erhöht durch seine lange Lebensdauer. Chasles starb 1880 mit 87 Jahren.

Die späteren Arbeiten Chasles' behandeln höhere algebraische Gebilde. Hier wird er insbesondere der Schöpfer derjenigen Richtung, die man als „abzählende Geometrie" bezeichnet: die Anzahl der Lösungen algebraischer Probleme mit Hilfe geometrischer Betrachtungen zu bestimmen, die aber die algebraischen Grundbegriffe als gegeben voraussetzen — eine Methode, auf die ich später näher eingehen werde. Im augenblicklichen Zusammenhang interessiert uns, was Chasles über Gebilde ersten und zweiten Grades vorgebracht hat, vor allem aber seine Auffassung einer synthetischen, projektiven Geometrie und einer Einordnung der metrischen Geometrie in dieselbe.

Für diese Seite der Chaslesschen Arbeiten ist der *Traité de géométrie supérieure* (1852) bezeichnend. Stofflich bringt dies Buch dem viel Bekanntes, der Moebius und Steiner gelesen hat; an Staudt ist Chasles indes völlig vorübergegangen.

Mit Moebius hat Chasles die Aufnahme und strenge Durchführung des Prinzips der Vorzeichen gemein, die Betonung des Doppelverhältnisses von vier Punkten oder vier Geraden als fundamentaler Größe, das Studium der allgemeinsten Kollineation und der dualistischen Verwandtschaft; mit Steiner die projektive Erzeugung der Kegelschnitte durch projektive Büschel oder Punktreihen. Vielleicht hat Chasles diese Ideen bereits lange in sich getragen; hervorgetreten ist er jedenfalls erst damit, nachdem sie in Deutschland längst Gestalt gewonnen hatten, und es bleibt ihm in dieser Hinsicht nur das Verdienst, die Übertragung nach Frankreich und, an der Hand des weitreichenden französischen Unterrichts, die Weiterverbreitung nach England, Italien, Skandinavien usw. geleistet zu haben.

Chasles bedient sich in seinen Arbeiten durchweg einer vom deutschen Gebrauch abweichenden Terminologie, die man kennen muß, weil sie weithin nachgewirkt hat; z. T. handelt es sich um Übersetzung der lateinischen Ausdrücke ins Griechische. Das Doppelverhältnis heißt bei ihm „rapport anharmonique", was, aus ana-harmonique gebildet, ein „über das harmonische hinausgehendes" Verhältnis bezeichnen soll — wie mir scheint, ein recht unglücklich gewählter Terminus. „Kollineation" ersetzt Chasles durch das gleichbedeutende griechische Wort „Homographie". Für „dualistische Umformung" sagt er „corrélation", welcher Term also bei ihm ganz andere Bedeutung hat als bei dem älteren Carnot. Auch Poncelets Ausdrucksweise erscheint bei Chasles stark verändert und nach meinem Gefühl nicht verbessert. Wenn Poncelet die imaginären Elemente durch sein etwas mystisches principe de continuité zu fassen suchte, so spricht nun Chasles von denjenigen Tatsachen, die nur im reellen Falle statt haben, als von zufälligen Eigenschaften „qualités contingentes", womit aber keineswegs ein Unterscheidungsmerkmal gegeben ist, was im Einzelfall als wesentlich, was als „contingent" anzusehen ist; z. B. zwei Kreise haben immer eine reelle Radikalachse; sie können unter Umständen zwei reelle Schnittpunkte haben, diese sind „contingents". Wie aber faßt Chasles die Tatsache, daß bei der allgemeinen C_3 von den neun Wendepunkten immer drei reell, sechs imaginär sind, durch seinen Begriff der „qualité contingente"?

Eine ganz neue Note tritt jedoch bei Chasles hervor, besonders in seinem Aperçu historique; das ist der Sinn für die historische Entwicklung der Wissenschaft. Eine Menge Vorgänger der neueren Geometrie wurden von Chasles wiederentdeckt und an den Platz gestellt, der ihnen zukommt, so z. B. Desargues, der um 1630 eine bedeutende Produktivität entfaltete, heute noch überall bekannt durch den Desarguesschen Satz. Besonderes Verdienst erwarb sich Chasles um die drei verlorenen Bücher Euklids über die sog. *Porismen*; er fand heraus, daß sie sich mit den einfachsten projektiven Beziehungen beschäftigt haben möchten, eine Vermutung, die durch die spätere Forschung bestätigt wurde.

Die mathematische Geschichtsforschung, die von Chasles ihren neuzeitlichen Impuls empfing, hat uns viel Wertvolles gegeben, insofern sie uns lehrt, die großen Zusammenhänge zu sehen und die Art des Fortschrittes menschlicher Erkenntnis, der sich stets aus Vor und Zurück zusammensetzt, zu ahnen. Freilich ist die Erkenntnis, daß jeder neue Gedanke, den der einzelne geschaffen zu haben glaubt, lange in der Zeit vorbereitet schlummerte — die Weisheit, daß es nichts Neues unter der Sonne gebe, wie das Sprichwort es etwas gröblich ausdrückt —, manchem stark produktiven Kopf nicht eben willkommen; denn sie beschränkt in gleicher Weise das Selbstbewußtsein und die Anerkennung seitens der Umgebung. So erweckte denn auch Chasles durch seine Bestrebungen manche Feindschaft; behauptet doch Poncelet, Chasles' erbitterter Gegner auf vielen Gebieten, der Aperçu historique sei eigens und allein verfaßt, um seine Leistungen herabzusetzen.

Auf der anderen Seite unterlag Chasles selbst einer Entwicklung, die nicht geeignet war, das Ansehen seiner geschichtlichen Bemühungen zu heben. Er vermied nämlich nicht die Gefahr, die in der historischen Durchforschung eines jeden Spezialgebietes menschlicher Kultur verborgen liegt: der Eifer und die Freude an der Entdeckung führt schließlich zu einer Art sportlichen Interesses am Auftreiben möglichst vieler verschollenen Einzelheiten, über dem das Gefühl für die Wichtigkeit und die Sicherheit des Fundes verloren geht. Die sichtende Kritik wird verdrängt durch den Vollständigkeitsdrang des Sammlers. Chasles hatte das Mißgeschick, die Schädlichkeit einer solchen Entwicklung durch einen unglücklichen Fehlgriff aller Welt deutlich vor Augen zu führen, ein Umstand, den ich nicht unerwähnt lassen möchte, da er nach mehreren Seiten ein allgemein menschliches Interesse beansprucht.

Chasles hatte 1861 eine große Autographensammlung erworben, aus der er von 1867 bis 69 Aufsehen erregende Mitteilungen machte. Er begann mit der Publikation von Briefen des jungen Pascal um 1650, in denen dieser Newton's Gravitationstheorie, wie sie 1687 ans Licht trat, in den Grundzügen antizipiert zu haben schien. Es folgten allmählich immer phantastischere Zeugnisse, so ein Brief der Maria Magdalena an den Apostel Petrus, den diese aus Marseille geschrieben haben sollte, ein Privatbrief des Varus an Cäsar usw.

Chasles' Publikationen wurden sogleich heftig angegriffen, insbesondere von dem Astronomen Leverrier. Immerhin beschäftigte sich die Akademie doch während zweier Jahre aufs lebhafteste mit diesen Dingen, wie die davon erfüllten Comptes Rendus von 1867 bis 69 beweisen, bis Chasles schließlich zugeben mußte, daß er das Opfer einer grandiosen Fälschung geworden war.

Die Sache, die unerhörtes Aufsehen erregte, wurde bei dem großen psychologischen Interesse, das sich daran anknüpft, in den sog. neuen Pitaval (Sammlung merkwürdiger Rechtsfälle) aufgenommen, wo man Näheres darüber findet. Man kann nicht umhin, an dem Fälscher, der schließlich in flagranti ertappt wurde, einen gewissen menschlichen Anteil zu nehmen. Müssen ihm doch nicht nur sehr große Geschicklichkeit und bedeutende Kenntnisse eigen gewesen sein, sondern auch ein starker Sinn für Humor, der ihn die Situation, die hervorragendsten Akademiker an der Nase herumzuführen, heimlich gewiß aufs intensivste genießen ließ.

Nach dieser negativen Kritik möchte ich nun von der positiven Ausgestaltung sprechen, die Chasles und mit ihm die französische Schule dem Verhältnis von projektiver und metrischer Geometrie gegeben haben, indem sie den *Kugelkreis* in der unendlich fernen Ebene resp. die Kreispunkte auf der unendlich fernen Geraden wie reelle Gebilde in die Betrachtung einführten.

Einige Erläuterungen in analytischer Form, in der Art, wie sie zuerst von Plücker (Crelle's Journal Bd. 5. 1830) gegeben wurden, möchte ich vorausschicken.

Wenn wir, um homogene Koordinaten einzuführen, für x, y, z setzen: $\frac{\xi}{\tau}$, $\frac{\eta}{\tau}$, $\frac{\zeta}{\tau}$, so ist der Kugelkreis gegeben durch:

$$\tau = 0, \qquad \xi^2 + \eta^2 + \zeta^2 = 0.$$

Hier möchte ich nun gleich darauf hinweisen, wie töricht es ist, von dem „unendlich fernen" Kugelkreis zu sprechen. Die Entfernung vom Nullpunkt ist im allgemeinen gegeben durch

$$r = \sqrt{\frac{\xi^2 + \eta^2 + \zeta^2}{\tau^2}}.$$

Im Falle des Kugelkreises wird dieser Ausdruck $\frac{0}{0}$, also unbestimmt,

d. h. den Punkten des Kugelkreises kann mit gleichem Recht jede Entfernung beigelegt werden; nur so läßt sich ja auch der Umstand verstehen, daß sie jeder Kugel von beliebigem festem Radius r angehören.

Ein von den Franzosen besonders häufig benutztes und ausgebautes Theorem ist das über rechtwinklig sich schneidende Richtungen. Projektiv bedeutet bekanntlich das Senkrechtstehen zweier Richtungen nichts anderes als harmonische Lage zum Kugelkreis, denn sie drückt sich aus durch $\xi\xi' + \eta\eta' + \zeta\zeta' = 0$, d. h. durch das Nullsetzen der Polaren von $\xi^2 + \eta^2 + \zeta^2 = 0$. Auch hier ergeben sich nun wieder scheinbare Paradoxien, wenn man, wie es die Franzosen taten, mit den Geraden arbeitet, die den Kugelkreis treffen. Geht eine solche Gerade durch den Nullpunkt, wie ich der Einfachheit wegen annehmen will, so ist für sie $\xi^2 + \eta^2 + \zeta^2 = 0$. Es sieht also aus, als ob eine solche Gerade auf sich selbst senkrecht stünde; außerdem hat sie die Länge Null!

Wegen dieser paradoxen Eigenschaften nannte Lie zu Beginn seiner Laufbahn (1869—70) diese Gebilde nie anders als „die verrückten Geraden". Später in seinen Publikationen bezeichnete er sie vornehmer als „*Minimalgeraden*". In Frankreich aber hat sich die von Ribeaucour stammende Benennung „*droites isotropes*" ausgebreitet; sie gründet sich auf die Tatsache, daß bei jeder Drehung um den Nullpunkt zwei dieser Geraden — die Verbindungslinien mit den Kreispunkten der zur Drehungsachse senkrechten Ebene — unveränderte Lage behalten.

In Wahrheit handelt es sich auch bei diesen überraschenden Verhältnissen wieder um unbestimmte Werte. Es ist nämlich der Winkel zweier durch den Nullpunkt gehenden Geraden mit den Richtungen $\xi : \eta : \zeta$ und $\xi' : \eta' : \zeta'$ gegeben durch

$$\arccos \frac{\xi \cdot \xi' + \eta \cdot \eta' + \zeta \cdot \zeta'}{\sqrt{\xi^2 + \eta^2 + \zeta^2}\,\sqrt{\xi'^2 + \eta'^2 + \zeta'^2}},$$

Läßt man diese Geraden zusammenfallen, indem man

$$\xi' : \eta' : \zeta' = \xi : \eta : \zeta$$

werden läßt, und drückt gleichzeitig aus, daß es sich um eine Gerade handeln soll, die den Kugelkreis trifft, setzt man also $\xi^2 + \eta^2 + \zeta^2 = 0$, so wird der Winkel bestimmt durch den Ausdruck $\arccos \frac{0}{0}$. Der Winkel, mit dem wir es hier zu tun haben, ist also wiederum unbestimmt; man kann ihm mit demselben Recht die Größe von 90^0 — was dem Nullwerden des Zählers entspricht — als jede andere beilegen. Was aber die Länge dieser Geraden betrifft, so ist für sie in der Tat

$$r = \sqrt{\frac{\xi^2 + \eta^2 + \zeta^2}{\tau^2}} = 0,$$

außer wenn $\tau = 0$ ist. D. h. die Gerade trifft die unendlichferne Ebene in unbestimmter Entfernung, wie es sein muß, da es in einem Punkte des Kugelkreises geschieht.

Diese Verhältnisse werden nun von den Franzosen zu höchst eigentümlichen Schlußweisen benutzt, vermöge deren man mit großer Leichtigkeit, „durch die Luft", wie Lie zu sagen pflegte, zu bedeutsamen geometrischen Resultaten gelangt. Diese Denkart möchte ich insbesondere den Philosophen, die sich sonst häufig auf mathematische Trivialitäten beschränken, zu prinzipieller Überlegung empfehlen.

Als typisches Beispiel für die hier angedeutete Schlußweise will ich Chasles' Entdeckung (im Aperçu historique, Note 31, S. 384ff. der 2. Ausg.) vorführen, wonach konfokale Flächen zweiten Grades solche sind, welche mit dem Kugelkreis in dieselbe, übrigens imaginäre Developpable einbeschrieben sind, deren einzig reelle Teile, zwei Doppelkurven, aus den Fokalkurven der Schar bestehen.

Die Punktgleichung der konfokalen F_2 lautet homogen:

$$\frac{\xi^2}{a^2-\lambda}+\frac{\eta^2}{b^2-\lambda}+\frac{\zeta^2}{c^2-\lambda}=\tau^2.$$

In homogenen Ebenenkoordinaten heißt sie:

$$(a^2-\lambda)u^2+(b^2-\lambda)v^2+(c^2-\lambda)w^2=\omega^2$$

oder:

$$(a^2u^2+b^2v^2+c^2w^2-\omega^2)-\lambda(u^2+v^2+w^2)=0.$$

Da $u^2+v^2+w^2=0$ die Gleichung des Kugelkreises in Ebenenkoordinaten ist, so hat man also eine Schar von Flächen zweiter Klasse vor sich, unter denen sich für $\lambda=\infty$ der Kugelkreis befindet. Allen diesen Flächen ist aber gemeinsam das Gebilde

$$a^2u^2+b^2v^2+c^2w^2-\omega^2=0$$
$$u^2+v^2+w^2=0;$$

das ist aber eine Developpable.

Sehr einfach leitet nun Chasles aus diesen Verhältnissen den Satz ab, daß die konfokalen F_2 nicht nur im gewöhnlichen Sinn orthogonal sind, sondern daß sich auch ihre scheinbaren Umrisse von jedem beliebigen Punkte aus gesehen rechtwinklig schneiden.

Wir betrachten die Gerade, welche das Auge mit dem Schnittpunkt der beiden in Frage gestellten scheinbaren Umrisse verbindet. Die Gerade berührt die betreffenden beiden Exemplare F und F' der Flächenschar. Es gehen ferner durch sie je ein Paar von Tangentenebenen an jede Fläche der Schar, und diese Ebenenpaare bilden eine Involution, deren doppeltzählende Grundelemente gegeben sind durch die in den beiden Berührungspunkten der Geraden an F und F' gelegten Tangentenebenen T und T'. Die durch die Gerade gelegten beiden Tangentenebenen an irgend eine Fläche der Schar liegen also harmonisch zu T und T'. Unter den Flächen der Schar befindet sich aber auch der Kugelkreis. Die an ihn durch die Gerade gelegten Tangentenebenen liegen also ebenfalls harmonisch zu T und T'.

Da nun die harmonische Lage zweier Paare von Elementen eine gegenseitige ist, so bedeutet das nichts anderes, als daß T und T' senkrecht auf einander stehen, was zu beweisen war.

Das ist die Art von Schlüssen, wie sie bei dieser Gruppe von Geometern üblich waren. Es ist gewiß höchst merkwürdig, wie hier viele Erkenntnisse in wenigen Allgemeinbegriffen zusammengepreßt werden, nach deren völliger Erfassung und Beherrschung dann allerlei neue Folgerungen mit an sich reichem, kompliziertem Inhalt fast selbstverständlich erscheinen. Bei Chasles treten diese Schlüsse zunächst noch schüchtern, meist in gedanklicher Umhüllung auf; erst später verwendete er sie mit der großen Freiheit und Geschicklichkeit, die zu besitzen nun die jüngere Generation zu ihrem eigentlichen Ehrgeiz macht. Dieses mathematische Leben hatte seine Blüte erreicht, als ich 1870 mit Lie zusammen in Paris war. Für die hohe Ausbildung und virtuose Handhabung, die dies mathematische Rüstzeug damals erfuhr, möchte ich noch ein weiteres Beispiel geben

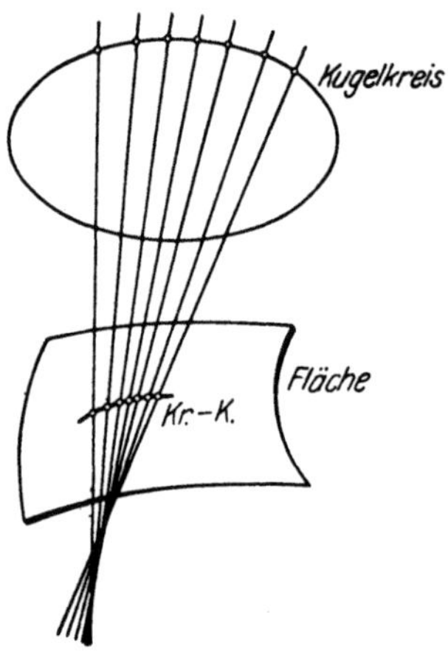

Fig. 13.

Ein vielbearbeitetes Problem in dieser Zeit war das Auffinden von *Krümmungskurven* auf gegebenen Flächen; es gelang im allgemeinen nur in ganz vereinzelten Fällen durch Integration. Da entdeckte Darboux, und zwar aus dem uns interessierenden Ideenkreis heraus, daß auf jeder beliebigen Fläche eine Krümmungskurve ohne weiteres bekannt sei, nämlich die Berührungskurve der Fläche mit der ihr und dem Kugelkreis gemeinsam umschriebenen Developpablen.

Der Satz kommt folgendermaßen zustande. Als Krümmungskurven einer Fläche sind diejenigen Kurven definiert, die von den Fußpunkten konsekutiver sich schneidender Flächennormalen gebildet werden. Als Flächennormalen im Berührungspunkt einer Minimalebene haben aber diejenigen in der Ebene selbst liegenden Geraden zu gelten, welche durch ihren Berührungspunkt mit dem Kugelkreis gehen, nach dem Satz, daß die Normale der Ebene überhaupt durch den Pol der Ebene hinsichtlich des Kugelkreises hindurchläuft. Diese Normalen oder Minimalgeraden schneiden sich nun in der Tat, wenn die Minimalebene auf der Fläche und dem Kugelkreis gleichzeitig weiterrollt (vgl. Fig. 13). Also erzeugt die rollende Ebene — deren konsekutive Stellungen die genannte Developpable darstellen — auf der Fläche eine Krümmungskurve — natürlich imaginär.

Man sieht, wir haben es hier mit einer wunderbaren, praktischen Ausnützung gewisser allmählich gewonnener Gedankenansätze zu tun, in der sich ungewöhnliche Geschicklichkeit und Eleganz offenbart. Diese Eigenschaften, die auch Chasles wesentlich auszeichnen, stehen in einem bemerkenswerten, vielleicht etwas durch die Nationalität bedingten Gegensatz zu der Gründlichkeit und Tiefe, wie sie etwa Staudt besaß, — Gaben, denen allein wir die unanfechtbare Grundlegung des ganzen Gebäudes verdanken.

Die wenigen Stichproben müssen hier genügen. Zu weiterem Studium verweise ich auf eine sehr reichhaltige Literatur, von der hier nur genannt sein mögen:

Chasles: Rapport sur les progrès de la géométrie en France. Paris 1870.

Enzyklopädie, Bd. III C 1 (Dingeldey) und C 2 (Staude).

E. Kötter: Entwicklung der synthetischen Geometrie von Monge bis auf Staudt (Jahresber. d. D. M. V. Bd. 5, 1901).

Die Entwicklung der projektiven Geometrie führt uns nun in den 40er Jahren plötzlich mit einem Sprung von Frankreich nach England, wo, nur durch Literatur angeregt, sich eine ganz eigene Produktivität entfaltet.

Als Mann von überragender Bedeutung tritt uns Arthur Cayley entgegen. Er wurde 1821 in Richmond geboren, wuchs aber in Petersburg auf, wo sein Vater Kaufmann war. 1838—41 besuchte er, wie üblich, die Universität in Cambridge, an welcher er sich 1841 die nach altenglischem System geltenden höchsten Ehren des senior wrangler und des first Smith'prizeman errang. 1841 beginnen auch seine ersten Veröffentlichungen im Cambridge Journal. Dabei schöpfte er seine einzigen Anregungen aus der Literatur, und zwar vorwiegend aus Jacobis Schriften und den Veröffentlichungen der Franzosen.

Ähnlich wie bei Chasles tritt nun aber eine seltsame Unterbrechung der äußeren Laufbahn ein: Cayley wird 1843 Rechtsanwalt in London, welcher Tätigkeit er während 20 Jahren treu blieb. Wie es ihm gelang, neben diesem vollen Beruf noch eine unvergleichliche mathematische Produktivität zu entfalten — hierin sich unterscheidend von Chasles —, das muß immer wieder rätselhaft erscheinen. Cayleys sämtliche grundlegenden Arbeiten sind in dieser Zeit entstanden. Seit 1863 war Cayley Professor in Cambridge, wo er, nach dortiger Überlieferung, immer nur einen ganz kleinen Kreis spezieller Zuhörer um sich versammelte und im übrigen seine Zeit zwischen wissenschaftliche Arbeit und Verwaltungstätigkeit an der Universität teilte. Er beschloß sein stilles Arbeitsleben am 26. Januar 1895.

Cayleys zahlreiche und umfangreiche Werke wurden in 13 großen Quartbänden herausgegeben mit einem ausgezeichneten, von Forsyth bearbeiteten Registerbande. Sie erstrecken sich auf die verschiedensten Gebiete unserer Wissenschaft, z. B. auch Mechanik und Astronomie;

aber in erster Linie ist Cayley doch Vertreter und in weitgehendem Sinne Schöpfer der heutigen algebraischen Geometrie, sowohl nach Seite der Invariantentheorie als nach der geometrischer Theorien.

Im vorliegenden Zusammenhang interessiert uns zunächst die Förderung, die er der Beziehung zwischen projektiver und metrischer Geometrie zuteil werden ließ. Vor allem kommt für uns sein berühmtes *A Sixth Memoir on Quantics* (London, Phil. Trans. 1859, Gesammelte Werke, Bd. II, p. 561) in Betracht. Quantic heißt soviel wie „Form", d. h. homogenes Polynom von zwei, drei oder mehr Variabeln, wonach man binäre, ternäre usw. Formen unterscheidet.

Die fundamentale Auffassung Cayleys, die wir hierbei unserem Bericht voranstellen wollen, ist: die Grundbegriffe der metrischen Geometrie sind Kovarianten des Kugelkreises gegenüber beliebigen linearen Transformationen der homogenen Koordinaten. Dabei genüge hier als Definition, daß Invarianten und Kovarianten Ausdrücke sind, die mit dem Grundgebilde in einem durch lineare Transformation unzerstörbaren Zusammenhang stehen. Man spricht traditionsgemäß von Invarianten, wenn in den Ausdrücken nur die Konstanten irgendwelcher gegebenen Gebilde auftreten, von Kovarianten, wenn auch die Variabeln darin enthalten sind. Da man aber die Konstanten immer selbst als Variable einführen kann, so ist dieser Unterschied kein wesentlicher.

Eine solche Kovariante des Kugelkreises ist nun z. B. der von zwei Ebenen eingeschlossene Winkel, der sich in Ebenenkoordinaten ausdrückt durch

$$\arccos \frac{u \cdot u' + v \cdot v' + w \cdot w'}{\sqrt{u^2 + v^2 + w^2} \cdot \sqrt{u'^2 + v'^2 + w'^2}},$$

wo im Zähler die Polare der Grundform — ihre einfachste Kovariante —, im Nenner die Grundform selbst auftritt. Parallel dazu steht die Entfernung zweier Punkte in Punktkoordinaten:

$$r = \sqrt{\frac{(\xi\tau' - \xi'\tau)^2 + (\eta\tau' - \eta'\tau)^2 + (\zeta\tau' - \zeta'\tau)^2}{\tau^2 \cdot \tau'^2}},$$

wo der Zähler verschwindet, wenn die beiden Punkte ξ, η, ζ und ξ', η', ζ' auf einer Minimalgeraden liegen, der Nenner aber der Gleichung der unendlich fernen Ebene entspricht.

Wenn man sagt, der analytische Ausdruck des Winkels sei eine Kovariante des Kugelkreises, so bedeutet das zunächst folgendes: wenn statt der gewöhnlichen rechtwinkligen Koordinaten durch lineare Transformation irgend ein anderes System homogener Koordinaten u_1, u_2, u_3, u_4 eingeführt wird, und die Gleichung des Kugelkreises übergeht in

$$\sum \alpha_{ik} u_i u_k = 0,$$

so wird der Ausdruck für den Winkel zweier Ebenen

$$\arccos \frac{\sum \alpha_{ik} u_i v_k}{\sqrt{\sum \alpha_{ik} u_i u_k}\sqrt{\sum \alpha_{ik} v_i v_k}},$$

wo die Wertsysteme u_1, u_2, u_3, u_4 und v_1, v_2, v_3, v_4 die beiden Ebenen bezeichnen sollen, deren Winkel gemessen wird.

Angesichts dieser Formel drängt sich nun aber eine verallgemeinerte Auffassung auf: Wenn in irgend einem Koordinatensysteme u_1, u_2, u_3, u_4 irgend ein Kegelschnitt — nicht gerade der Kugelkreis — durch $\sum \alpha_{ik} u_i u_k$ gegeben ist, so soll auf ihn eine Quasimetrik gegründet werden, indem ich vorstehenden Ausdruck als „Winkel" bezeichne, „Entfernung" entsprechend definiere und alle gewohnten Maßbegriffe sinngemäß übertrage. Noch weitergehend, soll unter $\sum \alpha_{ik} u_i u_k$ sogar irgend eine quaternäre quadratische Form verstanden werden, nicht nur eine solche, die, gleich Null gesetzt, einen Kegelschnitt vorstellt, sondern irgend ein Gebilde zweiten Grades, auf das ich nun meine neue Metrik gründe.

Dies ist der von Cayley gefaßte Gedanke der *allgemeinen projektiven* oder *Cayleyschen Maßbestimmung*. Die Stellung der metrischen Geometrie innerhalb der projektiven — descriptive geometry — und die umfassende Bedeutung der letzteren spricht Cayley in dem denkwürdigen Satz aus: Metrical geometry is thus a part of descriptive geometry and descriptive geometry is all geometry. Eine jede metrische Geometrie ist die Invariantentheorie des durch Hinzunahme einer Fläche zweiten Grades erweiterten Systems der vorgelegten Gebilde; die gewöhnliche metrische Geometrie insbesondere ergibt sich durch Adjungierung des Kugelkreises aus der projektiven Geometrie.

Es galt nun, diesen Grundgedanken im einzelnen durchzudenken und auszuarbeiten, und hier setzte meine eigene Beteiligung an dieser Entwicklung ein. Eine gegebene Aufgabe war es von vornherein, die Cayleysche Maßbestimmung für alle die Fälle im einzelnen zu studieren, die man hinsichtlich der Gebilde zweiten Grades vom projektiven Standpunkte aus zu unterscheiden hat. Wenn man bei Gebilden mit reellen Gleichungen bleibt, so sind dies:

a) Eigentliche Flächen zweiten Grades:
   1. reell geradlinig (einschaliges Hyperboloïd, hyperbolisches Paraboloïd),
   2. reell nicht geradlinig (Ellipsoïd, elliptisches Paraboloïd, zweischaliges Hyperboloïd),
   3. imaginär.

b) Eigentliche Kurven zweiten Grades:
   1. reell (Ellipse, Parabel, Hyperbel),
   2. imaginär.

c) Punktepaare:
   1. reell.
   2. imaginär.

d) Doppelpunkt.

b) 2. gibt die gewöhnliche Metrik, indem man den zugrunde liegenden Kegelschnitt — bei Cayley „the absolute" benannt — als Kugelkreis bezeichnet. Die Fälle a) 2. und 3. führen aber gerade zu den beiden Arten nichteuklidischer Geometrien, welche Gauß, Lobatscheffsky, Bolyai und Riemann unterschieden haben und die aus der gewöhnlichen Geometrie gewonnen werden, je nachdem man die Winkelsumme des Dreiecks kleiner oder größer als π nimmt. Also auch diese Systeme sind jetzt in die projektive Geometrie eingeordnet und verlieren alles Paradoxe. Es ist dies der einfachste Weg, um zu ihren Eigentümlichkeiten und der Überzeugung von ihrer Widerspruchslosigkeit zu kommen.

Natürlich lassen sich auch die anderen Fälle verwirklichen und führen zu amüsanten, überraschenden Weltbildern. Der Fall $x^2 + y^2 + z^2 - t^2 = 0$ in der vierdimensionalen Welt oder $dx^2 + dy^2 + dz^2 - dt^2 = 0$ — um bei drei Dimensionen und homogenen Koordinaten zu bleiben — hat neuerdings besondere Bedeutung gewonnen durch die Relativitätstheorie der Physik.

Hier möchte ich nun auf den eigentümlichen Zusammenhang der reinen und angewandten Wissenschaft hinweisen, den ich nach Leibnizschem Vorbild als „prästabilierte Harmonie" bezeichne, und der bewirkt, daß die Theorie sehr häufig gerade die Gebilde schafft und ausbaut aus rein wissenschaftlichem Trieb, welche die Anwendung bald darauf zur Bewältigung der ihr von außen zuströmenden Probleme benötigt. Fast möchte ich den Wert einer gedanklichen Schöpfung danach bemessen, ob es ihr je vergönnt ist, über den Kreis der abstrakten Dinge hinaus, die der Erschaffer allein im Auge hatte, wirksam zu sein; aber freilich, die rein mathematische Ideenwelt ist wie ein blühender Baum, an den man nicht die Anforderung stellen kann, daß jede wohlgelungene Blüte auch zur Frucht reife.

Neben diesem Ausbau stellte die Cayleysche Darstellung aber noch eine zweite Aufgabe; es galt, sie von gewissen prinzipiellen Unvollkommenheiten endgültig zu befreien und zu zeigen, daß hier wirklich eine neue *Grundlegung der Geometrie* gegeben ist.

Es handelt sich nämlich noch um den ersten Schritt des ganzen Systems, um die Einführung der Koordinaten selbst. Bei Cayley sind sie entweder Variable schlechtweg, um deren geometrische Bedeutung man sich nicht kümmert, oder sie werden in üblicher, in der Metrik gebräuchlichen Weise durch euklidische Abstände eingeführt. Demgegenüber mußte geltend gemacht werden, daß die homogenen Koordinaten in Anschluß an Staudt auf rein projektivem Wege eingeführt werden können, wie wir es oben (S. 134 f.) besprochen haben.

Das System der Geometrie baut sich dann folgendermaßen auf:

1. Man begründet, ohne von metrischen Beziehungen zu sprechen, in Anlehnung an die von Staudt gegebenen Gedanken, die projektive

Geometrie. Um mich in der durch Hilbert üblich gewordenen Weise auszudrücken: man stellt die Axiome der Anordnung, Verknüpfung und Stetigkeit auf und errichtet auf ihnen eine Geometrie.

2. Man entwirft sozusagen auf Vorrat die verschiedenen Spezialfälle der Cayleyschen Geometrie (der projektiven Maßgeometrie).

3. Man führt als neues Axiom ein, je nachdem man es für angezeigt hält, daß „das Absolute" eine reelle nicht geradlinige F_2, in deren „Innerem" wir uns befinden, eine imaginäre F_2 oder ein imaginärer Kegelschnitt sei — das sind die drei Fälle, in denen der von Punkten des uns zugänglichen Raumes an das absolute Gebilde gelegte Kegel imaginär ist, so daß die uns gewohnte Winkelmessung zustande kommt.

Durch diese gedankliche Umgestaltung wird die immanente Bedeutung der Cayleyschen Formeln nicht geändert, wohl aber ihre transiente Bedeutung für die Begründung unserer konkreten Geometrie. An Stelle der Auffassung, innerhalb der gewohnten Maßgeometrie Bilder der nichteuklidischen Geometrien konstruiert zu haben, tritt der Anspruch einer von allen Maßbegriffen freien Begründung einer übergeordneten projektiven Geometrie, die alle bekannten Geometrien als Spezialfälle in übersichtlicher Einteilung umfaßt.

Dieser Zusammenhang erschien mir klar, ja ganz selbstverständlich, sowie ich anfing, mich mit diesem Gegenstand zu beschäftigen. Dennoch bin ich mit solchen Gedanken auf den heftigsten Widerstand gestoßen, und zwar von den verschiedensten einander widersprechenden Seiten und aus den verschiedenartigsten Gründen; ein charakteristisches Beispiel, welche Mühe neue Gedanken auch in unserer, scheinbar so objektiven Wissenschaft haben, um sich durchzusetzen. Der, welcher sie zu finden das Glück hat, sieht so deutlich, wie sie aus dem Bekannten hervorwachsen und welche Gestalt sie annehmen, daß er sie beim Herausstellen in die Welt vielleicht nicht genügend sichert gegen Zweifel und Bedenken, die er selbst nie zu überwinden hatte, weil sie ihm nicht begegneten. Die unbeteiligten Zuschauer aber, vor deren Augen das fertige Gebilde plötzlich steht und Daseinsberechtigung beansprucht, können sich, gerade wenn sie selbst Produktivität besitzen, nur schwer bequemen, den vom Entdecker gegebenen Weg zu verfolgen, der seiner und nicht ihrer Individualität entspricht; sie ziehen es vor, dem Gegenstand auf selbstgewähltem und ihnen gewohntem Wege zu nahen, möchte er auch in diesem Falle ein an Hindernissen reicher Umweg sein. Helmholtz' Schrift von der Erhaltung der Kraft, Georg Cantors Einführung der transfiniten Zahlen wären hierher gehörige Beispiele. Wie ich diese Verhältnisse am eigenen Leibe zu spüren bekam, möchte ich kurz berichten.

1869 hatte ich in Fiedlers Bearbeitung der Salmonschen „Conics" die Cayleysche Theorie gelesen und hörte darauf im Winter 1869/70 in Berlin durch Stolz zum ersten Mal von Lobatscheffsky-Bolyai. Auf

Grund dieser Andeutungen hatte ich nur sehr wenig verstanden, faßte aber sogleich die Idee, daß hier ein Zusammenhang bestehen müsse. Im Februar 1870 hielt ich einen Vortrag im Weierstraßschen Seminar über Cayleys Maßbestimmung, den ich mit der Frage schloß, ob hier nicht eine Übereinstimmung mit Lobatscheffsky vorläge. Ich erhielt jedoch als Antwort, das seien doch wohl ganz getrennte Gedankenkreise; für die Grundlagen der Geometrie komme wohl vor allen Dingen die Eigenschaft der Geraden in Betracht, die kürzeste Verbindung zwischen zwei Punkten zu sein.

Durch diese ablehnende Haltung ließ ich mir imponieren und schob die schon gefaßte Idee beiseite. Der Kritik der Logiker gegenüber, die meinem Interesse ferner lag, war ich immer schüchtern. Erst sehr viel später lernte ich verstehen, daß es sich um eine Verschiedenheit der Anlagen handle und daß die Psychologie der mathematischen Forschung ihre großen Probleme berge. Weierstraß war offenbar mehr eine Natur der sorgfältigen schrittweisen Forschung, die den Weg zum Gipfel bahnt; es lag ihm weniger, noch nicht erreichte Spitzen des Gebirges aus der Entfernung in ihren Umrissen deutlich zu erkennen, zum mindesten machte er an dieser Stelle von einem solchen Fernblick keinen Gebrauch.

Der Sommer 1871 führte mich, wie schon erwähnt, in Göttingen wiederum mit Stolz zusammen, dessen ich noch einmal mit besonderem Dank gedenke. Denn wie Staudt, so hat er mir auch Lobatscheffsky und Bolyai zugänglich gemacht, von denen ich selbst nie ein Wort gelesen habe. In endlosen Debatten mit ihm, der ein Logiker par excellence war, wurde mir der Gedanke, daß die nichteuklidischen Geometrien Teile der projektiven seien, im Cayleyschen Sinne zu völliger Gewißheit, die ich auch meinem Freunde nach hartnäckigem Widerstand aufzwang. Ich trat mit der Idee hervor in einer kurzen Note in den Göttinger Nachrichten und einer ersten Abhandlung *über die sog. nichteuklidische Geometrie* in den Annalen Bd. 4. 1871[1]).

Mit diesen Mitteilungen erregte ich jedoch vielfachen Widerspruch, zunächst von philosophischer Seite. Kein Geringerer als Lotze hatte gerade damals das Stichwort ausgegeben, daß alle nichteuklidische Geometrie ein Unsinn sei. Dazu kam ein unausrottbares Mißverständnis, welches noch heute bei Philosophen und populären Schriftstellern seine Rolle spielt, und das ich deshalb nicht unerwähnt lassen möchte. Es knüpft an den zu seinem Unglück recht anschaulichen Ausdruck „Krümmungsmaß" an. Dieser von Gauß eingeführte, von Riemann viel gebrauchte rein mathematische Begriff bezeichnet eine Invariante

$$K = f\left(E, F, G, \frac{\partial E}{\partial p}, \frac{\partial E}{\partial q}, \frac{\partial F}{\partial p}, \ldots, \frac{\partial G}{\partial q}, \frac{\partial^2 E}{\partial p^2}, \ldots, \frac{\partial^2 G}{\partial q^2}\right)$$

---

1) Klein: Ges. Abh. Bd. 1, Nr. XV, XVI.

in der Differentialgeometrie. Man nennt K das Krümmungsmaß des von Gauß stammenden Ausdrucks für das Bogenelement:

$$ds^2 = E\,dp^2 + 2F\,dp\,dq + G\,dq^2,$$

und es besteht der Satz, daß dieses K in nichteuklidischen Räumen konstant sei. Diesem rein immanent mathematischen Satz wird nun in ganz unzulässiger Weise von Philosophen und Mystikern aller Art eine transiente Bedeutung beigelegt, als ob er dem Raum irgendeine anschaulich faßbare Eigenschaft beilege. Im Anschluß daran wird über die vierte Dimension spekuliert und gestritten, da der Raum doch notwendig eine neue Dimension brauche, um „krumm" zu sein. (Auch der mathematische Verein in Göttingen beteiligte sich noch jahrelang an solchen Diskussionen. Vgl. den Blumenthalschen Vers:

Die Menschen fassen kaum es
Das Krümmungsmaß des Raumes.)

All diese Auswüchse, die bald für, bald gegen uns ins Gewicht fielen, haben uns viele und große Schwierigkeiten bereitet. Ich gedenke dabei der endlosen Unterhaltungen, die ich im Winter 1871/72 mit meinen Freunden allabendlich in Gebhards Tunnel zu führen pflegte, und bei denen es oft recht lebhaft zuging.

Wichtiger noch war aber der Widerstand, den ich von mathematischer Seite erfuhr. In meiner Abhandlung Annalen Bd. 4 hatte ich, nicht gewärtig der logischen Schwierigkeiten, die das Problem bieten würde, mit einem harmlosen Gebrauch der metrischen Geometrie begonnen und erst zum Schluß die Unabhängigkeit der projektiven Geometrie von aller Metrik mit einem Hinweis auf Staudt in ziemlich knapper Fassung dargelegt. Nun wurde von mehreren Seiten der Vorwurf eines Zirkelschlusses gegen mich erhoben. Man faßte nicht Staudts rein projektive Definition des Wurfes als Zahl, sondern hielt daran fest, daß diese Zahl doch nur als Doppelverhältnis von vier euklidischen Entfernungen gegeben sei.

Aus der vielfachen Bezugnahme und Korrespondenz mit andern Mathematikern ging im Sommer 1872 meine zweite Abhandlung über *nichteuklidische Geometrie*, Annalen Bd. 6, hervor[1]). Hier untersuchte ich insbesondere die Grundlagen des Staudtschen Systems und wagte einen ersten Vorstoß in die moderne Axiomatik.

Aber auch diese ausführliche Darlegung führte nicht überall zur Klärung. Insbesondere ist Cayley selbst nie über das Mißtrauen hinweggekommen, daß in meinen Schlüssen ein Zirkel verborgen sei (vgl. Cayleys Zusätze zu Bd. II seiner Werke 1889, wo er sich auch auf Sir Robert Ball beruft, mit dem ich ebenfalls stets in lebhafter, in diesem Punkt aber erfolgloser Beziehung stand). Es zeigt sich hier

[1]) Klein: Ges. Abh. Bd. 1, Nr. XVIII.

also wieder einmal die eigentümliche Erscheinung, daß der alternde Geist nicht imstande ist, die Konsequenzen aus seinen eigensten Ansätzen zu ziehen. Der psychologisch notwendige Prozeß, daß das Hirn an Beweglichkeit, an Plastizität einbüßt, läßt sich sehr oft in seinen Folgen beobachten. So hat sich auch Lorentz immer gegen die Durchführung und den Ausbau des Relativitätsprinzips gesträubt, das aufzustellen doch erst durch seine Ideen möglich geworden war.

Von anderer Seite aber wurde mir der gewöhnlichste Vorwurf gemacht, der jeden Produzierenden wohl einmal trifft: die Sache sei nicht neu. In Italien war nämlich um 1868 Beltrami hervorgetreten mit Überlegungen, die nach dieser Seite liegen. Tatsächlich hatte ich in meiner Arbeit von 1871 selbst bemerkt: um von den Formeln Beltramis zu denen Cayleys zu kommen, sei kaum noch ein Schritt zu tun. In diesem Satze hätte ich gut getan, das Wort „Formeln" im Druck hervorzuheben. Tatsächlich wollte ich hier sagen, daß es sich darum handele, bei dieser Formelübereinstimmung das Richtige zu denken.

Die gedanklichen Schlüsse aus diesen Verhältnissen gehen aber bei Beltrami — der übrigens auch die Beziehung auf Staudt nicht hat — an einer charakteristischen Stelle in die Irre, wie ich schon 1871 hervorhob. Es handelt sich hier um einen Fehler, der auch bei Helmholtz und vielen anderen immer wieder vorkommt. Indem sie nämlich die nichteuklidische Geometrie mit einer Winkelsumme größer als π auf der Kugel interpretieren, kommen sie zu dem Schluß, daß hier zwei kürzeste Linien sich immer in zwei Punkten schneiden müssen. Aber in der projektiven Ebene schneiden sich auch bei imaginärem Fundamentalkegelschnitt zwei gerade Linien wie immer sonst tatsächlich nur in einem Punkte! Dieses Beispiel lehrt, daß man bei der Interpretation irgendeiner Maßgeometrie auf einer krummen Fläche auf die Zusammenhangsverhältnisse der letzteren Rücksicht nehmen muß. Die projektive Ebene hat einen von der Kugel grundverschiedenen, ungewöhnlichen Zusammenhang; sie ist nämlich eine einseitige Fläche wie das Moebiussche Blatt, dabei aber geschlossen. Ganz klar wurden diese Dinge erst 1874 ausgesprochen in der Korrespondenz von Schläfli und mir (Annalen, Bd. 7, S. 549/50)[1]).

Noch manches einzelne könnte ich über diese komplizierte, oft gehemmte Entwicklung berichten, doch möge dies genügen. Ein Abbild dieser Kämpfe findet sich in den betreffenden Annalenbänden (insbesondere auch Bd. 37). Nur einen Namen möchte ich noch hier erwähnen: Clifford. Ich gedenke seiner mit besonderer Freude, als eines Mannes, der mich sofort völlig verstanden hat und auch bald über mich hinausging.

---

[1]) Klein: Ges. Abh. Bd. 2, S. 63ff.

Damit verlasse ich die Geschichte der rein geometrischen Entwicklung. Durch den Aufbau eines lückenlosen Systems, das alle geometrischen Forschungen der Zeit organisch in sich schloß und gruppierte, war ein gewisser Abschluß erreicht. Ich wende mich nun zu den algebraischen Fortschritten, welche diese Entwicklung mit sich brachte.

Die parallellaufende Entwicklung der Algebra; die Invariantentheorie.

In dem von uns verfolgten Zusammenhang stellt sich das Thema der Invariantentheorie dar in der Frage: wie finden die projektiven Eigenschaften der Figuren — die sich bei beliebiger Kollineation nicht ändern — ihr Gegenbild in der algebraischen Rechnung? Es handelt sich also nicht mehr, wie bei Plücker, um eine Vermeidung der Rechnung, sondern um ihre Durchführung in einer systematisierten Form, welche die Unabhängigkeit von beliebiger linearer Substitution der Variablen von vornherein hervortreten läßt. Wer aber den historischen Werdegang und schließlich auch die Bedeutung der Invariantentheorie allseitig erfassen will, muß sich auf einen weiterblickenden Standpunkt stellen. In ihrer präzisen, noch erst darzulegenden Gestalt ist die Invariantentheorie zunächst aus der Zahlentheorie entstanden. Von hier aus müssen wir in sie einzudringen suchen.

Um nicht noch weiter zurückzugehen, knüpfe ich an Gauß' Disquisitiones Arithmeticae an. Wie wir in Kap. 1 bereits gesehen haben, ist dort einer der Hauptgegenstände der Zahlentheorie das Studium der binären quadratischen Formen

$$f = a x^2 + 2 b x y + c y^2$$

und die Frage, wie sich f umsetzt, wenn x, y linear substituiert wird

$$x = \alpha x' + \beta y', \qquad y = \gamma x' + \delta y', \qquad \text{wo} \quad \alpha\delta - \beta\gamma = r,$$

Es entstehe

$$f' = a' x'^2 + 2 b' x' y' + c' y'^2.$$

Die Frage nach den Größen, die sich bei dieser Umsetzung nicht oder in übersichtlicher Weise ändern, führt in erster Linie auf die Diskriminante — „Determinant", wie Gauß sagte —:

$$D' = b'^2 - a' c' = r^2 \cdot D.$$

In der Zahlentheorie knüpft sich, wie wir gesehen haben, hieran das besondere Interesse, $a, b, c, \alpha, \beta, \gamma, \delta$ ganzzahlig, $r = 1$ zu wählen und das Äquivalenzproblem zweier Formen zu studieren, für welche $D' = D$ eine notwendige, keineswegs hinreichende Bedingung ist.

Die Invariantentheorie, wie wir sie hier meinen, kehrt sich hingegen von der Zahlentheorie ab und stellt sich ein rein algebraisches Problem: wenn irgendwelche Formen

$$f = a_1 x^n + b_1 x^{n-1} + c_1 x^{n-2} + \cdots + p_1,$$
$$g = a_2 x^n + b_2 x^{n-1} + c_2 x^{n-2} + \cdots + p_2$$

gegeben sind, so sollen solche in $a_1, b_1, \ldots, p_1$, eventuell $a_2, b_2, \ldots, p_2$ homogene Polynome aufgestellt werden, die sich bei linearer Substitution der Variabeln bis auf eine Potenz der Substitutionsdeterminante reproduzieren. Um ein Beispiel zu nennen: Gegeben seien die Formen

$$a_1 x_1 + b_1 x_2, \qquad a_2 x_1 + b_2 x_2.$$

Dann ist die Determinante $\begin{vmatrix} a_1 & b_1 \\ a_2 & b_2 \end{vmatrix}$ eine sog. simultane Invariante der beiden Formen.

Der Quotient

$$\frac{|a\,b|\;|c\,d|}{|a\,d|\;|c\,b|}$$

wäre eine simultane Invariante von vier derartigen Formen, und zwar eine absolute Invariante, da sie sich bei der verlangten Substitution gar nicht ändert (das Doppelverhältnis von vier Punkten).

Es fragt sich nun, wie weit die Geometrie für diese Einengung des Anwendungsbereiches der Invariantentheorie, für ihre Abtrennung von der Zahlentheorie verantwortlich gemacht werden kann. An sich brauchte sie eine solche Entwicklung nicht herbeizuführen; denn wir sahen ja schon, wie man z. B. die Gaußsche Theorie der binären quadratischen Formen durch geometrische Betrachtungen von Gittern, weiterhin durch die Modulfigur, sehr schön stützen und erläutern kann. Die Zahlentheorie ist also gewiß nicht ungeometrisch. Insoweit sich aber die Geometrie auf Kurven, Flächen usw. im kontinuierlichen Raume beschränkte, mußte sie auch eine Einengung der Invariantentheorie herbeiführen.

Der historische Verlauf ist nun der, daß nur wenige Forscher imstande waren, die sehr umfassende Disziplin auch nach allen Seiten gleichmäßig zu verfolgen. Jacobi, der sich noch ganz im Gaußschen Geiste hält, gehört zu diesen, und nach ihm Eisenstein und Hermite. Dann aber tritt eine Spezialisierung ein; die folgenden Forscher sind durch die formal-algebraischen Probleme und ihre Benutzung in der Geometrie völlig hingenommen und kehren sich von der Zahlentheorie ab, dem Geist der Zeit folgend, der auf Spezialisierung drängt.

Weiter macht sich als neuer Zug im nun einsetzenden wissenschaftlichen Leben die durch die gebesserten Verkehrsmittel immer lebhaftere internationale Bezugnahme geltend, die sich zu fortwährender eifriger Zusammenarbeit steigert. Im Zeichen dieses Wissenschaftsbetriebes erfolgt 1868 die Gründung der *Mathematischen Annalen*, die nun das Hauptorgan für die in dieser Richtung liegenden Arbeiten werden.

Von den Forschern, die hier hervortreten, möchte ich nennen:

a) Hesse, Aronhold, als hervorragende Vertreter der Königsberger Schule; etwas später

Clebsch, Gordan usw.;

b) das englische Kleeblatt: Cayley, Sylvester, Salmon;

c) schließlich die Italiener: Brioschi (Lehrbuch der Determinanten) und die Geometer Cremona und Beltrami.

Die Entwicklung, welche die Theorie in den Händen dieser Forscher genommen hat, kann ich natürlich wieder nur an einzelnen Stichproben darlegen. Um so lieber verweise ich auf die von M. Nöther verfaßten Biographien, welche in den Annalen diesen Männern gewidmet sind.

Bd. 7 (1874) Clebsch (von einigen seiner Freunde),
Bd. 46 Cayley,
Bd. 50 Sylvester, Brioschi,
Bd. 55 Hermite,
Bd. 61 Salmon,
Bd. 53 Lie,
Bd. 59 Cremona,
Bd. 74 Gordan,

welch letztere freilich bereits weit über die hier behandelte Zeit hinausgreift. Diese Nötherschen Biographien bilden ein vortreffliches Hilfsmittel zum Studium der ganzen Epoche und dieser eigenartigen ausgedehnten Welt interessanter Beziehungen, die sie pflegt wie die schönen Blumen eines Gartens, nicht äußeren Nutzens wegen, sondern um ihrer selbst willen.

Die unmittelbare Vorstufe zu der modernen Invariantentheorie bildet die Lehre von den *Determinanten*. Dieses ursprünglich von Leibniz ersonnene, im 18. Jahrhundert von Vandermonde, im 19. von Cauchy vervollkommnete mathematische Instrument, wurde von Jacobi zu voller Ausbildung gebracht und in alle Zweige der Wissenschaft, vor allem auch in den Unterricht überall eingeführt. Seine beiden hierhergehörigen Abhandlungen aus Crelle Bd. 22, 1841 sind:

De formatione et proprietatibus determinantium, Werke Bd. 3, S. 355-392.

De determinantibus functionalibus, Werke Bd. III, S. 393—438[1]).

Heute gehören die Determinanten — die Jacobi durch $\Sigma \pm a_{11} a_{22} \ldots a_{nn}$ bezeichnet, wir heute kürzer durch $|a_{ik}|$ —, ihre einfachen Umformungen und die dabei auftretenden Rechenregeln, in die man sich hineinarbeiten muß, um sie mit Vorteil zu gebrauchen, zu dem selbstverständlichen Besitztum jedes mathematisch Gebildeten. Ich brauche darum auf diese Dinge nicht näher einzugehen, und deute hier nur noch einmal das

---

[1]) Deutsch von P. Staeckel in Ostwalds Klassikern (Nr. 77 u. 78).

Auftreten der Determinanten bei der Lösung linearer Gleichungen an, wie ich es oben im Falle zweier Gleichungen mit zwei Unbekannten ausführte. Die Determinante

$$\begin{vmatrix} a_{11} & a_{12} & \dots & a_{1n} \\ \vdots & \vdots & & \vdots \\ a_{n1} & a_{n2} & \dots & a_{nn} \end{vmatrix} = |a_{ik}|$$

ist eine simultane Invariante der n Linearformen

$$\sum_{i=1}^{n} a_{1i} x_i, \quad \sum_{i=1}^{n} a_{2i} x_i, \quad \sum_{i=1}^{n} a_{3i} x_i, \quad \dots, \quad \sum_{i=1}^{n} a_{ni} x_i.$$

Das soll heißen: Setzt man hierin $x_k = \sum_{l=1}^{n} \alpha_{kl} y_l$, und verwandeln sich dadurch die n Linearformen in

$$\sum_{i=1}^{n} a'_{1i} y_i, \quad \sum_{i=1}^{n} a'_{2i} y_i, \quad \sum_{i=1}^{n} a'_{3i} y_i, \quad \dots, \quad \sum_{i=1}^{n} a'_{ni} y_i,$$

so ist die neue Determinante $D' = |a'_{ik}|$ mit der alten $D = |a_{ik}|$ durch die Gleichung verbunden: $D' = r \cdot D$, wo $r = |\alpha_{ik}|$ die Substitutionsdeterminante bedeutet, eine Beziehung, die sich aus dem fundamentalen Theorem der Determinantenlehre, dem Multiplikationssatz ohne weiteres ergibt.

Als Verallgemeinerung dieser Ansätze wird nun die sog. *Funktionaldeterminante* gewonnen. Hier handelt es sich nicht mehr um Linearformen und die Zusammenstellung ihrer Koeffizienten; vielmehr werden ganz beliebige Funktionen von $x_1, x_2, \dots, x_n$ — wie man früher zu sagen pflegte! Heute müßte ich wohl sagen: irgendwelche differenzierbare Funktionen — $f, g, h, \dots$ in Betracht gezogen und aus ihren partiellen Differentialquotienten $f_i = \frac{\partial f}{\partial x_i}$ wird die Determinante

$$\begin{vmatrix} f_1 & f_2 & f_3 & \dots & f_n \\ g_1 & g_2 & g_3 & \dots & g_n \\ h_1 & h_2 & h_3 & \dots & h_n \\ \cdot & \cdot & \cdot & \dots & \cdot \\ \cdot & \cdot & \cdot & \dots & \cdot \end{vmatrix}$$

aufgebaut. Dies Gebilde ist dann in höherem Sinne invariant, nämlich gegenüber beliebigen Transformationen der Variabeln x_i — immer mit der, Jacobi noch unbewußten, Einschränkung, daß die Differentialquotienten der neuen Variabeln nach den alten, und umgekehrt, existieren —. Die Beziehungen

$$\frac{\partial f}{\partial y_1} = f_1 \frac{\partial x_1}{\partial y_1} + f_2 \frac{\partial x_2}{\partial y_1} + f_3 \frac{\partial x_3}{\partial y_1} + \dots + f_n \frac{\partial x_n}{\partial y_1}$$

$$\cdots\cdots\cdots\cdots\cdots\cdots$$

$$\frac{\partial f}{\partial y_n} = f_1 \frac{\partial x_1}{\partial y_n} + f_2 \frac{\partial x_2}{\partial y_n} + f_3 \frac{\partial x_3}{\partial y_n} + \dots + f_n \frac{\partial x_n}{\partial y_n}$$

$$\frac{\partial g}{\partial y_1} = g_1 \frac{\partial x_1}{\partial y_1} + g_2 \frac{\partial x_2}{\partial y_1} + g_3 \frac{\partial x_3}{\partial y_1} + \cdots + g_n \frac{\partial x_n}{\partial y_n}$$

$$\cdots\cdots\cdots\cdots\cdots\cdots$$

$$\cdots\cdots\cdots\cdots\cdots\cdots$$

$$\frac{\partial h}{\partial y_1} = h_1 \frac{\partial x_1}{\partial y_1} + h_2 \frac{\partial x_2}{\partial y_1} + h_3 \frac{\partial x_3}{\partial y_1} + \cdots + h_n \frac{\partial x_n}{\partial y_1}$$

$$\cdots\cdots\cdots\cdots\cdots\cdots$$

und der Determinantenmultiplikationssatz liefern hier die erforderlichen Beweismittel. Wir gewinnen hier den Ausblick auf eine allgemeinere Invariantentheorie, welche die Gruppe beliebiger Substitutionen der Veränderlichen zugrunde legt. In sie gehört als ein anderes — wesentlich komplizierteres — Beispiel die Invarianz des Krümmungsmaßes hinein, die wir oben erwähnten.

Diese Ansätze Jacobis hat nun Hesse insbesondere nach der analytisch geometrischen Seite ausgebaut. Wie schon früher bemerkt, wird nun der Zusammenhang mit der Zahlentheorie ganz aufgegeben.

Hesse wurde 1811 in Königsberg geboren. — Bei dieser Gelegenheit möchte ich nicht versäumen, auf eine merkwürdige Tatsache aufmerksam zu machen, das ist die außerordentlich große Zahl berühmter Mathematiker, die aus Königsberg stammen, wie denn überhaupt die ostpreußische Rasse mit besonderer Begabung in der Richtung unserer Wissenschaft gesegnet zu sein scheint. Rechnet man den Philosophen und Mathematiker Kant mit zu den Unsrigen, so ergibt sich folgende denkwürdige Liste: Kant 1724, Richelot 1808, Hesse 1811, Kirchhoff 1824, Carl Neumann 1832, Clebsch 1833, Hilbert 1862. —

Hesses Talent fand eine langsame Entwicklung an verschiedenen Schulen. 1840—55 war er Dozent in Königsberg, 1855—56 in Halle, 1856—68 in Heidelberg, schließlich 1868—74 in München an der technischen Hochschule. Die Königsberger Zeit bedeutet seine eigentliche Schaffensperiode. In Heidelberg schrieb er das weitverbreitete Lehrbuch: *Vorlesungen über analytische Geometrie*, durch welches der Sinn für elegante Rechnung mit symmetrischen Formeln in weite Kreise getragen wurde. Im übrigen war Heidelberg für Hesses Entwicklung nicht günstig. Er erlag dem Reiz der Neckarstadt, die zwar ein Platz geistiger Anregung, sehr viel weniger aber der angestrengten Arbeit ist. In dem durch den Dichter Viktor Scheffel bekannten Kreise verlebte Hesse wohl manche vergnügte Stunde — ist er doch in dem Gedicht „beide auf Nr. 8" in „Gaudeamus" verewigt worden —, aber seine mathematische Produktivität ging darüber in die Brüche. So fand Hesses Leben einen gewissermaßen tragischen Abschluß; in München wandte er sich wieder der schaffenden Tätigkeit zu, aber nur mit geteiltem Erfolg. Die Sicherheit, Richtiges und Falsches zu scheiden, war ihm abhanden gekommen.

Von Hesses Errungenschaften will ich hier nur diejenige nennen, durch die sein Name dauernd weiterlebt, das ist die sog. *Hessesche Determinante*, gebildet aus den zweiten Differentialquotienten einer homogenen Funktion f:

$$H = \begin{vmatrix} f_{11} & f_{12} & f_{13} & \cdots & f_{1n} \\ f_{21} & f_{22} & f_{23} & \cdots & f_{2n} \\ . & . & . & \cdots & . \\ . & . & . & \cdots & . \\ f_{n1} & f_{n2} & f_{n3} & \cdots & f_{nn} \end{vmatrix},$$

die in der Geometrie eine vielfache Anwendung gefunden hat. Bei linearer Transformation wird $H' = r^2 H$, wie sich ergibt, wenn man H einmal nach Horizontalreihen, einmal nach Vertikalreihen mit der Substitutionsdeterminante r multipliziert. H ist also eine Invariante, oder — da es selbst die Variable noch enthält, sowie f von höherem als dem zweiten Grade ist — eine Kovariante von f.

Welchen Wert diese Kovariante bei geometrischen Betrachtungen besitzt und welcher Fortschritt für die Behandlung solcher Probleme über Plücker hinaus durch sie erreicht ist, das möchte ich an einem ganz einfachen Beispiel darlegen.

Es handelt sich um die Bestimmung der *Wendepunkte einer ebenen Kurve n-ter Ordnung* mit der Gleichung $f(x, y) = 0$. Plücker hatte die Bedingung $\frac{d^2 y}{d x^2} = 0$ in der in allen Lehrbüchern der Differentialrechnung auseinandergesetzten Weise in partielle Differentialquotienten von f umgesetzt. Er erhielt als Bedingung, in Jacobischer Schreibweise, das Nullsetzen der „geränderten" Determinante

$$\begin{vmatrix} f_{xx} & f_{xy} & f_x \\ f_{yx} & f_{yy} & f_y \\ f_x & f_y & 0 \end{vmatrix} = 0.$$

Dieser Ausdruck stellt eine Kurve $(3n - 4)$-ter Ordnung dar. Es könnte also scheinen, als ob die Kurve C_n gerade $n(3n - 4)$ Wendepunkte hätte. Plücker stellt nun die Überlegung an, daß die durch die Determinante gegebene Kurve mit jedem der n unendlichen Äste der vorgelegten C_n im Unendlichen eine Berührung habe, so daß also $2n$ Schnittpunkte, die keine Wendepunkte sind, abgezogen werden müssen; auf diese Weise erhält er die richtige Anzahl der Wendepunkte, nämlich $3n(n - 2)$.

Hier greift nun Hesse ein und zeigt, wie durch konsequenten Gebrauch homogener Variabler der Sachverhalt viel klarer herausgebracht werden kann.

Er setzt $x = \frac{x_1}{x_3}$, $y = \frac{x_2}{x_3}$ und wandelt die von Plücker angewendete Determinante, die nun heißt:

$$\begin{vmatrix} f_{11} & f_{12} & f_1 \\ f_{21} & f_{22} & f_2 \\ f_1 & f_2 & 0 \end{vmatrix} = 0$$

um, durch Anwendung des Eulerschen Theorems über homogene Funktionen:

$$f_1 x_1 + f_2 x_2 + f_3 x_3 = n \cdot f,$$
$$f_{11} x_1 + f_{12} x_2 + f_{13} x_3 = (n-1) \cdot f_1 \quad \text{usw.}$$

Die mit $(n-1)$ multiplizierte Plückersche Gleichung wird nun:

$$\begin{vmatrix} f_{11} & f_{12} & f_{11} x_1 + f_{12} x_2 + f_{13} x_3 \\ f_{21} & f_{22} & f_{21} x_1 + f_{22} x_2 + f_{23} x_3 \\ f_1 & f_2 & 0 \end{vmatrix} = 0.$$

Nun kann man die beiden ersten Vertikalreihen, mit x_1 resp. x_2 multipliziert, von der dritten subtrahieren. Dann hebt sich der Faktor x_3 heraus, und man erhält:

$$x_3 \cdot \begin{vmatrix} f_{11} & f_{12} & f_{13} \\ f_{21} & f_{22} & f_{23} \\ f_1 & f_2 & f_3 \end{vmatrix} = 0.$$

In derselben Weise kann man jetzt mit der letzten Horizontalreihe verfahren. Nach Unterdrückung des Zahlenfaktors $\frac{1}{n-1}$ ergibt sich

$$x_3^2 \cdot \begin{vmatrix} f_{11} & f_{12} & f_{13} \\ f_{21} & f_{22} & f_{23} \\ f_{31} & f_{32} & f_{33} \end{vmatrix} = x_3^2 \cdot H = 0.$$

Der Faktor $x_3^2 = 0$ bezieht sich nun auf die beim Plückerschen Ansatz künstlich durch Überlegung ausgeschiedenen, der vorliegenden Frage fremden Schnittpunkte, die Gleichung $H = 0$, die von $3(n-2)$-tem Grade ist, bestimmt hingegen die gesuchten Wendepunkte als vollständigen Schnitt mit der vorgelegten C_n.

Wir sehen aus diesem Beispiel den Fortschritt der Methode und begreifen nun, daß Hesse es sich als eine Art Ideal aufstellte, durch homogenen symmetrischen Ansatz von vornherein alle Rechnungen so anzulegen und zu einem solchen Ende zu führen, daß der algebraische Prozeß das reine Gegenspiel der geometrischen Überlegungen würde. Seine besondere Aufmerksamkeit wendete er der Theorie der ebenen C_3 und C_4 zu, worauf wir noch zurückkommen werden.

Inzwischen waren die Engländer herangewachsen und hatten in der Invariantentheorie und ihrer Verwendung für die projektive Geometrie die Führung übernommen.

Von Cayley und seiner stetigen Arbeit wurde bereits berichtet: 1821 geboren, begann er schon 1841 im Cambridger Mathematical Journal zu publizieren, und zwar sogleich in der für England neuen, projektiv geometrischen Richtung, die zu der in Cambridge herrschenden Schule der mathematischen Logiker (de Morgan u. a.) durch Hervorkehrung freier mathematischer Produktivität in Gegensatz trat. Schon 1846 finden wir ihn mit seinen „*Mémoire sur les Hyperdéterminants*" als Mitarbeiter beim Crelleschen Journal (Bd. 33). Der Name „Hyperdeterminante" für „Invariante" zeigt deutlich die Spuren der Geschichte dieser Theorie, die eben aus der Determinantenlehre durch Verallgemeinerung hervorging. Cayley begleitet dann ihre Weiterentwicklung, die auch Deutschland andauernd beschäftigt, fortwährend ordnend und selbst schaffend. Berühmt sind seine neun Abhandlungen „*Memoirs on Quantics*", die in den Philosophical Transactions erschienen (1854 bis 1878). Aus allen spricht neben der produktiven Begabung der unermüdliche Fleiß und die zähe Energie ihres Schöpfers.

In Gegensatz zu dieser gleichmäßigen stetigen Natur steht sein etwas älterer Mitkämpfer Sylvester, einer der lebhaftesten und wechselndsten Erscheinungen, die uns bisher begegnet sind. 1814 in London geboren, begann er ebenfalls früh zu produzieren, wechselte aber während der nun folgenden Jahre sehr oft seinen Aufenthalt und seine Beschäftigung. 1841—45 war er Professor an der Universität von Virginia, 1845—55 in London als „Aktuar" (Versicherungsmathematiker) und „barrister" (Rechtsanwalt, wie Cayley) tätig, dann bis 1871 Professor an der Militärakademie in Woolwich. Darauf folgten ein paar Jahre ohne irgendwelche Berufstätigkeit, bis Sylvester 1876 eine Professur an der John Hopkins University in Baltimore annahm. In dieser Stellung gewann er als erster Amerika für die produktive Arbeit an den Problemen der reinen Mathematik, indem er einen äußerst intensiven, ausschließlich auf Invariantentheorie spezialisierten Unterricht erteilte. Er begründete auch das *American Journal*, heute noch eine der bekanntesten mathematischen Zeitschriften. 1884 kehrte Sylvester nach England zurück und trat als 70 jähriger Mann noch eine neue Professur an in Oxford, die er bis zu seinem Tode 1897 innehatte.

Sylvester wurde in London von Cayley für die neue Disziplin gewonnen, in der er bald als ein Führer hervortrat. Von ihm stammen fast alle die in dieser Theorie üblichen Namen: Invariante, Kovariante, Komitante, Diskriminante usw. Es sind dies übrigens nur Stücke seiner gehäuften terminologischen Vorschläge; scherzhaft bezeichnete er sich selbst gelegentlich als den neuen Adam, da er, wie der Menschheit Stammvater, allen Dingen neue Namen gegeben habe.

Sylvester war ein äußerst lebhafter, vielseitiger Geist, der mit der größten Intensität in alles eindrang und alles in Zusammenhang brachte, was ihm begegnete, während es ihm weniger lag, einmal Aufgegriffenes planvoll und systematisch zu abgerundeten Werken großen Stiles zu verarbeiten. In der Wissenschaft war die ganz abstrakte, kombinatorische Art, die Dinge zu betrachten, sein eigentliches Gebiet. In diesem Sinne bearbeitete er neben den invariantentheoretischen Problemen die verschiedensten Gebiete der Mathematik, z. B. Fragen der Mechanik, in hervorragender Weise. Bezeichnend für seine Denkweise ist eine Äußerung, die er mir gegenüber gelegentlich machte über die Frage, wie die chemischen Formeln aufzufassen seien, die damals das Interesse der Mathematiker auf sich zogen, und die er später im American Journal mit den symbolischen Prozessen der binären Invariantentheorie in interessanter Weise parallelisierte. Er wollte in ihnen lediglich die logische Beziehung zweier Begriffe sehen, und tat die Vorstellung miteinander sich verbindender konkreter Atome mit einem Lächeln ab. Nun — das ist jedenfalls nicht die gedankliche Grundlage, auf der die Naturwissenschaft ihre Fortschritte erringt.

Als Persönlichkeit war Sylvester äußerst anregend, witzig und sprühend. Er war ein glänzender Redner und tat sich oft durch seine schlagende, gewandte Verskunst zu allgemeiner Erheiterung hervor. In der Brillanz und Beweglichkeit seines Geistes ist er ein echter Vertreter seiner Rasse; er stammte aus rein jüdischer Familie, die, bis dahin namenlos, erst in seiner Generation den Namen Sylvester annahm.

Von einzelnen mathematischen Leistungen Sylvesters möchte ich nur erwähnen: die Theorie der *Elementarteiler* zweier quadratischer Formen, wenigstens in ihren Anfängen, vor allem aber die der *kanonischen Formen*, d. h. die Frage nach der einfachsten Gestalt einer vorgelegten Form; oder, was dasselbe heißt: die Frage nach demjenigen homogenen Koordinatensystem, in dem ein vorgegebenes algebraisches Gebilde die einfachste Gleichung besitzt. Für die Flächen dritter Ordnung entdeckte Sylvester solcherweise das nach ihm benannte *Pentaeder*, bestehend aus fünf Ebenen $x = y = z = t = u = 0$ und präzisiert durch die identisch befriedigte Gleichung:

$$x + y + z + t + u = 0.$$

In diesem Pentaeder lautet die Gleichung einer Fläche dritter Ordnung

$$a x^3 + b y^3 + c z^3 + d t^3 + c u^3 = 0,$$

aus der sich manche geometrische Eigenschaften der Fläche sehr bequem ableiten lassen.

Bemerken möchte ich nebenbei, daß dies eines der Resultate ist, die der alternde Steiner plötzlich ohne Beweis veröffentlichte und erfunden zu haben behauptete. Tatsächlich waren ihm durch Schläfli die Sylvesterschen Arbeiten zugänglich geworden (vgl. den 1896 von Graf veröffentlichten Briefwechsel der beiden Schweizer Geometer).

Als dritter gesellt sich nun zu Cayley und Sylvester wiederum eine gänzlich andere Erscheinung, der Theologe George Salmon in Dublin.

Er gehörte dem alten irisch-protestantischen Trinity College fast durch sein ganzes Leben an. Diese altehrwürdige Hochschule, aus der auch Hamilton hervorgegangen ist, war von jeher die Stätte einer mehr kontemplativen Geistesrichtung und bildet noch heute den Mittelpunkt der protestantischen Studien in Irland. Theologische, altphilologische und mathematische Studien gehen dort Hand in Hand und sind durch eine gewaltige Tradition (Bischof Berkeley usw.) in eine ein für alle Mal feststehende Form gebracht worden. „Cambridge is so ambitious", sagte man mir — als ich Dublin 1899 besuchte — im Hinblick auf die dort herrschenden modernen wissenschaftlichen Tendenzen. Die ganze Pracht einer alt ererbten Würde und Kultur trat übrigens 1892 hervor anläßlich der dritten Säkularfeier; an dieser beteiligte sich Göttingen durch eine Huldigungsadresse, die von unserem verstorbenen Kollegen Leo in schwungvolle lateinische Distichen gefaßt war. Auf mein Ersuchen, in dieser Würdigung der Verdienste des College auch der Mathematik den ihr zukommenden Platz anzuweisen, erwiderte mir Leo: „Pegasus nimmt auch dieses Hindernis"; und wirklich fanden wir in der vollendeten Ode den Vers: unde mathematicis lumen praeluxit Hamilto!

Aus dieser Atmosphäre also ist Salmon hervorgegangen. Er wurde 1819 in Dublin geboren, studierte am Trinity College, an dem er von 1840 an als Lehrer tätig war. Etwa seit 1860 treten bei ihm die theologischen Interessen mehr in den Vordergrund, die ihn 1866 zum professor of Divinity werden lassen. 1888 übernimmt er auch noch das Amt des Provost und bleibt bis an sein Ende, 1904, mit dem College aufs innigste verwachsen.

Salmon war eine milde, aber in Verwaltungssachen zäh konservative Natur. Als ich ihn 1899 besuchte, lebte er ein gemächliches, friedliches Leben auf dem Lande, in einer Sommerfrische; auf mathematische Gespräche ließ er sich nicht mehr ein; hingegen unterhielt er mich aufs behaglichste mit allerhand harmlosen, kleinen Anekdoten, wie sie in jeder Kleinstadt üblich sind.

Alle drei, Cayley, Sylvester und Salmon haben also ihr ungewöhnlich langes Leben auf mannigfache Weise angewendet und stehen außerhalb der gewöhnlichen Fachlaufbahn, wie wir sie kennen.

Als spezifische Leistung Salmons möchte ich hier seine berühmten Lehrbücher nennen, durch die er der modernen analytischen Behandlung der projektiven Geometrie und den Lehren der Invariantentheorie eine große Verbreitung verschaffte:

1848: *Conic sections.*

1852: *Higher plane curves.*

1859: *Modern higher Algebra.*

1862: *Analytic geometry of three dimensions.*

Diese Bücher sind in zahlreichen Auflagen, Übersetzungen und Bearbeitungen erschienen (deutsch von Fiedler) und erfreuten sich lange Zeit mit Recht großer Beliebtheit. Sie bieten keine systematischen Darstellungen, oder strenge Entwicklungen, sondern eine gelassene Erzählung über die vielen schönen Ergebnisse der algebraisch-geometrischen Betrachtung, die in bequem lesbarem Plauderton fortschreitet. In den neuen Auflagen sind stets die bis dahin gewonnenen neuen Ergebnisse der Forschung eingeflochten, was eben wegen der lose gefügten Form möglich war, ohne den ganzen Bau des Werkes zu stören. Die Bücher sind wie erfreuende und belehrende Spaziergänge durch Wald und Feld und gepflegte Gärten, dei denen der Führer bald auf diese Schönheit, bald auf jene seltene Erscheinung aufmerksam macht, ohne etwa alles zu einem starren System von lückenloser Vollständigkeit zusammenzupressen — eine Tendenz, die bei Fiedler schon eher zu spüren ist —, auch ohne einzelne nutzbringende Pflanzen auszugraben und sie in vorbereiteter Erde nach rationellen landwirtschaftlichen Grundsätzen zur Hochkultur zu ziehen. In diesem Blumengarten sind auch wir alle aufgewachsen, hier haben wir die grundlegenden Kenntnisse gesammelt, auf denen es galt, weiterzubauen.

Ich möchte nun durch einige Proben den Stand der Theorie kurz kennzeichnen, den sie durch diese Männer erreicht hatte.

Mehr nach abstrakter Seite liegt das Problem, zu einer Form ein sog. volles Formensystem aufzustellen, d. h. eine möglichst geringe Anzahl einfachster Invarianten und Kovarianten, durch welche sich alle anderen ganz und rational ausdrücken lassen. Schon Eisenstein fand bei der binären kubischen Form

$$f = a x_1^3 + 3 b x_1^2 x_2 + 3 c x_1 x_2^2 + d x_2^3$$

als einfachste Kovariante (zweiten Grades):

$$H = \begin{vmatrix} f_{11} & f_{12} \\ f_{21} & f_{22} \end{vmatrix}$$

als einfachste Invariante:

$$3 b^2 c^2 + 6 a b c d - 4 b^3 d - 4 a c^3 - a^2 d^2,$$

die Determinante der quadratischen Form H, zugleich Diskriminante von f, die gewöhnlich mit Δ bezeichnet wird. Dazu tritt dann noch die Funktionaldeterminante von f und H, bezeichnet durch Q, wieder vom dritten Grade. Daß diese vier Größen f, H, Δ, Q ein volles Formensystem bilden, hat Cayley nachgewiesen. Von hier aus nahm dann die Frage nach den vollen Invariantensystemen auch für andere Formen ihren Ursprung.

Im Falle der binären biquadratischen Form

$$a x_1^4 + 4 b x_1^3 x_2 + 6 c x_1^2 x_2^2 + 4 d x_1 x_2^3 + e x_2^4$$

entdeckte Cayley, daß zu den Größen $f_{(4)}$, $H_{(4)}$ und der Funktionaldeterminante $Q_{(6)}$ von f und H noch zwei Invarianten hinzutreten, die in der später von Weierstraß gewählten Schreibweise heißen:

$$g_2 = ae - 4bd + 3c^2,$$

$$g_3 = \begin{vmatrix} a & b & c \\ b & c & d \\ c & d & e \end{vmatrix}.$$

Hingegen ist hier $\Delta = g_2^3 - 27 g_3^2$, gehört also nicht mehr dem vollen Formensystem an. Der hier erforderliche Invarianzbeweis geht in seinen rechnerischen Anforderungen bereits über die Möglichkeiten der gewöhnlichen Determinanten hinaus. Es war darum nötig, symbolische Bezeichnungen einzuführen und mit ihnen ein Rechensystem von selbständiger Bedeutung zu entwickeln, um nur überhaupt der Probleme Herr zu werden, die nun bei höheren Formen rasch sehr kompliziert und ungeheuer umfangreich werden. Durch Cayley, Aronhold und Clebsch wurde diese Entwicklung herbeigeführt, die nun der gesamten, sehr umfangreichen Literatur der Folgezeit den Stempel aufdrückt.

Zum Abschluß des ganzen Gebietes möchte ich nun noch ein paar nach geometrisch-algebraischer Seite liegende Einzelheiten aus den sog. Gleichungsproblemen der Geometrie nennen, die von den genannten Forschern behandelt wurden.

Fig. 14.

1. Das Problem der neun *Wendepunkte der ebenen* C_3, das, wie bereits erwähnt, von Plücker entdeckt worden war, wurde von Hesse und schließlich von Aronhold zu Ende geführt. Plücker hatte bemerkt, daß die neun Punkte zu je dreien auf zwölf Geraden liegen. Hesse entdeckte, daß diese zwölf Geraden zu vier Dreiseiten geordnet werden können, von denen jedes alle neun Punkte enthält (vgl. Fig. 14). Die Schar $f + \lambda H = 0$ umfaßt also vier zu Geradentripeln ausgeartete C_3, und aus der Gleichung zwölften Grades, die die zwölf Wendelinien als Lösungen enthält, muß sich eine Gleichung vierten Grades mit invarianten Koeffizienten bilden lassen. Diese von Hesse geforderte Gleichung vierten Grades wurde von Aronhold explizite aufgestellt. Ist sie aufgelöst, so verlangt die Bestimmung der neun Wendepunkte nur noch elementare Operationen.

Eine ähnliche Untersuchung ihrer Gruppierung verlangten die 28 *Doppeltangenten der ebenen* C_4. Auch hier hatte wieder Plücker begonnen, sich aber im einzelnen, wie früher erwähnt, in Irrtümer verstrickt. Die Erledigung des Problems gelang gleichzeitig Steiner und Hesse (Crelle, Bd. 49. 1853)[1].

2. In gleicher Richtung nehmen nun auch die höheren Flächen das Interesse in Anspruch. 1849 entdecken Salmon und Cayley die

[1]) Vgl. auch Klein: Ges. Abh. Bd. 2, S. 110ff.

Existenz von 27 *Geraden auf der* F_3, die eine wunderbare Kombination bilden: jede von ihnen wird nämlich von 10 anderen geschnitten (Cambridge and Dublin Journal Bd. 4). Auch diese können alle reell sein und werden äußerst anschaulich repräsentiert auf der von Clebsch 1872 gefundene *Diagonalfläche*[1]). Auf das Sylvestersche Pentaeder bezogen, lautet ihre sehr einfache Gleichung

$$x^3 + y^3 + z^3 + t^3 + u^3 = 0.$$

Übrigens hängt die F_3 und ihre Geradenkonstellation nun auf eigentümliche Weise zusammen mit den 28 Doppeltangenten einer ebenen C_4, wie Geiser (Math. Ann. Bd. 1, 1868) zuerst bemerkte. Die Beziehung ist folgende: wenn man die F_3 von einem ihrer Punkte O aus auf eine beliebige Ebene projiziert, so entsteht als Umriß eine ebene C_4, deren 28 Doppeltangenten durch folgende von O ausgehende Ebenen ausgeschnitten werden: die Tangentialebene der F_3 in O und die 27 Verbindungsebenen von O mit den Geraden der F_3.

3. Zum Schluß möchte ich noch eine von Kummer 1864 (Berliner Monatsberichte) entdeckte Fläche erwähnen, obwohl ich damit schon in eine spätere Zeit hineingreife. Es ist eine Fläche vierter Ordnung und Klasse — sich selbst reziprok — mit 16 Doppelpunkten, welche 16mal zu je sechs in einer Doppeltangentialebene der Fläche liegen (d. h. in einer Ebene, die längs eines Kegelschnittes berührt). Die Gleichung sechzehnten Grades der Doppelelemente läßt sich auf eine Gleichung sechsten Grades und mehrere quadratische reduzieren, wie Camille Jordan 1868 entdeckte (Crelle Bd. 70) und ich durch geometrische Entwicklungen (Gött. Nachr. 1869, Math. Ann. Bd. 2 = Ges. Abh. Bd. 1, S. 53) bestätigte, meine erste Arbeit, mit der ich mir die Sporen verdiente (eine Fortsetzung meiner Dissertation von 1868).

Der Raum von n Dimensionen und die allgemeinen komplexen Zahlen.

Als dritten wesentlichen Zug in der Entwicklung der algebraischen Geometrie möchte ich nun in Kürze ausführen, welche Verallgemeinerung die besprochenen Dinge und die geometrischen Gedanken überhaupt in dem Zeitraum, der uns interessiert, erfahren haben in Betrachtung eines n-dimensionalen Raumes und allgemeiner — mehr als zweigliedriger — komplexer Zahlen.

Die bisher betrachteten Geometrien, projektive, affine und metrische Geometrie, können kurz charakterisiert werden (vgl. mein „Erlanger Programm" 1872 = Ges. Abh. Bd. 1, S. 460), indem man die Gruppen von Transformationen angibt, welche die in Frage kommenden Beziehungen invariant lassen. Es ergibt sich

---

[1]) Math. Ann. Bd. 4, S. 331ff. 1871; vgl. auch Klein: Ges. Abh. Bd. 2, S. 29ff.

1. für die projektive Geometrie die allgemeinste gebrochene lineare Substitution, inhomogen geschrieben:

$$x' = \frac{\alpha x + \beta y + \gamma z + \delta}{\alpha''' x + \beta''' y + \gamma''' z + \delta'''}$$

$$y' = \frac{\alpha' x + \beta' y + \gamma' z + \delta'}{\alpha''' x + \beta''' y + \gamma''' z + \delta'''}$$

$$z' = \frac{\alpha'' x + \beta'' y + \gamma'' z + \delta''}{\alpha''' x + \beta''' y + \gamma''' z + \delta'''};$$

2. für die affine Geometrie dieselbe Substitution unter Wegfall des Nenners

$$\begin{aligned} x' &= \alpha x + \beta y + \gamma z + \delta \\ y' &= \alpha' x + \beta' y + \gamma' z + \delta' \\ z' &= \alpha'' x + \beta'' y + \gamma'' z + \delta''; \end{aligned}$$

3. für die metrische Geometrie tritt die Bedingung hinzu, daß

$$\begin{vmatrix} \alpha & \beta & \gamma \\ \alpha' & \beta' & \gamma' \\ \alpha'' & \beta'' & \gamma'' \end{vmatrix}$$

eine sog. orthogonale Determinante sein soll, woraus sich dann die Invarianz

$$dx'^2 + dy'^2 + dz'^2 = dx^2 + dy^3 + dz^2$$

ergibt. Dabei ist noch ein feinerer Unterschied, ob man sich auf solche orthogonale Substitutionen beschränkt, deren Determinante $+1$ ist, oder ob man auch die von der Determinante -1 zuläßt.

Angesichts dieser Formeln erscheint nun eine Verallgemeinerung fast selbstverständlich, nämlich an Stelle der drei Variabeln x, y, z eine Anzahl n derselben anzusetzen und sich dementsprechend mit der Geometrie eines Raumes von n Dimensionen zu beschäftigen. Dieser Gedanke lag so nahe, daß von einem eigentlichen Fortschritt erst gesprochen werden kann, als an dem erweiterten Gebiet eingehenderes Interesse genommen und die erforderlichen Theorien genauer ausgebaut wurden.

Für das heutige Geschlecht liegt eine derartige Entwicklung vollends so auf dem natürlichen Gedankenwege — erscheint es doch jetzt fast bescheiden, wenn man sich bei der Verallgemeinerung mit einer endlichen Anzahl n von Variabeln begnügt —, daß ich wohl etwas ausführlicher berichten muß von den Schwierigkeiten und dem hartnäckigen Widerstand, den diese Ideen fanden, noch lange über die Zeit ihres ersten Auftretens hinaus.

Auch hier sind es wieder die Philosophen, die dem Fortschritt der Ideenbildung Schwierigkeiten bereiten aus Mangel an Verständnis für die den mathematischen Theorien eigene immanente Bedeutung und Kraft, welche die Frage nach einer transienten Verwendung zunächst nicht berührt. Es scheint das seltsame Schicksal eines jeden wirklichen Fortschritts der Wissenschaft zu sein, daß er zunächst bei der Kritik der wohlfundamentierten strengen Rechtgläubigkeit Anstoß erregt; und doch liegt das Geheimnis des Vorwärtsdringens gerade in der naiven Produktivität, die aus reiner Freude an der Sache das schafft, wozu der Geist sie treibt.

Aber außer der Ablehnung von philosophischer Seite, also dem zu erwartenden Einwand, daß ein n-dimensionaler Raum ein Unsinn sei, erwuchs uns eine überraschende Schwierigkeit genau aus entgegengesetzter Richtung. Es kamen nämlich nun die philosophischen Enthusiasten, die aus der Existenz und Fruchtbarkeit der mathematischen Theorie auf das Dasein etwa eines wirklichen Raumes von vier Dimensionen schlossen, der in der Natur vorhanden, darum auch experimentell nachweisbar sein sollte.

In diesem Zusammenhang muß ich von dem Leipziger Astrophysiker und Philosophen Zöllner erzählen. Zöllner, 1834 geboren, ist durch viele wertvolle naturwissenschaftliche Forschungen und Anregungen bekannt, insbesondere durch seine „wissenschaftlichen Abhandlungen" 1878—81. Manch eine seiner physikalischen Ideen auf dem Gebiet der elektrodynamischen Theorie der Materie lebt heute wieder auf; so die Vorstellung der fortwährenden Emission kleinster Teilchen, die Erklärung der Gravitation aus der Nichtkompensation elektrischer Anziehungskräfte usw. Auch die experimentelle Physik verdankt ihm viele wertvolle Fortschritte. Zöllner verwendete als erster das Radiometer zu quantitativen Messungen, beobachtete mit Erfolg die Protuberanzen auch außerhalb einer Sonnenfinsternis u. a. m. Mit dieser fraglos bedeutenden naturwissenschaftlichen Begabung verband Zöllner aber einen Hang zu exaltierter Mystik und Spekulation, der ihm bei seiner heftigen Natur zum Verhängnis wurde. Immer geneigt, sich voll Leidenschaft auf die Seite der von Tradition oder Mode unterdrückten oder bedrohten freien Meinung zu stellen, voll Phantasie und voll Gereiztheit gegen vermeintliche Vorurteile, geriet er in das Fahrwasser des Spiritismus und wurde hier, wie nicht zu verwundern, auf gewissenlose Weise ausgenützt.

Sehr merkwürdig aber mag es erscheinen, daß ich selbst, natürlich ohne eine Ahnung dieser Wirkung, den Anlaß zu Zöllners entschlossener Wendung zum Spiritismus gegeben habe. Es war Mitte der 70er Jahre, als der bekannte amerikanische Spiritist Slade, ein äußerst geschickter Taschenspieler — der übrigens einige Jahre später entlarvt wurde — seine berühmten Sitzungen abhielt, die allgemein viel Aufsehen erregten. Kurz vorher hatte ich Zöllner gelegentlich eines rein wissenschaftlichen Gesprächs von Resultaten erzählt, die ich über verknotete geschlossene Raumkurven gefunden und in Bd. 9 der Math. Annalen veröffentlicht hatte (vgl. Ges. Abh. Bd. 2, S. 63). Es war dies die Tatsache, daß das Vorhandensein eines Knotens als eine wesentliche d. h. gegen Verzerrungen invariante Eigenschaft einer geschlossenen Kurve nur insofern betrachtet werden kann, als man sich im dreidimensionalen Raum bewegt; im vierdimensionalen Raume hingegen läßt sich eine geschlossene Kurve von einem solchen Knoten durch bloße Verzerrung befreien; der Knoten hört also auf, eine Eigenschaft der Analysis situs zu sein, wenn man die Betrachtung aus dem gewöhnlichen Raume heraushebt.

Diese Bemerkung nahm Zöllner mit einem mir unverständlichen Enthusiasmus auf. Er glaubte ein Mittel in der Hand zu haben, die „Existenz der vierten Dimension" experimentell nachzuweisen und veranlaßte Slade, die Beseitigung von Knoten geschlossener Schnüre in praxi vorzuführen. Slade nahm die Anregung mit seinem gewöhnlichen „we shall try it" auf, und wirklich gelang es ihm, das Experiment binnen kurzem zu Zöllners Zufriedenheit durchzuführen. Daß es sich bei diesem Versuch um eine versiegelte Schnur handelte, auf deren Siegelverschluß Zöllner beide Daumen pressen mußte, während Slade die Hand darüber legte, möge nur beiläufig erwähnt werden. Zöllner schloß aus diesem Experiment, daß es „Medien" gäbe, die in einer engeren Beziehung zur vierten Dimension ständen und die Kraft besäßen, Dinge unserer Körperwelt hinüber und herüber zu bewegen, so daß sie für unsere Sinne verschwinden und wiedererscheinen!

Hier knüpft nun die große populäre Mystifikation an, die bald in Verbindung mit Hypnotismus, Suggestion, religiösem Sektentum, populärer Naturphilosophie usw. lange Zeit viele Köpfe beherrschte, und deren Spuren noch heute in Varietévorstellungen, Kinos, Taschenspielerkünsten aller Art, schließlich auch in der Umgangssprache anzutreffen sind.

Die große Erregung, in die Zöllner durch diese Dinge und durch den Widerstand, den sie fanden, versetzt wurde, mag zur Beschleunigung seines Endes beigetragen haben. Eine fieberhafte Tätigkeit setzte bei ihm ein; während seiner letzten Lebensjahre ließ er täglich über einen Bogen drucken! 1882 wurde er, noch nicht 50 Jahre alt, mitten aus seiner Arbeit durch einen Gehirnschlag fortgerissen. —

Durch all diese Mißverständnisse, Streitigkeiten und Wirrsale hindurch errang sich der n-dimensionale Raum dennoch schließlich sein Bürgerrecht im Reiche wissenschaftlicher Vorstellungen, und zwar, wie wir Mathematiker mit Genugtuung erlebten, nicht nur im engeren mathematischen Kreise, sondern auch in dem weiteren der theoretischen Physik. In der Mechanik wurde der R_n als willkommenes Hilfsmittel aufgenommen, um z. B. ein starres System von n Freiheitsgraden mathematisch zu fassen. In der kinetischen Gastheorie behandelt man gar

Räume von 6 N Dimensionen, wo N die Anzahl der Moleküle in einem Massengramm des zu betrachtenden Gases bedeutet, deren jedem sechs Koordinaten, Ort und Geschwindigkeit bestimmend, beigelegt sind. Da $N = 6 \cdot 10^{23}$ ist, so arbeitet man hier also mit einem Raum von $36 \cdot 10^{23}$ Dimensionen. Die anregende Kraft, die in dieser Vorstellung liegt, die Vereinfachung, welche die Probleme auf dieser Grundlage gewinnen, ist unverkennbar für jeden, der sich mit dieser Arbeitsweise beschäftigt hat.

Die fruchtbarste Ausdeutung aber hat die Vorstellung speziell des 4-dimensionalen Raumes in der Mechanik gefunden, indem man den drei Raumkoordinaten x, y, z als vierte „Dimension" die in jeder Relation der Mechanik auftretende Variable t, die Zeit, hinzufügte. Die Bedeutung, die diese zuerst von Lagrange aufgestellte, aber nicht weiter verfolgte Vorstellung in der Physik unserer Tage in der sog. Relativitätstheorie gewonnen hat, ist hinlänglich bekannt.

Mit Lagrange beginnt denn auch die historische Entwicklung der Lehre vom mehrdimensionalen Raume. In rein formalen Ansätzen schreitet sie fort bei Cauchy u. a. So schreibt Cayley, 1844, also mit 22 Jahren, im 4. Bande des Cambridge Mathematical Journal „Chapters on the analytical geometry of n dimensions" (Werke, Bd. 1, S. 55ff.). Die erste zusammenhängende Darstellung aber findet die Theorie als eine selbständige mathematische Disziplin 1844 in einem höchst eigenartigen Werke, von dem ich bald Näheres erzählen werde, in der Ausdehnungslehre des Stettiner Gymnasiallehrers Graßmann. Ehe ich hierauf eingehe, muß ich jedoch zwei andere Autoren erwähnen, die in verschiedener Form an denselben Gedanken herangeführt wurden, und die sehr wesentlich dazu beigetragen haben, daß der Raum von n Dimensionen, R_n, um 1870 Gemeingut der vorwärtsstrebenden jüngeren Generation geworden war.

Da ist zuerst Plücker zu nennen, der in seinem „*System der Geometrie des Raumes*" von 1846 in der berühmten Nr. 258 (S. 322f.) das Problem des 4-dimensionalen Raumes von einer ganz neuen Seite angreift. Er macht nämlich die Gerade zum Grundelement der Geometrie des Raumes. Diese ist durch zwei lineare Gleichungen gegeben:

$$x = rz + \varrho \quad \text{und} \quad y = sz + \sigma,$$

also durch vier Parameter r, ϱ, s, σ. Man kann darum sagen: unser Raum hat vier Dimensionen, sofern man die Gerade als Raumelement ansieht. Und dieses ist in der Tat die Bedeutung, die Plücker der Vorstellung eines n-dimensionalen Raumes beilegt, daß man die Geometrie des gewöhnlichen Raumes auf der Wahl eines von n Parametern bestimmten Grundelements aufbaut. Die Auffassung, die einen Punktraum von n Dimensionen fingiert, lehnte er im gelegentlichen Gespräch als „zu metaphysisch" ab.

Auf dieser Grundlage entwickelt sich nun als neue Disziplin die sog. *Liniengeometrie*, d. h. die Lehre von denjenigen Aggregaten von Geraden, die durch ein, zwei oder mehrere Gleichungen zwischen r, ϱ, s, σ gegeben sind. Plücker bezeichnet das durch $f(r, \varrho, s, \sigma)$ gegebene Gebilde als *Komplex*, den Schnitt zweier Komplexe als eine *Kongruenz*. Die „geradlinigen Strahlensysteme", die Kummer 1866 studierte, sind derartige Kongruenzen. Das Nähere findet sich in Plückers „*Neue Geometrie des Raumes*" 1869/70.

An zweiter Stelle habe ich Riemann zu erwähnen und seinen hochbedeutsamen Habilitationsvortrag, Göttingen 10. Juni 1854, „*Über die Hypothesen, welche der Geometrie zu Grunde liegen*" (nicht zu verwechseln mit Riemanns Habilitationsschrift über die trigonometrischen Reihen die nach anderer Seite ebenso bahnbrechend gewirkt hat).

Wie auf so vielen mathematischen Gebieten, so ist auch hier Riemann der eigentliche Fortsetzer der von Gauß gebildeten Gedanken. In den „*Disquisitiones circa superficies curvas*" (1827 = Werke, Bd. 4, S. 217) betrieb Gauß eine sog. „innere" Geometrie auf einer Fläche. Ausgehend von der Form des Bogenelements

$$ds^2 = E\,dp^2 + 2\,F\,dp\,dq + G\,dq^2$$

stellte er die Frage auf nach denjenigen Eigenschaften der Fläche, die unabhängig von der Wahl des beliebigen krummlinigen Koordinatensystems p, q bestehen. Er fand die durch $\delta \int ds = 0$ definierten geodätischen Linien; er bildete aus E, F, G und ihren ersten und zweiten Differentialquotienten nach p und q die als „Krümmungsmaß" bezeichnete Invariante (vgl. S. 152) u. a. m.

In dieser Weise setzt nun Riemann einen Raum oder, wie er sagt — um die sich an dieses Wort heftenden Widerstände zu umgehen —, eine Mannigfaltigkeit von n Dimensionen an, in der er für das Bogenelement eine positive definite quadratische Form zugrunde legt:

$$ds^2 = \sum_{i,k=1}^{n} a_{ik}\,dx_i\,dx_k$$

und die Frage nach den von der Wahl der $x_1, x_2, \ldots, x_n$ unabhängigen Eigenschaften daran anknüpft. Besonderes Interesse gewinnen dabei diejenigen Mannigfaltigkeiten, deren Normalform durch

$$ds^2 = dx_1^2 + dx_2^2 + \cdots + dx_n^2$$

gegeben ist und ihre Charakterisierung durch Bedingungen für die Koeffizienten a_{ik}, sowie andererseits diejenigen, bei denen

$$ds^2 = \frac{1}{1 + \frac{\alpha}{4} \sum\limits_{i=1}^{n} x_i^2} \cdot \left(\sum_{i=1}^{n} d\,x_i^2 \right)$$

gesetzt werden kann. Die ersteren bedeuten eine direkte Verallgemeinerung der Euklidischen Geometrie, die letzteren schließen die nichteuklidischen Raumformen mit ein. In Anlehnung an die elementare Flächentheorie des R_3 bezeichnete Riemann die erste Gruppe als ebene Mannigfaltigkeiten, die zweite als solche von konstantem Krümmungsmaß. Diese Analogie hat viel Bestechendes, ist aber dennoch schief. Denn die Eigenschaften „eben", „konstante Krümmung" gelten für die zweidimensionalen Gebilde nur insofern, als sie sich in einem dreidimensionalen Raume befinden; bei der Riemannschen Mannigfaltigkeit R_n ist aber von einer umgebenden Mannigfaltigkeit R_{n+1} garnicht die Rede

Dieser Vortrag erregte ungeheueres Aufsehen, als er nach Riemanns frühzeitigem Tode (1866) in Band **13** der Göttinger Abhandlungen **1868** durch Dedekind veröffentlicht wurde. Hatte doch Riemann hier nicht nur tiefgründige mathematische Untersuchungen in Angriff genommen — auch hier knüpft wieder eine neue mathematische Disziplin an, die Lehre von den allgemeinen Eigenschaften und der Klassifikation der Differentialformen $\sum a_{ik}\, dx_i\, dx_k$—, sondern überall auch die Frage nach der inneren Beschaffenheit unserer Raumvorstellung und die Anwendbarkeit seiner Ideen auf die Naturerklärung gestreift.

Sehr merkwürdig ist nun, wie hier, in viel späterer Zeit, die neueste Naturwissenschaft anknüpft. Der Einsteinschen Relativitätstheorie liegt ein ds^2 zugrunde, das bei Einführung einfachster Koordinaten die Gestalt

$$dx^2 + dy^2 + dz^2 - dt^2$$

annimmt. Es handelt sich hier also um einen der von Riemann betrachteten Ausdrücke, mit dem Unterschied freilich, daß die Form nicht mehr positiv definiten Charakter hat.

Nun aber kehren wir zu Graßmann zurück, mit dem wir uns ausführlicher zu beschäftigen haben.

Graßmanns Persönlichkeit und seine Arbeiten sind uns in sehr deutlicher Weise vermittelt durch seine in drei Doppelbänden von **1894—1911** im Auftrage der Gesellschaft der Wissenschaften zu Leipzig herausgegebenen Werke, deren dritter Band eine eingehende, sehr lesenswerte Biographie von Engel enthält. Diese Arbeit Engels ist um so verdienstvoller, als sie sich von der üblen Gewohnheit der Sekte der Graßmannianer freihält, die ihren Meister kritiklos glorifiziert.

Hermann Graßmann wurde 1809 in Stettin geboren als Abkomme einer alten protestantischen Pastorenfamilie, in der wissenschaftliche und künstlerische Interessen zur Tradition gehörten. Diese Familienabstammung ist für Graßmann von größter Bedeutung. Unter ihrem dauernden Einfluß entwickelt sich seine stille, langsame Natur auf eigenem Wege und nach eigenen Gesetzen. Graßmann beginnt seine wissenschaftliche Laufbahn bezeichnenderweise mit dem Studium der Theologie und Philologie, das er 1827—30 in Berlin betreibt, teilweise unter dem Einfluß Schleiermachers, im übrigen aber als Autodidakt.

Mathematische Vorlesungen hat Graßmann nie gehört; 1832 etwa beginnt er aber selbständig mit der Beschäftigung nach mathematischer Seite. Erst 1839/40 unterzieht er sich einer ergänzenden Lehramtsprüfung in der Mathematik (mit einer Arbeit über Ebbe und Flut), nachdem er bereits seit 1836 Lehrer in Stettin (vorher in Berlin) war. Seit 1842 war er am Stettiner Gymnasium beschäftigt, in welchem Amte er bis zu seinem Tode 1877 blieb.

Trotz aller Originalität und Bedeutung seiner Arbeiten ist also Graßmann niemals Universitätslehrer gewesen, wie ihm denn überhaupt infolge seiner eigenartigen Arbeitsentwicklung während der Hauptzeit seines Lebens als Mathematiker keine rechte Anerkennung zuteil wurde. Begreiflicherweise hat sich Graßmann über dies ungerechte Schicksal oft beklagt; dennoch barg es auch für ihn gewisse Vorzüge, deren Folgen sich in Graßmanns Arbeiten und Persönlichkeit wohl bemerken lassen. Wir Akademiker wachsen in scharfer Konkurrenz mit Gleichstrebenden auf, wie ein Baum mitten im Walde, der nach oben kommen und schmal bleiben muß, um nur überhaupt existieren zu können und sich sein Teil an Licht und Luft zu erobern; wer hingegen einsam steht, wie Graßmann, kann sich nach allen Seiten voll auswachsen, Wesen und Arbeit zu harmonischer Durchbildung und Abrundung bringen. Freilich ist ein gewisses Maß von Dilettantismus bei der Allseitigkeit, die Graßmann verkörperte, wohl unerläßlich, ein Zug, der seine Altersarbeiten deutlich beeinträchtigt.

Schier überwältigend ist die Zahl und Verschiedenheit der Gebiete, mit denen sich Graßmann beschäftigte und die er produktiv bereicherte. Er war nicht nur Mathematiker von originellstem Gepräge, mit stark philosophischem Interesse, sondern auch Physiker nach theoretischer und praktischer Seite hin, dem wir vortreffliche Arbeiten über elektrische Ströme, Farbenlehre und Vokallehre verdanken. Zu den Untersuchungen auf letzterem Gebiet — die mit den Helmholtzschen parallel laufen und von diesem Forscher sehr geschätzt wurden —, befähigte Graßmann vor allem sein überaus feines musikalisches Gehör, wie er denn auch nach künstlerisch-musikalischer Seite von großem Interesse und außergewöhnlicher Begabung war. Daneben gingen seine philologischen Neigungen weiter; insbesondere die Sprachvergleichung fand Graßmanns Interesse und förderliche Arbeit; sie verdankt ihm ein Wörterbuch zum Rigveda, eine Sammlung deutscher Volkslieder, Untersuchungen über deutsche Pflanzennamen u. a. m. Zu alledem fand Graßmann auch noch Zeit, am öffentlichen zeitgenössischen Leben den regsten Anteil zu nehmen. Politische, soziale, kirchliche Fragen bewegten ihn aufs lebhafteste. Während mehrerer Jahre war er Zeitungsredakteur, die Freimaurer zählten ihn zu den ihrigen und erhoben ihn zum Meister vom Stuhle; besonders reges tätiges Interesse wandte er der Chinamission zu.

Bei einer so überreichen Tätigkeit kann es nicht wundernehmen, daß Graßmann wenigstens nach einer Seite versagte: er war ein schlechter Lehrer. Zwar widmete er sich auch diesem seinem Beruf mit der ihm eigenen Gewissenhaftigkeit; sein allzu gütiges, bescheidenes, immer freundliches Wesen war jedoch nicht geeignet, ihm bei seinen Schülern Respekt zu verschaffen. Graßmann war zufrieden, wenn er einige wenige für sein Gebiet interessierte und litt es, daß die verständnislose Menge der Schüler sich auf ihre für ihn nicht gerade schonende Weise vergnügte — ein deutliches und warnendes Beispiel dafür, daß die Tüchtigkeit des Lehrers mit wissenschaftlicher Bedeutung und Produktivität nicht Hand in Hand zu gehen braucht.

Wir wenden uns nun zu Graßmanns mathematischer Leistung. Sie wird gegeben durch sein großes Werk, die *Ausdehnungslehre,* deren erste Auflage, nur die affine Geometrie betreffend, **1844** erschien; die zweite Auflage (**1861**) enthält dieselbe Theorie in gänzlich anderer Darstellung und unter Mitumfassung des Metrischen. Beide Werke sind äußerst schwer zugänglich, ja fast unlesbar. Das erste deduziert aus allgemeinsten philosophischen Begriffen ohne irgendwelche Formeln. Der zweite Teil operiert zwar mit n Koordinaten, bedient sich aber sehr vieler neuer Termini und Algorithmen und ist in durchaus streng systematischer euklidischer Darstellungsweise aufgebaut. Um ein Bild des Inhalts zu geben, will ich hier versuchen, das Wesentliche in unsere Sprache zu fassen.

Gegenstand der Untersuchung ist ein Kontinuum mit n Variabeln $x_1, x_2, \ldots, x_n$ (nicht homogen), also ein R_n. In der ersten Auflage der Ausdehnungslehre wird dieser R_n vom Standpunkt der affinen Geometrie betrachtet; Graßmann bezeichnet dies als „lineale" Ausdehnungslehre. In der zweiten Auflage wird die Größe

$$\sqrt{x_1^2 + x_2^2 + \cdots + x_n^2}$$

adjungiert, es tritt also die metrische Betrachtungsweise hinzu. Es handelt sich um eine Verallgemeinerung der gewöhnlichen euklidischen Geometrie auf den R_n. Das Interesse wendet sich in erster Linie auf die linearen Gebilde, also Punkt, Gerade, Ebene ..., oder — da die Terminologie bei der Verallgemeinerung im R_n versagt — eine Reihe von Gebilden $S_0, S_1, \ldots, S_n$, die man, entsprechend dem Gesetz der Dualität, auch vom andern Ende beginnend durchlaufen kann.

Soweit also hätten wir nur die Steinerschen Grundgebilde, ausgedehnt auf den R_n. Nun aber kommt bei Graßmann ein wichtiger Schritt: er verbindet mit diesen Gebilden den Inhaltsbegriff und unterscheidet von dem unbegrenzten Gebilde selbst bestimmte, auf ihm abgeschnittene Stücke, die er als besondere Objekte der geometrischen Betrachtung unterwirft; er spricht von „Strecken" oder Linienteilen, „Plangrößen" oder Ebenenteilen, Raumteilen usw. (vgl.

meine Elementarmathematik vom höheren Standpunkt, Bd. 2, 3. Aufl., S. 22ff., 31ff.).

Wie sich die Aufzählung der Grundgebilde dadurch gegenüber der Steinerschen gestaltet, möchte ich für den Fall des gewöhnlichen R_3 zeigen, indem ich Graßmanns Selbstanzeige in Grunerts Archiv (Bd. 6, 1845 = Werke, Bd. I, 1, S. 297–312) folge. Wie wir sehen werden, ergeben sich nach Graßmannscher Zählung sieben Grundgebilde (resp. sechs) an Stelle der Steinerschen vier: Punkt, Gerade, Ebene, Raum. Graßmann bedient sich bei dieser Aufzählung streng des systematischen Prinzips der Determinanten und ihrer Matrices, wenn auch nicht in dem uns gewohnten Gewande, wie ich es hier darstelle.

Ein erster wichtiger Schritt ist, daß er jedem Punkte ein „Gewicht" m erteilt — eine deutliche Anknüpfung an Moebius, mit dem Graßmann seinem ganzen Wesen nach viele Züge gemein hat —, wodurch er ein viergliedriges, also homogenes Koordinatensystem erhält. Dem Punkt legt er die Koordinaten bei: mx, my, mz, m, eine Bezeichnungsweise, die auf einfachste Art die Darstellung des Schwerpunktes zweier Punkte

$$m_1 x_1, \quad m_1 y_1, \quad m_1 z_1, \quad m_1,$$
$$m_2 x_2, \quad m_2 y_2, \quad m_2 z_2, \quad m_2,$$

als Summe der Komponenten zuläßt:

$$m_1 x_1 + m_2 x_2, \quad m_1 y_1 + m_2 y_2, \quad m_1 z_1 + m_2 z_2, \quad m_1 + m_2.$$

Wird insbesondere das Gewicht des Punktes gleich Null — d. h. rückt der Punkt ins Unendliche —, so stellt jetzt das Wertesystem, wie es sich aus der Subtraktion zweier Punkte von gleicher Masse ergibt, eine Strecke dar

$$x_1 - x_2, \quad y_1 - y_2, \quad z_1 - z_2, \quad 0$$

oder

$$X, \qquad Y, \qquad Z, \qquad 0$$

d. h. ein Stück auf einer Geraden, dem eine bestimmte Richtung eigen ist, das aber im übrigen im Raume frei beweglich ist. Wegen dieser Eigenschaft bezeichnen wir es deutlicher als „freie Strecke"; es ist dies das uns aus der Mechanik wohlbekannte Gebilde des „freien Vektors".

Wir schreiten nun fort zu den Grundgebilden der zweiten Stufe. Sie werden gewonnen aus der Matrix zweier Punkte mit gleicher Masse:

$$\begin{pmatrix} x & y & z & 1 \\ x' & y' & z' & 1 \end{pmatrix}$$

(Da es keine wesentliche Verallgemeinerung gibt, wenn wir die Massen ungleich nehmen, so setzen wir sie zunächst gleich 1, und später gleich Null, um einen Spezialfall zu bekommen.) Die Determinanten dieser Matrix bestimmen einen „Linienteil" oder eine „gebundene Strecke" (gebundener Vektor), d. h. ein Linienstück, welches nur längs einer bestimmten Geraden verschiebbar ist, eine Größe, wie wir sie als Kraft am starren Körper wohl kennen. Kombinieren wir speziell zwei Punkte der Masse Null, zwei „freie Strecken“

$$\begin{pmatrix} X & Y & Z & 0 \\ X' & Y' & Z' & 0 \end{pmatrix},$$

so ergibt sich die sog. „freie Plangröße“, ein Flächeninhalt von bestimmter Größe und bestimmtem Umlaufssinn, in einer Ebene bestimmter Stellung, im übrigen aber parallel mit sich im Raume frei beweglich — das Kräftepaar der Mechanik.

Als Gebilde der dritten Stufe ergeben sich: 1. Aus

$$\begin{pmatrix} x & y & z & 1 \\ x' & y' & z' & 1 \\ x'' & y'' & z'' & 1 \end{pmatrix}$$

der Ebenenteil oder die „gebundene Plangröße“, die nur noch in ihrer Ebene verschiebbar ist. 2. Aus

$$\begin{pmatrix} X & Y & Z & 0 \\ X' & Y' & Z' & 0 \\ X'' & Y'' & Z'' & 0 \end{pmatrix}$$

ein Rauminhalt von bestimmter Größe und bestimmtem Sinne.

Endlich ergibt sich als Gebilde vierter Stufe noch einmal der Rauminhalt von bestimmter Größe und bestimmtem Sinn, indem wir die Determinante schreiben:

$$\begin{vmatrix} x & y & z & 1 \\ x' & y' & z' & 1 \\ x'' & y'' & z'' & 1 \\ x''' & y''' & z''' & 1 \end{vmatrix}$$

was sich durch Subtraktion einer Horizontalreihe sofort auf die vorige Form reduziert. Schließlich ist allem voranzusetzen als Grundgebilde nullter Stufe die reine Zahlgröße.

Wie wir sehen, schließen sich diese Gebilde aufs engste an die Mechanik der starren Körper an; sie sind in der Tat genau das, was uns später auf dem Umweg über England durch die Vektorentheorie gebracht wurde, während wir es längst auf deutschem Boden besaßen, ohne es zu kennen. Auch für die Kristallographie ist der hier eingeschlagene Weg der Untersuchung äußerst förderlich.

Aber Graßmann lieferte nicht nur ganz neue Objekte der Betrachtung, er verfolgte auch höchst eigenartige, tief eindringende Methoden sowohl nach Seite der zugrunde gelegten allgemeinen Auffassung, wie nach der der Durchführung mittels neuer und sehr sinnreicher Algorithmen.

Die der Ausdehnungslehre zugrunde liegende allgemeine Auffassung ist zunächst die, welche bei allen geometrisch veranlagten Naturen immer wiederkehrt, daß nämlich die kontinuierliche Größe — also die Ausdehnung, der Raum — genau so eine ursprüngliche Konzeption des Menschengeistes ist, wie andererseits die Zahl, mit der sie erst sekundär, durch das Messen in Beziehung gesetzt ist; daß es also unnatürlich und unnötig ist, wie Euklid es tut, das „Messen" in die geometrischen Grundlagen zu bringen und hierauf z. B. die Proportionenlehre zu begründen, wobei denn durch Einführung der Irrationalzahl das Kontinuum kümmerlich durch das Diskrete ausgeschöpft werden soll. Der Gedanke, daß dieser von Euklid überkommene Weg ein Umweg für den Aufbau der Geometrie sei, ja nicht einmal wirklich zum Ziele — nämlich zur Erfassung und Beherrschung des Kontinuums — führe, ist eine immer wiederkehrende Tendenz, die der heute vorherrschenden Arithmetisierung der Mathematik genau entgegenläuft (vgl. das Referat über Elementargeometrie von Zacharias, Bd. III, AB 9 der Enzyklopädie). So führt z. B. auch Hilbert in seinen „*Grundlagen der Geometrie*" den Grenzbegriff erst gegen Ende seiner Ausführungen ein, nachdem er eine reine Streckenrechnung begründet hat, ohne davon Gebrauch zu machen. In derselben Weise verwahrt sich Graßmann dagegen, daß die Geometrie nur eine Anwendung der Arithmetik sei, und nimmt für seine „Ausdehnungslehre" den Charakter einer selbständigen Wissenschaft in Anspruch. Von ihr unterscheidet er als eine wiederum selbständige Disziplin die „Meßkunde".

Diese baut sich auf der Arithmetik auf, und es ist darum durchaus konsequent, daß sich Graßmann nun auch mit den *Grundlagen der Arithmetik* beschäftigt. So wird er einer der ersten, welche die wesentlichen Eigenschaften des gewöhnlichen Rechnens untersucht haben. — Neben ihm ist in Deutschland merkwürdigerweise Martin Ohm in diesem Zusammenhang zu nennen. (Lange Zeit Professor an der Berliner Universität, Bruder des Physikers Georg Ohm, nach dem das „Ohmsche Gesetz" benannt ist.) Ohm, sonst kein tief eindringender Mathematiker, hat dennoch ein „vollständig konsequentes" System der arithmetischen Grundlagen aufgestellt. —

Graßmann findet als charakteristische Eigenschaften der Rechnungsarten: für die Addition, daß sie kommutativ und assoziativ sei:

$$a + b = b + a; \qquad a + (b + c) = (a + b) + c;$$

für die Multiplikation, daß sie kommutativ, assoziativ und in bezug auf die Addition distributiv sei:

$$a \cdot b = b \cdot a; \qquad a(b \cdot c) = (a \cdot b)c; \qquad a(b + c) = ab + ac.$$

Ich bediene mich hier der aus den französischen und englischen Arbeiten herrührenden Bezeichnungen, da sie lateinisch, also international sind und infolge davon Verbreitung gefunden haben; Graßmann hat sich selbstverständlich für alle diese Begriffe eigene deutsche Ausdrücke geschaffen.

Sein Interesse richtet sich nun insbesondere darauf, wie sich diese Rechenregeln auf höhere Algorithmen ausdehnen lassen. Er gelangt zur Einführung *höherer komplexer Zahlen*, bei denen die Eigenschaft der Kommutativität der Multiplikation fallen gelassen ist. Von den vielen verschiedenen Systemen, die Graßmann aufgestellt und untersucht hat — in einer Abhandlung in Crelles Journal (Bd. **49**, **1855**, S. **10** ff., S. **123** ff.) behandelt er nicht weniger als **16** verschiedene Arten komplexer Multiplikation! —, möchte ich hier nur das kombinatorische Produkt erwähnen, wie es in der linealen Ausdehnungslehre gebraucht wird als ein genaues Äquivalent für die uns geläufigere Determinantenrechnung.

Es soll ein Punkt im R_n gegeben sein durch den Ausdruck

$$x_1 e_1 + x_2 e_2 + \cdots + x_n e_n = \sum_{i=1}^{n} x_i e_i,$$

wo die e_i verschiedene Arten von Einheiten bedeuten. Als Summe zweier Punkte hat dann ohne weiteres das Resultat zu gelten, das man durch Addition der mit gleicher Einheit behafteten Größen erhält:

$$\sum_{i=1}^{n} x_i e_i + \sum_{i=1}^{n} y_i e_i = \sum_{i=1}^{n} (x_i + y_i) e_i,$$

ein Verfahren, das wir gelegentlich der Schwerpunktsberechnung zweier Massenpunkte im R_3 bereits anwendeten. Für das Produkt werden jedoch bestimmte Regeln aufgestellt. Es soll

$$\sum x_i e_i \cdot \sum y_i e_i = \sum \sum (x_i y_k) e_i e_k$$

sein, wo $e_i e_k = - e_k e_i$ gesetzt wird, so daß also $e_i^2 = 0$ wird, und wir durch Multiplikation von je zwei Einheiten $\frac{1}{2} n (n-1)$ mal eine neuartige, sog. Einheit zweiter Stufe erhalten. In analoger Weise gibt es Einheiten dritter, ... bis n-ter Stufe. Nimmt man mehr als n Einheiten als Faktoren in ein Produkt, so wird es Null, weil mindestens eine Einheit zweimal auftreten muß. Das Produkt von n Punkten

$$\sum x_i e_i \cdot \sum y_i e_i \cdots$$

ist gleich der Determinante

$$\begin{vmatrix} x_1 & x_2 \dots x_n \\ y_1 & y_2 \dots y_n \\ \cdot & \cdot \quad \cdot \quad \cdot \\ \cdot & \cdot \quad \cdot \quad \cdot \end{vmatrix},$$

multipliziert mit der Einheit n-ter Stufe $e_1 \cdot e_2 \cdots e_n$, welche, abgesehen vom Vorzeichen, nur einen Wert besitzt. Durch dieses Produkt wird der Prozeß abgeschlossen, der in der Tat der oben beschriebenen Determinantenbildung genau parallel läuft. Daß das Produkt zweier Einheiten etwas Neuartiges, eine Einheit höherer Stufe ergibt, spiegelt sich in dem geometrischen Verhalten: zwei Punkte bestimmen einen Linienteil usw.

Dies ist die in der zweiten Auflage der Ausdehnungslehre befolgte Darstellung, welche ich um so mehr erwähnen möchte, als die Einführung höherer komplexer Zahlen, mit denen man nach bestimmten Regeln rechnet, fortan einen bleibenden Bestandteil der höheren Algorithmik bildet, der das Interesse immer wieder auf sich zieht.

Neben solchen algorithmischen Entwicklungen verdanken wir Graßmann eine große Zahl interessanter Spezialuntersuchungen, in denen jedesmal eine ganz besondere Leistung steckt; nur weniges kann ich andeutungsweise herausgreifen.

1. In der zweiten Auflage findet sich die historisch erste durchgreifende Aufzählung der beim sog. Pfaffschen Problem auftretenden Möglichkeiten. Pfaff, der Lehrer von Gauß, hatte 1814 die Frage aufgeworfen, wie ein Ausdruck

$$X_1\,dx_1 + X_2\,dx_2 + \cdots + X_n\,dx_n = 0$$

zu vereinfachen sei, wo die X_i „beliebige" Funktionen im damaligen Sinne — also differenzierbare Funktionen ohne höhere Singularitäten — sein sollten. Dieser Ausdruck kann sehr verschiedene Fälle umschließen. Es können die X_i völlig frei und voneinander unabhängig sein, oder es können Beziehungen zwischen ihnen bestehen; der speziellste Fall wäre der, daß der Ausdruck ein vollständiges Differential darstellt, ein etwas allgemeinerer der, daß er sich durch einen Multiplikator in ein solches überführen läßt. Alle diese Möglichkeiten erkannt und gruppiert zu haben, ist Graßmanns Verdienst.

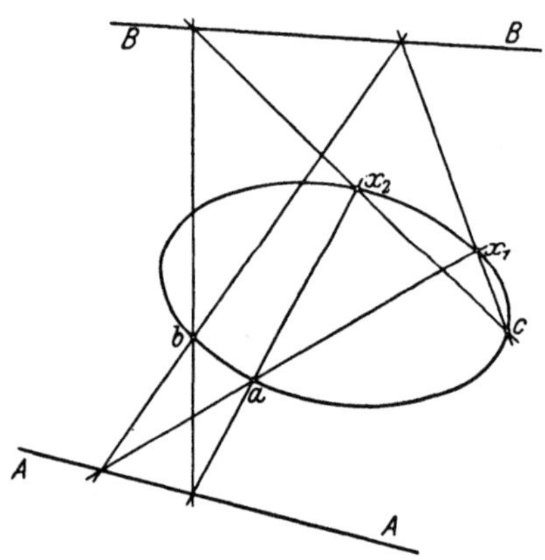

Fig. 15.

2. Eine besondere Erwähnung verdienen die sog. „linealen Konstruktionen" oder Erzeugungen algebraischer Gebilde durch „planimetrische Produkte", eine Theorie, die leider viel zu wenig bekannt geworden ist, obwohl sie sich durch leichte Faßlichkeit auszeichnet.

Ich beschränke mich auf die Ebene, und zwar auf Kurven zweiter und dritter Ordnung. Bekannt ist die sog. Maclaurinsche Erzeugung der Kegelschnitte — ein Verfahren, das natürlich auf die projektive Erzeugung zurückgeht, diese aber in besonders übersichtlicher Weise anordnet.

Ist x ein Punkt des gesuchten Kegelschnittes (vgl. Fig. 15), so läuft der durch die willkürlichen Punkte a, b, c und die Geraden A, B bestimmte Geradenzug in sich selbst zusammen. Es ist also möglich, auf Grund der fünf Daten a, b, c, A, B beliebig viele Punkte des Kegelschnitts zu konstruieren.

Graßmann drückt diese Tatsache symbolisch aus durch die Gleichung

$$x\,a\,A\,b\,B\,c\,x = 0$$

und bezeichnet den linksstehenden Ausdruck als planimetrisches Produkt. Auf diese Weise kann man nun jede algebraische Kurve definieren und sogar auf mechanischem Wege konstruieren. Man erhält eine Kurve n-ter Ordnung, wenn x genau n-mal als Faktor des Produktes auftritt. So ist z. B. durch

$$x\,a\,A\,b\,B\,x\,C\,c\,D\,d\,x = 0$$

eine Kurve dritter Ordnung gegeben und kann nach dem Schema von Fig. 16 konstruiert werden. Baut man danach einen Apparat und stellt ihn durch Versuch so ein, daß man einen ersten Punkt x_0 hat, so beschreibt er automatisch weiter den ganzen Kurvenzug der C_3, dem x_0 angehört; um den möglicherweise vorhandenen zweiten Kurvenzug der C_3 zu erhalten, wäre eine neue Einstellung nötig.

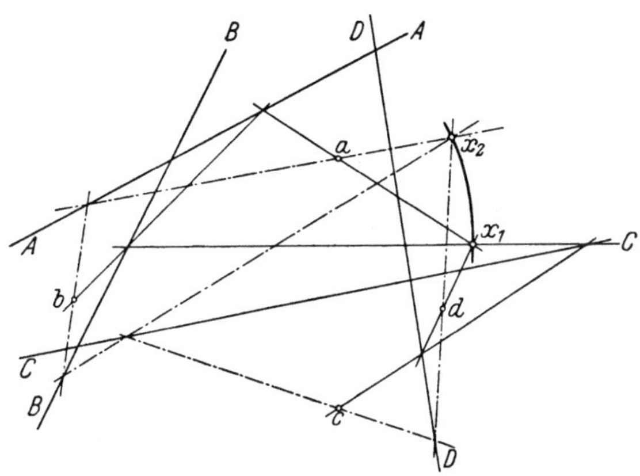

Fig. 16.

Das Wichtigste an dieser Theorie ist nun aber Graßmanns Beweis, daß man jede C_n durch ein hinreichend kompliziert gebautes planimetrisches Produkt solcherweise lineal, also rein geometrisch definieren kann. Damit ist eine Grundlage für die Theorie der algebraischen Kurven gewonnen, wie sie einfacher wohl kaum gedacht werden kann. —

Damit möchte ich meine Bemerkungen über Graßmanns Leistungen schließen. Ehe ich mich aber ganz von ihm wende, muß ich doch noch des eigentümlichen Einflusses gedenken, der von ihm ausging und bis in unsere Zeit spürbar geblieben ist. Zwei Dinge in Graßmanns Wesen und Schicksal sind es, die ihm, je länger, je mehr nachwirkend, zum Haupt einer Schule, oder besser gesagt, einer mit allem in solchen Fällen üblichen Fanatismus behafteten Sekte werden ließen. Das erste ist sein ausgesprochener Sinn für besondere Algorithmen, an die sich der Eingeweihte so stark gewöhnt, daß sie für ihn verbindliche Bedeutung gewinnen und nun geradezu als Kennzeichen der engeren Zusammengehörigkeit der Adepten gelten; die Entgleisung, über dem orthodoxen Interesse an der Korrektheit einer solchen bestimmten Ausdrucksweise das eigentlich mathematisch Wesentliche, nämlich die eindringende Untersuchung des Problems zu vernachlässigen, liegt nahe und ist von den Graßmannianern nicht immer vermieden worden. Als zweites wichtiges Moment hat der Umstand zu gelten, daß Graßmann zu seinen Lebzeiten in der Tat nicht die Anerkennung fand, die ihm zukam, und daß seine Anhänger nun in ihm den Märtyrer sehen, der mit einer Glorie umgeben werden muß, um Geltung zu gewinnen. Zu dieser Glorie gehört es, daß man alle sprachlichen und rechnerischen Ausdrucksweisen möglichst besonders wählt, um sich und den Meister, dem nachträglich zu Ruhm und Ehre verholfen werden soll, von vornherein gegen alles Übliche abzuheben und so der vergleichenden Konkurrenz zu entziehen.

Als Beispiel für diesen Geist verweise ich auf die nicht uninteressante, 1909 erschienene „projektive Geometrie" von H. Graßmann dem Jüngeren (zweiter Band, erster Teil, 1913). Für die sechs Graßmannschen Grundgebilde sind hier Termini gewählt: Punkt, Strecke, Stab, Feld, Blatt, Block. Zweifellos haben diese Ausdrücke zunächst etwas Bestechendes, da sie sämtlich deutsch und kurz sind. Dennoch muß man bei näherem Zusehen gegen solche „Verbesserungen" bedenklich werden. Warum ist z. B. eine Strecke im Raume frei, ein Stab hingegen nur längs einer Geraden verschiebbar? Ebenso unbegründet erscheint die freie Beweglichkeit des Feldes, während das Blatt in einer Ebene klebt; übrigens ist die Bezeichnung „Feld" in der Mechanik längst anderweitig in Anspruch genommen. Es fehlt also diesen Ausdrücken doch schließlich die unmittelbare Anschaulichkeit, die sie beanspruchen und die ihre Bedeutung auf den ersten Blick über jeden Zweifel erhöbe. Da sie aber auch nichts mehr von der Werdegeschichte des bezeichneten Begriffes erzählen — wie etwa „Linienteil" —, so stellen sie in der Tat nur ein Schema von Termini dar, deren Zugehörigkeit rein mechanisch auswendig gelernt werden muß. Es dauert eine ganze Weile, bis man unbedingt sicher mit ihnen zu hantieren gelernt hat.

Alle diese Eigenschaften der überzeugten Sektierer wiederholen sich sich nun bei den Quaternionisten, den Schülern Hamiltons, zu dessen einschlägigen Untersuchungen wir uns jetzt wenden. Es braucht kaum noch erwähnt zu werden, daß sich natürlich Graßmannianer und Quaternionisten heftig bekämpfen, während jede der Schulen ihrerseits wieder in sich wild befehdende Unterschattierungen zerfällt.

William Rowan Hamilton wurde 1805 in Dublin geboren. Wie Salmon, nahm er seinen Ausgang vom Trinity College, das er in früher Jugend glänzend absolvierte. 1827 schon erhielt er die ehrenvolle und bedeutende Stellung des Direktors der Sternwarte von Dunsink bei

Dublin mit dem Titel: Royal Astronomer of Irland, die er bis zu seinem Tode (1865) inne hatte.

Hamilton war eine ungewöhnlich glänzende, vielseitige Begabung, die sich schon früh in überraschendster Weise bemerkbar machte. Mit 10 Jahren konnte er den Homer auswendig, begann Arabisch und Sanskrit zu studieren; wenige Jahre später besaß er die Kenntnis und Beherrschung von 13 Sprachen. Dabei neigte er ebenso stark nach künstlerischer Seite; er war bis in späte Jahre ein recht fruchtbarer Dichter, der durch sein Leben mit Wordsworth in enger freundschaftlicher Beziehung stand. — Wer sich näher für Hamiltons eigenartige Veranlagung und Entwicklung interessiert, wird Freude finden an der dicken dreibändigen Biographie von R. P. Graves (1882—89), die jedoch, von einem Nichtmathematiker geschrieben, mehr dem Menschen Hamilton als dem Forscher gerecht wird. Über das Ende Hamiltons steht dort nichts Genaueres. Wie man mir in Dublin erzählte, war er in den letzten Jahren seines Lebens wunderlich, wenn nicht gar gestört; offenbar hat sich sein allzu früh entwickelter Geist bald überanstrengt und ist eher, als die Jahre vermuten ließen, aufgebraucht gewesen. Auch die Gesamtleistung Hamiltons läßt auf eine solche Entwicklung schließen: immer wieder finden sich neue geistvolle Ansätze, die sich dann in Einzelheiten verlieren, ohne zu einer vollen, abgerundeten Leistung auszureifen.

Wie alles Übrige, so beginnt auch die mathematische Produktion bei Hamilton sehr frühzeitig. Von 1824—35 etwa beschäftigen ihn Probleme der geometrischen Optik und der analytischen Mechanik. Seine Leistungen auf diesen Gebieten werden wir später in die Betrachtung ziehen.

Von 1833 an vertieft er sich dann mehr und mehr in das Wesen des algebraischen Algorithmus. Zunächst tritt er mit Gedanken in dieser Richtung hervor in einer Abhandlung in Bd. 17 der Transactions der Royal Irish Academy von 1833 und 1835 (S. 293ff.): *Theory of conjugate functions or Algebric Couples; with a preliminary and elementary essay on Algebra as the Science of pure time.*

Wie der Titel andeutet, wird hier der Zahlbegriff gefaßt als etwas, für das die Zeit wichtig ist, nicht der Raum, weil es sich zunächst nur um die Idee der bloßen Aufeinanderfolge handelt — ein Gedanke, der an Kant anknüpft, den aber Hamilton noch weiter verfolgt. Das Quantitative, Räumliche, tritt nach Hamiltons Ansicht erst bei Differenzenbildung in das Vorstellungsmaterial hinein, wodurch dann die Operation des Messens ermöglicht ist. Des weiteren setzt sich die Schrift auseinander mit den komplexen Zahlen $x + iy$; das Rechnen mit ihnen wird — wie es ja heute überall geschieht — gerechtfertigt als ein Operieren mit Zahlenpaaren (x, y) nach vereinbarten Rechenregeln. Es schließen sich hieran allgemeine axiomatische Betrachtungen über das gewöhnliche Rechnen in ähnlicher Weise, wie Graßmann sie später anstellte.

Von hier aus entwickelte sich nun bei Hamilton das größte Interesse an der Fragestellung, ob man die nützliche, geometrische Interpretation des Rechnens mit $x + iy$ in der Ebene nicht irgendwie — durch Schaffung neuer komplexer Zahlen — auf den Raum, d. h. unsern gewöhnlichen R_3, übertragen könne. Seine unermüdlichen Anstrengungen führen ihn endlich **1843** zur Erfindung der *Quaternionen*, d. h. geeigneter viergliedriger Zahlen, deren Erforschung und Verbreitung er sich fortan ausschließlich widmete. Ihre Theorie legte er dar in den beiden ausführlichen Werken:

Lectures on Quaternions, Dublin 1853

Elements on Quaternions, London 1866 (posthum)[1]).

Sehr bald wurden die Quaternionen in Dublin ein alles andere überragender Gegenstand des mathematischen Interesses, ja sogar ein offizielles Examensfach, ohne dessen Kenntnis keine Absolvierung des College mehr denkbar war. Hamilton selbst gestaltete sie für sich zu einer Art orthodoxer Lehre des mathematischen Credo, in die er alle seine geometrischen und sonstigen Interessen hineinzwang, je mehr sich gegen Ende seines Lebens sein Geist vereinseitigte und unter den Folgen des Alkohols verdüsterte.

Wie ich schon andeutete, schloß sich an Hamilton eine Schule an, die ihren Meister an Starrheit und Intoleranz noch überbot. Sie war geeignet, Gegenströmungen hervorzurufen, und so wurden denn die Quaternionen z. B. in Deutschland von der Mehrzahl der Mathematiker hartnäckig abgelehnt, bis sie auf dem Umweg über die Physik in Form der vor allem in der Dynamik unentbehrlichen Vektoranalysis dennoch eindrangen. Sollen wir heute ein Urteil über sie abgeben, so wäre etwa zu sagen: Die Quaternionen sind gut und brauchbar an ihrem Platze; sie reichen aber in ihrer Bedeutung an die gewöhnlichen komplexen Zahlen nicht heran.

Wenn ich nun etwas ausführlicher über Quaternionen berichte in der Art, wie ich mir diese Dinge im Laufe der Jahre überlegt habe und anknüpfend an uns geläufige Ideen, so bin ich mir bewußt, nicht nur im schärfsten Gegensatz zu den Hamiltonianern zu stehen, deren Meister seiner Erfindung ein so ganz anderes Gewand gab; ich weiß vielmehr, daß mir jene Partei noch heute das Recht bestreitet, das, was ich andeuten möchte (und was ich ausführlicher in Heft 1 der Kreiseltheorie[2]) darlegte), überhaupt als Quaternionen zu bezeichnen. Von der Vergeblichkeit eines Verständigungsversuches habe ich mich zu oft überzeugt, als daß ich diese Einwände noch irgendwie berücksichtigen könnte.

---

[1]) Deutsch von P. Glan, Leipzig, 1881.

[2]) Klein-Sommerfeld: Über die Theorie des Kreisels Heft 1, Kap. I § 7.

Ich gehe aus von der geometrischen Bedeutung der Zahlen $x + iy$ in der Ebene. Wie bekannt, bedeutet $x + iy$ sowohl den Punkt x, y als auch die Verbindungsstrecke von 0 bis zu diesem Punkte. Die Addition

$$(x + iy) + (a + ib) = (x + a) + i(y + b)$$

stellt sich dar als eine Streckenaddition nach Richtung und Größe, also als eine Parallelverschiebung der ganzen Ebene um die Strecke $a + ib$.

Die Multiplikation schließlich

$$(x + iy) \cdot (a + ib) = (x + iy) \cdot \varrho \cdot e^{i\varphi}$$

verursacht eine Drehung der Ebene um 0 um den Winkel φ bei gleichzeitiger Vergrößerung sämtlicher Strecken im Verhältnis $1 : \varrho$, also eine Ähnlichkeitstransformation und Drehung, oder wie wir kurz sagen, eine Drehstreckung.

Addition und Multiplikation umfassen also zusammen die Gesamtheit der in der Ebene möglichen Bewegungen, ja sie gehen durch die Veränderung $1 : \varrho$ sogar darüber hinaus. Von diesen Betrachtungen aus ergibt sich die zweckmäßige Verwendung des algebraischen Rechnens mit unseren gemeinen komplexen Zahlen bei Fragen der metrischen Geometrie.

Es fragt sich nun, wie im Raume die entsprechenden Transformationen durch das Rechnen mit irgendwelchen komplexen Zahlen höherer Art dargestellt werden können. Zunächst möchte man einen dreigliedrigen Ausdruck ansetzen: $ix + jy + kz$ soll einen Raumpunkt bezeichnen oder die Strecke — wir sagen: den Vektor — von 0 zum Punkte x, y, z hin. (Der Ausdruck „Vektor" erscheint zuerst bei Hamilton, Quarterly Journal Bd. I, 1845, S. 56).

Wie in der Ebene, stellt die Addition zweier solcher Vektoren eine Parallelverschiebung des Raumes dar. Anders aber liegen die Verhältnisse bei der Multiplikation. Zu einer Drehung um den Nullpunkt muß nämlich im Raume eine Achse festgelegt werden, und daher wird die Drehstreckung, welche in der Ebene zwei Konstanten erforderte, im Raume erst durch vier Parameter festgelegt:

zwei auf die Richtung der Drehachse kommend: $\cos\alpha$, $\cos\beta$, $\cos\gamma$, wobei $\cos^2\alpha + \cos^2\beta + \cos^2\gamma = 1$ ist;

eine auf den Drehwinkel ω;

eine auf die Streckung r.

Hamilton stellt nun ein viergliedriges Aggregat zusammen, eine *Quaternion*:

$$r\cos\frac{\omega}{2} + ir\sin\frac{\omega}{2}\cos\alpha + jr\sin\frac{\omega}{2}\cos\beta + kr\sin\frac{\omega}{2}\cos\gamma$$
$$= t + ix + jy + kz.$$

Den rein numerischen Teil t dieser Quaternion bezeichnet er als *Skalar-*

teil, den gerichteten Teil $ix + jy + kz$ als *Vektorteil*. Der reine Vektor ist gegeben durch $r \cos \frac{\omega}{2} = 0$; er bekommt also in dieser Theorie eine doppelte Bedeutung: 1. als Strecke, 2. als eine Drehstreckung mit einem Drehwinkel von 180°, die wir konsequent als „Klappstreckung" bezeichnen.

Die zweite Bedeutung erklärt noch einmal, warum zur Darstellung der allgemeinen Drehstreckung im Raume der dreigliedrige Ausdruck des reinen Vektors nicht genügt. Er kann immer nur eine Drehung um 180° bewirken; für den beliebigen Drehungswinkel ist die Quaternion mit ihrem Skalarteil nötig.

Sehr merkwürdig ist, daß das Problem der allgemeinen Drehstreckung des Raumes, d. h. der Zusammensetzung zweier Drehstreckungen von ganz anderem Ausgangspunkte aus fast gleichzeitig (1840) gelöst wurde von Olinde Rodrigues in Liouvilles Journal Bd. 3. Aber noch viel mehr muß es überraschen, daß es Gauß bereits 1819 besaß, wie uns der Nachlaß lehrt, der Notizen über diese von ihm als „Mutation des Raumes" bezeichnete Transformation enthält (veröffentlicht in Bd. 8 der Werke, S. 357 ff.)[1]).

Während aber diese Autoren zwei Drehstreckungen auf Grund geometrischer Betrachtungen zusammensetzen, knüpft nun Hamilton an die formale Multiplikation seiner Quaternionen an, die er gewissen Regeln unterwirft. Wie Graßmann, gibt auch er das kommutative Gesetz auf und schreibt vor:

$$i^2 = j^2 = k^2 = -1,$$

$$jk = i, \qquad ki = j, \qquad ij = k,$$

$$kj = -i, \qquad ik = -j, \qquad ji = -k.$$

---

[1]) Man vgl. hierüber P. Stäckel in Gauß' Werken Bd. 10, 2 Abh. IV S. 68, sowie auch E. Study Enzyklop. I A 4, S. 173. Ferner schreibt Stäckel unter dem 28. 4. 1917 an Klein über die Multiplikationsformeln von S. 187: „Euler hat sie bei der Untersuchung des Fermatschen Problems: eine ganze Zahl als Summe von vier Quadraten darzustellen gefunden und am 4. Mai 1748 an Goldbach mitgeteilt, Corresp. t. I, S. 452. Sie finden sich dann in der Abhandlung: Demonstratio theorematis Fermatiani omnem numerum esse summam quatuor quadratorum, Novi Comment. Petrop. 5 (1754/5) 1760, § 93, Opera I 2, S. 369; vgl. auch Novae demonstrationes circa resolutionem numerorum in quadrata, Nova Acta Petrop. 1777, II, 1780, Opera I 3, S. 229 (§ 9). Ganz besonders aber ist zu nennen die Abhandlung Eulers: Problema algebraicum ob affectiones prorsus singulares memorabile, Novi Comment. Petrop. 15 (1770) 1771, in der Euler die orthogonalen Substitutionen von 3, 4, 5 Veränderlichen bestimmt und dabei auch die [obigen] Relationen entwickelt. Sie ahnen gewiß wie ich darauf komme: es handelt sich um die Mutationsskala von Gauß in meinem Kapitel über die komplexen Größen [l. c.], mit dem ich gerade beschäftigt bin. Dabei lege ich einen gewissen Wert auf die Eulerschen Formeln, weil sich immer mehr herausstellt, wie gut Gauß seinen Euler gekannt hat . . ." Anm. d. Herausg.

Im übrigen multipliziert er distributiv, so daß er erhält:

$$(d + ia + jb + kc)\cdot(t + ix + jy + kz)$$
$$= dt - ax - by - cz + i(at + dx + bz - cy)$$
$$+ j(bt + dy + cx - az) + k(ct + dz + ay - bx).$$

Als das Produkt zweier Vektoren ergibt sich im besonderen:

$$(ia + jb + kc)\cdot(ix + iy + kz)$$
$$= -(ax + by + cz) + i(bz - cy) + j(cx - az) + k(ay - bx).$$

Den absoluten skalaren Teil dieser Quaternionen bezeichnet man als das *innere Produkt* der beiden Vektoren, den vektoriellen als ihr *äußeres Produkt,* in der von Graßmann stammenden Terminologie. Das innere Produkt ist also ein Skalar, das äußere ein Vektor.

Ich möchte hier gleich auf drei wichtige Unterschiede aufmerksam machen zwischen Graßmanns ursprünglichem kombinatorischen Produkt und Hamiltons Ansatz.

1. Bei Graßmann werden die Produkte zweier Einheiten $e_i \cdot e_k$ nicht auf die Einheiten e_i selbst zurückgeführt; hier hingegen sind die Produkte selbst lineare Funktionen der ursprünglichen Einheiten. Einheiten höherer Stufe treten nicht auf. Die Fragestellung nach der Aufzählung geeigneter Systeme höherer komplexer Zahlen wird dadurch eine etwas andere. Man kann sich einen Kalkul der Quaternionen denken, bestehend aus beliebiger Wiederholung der Addition und Multiplikation, der in dem Graßmannschen System undurchführbar wäre.

2. Graßmann ist von vornherein geleitet von dem Interesse für den n-dimensionalen Raum, was bei Hamilton ganz fehlt.

3. Hamilton hat aber wiederum einen Begriff vor Graßmann voraus, der erst die volle Bedeutung der Quaternionen für die Physik ausmacht, das ist der Begriff des *Feldes*[1]).

Hamilton faßt die Teile der Quaternion als Funktionen des Ortes auf; er denkt sich an jeden Punkt des Raumes eine Quaternion, also ein Skalar und einen Vektor, angeheftet. Auf ein solches Quaternionenfeld $t(x, y, z) + iu(x, y, z) + jv(x, y, z) + kw(x, y, z)$ wendet er dann gewisse Operationen an, wodurch neue Felder abgeleitet werden. Diese Operationen drückt Hamilton in Anlehnung an eine in Cambridge besonders ausgebildete Methode durch die sog. „symbolische Schreibweise" aus. Es ist dies eine rein formale Abkürzung, in der alle, z. B. auch die das Differenzieren andeutenden Zeichen, wie algebraische Größen, geschrieben und behandelt werden. So ist es z. B. speziell in der Cambridger Schule üblich, den Taylorschen Satz zu schreiben in der Form:

$$f(x + h) = e^{h\frac{\partial}{\partial x}}\cdot f(x),$$

[1]) Genau genommen findet sich auch bei Graßmann dieser Begriff (als „Funktion" oder extensive Größe), sogar viel allgemeiner, aber eben darum weniger zugänglich. Aber Hamilton ist von vorneherein metrisch, Graßmann zunächst affin.

wo $e^{h\frac{\partial}{\partial x}}$ nach dem Gesetz der Reihenentwicklung ausgeschrieben zu denken ist, und das darin auftretende Produkt $\left(\frac{\partial}{\partial x}\right)^{\nu} f(x)$ den Differentialquotienten $\frac{\partial^{\nu} f(x)}{\partial x^{\nu}}$ bedeutet[1]).

In dieser Weise setzt nun Hamilton auch hier sog. symbolische „Operatoren" aus den partiellen Differentationen nach den Koordinaten des Feldpunktes zusammen. Der wichtigste ist der von Hamilton mit ∇ bezeichnete und wegen der Ähnlichkeit dieses Zeichens mit einem altjüdischen Musikinstrument als „Nabla" benannte Operator:

$$\nabla = i\frac{\partial}{\partial x} + j\frac{\partial}{\partial y} + k\frac{\partial}{\partial z}.$$

Dies Nabla wird formal behandelt wie ein Vektor; er ergibt bei Anwendung auf das Quaternionenfeld ohne weiteres die wichtigsten, uns aus der Vektoranalysis bekannten Begriffe. Ist t ein Skalar, so ist

$$\nabla t = i\frac{\partial t}{\partial x} + j\frac{\partial t}{\partial y} + k\frac{\partial t}{\partial z} = \operatorname{grad} t,$$

ein Vektor, „*Gradient* von t", welcher an jeder Stelle des Feldes Größe und Richtung der größten Steigung von t angibt.

Auf den Vektor $iu + jv + kw$ angewendet, ergibt sich

$$\nabla(iu + jv + kw) = -\left(\frac{\partial u}{\partial x} + \frac{\partial v}{\partial y} + \frac{\partial w}{\partial z}\right)$$
$$+ i\left(\frac{\partial w}{\partial y} - \frac{\partial v}{\partial z}\right) + j\left(\frac{\partial u}{\partial z} - \frac{\partial w}{\partial x}\right) + k\left(\frac{\partial v}{\partial x} - \frac{\partial u}{\partial y}\right).$$

Den Skalar dieser Quaternion bezeichnet man als *Divergenz* des Feldes, den Vektor als *curl* (zu deutsch Quirl). Die außerordentliche physikalische Bedeutung dieser Begriffe hier zu erörtern, würde zu weit führen. Die zweimalige Anwendung des Operators ∇ auf ein Skalar führt dann zu dem uns als $-\Delta$ (Delta) bekannten Ausdruck, den wir gelegentlich der Potentialtheorie wiederholt anführten:

$$\nabla^2 t = -\Delta t = -\left(\frac{\partial^2 t}{\partial x^2} + \frac{\partial^2 t}{\partial y^2} + \frac{\partial^2 t}{\partial z^2}\right).$$

Die Leichtigkeit und Eleganz, mit der sich hier die weittragendsten Theoreme ergeben, ist in der Tat überraschend, und es läßt sich wohl von hier aus die alles andere ablehnende Begeisterung der Quaternionisten für ihr System begreifen, die, wie schon erwähnt, nun bald über vernünftige Grenzen hinauswuchs, in einer weder der Mathematik als Ganzem noch der Quaternionentheorie selbst förderlichen Weise. Ein ausgebildeter, mit Scheu und Verehrung gehandhabter Formalis-

---

[1]) Diese symbolische Schreibweise geht auf Lagrange zurück. Vgl.: Sur une nouvelle espèce de calcul rèlativ à la différentiation et l'integration des quantités variables (1772, œuvres, t. III, p. 441—476).

mus, dem die symbolische Schreibweise reichlich Nahrung gab, förderte diese Entwicklung. Man setzte große Hoffnung auf den nach dem Muster der gewöhnlichen Mathematik planmäßig fortgesetzten Ausbau der Theorie. An den aus den vier Spezies gebildeten Quaternionenkalkül sollte sich eine Algebra mit ausführlicher Gleichungslehre anschließen, die man durch Nullsetzung von Quaternionenpolynomen zu gewinnen suchte. Das letzte Ziel war — und ist — eine quaternionistische Funktionentheorie, von der man ganz neue, gewaltige umfassende Aufschlüsse für die gesamte Mathematik erhoffte. Zur Förderung dieser zwar nicht deutlichen, aber gläubig angenommenen Ziele wurde gar 1895 ein „Weltbund zur Förderung der Quaternionen" gegründet! Abgesehen davon, daß man immer gut tun wird, einer solchen absichtlichen Pflanzung und Züchtung eines Wissenschaftszweiges skeptisch gegenüberzustehen, kann man jetzt schon sagen, daß dies Unternehmen als gescheitert oder doch fruchtlos zu gelten hat. Die Verfolgung des angegebenen Weges — der neu sein will, obwohl er tatsächlich nur eine peinlich genaue Übertragung längst bekannter Gedanken auf ein einziges neues Objekt, also durchaus keine geniale Konzeption bedeutet — führt zu allerhand Erweiterungen der bekannten Sätze, die in ihrer Allgemeinheit das Hauptcharakteristikum verlieren und gegenstandslos werden, allenfalls zu Besonderheiten, die ein gewisses Vergnügen gewähren mögen. Es existiert z. B. kein Fundamentalsatz der Algebra, dafür aber eine kubische Gleichung, der alle Quaternionen von vornherein genügen usw.

Über der hartnäckigen Verfolgung des vorgesetzten Weges haben aber die Quaternionisten tiefer liegende Probleme von wahrhaftem Interesse übersehen; so ist es ihnen aus Voreingenommenheit entgangen, daß eine höhere Einsicht ein klares Kriterium liefert für die Fruchtbarkeit der Anwendung ihrer Theorie und mit einer Abgrenzung zugleich einen Wegweiser, der die zu Erfolgen hätte führen müssen.

Diese tiefere Einsicht in die Verhältnisse verdanken wir Cayley. In „*A Memoir on the Theory of Matrices*" (Phil. Trans. 1858) entwickelt er einen Matrixkalkül, der in Behandlung von 4-, 9-, 16-, . . . gliedrigen komplexen Zahlen die Quaternionen als Spezialfall umfaßt. Die Rechnung schließt sich an die sehr einfache Idee an, mit den bei linearen Substitutionen auftretenden Matrices zu rechnen nach den Regeln, welche die Theorie der linearen Substitutionen an die Hand gibt. D. h. zwei Matrizes werden addiert, indem man ihre Glieder addiert

$$\begin{pmatrix} a_{11} & \cdots & a_{1n} \\ \cdot & \cdots & \cdot \\ \cdot & \cdots & \cdot \\ a_{n1} & \cdots & a_{nn} \end{pmatrix} + \begin{pmatrix} a'_{11} & \cdots & a'_{1n} \\ \cdot & \cdots & \cdot \\ \cdot & \cdots & \cdot \\ a'_{n1} & \cdots & a'_{nn} \end{pmatrix} = \begin{pmatrix} a_{11}+a'_{11} & \cdots & a_{1n}+a'_{1n} \\ \cdot & \cdots & \cdot \\ \cdot & \cdots & \cdot \\ a_{n1}+a'_{n1} & \cdots & a_{nn}+a'_{nn} \end{pmatrix}.$$

Sie werden multipliziert, indem man die durch sie repräsentierten Substitutionen hintereinander anwendet, also nach dem bekannten Determinantenmultiplikationssatz. Im Falle $n = 2$:

$$\begin{pmatrix} \alpha & \beta \\ \gamma & \delta \end{pmatrix} \cdot \begin{pmatrix} \alpha' & \beta' \\ \gamma' & \delta' \end{pmatrix} = \begin{pmatrix} \alpha\alpha' + \beta\gamma' & \alpha\beta' + \beta\delta' \\ \gamma\alpha' + \delta\gamma' & \gamma\beta' + \delta\delta' \end{pmatrix}.$$

In diesem Multiplikationsgesetz ist nun das der Quaternionen als Spezialfall enthalten.

Setzt man nämlich, unter i die gewöhnliche $\sqrt{-1}$ verstanden:

$$\begin{pmatrix} \alpha & \beta \\ \gamma & \delta \end{pmatrix} = \begin{pmatrix} d + ia & b + ic \\ -b + ic & d - ia \end{pmatrix},$$

wodurch die Determinante $\alpha\delta - \beta\gamma$ in $a^2 + b^2 + c^2 + d^2$ verwandelt wird, und entsprechend:

$$\begin{pmatrix} \alpha' & \beta' \\ \gamma' & \delta' \end{pmatrix} = \begin{pmatrix} t + ix & y + iz \\ -y + iz & t - ix \end{pmatrix}$$

und multipliziert nach dem angegebenen Gesetz unter Berücksichtigung der Rechenregel $i^2 = -1$, so ergibt sich eine neue Matrix von der Form

$$\begin{pmatrix} \alpha'' & \beta'' \\ \gamma'' & \delta'' \end{pmatrix} = \begin{pmatrix} D + iA & B + iC \\ -B + iC & D - iA \end{pmatrix},$$

wo die vier Größen A, B, C, D die Bedeutung haben:

$$\begin{aligned} A &= dx + at + bz - cy, \\ B &= dy - az + bt + cx, \\ C &= dz + ay - bx + ct, \\ D &= dt - ax - by - cz. \end{aligned}$$

Man hat also in der Tat aus den beiden Quaternionen $d + ia + jb + kc$ und $t + ix + jy + kz$ die Quaternion $D + iA + jB + kC$ gebildet, die nach der Hamiltonschen Multiplikation daraus entstanden wäre.

Dieses zunächst überraschende Resultat läßt sich bei näherer Überlegung aus dem Wesen der geometrisch gegebenen Verhältnisse sehr wohl verstehen. Es ergibt sich nämlich, daß das Charakteristikum für die fruchtbare Anwendung der Quaternionen das Auftreten einer binären linearen Substitution ist. In der Tat bedeutet das Rechnen mit Quaternionen nichts anderes als das Operieren mit solchen Substitutionen. Aus diesem Grunde sind die Quaternionen bei einer Drehstreckung des Raumes sehr wohl am Platze. Wie bekannt, läßt diese Transformation den imaginären Kugelkreis unverändert, d. h. ein Gebilde, dessen Punkte sich durch e i n e n Parameter λ rational darstellen lassen. Schreibt man homogen $\lambda = \frac{\lambda_1}{\lambda_2}$, so erleiden die λ_1, λ_2 bei einer Drehstreckung des Raumes in der Tat eine binäre lineare Substitution.

Ähnlich läßt sich die glänzende Anwendbarkeit der Quaternionen in der Relativitätstheorie verstehen. Eine Fläche zweiten Grades

$x^2 + y^2 + z^2 - t^2 = 0$ im R_4 ist hier das invariant bleibende Gebilde. Es trägt zwei Scharen von Geraden, die jede für sich durch einen Parameter $\lambda = \frac{\lambda_1}{\lambda_2}$ und $\mu = \frac{\mu_1}{\mu_2}$ dargestellt werden können. Jeder dieser Parameter $\lambda = \frac{\lambda_1}{\lambda_2}$ und $\mu = \frac{\mu_1}{\mu_2}$ erleidet bei der Drehstreckung für sich eine binäre lineare Substitution[1]).

Fünftes Kapitel.

Mechanik und mathematische Physik in Deutschland und England bis etwa 1880.

Mechanik.

Während wir gelegentlich der Ausdehnungslehre und der Quaternionentheorie die Entwicklung schon berührten, welche die geometrischen Grundbegriffe der Mechanik starrer Körper erfahren haben, handelt es sich hier im ersten Teil dieses Kapitels um die Weiterbildung der allgemeinen analytischen Mechanik, wie sie von Lagrange in klassischer Weise ausgestaltet war, nämlich der Lehre von den Differentialgleichungen und den Bahnkurven beliebiger mechanischer Systeme.

Um einige Anknüpfungspunkte zu haben, gebe ich hier eine kurze Aufzählung der wichtigsten seit Lagrange üblichen Ansätze, wobei ich mich jedoch auf Fälle von mäßiger Allgemeinheit beschränke und mich übrigens moderner Terminologie bediene.

Es sei ein System von n Freiheitsgraden gegeben, wie man zu sagen pflegt, d. h. seine Lage zu jeder Zeit sei durch n unabhängige Parameter $q_1, q_2, \ldots, q_n$ vollständig bestimmt. Die Bewegung wird dann beschrieben mit Hilfe der beiden wichtigen Größen:

1. Lebendige Kraft oder kinetische Energie $T = \sum a_{\alpha\beta} \dot{q}_\alpha \dot{q}_\beta$. In diesem Ausdruck sind die $\dot{q} = \frac{dq}{dt}$ die Änderungsgeschwindigkeiten der q; die a sind gewisse Funktionen der q.

2. Kräftefunktion oder potentielle Energie U, wobei ich bemerke, daß die heute als Kräftefunktion übliche Größe das negative der früher verwendeten darstellt, wodurch die Identität mit der potentiellen Energie erreicht wird.

Die beiden Größen T und U sind für ein abgeschlossenes, äußeren Kräften nicht unterliegendes System von der Zeit t explizite unabhängig; die Bewegung wird dann beschrieben durch die sog. Lagrangeschen

---

[1]) Vgl. hierzu Klein: Ges. Abh. Bd. 1, Nr. XXX, S. 533ff.

Gleichungen die unter Einführung der „Impulskomponenten"

$$p_\alpha = \frac{\partial T}{\partial \dot{q}_\alpha}$$

lauten:

$$\frac{d p_\alpha}{dt} = \frac{\partial T}{\partial q_\alpha} - \frac{\partial U}{\partial q_\alpha}.$$

Zu dem Ausdruck rechts kann eventuell noch die Größe $+ P_\alpha$ treten, falls nämlich äußere Kräfte vorhanden sind, die wir uns etwa als gegebene Funktionen der Zeit denken mögen. Eine etwas andere Gestalt nehmen die Gleichungen an durch Einführung der sog. „Lagrangeschen Funktion"

$$L = T - U.$$

Da U von den $\dot{q}_\alpha$ unabhängig ist, so erhält man

$$\frac{\partial L}{\partial \dot{q}_\alpha} = p_\alpha, \qquad \frac{\partial L}{\partial q_\alpha} = \dot{p}_\alpha.$$

Es ist nun ein Hauptstück aller analytischen Mechanik, die ganze Tragweite und den inhaltlichen Reichtum dieser Gleichungen zu verstehen um im konkreten Einzelfall davon Gebrauch machen zu können.

Als ein Integral der Gleichung

$$\dot{p}_\alpha = \frac{d \frac{\partial T}{\partial \dot{q}_\alpha}}{dt} = \frac{\partial T}{\partial q_\alpha} - \frac{\partial U}{\partial q_\alpha}$$

ergibt sich der Energiesatz

$$T + U = h = \text{const.}$$

oder, wenn äußere Kräfte vorhanden sind:

$$T + U = h + \int P_\alpha \, dt,$$

ein Satz, der durch seine fundamentale Bedeutung die ganze Mechanik beherrscht.

Diese Beziehungen und ihre Verallgemeinerungen, die ich hier nicht näher behandeln kann, werden nun auch häufig abgeleitet aus sog. *Variationsprinzipen*; sie gehen statt von den Differentialgleichungen von gewissen Integralen aus, die einen Minimalwert oder „stationären" Wert annehmen müssen, eine Bedingung, die durch das Nullsetzen ihrer in bestimmter Weise genauer angegebenen ersten Variation ausgedrückt wird. Ich erwähne hier drei derartige Ansätze, die uns im folgenden öfter begegnen werden.

1. Die Lagrangeschen Gleichungen erwachsen unmittelbar aus dem Variationsproblem

$$\delta \int_{q_1^0, \ldots, q_n^0; t^0}^{q_1^1, \ldots, q_n^1; t^1} L \, dt = 0$$

(bei festgehaltenen Grenzen). Merkwürdigerweise steht dieser Ansatz bei Lagrange nur zwischen den Zeilen; es konnte sich daher die seltsame

Tatsache entwickeln, daß diese Beziehung in Deutschland — hauptsächlich durch Jacobis Wirken — und dadurch auch in Frankreich allgemein als *Hamiltonsches Prinzip* bezeichnet wird, während in England niemand diese Ausdrucksweise versteht; dort benennt man die Gleichung vielmehr mit einem korrekten aber unanschaulichen Namen als *Prinzip der stationären Wirkung*.

2. Das vielverbreitete „*Prinzip der kleinsten Wirkung*" ist eine andere, von Lagrange bevorzugte Fassung, die er bei Beginn seiner Studien 1759 vorfand. Im 18. Jahrhundert wandte man diesem Prinzip besonders von philosophischer Seite lebhaftes Interesse zu, indem man ihm als Beleg für eine teleologische Weltordnung große Bedeutung zuschrieb. Besonders Maupertuis wäre hier zu nennen.

Die Form des Prinzips ergibt sich aus der ersten durch Kombination der Gleichungen:

$$\left.\begin{aligned} L &= T - U \\ h &= T + U \end{aligned}\right\} \quad 2T = L + h.$$

Es wird also

$$\int L\,dt = \int 2T\,dt - h(t_1 - t_0)$$

und als Variationsproblem ergibt sich $\delta \int 2T\,dt = 0$, wo aber jetzt $T + U = h$ als Nebenbedingung zu berücksichtigen ist, so daß zwar $q_1^0, \ldots, q_n^0$ und $q_1^1, \ldots, q_n^1$ als Grenzen festgehalten werden können, aber nicht t^0 bzw. t^1. Das Integral $\int 2T\,dt$ ist nun das, was man seit alters her als „*actio*" = Wirkung bezeichnet, woher sich der Name des Prinzips, das so viel über das zweckmäßig ökonomische Wesen der Natur aussagen sollte, erklärt.

3. In neuerer Zeit gewann das Prinzip wiederum eine andere, bedeutungsvolle Gestalt durch Jacobi, der die Zeit t vollends eliminierte. Er schrieb

$$T = h - U = \sqrt{T(h - U)}$$

und erhielt

$$\delta \int_{q_1^0, \ldots, q_n^0}^{q_1^1, \ldots, q_n^1} \sqrt{(h - U) \sum a_{\alpha\beta}\, dq_\alpha\, dq_\beta} = 0.$$

In dieser Form legt das Prinzip natürlich nur die Bahnkurve fest, nicht die Zeit, in der sie durchlaufen wird.

Will man in diesem „*Jacobischen Prinzip*" nach Riemannscher Weise $\sqrt{\sum a_{\alpha\beta}\, dq_\alpha\, dq_\beta} = \sqrt{ds^2} = ds$ als Bogenelement auffassen in einem n-dimensionalen Raum, so ergibt sich schließlich

$$\delta \int \sqrt{h - U}\, ds = \delta \int v\, ds = 0,$$

wo v nun die Geschwindigkeit eines im n-dimensionalen Raum bewegten Punktes bedeutet, der für das mechanische Problem ein übersichtliches geometrisches Gegenbild darstellt. In dieser letzten Form wird uns das Prinzip für das Folgende bequem sein.

Wir kehren nun zurück zu Hamilton und seinen Leistungen auf dem Gebiete der Mechanik. Es mag überraschen, daß seine nach dieser Richtung liegenden Fortschritte nur Folgen seiner Arbeiten auf einem anderen weit spezielleren Gebiete sind, nämlich auf dem der *geometrischen Optik*, wie Hamilton sagt: „theory of rays." Zu dieser Theorie, welche die Probleme der Verbreitung von Lichtstrahlen in durchsichtigen Medien ohne Rücksicht auf Intensität, Wellenlänge, Polarisation usw. behandelt, lieferte Hamilton Beiträge in vier grundlegenden Aufsätzen in den Transactions der Royal Irish Academy:

Bd. 15. *On systems of rays* (datiert 1824, Band von 1828),
Bd. 16. *Supplemente I und II* (datiert 1830, Band von 1833),
Bd. 17. *Supplement III* (datiert 1832, Band von 1837).

Diese Abhandlungen sind in ihrer Form alles andere als tadellos; in unübersichtlicher, ungeschickter Anordnung, voll unausgeführter Andeutungen und Wiederholungen, bieten sie dennoch einen großen Gedankenreichtum dar.

Das Ziel, das Hamilton verfolgte, war das Verständnis und die Vervollkommnung der optischen Instrumente; darum ist auch, wenn er von optischen Medien spricht, in erster Linie an eine diskontinuierliche Reihenfolge verschiedener geschichteter homogener isotroper Körper zu denken, die eventuell mit spiegelnden Flächen aneinander grenzen; in zweiter Linie vielleicht an ein Medium mit kontinuierlich wechselnder Dichte, wie etwa die Atmosphäre.

Um nun zu verstehen inwiefern das Problem des Strahlenganges in derartigen Medien mit Mechanik in Zusammenhang steht, müssen wir uns auf den Standpunkt der Emissionstheorie des Lichtes stellen. Die ausgeschleuderten Lichtteilchen werden wie gewöhnliche Massenteilchen behandelt. Macht man den Ansatz, daß ihre Bewegung eine im einzelnen homogenen Medium konstante Kräftefunktion U besitzt, die im dichteren Medium den kleineren Wert annimmt, so ergibt sich ein im homogenen Medium gerader Lichtstrahl, der an der Grenze genau nach dem durch die Erfahrung gegebenen Snelliusschen Brechungsgesetz seine Richtung ändert. Das ist Newtons emissive Lichttheorie, nur wieder in moderner Ausdruckweise vorgetragen.

Für die Geschwindigkeit des Strahles v (nicht zu verwechseln mit dem in der Undulationstheorie üblichen v — vgl. S. 195f.) besteht dann die Beziehung

$$v = c \cdot n,$$

wo c die Lichtgeschwindigkeit im leeren Raum, n den Brechungsexponenten bedeutet.

An diesem speziellen Fall einer Bewegung hat man nun zuerst das Prinzip der kleinsten Wirkung erkannt und aufgestellt, und zwar entsprechend der letzten oben angegebenen Fassung, in der Form

$$\delta \int v\, ds = 0.$$

Es wurde von Fermat zuerst ausgesprochen und nach ihm als „Fermatsches Prinzip" bezeichnet. Selbstverständlich hatte die Bedingung bei Fermat noch nicht diese Gestalt; statt v setzte er den Brechungsindex n selbst ein, an Stelle des Integrals stand ein Summenzeichen, und die Variationsbezeichnung war ersetzt durch die Forderung, daß die Summe unter gleichzeitiger Erfüllung der jeweiligen Nebenbedingungen ein Minimum werde.

An diese Ansätze knüpft Hamilton an. Ehe ich aber seine Hauptleistung genauer angebe, möchte ich einen Punkt vorweg nehmen, der bei Hamilton nur wie beiläufig im dritten Supplement auftritt, dem er aber einen weithin verbreiteten Ruhm verdankt.

In Ausdehnung auf kristallinische Medien verallgemeinerte Hamilton das Fermatsche Prinzip, indem er v nicht nur als Funktion der Ortskoordinaten x, y, z und eines von ihm beigefügten Farbenparameters χ, „chromatic index", ansetzte, sondern auch noch eine Abhängigkeit von den Richtungskosinus α, β, γ (wo $\alpha^2 + \beta^2 + \gamma^2 = 1$) gegen ein bevorzugtes Achsensystem des Kristalls einführte. Damit war ihm der Anschluß möglich an die damals gerade von Fresnel sehr eifrig studierte Lichtverbreitung in zweiachsigen Kristallen. 1832 beginnt Hamilton, sich eingehend mit der sog. Fresnelschen Wellenfläche zweiachsiger Kristalle zu beschäftigen. Als erster gewinnt er eine klare Vorstellung von ihrer geometrischen Gestalt und entdeckt die Existenz von vier reellen Doppelpunkten und vier längs ganzer Kegelschnitte, nämlich Kreisen, berührender Ebenen. Von dieser Erkenntnis geleitet, sagte Hamilton die Tatsache einer zweifachen — inneren und äußeren — konischen Refraktion bei zweiachsigen Kristallen voraus, die dann tatsächlich durch seinen physikalischen Kollegen Lloyd 1833 am Arragonit experimentell festgestellt wurde, ein Triumph der Theorie, wie ähnliche nur die Astronomie aufzuweisen hatte.

Für den heutigen Geometer ist die Fresnelsche Fläche kein ungewöhnliches Gebilde mehr; sie ist ein Spezialfall der Kummerschen Fläche mit 16 Doppelpunkten und 16 Doppelebenen, die durch die Art der Realitätsverhältnisse und im übrigen durch gewisse Symmetrien charakterisiert ist; wir haben früher von dieser Kummerschen Fläche im allgemeinen gesprochen (S. 167).

So wichtig diese Entdeckungen Hamiltons an sich auch sein mögen, so haben sie doch nichts zu tun mit seinem eigentlichen Grundgedanken, den er in die analytische Mechanik einführte. Diesem Grundgedanken kommen wir näher, wenn wir das Fermatsche Prinzip $\delta\int v\,ds = 0$ durch die in der Undulationstheorie auftretenden Begriffe ausdrücken und uns die physikalische Bedeutung der so erhaltenen Formeln überlegen. Der einfacheren Darstellung wegen wollen wir uns auf isotrope Medien beschränken.

Während in der Emissionstheorie galt: $v = c \cdot n$, wo n den Brechungsindex bedeutet, ist die Geschwindigkeit v' der Undulationstheorie gegeben durch $v' = \frac{c}{n}$. Es ist also $v = \frac{c^2}{v'}$, und das Integral

$$\int_0^1 v\,ds = \int_0^1 c^2 \frac{ds}{v'} = \int_0^1 c^2\,dt' = c^2(t_1' - t_0')$$

bedeutet, abgesehen vom Faktor c^2 die Zeit, welche die Welle gebraucht, um vom Punkte x_0, y_0, z_0 nach x_1, y_1, z_1 in der Richtung $0 \to 1$ fortzuschreiten. Das Fermatsche Prinzip der kleinsten Wirkung verwandelt sich also in überraschend einfacher Weise in ein „Prinzip der schnellsten Ankunft".

Es ist nun Hamiltons grundlegender Gedanke, dies Fermatsche Wirkungsintegral $\int_0^1 v\,ds = W$ als Funktion $W(x_0, y_0, z_0;\ x_1, y_1, z_1)$ seiner Grenzpunkte aufzufassen, also — nachdem man seinen Wert aus der Bedingung $\delta W = 0$ bei festen Grenzpunkten berechnet hat — durch die Koordinaten derselben darzustellen. Diese Funktion W bezeichnet er als „charakteristische Funktion" — in Physikbüchern wird häufig $\frac{1}{c}W$, also $c(t_1' - t_0')$, der „optische Weg" genannt — und rückt sie in den Vordergrund bei der Behandlung aller geometrisch-optischen Probleme, wie sie insbesondere bei Bau und Benutzung optischer Instrumente fortwährend auftreten.

Durch diese Voranstellung wird zunächst ein formaler Fortschritt erreicht. Ist nämlich n_0 der Brechungsindex des Mediums, in dem der Ausgangspunkt x_0, y_0, z_0 liegt, sind $\alpha_0, \beta_0, \gamma_0$ die Richtungskosinus des von x_0, y_0, z_0 ausgehenden Strahles, und sind $n_1, x_1, y_1, z_1, \alpha_1, \beta_1, \gamma_1$ die entsprechenden Werte im Endpunkte, so ist, wie Hamilton nachweist:

$$n_1\alpha_1 = \left(\frac{\partial W}{\partial x}\right)_1 \qquad n_0\alpha_0 = \left(\frac{\partial W}{\partial x}\right)_0$$

$$n_1\beta_1 = \left(\frac{\partial W}{\partial y}\right)_1 \qquad n_0\beta_0 = \left(\frac{\partial W}{\partial y}\right)_0$$

$$n_1\gamma_1 = \left(\frac{\partial W}{\partial z}\right)_1 \qquad n_0\gamma_0 = \left(\frac{\partial W}{\partial z}\right)_0.$$

Zunächst werden wir sagen: das Problem des Zielens ist hiermit erledigt; d. h. wir wissen, wie $\alpha_0, \beta_0, \gamma_0$ gewählt werden muß, damit die Bahn durch x_1, y_1, z_1 hindurchgeht, und zugleich ist die Aufschlagsrichtung, d. h. $\alpha_1, \beta_1, \gamma_1$ gegeben. Übrigens reduzieren sich unsere sechs Gleichungen wegen der Bedingungen

$$\alpha_0^2 + \beta_0^2 + \gamma_0^2 = 1, \qquad \alpha_1^2 + \beta_1^2 + \gamma_1^2 = 1$$

auf vier. Wir sehen, daß W zwei partiellen Differentialgleichungen genügen muß:

$$\left(\frac{\partial W}{\partial x}\right)_1^2 + \left(\frac{\partial W}{\partial y}\right)_1^2 + \left(\frac{\partial W}{\partial z}\right)_1^2 = n_1^2,$$

$$\left(\frac{\partial W}{\partial x}\right)_0^2 + \left(\frac{\partial W}{\partial y}\right)_0^2 + \left(\frac{\partial W}{\partial z}\right)_0^2 = n_0^2.$$

Wir können aber auch sagen: mit Hilfe der Größe W, die aus dem Fermatschen Prinzip bei festgehaltenen Grenzen berechnet worden ist, haben wir eine überaus elegante, übersichtliche Darstellung des gesamten Strahlenganges im optischen Instrument. Wir haben nämlich genug Gleichungen, um bei gegebenem $x_0, y_0, z_0, \alpha_0, \beta_0, \gamma_0$ beliebige weitere Punkte x_1, y_1, z_1 der Bahnkurve und die zugehörigen $\alpha_1, \beta_1, \gamma_1$ festzulegen.

Dieser Ansatz ist Hamiltons eigentliche Leistung. Er nennt ihn das „*Prinzip der variierenden Wirkung*"; vielleicht wäre es noch einleuchtender, von einem „Prinzip der Wirkungsfunktion" zu sprechen.

Es ist dabei wohl aufzufassen, daß dies Gleichungssystem nicht eigentlich etwas Neues liefert, nicht etwa die Berechnung des Strahlenganges, der vielmehr vorher bekannt sein muß, um das W nur erst aufzustellen. Der Fortschritt liegt zunächst nur nach formaler Seite, eben in der handlichen eleganten Lösung des Problems, die alle Zwischenstufen, also die Betrachtung des ganzen Prozesses innerhalb des kompliziert zusammengesetzten Instrumentes, vermeidet. Hamilton erklärt selbst, daß seine Erfindung des Prinzips der variierenden Wirkung vielleicht „nicht nützlich" wäre, aber ein „intellektuelles Vergnügen" gewähre.

Dennoch ist er mit dieser Selbstkritik zu bescheiden gewesen. Das Prinzip weist nämlich nach anderer Seite über sich hinaus und führt zu positiv neuen Erkenntnissen, und zwar kraft der allgemeinen Funktionseigenschaften des W. Diese lassen ohne weiteres gewisse physikalische Gesetze von großer Bedeutung erkennen. So folgt aus der Tatsache der Umkehrbarkeit der partiellen Differentation zweiter Stufe $\frac{\partial^2 W}{\partial x_1 \partial x_0} = \frac{\partial^2 W}{\partial x_0 \partial x_1}$ usw. das allgemeine Reziprozitätsgesetz der Optik: Das Vergrößerungsverhältnis eines optischen Instrumentes bleibt ungeändert, wenn man bei festgehaltenem Instrument Auge und Objekt vertauscht.

Diese wenigen Bemerkungen mögen genügen, um die Reichhaltigkeit und Schönheit der Hamiltonschen Resultate anzudeuten. Um so merkwürdiger muß die Geschichte dieser Entdeckungen anmuten; es ist ihnen nämlich auf dem Kontinent in keiner Weise gelungen, in einem ihrem Wert entsprechendem Maße Geltung zu gewinnen. Während sich, wie schon bemerkt, bei uns und in Frankreich Hamiltons Name an das Prinzip der kleinsten Wirkung $\delta W = 0$ heftet, das doch viel älteren Ursprung hat, ist seine eigentliche Erfindung, sein Prinzip der variierenden Wirkung, überhaupt nicht aufgefaßt worden; dann aber, da die Theorie diese Gedankenwendung verlangte, in den verschiedensten, meist viel ungeeigneteren Formen wiederentdeckt worden. Große Instrumentenbauer, wie Abbe, kennen es nicht und setzen eigene umständliche Berechnungen an die Stelle. Von dem Astronomen Bruns wurde ohne Bezugnahme auf Hamilton eine längere Theorie ausgebaut, in der W den heute häufig verwendeten Namen „Eikonal" erhielt usw.

Dabei ist in England die Hamiltonsche Theorie immer bekannt gewesen, und die englischen Schriften sind nach Deutschland gekommen. Ich berufe mich hier auf verschiedene Aufsätze von Maxwell, in denen das W für einzelne einfache Fälle ausgerechnet wird, insbesondere aber auf den *Treatise on natural philosophy* von Thomson and Tait, der 1867 zuerst erschien und eine volle Darlegung der Hamiltonschen Entwicklung in ihrer Bedeutung auch für die allgemeine Mechanik enthält. Und dieser Treatise wurde auf Veranlassung von Helmholtz 1871 ins Deutsche übersetzt.

Die Entdeckungen Hamiltons in der Mechanik sind in der Tat sozusagen nur Korollare seiner optischen Grundgedanken. Aber indem Jacobi Hamiltons mechanische Resultate aufgriff und unter starker Nennung des Namens Hamilton nach neuer — Jacobischer — Richtung weiterführte, entstand bei Jacobis Schülern und Lesern der Eindruck, als sei Hamilton, was Mechanik anbetrifft, nur ein Vorläufer Jacobis gewesen. Ich selbst habe mir, als ich bei meinen Reisen die Sachlage genauer kennen lernte, viele aber vergebliche Mühe gegeben, Hamiltons optische und mechanische Resultate in Deutschland bekannt zu machen. Insbesondere habe ich mir im Sommer 1891 das Vergnügen gemacht, im Anschluß an Hamilton die ganze Mechanik als eine Art Optik im n-dimensionalen Raum zu behandeln und darin die Jacobischen Weiterbildungen eingearbeitet; im selben Jahr habe ich auf der Naturforscherversammlung in Halle über diese Dinge vorgetragen[1]; die Ausarbeitung dieser Vorlesung hat 20 Jahre lang im Göttinger Lesezimmer aufgelegen; Voß hat in Artikel 1 des 4. Bandes der Enzyklopädie eine richtige Darstellung der Verhältnisse gegeben — alle diese Versuche waren letzten Endes vergeblich. Hamiltons Gedanken in ihrer eigenen, von der Optik kommenden Gestalt waren und blieben unbekannt in den Kreisen, die am meisten Interesse hätten daran finden müssen. Nur Study hat neuerdings (Jahresbericht der D. M. V. Bd. 14 1905, S. 424ff. „Über Hamiltons geometrische Optik und deren Beziehung zur Theorie der Berührungstransformationen") den richtigen Sachverhalt in neuer Form herausgearbeitet[2]).

Ein Grund für dieses merkwürdige Schicksal der Arbeiten mag gesucht werden in dem Ort ihrer Veröffentlichung. Die Transactions der Royal Irish Academy ist eine in Deutschland und Frankreich sehr seltene, schwer zugängliche Zeitschrift. Tatsächlich haben Hamiltons

---

[1]) Vgl. Klein: Ges. Abh. Bd. 2, S. 601f.

[2]) Indessen noch G. Prange: W. R. Hamiltons Bedeutung für die geometrische Optik, Jahresber. d. D. M. V., Bd. 30 (1921) S. 69ff. und W. R. Hamiltons Arbeiten zur Strahlenoptik und analytischen Mechanik, Nova Acta, Abh. d. Leop.-Carol. Deutschen Akad. d. Naturforscher, Bd. 107 Nr. 1, Halle 1923.

Arbeiten zur Mechanik, die in den Philosophical Transactions der Londoner Royal Society erschienen, viel größere Verbreitung gefunden. Auch die bereits beschriebene, ungeschickte und verworrene Darstellungsweise dieser Jugendarbeiten war nicht geeignet, ihnen Eingang zu verschaffen.

Schließlich ist unter den hemmenden Einflüssen noch einer Richtung zu gedenken, die ich bei dieser Gelegenheit deutlich zurückweisen möchte; das ist die Polemik, die nicht nur Hamilton erfuhr, sondern alle Mechaniker, die sich der Variationsprinzipe in seinem Sinne bedienten, von seiten unverständiger Rationalisten. Aus der ursprünglichen Vorliebe der Philosophen für diese Prinzipe wegen der Zweckidee, die darin zum Ausdruck käme, schöpften diese Leute nun eine Abneigung, indem sie der sich ihrer bedienenden Naturwissenschaft den Vorwurf der Teleologie machten. Mit diesem Mißverständnis verbindet sich aber in weiteren Kreisen eine andere, grundsätzlich irrige Auffassung der mathematischen Naturwissenschaft, wie sie von reinen Theoretikern sehr häufig vertreten wird. Das ist die Meinung, diese Wissenschaft, insbesondere die analytische Mechanik habe nur die Natur zu „erklären“. (Auf den Artikel des Physikbandes der „Kultur der Gegenwart“ von Planck: Das Prinzip der kleinsten Wirkung, möchte ich hier hinweisen!) Dem gegenüber muß die Ansicht betont werden, daß — so sehr die teleologischen Tendenzen für die Entwicklung der Wissenschaft von Bedeutung gewesen sind — es allerdings nicht Aufgabe der Naturwissenschaft ist, übernatürliche „Zwecke“ in der Natur aufzufinden oder gar solche zur Erklärung der Erscheinungen heranzuziehen; daß sie aber sehr wohl sich verbinden kann mit einem vom Menschen selbst gesetzten Zweck, den zu erreichen sie ihm behilflich ist. Nicht Naturerklären — was sie letzten Grundes nie kann — sondern Naturbeherrschen ist ihre eigentliche Aufgabe. Es darf nie vergessen werden, daß es eine schaffende Technik gibt, welche die Ansätze der theoretischen Wissenschaft in die Tat umsetzt.

So dient im vorliegenden Fall das Prinzip der variierenden Wirkung nicht dazu, die Frage nach einem der Natur innewohnenden Zweck zu beantworten, den sie beim Ablauf optischer Vorgänge verfolge, sondern die durchaus berechtigte Frage des Instrumentenbauers, wie diese Vorgänge künstlich anzuordnen seien, damit der Zweck eines möglichst brauchbaren Instrumentes erreicht werde!

Ehe ich nun zu Hamiltons eigentlich mechanischen Arbeiten übergehe, muß ich noch einer mathematischen Richtung gedenken, bei der sein Name ebenfalls viel erwähnt wird, wiederum lediglich als der eines Vorbereiters nach ihm einsetzender Leistungen. Seine Behandlung der Strahlensysteme regte nämlich Kummer in Berlin an zu einer rein algebraischen, jeder physikalischen Problemstellung fernen Behandlung, insbesondere der geradlinigen Strahlensysteme — ganz unabhängig von einem etwaigen Auftreten in der Optik — und der sich hier ergebenden geometrischen Probleme. Nachdem Kummer in Crelle's Journal Bd. 57 (1860), noch einigermaßen an Hamilton anknüpfend, eine allgemeine Theorie der geradlinigen Strahlensysteme entworfen hatte, beschäftigte er sich erfolgreich mit der Aufzählung und dem Studium der algebraischen Strahlensysteme erster und zweiter Ordnung (Abhandl. der Berliner Akademie 1866). Dabei fand er die nach ihm benannte Fläche vierter Ordnung mit 16 Doppelpunkten und 16 Doppelebenen, von der wir schon wiederholt sprachen, und zwar als Brennfläche der Strahlensysteme zweiter Ordnung, welche zugleich von der zweiten Klasse sind (d. h. durch jeden Punkt gehen zwei Strahlen; in jeder Ebene liegen zwei Strahlen).

Die Anknüpfung an Hamilton in diesen sehr wichtigen, tiefeindringenden Arbeiten Kummers, die der damals eben von Plücker in Angriff genommenen Liniengeometrie den Weg bereiteten, ist eine ganz äußerliche; Zweck und Methode, kurz die ganze Gedankenwelt, in der Kummer sich bewegt, ist von der Hamiltons so weit entfernt, daß es jedem Mühe machen wird, sich auf die Probleme des einen Forschers einzustellen, wenn er sich eben mit denen des anderen beschäftigt hat. Auch durch diese Überlieferung konnte also Hamiltons Bild in der kontinentalen Wissenschaft nur getrübt werden. —

Nach diesen Einschaltungen möchte ich nun eine kurze Darlegung geben von Hamiltons Arbeiten zur analytischen Mechanik. Ich beschränke mich dabei, über Hamilton hinausgehend, auf den Grad der Allgemeinheit, den ich mir im Anschluß an das Vorangehende gestatten kann.

Wie schon erwähnt, erschienen die beiden hier in Betracht kommenden Arbeiten in den Philosophical Transactions der London Royal Society, und zwar 1834—35. Beide verfolgen den besonderen Hamiltonschen Gedanken, das im Prinzip der kleinsten Wirkung auftretende Integral nach seiner Auswertung als Funktion seiner Grenzen aufzufassen.

In der ersten Abhandlung wird von der Form ausgegangen:

$$\delta W = \delta \int\limits_{q_1^0, \ldots, q_n^0}^{q_1^1, \ldots, q_n^1} \sqrt{2(h-U) \sum a_{\alpha\beta}\, dq_\alpha\, dq_\beta} = 0,$$

wo

$$T = \sum a_{\alpha\beta}\, \dot q_\alpha\, \dot q_\beta, \qquad T + U = h = \text{const.}$$

ist. Nachdem die Differentialgleichungen des Problems $\delta W = 0$ integriert sind, wird nun $W(q_1^1, \ldots, q_n^1;\ q_1^0, \ldots, q_n^0;\ h)$ als *„charakteristische Funktion"* des mechanischen Problems angesehen. Beim Variieren der Grenzen q^1, q^0 ergibt sich:

$$\frac{\partial W}{\partial q_\alpha^1} = p_\alpha^1 \qquad -\frac{\partial W}{\partial q_\alpha^0} = p_\alpha^0,$$

wo $p_\alpha = \frac{\partial T}{\partial \dot{q}_\alpha}$ die zu $\dot{q}_\alpha$ gehörige Impulskomponente ist. Ferner ist

$$\frac{\partial W}{\partial h} = t^1 - t^0 .$$

Ist also das $W(q^1;\, q^0)$ durch vorherige Bahnkurvenbestimmung des mechanischen Problems gebildet, so finden die Bahnkurven selbst und die Zeit, in der sie durchlaufen werden, durch die angegebenen Gleichungen eine für viele Zwecke brauchbare Darstellung.

Als mehr beiläufige Folgerung ergibt sich aus $T + U = h$, daß die p_α und mithin die $\frac{\partial W}{\partial q_\alpha}$ gewissen partiellen Differentialgleichungen genügen. Um den Ausdruck für $T = \sum a_{\alpha\beta}\dot{q}_\alpha \dot{q}_\beta$ in den $p_\alpha = \frac{\partial T}{\partial \dot{q}_\alpha}$ hinzuschreiben, müssen wir genau die Transformation anwenden, die bei der Dualisierung einer Gleichung — Übergang von Punktkoordinaten zu Ebenenkoordinaten — üblich ist. T wird gleich dem Quotienten zweier Determinanten, deren eine mit den p_α „gerändert" worden ist:

$$T = \frac{-\begin{vmatrix} a_{\alpha\beta} & p_\alpha \\ p_\beta & 0 \end{vmatrix}}{|a_{\alpha\beta}|} .$$

Da nun $p_\alpha = \frac{\partial W}{\partial q_\alpha}$ und $T + U = h$ ist, so gelten an der oberen und unteren Grenze die partiellen Differentialgleichungen für W:

$$\frac{-\begin{vmatrix} a_{\alpha\beta} & \frac{\partial W}{\partial q^1_\alpha} \\ \frac{\partial W}{\partial q^1_\beta} & 0 \end{vmatrix}}{|a_{\alpha\beta}|} + U = h ;$$

$$\frac{-\begin{vmatrix} a_{\alpha\beta} & \frac{\partial W}{\partial q^0_\alpha} \\ \frac{\partial W}{\partial q^0_\beta} & 0 \end{vmatrix}}{|a_{\alpha\beta}|} + U = h .$$

Die zweite Abhandlung knüpft an eine andere Form des Wirkungsintegrals an:

$$S = \int\limits_{q^0_1, \ldots, q^0_n, t^0}^{q^1_1, \ldots, q^1_n, t^1} (T - U)\, dt ,$$

wo $T - U$ die Lagrangesche Funktion ist, und die Grenzen bei der Forderung $\delta S = 0$ wieder festzuhalten sind. Hat man der Forderung $\delta S = 0$ entsprechend die q als Funktionen der t bestimmt, so wird nun die Funktion

$$S(q^1_1, \ldots, q^1_n;\; q^0_1, \ldots, q^0_n;\; t^1, t^0)$$

als sog. „*Hauptfunktion*" — *principal function* — des mechanischen Problems eingeführt und zur Darstellung der Integrale verwendet. Es bestehen die Beziehungen

$$\frac{\partial S}{\partial q_\alpha^1} = p_\alpha^1 \qquad -\frac{\partial S}{\partial q_\alpha^0} = p_\alpha^0$$

$$\frac{\partial S}{\partial t^1} = -h \qquad \frac{\partial S}{\partial t^0} = h.$$

Ganz entsprechend dem Falle der „charakteristischen Funktion" W, genügt auch S zwei Reihen von je n Differentialgleichungen erster Ordnung.

An all dem ist mehr das „intellektuelle Vergnügen" der eleganten Darstellung als das Interesse an der Integration der mechanischen Differentialgleichungen beteiligt.

Neben dieser konsequenten Anwendung des „Prinzips der variierenden Wirkung" ist nun noch eine Vereinfachung der mechanischen Differentialgleichungen in Hamiltons zweiter Abhandlung von Wichtigkeit. Es handelt sich um das, was man in anderen Teilen der Mathematik vielfach als „Legendresche Transformation" bezeichnet, nämlich um die Einführung der Impulskomponenten p_α an Stelle der Geschwindigkeiten $\dot{q}_\alpha$.

Aus dem Eulerschen Theorem für homogene Funktionen folgt in Anwendung auf T:

$$2\,T = \sum p_\alpha \dot{q}_\alpha.$$

Bezeichnet man nun die Gesamtenergie $T + U$ als Funktion der p_α und q_α mit $-H\,(p_\alpha, q_\alpha)$, so hat man

$$T - U - \sum p_\alpha \dot{q}_\alpha = -T - U = H\,(p_\alpha, q_\alpha),$$

und es ergibt sich als Differential von H:

$$dH = \sum \frac{\partial T}{\partial q_\alpha} d q_\alpha + \sum \frac{\partial T}{\partial \dot{q}_\alpha} d\dot{q}_\alpha - \sum \frac{\partial U}{\partial q_\alpha} d q_\alpha - \sum \dot{q}_\alpha\, d p_\alpha - \sum p_\alpha\, d\dot{q}_\alpha$$

$$= \sum \frac{\partial L}{\partial q_\alpha} d q_\alpha - \sum \dot{q}_\alpha\, d p_\alpha.$$

Da aber nach den Lagrangeschen Differentialgleichungen

$$\frac{\partial L}{\partial q_\alpha} = \frac{d p_\alpha}{pt} = \dot{p}_\alpha$$

ist, so ergibt sich für die Differentialgleichungen der Mechanik die sehr einfache Form

$$\frac{\partial H}{\partial q_\alpha} = \dot{p}_\alpha, \qquad \frac{\partial H}{\partial p_\alpha} = -\dot{q}_\alpha.$$

Diese nennt man die *Hamiltonschen Differentialgleichungen* (obwohl sie schon bei Lagrange gelegentlich auftreten) oder, nach Jacobis Vorgehen, auch die *kanonischen Differentialgleichungen*. Sie verwirklichen sozusagen das Ideal des Energetikers, indem sie die Gesamtenergie an die Spitze stellen und aus ihr die Bewegung völlig ableiten.

Wir wenden uns nun zu Jacobis von 1837 an erscheinenden Arbeiten, die, wie bemerkt, zwar vielfach an Hamilton anknüpfen, aber doch ganz andere selbständige Wege gehen. Jacobi ist der eigentliche Fortsetzer der französischen Schule, die von Lagrange, Poisson usw. ihren Ausgang nahm; eben aus diesem Grunde gewann er nicht nur auf Deutschland, sondern auch auf Frankreich den nachhaltigsten Einfluß.

Der Ausbau, den die Mechanik durch Jacobi erfuhr, liegt wesentlich nach analytischer Seite. Er bezieht sich u. a. auf die folgenden Punkte:

1. Der Allgemeinbegriff der *kanonischen Variabeln.*

Wie wir gesehen haben, gab Hamilton den dynamischen Differentialgleichungen die einfache von Jacobi als kanonische bezeichnete Form:

$$\frac{dq_\alpha}{dt} = -\frac{\partial H}{\partial p_\alpha}, \qquad \frac{dp_\alpha}{dt} = \frac{\partial H}{\partial q_\alpha},$$

wo $H(p_\alpha, q_\alpha)$ die negativ genommene Gesamtenergie bedeutete. Jacobi formuliert nun als erster die Frage: welches sind die *allgemeinsten kanonischen Substitutionen*, d. h. diejenigen Substitutionen

$$p_\alpha^1 = \varphi_\alpha(q_1^0, \ldots, q_n^0; p_1^0, \ldots, p_n^0),$$
$$q_\alpha^1 = \psi_\alpha(q_1^0, \ldots, q_n^0; p_1^0, \ldots, p_n^0),$$

welche allgemein kanonische Differentialgleichungen wieder in kanonische Differentialgleichungen überführen. Dies Problem ist in der Astronomie und in der mathematischen Physik von großer Bedeutung; bei der Auffassung dieser Wissenschaften als Quasigeometrien in einem R_{2n}, wie sie von Boltzmann und Poincaré entwickelt wurde, spielt es seine Rolle. In ganz anderer Weise aber wurde es vom rein geometrischen Gesichtspunkt aus behandelt von Sophus Lie in der sog. Lehre von den *Berührungstransformationen.* Man findet mannigfache Nachweise über diese Dinge in der mathematischen Enzyklopädie, Bd. III, D 7 (Liebmann).

Jacobi hat mit der Problemaufstellung zugleich eine erste Lösung gegeben durch die sog. *Leitfunktionen*: Er findet, daß die p^1, q^1 mit den p^0, q^0 immer dann durch eine kanonische Substitution zusammenhängen, wenn man setzen kann

$$\frac{\partial \Omega}{\partial q_\alpha^0} = -p_\alpha^0, \qquad \frac{\partial \Omega}{\partial q_\alpha^1} = p_\alpha^1,$$

wo Ω eine ganz beliebige, differenzierbare Funktion der q_α^0 und q_α^1 ist.

Diese Formeln erinnern deutlich an Hamiltons charakteristische Funktion W oder an die Hauptfunktion S. Es ist klar, daß Jacobi durch die Hamiltonschen Formeln auf seine Untersuchungen geführt worden ist, die ursprünglich nur eine Prüfung ihrer Tragweite bedeuteten. In der Tat ist der Übergang von den Anfangswerten $q_1^0, \ldots, q_n^0, p_1^0, \ldots, p_n^0$ zu den Endwerten $q_1^1, \ldots, q_n^1, p_1^1, \ldots, p_n^1$ einer mechanischen Bewegung ein Beispiel einer kanonischen Substitution mit der Leitfunktion W oder S, die zwar zunächst nur auf das gerade vorgelegte mechanische Problem sich zu beziehen scheint, deren allgemeiner Charakter aber durch bloßes Nachrechnen leicht nachgewiesen werden kann; mehr noch: da die ganze Bewegung unter Gültigkeit der kanonischen Differentialgleichungen erfolgt, da für jede noch so kleine Veränderung der Parameter die Funktion W gegeben ist durch

$$W = \int\limits_{q_1^0, \ldots, q_n^0}^{q_1^0 + \Delta q_1^0, \ldots, q_n^0 + \Delta q_n^0} \sqrt{(h - U) \sum a_{\alpha\beta}\, d q_\alpha\, d q_\beta}$$

und die Bedingungen:

$$\frac{\partial W}{\partial q_\alpha^0} = -p_\alpha^0 \qquad \frac{\partial W}{\partial (q_\alpha^0 + \Delta q_\alpha^0)} = p_\alpha^0 + \Delta p_\alpha^0$$

bestehen, so ist die mechanische Bewegung eine fortwährende, infinitesimale kanonische Substitution.

So weit nun auch schon das Gebiet der kanonischen Substitutionen durch diese Darstellung mittels einer ganz beliebigen Funktion Ω erscheint, so werden dadurch doch noch nicht alle kanonischen Substitutionen umfaßt. Es kann nämlich sein, daß, wenn man mit Hilfe der Gleichungen

$$q_\alpha^1 = \varphi_\alpha (q_1^0, \ldots, q_n^0;\, p_1^0, \ldots, p_n^0)$$

die p_α^0 berechnen will, gewisse Bedingungsgleichungen zu erfüllen sind: $\Omega_1 (q^0, q^1) = 0$, $\Omega_2 (q^0, q^1) = 0$, usw. In diesem Falle ist anzusetzen:

$$\frac{\partial (\Omega + \lambda \Omega_1 + \mu \Omega_2 + \cdots)}{\partial q_\alpha^0} = -p_\alpha^0,$$

$$\frac{\partial (\Omega + \lambda \Omega_1 + \mu \Omega_2 + \cdots)}{\partial q_\alpha^1} = p_\alpha^1,$$

und nach Ermittlung der q^1, p^1 als explizite Funktionen der q^0, p^0 sind die Parameter λ, μ, ... wieder zu eliminieren.

In dieser erweiterten Form stellt der Ansatz alle kanonischen Substitutionen dar. Später hat man jedoch vorgezogen, die p_α^1, q_α^1 nicht so explizite (mit Fallunterscheidungen) zu definieren, sondern durch Differentialbedingungen, denen sie genügen müssen. Schering und Lie traten 1873 gleichzeitig mit den, in Anlehnung an Poisson geschaffenen sog. *Klammerausdrücken* hervor. Definiert man folgenden Ausdruck

$$[u, v] = \sum_\alpha \left(\frac{\partial u}{\partial p_\alpha^0} \frac{\partial v}{\partial q_\alpha^0} - \frac{\partial u}{\partial q_\alpha^0} \frac{\partial v}{\partial p_\alpha^0} \right),$$

so ergibt sich als Bedingung, daß die p_α^1, q_α^1 einem kanonischen Substitutionssystem angehören:

$$[p_\alpha^1, p_\beta^1] = 0 \qquad [q_\alpha^1, p_\beta^1] = \begin{cases} 1, & \text{wenn } \alpha = \beta, \\ 0, & \text{wenn } \alpha \neq \beta. \end{cases}$$
$$[q_\alpha^1, q_\beta^1] = 0$$

Von diesen Formeln aus schließt man dann leicht den sog. Liouvilleschen Satz (1838), daß die Funktionaldeterminante einer kanonischen Substitution gleich $+1$ oder -1 ist. Zum Beweis braucht man nur die Determinante in umgestellter Form mit sich selbst zu multiplizieren:

$$\begin{vmatrix} q_1^1 \cdots q_n^1 & p_1^1 \cdots p_n^1 \\ \cdots\cdots & \cdots\cdots \\ \cdots\cdots & \cdots\cdots \\ \cdots\cdots & \cdots\cdots \\ q_1^0 \cdots q_n^0 & p_1^0 \cdots p_n^0 \end{vmatrix} \cdot \begin{vmatrix} p_1^1 \cdots p_n^1 & q_1^1 \cdots q_n^1 \\ \cdots\cdots & \cdots\cdots \\ \cdots\cdots & \cdots\cdots \\ \cdots\cdots & \cdots\cdots \\ p_1^0 \cdots p_n^0 & q_1^0 \cdots q_n^0 \end{vmatrix} = \Delta^2 = 1.$$

Den Nachweis, daß Δ in der Tat immer gleich $+1$ ist, können wir hier in Kürze nicht geben.

Diese Formeln, insbesondere der Liouvillesche Satz, haben in der modernen mathematischen Physik eine besondere Geltung gewonnen, seit die Interpretation im Raum von $2n$ Dimensionen durchgedrungen ist (Boltzmann von 1868 an).

Verweisen möchte ich noch auf eine besondere, recht unnötige, äußere Schwierigkeit, welche die Verständigung zwischen Mathematikern und Physikern auf diesem für beide Parteien sehr wichtigen Gebiet bedeutend erschwerte: während wir von Lagrange her gewöhnt sind, die Impulskoordinaten — in Erinnerung an eine Kraft (potentia) — mit p zu bezeichnen, die reinen Zustandskoordinaten hingegen mit q — wobei man etwa an „Qualität“ denken möge —, bedienten sich die Physiker, dem Beispiel Helmholtz' folgend, einer genau entgegengesetzten Benennung! Welche Verwirrung durch diesen wechselnden Sprachgebrauch verursacht worden ist, kann man sich denken.

2. Methoden zur *Integration der Hamiltonschen Differentialgleichungen.*

Nach dem Hamiltonschen Ansatz genügte die Funktion

$$W(q^1, q^0; h) = \int_{q^0}^{q^1} \sqrt{(h-U)\sum a_{\alpha\beta}\, dq_\alpha\, dq_\beta},$$

aus der sich die Impulskoordinaten ableiteten nach den Regeln

$$\frac{\partial W}{\partial q_\alpha^1} = p_\alpha^1, \quad \frac{\partial W}{\partial q_\alpha^0} = -p_\alpha^0,$$

wegen

$$H(q_1, \ldots, q_n, p_1, \ldots, p_n) + h = 0$$

zweimal einer gewissen partiellen Differentialgleichung:

$$H\left(q_1^0, \ldots, q_n^0, \frac{\partial W}{\partial q_1^0}, \ldots, \frac{\partial W}{\partial q_n^0}\right) + h = 0,$$

$$H\left(q_1^1, \ldots, q_n^1, \frac{\partial W}{\partial q_1^1}, \ldots, \frac{\partial W}{\partial q_1^1}\right) + h = 0.$$

Von dieser Tatsache ausgehend, fand nun Jacobi, daß jede hinreichend allgemeine Lösung — sog. „vollständige Lösung“, d. h. Lösung mit

$n-1$ unabhängigen Konstanten — dieser Hamiltonschen partiellen Differentialgleichung hinreicht, um die Bahnkurven des Problems in integrierter Form darzustellen.

Hat man nämlich eine solche Lösung

$$\overline{W}(q_1,\ldots,q_n,c_1,\ldots,c_{n-1}),$$

so genügt es zu schreiben

$$p_a=\frac{\partial\overline{W}}{\partial q_a};\qquad \frac{\partial\overline{W}}{\partial c_1}=d_1,\ldots,\frac{\partial\overline{W}}{\partial c_{n-1}}=d_{n-1}.$$

In den c und d stehen die nötige Anzahl von willkürlichen Konstanten zur Verfügung, nämlich $2n-2$, um die Bahnkurven in dem durch $H+h=0$ auf $2n-1$ Dimensionen beschränkten Raume darzustellen.

In dieser Zusammengehörigkeit der dynamischen Differentialgleichungen mit einer partiellen Differentialgleichung erster Ordnung hat man schließlich eine Tatsache, die in die allgemeine Lehre von den partiellen Differentialgleichungen erster Ordnung gehört, und die in der Tat von hier aus schon vor Jacobi durch Cauchy 1819 gefunden worden war. Der wechselseitige Zusammenhang der beiden Probleme ist der eigentliche Gegenstand des vielseitigen Interesses, das er erweckt. Indem Jacobi ihn von sich aus bemerkte und lebhaft verfolgte, gewann er eine allgemeine Integrationstheorie der dynamischen Differentialgleichungen, und gab einen kräftigen Anstoß zur Behandlung auch spezieller Probleme der analytischen Mechanik. Die Methode ist, statt sich direkt mit den dynamischen Grundgleichungen zu befassen, eine hinreichend allgemeine Lösung der Hamiltonschen partiellen Differentialgleichung zu suchen, woraus sich die Integration der ersteren sozusagen von selbst ergibt.

Eine solche Lösung $\overline{W}$ findet sich nun in der Tat recht häufig bei speziellen Problemen. Jacobi löst nach seiner Methode viele der wichtigsten Probleme der Mechanik und Astronomie; so finden in seinen Vorlesungen Behandlung: das Zweikörperproblem (Keplersche Bewegung) im dreidimensionalen Raume, die Anziehung nach zwei festen Zentren, die geodätischen Linien auf dem dreiachsigen Ellipsoid, welch letzteres Problem Jacobi auf diesem Wege zum ersten Mal erledigte. Das Nähere kann man bei ihm, aber auch in allen astronomischen oder mechanischen Lehrbüchern nachlesen.

In besonderen Fällen hat Jacobi seine Integrationstheorie noch weiter ausgebildet und verfeinert. So hat er sich insbesondere mit der Frage beschäftigt, welche Vorteile für die Integration der dynamischen Grundgleichungen sich ergeben, wenn man einige Integrale derselben bereits kennt. Eine Fülle von sehr merkwürdigen und tiefgreifenden Sätzen werden von Jacobi im Verfolg dieser Untersuchung gefunden; so etwa: wenn für ein Gleichungssystem zwei Flächensätze Geltung haben, dann auch der dritte. Den Höhepunkt fand diese sich an Poisson anlehnende Entwicklung der Mechanik, auf die irgendwie näher einzugehen mir leider nicht möglich ist, über Jacobis Untersuchung hinausgehend anfangs der 70er Jahre in den Arbeiten von Lie und Adolf Mayer. In analytische Allgemeinheit emporgehoben, haben alle diese Resultate zugleich Geltung für die Variationsrechnung einfacher Integrale usw., auf der andern Seite für die partiellen Differentialgleichungen erster Ordnung schlechthin. In dieser fortwährenden Beziehung zu zwei großen selbständigen Gebieten der Analysis liegt der mathematische Reiz dieser Darstellung der mechanischen Tatsachen.

Trotz der unzweifelhaften Schönheit dieses Gebietes möchte ich jedoch vor einem einseitigen Studium warnen. Wenn man sich nur mit Mechanik in dieser Abstraktheit beschäftigt, bleibt der Sinn für den konkreten Einzelfall unentwickelt und mit ihm die Fähigkeit, ein vorliegendes mechanisches Problem wirklich anzusetzen und bis zur Beherrschung durchzuführen. In diesem Sinne spricht Poske in seiner 1915 erschienenen „Didaktik des physikalischen Unterrichts" von dem „feinen Gift der mathematischen Bildung" für den Physiker. In der Tat kann der Physiker wenig, der Ingenieur gar nichts von diesen Theorien für seine Aufgaben brauchen[1]). Sie sind sozusagen ein Schema mit leeren Fächern, in welche die bunte Welt der Erscheinungen erst eingeordnet werden muß, um sie sinnvoll erscheinen zu lassen.

Nach dieser Warnung möchte ich Jacobis Vorlesungen über Dynamik als ein besonders anregendes Buch warm empfehlen (herausgegeben von Clebsch **1866** nach der von Borchardt im Winter **1842/43** gefertigten Ausarbeitung)[2]).

Damit verlassen wir endgültig Jacobi, diesen eigenartigen Geist; zu seiner allgemeinen Charakteristik und Würdigung verweise ich auf das in Kap. 3 Gesagte (S. 112ff.). Die Spuren seiner ungeheuer anregenden Wirkung werden uns im In- und Auslande in der folgenden Zeit immer wieder begegnen.

Zunächst wenden wir uns freilich von Jacobi fort zu der Weiterbildung der analytischen Mechanik über Hamilton und Jacobi hinaus.

Der Mann, von dem wir hier zuerst zu sprechen haben, der Engländer Routh, führt uns mit einem Schlage in eine völlig andere Umgebung. Es ist das wissenschaftliche Leben von Cambridge mit

---

[1]) Wir haben diese, durch die Entwicklung der letzten Jahre widerlegten Bemerkungen stehen lassen, da sie zu der gerade von Klein oft genannten Erscheinung einen Beitrag liefern, wie scheinbar rein mathematische Theorien auch für die Nachbarwissenschaften unvermutet von größter Bedeutung werden. Anm. d. Herausg.

[2]) Neuerlich herausgegeben im Supplementband von C. G. J. Jacobi's Gesammelten Werken (1884).

seinem streng auf schul- und examensmäßige Leistung zugeschnittenen Lernsystem. Hier spielt Routh seit etwa 1860 eine hervorragende Rolle durch eine ausgedehnte, berühmte Lehrtätigkeit, die er in seiner Stellung als „private tutor" — d. h. Privatvorbereiter für das „tripos" und andere Examina — ausübte. Lange Jahre hindurch ging aus seinem vorbereitenden Kurs zumeist der erste Preisträger, der sog. „senior wrangler" hervor. Eine große Zahl hochbedeutender Männer hat sich hier bei Routh die solide Grundlage einer tüchtigen, auf Anwendung gerichteten mathematischen Bildung geholt. Lord Rayleigh gehörte zu denen, die häufig voll Dankbarkeit ihrer Lehrzeit bei Routh gedachten.

Das Gepräge dieser tutor-Tätigkeit tragen nun auch die Routhschen Lehrbücher, welche den denkbar größten Gegensatz zu der Jacobischen Lehrweise bilden. Die allgemeinen Betrachtungen fehlen zwar keineswegs, aber sie sind umgeben von einer großen Zahl leicht faßlicher, konkreter Einzelanwendungen. In der deutschen Übertragung bilden diese Bücher bei uns eine durchaus ungewohnte Erscheinung. Sie bestehen nicht in zusammenhängenden Darlegungen oder in einzelnen Vorträgen, sondern in täglichen, der Zeit nach genau bemessenen Übungen, in denen bestimmte Aufgaben gestellt und bis zum letzten durchgeführt werden. Dieses System entspricht genau der vom „tutor" ausgeübten Lehrtätigkeit, der seine uns schier überraschenden Erfolge an Kenntnissen und Selbständigkeit bei seinem übrigens kleinen Kreis von Schülern in stundenlanger täglicher Arbeit erreicht. Es ist dieselbe Methode, mit der ein geschickter „Trainer" bei seinen Schülern Höchstleistungen des Sports erzielt.

Die Art des Universitätsunterrichts ist eben sehr verschieden in den verschiedenen Ländern, und keines darf glauben, über die allein förderliche oder „akademische" zu verfügen. Jede Methode hat ihre Vorzüge und jede zeitigt ihre Mißstände, wenn sie zu einseitig verfolgt wird. Auch lassen sich die Organisationen und Methoden des Unterrichts nicht kurzweg von einem Lande, in dem sie gewachsen und in dessen Kultur sie verwurzelt sind, auf ein anderes übertragen; sie sind fest gebunden an die Tradition bei Lehrern und Schülern und bedingt durch das in dem betreffenden Lande übliche Examenswesen und die darauf fußende soziale Schichtung.

Im übrigen ist gerade zwischen Deutschland und England auf diesem Gebiete eine gewisse Annäherung zu spüren. In Cambridge hat man die Prüfungen, die zu einem ausgeklügelten System virtuosenhafter Kasuistik ausgeartet waren, von 1900 an etwas gemildert; und bei uns treten neben den Vorlesungen, je länger, je mehr die Übungen als notwendige Ergänzung in den Vordergrund.

Doch wollen wir nun betrachten, welche Gestalt die analytischmechanischen Probleme in Routh' Hand gewannen.

In der Darstellung Lagranges stand an der Spitze der Formeln der analytischen Mechanik die Funktion

$$L = T - U.$$

Bei Hamilton trat an ihre Stelle

$$H = T - U - \sum p_\alpha \dot{q}_\alpha = -(T + U).$$

Diese Funktion H ist allein von p und q abhängig zu denken und wurde aus dem von den q und $\dot{q}$ abhängigen L durch eine sog. Legendresche Transformation gewonnen, d. h. durch eine Ersetzung der $\dot{q}$ durch die p.

Zwischen diesen beiden Formen hält nun die Routhsche Darstellung gerade die Mitte. Sie vollzieht nämlich die besagte Legendresche Transformation nur teilweise, indem sie etwa eine Anzahl m der n Variabeln $\dot{q}$ durch die p und durch die übrigen $q_{m+1}, \ldots, q_n; \dot{q}_{m+1}, \ldots, \dot{q}_n$ ausdrückt. Auf diese Weise wird die sog. Routhsche Funktion gewonnen:

$$R = L - \sum_1^m p_\alpha \dot{q}_\alpha,$$

in der nun alle drei Arten der Variabeln, $\dot{q}$, p und q, explizite auftreten.

Der Übersicht halber bezeichnen wir die neu eingeführten $p_1, \ldots, p_m$ mit $\pi_1, \ldots, \pi_m$ die zugehörigen q mit $\varkappa_1, \ldots, \varkappa_m$, so daß wir nun folgende Gruppen von Variabeln haben:

$$\begin{array}{ll} q_{m+1}, \ldots, q_n, & \dot{q}_{m+1}, \ldots, \dot{q}_n, \\ \varkappa_1, \ldots, \varkappa_m, & \pi_1, \ldots, \pi_m. \end{array}$$

Dann nehmen die Differentialgleichungen der Mechanik die Gestalt an:

$$p_\alpha = \frac{\partial R}{\partial \dot{q}_\alpha} \qquad \frac{d p_\alpha}{dt} = \frac{\partial R}{\partial q_\alpha} + P_\alpha, \qquad (\alpha = m+1, \ldots, n)$$

$$\frac{d \varkappa_i}{dt} = -\frac{\partial R}{\partial \pi_i} \qquad \frac{d \pi_i}{dt} = \frac{\partial R}{\partial \varkappa_i} + \Pi_i, \qquad (i = 1, \ldots, m)$$

wo P_α und Π_i eventuell hinzutretende äußere Kräfte bedeuten. Sie spalten sich also in eine nach Lagrangescher Art und eine nach Hamiltonscher Art gebaute Gruppe. Für $m = 0$ geht die Routhsche Funktion und mit ihr das Gleichungssystem in den Lagrangeschen Fall über, für $m = n$ in den Hamiltonschen.

Dieses Gleichungssystem gewinnt nun ein besonderes Interesse durch gewisse allgemeine grundsätzliche Auffassungen über das Wesen der Mechanik, die sich daran knüpfen. Kommen nämlich in R die $\varkappa_i$ nicht explizite vor, sondern nur die zugehörigen π_i, so haben wir den besonderen Fall, der von Helmholtz (Crelle, Bd. 97, 1884) als *zyklisches System* bezeichnet und eingehend studiert wird, und der etwas früher bei Thomson und Tait als „zykloïdales System" auftritt.

In der Praxis wird er verwirklicht überall da, wo rotierende Bewegungen von Rotationskörpern stattfinden, die stets z. B. den Drehungswinkel als „zyklische", nur in ihrem zugehörigen Impuls π zur Geltung kommende Koordinate $\varkappa$ besitzen, also bei allen Schwungrädern. Schließt man den rotierenden Körper in ein undurchsichtiges Gehäuse ein, so verrät in der Tat nichts mehr seine „*verborgene Bewegung*" als das ungewöhnliche Verhalten, das der Körper als Ganzes bei einer Bewegung im Raum zeigt (Kreisel, Gyrostat). In Fällen wie diesem, wo eine Einwirkung von außen auf die Schwungradbewegung ausgeschlossen ist, also $\Pi_i = 0$ gilt, ergibt sich

$$\frac{d\pi_i}{dt} = 0,$$

d. h. die zu den zyklischen Koordinaten gehörigen Impulse sind konstant.

Aus diesen Tatsachen ergeben sich nun merkwürdige Vorstellungen über die Natur der potentiellen Energie. Nehmen wir an, die kinetische Energie T zerfiele in einen Teil $T(\dot{q})$, der nur von den Geschwindigkeiten $\dot{q}$ herrührt, und in einen $T(\pi)$, der nur auf den zyklischen Impulsen π beruht (was also voraussetzt, daß Glieder, in denen Geschwindigkeiten $\dot{q}$ mit Impulsen π multipliziert sind, fehlen), so ist die Routhsche Funktion

$$R = T(\dot{q}) - T(\pi) - U = T(q, \dot{q}) - T(q, c) - U(q),$$

wenn wir der Abhängigkeit sämtlicher Größen von den Koordinaten q gedenken und die konstanten Impulse π_i durch die Größen c_i ersetzen. Die $q_{m+1}, \ldots, q_n$ bestimmen sich aus den Differentialgleichungen

$$p_a = \frac{\partial T(\dot{q})}{\partial \dot{q}_a}, \qquad \frac{dp_a}{dt} = \frac{\partial [T(\dot{q}) - (U + T(c))]}{\partial q_a}.$$

Es ergibt sich also ein Formelsystem, das genau einem System von $n-m$ Freiheitsgraden entspricht, dessen potentielle Energie um $T(c)$ — die kinetische Energie der verborgenen Bewegungen — erhöht erscheint[1]). Die Größen U und $T(\pi)$ sind beide Funktionen von q mit konstanten Koeffizienten; sie treten nur zur Summe verbunden auf, nicht einzeln. Es erhebt sich darum die Frage — wo wir ohnehin vom Wesen der potentiellen Energie keine Vorstellung haben — ob nicht vielleicht alle in der Mechanik sich als „potentielle Energie" geltend machenden Größen im Grunde durch verborgene, zyklische sog. „ignorierte" Bewegung verursachte kinetische Energie seien. Wie eine Fata Morgana zeigt sich in der Ferne die Möglichkeit einer rein kinetischen Theorie der Materie.

In dieser Allgemeinheit wurde der Gedanke wohl zuerst 1888 von J. J. Thomson ausgeführt in seinem Buch: *Applications of Dynamics to Physics and Chemistry*. (Vorlesung 1886 Cambridge, dann 1886—87 in den Philosophical Transactions.) In einzelnen Beispielen aber wurde er schon von William Thomson (= Lord Kelvin) verfolgt, so in seinem Vortrag vor der British Association in Montreal 1884, den er

[1]) Man vgl. hierzu etwa Whittaker, Analytische Dynamik, Berlin 1924, § 38.

vorsichtig als „Steps towards a kinetic theory of matter" bezeichnet. (Math. and Phys. Papers, Bd. 3, S. 366.) Zum geschlossenen System schließlich ausgearbeitet findet sich diese Auffassung in dem posthumen Werk von Heinrich Hertz: *„Die Prinzipien der Mechanik"*, 1904.

Näheres über diese eigenartige Gedankenkonstruktion findet man in dem Artikel 1 von Voß in Bd. IV der Enzyklopädie. Auf ihren Wert oder ihre Unzulänglichkeit kann ich hier leider nicht näher eingehen; so blendend sie zuerst erscheint, so bieten sich doch sowohl der logischen Durchführung — es wird z. B. bei Hertz das ganze, große Gebiet der Bedingungsgleichungen ohne weitere Zurückführung auf kinetische Begriffe einfach aus der gewohnten Mechanik übernommen — wie auch der Ausgestaltung dieser Ideen in concreto erhebliche Schwierigkeiten, wie u. a. Boltzmann zeigte. Auch die Wirbeltheorie Lord Kelvins, welche zwar als einziges, dem kinetischen Gedankenmaterial fremdes Element das Axiom der Inkompressibilität der die Wirbel enthaltenden Flüssigkeit aufnimmt, kann wegen ihrer geringen Tragweite nicht befriedigen.

Die Idee der verborgenen zyklischen Bewegung gibt Anlaß zu einer anderen Analogie, die ich hier nicht unerwähnt lassen möchte, das ist diejenige, die nach Helmholtz, Crelle, Bd. 97 (1884) zwischen der Statik einfachster „monozyklischer" Systeme — deren zyklische Bewegung jedoch „zugänglich" zu denken ist — und den Grundlehren der *mechanischen Wärmetheorie* besteht.

Ich schicke zunächst einen kleinen Exkurs über mechanische Wärmetheorie voraus. Es sind im wesentlichen zwei mathematische Konzeptionen, die hier eine Rolle spielen:

1. Das Problem der partiellen Differentialquotienten $\frac{\partial F}{\partial x_1}, \ldots, \frac{\partial F}{\partial x_n}$ einer Funktion $F(x_1, x_2, \ldots, x_n)$ von mehreren Variabeln und ihrer Änderung bei Einführung eines neuen Systems von Veränderlichen.

2. Die verschiedenartige Bedeutung eines Pfaffschen Ausdruckes

$$X_1\,dx_1 + \cdots + X_n\,dx_n$$

der, wie wir gelegentlich der Betrachtung über Graßmann erwähnten, alle möglichen Grade der Allgemeinheit besitzen kann, vom exakten Differential über den Fall der Umwandlung in ein solches durch einen „integrierenden Faktor" bis zu den Fällen völliger Allgemeinheit, die eine solche Umwandlung nicht gestatten. Insbesondere ist hier die begriffliche Unterscheidung des exakten Differentials vom unexakten von Interesse durch das Verhalten gegen eine Integration auf geschlossenem Wege, oder, wie man in der Thermodynamik sagt: gegen einen Kreisprozeß.

Dieses jedem Mathematiker geläufige gedankliche Material tritt nun dem Neuling nicht nur in thermodynamischer Verkleidung entgegen, sondern noch dazu beladen mit einem großen, umständlichen historischen Ballast. Es wird ihm zugemutet, auf dem von den ersten Entdeckern (Carnot, Clausius) mühsam gebahnten Wege durch das Gestrüpp ihm ungewohnter mathematischer Begriffe zum Ziele vorzudringen, das in Umrissen doch schon von weitem klar und deutlich zu erkennen wäre, wenn man nur den Blick darauf lenkte. Dies scheint mir nur möglich durch einen erst orientierenden zusammenfassenden Vortrag der Grundlehren in autoritativ-dogmatischer Weise, an die sich dann eine strengbeweisende, ins Einzelne gehende Ausführung anzuschließen hätte. In diesem Sinne möchte ich hier in Kürze das Wesentliche andeuten.

Wir haben ein System, das von $n+1$ Parametern $q_1, \ldots, q_n, \vartheta$ abhängt, wo ϑ als *absolute Temperatur* bezeichnet wird. Die Thermodynamik beschäftigt sich nun nicht mit der Bewegung solcher Systeme, sondern mit ihrem Gleichgewichtszustand, eventuell mit einer sog. „unendlich langsamen“ Bewegung, d. h. einer Reihenfolge wenig voneinander verschiedener Gleichgewichtszustände. Es sei also dies System im Gleichgewicht, und zwar unter dem Einfluß der äußeren Kräfte $P_1, \ldots, P_n$, die so definiert sind, daß bei kleiner Änderung der q der Ausdruck

$$P_1\,dq_1 + \cdots + P_n\,dq_n = dA$$

gleich der hierfür erforderlichen, von außen zugeführten Arbeit ist. Zudem sei das ganze System in eine für Wärme undurchlässige, sog. adiabatische Hülle eingeschlossen.

Die beiden Grundsätze der Wärmetheorie beziehen sich nun auf die Änderung der $q_1, \ldots, q_n, \vartheta$ des Gleichgewichtszustandes, die hervorgerufen wird, wenn man dem System erstlich ein unendliches kleines Quantum äußerer Arbeit dA zuführt, dann ein unendlich kleines Quantum in mechanischem Maß gemessener Wärme dQ. Die Änderung tritt hervor in zwei uns vornehmlich interessierenden Größen: der — von der Mechanik her gewohnten — *Energie* E, und der nun neu hinzutretenden *Entropie* S. Es ist nämlich:

erster Wärmesatz: $dA + dQ = dE$,

zweiter Wärmesatz: $dQ = \vartheta \cdot dS$.

Der erste Wärmesatz bietet der Auffassung keine Schwierigkeit. Im zweiten hingegen wird nun der Begriff des exakten bzw. unexakten Differentials bedeutungsvoll; er sagt nämlich aus, daß die Wärmemenge dQ nicht selbst ein exaktes Differential einer Funktion der $q_1, \ldots, q_n, \vartheta$ ist, sondern erst durch Multiplikation mit dem Faktor $\frac{1}{\vartheta}$ in ein solches — nämlich dS — umgewandelt wird.

Statt diese Sätze hier zu begründen, möchte ich sie an einem Beispiel darlegen, nämlich an dem des „idealen Gases“. Die Masse des Gases sei gleich 1 vorausgesetzt. Dann besitzt das System zwei Parameter, nämlich v, das Volumen der vorausgesetzten Masseneinheit, und ϑ, die absolute Temperatur. Die zu v gehörige Kraftkomponente P wird gewöhnlich mit $-p$ bezeichnet, wo p den äußeren Druck des Gases mißt. Es treten zwei Konstanten auf: c_v, die spezifische Wärme bei konstantem Volumen, c_p, die spezifische Wärme bei konstantem Druck. Durch sie und die Parameter drücken sich die Zustandsfunktionen des idealen Gases folgendermaßen aus:

$$E = c_v \vartheta,$$

$$S = c_v \log \vartheta + (c_p - c_v) \log v.$$

Die beiden Wärmesätze gewinnen die Gestalt

$$-p\, dv + dQ = dE = c_v\, d\vartheta,$$

$$dQ = \vartheta\, dS = c_v\, d\vartheta + (c_p - c_v)\, \vartheta \frac{dv}{v}.$$

Aus diesen beiden Gleichungen ergibt sich das Mariotte-Gay-Lussacsche Gesetz oder die *Zustandsgleichung des Gases*:

$$p \cdot v = (c_p - c_v)\, \vartheta,$$

die bereits vor Ausbau der ganzen Theorie auf experimentellem Wege gefunden war und aus der man rückwärts, sofern E als bekannt gilt, das S berechnen kann.

Bis zu diesem Punkte kann man nun, wie Helmholtz ausführt, das thermodynamische System durch ein monozyklisch-mechanisches genau nachahmen.

Um bei dem Beispiel des idealen Gases zu bleiben, so fingieren wir ein System mit einem Parameter $q = v$ und einem zyklischen Parameter $\varkappa$ mit dem Impuls π. Die Energie sei gegeben durch

$$E = \frac{c_v \pi^2}{v^{\frac{c_p - c_v}{c_v}}}$$

und dementsprechend die Gleichgewichtsbedingung durch

$$p = -P = -\frac{\partial E}{\partial v} = \frac{(c_p - c_v)\, \pi^2}{v^{\frac{c_p}{c_v}}}.$$

Dann wird Übereinstimmung mit den obigen Formeln

$$E = c_v \cdot \vartheta, \qquad p \cdot v = (c_p - c_v) \cdot \vartheta$$

erreicht, wenn wir setzen:

$$\vartheta = \frac{\pi^2}{v^{\frac{c_p - c_v}{c_v}}}, \qquad S = 2\, c_v \cdot \log \pi.$$

ϑ erscheint also als eine Art lebendiger Kraft; ebenso wie S ist es auf Rechnung der durch π repräsentierten, verborgenen Bewegung zu setzen.

Soweit also läßt sich ein ganz befriedigendes mechanisches Gegenbild der thermodynamischen Vorgänge konstruieren. Die klassische

Mechanik (welche keine Reibung oder unelastische Stöße kennt) versagt jedoch, wenn wir nun daran gehen, zwei thermodynamische Systeme von verschiedener Temperatur in einer adiabatischen Hülle zu „koppeln".

Es ist zwar, wie im mechanischen Falle, die Gesamtenergie

$$E = E_1 + E_2 .$$

Aber es stellt sich nun ein neuer Gleichgewichtszustand mit gemeinsamer Temperatur ϑ heraus; diese ist ein Mittelwert von ϑ_1 und ϑ_2, und es zeigt sich, daß daraufhin die Gesamtentropie größer wird als die Summe der einzelnen Entropien:

$$S > S_1 + S_2 .$$

Werden etwa insbesondere zwei Einheitsquanten desselben Gases mit gleichem Volumen, aber verschiedener Temperatur miteinander gemischt, so wird, weil die Gesamtenergie $E = E_1 + E_2$ sein muß, aber jetzt auf die Masse 2 bezogen ist: $\vartheta = \frac{\vartheta_1 + \vartheta_2}{2}$ und daher die Gesamtentropie:

$$S = 2\, c_v \log \frac{\vartheta_1 + \vartheta_2}{2} + 2\,(c_p - c_v) \log v .$$

Es war nun

$$S_1 = c_v \log \vartheta_1 + (c_p - c_v) \log v ,$$

$$S_2 = c_v \log \vartheta_2 + (c_p - c_v) \log v .$$

Dann ist aber in der Tat

$$2 \log \frac{\vartheta_1 + \vartheta_2}{2} = \log \frac{\vartheta_1^2 + 2\,\vartheta_1\,\vartheta_2 + \vartheta_2^2}{4} > \log \vartheta_1\,\vartheta_2 = \log \vartheta_1 + \log \vartheta_2 ,$$

denn es ist

$$\vartheta_1^2 - 2\,\vartheta_1 \vartheta_2 + \vartheta_2^2 = (\vartheta_1 - \vartheta_2)^2 > 0.$$

Wir finden also bestätigt, daß $S > S_1 + S_2$ ist.

Da haben wir nun ein Beispiel eines sog. *irreversiblen* thermodynamischen Prozesses, wie ihn die Mechanik nicht kennt; es vermehrt sich bei allen natürlich verlaufenden Prozessen die Entropie. Clausius spricht (Poggendorffs Annalen, 5. Reihe, Bd. 125, S. 390) von einem „Verwandlungsinhalt" eines Körpers, so wie er die Energie aus „Wärme- und Werkinhalt" aufbaut (l. c. S. 354) und benennt dann diese Größe S „nach dem griechischen Worte ἡ τροπή, die Verwandlung" mit „Entropie" um hiermit auch die nahe Beziehung zu dem Begriff der „Energie" zum Ausdruck zu bringen.

Solche irreversible Prozesse zu verstehen, insbesondere das Anwachsen der Entropie, ist das Hauptziel der Thermodynamik. Man findet den Gegenstand nach alter Form am besten dargestellt in W. Thomsons Artikel in der Encyclopaedia Britannica und in dem Clausiusschen Werk „Die mechanische Wärmetheorie", 1. Auflage 1861. Die späteren Auflagen (1864 usw.) haben durch Zusätze leider an Güte eingebüßt. Eine prinzipielle moderne Darlegung gibt Carathéodory in den Math. Annalen, Bd. 67, 1909 S. 381 ff.[1]).

Die irreversiblen Prozesse lassen sich auf keine Weise rein mechanisch — unter Ausschluß von Reibung usw. — nachahmen. Eine Verbindung der beiden Zweige — Mechanik und Thermoynamik — wird erst von einem höheren Standpunkt erblickt, nämlich von dem der statistischen Mechanik der Molekularsysteme. Hier tritt als ein ganz neues Moment die Wahrscheinlichkeit der Verteilung der Geschwindigkeitskomponenten auf die einzelnen Moleküle ein. Es ist einer der glänzendsten Gedanken von Boltzmann, $S = k \cdot \log W$ zu setzen (unter W diese Wahrscheinlichkeit verstanden). Hiervon kann ich aber jetzt nicht sprechen.

Mathematische Physik.

Die Erörterungen über die analytische Mechanik in England und Deutschland haben uns bereits hinübergeleitet zum zweiten Teil des vorliegenden Kapitels, welcher die Entwicklung der *mathematischen Physik* in Deutschland und England von 1830 bis etwa 1880 umfassen soll.

Unter „mathematischer Physik" möchte ich hier möglichst das ganze Gebiet der mit Differentialgleichungen arbeitenden „phänomenologischen" Physik verstehen, wie sie durch Franz Neumann usw. und die Engländer entwickelt worden ist und in den Maxwellschen Gleichungen gipfelt, d. h. derjenigen Physik, die mit der Idee kontinuierlicher Medien arbeitet — im Gegensatz zu der neuerdings wieder in den Vordergrund getretenen atomistischen Physik. Sowohl über diese sachliche wie über die nationale Begrenzung des Themas werde ich aber hinausgreifen, wo der historische Zusammenhang es verlangt. Unter den übrigen Gebieten der Anwendung beansprucht die mathematische Physik insofern unser besonderes Interesse, als sie am meisten in lebhafter Wechselbeziehung zur reinen Mathematik geblieben ist.

Wir hatten schon die Entwicklung in Frankreich besprochen (bis etwa 1830), die allmählich aus der atomistischen Auffassung von Laplace (punktförmige Kraftzentren) zur phänomenologischen führte, wie Fourier und Cauchy sie vertraten (vgl. S. 69, 73). Das Ziel ist die Schilderung der Vorgänge durch Differentialgleichungen, die sich auf die als kontinuierlich vorausgesetzte Materie beziehen. Dann hatten wir die Weiterbildung in Deutschland betrachtet durch Gauß und Weber, welch ersterer mehr den Phänomenologen, letzterer — seines elektrischen Grundgesetzes wegen — mehr den Atomisten zuzuzählen ist (vgl. S. 23). Schließlich hatten wir die rein mathematische, ganz auf phänomenologischer Basis ruhende Betrachtungsweise verfolgt, die

[1]) Neuerdings noch Sitzungsber. d. Akad. Berlin, 1925, S. 39 ff. „Über die Bestimmung der Energie und der absoluten Temperatur mit Hilfe der reversiblen Prozesse".

sich an Dirichlets Namen knüpft, und die wesentlich auf Klarstellung der mathematischen Schwierigkeiten und ihre Überwindung im einzelnen Fall gerichtet war (vgl. S. 98ff.).

Als Fortsetzer der hiermit gegebenen Anfänge hätten wir jetzt vor allen Dingen Riemann (1826—66) zu betrachten. Die hervorragenden Leistungen dieses außerordentlichen Geistes auf allen Gebieten der Mathematik wollen wir jedoch erst später (Kap. 6) im Zusammenhang einer eingehenden Würdigung unterziehen. Hier wollen wir zunächst die Entwicklung ins Auge fassen, die mit der naturwissenschaftlichen Beobachtung in näherem Zusammenhang steht und die in erster Linie vertreten ist durch Franz Neumann und die Königsberger Schule.

Franz Neumann wurde 1798 auf einer Oberförsterei in der Uckermark geboren; er starb 1895, also im Alter von 97 Jahren. Schon in dieser Langlebigkeit erscheint er als der echte Vertreter der zähen preußischen Art, die er durch unentwegte Pflichterfüllung in seinem ganzen Leben betätigte und der er wohl in erster Linie seine große Wirkung und seine außerordentlichen Erfolge verdankt.

Einen lebhaften Eindruck der persönlichen Art Neumanns geben die Erinnerungsblätter, die ihm seine Tochter Luise Neumann 1904 gewidmet hat; seine wissenschaftliche Leistung findet in den Monographien von Volkmann (1896) und von Wangerin (1907) Würdigung.

Als Gymnasiast mit 17 Jahren trat Neumann in das Blüchersche Heer 1815 ein, voll Begeisterung für die Sache der Freiheitskriege. Am 16. Juni wurde er bei Ligny durch einen Kieferschuß schwer verwundet. Trotz der mangelhaften Wundpflege der damaligen Zeit und großen persönlichen Mißgeschicks setzte sich seine zähe Natur durch. Er wurde geheilt und kehrte auf das Berliner Gymnasium zurück, das er 1817 im Herbst erfolgreich absolvierte.

Seine Studien in Jena und Berlin führten ihn zunächst zur Mineralogie, die in den 20er Jahren durch die Entwicklung der Kristallographie — die sich schließlich zu einer rein geometrischen Disziplin auswuchs — bei uns besonderen Aufschwung nahm. Den Anstoß zu dieser Entwicklung gab Hauy (geb. 1784) in Paris, dessen berühmte Kristallsammlung leider durch das Bombardement von 1870 zerstört worden ist. In Berlin wurde das Fach von Weiß vertreten, als dessen Assistent Neumann seine ersten, gleich sehr hervorragenden Entdeckungen machte. Von 1823 an beschäftigte ihn das sog. *Zonengesetz*, ein rein geometrischer Satz über die Stellung der bei einem Kristall auftretenden Begrenzungsebenen. Sind eine Reihe von Kanten und Ebenen des Kristalles bekannt, so sagt der Satz, daß jede zu zwei Kanten parallele Ebene ebenfalls als Grenzfläche des Kristalls auftreten kann. Aus vier bekannten Begrenzungsebenen und dem von ihnen gebildeten Tetraeder sind also alle weiteren durch progressive Konstruktion zu finden.

Der wesentliche Inhalt dieses Satzes — den Neumann wohl als selbstverständlich angenommen und nicht besonders betont hat — ist der folgende, daß unter den durch Konstruktion gefundenen Ebenen diejenigen am häufigsten in praxi auftreten, welche sich aus den vier Grundebenen — die selbst natürlich die am meisten beobachteten sein sollen — bei dem Prozeß zuerst ergeben. Ohne diesen Hinweis auf die Wahrscheinlichkeit des Auftretens einer Ebene hätte der Satz nämlich gar keine praktische Bedeutung, da die Konstruktion schließlich alle denkbaren Ebenen von „rationalem" Index liefert. Nur durch die Reihenfolge sind gewisse Stellungen vor anderen ausgezeichnet. —

Dieses „Zonengesetz" — die Gesamtheit paralleler Ebenen einer Stellung nennt Neumann eine Zone — wurde nun von seinem Entdecker in besonders hübscher Weise geometrisch interpretiert. Werden nämlich die Kristallkanten ersetzt durch ihnen parallele Gerade, die ein von O ausgehendes Büschel bilden, und wird nun die Konstruktion des Zonengesetzes in einer das Büschel schneidenden Ebene entsprechend wiederholt, so ergibt sich aus dem das Tetraeder abbildenden vollständigen Vierseit genau die bekannte Moebiussche Netzkonstruktion! Es besteht hier also ein inniger Zusammenhang mit der projektiven Geometrie, und Neumann (1823) hat als direkter Vorläufer der Arbeiten von Moebius (1827) und Graßmann (1844) zu gelten, die beide ebenfalls auf die Bedeutung ihrer Theorien in der Kristallographie hinweisen (vgl. das Referat von Liebisch, Enzyklopädie V 7).

Wie hier auf der einen Seite mit der projektiven Geometrie, so berührt sich das Problem auf der anderen mit der Gittertheorie, wie sie auf Grund einer rein molekularen Auffassung des Kristalls angewendet werden kann. Hier würde der Satz besagen: jede Ebene ist möglich, die drei und damit unendlich viele Gitterpunkte enthält, wobei wiederum die sich zuerst ergebenden Ebenen den Vorzug der Wahrscheinlichkeit des Auftretens besitzen.

1826 begab sich Neumann nach Königsberg, zunächst als Privatdozent für Mineralogie und Physik, von 1828 ab als außerordentlicher Professor. Neumanns Tätigkeit in Königsberg erstreckte sich über 50 Jahre und verbindet sich mit der Jacobis (bis 1843), dann Richelots († 1875) zu ungewöhnlicher Wirksamkeit. 1875 zog sich Neumann vom Amte zurück; experimentelle Physik wurde nach ihm von Pape vertreten, die mathematische von seinem letzten Schüler W. Voigt, welcher von seinem Lehrer das besondere Interesse für Kristallographie und die (von ihm selbst weitergebildete) Art der Ansätze als Erbteil übernahm.

Bei Neumann erfolgte die Wendung zur mathematischen Physik unter dem Einfluß der Arbeiten Fouriers. Insbesondere beschäftigte er sich von 1832 an mit der Optik, die er von der Elastizitätslehre ausgehend, zu beherrschen suchte, eine Theorie, die dann 60 Jahre lang bis zum Auftreten der elektromagnetischen Lichttheorie die herrschende blieb. Die Schwierigkeiten einer solchen Auffassung wurden gelegentlich der Cauchyschen Arbeiten bereits erwähnt. Die Frage nach der Existenz longitudinaler Wellen bei Brechung, nach der Ebene der Transversalschwingungen und ihrer Stellung zur Polarisationsebene konnte erst durch die elektromagnetische Theorie geklärt werden.

Zehn Jahre später erschienen Neumanns wichtige Arbeiten über das Gesetz der induzierten elektrischen Ströme, wobei das „Potential zweier Stromkreise aufeinander“:

$$\iint \frac{ds\, ds' \cos(ds\, ds')}{r}$$

im Mittelpunkt des Interesses steht.

Neben diesen Publikationen hat aber Neumann durch eine intensive Lehrtätigkeit, die einen zahlreichen Kreis spezieller Schüler um ihn sammelte, nach allen Richtungen seiner Wissenschaft eine starke, anregende Wirkung ausgeübt. In seinen wiederholten, immer wieder neu ausgestalteten Vorlesungen ist durchweg ein inniges Zusammengehen der mathematischen Betrachtung mit der physikalischen Messung zu bemerken. In langer Liste liegen diese Darstellungen jetzt in der Bearbeitung vor, die sie seitens seiner Schüler gefunden haben. Da sind zu nennen: Magnetismus (C. Neumann 1881), Elektrische Ströme (von der Mühll 1884), Optik (Dorn 1885) Elastizität (O. E. Meyer 1885), Potential und Kugelfunktionen (C. Neumann 1887), Kapillarität (Wangerin 1894).

Die Gesamtwerke sollen drei Bände umfassen, von denen jedoch der erste nicht erschienen ist.

In diesem Lebenswerk zeigt sich Neumann als der vorzügliche uneigennützige Lehrer, der viele seiner Resultate den Schülern übergab, ohne sie selbst zu veröffentlichen. Er pflegte zu sagen, daß man die Schüler leiten müsse, ohne daß sie es merken, so daß sie das Ziel durch eigene Kraft erreicht zu haben glauben.

Die beiden von ihm gepflegten Richtungen — nach physikalischer und mathematischer Seite — finden jede unter den Schülern ihre besonderen Vertreter. Zur ersten Gruppe gehört als bedeutendste Erscheinung wohl Kirchhoff, zur zweiten sein Sohn Carl Neumann (geb. 1832), Clebsch (1833) und Heinrich Weber (1842). Clebsch und Weber kommen hier nur mit einzelnen Arbeiten in Betracht. Clebschs Dissertation 1852 über ein „Ellipsoid in einer Flüssigkeit“[1]) gehört hierher, ferner sein Lehrbuch der Elastizität von 1862, das an den französischen Ingenieur Saint-Venant anknüpft. H. Weber zeigt sich in der hier zu nennenden Arbeit über

$$\Delta u + k^2 u = 0$$

[1]) De motu ellipsoidis in fluido incompressibili viribus quibuslibet impulsis, Regiomonti 1854.

(erste Abhandlung der mathematischen Annalen, Bd. 1, 1868) bereits wesentlich von Riemann mit beeinflußt.

Ausführlicher haben wir nun von Kirchhoff zu sprechen: Gustav Robert Kirchhoff gehört zu der großen Zahl der in Königsberg geborenen Mathematiker und Naturforscher (1824), mit welcher Stadt er durch seine Frau, eine Tochter Richelots, noch enger verknüpft war. Er habilitierte sich 1848 in Berlin, war 1850—54 in Breslau als außerordentlicher Professor, wo er mit dem Chemiker Bunsen zusammentraf, der ihn dann 1854 nach Heidelberg nach sich zog. Bis 1875 war Kirchhoff dort ordentlicher Professor für theoretische und experimentelle Physik; dann wurde er Akademiker in Berlin, wo er sich nur mehr der mathematischen Physik zuwandte. Er starb 1887.

Der Name Kirchhoffs ist allgemein bekannt durch die glänzenden, mit Bunsen gemeinsamen Arbeiten über Spektralanalyse, die um 1860 beginnen und in der großen Abhandlung der Berliner Akademie 1861: „*Untersuchungen über das Sonnenspektrum und die Spektra der chemischen Elemente*“ ihren Schwerpunkt haben.

Daneben ist Kirchhoff berühmt durch sein weitverbreitetes *Lehrbuch der Mechanik*, das 1874 zuerst erschien. Es zeichnet sich aus durch seine grundsätzliche Auffassung, nach der es das Ziel der Wissenschaft sei, „die Naturerscheinungen nicht zu erklären, sondern vollständig und in der einfachsten Weise zu beschreiben“, wie Kirchhoff in der Vorrede sagt. Diese Formulierung hat bis auf den heutigen Tag in ausgedehnten Kreisen, besonders bei den positivistisch gerichteten Philosophen, z. B. Ernst Mach, viel Beifall gefunden.

Zu dieser abstrakten, sich selbst beschränkenden Auffassung vom Wesen der Wissenschaft tritt als weiteres Charakteristikum des Buches eine bis zum äußersten getriebene Knappheit der Darstellung, die nur mit Raumgrößen und Zahlgrößen operiert unter Beiseitelassung aller die Anschauung ansprechenden, „anthropomorphen“ Vorstellungen. So wird etwa ein Apell an unser Muskelgefühl bei der Begriffsbildung „Kraft“ streng vermieden, die Masse als ein Zahlenfaktor definiert usw. Von Kirchhoff schreibt sich wesentlich der Stil her, der mehrere Jahrzehnte die mathematische Physik beherrschte: als vornehmstes Gesetz das Vermeiden voreiliger Hypothesen oder gar Fehler anzusehen und jede persönliche Anteilnahme, Entdeckerfreude oder staunende Bewunderung vor der unerschöpflich geheimnisvollen Welt der Erscheinungen zu unterdrücken. Wir würden Kirchhoff Unrecht tun, wenn wir ihm eine solche Beteiligung des Affekts und der Phantasie ganz absprechen wollten; dagegen zeugt seine geniale und erfolgreiche Forschertätigkeit. Der Lehrer durfte jedoch keine Überraschung oder Selbstbescheidung verraten, um seinem System nichts an Überzeugungssicherheit und Lückenlosigkeit zu rauben. Auch sein Vortrag entsprach diesem Ideal; das glatt ausgearbeitete Manuskript wurde von Kirchhoff auswendig vorgetragen, und eher hielt er mitten im Wort einen Augenblick inne, als daß er sich ein kleines Versprechen hätte zuschulden kommen lassen.

Sehr merkwürdige Beispiele für diese schroffe Haltung Kirchhoffs lassen sich im einzelnen anführen. So wurde ihm bei der Untersuchung über die Fortpflanzung der Elektrizität in Drähten (1857, Poggendorff Ann., Bd. 100 = Ges. Abh. S. 131 ff.) beiläufig die Entdeckung zuteil, (Ges. Abh. S. 147), daß die Konstante c des Weberschen Grundgesetzes dividiert durch $\sqrt{2}$ die Lichtgeschwindigkeit ergibt! Aber kein Wort verrät die Möglichkeit eines ungeheuren Fortschrittes unserer Naturerkenntnis, wie er von hier aus durch Maxwell geleistet wurde. Ganz auf die Verwaltung des Vorhandenen gerichtet, scheinen Kirchhoff neue Entdeckungen unbequem oder doch von geringem Interesse gewesen zu sein. So erzählt man sich, daß er geäußert habe, als Kerr 1877 das nach ihm benannte Phänomen der Drehung der Polarisationsebene bei Reflexion des Lichtes an dem polierten Ende eines Magnetstabes entdeckte: Gibt es denn überhaupt noch etwas zu entdecken?

Ich kann nicht verhehlen, daß mir diese Auffassung der Naturwissenschaft äußerst antipathisch ist, weil sie die Freude des Lernens und den Trieb zur Weiterforschung unterbindet. Die jüngere Generation der Physiker hat sich denn auch davon abgewandt und eben durch ihre gänzlich anders gerichtete Arbeitsart ihre großen Erfolge erzielt. Es lag mir jedoch daran, die Richtung, deren typischer Vertreter Kirchhoff ist, hier zu kennzeichnen, um nun sagen zu können, daß die mathematische Behandlung der Physik jedenfalls nicht verantwortlich ist für diese zur Schau getragene Verstandeskälte; denn Mathematik ist nicht bloß Verstandessache, sondern ganz wesentlich eine Sache der Phantasie.

Wie schon bemerkt, ist aber diese unfruchtbare Einstellung für Kirchhoffs eigene wissenschaftliche Leistung nicht von Einfluß gewesen. Vielmehr schätzen wir in ihm einen derjenigen Forscher, die in der mathematischen Durchdringung der Physik die wichtigsten Fortschritte errungen haben.

Als größte Leistung in dieser Hinsicht hat wohl zu gelten, daß Kirchhoff — in Zusammenhang mit seinen spektralanalytischen Arbeiten — als erster die Gesetze der *Wärmestrahlung* mathematisch in Angriff nahm. Er stellte das Grundgesetz auf, daß das Verhältnis von Emission und Absorption für alle Körper gleich derselben Funktion der absoluten Temperatur sein muß, und bewies es auf Grund von Gedankenexperimenten und spezifisch mathematischen Schlüssen, wie z. B., daß das identische Verschwinden Fourierscher Integrale das Verschwinden des Integranden bedinge. An der hierin liegenden Leistung wird nichts geändert, wenn auch die heutigen Mathematiker zur Kritik an Kirchhoffs Schlüssen Anlaß fanden (Hilbert in Münster, Jahresbericht der D. Math. Ver., Bd. 22, S. 1 ff., 1912). Diese Arbeiten, in denen sich zuerst der Begriff des „schwarzen Körpers“ findet, wurden veröffentlicht in den Berliner Monatsberichten 1859 (= Ges. Abh. S. 571 ff.).

Neben dieser Fundamentalleistung findet sich die glänzende Erledigung wichtigster Probleme der Elastizitätslehre, der Hydrodynamik, der Elektrizitätslehre usw.

Wie tief Kirchhoffs mathematische Erfassung das bereits bekannte Material ergreift und umgestaltet, möge man an einem Beispiel sehen. In seinem Fundamentalwerk von 1827: „Die galvanische Kette, mathematisch bearbeitet“, hatte Ohm noch von einem unbestimmten Begriff der elektrischen Spannung Gebrauch gemacht, wobei er von der Vorstellung ausging, daß der ruhende Konduktor von Elektrizität konstanter Spannung, die er mit „Dichte“ proportional setzt, gleichmäßig erfüllt sei. Kirchhoff erst findet (Poggendorff Ann., Bd. 78, 1849 = Ges. Abh. S. 49), daß diese Spannung das elektrostatische Potential ist, und daß die ruhenden elektrischen Massen auch bei den galvanischen Ketten ihren Sitz nur an der Oberfläche, bezugsweise an den Trennungsflächen der Leiter haben.

Als eines der schönsten derartigen Ergebnisse ist mir immer Kirchhoffs Parallelisierung der Biegung und Drillung eines unendlich dünnen homogenen Drahtes mit der Rotation eines schweren Körpers um einen festen Punkt erschienen (Crelle, Bd. 56, 1858 = Ges. Abh. S. 285 ff.), ein selten wunderbares Beispiel, daß dieselben Formeln so ganz verschiedene Probleme zu beherrschen vermögen. Der Zusammenhang ist wohl am einfachsten einzusehen, wenn man beide Aufgaben als Variationsprobleme formuliert.

Wir wenden uns nun einem neuen Zentrum mathematisch-physikalischer Entwicklung zu, das sich im Laufe der 40er Jahre in Berlin bildete.

Wie wir schon berichteten, begann das Leben unserer Wissenschaften in Berlin nicht gleich 1810 mit der Gründung der Universität. Vielmehr wurde es durch die herrschenden Strömungen des Neuhumanismus und der Hegelschen Philosophie zurückgehalten, und erst Alexander von Humboldts Tatkraft brachte es Anfang der 20er Jahre zur Entfaltung. Die Mathematik fand ihren umsichtigen Förderer in dem Baurat Crelle; für die Naturwissenschaft, soweit sie uns hier interessiert, bildet die Übersiedlung des ostfriesischen Chemikers Mitscherlich nach Berlin, die 1822 erfolgte, den Ausgangspunkt. Seine bedeutsame Wirkung wurde von der Universität geehrt durch Errichtung seines Standbildes im Universitätsgarten.

Mitscherlich arbeitete auf dem Grenzgebiet der Chemie und Physik. Aus seiner Schule stammen die ersten Berliner Physiker, die aber, in bewußtem Gegensatz zu der spekulativen Richtung der herrschenden

Philosophie, bloße Empiriker sind. In erster Linie sind hier Magnus und Poggendorff zu nennen, beide außerordentliche Professoren seit 1834. Der Name des letzteren ist bekannt durch die von ihm herausgegebenen *Annalen der Physik*. Poggendorff war ursprünglich Apotheker und ist seiner aufs Praktische gerichteten Natur immer treu geblieben. Magnus' Lehrtätigkeit kam vor allem in seinem „Kolloquium" zum Ausdruck — dem auch ich noch 1869/70 angehörte —, das nun in der folgenden Zeit in hohem Maße Pflanzstätte für die nachfolgende physikalische Generation wurde. Auch für das Bedürfnis nach praktischer Betätigung seiner Schüler trug Magnus Sorge, indem er in dieser Zeit, die öffentliche physikalische Institute noch nicht kannte, sein Privatlaboratorium zu allgemeiner Verfügung stellte.

Der höhere Aufschwung der Naturwissenschaften in Berlin wurde indes doch von anderer Seite herbeigeführt, und zwar durch den rheinischen Physiologen Johannes Müller, der nach seiner Bonner Tätigkeit 1824—33 in Berlin eine große Wirksamkeit entfaltete. Er war ein Forscher, der bei vorsichtiger Beschränkung des eigenen Arbeitsgebietes zahlreichen Schülern starke Anregungen zu geben verstand. Da er gegen eine rein empirische, nur am Experiment interessierte Richtung zu kämpfen hatte, so liegt seine Einwirkung wesentlich nach Seite der exakten, theoretischen Begründung.

Unter diesen Einflüssen wuchs nun eine neue Generation von Naturforschern heran, von denen sich sechs junge Leute 1845 in der *Berliner Physikalischen Gesellschaft* zu engerer Arbeitsgemeinschaft zusammenschlossen. Den Anstoß zu diesem Unternehmen gab der Physiologe Emil du Bois-Reymond (geb. 1818), organisiert wurde es durch G. Karsten (geb. 1820), Privatdozent der Physik in Berlin, der später (von 1848 ab) auch in Kiel durch Einrichten des Wetterdienstes und anderer Arbeitssysteme seine Fähigkeiten in dieser Richtung auswirkte.

Unter Karstens Leitung unternahm die junge Gesellschaft folgende Arbeiten: Zunächst die Herausgabe der „*Fortschritte der Physik*", d. h. von Jahresberichten über die physikalische Literatur, die als Repertorium seitdem unentbehrlich geworden sind; nach ihrem Vorbilde wurden später die „Fortschritte der Mathematik" geschaffen. Dann die Ausarbeitung einer allgemeinen „Enzyklopädie der Physik", die freilich nicht zu Ende geführt worden ist. Sie umfaßt Einzeldarstellungen von recht verschiedenem Wert, in denen aber u. a. auch Helmholtz' Physiologische Optik enthalten ist.

In diesen Kreis treten nämlich nun bald weitere junge Forscher ein, deren Namen in der Physik führend geworden sind. An erster Stelle ist Helmholtz zu nennen, der, damals Militärarzt in Potsdam, 1847 zuerst in der physikalischen Gesellschaft seine Theorie von der Erhaltung der Kraft vortrug. Zu ihm gesellte sich der Ingenieuroffizier

Werner Siemens (geb. 1816 in Hannover), der 1848 den dänischen Krieg mitmachte und dabei durch das Aussetzen elektrischer Minen im Kieler Hafen hervortrat. 1849 begründete er mit Halske zusammen die elektrotechnische Firma, die nun bald zu Weltruf gelangte. Sehr interessant ist diese Entwicklung wiedergegeben in Siemens' lesenswerten „Lebenserinnerungen" (Berlin 1893). Von nicht minderer Bedeutung ist ein weiteres Mitglied der physikalischen Gesellschaft, der damalige Oberlehrer Clausius (geb. 1822 in Pommern), dessen Großtat, die Begründung des zweiten Wärmesatzes, wir bereits besprachen. In seiner Arbeit „Über die bewegende Kraft der Wärme" (Poggendorff Ann., Bd. 79, 1850) trennte er die bei Sadi Carnot vorhandenen richtigen Ansätze von der falschen, unvollkommenen Einkleidung, eine Tat, die Mach in seiner Geschichte der Wärmelehre[1]) als „bedeutende intellektuelle Leistung" rühmt. Clausius wurde ferner durch seine Arbeiten über kinetische Gastheorie ein Hauptvorkämpfer des Atomismus.

Auch Kirchhoff gehörte diesem Kreise aufstrebender Talente an, der durch die entschlossene Selbsthilfe eines freiwilligen Zusammenschlusses, in seiner weiteren Entwicklung getragen durch den Aufschwung der großstädtischen Umgebung, eine Stätte schuf, an der sich durch lebhafte, anregende Wechselbeziehung nun eine seltene Blüte geistigen Lebens entfaltete.

Als überragende Gestalt aus dieser Gemeinschaft tritt uns Helmholtz entgegen, von dem ich nun eingehender reden möchte. Seine außerordentliche Stellung in der Geschichte der Naturwissenschaften beruht auf einer ungewöhnlich vielseitigen, eindringenden Begabung, innerhalb deren die mathematische Seite eine wichtige, für uns natürlich in erster Linie in Betracht kommende Rolle spielt.

Hermann Helmholtz wurde 1821 als Sohn eines Oberlehrers in Potsdam geboren. Auf Rat seines Vaters entschloß er sich, Arzt zu werden, um möglichst bald zu einer selbständigen Lebensstellung zu kommen. Er studierte also an der sog. „Pepinière", der militärärztlichen Hochschule in Berlin, promovierte 1842 mit einer Arbeit „De fabrica systematis nervosi evertebratorum" und wurde, entsprechend der damit übernommenen Verpflichtung, Militärarzt in Potsdam. Alle mathematischen Kenntnisse erwarb sich Helmholtz durch privates Studium. Wie wenig Verständnis er mit diesen Neigungen in seiner beruflichen Umgebung fand, beleuchtet folgende kleine Geschichte, nach welcher ein Vorgesetzter, als er von Helmholtz' Schrift „Über die Erhaltung der Kraft" vernahm, zu diesem äußerte: Endlich einmal etwas Praktisches! Er hatte nämlich geglaubt, daß es sich um die Erhaltung der militärischen Leistungsfähigkeit seiner Mannschaften handelte.

[1]) E. Mach: Die Principien der Wärmelehre, Leipzig 1896. — Poincaré, Thermodynamique p. 114, sagt übrigens, daß Clausius das Carnot'sche Prinzip unabhängig wiedergefunden habe.

Durch Humboldts Vermittlung wurde Helmholtz 1848 Assistent am anatomischen Museum in Berlin, ein Jahr später Professor der Physiologie und Anatomie in Königsberg, welche Fächer er auch in Bonn (1855) und Heidelberg (1858) vertrat. Die Heidelberger Zeit bedeutet vielleicht die Höhe des Helmholtzschen Schaffens. Hier wandte er sich mehr und mehr physikalischen Interessen zu, die ihn 1871, also mit 50 Jahren, als Hauptvertreter der Physik nach Berlin führten. 1888 trat er von seiner akademischen Tätigkeit zurück und verwaltete als Präsident die durch Siemens' Initiative gegründete Physikalisch-technische Reichsanstalt. Er starb 1894.

Schon diese äußere Laufbahn kennzeichnet Helmholtz' überragende, nicht auf ein einzelnes Fach beschränkte Bedeutung. Er war bis zu seinem Tode der eigentliche Repräsentant der exakten Naturwissenschaften vor der Öffentlichkeit, um so mehr, als es ihm gelang, auch gesellschaftlich eine einzigartige Stellung zu gewinnen. Seiner zentralen Bedeutung entsprechend, finden wir sein Denkmal als Mittelpunkt vor der Universität in Berlin aufgestellt, gegen die Straße zu flankiert von Wilhelm und Alexander von Humboldt, weiter rückwärts von Mommsen und Treitschke.

Ein lebendiges Bild von Helmholtz' Wesen und Wirken gibt die große Biographie von Leo Koenigsberger, erschienen in drei Bänden bei Vieweg (1902—03). Seine wissenschaftliche Leistung liegt vor in den gesammelten wissenschaftlichen Abhandlungen in drei Bänden, 1882—95 herausgegeben bei Barth.

Das Charakteristische in Helmholtz' wissenschaftlicher Begabung ist ihre Mannigfaltigkeit bei großer Intensität nach jeder Seite. Eine besondere Gabe des quantitativen Experiments, des Beobachtens und Messens, die er durch selbständige Arbeit bis zur Virtuosität entwickelte, verband sich bei ihm mit einer ebenfalls aus eigener Kraft geschulten Fähigkeit der mathematischen Formulierung. Beides errang ihm die Herrschaft über die aus einem ungewöhnlichen Schatz eindringender Kenntnisse im Gebiet der gesamten Naturwissenschaft geschöpften Probleme. Darüber hinaus aber ermöglichte ihm die Fähigkeit philosophischen Denkens und die Empfänglichkeit für alle Gebiete des Lebens die Erschaffung eines umfassenden, zum Ganzen gerundeten Weltbildes, in das sich die Resultate seiner Forschung organisch einordnen. Im ganzen überwiegt das begriffliche Denken gegenüber anschaulicher Erfassung oder schöpferischer Phantasie. Helmholtz ist kein Biologe, der die breite Mannigfaltigkeit der Lebewesen umspannt und in eine Ordnung zwingt, wie Darwin; er ist kein Entdecker physikalischer Erscheinungswelten wie Faraday, auch kein Mathematiker um der Mathematik selbst willen. Alle Dinge reizen sein Interesse nur im Rahmen des großen naturwissenschaftlichen Ganzen.

Dementsprechend verzehrt sich sein Talent nicht in stürmischer

Jugendproduktion; nur auf reicher Erfahrung und in langsamer Entwicklung konnte es reifen, erhält sich dann aber frisch und lebendig bis ins hohe Alter hinein. In anderem Sinne wie Franz Neumann möchte ich auch Helmholtz als einen durchaus preußischen Typ bezeichnen, der in deutlichem Gegensatz steht zu dem süddeutschen oder auch niedersächsischen, wie ihn Gauß, Riemann, Weierstraß vertreten.

Wir können hier nur Helmholtz' mathematische Arbeiten verfolgen und auch bei ihnen nur das Wichtigste hervorheben. Dem Gesagten entsprechend, liegt Helmholtz' Leistung auch hier nicht im Erwerb neuer mathematischer Gedankenansätze, sondern in der Ausdehnung der Herrschaft schon vorhandener auf neue Gebiete. Besonders dankbar wollen wir betonen, daß Helmholtz, gegenüber anderen Strömungen seiner Zeit, die außerordentlichen Leistungen hervorgekehrt hat, welche das mathematische Denken im Dienste allgemeiner Fragen vollbringen kann.

An erster Stelle nenne ich die kleine Schrift von 1847, die Helmholtz' Ruhm begründete: *Über die Erhaltung der Kraft.*

Mit heutiger Terminologie würden wir von einer „Erhaltung der Energie" reden. Helmholtz entwickelt den Gedanken, daß eine Größe, eben die von uns jetzt als „Energie" bezeichnete, erhalten bleibe, daß darum ein perpetuum mobile — welches durch bloße Anordnung seiner Teile Arbeit aus „Nichts" erzeugt — undenkbar sei. Dieser Gedanke lag damals in der Luft. Ich will die geschichtlichen Verhältnisse, die wir an vielen Stellen besprochen finden, hier nicht ausführen, sondern nur dies sagen, daß es sich, wenn wir uns auf Mechanik beschränken, um den Satz $T + U = h =$ const. handelt, wo T die kinetische, U die potentielle Energie eines betrachteten mechanischen Systems ist. Nimmt man nun an, wie es zuerst bei Boscovich 1758, bzw. Laplace ca. 1820, und noch in den 40er Jahren allgemein geschah, daß schließlich alle Naturerscheinungen auf dem Spiel punktförmiger Massen beruhen, die sich wechselseitig in Richtung ihres Abstandes r nach irgend einer Funktion $f(r)$ anziehen, so ist die Allgemeingültigkeit eines entsprechenden Theorems für das gesamte Gebiet der Naturgeschehnisse selbstverständlich.

Es war also Helmholtz' Aufgabe weniger, diesen allgemeinen Gedanken zu finden, als vielmehr ihn durch alle ihm zugänglichen Naturerscheinungen hindurch, soweit Messungen vorlagen, mathematisch zu verfolgen. Diese Aufgabe löste er in der Schrift von 1847 insbesondere für die Phänomene der Wärme, der Elektrostatik und Magnetostatik, sowie der Elektrodynamik; er schloß mit Andeutungen über die Geltung desselben Gesetzes für die Lebenserscheinungen.

Später (1887) hat Helmholtz im Anschluß an die noch erst zu nennenden Arbeiten der Engländer dem ganzen Gedankenansatz eine viel weitere Form gegeben. In der Arbeit „*Über die physikalische*

Bedeutung des Prinzips der kleinsten Wirkung" spricht er die Behauptung aus, daß nicht nur das eine Integral $T + U = h$, sondern die gesamten Entwicklungen, die sich an die Differentialgleichungen der Mechanik anschließen, auch für alle Erscheinungen der Natur verbindlich sein müssen. Offenbar war diese Erweiterung der schon 1847 begonnenen Übertragung mechanischer Betrachtungen auf physikalische Erscheinungen für Helmholtz kein erzwungener oder auch nur deduzierter Gedanke. Wie er mir in persönlichem Gespräch versicherte — die Reise zur Weltausstellung in Chicago 1893 führte mich auf Hin- und Rückweg für längere Zeit mit ihm zusammen —, war ihm der allgemeine Ansatz in beiden Fällen vollkommen selbstverständlich.

Dennoch ist auch schon in der „Erhaltung der Kraft" dieser allgemeine Ansatz eine große spezifische Gedankenleistung. Vor Helmholtz schrieb man nämlich (obwohl dies bereits Lagrange in seiner mécanique analytique getan hatte) nicht

$$T + U = h,$$

sondern $T = U + h$ oder $T - U = h$. Hierin war U die sog. „Kräftefunktion", nicht aber T, sondern $2\,T$ — im elementaren Fall mv^2 — die „lebendige Kraft". Der Satz hieß also in Worten: Die halbe lebendige Kraft, vermindert um die Kräftefunktion bleibt konstant. Erst durch Helmholtz, der U an Stelle von $-U$ setzte, erhielt er die so viel mehr bedeutende, die Vorstellung fixierende und zugleich viel handlichere Form einer konstanten Summe, bei der die aufbauenden Teilgrößen T und U völlig symmetrisch und innerlich gleichwertig auftreten. Erst jetzt kann man von dem „Satz der Erhaltung der Energie" sprechen.

Der Erfolg der Helmholtzschen Schrift war durchaus nicht ein unmittelbarer. Die physikalische Zeitströmung, die im Widerspruch gegen die vorschnellen Schlüsse der Naturphilosophie entstanden war, hegte die stärkste Abneigung, ja selbst Mißtrauen gegen alles deduktive Denken. So lehnte Poggendorff die Aufnahme der Helmholtzschen Arbeit in die Annalen ab, und erst du Bois-Reymonds Bemühungen gelang es, ihr einen Verleger zu verschaffen. Von den Akademikern Berlins hat nur Jacobi sofort ihre Bedeutung erkannt. Dirichlet ist in allen diesen Auseinandersetzungen nicht hervorgetreten.

Die in den Zeitverhältnissen begründete Ablehnung wird auch den heutigen Leser der Schrift nicht wundernehmen. Schon die Terminologie ist uns befremdlich. Wir sind gewöhnt, nur das Produkt aus Masse und Beschleunigung als „Kraft" zu bezeichnen. Helmholtz hingegen spricht von der „lebendigen Kraft" T und der „Spannkraft" U, woraus sich auch der Titel der Abhandlung erklärt. Ferner geht der eigentlichen Untersuchung eine apriorische Betrachtung voraus, die der strenge Naturforscher nur mit Widerstreben studiert und als zwingend gewiß nicht anerkennen kann. In ihr spiegelt sich Kantischer Einfluß, der

Helmholtz das Ideal einer reinen Deduktion aus obersten Grundsätzen vorsetzte. Schließlich sind auch die Einzelausführungen vielfach tastend und unvollständig, dem lückenhaften Literaturstudium entsprechend, wie es sich Helmholtz in seiner Potsdamer Abgeschiedenheit ermöglicht hatte.

Diese Erstlingsarbeit läßt sich stilistisch also nicht etwa vergleichen mit der klassischen Vollendung und Unnahbarkeit, die Gauß von Anfang an besaß und die Helmholtz auch in seinen späteren Arbeiten, welche wir nun betrachten wollen, weder erreichte noch auch nur anstrebte. Es sind dies die großen, gerade für die Mathematik bedeutungsvollsten Schöpfungen der Heidelberger Zeit.

Sie beziehen sich in erster Linie auf die Lehre von den Sinnesempfindungen, auf Auge und Ohr, welche Helmholtz, unterstützt von einer selten feinen, künstlerischer Erfassung fähigen Sinnesorganisation und geleitet von starkem, erkenntnistheoretischem Interesse, zu schaffen ganz besonders befähigt war. Zwei große Werke kommen in Betracht:

1. 1863: *Die Lehre von den Tonempfindungen,* als „physiologische Grundlage für die Theorie der Musik";

2. 1867: *Handbuch der physiologischen Optik,* woran sich noch

3. 1865—70 die erste Ausgabe der weitverbreiteten *„populären wissenschaftlichen Vorträge"* schließt. Die letzteren, entstanden aus dem „naturhistorisch-medizinischen Verein", enthalten schwierigste Probleme in einer auch dem Nichtspezialisten verständlichen, durchsichtigen Form.

Für uns ist das erstgenannte Werk besonders wichtig, aber mehr noch die mathematisch-physikalischen Arbeiten, die bei den Vorstudien dazu entstanden. Wir nennen die beiden Abhandlungen zur Hydrodynamik:

1. 1858, Crelle Bd. 55: *Integrale der hydrodynamischen Gleichungen, welche den Wirbelbewegungen entsprechen.*

2. 1860, Crelle Bd. 57: *Luftschwingungen in Röhren mit offenen Enden.*

Die erste enthält die berühmten allgemeinen Sätze über Wirbelbewegung und die besondere Lehre von den Kreiswirbeln[1]). Während man sich bis dahin mit dem Studium sog. Potentialbewegungen begnügt hatte, bedeuten diese Sätze einen großen Fortschritt der hydrodynamischen Theorie der sog. idealen Flüssigkeiten in Richtung auf die Erfassung der wirklichen Erscheinungen hin. Länger als andere Gebiete ist ja die Hydrodynamik der mathematischen Behandlung unzugänglich gewesen, weil ihre Differentialgleichungen nicht linear sind. Auch die Helmholtzsche Behandlung ließ noch Verbesserung und Vervollkomm-

[1]) Dieselben Wirbelsätze hat ungefähr gleichzeitig auch Dirichlet gefunden. Dirichlets Untersuchungen wurden unmittelbar nach seinem Tode von Dedekind herausgegeben (vgl. Dirichlets Werke, Bd. 2, S. 363ff).

nung zu. Wie ich gleich hier bemerken will, wurden seine Sätze weit einfacher abgeleitet von W. Thomson 1868—69 in einer großen Abhandlung „*On Vortex Motion*". In ihr tritt als neues wichtiges Moment der Begriff der Zirkulation der Flüssigkeit längs einer Kurve hervor. Auch in Hinsicht auf Strenge lassen die Helmholtzschen Ausführungen manches vermissen. Dieser Mangel jedoch, der vielen mathematischen Physikern eignet, soll hier nicht betont werden, da er gegenüber dem positiven Wert der Untersuchungen nicht ins Gewicht fällt.

Die zweite Helmholtzsche Abhandlung enthält die ersten, den Greenschen Entwicklungen zur Potentialtheorie entsprechenden Sätze über $\Delta u + k^2 u = 0$, — die Behandlung von Randwertaufgaben dieser Differentialgleichung, wie wir heute sagen würden. Auch diese Untersuchungen sind nicht etwa streng im Sinne der heutigen Mathematik, sondern durchsetzt mit ungeklärten Anschauungsmomenten, und — eben darum — bahnbrechend.

Im übrigen wurde Helmholtz Ende der 60er Jahre mit Riemanns Schriften bekannt, die sein lebhaftes Interesse erregten, so daß er sie auf allen Reisen mit sich zu nehmen pflegte. Sie waren es vor allem, die Helmholtz allmählich immer mehr von der Physiologie fortführten und für mathematisch-physikalische Fragen gewannen. Die beiden Veröffentlichungen von 1868 geben davon Zeugnis:

1. Berliner Monatsberichte: *Diskontinuierliche Flüssigkeitsbewegungen*;
2. Göttinger Nachrichten: *Über die Tatsachen, die der Geometrie zu Grunde liegen.*

Die erste Abhandlung bedeutet wiederum einen großen Fortschritt auf eine der Wirklichkeit entsprechende Hydrodynamik hin. Sie behandelt die freie Strahlbildung bei Potentialbewegungen und erledigt in der von Riemann eingeführten Weise die einfachsten Fälle des ebenen Problems durch die Mittel der konformen Abbildung. Das Problem wurde bald von Kirchhoff weitergeführt.

Auch zu der zweiten Abhandlung, die zwar, aus Helmholtz' philosophischem Bedürfnis entspringend, lange in ihm vorbereitet gelegen haben mag, gab Riemann den Anstoß; und zwar durch seine Untersuchungen „Über die Hypothesen, die der Geometrie zu Grunde liegen", die 1854 bereits als Habilitationsvortrag gehalten, aber erst 1868 veröffentlicht wurden. Wie schon bei früherer Gelegenheit erwähnt, denkt sich Riemann das Bogenelement des Raumes durch eine quadratische Form $ds^2 = \sum a_{ik} dx_i dx_k$ gegeben, und schließt daran eine Klassifikation der verschiedenen quadratischen Differentialformen und der ihnen entsprechenden Geometrien. Helmholtz greift noch eine Stufe weiter zurück, indem er von der Existenz frei beweglicher starrer Körper ausgeht und zeigt, daß die Gleichsetzung des ds^2 mit einer solchen quadratischen Form — die dann aber gleich spezieller Art ist — bereits notwendig aus dieser Tatsache folgt.

Wir haben uns nun schließlich mit Helmholtz' Tätigkeit als Physiker in Berlin zu beschäftigen. Wie wir bereits erwähnten, nahm Helmholtz dort eine große repräsentative Stellung ein. Seine wissenschaftlichen Verpflichtungen bestanden in der Leitung des nun erst eingerichteten physikalischen Instituts und in dem Halten der allgemeinen Vorlesung über Experimentalphysik nebst Spezialvorlesungen über die verschiedensten Teile der mathematischen Physik. Diese wurden später von König, Krigar-Menzel, Runge und Richarz herausgegeben und enthalten in vorzüglich lesbarer Darstellung fast alle Gebiete der theoretischen Physik: Dynamik diskreter Massenpunkte und kontinuierlich verbreiteter Massen, Akustik, Elektrodynamik und Magnetismus, elektromagnetische Lichttheorie, Wärme.

In dieser Form haben die Vorlesungen jedenfalls eine ihrem reichen Gedankeninhalt entsprechendere Wirkung als beim mündlichen Vortrag. Helmholtz behandelte nämlich diesen Teil seiner Lehrtätigkeit (überhaupt seine Vorlesungen) recht stiefmütterlich, indem er sich so gut wie gar nicht auf sein Kolleg vorbereitete, während er doch andererseits nicht zu improvisieren verstand. Der Grund für dies Verhalten ist in der ungeheuren Überlastung zu suchen, der er in Berlin mehr als je ausgesetzt war. Große repräsentative Pflichten nahmen ihn fortwährend in Anspruch. Er war Berater des Ministeriums in allen einschlägigen Fragen, hatte Vertretungen offizieller Art auf internationalen Kongressen zu übernehmen usw. und widmete nebenbei noch einen Teil seiner Zeit und Kraft populären Vorträgen, die ihn im In- und Ausland auf Reisen führten.

Dennoch gelang es Helmholtz durch private Anleitung in seinem Laboratorium eine ganze Reihe wirklich hervorragender Schüler zu erziehen mit freiem Umblick und experimenteller Selbständigkeit, unter denen als der Bedeutendste nur H e i n r i c h H e r t z genannt sein möge.

Von den großen Kongressen, auf denen Helmholtz eine Hauptrolle spielte, ist der berühmteste der wesentlich von ihm und William Thomson geführte „elektrische Kongreß" 1881 in Paris, auf dem unter dem Vorsitz des Verkehrsministers Cochery die internationalen Maße: Volt, Coulomb, Ohm, Ampère, Farad festgelegt wurden. Sehr bedauernswert ist, daß Helmholtz hier die Namen Gauß und Weber, an die sich doch die Entstehung des absoluten Maßsystems auf elektromagnetischem Gebiete wesentlich anknüpft, nicht zu genügender Geltung hat bringen können. Die Bezeichnung „Gauß" für die Einheit der magnetischen Feldstärke wurde erst später auf englischen Vorschlag durchgesetzt.

Neben den nationalen Gegensätzen mag hier noch ein anderer Umstand hemmend eingewirkt haben, das ist der schon mehrfach erwähnte große Streit um das Webersche elektrodynamische Grundgesetz, in den Helmholtz Anfang der 70er Jahre hineingezogen wurde. Die z. T. sehr heftige Polemik, die auf der Gegenseite von C. Neumann geführt wurde, hat — wie man jetzt wohl sagen darf — als einziges Ergebnis die nicht neue Einsicht gezeitigt, daß derartige Fragen nicht durch Dialektik entschieden werden können, sondern allein durch das Experiment. In dem Augenblick, wo Hertz durch den Versuch nachwies, daß die elektrische Kraft zur Fortpflanzung im leeren Raume Zeit gebraucht, daß sie sich in Wellen ausbreitet, war Webers Gesetz, welches instantane Fernwirkung voraussetzt, überwunden.

Helmholtz hat in seinen Berliner Jahren fast alle Gebiete der mathematischen Physik Revue passieren lassen und, indem er hier und dort eingriff, vielseitige Anstöße gegeben. Am merkwürdigsten in dieser Hinsicht ist mir immer seine 1882 in London gehaltene „*Faraday-Lecture*" erschienen, in der klar herausgearbeitet vorliegt, daß wir der Elektrizität — übrigens genau wie Weber es wollte — wegen der elektrochemischen Tatsachen atomistische Struktur beilegen müssen, und sie also nicht mit dem Äther, den wir uns kontinuierlich denken, identifizieren dürfen. Diese Leistung von Helmholtz, die den Ausgangspunkt der heutigen Elektronentheorie bildet, ist um so bewundernswerter, als Helmholtz in seinen ausgeführten Arbeiten immer Phänomenologe geblieben ist.

Ich kann diese hervorragende Persönlichkeit nicht verlassen, ohne auch ihrer Wirkung Grenzen abzustecken, indem ich wenigstens erwähne, daß selbst dieser vielseitigen Auffassung einiges versagt blieb. Ich nenne nur einen Punkt: Seiner begrifflichen, dem eigentlich technischen Geist abgewandten Natur entsprechend pflegte Helmholtz eine fast mißtrauische Zurückhaltung gegenüber jungem stürmischem Erfindergeist. Dieses Verhalten mußte bei seiner ungewöhnlichen Stellung und seinem Einfluß auf die leitenden sowohl als auf die finanziell leistungsfähigen Kreise von großer Wirkung sein. Und in der Tat hat der jüngste Zweig unserer Technik deutlich darunter zu leiden gehabt: die Fliegerkunst. In einer — übrigens in den Einzelresultaten selbstverständlich richtigen — Arbeit von 1873 war Helmholtz auf Grund von Betrachtungen über mechanische Ähnlichkeit zu einer geringen Einschätzung der Möglichkeiten des mechanischen Fluges gelangt. Entstellt durch die laienhafte Auslegung der Öffentlichkeit hat dieses Urteil ganz sicher die Entwicklung länger hintangehalten, als es ihr natürlicher Verlauf verlangt hätte.

Leider muß ich mit Helmholtz die mathematische Physik in Deutschland und Österreich verlassen, ohne im entferntesten allem Wertvollen und Interessanten gerecht geworden zu sein. Ich muß mich dem letzten Abschnitt dieses Kapitels zuwenden, der *Mathematischen Physik in England*, die zwar mit der mathematischen Physik in Deutschland in der Periode, die uns interessiert, mannigfache Fühlung hat, aber doch im ganzen unabhängig ihre großen Bahnen zieht.

Von dem Autodidakten Green (1793—1841), (ein Band „Mathematical Papers", London 1871), der 1828 in Nottingham seine bahnbrechende, aber zunächst kaum beachtete Schrift „*An Essay on the Application of mathematical Analysis to the Theories of Electricity and Magnetism*" erscheinen ließ, haben wir bereits gesprochen. Er kam erst mit 40 Jahren nach Cambridge und hat dort noch eine Reihe wichtiger Abhandlungen veröffentlicht, von denen wir hier nur die über die *Anziehung des Ellipsoids* (1835) nennen wollen; diese Untersuchung verdient vor seinen wichtigen Beiträgen zur Akustik und Optik ein besonderes mathematisches Interesse, weil sie gleich für n Dimensionen durchgeführt wird — lange ehe die beschriebene Entwicklung der n-dimensionalen Geometrie in Deutschland begann.

In paralleler Linie mit Green steht der in Dublin am Trinity College (neben Hamilton und Salmon) tätige MacCullagh (1809—47), ein hervorragendes geometrisches Talent, dem aber nur eine kurze Wirkungsdauer beschieden war, da er sich selbst das Leben nahm. Seine „Collected Works" sind in einem Bande 1880 in Dublin erschienen.

Besonders bemerkenswert ist eine Abhandlung MacCullaghs von 1839: *An Essay towards a dynamical theory of reflexion and refraction* (Dublin, Transactions, Bd. 21; der Band als solcher ist erst 1848 herausgekommen). Hier gibt er der Fresnelschen Theorie eine gedanklich ganz neue Grundlage, die darum so bedeutungsvoll ist, weil sie, was die mathematischen Formeln angeht, die elektromagnetische Lichttheorie genau antizipiert. Diese höchst eigentümliche Sache möchte ich hier doch kurz erläutern, um so lieber, als sie den heute üblichen mathematisch-physikalischen Studien noch ganz nahe liegt.

Es seien u, v, w die infinitesimalen Verschiebungen eines Kontinuums. Von besonderer Bedeutung sind dann die neun partiellen Differentialquotienten:

$$\frac{\partial u}{\partial x}, \quad \frac{\partial v}{\partial x}, \quad \frac{\partial w}{\partial x}, \quad \frac{\partial u}{\partial y}, \ldots, \frac{\partial w}{\partial z}.$$

Aus ihnen setzen sich die sechs Verbindungen zusammen

$$\frac{\partial u}{\partial x}, \quad \frac{\partial v}{\partial y}, \quad \frac{\partial w}{\partial z},$$

$$\frac{\partial v}{\partial z} + \frac{\partial w}{\partial y}, \quad \frac{\partial w}{\partial x} + \frac{\partial u}{\partial z}, \quad \frac{\partial u}{\partial y} + \frac{\partial v}{\partial x},$$

welche die Verzerrung (Deformation) des Volumenelementes festlegen, und die drei

$$\frac{\partial v}{\partial z} - \frac{\partial w}{\partial y}, \quad \frac{\partial w}{\partial x} - \frac{\partial u}{\partial z}, \quad \frac{\partial u}{\partial y} - \frac{\partial v}{\partial x},$$

welche die — mit — 2 multiplizierte — Drehung des Volumelementes bestimmen. Erstere ergeben nach moderner Terminologie einen Tensor, letztere einen Vektor.

Der allgemeinste Ansatz der Elastizitätslehre — und damit der „elastischen" Optik — operiert nun mit der Annahme, daß das Potential der elastischen Deformation eine Funktion, speziell eine quadratische Funktion der sechs, den Tensor bestimmenden Größen sei. In dieser Weise wurde der Gedanke insbesondere von Green durchgeführt in seiner berühmten Abhandlung von 1837.

Statt dessen hatte MacCullagh den Einfall und den Mut, das Potential von den drei, den Vektor bestimmenden Größen abhängig zu machen, indem er beispielsweise für Kristalle schrieb:

$$V = a^2\left(\frac{\partial v}{\partial z} - \frac{\partial w}{\partial y}\right)^2 + b^2\left(\frac{\partial w}{\partial x} - \frac{\partial u}{\partial z}\right)^2 + c^2\left(\frac{\partial u}{\partial y} - \frac{\partial v}{\partial x}\right)^2.$$

Der Erfolg zeigte, daß er mit diesem Ansatz den Fresnelschen Gesetzen der Brechung und Reflexion in Kristallen ohne allen Zwang, nur nach den Regeln der analytischen Mechanik operierend, genau gerecht werden konnte!

Trotzdem traf er auf den größten Widerspruch und fiel fürs erste der Nichtbeachtung anheim. In der Tat bedeutete der Ansatz zunächst nur einen rein phänomenologischen Fortschritt: die Herstellung von mathematischen Formeln, die dem üblichen Schema der Mechanik und zugleich den Resultaten der Beobachtung vortrefflich entsprechen, deren tiefere Bedeutung man aber nicht versteht. Physikalisch besagte nämlich MacCullaghs Ansatz, daß das Potential nicht von der Deformation des Volumenelementes, sondern von seiner Drehung gegen den absoluten Raum abhängen sollte, und das schien in der Tat absurd. Es gelang freilich W. Thomson, sich ein Medium — in dessen Zellgerüst er rotierende Kreisel von zwei Freiheitsgraden hineinsetzte — so auszudenken, daß seine physikalische Behandlung auf MacCullaghs Formeln führen mußte, wenigstens für ein Zeitintervall von mäßiger Dauer.

War auch diese Interpretation ziemlich gequält, und wohnte den MacCullaghschen Formeln in der Tat erst Leben inne, als sich die elektromagnetischen Vorstellungen damit verbanden, so ist doch diese mehr tastende als zielende Gedankenwendung so eigentümlich und bemerkenswert, daß ich sie doch nicht übergehen mochte.

Green und MacCullagh sind in ihrer Bedeutung isolierte Erscheinungen; ihren kontinuierlichen und glänzenden Anstieg nimmt die mathematische Physik in England erst, seit Anfang der 40er Jahre unter den jungen Talenten in Cambridge Stokes und William Thomson hervortreten.

Ersterer ist Engländer im engeren Sinne; geboren 1819 in Skreen in Irland, beginnt er mit seinen ersten Veröffentlichungen 1842. Seine Werke liegen vor in fünf Bänden „Mathematical and Physical Papers" (Bd. 5 enthält einen interessanten Nachruf von Lord Rayleigh). Stokes ist von 1837 bis zu seinem Tode 1903, d. h. 66 Jahre lang dauernd in Cambridge gewesen und hat, zunächst als Forscher, später als Lehrer und Verwalter eine weitreichende, stetige, durch seine gütige Persönlichkeit sehr segensreiche Tätigkeit ausgeübt.

William Thomson, der spätere Lord Kelvin (1824—1907), wurde 1824 im nördlichen Irland — dem Einwanderungsgebiet so vieler Schotten — in Belfast geboren, wo sein Vater bereits Mathematikprofessor war, so daß hier ein interessanter Fall von Erblichkeit vorliegt, zumal Williams älterer Bruder James ebenfalls ein beachtenswerter Theoretiker (Gefrierpunktserniedrigung durch Druck) gewesen ist. Der Vater Thomson wurde 1832 an die Universität Glasgow berufen, wo nun der Knabe William unter persönlicher Leitung des Vaters aufwuchs und schon 1834 — im Alter von zehn Jahren — an die Universität kam, wobei freilich in Erinnerung zu bringen ist, daß das alte Glasgower College etwa den Oberklassen unserer Gymnasien entsprach. Thomson besuchte dort den Unterricht, bis er 1841 Cambridge bezog. Seine Studienzeit wurde abgeschlossen 1845 durch eine Reise nach Paris, die von großem Einfluß auf ihn war. 1846 wurde er bereits selbst zum „professor of Natural Philosophy" nach Glasgow berufen, wo er nun bis zu seinem Tode 1907 — auch nach seiner Emeritierung 1899 — blieb.

Man muß wohl Schotte sein, um die Anhänglichkeit zu verstehen, die W. Thomson zeitlebens für seine Vaterstadt hegte. Glasgow ist eine riesenhafte Fabrikstadt mit besonders hohen Schloten für die Abgase der chemischen Industrie, äußerst flach in einer Mulde am Clyde gelegen und, dem schottischen Klima entsprechend, fast immer von einer schwarzen Rauchwolke überlagert. Ein kleines Nebenflüßchen des Clyde ist übrigens der Bach Kelvin, nach welchem sich Thomson, als er 1892 geadelt wurde, den Namen Lord Kelvin beilegte.

Thomson entfaltete in seinem langen Leben eine unermüdliche Tätigkeit auf dem Gebiet der mathematischen Physik, ihrem Unterricht und ihren technischen Anwendungen. Seine Arbeiten beginnen schon 1840, im Alter von 16 Jahren, als er mit seinem Vater eine erste Reise nach Deutschland machte und sich Fouriers „Théorie de la chaleur" zum Studium mitgenommen hatte. Wie bei Franz Neumann, so hat auch bei Thomson Fouriers Anregung den Funken aus dem Stein geschlagen.

Es folgt nun eine reiche, meist sich in kurzen, treffenden Bemerkungen ausgebende Produktivität. Am Schluß seiner Cambridger Studienzeit hatte Thomson bereits 16 Aufsätze veröffentlicht! Die ersten sind rein mathematischer Natur; sie befassen sich mit Potentialtheorie, Elektrostatik und Wärmeleitung. 1845 aber erhielt Thomson in Paris starke Anregungen durch Regnault nach Seite der quantitativen Messung. Es beginnt nun bald in Glasgow seine thermodynamische Periode. Fast gleichzeitig mit Clausius hatte sich Thomson mit der Schwierigkeit auseinanderzusetzen, welche sich ergab, wenn Carnots

Überlegungen über die Wirksamkeit der Wärmemaschinen mit der Konstanz der Energie in Einklang gebracht werden sollten. An diese Periode schließt sich die mathematische Durcharbeitung der elektrischen, magnetischen und elastischen Theorie nach den neugewonnenen Prinzipien.

Ende der 50er Jahre beginnt dann Thomsons großartige, wohl einzig dastehende, praktische Betätigung, zunächst veranlaßt durch die Bedürfnisse der Kabeltelegraphie. 1858 wurde nämlich das erste Kabel von England nach Amerika gelegt, das jedoch bald versagte — infolge der Anwendung zu starker Ströme, wie Thomson feststellte —, bis 1866 die feste Verbindung beim dritten Versuch endgültig glückte. Diese Jahre umfassen eine der denkwürdigsten Perioden in der Geschichte technischer Leistungsfähigkeit. In dieser Entwicklung war W. Thomson der eigentlich führende Geist, der durch die Konstruktion zuverlässiger Instrumente und Methoden schließlich alle Schwierigkeiten überwand. Als Nebenresultat dieser Tätigkeit gelang Thomson eine unvergleichliche Verbesserung fast aller nautischen Instrumente. Ohne seinen kompensierten Kompaß, sein Tiefenlot usw. läßt sich eine rationelle Schiffahrt heute nicht mehr denken.

Durch diese Erfolge erwarb Thomson ein großes Vermögen und eine unvergleichliche Popularität. Er wurde zum Mittelpunkt reichster gesellschaftlich-repräsentativer Beziehungen, darin an Helmholtz gemahnend, wie noch durch den besonderen Umstand, daß auch er in zweiter Ehe mit einer gesellschaftlich sehr gewandten und ehrgeizigen Frau verheiratet war. Wie stark diese Dinge in Thomsons Leben eingriffen, hatte ich selbst zu beobachten Gelegenheit bei einem Besuch, der mich 1899 zu ihm führte. Thomson zeigte mir mit der ihm eigenen Liebenswürdigkeit und lebhaftestem sachlichen Interesse sein Laboratorium, als die Dame des Hauses erschien und von diesem Augenblick an in einem großen, aller Intimität baren Kreise jede persönliche Bezugnahme durch konventionelle gesellschaftliche Form völlig abgeschnitten war.

Trotz dieser ungeheuren Beanspruchung nach gesellschaftlicher Seite arbeitete Thomson unausgesetzt weiter, selbst auf Erholungsausflügen, die er auf seiner Yacht unternahm. Unablässig suchte er nach dem mechanischen Verständnis aller Vorgänge — sein ideales Ziel bis ans Ende seiner Laufbahn. Interessant sind in dieser Hinsicht seine „Baltimore lectures" von 1884, erschienen 1904, wo auf die verschiedenste Weise versucht wird, sich durch mechanische Modelle von den widersprechenden Eigenschaften des Lichtäthers eine Vorstellung zu machen. Die elektromagnetische Lichttheorie hat Thomson Zeit seines Lebens abgelehnt.

England ließ Lord Kelvin die größte Ehre zuteil werden, die es seinen berühmten Männern geben kann: Er wurde 1907 in der Westminsterabtei begraben. Wirkungsvoller war wohl noch die Ehrung, die ihm das 50jährige Professorenjubiläum 1896 brachte. Die Höhe des Festes, zu dem Vertreter aus aller Herren Länder erschienen waren, bildete ein telegraphischer Glückwunsch an den Jubilar, aufgegeben in seinem eigenen Zimmer und gesandt um die ganze Erde. Das Telegramm nahm $13\,{}^1/_2$ Minuten in Anspruch; Thomsons Rückantwort gelangte schon nach $8\,{}^1/_2$ Minuten wieder in seine Hände.

Lord Kelvins Abhandlungen sind in folgenden Sammlungen erschienen: ein Band: *Reprint of papers on electrostatics and magnetism*, London 1884; sechs Bände: *Mathematical and physical papers*, Cambridge 1882; drei Bände: *Popular lectures and adresses*, London 1891. Eine große Biographie wurde verfaßt von Silvanus Thompson (1910), die mit einer höchst charakteristischen Liste der Auszeichnungen, Veröffentlichungen und Patente schließt, die Lord Kelvin innehatte. Eine kürzere, aber mehr wissenschaftliche Biographie — immerhin vom rein englischen Standpunkt geschrieben — ist die Schrift von Andrew Gray (London 1908).

In Kürze möchte ich eine willkürliche Auswahl geben von Einzelheiten aus Thomsons mathematischen Arbeiten.

Bekannt sind seine Jugendarbeiten *über das Potential*, die 1843/44 in Bezugnahme mit Liouville entstanden sind. Thomson entdeckt dort die Invarianz von $\Delta v = 0$ bei Inversion, kommt von da zu der Methode der sog. „elektrischen Bilder", und bewältigt so auf einfache und anschauliche Weise elektrostatische Aufgaben, die sich auf Kugeln oder Kugelabschnitte beziehen. 1847 in Liouvilles Journal, Bd. 12 (Reprint S. 142 f.) folgt genau das, was wir *„Dirichletsches Prinzip"* nennen.

Aus der thermodynamischen Periode möchte ich die etwa 1852 entstandene exakte Definition der absoluten Temperatur aus dem zweiten Wärmesatz $dQ = \vartheta \cdot dS$ hervorheben und ihre Kontrollierung durch immer mehr verbesserte Gasthermometer. Mit besonderem Nachdruck aber sei auf die vorzügliche *Gesamtdarstellung der Thermodynamik* hingewiesen in der Encyclcpedia Britannica.

Die Arbeiten zur *Geophysik und Nautik* brachten Thomson in Konflikt mit den Geologen. Nach den Prinzipien der Wärmeleitung bestimmte er nämlich das Alter der Erde in einer von den Ansichten der letzteren stark abweichenden Weise. Die elastische Deformation des Erdkörpers und die Erscheinungen von Ebbe und Flut führten ihn ferner zu der jetzt wohl allgemein geteilten Ansicht, daß die Erde ein durchweg fester, starrer Körper sei, nicht eine dünne Rinde mit flüssigem Kern. Besonders hervorragend sind Thomsons Beiträge zur Theorie der Ebbe und Flut, die großartig durchgeführte harmonische Analyse dieser aus überlagerten Schwingungen gebildeten Bewegung. Die Ebbe- und Fluterscheinungen werden, wie bekannt, zunächst durch den Stellungswechsel von Sonne und Mond relativ zur Erde veranlaßt; sie sind aber außerdem von lokalen Umständen, d. h. von der Begrenzung des Ozeanes durch die Landmassen in hohem Maße abhängig. Thomson geht von dem schon bei Laplace vorkommenden Prinzip aus, daß, wenn eine Reihe der Form

$$\sum a_k \sin \lambda_k (t - t_k)$$

die die Flut verursachenden Himmelserscheinungen darstellt, die Gezeiten selbst für den einzelnen Ort durch eine Reihe gegeben sind:

$$\sum A_k \sin \lambda_k (t - T_k)$$

Darin müssen die Größen A_k und T_k der Beobachtung entnommen werden, λ_k hat jedoch den aus der ersten Reihe bestimmten Wert. Um die A_k und T_k zu bestimmen (soweit sie in Betracht kommen mögen), sind natürlich ausgebildete Beobachtungs- und Rechenverfahren nötig. Thomson erfand sinnreiche Apparate zur Konstruktion dieser „harmonischen Komponenten" sowie auch zur mechanischen Bildung der Summe über eine endliche Anzahl von Gliedern $A_k \sin \lambda_k (t - T_k)$, die eine befriedigende Vorausberechnung der an einem bestimmten Ort zu erwartenden Erscheinungen ermöglichen. Eine eingehende Darstellung seiner Leistungen auf diesem Gebiet, sowie der Weiterentwicklung dieser halbempirischen Theorie findet sich in George Darwins Buch: Ebbe und Flut[1]). — Auf die Behandlung der Probleme der Wellen an der Wasseroberfläche, insbesondere der durch einen hindurchschneidenden Körper (Schiff) verursachten Flüssigkeitsbewegung seitens W. Thomson, kann ich hier leider nicht eingehen; man vergleiche Bd. 3 der Popular Lectures (S. 450).

Diese Arbeiten stehen schon an der Grenze zur reinen Mechanik, die Thomson ebenfalls reiche Förderung nach theoretischer und konstruktiver Seite verdankt. Ich nannte bereits seine Vereinfachung und Weiterführung der Helmholtzschen Wirbeltheorie (Edinburgh Transactions 1868, S. 69). Eine besondere Freude an der Konstruktion führte Thomson auf immer wieder neue Apparate zur Demonstration der Kreiselbewegung und ihrer Wirkung. Die Modelle der Göttinger Sammlung: der Gyrostat, die Flüssigkeitskreisel usw. sind alle nach seinen Ideen gebaut worden.

Neben der reinen Experimentierfreude leitete Thomson in diesen Arbeiten aber doch noch ein Interesse rein spekulativer Art. Er zielte im Geheimen auf eine Vortexttheorie der Materie. Die Welt sollte aufgefaßt werden als reine Flüssigkeit, erfüllt von einzelnen oder in sich unlöslich verketteten Helmholtz-Wirbeln, den zu Molekülen gebundenen Atomen. In dieser Vorstellung sollte die Gravitation — im Sinne Lesages[2]) — erklärt werden als die Folge des Anstoßes sehr vieler kleiner

[1]) Übersetzung nach der 3. engl. Aufl. bei Teubner, „Wissenschaft und Hypothese" Bd. V, 1911 (2. Aufl.).

[2]) Loi qui comprend toutes les attractions et répulsions (Journal des savants 1764).

Einzelwirbel mit großer Geschwindigkeit — Thomson erfand für sie den schönen Namen „Ichthyoide" — gegen die gravitierenden Massen. Freilich ist die Theorie kaum über ein Aperçu hinausgekommen, aus dem nichts Greifbares geworden ist; dennoch übt sie auf eine empfängliche Phantasie immer wieder einen gewissen Reiz.

In all diesen, auch den phantastischen Auswirkungen des Thomsonschen Geistes ist die eigentliche wirkliche Mechanik als Grundlage stets zu erkennen. Wie schon erwähnt, verschloß sich Thomson hartnäckig gegen die Vorstellungen der elektromagnetischen Lichttheorie, darin durchaus folgerichtig, da er in seinem mechanischen Weltbilde für sie keinen Raum besaß. Die Versuche von Hertz 1888 kamen wohl zu spät, um auf Thomson noch eine starke Wirkung auszuüben.

Zum Abschluß möchte ich noch eines in England weitverbreiteten Lehrbuches gedenken, des „*Treatise on natural philosophy*", den Thomson zusammen mit dem Schotten Tait (1831—1901), einem Spezialschüler Hamiltons, später Professor in Edinburgh, verfaßte. Es erschien zuerst 1867 in Oxford und fand auf Helmholtz' Veranlassung einen deutschen Übersetzer in Wertheim 1871. Die zweite, vielfach erweiterte Auflage umfaßt zwei Teile und erschien 1878—83 in Cambridge; leider ist sie nicht ins Deutsche übersetzt worden.

Dieses berühmte Werk von Thomson und Tait — von den englischen Studenten kurz T + T' benannt — bildet eine sehr eigenartige Erscheinung in unserer Literatur infolge der gänzlich verschiedenen Eigenschaften und Neigungen seiner Verfasser, die selbst über ihrer gemeinsamen Arbeit in den größten Gegensatz geraten sind.

Tait war eine doktrinäre, stark nationalistische, von Pedanterie nicht freie Natur, äußerst sorgfältig und konsequent in der Durchführung seiner Pläne. Es paßt durchaus in dieses Bild, daß er überzeugter Quaternionist war; so sehr aber auch sonst Thomson zum Nachgeben geneigt war, von Quaternionen wollte er ein für alle Mal nichts wissen, und selbst in der gemilderten Form der Vektorentheorie gestattete er ihnen keinen Eingang in sein Buch.

Das Gerüst des Werkes, sein Aufbau und seine Gliederung stammt von Tait. Innerhalb der Maschen dieses Netzes aber läßt nun Thomson in Einzelausführungen seinen immer neuen Einfällen freien Lauf. Diese Zwischenstücke sind zwar inhaltlich sehr anregend, aber dargeboten in einer abgerissenen, kaum verständlichen Form. In der Tat lesen sie sich etwa wie flüchtige Auszüge aus einem Notizbuch und geben in dieser Skizzenhaftigkeit ein Bild von Thomsons Vortragsweise. Auch vor einem Auditorium war nämlich Thomson nicht imstande, einen geplanten Gedankengang zu verfolgen, ohne sich fortwährend durch die sich ihm im Moment aufdrängenden Ideen unterbrechen zu lassen.

Als Ganzes gesehen bedeutet der Thomson-Tait ein äußerst gedankenreiches Werk, welches, immer auf die konkrete Erfassung der wirklichen

Bewegungsvorgänge abzielend, dem Typus der Kirchhoffschen Mechanik genau entgegengesetzt ist. Auf den selbständigen, reiferen Studierenden, den eigenes, produktives Interesse zur Sache führt, kann er darum von sehr fördernder anregender Wirkung sein; ich selbst habe mit viel Freude, allerdings auch großer Mühe einzelne Kapitel seinerzeit durchgearbeitet. Die große Popularität und Verbreitung des Werkes unter der englischen Studentenschaft entspricht aber sicherlich nicht der wirklichen Verwendung, denn für den Durchschnittsstudenten ist es zu schwer. Ich beobachtete denn auch, daß man den „T + T' " kaufte, aufs Bücherbrett stellte, aber, wenn man etwas lernen wollte, zu einfacheren Kompendien griff.

Zum Schluß möchte ich eine charakteristische Einzelheit aus Thomsons Unterricht anführen. Als er den Hörsaal betrat, richtete er plötzlich die Frage an seine Schüler: Was bedeutet $\frac{dx}{dt}$? Er erhielt alle nur denkbaren, streng logischen Definitionen als Antwort. Alle wurden zurückgewiesen: „Ach was, lassen Sie diesen Todhunter (Vertreter der reinen Mathematik in Cambridge); $\frac{dx}{dt}$ ist die Geschwindigkeit!" —

Man wird selbst bemerkt haben, daß sich mannigfache Vergleichspunkte ergeben zwischen William Thomson und unserem Helmholtz, um so mehr, als beide vielfach in persönlichem Verkehr und in wissenschaftlichem Zusammenwirken in Berührung traten, so auf dem Pariser Kongreß 1881. Die Gegenüberstellung dieser beiden Männer würde in der Tat eine sehr reizvolle und lohnende Aufgabe für den Historiker der Mathematik darbieten. —

Den Schluß dieses Kapitels wollen wir demjenigen englischen Physiker widmen, der die nachhaltigste Wirkung bis in unsere Tage auf das ganze Gebiet der mathematischen Physik ausgeübt hat, Clerk Maxwell. Wie sein großer Forschungsgenosse Thomson, war auch Maxwell ein Schotte. Während aber dort das Hauptcharakteristikum der Persönlichkeit eine unablässige Aktivität war, unterstützt von außerordentlicher Leichtigkeit der Produktion, tritt uns hier eine mehr beschauliche, ruhige Natur entgegen, die tiefgehende neue Ideen in langsamer Entwicklung ausreifen läßt.

Clerk Maxwell wurde 1831 in Edinburgh geboren, verbrachte aber den größten Teil seines Lebens, auch in späteren Jahren, auf dem Lande, wo seine Familie begütert war. Im äußeren Verlauf seines Lebens wie auch in seinem Wesen repräsentiert er den Typ des in England so häufigen, vornehmen Privatgelehrten, der nur gelegentlich amtliche Funktionen übernimmt. Von 1850—56 studierte er in Cambridge, übernahm eine Professur in Aberdeen bis 1860, dann am King's College in London bis 1865 und zog sich darauf ins Privatleben zurück; bis er

1871 in Cambridge das *Cavendish Laboratory* übernahm, das erste selbständige englische Forschungs- und Unterrichtsinstitut für Physik — sonst gab es und gibt es in Cambridge nur kleinere physikalische Laboratorien in den einzelnen „Colleges" —, mit dem die große moderne Entwicklung dieser Wissenschaft unlösbar verknüpft ist. Leider wurde Maxwell schon 1879, erst 48 Jahre alt, von einer inneren Krankheit hingerafft.

Über das in der Folge so wichtige Cavendish Laboratory möchte ich gleich hier einige nähere Angaben machen. Cavendish, nach dem das Laboratorium genannt ist (geb. 1731 in Nizza, gest. 1810 in London), war ein reicher Privatmann, Verwandter der Herzöge von Devonshire, der sich eingehenden physikalischen und chemischen Untersuchungen widmete, in der Aufstellung und Behandlung von Problemen vielfach seiner Zeit voraneilend. Seine wissenschaftlichen Arbeiten wurden, soweit sie sich auf elektrische Fragen beziehen, 1879 von Maxwell herausgegeben, auf dessen Initiative schon vorher das Cavendish Laboratorium und die mit ihm verknüpfte Professur durch reiche Schenkungen von privater Seite entstanden war. Nach Maxwells Tode trat Lord Rayleigh an seine Stelle (1879—84); wie sein Vorgänger wurde auch er in dieser Stellung zum Führer der gesamten mathematischen Physik in England. Ich erinnere nur an seine zuerst 1877—78 in zwei Bänden erschienene „*Theory of sound*" und an die Entdeckung des Argons, die ihm 1894 gelang. Nach Lord Rayleigh übernahm J. J. Thomson die Leitung des berühmten Instituts, die er noch heute inne hat; auch ihm kommt eine zentrale Bedeutung für seine Wissenschaft zu.

Eine ausführliche Biographie Maxwells liegt in dem Werk von Campbell und Garnett (London 1882) vor, die jedoch mehr die persönliche Seite betont. 1890 wurden Maxwell's Scientific Papers herausgegeben in zwei Quartbänden mit einer wissenschaftlich wertvollen Einleitung. Zu diesem seinem wissenschaftlichen Vermächtnis tritt der 1873 erschienene wichtige *Treatise on Electricity and Magnetism* (in zwei Bänden)[1]).

Wenn wir nun daran gehen, Maxwells wissenschaftliche Leistung zu betrachten, so können wir nicht umhin, seine berühmteste Schöpfung, die elektromagnetische Lichttheorie in den Vordergrund zu stellen, zumal sie im Einzelnen viele mathematisch interessante Wendungen umschließt. Leider ist es aber hier nicht möglich, auch nur andeutungsweise die vielen anderen auch nach mathematischer Seite bemerkenswerten Arbeiten Maxwells zu behandeln, von denen z. B. die Abhandlungen zur *Grundlegung der graphischen Statik*, die über Konstitution, Stabilität und Bewegung des *Saturnringes* oder die in Physikerkreisen wohlbekannten über *kinetische Gastheorie* in unserem augenblicklichen Zusammenhang reges Interesse beanspruchen würden.

[1]) In zweiter Aufl. ins Deutsche übersetzt von B. Weinstein, Berlin 1882.

Maxwells elektromagnetische Lichttheorie — besser gesagt, seine neue Lehre, welche Licht und Elektrizität als Äußerungen desselben Agens erfaßt — ist aus seinen Bemühungen entstanden, Faradays nur in unbestimmter Form entwickelten Ideen über die einheitliche Bedeutung des raumerfüllenden Äthers in mathematische Sprache zu fassen. Als ein Glied von entscheidender Bedeutung in der Kette von Tatsachen und Schlüssen, welche die neue Theorie mit der Wirklichkeit verbindet, erwies sich die von W. Weber und R. Kohlrausch (dem Älteren) 1855 festgelegte Beziehung zwischen elektrostatischer und elektromagnetischer Einheit (endgültig veröffentlicht 1857), die wir schon wiederholt dahin aussprachen, daß die Konstante c des Weberschen Gesetzes, die eine Geschwindigkeit vorstellt — dividiert durch $\sqrt{2}$, gleich der Lichtgeschwindigkeit ist.

Zwei fundamentale Punkte sind es, in denen sich Faradays Denkweise von der Webers unterscheidet: 1. In Anknüpfung an die damals auf allen Gebieten herrschende Naturphilosophie der Newtonschen Schule, nimmt Weber eine reine Fernwirkung der elektrischen Kräfte an. Faraday hingegen baut auf der Vorstellung auf, daß die Kraft ihre Wirkung durch ein raumerfüllendes Medium fortpflanze. 2. Dementsprechend erfolgt die Wirkung der Kraft in Webers Sinne instantan, bei Faraday nimmt die Fortpflanzung vom Kraftangriffspunkt bis zum Wirkungspunkt eine gewisse Zeit in Anspruch.

Schon 1846 — wie ein sehr merkwürdiger Brief an Philipps bezeugt (Phil. Mag. I, Bd. 28, S. 345) — hegt Faraday die Phantasie, daß ein Zusammenhang zwischen elektrischen und optischen Erscheinungen bestehen möge, jedoch in ganz unbestimmter Form, da die Weber-Kohlrauschische Messung noch fehlte. Ich verweise hier gern noch einmal auf die im ersten Kapitel erwähnte Tatsache, daß Gauß in einem Brief an Weber 1845 Ideen äußert, die ganz in der von Faraday verfolgten Richtung liegen[1]).

Es bietet nun ein besonderes Interesse, zu verfolgen, wie Maxwell sich in drei langsam aufeinanderfolgenden Arbeiten zur Höhe einer konsequenten Theorie durcharbeitet. Das Referat, das ich über diese Entwicklung hier geben möchte, wird, wie alles bisherige, stark subjektiv ausfallen, indem ich mehr Gewicht auf Herausarbeiten der entscheidenden Gedankenwendungen als auf historische Einzelfragen lege.

1. Die Abhandlung „*On Faraday's lines of force*" 1855, (Cambridge Philosophical Transactions, Bd. 10 = Scientific Papers Bd. I, S. 155ff.) ist eine Auseinandersetzung darüber, daß die auf Fernwirkung und Nahewirkung fußenden Theorien der Elektro- und Magnetostatik verschiedene mathematische Beschreibungen desselben Sachverhalts sind.

---

[1]) Gauß' Werke Bd. 5, S. 629.

Wo die Fernwirkungstheorie eine Kraft $\frac{1}{r^2}$ statuierte, sah Faraday vom Nullpunkt ausgehende, den Raum durchziehende Kraftlinien; oder, um gleich den allgemeinen Gedanken in abstrakter Weise auszusprechen: Wir können die Verhältnisse ebensowohl schildern, indem wir von der überall im Raum herrschenden partiellen Differentialgleichung des Potentials V ausgehen, unbekümmert um den Sitz der dies Potential verursachenden Massen; oder, indem wir V als eine Summe von Hauptlösungen dieser Gleichung, etwa als Integral über die Massenpotentiale der einzelnen Elemente einer Flächenbelegung darstellen. Die erste Auffassung findet ein anschauliches Äquivalent in der Vorstellung der Kraftlinien, die in jedem Raumpunkt der Differentialgleichung gehorchend, die dort herrschende Kraft, also auch den Gesamtverlauf des Potentials, versinnlichen; die zweite läßt sich an einer rein formalen Ableitung der Kraft aus dem gefundenen Potential in dem gerade betrachteten Punkte genügen.

Mathematisch und rein logisch gesehen, sind beide Darstellungen — die im leeren Raum unmittelbar aus einander folgen — und die daran anknüpfenden Auffassungen gleichberechtigt. Faradays Ansicht besitzt aber einen großen Vorzug nach psychologischer Seite, da sie den Geist mit plastischen Bildern der Verhältnisse erfüllt. Für jeden, der mit den Dingen selbst zu tun hat, ist sie ganz unentbehrlich. Niemand wird etwa die Wirkung einer Dynamomaschine lebendig erfassen — geschweige denn eine solche zweckmäßig konstruieren —, der sich nicht den Verlauf der magnetischen Kraftlinien, das magnetische Feld, innerhalb dessen sich die Induktionsspulen bewegen, anschaulich vorstellt; von den physikalischen Fragestellungen aber, die von hier aus sich entwickeln, will ich gar nicht reden.

2. 1861—62 sehen wir Maxwell im Philosophical Magazine vol. 21 (= Sc. Papers Bd. I, S. 451 ff.) in den Aufsätzen „*On physical lines of force*" damit beschäftigt, sich in dem raumerfüllenden Medium einen Mechanismus zu denken, welcher der magnetostatischen Fernwirkung und dem Entstehen von Induktionsströmen bei Änderung des magnetischen Feldes gerecht wird. Er gelangt zu folgendem Bilde: Es gibt eine vielleicht sehr große aber jedenfalls endliche Zahl von magnetischen Kraftlinien. Um jede einzelne dieser Kraftlinien herum befindet sich das Medium, während die Kraftlinie selbst in Ruhe bleibt, in Rotation. Um Mißverständnissen vorzubeugen: es handelt sich hier nicht um Rotationen, wie sie uns bisher in der Mechanik, etwa auch im Falle der Helmholtzwirbel, begegneten. Dort war die Bewegung eines Punktes völlig beschrieben, wenn die an Stelle seiner ursprünglichen Koordinaten x, y, z getretenen Größen x', y', z' bekannt waren, und die Rotation kam nur indirekt heraus, indem die zu x, y, z benachbarten Punkte sich etwas anders bewegten als x, y, z selbst. Bei den

hier vorliegenden Molekularwirbeln jedoch ist jeder Punkt — jedes Molekül — selbständig Träger eines Achsensystems, gegen das er um die Winkel λ, μ, ν gedreht werden kann.

Maxwell stellt sich diesen Vorgang mit einer massiven Realistik vor, die uns heute überrascht. Er denkt sich nämlich zwischen die rotierenden Teile des Mediums zur Vermeidung oder Verminderung der Reibung kleine Friktionsrollen eingebettet. Diese Körperchen, die den Kugeln in einem Kugellager ähneln, betrachtet er als eigentlichen Sitz der Elektrizität.

Trotz großer Bemühungen ist Maxwell mit diesen konkreten Vorstellungen nicht durchgedrungen. Er hat sie darum fernerhin fallen gelassen und sich nun der rein phänomenologischen Darstellungsweise zugewandt, in der heute jeder junge Student erzogen wird. Danach ist das raumerfüllende Medium in seinen Punkten Träger einerseits elektrischer, andererseits magnetischer Vektoren, deren Wirkung und formalen Zusammenhang man kennt, über deren tieferen Sinn aber nicht weiter nachgedacht wird.

Nur darauf hat Maxwell immer den größten Wert gelegt, daß die Gesetze des elektromagnetischen Feldes die Möglichkeit einer mechanischen Erklärung nicht ausschließen, daß man vielmehr über die lebendige Kraft und die potentielle Energie des Feldes solche formale Voraussetzungen machen kann, die nach den allgemeinen Gesetzen der Mechanik zu den bekannten elektromagnetischen Wirkungen hinleiten. An der Auffassung also, die man heute so gern aufgibt, daß die Mechanik die Grundwissenschaft der Physik sei, ist durchaus festgehalten! Im Grunde ist diese Erscheinung nichts als das Fortwalten des allgemeinen, von Lagrange geschaffenen Formalismus, in den freilich ein begrifflicher Inhalt gefüllt worden ist, dessen Beherrschung, ja dessen Kenntnis seinem Schöpfer noch gänzlich fernlag. Es ist eine der erstaunlichsten Entwicklungen innerhalb unserer Wissenschaften, welche diesen Formalismus der klassischen Mechanik allmählich von immer neuen, immer ferner liegenden Gebieten Besitz ergreifen läßt, mit dem Erfolge einer ausreichenden Beherrschung der beobachteten Erscheinungen ohne jedes verstehende Eindringen in die wahren zugrundeliegenden Begebenheiten. Einen letzten, hohen Triumph feiert das System in der physikalischen Chemie des Amerikaners Gibbs. (Gibbs in seiner berühmten Aufsatzserie 1876—79: „On the Equilibrium of heterogeneous substances" in den Transactions of Connecticut Academy of Arts and Sciences.) Was hätte Lagrange gesagt, wenn er erlebt hätte, wie man seinem Parameter q die Bedeutung des Prozentgehalts einer Verbindung an Jod beilegt!

3. Auf dieser abstrakten, rein phänomenologischen Basis hat nun Maxwell 1864 in der großen Abhandlung in Bd. 155 der Royal Soc. Trans. (erschienen 1865 = Sc. Papers Bd. I, S. 526ff): „*A dynamical theory*

of the electromagnetic field" seine endgültige Lehre entwickelt, die in der Aufstellung der elektromagnetischen Lichttheorie und damit in der Voraussage mannigfachster neuer Beziehungen gipfelt. Eine ausführliche Durcharbeitung dieser Ideen bietet das große Werk von 1873: „*A Treatise on electricity and magnetism*"[1]). Das Buch enthält im einzelnen reiche, hochinteressante Kapitel, ist aber als Ganzes sehr schwer zu lesen, weil es den Leser gewissenhaft durch die überkommenen Theorien der Einzelgebiete hindurchführt und nirgends eine abschließende Gesamtauffassung systematisch darlegt.

Um nun doch etwas in die Materie hineinzugehen, will ich hier ausführen, wie Maxwells elektrodynamische Gleichungen für den reinen Äther mit den Gleichungen zusammenhängen, die MacCullagh 1839 für sein optisches Medium aus quasimechanischen Vorstellungen in der letzthin beschriebenen Weise ableitete — ein Zusammenhang, den der irische Physiker Fitzgerald (London Phil. Trans. Bd. 171, 1880) zuerst hervorgekehrt hat.

Ich stelle das „Hamiltonsche Prinzip" an die Spitze,

$$\delta \int (T - U)\, dt = 0$$

bei festen Grenzen. Bezeichnen wir, wie oben (S. 231 f.), die Verschiebungen des MacCullaghschen Kontinuums mit u, v, w die Curlkomponenten mit

$$\xi = \frac{\partial v}{\partial z} - \frac{\partial w}{\partial y}, \quad \eta = \frac{\partial w}{\partial x} - \frac{\partial u}{\partial z}, \quad \zeta = \frac{\partial u}{\partial y} - \frac{\partial v}{\partial x},$$

so ist im MacCullaghschen Ansatz, vorausgesetzt, daß wir im isotropen Medium arbeiten, die potentielle Energie pro Volumeinheit gegeben durch

$$U = \frac{a^2}{2}(\xi^2 + \eta^2 + \zeta^2),$$

die lebendige Kraft pro Volumeinheit durch

$$T = \frac{\varrho}{2}(\dot{u}^2 + \dot{v}^2 + \dot{w}^2),$$

unter ϱ die Dichte verstanden. Setzen wir $\frac{a^2}{2} = c^2$, wo c später die Lichtgeschwindigkeit sein soll, und ziehen nun den Betrag der Werte U und T für das ganze Medium in Betracht, so ergibt sich für die Bewegung des Mediums der Variationsansatz (wenn wir der Einfachheit halber $\frac{\varrho}{2} = 1$ setzen):

$$\delta \int\!\!\int\!\!\int\!\!\int dx\, dy\, dz\, dt \left\{(\dot{u}^2 + \dot{v}^2 + \dot{w}^2) - c^2(\xi^2 + \eta^2 + \zeta^2)\right\} = 0$$

(bei festen Grenzen). Daraus folgen die Bewegungsgleichungen:

$$\frac{1}{c^2}\cdot \ddot{u} = \frac{\partial \zeta}{\partial y} - \frac{\partial \eta}{\partial z}, \quad \frac{1}{c^2}\cdot \ddot{v} = \frac{\partial \xi}{\partial z} - \frac{\partial \zeta}{\partial x}, \quad \frac{1}{c^2}\cdot \ddot{w} = \frac{\partial \eta}{\partial x} - \frac{\partial \xi}{\partial y},$$

[1]) Vgl. S. 239.

oder ausgeführt:

$$\frac{1}{c^2}\cdot\ddot{u} = \left(\frac{\partial^2 u}{\partial x^2} + \frac{\partial^2 u}{\partial y^2} + \frac{\partial^2 u}{\partial z^2}\right) - \frac{\partial}{\partial x}\left(\frac{\partial u}{\partial x} + \frac{\partial v}{\partial y} + \frac{\partial w}{\partial z}\right),$$

$$\frac{1}{c^2}\cdot\ddot{v} = \left(\frac{\partial^2 v}{\partial x^2} + \frac{\partial^2 v}{\partial y^2} + \frac{\partial^2 v}{\partial z^2}\right) - \frac{\partial}{\partial y}\left(\frac{\partial u}{\partial x} + \frac{\partial v}{\partial y} + \frac{\partial w}{\partial z}\right),$$

$$\frac{1}{c^2}\cdot\ddot{w} = \left(\frac{\partial^2 w}{\partial x^2} + \frac{\partial^2 w}{\partial y^2} + \frac{\partial^2 w}{\partial z^2}\right) - \frac{\partial}{\partial z}\left(\frac{\partial u}{\partial x} + \frac{\partial v}{\partial y} + \frac{\partial w}{\partial z}\right),$$

die, unter Annahme passender Anfangsbedingungen der Bewegung, beiläufig ergeben:

$$\operatorname{div}(u, v, w) = \frac{\partial u}{\partial x} + \frac{\partial v}{\partial y} + \frac{\partial w}{\partial z} = 0.$$

Man hat also die folgenden einfachen Differentialgleichungen der Bewegung:

$$\frac{\ddot{u}}{c^2} = \Delta u, \quad \frac{\ddot{v}}{c^2} = \Delta v, \quad \frac{\ddot{w}}{c^2} = \Delta w.$$

Diese Ableitung nimmt nun eine besonders elegante, symmetrische Form an, wenn man gewisse Hilfsgrößen einführt, wie es MacCullaghs Ausführungen im Supplement (S. 188) seiner gesammelten Abhandlungen entspricht. Setzt man nämlich

$$u_1 = c\int \xi\, dt, \quad v_1 = c\int \eta\, dt, \quad w_1 = c\int \zeta\, dt,$$

so nimmt das Variationsprinzip die Form an:

$$\delta \iiiint dx\, dy\, dz\, dt \{(\dot{u}^2 + \dot{v}^2 + \dot{w}^2) - (\dot{u}_1^2 + \dot{v}_1^2 + \dot{w}_1^2)\} = 0,$$

und daneben stellen sich die beiden Tripel von Gleichungen

$$\frac{1}{c}(\dot{u}_1, \dot{v}_1, \dot{w}_1) = -\operatorname{curl}(u, v, w),$$

$$\frac{1}{c}(\dot{u}, \dot{v}, \dot{w}) \quad = \quad \operatorname{curl}(u_1, v_1, w_1).$$

Jedes dieser Tripel kann man als Nebenbedingung zu dem Variationsprinzip hinzunehmen, um das andere zu gewinnen. Zu diesen Gleichungen treten dann noch:

$$\operatorname{div}(u, v, w) = 0, \qquad \operatorname{div}(u_1, v_1, w_1) = 0.$$

Damit ist genau das System von Formeln erreicht, das wir jetzt als *Maxwellsche Gleichungen für den freien Äther* bezeichnen, welche übrigens, wie ich gleich bemerken möchte, bei Maxwell selbst explizite nicht so dastehen, sondern erst von Heaviside und Hertz herausgearbeitet wurden[1]). Die Größen u, v, w und u_1, v_1, w_1 heißen dann Komponenten des elektrischen bzw. des magnetischen Vektors. Und zwar habe ich die Wahl der Beziehung dieser Größen auf die beiden Erscheinungen noch in der Hand; ist sie getroffen, so ist wegen des Vorzeichens, mit welchem der curl in den Gleichungen behaftet erscheint, gleichzeitig

---

[1]) Literaturangaben vgl. Enzyklop. V 13 (H. A. Lorentz) S. 68, Anm. 3 und 4.

festgelegt, ob der Untersuchung ein Rechts- oder ein Linkskoordinatensystem zugrunde gelegt worden ist. Wie völlig symmetrisch hier alle Verhältnisse liegen, zeigt auch die Form des in dem Variationsproblem auftretenden Integranden. Die Anknüpfung an den Gedanken, daß potentielle und kinetische Energie in der Tat nichts wesenhaft Verschiedenes seien, sondern auf eine konventionelle Unterscheidung hinauslaufen, ist hier gegeben.

Nach diesem viel zu kurzen Bericht muß ich leider das Gebiet verlassen, um noch einige Worte über Maxwells besonderen Charakter als Mathematiker zu sagen, freilich ohne eingehende Belege zu bringen.

Maxwell ist nicht ein Mann der logisch einwandfreien Durchbildung; seinen Schlüssen fehlt oft die unbedingt zwingende Kraft. Das hochentwickelte induktive Denken drängt sozusagen das deduktive Denken zurück. So stellt er etwa in der Theorie der Kugelfunktionen den Satz auf, daß durch einen Ausdruck der Form

$$r^{2n+1}\,\frac{\partial^n \frac{1}{r}}{\partial h_1 \ldots \partial h_n}$$

immer eine Kugelfunktion dargestellt werde, macht aber dann ohne eine Bemerkung, geschweige denn einen Beweis, von der Umkehrung Gebrauch! Der Satz, daß sich zu jeder vorgelegten Kugelfunktion auf eine und nur eine Weise n reelle Richtungen $h_1, \ldots, h_n$ finden lassen, vermöge deren sie auf die angegebene Weise aus $1/r$ entsteht, wurde erst später von Sylvester gegeben[1]).

Was Maxwell hingegen in hohem Maße auszeichnet, das ist eine starke Intuition, die sich bis zur Divination steigert und mit einer phantasievollen Anschauungskraft Hand in Hand geht. Für letztere Eigenschaft ließen sich viele Belege anführen: seine Vorliebe für Diagramme, die Verwendung von Rollkurven, stereoskopischen Figuren, reziproken Kräfteplänen. Auch in der Physik steht Maxwell da als das aus direkter Intuition schaffende Genie, auf die Dauer noch größer und nachwirkender als W. Thomson, den er an irrationaler Einsichtskraft überragt.

Das nun abgeschlossene Kapitel über Mechanik und mathematische Physik hat uns gezeigt, wie die Mathematik auf Schritt und Tritt das physikalische Denken begleitet, von dem sie umgekehrt durch die ihr von dieser Seite gestellten Probleme die stärksten Impulse erhält. Diese Entwicklung haben wir bis zum Beginn der Neuzeit verfolgt. Im kommenden Kapitel werden wir uns wieder der reinen Mathematik zuwenden, anknüpfend an die kaum über das Jahr 1850 hinausreichenden Betrachtungen, die wir mit Kap. 4 abschlossen.

---

[1]) Man vgl. etwa Courant-Hilbert, Methoden der mathematischen Physik, Bd. 1, S. 423ff.

Sechstes Kapitel.

Die allgemeine Funktionentheorie komplexer Veränderlicher bei Riemann und Weierstraß.

Wir kehren nun zur reinen Mathematik zurück und wenden uns der allgemeinen Theorie der Funktionen komplexer Veränderlicher zu. Die weitere Entwicklung und Förderung dieses Kernstückes unserer heutigen reinen Mathematik verdanken wir in erster Linie zwei deutschen Gelehrten, Riemann und Weierstraß. Ihre Hauptwirksamkeit fällt in die Zeit von etwa 1850 bis 1880.

Indem wir die Theorie der komplexen Funktionen voranstellen, erschöpfen wir das Lebenswerk der beiden Forscher nicht im entferntesten. Wir werden auch in den folgenden Kapiteln wiederholt auf die beiden Männer zurückkommen, die auf den verschiedensten Gebieten grundlegend gearbeitet haben. Doch wird es richtig sein, gleich an dieser Stelle ihrer sehr verschiedenartigen Persönlichkeiten und ihrer allgemeinen Wirksamkeit in Umrissen zu gedenken.

Riemann ist der Mann der glänzenden Intuition. Durch seine umfassende Genialität überragt er alle seine Zeitgenossen. Wo sein Interesse geweckt ist, beginnt er neu, ohne sich durch Tradition beirren zu lassen und ohne einen Zwang der Systematik anzuerkennen.

Weierstraß ist in erster Linie Logiker; er geht langsam, systematisch, schrittweise vor. Wo er arbeitet, erstrebt er die abschließende Form.

Was aber die äußere Wirksamkeit angeht, so ist zu bemerken: Riemann tritt nach stiller Vorbereitung wie ein heller Meteor hervor, um nur zu bald wieder zu erlöschen; beschränkt sich seine Wirksamkeit doch nur auf 15 Jahre: 1851 Erscheinen seiner Dissertation, 1862 Erkrankung, 1866 Tod.

Weierstraß konnte sich langsam auswirken. Er beginnt schon 1843 mit einigen Bemerkungen über die analytischen Fakultäten (Gymnasialprogramm, Deutsch-Crone); 1897 stirbt er hochbetagt nach einem reichen Leben.

Wir wollen Riemann voranstellen, obgleich er der Jüngere ist. Aber einmal liegt seine Hauptwirkungszeit so viel früher wie die von Weierstraß, dann steht er uns hier in Göttingen auch so viel näher, als sein Leben und Schaffen untrennbar mit Göttingen verbunden ist. Hier hat er sein Studium begonnen, hier hat er promoviert, sich habilitiert und bis zu seiner Krankheit als Dozent an unserer Universität gelehrt. Riemann bedeutet den Höhepunkt der älteren Göttinger Schule, die die Grundlage für uns alle geblieben ist.

Bernhard Riemann.

Zunächst *Riemanns Werke.* Sie sind posthum herausgegeben von H. Weber, erschienen in erster Auflage 1876, in zweiter Auflage 1892. Als Nachwort enthalten sie die von Riemanns treuestem Freunde, Dedekind, lebendig geschriebene Biographie[1]).

Als wichtige Ergänzung dazu besitzen wir die *Nachträge* zu Riemanns Werken, herausgegeben von Noether und Wirtinger, 1902. Sie sind hervorgegangen aus Kollegheften von Riemanns Vorlesungen; sie eröffnen uns einen Einblick in die umfassende Einsicht Riemanns in Dinge, die man erst Jahre nach seinem Tode neu entdeckt zu haben glaubte, und die er in seinen Vorlesungen schon gebracht hatte. Hier sieht man wieder einmal, wie die Entwicklung der Wissenschaft von Zufälligkeiten abhängt. Wie anders wäre die Mathematik fortgeschritten, wenn Riemanns Hörer tieferes Verständnis für seine Gedankengänge gehabt hätten, oder wenn man nur die Nachschriften der Vorlesungen früher bekommen hätte! Und wie viel wertvolles Material mag unverstanden und mißachtet verloren gegangen sein[2])!

Dazu kommen noch an Veröffentlichungen drei Bände Kursus-Vorlesungen, leider in fremder Bearbeitung:

a) *Partielle Differentialgleichungen der Physik* (herausgegeben von Hattendorf 1869).

b) *Schwere, Elektrizität, Magnetismus* (Hattendorf 1875).

c) *Elliptische Funktionen* (Stahl 1899).

Die partiellen Differentialgleichungen haben später durch H. Weber eine Umarbeitung erfahren; der bekannte „Riemann-Weber" hat mit dem eigentlichen Riemann aber so wenig Ähnlichkeit mehr, daß wir ihn, wenn wir Riemanns Standpunkt kennen lernen wollen, ganz beiseite lassen müssen.

Bernhard Riemann wurde, wie Abel, als Sohn eines Landpfarrers geboren, am 17. September 1826 in Breselenz i. Hannover. Sein Schicksal ist in vieler Hinsicht dem Abels ähnlich, wenn auch seine Entwicklung viel langsamer ging als die Abels. Riemann war kränklich, litt zuletzt an Schwindsucht, der er vorschnell zum Opfer fiel. Im Auftreten schüchtern, ja ungeschickt, mußte sich der junge Dozent, zu dem wir Nachgeborenen wie zu einem Heiligen aufblicken, mancherlei Neckereien von seinen Kollegen gefallen lassen. Oft litt er unter trüben Stimmungen, die sich bis zu Anfällen von Melancholie steigerten. Doch finden wir bei Riemann keine Spur eigentlich psychopathischer Anlagen, wie etwa bei Eisenstein, mit dem er während seiner Studienzeit in

---

[1]) Vgl. auch den Nachruf von Schering, Gött. Nachr. 1867; wieder abgedruckt in Scherings Werken Bd. 2, wo sich auch noch einige andere, auf Riemanns Leben bezügliche Bemerkungen finden.

[2]) Vgl. auch den Bericht von Noether über neue Funde, Gött. Nachr. 1909.

Berlin zusammentraf, und der zuletzt an Verfolgungs- und Größenwahn litt. Abgewandt von der Welt um ihn herum, lebt er still sein unvergleichlich reiches Eigenleben. Es ist eine typisch geniale Veranlagung, die wir bei Riemann finden: nach außen der stille Sonderling; voller Kraft und voller Schwung nach innen.

Im übrigen waren Riemanns Interessen viel umfassender als die Abels, der sich nur für Reine Mathematik als solche begeisterte. Riemanns Interessen umspannen die Mathematische Physik, ja die gesamte philosophische Naturerklärung mit psychologischem Einschlag. Man vergleiche nur Riemanns eigene Worte darüber: Werke, S. 507 f.[1]).

„Die Arbeiten, welche mich jetzt vorzüglich beschäftigen, sind

1. In ähnlicher Weise, wie dies bereits bei den algebraischen Funktionen, den Exponential- oder Kreisfunktionen, den elliptischen und Abelschen Funktionen mit so großem Erfolg geschehen ist, das Imaginäre in die Theorie anderer transzendenter Funktionen einzuführen; ich habe dazu in meiner Inauguraldissertation die notwendigsten allgemeinen Vorarbeiten geliefert. (Vgl. diese Dissertation Art. 20.)

2. In Verbindung damit stehen neue Methoden zur Integration partieller Differentialgleichungen, welche ich bereits auf mehrere physikalische Gegenstände mit Erfolg angewandt habe.

3. Meine Hauptarbeit betrifft eine neue Auffassung der bekannten Naturgesetze — Ausdruck derselben mittels anderer Grundbegriffe —, wodurch die Benutzung der experimentellen Data über die Wechselwirkung zwischen Wärme, Licht, Magnetismus und Elektrizität zur Erforschung ihres Zusammenhangs möglich wurde. Ich wurde dazu hauptsächlich durch das Studium der Werke Newtons, Eulers und — andererseits — Herbarts geführt. Was letzteren betrifft, so konnte ich mich den frühesten Untersuchungen Herbarts, deren Resultate in seinen Promotions- und Habilitationsthesen (vom 22. und 23. Oktober 1802) ausgesprochen sind, fast völlig anschließen, mußte aber von dem späteren Gange seiner Spekulationen in einem wesentlichen Punkte abweichen, wodurch eine Verschiedenheit in bezug auf seine Naturphilosophie und diejenigen Sätze der Psychologie, welche deren Verbindung mit der Naturphilosophie betreffen, bedingt ist."

Ich möchte die Aufmerksamkeit ganz besonders auf den Anfang von Absatz 3 lenken. „Meine Hauptarbeit" sagt Riemann da. Er selbst wertet also seine naturphilosophischen Spekulationen bedeutend höher als seine für uns klassischen Werke über die Theorie der komplexen Funktionen $f(x + iy)$.

Riemanns äußeres Leben entbehrt der großen Ereignisse. Er besuchte 1840—42 das Lyzeum (Gymnasium) in Hannover, 1842—46 das Johanneum in Lüneburg. Dort, also mit $19\frac{1}{2}$ Jahren, las er

[1]) Alle Seitenzahlen beziehen sich auf die zweite Auflage.

schon die mathematischen Klassiker, insbesondere Euler und Legendre. Ostern 1846 kam er nach Göttingen, zunächst um Theologie zu studieren. Bald sattelte er jedoch um und wendet sich ganz der Mathematik zu. Er hörte viel bei Stern, der mir gegenüber später einmal äußerte: „Riemann sang damals schon wie ein Kanarienvogel." — Ganz wunderbar und fast rätselhaft für uns ist Riemanns nahe Beziehung zu Gauß in seinen wissenschaftlichen Ideen. Er kann nicht viel bei dem damals schon 70jährigen Gauß, der ohnehin wenig las, gehört haben. Menschliche Beziehungen zu Gauß hat der junge, schüchterne Student sicher auch nicht anknüpfen können; Gauß lehrte doch nur widerwillig und brachte der Mehrzahl seiner Hörer wenig Interesse entgegen, war auch sonst recht unnahbar. Trotzdem müssen wir Riemann einen Schüler von Gauß nennen, ja er ist der einzige eigentliche Schüler von Gauß, der auf dessen innere Ideen eingegangen ist, wie wir sie jetzt im Umriß allmählich aus dem Nachlaß kennen lernen: er sucht, wie Gauß, den Zusammenhang von $f(x+iy)$ mit der konformen Abbildung einerseits, mit der Gleichung $\Delta u = 0$ und anschließend mit verschiedenen Gebieten der Physik andererseits. Als einen ersten Beleg für den inneren Kontakt zwischen beiden, der sich philologisch nicht unmittelbar nachweisen läßt, wollen wir etwa Riemanns Arbeiten über die hypergeometrische Funktion ansehen, in denen eine Menge von Gauß nicht veröffentlichte Ideen benutzt werden.

Gegen Ende seines Aufenthaltes in Göttingen beschäftigt sich Riemann mit geometrischen Dingen. Eben damals, 1847, veröffentlichte Listing seine „Vorstudien zur Topologie" in den „Göttinger Studien". Hier sind die ersten nachweisbaren Ansätze zur Erschließung der geometrischen Disziplin, die man auch, mit Riemann, Analysis situs nennt, und mit der sich, wie die Nachlaßforschung zeigt, auch Gauß vielfach beschäftigt hat. Stern las damals über ganz andere Dinge, Gauß las über Methode der kleinsten Quadrate; und doch hat sich der junge Riemann ganz intensiv mit jenen geometrischen Fragen beschäftigt. Wir können es gar nicht anders ansehen, als daß die Göttinger Atmosphäre damals mit diesen geometrischen Interessen gesättigt war und ihren unkontrollierbaren, aber starken Zwang auf den sehr begabten und empfänglichen Riemann ausübte. Es ist eben viel wichtiger, in welche geistige Umgebung ein Mensch hineinkommt, die ihn viel stärker beeinflußt als Tatsachen und konkretes Wissen, das ihm geboten wird!

Ostern 1847 geht Riemann nach Berlin, wo er zwei Jahre (bis 1849) bleibt. Dort hört er Jacobis Mechanik und empfängt von ihm auch wohl nur indirekt die Anregung, sich über die elliptischen Funktionen hinaus den „Abelschen Funktionen" — die Abel ja selbst noch unbekannt waren — zuzuwenden. In der Tat war damals die Frage nach den Abelschen Funktionen aktuell geworden.

1846 hatte Jacobis Schüler Rosenhain mit der Umkehr der hyperelliptischen Integrale für $p = 2$ den großen Preis der Pariser Akademie gewonnen; veröffentlicht wurde die Arbeit allerdings erst 1851 (in den Savants étrangers). 1847 erscheint in Crelles Journal, Bd. 35, die wichtige Abhandlung von Göpel über denselben Gegenstand. 1849 kündigt Weierstraß im Gymnasialprogramm von Braunsberg die allgemeine Inversion der hyperelliptischen Integrale an und entwickelt die Bilinearrelationen für die Perioden der Integrale erster und zweiter Gattung. Man sieht, wie auch hier der Boden bereitet ist für Riemann, wie ihm hier die Interessen eingepflanzt werden, aus denen heraus seine glänzendste Arbeit, die Theorie der Abelschen Funktionen, nach Jahren hervorgehen sollte (1857).

Neben Jacobi hört Riemann noch bei Dirichlet. Wohl hat ihm Jacobi die stoffliche Hauptanregung gegeben; Jacobis Methode aber übernimmt Riemann nicht. Jacobi ist ihm zu sehr Algorithmiker. Mit Dirichlet dagegen verbindet ihn eine starke innere Sympathie ähnlicher Denkweise. Dirichlet liebte es, sich die Theoreme am anschaulichen Substrat klar zu machen; daneben zergliedert er logisch scharf die Grundlagen und vermeidet tunlichst lange Rechnungen. Seine Art sagt Riemann zu, er übernimmt sie und arbeitet nach Dirichletscher Methode. In seinen Berliner Semestern trifft Riemann auch mit Eisenstein (geb. 1823), der damals gerade erst habilitiert war, zusammen und spricht mit ihm auch von der Einführung komplexer Größen in die Theorie der Funktionen. Doch die beiden — Eisenstein war in seiner Art gewiß auch ein großes Talent — finden sich nicht. Eisenstein ist viel zu sehr Formelmensch, der, von der Rechnung ausgehend, in ihr die Wurzeln seiner Erkenntnis findet und die allgemeinen Ideen Riemanns über Funktionen komplexer Veränderlicher, die Riemann nach Dedekind schon Herbst 1847 zum ersten Mal gründlich bearbeitet hat, also mit 21 Jahren, nicht zu fassen vermag.

Ostern 1849, also mit $22\,^1/_2$ Jahren, kehrt Riemann nach Göttingen zurück, wohin gerade W. Weber zurückberufen war. An Weber gewinnt Riemann einen Gönner und väterlichen Freund. Weber erkannte Riemanns Genialität und zog den schüchternen Studenten zu sich heran. 1850 wird Riemann Mitglied des eben gegründeten Göttinger mathematisch-physikalischen Seminars, steigt bald zur Stellung eines Seniors auf und wird unter diesem Namen von Weber als Assistent bei physikalischen Übungen beschäftigt. Wir sehen, wie der Zusammenhang mit Weber immer enger wird, aber nicht nur äußerlich. Von Weber wird Riemanns Interesse für die mathematische Naturbetrachtung geweckt und Riemann wird stark durch Webers Fragestellungen beeinflußt. Leider sind uns Riemanns schon oben genannte Betrachtungen über Naturphilosophie nur in Bruchstücken erhalten (vgl. Werke S. 305ff.). Aus diesen spärlichen Dokumenten schon sehen wir, mit welcher großen geistigen Selbständigkeit der junge Riemann arbeitete; er baut sich, von den Weberschen Ideen abweichend seine eigene Welt auf.

Riemann denkt sich den Raum mit kontinuierlichem Stoff erfüllt, der die Wirkungen der Gravitation, des Lichtes und der Elektrizität überträgt. Er hat überall die Vorstellung einer zeitlichen Verbreitung der Vorgänge. Eine Bemerkung über dieselbe Sache findet sich in einem Privatbrief von Gauß an Weber — mit der audrücklichen Bitte um völlige Geheimhaltung. Und nun frage ich wieder, wie kommen diese Dinge zu Riemann? Es ist eben jener mystische, nicht abzuleugnende und doch auch nicht klar zu fassende Einfluß der allgemeinen Atmosphäre auf einen empfindlichen Geist. Zu einem Teil antizipiert Riemann dabei die Maxwellschen Betrachtungen. Da haben wir z. B. das Variationsproblem der MacCullaghschen Optik, mit dem ich das vorige Kapitel schloß (Werke S. 538, d.). Es ist nicht wahrscheinlich, daß Riemann die MacCullaghschen Originalarbeiten gekannt hat.

Die Schwerewirkung denkt sich Riemann speziell so, daß der kontinuierlich den Raum erfüllende Stoff mit dem Geschwindigkeitspotential V in die Schwere erzeugenden Massenpunkte einströmt und sich dort in „Geistesmasse" verwandelt — eine sehr eigentümliche Auffassung.

Riemann hat schon Schwere mit Licht zu verbinden gesucht, wie man aus der Formel Werke S. 538, c, ersieht. Ich bin mir über ihre Entstehung nicht klar und weiß nicht zu sagen, was davon gegenüber den heute im Vordergrund stehenden Theorien zu halten ist.

Endlich, Ende 1851 — Riemann ist also schon 25 Jahre alt —, erscheint seine Dissertation: *Grundlagen für eine allgemeine Theorie der Funktionen einer komplexen Größe* (Werke S. 3ff.), auf die wir noch ausführlich zurückkommen werden, die aber — seltsam für uns zu lesen — nach außenhin zunächst ganz ohne Wirkung blieb.

Und wieder dauert es fast drei Jahre, bis Riemann sich habilitiert, im Sommer 1854. Allerdings mit zwei unvergleichlich glänzenden Leistungen: Habilitationsschrift: *Über die Darstellbarkeit einer Funktion durch eine trigonometrische Reihe* (Werke S. 227ff.). Habilitationsvortrag: *Über die Hypothesen, welche der Geometrie zu Grunde liegen* (Werke S. 272ff.). Beide Arbeiten sind erst 1868 nach Riemanns Tod von Dedekind in den Abhandlungen der Königl. Gesellschaft der Wissenschaften, Göttingen, Bd. 13, veröffentlicht und später in der Ausgabe der Werke unverändert abgedruckt worden.

Es ist rührend zu lesen, mit welchen Schwierigkeiten der junge Dozent zu kämpfen hatte und mit wie geringem Erfolg er zufrieden war. Berichtet er doch im Oktober 1854 ganz beglückt seinem Vater über die große Zahl seiner Hörer — es waren 8! — und im November weiter, daß sich der Kontakt mit seinen Hörern einzustellen beginne und seine Befangenheit weiche. Riemann liest zunächst, sich eng an Dirichlet anlehnend, über partielle Differentialgleichungen, also ein landläufiges Kolleg.

Im Jahre 1855 starb Gauß, und es wurde Dirichlet auf seinen Lehrstuhl berufen, der Riemann von Berlin her, wie wir wissen, kannte. Nun wagt es Riemann, sicherlich von Dirichlet darin bestärkt, seine eigensten Forschungsgebiete zum Thema seiner Vorlesungen zu machen: W.S. 55/56 und S.S. 56 liest er über die Funktionen einer veränderlichen komplexen Größe, insbesondere elliptische und Abelsche. Dazu finden sich drei Hörer: Dedekind, Schering, Bjerknes. Dann W.S. 56/57 über das gleiche Thema, insbesondere aber über hypergeometrische Reihen und verwandte Transzendenten.

Aus diesen Vorlesungen sind dann gleich die großen Veröffentlichungen hervorgegangen: Crelle, Bd. 54, 1857, *Theorie der Abelschen Funktionen* und Gött. Abh., Bd. 7, 1857, *Beiträge zur Theorie der durch die Gaußsche Reihe* $F(\alpha, \beta, \gamma; x)$ *darstellbaren Funktionen.* Sie haben wie Offenbarungen gewirkt und die rückhaltlose Bewunderung aller Fachgenossen erregt.

Diese Vorlesungen haben sich in den folgenden Semestern z. T. wiederholt; aber die weiteren Fortschritte, die Riemann darin darlegte, sind, da er selbst nichts mehr darüber veröffentlicht hat, nur noch mangelhaft nach Nachschriften publiziert worden (vgl. Nachträge zu den Werken, Noether und Wirtinger); wir werden darauf zurückkommen.

Herbst 1857, mit 31 Jahren, wird Riemann — wahrscheinlich auf die Fürsprache von Dirichlet, der jedenfalls lebhaft für Riemann eingetreten ist — Extraordinarius in Göttingen; 1859, nach Dirichlets Tod, erhält er das erledigte Ordinariat.

Die Jahre 1857—62 bedeuten den Höhepunkt des Riemannschen Schaffens, wie man sich durch einen Blick auf das Inhaltsverzeichnis der Werke überzeugen möge. 1859 erscheint die berühmte Abhandlung: *Über die Anzahl der Primzahlen unter einer gegebenen Größe,* die die Grundlage für zahlreiche Arbeiten der neuesten Zeit geblieben ist. Sie ist in den Monatsberichten der Berliner Akademie, Nov. 1859, herausgegeben, zu deren Korrespondent Riemann 1859 ernannt war. Die Grundlage dieser Arbeit ist die sog. ζ-Funktion, über deren Nullstellen Riemann bestimmte Vermutungen aussprach, die trotz eifrigsten Bemühens von Seiten der verschiedensten Mathematiker noch immer nicht alle bewiesen sind.

Nach Dirichlets Tod mag Riemann wieder stärker von W. Weber beeinflußt worden sein. Darin und in der Art, wie er seine Pflicht als Ordinarius auffaßte, mag es begründet liegen, daß Riemann sich in seinen Vorlesungen und Arbeiten wieder mehr der mathematischen Physik zuwandte. Das zeigen die Hattendorffschen Bücher, die aber große Mängel aufweisen, da der Herausgeber der Genialität Riemanns nicht gerecht werden konnte. Wie Riemann innerlich weiterarbeitete, zeigt die 1860 erschienene Abhandlung: *Über die Fortpflanzung ebener Luftwellen von endlicher Schwingungsweite* (Werke S. 157), ebenso die bei der Pariser Akademie 1861 eingereichte Schrift *Über eine Frage der Wärmeleitung* (Werke S. 391), in welcher der ganze Apparat der quadratischen Differentialformen entwickelt wird, der jetzt in der Relativitätstheorie gebraucht wird.

Nur drei Jahre durfte sich Riemann seiner Kraft und Größe freuen. 1862, kurz nach seiner Verheiratung, erkrankte er infolge einer starken Erkältung. Durch Verwendung von W. Weber erhielt er dreimal ein Regierungsstipendium, das ihm einen wiederholten Aufenthalt in Italien ermöglichte. Doch die Krankheit ließ ihn nicht los. Er hat noch mancherlei wissenschaftliche Arbeiten begonnen, doch nichts mehr vollenden können.

Am 20. Juli 1866 ist er in Selasca am Lago maggiore gestorben. Dort — das Grab befindet sich nicht in Selasca, sondern auf dem Friedhof des nahegelegenen Ortes Biganzola — liegt er auch begraben.

Nachdem ich so einen Überblick über Riemanns äußeres Leben gegeben habe, möchte ich jetzt über Riemanns allgemeine Theorie der komplexen Funktionen $f(x+iy)$, wie sie in seiner Dissertation dargelegt und in späteren Arbeiten weitergeführt ist, etwas eingehender berichten. Ich kann leider auch an dieser Stelle — wie immer in dieser Vorlesung — nur Stichproben geben und muß mich darauf beschränken, das Wesentliche und Spezifische der Leistung hervorzuheben, ohne auf Einzelheiten einzugehen.

Ehe ich aber zur Charakterisierung der speziell Riemannschen Funktionentheorie übergehe, möchte ich eine Vorbemerkung einschalten, die vielleicht überrascht: Riemann hat über Funktionentheorie vieles und sogar besonders Wichtiges gearbeitet, was nicht in den Rahmen seiner typischen Theorie hineinpaßt. Da zitiere ich:

1. Die schon genannte, 1859 erschienene Abhandlung über die Anzahl der unter gegebener Grenze liegenden Primzahlen. Die „*Riemannsche Zetafunktion*“ $\zeta(\sigma+it)$, ist durch einen analytischen Ausdruck, nämlich durch ein unendliches Produkt gegeben. Dieses Produkt wird in ein bestimmtes Integral umgesetzt, das dann durch Verschiebung des Integrationsweges ausgewertet werden kann. Das ganze Verfahren ist Cauchysche Funktionentheorie.

Mit diesen flüchtigen Bemerkungen möchte ich die ζ-Funktion abtun, so interessant und wichtig der Gegenstand auch ist. Ich lasse sie beiseite, weil bei ihr Riemanns Eigenart, wie wir sie hier hervorkehren wollen, eben nicht zur Entfaltung kommt, und ich ja überhaupt in diesen Vorträgen keine Vollständigkeit anstreben kann.

2. Zu Anfang des zweiten Teils seiner Abelschen Funktionen 1857 zieht Riemann plötzlich *Theta-Reihen* mit p Variabeln in den Kreis

seiner Betrachtungen; auch späterhin hat er sich noch vielfach rechnerisch mit ihnen beschäftigt. Das ist Jacobisches Erbgut, das Riemann natürlich ganz selbständig verwaltet. Überhaupt liegt Riemann jede starre Einseitigkeit gänzlich fern; er macht für sich nutzbar, was er vorfindet und zieht die verschiedensten Methoden heran, wenn er durch sie sein Problem zu fördern und zu klären vermag.

3. So hat Riemann auch *Potenzreihen* $\mathfrak{P}(z-a)$ in seiner Funktionentheorie benutzt, also sozusagen in der Richtung von Weierstraß gearbeitet. Man hat den engen Zusammenhang von Funktionen und Potenzreihen schon früh erkannt und die Anfänge einer Theorie über diese Materie liegen ziemlich weit zurück. Ich will kurz skizzieren, was Riemann vorfand. Lagrange nimmt in seiner *Théorie des fonctions analytiques* 1797 die Reihe zum Ausgangspunkt. Er nennt analytische Funktionen solche, die eine Entwicklung in Potenzreihen zulassen, wobei er aber mit der Reihe nur formal operiert und sich um Konvergenzfragen überhaupt nicht kümmert. Die Reihe ist ihm offenbar nicht mehr als ein unendliches Koeffizientenschema; so werden auch die Ableitungen bei ihm rein formal definiert. Übrigens wirken diese Entwicklungen von Lagrange noch immer nach. Bis heute ist der von Lagrange geprägte Name analytische Funktion — ich vermute, daß er bei Lagrange nicht mehr bedeuten sollte als „Funktionen, die in der Analysis brauchbar sind" — erhalten geblieben, wenn auch der Begriffsinhalt ein ganz anderer geworden ist.

Gauß hat dann 1812 die Frage der Konvergenz am Beispiel der hypergeometrischen Reihe behandelt.

Cauchy hat in seinem *Cours d'analyse* 1821 die allgemeine Frage der Entwickelbarkeit behandelt und die Tatsache entdeckt, daß jede Potenzreihe im Komplexen einen Konvergenzkreis besitzt. Über diese Dinge habe ich ja im ersten Teil dieser Vorlesungen ausführlicher gesprochen.

Die große Leistung von Weierstraß ist es — um das in Kürze vorweg zu nehmen —, die im Formalen stecken gebliebene Idee von Lagrange ausgebaut und vergeistigt zu haben. Weierstraß stellt — wie ich bald ausführlich belegen werde — die in einem bestimmten Gebiet konvergente Reihe $\mathfrak{P}(z-a)$ an die Spitze seiner Betrachtungen und bezeichnet sie dementsprechend als „Funktionselement". Solche Funktionselemente, welche Teile ihrer Konvergenzkreise gemeinsam haben und innerhalb derselben übereinstimmen, reiht er gemäß seinem „Prinzip der analytischen Fortsetzung" aneinander. Die „Funktion" entsteht dann als Inbegriff aller aus einem Element entspringenden Fortsetzungen. — Man erfaßt hier leicht den Unterschied zwischen Riemanns und Weierstraß' Anschauungsweise: Was bei Riemann gelegentliches Hilfsmittel, ist für die mit rechnerischen Methoden fortschreitende Gedankenentwicklung von Weierstraß das grundlegende Prinzip.

Nach dieser Abschweifung wenden wir uns wieder Riemann zu und wollen seinen typischen Gedankengang, wie er in der Dissertation 1851 und den beiden großen Arbeiten von 1857 (Abelsche Funktionen, Theorie der hypergeometrischen Reihe) siegreich hervortritt, in aller Kürze zu bezeichnen suchen.

Als erstes die *Definition* der Funktion $f(z)$ eines komplexen Argumentes: $w = u + iv$ heißt eine Funktion eines komplexen Argumentes $x + iy$, wenn unter Voraussetzung der einfachsten Eigenschaften der Stetigkeit und Differenzierbarkeit die Gleichungen

$$\frac{\partial u}{\partial x} = \frac{\partial v}{\partial y}, \quad \frac{\partial u}{\partial y} = -\frac{\partial v}{\partial x}$$

bestehen, aus denen dann $\Delta u = 0$ bzw. $\Delta v = 0$ folgt.

Man nennt diese Differentialgleichungen heutzutage mit merkwürdiger historischer Gewissenhaftigkeit meist die *Cauchy-Riemannschen*, weil sie nämlich schon bei Cauchy stehen. Aber sie sind an sich viel älter, finden sich z. B. schon Mitte des 18. Jahrhunderts bei d'Alembert, vielleicht auch noch früher. Entdeckt hat sie Riemann also nicht.

Das Wesentliche ist, daß Riemann, indem er sie an die Spitze stellt, den Anschluß an die mathematische Physik einerseits und an die Geometrie andrerseits gewinnt. Das wollen wir etwas genauer auseinandersetzen.

Mit Helmholtz können wir u das *Geschwindigkeitspotential* einer Flüssigkeitsbewegung (inkompressibler Fall) in der xy-Ebene nennen $\left(\frac{\partial u}{\partial x}, \frac{\partial u}{\partial y}\right.$ sind dann die Komponenten der Geschwindigkeit$\left.\right)$, v ist die zugehörige *Strömungsfunktion*.

Aber noch in den verschiedensten sonstigen Gebieten der mathematischen Physik treten diese u, v auf in sehr wechselnder Bedeutung. Denkt man an stationäre elektrische Ströme, so heißt u elektrostatisches Potential (seit Kirchhoff, früher, bei Ohm, Spannung); denkt man an stationäre Wärmebewegung, so ist u die Temperatur (so findet man es schon bei Fourier).

Andrerseits die geometrische Deutung: Infolge der vorausgeschickten Differentialgleichungen ist $\frac{d(u+iv)}{d(x+iy)}$ nur von der Stelle $(x + iy)$, nicht aber von der Richtung $dx + idy$ abhängig, d. h. die Abbildung der xy-Ebene auf die uv-Ebene ist „*konform*". Alles dieses benutzt Riemann, wie vor ihm Gauß. Aber zugleich wird es für Riemann die Quelle der weiteren Gedankenentwicklung, indem er die Fragen zu ergründen sucht, welche die eine oder andere Auffassung nahelegt.

Das möchte ich doch unter eine allgemeinere Perspektive rücken. Es ist schon oft so gewesen, daß die Anwendung rückwärts die Theorie befruchtet hat. Ein großartiges Beispiel haben wir u. a. in der Entstehung der Differentialrechnung. Der Begriff der Bewegung eines Punktes und seiner Geschwindigkeit waren a priori vorhanden: daher abstrahierte Newton den Begriff seiner „fluxion". Ebenso galt die Existenz einer Kurve und ihrer Tangente in einem Punkte als unmittelbar evident. Es handelte sich darum, einen Weg zur Berechnung zu finden. Von hier aus das Leibnizsche dx, dy. Wir sehen, wie die ursprünglichen Ansätze, aus denen unsere Infinitesimalrechnung erwachsen ist, in der Anschauung wurzeln.

So ist es für Riemann ohne weiteres, eben auf Grund der Anschauung und Erfahrung, klar, daß einfache Strömungen auf einer Fläche, daß konforme Abbildungen von Flächen auf einander existieren. Und das gerade hat ihn in seinem Schaffen lebhaft gefördert. Skrupel, wie sie später auftauchten, ob diese Art logisch befriedigt, oder Fragen, warum sie es nicht tut, können hier nicht berücksichtigt werden. Riemann hat übrigens selbst weiterhin solche Skrupel erwogen. Hierüber erst später. Jetzt will ich nur den Werdegang von Riemanns allgemeinen funktionentheoretischen Ideen, wie ich ihn historisch auffasse, schildern.

Analytische Funktion ist bei Riemann das, was aus irgend einem Anfangsbereich aus gemäß den genannten Differentialgleichungen durch kontinuierliche Fortsetzung entsteht.

Das ist im Prinzip genau dasselbe, was Weierstraß hat, nur daß größere Freiheit hinsichtlich der heranzuziehenden analytischen Hilfsmittel bleibt. Riemann hat in seiner Dissertation auch wohl noch keine ganz scharfe Ansicht über die genaue Tragweite seines Ausgangspunktes. Sagt er doch (Dissertation, Nr. 20, Werke S. 39): „daß ... der hier zu Grunde gelegte Begriff einer Funktion einer veränderlichen komplexen Größe mit dem einer durch Größenoperationen ausdrückbaren Abhängigkeit völlig zusammenfällt," während wir wissen, daß seine Definition genau so weit reicht wie die durch Potenzreihen, und ein durch andere Rechenoperationen bestimmter Ausdruck ganz andere Eigenschaften haben kann. Wir dürfen an Riemanns Arbeiten überhaupt nicht die Anforderungen stellen, was logische Strenge anlangt, wie an die Entwicklungen von Weierstraß. Vielmehr wirkt Riemann durch seinen Ideenreichtum und die Fülle seiner Gesichtspunkte, die immer das Wesentliche treffen.

Nun kann ich schildern, wie sich von Riemanns Definition der analytischen Funktion und der a priori vorhandenen Raumvorstellung aus ein erstes wichtiges Hilfsmittel entwickelt hat, eine geometrische Hilfsvorstellung.

Indem die Fortsetzung einer Funktion auf verschiedenen Wegen für dasselbe $x + iy$ verschiedenes $u + iv$ ergeben kann und Riemann immer die konforme Abbildung vor Augen hatte, erwuchs für ihn die Idee der „*Riemannschen Fläche*", welche die Ebene oder auch nur Teile von ihr mehrfach überdeckt.

Die Schwierigkeiten, welche andere Forscher, die mehrdeutigen Funktionen betreffend, hatten, werden hiermit überwunden. Denn auf der Riemannschen Fläche als Substrat kann man nun genau so operieren, wie sonst in der schlichten Ebene, also z. B. Integrationswege hin- und herschieben u. a. m. Nehmen wir nur als Beispiel die Periodizität des elliptischen Integrals erster Gattung

$$u = \int \frac{dz}{\sqrt{(z-\alpha)(z-\beta)(z-\gamma)(z-\delta)}},$$

deren direktes Verständnis den Mathematikern früher so viel Schwierigkeiten machte; selbst Gauß ist damit nicht durchgekommen. Riemann findet auf Grund seiner neuen Betrachtungsweise das verblüffend einfache und überzeugende Resultat: „Das Periodenparallelogramm der u-Ebene ist die konforme Abbildung der zweckmäßig zerschnittenen Riemannschen Fläche für

$$\sqrt{(z-\alpha)(z-\beta)(z-\gamma)(z-\delta)}.\text{“}$$

Noch heute bestehen für den, der anfängt, sich mit Riemannschen Flächen zu beschäftigen, große Schwierigkeiten: Die „Windungspunkte“, um die herum die verschiedenen „Blätter“ zusammenhängen, sind etwas Wesentliches, die von ihnen auslaufenden Kurven, in denen die Blätter sich durchsetzen, nicht. Sie können beliebig verschoben werden, sofern nur ihre Enden fest bleiben, und kommen überhaupt nur dadurch zustande, daß wir unwillkürlich im dreidimensionalen Raum konstruieren. Riemann hat übrigens in seinen Abelschen Funktionen die Terminologie geändert: Es stehen sich gegenüber Blatt — Zweig, Windungspunkt — Verzweigungspunkt, Durchsetzungskurve — Verzweigungsschnitt.

Allgemein zu reden wird für $\zeta = f(z)$ nicht nur ζ in z, sondern auch z in ζ mehrdeutig sein. Einem irgendwie berandeten Stück der Fläche über der z-Ebene entspricht dann eineindeutig und im allgemeinen konform ein Stück der Fläche über der ζ-Ebene. Und hier greift nun die neue geometrische Disziplin, die *Analysis situs* (= *Topologie*) ein. Die eineindeutige, konforme Abbildung ist ein Spezialfall der eineindeutig stetigen Abbildung. Es erhebt sich zunächst die Frage, wann können zwei Flächen eineindeutig stetig aufeinander bezogen werden? Ich berichte nur historisch: Charakteristisch für die Fläche sind: p die Maximalzahl der zugleich möglichen, die Fläche nicht zerstückenden und einander nicht kreuzenden Rückkehrschnitte, und μ die Anzahl der Randkurven.

Ich kann die oben aufgeworfene Frage nun kurz dahin beantworten, daß ich sage: Zwei Flächen sind dann und nur dann eineindeutig und stetig aufeinander zu beziehen, wenn die beiden Zahlen μ und p übereinstimmen[1]).

[1]) Übereinstimmung in der „Orientierbarkeit“ ist hier stillschweigend vorausgesetzt. Anm. d. Herausg.

Dieses fundamentale Theorem kommt bei Riemann explizite nicht vor, wird aber immer wieder von ihm angewandt.

Haben wir nun speziell geschlossene Flächen, d. h. ist $\mu = 0$, so ist die Fläche im Sinne der Analysis situs durch die Zahl p vollkommen charakterisiert. Um eine geschlossene Fläche von gegebenem p in eine einfach berandete zu verwandeln, auf der keine die Fläche nicht zerstückenden Rückkehrschnitte mehr möglich sind, gebraucht man $2p$ Querschnitte.

Ist insbesondere $\zeta = f(z)$ eine *algebraische Funktion*, d. h. besteht zwischen ζ und z eine algebraische Gleichung $F(\overset{n}{\zeta}, \overset{m}{z}) = 0$ (in Riemanns Bezeichnungsweise), so ist die Riemannsche Fläche, welche die ganze z-Ebene mit n Blättern überdeckt, bei richtiger Einschätzung des Unendlichfernen, eine geschlossene Fläche. Sie besteht speziell aus einem Stück, wenn $F = 0$ im Rationalitätsbereich von z irreduzibel ist; und dieser Satz ist umkehrbar. Dies Ergebnis allein ist bereits eine wichtige Einsicht. Für solche geschlossene Fläche ergibt sich im besonderen, neben $\mu = 0$, was wir oben sahen,

$$p = \frac{w}{2} - n + 1,$$

wo w die Anzahl der Windungspunkte unter Berücksichtigung ihrer Multiplizität bedeutet. Diese Zahl p ist später von Clebsch das „*Geschlecht*" der Fläche bzw. der Gleichung $F(\zeta, z) = 0$ genannt worden.

Wir haben also als erstes wichtiges Ergebnis die Fragestellung nach der eineindeutigen Beziehung algebraischer Gleichungen $F(\zeta, z) = 0$ auf einander und insbesondere den Satz: Gleichungen $F(\zeta, z) = 0$ lassen sich nur dann eineindeutig und stetig aufeinander beziehen, wenn sie dasselbe p haben.

Einen Beweis dieses Satzes braucht Riemann nicht mehr zu geben, seine Gültigkeit wird durch die Anschauung für ihn gewährleistet.

Damit hat Riemann alle algebraischen Gleichungen, die sich durch eineindeutige oder, wie man vom Standpunkt der Formel sagt, birationale Transformation auseinander ergeben, durch eine erste Charakteristik gekennzeichnet: sie haben notwendig eine numerische Invariante, nämlich die Zahl p. Die Gebilde desselben p unterscheiden sich dann weiterhin noch durch die in sie eingehenden wesentlichen Konstanten, die sog. „Moduln". Als deren Zahl findet Riemann bei $p = 0$ Null, bei $p = 1$ Eins, und für $p > 1$ den Wert $3p - 3$. Wir können auf diese wichtige Frage hier unmöglich näher eingehen, kommen aber in Kap. 7 darauf zurück.

Nun wollen wir den Einfluß der mathematischen Physik, wie er in Riemanns Theorie, insbesondere bei den algebraischen Funktionen und ihren Integralen zur Geltung gekommen ist, darstellen.

Ich wähle als Einführung am besten ein Beispiel, das ich der klassischen Tradition, d. h. Fouriers Wärmeleitung entnehme.

Es sei die Temperatur $u = u\,(s)$ in den Randpunkten eines schlichten Bereiches stetig gegeben. Dann bildet sich im Innern im Laufe der Zeit ein stationärer Temperaturzustand heraus, der durch die Bedingungsgleichung

$$\Delta u = 0$$

charakterisiert ist; dabei ist es nicht ausgeschlossen, daß im Innern noch Quellen und Senken bestehen, vorausgesetzt, daß ihre Gesamtergiebigkeit gleich 0 ist. So lehrt es die physikalische Erfahrung. Da haben wir hier also das erste Randwertproblem, das die Franzosen, unhistorisch wie sie sind, „problème de Dirichlet" nennen: „eine Funktion u zu bestimmen, wenn die Randwerte und bestimmte physikalisch mögliche Unstetigkeiten vorgegeben sind. Es wird eine und nur eine Lösung geben."

Riemann benutzt diese Denkweise für die Funktionentheorie, indem er u als reellen Teil von $f\,(x + iy) = f\,(z) = u + iv$ nimmt und den imaginären Teil v durch die Differentialgleichungen

$$\frac{\partial u}{\partial x} = \frac{\partial v}{\partial y}; \qquad \frac{\partial u}{\partial y} = -\frac{\partial v}{\partial x}$$

bestimmt denkt, also:

$$v = \int\left(-\frac{\partial u}{\partial y}\,dx + \frac{\partial u}{\partial x}\,dy\right).$$

Dann besteht ein erster Existenzsatz: Wenn die Werte von u als Randwerte stetig gegeben sind, dann existiert eine Funktion $f = u + iv$, so daß ihr reeller Teil stetig sich den gegebenen Randwerten anschmiegt.

Diesen Ansatz, den Riemann übernahm, hat er nun bedeutend verallgemeinert: Statt des berandeten schlichten Flächenstücks nimmt er je nachdem ein Stück einer Riemannschen Fläche, eventuell auch eine geschlossene Riemannsche Fläche; statt der Randwerte von u nimmt er (in etwas unbestimmtem Ansatz) irgendwelche Beziehungen, die zwischen den Randwerten von u und v bestehen mögen.

Es ist unmöglich, diesen Ansatz in seiner Allgemeinheit hier zu verfolgen. Vielmehr kann ich nur die Resultate nennen, die sich für die Lehre von den algebraischen Funktionen und ihren Integralen sozusagen im ersten Anlauf ergeben. Nach Riemanns eigener Angabe hat er sie in der Tat gleich zu Anfang, im Anschluß an seine Dissertation, Winter 1851/52, gefunden. Es sind dieselben, die ich in meiner Schrift von 1881/82 über Riemanns Theorie der algebraischen Funktionen und ihrer Integrale (Ges. Abh., Bd. 3, S. 498ff.), ausführlicher in meiner Autographie über Riemannsche Flächen (zwei Hefte, 1891/92), entwickelt habe, indem ich überall auf das induktiv-physikalische Denken, das ich als eigentliche Quelle von Riemanns Entwicklungen voraussetze, zurückgehe. Ich schließe mich auch am liebsten an die dort gegebene

Darstellung, die von Riemanns Aufbau allerdings etwas abweicht, an. Man wird aus meinen Ausführungen dann hoffentlich ersehen, wie Riemann die physikalische Auffassung zur Aufstellung von Existenztheoremen für Funktionen auf geschlossenen, beliebig vielblättrigen Riemannschen Flächen benutzt.

Sei zunächst also eine n-blättrige, geschlossene Fläche über der z-Ebene gegeben.

Das grundlegende Gedankenexperiment ist: Die Riemannsche Fläche werde als gleichförmig elektrisch leitend gedacht. Das läßt sich sehr einfach realisieren, indem man die Fläche mit Stanniol beklebt und für eine isolierte Durchdringung der Blätter dadurch sorgt, daß man in den Verzweigungsschnitten Kämme ineinandergreifen läßt, so daß der Leitungswiderstand in den Zinken der gleiche ist wie in der homogenen Stanniolbelegung. In zwei Punkten A_1, A_2 werden die Pole einer galvanischen Batterie von geeigneter Stärke aufgesetzt. Es entwickelt sich ein Strom, dessen Potential u auf der Fläche überall sonst eindeutig und stetig ist und die Gleichung $\Delta u = 0$ befriedigt, in A_1, A_2 aber unstetig wird wie $\log r_1$ bzw. $-\log r_2$.

Damit haben wir einen weiteren Existenzsatz gewonnen, der sich etwa so formulieren ließe: Auf jeder geschlossenen Riemannschen Fläche existiert eine stetige Potentialfunktion u, die an zwei vorgegebenen Stellen in bestimmt vorgegebener Weise logarithmisch unendlich wird.

Aus diesem u wollen wir nun gemäß

$$\frac{\partial v}{\partial x} = -\frac{\partial u}{\partial y}, \qquad \frac{\partial v}{\partial y} = \frac{\partial u}{\partial x}$$

ein $u + iv$ machen. Das wird sehr einfach sein, wenn wir zuvor die Riemannsche Fläche geeignet behandeln. Wir zerschneiden sie zunächst durch $2p$ Querschnitte so, daß kein nicht zerstückender Rückkehrschnitt (= Periodenweg) mehr möglich ist; dann verbinden wir auch noch A_1, A_2 durch einen Schnitt. In der so präparierten Fläche ist v eindeutig und stetig,

$$v = \int_{z_0}^{z} \left(-\frac{\partial u}{\partial y}\, dx + \frac{\partial u}{\partial x}\, dy \right)$$

unterscheidet sich aber an den Ufern der einzelnen Querschnitte um je eine additive Konstante und verhält sich bei Annäherung des Punktes z an A_1 resp. A_2 wie der Winkel des Vektors $\overline{zA_1}$ zur positiven x-Achse bzw. der negativ genommene Winkel des Vektors $\overline{zA_2}$ zur positiven x-Achse, ist also auf dem einen Ufer von $\overline{A_1A_2}$ um 2π größer als auf dem anderen.

Ich kann jetzt zusammenfassend den Satz aussprechen: Ist eine geschlossene Riemannsche Fläche über der z-Ebene gegeben, und markiert man auf ihr irgend zwei Punkte A_1 und A_2, die man durch eine Kurve verbindet, so existiert auf der durch $2p$ Querschnitte zerschnittenen Fläche ein und nur ein eindeutiger Funktionszweig $u + iv$, der folgende Eigenschaften hat: er ist überall sonst stetig, außer in A_1 und A_2, wo er logarithmisch unendlich wird; und, während sein reeller Teil auf der Fläche und an ihren Begrenzungen eindeutig ist, bietet der imaginäre Teil an korrespondierenden Stellen der beiden Ufer der Verbindungskurve $\overline{A_1 A_2}$ den Periodizitätsmodul 2π dar, und ebenso an korrespondierenden Stellen der beiden Ufer jedes der $2p$ Querschnitte Periodizitätsmoduln P_i, die man berechnen muß.

Man nennt die Funktion Π_{A_1, A_2}, die aus dem gewonnenen $u + iv$ durch beliebige Überschreitung der Schnitte entsteht — gemäß der Terminologie, die sich bei den elliptischen Integralen entwickelt hat — ein „Integral dritter Gattung".

Nachdem dieser erste Existenzbeweis gelungen ist, haben wir gewonnenes Spiel. Man kann „Integrale zweiter Gattung" bilden — d. h. solche, die nur eine Unendlichkeitsstelle und in ihr einen Pol besitzen, wo sie sich verhalten wie $\frac{1}{z-a}$, dann „Integrale erster Gattung", die überhaupt nicht unendlich werden. — Man kann ferner auf verschiedene Weisen zu „algebraischen Funktionen auf der Fläche" übergehen, indem man entweder Integrale zweiter und erster Gattung so zusammenfügt, daß alle Periodizitätsmoduln Null werden, oder indem man einfach differenziert: $\frac{d\Pi}{dz}$ usw.

In der Tat zeigt man, daß solche Funktionen ζ, die auf der vorgelegten n-blättrigen Fläche eindeutig sind und nur Pole besitzen, mit z durch eine algebraische Gleichung $F(\overset{n}{\zeta}, \overset{m}{z}) = 0$ verbunden sind.

Wir erkennen so, daß zu jeder beliebig vorgelegten n-blättrigen Riemannschen Fläche algebraische Funktionen, wie Integralfunktionen, gehören, und gewinnen, indem wir sie alle synthetisch konstruieren, klaren Einblick in ihren Zusammenhang.

Da wir nun umgekehrt bereits wissen, daß zu jeder algebraischen Gleichung $F(\zeta, z) = 0$ eine n-blättrige Riemannsche Fläche über der z-Ebene gehört, hat man damit einen neuen Eingang in die allgemeine Lehre von den algebraischen Funktionen und ihren Integralen (den „Abelschen Integralen").

Es ist ganz unmöglich, daß ich das hier weiter ausführe. Es kommt mir nur darauf an, fühlbar zu machen, wie Riemann durch die Eigenart seines Denkens von einer ganz anderen Seite an die genannten Funktionsgattungen herantritt, als es vorher je geschehen war. Und eben hierin wird man ein wesentliches Stück für den außerordentlichen Erfolg erblicken, den er auf diesem Gebiet errang.

Das Wichtigste bleibt immer, daß gemäß den Riemannschen Überlegungen zu jeder vorgelegten Riemannschen Fläche eine (und nur eine)

Klasse (ein „Körper") algebraischer Funktionen (mit ihren Abelschen Integralen) gehört. „Klasse" algebraischer Funktionen heißt bei Riemann die Gesamtheit der Funktionen, die sich durch das einzelne ζ und z selbst rational ausdrücken: $R(\zeta, z)$; die Bezeichnung „Körper" hat Dedekind später eingeführt. Das ist ein Theorem, welches man auf andere Weise überhaupt noch nicht hat gewinnen können. An dieser Stelle bleibt bis auf weiteres die Riemannsche Theorie allen anderen, die von den Gleichungen $F(\zeta, z) = 0$ ausgehen, überlegen! Wir werden darauf noch öfter zurückkommen.

Nun, nachdem das Ziel einigermaßen zu übersehen ist, müssen wir an die Sicherung der Grundlagen denken. Ich habe geschildert, wie die grundlegenden Ideen in Riemanns Phantasie entstanden sein mögen, auf Grund der anschaulich-physikalischen Denkweise. Jetzt will ich nun auseinandersetzen, wie Riemann in Anlehnung an Dirichlet seine Überlegungen durch einen Ansatz, der der Variationsrechnung angehört, gestützt hat.

Dirichlet war nicht der erste, der zum Beweise von Existenztheoremen Betrachtungen der Variationsrechnung heranzog; schon Gauß 1840 und W. Thomson 1847 hatten ähnliche Gedankengänge verfolgt. Riemann aber hatte die Schlußweise bei Dirichlet gelernt, und so nannte er sie, unbekümmert um ihr geschichtliches Werden, das *Dirichletsche Prinzip*[1]).

Doch hat Riemann nicht nur Bekanntes übernommen und angewandt, er hat auch hier Neues hinzugebracht. Es ist seine Leistung, daß er das Prinzip auf Potentiale ausdehnte, die auf einer vorgegebenen Riemannschen Fläche (nicht nur in der schlichten Ebene) existieren sollen, und bei ihnen vorgegebene Unstetigkeiten, und an den Querschnitten vorgegebene Periodizitätsmoduln zuläßt. Wir wollen hier jedoch von allen diesen Erweiterungen absehen und, um den Kern der Sache zu fassen, uns auf den einfachsten Fall beschränken: die Randwertaufgabe bei der schlichten Kreisfläche.

Es seien also die Randwerte $U(\psi)$ als Funktion des Winkels ψ gegeben. Um alle Komplikationen zu vermeiden, wollen wir annehmen, $U(\psi)$ sei stetige Funktion von ψ. Dann handelt es sich darum, folgendes Existenztheorem zu beweisen: Es existiert im Innern des Kreises eine und nur eine stetige Funktion u, die sich den gegebenen Randwerten stetig anschmiegt und die Gleichung $\Delta u = 0$ befriedigt.

Nun kann man ein Problem der Variationsrechnung aufstellen, dessen Lösung sich genau so formulieren läßt wie das vorstehende Theorem. Man betrachtet nämlich das über die Kreisfläche erstreckte Integral

---

[1]) Vgl. oben S. 98, S. 235.

$$\iint \left\{ \left(\frac{\partial u}{\partial x}\right)^2 + \left(\frac{\partial u}{\partial y}\right)^2 \right\} dx\, dy,$$

worin u stetig sich an gegebene Randwerte anschmiegen und überdies so beschaffen sein soll, daß das Integral einen Sinn hat. Da der Wert des Integrals niemals negativ ist, so gibt es für alle „möglichen" u eine untere Grenze der Werte des Integrals, die ihrerseits ebenfalls nicht negativ ist, vorausgesetzt natürlich, daß das Integral nicht immer unendlich ausfällt, was bei bösartigen Randwerten $U(\psi)$ der Fall sein kann, wie Hadamard später bemerkte. — Hier schloß man dann weiter, daß diese untere Grenze durch ein „brauchbares" u erreicht wird, d. h. es gibt ein stetiges, in die gegebenen Randwerte stetig übergehendes u, so daß

$$\iint \left\{ \left(\frac{\partial u}{\partial x}\right)^2 + \left(\frac{\partial u}{\partial y}\right)^2 \right\} dx\, dy = \text{Minimum},$$

wird, also

$$\delta \int \left\{ \left(\frac{\partial u}{\partial x}\right)^2 + \left(\frac{\partial u}{\partial y}\right)^2 \right\} dx\, dy = 0$$

ist. Die Gleichung

$$\Delta u = \frac{\partial^2 u}{\partial x^2} + \frac{\partial^2 u}{\partial y^2} = 0$$

ist dann als notwendige Bedingung für das Verschwinden der ersten Variation zwangläufig erfüllt.

Dies ist die Schlußweise, die von den älteren Mathematikern als überzeugend angesehen und von Riemann unter dem Namen Dirichletsches Prinzip kurzerhand übernommen bzw. für seine Zwecke erweitert wurde. —

Fig. 17.

Nun aber kam Weierstraß mit seiner Kritik des Dirichletschen Prinzips (veröffentlicht erst 1869 in den Berliner Monatsberichten[1]); Werke, Bd. 2, S. 49). Er zeigte, daß die Schlußweise falsch oder doch unzureichend sei. Zwar ist es sicher, daß alle stetigen, differenzierbaren Funktionen u, die sich an die gegebenen Randwerte stetig anschließen, eine untere Grenze haben werden; ob aber diese untere Grenze u_0 selbst noch im Gebiet der stetigen differenzierbaren Funktionen u liegt, ist nicht ohne weiteres abzusehen.

Zur Begründung dieses Einwurfs nehme man das einfachste Beispiel, das in der elementaren Variationsrechnung heutzutage immer herangezogen wird: man soll unter allen stetig gekrümmten Kurven, die von A nach B führen und C passieren (vgl. Fig. 17), diejenige bestimmen, deren Länge ein Minimum ist. Die „untere Grenze" aller „möglichen" hier miteinander in Vergleich kommenden Kurven wird durch die beiden Geradenstücke $\overline{AC}$ und $\overline{BC}$ dargestellt, welche aber in C sich

[1]) Vgl. Enzyklopädie Bd. II, A 7b, Anm. 157 von S. 494.

nicht mehr stetig gekrümmt aneinander setzen. Also gehört hier die untere Grenze nicht zu den brauchbaren Kurven, und es ist durchaus nicht selbstverständlich, daß ein vernünftiges Variationsproblem immer eine eigentliche Lösung hat, wie man früher stillschweigend annahm.

Mit dieser Anfechtung des Dirichletschen Prinzips durch Weierstraß wird die Evidenz hinfällig, auf die Dirichlet und nach ihm Riemann sich berief. Die Riemannschen Existenztheoreme schweben in der Luft.

Es ist nun interessant zu beobachten, wie sich die Mathematiker zu der von Weierstraß ausgehenden Kritik resp. zu den Riemannschen Existenzsätzen fortan gestellt haben.

Die Mehrzahl der Mathematiker wandte sich von Riemann ab; sie hatten kein Vertrauen zu den Existenzsätzen, denen die Weierstraßsche Kritik die mathematische Stütze geraubt hatte. Sie suchten ihr Heil, indem sie bei ihren Untersuchungen über algebraische Funktionen und deren Integrale doch wieder von einer vorgelegten Gleichung $F(\zeta, z) = 0$ ausgingen. Wir kommen auf diese Richtung bald ausführlicher zurück, und zitieren als einen charakteristischen Ausspruch in dieser Hinsicht die Stelle S. 265, Bd. 3 der Jahresberichte der D. M. V. 1894, in dem großen Referat von Brill und Noether: Die Entwicklung der Theorie der algebraischen Funktionen in älterer und neuerer Zeit: „In solcher Allgemeinheit läßt der Funktionsbegriff, unfaßbar und sich verflüchtigend, kontrollierbare Schlüsse nicht mehr zu.“ Damit fällt aber der zentrale Riemannsche Existenzsatz der algebraischen Funktionen auf gegebener Riemannscher Fläche und an seine Stelle tritt ein Vakuum.

Riemann selbst ist ganz anderer Meinung gewesen. Er erkannte die Berechtigung und Richtigkeit der Weierstraßschen Kritik zwar voll an; sagte aber, wie mir Weierstraß bei Gelegenheit erzählte: „er habe das Dirichletsche Prinzip nur als ein bequemes Hilfsmittel herangeholt, das gerade zur Hand war — seine Existenztheoreme seien trotzdem richtig.“ Weierstraß hat sich dieser Meinung wohl angeschlossen. Er veranlaßte nämlich seinen Schüler H. A. Schwarz, sich eingehend mit den Riemannschen Existenzsätzen zu befassen und andere Beweise dafür zu suchen, was durchaus gelang. Wir kommen darauf noch zurück.

Einen anderen Standpunkt nehmen wieder die Physiker ein; sie haben sich ablehnend gegen die Weierstraßsche Kritik verhalten. Helmholtz, den ich gelegentlich fragte, sagte mir: „Für uns Physiker bleibt das Dirichletsche Prinzip ein Beweis.“ Er unterschied also offenbar zwischen Beweisen für Mathematiker und für Physiker, wie es ja überhaupt eine allgemeine Tatsache ist, daß die Physiker sich um mathematische Feinheiten wenig kümmern, es genügt ihnen die „Evidenz“. — Und wenn Weierstraß später nachwies, daß es stetige Funktionen ohne Differentialquotienten gibt, so doziert noch heute ein hervorragender Vertreter der mathematischen Physik: „Es ist ein Denkgesetz, daß jede Funktion im Unendlichkleinen linear wird!" — Ich habe mich selbst darum bemüht, den Grund für die Stellungnahme der Physiker, was mathematische Strenge angeht, aufzudecken. Er liegt, wie ich in meiner von C. Müller herausgegebenen Vorlesung über die Anwendungen der Differential- und Integralrechnung auf die Geometrie 1901 ausführlich darlegte, darin, daß sie infolge einseitiger Gewöhnung immer nur approximationsmathematisch denken, d. h. genau bis nur auf eine jeweils fest begrenzte Zahl von Dezimalen. Der physikalische Punkt ist eine Art Klex, die Kurve ein Streifen. — Ich habe die abweichenden Meinungen über die Kritik des Dirichletschen Prinzips um so lieber angeführt, weil es doch gerade im Sinne dieser Vorlesung ist, zu belegen, wie langsam mathematische Gedanken sich Bahn brechen.

Nun komme ich zu Schwarz, der ausgerüstet mit Weierstraß' Kritik die Fundamente sichert. Ehe ich an die Sache selbst herangehe, führe ich einiges Biographische an.

H. A. Schwarz ist geboren zu Hermsdorf in Schlesien 1843; er studiert von 1860 ab in Berlin an der Gewerbeakademie, an der — das ist kulturhistorisch interessant — Weierstraß damals Differential- und Integralrechnung las. Dort macht er den „Gewerbelehrer", ein Examen, das heute nicht mehr existiert; promoviert in Berlin 1864, habilitiert sich dort 1866, wird 1867 Extraordinarius in Halle, 1869 Ordinarius am eidgenössischen Polytechnikum in Zürich, kommt 1875 nach Göttingen und lehrt seit 1892 als Nachfolger von Weierstraß in Berlin. Seine eigentlich produktive Zeit fällt in die Züricher Jahre, insbesondere die Untersuchungen, die uns hier interessieren. Die letzteren sind veröffentlicht 1869/70 in der Züricher Vierteljahrsschrift, 1870 in den Berliner Monatsberichten; vgl. auch Crelle, Bd. 74, 1872 und Schwarz' gesammelte Abhandlungen, Bd. 2 [1]).

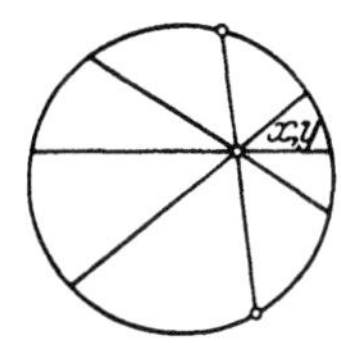

Fig. 18.

Der Gedankengang von Schwarz ist folgender: Für die Kreisfläche kann man die Randwertaufgabe direkt durch eine von Poisson herrührende Formel erledigen, die man seit Schwarz das Poissonsche Integral nennt. Schwarz gibt für das Integral übrigens eine schöne geometrische Deutung (vgl. Fig. 18). Sind die Randwerte U stetig gegeben, und will man den Wert der gesuchten stetigen, sich den Randwerten stetig anschließenden und die Gleichung $\Delta u = 0$ befriedigenden Funktion u in einem beliebigen inneren Punkte x, y (Unstetigkeitsstellen im Innern werden ausdrücklich ausgeschlossen) berechnen, so verpflanze man die vorgegebenen Randwerte U in die — von x, y aus gesehen — diametralen Punkte und nehme von der neuen Werteverteilung das Mittel.

[1]) Über Einzelheiten der Literatur vgl. Enzyklopädie insbesondere Bd. II, A 7b (Burkhardt-Meyer) Nr. 24ff. sowie Bd. II, C 3 (Lichtenstein).

Durch ein schon von Murphy angewandtes kombinatorisches Verfahren wird nun das so gewonnene Ergebnis auf den Bereich zweier sich schneidender Kreise ausgedehnt (vgl. Fig. 19), und zwar so, daß man die auf K_1 stetig gegebenen Werte mit beliebigen auf dem Stück 1 zusammennimmt und nach dem eben geschilderten Verfahren die Werte auf 2 berechnet. Dann nimmt man die gegebenen Werte auf K_2 und die berechneten auf 2 und berechnet neue Werte auf 1. Diese fügt man zu den auf K_1 gegebenen und berechnet neue auf 2. So fährt man fort und findet, daß das Verfahren sehr schnell konvergiert und eine einheitliche Funktion ergibt, die in dem Gesamtbereich der Gleichung $\Delta u = 0$ genügt („*Alternierendes Verfahren*").

Dann nimmt man eine dritte Kreisfläche hinzu usw. usw. und kommt zu immer ausgedehnteren Teilen der Ebene (oder auch einer mehrblättrigen Riemannschen Fläche), für die man das Randwertproblem lösen kann. —

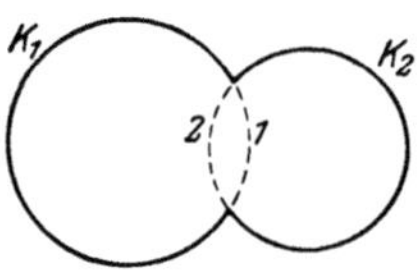

Fig. 19.

Die parallelen Untersuchungen von C. Neumann[1]), die 1870 beginnen, sind in endgültiger Form dargestellt in der zweiten Auflage seiner „Vorlesungen über Riemanns Theorie der Abelschen Integrale", 1884. So sind also die Existenztheoreme von Riemann durch Schwarz und Neumann gerettet.

Meine Stellungnahme zu den Problemen war von jeher eine ganz andere. Ich habe Riemann nicht mehr gekannt und bin, als Schüler von Plücker und Clebsch, erst von 1872 an, als ich schon in Erlangen war, allmählich in Riemanns Ideen eingedrungen. Ich bin also sozusagen ein Extraneer, und die tun bekanntlich, wenn sie einmal an eine Sache herangetreten sind, am allermeisten dafür, indem sie aus innerem Zwange heraus arbeiten. Ganz bald habe ich die Meinung gefaßt: man muß die Existenztheoreme, statt immer wieder darüber zu grübeln, wie man sie in andere systematische Gedankengänge einreihen kann, frischweg benutzen. Dadurch bin ich, zunächst in meinen Arbeiten über elliptische Modulfunktionen, zu einem Hauptvorkämpfer der Riemannschen Auffassungen geworden; davon will ich später bei Gelegenheit mehr mitteilen. Die Schrift von 1881/82 ist nur ein einzelner Beleg.

Das schönste und überraschendste Ergebnis in der Richtung der Riemannschen Existenztheoreme verdanken wir aber Hilbert. Er bewies 1901 in der Festschrift zum 150jährigen Jubiläum der Göttinger Gesellschaft der Wissenschaften, daß man das Dirichletsche Prinzip doch retten kann, indem man sich nicht auf Variationsrechnung im allgemeinen, sondern auf die spezielle Beschaffenheit der unter dem Integralzeichen stehenden (durchaus positiven) Funktion beruft. Die Hilbertsche Methode, eine besondere Kraftleistung beweisender Mathe-

[1]) Vgl. Kap. 5, S. 218.

matik, schien zwar in den ersten Publikationen nicht den hinreichenden Grad von Allgemeinheit zu besitzen; sie wurde jedoch später von Hilberts Schülern, wie Courant, Weyl u. a., verschiedentlich vereinfacht und weitgehend ausgestaltet, so daß sie geradezu den Anfang einer ganz neuen Entwicklung in der Variationsrechnung bedeutet. Im Laufe dieser Entwicklung wurden die Riemannschen Existenztheoreme in voller Allgemeinheit bewiesen[1]).

Und das Fazit, das wir nun ziehen können, ist das, daß Riemann recht behalten hat, daß seine Existenzsätze trotz der Weierstraßschen Kritik, trotz der ablehnenden Haltung vieler Mathematiker und trotz der sicher damals nicht einwandfreien Beweise zu Recht bestehen und wohl zu den tiefsten und größten Erkenntnissen zu zählen sind, die in der Mathematik je erwachsen sind!

Das Schicksal des Dirichletschen Prinzips aber ist, wenn man es nachträglich überschaut, an sich sehr merkwürdig: von den älteren Mathematikern, besonders von Dirichlet, als vollgültiges Beweismittel benützt; ist es bei Riemann außerordentlich fruchtbar, wird von Weierstraß widerlegt und fällt für Jahrzehnte in Mißkredit, um neuerdings durch Hilbert wieder gerettet zu werden. Wir sehen hier einmal, wie selbst mathematische Erkenntnisse, so objektiv sie zu sein scheinen, dem Wandel unterworfen sind. Ich möchte das nachdrücklich aussprechen, ohne der Mathematik irgendwie zu nahe treten oder die Sicherheit ihrer Grundlagen und Gesetze grundsätzlich anzweifeln zu wollen. —

Nach dieser Kritik der Riemannschen Existenzsätze und ihrer Ehrenrettung will ich noch einiges andere über Riemanns allgemeine Theorie komplexer Funktionen vorführen.

Wir haben gesehen, daß Riemann sich eingehend mit den Abelschen Integralen befaßt hat. Diese Abelschen Integrale kann man ansehen als Lösungen einfachster Differentialgleichungen $\frac{dy}{dz} = \zeta$ wo ζ eine algebraische Funktion von z ist, die zu einer vorgegebenen Riemannschen Fläche gehört. Dementsprechend kann man die gesamte Theorie der Abelschen Integrale als einen Spezialfall der *Theorie der allgemeinen linearen Differentialgleichung n-ter Ordnung*

$$y^{(n)} + p_1 y^{(n-1)} + \cdots + p_n y + P = 0$$

unterordnen, wo $p_1, p_2, \ldots, p_n, P$ Funktionen auf derselben Riemannschen Fläche (algebraische Funktionen desselben „Körpers") sein mögen. Bekanntlich läßt sich dieser allgemeine Fall durch Variation

[1]) In diesem Zusammenhange muß auch auf an Hilbert anknüpfende italienische Arbeiten von G. Fubini, E. E. Levi, B. Levi u.a. hingewiesen werden. Anm. d. Herausg.

der Konstanten, mit Hilfe zutretender Quadraturen auf die sog. homogene Gleichung

$$y^{(n)} + p_1 y^{(n-1)} + \cdots + p_n y = 0$$

zurückführen, und auf die Ergründung der funktionentheoretischen Eigenschaften ihrer Lösungen hat sich Riemann konzentriert. Dies ist das nächsthöhere Gebiet transzendenter Funktionen — leider muß ich in dieser Vorlesung „Bestimmte Integrale", was ein drittes Kapitel wäre, aus Zeitmangel vollends beiseite lassen. Ich muß wieder versuchen, in allgemeinsten Umrissen ein Bild von Riemanns Arbeit zu geben, um so mehr, als sich eine große Literatur in den letzten Dezennien daran angeschlossen hat.

Wir wollen auch hier alle Komplikationen beiseite lassen und nur den einfachsten, typischen Fall betrachten: Wir nehmen die $p_1, p_2, \ldots, p_n$ rational in z an und operieren somit in der schlichten Ebene.

Bekanntlich läßt sich die allgemeine Lösung y aus n geeigneten Partikularlösungen $y_1, y_2, \ldots, y_n$ linear zusammensetzen

$$y = c_1 y_1 + c_2 y_2 + \cdots + c_n y_n,$$

wo sich die $y_1, y_2, \ldots, y_n$, wie immer man sie auch wählen mag, im allgemeinen analytisch verhalten, d. h. in der Umgebung einer beliebigen Stelle a sich nach ganzen positiven Potenzen von $(z - a)$ entwickeln lassen, abgesehen von den singulären Punkten, d. h. den Punkten, in denen eines oder einige der $p_1, \ldots, p_n$ unendlich werden. In diesen Punkten bleibt das Verhalten der $y_1, \ldots, y_n$ zunächst zweifelhaft, und es ist ein Hauptproblem, zu untersuchen, wie sich die Entwicklung geeigneter $y_1, \ldots, y_n$ in der Umgebung der singulären Punkte gestaltet.

Führen wir nun eine Partikulärlösung um einen singulären Punkt auf geschlossenem Wege herum, so wird sich ihr Wert geändert haben, obwohl sie dabei Lösung bleibt. Da sich nun alle Lösungen als lineare Kombinationen aus n Partikulärlösungen darstellen lassen, so folgt als explizite Darstellung der nach Umkreisung eines singulären Punktes sich ergebenden neuen Lösungen ein Formelsystem folgender Art:

$$\begin{aligned} y_1' &= c_{11} y_1 + \cdots + c_{1n} y_n \\ y_2' &= c_{21} y_1 + \cdots + c_{2n} y_n \\ &\cdots\cdots\cdots\cdots \\ y_n' &= c_{n1} y_1 + \cdots + c_{nn} y_n. \end{aligned}$$

Die $y_1, \ldots, y_n$ erleiden also gewisse *lineare Substitutionen*; und der Kernpunkt der ganzen Untersuchung ist die Frage der *Monodromiegruppe*, d. h. nach denjenigen linearen Substitutionen, die auf die $y_1, \ldots, y_n$ ausgeübt werden bei beliebiger Umkreisung der singulären Punkte. Die Bedeutung der „Monodromiegruppe" hat Hermite, C. R. 1851 (= Oeuvres I, S. 276) hervorgehoben. Der Name bedeutet: „Gruppe der Substitutionen, welche ein Lösungssystem $y_1, \ldots, y_n$ längs solcher geschlossener Wege erleidet, längs deren $y_1, \ldots, y_n$ einändrig oder monodrom bleiben."

Über dieses ganze Gebiet hat Riemann nur die schon oben genannte Arbeit: „*Beiträge zur Theorie der durch die Gaußsche Reihe* $F(\alpha, \beta, \gamma; x)$ *darstellbaren Funktionen*", 1857, veröffentlicht.

Die *Gaußsche Reihe* — der Name ist wiederum höchst unhistorisch, denn schon Euler hat sie gekannt und die merkwürdigsten Eigenschaften gefunden, wenn auch erst Gauß die Konvergenzfragen erledigt hat — lautet:

$$F(\alpha, \beta, \gamma; x) = 1 + \frac{\alpha \cdot \beta}{1 \cdot \gamma} x + \frac{\alpha(\alpha+1)\beta(\beta+1)}{1 \cdot 2 \cdot \gamma \cdot (\gamma+1)} x^2 + \cdots.$$

Wir nennen sie nach dem Vorgange der älteren Mathematiker lieber die *hypergeometrische Reihe*, einfach deshalb, weil ihr Bildungsgesetz das nächsthöhere nach der geometrischen Reihe ist. Sie fand besonderes Interesse, weil sie zahlreiche, in der Analysis häufig vorkommende Funktionen umfaßt, auf die man von den Anwendungen aus geführt wurde. Ich nenne hier nur Kugelfunktionen, Besselsche Funktionen, Eulersche Integrale, die ich zusammenfassend als „hypergeometrische Funktionen" bezeichnen will, was aus dem Zusammenhang verständlich sein wird und natürlich nichts mit Hypergeometrie, d. h. etwa nichteuklidischer Geometrie oder mehrdimensionalen Räumen zu tun hat. Für weitere Einzelheiten vgl. man meine Autographie: Über die hypergeometrische Funktion, Vorlesung **1893/94**.

Gauß beschäftigt sich schon **1812** mit seiner Reihe, betrachtet sie allerdings dort nur für reelle Werte der Variabeln, bezeichnet aber seine Abhandlung ausdrücklich als pars prior. Durch die Nachlaßforschung wissen wir, daß er vor hatte, ihr Verhalten im Gebiet der komplexen Zahlen zu untersuchen. Ihm war durchaus bekannt, daß die Reihe einer linearen Differentialgleichung zweiter Ordnung mit drei singulären Punkten genügt, deren Partikularlösungen sich in den kritischen Punkten relativ einfach verhalten, so daß eben die Eigenschaften dieser Differentialgleichungen in seinen Gesichtskreis traten.

Unabhängig von Gauß ist dies von Kummer in einer seinerzeit vielgenannten Arbeit, Crelle, Bd. 15, **1836**, entwickelt worden; Kummer hat insbesondere auch die Substitutionen der zugehörigen Monodromiegruppe zum ersten Male wirklich berechnet.

Nun zeigt Riemann, daß man bei Ausdehnung auf die komplexe Zahlenebene — für alle diese Schlüsse die hingeschriebene Differentialgleichung, von der man bisher ausgegangen war, gar nicht braucht, daß man vielmehr nur wissen muß, wie sich geeignete y_1, y_2 an den drei singulären Stellen verhalten, und daß überhaupt bei Umläufen um die singulären Punkte lineare Substitutionen

$$y_1' = c_{11} y_1 + c_{12} y_2$$
$$y_2' = c_{21} y_1 + c_{22} y_2$$

statt haben. Hier zeigt sich einmal wieder der Grundcharakter seiner Überlegungen so recht deutlich: nicht durch Formeln, sondern durch ihre grundlegenden Eigenschaften sucht er seine Funktion zu fassen.

Ich will anschließend einige weitere Schicksale der Theorie erzählen, die wir kennen müssen, um das Folgende würdigen zu können.

Auch hier hat Weierstraß für die Fortführung der Theorie gewirkt, indem er seinen Schüler Fuchs anregte, daran weiterzuarbeiten. (Fuchs, geb. 1833 in Moschin, Provinz Posen, kommt 1884 als Weierstraß' Nachfolger nach Berlin, stirbt dort 1902.)

Von 1865 an, also zeitlich direkt an Riemann anschließend, hat Fuchs sich mit der Theorie der linearen Differentialgleichungen n-ter Ordnung beschäftigt und viele seiner Schüler zu Arbeiten in der selben Richtung veranlaßt, die in der mathematischen Literatur der nächsten Dezennien eine Abteilung für sich bildeten. Da haben wir ein typisches Beispiel einer eng begrenzten „Schule", wie sie sich durch geregelten Vorlesungsbetrieb, sobald er einseitig wird, herausbilden kann.

Fuchs geht nicht auf dem von Riemann gebahnten Weg weiter, sondern knüpft in elementarerer Weise wieder direkt an die Formel an, d. h. an die explizit gegebene Differentialgleichung:

$$y^{(n)} + p_1 y^{(n-1)} + \cdots + p_n y = 0.$$

Er beschäftigt sich in erster Linie mit den singulären Stellen und beantwortet die Frage: wie müssen die $p_1, p_2, \ldots, p_n$ beschaffen sein, damit sich die partikulären Lösungen an den singulären Stellen ebenso einfach verhalten, wie im hypergeometrischen Falle? Er findet, daß p_1 höchstens einfache, p_2 höchstens zweifache, $\ldots$, p_n höchstens n-fache Pole haben darf. Das ist, nach der Terminologie der Fuchsschen Schule, die „*Fuchssche Klasse*" linearer Differentialgleichungen. Er berechnet außerdem die Monodromiegruppe u. a. m.; kurz gesagt: er führt die Kummerschen Gedanken weiter.

Man kann sich nun denken, wie groß die Verwunderung war, als die erste Ausgabe von Riemanns Werken 1876 aus dem Nachlaß ein Fragment brachte, datiert vom 20. Februar 1857: *Zwei allgemeine Lehrsätze über lineare Differentialgleichungen mit algebraischen Koeffizienten* (Werke, 1. Aufl., S. 357—369; 2. Aufl., S. 379—390), welches zeigte, wie Riemann, der scheinbar beim Fall der Gleichung zweiter Ordnung mit drei singulären Punkten stehen geblieben war, die höheren Fälle angreifen wollte. Auch hier bleibt Riemann sich selber treu und nimmt keineswegs seine Zuflucht zur Formel.

Im hypergeometrischen Falle war durch die Annahme über die singulären Punkte die Monodromiegruppe schon mitbestimmt. In allen höheren Fällen schreibt Riemann neben elementarem Verhalten der partikulären Integrale $y_1, \ldots, y_n$ in den singulären Punkten einfach die Monodromiegruppe vor, soweit sie noch willkürlich bleibt, und zieht von da aus seine leider unvollendeten Schlüsse.

Man spricht somit lieber von einem *Riemannschen Problem* als einem „Theorem", da man nicht den geringsten Anhaltspunkt hat, wie er sich seine Erledigung dachte: „Zu beweisen, daß nach elementarer Annahme des Verhaltens in den singulären Punkten die Monodromiegruppe, soweit sie dann noch willkürlich ist, gerade genügt, um eine Klasse von Funktionen $y_1, y_2, \ldots, y_n$ festzulegen, die einer linearen Differentialgleichung genügen."

Das ist eine viel abstraktere Fragestellung als das „Problem von Dirichlet", wo für einzelne Funktionen Randwerte oder Unstetigkeiten und Periodizitätsmoduln gegeben werden. Hier werden doch n Funktionen nebeneinander, oder besser wohl eine n-gliedrige lineare Schar $c_1 y_1 + \cdots + c_n y_n$ von Funktionen gesucht. Das Dirichletsche Prinzip reicht auch in keiner Weise mehr aus, um den Existenzbeweis zu führen; die physikalische Anschauung versagt auch. Umgekehrt kann man die Frage nach der Existenz einer algebraischen Funktion auf vorgegebener n-blättriger Riemannscher Fläche doch wieder hier einordnen, indem man sagt: es handelt sich darum, n Funktionszweige $y_1, \ldots, y_n$ so zu bestimmen, daß sie bei Umkreisung der Verzweigungsstellen lineare Substitutionen einfachster Art, nämlich bloße Vertauschungen, erleiden. Und doch äußert sich Riemann so harmlos, als sei die Existenz der Funktionen $y_1, \ldots, y_n$ selbstverständlich, und als käme es nur darauf an, ihre Eigenschaften zu ergründen.

Dieses Riemannsche Problem hat in der Folge noch fast 30 Jahre den Anstrengungen der Mathematiker widerstanden, bis erst 1905 wieder Hilbert mit Hilfe der inzwischen entwickelten Theorie der Integralgleichungen die erste völlige Erledigung gab, die Riemanns Voraussicht auch dieses Mal durchaus rechtfertigt und bestätigt.

Näheres hierüber und über die gesamte hierher gehörige Literatur findet man bequem zusammengestellt in dem Enzyklopädieartikel, II B 5, von Hilb: Lineare Differentialgleichungen im komplexen Gebiet (besonders S. 518ff., Nr. 14, das Riemannsche Problem).

Ich mußte soviel erzählen, damit man einigermaßen schon hier erkennt, wie das unvergleichliche Genie von Riemann seiner Zeit vorauseilte und so die fernere Produktion weitgehend beeinflußte. Gewiß ist es der Schlußstein am Gebäude einer jeden mathematischen Theorie, den zwingenden Beweis für alle Behauptungen zu erbringen. Gewiß spricht sich die Mathematik selbst das Urteil, wenn sie auf zwingende Beweise verzichtet. Das Geheimnis genialer Produktivität wird es jedoch ewig bleiben, neue Fragestellungen zu finden, neue Theoreme zu ahnen, die wertvolle Resultate und Zusammenhänge erschließen. Ohne die Schaffung neuer Gesichtspunkte, ohne die Aufstellung neuer Ziele, würde die Mathematik in der Strenge ihrer logischen Beweisführung sich bald erschöpfen und zu stagnieren beginnen, indem ihr der Stoff ausgehen möchte. — So ist die Mathematik in gewissem Sinne von denen am meisten gefördert worden, die mehr durch Intuition als durch strenge Beweisführung sich auszeichneten. Es ist kein Zweifel, daß Riemann derjenige Mathematiker der letzten Dezennien ist, der heute noch am lebendigsten nachwirkt.

Riemanns Ideen, die die Entwicklung unserer modernen Funktionentheorie so grundlegend beeinflussen sollten, haben sich nur langsam und ganz allmählich verbreitet. Seine Veröffentlichungen haben nicht, wie man heute glauben möchte, als Offenbarungen gewirkt und eine plötzliche Umwälzung in der mathematischen Anschauungsweise seiner Zeit verursacht. Das mag daran liegen, daß Riemanns eigene Publikationen, wohl infolge ihrer Knappheit und der Einführung einer Menge neuer und ganz ungewöhnlicher Begriffe, zunächst sehr schwer zugänglich waren.

Als erstes hat sich die Lehre von den algebraischen Funktionen und ihren Integralen breitere Geltung verschafft. Aber auch hier beschäftigten sich die Mathematiker anfänglich nur mit dem einfachsten Fall, wo der Zusammenhang zwischen Riemannscher Fläche und zugehöriger algebraischer Gleichung ohne weiteres durchsichtig ist. Das ist der Fall der zweiblättrigen Fläche, wo man sofort

$$\zeta^2 = (z - a_1)(z - a_2) \cdots (z - a_n)$$

als zugehörige Gleichung schreiben wird. Man hat also n Verzweigungspunkte im Endlichen, $z = \infty$ wird Verzweigungspunkt, sobald n ungerade ist. Das p der Fläche ergibt sich danach (vgl. S. 258) als $\frac{n-2}{2}$ bzw. $\frac{n-1}{2}$, je nachdem n gerade oder ungerade ist. Ist hier $p > 1$, d. h. $n > 4$, so spricht man vom *hyperelliptischen* Fall; für $p = 2$, d. h. $n = 5, 6$ hat sich die ältere Wortbildung *ultraelliptisch* erhalten. Die „überall endlichen" *hyperelliptischen Integrale* erscheinen in der Form:

$$u_1 = \int \frac{dz}{\zeta}, \quad u_2 = \int \frac{z\,dz}{\zeta}, \ldots, \quad u_p = \int \frac{z^{p-1}\,dz}{\zeta}.$$

Sie wurden früher vielfach schlechtweg Abelsche Integrale genannt; ohne Berechtigung, denn die Abelschen Integrale sind viel allgemeiner.

Die ultraelliptischen Funktionen haben zuerst eine ausführliche Darstellung im Riemannschen Sinne erfahren. Sie bearbeitet mit ausgesprochen didaktischer Tendenz ein intimer Schüler Riemanns, Prym, in seiner Dissertation (Berlin) 1863: *Theoria nova functionum ultraellipticarum* (2. Abdruck 1885[1]). (Prym ist geboren 1841; er lehrte von 1869—1915 in Würzburg.) Er ist den Riemannschen Doktrinen, die ihn zum ersten Selbstschaffen anregten, auch weiterhin treu geblieben und hat noch neuerdings, im Jahre 1911, mit Rost zusammen ein

[1]) Vollständig zuerst erschienen 1864 in Bd. 24 der Denkschriften der Wiener Akademie.

hierhergehöriges größeres Werk erscheinen lassen, in dem der allgemeine Fall einer n-blättrigen Riemannschen Fläche behandelt wird: „Theorie der Prymschen Funktionen erster Ordnung, im Anschluß an die Schöpfungen Riemanns".

Zwei Jahre später, 1865, erschien das ausführliche und vielverbreitete Lehrbuch von C. Neumann, damals Professor in Tübingen: *Vorlesungen über Riemanns Theorie der Abelschen Integrale.* Auch hier wird, wie schon angedeutet, ursprünglich nur der Fall der zweiblättrigen Fläche, die hyperelliptischen Integrale, herangezogen. Die Auseinandersetzung des allgemeinen Falles der n-blättrigen Fläche und die zugehörigen Existenzbeweise finden sich erst in der zweiten Auflage von 1884.

Gleichzeitig mit C. Neumann, aber in ganz anderer Art, arbeitet Neumanns Königsberger Studiengenosse Clebsch über die Riemannsche Theorie der algebraischen Funktionen. (Clebsch, geb. 1833 zu Königsberg, promoviert dort 1854 (F. Neumann, Hesse, Richelot waren seine Lehrer), dann Privatdozent in Berlin, 1858 Professor für theoretische Mechanik in Karlsruhe, 1863 Professor für Mathematik in Gießen, 1868 Professor in Göttingen, gest. 1872.) Wir werden noch genauer ausführen (Kap. 7), wie Clebsch bemüht war, Riemanns allgemeine Resultate für die Theorie der algebraischen Kurven nutzbar zu machen. Riemanns Methoden aber, mit ihren fremdartigen und damals noch unsicheren Grundlagen, übernimmt er nicht. Er versucht vielmehr von der algebraischen Gleichung $F(\zeta, z) = 0$ ausgehend, die als Kurve gedeutet und im Anschluß an die Theorien der projektiven Geometrie homogen $\Phi(x_1, x_2, x_3) = 0$ geschrieben wird, zu Riemanns allgemeinen Sätzen vorzudringen. So finden wir die Sache dargestellt in Clebsch-Gordan: *Theorie der Abelschen Funktionen*, Leipzig 1866. Das ist ein Gegensatz zwischen Neumann und Clebsch: während Neumann sich eng an Riemann anschließt, geht Clebsch, viel intensiver und subjektiver arbeitend, seine eigenen Wege. Die beiden Lehrbücher verfolgen auch ganz verschiedene Zwecke; Neumann will die Zusammenhänge im niedersten Falle möglichst klar und allgemeinverständlich darstellen, Clebsch dagegen will zum Nachdenken, zum selbständigen Arbeiten anfeuern. Dem Neumannschen Buch hat man den Vorwurf gemacht, daß es „zu leicht", das es „beleidigend klar" sei; es gibt eine ausgezeichnete Einführung in den Riemannschen Ideenkreis. Clebsch-Gordan ist schwer, verlangt straffes Mitarbeiten vom Leser, den es dann allerdings auch viel tiefer in die Probleme eindringen läßt und zu ernstlicher Beschäftigung mit Riemanns Gedankengängen anregt. Beide Bücher sind, jedes in seiner Art, grundlegend für die Erschließung der Riemannschen Arbeiten gewesen; für uns gehören sie der Vergangenheit an.

Gegen Ende der 60er Jahre häufen sich nun die Namen der Forscher, die an Riemann anknüpfen. Ich kann da nur einige der wichtigsten

Namen nennen, die man kennen muß, wenn man sich in der Literatur zurechtfinden will. Eine vollständige Bibliographie der von Riemann induzierten Veröffentlichungen aufzustellen, ist hier nicht der Ort.

An erster Stelle führe ich das sehr schöne Lehrbuch von Casorati an: „*Teoria delle funzioni di variabili complesse*. Es ist ein großangelegtes Werk, von dem leider, wie so oft, nur Bd. 1 erschienen ist (1868). Um dieselbe Zeit beginnt auch Helmholtz Riemannsche Methoden in der mathematischen Physik zu verwenden. Von 1869 an beschäftigt sich — wie schon ausgeführt — H. A. Schwarz mit der Neufundierung der Riemannschen Existenztheoreme; über seine anschließenden Untersuchungen, die hypergeometrischen Funktionen betreffend, werde ich noch ausführlicher berichten.

Sehr wichtig für die Geschichte der Riemann-Forschung ist das Jahr 1876. Damals erschienen, herausgegeben von H. Weber unter Mitwirkung von R. Dedekind, *Riemanns Werke*, die eine große Anzahl Notizen aus dem Nachlaß brachten; aber auf Riemanns Vorlesungen, die noch unter der Hand verbreitet waren und die, wie wir schon wissen, ein wesentliches Stück von Riemanns mathematischer Leistung ausmachen, konnten sie noch nicht zurückgehen. Diese Lücke wurde erst 1902 in den von Noether und Wirtinger herausgegebenen „*Nachträgen*" ausgefüllt. Das sind Tatsachen, die ich schon früher berichtet hatte, die ich aber wegen ihrer Wichtigkeit noch einmal in diesem Zusammenhang nennen möchte.

Ich lege großen Wert darauf, daß die Dinge, die meine Vorlesungen berühren, möglichst lebendig näher gerückt werden. So führe ich — wie immer — auch an dieser Stelle einige Personalnotizen an, um das Verhältnis zur Wissenschaft etwas menschlicher und persönlicher zu gestalten.

Dedekind, allen durch seine zahlentheoretischen Arbeiten bekannt, auf die wir noch zurückkommen werden, ist 1831 in Braunschweig geboren, wo er auch seit 1862 bis zu seinem Tode 1916 wieder dauernd lebte. Als Privatdozent in Göttingen (1854—58) hat er sich als Kollege und Freund eng an Riemann angeschlossen. Er hat bei Riemann Kolleg gehört und bleibt somit für uns einer der Hauptvertreter der Riemannschen Tradition. Seine Stärke ist es, tief in die Prinzipien der Wissenschaft einzudringen; er ist wesentlich eine beschauliche Natur, der es an Tatkraft und Entschlußfähigkeit vielleicht mangelt. So mag es in seiner Charakteranlage begründet sein, daß er, dem von Riemanns Familie nach dessen Tode der wissenschaftliche Nachlaß anvertraut wurde, davon wohl manches herausgab und durch scharfsinnige Bemerkungen erläuterte, eine zusammenhängende Ausgabe von Riemanns Werken allein jedoch nicht unternahm. Daher verband er sich zu diesem Zwecke 1871 mit Clebsch, und als dieser schon 1872 starb, mit H. Weber.

H. Weber ist 1842 in Heidelberg geboren, wo er auch seine Studien beginnt und bei Helmholtz und Kirchhoff hört. Von 1873—83 wirkt er in Königsberg, 1892—95 ist er Ordinarius in Göttingen; dann geht er nach Straßburg, wo er 1913 stirbt. Er ist eine schmiegsame und doch wieder energische Natur und besitzt eine wunderbare Fähigkeit, leicht in ihm zunächst fremde Auffassungen einzudringen, so z. B. in die Riemannsche Funktionentheorie und die Dedekindsche Zahlentheorie. Diese seine Anpassungsfähigkeit hat es ihm ermöglicht, auf fast allen Gebieten unserer Wissenschaft in den letzten Dezennien mitzuarbeiten und die umfassenden Lehrbücher, den Weber-Wellstein, den Riemann-Weber, die Algebra zu schaffen, die wir alle kennen und benutzt haben. Seiner Mitwirkung an der Herausgabe von Riemanns Werken 1876 wurde bereits gedacht; die zweite Auflage 1892 hat Weber allein besorgt.

Noether (geb. 1844, seit 1875 in Erlangen[1])) wird uns noch weitgehend beschäftigen, wenn wir von der modernen Lehre von den algebraischen Gebilden handeln. Er ist einer der Hauptschüler von Clebsch.

Mit Wirtinger tritt uns zum ersten Male ein österreichischer Mathematiker entgegen. Er ist 1865 geboren, also erheblich jünger als die vorher Genannten und seit 1903 Professor in Wien. Als Mitherausgeber der Monatshefte für Mathematik und Physik steht er mit der reichsdeutschen Mathematik in engster Verbindung.

Wenn wir nun die Weiterbildung und Fortentwicklung der Riemannschen Theorie in großen Zügen verfolgen, so sind von der Mitte der 70er Jahre an meine eigenen Arbeiten, zunächst über *elliptische Modulfunktionen* — der Name ist übrigens von Dedekind übernommen —, dann über die allgemeinsten *automorphen Funktionen* zu nennen.

Automorphe Funktionen sind solche, um die Sache hier nur schnell zu erklären, die der Funktionalgleichung

$$f\left(\frac{\alpha_i z + \beta_i}{\gamma_i z + \delta_i}\right) = f(z)$$

für eine Reihe von Indizes i, eventuell für unendlich viele, genügen, also im weitesten Sinne Verallgemeinerungen der periodischen Funktionen, indem die Addition der Periode durch eine lineare Substitution ersetzt ist.

Von 1881 an gewann ich, gerade auf dem Gebiet der automorphen Funktionen, enge Fühlung mit Poincaré; das ist also der Zeitpunkt, wo Riemanns Gedankengänge nach Frankreich hinüber verpflanzt werden und dort festen Boden fassen. Ausführlich will ich diese Dinge erst in Kap. 8 behandeln.

Meine kleine Schrift von 1881/82: „Über Riemanns Theorie der algebraischen Funktionen und ihrer Integrale", in der ich versuchte, Riemanns physikalische Grundgedanken hervorzukehren, ist schon oben genannt.

[1]) Gest. 1922.

Seitdem ist das Interesse für Riemanns Funktionentheorie in immer weiteren Kreisen, auch des Auslandes, erwacht. Von meinen Schülern ist wohl besonders Hurwitz in Zürich und Dyck in München zu nennen. Wenn wir dann nur — um uns nicht ins Ungemessene zu verlieren — in unserer nächsten Umgebung bleiben, so müssen wir die Göttinger Reihenfolge: Hilbert (1901 Rettung des Dirichletschen Prinzips) bis zu Koebe, Weyl (Die Ideeder Riemannschen Fläche, 1913) und Courant aufstellen.

Da habe ich nun eine Menge von mehr oder weniger bekannten Namen genannt, die alle mit Riemann eng verknüpft sind. Sie können nur dann mehr sein als eine tote Liste, wenn wir die zu den Namen, oder besser zu deren Trägern gehörige Literatur einsehen. Man muß die Kunst lernen, die großen Zusammenhänge unserer Wissenschaft aus dem ungeheuren, gedruckt vorliegenden Material in ihren Grundlinien zu erfassen, ohne sich in zeitraubende Durcharbeitung aller Einzelheiten zu verlieren, aber auch ohne der Ungründlichkeit und dem Dilettantismus zu verfallen. Nur so gewinnt man die mathematische Allgemeinbildung, ohne die ich niemanden, der weiterarbeiten will, von der Universität entlassen möchte!

Wir wenden uns nun zunächst von Riemann ab, allerdings nur, um seinem Namen in den folgenden Kapiteln immer wieder zu begegnen, und kommen zu Weierstraß.

Karl Weierstraß.

Ebenso, wie wir es bei Riemann getan haben, wollen wir auch hier zunächst das äußere Material sichten und zusammentragen.

1. *Gesammelte Abhandlungen*, bisher erschienen: Bd. 1, 2, 3 (1894, 1895, 1903), Vorlesungen Bd. 4: Abelsche Funktionen (1902), Bd. 5, 6: Elliptische Funktionen (1915).

Es sind jedenfalls noch zu erwarten: Analytische Funktionen und Variationsrechnung [1]).

2. *Biographische Quellen*: Lampe, Gedächtnisrede, Jahresbericht der DMV. Bd. 6, S. 40ff. (1897). Killing, Rektoratsrede Münster 1897 (Natur und Offenbarung, Bd. 43 S. 131ff.). Mittag-Leffler, Vortrag Pariser Kongreß 1900 [2]).

Lampe ist ein spezieller Schüler von Weierstraß. Die Ausführungen von Mittag-Leffler sind nach Privatpapieren, die er sich zu beschaffen wußte, veröffentlicht, nicht gerade sehr diskret, aber — vielleicht gerade deshalb — interessant zu lesen. Eine volle menschliche Würdigung von Weierstraß mit Berücksichtigung der wesentlichsten wissenschaftlichen Gesichtspunkte steht noch aus. Das ist um so mehr zu

[1]) Gegenwärtig im Druck: Bd. 7, Variationsrechnung.

[2]) Neuerdings auch Acta mathematica Bd. 39, 1923, bezw. schon früher Bd. 21 (1897) und Bd. 35 (1912). Anm. d. Herausg.

bedauern, als es sich bei Weierstraß' Entwicklung um ungewöhnliche Momente handelt und wir, infolge der Unvollständigkeit des bis jetzt gesammelten Materials, an vielen Stellen vollkommen im Dunkel tappen. Es wäre eine dankenswerte Aufgabe, die Lücken durch Zusammentragen und Aufsuchen verzettelter Einzelheiten auszufüllen.

Die große Zahl der deutschen Mathematiker, die uns bisher beschäftigt hat, entstammte dem protestantischen Bevölkerungsteil. Mit Jacobi tritt der erste Mathematiker jüdischen Ursprungs hervor, deren Zahl späterhin dauernd wächst.

Weierstraß stammt dementgegen aus katholischen Kreisen. Er ist am 31. Oktober 1815 in Ostenfelde im Münsterland geboren. Dort war sein Vater Rendant. Ich finde die Notiz, daß der Vater erst zum Katholizismus übergetreten sein soll; wie dem auch sei, die Umgebung, in der Weierstraß aufwuchs, war ausgesprochen katholisch, und dieser Umstand hat seine Entwicklung weitgehend beeinflußt. Hat er doch viele Jahre seines Lebens und Schaffens infolgedessen an Orten zugebracht, die bis dahin in der Geschichte der Mathematik sonst unbekannt waren. Das zeigt eine Zusammenstellung einiger Daten seines Lebens:

1829—34 besucht er das Gymnasium zu Paderborn.

1839—40 studiert er an der Akademie in Münster bei Gudermann (der ebenfalls katholisch war). In Münster leistet er auch sein Probejahr als Oberlehrer ab.

1842—48 ist er Gymnasiallehrer in Deutsch-Crone (Westpreußen) am dortigen katholischen Progymnasium.

1848—54/55 bekleidet er dieselbe Stellung am Collegium Hoseanum, einer Anstalt zur Ausbildung katholischer Priester, in Braunsberg (Ostpreußen).

Wir entnehmen aus diesen Daten, daß Weierstraß die Jahre bester Schaffenskraft, d. h. die Zeit zwischen dem 30. und 40. Lebensjahr, fern von allem wissenschaftlichen Leben, jeder mathematischen Anregung fast völlig unerreichbar, in kleinen, ja kleinsten Orten verbracht hat, von denen man sonst kaum einmal den Namen nennen hört.

Auf einen ganz anderen Ton gestimmt, für uns noch vollkommen unaufgeklärt, ist nun aber sein Leben in seinen Studienjahren in Bonn 1834—38. Auf der konfessionell mehr gemischten Bonner Universität studiert Weierstraß zunächst nicht etwa Mathematik, sondern Jurisprudenz. Gleichzeitig ist er aktiv im Corps Saxonia, und man erzählt von ihm, daß er jeden Abend auf der Kneipe einer der Lustigsten war, und auf dem Fechtboden niemals fehlte. Wie sich das mit seiner übrigen Entwicklung verträgt, ist mir, wie gesagt, gänzlich unverständlich. Wenn Lampe an dem späteren Weierstraß den „freien Sinn, mit welchem Weierstraß das Leben gewissermaßen als Souverän behandelte", rühmt, so mag diese Art aus den Bonner Studienjahren hinübergenommen sein.

Mathematische Anregung hatte Weierstraß in Bonn so gut wie gar nicht. Bis 1836 lehrte Münchow dort, der als Vertreter der älteren Schule Astronomie, Mathematik und Physik vereinigte; sein Nachfolger Plücker, der immer noch Mathematik und Physik verband, konnte der ersteren gewiß nicht viel Zeit widmen; Weierstraß hat auch kaum bei ihm gehört. Vielmehr beginnt Weierstraß, durch unüberwindliche Neigung getrieben — er war schon in Paderborn über die Steinerschen Arbeiten in Crelles Journal geraten —, mathematische Privatstudien. Damals waren Jacobis „*Fundamenta nova*" erschienen, 1829, ein noch ganz neues und Aufsehen erregendes Werk. Weierstraß arbeitet es mit ungeheurer Mühe — er besitzt ja gar keine Vorkenntnisse — durch und beschließt, diese Studien zu vertiefen. Er hört, daß Gudermann in Münster sich mit den elliptischen Funktionen in weitestem Umfang beschäftigt und bricht seine Studien in Bonn ab, um nach Münster überzusiedeln. Vorher bringt er noch ein Halbjahr 1838/39 im Elternhaus zu, „körperlich und seelisch leidend", wie er selbst in seinem Lebenslauf, den er gelegentlich seines Oberlehrerexamens 1841 in Münster schrieb, sagt. Näheres über die Ursache und den Verlauf dieses Depressionszustandes habe ich nicht feststellen können; überhaupt lassen uns die offiziellen Berichte da im Stich, wo die tieferen, psychischen Probleme anfangen.

Nun muß ich wohl zunächst erzählen, wer Gudermann war, der durch seinen Schüler so berühmt geworden ist. Er ist 1798 in Winneburg bei Hildesheim geboren, war Gymnasiallehrer in Cleve, später in Münster, wo er 1852 starb. Seine wissenschaftliche Leistung, wenigstens soweit sie hier für uns in Betracht kommt, ist, daß er die Theorie der elliptischen Funktionen und Integrale selbständig und gewissenhaft durcharbeitete.

$$u = \int \frac{dz}{\sqrt{(1-z^2)(1-k^2z^2)}}$$

nennt er, da das Integral einen Modul k enthält, Modularintegral und die Umkehrung entsprechend Modularfunktion. Die gesamte Theorie findet man ausgeführt in Crelle, Bd. 18, 19, 20, 21, 23, 25 aus den Jahren 1838—43. Das Charakteristikum bei Gudermann ist die starke Betonung der Potenzentwicklungen; das ist die Richtung, in der Weierstraß dann weitergeht.

Gudermanns Arbeiten sind langweilig zu lesen und in ihren Einzelheiten längst vergessen. Was sich aus ihnen bis heute erhalten hat, ist ein Teil der von Gudermann eingeführten Terminologie, nämlich die viel gebrauchten Abkürzungen sn, cn, dn für die Jacobischen sin am, cos am, Δ am.

Wie übrigens Gudermann zu dieser Bezeichnungsweise gekommen ist, weiß man nicht; er macht keinerlei Angaben darüber. Ich vermute, daß das angehängte n, als Anfangsbuchstabe der letzten Silbe des zweiten

Wortes amplitudinis, auf Grund einer damals vielleicht herrschenden Mode genommen ist; ich stütze meine Hypothese darauf, daß Weierstraß seine „Abelschen Reihen" nach demselben Prinzip abgekürzt als *Al* bezeichnete.

Außer dieser Terminologie erinnert noch die Tabellierung der Hyperbelfunktionen, die Gudermann aufstellte, und die für astronomische, physikalische und technische Berechnungen wichtig ist, an ihn.

Bei Gudermann also hörte Weierstraß 1839/40 als einziger Vorlesungen und reicht dann 1841 seine Oberlehrerarbeit ein, deren Thema, von ihm selbst gewählt, lautete: *Über die Entwicklung der Modularfunktionen.*

Wir finden sie in Bd. 1 der Werke an erster Stelle abgedruckt; sie enthält die Keime vieler seiner späteren Arbeiten, und es ist darin ein wichtiger Fortschritt in der Theorie der elliptischen Funktionen im Anschluß an einen Ansatz von Abel erreicht.

Um das kurz zu schildern, muß ich etwas weiter ausholen. Bei Jacobi haben wir schließlich als Ergebnis langer Entwicklungsreihen Formeln folgender Art:

$$sn\,u = c_1 \frac{\vartheta_1}{\vartheta}, \qquad cn\,u = c_2 \frac{\vartheta_2}{\vartheta}, \qquad dn\,u = c_3 \frac{\vartheta_3}{\vartheta},$$

wo die Indexbezeichnung ad hoc von mir erfunden ist, der bequemeren Übersicht halber. Dabei sind die ϑ ganze Funktionen des u, bei denen aber eine der beiden Perioden, etwa ω_2, bevorzugt ist, so daß die Potenzreihenentwicklungen der ϑ nach $e^{\frac{2\pi i u}{\omega_2}}$ transzendente Koeffizienten bekommen.

Dagegen hat schon Abel beiläufig bemerkt, daß man die *sn*, *cn*, *dn* auch so als Quotienten zweier nach Potenzen von u fortschreitender Reihen darstellen kann, daß ihre Koeffizienten rationale ganze Funktionen von k^2 werden. Dies liegt sogar näher, wenn man von dem Integral

$$u = \int \frac{dz}{\sqrt{(1-z^2)(1-k^2 z^2)}}$$

ausgeht.

Diese ganzen Funktionen, die Weierstraß in der Folge zu Ehren von Abel *Al* nennt, führt er in seiner Arbeit, vom elliptischen Integral beginnend, direkt ein und baut so schließlich vom Integral aus einen systematischen Übergang zu den Theta-Funktionen.

Weierstraß gewinnt also folgende Darstellung:

$$sn\,u = \frac{Al_1}{Al}, \qquad cn\,u = \frac{Al_2}{Al}, \qquad dn\,u = \frac{Al_3}{Al},$$

wo die *Al* in der Art transzendent in u und k^2 sind, daß die Koeffizienten des einzelnen Gliedes ganz und rational in k^2 sind. Weierstraß hat sie bis zur 20. Potenz ausgerechnet mit allen, geradezu unheimlichen Zahlenfaktoren. Es stellt sich übrigens heraus, daß die *Al* sich von den entsprechenden ϑ nur um einen Exponentialfaktor unterscheiden, von der Form $c\,e^{\lambda u^2}$.

Ich möchte schon hier beiläufig bemerken, daß die *Al* für Weierstraß in der Folge auch nur ein Durchgangspunkt für die Aufstellung noch besserer, der σ-Funktionen, gewesen sind. Diese σ unterscheiden sich von den ϑ wie von den *Al* wiederum nur um einen Exponentialfaktor, der aber diesmal so eingerichtet ist, daß nun das Stamm-σ für sich und die $\sigma_1, \sigma_2, \sigma_3$ untereinander völlig symmetrisch in ω_1, ω_2 werden. Insbesondere genügt das Stamm-σ der Funktionalgleichung:

$$\sigma(u \mid \omega_1, \omega_2) = \sigma(u \mid \alpha\,\omega_1 + \beta\,\omega_2, \gamma\,\omega_1 + \delta\,\omega_2),$$

wo $\alpha, \beta, \gamma, \delta$ übrigens beliebige ganze Zahlen mit

$$\begin{vmatrix} \alpha & \beta \\ \gamma & \delta \end{vmatrix} = 1$$

sind, so daß also σ invariant ist gegen beliebige „lineare Transformationen" der Perioden. Erst hieraus wird die volle, in der Sache liegende Symmetrie hervorgekehrt. Zu dieser endgültigen Gestalt seiner Theorie ist Weierstraß aber erst Winter 1862/63 vorgedrungen, wo er sie in seinem Berliner Kolleg vortrug.

Auch ohne den völlig harmonischen Abschluß bedeutete Weierstraß' Oberlehrerarbeit eine große, wissenschaftliche Leistung, und Gudermann kargte nicht mit seinem Lobe. In der offiziellen Begutachtung, die Killing 1897 aus den Akten abgedruckt hat, heißt es u. a.: „Der Kandidat tritt hierdurch ebenbürtig in die Reihe ruhmgekrönter Erfinder."

Für Weierstraß selbst war nun ein Lebensziel gegeben: Durch strenge methodische Arbeit über Potenzreihen (auch mehrerer Variablen) das Umkehrproblem auch der hyperelliptischen Integrale beliebig hohen Ranges, wie es von Jacobi divinatorisch festgelegt war — vielleicht sogar der allgemeinsten Abelschen Integrale —, zu zwingen.

Auf diesem Wege hat sich das, was man Weierstraß' Theorie der analytischen Funktionen nennt, sozusagen als Nebenprodukt ergeben.

In langen Jahren mathematischer Einsamkeit, während seines Aufenthaltes in Deutsch-Crone und Braunsberg, strebte Weierstraß durch straffe, systematische Arbeit der Lösung seines Problems entgegen. Wir haben aus dieser Zeit nur sparsame Proben seiner Ergebnisse:

1843, Jahresbericht des Progymnasiums zu Deutsch-Crone, „*Bemerkungen über die analytischen Fakultäten*". Heute finden wir darin die Grundlagen der Weierstraßschen Funktionentheorie (Werke, Bd. 1, S. 87ff.).

1849, Jahresbericht des Gymnasiums zu Braunsberg, in welchem er die je vier Perioden der *hyperelliptischen Integrale erster und zweiter Gattung:*

$$\int \frac{dz}{\sqrt{f_6(z)}}, \quad \int \frac{z\,dz}{\sqrt{f_6(z)}}, \quad \int \frac{z^2\,dz}{\sqrt{f_6(z)}}, \quad \int \frac{z^3\,dz}{\sqrt{f_6(z)}}$$

und die zwischen ihnen bestehenden (für die ganze Theorie grundlegenden) „*Bilinearrelationen*“, die der einen im elliptischen Falle bestehenden „Legendreschen Relation“

$$\omega_1 \eta_2 - \omega_2 \eta_1 = 2\pi i$$

entsprechen, auf beliebige hyperelliptische Integrale überträgt („Beitrag zur Theorie der Abelschen Integrale“ Werke, Bd. 1, S. 111ff.).

1854. Endlich aber in Crelle, Bd. 47, die Mitteilung der Formeln, durch die in der Tat das Umkehrproblem der hyperelliptischen Integrale für beliebiges p bezwungen wird, unter dem Titel: *Zur Theorie der Abelschen Funktionen* (Werke, Bd. 1, S. 133ff.).

Diese kleine Zahl veröffentlichter Arbeiten wird durch Bd. 1 der Werke stark ergänzt. Wir erfahren, daß Weierstraß schon 1841 sich den allgemeinen Entwicklungssatz der Funktionentheorie bewiesen hatte, den man jetzt den Laurentschen Satz zu nennen pflegt.

1842 aber dringt er in einer Untersuchung über *algebraische Differentialgleichungen mit einer unabhängigen Variabeln* nicht nur bis zur Bestimmung der analytischen Natur der Lösungen, sondern darüber hinaus bis zum Prinzip der *analytischen Fortsetzung* vor, von der er staunend bemerkt, daß sie je nachdem an „natürlichen Grenzen“ ihr Ende findet.

Das Jahr 1854, d. h. die Vollendung seiner großen Arbeit, bedeutet den Wendepunkt in Weierstraß' Leben. Er wird Ehrendoktor der Universität Königsberg und läßt sich beurlauben, um seine vorläufige, knappe Veröffentlichung auszuarbeiten.

1856 wird er nach Berlin berufen. Ebenso wie das Jahr 1826, durch die Gründung des Crelleschen Journals, so ist das Jahr 1856 für die Mathematik dort von einschneidender Bedeutung.

1855 bereits war Kronecker, 32 Jahre alt, als reicher Privatmann nach Berlin gezogen. Kronecker ist 1823 in Liegnitz geboren, starb 1891. Kroneckers ganz anders geartete mathematische Individualität verdient neben der von Weierstraß ihre besondere Würdigung. Indem er sich vorwiegend mit Arithmetik und Algebra beschäftigte, in späteren Jahren aber bestimmte intellektuelle Normen für alles mathematische Arbeiten aufstellte, erscheint er als das spezifische jüdische Talent; aber allerdings in besonderer, individueller Steigerung. Denn er hat auf seinen Arbeitsgebieten viele Beziehungen grundlegender Art, ohne sie noch klar herausarbeiten zu können, vorahnend richtig erfaßt[1]).

1856 wird Kummer, 46 Jahre alt, als Nachfolger von Dirichlet dorthin berufen.

Im selben Jahre wird Weierstraß, 41 Jahre alt, ebenfalls nach Berlin berufen, wohl auf Anregung von Kummer.

Schließlich übernimmt Borchardt, 40 Jahre alt, mit Bd. 53 die Redaktion von Crelles Journal. Wir sehen an den Namen allein, wie sich damals die neue Berliner mathematische Schule herauskristallisierte.

In diese Welt voller mathematischer Anregung wurde Weierstraß also versetzt. Doch war die Berufung, trotz der vielen inneren und äußeren Vorteile, die sie Weierstraß brachte, kein unbedingtes Glück für ihn. Heutzutage würde man ihn, etwa wie Einstein, als „Akademiker“ nach Berlin gezogen haben. Statt dessen war er damals als etatsmäßiger Professor mit zwölf Lehrstunden an der Gewerbeakademie verpflichtet und zugleich Extraordinarius an der Universität. Das bedeutete, vor allem nach seinem zurückgezogenen Leben bis dahin, eine starke wissenschaftliche Überlastung.

Es kam noch hinzu, daß 1857, als Weierstraß eine erste Bearbeitung der allgemeinen Abelschen Funktionen der Berliner Akademie vorgelegt hatte, Riemanns Abhandlung über dasselbe Thema in Crelle, Bd. 54 erschien, die so viele, ungeahnt neue Auffassungen enthielt, daß Weierstraß seine Arbeit zurückzog und in der Tat nicht mehr veröffentlicht hat. Das muß für Weierstraß eine außerordentliche Aufregung verursacht haben.

Jedenfalls zeigen sich Winter 1859/60 Spuren von Überarbeitung, denen dann 1861 ein völliger nervöser Zusammenbruch folgt, so daß Weierstraß im Winter 1861/62 überhaupt nicht liest und später nur mehr an der Universität tätig ist, an der ihm endlich, 1864 (als er 49 Jahre alt war) ein Ordinariat übertragen wurde.

So sehen wir Weierstraß auf der Höhe seiner Berliner Stellung angelangt.

Interessant ist für uns seine Akademische Antrittsrede, die er am 9. Juli 1857 beim Eintritt in die Berliner Akademie hielt (Werke, Bd. 1, S. 223—226). Die heutige Generation ist gewöhnt, in Weierstraß einen Vertreter ausschließlich der reinen Mathematik zu sehen. Hier aber findet sich nach einem kurzen Überblick über seine theoretischen Ziele und die Arbeiten, durch die er sie zu erreichen strebte, die interessante Stelle (S. 225):

---

[1]) Über Kronecker und den ganzen Berliner Kreis vgl. die Festrede von A. Kneser anläßlich der Hundertjahrfeier von Kroneckers Geburtstag. Jahresbericht der D. M. V. 1925, S. 210ff. Ferner: H. Weber: Kronecker, Math. Ann., Bd. 43, und G. Frobenius: Gedächtnisrede auf Leopold Kronecker, Abh. d. Berliner Akad. 1893. Anm. d. Herausg.

„Ich meine aber, es muß das Verhältnis zwischen Mathematik und Naturforschung etwas tiefer aufgefaßt werden, als es geschehen würde, wenn etwa der Physiker in der Mathematik nur eine, wenn auch unentbehrliche, Hilfsdisziplin achten, oder der Mathematiker die Fragen, die jener ihm stellt, nur als eine reiche Beispielsammlung für seine Methoden ansehen wollte. Ich darf jedoch heute diesen Gegenstand, der mir allerdings sehr am Herzen liegt, nicht weiter verfolgen. Auf die Frage aber, die ich schon vernommen, ob es denn wirklich möglich sei, aus den abstrakten Theorien, welchen sich die heutige Mathematik mit Vorliebe zuzuwenden scheine, auch etwas unmittelbar Brauchbares zu gewinnen, möchte ich entgegnen, daß doch auch nur auf rein spekulativem Wege griechische Mathematiker die Eigenschaften der Kegelschnitte ergründet hatten, lange bevor irgendwer ahnte, daß sie die Bahnen seien, in welchen die Planeten wandeln, und daß ich allerdings der Hoffnung lebe, es werde noch mehr Funktionen geben mit Eigenschaften, wie sie Jacobi an seiner ϑ-Funktion rühmt, die lehrt, in wieviel Quadrate sich jede Zahl zerlegen läßt, wie man den Bogen einer Ellipse rektifiziert und dennoch, setze ich hinzu, im Stande ist, und zwar sie allein, das wahre Gesetz darzustellen, nach welchem das Pendel schwingt."

Da sehen wir, daß Weierstraß den Anwendungen der Mathematik doch nicht ganz fern steht und sie keineswegs ablehnt. Zwar hat er selbst tatsächlich kein enges Verhältnis zur angewandten Mathematik in seinen Arbeiten gehabt; aber er hat in seinen Vorlesungen regelmäßig Probleme der Mechanik berührt und vor allem seine Schüler, Bruns, S. Kowalewska u. a. m., in dieser Hinsicht angeregt. Immerhin ist seine Stellungnahme von der Riemanns recht verschieden: während Riemann seine mathematischen Fähigkeiten benutzt, um der Naturerkenntnis selbst neue Bahnen zu öffnen, dann aber auch wieder der Naturerkenntnis die Anregung zu neuer mathematischer Ideenbildung entnimmt, begnügt sich Weierstraß damit, bereits formulierte Aufgaben der angewandten Mathematik völlig streng zu erledigen.

Noch rund 30 Jahre hat Weierstraß an der Berliner Universität vor einer ständig wachsenden Hörerzahl seine Vorlesungen gehalten, in den letzten Jahren vielfach durch Kränklichkeit behindert, bis er am 17. Februar 1897, $81\,^1/_2$ Jahre alt, einer schmerzvollen Krankheit erlag.

Weierstraß' Vorlesungen sind für uns deshalb so besonders wichtig, weil Weierstraß selbst sehr wenig druckte. Er hatte — und das ist entschieden eine sehr merkwürdige Erscheinung in diesem „Zeitalter Gutenbergs" — eine prinzipielle Abneigung gegen Druckerschwärze. So ließ er auch seine Vorlesung niemals autographieren, sondern verlangte, daß sie abgeschrieben wurde. Es war damals Sitte in Berlin, ganz schematisch abzuschreiben, was man an Kollegs von Weierstraß mitnehmen wollte. Diese Abschriften sind auch im Ausland verbreitet worden, so daß sie, nachwirkend, einen maßgebenden Einfluß auf den

Gang unserer Wissenschaft ausgeübt haben. Wir müssen uns also hier etwas näher mit ihnen befassen.

Eine volle Liste finden wir am Schluß von Bd. 3 der Werke. Ich möchte nur den allgemeinen Turnus nennen, den Weierstraß einhielt: Analytische Funktionen — Elliptische Funktionen — Anwendungen der elliptischen Funktionen — Hyperelliptische oder Abelsche Funktionen. Daneben las er aber auch anderes, wie Synthetische Geometrie oder Variationsrechnung, ein Kolleg, das sich namentlich in den späteren Jahren öfter wiederholte.

Nach meinen Erinnerungen — ich kam 1869 nach Berlin und war 1869/70 dort — war Weierstraß' Stellung die einer absoluten Autorität, deren Lehren die Zuhörer hinnahmen als unanfechtbare Norm, oft ohne sie im tieferen Sinn recht aufgefaßt zu haben. Ein Zweifel durfte nicht aufkommen, eine Kontrolle war schon deshalb schwer möglich, da Weierstraß außerordentlich wenig zitierte. Er hatte es sich in seinen Vorlesungen als Ziel gesetzt, ein System wohlgeordneter Gedanken im Zusammenhang vorzutragen. So begann er mit einem methodischen Aufbau von unten herauf und, seinem Ideal der Lückenlosigkeit nachstrebend, richtete er den Gang so ein, daß er in der Folge nur auf sich selbst zurückzugreifen brauchte.

Ich selbst habe damals — jetzt bedaure ich es — ebenso wie Lie, aus Widerspruchsgeist kein Kolleg bei Weierstraß gehört, sondern im Seminar immer nur eigene Gedanken verfochten. Aber eine Vorlesung von Weierstraß über elliptische Funktionen habe ich mir damals abgeschrieben und Jahre später bei meinen Arbeiten über diesen Gegenstand oft benutzt.

Allmählich gewann Weierstraß Geltung in der gesamten wissenschaftlichen Welt als unvergleichliche Autorität (vgl. dazu Mittag-Leffler, Pariser Kongreß 1900, S. 131, wo Hermite sagt: „Weierstraß est notre maître à tous").

Und dennoch ist zuletzt auch Weierstraß die Enttäuschung nicht erspart geblieben, daß er seine Lehren angefochten sehen mußte (vgl. Brief an die Kowalewska vom 24. März 1885, mitgeteilt von Mittag-Leffler, Acta math. Bd. 39, S. 194ff). Mit Kronecker, der auf Grund philosophischer Betrachtungen nur den ganzen, höchstens noch den rationalen Zahlen wirkliche Existenz zuerkannte, die irrationalen Zahlen aber ganz und gar verbannt wissen wollte, entstand eine neue Richtung in der Mathematik, welche die Grundlagen der Weierstraßschen Funktionentheorie nicht als befriedigend ansehen wollte. Das ist im Rahmen der Wissenschaft derselbe Wechsel, den wir in Literatur und Kunst, oft in schneller Aufeinanderfolge, sich vollziehen sehen. Es ist sehr zu bedauern, daß Weierstraß — wohl infolge persönlicher Polemik Kroneckers — so stark unter dem Umschwung, der sich in den letzten Jahren seines Lebens bemerkbar machte, gelitten hat, wie es aus dem zitierten Brief hervorgeht. Wir möchten jetzt fast sagen, er hätte es nicht so schwer nehmen sollen; es ist doch nun einmal so, daß alles Irdische dem ewigen Gesetz der Bewegung unterworfen ist. Der Überlebende muß sich mit seinem Schicksal abfinden, daß andere Gedanken bei den Jüngeren in den Vordergrund treten. Keiner von uns kann es hindern wollen, daß die Welt sich über uns hinaus fortbewegt. Wir können es nicht einmal wünschen, haben wir doch, als wir jung waren, die damals herrschenden Meinungen in entsprechender Weise zur Seite geschoben.

Heute wissen wir auch, daß Kroneckers Philosophie, die übrigens immer wieder Vertreter auch unter ernsten Mathematikern findet, es nicht vermocht hat, Weierstraß' Funktionentheorie grundsätzlich zu erschüttern. Man wird ihr, als einer bestimmten Richtung mathematischer Fragestellung, eine bedingte Berechtigung nicht absprechen. Aber eine breite Geltung hat sie sich nie verschaffen können, und sie ist auch niemals für sich allein recht fruchtbar gewesen. Poincaré hat von Kronecker gelegentlich gesagt (Acta Matematica, Bd. 22), er habe nur deshalb so große Erfolge in der Mathematik (in der Zahlentheorie und Algebra) gehabt, weil er seine eigenen philosophischen Lehren zeitweilig vergessen habe.

Nun möchte ich einiges über *Weierstraß' Funktionentheorie* erzählen. Natürlich kann ich, wie ich es bisher stets gehalten habe, auch hier nur das Elementarste und einige allgemeine Richtlinien der Theorie vorführen.

Der Ausgangspunkt für Weierstraß ist die Potenzreihe $\mathfrak{P}(z-a)$ bzw. $\mathfrak{P}\left(\frac{1}{z}\right)$. Ihre Werte innerhalb ihres Konvergenzkreises, sofern dieser vorhanden ist, bilden das „Funktionselement". Mit Hilfe der „analytischen Fortsetzungen", die selbst nur durch Potenzreihen bewerkstelligt werden und sich eventuell (wie wir sagen würden) durch verschiedene Blätter einer Riemannschen Fläche hindurchziehen können, entsteht die „analytische Funktion" als Inbegriff aller aus einem Funktionselement entstehenden Fortsetzungen.

Nun erhebt sich die Frage, ob auch die „singulären Stellen", sagen wir kurz die Unendlichkeits- und Verzweigungspunkte der Funktion, die notwendig am Rande des Konvergenzgebietes der einzelnen Potenzreihe liegen, dazu gehören sollen oder nicht. Weierstraß setzt fest, daß sie mitgerechnet werden sollen, falls der Verzweigungspunkt oder das Unendlichwerden von endlicher Ordnung ist, dann ist an diesen Stellen eine Entwicklung nach $(z-z_0)^{\frac{1}{n}}$ möglich, die nur eine endliche Zahl von Gliedern mit negativen Exponenten hat. Für den unendlich fernen Punkt soll $(z-z_0)$ die Bedeutung $\frac{1}{z}$ haben.

Auf diese Weise kommt Weierstraß zum Begriff des „analytischen Gebildes“.

Diese Definitionen decken sich im Prinzip ganz mit dem, was Riemann wollte. In der Folge aber haben sich die Theorien von Riemann und Weierstraß sehr verschieden entwickelt. Die Weierstraßschen Festsetzungen gestatten dadurch, daß immer mit Potenzreihen operiert wird, einmal die Innehaltung vollkommener arithmetischer Strenge, andrerseits die leichte und sinngemäße Verallgemeinerung auf mehrere Variable, worauf Weierstraß stets besonderes Gewicht legte.

Die „Weierstraßsche Strenge“, die seinerzeit zum Stichwort in der mathematischen Deduktion wurde (im Gegensatz sozusagen zu der früher viel gerühmten Gaußschen Strenge!), besteht einmal darin, daß Weierstraß mit seinen unendlichen Reihen sehr vorsichtig umgeht. Hierbei tritt der Begriff der gleichmäßigen Konvergenz für ihn in den Vordergrund und wird späterhin ein wichtiges Beweis- und Hilfsmittel. Dann aber greift Weierstraß als erster auf die arithmetischen Grundoperationen zurück und eröffnet seinen Vorlesungszyklus jedesmal mit einer genauen Erörterung über das Wesen der Irrationalzahl, wie es seitdem bis zum Überdruß Sitte geworden ist.

Die analytische Funktion, wie sie Weierstraß definiert, kann unter Umständen, wie wir schon oben bemerkten, „natürliche Grenzen“ haben. Diese natürlichen Grenzen sind, je nach dem speziellen Fall wechselnd, entweder ganze Kurven oder isolierte Punkte („wesentlich singuläre“ Punkte). Riemann schloß bei seinen Betrachtungen das Auftreten natürlicher Grenzen aus. Weierstraß dagegen wird durch seine systematische Denkweise gerade darauf geführt, das Verhalten der analytischen Funktion in der Nähe ihrer natürlichen Grenzen genauer ins Auge zu fassen.

Der einfachste Fall, auf den Weierstraß' Ausgangspunkt ohne weiteres hinführt, ist folgender: Die Funktion sei durch eine in der ganzen Ebene konvergente Potenzreihe gegeben:

$$G(z) = \mathfrak{P}(z-a).$$

Das ist Weierstraß' ganze Funktion, die, wenn sie keine rationale ganze (s. S. 78) Funktion, also nach endlich vielen Gliedern abbrechend ist, bei $z = \infty$ einen wesentlich singulären Punkt besitzt, der als solcher nicht mehr zum Gebilde rechnet.

Indem Weierstraß seine ganzen Funktionen — den Namen hat er übrigens selbst erfunden — in der Umgebung von $z = \infty$ untersucht, gelangt er zu dem wichtigen Satz, der später durch den *Picardschen Satz* ergänzt wurde:

Jede ganze Funktion, die sich nicht auf eine Konstante reduziert, kommt in der Umgebung von $z = \infty$ jedem vorgegebenen Wert unendlich oft beliebig nahe. (Ein Satz, der sich übrigens schon bei Casorati findet.)

Diese Untersuchungen von Weierstraß über ganze Funktionen sind 1876 veröffentlicht[1]), gehören aber sicherlich einer viel früheren Periode seiner Forschung an.

Unter anderem hat sich Weierstraß dort mit einer Darstellung von $G(z)$ durch seine Nullstellen, d. h. mit der Produktentwicklung von $G(z)$ lebhaft beschäftigt. Er setzt $G(z)$ in die Gestalt

$$G(z) = \prod \left(1 - \frac{z}{\alpha_i}\right) e^{\Gamma_i(z)},$$

wo der Exponentialfaktor als konvergenzerzeugendes Glied hinzugefügt werden muß. Die einzelnen Faktoren $(z - \alpha_i)\, e^{\Gamma_i(z)}$ heißen bei Weierstraß „Primfaktoren" von $G(z)$.

Damit haben wir zwei Spezimina der Weierstraßschen Interessenrichtung: Das ist einmal die Zerlegung der Funktionen in „Primfaktoren", dann die Tendenz, an die natürlichen Grenzen heranzugehen.

Hier möchte ich zweierlei allgemeinere Bemerkungen anknüpfen. Zunächst: Weierstraß hat trotz staunenswerter Vielseitigkeit niemals eigentlich zahlentheoretische Untersuchungen angestellt. Die Zahlentheorie ist ja überhaupt dadurch merkwürdig, daß zu ihr, je nach dem Geschmack der einzelnen Mathematiker, ganz verschieden Stellung genommen wird. Den einen nimmt sie vollkommen gefangen, er beruft sich darauf, daß auch Gauß in ihr die Königin der Mathematik sieht, andere dagegen gehen vollkommen interesselos an ihr vorüber, wie die heutigen Franzosen. Der Grund für die wechselnde Stellung zur Zahlentheorie nicht nur bei den verschiedenen Menschen, sondern auch in den verschiedenen Epochen der Mathematik mag darin liegen, daß sie vielfach mit ganz anderen Methoden arbeitet, wie alle übrigen Zweige unserer Wissenschaft, und daß ein Mensch meist nur ein Werkzeug richtig und mit befriedigendem Erfolg zu handhaben versteht. — Trotz seiner sichtlichen Gleichgültigkeit gegenüber der Zahlentheorie als selbständiger mathematischer Disziplin hat Weierstraß, wie gesagt, stets den Satz von der Zerlegung der Zahlen in Primfaktoren, die bis auf Einheiten eindeutig bestimmt ist, im Auge behalten. Es hat ihm als funktionentheoretisches Ideal vorgeschwebt, ein Analogon dafür zu schaffen. Wie ihm das im Gebiete seiner ganzen Funktionen gelungen ist, sahen wir bereits. Ich möchte hinzusetzen, daß er auch in seiner Lehre von den mehrdeutigen algebraischen Funktionen und deren Integralen dieselbe Frage aufgerollt und verfolgt hat.

Zweitens möchte ich auf die Quellen eingehen, von denen aus Weierstraß zu seinen Problemen geführt worden ist. Ist es doch immer interessant und fördernd, wenn es uns gelingt, einen Einblick in die Werkstatt eines großen Meisters zu gewinnen, in der wir die Kunstwerke seiner Schöpfung entstehen und wachsen sehen.

---

[1]) Zur Theorie der eindeutigen analytischen Funktionen, Berl. Abh. 1876 = Ges. Werke, Bd. 2, S. 77ff.

Ich finde zwei solcher Quellen: einmal das historisch Überkommene; als Beleg dafür nehmen wir ganz allgemein Weierstraß' Beschäftigung mit dem Problem der Abelschen Funktionen, wie es von Jacobi formuliert war. Dann, als zweite Quelle, sein systematischer Gedankenaufbau, der ihn zwang, angefangene Studien bis zu einem Grade der Vollendung weiterzuführen, wie er der Leistungsfähigkeit der zur Verfügung stehenden Mittel entspricht.

Ein dritter Ausgangspunkt, den man nach dem Vorgange Riemanns in den Anwendungen suchen möchte, fällt bei Weierstraß vollkommen fort.

Ein vierter Ausgangspunkt, den man bei produzierenden Mathematikern findet, wäre irgendein philosophisch-logisches Postulat, also z. B. das eben berührte von Kronecker, nur mit ganzen Zahlen zu operieren, überhaupt nur solche Betrachtungen gelten zu lassen, die eine endliche Anzahl von Schritten implizieren. Auch dieser Ausgangspunkt scheint bei Weierstraß zu fehlen, wenn man nicht den Grundsatz: Algebraica algebraice dahin rechnen will.

Weierstraß' Theorie der ganzen Funktionen und ihre Produktzerlegung, die ich in ihren elementarsten Grundzügen darlegte, findet ihre glänzendste Anwendung in seiner *Theorie der elliptischen Funktionen* beim Aufbau der Stammfunktion $\sigma(u)$; vermutlich ist der historische Zusammenhang sogar so, daß die Theorie der ganzen Funktionen ihren Ursprung hat in der der elliptischen. Es erübrigt sich für mich, auf die hier in Betracht kommende Theorie der elliptischen Funktionen, die ich übrigens im ersten Kapitel schon streifte, ausführlich einzugehen; ich werde mich darauf beschränken, allerlei Ausführungen, insbesondere auch historischer Natur daran zu knüpfen.

Ich habe bereits (S. 42) die Produktdarstellung von σ angegeben:

$$\sigma(u \mid \omega_1, \omega_2) = u \prod{}' \left(1 - \frac{u}{m_1 \omega_1 + m_2 \omega_2}\right) e^{\frac{u}{m_1\omega_1 + m_2\omega_2} + \frac{1}{2} \frac{u^2}{(m_1\omega_1 + m_2\omega_2)^2}}.$$

Darin fehlt nur die bei Weierstraß untrennbar mit den Perioden verbundene Zahl 2. Ich habe mich aber im Laufe meiner Arbeiten gewöhnt, anstatt der Weierstraßschen Perioden $2\omega''$, $2\omega'$ nur ω_1, ω_2 zu schreiben[1]). Damit nehme ich der Zahl 2 die historisch überkommene Bevorzugung, erreiche dafür aber eine größere Symmetrie, wenn ich, was in meiner Fortführung der Theorie vielfach nötig war, die Perioden durch irgend eine Zahl $3, 4, \ldots, n$ teile. Es ergab sich nämlich ein übersichtliches Einteilungsprinzip der verschiedenen Arten elliptischer Funktionen, wenn man sie hinsichtlich ihres Verhaltens gegenüber den linearen Substitutionen der Perioden:

$$\omega_1' = \alpha\,\omega_1 + \beta\,\omega_2,$$
$$\omega_2' = \gamma\,\omega_1 + \delta\,\omega_2,$$

[1]) Weierstraß schreibt dann noch $\omega_1 = \omega'$, $\omega_2 = -(\omega' + \omega'')$, $\omega_3 = \omega''$.

wo die $\alpha, \beta, \gamma, \delta$ ganze Zahlen sind und

$$\begin{vmatrix} \alpha & \beta \\ \gamma & \delta \end{vmatrix} = 1$$

gilt, betrachtet. Das ist die sog. *Stufentheorie* (1879)[1]. Bleiben die Funktionen invariant gegenüber allen oben genannten linearen Substitutionen, so heißen sie erster Stufe; ändern sie sich nicht bei einer Teilschar, nämlich bei den linearen Substitutionen, für die gilt

$$\left.\begin{aligned} \omega_1' &= \alpha\,\omega_1 + \beta\,\omega_2 \equiv \omega_1 \\ \omega_2' &= \gamma\,\omega_1 + \delta\,\omega_2 \equiv \omega_2 \end{aligned}\right\} \pmod 2$$

bzw.

$$\left.\begin{aligned} \omega_1' &= \alpha\,\omega_1 + \beta\,\omega_2 \equiv \omega_1 \\ \omega_2' &= \gamma\,\omega_1 + \delta\,\omega_2 \equiv \omega_2 \end{aligned}\right\} \pmod n,$$

so nenne ich sie bzw. *zweiter, ..., n-ter Stufe.*

Das Wesentliche kann man dann so zusammenfassen: Die Weierstraßschen Funktionen $\sigma(u)$, $\wp(u)$, $\wp'(u)$, g_2, g_3 sind Funktionen erster Stufe, während die Jacobischen $sn\,u$, $cn\,u$, $dn\,u$, k^2 der zweiten bzw. vierten angehören. Es kann aber unter Umständen sehr vorteilhaft sein, auch Funktionen höherer Stufe heranzuziehen. Weierstraß hat sich mit den Funktionen zweiter Stufe ebenfalls viel beschäftigt und danach gestrebt, ihnen eine symmetrische Form zu geben. Das erreicht er durch Einführung der drei Neben-σ: $\sigma_1(u), \sigma_2(u), \sigma_3(u)$, die von den halben Perioden abhängen. Hierzu führt er zunächst durch die Gleichungen

$$e_1 = \wp\left(\frac{\omega_1}{2}\right), e_2 = \wp\left(\frac{\omega_2}{2}\right), e_3 = \wp\left(\frac{\omega_1 + \omega_2}{2}\right)$$

drei Konstanten e_1, e_2, e_3 ein, die sich eben als Funktionen zweiter Stufe erweisen und übrigens der Identität

$$\wp'^2 = 4\wp^3 - g_2\wp - g_3 = 4(\wp - e_1)(\wp - e_2)(\wp - e_3)$$

genügen. Mit ihrer Hilfe drücken sich die σ_i $(i = 1, 2, 3)$ folgendermaßen aus:

$$\sigma_i = \sigma\sqrt{\wp - e_i}$$

wobei das Vorzeichen der Wurzel so zu wählen ist, daß

$$\lim_{u \to 0}\left(\sigma_i u - \frac{1}{u}\right)$$

endlich bleibt. Auch die Funktionen $\frac{\sigma_i}{\sigma}$ sind zweiter Stufe und treten zweckmäßigerweise an die Stelle der Jacobischen sn, cn, dn.

Mit diesen kurzen Andeutungen möchte ich meine Ausführungen über Weierstraß' Theorie der komplexen Funktionen beschließen und nur noch einiges Historische anführen, was man jetzt leicht zusammen-

[1]) Vgl. Klein: Ges. Abh. Bd. 3, S. 169ff.

findet, nachdem in der Enzyklopädie das ausgezeichnete Referat (II B 3) von Fricke „Elliptische Funktionen" vorliegt.

Wenn wir danach forschen, woher Weierstraß die Anregung zur Darstellung seiner Funktionen durch unendliche Produkte genommen hat, so finden wir als Hauptvorläufer Eisenstein, jenen so begabten, aber früh verstorbenen Mathematiker, den ich schon öfter erwähnte. Er hat in Crelle, Bd. 35, 1847 eine Abhandlung veröffentlicht des Titels: „*Genaue Untersuchung der unendlichen Doppelprodukte, aus welchen die elliptischen Funktionen als Quotienten zusammengesetzt sind.*"

Darin dringt er zwar noch nicht zur vollkommen symmetrischen Normalform, der Standardform, dem Hauptsigma vor, denn er hat den Exponentialfaktor beim einzelnen Primfaktor noch nicht. Aber er sieht, daß das Produkt

$$u \cdot \prod \left(1 - \frac{u}{m_1 \omega_1 + m_2 \omega_2}\right)$$

nur bedingt konvergiert, d. h. daß sein Wert von der Reihenfolge der Faktoren abhängt, bestimmt die Art dieser Vieldeutigkeit und gelangt von hier aus vollständig zu den Funktionen $\wp(u)$, $\wp'(u)$, g_2, g_3 und der zwischen ihnen bestehenden Relation. Eisenstein fehlt also der mit dem einzelnen Faktor des Produktes bei Weierstraß untrennbar verschmolzene Exponentialfaktor

$$e^{\frac{u}{m_1 \omega_1 + m_2 \omega_2} + \frac{u^2}{2(m_1 \omega_1 + m_2 \omega_2)^2}}$$

durch dessen Einführung die absolute Konvergenz des Produktes erzwungen wird. Weierstraß hat, wie er selbst angibt, diese Idee von Gauß, der bei der Produktentwicklung der Gamma-Funktion 1812 (hypergeometrische Reihe, Werke, Bd. 3, S. 145) in ähnlicher Weise vorgeht.

Durch diese Bezugnahme auf Eisenstein darf man sich jedoch nicht verleiten lassen, die Größe der Weierstraßschen Arbeit zu unterschätzen. Es bleibt immer eine hohe Leistung, aus allen Einzelheiten überkommener Forschungsresultate eine einheitliche Theorie zusammenzuschweißen. Und Weierstraß' Leistung ist um so höher zu bewerten, wenn man bedenkt, wie autoritativ die Jacobische Theorie, die Weierstraß dennoch nach seinen neuen Gesichtspunkten umzugestalten wagte, auf den Gemütern lastete.

Nun will ich einiges von der Verbreitung und Wirkung der Weierstraßschen Funktionentheorie erzählen.

Wie wir schon sahen, wurden Weierstraß' Ideen zunächst durch die nachgeschriebenen und abgeschriebenen Kolleghefte seiner Hörer einer größeren, aber immerhin noch recht beschränkten Öffentlichkeit zugänglich. Erst ganz allmählich entstehen Lehrbücher, die aber nur

z. T. von unmittelbaren, insbesondere deutschen Schülern von Weierstraß verfaßt wurden. Das erklärt sich so, daß Weierstraß' unmittelbarer Unterricht die Spontanität der Hörer zu sehr unterdrückte und in der Tat nur für den voll verständlich war, der schon anderweitig mit dem Stoff sich vertraut gemacht hatte. Die größeren Werke sind von Ausländern geschrieben oder geradezu im Ausland erschienen. Dieselbe, auf den ersten Blick befremdliche Tatsache werden wir auch finden, wenn wir uns mit der Weiterbildung der von Weierstraß begründeten Theorie beschäftigen.

Ich will also zunächst die Lehrbücher nennen, die eng an Weierstraß anschließen und seine Ergebnisse haben verbreiten helfen.

a) Grundlagen.

Wohl das erste aller Lehrbücher stammt von meinem Freunde Stolz (Innsbruck): „Vorlesungen über allgemeine Arithmetik. Nach den neueren Ansichten bearbeitet" (1885/86). Es ist ein Buch, daß sich durch große Gewissenhaftigkeit in der Darstellung auszeichnet und in ganz Weierstraßischer Art auf die Elemente eingeht.

b) Allgemeine Funktionentheorie.

1887 erscheint Biermann (Österreicher): „Theorie der analytischen Funktionen"; es ist nicht unbedingt zu empfehlen, da es nicht ganz zuverlässig ist.

Forsyth: „Theory of Functions of a Complex Variable" (Cambridge, 1893).

Harkness-Morley: „A Treatise on the Theory of Functions" (New York, 1893). Die beiden Autoren sind englischer resp. amerikanischer Herkunft. Beide Länder sind, nachdem die Tradition der eigenen Mathematik, wie sie Cayley (gest. 1895) und Sylvester (gest. 1897) vertraten, verblaßt war, für reine Mathematik besonders aufnahmefähig. So greifen sie Weierstraß' Ideen schnell und begierig auf.

c) Elliptische Funktionen.

Voran steht 1885, H. A. Schwarz: „Formeln und Lehrsätze zum Gebrauch der elliptischen Funktionen" (kein eigentliches Lehrbuch).

Im übrigen sind wieder nur ausländische, und zwar diesmal französische Werke zu nennen:

1886/88, Halphen: „Traité des fonctions elliptiques et de leurs applications." In zweieinhalb Bänden, elementar beginnend, bald aber zu neuen Untersuchungen aufsteigend, die durch den Tod des Verfassers unterbrochen wurden.

1893, Tannery-Molk: „Eléments de la théorie des fonctions elliptiques." In vier Bänden, sehr ausführlich, das typische Lehrbuch.

Auch in Paris war seit Cauchys Tod 1857 die funktionentheoretische Produktivität abgeflaut. Zwar hatte Hermite — geb. 1822, gest. 1901 — vom Ende der 40er Jahre an die Cauchysche Tradition hochgehalten.

Aber Hermite, ein so ausgezeichneter Mathematiker er war, besaß nicht die Selbständigkeit einer Führernatur, um eine eigene Schule zu gründen und zu halten. Sein Anlehnungsbedürfnis zwingt ihn dazu, in enge Fühlung mit Jacobi und später mit Riemann und Weierstraß zu treten. Hermite war überhaupt eine sehr merkwürdige mathematische Persönlichkeit, von der wir in der Folge noch vielfach sprechen werden. Wir verdanken ihm wichtigste, bahnbrechende Entdeckungen; und doch finden sich in seinen systematischen Darlegungen Stellen, die eine volle Klarheit vermissen lassen. Um nur ein Beispiel zu nennen: was ist in seinen autographierten Vorlesungen über Funktionentheorie, die früher sehr verbreitet waren, wie alle Autographien seiner cours an der Sorbonne, „coupure"? Es ist nicht festzustellen, ob diese Übersetzung des Riemannschen „Schnittes" die in der Natur des Problems liegende natürliche Grenze, oder ob sie nur ein Verzweigungsschnitt, also etwas mehr oder weniger Willkürliches sein soll.

Tatsächlich ist Hermite durch seine große persönliche Liebenswürdigkeit, durch sein bewußtes Streben, die Mathematik über die Reibereien der Parteien, über jeden einseitigen Nationalismus, wie er in der jüngeren Generation in Frankreich zu wachsen begann, herauszuheben und durch seine ausführliche Korrespondenz Jahrzehnte lang ein wesentlicher Mittelpunkt der gesamten Mathematik gewesen. Einer kraftvollen Einseitigkeit aber, wie sie der Gründer einer neuen mathematischen Richtung besitzen muß, war Hermite nicht fähig.

Erst seine Schüler nehmen von 1880 an die deutsche Funktionentheorie vollständig auf und bringen die neue Blüte der französischen Mathematik hervor; hierher gehören Namen wie Picard, Poincaré u. a. m. Von Poincaré rührt denn auch der eingehendste und in der Tat sehr interessante Bericht über Weierstraß' wissenschaftliche Bedeutung her, den wir bislang besitzen (Acta mathematica Bd. 22).

Zurückkehrend wäre in der Liste der Lehrbücher noch anzuführen:

d) Abelsche Funktionen.

1894, Baker (Cambridge): „Abel's Theorem and the allied theory", ebenfalls im allgemeinen Anschluß an die deutsche Funktionentheorie.

Nun kommen wir dazu, von der Weiterbildung der Weierstraßschen Funktionentheorie zu sprechen.

Zunächst Weierstraß' allgemeine Funktionentheorie. Da ist in Deutschland wohl namentlich Pringsheim, geb. 1850, seit 1877 in München, zu nennen. Er ist aus Koenigsbergers Heidelberger Schule zu Weierstraß herübergekommen und hat von Weierstraß das strenge und fast ausschließliche Operieren mit Potenzreihen übernommen, das ihn zu neuen Resultaten geführt hat.

Dann gehört hierher ein Mann, dessen wirksamer internationaler Agitation man weitgehend die Verbreitung Weierstraßscher Ideen und Art verdankt,

Mittag-Leffler, geb. 1846 in Stockholm, seit 1881 an der dortigen Universität. Als Schüler von Weierstraß hat er insbesondere die Partialbruchzerlegung und verwandte Darstellungen von Funktionen bearbeitet. Gösta Mittag-Leffler ist ein Typus für sich; bei ihm tritt die eigentliche mathematische Produktivität zurück hinter der Entfaltung einer nach außen wirkenden Tätigkeit und dem Verlangen, andere durch mehr oder weniger äußerliche Anreize zur Produktion anzuregen. Er ist darin, wie im Privatleben, Großunternehmer. Aber er ist noch mehr: er ist Hofmann und Diplomat. Zwischen Paris und Berlin hin- und herreisend, macht er sich Hermite und Weierstraß gleich unentbehrlich und setzt die offiziellen Beziehungen der Staaten für die Verbreitung ihrer Ideen in Bewegung. Er erkennt frühzeitig die außerordentliche Bedeutung von Poincaré, den er stark an sich fesselt und ganz für seine neue Zeitschrift, die *Acta mathematica*, gegründet 1882, zu gewinnen weiß. Von Anfang an sichert er den Acta, indem er seine Verbindungen zur schwedischen Diplomatie geschickt und ausgiebig ausnutzt, die allgemeinste Verbreitung und erreicht es tatsächlich, daß die Acta wohlbekannt und überall vorhanden sind, zu einer Zeit, wo das ältere deutsche Unternehmen, die Mathematischen Annalen, gegründet 1868, noch vielfach im Schatten standen.

Auf dem Gebiet der elliptischen Funktionen hat von Weierstraß' direkten Schülern wohl am meisten Kiepert (geb. 1846, seit 1879 in Hannover), und über Abelsche Funktionen Schottky (geb. 1851, seit 1902 in Berlin) gearbeitet.

Ich nenne nur diese beiden Namen; aber Weierstraß hat tatsächlich auf uns alle stark gewirkt, die wir, auf anderem Boden gewachsen, zu den elliptischen und verwandten Funktionen kamen. Man denke da nur an M. Noether und mich selbst.

Ich habe in meinen Arbeiten über hyperelliptische und Abelsche Funktionen, Math. Ann. Bd. 27 bis 36[1]) (1886—89) die Idee der σ sinngemäß auf die höheren Fälle übertragen und insbesondere den Weierstraßschen Gedanken über die Zerlegung der algebraischen Funktionen einer Riemannschen Fläche in Primfaktoren und Einheiten die meines Erachtens endgültige Ausprägung gegeben. Davon würde ich gern Näheres erzählen; doch scheint es im Rahmen dieser Vorlesung ganz unmöglich[2]).

Zuletzt möchte ich Weierstraß' vielgenannter Schülerin Sonja Kowalevsky ein paar Worte widmen.

Sie ist 1850 in Moskau geboren und studiert — wir können nur ihre mathematischen Schicksale verfolgen — zunächst als Privatschüler von

---

1) Ges. Abh. Bd. 3, Nr. XCV—XCVII.

2) Man vergl. auch die Enzyklopädieartikel II B 7, Krazer-Wirtinger: Abelsche Funktionen und allgemeine Thetafunktionen und II C 4, Bieberbach: Neuere Untersuchungen über Funktionen von komplexen Variablen.

Koenigsberger in Heidelberg, dann ebenso bei Weierstraß in Berlin, dem sie sehr nahe trat. An den öffentlichen Vorlesungen konnte sie aber nicht teilnehmen, weil die Anwesenheit von Hospitantinnen damals noch nicht erlaubt war. 1874 wird sie auf Empfehlung von Weierstraß in Göttingen in absentia promoviert auf Grund ihrer Arbeit über lineare partielle Differentialgleichungen: Crelle, Bd. 80; sie kommt da zu dem Resultat, daß eine lineare partielle Differentialgleichung mit analytischen Koeffizienten analytische Lösungen hat, eine Ausführung der Ideen, die Weierstraß in einer Jugendarbeit, welche jetzt in Bd. 1 der Werke veröffentlicht ist, niedergelegt hat[1]). 1883 wird sie auf Betreiben von Mittag-Leffler Privatdozent, 1884 Professor an der von Mittag-Leffler geleiteten Privatuniversität in Stockholm. Seitdem ist sie eine internationale Berühmtheit, die 1889, ebenfalls durch Verwendung von Mittag-Leffler, für ihre Untersuchung über die Rotation des schweren unsymmetrischen Kreisels den großen Preis der Pariser Akademie erhielt. Sie starb 1891 in Stockholm.

Ihrem Wesen nach ist sie durch ihre mathematischen Arbeiten keineswegs erschöpfend charakterisiert. Vielmehr schrieb sie u. a. Romane und erlebte sie; sie stand schließlich im Mittelpunkte des Interesses der Frauenemanzipation[2]). Es ist deshalb sehr schwer, ein klares Urteil über ihre wissenschaftliche Persönlichkeit zu gewinnen. Auf der einen Seite stehen die Enthusiasten, die ihre Heldin rühmen und preisen, auf der anderen Seite die Zweifler, die eher geneigt sind, ihr Leben und ihre Arbeiten zu verurteilen. Sicherheiten bietet uns keine der beiden Parteien, denn wir wissen ja alle, wie sehr Reklame und zu großes Lob und wieder zu herber Tadel das wahre Bild eines Menschen verzerren. Vielleicht ist am wertvollsten der Nachruf, den ihr Mittag-Leffler in den Acta math., Bd. 16, gewidmet hat.

Wir können uns hier natürlich nur mit einem kleinen Bruchstück ihrer Lebensschicksale, und mit diesen nur in aller Kürze befassen. Es handelt sich für uns um die Bedeutung ihrer mathematischen Arbeiten. Das erste, was uns auffällt, ist, daß ihre Arbeiten in enger Anlehnung und ganz im Stil von Weierstraß geschrieben sind, so daß man nicht sieht, wie weit sie unabhängige, eigene Gedanken enthalten[3]). Auch

[1]) Dies ist nicht das erste Mal, daß eine Frau in Göttingen den Doktortitel erwarb; 100 Jahre vorher promovierte Dorothea Schlözer mit einer Arbeit über russische Finanzwirtschaft, betitelt De re metallica im Alter von 17 Jahren. — In dem Diplom der D. Schlözer finde ich die schöne Bezeichnung virgo erudita, die später leider durch das unsinnige domina doctissima abgelöst wurde.

[2]) Über ihr Leben vgl. die in Reclams Universalbibliothek erschienene Biographie von A. Ch. Leffler, der Schwester Mittag-Lefflers.

[3]) Die Briefe, welche Weierstraß anläßlich des Promotionsgesuches an die Göttinger Fakultät schickte, und in denen er sich näher über ihre damaligen mathematischen Leistungen äußerte, sind neuerdings von Wentscher und Schlesinger in Bd. 18 der Jahresberichte der D. M. V. (1909, S. 89ff., S. 93ff.) abgedruckt worden.

sind Zweifel an der Zuverlässigkeit ihrer späteren Resultate geäußert worden; vgl. Volterras Kritik der Arbeit über doppelt brechende Kristalle, ihrer Habilitationsschrift (veröffentlicht Acta math., Bd. 6, 1883), wo ihr ein prinzipieller Fehler nachgewiesen wird[1]); ebenso ist man mit der Arbeit über die Rotation nicht durchweg zufrieden.

Wie dem auch sei, eins ist sicher: Sonja Kowalevsky verband mit einem glühenden Interesse für die Mathematik eine große Auffassungsgabe und ebensolches Anpassungsvermögen. Es ist zu bewundern, daß sie trotz ihrer vielen Interessen auf andersgearteten Gebieten und trotz ihres wechselvollen Lebens so viel in der Mathematik geleistet hat. Und jedenfalls können wir ihr dafür dankbar sein, daß sie es vermocht hat, Weierstraß aus seiner Verschlossenheit, die er gegen jedermann sonst in menschlichen Dingen zeigte, herauszulocken und daß uns der Lehrer im Briefwechsel mit seiner vertrauten Schülerin persönlich nähertritt.

Nach diesem singulären Fall ist das Frauenstudium der Mathematik bei uns in Deutschland in sehr viel klarere Bahnen gelenkt worden, seit von Herbst 1893 an die preußische Regierung, zunächst in Göttingen, Hospitantinnen zuließ. Die erste Doktorin der Mathematik auf Grund regulären Examens 1895 war Grace Chisholm, jetzige Frau Young.

So haben wir mit der Darlegung der Theorie der komplexen Funktionen bei Riemann und Weierstraß und deren Weiterbildung einen Abschluß erreicht. Im übrigen wollen wir den letzten Bemerkungen entnehmen, wie die Mathematik in alle Probleme der modernen Kulturentwicklung hineingezogen wird. Wir hier in Göttingen sträuben uns nicht gegen das Moderne, aber wir wollen unseren Schwerpunkt in unserer eigenen Arbeit haben und festhalten.

Siebentes Kapitel.

Vertiefte Einsicht in das Wesen der algebraischen Gebilde.

Weiterführung der algebraischen Geometrie.

In den Kapiteln 3 und 4 haben wir besprochen, wie sich die Lehre von den algebraischen Kurven und Flächen usw. auf dem Boden der projektiven Anschauungen machtvoll entwickelte. Um bei dem Einfacheren, den Kurven, zunächst zu bleiben, will ich nur zwei Stichworte nennen: Schnittpunktsätze und Berührungskurven. Denken wir an den einfachsten Fall, auf den ich immer gern zurückgreife, und den ich schon damals streifte, den der ebenen C_3. Wir hatten die Sätze:

---

[1]) Acta math., Bd. 16 (1892/93), S. 153 ff.

a) Alle C_3 durch acht Punkte schneiden sich noch in einem neunten.

b) Eine ebene C_3 hat neun Wendepunkte, die eine merkwürdige Konfiguration ergeben, indem sie zu je dreien auf einer Geraden, einer sog. Wendelinie, liegen, von denen es also zwölf gibt. Auch von den 28 Doppeltangenten der C_4 war schon beiläufig die Rede. — Nun erscheint 1857 Riemanns große Abhandlung über die *Theorie der Abelschen Funktionen*. Er kommt von einer ganz anderen Seite zu den Fragestellungen, die die Geometer der vorangehenden Epoche durch mühsame Untersuchungen bewältigt hatten, und damit erhält durch ihn die überkommene Betrachtung einen neuen und weittragenden Gedankeninhalt.

Wenn er nämlich algebraische Gleichungen

$$F(\zeta, z) = 0$$

untersucht, behandelt er tatsächlich ebene algebraische Kurven; denn man kann doch ζ und z etwa als rechtwinklige Koordinaten deuten. Schon vor Riemann war geläufig, dem ζ und z dabei komplexe Werte zu erteilen. Aber neu kommt durch ihn hinzu: 1. Die Betrachtung der zur „Kurve" gehörigen *Abelschen Integrale* $\int R(\zeta, z)\, dz$, wobei sich engste Beziehung zwischen dem „Abelschen Theorem" und den Schnittpunktsätzen, sowie vermöge der Periodizität der Abelschen Integrale, zur Theorie der Berührungskurven ergibt; 2. Die Idee der *„birationalen Transformationen"*, wonach man solche Kurven $F(\zeta, z) = 0$ und $F_1(\zeta_1, z_1) = 0$ zusammenfaßt, bei denen sich ζ und z durch ζ_1 und z_1 und umgekehrt ζ_1 und z_1 durch ζ und z rational ausdrücken lassen. — Wir werden das bald näher erläutern; vorher möchte ich wieder einige historisch-persönliche Ausführungen einschalten.

Riemann hat die Bedeutung seiner Theorien für die algebraische Geometrie von Anfang an sehr wohl erkannt. Aber er hat nur einen der niedersten Fälle, die Theorie der ebenen C_4 in seinen Vorlesungen eingehender behandelt. Dies ist erst sehr viel später aus nachgeschriebenen Vorlesungsheften bekannt geworden. Es bedurfte einer viel mehr nach außen wirkenden Natur, um die Bearbeitung der Problemstellung auf breiter Grundlage in Gang zu bringen und in weite Kreise zu tragen. Der Mann, der das geleistet hat, ist Clebsch.

Er ist 1833 in Königsberg geboren und in der dortigen mathematischen Schule aufgewachsen. Jacobi hat er nicht mehr gehört, sich aber um so enger an Jacobis Schüler, Hesse, angeschlossen. Daneben studiert er eifrig bei Franz Neumann, dessen Anregung auf mathematisch-physikalischem Gebiet ihn zuerst zur Produktion anregt. Das zeigt seine Theorie der Elastizität fester Körper, erschienen 1862, während seiner Wirksamkeit an der Karlsruher polytechnischen Schule, wo Clebsch von 1858—63, also von seinem 25.—30. Lebensjahr lehrte. Jedoch schon bald macht sich bei ihm ein Umschwung zugunsten der reinen

Mathematik geltend. Er wendet sich der algebraischen Geometrie zu und verbindet auf diesem Gebiete Jacobische und Steinersche Tradition mit dem Studium der damals neueren Arbeiten des englischen Dreigestirns Cayley, Sylvester, Salmon. Dazu kommt nun der mächtige Impuls durch Riemann. So etwa läßt sich der wissenschaftliche Charakter von Clebschs Gießener Zeit 1863—68 und der kurzen noch folgenden Jahre 1868—72 in Göttingen kennzeichnen, wo er 1872 als Rektor der Georgia Augusta ganz plötzlich im Alter von nur 39 Jahren an Diphtherie starb.

Eröffnet wird die Reihe seiner Arbeiten auf dem in Rede stehenden Gebiet durch die Aufsehen erregende Abhandlung in Crelle, Bd. 63 (1863—64): *Über die Anwendung der Abelschen Funktionen in der Geometrie.* Wir wollen das Nähere sogleich an einigen einfachen Beispielen erläutern. Vorweg aber möchte ich der energischen Art gedenken, mit der Clebsch seine Auffassungsweise weithin zur Geltung zu bringen wußte. Clebsch war ähnlich wie Jacobi einer jener gottbegnadeten Lehrer, der junge Talente heranzuziehen und zu selbständigen Forschern zu machen verstand. Man kann sein Lebenswerk nur dann richtig würdigen, wenn man neben seinen eigenen Arbeiten diejenigen, die aus der „Clebsch'schen Schule" hervorgegangen sind, in Betracht zieht. Von seinen Schülern möchte ich nur die bedeutendsten nennen, nämlich seinen Mitarbeiter Gordan, dessen wir noch besonders gedenken werden, und vor allen Dingen Brill und Noether. Schließlich gehöre auch ich selbst in gewissem Maße diesem Kreise an, wenn ich auch erst verhältnismäßig spät, nämlich erst hier in Göttingen, seine Anregungen aufgenommen und verarbeitet habe, um mich später mehr unmittelbar an Riemann anzuschließen. Das Wichtigste in der Wirksamkeit von Clebsch ist meiner Ansicht nach sein moralischer Einfluß gewesen, indem er es nämlich erreichte, uns neben tiefem wissenschaftlichem Interesse Vertrauen in die eigene Kraft einzuflößen. Darin wirkt er also ganz anders wie Weierstraß, dessen überragende Bedeutung, wie schon wiederholt angedeutet, seine Zuhörer eher niederdrückte als zu selbständigem Schaffen ermutigte. Besonders bedeutungsvoll gerade für die jüngere Generation war die Gründung der *Mathematischen Annalen* durch Clebsch und C. Neumann im Jahre 1868, die das Organ der neuen Schule wurden und die lebendige Verbindung mit den Mathematikern gleicher Richtung, insbesondere auch des Auslandes, herstellten (vgl. dazu den Aufsatz über Clebsch' wissenschaftliche Arbeiten in Math. Ann., Bd. 7 veröffentlicht von „einigen seiner Freunde"). Als Clebsch 1872 so plötzlich starb, waren wir, die wir uns von ihm hatten führen lassen, naturgemäß in starke persönliche Gegensätze mit einem großen Teil der übrigen Mathematiker verstrickt. Das Mißtrauen gegen uns ging so weit, daß die Mathematischen Annalen, in denen wir unsere Arbeiten zu veröffentlichen pflegten, in Acht und

Bann getan wurden und im Inlande nur in einem kleinen Kreise der eng zusammengehörenden Schüler und Anhänger von Clebsch gehalten wurden. Wir haben uns immer bemüht, unseren wissenschaftlichen Standpunkt von vornherein oberhalb aller Parteien zu nehmen, und haben so den Gegensatz allmählich überwunden und die positive Seite von Clebsch' wissenschaftlichen Anregungen zu allgemeiner Geltung gebracht. Die Annalen aber sind infolge dieser Haltung allmählich die reichhaltigste mathematische Zeitschrift geworden[1]).

Nun aber möchte ich mit den sachlichen Erörterungen beginnen in der Form eines elementaren Beispiels, das die Neuheit und Schönheit des Clebsch'schen Gedankenganges zeigen soll und zugleich in einer möglichst bequem zugänglichen Gestalt erscheint[2]).

Ich knüpfe zunächst an eine *ebene Kurve dritter Ordnung* C_3 an. Hier ist die Riemannsche Zahl (das „Geschlecht") $p = 1$, und die zugehörigen Abelschen Integrale verwandeln sich in elliptische, so daß wir auf einem viel vertrauteren Boden stehen. Wir wollen uns der Einfachheit halber die C_3 so projiziert denken, daß ihre Gleichung in der Weierstraßschen Normalform erscheint (vgl. S. **41**):

$$\wp'^2 = 4\wp^3 - g_2\wp - g_3$$

oder, wenn es so bequemer ist

$$y^2 = 4x^3 - g_2 x - g_3.$$

Um das Verhalten der C_3 im Unendlichen zu untersuchen, homogenisieren wir ihre Gleichung. Wir setzen also

$$x = \frac{x_1}{x_3}, \qquad y = \frac{x_2}{x_3}.$$

Es wird dann

$$x_2^2 x_3 = 4x_1^3 - g_2 x_2 x_3^2 - g_3 x_3^3.$$

Für $x_3 = 0$ wird $x_1{}^3 = 0$. Also ist die unendlich ferne Gerade $x_3 = 0$ eine Wendetangente, die die C_3 im unendlich fernen Punkte der y-Achse $x_1 = 0$ berührt. Die x-Achse ist die zu diesem Wendepunkte gehörige sog. „harmonische Polare". Auf ihr ist dann der Nullpunkt so gewählt, daß in dem Ausdruck für y^2 das Glied mit x^2 fortfällt. Damit haben wir die durch die besondere Form unserer Gleichung bedingte Lagespezialisierung aufgedeckt (vgl. Fig. 20)[3]). Es ist nun klar, daß wir von einem zugehörigen „überall endlichen elliptischen Integral"

---

[1]) Vgl. die 1898 bezw. 1921 ausgegebenen Generalregister der Bände 1—50 bezw. 51—80.

[2]) Bei Clebsch selbst und in seinen von Lindemann von 1875 beginnend herausgegebenen Vorlesungen finden sich noch viele unnötige Zwischenrechnungen, die den Zusammenhang mit dem von Jacobi herrührenden Formelapparat herstellen.

[3]) Vgl. Klein: Vorlesungen über höhere Geometrie, 3. Aufl. Berlin 1926, S. 149ff.

$$u = \int_{\infty}^{x} \frac{dx}{y} = \int_{\infty}^{x} \frac{dx}{\sqrt{4x^3 - g_2 x - g_3}}$$

sprechen können, das längs der Kurve, die für uns der Inbegriff reeller und komplexer Punkte ist, die der Kurvengleichung genügen, hinerstreckt wird, und dessen untere Grenze, wie in der Formel angedeutet ist, im unendlich fernen Wendepunkte angenommen sein mag. Dem Wert des Integrals an der unteren Grenze entspricht dann $u = 0$. Integrieren wir den ganzen reellen Kurvenzug entlang, so erhalten wir die reelle Periode ω_1. Vermehren wir u_0 um ω_1 oder um die imaginäre Periode ω_2, oder allgemein um $m_1\omega_1 + m_2\omega_2$ (m_1, m_2 ganze Zahlen), so entspricht diesen äquivalenten Punkten der u-Ebene ein und derselbe Kurvenpunkt. Umgekehrt bestimmt jeder Punkt der C_3 unendlich viele Parameterwerte $u_0 + m_1\omega_1 + m_2\omega_2$ der u-Ebene. Die ganze Kurve wird also eineindeutig auf ein einzelnes Periodenparallelogramm abgebildet; hierin spiegelt sich deutlich, daß unser Integral „überall endlich" ist. Denn sonst müßte sich das Abbild der Kurve in der u-Ebene ins Unendliche ziehen.

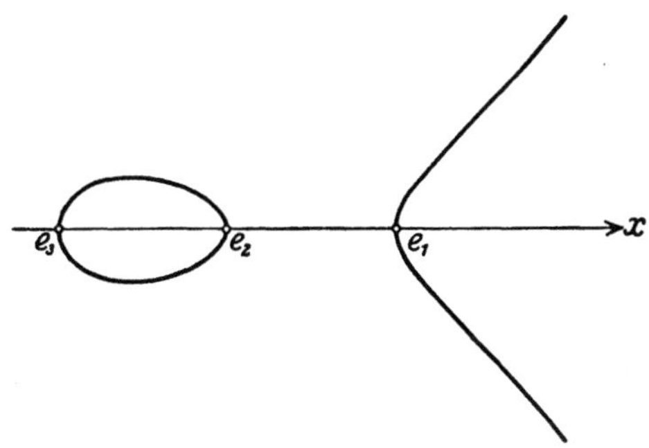

Fig. 20.

Das sind alles nur Übersetzungen auch sonst geläufiger Bezeichnungen in die Kurvensprache. Nun aber kommt eine wesentliche Gedankenwendung. Wir fragen: Wann liegen drei Punkte $u^{(1)}$, $u^{(2)}$, $u^{(3)}$ der C_3 auf einer geraden Linie

$$ax + by + c = 0,$$

oder wann ist $a\wp(u) + b\wp'(u) + c = 0$?

Das *Abelsche Theorem* sagt, daß dies der Fall ist, wenn

$$u^{(1)} + u^{(2)} + u^{(3)} \equiv 0 \ (\text{modd. } \omega_1, \omega_2)$$

ist. Das ergibt sich folgendermaßen: Die lineare Funktion $ax + by + c$, welche $u^{(1)}$, $u^{(2)}$, $u^{(3)}$ zu Nullpunkten haben soll, hat $u=0$ zum dreifachen Unendlichkeitspunkt; die $\sum_i u^{(i)}$, die zu den Nullpunkten einer doppelt periodischen Funktion gehört, ist aber zu der entsprechenden, zu den Unendlichkeitspunkten der Funktion gehörigen Summe nach dem Abelschen Theorem modulo den Perioden kongruent[1]). —

[1]) Daß dies auch hinreichend ist, folgt aus der Darstellbarkeit einer elliptischen Funktion mit vorgeschriebenen Nullstellen und Polen durch $\sigma(u)$. Vgl. z. B. Fricke: Die Elliptischen Funktionen und ihre Anwendungen. Bd. 1, Abschn. I, Kap. 3, § 7.

Genau so erhält man als Bedingung dafür, daß sechs Punkte der C_3 auf einem Kegelschnitt liegen,

$$u^{(1)} + u^{(2)} + \cdots + u^{(6)} \equiv 0 \ (\text{modd. } \omega_1, \omega_2)$$

usw.

Alle die Schlüsse über die Berührungskurven der ebenen C_3, welche die Geometer mühsam herleiten mußten, ergeben sich nun von hier aus als fast triviale Folgerungen. Beispielsweise die *Theorie der Wendepunkte*! Fallen die drei Punkte $u^{(1)}, u^{(2)}, u^{(3)}$ in einen Punkt u zusammen, wird also die Gerade zur Wendetangente, so erhalten wir als charakteristische Gleichung

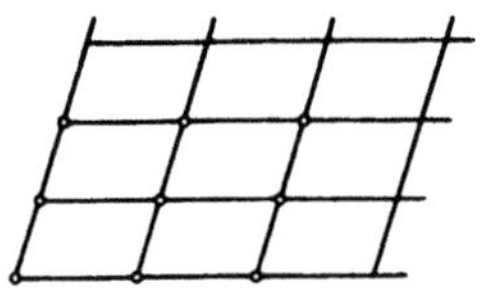

Fig. 21.

$$3u \equiv 0 \ (\text{modd. } \omega_1, \omega_2)$$

also

$$u = \frac{m_1 \omega_1 + m_2 \omega_2}{3},$$

wo m_1, m_2 unabhängig von einander ein Restsystem mod. 3 durchlaufen sollen. Daraus folgt unmittelbar die Existenz von neun Wendepunkten, entsprechend

$$u = \begin{cases} 0\,, & \dfrac{\omega_1}{3}\,, & \dfrac{2\omega_1}{3}\,, \\ \dfrac{\omega_2}{3}\,, & \dfrac{\omega_2 + \omega_1}{3}\,, & \dfrac{\omega_2 + 2\omega_1}{3}\,, \\ \dfrac{2\omega_2}{3}\,, & \dfrac{2\omega_2 + \omega_1}{3}\,, & \dfrac{2\omega_2 + 2\omega_1}{3} \end{cases}$$

(vgl. Fig. 21).

Nun können wir sofort angeben, welche drei Wendepunkte jedesmal auf einer Geraden liegen. Sehen wir nämlich das Schema für m_1, m_2

0,0	0,1	0,2
1,0	1,1	1,2
2,0	2,1	2,2

der einfacheren Sprache wegen als Determinante an, so können wir sagen: Auf einer Geraden liegen

die drei Punkte auf beliebiger Horizontalreihe,

die drei Punkte auf beliebiger Vertikallinie,

die drei Punkte, welche einem beliebigen positiven Determinantenglied entsprechen (z. B. 0,1 1,2 2,0),

die drei Punkte, welche einem beliebigen negativen Determinantenglied entsprechen,

denn dann ist immer sowohl die Summe der m_1 wie die der m_2 durch 3 teilbar.

Damit haben wir also die zwölf Wendelinien, und zwar gleich zu je dreien, so zusammengruppiert, daß man die vier Wendedreiseite Hesses vor Augen hat (vgl. S. 166). Zugleich erkennt man, daß die Hessesche Gleichung neunten Grades der Wendepunkte nichts prinzipiell Neues ist, sondern mit dem Problem der Dreiteilung der elliptischen Funktionen eng zusammenhängt.

Bringt man statt der Geraden einen beliebigen Kegelschnitt mit der C_3 zum Schnitt, so kann man ohne Rechnung, durch ähnliche Überlegungen wie die eben angestellten zu den Steinerschen Resultaten über Berührungskegelschnitte gelangen usw. usw. —

Auch den Begriff der *birationalen Transformation* können wir am Beispiel der C_3 erläutern.

Lassen wir zwei Flächen zweiten Grades im Raume sich durchdringen, so ist die resultierende Schnittkurve eine räumliche C_4 (da eine beliebige Ebene sie in vier Punkten schneidet). Diese C_4 projizieren wir auf zwei Weisen auf die Ebene (vgl. Fig. 22). Einmal liege das Projektionszentrum O_{I} auf der C_4; dann erhalten wir in der Ebene I[1]) eine C_3. Projizieren wir aber von einem beliebigen Punkte O_{II} außerhalb der C_4 aus auf die Ebene II, so erhalten wir eine ebene C_4 (die, wie man leicht zeigen kann, zwei Doppelpunkte hat).

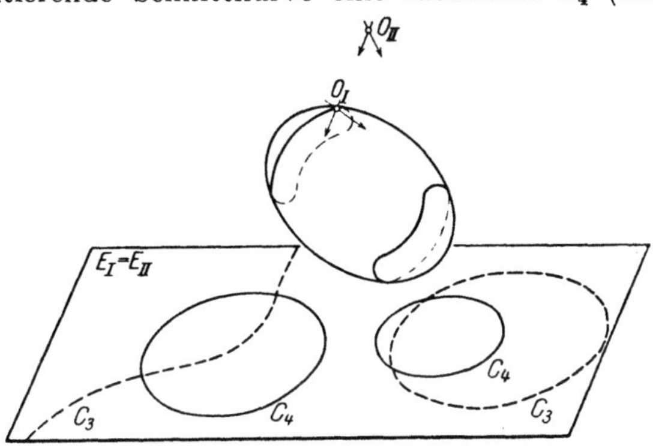

Fig. 22.

Liegt nämlich O_{II} außerhalb der räumlichen C_4, so wird eine beliebige Ebene durch O_{II} die räumliche C_4 in vier Punkten schneiden. Ihre Schnittgerade mit der Ebene II wird also die Projektion der C_4 gleichfalls in vier Punkten treffen. Befindet sich der Punkt O_{I} aber auf der räumlichen C_4, so fällt einer der vier Schnittpunkte einer durch O_{I} gelegten Ebene immer nach O_{I} selbst. Eine Ebene durch O_{I} schneidet die C_4 nur noch in drei weiteren Punkten, also trifft ihre Schnittgerade mit der Ebene I die Projektion von C_4 nur noch in drei Punkten. Die C_3 auf I und die C_4 auf II sind nun eindeutig auf einander bezogen. Denn jedem Punkt der ebenen C_4 entspricht ein bestimmter Punkt der räumlichen C_4, und diesem ist eindeutig ein Punkt der C_3 zugeordnet, und umgekehrt.

Wir sehen also, daß die Ordnungen zweier Kurven, die birational auf einander bezogen sind, sehr wohl verschieden sein können[2]).

[1]) In der Figur fallen die beiden Ebenen E_{I} und E_{II} ineinander.

[2]) Streng genommen müßte noch gezeigt werden, daß eine eineindeutige Beziehung zweier algebraischer Kurven gleich birationaler Beziehung ist.

An dieser Stelle möchte ich einem naheliegenden und in der Literatur weit verbreiteten Mißverständnis entgegentreten. Man kann selbstverständlich auch zwei Ebenen auf einander birational beziehen, und zwei Kurven, die in den beiden Ebenen liegen, sind dann eo ipso eineindeutig koordiniert. Das leisten die sog. *Cremona-Transformationen*, genannt nach dem italienischen Forscher, der auch mit Clebsch in persönliche Beziehung trat. Aber das Umgekehrte ist keineswegs notwendig: Die eineindeutige Beziehung zweier ebener Kurven bedingt nicht die eineindeutige Beziehung der Ebenen auf einander. Nehmen wir eine feste F_2, welcher der Projektionspunkt O_{II} nicht angehört, und auf ihr unsere C_4, so können wir durch die beiden Projektionen, die wir soeben ausführten, auch unsere beiden Projektionsebenen auf einander beziehen. Jedem Punkte von I entspricht ein Punkt von F_2 und diesem ein Punkt von II. Aber rückwärts entsprechen jedem Punkte von II zwei Punkte der F_2, also auch zwei Punkte von I. So sehen wir, daß eine birationale Transformation zweier ebener Kurven in einer mehrdeutigen Beziehung der beiden Ebenen enthalten sein kann.

Ich erläutere das so ausführlich, weil das Mißverständnis, als sei Riemanns Ansatz in Cremonas Theorie mit enthalten, in der Literatur immer wieder vorkommt. (Vgl. z. B. Hermites Vorrede zu Appell-Goursat: Théorie des fonctions algébriques et de leurs intégrales, Paris, 1895.)

Nach Riemann-Clebsch faßt man nun alle Kurven zusammen, die durch birationale Transformation aus einander hervorgehen: sie haben insbesondere das s e l b e p. So tritt als Charakteristikum neben die Ordnung n, die Klasse k, die Anzahl der Doppelpunkte d, der Rückkehrpunkte r, der Doppeltangenten t, der Wendetangenten w, das *Geschlecht* p der Kurve.

Diese Zahl p ist durch die Formeln

$$p = \frac{(n-1)(n-2)}{2} - d - r$$

oder dualistisch

$$p = \frac{(k-1)(k-2)}{2} - t - w$$

mit den gewohnten, oben angeführten geometrischen Größen verknüpft. Dabei ist vorausgesetzt, wie man das bei den gewöhnlichen Plückerschen Formeln immer tut, daß die C_n an singulären Punkten nur einfache Doppelpunkte und Spitzen usw. hat. Für den von uns betrachteten Fall der ebenen C_4 ist $d = 2$, $r = 0$ also $p = 1$, hat also in der Tat denselben Wert wie bei der C_3 ohne Doppelpunkt.

Was wir bei den Kurven dritter Ordnung oben ausführten, überträgt sich sinngemäß auf beliebige algebraische Kurven n-ter Ordnung $f(x, y) = 0$, indem an Stelle des e i n e n überall endlichen elliptischen

Integrals die p überall endlichen Abelschen Integrale $u_1, \ldots, u_p$ treten. Ich kann aber diese Verhältnisse im Weiteren nur andeuten.

Die p überall endlichen Integrale schreiben sich

$$\int \frac{\varphi(x, y)}{\frac{\partial f}{\partial y}} dx,$$

wo $\varphi(x, y)$ ein sonst beliebiges Polynom $(n-3)$-ten Grades ist, das in den Doppel- und Rückkehrpunkten einfach verschwindet. Man könnte zunächst glauben, das Integral werde in den Punkten unendlich, für die $\frac{\partial f}{\partial y}$ zu Null wird. Aber das sind gerade diejenigen Stellen, in denen beim Hinschreiten längs der Kurve auch das dx verschwindet (die Stellen mit vertikaler Tangente). Man sieht die Harmlosigkeit dieser Punkte am besten so ein: Für die Punkte der Kurve ist

$$\frac{\partial f}{\partial x} dx + \frac{\partial f}{\partial y} dy = f_x dx + f_y dy = 0,$$

also

$$\frac{dx}{f_y} = -\frac{dy}{f_x};$$

wo aber f_y zu Null wird, verschwindet f_x keineswegs. Auch im unendlich fernen Punkte der C_n bleibt das Integral endlich; denn da $\varphi(x, y)$ von $(n-3)$-tem und f_y im Allgemeinen von mindestens $(n-1)$-tem Grade ist, so verhält sich das Integral in diesem Punkte wie $\int \frac{dx}{x^2}$; eben deshalb darf $\varphi(x,y)$ höchstens vom $(n-3)$-ten Grade sein. Eine Funktion n-ten Grades zweier Variabeln x, y enthält $\frac{(n+1)(n+2)}{2}$ linear auftretende Konstante. Substituieren wir hier $n-3$ für n und subtrahieren die Anzahl der Doppel- und Rückkehrpunkte, so erhalten wir $\frac{(n-2)(n-1)}{2} - d - r = p$ Konstanten, entsprechend den vorhandenen p überall endlichen Integralen. Wir wählen daher φ genau vom $(n-3)$-ten Grade. —

Jedes der p endlichen Integrale hat $2p$ Periodizitätsmoduln. Um mich nicht zu weit in das Allgemeinste zu verlieren, und um möglichst anschaulich zu bleiben, will ich den Zusammenhang des Abelschen Theorems mit den Schnittpunktsätzen an der ebenen C_4 ohne Doppelpunkte erläutern. Hier ist also $p = 3$ und

$$\varphi(x, y) = ax + by + c.$$

Wir haben also drei überall endliche Integrale

$$u_1 = \int \frac{x\,dx}{f_y}, \qquad u_2 = \int \frac{y\,dx}{f_y}, \qquad u_3 = \int \frac{dx}{f_y}.$$

Eine Kurve C_n hat mit unserer C_4 $4n$ Schnittpunkte. Wir fragen wieder umgekehrt: Wann liegen $4n$ Punkte der C_4 auf einer C_n?

Nach dem Abelschen Theorem finden wir (bei geschickter Wahl der unteren Grenzen), daß die Kongruenzen

$$u_1^{(1)} + \cdots + u_1^{(4n)} \equiv 0 \ (\text{modd. } \omega_{11}, \ldots, \omega_{16}),$$
$$u_2^{(1)} + \cdots + u_2^{(4n)} \equiv 0 \ (\text{modd. } \omega_{21}, \ldots, \omega_{26}),$$
$$u_3^{(1)} + \cdots + u_3^{(4n)} \equiv 0 \ (\text{modd. } \omega_{31}, \ldots, \omega_{36})$$

erfüllt sein müssen. Es wäre nun weiter zu diskutieren, in welchem Falle diese drei Gleichungen voneinander abhängig sind. Im übrigen aber haben wir, wenn wir nach Berührungskurven fragen, Kongruenzdiskussionen wie oben bei der C_3. — So bekommen wir wenigstens eine Ahnung von diesen Fragen, die in der Folge einen breiten Teil unserer Literatur füllen und zu den schönsten Theoremen über algebraische Kurven hinleiten.

Wir fahren nun mit der Besprechung der Clebsch'schen Abhandlung von 1863 fort. Zunächst habe ich etwas rein Formales, nämlich die von Clebsch benutzte homogene Schreibweise der Integrale erster Gattung bei der C_4 auseinanderzusetzen. Durch Einführung homogener Koordinaten gewinnen nämlich die Integrale

$$\int \frac{x\,dx}{f_y}, \qquad \int \frac{y\,dx}{f_y}, \qquad \int \frac{dx}{f_y}$$

symmetrische Gestalt, und zugleich ersieht man aus dieser Darstellung fast unmittelbar, daß sie überall endlich bleiben. Wir setzen

$$x = \frac{x_1}{x_3}, \qquad y = \frac{x_2}{x_3}, \qquad f(x, y) = \frac{F(x_1, x_2, x_3)}{x_3^4}.$$

Dann wird

$$dx = \frac{x_3\,dx_1 - x_1\,dx_3}{x_3^2}, \qquad f_y = \frac{1}{x_3^4} \cdot \frac{\partial F}{\partial x_2} \frac{\partial x_2}{\partial \frac{x_2}{x_3}} = \frac{1}{x_3^3} \frac{\partial F}{\partial x_2}.$$

Setzen wir zur Abkürzung

$$\frac{x_3\,dx_1 - x_1\,dx_3}{\frac{\partial F}{\partial x_2}} = d\tilde{\omega},$$

so wird

$$u_i = \int x_i\,d\tilde{\omega} \qquad (i = 1, 2, 3).$$

Das ist in der Tat ein erster formaler Fortschritt. In $d\tilde{\omega}$ ist aber x_2 scheinbar bevorzugt. Wir werden sogleich sehen, daß diese Unsymmetrie leicht gehoben werden kann.

Längs der C_4 ist

$$\frac{\partial F}{\partial x_1} dx_1 + \frac{\partial F}{\partial x_2} dx_2 + \frac{\partial F}{\partial x_3} dx_3 = 0.$$

Ferner ist nach dem Eulerschen Theorem:

$$x_1 \frac{\partial F}{\partial x_1} + x_2 \frac{\partial F}{\partial x_2} + x_3 \frac{\partial F}{\partial x_3} = 4F = 0.$$

Daraus folgt

$$\frac{\partial F}{\partial x_1} : \frac{\partial F}{\partial x_2} : \frac{\partial F}{\partial x_3} = (x_2\,dx_3 - x_3\,dx_2) : (x_3\,dx_1 - x_1\,dx_3) : (x_1\,dx_2 - x_2\,dx_1).$$

Deshalb kann $d\tilde{\omega}$ in den drei äquivalenten Formen geschrieben werden:

$$d\tilde{\omega} = \frac{x_k\,dx_l - x_l\,dx_k}{F_{x_m}} \qquad (k, l, m = 1, 2, 3).$$

Diese Ausdrücke zieht Clebsch (um ganz unparteiisch zu sein, nach dem Vorgange von Aronhold) folgendermaßen zusammen:

$$d\tilde{\omega} = \frac{\begin{vmatrix} c_1 & x_1 & dx_1 \\ c_2 & x_2 & dx_2 \\ c_3 & x_3 & dx_3 \end{vmatrix}}{\sum\limits_{i=1}^{3} c_i F_{x_i}}.$$

Die c_i sind nur formal vorkommende Größen, über die man also beliebig verfügen kann.

Setzen wir hierin

$$\begin{aligned} c_1 &= 1 \\ c_2 &= 0 \\ c_3 &= 0 \end{aligned} \quad \text{oder} \quad \begin{cases} 0 \\ 1 \\ 0 \end{cases} \quad \text{oder} \quad \begin{cases} 0 \\ 0, \\ 1 \end{cases}$$

so erhalten wir die drei Ausdrücke für $d\tilde{\omega}$, von denen wir ausgingen. Unsere drei Integrale können wir jetzt schreiben

$$u_i = \int x_i \frac{|c\,x\,dx|}{\sum\limits_{\lambda=1}^{3} c_\lambda F_{x_\lambda}} \qquad (i = 1, 2, 3).$$

Somit haben wir alles gewonnen, was wir in formaler Hinsicht in Aussicht stellten. Die Symmetrie und die Endlichkeit der Integrale treten klar hervor. Für die unendlich fernen Punkte der C_4, also für $x_3 = 0$ bleibt alles endlich, wie etwa für $x_1 = 0$ oder $x_2 = 0$. Ferner ist

$$\sum_{\lambda=1}^{3} c_\lambda F_{x_\lambda} = 0$$

die Gleichung der Polaren des Punktes (c_1, c_2, c_3) in bezug auf $F = 0$, ist also da befriedigt, wo die von c_1, c_2, c_3 auslaufenden Tangenten berühren. Durch geschickte Wahl des Punktes (c_1, c_2, c_3) wird stets erreicht, daß jeder Verdacht, ein Punkt könne Unendlichkeitspunkt von u_1 oder u_2 oder u_3 sein, wegfällt.

Ich will noch angeben, wie man bei einer Kurve n-ter Ordnung $F = 0$ mit d Doppelpunkten und r Spitzen (das ist der Fall, auf den sich Clebsch beschränkt), die $p = \frac{(n-1)(n-2)}{2} - d - r$ überall endlichen Integrale hinschreibt. Es sind das

$$u_1 = \int \varphi_1 \, d\tilde{\omega}, \ldots, u_p = \int \varphi_p \, d\tilde{\omega},$$

wobei wie oben

$$d\tilde{\omega} = \frac{|c\,x\,dx|}{\sum\limits_{\lambda=1}^{3} c_\lambda F_{x_\lambda}}$$

ist. $\varphi_1, \ldots, \varphi_p$ sind homogene Polynome $(n-3)$-ten Grades in den x_1, x_2, x_3 die in den Doppelpunkten und Spitzen verschwinden. Eine solche Form φ hat genau p linear unabhängige Konstante (siehe S. 303). Man hat also unter den Formen, die diesen Bedingungen genügen, nur p linear unabhängige als $\varphi_1, \ldots, \varphi_p$ auszuwählen. Jedes dieser φ hat mit der C_n genau $n(n-3)$ Schnittpunkte und verschwindet daher außer in den Doppel- und Rückkehrpunkten, die bei den folgenden Betrachtungen nicht zählen, in

$$n(n-3) - 2d - 2r = 2p - 2$$

Punkten.

Unsere Formeln gelten natürlich auch bei $p = 1$, nur kommen da die φ ganz in Wegfall. Es ist einfach bis auf einen beliebigen konstanten Faktor

$$u = \int d\tilde{\omega},$$

was man an der Weierstraßschen Normalform nachprüfen möge.

Man bemerke noch, daß aus

$$u_1 = \int \varphi_1 \, d\tilde{\omega}, \ldots, u_p = \int \varphi_p \, d\tilde{\omega}$$

folgt:

$$du_1 : du_2 : \cdots : du_p = \varphi_1 : \varphi_2 : \cdots : \varphi_p .$$

Der hier benutzte Buchstabe φ ist typisch und wurde schon von Riemann gewählt. Man spricht von den „dem algebraischen Gebilde adjungierten φ-Formen".

Ich mußte diesen kleinen formalen Exkurs geben, weil man sich sonst in der Literatur, die an Clebsch anschließt, insbesondere in den „Vorlesungen über Geometrie", die Lindemann 1875/76 herausgegeben hat, nicht zurechtfindet.

Man muß dabei den Eindruck überwinden, als sei die homogene Schreibweise etwas Schwankendes oder doch schwer Begreifliches. Die Sache wird einfach nur so formal dargestellt, wie man es in der projektiven Geometrie — algebraisch zu reden, der ternären Invariantentheorie — gewohnt ist. Insbesondere muß man sich zu der Auffassung durcharbeiten, daß die Integrale u bei gezeichnet vorliegender Kurve etwas ganz Konkretes sind, so daß man die aus ihrer Theorie abgeleiteten Sätze über Berührungskurven usw. alle durch die Zeichnung bestätigen kann. So habe ich es für die C_3, oder vielmehr, was bequemer ist, nach dualistischer Umformung für die Kurve dritter Klasse in den

Annalen, Bd. 7 (1874) gemacht, indem ich die imaginären Elemente der Kurve durch die „neuen Riemannschen Flächen" deutete, von denen ich im Anfang von Kap. 4 sprach [1]). Auch bei den C_4 bzw. den Kurven vierter Klasse habe ich die Sache zeichnerisch durchgeführt. Diese Abhandlungen finden sich in den Annalen, Bd. 10, 11 (1876—77) [2]). Ich kann sie aber hier nicht erläutern, da ich ja den Fall $p = 3$ nur ganz obenhin berührt habe. Alle Angaben über die Gruppierung der Doppeltangenten werden genau so arithmetrisch-elementar, wie sie es oben bei den Wendepunkten der C_3 geworden sind.

Kehren wir nun zu Clebsch zurück. Es genügte ihm nicht, die Riemannschen Resultate geometrisch zu deuten, sondern er faßte den Gedanken, auf dieser geometrisch-algebraischen Basis die Theorie der Abelschen Funktionen in neuer Weise zu begründen! So ist das Buch von Clebsch und Gordan, die „*Theorie der Abelschen Funktionen*" von 1866 entstanden.

Man muß, wenn man die große, darin enthaltene Leistung würdigen will, beachten, daß Weierstraß' Theorie der Abelschen Funktionen, die im einzelnen einfacher und systematischer und sehr viel strenger vorgeht, damals noch nicht vorlag; während Riemanns Grundlage — sein Existenzbeweis aus dem Dirichletschen Prinzip — nicht nur als fremdartig, sondern als unsicher galt. Besonders zu erwähnen ist der Enthusiasmus für die projektive Geometrie bzw. die Invariantentheorie der linearen Substitutionen, als Vorstufe der birationalen Transformationen, wie er sich im Schlußsatz der Vorrede äußert: „Auch diese Disziplin (die Lehre von den Abelschen Funktionen) endet schließlich in jenen Zweigen der neueren Algebra, welche zum Zentrum aller neuen mathematischen Entwicklung bestimmt zu sein scheinen."

Ich kann hier auf Einzelheiten des Buches nicht eingehen, sondern verweise vielmehr auf den ausführlichen Bericht von Brill und Noether im dritten Bande der Jahresberichte der D.M.V. (1894): „Die Entwicklung der Theorie der algebraischen Funktionen in älterer und neuerer Zeit", der die genannten, hier in Betracht kommenden Arbeiten einer zusammenfassenden Besprechung unterzieht. — Aber ich muß von Gordan erzählen, der von Clebsch veranlaßt wurde nach Gießen zu ziehen, um ihm beim Eindringen in die Riemannsche Gedankenwelt behilflich zu sein. Die Anteile der beiden an dem Buche sind nicht auseinander zu halten. Gordan wurde 1837 in Breslau geboren. Besondere Anregung bot ihm das Studium der Jacobischen Schriften. Er verbrachte ein Jahr in Göttingen (1862—63). Riemann hat er aber nur ganz kurz gesehen, da dieser nach wenigen Wochen wegen Erkrankung aussetzen mußte. Durch privates Studium, gemeinsam mit Thomae und Schering, suchte nun Gordan in die Riemannschen Theorien einzu-

[1]) Oben S. 139ff.; Klein: Ges. Abh.. Bd. 2, S. 89ff.

[2]) Ges. Abh., Bd. 2, Nr. XXXVIII—XLI.

dringen. Diese Gedankenwelt war aber doch nicht für ihn geschaffen. Seiner Veranlagung nach fühlte er sich viel stärker zu der formalen Seite der Invariantentheorie hingezogen (die er durch Clebsch kennen lernte). Hier errang er auch bald große Erfolge und blieb bis zu seinem Tode (1912) ein Führer in diesem Gebiete. Mit Gordans Namen ist der wichtige Satz dauernd verknüpft, daß zu jeder binären Grundform $f(x_1, x_2)$ ein endliches System rationaler Invarianten und Kovarianten gehört, durch das sich alle anderen rationalen Invarianten und Kovarianten rational und ganz ausdrücken lassen (1868/1869, Crelle, Bd. 69, S. 323ff,, Ann. Bd. 2, S. 227ff.). Aber den Zusammenhang dieser Fragen mit der Theorie der Abelschen Funktionen hat Gordan nicht mehr behandelt. Seine wissenschaftliche Biographie, verfaßt von Noether, findet man in Bd. 75 der Annalen (1914).

Der Impuls des Clebsch-Gordanschen Buches machte sich zunächst weniger nach Seiten der Abelschen Funktionen, als nach rein algebraischer Seite geltend. Die Neigung zur Systematik und in breiteren mathematischen Kreisen der Mangel an umfassenden Kenntnissen mögen einander dabei unterstützt haben. Es galt nun, den ganzen Fragenkomplex, der für die algebraischen Kurven durch Voranstellen der birationalen Transformationen gegeben ist, auszuschöpfen und eine gleichzeitig strenge und allgemeine, d. h. alle Einzelfälle (also auch alle Arten singulärer Punkte) umfassende Grundlage zu schaffen. Die wichtigste Arbeit, welche in dieser Hinsicht erschienen ist, ist die von Brill und Noether, Annalen, Bd. 7 (1847): *„Über die algebraischen Funktionen und ihre Anwendung in der Geometrie.“* (Wir würden heute etwa sagen: Studium des „Körpers“ $R(\zeta, z)$, unabhängig von den beiden „beliebigen“ Funktionen ζ und z des Körpers.) Bemerkbar ist der Gleichklang und der Unterschied im Titel gegen die Abhandlung von Clebsch aus dem Jahre 1863 (Über die Anwendung der Abelschen Funktionen in der Geometrie). Man kann sagen: Alles, was dem „Abelschen Theorem“ entspricht, wird hier auf streng durchgeführte algebraische Eliminationsprozesse gegründet, während die weiteren Folgerungen, die mit der Periodizität der Abelschen Integrale zusammenhängen, beiseite bleiben.

Wir wollen nun einen wichtigen Satz nennen, den Brill und Noether algebraisch herausarbeiten (den ich aber hier leider nicht beweisen kann), den sog. *Riemann-Rochschen Satz*, der Aufschluß gibt über die Anzahl der Konstanten, die in algebraischen Funktionen $F(\zeta, z) = 0$ auftreten, welche nirgendwo sonst als in m vorgeschriebenen Punkten einer C_n unendlich werden. Nach diesem Satz hat die allgemeinste algebraische Funktion, die diese Bedingung erfüllt, die Gestalt

$$F = c_1 F_1 + c_2 F_2 + \cdots + c_\mu F_\mu + c_{\mu+1},$$

wo

$$\mu = m - p + \tau$$

ist. Dabei bedeutet τ die Anzahl der „linear-unabhängigen" φ, die in den m Punkten verschwinden, und p das Geschlecht der Kurve. — Wir wollen uns diesen Satz an einem Beispiele klar machen.

Gegeben sei eine C_4 ohne Doppelpunkte. Hier ist $p = 3$ und die φ sind gerade Linien.

Für $m = 1$ ist $\tau = 2$ und $\mu = 1 - 3 + 2 = 0$,

„ $m = 2$ „ $\tau = 1$ „ $\mu = 0$,

„ $m = 3$ „ $\tau = \begin{cases} 1 \\ 0 \end{cases}$ „ $\mu = \begin{cases} 1 \\ 0 \end{cases}$.

Also gibt es in den drei Fällen $\mu = 0$ keine algebraische Funktion, die nur in den gegebenen Kurvenpunkten unendlich wird. Ist $m = 3$, so existiert dann und nur dann eine solche Funktion, wenn die drei Punkte in gerader Linie liegen. Da kann man sie dann auch leicht konstruieren. Es mögen die drei Punkte durch eine Gerade $v = 0$ ausgeschnitten werden. v schneidet noch in einem vierten Punkte. Durch ihn legen wir eine weitere Gerade $u = 0$ und haben dann etwa

$$F_1 = \frac{u}{v}.$$

Man sieht, was für eine intime Bedeutung diese φ für die Frage nach den Invarianten gegenüber birationalen Transformationen hat.

Und nun kommt eine wunderbare Gedankenwendung, die, von Riemann bereits begonnen, von H. Weber und Noether vollends herausgearbeitet wurde und die jenem Schlußsatze in der Vorrede des Clebsch-Gordanschen Buches hinterher eine volle Bedeutung gibt, an welche die Autoren ihrer Zeit gewiß nicht gedacht haben.

Wir wollen uns in einen Raum von $p - 1$ Dimensionen begeben, dessen homogene Koordinaten wir $\varphi_1, \ldots, \varphi_p$ nennen. In diesen Raum verpflanzen wir unsere Kurve $C_n = f(\zeta, z)$ oder $F(x_1, x_2, x_3) = 0$ durch eine birationale Transformation, indem wir unter $\varphi_1, \ldots, \varphi_p$ die zugehörigen Formen φ verstehen und damit jedem ihrer Punkte einen Punkt des $(p - 1)$-dimensionalen Raumes R_{p-1} zuordnen. Wir erhalten so eine C_{2p-2}, da jedes φ auf der Kurve $2p - 2$ eigentliche Nullstellen hat (siehe S. 306). In Gestalt dieser C_{2p-2}, der „*Normalkurve*", wollen wir unser Gebilde von jetzt an behandeln.

Wir werden bald den großen Vorteil erkennen, den wir dadurch erlangen. Zunächst will ich aber wieder einige Beispiele geben:

$p = 3$: Die Normalkurve ist die ebene C_4, von der wir früher ausgegangen sind; denn bei ihr war

$$\varphi_1 : \varphi_2 : \varphi_3 = x_1 : x_2 : x_3.$$

$p = 4$: Die Normalkurve wird eine C_6 des R_3. Man findet, daß es eine allgemeine Schnittkurve einer Fläche zweiter Ordnung mit einer der dritten Ordnung ist.

$p = 5$: Normalkurve wird eine C_8 des R_4, die sich als Schnitt dreier Gebilde zweiten Grades erzeugen läßt.

$p = 2$: Wir erhalten eine doppelt überdeckte Gerade mit sechs Verzweigungspunkten, so daß wir hier keine eineindeutige, sondern eine einzweideutige Beziehung zwischen Gebilde und Normalkurve haben, die nur dadurch eineindeutig wird, daß wir uns die Gerade als „doppeltüberdeckt" vorstellen.

Nun könnte man die C_6 des R_3 und die C_8 des R_4 auf die Ebene projizieren, wie es noch Clebsch und Gordan getan haben. Wir wollen aber gerade bei der Kurve des höheren Raumes bleiben, und zwar aus folgendem Grunde: Die C_{2p-2} des R_{p-1} ist bis auf lineare Transformationen der homogenen Koordinaten $\varphi_1, \ldots, \varphi_p$ völlig bestimmt. Um das klar zu machen, beziehe ich mich wohl am besten auf die Integrale erster Gattung, deren Invariantsein gegenüber beliebiger birationaler Transformation des zugrunde liegenden algebraischen Gebildes besser einleuchtet.

Wählt man irgend p linear unabhängige Integrale erster Gattung: $u_1, \ldots, u_p$ so stellt sich (wie man auf Riemannscher Basis beweisen kann, die alle Spezialfälle mit einschließt) jedes andere Integral erster Gattung in der Gestalt

$$U = c_1 u_1 + \cdots + c_p u_p + C$$

dar. Durch Differentiation nach $\tilde{\omega}$ erhalten wir (siehe S. 306):

$$\Phi = c_1 \varphi_1 + c_2 \varphi_2 + \cdots + c_p \varphi_p.$$

Wähle ich also statt der ersten Serie von p Formen $\varphi_1, \ldots, \varphi_p$ nach irgendwelcher birationaler Transformation der Kurve p Formen $\Phi_1, \ldots, \Phi_p$ aus, so habe ich

$$\Phi_1 = c_{11} \varphi_1 + \cdots + c_{1p} \varphi_p,$$
$$\cdots\cdots\cdots\cdots\cdots$$
$$\Phi_p = c_{p1} \varphi_1 + \cdots + c_{pp} \varphi_p.$$

Die homogenen Koordinaten des R_{p-1} erleiden also einfach eine lineare Transformation.

Damit kehren wir aber in das Gebiet der uns geläufigen linearen Invariantentheorie bzw. der projektiven Geometrie des Raumes von $p-1$ Dimensionen zurück! Also: Will man genau erfahren, was bei birationalen Transformationen invariant ist, so betrachte man die C_4 des R_2, die C_6 des R_3, die C_8 des R_4 unter dem Gesichtspunkte der linearen Invariantentheorie. Den Fall $p = 2$, der sich auch sinngemäß einordnet, lasse ich jetzt der Kürze wegen beiseite.

Erst jetzt kann ich eine Theorie berühren, die für uns, als wir begannen, lange Zeit mit einem Schleier umhüllt war. Riemann sagt, daß bei beliebiger birationaler Transformation des Gebildes nicht nur die Zahl p ungeändert bleibt, sondern (für $p > 1$) auch noch $3p - 3$ Konstanten, die er „*Moduln*“ des Gebildes nennt.

Diese Moduln sind einfach die absoluten Invarianten, welche die Normalkurve C_{2p-2} gegenüber linearer Transformation ihrer homogenen Koordinaten aufweist!

Daß die C_{2p-2} wirklich $3p - 3$ Invarianten hat gegenüber linearer Transformation, kann ich hier nur durch Abzählung zeigen:

$p = 3$: Die C_4 enthält 14 Konstante ($f = 0$ hat 15 Glieder). Von diesén sind acht als Parameter einer beliebigen Projektivität abzuzählen. Die Differenz beträgt also

$$6 = 3p - 3.$$

$p = 4$: Die Normalkurve C_6 ist der Schnitt einer Fläche zweiten Grades $F_2 = 0$ und einer Fläche dritten Grades $F_3 = 0$. $F_2 = 0$ hat 9 Konstante. $F_3 = 0$ enthält an sich 19 Konstanten. Aber wir können F_3 ersetzen durch $F_3 - (a_1 x_1 + a_2 x_2 + a_3 x_3 + a_4 x_4) F_2 = 0$ und dadurch vier Glieder ihrer Gleichung fortschaffen. Es bleiben somit 15 Konstanten. Als Parameter einer beliebigen Projektivität sind 15 Konstanten abzuziehen. Also bleiben

$$9 + 15 - 15 = 3p - 3$$

Konstante.

$p = 5$: Die C_8 im R_4 kann als Schnittkurve von drei Flächen zweiten Grades $F_2' = 0$, $F_2'' = 0$, $F_2''' = 0$ erzeugt werden. An sich hat die F_2 des R_4 $\frac{5 \cdot 6}{2} = 15$ Glieder, also 14 Konstanten. Aber wir können z. B. F_2' immer ersetzen durch $F' - c''F'' - c'''F'''$. Also kommen nur je 12 Konstanten in Betracht. Eine beliebige Projektivität enthält 24 Konstanten. Also bleiben

$$12 \cdot 3 - 24 = 3p - 3$$

Konstanten.

Durch diese Normalkurve der φ schließt sich also die Theorie der algebraischen Gebilde zu einem harmonischen Ganzen. Es ist doch die lineare Invariantentheorie, die die Probleme beherrscht, aber nur, wenn man sie richtig in Ansatz bringt!

Nachdem ich von der Ausgestaltung gesprochen habe, welche die Lehre von den algebraischen Kurven in Verbindung mit der Theorie der Abelschen Integrale im Anschluß an Riemann durch Clebsch und seine Schüler erfahren hat, will ich jetzt die allgemeinen geschichtlichen Zusammenhänge weiterführen.

Man versteht, das für den weiteren Ausbau der Theorie zwei Möglichkeiten gegeben waren:

1. die Untersuchung der Normalkurve C_{2p-2} der φ im R_{p-1}. Es handelt sich hier darum, von rein algebraischer Grundlage aus die

lineare Invariantentheorie bzw. die projektive Geometrie des R_{p-1} zu entwickeln bis zum synthetischen Aufbau der Theta-Reihen. In dieser Hinsicht habe u. a. ich selbst für $p = 2, 3$ in den Math. Ann., Bd. 27, 32, 36 gewisse erste Ansätze gemacht[1]).

2. Als Ausgangspunkt können auch die Theta-Reihen, mit denen man dann zunächst formal rechnet, gewählt werden. Von diesen aus gelangt man hinabsteigend bis zu den algebraischen Gebilden. Von den vielen Forschern, die auf diesem Gebiete gearbeitet haben, kann ich hier nur einige nennen, wie etwa Weber, Noether, Schottky, Prym und Krazer, Poincaré, Wirtinger.

Diese beiden Richtungen der Forschung sollten schließlich zusammenlaufen. Aber wir sind, so deutlich auch die Zielpunkte vor Augen liegen, mangels geeigneter Arbeitskräfte noch weit von dem Abschluß der Theorie entfernt. Es hat sich hier ein merkwürdiger Umschwung vollzogen. Als ich studierte, galten die Abelschen Funktionen — in Nachwirkung der Jacobischen Tradition — als der unbestrittene Gipfel der Mathematik, und jeder von uns hatte den selbstverständlichen Ehrgeiz, hier selbst weiterzukommen. Und jetzt? Die junge Generation kennt die Abelschen Funktionen kaum mehr.

Wie ist das gekommen? In der Mathematik, wie in anderen Wissenschaften, können immer wieder dieselben Vorgänge beobachtet werden. Einmal treten neue Fragestellungen aus inneren oder äußeren Gründen auf, welche die jüngeren Forscher reizen und von den alten Fragen ablenken. Dann aber erfordern die alten Fragen, eben weil sie vielfach bearbeitet worden sind, zu ihrer Beherrschung nachgerade ein immer umfangreicheres Studium. Das ist unbequem, und man wendet sich schon darum gerne Problemen zu, welche noch weniger ausgebildet sind und darum weniger Vorkenntnisse erfordern, mag es sich nun um formale Axiomatik oder Mengenlehre oder sonst etwas handeln!

Es bleibt also nichts übrig, als die alten Gebiete in guten Referaten — in den Jahresberichten, der Enzyklopädie usw. — oder in Monographien so zusammenzufassen, daß die spätere Entwicklung, wenn es das Schicksal so fügt, hier wieder anknüpfen kann.

Doch muß ich nun noch von zwei Richtungen erzählen, in denen sich die Theorie der algebraischen Gebilde im Anschluß an Riemann und Clebsch weiterentwickelt hat. Natürlich kann ich hier nur einzelne hervorragendste Leistungen nennen.

1. Die *Theorie der algebraischen Raumkurven*: Es handelt sich hier um das Problem, sämtliche Raumkurven von bestimmter Ordnung aufzuzählen. — Diese Aufgabe wurde für das Jahr 1882 von der Berliner Akademie für den Steinerpreis gestellt. Das ist einer der wenigen Fälle, in denen dieses Preisausschreiben großen Erfolg hatte. Zwei Arbeiten

---

[1]) Klein: Ges. Abh., Bd. 3, Nr. XCV, XCVI, XCVII.

wurden geliefert, die noch immer so ziemlich den äußersten Punkt bezeichnen, bis zu dem die Untersuchung der algebraischen Raumkurven gelangt ist. Es sind dies die Abhandlungen von M. Noether (Abh. der Berliner Akademie 1882 und Crelle, Bd. 93) und Halphen (Journal de l'École Polytechnique 52 (1882) = Oeuvres t. III. p. 261 ff.).

Daß bei der von der Berliner Akademie gestellten Preisaufgabe ein Franzose mit konkuriert, ist sehr bemerkenswert. Es ist dies ein Zeichen, daß dort die jüngere Generation die deutschen Errungenschaften nachgerade assimiliert hat. Halphen eröffnet diese Reihe um 1870, in der sich bald um 1880 Namen wie Picard und Poincaré bemerkbar machen. In diesen Forschern vereinigen sich die Anregungen zweier französischen Schulen, derjenigen von Chasles und Hermite. Von Chasles als Geometer haben wir schon gesprochen. Als Vertreter der géométrie supérieure an der Sorbonne hat er von 1850 an die Theorie der algebraischen Kurven in der Weise geltend gemacht, daß er gewisse Grundbegriffe (Definition der Kurven selbst, Bezoutsches Theorem) der Analysis entnahm, im übrigen aber unter Zurückstellung der Formeln an der Kurve selbst operierte. Seine Überlegungen waren also in ihrer Grundlage analytisch, aber in ihrer Ausgestaltung in geometrische Form gekleidet. Das ist die sog. „*Méthode mixte*", die auch im Auslande bald viele Nachfolger gefunden hat. Vor allem sind hier Zeuthen (Kopenhagen) und Cremona (Rom) zu nennen. — Hermite aber, dessen algebraische, zahlentheoretische und funktionentheoretische Arbeiten wir ebenfalls schon wiederholt nannten, ist in seiner Lehrtätigkeit (gleichfalls an der Sorbonne), von der wir im vorigen Kapitel gesprochen haben, immer wieder auf die analytische Theorie der Thetafunktionen eingegangen. Die geometrische Bedeutung der Abelschen Funktionen hat Hermite immer ganz fern gelegen. Von seinen Schülern nenne ich hier nur Camille Jordan, von dem bald mehr zu erzählen sein wird.

2. Die Ausdehnung der Untersuchungen auf *algebraischen Flächen* $F(x, y, z) = 0$ (also 2-dimensionale, oder, da die Variabeln auch komplexe Werte haben sollen, 4-dimensionale Gebilde).

Auch hier macht das Transzendente den Anfang, indem Clebsch 1868 in einer ganz kurzen Note in den Comptes Rendus (Bd. 67) bemerkt, daß bei einer algebraischen Fläche mit einfachen Singularitäten eine lineare Schar zugehöriger überall endlicher Doppelintegrale in der Gestalt

$$\iint \frac{\varphi_{n-4}}{\frac{\partial F}{\partial z}}\, dx\, dy$$

hergestellt werden kann, und daß die Gliederzahl p der hier auftretenden φ bei birationaler Transformation der Fläche notwendig invariant ist. (Dieses p heißt das „Geschlecht der Fläche".)

Clebsch selbst hat sich in der Folge darauf beschränkt, die einfachsten Beispiele solcher birationaler Transformationen zu studieren und zu zeigen, welchen Nutzen man daraus für die „Geometrie auf der Fläche" ziehen kann. Er betrachtete insbesondere den Fall, daß sich die Fläche birational auf eine Ebene beziehen läßt, worauf man in der Lage ist, alle Fragen über Kurven auf der Fläche in der Ebene zu studieren. Wir werden nachher ein einfachstes Beispiel dieser Art kennen lernen.

Die allgemeine Frage nach den birationalen Transformationen der Fläche als algebraisches Problem hat Clebsch gleich 1869 Noether übergeben. Hierin zeigt sich Clebsch so recht als Lehrer; er selbst hätte sich, nach seinem eigenen Urteil, gar nicht so konzentrieren können. Noether hat dann auch, meist in den Mathematischen Annalen, zahlreiche Arbeiten über diese jetzt sehr umfangreiche Disziplin veröffentlicht und ist als ihr eigentlicher Begründer anzusehen. Das allgemeine Problem der birationalen Transformation der Flächen ist dann insbesondere von der jungen italienischen Schule weiterentwickelt worden, der Segre, Veronese, Enriques, Castelnuovo, Severi angehören. Diese behandelten das Problem zunächst mit algebraisch-geometrischen Mitteln und später auch, nachdem Picard in Paris vorangegangen war, mit transzendenten.

Daß aber die Italiener hier auf den Plan treten, hat seinen allgemeinen Grund darin, daß die Wissenschaft von Volk zu Volk wandert, wie ich schon gelegentlich darlegte. Hat ein Volk sich in bestimmter Richtung stark wissenschaftlich betätigt und ist ermüdet, so greift ein anderes ein. Der nähere Zusammenhang der lebhaften Beteiligung der Italiener an der Entwicklung unseres Problems ist aber folgender. Cremona, der, wie ich schon oben andeutete, ein Schüler Chasles war, übte als Lehrer und Forscher in Italien einen großen Einfluß aus. Cremona, geb. 1830, gehört zu dem Dreigestirn Betti, Brioschi, Cremona, welche, um 1860 beginnend, in dem neu geeinten Königreich Italien die moderne mathematische Wissenschaft in Gang brachten und zugleich die Verbindung mit den gleichstrebenden Forschern in Deutschland, England und Frankreich herstellten. Um diese Zeit erfolgt also der Eintritt Italiens in die internationale Arbeitsgemeinschaft. Ich nenne gerade diese drei Mathematiker, weil sie vielfach auch organisatorisch tätig gewesen sind. Sonst würde ich jedenfalls noch Beltrami anführen, der aber mehr nur als wissenschaftlicher Forscher gearbeitet hat. Brioschi, als Direktor der polytechnischen Schule in Mailand, Cremona in gleicher Eigenschaft in Rom, wo die polytechnische Schule mit der naturwissenschaftlichen Fakultät der Universität verbunden ist, und Betti, als Direktor der Scuola Normale Superiore (Lehrerbildungsanstalt) in Pisa, hatten dagegen nebenbei auch einen großen praktischen Wirkungskreis. Betti hat zeitweise als Unterstaatssekretär im Unterrichtsministerium gewirkt, Cremona ist für kurze Zeit selbst Unterrichtsminister gewesen. (Ich führe das um so lieber an, als eine derartige einflußreiche Stellung von Mathematikern in Deutschland noch immer etwas Undenkbares ist; bei uns müssen es immer Juristen sein. „In Deutschland hat die Göttin Justitia die leidige Gewohnheit, die Ministerportefeuilles nur ihren eigenen Sprößlingen in die Wiege zu legen" (Pringsheim).

Cremona insbesondere hat dem mathematischen Universitätsunterricht in Italien die Form gegeben, daß die projektive Geometrie, verbunden mit Übungen in der darstellenden Geometrie in den Vorlesungen für Anfänger sehr stark vertreten ist. Auf diesem Grunde sind dann insbesondere die geometrischen Studien in Italien emporgeblüht, so daß in den letzten Dezennien Italien geradezu die führende Rolle auf diesem Gebiet übernommen hat.

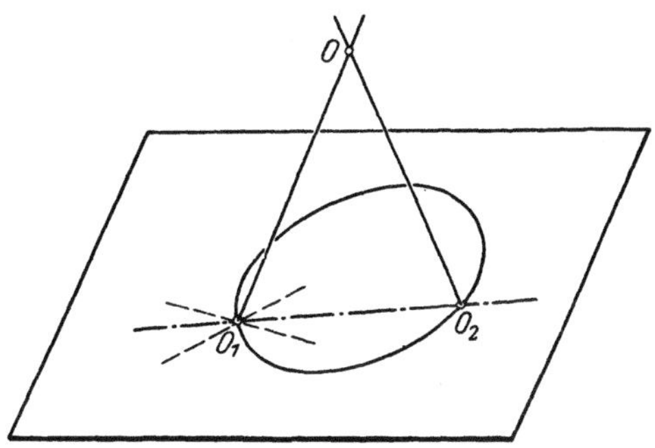

Fig. 23.

Die Italiener bedienen sich bei den algebraischen Untersuchungen, von denen hier die Rede ist, der méthode mixte. Sie betrachten die Gebilde in höheren Räumen unter Benutzung der Hilfsmittel des „Projizierens und Schneidens". Alle ihre Untersuchungen sind gewissermaßen anschaulich und sehr überzeugend, doch meist in der Form nicht streng: Zeuthen sagt im Vorwort zu seinem Lehrbuch der abzählenden Methoden der Geometrie: „Übrigens läßt sich der richtige Gebrauch der Methoden nur durch Anwendung auf verschiedenartige Beispiele erlernen."

Es ist ganz unmöglich, daß ich auf den so erreichten Inhalt der Lehre von den birationalen Transformationen der algebraischen Flächen eingehe; — es muß genügen, daß ich auf das von Castelnuovo und Enriques verfaßte diesbezügliche Referat in Bd. 3 der Enzyklopädie verweise (III C 6b).

Dagegen will ich nun noch zum Abschluß von dem einfachsten Falle einer birationalen Beziehung zwischen zwei Flächen sprechen, nämlich von der *stereographischen Projektion einer* F_2 *auf eine Ebene.* Ich wähle dieses Beispiel so, daß man gezwungen wird, anschaulich zu denken. Damit das für die algebraische Betrachtung Wesentliche reell ausfällt, projizieren wir nicht die Kugel, was schon im Altertum geschah, sondern das einschalige Hyperboloid.

Durch den beliebigen Flächenpunkt O gehen zwei geradlinige Erzeugende, welche die Bildebene in den Punkten O_1 und O_2 treffen, wie dies in Fig. 23 schematisch angegeben ist. Die Verbindungsgerade

$\overline{O_1 O_2}$ stellt den Schnitt der Bildebene mit der Tangentialebene des Hyperboloids in O dar.

Wir projizieren nun von O aus das Hyperboloid auf die Ebene. Durch diese stereographische Projektion werden diese Gebilde im allgemeinen eineindeutig aufeinander bezogen. In Formeln ausgedrückt ist diese Beziehung birational, wie wir noch sogleich ausführen. Es gibt aber zwei Punkte in der Ebene und einen Punkt auf der Fläche, die sog. „Fundamentalpunkte", denen auf dem anderen Gebilde ganze Kurven, nämlich gerade Linien entsprechen. Auf dem Hyperboloid ist das der Punkt O selbst, dem die ganze Gerade $O_1 O_2$ in der Ebene entspricht. In der Ebene sind die Punkte O_1 und O_2 Fundamentalpunkte. Ihnen entsprechen die durch O gehenden geradlinigen Erzeugenden erster und zweiter Art der Fläche.

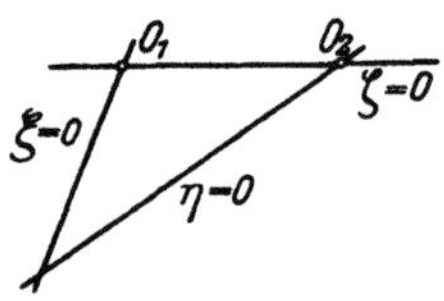

Fig. 24.

Da sehen wir gleich, daß birationale Transformationen bei zweidimensionalen Gebilden etwas ganz anderes sind, als bei eindimensionalen. Die rationalen Funktionen werden im zweidimensionalen Falle für gewisse Wertsysteme $\frac{0}{0}$, und dieses $\frac{0}{0}$ erweist sich je nach dem Bildungsgesetz des Limes als unendlich vieldeutig. Man erkennt dies deutlich aus der Figur: Dem Punkte O_1 entspricht die ganze Erzeugende OO_1. Wir ziehen nun in der Ebene eine beliebige Gerade g durch O_1. Bewegt sich ein Punkt auf g gegen O_1, so wird im Limes je nach der Wahl der Geraden g ein anderer Punkt der Erzeugenden dem Punkte O_1 entsprechen. Dasselbe gilt natürlich für den Punkt O_2.

In Formeln stellt sich diese Unendlichvieldeutigkeit folgendermaßen dar: Die Gleichung des Hyperboloids kann in homogenen Koordinaten stets geschrieben werden

$$x_1 x_2 - x_3 x_4 = 0.$$

Als Punkt O wählen wir den Punkt $x_1 = 0$, $x_2 = 0$, $x_4 = 0$, als Projektionsebene die Ebene $x_3 = 0$. Die Formeln der stereographischen Projektion lauten dann, wie leicht verifiziert werden kann

$$\varrho x_1 = \xi \zeta,$$
$$\varrho x_2 = \eta \zeta,$$
$$\varrho x_3 = \xi \eta,$$
$$\varrho x_4 = \zeta^2,$$

wo $\xi : \eta : \zeta = x_1 : x_2 : x_4$ ist (vgl. Fig. 24). Die so definierten x_1, x_2, x_3, x_4 genügen in der Tat der Gleichung des Hyperboloids. Unhomogen geschrieben wird

$$\frac{x_1}{x_4} = \frac{\xi}{\zeta}, \qquad \frac{x_2}{x_4} = \frac{\eta}{\zeta}, \qquad \frac{x_3}{x_4} = \frac{\xi \eta}{\zeta^2}.$$

Für $\xi = 0, \zeta = 0$ und $\eta = 0, \zeta = 0$ werden diese Ausdrücke $\frac{0}{0}$. Ebenso wird $\frac{\xi}{\zeta}$ und $\frac{\eta}{\zeta}$ gleich $\frac{0}{0}$, wenn x_1, x_2, x_4 gleichzeitig verschwinden.

Wir betrachten nun eine Kurve C_n auf der Fläche, die nicht durch O geht. Bei der stereographischen Projektion bleibt die Ordnung der Kurve erhalten; sie geht über in eine ebene C_n. Diese schneidet die Gerade O_1O_2 nur in den Fundamentalpunkten. Denn angenommen, die ebene C_n habe mit dieser Geraden noch einen anderen Schnittpunkt, so würde diesem nur der Punkt O auf der Fläche entsprechen. Also müßte die räumliche Kurve, entgegen der Voraussetzung, durch O gehen. Die ebene C_n möge α_1-mal durch O_1 und α_2-mal durch O_2 gehen; dann ist, da die C_n die Gerade O_1O_2 in n Punkten schneidet, $\alpha_1 + \alpha_2 = n$.

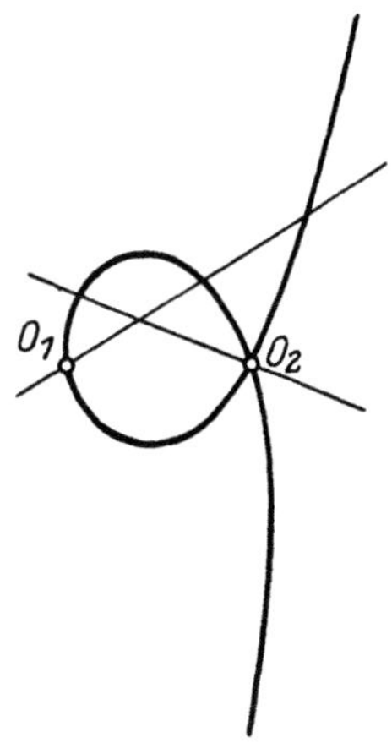

Fig. 25.

Wir können nun bei gegebenem n sämtliche Raumkurven bestimmen, die auf dem Hyperboloid liegen.

$n = 1$: Es ist $\alpha_1 + \alpha_2 = 1$. Also $\alpha_1 = 1, \alpha_2 = 0$ oder $\alpha_1 = 0, \alpha_2 = 1$. Eine ebene C_1 kann nur eine Gerade durch O_1 resp. O_2 sein. Den Geradenbüscheln durch O_1 und O_2 entsprechen zwei Scharen von geraden Linien auf dem Hyperboloid. Die Geraden durch O_1 liefern die Erzeugenden zweiter Art, die Geraden durch O_2 die Erzeugenden erster Art des Hyperboloids.

$$n = 2: \qquad \begin{aligned} \alpha_1 &= 2, & \alpha_2 &= 0, \\ \alpha_1 &= 0, & \alpha_2 &= 2, \\ \alpha_1 &= 1, & \alpha_2 &= 1. \end{aligned}$$

Die beiden ersten Fälle stellen einen zerfallenden Kegelschnitt dar (zwei Geraden, die sich in O_1 resp. O_2 schneiden). Sie liefern somit nichts Neues. Im dritten Falle erhalten wir die durch O_1 und O_2 gehenden Kegelschnitte als ebene C_2. Die einzigen C_2, die auf der Fläche liegen, sind somit die ebenen Schnitte des Hyperboloids. (Durch die Abbildungsformeln zu bestätigen.)

$n = 3$: Von Interesse sind nur zwei Fälle: $\alpha_1 = 2, \alpha_2 = 1$ und $\alpha_1 = 1, \alpha_2 = 2$. Auf dem Hyperboloid gibt es somit zwei verschiedene Scharen von Raumkurven dritter Ordnung. Die entsprechenden ebenen Kurven haben einen Doppelpunkt in O_1 resp. O_2. Geht die ebene C_3 z. B. zweimal durch O_2, d. h. gehört sie zu der ersten Schar der ebenen C_3, so wird sie von einer Geraden erster Art noch einmal und von einer Geraden zweiter Art noch zweimal geschnitten (vgl. Fig. 25 und 28).

Die räumlichen C_3 der ersten Schar schneiden daher die Erzeugenden erster Art einmal und die Erzeugenden zweiter Art zweimal:

$$3 \cdot 1 - 2 = 1, \quad 3 \cdot 1 - 1 = 2.$$

Zwei Kurven C_3 derselben Schar schneiden sich in $9 - 4 - 1 = 4$ Punkten, Kurven verschiedener Scharen in $9 - 2 - 2 = 5$ Punkten. Für alle diese C_3 ist $p = 0$.

$n = 4$: In diesem Falle erhält man nicht nur getrennte Scharen, sondern auch getrennte „Spezies".

a) Die erste Spezies wird charakterisiert durch $\alpha_1 = 2$, $\alpha_2 = 2$ (vgl. Fig. 26), d. h. die ebenen C_4 haben in O_1 und O_2 einen Doppelpunkt. Es ist somit $p = 1$. Die zugehörige C_4 auf dem Hyperboloid ist also

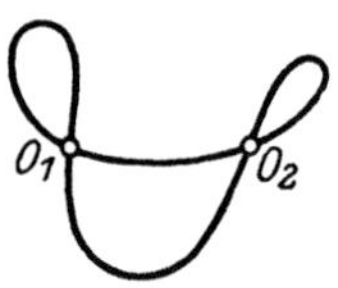

Fig. 26.

Fig. 27.

die Raumkurve, die wir oben betrachtet haben (S. 301). Man vergleiche wieder die Abbildungsformeln. Die Raumkurve ist der Schnitt des Hyperboloids mit einer anderen Fläche zweiten Grades.

b) Die zweite Spezies tritt in zwei Scharen auf: $\alpha_1 = 3$, $\alpha_2 = 1$ bzw.: $\alpha_1 = 1$, $\alpha_2 = 3$ (Fig. 27). Die ebenen C_4 haben also einen dreifachen Punkt in O_1 bzw. O_2. Da ein dreifacher Punkt für drei Doppelpunkte zählt (wir können eine Kurve mit dreifachem Punkt als Grenzfall einer Kurve mit drei Doppelpunkten betrachten (Fig. 27), so haben diese C_4 zweiter Spezies das Geschlecht

$$p = \frac{(4-1)(4-2)}{2} - 3 = 0.$$

Ist z. B. O_1 dreifacher Punkt der ebenen C_4, so schneiden die zugehörigen räumlichen C_4 die Erzeugenden zweiter Art einmal und die Erzeugenden erster Art dreimal.

Kurven derselben Schar schneiden sich in $16 - 9 - 1 = 6$ Punkten, Kurven verschiedener Scharen schneiden sich in $16 - 3 - 3 = 10$ Punkten.

Nun kommt es darauf an, diese Angaben in lebendige räumliche Bilder umzusetzen, was durch die Fig. 28—30 geleistet werden soll.

Die Diskussion der Raumkurven auf dem Hyperboloid ist natürlich alt; sie findet sich schon gegen Mitte des vorigen Jahrhunderts bei Plücker und Chasles. Aber neue Sachen heranzubringen ist hier leider nicht der Ort.

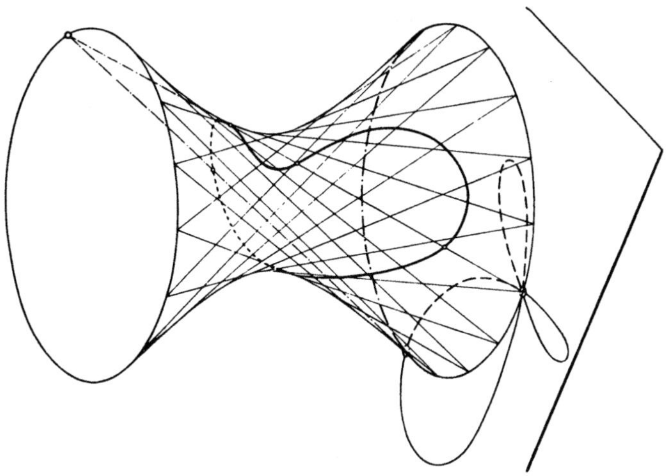

Fig. 30. Kurve vierter Ordnung, zweite Spezies.

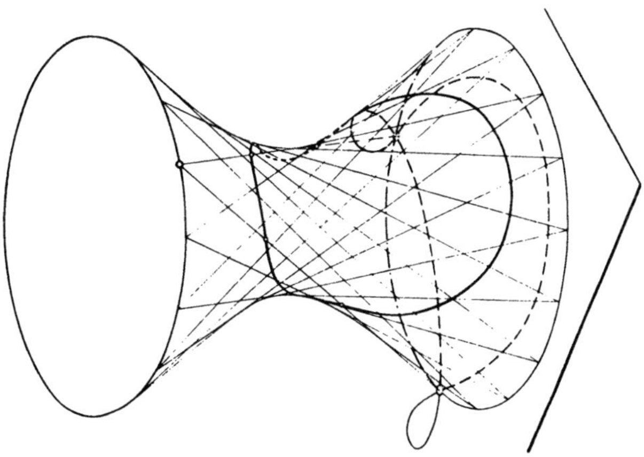

Fig. 29. Kurve vierter Ordnung, erste Spezies.

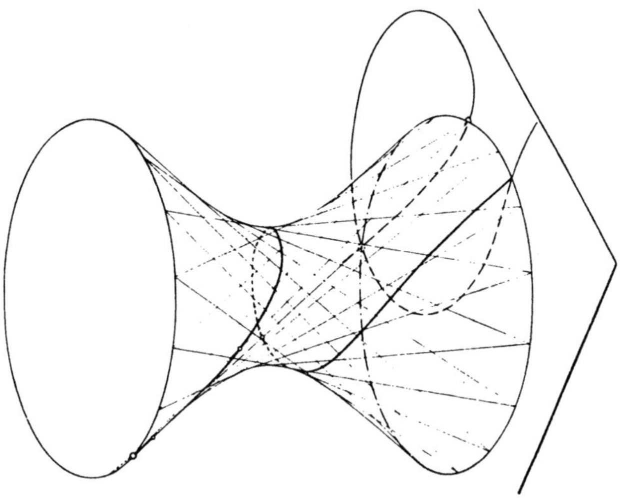

Fig. 28. Kurve dritter Ordnung.

Theorie der algebraischen ganzen Zahlen und ihrer Wechselwirkung mit den algebraischen Funktionen.

Unter einer *algebraischen ganzen Zahl* verstehen wir eine Wurzel x einer Gleichung mit ganzzahligen Koeffizienten, deren höchster Koeffizient 1 ist:

$$x^n + a_1 x^{n-1} + \cdots + a_{n-1} x + a_n = 0.$$

Ist der letzte Koeffizient dieser Gleichung

$$a_n = \pm 1,$$

so ist auch $\frac{1}{x}$ eine ganze Zahl. Die Zahl x nennt man dann eine *Einheit*. Die „Einheitswurzeln" ζ (für die $\zeta^n = 1$ gilt) sind ganz spezielle Fälle dieser zahlentheoretischen Einheiten.

Es ist nun zweckmäßig, diejenigen algebraischen Zahlen zusammenzufassen, die sich durch einander rational (mit ganzzahligen Koeffizienten) ausdrücken lassen. Sie bilden einen Organismus, für den die Dedekindsche Benennung *Körper* allgemein geworden ist (es soll das an „Körperschaft" erinnern). Im Körper bilden dann die in ihm enthaltenen ganzen Zahlen einen „Integritätsbereich".

Diese ganzen Zahlen brauchen nicht äußerlich als solche zu erscheinen, z. B. sind $\xi_1 = \frac{1+\sqrt{-5}}{\sqrt{2}}$, $\xi_2 = \frac{1-\sqrt{-5}}{\sqrt{2}}$ ganz, denn sie genügen der Gleichung

$$(\xi - \xi_1)(\xi - \xi_2) = \xi^2 - \sqrt{2}\cdot\xi + 3 = 0$$

und somit der ganzzahligen Gleichung vierten Grades

$$(\xi^2 + 3)^2 - 2\xi^2 = \xi^4 + 4\xi^2 + 9 = 0.$$

Ich werde nun dem historischen Entwicklungsgang folgen.

Den Grund zur Theorie der ganzen algebraischen Zahlen legte Gauß in seiner berühmten Abhandlung, *Theoria residuorum biquadraticorum, Commentatio* II, die erst 1832 herauskam, in welcher er die Zahlen $a + bi$ ($i = \sqrt{-1}$) betrachtet (Werke, Bd. 2, S. 93ff.).

In diesem Zahlkörper gibt es speziell vier Einheiten:

$$i^\lambda \qquad (\lambda = 0, 1, 2, 3),$$

welche ersichtlich Potenzen einer einzigen sind.

Gauß wendet sich gleich der Frage zu, welche für alles Folgende maßgebend geblieben ist: Gilt der Satz von der eindeutigen Zerlegung einer Zahl in Primfaktoren auch für den erweiterten Bereich? Das ist in der Tat der Fall, abgesehen davon, daß die einzelnen Faktoren mit beliebigen Einheiten multipliziert werden dürfen, falls nur das ganze Produkt ungeändert bleibt. Ist z. B. $A = A' \cdot A''$, so kann man auch schreiben $A = (iA') \cdot (-iA'')$.

Gauß verschmäht dabei nicht die geometrische Deutung durch das quadratische Zahlengitter, welche zugleich für den Zusammenhang mit den doppeltperiodischen Funktionen die Brücke schlägt. Auf dieses Zahlengitter bin ich schon in Kap. 1 (S. 35ff.) eingegangen. Ich habe dort im Anschluß an Gauß gezeigt, wie sich die Zahlen des Körpers $\sqrt{-D}$ immer als Gitterpunkte eines Parallelogrammgitters interpretieren lassen, und wie diese Darstellung mit der sog. komplexen Multiplikation der elliptischen Funktionen zusammenhängt. Ich kann das leider hier nicht wieder aufnehmen, da ich zuerst eine Reihe von Hilfsvorstellungen erneut entwickeln müßte. Ich verweise lieber auf meine autographierten Vorlesungen über Zahlentheorie (1895/96), wo ich diese Darstellung genauer ausgeführt habe. Auch die höheren Fälle lassen sich so sehr anschaulich fassen. Vergleiche meine Andeutung von der Lübecker Naturforscherversammlung 1895 (Jahresberichte der DMV., Bd. 4[1])) und für kubische Irrationalitäten die Dissertation von Furtwängler, wo Gitter im dreidimensionalen Raume betrachtet werden und an ihnen alle Beweise geführt werden[2]).

Hier liegt der Grund zutage, weshalb die höheren Zahlkörper mit den mehrfach-periodischen Funktionen zusammenhängen.

Doch ich kehre zurück zum historischen Berichte. Indem Kummer sich mit dem *Fermatschen Satze* von der Unlösbarkeit der Gleichung

$$z^n = x^n + y^n \quad \text{für } n > 2$$

in ganzen Zahlen befaßte, den man auch schreiben kann

$$z^n = (x+y)(x+\varepsilon y)\cdots(x+\varepsilon^{n-1}y) \qquad \varepsilon = e^{\frac{2\pi i}{n}},$$

wurde er naturgemäß dazu geführt, sich mit der Faktorenzerlegung derjenigen Zahlen zu beschäftigen, die sich aus n-ten Einheitswurzeln aufbauen.

Er gelangt (Crelle, Bd. 35, 1847) zu dem Resultat, das seinen Ruhm begründete: Der Satz von der Eindeutigkeit der Zerlegung in Primfaktoren gilt für die Zahlen des Körpers $K(\varepsilon)$ nicht mehr; er kommt aber wieder zum Vorschein, wenn man geeignete algebraische Zahlen, die dem $K(\varepsilon)$ nicht angehören und die Kummer darum *ideale Zahlen* nennt, hinzunimmt.

Kummer selbst hat schon bemerkt, daß das gleiche bereits bei dem Körper $K(\sqrt{-D})$, d. h. bei einem quadratischen Körper der Fall ist.

Das niederste Beispiel dafür liefert der Körper $K(\sqrt{-5})$. Hier handelt es sich um die Zahlen $a + b\sqrt{-5}$. In ihrem Bereiche sind 2 und 3 unzerlegbar. Denn angenommen z. B. 2 wäre zerlegbar, also

$$2 = (a + b\sqrt{-5})(c + d\sqrt{-5});$$

---

[1]) Vgl. auch Klein: Ges. Abh. Bd. 3, Nr. XCIV.

[2]) Vgl. auch Klein: Ges. Abh. Bd. 3, S. 8, sowie Furtwängler, Punktgitter und Idealtheorie, Math. Ann. Bd. 82 (1920).

dann wäre $4 = (a^2 + 5b^2)(c^2 + 5d^2)$ also $2 = a^2 + 5b^2$, d. h. 2 wäre quadratischer Rest modulo 5, was nicht der Fall ist. Also ist 2 (und ebenso 3) eine „Primzahl"; trotzdem ist die Zerlegung von 6 keine eindeutige, denn es ist

$$6 = 2 \cdot 3 = (1 + \sqrt{-5})(1 - \sqrt{-5}).$$

Dieses Paradoxon wird nun beseitigt, wenn man geeignete ideale Zahlen adjungiert. Man kann dies auf verschiedene Weisen machen, denn die Faktorenzerlegung läßt sich ja immer durch Einheiten modifizieren.

In meiner Gittertheorie adjungiert man $\sqrt{2}$. Wie wir gesehen haben (S. 320), ist $\frac{1 \pm \sqrt{-5}}{\sqrt{2}}$ eine algebraische ganze Zahl. Wir haben dann die Zerlegungen

$$2 = \sqrt{2} \cdot \sqrt{2}, \qquad 3 = \frac{1 + \sqrt{-5}}{\sqrt{2}} \cdot \frac{1 - \sqrt{-5}}{\sqrt{2}}$$

und es ist gar nicht mehr verwunderlich, daß

$$2 \cdot 3 = \left(\sqrt{2}\,\frac{1 + \sqrt{-5}}{\sqrt{2}}\right)\left(\sqrt{2}\,\frac{1 - \sqrt{-5}}{\sqrt{2}}\right)$$

ist!

In der Theorie der sog. *Klassenkörper*, wie sie Hilbert vertritt, adjungiert man statt dessen i. Es ist

$$2 = (1 + i)(1 - i), \qquad 3 = \frac{1 + \sqrt{-5}}{1 + i} \cdot \frac{1 - \sqrt{-5}}{1 - i},$$

was wieder zwei ganze Zahlen sind, an die sich dieselbe Überlegung wie vorhin knüpft.

Diese Adjunktionen können so verschieden sein, weil aus $\sqrt{2}$ eine Zahl des Körpers $K(i)$ wird, wenn man sie mit einer geeigneten Einheit, nämlich mit

$$\omega = \frac{1 + i}{\sqrt{2}}$$

multipliziert. Beiläufig bemerkt, ist dies sogar eine algebraische Einheitswurzel, indem $\omega^8 = 1$ ist.

Ich habe das so ausführlich erklärt, weil sich mit dem Begriffe der „idealen Zahl" vielfach eine mystische Unklarheit verbindet. Kummer selbst ist daran schuld (so gut er die Sachlage kannte), da er sich an verschiedenen Stellen beinahe so ausdrückt, als handle es sich um Faktoren, die gar nicht in concreto vorhanden sind, sondern nur symbolisch gedacht werden. Er macht dabei ein unglückliches chemisches Gleichnis, indem er sich auf das Fluor beruft, welches die Chemiker als ein Gas bezeichnen, trotzdem es sich nie selbständig habe isolieren lassen. — Da sieht man, was es mit der dialektischen Logik auf sich hat. Längst ist Moisson gekommen und hat das Fluor in Flußspatgefäßen mit Platinelektroden wirklich isoliert!

Die Theorie der Zerlegung in Einheiten und reale oder ideale Primfaktoren wurde dann von Kronecker und Dedekind auf beliebige algebraische Zahlen ausgedehnt.

Es ist nun schwer, einen historisch zutreffenden Bericht zu machen, weil Kronecker seine Ideen oder doch das Vorhandensein seiner Resultate von 1858 an gesprächsweise verbreitete, aber seine Abhandlung darüber: „*Grundzüge einer arithmetischen Theorie der algebraischen Größen*“, erst 1881/82 in Crelle, Bd. 92, der Festschrift zu Kummers goldenem Doktorjubiläum, veröffentlichte, während Dedekind die zweite Auflage der von ihm herausgegebenen Dirichletschen Zahlentheorie (1871) benutzte, um in einem Supplemente seine Theorie zu entwickeln.

Dedekind nimmt dabei eine Wendung zum Abstrakten, welche die Sache im Prinzip sehr vereinfacht und daher für die Denkweise und Darstellungsweise der Jüngeren vielfach vorbildlich geworden ist, während die älteren Forscher, z. B. Kronecker (in Crelle, Bd. 99, S. 336) sich damit nicht befreunden konnten.

Statt nämlich vom (realen oder idealen) Faktor zu sprechen, redet er von der Gesamtheit der ganzen Zahlen des vorgelegten Körpers, die durch den Faktor teilbar sind.

Statt des Faktors 2 würde er bei der natürlichen Zahlenreihe alle Zahlen $2m$ betrachten, statt des Faktors $\sqrt{2}$ oder $1 + i$ im Körper $K(\sqrt{-5})$ die Zahlen $2\mu + (1 + \sqrt{-5})\nu$, wo μ und ν selbst beliebige ganze Zahlen des Körpers $K(\sqrt{-5})$ sind.

Der Vorteil dabei ist, daß man von den willkürlichen arithmetischen Einheiten frei wird, der Nachteil, daß man sich daran gewöhnen muß, das Produkt zweier Zahlen durch das Verhalten der korrespondierenden Gesamtheiten auszudrücken.

Z. B. $2 \cdot 3 = 6$ heißt jetzt: die Gesamtheit der durch 2 und die Gesamtheit der durch 3 teilbaren Zahlen haben die Gesamtheit der durch 6 teilbaren Zahlen gemein.

Unangenehm ist mir nur immer Dedekinds Terminologie gewesen, welche aller Anschaulichkeit entbehrt. Er nennt diese Gesamtheiten *Ideale*, und wenn ein „wirklicher“ gemeinsamer Faktor vorhanden ist, *Hauptideale*! (z. B. ist $2\mu + 2\nu\sqrt{-5}$ ein Hauptideal, da hier der wirkliche Faktor 2 auftritt). Er hätte von „Realen“ sprechen sollen. Denn es handelt sich um Zahlenaggregate, die in dem gerade vorgelegten Integritätsbereich tatsächlich vorhanden sind.

Es ist mir hier unmöglich, auf diese rein zahlentheoretischen Untersuchungen näher einzugehen. Zusammengefaßt, aber gleichzeitig außerordentlich weiterentwickelt und vereinfacht finden sich diese in Hilberts „Zahlbericht" in Bd. 4 der Jahresberichte der DMV. (1897): „*Die Theorie der algebraischen Zahlkörper*." Auf die Gesichtspunkte, welche Hilbert dabei leiteten, kommen wir noch später zurück. Diese Theorie ist auch wiedergegeben im zweiten Bande von Webers Algebra (2. Auflage 1899).

Nun kommt eine neue Gedankenwendung, die durch Kronecker vorbereitet und von Dedekind und Weber ganz klar herausgearbeitet wurde (Crelle, Bd. 92, 1882 „Theorie der algebraischen Funktionen einer Veränderlichen"). Es zeigt sich nämlich, daß man eine weitgehende Analogie zwischen der zahlentheoretischen Betrachtung (der ganzen Zahlen eines Zahlkörpers) und der funktionentheoretischen (der algebraischen Funktionen auf einer über der z-Ebene ausgebreiteten Riemannschen Fläche) herstellen kann.

Am besten erkennt man die Vergleichspunkte an Hand einer Tabelle, während man wegen des daraus folgenden methodischen Verfahrens bei Dedekind-Weber nachsehen mag.

Arithmetisch	*Funktionentheoretisch*
Ausgangspunkt eine ganzzahlige irreduzible Gleichung $f(x) = 0$.	Ausgangspunkt eine irreduzible Gleichung $f(\zeta, z) = 0$, welche z rational enthält (deren Koeffizienten also nach Heraufmultiplizieren mit dem Generalnenner ganze rationale Funktionen von z sind, mit irgendwelchen Koeffizienten, die hier nicht interessieren).
Körper aller $R(x)$.	Körper aller $R(\zeta, z)$, d. h. aller algebraischen Funktionen, die auf der Riemannschen Fläche eindeutig sind.
Herausheben der ganzen algebraischen Zahlen des Körpers.	Herausheben der ganzen algebraischen Funktionen des Körpers, d. h. derjenigen Funktionen $G(\zeta, z)$, die nur für $z = \infty$ unendlich werden.
Zerlegung in reale und ideale Primfaktoren bzw. Einheiten.	Ideelle Zerlegung der Funktionen $G(\zeta, z)$ in solche Faktoren, deren jeder nur in einem Punkte der Riemannschen Fläche verschwindet bzw. in Bestandteile, die nirgends verschwinden.

Besonders deutlich tritt diese Analogie hervor, wenn wir die *Diskriminanten* betrachten. Diese zerfallen im funktionentheoretischen Falle in zwei Teiler, in einen „wesentlichen Teiler", der den Verzweigungspunkten der Riemannschen Fläche entspricht, und einen „außerwesentlichen Teiler", der solchen Stellen entspricht, wo die Kurve $f(\zeta, z) = 0$ einen Doppelpunkt hat (wo zwei Verzweigungspunkte sich aufheben). Dieser zweite Bestandteil heißt außerwesentlich, weil er sich ändert, wenn man das anfängliche ζ durch eine andere Funktion des Körpers ersetzt.

Genau so ist es im zahlentheoretischen Falle. Dabei sind es die Primfaktoren des wesentlichen Teilers der Diskriminante von $f(x)=0$, die den Verzweigungspunkten von $f(\zeta, z) = 0$ entsprechend gesetzt werden können.

Ich will nun die ideelle Zerlegung einer $G(\zeta, z)$ entsprechend dem früheren arithmetischen Beispiel, an einem Beispiel erörtern, das uns unmittelbar zur Hand ist.

Wir nehmen als Ausgangsgleichung

$$\zeta^2 = 4z^3 - g_2 z - g_3 = 4(z - e_1)(z - e_2)(z - e_3).$$

Wir betrachten nun die ganze Funktion ζ, gewiß das einfachste Beispiel. Der wesentliche Teiler der Diskriminante (einen außerwesentlichen gibt es hier nicht) ist:

$$(z - e_1)(z - e_2)(z - e_3).$$

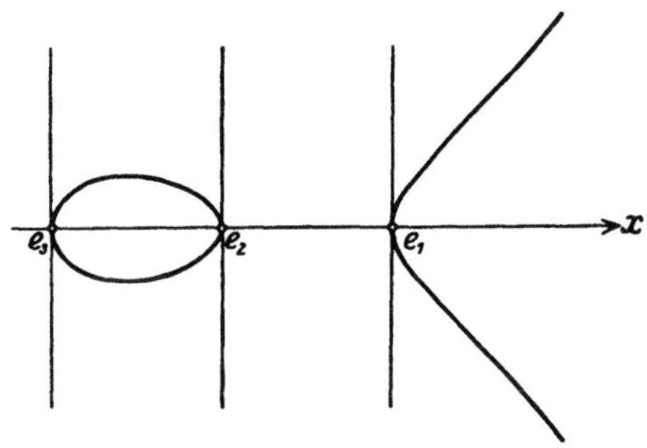

Fig. 31.

Die Punkte $z = e_1, e_2, e_3$ sind in der Tat die Verzweigungspunkte der Riemannschen Fläche, denn die Tangenten in diesen Punkten und nur in ihnen sind parallel zur Ordinatenachse (vgl. Fig. 31). Die ganze Funktion ζ verschwindet in e_1, e_2, e_3 je einfach. Wir können aber keine ganze Funktion des Körpers bilden, die nur in e_1 bzw. e_2 oder e_3 einfach verschwindet. Die ganzen Funktionen $z - e_1$, $z - e_2$, $z - e_3$ verschwinden dort nämlich, weil sie gleich Null gesetzt, Tangenten der Kurve vorstellen, doppelt. Wohl aber können wir den idealen Faktor realisieren, wenn wir aus dem Körper $R(\zeta, z)$ heraustreten; wir brauchen nur die auf der Riemannschen Fläche zweiwertigen „Wurzelfunktionen", $\sqrt{z - e_1}$, $\sqrt{z - e_2}$, $\sqrt{z - e_3}$ ins Auge zu fassen. Es ist dann

$$\zeta = 2\sqrt{z - e_1}\,\sqrt{z - e_2}\,\sqrt{z - e_3},$$

womit wir die idealen Faktoren von ζ vor Augen haben.

Eine noch weitergehende Adjunktion, die über die Analogie mit der Zahlentheorie hinausgeht, ist es, wenn ich das zugehörige Integral erster Gattung u heranziehe und mit seiner Hilfe mir die Funktion $\sigma(u - u_0)$ bilde, die auf der Riemannschen Fläche zwar unendlichwertig ist, aber nur an der einen Stelle, der die Parameterwerte $u_0 + m_1\omega_1 + m_2\omega_2$ zugehören, verschwindet. In demselben Sinne würden $\sigma\left(u - \frac{\omega_i}{2}\right)$ $(i = 1, 2, 3)$ drei Primfaktoren sein, den Punkten e_1, e_2, e_3

entsprechend. Aber da sie gar keinen Unendlichkeitspunkt haben, muß man jeden noch mit dem Nenner $\sigma(u)$ versehen, der bei $z=\infty$ einfach verschwindet. Solcherweise kommt

$$\wp'(u) = E\cdot\frac{\sigma\left(u-\frac{\omega_1}{2}\right)\sigma\left(u-\frac{\omega_2}{2}\right)\sigma\left(u-\frac{\omega_3}{2}\right)}{\sigma^3(u)}$$

unter E eine nirgends verschwindende Funktion, d. h. eine „Einheit" verstanden. Es erweist sich, daß diese Einheit gleich einem Ausdruck Ce^{cu} ist. Indem wir ihn auf die drei Faktoren des Zählers in geeigneter Weise verteilen, bekommen wir die übliche Produktformel:

$$\wp'(u) = 2\,\frac{\sigma_1(u)\,\sigma_2(u)\,\sigma_3(u)}{\sigma^3(u)}.$$

In dieser transzendenten Weise dachte sich Weierstraß die Übertragung der zahlentheoretischen Grundbegriffe.

Ich kann leider hier nicht ausführen, wie sich das für höhere Fälle gestaltet. Man vergleiche u. a. meine Arbeit in den Math. Ann., Bd. 36 (1889), wo die Sache für höheres Geschlecht auf ihren einfachsten Ausdruck gebracht ist[1]). An Stelle von $\sigma(u)$ tritt meine „Primform". (Es ist das dieselbe Arbeit, die ich schon S. 312 zitiert habe.)

Ich habe nun den Bericht über die algebraischen Zahlkörper zu Ende zu führen, und zwar möchte ich wieder die Analogie, die zwischen Zahlkörper und Funktionenkörper besteht, besonders beleuchten, um dadurch die gegenseitige Stellung großer Gebiete der modernen Literatur klarzumachen und insbesondere, um das innere Verständnis für das *Lehrbuch der Algebra* von H. Weber (2. Auflage, drei Bände, 1898, 1899, 1908) in seinen Hauptzügen zu wecken.

Ich habe zunächst noch auf die grundlegende Arbeit von Dedekind und Weber in Crelle, Bd. 92, zurückzugreifen.

Man kann sich denken, wie auch hier der „ideale Faktor", der nur in einem Punkte der Riemannschen Fläche (einfach) verschwindet, durch das korrespondierende „Ideal" ersetzt wird, d. h. durch die Gesamtheit der ganzen Funktionen des Körpers selbst, die im betreffenden Punkte der Riemannschen Fläche verschwinden.

Die Einführung dieses Begriffes ist nur etwas Äußerliches. Viel wichtiger ist dagegen der Fortschritt, den die Verfasser machen, indem sie auch die Beweismethoden der Arithmetik auf die Behandlung des Körpers der algebraischen Funktionen übertragen. Da ist keine Rede mehr, wie bei Clebsch und seinen Schülern, von einer Kurve und allerlei geometrischen Hilfsvorstellungen, ebensowenig von einer Riemannschen Fläche oder auch nur von einer z-Ebene, sondern es wird rein arithmetisch mit einem Polynom $f(\zeta, z)$ operiert, das nach Potenzen von ζ und z

[1]) Klein: Ges. Abh. Bd. 3, S. 388ff.

geordnet ist. Mit Hilfe von arithmetischen Schlüssen gelingt es den Verfassern z. B. ziemlich rasch, bis zum Riemann-Rochschen Satze vorzudringen.

Der Fortschritt ist, daß diese Behandlungsweise, welche der Phantasie keinen unbestimmten Spielraum läßt, alle Fälle von Singularitäten, welche die Gleichung $f(\zeta, z) = 0$ besitzen mag, mit Sicherheit berücksichtigt. Bei Riemann ist das im Prinzip auch so, und Noether insbesondere hat für die „Kurven" $f(x_1, x_2, x_3) = 0$ alle Mittel gegeben, um geometrisch-algebraisch dasselbe zu leisten, aber man muß bei diesen Autoren doch etwas zwischen den Zeilen lesen.

Nun hat in der Folge eine Teilung der Geister stattgefunden. Die einen, die wir oben genannt haben — insbesondere die Italiener —, halten an dem Bilde der algebraischen Kurve, oder der algebraischen Fläche, oder was es nach der Zahl der Parameter sein mag, fest und üben das geometrische Denken nach der méthode mixte bei beliebig vielen Dimensionen. Die anderen, wie Hensel und Landsberg und für zweidimensionale Gebiete Jung, ziehen das arithmetische Verfahren vor. Es geht dann wie bei dem Turmbau von Babel, daß sich die verschiedenen Sprachen bald nicht mehr verstehen. Und man will, weil es so unbequem ist sich umzugewöhnen, sich vielfach nicht mehr verstehen. Jedenfalls haben wir bei der Enzyklopädie der mathematischen Wissenschaften zwei Referate neben einander ansetzen müssen. Das „geometrische" Referat von Castelnuovo-Enriques liegt in Bd. III (C 6b) vor. (Die Bemerkungen über Jung in dem Inhaltsverzeichnis sind nur mit großer Mühe von mir durchgesetzt worden.) Das „arithmetische" Referat ist von Hensel[1]); eine gute Einleitung ist das von Landsberg in Bd. 1 der Enzyklopädie (I B 1c).

Diese Tendenz, die Wissenschaft nicht nur in immer zahlreichere Einzelkapitel zu zerlegen, sondern Schulunterschiede nach der Art der Behandlung zu schaffen, würde, wenn sie einseitig zur Geltung käme, den Tod der Wissenschaft herbeiführen. Wir selbst haben immer das Umgekehrte angestrebt. In unserer Generation haben wir 1. Invariantentheorie, 2. Gleichungstheorie, 3. Funktionentheorie, 4. Geometrie und 5. Zahlentheorie mehr oder weniger in Kontakt gehalten, und das war unser besonderer Stolz.

Heinrich Weber, der seine besten Jahre (von 1875—83) in Königsberg verlebte, ist wohl der vielseitigste Vertreter dieser Tendenz. Und glücklicherweise findet sich um 1885 für fast wieder ein Jahrzehnt, eben auch wieder in Königsberg, ein Dreibund junger Forscher zusammen, welche diese Tendenz in neuer Weise in die Tat umsetzen und damit denjenigen Standpunkt schaffen, von dem aus die Neuzeit, wenn sie es vermag, weiterzugehen hat. Es sind dies Hurwitz, Hilbert und Minkowski.

[1]) II C 5; erschienen 1921.

Hurwitz, geb. 1859, hat ursprünglich bei mir studiert, in München und Leipzig, dann in Berlin und sich in Göttingen habilitiert. Von 1884—92 war er in Königsberg Extraordinarius und dann Ordinarius in Zürich am Polytechnikum[1]).

Hilbert, geb. 1862 in Königsberg, hat dort, mit kurzen Unterbrechungen, die wesentlichen Stufen seiner Entwicklung durchlaufen: Student, Dozent, Extraordinarius, bis er 1895 als Ordinarius nach Göttingen kam.

Auch Minkowski, geb. 1864, hat in Königsberg studiert und ist von 1888—96 dort Privatdozent und Extraordinarius gewesen. Dann war er in Zürich und von 1902—09 (bis zu seinem frühen Tode) in Göttingen.

Ich will meinen Bericht an die Hilbertschen Untersuchungen anschließen, die ich nicht nur deshalb bevorzuge, weil sie uns hier am nächsten liegen, sondern weil sie am durchgreifendsten sind. Schließlich gehören die Arbeiten der drei aber doch zusammen, und so möchte ich über Hurwitz und Minkowski hier vorweg ein paar Worte sagen, welche deren Arbeitsweise charakterisieren sollen.

Man hat Hurwitz einen Aphoristiker genannt. In voller Beherrschung der in Betracht kommenden Disziplinen sucht er sich hier und dort ein wichtiges Problem heraus, das er jeweils um ein bedeutendes Stück fördert. Jede seiner Arbeiten steht für sich und ist ein abgeschlossenes Werk.

Minkowskis hier in Betracht kommende Arbeiten beruhen zumeist auf der Verbindung durchsichtiger geometrischer Anschauung mit zahlentheoretischen Problemen. Der Zusammenhang dieser Gebiete wird wieder durch das Zahlengitter hergestellt. Minkowski hat die Theorie der Raumgitter nach vielen Richtungen weiter ausgebildet. Es finden sich bei ihm eine innere Verwandtschaft mit Dirichletscher Denkweise. Vergleiche seine mehr pädagogisch gehaltenen Vorträge über „*Diophantische Approximationen*", 1908. Andererseits will ich hier erneut auf meine eigenen zahlentheoretischen Vorlesungen und auf das, was ich schon oben in Kap. 1, S. 35 ff., über Gitter in der Ebene sagte, verweisen. Ich selbst habe mich seinerzeit darauf beschränkt, gewisse schon bekannte Grundlagen geometrisch klarzustellen, während Minkowski Neues zu finden unternahm. Diese Untersuchungen zeigen deutlich, daß Geometrie und Zahlentheorie keineswegs einander aus-, schließen, sofern man sich in der Geometrie nur entschließt, diskontinuierliche Objekte zu betrachten.

Hilberts rastloser Geist hat im Laufe der Jahre wechselnd sich auf den verschiedensten Gebieten der Mathematik betätigt. Die Arbeiten, die uns gegenwärtig interessieren, und die man die Gedichte

---

[1]) Gest. 1919.

erster Periode nennen könnte, gehen von 1883 bis etwa 1898. Hilbert hat, seitdem er in Göttingen wirkt, immer zahlreiche Schüler angezogen (in Königsberg war dazu noch wenig Gelegenheit, zumal in den damaligen Jahren die mathematische Frequenz unserer Universitäten auf ein Minimum herabgesunken war). Aber die Schüler beherrschen immer nur das eine Gebiet, das sie gerade bei Hilbert gelernt haben, und kennen wohl meist nicht die Zusammenhänge, die uns hier in erster Linie interessieren.

Wir werden hier zwei Arbeiten von Hilbert charakterisieren. Zunächst die Arbeit über die *Theorie der algebraischen Formen*, Math. Ann., Bd. 36 (1890), wo Kroneckersche Ansätze mit Dedekindscher Denkweise zum Abschluß gebracht und davon eine glänzende Anwendung auf die Probleme der Invariantentheorie gemacht wird.

Wir erwähnen vor allen Dingen den Satz, daß jedes algebraische Gebilde beliebiger Ausdehnung in einem Raume von beliebig vielen homogenen Variablen $x_1, \ldots, x_n$ immer so durch eine endliche Anzahl homogener Gleichungen

$$F_1 = 0, \ F_2 = 0, \ \ldots, \ F_\mu = 0$$

dargestellt werden kann, daß die Gleichung $F = 0$ jedes anderen durch das Gebilde hindurchgehenden Gebildes in der Gestalt angeschrieben werden kann:

$$M_1 F_1 + \cdots + M_\mu F_\mu = 0,$$

wo die M beliebige homogene (rationale, ganze) Formen sind, deren Grade nur so gewählt werden müssen, daß die linke Seite der Gleichung selbst wieder homogen ist.

Nach der in der Zahlentheorie von Gauß herrührenden Ausdrucksweise wird man sagen: Jede Form F, die unser Gebilde enthält, ist modulis $F_1, F_2, \ldots, F_\mu$ kongruent Null. — Im übrigen schließt sich Hilbert der Dedekindschen Denkweise so weitgehend an, daß er die Gesamtheit unserer Formen selbst einen *Modul* nennt! Der Hilbertsche Satz heißt dann: Jedes algebraische Gebilde des R_n bedingt das Verschwinden eines „endlichen Moduls"[1]).

Als Beispiel wähle ich die Raumkurve dritter Ordnung. Diese wird durch den partiellen Schnitt zweier F_2 erhalten. Man sieht das folgendermaßen ein: Wir denken uns die gegebene C_3 wieder auf einem einschaligen Hyperboloid liegen (vgl. oben S. 317 und Fig. 28, S. 319) und projizieren sie auf die Ebene. Die entsprechende ebene Kurve dritter Ordnung möge im Punkte O_2 einen Doppelpunkt haben (vgl. Fig. 32). Ziehen wir nun durch den anderen Fundamentalpunkt O_1 eine Gerade, so können

[1]) In neuerer Zeit nennt man in Anlehnung an Dedekind die im Texte besprochene Gesamtheit ein *Ideal* und wendet die Bezeichnung „Modul" für allgemeinere Gesamtheiten an. Anm. d. Herausg.

wir diese Gerade und die C_3 zusammen als C_4 erster Spezies auffassen. Dieser C_4 entspricht im Raume der volle Schnitt einer F_2 mit dem Hyperboloid. Eine F_2, die das Hyperboloid in einer C_3 schneidet, hat also mit diesem außerdem noch eine Erzeugende gemein. Durch beide geht natürlich ein ganzes Büschel von Flächen zweiten Grades, nämlich $\lambda F_2 + \mu H = 0$ (unter $H = 0$ die Gleichung des Hyperboloids verstanden). Entsprechend dem Geradenbüschel durch O_1 gibt es eine einfach-unendliche Schar von Büscheln $\lambda F_2 + \mu H = 0$, die das Hyperboloid in der C_3 und je in einer Erzeugenden schneiden, womit ich ∞^2 Flächen zweiten Grades erhalte $\lambda F_2 + \lambda' F_2' + \mu H = 0$, die durch die C_3 gehen. Es fragt sich nun, wieviele Flächen $F_1, \ldots, F_\mu$ muß man durch die C_3 legen, damit jede andere durch die C_3 gehende Fläche F in der gewünschten Gestalt

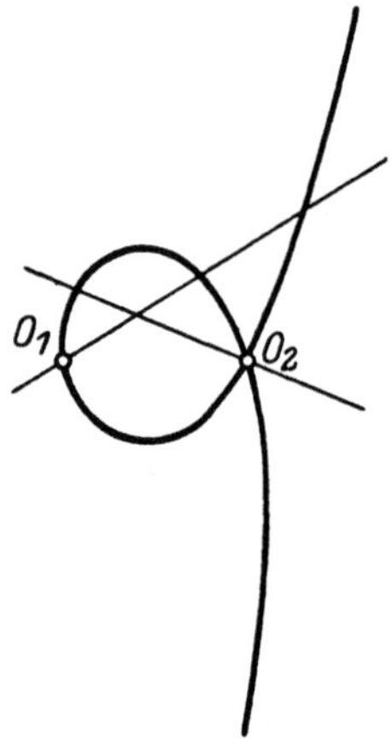

Fig. 32.

$$F = M_1 F_1 + M_2 F_2 + \cdots + M_\mu F_\mu = 0$$

erscheint? Es zeigt sich, daß dazu die drei Flächen zweiten Grades F_2, F_2' und H genügen.

Den zugehörigen dreigliedrigen Modul erhalten wir am einfachsten, indem wir die drei Unterdeterminanten einer Matrix von $2 \cdot 3$ linearen Formen gleich Null setzen. Diese Matrix sei

$$\begin{pmatrix} q_1 & q_2 & q_3 \\ r_1 & r_2 & r_3 \end{pmatrix}.$$

Dann sind

$$F_\varkappa = q_\lambda r_\mu - r_\lambda q_\mu = 0 \qquad (\varkappa, \lambda, \mu = 1, 2, 3)$$

Flächen zweiten Grades, die nur eine C_3 gemein haben, und die zugleich den zugehörigen Modul definieren.

Der Beweis des Hilbertschen Satzes und anderer Sätze ist sehr abstrakt, aber an sich ganz einfach und darum logisch zwingend. Eben darum leitet diese Arbeit von Hilbert eine neue Epoche der algebraischen Geometrie ein.

Ebenso einfach ist dann auch die Anwendung auf die Invariantentheorie, die ich hier noch weniger zergliedern kann. Die ganze Frage der Endlichkeit der Invarianten, welche Gordan seinerzeit nur mit umfangreichen Rechnungen für binäre Formen hatte erledigen können (vgl. oben S. 308), wird hier mit einem Schlage für Formen mit beliebig vielen Veränderlichen gelöst.

Ihrer Eigenart entsprechend wurde diese Arbeit zunächst mit sehr verschiedener Stimmung aufgenommen. Mich hat sie damals bestimmt, Hilbert bei nächster Gelegenheit nach Göttingen zu ziehen. Gordan war anfangs ablehnend: „Das ist nicht Mathematik, das ist Theologie."

Später sagte er dann wohl: „Ich habe mich überzeugt, daß auch die Theologie ihre Vorzüge hat.“ In der Tat hat er den Beweis des Hilbertschen Grundtheorems selbst später sehr vereinfacht (Münchener Naturforscherversammlung 1899).

An zweiter Stelle nennen wir den schon (S. 324) angeführten *Zahlbericht* von 1897, der sich äußerlich als ein Referat über die vorhandene Literatur gibt, aber nicht nur diese überall auf einfachere Grundlagen zurückführt, sondern weitgehend in neue Fragestellungen vorstößt.

Ich möchte von dem inneren Gedanken, der Hilbert dabei geleitet hat, nämlich der Analogie der Zahlkörper mit den Funktionenkörpern, einen Begriff geben, und zwar um so lieber, als sich Hilbert selbst hierüber erst später und nur beiläufig ausgesprochen hat, nämlich in seinem Vortrag über „Mathematische Probleme“ auf dem Pariser Internationalen Mathematiker-Kongreß, 1900 (Bericht S. 58ff.; Göttinger Nachrichten 1900; siehe Nr. 12 daselbst).

Aber um hier verständlich zu reden, muß ich (unter Berufung auf Kap. 2, S. 89 ff.) eine Einschaltung machen über die *Galoissche Theorie* der algebraischen Gleichungen. Ich resumiere die Hauptpunkte.

Die Grundlage der Galoisschen Theorie ist, wie ich damals schon ausführte, der Begriff des *Rationalitätsbereiches*. — Als rational können angesehen werden: zunächst entweder nur die Zahlen $\frac{m}{n}$, wo m und n gewöhnliche ganze Zahlen sind, oder alle rationalen Funktionen irgendwelcher Parameter $r(z_1, z_2, \ldots, z_n)$ mit rationalen oder auch beliebigen Koeffizienten. Ferner kann man den Rationalitätsbereich noch erweitern, indem man irgendwelche feste algebraische Irrationalitäten, z. B. bestimmte Einheitswurzeln, adjungiert und alle Funktionen, die aus solchen Irrationalitäten rational aufgebaut sind, zum Bereiche zählt. Endlich kann man noch den Rationalitätsbereich relativ zu einer über der z-Ebene ausgebreiteten Riemannschen Fläche definieren.

Der zweite Grundbegriff ist der der *Irreduzibilität* einer Gleichung. Es sei eine Gleichung

$$f(x) = 0$$

vorgelegt, deren Koeffizienten rationale Zahlen oder rationale Funktionen irgendwelcher Parameter oder auch adjungierter Irrationalitäten sein mögen. Die Gleichung ist „reduzibel“, wenn sie sich im vorgegebenen Rationalitätsbereiche in Faktoren spalten läßt. Z. B. ist die Gleichung

$$x^2 + 5 = 0$$

„irreduzibel“ im gewöhnlichen Rationalitätsbereiche der Zahlen $\frac{m}{n}$. Adjungieren wir $\sqrt{-5}$, so wird sie reduzibel:

$$x^2 + 5 = (x + \sqrt{-5})(x - \sqrt{-5}).$$

Die „Irreduzibilität" einer Gleichung ist also ein relativer Begriff, sie ist immer bezogen auf den vorher definierten Rationalitätsbereich.

Die Gleichung $f(x) = 0$ sei nun im gegebenen Rationalitätsbereiche irreduzibel. Ihre Wurzeln seien $x_1, \ldots, x_n$.

Dann gibt es eine Gruppe von Vertauschungen der $x_1, \ldots, x_n$, welche die *Galoissche Gruppe* genannt wird und die folgenden zwei Eigenschaften hat:

a) Jede Funktion $R(x_1, \ldots, x_n)$, welche bei den Vertauschungen der Gruppe numerisch ungeändert bleibt, ist rational bekannt.

b) Umgekehrt bleibt jede rationale Funktion $R(x_1, \ldots, x_n)$, die einen rationalen Wert hat, bei den Vertauschungen der Gruppe numerisch ungeändert.

Von der Struktur dieser Gruppe (ihren Untergruppen usw.) hängt es ab, was man über die Auflösbarkeit der Gleichung, über die Art ihrer Resolventen usw. sagen kann. —

Das Wesentliche für uns ist hier, daß die Galoissche Theorie sowohl für numerische Gleichungen $f(x) = 0$, die einen Parameter enthalten, als auch für Funktionenkörper gilt.

Betrachten wir zunächst den letzteren Fall. Rational soll also heißen, was eine rationale Funktion von z ist, wobei wir von der numerischen Natur der in diesen rationalen Funktionen vorkommenden Koeffizienten ganz absehen wollen. In diesem Falle haben wir eine anschauliche Art, den Begriffen „Irreduzibilität" und „Gruppe" nahezukommen:

Wir konstruieren uns zunächst über der z-Ebene die zu ζ gehörige Riemannsche Fläche. Wenn diese Fläche aus einem Stücke besteht, so ist die Gleichung irreduzibel und umgekehrt!

Wir wollen uns jetzt die Verzweigungsstellen $a, b, \ldots, k$ der Gleichung $f(\zeta, z) = 0$ in der z-Ebene markieren und durch eine beliebige Kurve ohne Doppelpunkte verbinden. Schneiden wir nun längs dieser Kurve alle Blätter der Riemannschen Fläche zugleich durch, so zerfällt diese in n getrennte Blätter, die wir mit $\zeta_1, \ldots, \zeta_n$ bezeichnen wollen. Über den Verzweigungspunkten können natürlich gewisse Blätter der Riemannschen Fläche schlicht verlaufen. Wir schreiben uns für jedes Stück des Schnittes zwischen zwei Verzweigungspunkten auf, wie dort die Blätter an einander geheftet sind, d. h. wir stellen eine Tabelle des Blätterzusammenhanges auf. So oft wir unseren Schnitt überschreiten, so findet eine Vertauschung der Blätter statt, die wir aus unserer Tabelle ablesen können.

Indem wir z alle möglichen geschlossenen Wege durchlaufen lassen, erhalten wir eine Gruppe von Vertauschungen, die wir sonst die *Monodromiegruppe der Gleichung* nannten. (Diesen Ausdruck gebrauchten wir schon in dem allgemeinen Falle der linearen Differentialgleichungen vgl. S. 268.) Diese Monodromiegruppe ist bei Zugrundelegung des von uns verabredeten Rationalitätsbereiches die Galoissche Gruppe der vorgelegten Gleichung. Denn es ist klar

1. daß jede Funktion $R(\zeta, z)$, die dabei ungeändert bleibt, eben deshalb, eine rationale Funktion von z allein ist (eine algebraische Funktion von z, die eindeutig ist, ist rational),

2. daß jede rationale Funktion $r(z)$, weil sie eindeutig ist, bei den Umläufen der z gewiß ungeändert bleibt.

Wir sehen, wie unsere Riemannsche Fläche, wenn eben wir den Parameter z der Definition des Rationalitätsbereichs zugrunde legen, mit den Galoisschen Ideen zusammenhängt, und wie diese wiederum mit Hilfe der Riemannschen Fläche veranschaulicht werden können: Statt die Riemannsche Fläche zu geben, kann ich die Verzweigungsstellen $a, b, \ldots, k$ vorschreiben und angeben, welche Vertauschungsgruppen durch deren Umlaufung zustande kommen. Damit gehen wir sozusagen von Riemann zurück zu Puiseux, der schon 1851 solche Gruppen aufgestellt hat[1]).

Hierin aber liegt die wunderbare Möglichkeit, nicht die Riemannsche Fläche selbst, aber die aus ihrer Betrachtung folgenden Theoreme oder wenigstens die Fragestellungen auf Zahlkörper zu übertragen. Denn an Stelle der Verzweigungsstellen $a, b, \ldots, k$ treten, wie wir bereits wissen, die Primfaktoren des „wesentlichen" Teilers der Diskriminante, und der Galoisschen Gruppe im algebraischen Funktionenkörper entspricht natürlich die Galoissche Gruppe im Zahlkörper.

Dieses Entsprechen wird nun dadurch für die Zahlentheorie sehr fruchtbar, daß man für die Riemannsche Fläche Sätze kennt, die über unsere algebraischen Hilfsmittel hinausliegen, und deren Analogie für den Zahlkörper man nun suchen kann.

Da ist vor allen Dingen der Riemannsche Existenzsatz, den wir hier so aussprechen: Zu jeder über der z-Ebene vorgegebenen algebraischen Riemannschen Fläche gehört ein Körper $R(\zeta, z)$.

Ferner kann man fragen: Was entspricht im Zahlkörper den einfachen Formulierungen, die durch Betrachtung der Abelschen Integrale gewonnen werden, dem Abelschen Theorem usw.?

Hiermit haben wir nun den eigentlichen Schlüssel zu den Neuentwicklungen in Hilberts Zahlbericht und seinen zugehörigen späteren Arbeiten resp. denjenigen seiner Freunde und Schüler. Hilbert wollte die zahlentheoretischen Entwicklungen möglichst dahin bringen, daß der Zahlkörper durch seine Diskriminante und die zugehörige Galoissche Gruppe definiert erscheint und sämtliche in der Funktionentheorie bekannten Sätze sich wiederfinden! (vgl. das zwölfte der Probleme von 1900). Er hat dieses Ziel allerdings nur in einigen Fällen voll erreicht.

---

[1]) Vgl. Enzyklop. I B 3c, d S. 487.

Insbesondere beim sog. „*Klassenkörper*", der zu einem Rationalitätsbereich $K(\sqrt{-D})$ gehört. Die Galoissche Gruppe ist hier eine Abelsche Gruppe, d. h. sie besteht aus lauter vertauschbaren Operationen, und die Diskriminante (relativ zu dem Körper $K(\sqrt{-D})$ ist 1. Die vollen Beweise hat erst Furtwängler gegeben. Es ist unmöglich, daß ich hier mehr ins Einzelne gehe. Aber es ist doch, denke ich, einiges gewonnen, wenn wir solcherweise den leitenden Grundgedanken kennen.

Nun ist es Zeit, unser Kap. 7 zu schließen. Ich beschränke mich darauf, noch einmal das allgemeinste Problem, welches hier vorliegt, im Anschluß an Kroneckers Festschrift von 1881 (Crelle, Bd. 92) zu charakterisieren. Es handelt sich nicht nur um die reinen Zahlkörper oder Körper, die von einem Parameter z abhängen, oder um die Analogisierung dieser Körper, sondern es handelt sich schließlich darum, für Gebilde, die gleichzeitig arithmetisch und funktionentheoretisch sind, also von gegebenen algebraischen Zahlen und gegebenen algebraischen Funktionen irgendwelcher Parameter algebraisch abhängen, das selbe zu leisten, was mehr oder weniger vollständig in den einfachsten Fällen gelungen ist.

Es bietet sich da ein ungeheurer Ausblick auf ein rein theoretisches Gebiet, welches durch seine allgemeinen Gesetzmäßigkeiten den größten ästhetischen Reiz ausübt, aber, wie wir nicht unterlassen dürfen hier zu bemerken, allen praktischen Anwendungen zunächst ganz fern liegt. Damit ist natürlich nicht gesagt, daß das immer so zu bleiben braucht.

Achtes Kapitel.

Gruppentheorie und Funktionentheorie; automorphe Funktionen.

Gruppentheorie.

Die *Gruppentheorie* zieht sich als besondere Disziplin durch die ganze neuere Mathematik. Sie greift als ordnendes und klärendes Prinzip in die verschiedensten Gebiete ein. Wir haben sie daher schon öfter berührt, nicht nur in der Gleichungstheorie, sondern auch bei den elliptischen Funktionen (Stufentheorie) und bei der Unterscheidung von projektiver, affiner und metrischer Geometrie und ihrer Invariantentheorie. Ich habe es aber vorgezogen, ihr keinen selbständigen größeren Abschnitt zu widmen, sondern sie innerhalb der verschiedenen Teile von Fall zu Fall zur Geltung zu bringen. Wir werden damit fortfahren, indem wir jetzt zunächst ihr Hervortreten in den neueren funktionentheoretischen Entwicklungen behandeln. — Immerhin scheint es zweckmäßig, der Gruppentheorie als solcher hier vorab einige Ausführungen zu widmen.

Unsere erste Frage wird sein: Was ist eine Gruppe? Die Antwort darauf möchte ich unter einen allgemeinen Gesichtspunkt stellen. Es tritt hier die merkwürdige aber typische Erscheinung auf, daß auch bei solchen Fragen in den letzten Dezennien eine Wendung von der anschaulichen, aktiven Erfassung der Dinge zur abstrakten Formulierung stattgefunden hat. Erst 1870 durch das Erscheinen des *Traité des substitutions et des équations algébriques* von Camille Jordan wurde die allgemeine Aufmerksamkeit der Gruppentheorie als einem unentbehrlichen Instrument der Gleichungstheorie zugewandt (Substitution heißt hier Buchstabenvertauschung). Als dann Lie und ich es unternahmen, die Bedeutung der Gruppentheorie für die verschiedensten Gebiete der Mathematik herauszuarbeiten, da sagten wir: „Gruppe" ist der Inbegriff von eindeutigen Operationen $A, B, C, \ldots$ derart, daß irgend zwei der Operationen A, B kombiniert wieder eine Operation C des Inbegriffes ergeben:

$$A \cdot B = C.$$

Bei seinen weiteren Untersuchungen über unendliche Gruppen sah sich Lie genötigt, ausdrücklich zu verlangen, daß neben A auch die Inverse A^{-1} in der Gruppe vorhanden sein solle.

Bei den neueren Mathematikern tritt eine abgeblaßtere Definition auf, die aber präziser ist. Man spricht nicht mehr von einem System von Operationen, sondern von einem System von Dingen oder Elementen $A, B, C, \ldots$. Dann wird postuliert, daß

1. das „Produkt" oder die Verknüpfung $A \cdot B = C$ selbst dem System angehört (Abgeschlossenheit des Systems),
2. das assoziative Gesetz gilt, also

$$(A\,B) \cdot C = A \cdot (B\,C)$$

3. eine Einheit E existiert, so daß

$$A\,E = A$$

und

$$E\,A = A$$

ist,

4. die Inverse existiert, d. h. daß die Gleichung

$$A\,x = E$$

lösbar ist.

Der Appell an die Phantasie tritt also hier völlig zurück. Dafür wird das logische Skelett sorgfältig herauspräpariert, eine Tendenz, auf die wir bei der Fortsetzung der Vorlesung noch oft zurückkommen werden. Diese abstrakte Formulierung ist für die Ausarbeitung der Beweise vortrefflich, sie eignet sich aber durchaus nicht zum Auffinden neuer Ideen und Methoden, sondern sie stellt vielmehr den

Abschluß einer voraufgegangenen Entwicklung dar. Daher erleichtert sie den Unterricht äußerlich insofern, als man mit ihrer Hilfe bekannte Sätze lückenlos und einfach beweisen kann; andrerseits wird die Sache für den Lernenden dadurch innerlich sehr erschwert, daß er vor etwas Abgeschlossenes gestellt wird und nicht weiß, wieso man überhaupt zu diesen Definitionen kommt, und daß er sich dabei absolut nichts vorstellen kann. Überhaupt hat die Methode den Nachteil, daß sie nicht zum Denken anregt; man hat nur aufzupassen, daß man nicht gegen die aufgestellten vier Gebote verstößt.

Doch beginnen wir nun mit dem historischen Bericht. Der Gruppenbegriff hat sich zuerst in der Lehre von den algebraischen Gleichungen entwickelt. Die Operationen der Gruppe, um die es sich hier handelt, sind die $n!$ Vertauschungen der n Wurzeln $x_1, x_2, \ldots, x_n$. (Wir zählen die „Identische Operation", d. i. diejenige, die jedes x an seiner Stelle läßt, immer mit.)

Lagrange (1770) ist wohl der erste, der erkannte, daß die allgemeine Auflösung der Gleichungen zweiten, dritten und vierten Grades nur verständlich wird, wenn man die Struktur der Gruppen betrachtet, die aus den genannten Vertauschungen von 2, 3, 4 Buchstaben bestehen.

Von den Forschern, die sich daraufhin mit der Gruppe der sämtlichen Vertauschungen von n Buchstaben beschäftigt haben, nenne ich vor allen Dingen Cauchy, der hierüber viele merkwürdige Sätze gefunden hat. Im folgenden benutzen wir bei Gelegenheit die Gruppe der $\frac{1}{2}n!$ „geraden" Vertauschungen (die sog. „alternierende" Gruppe).

Aber ihre zentrale Bedeutung für die algebraischen Gleichungen gewinnt die Gruppentheorie erst durch Galois, 1831 (von dem auch der Terminus „Gruppe" herrührt). Lagrange und die anderen hatten in naiver Weise mit dem Rationalitätsbereich beliebig veränderlicher Gleichungskoeffizienten operiert (das nennen wir hier „allgemeine" Gleichungen). Galois setzt, wie wir schon früher und insbesondere noch im vorigen Kapitel erläuterten, statt dessen einen irgendwie bestimmt festgelegten Rationalitätsbereich voraus und sagt, daß ihm gegenüber jede irgend vorgelegte Gleichung durch eine bestimmte Vertauschungsgruppe der Wurzeln, die keineswegs, wie bei Cauchy, die Gesamtheit aller Vertauschungen zu enthalten braucht, in dem schon hervorgehobenen Sinne charakterisiert sei (vgl. S. 332).

Damit war also das Problem, alle Gruppen, die sich aus Vertauschungen von n Buchstaben herstellen lassen, zu untersuchen, nachdrücklich auf die Tagesordnung gesetzt. Vorher hatte man eigentlich nur Beispiele von Gruppen betrachtet, insbesondere solche, die aus lauter vertauschbaren Operationen bestehen; man nennt sie „*Abelsche Gruppen*".

Die Aufgabe, alle Resolventen der vorgelegten Gleichung zu studieren, führt sodann auf das Problem, alle Untergruppen der

Gleichungsgruppe aufzuzählen. Diesbezüglich hat nun Galois wieder einen Grundbegriff geschaffen. Man nenne alle Operationen, die aus einer Substitution T durch den Ansatz $S^{-1}TS$ hervorgehen, *gleichberechtigt*. Solche gleichberechtigte Substitutionen setzen sich in analoger Weise zusammen. Denn es ist auf Grund des assoziativen Gesetzes

$$S^{-1}TSS^{-1}US = S^{-1}TUS.$$

Durchläuft T_i eine Untergruppe, so nennt man die Untergruppen, die sich durch den Ansatz $S^{-1}T_i\,S$ ergeben, *gleichberechtigte Untergruppen*. Eine Untergruppe heißt nun ***ausgezeichnet*** oder ***invariant***, wenn sie nur mit sich selbst gleichberechtigt ist, wenn also allemal

$$S^{-1}T_iS = T_j$$

ist, wobei unter S eine beliebige Operation der vorgelegten Gruppe, unter T_i, T_j solche der Untergruppe verstanden werden.

Eine Gruppe heißt nach Galois „*zusammengesetzt*“ oder „*einfach*“, je nachdem sie (von sich selbst und der Identität verschiedene) ausgezeichnete Untergruppen enthält oder nicht. Im ersten Falle kann man, ohne aus dem Rationalitätsbereiche der Wurzeln herauszutreten, die Auflösung der Gleichung auf eine Reihe getrennter Hilfsgleichungen zurückführen, im letzteren nicht: die vorgelegte Gleichung bildet dann im Rationalitätsbereiche ein untrennbares Problem. Ich erinnere an die Theorie der Gleichungen dritten und vierten Grades. a, b, c, d seien die vier Wurzeln einer Gleichung vierten Grades. Diese lassen 24 Vertauschungen zu. In dieser Gruppe G_{24} ist eine besonders merkwürdige ausgezeichnete Untergruppe von nur vier Vertauschungen enthalten, nämlich die G_4, die wir erhalten, wenn wir die Wurzeln stets paarweise vertauschen, wodurch die Anordnungen entstehen:

$$\begin{aligned} T_1&: \ a\ b\ c\ d\,,\\ T_2&: \ b\ a\ d\ c\,,\\ T_3&: \ c\ d\ a\ b\,,\\ T_4&: \ d\ c\ b\ a\,. \end{aligned}$$

Lagrange bemerkte, daß es dreiwertige Funktionen von a, b, c, d gibt Eine solche ist

$$z_1 = ab + cd$$

aus der wir durch Vertauschung der a, b, c, d nur noch erhalten:

$$\begin{aligned} z_2 &= ac + bd,\\ z_3 &= ad + cb. \end{aligned}$$

Diese z_1, z_2, z_3 bleiben bei den Vertauschungen der G_4 alle drei ungeändert. Sie erleiden daher bei den 24 Vertauschungen der a, b, c, d nur $\frac{24}{4} = 6$ Vertauschungen. Sie genügen einer Gleichung dritten Grades mit einer G_6, welche die „kubische Resolvente“ der Gleichung vierten Grades heißt. Gäbe es keine ausgezeichnete G_4, so wäre alles das unmöglich.

Dasselbe gilt betreffend die Existenz einer quadratischen Resolvente bei den Gleichungen dritten Grades.

Nun ist es Galois' besondere Leistung, daß er den Begriff der ausgezeichneten Untergruppe allgemein klar erfaßt und so, was Lagrange bei Gleichungen dritten und vierten Grades gemacht hatte, zu einer allgemeinen grundlegenden Auffassung über die Auflösung beliebiger Gleichungen ausgebaut hat.

Ich kann die Reihe der sich anschließenden Theoreme (unter die sich namentlich die Frage subsumiert, wann eine vorgelegte Gleichung durch Wurzelzeichen lösbar ist) unmöglich weiter verfolgen. Ich kann nur fühlbar machen, daß hier ein höchst interessantes, dabei ganz abstraktes Gebiet vorliegt, durch welches die seit 1500 traditionelle Aufgabe, algebraische Gleichungen zu lösen, ein neues Fundament erhält. Eben das ist nun die Leistung von Camille Jordans Buch, daß es hier weit eingedrungen ist und die erste zusammenfassende Darstellung gegeben hat. In dem vorher erschienenen Cours d'algèbre supérieure von J. A. Serret ist die Sache noch nicht vollständig durchgebildet. C. Jordan hat dort insbesondere die ganze algebraische Geometrie, Zahlentheorie und Funktionentheorie durchwandert, um interessante Vertauschungsgruppen zu finden. Seine Darstellung ist dabei merkwürdig unfranzösisch, schwerfällig, fast deutsch.

Die Lehre von den Vertauschungsgruppen hat sich dann in der Folge, unabhängig von allen Anwendungen auf Gleichungstheorie, zu einer selbständigen Disziplin entwickelt. Wir begegnen da Namen wie Cayley, Sylow, Dyck, Hölder, Frobenius, Burnside und in neuerer Zeit vielfach auch Amerikanern. Für viele Gemüter ist es ein besonderer Reiz, daß man auch hier wieder arbeiten kann, ohne von sonstiger Mathematik viel zu wissen und also verschiedene Gedankenkreise miteinander zu kombinieren.

Wir wenden uns jetzt der Betrachtung *endlicher Gruppen linearer Substitutionen* zu. Unter einer Substitution verstehen wir hier nicht wie bei C. Jordan eine Buchstabenvertauschung, sondern eine Operation

$$z' = \frac{\alpha z + \beta}{\gamma z + \delta}$$

also eine lineare Transformation. Wenn man will, so kann man Vertauschungen von Buchstaben als besonderen Fall solcher linearer Substitutionen ansehen, indem man z. B. setzt:

$$a' = b \qquad b' = a.$$

Die einfachste endliche Gruppe von linearen Substitutionen ist

$$(*) \qquad z' = \varepsilon^r \cdot z \quad (r = 0,\ 1, \ldots, n-1) \quad \text{wo} \quad \varepsilon = e^{\frac{2\pi i}{n}}$$

ist. Es ist dies der „zyklische Fall". Diese Gruppe kann leicht erweitert werden zu einer solchen von $2n$ Substitutionen:

$$(**)\qquad \begin{aligned} z' &= \varepsilon^r \cdot z, \\ z' &= \frac{\varepsilon^r}{z} \qquad (r = 0, \quad 1, \ldots, n-1), \end{aligned}$$

wo $\varepsilon = e^{\frac{2\pi i}{n}}$.

Weitere Beispiele solcher endlicher Gruppen erhält man durch die Betrachtung der *regulären Körper.*

Die Operationen, um die es sich hier handelt, sind die Drehungen, durch die die regulären Körper mit sich selbst zur Deckung gebracht werden. Bei dieser Betrachtung ist der einzelne reguläre Körper äquivalent mit seiner Polarfigur, die bei denselben Operationen ungeändert bleibt wie er selbst. Die Ecken der Polarfigur eines regulären Körpers entsprechen bekanntlich den Mittelpunkten der Begrenzungsflächen desselben. Somit werden einander zugeordnet:

Tetraeder und *Gegentetraeder,*
Oktaeder und *Würfel,*
Ikosaeder und *Pentagondodekaeder.*

Die Drehungen, welche einen regulären Körper mit sich selbst zur Deckung bringen, bilden in ihrer Gesamtheit eine Gruppe, denn es ist klar, daß irgend zwei Drehungen dieser Art hintereinander angewendet wieder eine Drehung dieser Beschaffenheit ergeben, wobei das assoziative Gesetz gilt.

Beim Tetraeder erhalten wir eine Gruppe von

$$4 \cdot 2 + 3 \cdot 1 + 1 = 12$$

Drehungen, nämlich $4 \cdot 2$ Drehungen durch $\frac{2\pi}{3}$ $\left(\text{oder } \frac{4\pi}{3}\right)$ um die Verbindungslinien der Eckpunkte des Tetraeders mit den gegenüberliegenden Eckpunkten des Gegentetraeders als Achse, drei Drehungen durch $\frac{2\pi}{2}$ um die Verbindungsgeraden der Mittelpunkte zweier Gegenkanten als Achse und die „identische" Drehung.

Analog erhalten wir beim Oktaeder

$$3 \cdot 3 + 4 \cdot 2 + 6 \cdot 1 + 1 = 24$$

Drehungen und beim Ikosaeder

$$6 \cdot 4 + 10 \cdot 2 + 15 \cdot 1 + 1 = 60$$

Drehungen. Wir haben somit für

Tetraeder und Gegentetraeder	eine G_{12},
Oktaeder und Würfel	eine G_{24},
Ikosaeder und Pentagondodekaeder	eine G_{60}.

Bei diesen Untersuchungen entdeckte ich noch einen sechsten regulären Körper, das „*Dieder*" (richtiger wäre vielleicht, Dyeder zu schreiben): Denken wir uns den von den Seiten eines regulären n-Ecks begrenzten Ebenenteil doppelt, so können wir diese Konfiguration als regulären Körper auffassen, der durch n Drehungen um seine Hauptachse und ebenso viele Umklappungen um Linien seiner Äquatorebene in sich übergeht. (Die übliche Definition des regulären Körpers stimmt genau, nur daß der eingeschlossene Rauminhalt Null ist. Die zugehörige „Gruppe" ist die unter (**) angegebene.)

Wir beschränken unsere geometrische Betrachtung nunmehr auf die Kugeloberfläche, welche durch die Ecken des regulären Körpers gelegt ist, und auf die wir die Kanten und Seitenflächen desselben durch geradlinige Projektion vom Mittelpunkt der Kugel aus übertragen denken. Wir denken uns die Kugel jetzt als Trägerin einer komplexen Variablen $x + iy$. Jeder Drehung entspricht dann eine lineare Substitution von $z = x + iy$, der Drehungsgruppe eine Substitutionsgruppe.

Es gelang mir nun zu beweisen, daß es keine anderen endlichen Gruppen linearer Transformationen einer Veränderlichen gibt als die hiermit aufgezählten (Math. Ann., Bd. 9, 1875. Erlanger Berichte 1874[1]).

Die Tetraeder- und Oktaedersubstitutionen kommen implizite an manchen Stellen der älteren Literatur vor, die Ikosaedersubstitutionen hingegen waren neu. Sie werden, bei geeigneter Wahl der Koordinaten, durch folgende Formeln dargestellt:

$$z' = \varepsilon^{\mu} \cdot z,$$

$$z' = -\frac{\varepsilon^{4\mu}}{z},$$

$$z' = \varepsilon^{\nu} \cdot \frac{-(\varepsilon - \varepsilon^4)\varepsilon^{\mu} z + (\varepsilon^2 - \varepsilon^3)}{(\varepsilon^2 - \varepsilon^3)\varepsilon^{\mu} z + (\varepsilon - \varepsilon^4)},$$

$$z' = -\varepsilon^{4\nu} \cdot \frac{(\varepsilon^2 - \varepsilon^3)\varepsilon^{\mu} z + (\varepsilon - \varepsilon^4)}{-(\varepsilon - \varepsilon^4)\varepsilon^{\mu} z + (\varepsilon^2 - \varepsilon^3)},$$

wo $\varepsilon = e^{\frac{2\pi i}{5}}$; $\mu, \nu = 0, 1, 2, 3, 4$.

Die G_{12} des Tetraeders und die G_{24} des Oktaeders sind zusammengesetzte Gruppen, während die G_{60} des Ikosaeders eine einfache Gruppe ist.

Man kann nun die Gruppen noch erweitern, und zwar verdoppeln, indem man die „diametrale" Zuordnung hinzunimmt, welche jeden Kugelpunkt durch den diametralen ersetzt. In der so erweiterten Gruppe finden sich dann u. a. alle Spiegelungen an den Symmetrieebenen der Konfiguration, also beim Tetraeder an 6, beim Oktaeder an 9 und beim Ikosaeder an 15 Symmetrieebenen. Wir erhalten also als „erweiterte" Gruppen

für das Tetraeder eine $\overline{G}_{24}$
„ „ Oktaeder „ $\overline{G}_{48}$
„ „ Ikosaeder „ $\overline{G}_{120}$

[1]) Vgl. Klein: Ges. Abh. Bd. 2, Nr. LI.

Ich will nun vorweg zwei Bemerkungen einfügen, die sich hier unmittelbar darbieten, und die erwähnt werden sollen, weil sie Späteres vorbereiten:

1. Durch die Symmetrieebenen wird jede Seitenfläche eines regulären Körpers in 6 kongruente bzw. symmetrische Dreiecke zerlegt. Durch die Symmetrieebenen z. B. des Ikosaeders wird also die Kugel in 120 solcher Dreiecke geteilt, die wir abwechselnd schraffieren und freilassen. Bei einer Drehung gehen schraffierte Dreiecke in schraffierte und freigelassene in ebensolche über. Um ein schraffiertes Dreieck in ein freigelassenes überzuführen, müssen wir noch eine Spiegelung hinzunehmen (allgemeiner eine der Operationen der $\overline{G}$, welche keine Drehung ist).

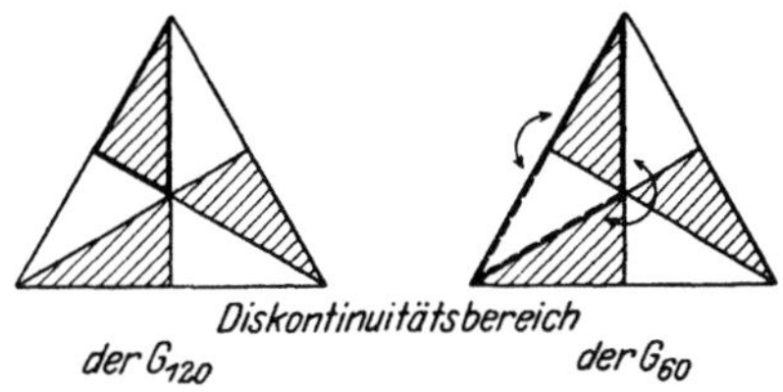

Fig. 33.

Das einzelne Dreieck ist nach einem von Fricke gebildeten Ausdruck ein *Diskontinuitätsbereich* der $\overline{G}_{120}$. (Die $\overline{G}_{120}$ heißt diskontinuierlich, da die vermöge der Gruppe „äquivalenten" Punkte getrennt liegen.) Jedem Punkt der Kugel entspricht in jedem Dreieck ein und nur ein Punkt, in den er durch eine Operation der $\overline{G}_{120}$ übergeführt werden kann. Um also zu einem Punkte den vermöge der $\overline{G}_{120}$ äquivalenten zu finden, muß man bis zum korrespondierenden Punkte eines Nachbardreiecks gehen. Wir verstehen also unter einem Diskontinuitätsbereich einer Gruppe einen Bereich, in dem sich ein Punkt frei bewegen kann, ohne daß er einen vermöge der Gruppe äquivalenten Punkt erreicht.

Irgend zwei neben einander liegende Dreiecke zusammengenommen bilden einen Diskontinuitätsbereich der G_{60}. Dabei hat man aber aufzupassen, daß man die Randpunkte richtig einordnet. Man rechne in Fig. 33 rechts nur die eine Seite und die Hälfte der Basis zum Diskontinuitätsbereich! Schließlich ist dieser Begriff des Diskontinuitätsbereichs geläufig am Beispiel der doppeltperiodischen Funktionen. Das Periodenparallelogramm ist der Diskontinuitätsbereich für die unendliche Gruppe linearer Substitutionen

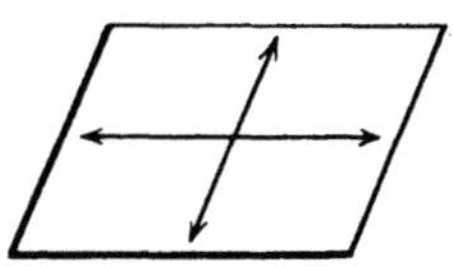
Fig. 34.

$$u' = u + m_1 \omega_1 + m_2 \omega_2,$$

wobei auch die einzelnen Kanten paarweise zusammengehören, und immer nur eine von je zwei zusammengehörigen Kanten zum Bereich gerechnet werden darf (Fig. 34).

2. Zwischen der G_{60} des Ikosaeders und den 60 „geraden" Vertauschungen von 5 Dingen besteht eine merkwürdige Beziehung. Nimmt man die Mittelpunkte der 30 Kanten des Ikosaeders als Eckpunkte von

5 Oktaedern, so werden mit den 60 Ikosaederdrehungen diese 5 Oktaeder miteinander vertauscht. Die Gruppe G_{60} der Drehungen des Ikosaeders ist also zu der der geraden Vertauschungen von 5 Dingen isomorph[1]).

Dagegen ist die erweiterte $\overline{G}_{120}$ des Ikosaeders mit der G_{120} der sämtlichen Vertauschungen von 5 Dingen nicht isomorph. Die diametrale Zuordnung, (durch die wir die $\overline{G}_{120}$ aus der G_{60} erzeugten) läßt nämlich jedes Oktaeder für sich ungeändert und hat also mit den Vertauschungen der 5 Oktaeder nichts zu tun. Die „erweiterte“ $\overline{G}_{120}$ enthält als ausgezeichnete Untergruppen:

a) die G_{60} der Drehungen,

b) die G_2 der diametralen Spiegelung.

Dagegen enthält die G_{120} der Vertauschungen von 5 Elementen zwar eine ausgezeichnete G_{60} (die alternierende Gruppe), aber keine ausgezeichnete G_2. Sie hat also ganz andere Struktur.

Die Bemerkung 1 S. **341** leitet über zu der Betrachtung anderer diskontinuierlicher aber nicht endlicher Gruppen linearer Substitutionen einer Veränderlichen, woraus schließlich die allgemeine Lehre der eindeutigen automorphen Funktionen herauswächst. Die Bemerkung 2 aber führt zu der merkwürdigen Beziehung zwischen dem Ikosaeder und der Theorie der Gleichungen fünften Grades, von der wir ebenfalls ausführlicher reden müssen.

Nun noch einige Worte über die Weiterführung dieser Untersuchungen. Diese erstreckt sich nach zwei Richtungen, die auch kombiniert werden können:

1. Endliche Gruppen linearer Substitutionen mehrerer Veränderlicher. Auch hier ist C. Jordan bahnbrechend gewesen; ich selbst und Valentiner haben die einfachsten (nicht trivialen) Beispiele gefunden, deren Tragweite dann Blichfeldt konstatiert hat; Frobenius und J. Schur haben eine allgemeine Theorie für n Veränderliche entworfen. Wie das Ikosaeder eine Theorie der Gleichungen fünften Grades vermittelt, so gelangt man hier zu einer Theorie der Gleichungen sechsten und siebenten Grades!

2. Unendliche Gruppen linearer Substitutionen einer Veränderlichen, insbesondere diejenigen, die man nach Poincaré „eigentlich diskontinuierlich“ nennt, d. h. solche, bei denen man in der $x + iy$-Ebene (bzw. auf der $x + iy$-Kugel) endlich ausgedehnte Diskontinuitätsbereiche hat. Das einfachste Beispiel dafür bieten die doppeltperiodischen Funktionen, wo das Periodenparallelogramm der Diskontinuitätsbereich für die unendliche Gruppe linearer Substitutionen

$$u' = u + m_1\omega_1 + m_2\omega_2$$

ist. Die Funktionen, welche bei solchen endlichen oder unendlichen

---

[1]) D. h. abstrakt genommen mit ihr identisch.

Gruppen ungeändert bleiben, nenne ich allgemein *automorphe Funktionen*, von denen noch ausführlicher zu erzählen sein wird.

Vorerst will ich aber noch ausführen, wie dieselbe Art der gruppentheoretisch-geometrischen Überlegung, wie wir sie bei den endlichen linearen Substitutionen einer Veränderlichen kennen gelernt haben, auch in den Anwendungen zur Geltung kommt, nämlich in der *Kristallographie*, speziell demjenigen Teil derselben, den man neuerdings Strukturtheorie nennt.

Die Entwicklung der Kristallographie ist überhaupt mit derjenigen der Mathematik auf das mannigfachste verknüpft, wie schon gelegentlich bemerkt. Ich erinnere nur an das „Zonengesetz" von Fr. Neumann, 1823 (vgl. S. 216f.).

Bei den folgenden Betrachtungen gehen wir aus von der kontinuierlichen Gruppe aller Bewegungen im Raume, die aus ∞^6 Operationen besteht. Diese Gruppe können wir uns eventuell noch durch die ∞^6 Operationen zweiter Art (Spiegelungen, Umlegungen) erweitert denken. Man erhält so wieder eine Gruppe von ∞^6 Operationen.

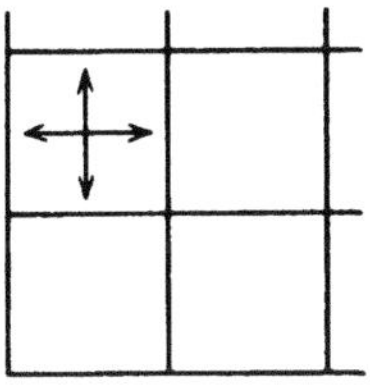

Fig. 35.

Man kann nun die Aufgabe ins Auge fassen, in allgemeinster Weise die eigentlich diskontinuierlichen Untergruppen G bzw. $\bar{G}$ dieser Gruppen aufzustellen resp. ihre Diskontinuitätsbereiche zu studieren. D. h. der Raum soll in lauter direkt kongruente bzw. direkt und invers kongruente Polyeder eingeteilt werden, die durch die Operationen der Untergruppe ineinander übergeführt werden. Diese Untersuchungen sind im Raume sehr kompliziert. Wir wollen uns daher die Sache an einem Beispiele in der Ebene klar machen. Unsere Resultate lassen sich dann sinngemäß auf den Raum übertragen. Wir werden also statt des Parallelepipedgitters im Raume das gewöhnliche Parallelogrammgitter in der Ebene betrachten. Wir legen nun unseren Untersuchungen beispielsweise ein quadratisches Gitter zugrunde. Die zugehörige Bewegungsgruppe, welche ein Gitterquadrat zum Diskontinuitätsbereich hat, besteht zunächst bloß aus Translationen (vgl. Fig. 35; die Pfeile geben die Zusammengehörigkeit der Kanten des Diskontinuitätsbereiches an). Das Quadratnetz kann aber so unterteilt werden, daß als weitere Operationen Rotationen evtl. Spiegelungen hinzutreten. Wir haben dann eine Einteilung der Ebene in kongruente resp. kongruente und symmetrische Dreiecke (welch letztere wir abwechselnd schraffieren und freilassen; vgl. Fig. 36). Bei Drehungen, also bei Operationen der Gruppe G gehen schraffierte in schraffierte und nicht-schraffierte in nicht-schraffierte Dreiecke über. Durch die Operationen der erweiterten Gruppe $\bar{G}$ können alle Dreiecke ineinander übergeführt werden. Jedes dieser Dreiecke ist Diskontinuitätsbereich einer bestimmten Gruppe, die aus Drehungen und Umlegungen der Ebene zusammengesetzt ist. Dabei ist der Diskontinuitätsbereich der $\overline{G}$ durch die spiegelnden Kurven eindeutig begrenzt, während man zum Diskontinuitätsbereich der G nur eine Seite und die Hälfte der Basis des Fundamentaldreiecks rechnen darf.

Nun kann man verstehen, daß im Raume ähnliche Möglichkeiten vorliegen, deren erschöpfende Aufzählung natürlich entsprechend schwieriger ist. Entsprechend den Zerlegungen der Ebene erhält man dort Parallelepipedgitter, Würfelsysteme, deren Würfel irgendwie unterteilt sind usw.

Der Zusammenhang dieser Zerlegungen des Raumes mit der Kristallographie wird folgendermaßen gegeben:

Jede solche Raumeinteilung wird in der Weise einen Kristall bzw. ein kristallinisches Medium definieren, daß man in den ersten Diskontinuitätsbereich ein ganz beliebiges Molekularaggregat hineingesetzt denkt und dann an den entsprechenden Stellen der anderen Bereiche entsprechende Aggregate hineinbringt.

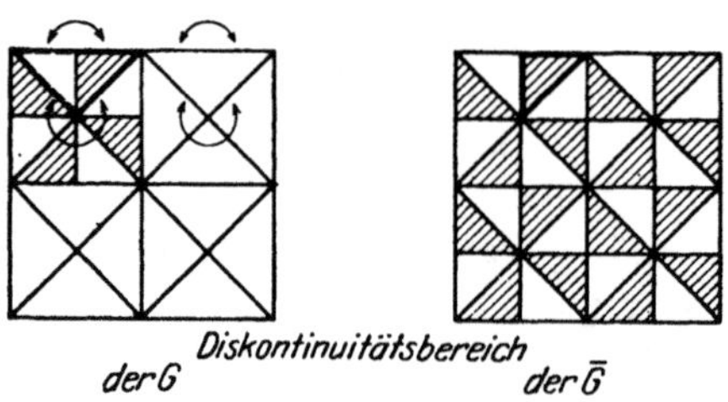

Fig. 36.

Zu dem hiermit eingeleiteten Problem der Strukturtheorie und seiner Erledigung sind die Kristallographen im Laufe der Dezennien nur zögernd hingelangt. Vgl. das Referat 7 von Liebisch, Schoenflies und Mügge in Bd. V der Enzyklopädie.

Es sind hier Namen wie Bravais, Sohnke usw. zu nennen. Der erste aber, der eine volle Lösung fand, war 1885 der Russe Fedorow. 1891 wurde die Theorie von Schoenflies neu begründet bzw. in seinem Lehrbuche dargestellt (Kristallsysteme und Kristallstruktur, Leipzig 1891). Das Ergebnis ist, daß es 65 Gruppen G und 165 Gruppen $\overline{G}$, zusammen also 230 Gruppen gibt[1]).

Ich kann nicht unterlassen, zu erwähnen, wie sich diese Theorie bei den Kristallographen und Physikern nur langsam durchgesetzt hat. Um 1890 herum waren die Fachleute noch durchaus gewohnt, einen Kristall oder besser ein kristallinisches Medium als ein raumerfüllendes Kontinuum zu betrachten, das in allen seinen Punkten dieselben Eigenschaften darbietet! In diesem Falle hat man nur zu unterscheiden, welche Gruppen von Drehungen um einen festen Punkt (bzw. von Operationen zweiter Art bei einem festen Punkt) vorkommen können, die mit dem bekannten kristallographischen Gesetz der sog. rationalen Indizes verträglich sind. Das gibt die bekannte Unterscheidung der

[1]) Neuerdings neu bearbeitet als „Theorie des Kristallstruktur", Berlin 1923. Ferner P. Niggli: Geometrische Kristallographie des Diskontinuums, Leipzig, 1919.

32 „Kristallsysteme". Zu weiterem aber ist kein Anlaß. Das Gesetz der rationalen Indizes, welches eine Folge der Vorstellungen der Strukturtheorie ist, erscheint hier als ein deus ex machina.

Dieses ablehnende Verhalten hat mich nicht hindern können, 1893 bei der Begrüßungsansprache, die ich vor dem Internationalen Kongreß in Chicago zu halten hatte, die Ergebnisse der Theorie mit Nachdruck zu verkünden[1]). Denn ich war — mit Schoenflies — von dem notwendigen Zusammengehen von Spekulation und Anwendung überzeugt.

Und nun kam 1912 die Lauesche Entdeckung von der Beugung der Röntgenstrahlen durch kristallinische Medien! Nun beobachten wir die diskontinuierliche Struktur der Kristalle, i. e. die Anordnung ihrer Moleküle im Raume, und brauchen genau das, was Fedorow und Schoenflies geschaffen haben, als notwendiges theoretisches Substrat.

Automorphe Funktionen.

Wir wollen uns jetzt der Theorie der *automorphen Funktionen* zuwenden! Damit berühre ich mein eigenes Hauptarbeitsgebiet. Es liegt mir hier sehr daran, meine diesbezüglichen Darlegungen vom Standpunkte persönlicher Erinnerung aus zu beleuchten und den Bericht bis zu dem Zeitpunkte zu führen, wo ich durch Krankheit verhindert wurde, weiter mitzuarbeiten, nämlich bis 1882/83. Vielleicht darf ich, da ich mich oft darauf zu beziehen habe, hier vorab die drei von mir später verfaßten bzw. veranlaßten Werke nennen, die sich auf diese Materie beziehen:

1. Klein: Vorlesungen über das Ikosaeder und die Auflösung der Gleichungen vom fünften Grade, 1884.

2. Klein-Fricke: Vorlesungen über die Theorie der elliptischen Modulfunktionen, Bd. 1 1890, Bd. 2 1892.

3. Fricke-Klein: Vorlesungen über die Theorie der automorphen Funktionen. Bd. 1, 1897; Bd. 2, 1901, 1911, 1912.

Nr. 1 ist wesentlich als Lehrbuch gedacht, Nr. 2 und Nr. 3 haben den Charakter von Monographien. — In Nr. 2 wird von der Gruppe $\omega' = \frac{\alpha\,\omega + \beta}{\gamma\,\omega + \delta}$ gehandelt, wo $\alpha, \beta, \gamma, \delta$ ganze Zahlen von der Determinante 1 sind. Die Behandlung ist durchaus gruppentheoretisch orientiert. Es werden die einfachsten Typen von Untergruppen aufgesucht, die in der Gesamtgruppe stecken, ihr jeweiliger Diskontinuitätsbereich bestimmt und dann nach den Regeln der Riemannschen Funktionentheorie auf die Existenz und Eigenart zugehöriger eindeutiger automorpher Funktionen (= Modulfunktionen) geschlossen. Unsere Er-

[1]) Klein: Ges. Abh. Bd. 2, S. 613ff.

örterungen über elliptische Funktionen haben schon öfter die hiermit angedeuteten Fragestellungen gestreift. — In Nr. 3 werden die allgemeinsten eigentlich diskontinuierlichen Gruppen linearer Substitutionen einer Veränderlichen durch geometrische Konstruktionen bestimmt und die Tragweite der zugehörigen eindeutigen automorphen Funktionen erschlossen. Es ist dies das Gebiet, wo ich in den Jahren 1881, 1882 mit Poincaré in Beziehung und Konkurrenz getreten bin, und dessen allgemeinste von mir aufgestellten Theoreme erst neuerdings von Koebe erledigt worden sind.

Im Anschluß an die genannten Werke erwähne ich gleich noch das große Referat von Fricke über „automorphe Funktionen mit Einschluß der Modulfunktionen" in der Enzyklopädie (II, B 4) — eine sehr brauchbare Zusammenstellung, die bis 1913 führt[1]).

Im übrigen darf ich den Eingang in die folgenden Darlegungen etwas anders wählen, als es den voraufgeschickten systematischen Gesichtspunkten entspricht, nämlich mehr konform der historischen Entwicklung.

Um in die Theorie der doppeltperiodischen Funktionen

$$\wp(u \mid \omega_1, \omega_2), \qquad \wp'(u \mid \omega_1, \omega_2)$$

einzudringen, kann man bereits zwei verschiedene Ausgangspunkte wählen. Man kann einmal mit der Parallelogrammeinteilung der u-Ebene beginnen und von da direkt zur Aufstellung von $\wp(u)$, $\wp'(u)$ und der zwischen ihnen bestehenden Relation gelangen:

$$\wp'^2 = 4\wp^3 - g_2\wp - g_3,$$

oder man kann von dem elliptischen Integral ausgehen (und so ist es historisch gewesen)

$$u = \int \frac{d\wp}{\sqrt{4\wp^3 - g_2\wp - g_3}}.$$

und sich dann überzeugen, daß die Riemannsche Fläche, welche zu

$$\wp'^2 = 4\wp^3 - g_2\wp - g_3$$

gehört, zweckmäßig zerschnitten, durch u auf ein schlichtes Parallelogramm abgebildet wird, das in dem Maße, wie der Integrationsweg die Querschnitte der Fläche überschreitet, sich immer neu reproduziert und damit ein Parallelogrammnetz erzeugt. —

Ganz ähnlich ist es nun mit der Theorie der automorphen Funktionen. Entweder gehen wir von der ζ-Ebene (resp. der ζ-Kugel) und ihrer Einteilung in äquivalente Bereiche aus und suchen dann solche

[1]) Für die folgenden Ausführungen sind auch immer die ergänzenden Bemerkungen und Erläuterungen heranzuziehen, die den betreffenden Arbeiten gelegentlich der Herausgabe von Kleins *Gesammelten mathematischen Abhandlungen* (3 Bde. Berlin 1921—23) beigegeben wurden. Anm. d. Herausg.

eindeutige Funktionen von ζ, die bei der zugehörigen Gruppe linearer Substitutionen von ζ ungeändert bleiben, oder wir gehen, entsprechend dem historischen Gange, aus von einer *linearen Differentialgleichung zweiter Ordnung*

$$\frac{d^2\eta}{dz^2} + p_1 \frac{d\eta}{dz} + p_2 \eta = 0,$$

wo p_1, p_2 zunächst rationale Funktionen von z, später algebraische Funktionen von z sein sollen, die zu einer über der z-Ebene ausgebreiteten Riemannschen Fläche gehören. — Damit greife ich auf die Ausführungen, die ich schon in Kap. 6 über lineare Differentialgleichungen gegeben habe, zurück.

Wir knüpfen somit wieder an Riemann an, und zwar an seine berühmte Vorlesung über die hypergeometrische Reihe vom Winter 1858/59, die von dem späteren Physiker v. Bezold nachstenographiert worden war und lange Zeit vor der Öffentlichkeit unbekannt blieb, bis sie mir 1897 zugeschickt wurde und im Anschluß daran in ihren wesentlichen Teilen 1902 durch Noether und Wirtinger in ihren Nachträgen zu Riemanns Werken herausgegeben wurde. — So kam es, daß vieles von dem, was wir sogleich zu berühren haben, von anderen in der Zwischenzeit neu erfunden und veröffentlicht wurde. Ich denke insbesondere an die Arbeit von Schwarz in Crelle, Bd. 75 (1872/73 = Ges. Abh. Bd. 2, S. 211ff., vorläufige Mitteilung der Resultate, Zürich, 1871 = Ges. Abh. Bd. 2, S. 172ff.): „Über diejenigen Fälle, in welchen die Gaußische hypergeometrische Reihe eine algebraische Funktion ihres vierten Elementes darstellt", und an bestimmte Einzelheiten meiner eigenen Arbeit in Bd. 14 der Math. Ann. (1878): „Über die Transformation der elliptischen Funktionen und die Auflösung der Gleichungen fünften Grades[1]." Ich möchte noch erwähnen, daß auch hier Gauß vieles vorweg genommen hat, wie wir aus dem Nachlaß herausbrachten (Bd. 8 der Werke).

Damit mein Referat nicht zu verschwommen ist, will ich — allerdings ohne Beweis — einige Einzelausführungen einflechten.

Die hypergeometrische Reihe, die Gauß mit $F(\alpha, \beta, \gamma; z)$ bezeichnet:

$$F(\alpha, \beta, \gamma; z) = 1 + \frac{\alpha \cdot \beta}{1 \cdot \gamma} z + \frac{\alpha(\alpha+1) \cdot \beta(\beta+1)}{1 \cdot 2 \cdot \gamma(\gamma+1)} z^2 + \cdots$$

und die für $|z| < 1$ (evtl. auch für $|z| = 1$) konvergiert, ist ein partikuläres Integral der linearen Differentialgleichung zweiter Ordnung:

$$\frac{d^2\eta}{dz^2} + \frac{\gamma - (\alpha+\beta+1)z}{z(1-z)} \frac{d\eta}{dz} + \frac{\alpha\beta}{z(z-1)} \eta = 0$$

mit den drei singulären Punkten $z = 0, 1, \infty$.

Sämtliche Lösungen dieser Differentialgleichung lassen sich durch

[1] Klein: Ges. Abh. Bd. 3, S. 13ff.

die hypergeometrischen Reihen darstellen, die je nachdem nach einem der sechs Argumente fortschreiten

$$z, \quad 1-z, \quad \frac{1}{z}, \quad \frac{1}{1-z}, \quad \frac{z}{1-z}, \quad \frac{z-1}{z}$$

und die bzw. im Einheitskreise E_0 um den Nullpunkt, im Einheitskreise E_1 um den Punkt $z = 1$, außerhalb E_0, außerhalb E_1, in der Halbebene links von der Verbindungsgeraden der Schnittpunkte der Kreise E_0 und E_1, oder in der Halbebene rechts von dieser Geraden konvergieren (vgl. Fig. 37). Die Aufstellung dieser verschiedenen Lösungen und ihr wechselseitiger Zusammenhang ist eine mehr umständliche als schwierige Sache, mit der wir uns hier nicht aufhalten können.

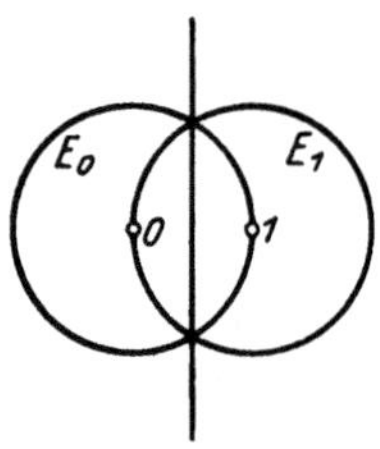

Fig. 37.

Dies ist in elementarer Form, was Riemann unter allgemeinen Gesichtspunkten in seiner Arbeit von 1857: „Beiträge zur Theorie der durch die Gaußsche Reihe darstellbaren Funktionen" fast ohne Rechnung ableitete, wie wir oben S. 269ff. besprachen.

Nun aber kommt das Neue, was Riemann in seiner Vorlesung von 1858—59 und dann später Schwarz ausführten.

Wir nennen irgend zwei Partikularlösungen der Differentialgleichung η_1, η_2 und setzen

$$\frac{\eta_1}{\eta_2} = \zeta.$$

Alle Lösungen der Differentialgleichungen setzen sich aus η_1, η_2 in der Form

$$\eta = m\eta_1 + n\eta_2,$$

zusammen; insbesondere werden, wenn z in seinem Gebiete Umläufe macht, η_1, η_2 in irgendwelche lineare Kombinationen

$$\eta_1' = \alpha\eta_1 + \beta\eta_2,$$
$$\eta_2' = \gamma\eta_1 + \delta\eta_2$$

übergehen, aus denen durch Aneinanderreihung verschiedener Umläufe eine ganze Gruppe linearer Substitutionen hervorgeht, die wir früher die „Monodromiegruppe" der linearen Differentialgleichung nannten[1]).

Der Quotient $\zeta = \frac{\eta_1}{\eta_2}$ erleidet daher bei den Umläufen des z gebrochene lineare Substitutionen

$$\zeta' = \frac{\alpha\zeta + \beta}{\gamma\zeta + \delta}.$$

Aus der gegebenen Differentialgleichung zweiter Ordnung

$$\eta'' + p_1\eta' + p_2\eta = 0$$

---

[1]) Die α, β, γ, δ der Substitution haben natürlich nichts mit den Parametern von $F(\alpha, \beta, \gamma; z)$ zu tun.

berechnen wir für ζ die Differentialgleichung dritter Ordnung

$$\frac{\zeta'''}{\zeta'} - \frac{3}{2}\left(\frac{\zeta''}{\zeta'}\right)^2 = 2p_2 - \frac{1}{2}p_1^2 - p_1'.$$

Man nennt den Ausdruck linker Hand (nach dem Vorschlag von Cayley) vielfach den *Schwarzschen Differentialausdruck*. Setzen wir für p_1 und p_2 die Koeffizienten der hypergeometrischen Differentialgleichung ein, so wird

$$\frac{\zeta'''}{\zeta'} - \frac{3}{2}\left(\frac{\zeta''}{\zeta'}\right)^2 = \frac{1-\lambda^2}{2z^2} + \frac{1-\mu^2}{2(1-z)^2} - \frac{\lambda^2+\mu^2-\nu^2-1}{2z(1-z)},$$

wo $\lambda^2 = 1-\gamma^2$, $\mu^2 = (\gamma-\alpha-\beta)^2$, $\nu^2 = (\alpha-\beta)^2$ ist und λ, μ, ν unter Voraussetzung reeller α, β, γ positiv genommen sein sollen. Den Inbegriff der Substitutionen

$$\zeta' = \frac{\alpha\zeta+\beta}{\gamma\zeta+\delta}$$

werden wir dann wieder die Monodromiegruppe der Differentialgleichung für ζ nennen.

Wir sehen, wie wir an die Gruppen linearer Substitutionen einer Veränderlichen herangeführt werden!

Von hier aus beweisen nun Riemann und Schwarz, daß jede Partikularlösung ζ unserer Differentialgleichung dritter Ordnung im Falle reeller λ, μ, ν von der durch die reelle Achse begrenzten oberen z-Halbebene eine sehr einfache konforme Abbildung gibt, nämlich die konforme Abbildung auf ein Kreisbogendreieck mit den Winkeln $\lambda\pi, \mu\pi, \nu\pi$ (vgl. Fig. 38). Die nähere Lage dieses Dreiecks hängt von der Auswahl der Partikularlösung ζ ab und ist übrigens eine willkürliche. Dabei ist nun auf den Umlaufssinn zu achten. Versieht man die reelle Achse der z-Ebene mit einer von $-\infty$ nach $+\infty$ weisenden Richtung, so wird die positive Halbebene auf das Innere eines entgegengesetzt dem Uhrzeigersinn umlaufenen Dreiecks abgebildet.

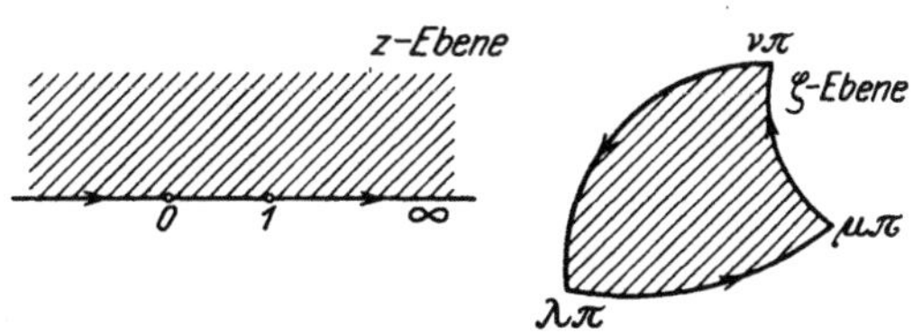

Fig. 38.

Das ist an sich eins der schönsten Beispiele der konformen Abbildung zweier einfach zusammenhängender Bereiche aufeinander. Aber besonders bemerkenswert ist, daß man hier, von einem ersten solchen Dreieck beginnend, den weiteren Verlauf der Funktion ζ rein geometrisch konstruieren kann. Man kann hier die analytische Fortsetzung ausführen, ohne das schwerfällige Hilfsmittel der unendlichen Potenzreihen gebrauchen zu müssen! Das geschieht durch das sog. *Prinzip der Symmetrie* (*Spiegelungsprinzip*): So oft ich das Dreieck an einer seiner Seiten nach dem Gesetz der reziproken Radien spiegle, erhalte ich ein Bild der negativen z-Halbebene usf.

Besonders einfach und typisch wird das Bild, wenn man in der Ebene bleiben will, beim geradlinigen Dreieck, wo $\lambda + \mu + \nu = 1$ ist (vgl. Fig. 39). Die anderen Fälle sind besser auf der Kugel zu übersehen. Durch stereographische Projektion auf die ζ-Kugel geht das Kreisbogendreieck in ein ebensolches auf der Kugel über, d. h. in ein Dreieck, das von drei ebenen Schnitten der Kugel begrenzt ist. Eine Spiegelung an der einzelnen Dreiecksseite bedeutet hier eine „Spiegelung" an der ausschneidenden Ebene, d. h. eine Operation, welche jeden Kugelpunkt durch denjenigen ersetzt, der mit ihm und dem Pol der Ebene in Bezug auf die Kugel auf gerader Linie liegt (vgl. Fig. 40). Geht insbesondere die Ebene durch den Mittelpunkt der Kugel, so rückt der Pol P unendlich weit und unsere „Spiegelung" an der Ebene wird das, was man im elementaren Sinne als Spiegelung bezeichnet.

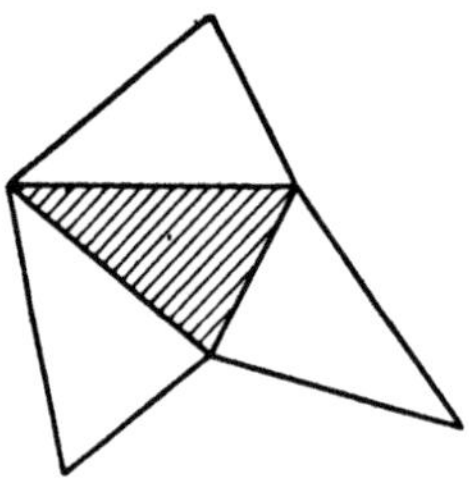

Fig. 39.

Und nun sehen wir den Zusammenhang mit den *regulären Körpern.* Wir hatten jedem regulären Körper, z. B. dem Ikosaeder, eine Zerlegung der umgeschriebenen Kugel in Dreiecke zugeordnet (die durch die Symmetrieebenen des regulären Körpers begrenzt wurden, beim Ikosaeder 120, abwechselnd schraffierte bzw. nicht schraffierte Dreiecke). Diese Dreiecke waren damals die Diskontinuitätsbereiche bestimmter durch die Spiegelungen erweiterter Rotationsgruppen. Jetzt sehen wir, daß die selben Dreiecksteilungen beim Studium der hypergeometrischen Funktionen als spezielle Fälle herauskommen. Wir haben nur das einzelne Dreieck als konformes Abbild der positiven bzw. der negativen z-Halbebene anzusehen, um in der Gesamtheit der Dreiecke die Gesamtheit der Bilder vor uns zu haben, welche die betreffende Funktion ζ von den beiden z-Halbebenen bei beliebiger analytischer Fortsetzung entwirft!

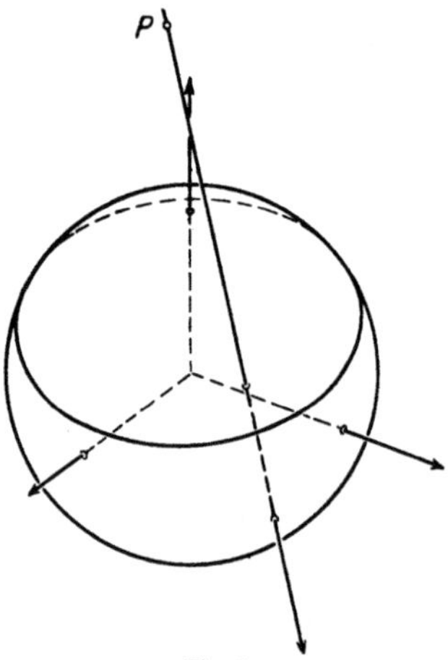

Fig. 40.

Erwähnen will ich noch, daß Schwarz unsere Funktion ζ, weil das konforme Abbild am anschaulichsten wird, wenn man es auf der Kugel (sphära) entwirft, mit dem Buchstaben s, ausführlicher mit $s(\lambda, \mu, \nu; z)$ bezeichnet. Als Benennung hat sich im übrigen das Wort „Dreiecksfunktion" durchgesetzt (vgl. überall meine autographierte Vorlesung von 1893—94: Über die hypergeometrische Funktion).

Ich wende mich nun besonders dem *Ikosaeder* zu. Zunächst will ich noch einmal daran erinnern, daß wir auf zwei Wegen zu der Zerlegung der Kugel in Dreiecke durch die Symmetrieebenen der regulären Körper gekommen sind: Einmal von der Theorie der endlichen Gruppen linearer Substitutionen einer Veränderlichen aus und dann von der Theorie der hypergeometrischen Funktion her. Was dort der Diskontinuitätsbereich der Gruppe war, ist hier die durch die hypergeometrische Funktion ζ (oder $s(\lambda, \mu, \nu; z)$) vermittelte konforme Abbildung der z-Ebene und wird *Fundamentalbereich* der Funktion ζ genannt.

Speziell werden wir das ζ, welches beim Ikosaeder auftritt, mit Schwarz als

$$s\left(\tfrac{1}{3}, \tfrac{1}{2}, \tfrac{1}{5}; z\right)$$

benennen können, da es sich ja um die Abbildung der positiven z-Halbebene auf ein Kreisbogendreieck mit den Winkeln $\frac{\pi}{3}, \frac{\pi}{2}, \frac{\pi}{5}$ handelt. Mit diesem Falle werden wir uns nun wegen der vielseitigen Beziehungen, die er besitzt, näher beschäftigen.

Die Funktion $s\left(\frac{1}{2}, \frac{1}{3}, \frac{1}{5}; z\right)$ bzw. die analogen die bei den anderen regulären Körpern auftreten, sind durch folgende Eigenschaften ausgezeichnet:

1. Die Dreiecke, die man durch die Abbildung der z-Ebene bzw. der beiden Halbebenen erhält, überdecken die ζ-Kugel einfach und lückenlos.

2. Zu dieser Überdeckung reicht eine endliche Zahl von Dreiecken (60 bzw. 120) aus — im Gegensatz zu dem Falle des geradlinigen Dreiecks der Winkel $\frac{\pi}{4}, \frac{\pi}{4}, \frac{\pi}{2}$ dem wir (vgl. S. **344**, Fig. **36**), als wir über Kristallstruktur sprachen, begegnet sind, und wo wir eine einfache Überdeckung der Ebene mit unendlich vielen Dreiecken hatten (bei der übrigens der Punkt $\zeta = \infty$ ein Grenzpunkt ist).

Im Falle des Ikosaeders können wir daher schließen: $\zeta(z)$ ist 60-wertig, denn jedem Werte von z ist in jedem der 60 schraffierten oder nichtschraffierten Kreisbogendreiecke ein bestimmter Punkt zugeordnet. $z(\zeta)$ ist eine einwertige Funktion. Auf der Kugel stoßen bzw. je 3, 2 oder 5 Dreieckpaare zusammen. Wir erhalten daher, entsprechend der regulären Kugelteilung, über der z-Ebene eine 60-blättrige Riemannsche Fläche, deren Blätter in $z = 0, 1, \infty$ bzw. zu je 3, 2, 5 zusammenhängen. Da $z(\zeta)$ eine einwertige und $\zeta(z)$ eine 60-wertige Funktion ist, so folgt, daß z eine rationale Funktion 60. Grades von ζ ist:

$$z = R_{60}(\zeta),$$

deren Bauart wir noch genauer angeben können.

Die Punkte $z = 0, 1, \infty$ müssen bzw. dreifache, zweifache, fünffache Wurzeln ζ ergeben. Wir können dies, da z eine rationale Funktion

60. Grades von ζ sein soll, durch die Proportion zusammenfassen

$$z : z - 1 : 1 = \varphi_{20}^3 : \psi_{30}^2 : \chi_{12}^5$$

wo die φ, ψ, χ Polynome in ζ von den angegebenen Gradzahlen sind.

Schwarz hat diese Polynome zuerst berechnet, in dem er jedenfalls die Nullstellen auf der ζ-Kugel einzeln aufsuchte und dann die zugehörigen Linearfaktoren von ζ ausmultiplizierte. Ich bemerkte, daß man nur χ_{12} zu berechnen braucht und dann φ_{20} und ψ_{30} durch einfache invariantentheoretische Prozesse erhält.

Wir berechnen nun χ_{12}. Zu diesem Zwecke orientieren wir das Ikosaeder so, daß eine Ecke mit $\zeta = 0$, eine andere mit $\zeta = \infty$ zusammenfällt, und daß zwei weitere Ecken auf den Meridian der reellen

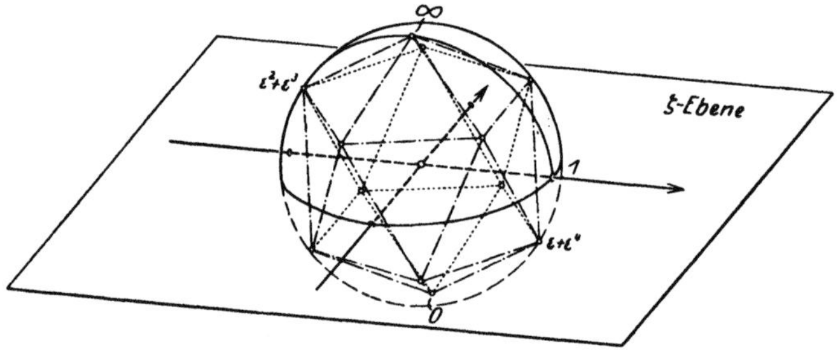

Fig. 41.

Zahlen zu liegen kommen. $\zeta = 1$ möge auf dem Äquator der Kugel liegen (das Nähere siehe Fig. 41). Damit ist das Koordinatensystem festgelegt. Für die beiden auf dem Meridian der reellen Zahlen liegenden, von 0 und ∞ verschiedenen Ikosaederecken finden wir als ζ-Werte:

$$\varepsilon + \varepsilon^4 = \frac{-1+\sqrt{5}}{2},$$

$$\varepsilon^2 + \varepsilon^3 = \frac{-1-\sqrt{5}}{2},$$

Man erhält diese Werte aus den Ikosaedersubstitutionen

$$-\zeta' = \frac{-(\varepsilon-\varepsilon^4)\,\varepsilon^\mu\zeta_0 + (\varepsilon^2-\varepsilon^3)}{(\varepsilon^2-\varepsilon^3)\,\varepsilon^\mu\zeta_0 + (\varepsilon-\varepsilon^4)}, \qquad -\zeta' = \frac{(\varepsilon^2-\varepsilon^3)\,\varepsilon^\mu\zeta_0 + (\varepsilon-\varepsilon^4)}{-(\varepsilon-\varepsilon^4)\,\varepsilon^\mu\zeta_0 + (\varepsilon^2-\varepsilon^3)},$$

indem man $\zeta_0 = 0$ einsetzt.

Die weiteren Ecken werden erhalten durch Multiplikation mit ε^ν für $\nu = 0, 1, 2, 3, 4$. Wir haben somit für die 12 Ecken die Werte

$$\begin{matrix} \zeta = 0, & \zeta = \varepsilon^\nu(\varepsilon+\varepsilon^4) \\ \zeta = \infty, & \zeta = \varepsilon^\nu(\varepsilon^2+\varepsilon^3) \end{matrix} \qquad (\nu = 0, 1, 2, 3, 4).$$

Nun ist es gut (um $\zeta = \infty$ klar mitzunehmen), ζ homogen zu machen d. h. in $\zeta_1 : \zeta_2$ zu spalten. Man hat dann

$$\chi_{12} = \zeta_1 \zeta_2 [\zeta_1^5 - (\varepsilon + \varepsilon^4)^5 \zeta_2^5] \cdot [\zeta_1^5 - (\varepsilon^2 + \varepsilon^3)^5 \zeta_2^5]$$

oder ausmultipliziert

$$\chi_{12} = \zeta_1 \zeta_2 (\zeta_1^{10} + 11 \zeta_1^5 \zeta_2^5 - \zeta_2^{10}),$$

was wir fortan f, unsere Grundform, nennen. (An sich würden wir ja auch ein beliebiges Multiplum einführen können, doch ist es bequem, jeden nicht nötigen numerischen Faktor wegzulassen.) f gleich Null gesetzt, liefert uns also die 12 Ecken des Ikosaeders.

Wir bestimmen nun φ_{20} und ψ_{30} mit Hilfe von invariantentheoretischen Überlegungen.

Unter Abtrennung von geeigneten Zahlenfaktoren gewinnen wir nach den Grundsätzen der formalen Invariantentheorie aus f als einfachste Kovarianten die Hessesche Form H und die aus f und H gebildete Funktionaldeterminante T:

$$H = \frac{1}{121} \begin{vmatrix} f_{11} & f_{12} \\ f_{21} & f_{22} \end{vmatrix}, \qquad T = \frac{1}{20} \begin{vmatrix} f_1 & f_2 \\ H_1 & H_2 \end{vmatrix}.$$

H ist vom 20. Grade, da jeder Term der Determinante vom 10. Grade ist. T ist vom 30. Grade, da f_1, f_2 vom 11. und H_1, H_2 vom 19. Grade sind. Es gilt nun der Satz:

Unser φ_{20} stimmt mit der Hesseschen Form von f und ψ_{30} mit der Funktionaldeterminante $(H, f) = T$ notwendig überein.

Man kann dies auf einfache Weise schließen: H und T bleiben als Kovarianten von f wie f selbst bei den 60 Ikosaederdrehungen ungeändert, vorausgesetzt, daß man die linearen Substitutionen des ζ durch homogene lineare Substitutionen von ζ_1, ζ_2 von der Determinante 1 ersetzt. H gleich Null gesetzt, liefert also 20 Punkte der Kugel, die bei den Operationen der G_{60} in sich übergehen. $T = 0$ stellt 30 Punkte derselben Eigenschaft dar. Nun wissen wir aber, daß bei der G_{60} der Ikosaederdrehungen im allgemeinen nur je 60 äquivalente Punkte, im besonderen aber die 12 Ecken des Ikosaeders, die 20 Eckpunkte des Pentagondodekaeders und die 30 Kantenmittelpunkte in sich übergehen. Ein Aggregat von Punkten, daß bei der G_{60} ungeändert bleibt, muß eine Zusammenfassung solcher einzelner Punktgruppen sein. Die Anzahl der Punkte, die es enthält, läßt sich daher notwendig in der Gestalt $20\alpha + 12\beta + 20\gamma + 30\delta$ schreiben, wo $\alpha, \beta, \gamma, \delta$ ganze Zahlen sind. Die Gleichungen

$$60\alpha + 12\beta + 20\gamma + 30\delta = 20,$$

$$60\alpha + 12\beta + 20\gamma + 30\delta = 30$$

haben nur je eine ganzzahlige Lösung, nämlich bzw.

$$\alpha = 0, \quad \beta = 0, \quad \gamma = 1, \quad \delta = 0,$$

$$\alpha = 0, \quad \beta = 0, \quad \gamma = 0, \quad \delta = 1,$$

d. h. $H = 0$ liefert die 20 Ecken des Pentagondekaeders, stimmt also mit φ_{20} überein, und $T = 0$ stellt die 30 Kantenmittelpunkte des Ikosaeders dar und stimmt daher mit ψ_{30} überein. Dabei haben wir von numerischen Faktoren, die zunächst noch willkürlich sind, abgesehen.

Wir berechnen nun H und T (unter Wegwerfung der uns nicht interessierenden numerischen Faktoren) und erhalten:

$$H = -(\zeta_1^{20} + \zeta_2^{20}) + 228(\zeta_1^{15}\zeta_2^5 - \zeta_2^{15}\zeta_1^5) - 494\,\zeta_1^{10}\zeta_2^{10},$$

$$T = (\zeta_1^{30} + \zeta_2^{30}) + 522(\zeta_1^{25}\zeta_2^5 - \zeta_2^{25}\zeta_1^5) - 10005(\zeta_1^{20}\zeta_2^{10} + \zeta_2^{20}\zeta_1^{10}),$$

und daraus die „*Ikosaedergleichung*" selbst in der Form:

$$z : z - 1 : 1 = H^3 : -T^2 : 1728 f^5.$$

(Ich habe in der Tat seinerzeit, um sicher zu gehen, die Identität

$$T^2 = -H^3 + 1728 f^5$$

durch volles Ausrechnen kontrolliert!)

Damit haben wir nun in z, nach unserer allgemeinen Terminologie, eine eindeutige, automorphe Funktion von ζ, die natürlich sehr viel elementarer ist als später von uns heranzubringende Beispiele.

Wir machen nun aber einen Exkurs, indem wir unsere Formel, die wir die *Ikosaedergleichung* nennen, als eine algebraische Gleichung 60. Grades in ζ traktieren und ihre Stellung in der Gesamtlehre von den algebraischen Gleichungen festlegen, also noch einmal gewissermaßen zum vorigen Kapitel zurückkehren.

Durch die Kugelteilung haben wir sofort 60 Bereiche, in denen wir bei gegebenem z die 60 zugehörigen ζ zu suchen haben. — Das, was man „Separation der Wurzeln" nennt, und was man zur numerischen Lösung einer Gleichung vor allen Dingen braucht, ist hier von vornherein geleistet. (Insbesondere werden bei reellem z vier und nur vier der ζ reell!)

Haben wir eine Wurzel ζ_0 gefunden, und adjungieren wir die Größe ε ($\varepsilon^5 = 1$), so erhalten wir alle anderen Wurzeln rational vermöge der 60 Ikosaedersubstitutionen in der Gestalt:

$$\varepsilon^{\mu}\zeta_0, \qquad -\varepsilon^{\nu}\frac{(\varepsilon^2 - \varepsilon^3)\,\varepsilon^{\mu}\zeta_0 + (\varepsilon - \varepsilon^4)}{-(\varepsilon - \varepsilon^4)\,\varepsilon^{\mu}\zeta_0 + (\varepsilon^2 - \varepsilon^3)},$$

$$\varepsilon^{\mu}\zeta_0^{-1}, \qquad \varepsilon^{\nu}\frac{-(\varepsilon - \varepsilon^4)\,\varepsilon^{\mu}\zeta_0 + (\varepsilon^2 - \varepsilon^3)}{(\varepsilon^2 - \varepsilon^3)\,\varepsilon^{\mu}\zeta_0 + (\varepsilon - \varepsilon^4)}.$$

Solche Gleichungen, bei denen alle Wurzeln sich in dem jeweils gewählten Rationalitätsbereich durch eine rational ausdrücken, nennt man aber *Galoissche Gleichungen* (weil Galois gelehrt hat, auf sie alle anderen Gleichungen zurückzuführen). Die Galoissche Gruppe der Gleichung ist dabei der Gruppe der rationalen Substitutionen isomorph. Wir können also zusammenfassend sagen: Im Rationalitätsbereich ε ist die

Ikosaedergleichung eine Galoissche Gleichung, und ihre Galoissche Gruppe ist mit der G_{60} der Ikosaederdrehungen isomorph.

Man kann also, den Untergruppen der Ikosaederdrehungen entsprechend, irgendwie niedere Resolventen der Ikosaedergleichung konstruieren, insbesondere nach früheren Vorbemerkungen (S. **342**) Resolventen fünften Grades.

Das Schöne dabei ist, daß man alles explizite ausrechnen kann und sicher ist, wie man das in einfachster Weise zu machen hat.

Die einfachsten Punktgruppen, welche bei den Ikosaederdrehungen 5 Lagen annehmen, sind die Eckpunkte der 5 Oktaeder, die man den 30 Kantenhalbierungspunkten des Ikosaeders zuordnen kann.. (Ein jedes bleibt bei den 12 Drehungen einer in der Ikosaedergruppe enthaltenen Tetraedergruppe invariant.) Noch einfacher scheinen zunächst die zwei Tetraeder, in welche man die acht zum Oktaeder gehörigen Wurzelecken spalten kann. Aber bei homogener Schreibweise ist, wie man findet, nicht die bezügliche Form vierten Grades, sondern erst ihre dritte Potenz gegenüber den Tetraedersubstitutionen invariant!

Man berechnet ein erstes Oktaeder als

$$t_0 = \zeta_1^6 + 2\zeta_1^5\zeta_2 - 5\zeta_1^4\zeta_2^2 - 5\zeta_1^2\zeta_2^4 - 2\zeta_1\zeta_2^5 + \zeta_2^6,$$

woraus wir die übrigen t_ν vermöge der Substitution

$$\begin{aligned} \zeta_1' &= \varepsilon^{\nu}\zeta_1 \\ \zeta_2' &= \varepsilon^{-\nu}\zeta_2 \end{aligned} \qquad (\nu = 0, 1, \ldots, 4)$$

erhalten. Für diese Formen t_ν berechnet man dann die „formentheoretische" Resolvente:

$$t^5 - 10f\cdot t^3 + 45f^2\cdot t - T = 0,$$

woraus für $r = \frac{t^2}{f}$ die einfachste „funktionentheoretische" Resolvente folgt:

$$z:(z-1):1 = (r-3)^3(r^2 - 11r + 64):r(r^2 - 10r + 45)^2: -1728.$$

Wie immer man aber Resolventen suchen mag, so ist doch die Ikosaedergleichung durch Wurzelziehen nicht lösbar, weil die Gruppe G_{60} „einfach" ist (vgl. S. **337**; einen elementaren Beweis, der keine Kenntnis der Galoisschen Theorie verlangt, siehe Math. Ann. Bd. 61, 1905[1])). Ich bemerke dazu: die eigentliche Aufgabe der Algebra besteht gegebenenfalls darin, die Auflösung einer Gleichung auf eine Reihe reiner Gleichungen zurückzuführen; die Auflösung dieser Gleichungen, d. h. das Ausziehen der Wurzel selbst ist ein „transzendentes" Geschäft, es wird bewerkstelligt durch die binomische Reihe. Allgemein muß man für die Auflösung jeder auftretenden „einfachen" Gleichung eine besondere Reihenentwicklung suchen.

---

[1]) Klein: Ges. Abh. Bd. 2, S. 481ff.

Es gelingt nun, die Wurzeln der Ikosaedergleichung im Anschluß an Riemann-Schwarz durch nächst einfache Reihenentwicklungen, nämlich durch die hypergeometrischen Reihen zu berechnen. Ich will hier nur für das Konvergenzgebiet $|z| \geqq 1$ die fünf Wurzeln angeben, die in der Umgebung von $\zeta = 0$ liegen. Man findet

$$\zeta = \frac{1}{\sqrt[5]{1728}} \frac{F\left(\frac{11}{60}, \frac{31}{60}, \frac{6}{5}; \frac{1}{z}\right)}{F\left(\frac{-1}{60}, \frac{19}{60}, \frac{4}{5}; \frac{1}{z}\right)},$$

(wo man den voranstehenden Term leicht an der Ikosaedergleichung kontrolliert). Dieser Ausdruck konvergiert allerdings ziemlich schlecht (was übrigens auch von der binomischen Reihe gilt).

Wir sehen nach allem, daß man berechtigt ist, die Ikosaedergleichung als eine Normalgleichung anzusehen, deren Lösung gleich hinter derjenigen der reinen Gleichungen $\zeta^n = z$ als nächst einfache zu rubrizieren ist.

Wir lernten bereits die einfachste Gleichung fünften Grades kennen, die sich durch die Ikosaedergleichung lösen läßt. Dasselbe läßt sich aber überhaupt bei jeder beliebigen Gleichung fünften Grades machen, worüber nun einige historische Angaben Platz finden mögen.

Das Problem, die Gleichungen fünften Grades zu lösen, ist jetzt fast vier Jahrhunderte alt, denn es erwuchs naturgemäß, als es in den Jahren von 1515—40 gelungen war, Gleichungen dritten und vierten Grades durch Wurzelzeichen zu lösen. Scipione del Ferro fand 1515 die Lösung der allgemeinen Gleichung dritten Grades, die fälschlich Cardanus zugeschrieben wird[1]), Ludovico Ferrari ca. 1540 diejenige der allgemeinen Gleichung vierten Grades. Nun folgen zahlreiche Versuche, bei den Gleichungen fünften Grades dasselbe zu leisten[2]). Auch Abel hat, wie ich in Kap. 3 erzählte, mit einem solchen Versuch begonnen. Einem falschen Beweis der Lösbarkeit verdankte er es, daß ihm das Studium durch Stipendien ermöglicht wurde! 1824 erkannte er jedoch, daß die Gleichungen fünften Grades nicht allgemein durch Wurzelzeichen lösbar sind. Mit diesem Unmöglichkeitsbeweise haben aber die Versuche das Ziel zu erreichen nicht aufgehört; Meyer-Hirsch, der 1851 starb (bekannter Privatlehrer in Berlin), ist darüber verrückt geworden. Und immer gehen die Versuche noch weiter. Denn die Welt im großen ist unbelehrbar, selbst in der Mathematik. Es ist nur eine Minorität, innerhalb deren der wissenschaftliche Fortschritt gedeiht.

An der Spitze steht wieder Galois, der 1831 auch das Theorem hinterließ, daß man beim Studium der Transformationen fünfter Ord-

---

[1]) Über Einzelheiten vgl. Tropfke, Geschichte der Elementarmathematik, 2. Aufl. (Berlin, 1921—1924) Bd. 3. S. 71ff.

[2]) Tropfke, l. c. S. 90ff.

nung der elliptischen Funktionen auf Gleichungen fünften Grades mit einer G_{60} stoße — so daß es also jedenfalls Beispiele von Gleichungen fünften Grades gebe, die durch elliptische Modulfunktionen lösbar sein müßten. Die Gruppe der allgemeinen Gleichung fünften Grades ist an sich eine $G_{5!} = G_{120}$, adjungiert man aber die Quadratwurzel aus der Diskriminante der Gleichung, so wird sie eine G_{60} (nämlich die Gruppe der geraden Vertauschungen der fünf Wurzeln).

Nun kommt das denkwürdige Jahr 1858, wo einerseits Riemann seine Vorlesungen über die hypergeometrischen Reihen begann, und andererseits Hermite und dann, durch ihn aufgescheucht, Kronecker nachwies, daß man und wie man die allgemeine Gleichung fünften Grades so mit Hilfe elementarer Methoden umformen kann, daß sie durch elliptische Modulfunktionen lösbar wird (Comptes Rendus, Bd. 46, S. 508ff = Oeuvres, t. 2, p. 5ff.). 1861 ist dann Kronecker (Berliner Monatsberichte 1861 und Crelle, Bd. 59) wesentlich tiefer in die Theorie eingedrungen, ohne aber das Ikosaeder ganz zu erreichen (an welches er nahe anstreift). In der Tat ist das Wesentliche, daß man die Auflösung mit der *Ikosaedergleichung* in Verbindung bringt; die Heranziehung der elliptischen Funktionen steht mit der Heranziehung der Logarithmen beim Wurzelziehen auf einer Stufe. — Im übrigen wird das Eingreifen der elliptischen Funktionen im folgenden noch völlig klargestellt werden.

Der Zusammenhang mit dem Ikosaeder (dessen funktionentheoretische Bedeutung eben damals in Riemanns Vorlesung, also 1858/59, hervorgetreten war) ist aber einfach dieser: Man denke sich, was auf elementare Weise gelingt (durch sog. Tschirnhausen-Transformationen), die Gleichung fünften Grades auf die Form gebracht:

$$y^5 + 5\alpha y^2 + 5\beta y + \gamma = 0$$

(was ich *Hauptgleichung fünften Grades* nenne). Man hat dann für die fünf Wurzeln $y_0, y_1, \ldots, y_4$

$$\sum_0^4 y_\varrho = \sum_0^4 y_\varrho^2 = 0.$$

Führt man nun die Lagrangeschen Ausdrücke ein:

$$p_\nu = y_0 + \varepsilon^\nu y_1 + \varepsilon^{2\nu} y_2 + \varepsilon^{3\nu} y_3 + \varepsilon^{4\nu} y_4 \qquad (\nu = 0, 1, \ldots, 4),$$

so ist einerseits

$$p_0 = 0$$

und andererseits

$$p_1 p_4 + p_2 p_3 = 0.$$

Wir fassen diese letzte Gleichung als Gleichung einer Fläche zweiten Grades auf, die bei den 120 Vertauschungen der fünf Wurzeln, also bei 120 linearen Umsetzungen der p_1, p_2, p_3, p_4, d. h. bei 120 Kollineationen des Raumes, in sich übergeht.

Wir schließen nun, daß bei den 60 geraden Vertauschungen der Wurzeln y_ν die beiden Systeme der geradlinigen Erzeugenden der F_2 jedes einzeln in sich übergeht. Das ist ein Schluß, der seitdem oft und in den verschiedensten Gebieten gemacht worden ist. Von da aus ist es jetzt nur noch ein Schritt, um einzusehen, daß die Parameter ζ und ζ' der beiden Erzeugenden

$$-\frac{p_1}{p_2} = \frac{p_3}{p_4} \quad \text{und} \quad -\frac{p_2}{p_4} = \frac{p_1}{p_3}$$

bei den 60 geraden Vertauschungen der y genau die 60 Ikosaedersubstitutionen erleiden und also von einer Ikosaedergleichung abhängen, deren z eine rationale Funktion der Koeffizienten α, β, γ und der Quadratwurzel aus der Gleichungsdiskriminante ist. (Vorlesung über das Ikosaeder, Kap. 3).

Wie man dieses z nun explizite darstellt, und wie man umgekehrt, nach Berechnung eines ζ oder ζ' die Wurzeln y der vorgelegten Gleichung fünften Grades gewinnt, möge man in meinem Buche nachsehen.

Hier ist es wohl nun am Platze, mit einer Lobrede über die regulären Körper zu schließen. Ihre Geschichte durchzieht den gesamten Entwicklungsgang der Mathematik. Den Pythagoreern erschienen sie als Symbole mystischer Vollkommenheit. Die griechischen Naturphilosophen parallelisieren sie mit den fünf Elementen. Den griechischen Geometern gelang der Nachweis, daß es keine anderen regulären Körper gibt als die genannten, und daß man diese aus dem Radius der umgeschriebenen Kugel mit Zirkel und Lineal konstruieren kann. Die 13 Bücher der Elemente Euklids sind geradezu in der Weise aufgebaut, daß die Konstruktion der regulären Körper den Abschluß bildet.

Das ganze Mittelalter hindurch bleiben sie dann ein Gegenstand mystischer Verehrung oder symbolisches Vorbild der Charakterfestigkeit. Im Wappenspruch meiner Bergischen Heimat figuriert ein reguläres Tetraeder mit der Umschrift:

„Viereckiger Stein, wie er auch fällt,
stets mit der Spitze nach oben sich stellt.“

Kepler benutzt die regulären Körper, um die Dimensionen der Planetenbahnen durch eine kühne Phantasie zu verknüpfen. Und nun in der Neuzeit treten sie wiederum in den Gesichtskreis der wissenschaftlichen Mathematik, wo sie in wunderbarer Weise Geometrie, Gruppentheorie, Algebra und Funktionentheorie vereinen und zu weiteren Forschungen den Weg zeigen.

Der Ikosaederfall

$$\zeta = s\left(\tfrac{1}{3}, \tfrac{1}{2}, \tfrac{1}{5}; z\right),$$

den wir bisher besonders betrachtet haben, war dadurch ausgezeichnet, daß eine endliche Zahl von Dreiecken sich bei der Reproduktion auf der Kugel glatt aneinander legten; der weitere Fortschritt des Gedankens, den wir nun verfolgen, besteht nun darin, daß wir Fälle betrachten, wo eine **unendliche** Zahl von Dreiecken dies tut.

Offenbar wird man immer glatte Anordnung der Dreiecke (nebeneinander) erhalten, wenn man

$$\lambda = \frac{1}{l}, \qquad \mu = \frac{1}{m}, \qquad \nu = \frac{1}{n}$$

nimmt, wo l, m, n ganze Zahlen größer als 2 sind.

Wir haben dabei drei wesentlich verschiedene Fälle zu unterscheiden, je nachdem $\lambda + \mu + \nu$ größer, gleich oder kleiner als 1 ist.

Ist $\lambda + \mu + \nu > 1$, so erhält man auf Grund einer einfachen zahlentheoretischen Diskussion die vier Möglichkeiten, die den Dreiecken der regulären Körper entsprechen:

$$\frac{1}{2} \quad \frac{1}{2} \quad \frac{1}{n} \quad \text{Dieder,}$$

$$\frac{1}{2} \quad \frac{1}{2} \quad \frac{1}{3} \quad \text{Tetraeder,}$$

$$\frac{1}{2} \quad \frac{1}{3} \quad \frac{1}{4} \quad \text{Oktaeder,}$$

$$\frac{1}{2} \quad \frac{1}{3} \quad \frac{1}{5} \quad \text{Ikosaeder.}$$

(Vgl. hierzu die Figuren in Klein-Fricke: Modulfunktionen. Bd. 1, S. 75, 76, 104—106.)

Ist $\lambda + \mu + \nu = 1$, so kann man das Ausgangsdreieck geradlinig zeichnen und erhält Figuren, die sich in ein Parallelogrammnetz einordnen. Drei Fälle sind möglich (loc. cit. S. 107):

$$\frac{1}{2} \quad \frac{1}{3} \quad \frac{1}{6},$$

$$\frac{1}{2} \quad \frac{1}{4} \quad \frac{1}{4},$$

$$\frac{1}{3} \quad \frac{1}{3} \quad \frac{1}{3},$$

von denen wir den zweiten Fall schon wiederholt als Beispiel herangezogen. Die ganze Ebene (Kugel) wird von der Schar der Dreiecke überdeckt bis auf den Unendlichkeitspunkt, der ein Grenzpunkt ist.

Unser Interesse wendet sich nun dem dritten Falle

$$\lambda + \mu + \nu < 1$$

zu, dem unendlich viele Wertetrippel λ, μ, ν genügen.

Die drei Seiten eines solchen Dreiecks haben einen reellen gemeinsamen Orthogonalkreis, der sich bei allen Spiegelungen reproduziert, und die unendlich vielen Dreiecke, die bei der Reproduktion entstehen, ordnen sich so an, daß sie diesen *Orthogonalkreis* zur *natürlichen Grenze* haben (vgl. z. B. für $\frac{1}{2}, \frac{1}{3}, \frac{1}{7}$, Modulfunktionen Bd. 1, Fig. 33, S. 109).

Man muß sich in diese Figuren, die schon bei Gauß vorkommen (vgl. Kap. 1, S. 48; Gauß' Werke, Bd. 8, S. 104), hineindenken und darf nicht vergessen, daß man sich im Gebiet der Inversionsgeometrie befindet. Insbesondere muß man auch die Gestalt erfassen, die die Figuren annehmen, wenn der gemeinsame Orthogonalkreis, was oft sehr bequem ist, als gerade Linie, insbesondere als reelle Achse genommen wird.

Unter diesen Figuren dritter Art sind es nun insbesondere die mit den Winkeln

$$0\,,\;0\,,\;0$$

und

$$\frac{\pi}{2}\,,\;\frac{\pi}{3}\,,\;0\,,$$

die uns in die *Theorie der elliptischen Modulfunktionen* hineinführen, und auf die wir uns jetzt konzentrieren wollen, und die wir ja schon früher wiederholt benutzten.

Nehmen wir das Ausgangsdreieck mit den Winkeln 0, 0, 0, so ist der Orthogonalkreis der dem Dreieck umbeschriebene Kreis. Durch Spiegelung des Dreiecks an einer Seite erhalten wir wieder ein Dreieck, dessen Spitzen auf dem Orthogonalkreis liegen. Fahren wir mit dieser Spiegelung fort, so erhalten wir eine einfache und lückenlose Überdeckung des Kreisinneren durch Dreiecke, die immer kleiner werden, und deren Spitzen auf der Peripherie des Kreises liegen. Aus dem Dreieck mit den Winkeln 0 gewinnt man sofort den zweiten Fall. Wir nehmen das Dreieck 0, 0, 0, was keine wesentliche Einschränkung ist, der Einfachheit halber gleichseitig. Zeichnen wir dann in diesem Dreieck die Höhen (vgl. Fig. 42), so wird es dadurch in sechs Dreiecke zerlegt mit den Winkeln $\frac{\pi}{2}$, $\frac{\pi}{3}$, 0. Aus einem dieser kleinen Dreiecke können die fünf anderen durch Spiegelung erhalten werden, da je zwei von ihnen in Bezug auf die gemeinsame Seite symmetrisch sind. Wenden wir nun den unbeschränkten Spiegelungsprozeß auf diese Dreiecke an, so erhalten wir offenbar dieselbe Figur wie im ersten Falle, wenn wir dort jedes Dreieck durch die richtig gewählten Höhenkreise in sechs Dreiecke unterteilen (siehe die Figuren auf S. 111, 112 in Klein-Fricke, loc. cit.).

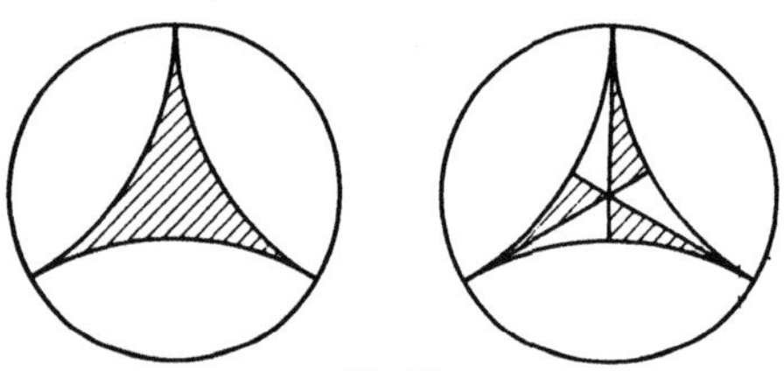

Fig. 42.

Führt man den Grenzkreis in die reelle Achse über, so erhält man die auf S. 273 (Fall 1) und S. 113 (Fall 2) der „Modulfunktionen", Bd. 1 angegebenen Figuren. Für die Ausgangsdreiecke erhalten wir speziell die in Fig. 43 angegebenen.

Wir wollen die Variable ζ jetzt, wie es bei den elliptischen Modulfunktionen üblich ist, ω nennen. Die Spiegelungen (welche analytisch herauskommen, wenn wir ω durch $-\bar{\omega}$ ersetzen, wo $\bar{\omega}$ den konjugiert komplexen Wert zu ω bedeutet) wollen wir beiseite lassen. Dann haben wir bei dem Dreieck der Winkel $\frac{\pi}{3}$, $\frac{\pi}{2}$, 0 die Gruppe $\omega' = \frac{\alpha\omega+\beta}{\gamma\omega+\delta}$, wo $\alpha, \beta, \gamma, \delta$ irgendwelche ganze Zahlen der Determinante 1 sind; dagegen bei dem nullwinkligen Dreieck diejenige Untergruppe dieser Gruppe, für welche

$$\begin{pmatrix}\alpha & \beta\\ \gamma & \delta\end{pmatrix} \equiv \begin{pmatrix}1 & 0\\ 0 & 1\end{pmatrix} \pmod 2$$

ist (vgl. oben S. 48 oder auch S. 289), was ich *Hauptkongruenzgruppe zweiter Stufe* nenne.

Wie treten nun diese Gruppen und Figuren in der elementaren Theorie der elliptischen Funktionen, speziell der elliptischen Modulfunktionen auf?

Ich habe dies schon im Kap. 1, bei Gauß, vorgetragen und brauche hier nur das Resultat zu resümieren, auch bin ich bei Weierstraß darauf zurückgekommen. Außerdem verweise ich auch auf das Lehrbuch der elliptischen Funktionen von Fricke[1]).

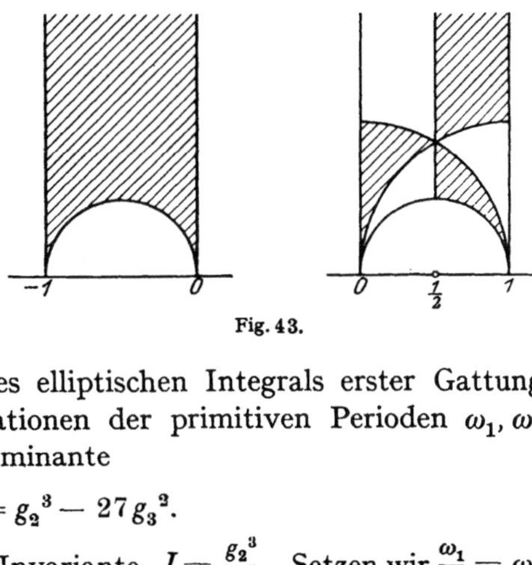

Fig. 43.

Als *rationale Invarianten* des elliptischen Integrals erster Gattung gegenüber linearen Transformationen der primitiven Perioden ω_1, ω_2 haben wir g_2, g_3 und die Diskriminante

$$\Delta = g_2^3 - 27 g_3^2.$$

Daraus erhält man die absolute Invariante $J = \frac{g_2^3}{\Delta}$. Setzen wir $\frac{\omega_1}{\omega_2} = \omega$, so ist $\omega(J) = s(\frac{1}{3}, \frac{1}{2}, 0; J)$. was sich durch hypergeometrische Reihen integrieren läßt. Speziell ist für das Ausgangsdreieckspaar unserer Normalfigur:

$$\omega = \frac{i}{2\pi}\left\{\log 1728\, J + \frac{\partial}{\partial\varrho}\log F\left(\varrho+\frac{1}{12}, \varrho+\frac{5}{12}, 2\varrho+1; \frac{1}{J}\right)\right\}_{\varrho=0}$$
$$= \frac{i}{2\pi}\log 1728\, J - \frac{31\, i}{144\,\pi}\,\frac{1}{J} - \frac{13157\, i}{165888\,\pi}\,\frac{1}{J^2} - \cdots$$

(Diese Formel sieht ein bißchen anders aus als beim Ikosaeder, weil das Element γ der in Betracht kommenden hypergeometrischen Reihe eine ganze Zahl ist.)

[1]) R. Fricke: Die elliptischen Funktionen und ihre Anwendungen. Leipzig, Bd. 1, 1916, Bd. 2, 1922.

Als zugehörige Ausgangsfigur ist das in Fig. 44 angegebene Dreieck zu nehmen, in dem die Zusammengehörigkeit der Kanten durch Pfeile angedeutet ist.

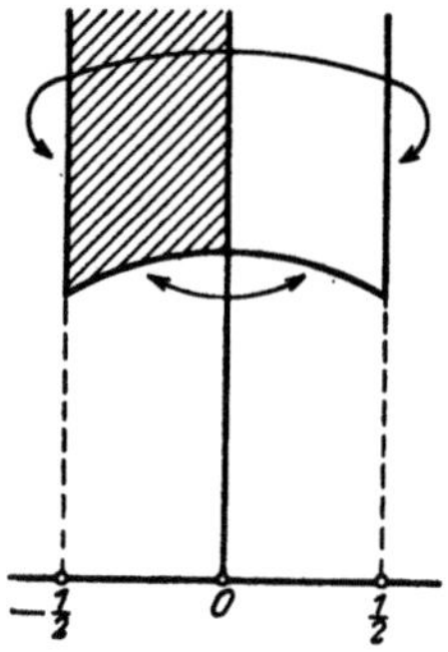

Fig. 44.

Die Randsubstitutionen $\omega' = \omega + 1$, $\omega' = -\frac{1}{\omega}$ „erzeugen“ zusammen aus diesen Dreiecken die ganze Gruppe mit der Determinante

$$\begin{vmatrix} \alpha & \beta \\ \gamma & \delta \end{vmatrix} = 1.$$

Als *irrationale Invariante* finden wir das Doppelverhältnis λ der vier Verzweigungspunkte der Riemannschen Fläche der unter dem Integral erster Gattung stehenden Quadratwurzel. λ ist mit der rationalen Invariante J verbunden durch die Gleichung

$$J : J - 1 : 1 = 4(\lambda^2 - \lambda + 1)^3 : (2\lambda^3 - 3\lambda^2 - 3\lambda + 2)^2 : 27\lambda^2(1-\lambda)^2$$

(vgl. S. 49).

Bei Legendre und Jacobi wird das Doppelverhältnis mit c^2 bzw. k^2, bei Weierstraß mit $\frac{e_1 - e_3}{e_2 - e_3}$ bezeichnet.

J ist also eine rationale Funktion sechsten Grades von λ und umgekehrt ist λ eine sechswertige algebraische Funktion von J. Wir erhalten so die Zerlegung der λ-Ebene in 12 Gebiete, die abwechselnd Bilder der oberen und unteren Halbebene sind und dementsprechend schraffiert und freigelassen werden (Fig. 45).

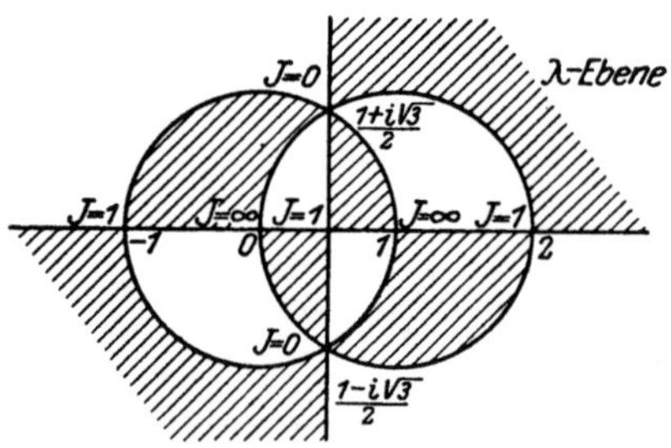

Fig. 45.

Es zeigt sich somit, daß geradezu

$$\lambda = k^2 = s\left(\tfrac{1}{2}, \tfrac{1}{2}, \tfrac{1}{3}; J\right)$$

ist, daß wir also einen besonderen Fall des Dieders vor uns haben. k^2 entspricht eine sechsblättrige Riemannsche Fläche über der J-Ebene. Die Bilder der Verzweigungspunkte dieser Fläche liegen in

$$\lambda = 0,\ 1,\ \infty,$$
$$\lambda = -1,\ \tfrac{1}{2},\ 2,$$
$$\lambda = \frac{1 \pm i\sqrt{3}}{2}$$

und die zugehörigen J-Werte sind, wie leicht verifiziert werden kann,

$$J = \infty, \qquad J = 1, \qquad J = 0.$$

Man liest daher aus der Figur sofort ab, daß in $J = 0$ die sechs Blätter in zwei Verzweigungspunkten zu je dreien zyklisch zusammengeordnet sind, während sie in $J = 1$ und in $J = \infty$ jedesmal zu je zweien in drei Verzweigungspunkten zusammenhängen.

Schneiden wir nun die λ-Ebene längs der positiven reellen Achse von 0 bis ∞ auf, so erhalten wir durch stetige Deformation (vgl. die Figuren „Modulfunktionen", Bd. 1, S. 294/95) in der ω-Ebene die Figur für $\omega = s\,(0, 0, 0; \lambda)$ oder, wenn wir die Einteilung der λ-Ebene in J-Dreiecke berücksichtigen, die Figur für $\omega = s\,(\frac{1}{3}, \frac{1}{2}, 0; J)$ (vgl. Fig. 46). Die Randsubstitutionen

$$\omega' = \omega + 2,$$

$$\omega' = \frac{\omega}{2\omega + 1}$$

erzeugen zusammen (in Übereinstimmung mit der Definition) die Substitutionen $\begin{pmatrix} \alpha & \beta \\ \gamma & \delta \end{pmatrix}$ der **Hauptkongruenzgruppe zweiter Stufe.**

Ein einzelnes Dreieck der $\omega(J)$-Ebene ist die konforme Abbildung der oberen oder unteren J-Halbebene. Jedem ω ist also ein ganz bestimmter J-Wert zugeordnet. Ebenso entspricht, wie wir eben gesehen haben, jedem ω ein und nur ein Wert von k^2.

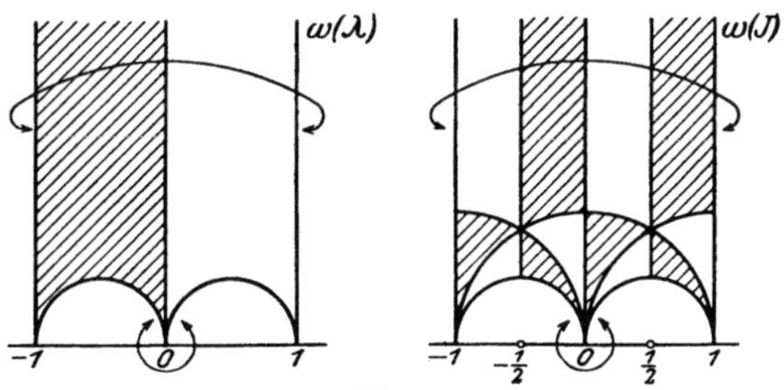

Fig. 46.

$k^2(J)$ ist hier das erste uns begegnende Beispiel einer algebraischen Funktion von J, welche durch ω *„uniformisiert"* wird (oder, wie man früher sagte, einer algebraischen Gleichung, welche durch ω „gelöst" wird): J und k^2 sind beide **eindeutige** Funktionen von ω. — Ich unterlasse hier explizite Formeln für $\omega(k^2)$ anzugeben.

Diesen Ausführungen will ich nun einige historische Angaben folgen lassen.

Über **Gauß** habe ich bereits gesprochen. Der erste, der hier mit Erfolg anknüpft, ist **Riemann** in seiner wiederholt genannten Vorlesung von 1858/59 gewesen. — Er bemerkt vor allen Dingen die kolossale uniformisierende Kraft, welche in der Funktion $\omega(k^2)$ steckt. Wir werden heute sagen: Alle Funktionen von J, welche nur bei $J = 0, 1, \infty$ verzweigt sind, und zwar so, daß bei $J = 0$ die nicht isoliert verlaufenden Blätter zu je 3, bei $J = 1$ zu je 2 zusammenhängen, während die Verzweigung bei $J = \infty$ irgendwelche ist, sind eindeutige Funktionen von ω. Was aber die Funktionen von k^2 betrifft, so sind alle diejenigen, die nur bei 0, 1, ∞ verzweigt sind, ganz unabhängig von der Art der Verzweigung, eindeutige Funktionen von ω!

Beispiele:

Alle Funktionen $s(\frac{1}{3}, \frac{1}{2}, 0; J)$ sind eindeutige Funktionen von ω (womit die bemerkte Eindeutigkeit von $k^2(J)$ in eine allgemeine Einsicht eingeordnet ist). Insbesondere ist also die Ikosaederirrationalität $\zeta(J)$ eindeutig in ω, oder, wie wir früher sagten, die Ikosaedergleichung läßt sich durch Modulfunktionen lösen. Wie sich das im einzelnen gestaltet, werden wir noch sehen.

Jede Wurzel $\sqrt[n]{k^2}$ oder $\sqrt[n]{1-k^2}$ oder auch $\sqrt[n]{k^2(1-k^2)}$ ja sogar $\log k^2$, $\log(1-k^2)$ und $\log k^2(1-k^2)$ ferner jede s-Funktion $s(\lambda, \mu, \nu; k^2)$, überhaupt jede hypergeometrische Reihe $F(\alpha, \beta, \gamma; k^2)$ wird durch ω uniformisiert. (Diese letzte Bemerkung hatte ich 1878 in Bd. 14 der math. Annalen gemacht[1]) und war darauf sehr stolz. Als ich dann 1897 das Bezoldsche Heft mit Riemanns Vorlesung in die Hand bekam, sah ich, daß es genau mit diesem Satze schloß, den Bezold, vermutlich weil er in die Ferien reisen wollte, nicht einmal mehr ganz nachgeschrieben hatte. Siehe S. 93 der Nachträge von Noether-Wirtinger.)

Von Riemann her ist die Kenntnis der Modulfigur allmählich durchgesickert. Ich muß hier vor allen Dingen die Arbeit von Dedekind in Crelle, Bd. 83, 1877 nennen, die mich bei den hierauf bezüglichen Arbeiten, die ich kurz vorher begonnen hatte, wesentlich unterstützt hat. Von dort rührt auch die Bezeichnung: „elliptische Modulfunktionen" her.

Seitdem ist die hier in Betracht kommende Dreiecksfigur rasch bekannt geworden. Bereits 1879 hat Picard aus ihr in den Comptes Rendus, t. 88, wenn auch noch in unbeholfener Weise, den wichtigen, nach ihm benannten Satz abgeleitet, demzufolge eine eindeutige analytische Funktion in der Umgebung einer isolierten wesentlich singulären Stelle höchstens zwei Werte nicht wirklich annimmt. Hieran schließen sich dann Arbeiten von Schottky, Landau, Carathéodory u.a.

Eine andere Entwicklungslinie, die ebenfalls bei Gauß schon vorliegt, welche aber in der Folge unabhängig verläuft, geht von der Benutzung der allgemeinen elliptischen Funktionen, insbesondere den Theta-Funktionen aus.

In dieser Hinsicht ist neben Abel und Jacobi vor allen Dingen Hermite zu nennen, der 1858 in den Comptes Rendus, t. 46, insbesondere $\sqrt[8]{k^2}$ und $\sqrt[8]{1-k^2}$ später auch $\sqrt[8]{k^2(1-k^2)}$ unter der Benennung $\varphi(\omega)$, $\psi(\omega)$, $\chi(\omega)$ in ihrem Verhalten gegenüber linearen Transformationen von ω untersuchte (= Oeuvres t. II p. 5ff. und p. 22ff.).

[1]) Klein: Ges. Abh. Bd. 3, S. 27, 63.

Volle funktionentheoretische Klarheit hat damals Hermite nicht erreicht, denn er wundert sich, daß $\chi(\omega)$ „est une fonction également bien déterminée“ — während wir doch wissen, daß jede Wurzel $\sqrt[n]{k^2(1-k^2)}$ in ω eindeutig ist[1]). Um so geschickter handhabt Hermite die analytischen Formeln, welche sich aus der Theorie der Theta-Funktionen für die von ihm benutzten elliptischen Modulfunktionen ergeben. Es sind das die sog. q-Formeln, wo q die Jacobische Bezeichnung für $e^{i\pi\omega}$ ist[2]). Ich will hier als Beispiel nur die betreffenden Formeln für g_2 und g_3 angeben:

$$g_2 = \left(\frac{2\pi}{\omega_2}\right)^4 \left(\frac{1}{12} + \frac{1}{20}\sum_{n=1}^{\infty} \frac{n^3 q^{2n}}{1-q^{2n}}\right),$$

$$g_3 = \left(\frac{2\pi}{\omega_2}\right)^6 \left(\frac{1}{216} - \frac{7}{3}\sum_{n=1}^{\infty} \frac{n^5 q^{2n}}{1-q^{2n}}\right).$$

Daneben will ich die Eisensteinschen Reihen stellen, die ich schon öfter streifte (S. 41), und die, wie Poincaré später sagte, den „Geist mehr befriedigen“:

$$g_2 = 60 \sum{}' \frac{1}{(m_1\omega_1 + m_2\omega_2)^4},$$

$$g_3 = 140 \sum{}' \frac{1}{(m_1\omega_1 + m_2\omega_2)^6}.$$

Man entnimmt beide Formeln gewöhnlich der Theorie der doppeltperiodischen Funktionen. Den direkten Übergang von den letzteren Reihen zu den ersteren hat Hurwitz in seiner Dissertation, Math. Ann. Bd. 18, 1881, sehr schön bewerkstelligt.

Von den vorangehenden Überlegungen ausgehend, hat sich eine sehr bemerkenswerte algebraische Theorie entwickelt, die Lehre von der „*Transformation*“ der elliptischen Funktionen, insbesondere der elliptischen Modulfunktionen (vgl. oben S. 44ff.).

Es sei $n = ad - bc$ die Determinante der ganzen Zahlen a, b, c, d. Man untersucht nun insbesondere die Beziehungen, die zwischen

$$J\left(\frac{a\omega + b}{c\omega + d}\right) = J' \quad \text{und} \quad J(\omega),$$

oder auch

$$k^2\left(\frac{a\omega + b}{c\omega + d}\right) \quad \text{und} \quad k^2(\omega)$$

bestehen. Man nennt dies eine „Transformation n-ter Ordnung“. J' und J sind durch eine algebraische Gleichung verbunden, die z. B.

[1]) Oeuvres t. II, p. 28.

[2]) Vgl. dazu die Figur bei Fricke: Elliptische Funktionen. Bd. 1, S. 300, die man durch Abbildung eines Parallelstreifens der Dreieckteilung der ω-Ebene auf das Innere des Einheitskreises der q^2-Ebene erhält. Der Punkt $+i\infty$ geht dabei in den Punkt $q = 0$ über, und das Ausgangsdreieck unserer Fig. 43 (S. 361) wird sehr klein.

wenn n Primzahl ist, in beiden Variabeln vom Grade $n+1$ ist. Diese Gleichungen heißen „*Modulargleichungen*".

Legendre, Jacobi und ihre Schüler erfreuten sich zunächst daran, diese Modulargleichungen in wechselnden Formen für die niedersten Fälle wirklich aufzustellen. Sie erhalten dabei ganzzahlige Koeffizienten!

Dann kam Galois und machte einen gewaltigen Schritt vorwärts. Er bestimmt für den Fall, daß n Primzahl ist, die Gruppe der Gleichung. Sie ist, nach Adjunktion von $\sqrt{(-1)^{\frac{n-1}{2}}\, n}$ eine Gruppe $G_{\frac{n(n^2-1)}{2}}$, die sich zahlentheoretisch sehr leicht definieren läßt. Diese Gruppe erweist sich für $n > 3$ als einfach; eine Auflösung der Modulargleichung durch Wurzelzeichen ist dann unmöglich; jede „Resolvente" der Modulargleichung hat dieselbe Gruppe wie diese selbst. — Insbesondere ergeben sich für $n = 5, 7, 11$ Resolventen n-ten Grades, d. h. eines Grades, der um 1 niedriger ist, als der der Modulargleichung, also Resolventen

für $n = 5$ fünften Grades mit einer G_{60},
für $n = 7$ siebenten Grades mit einer G_{168},
für $n = 11$ elften Grades mit einer G_{660}

— für höhere Primzahlen ist eine solche „Erniedrigung" ausgeschlossen[1]).

Hermite hat sich dann 1859 (Comptes Rendus, t. 48 und 49 = Oeuvres t. II p. 38 bis 82, insbes. Artikel XIV bis XVI) das Problem gestellt, diese Resolventen niederen Grades wirklich aufzustellen. So kam er zu einer Gleichung fünften Grades, die durch elliptische Modulfunktionen lösbar ist, wie wir oben schon ausführten; auch bei der Gleichung siebenten Grades kam er zu einem einfachen Resultate, während er bei $n = 11$ nicht ganz durchdringen konnte.

Ich habe mir in Bd. 14 und 15 der Math. Ann. (1878, 1879) die Aufgabe gestellt, in dieses Gesamtgebiet mit Hilfe der Methoden der geometrischen Funktionentheorie klare Einsicht zu gewinnen. Das hat insbesondere für $n = 5, 7, 11$ vollen Erfolg gehabt und hat zu einem neuen gruppentheoretisch-geometrischen Programm der elliptischen Modulfunktionen geführt (1879)[2]).

Über dieses allgemeine Programm der elliptischen Modulfunktionen wird nun einiges zu sagen sein, da es die naturgemäße Überleitung zur allgemeinen Theorie der automorphen Funktionen bildet. Es wird charakterisiert durch die Tendenz: „Verschmelzung von Galois und

[1]) Den ersten Beweis dieses Theorems von Galois gab E. Betti 1853 (Ann. di Sc. mat. e fis. Bd. 4 = Opere mat. Bd. I S. 81ff.), dem überhaupt das große Verdienst gebührt, als erster die Galois'sche Theorie durch tief eindringende Untersuchungen der mathematischen Welt zugänglich gemacht zu haben. — Eine vollständige Diskussion der Gruppe der Modulargleichung gab dann Gierster: Math. Ann. Bd. 18, S. 319ff., 1884.

[2]) Vgl. Klein: Ges. Abh. Bd. 3, S. 169ff. („Zur Systematik der Theorie der elliptischen Modulfunktionen").

Riemann.“ Ich drücke die Aufgabe, die hier gestellt wird, in allgemeiner Form auf zwei Weisen aus. Wollen wir dabei vorläufig immer an die Hauptkongruenzgruppe zweiter Stufe als einfachstes Beispiel denken.

1. Es sollen alle Untergruppen aufgezählt werden, die in der Gesamtheit der ω-Substitutionen $\omega' = \frac{\alpha\omega + \beta}{\gamma\omega + \delta}$ enthalten sind, und nachgesehen werden, wie viele ω-Doppeldreiecke man neben einander legen muß, um einen ersten Diskontinuitätsbereich der Untergruppe zu erhalten; — endlich hat man diesen Diskontinuitätsbereich, dessen Kanten durch die „erzeugenden“ Substitutionen der Untergruppe paarweise zusammengeordnet werden, und der insofern ideell eine geschlossene Fläche vorstellt, als eine Riemannsche Fläche zu betrachten und nach den einfachsten algebraischen Funktionen zu fragen, die auf ihr nach Riemannschen Prinzipien existieren müssen. — Der „Diskontinuitätsbereich“ wird so zum funktionentheoretischen „Fundamentalbereich“ oder „Fundamentalpolygon“, wie ich ursprünglich sagte.

Oder, wenn dies zu abstrakt klingt, kann ich in umgekehrter, zweiter Fassung sagen:

2. Wir konstruieren über der J-Ebene irgend eine Riemannsche Fläche, welche nur bei $J = 0, 1, \infty$, und zwar nach dem Schema $\frac{1}{3}, \frac{1}{2}, 0$ verzweigt ist (vgl. S. **364**), fragen nach den einfachsten Funktionen, welche auf ihr existieren (bzw. nach den Gleichungen, durch die sie verknüpft sind), übertragen dann die ganze Betrachtung auf die ω-Ebene, wo die Funktionen eindeutig werden und die zweckmäßig zerschnittene Riemannsche Fläche sich auf einen bekannten, aus lauter ω-Dreiecken bestehenden Fundamentalbereich abbildet, dessen Kanten paarweise durch ω-Substitutionen zusammengehören; wir fragen endlich nach der Untergruppe von ω-Substitutionen, die durch diese Zusammenordnung der Kanten erzeugt wird.

Da haben wir also ein volles Zusammengehen von Gruppentheorie und Funktionentheorie. In meinen alten Arbeiten beschränke ich mich dabei, um im algebraischen Gebiet zu bleiben, auf Fundamentalpolygone mit einer endlichen Zahl von ω-Dreiecken; es würde aber nichts entgegenstehen und modernen Fragestellungen entsprechen, auch Polygone mit unendlich vielen Dreiecken in Betracht zu ziehen. Beispiele für solche geben bereits $s\left(\frac{1}{3}, \frac{1}{2}, \frac{1}{n}; J\right)$ oder $\log k^2$ oder $s(\lambda, \mu, \nu; k^2)$.

Wir haben uns dieses allgemeine Problem der elliptischen Modulfunktionen in seiner zweiten Formulierung schon S. 362ff. am Beispiel der Gleichung sechsten Grades klargemacht, welche das Doppelverhältnis λ mit J verbindet, und fanden, daß man dabei zur Hauptkongruenzgruppe zweiter Stufe geführt wird!

Wir stellen nun genau dieselben Überlegungen bei der *Ikosaedergleichung* an. Statt des Doppelverhältnisses λ haben wir hier die Funktion $\zeta = s(\frac{1}{2}, \frac{1}{3}, \frac{1}{5}; J)$, der eine 60-blättrige Riemannsche Fläche über der J-Ebene zugeordnet ist. Wir zerschneiden nun die ikosaedrisch eingeteilte Kugelfläche wie eine Apfelsine in zehn gleiche, von ∞ nach 0 verlaufende Sicheln, die wir in zehn nebeneinanderliegende Vertikalstreifen der ω-Ebene von der Breite $\frac{1}{2}$ übertragen (vgl. „Modulfunktionen", Bd. 1, S. 355, Fig. 83). Aus der Ikosaederteilung der Kugel ist leicht ersichtlich, wie die Dreiecke in der ω-Ebene aneinanderstoßen. Die zugehörigen ω-Substitutionen erweisen sich nun als modulo 5 zur Identität kongruent und erzeugen zusammengesetzt gerade die Hauptkongruenzgruppe der fünften Stufe. In der Tat gibt es mod. 5 gerade 60 inkongruente ω-Substitutionen, und es muß daher der Diskontinuitätsbereich der Hauptkongruenzgruppe fünfter Stufe (welche alle ω-Substitutionen zusammenfaßt, die mod. 5 mit der Identität übereinstimmen) gerade aus 60 Doppeldreiecken bestehen. — Umgekehrt ist die Ikosaederkugel das eindeutige Abbild dieses Diskontinuitätsbereiches. Auf ihr existiert ersichtlich keine einfachere Funktion als unsere Ikosaedergröße ζ. Dieses ζ erweist sich also nicht nur als Beispiel eines Hauptkongruenzmoduls fünfter Stufe, sondern überhaupt als die einfachste Modulfunktion, die zu der genannten Hauptkongruenzgruppe gehört!

Damit ist nicht nur klar, daß man die Ikosaedergleichung durch elliptische Modulfunktionen lösen kann, sondern auch, daß die Ikosaedergleichung im System der elliptischen Funktionen für die fünfte Stufe genau dieselbe prinzipielle Stellung einnimmt wie die Doppelverhältnisgleichung für die zweite Stufe.

Zugleich basiert hierauf alles, was man über die Auflösung der Gleichungen fünften Grades durch elliptische Modulfunktionen sagen kann; diese Auflösung existiert, weil man die Gleichungen fünften Grades durch die Ikosaedergleichung lösen kann usw.

Die rechnerische Darstellung des ζ durch Theta-Funktionen (d. h. „q-Formeln"), wie ich sie später auch gegeben habe[1]), muß hier außer Betracht bleiben. Sie schließt Riemann, Galois und Jacobi zusammen. Umgekehrt hätte man auch, von den Theta-Funktionen ausgehend, die ganze Theorie der fünften (und der siebenten) Stufe sehr leicht finden können, wenn man nur gewußt hätte, wo man suchen muß. Die Formeln sind mächtig, aber blind!

Ich will nun noch den nächst höheren, von Galois vorgezeichneten Fall $n = 7$ betrachten.

Es gibt $7 \cdot \frac{49-1}{2} = 168$ mod. 7 inkongruente Substitutionen $\omega' = \frac{\alpha\omega + \beta}{\gamma\omega + \delta}$.

---

[1]) Math. Ann. Bd. 17. 1880/81 = Ges. Abh. Bd. 3, S. 186ff.; ferner „Modulfunktionen" Bd. 2, 5. Abschnitt.

Diesen 168 Substitutionen ω' entsprechend werden wir über der J-Ebene eine 168-blättrige Riemannsche Fläche haben, deren Blätter bei $0, 1, \infty$ zu je $3, 2, 7$ verzweigt sind. Wir berechnen (nach S. 258) ihr Geschlecht durch

$$p = \frac{w}{2} - n + 1 = \frac{56 \cdot 2 + 84 \cdot 1 + 24 \cdot 6}{2} - 167$$

als $p = 3$.

Wir werden also auf die Theorie der Gebilde $p = 3$ verwiesen, die wir, wie wir es schon gelernt haben, unter dem Bilde einer ebenen Kurve vierter Ordnung auffassen können (vgl. S. 303ff.).

Doch ehe wir diesen Gedanken verfolgen, wollen wir uns überlegen, ob wir uns von dem Blätterzusammenhang der $2 \cdot 168$ Halbebenen eine ähnliche klare Vorstellung machen können, wie sie uns bei $n = 5$ das Ikosaederdreiecknetz vermittelt.

Dies gelingt in der Tat vermöge der Funktion $s\left(\frac{1}{3}, \frac{1}{2}, \frac{1}{7}; J\right)$ die selbst zwar unendlich-vieldeutig ist, innerhalb deren Dreiecksnetz sich aber unsere Riemannsche Fläche eindeutig ausbreiten lassen muß. Man erhält in der s-Ebene ein reguläres 14-Eck (vgl. Fig. 47), dessen 14 Sektoren aus je 24 Dreiecken bestehen, die abwechselnd schraffiert und freigelassen sind als Bilder der oberen bzw. unteren J-Halbebene. Denken wir die zusammengehörigen Ränder aneinander geheftet, so kommen die Eckpunkte abwechselnd je in einen Punkt zu liegen, in welchem also 7 Doppeldreiecke zusammenhängen. Die Kanten unseres 14-Ecks entsprechen somit den beiden Ufern von $7 = 2 \cdot 3 + 1$ Querschnitten, welche auf der Riemannschen Fläche des Geschlechtes 3 (die dargestellt werden kann als Ringfläche mit 3 Löchern) zwei Punkte O und O' verbinden, die beide $J = \infty$ entsprechen. Die Summe der Winkel in den Scheiteln O, ebenso wie die in den Scheiteln O' beträgt 2π. Die geschlossene Riemannsche Fläche kann somit ohne Winkelverzerrung auf unsere s-Figur übertragen werden.

Es ist Sache der Gewöhnung, mit solchen „ideell geschlossenen" Fundamentalbereichen gerade so sicher oder sogar noch viel bequemer zu operieren, als auf der tatsächlich geschlossenen, 168-blättrigen Fläche. Man kann ja alle Wege hier wirklich zeichnen; z. B. ist die in der Figur punktiert gezeichnete Kurve ein geschlossener Weg; man hat, um dies einzusehen, nur auf die Zusammenordnung der Kanten zu achten.

Ich bemerke noch: Hier ist nicht nur J in s eindeutig, sondern es ist auch s auf der 168blättrigen Fläche über der J-Ebene „unverzweigt"! Wir gelangen so zu dem wichtigen Begriff der auf einer Riemannschen Fläche unverzweigten s-Funktion, die sich natürlich bei allen Umläufen linear (gebrochen) reproduziert und damit unendlich vieldeutig wird, die aber die Umgebung jedes Punktes der Riemannschen Fläche auf die schlichte Umgebung eines Punktes der s-Kugel abbildet.

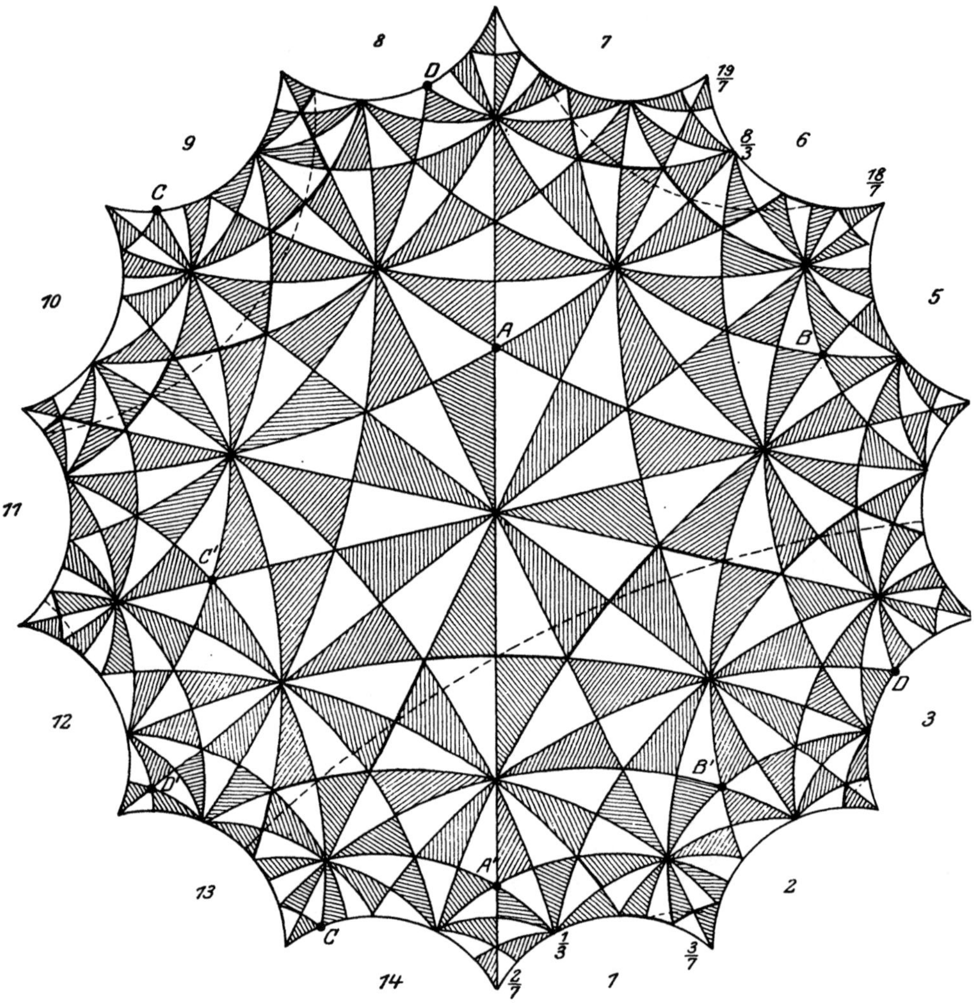

Figur 47.

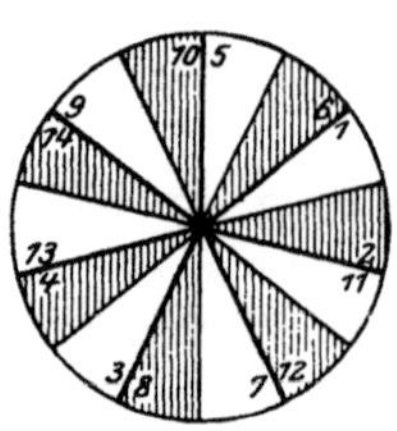

Ecken der einen Art.

Zusammengehörigkeit der Kanten:

1	an	6
3	,,	8
5	,,	10
7	,,	12
9	,,	14
11	,,	2
13	,,	4

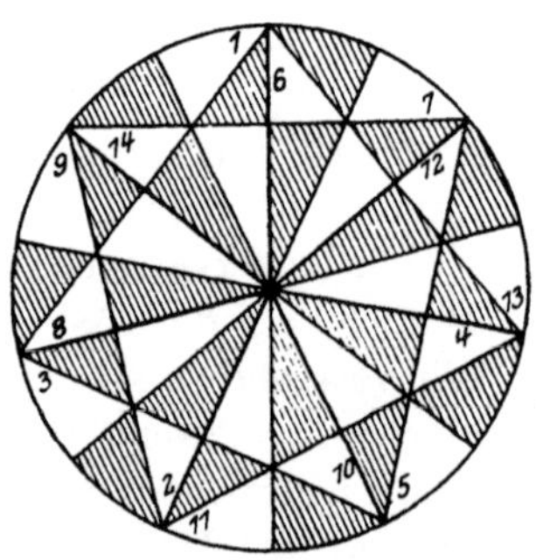

Ecken der anderen Art.

Um unsere Riemannsche Fläche in die ω-Ebene zu übertragen, werden wir jetzt die s-Figur von ihrem Mittelpunkte aus in 14 Sektoren zerschneiden und den einzelnen solchen Sektor in einen Vertikalstreifen der ω-Ebene von der Breite $\frac{1}{2}$ verpflanzen; vgl. Fig. 48, wo ein einzelner solcher Vertikalstreifen (mit 12 schraffierten und 12 nichtschraffierten Dreiecken, $14 \cdot 12 = 168$) wiedergegeben ist. Die zugehörigen Randsubstitutionen erzeugen dann gerade die Hauptkongruenzgruppe siebenter Stufe.

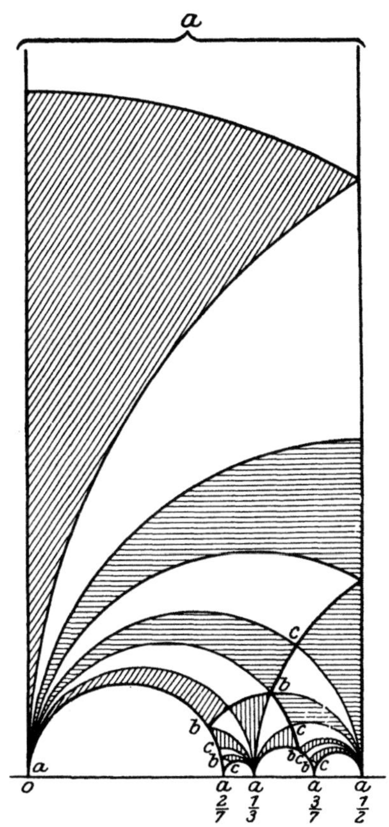

Fig. 48.

Doch lassen wir jetzt die ω-Ebene und wenden uns zu den algebraischen Funktionen der Riemannschen Fläche.

Da $p = 3$ ist, so bekommen wir die einfachsten Funktionen, indem wir sagen: es gibt 3 überall endliche Integrale u_1, u_2, u_3, deren Differentiale wir mit φ_1, φ_2, φ_3 proportional setzen:

$$du_1 : du_2 : du_3 = \varphi_1 : \varphi_2 : \varphi_3 .$$

Diese φ resp. ihre Verhältnisse sind die einfachsten algebraischen Funktionen der Fläche (wie wir in Kap. 7 ausführlich zeigten). Zwischen ihnen besteht eine biquadratische Gleichung $F_4(\varphi_1, \varphi_2, \varphi_3) = 0$, durch die eine ebene Kurve vierter Ordnung bestimmt wird. Es wird nun darauf ankommen: 1. die Gleichung dieser Kurve vierter Ordnung wirklich aufzustellen, 2. auf ihr J als eine rationale Funktion der φ darzustellen, die jeden Wert in 168 Punkten der Kurve annimmt, die für $J = 0$ zu je 3, für $J = 1$ zu je 2, für $J = \infty$ zu je 7 zusammenrücken, aber für jeden anderen Wert von J getrennt sind.

Das ist mir nun 1878 gelungen, indem ich sagte, daß unsere besondere C_4 wegen der Art, gemäß deren ihre Riemannsche Fläche aus s-Dreiecken zusammengesetzt ist, genau so durch 168 eineindeutige Transformationen in sich übergehen muß, wie die Ikosaederkugel durch 60 Drehungen, — daß ferner diese eineindeutige Transformationen (wie ich schon Kap. 7, S. 310 besprach) in den φ linear sein müssen.

Von hier aus erkennt man also, daß es eine G_{168} von Kollineationen der φ-Ebene geben muß (was damals neu und überraschend war). —

Man erkennt ferner, durch einfache Überlegungen, daß die einfachste Gleichungsform unserer C_4 diese ist:

$$\varphi_1^3\varphi_2+\varphi_2^3\varphi_3+\varphi_3^3\varphi_1=0.$$

Endlich gelingt es, durch invariantentheoretische Schlüsse J als eine rationale Funktion 42. Grades der φ wirklich hinzuschreiben:

$$J:J-1:1=\Phi_{14}^3:\Psi_{21}^2:X_6^7.$$

Alles dieses ist in Bd. 14 der Math. Ann. (1878) ausgeführt[1]), und wenn wir uns hier ausführlicher mit den ebenen Kurven vierter Ordnung beschäftigen wollten, so würden wir dafür ein besonders schönes Beispiel haben.

Die Geometer haben denn auch diese Ausführungen allgemein rezipiert. — Andererseits finden hier die Algebraiker den klaren Zusammenhang mit der Modulargleichung achten Grades für die Transformation siebenter Ordnung der elliptischen Funktionen und den zugehörigen Resolventen siebenten Grades. — Endlich erhält auch der Analytiker die Darstellung der φ_1, φ_2, φ_3 und aller aus ihnen rational zusammengesetzter Funktionen durch Theta-Funktionen (Math. Ann. Bd. 17, 1881[2])).

Fassen wir dies alles zusammen, so sehen wir: Die Probleme, welche mit der Transformation siebenter Ordnung der elliptischen Funktionen zusammenhängen, sind zu demselben Grade voller Erledigung gebracht, wie die der Transformation fünfter Ordnung durch die Ikosaedertheorie.

Aber zugleich sollte die Figur unserer Riemannschen Fläche in der s-Ebene, oder, anders ausgedrückt, die Tatsache, daß unsere C_4 durch $s\left(\frac{1}{3},\frac{1}{2},\frac{1}{7};J\right)$ uniformisiert wird, nach anderer Seite vorbildlich werden (was um so merkwürdiger ist, als die Benutzung der Funktion $s\left(\frac{1}{3},\frac{1}{2},\frac{1}{7};J\right)$ zunächst doch nur eingeschoben wurde, um die Sache anschaulich zu machen).

Fassen wir zunächst diese Tatsache für sich ins Auge, indem wir davon absehen, daß, der besonderen Natur unserer C_4 entsprechend, das Polygon der s-Ebene in $2\cdot168$ Dreiecke zerlegt erscheint.

Wir werden dann sagen: Es ist uns gelungen, die vorliegende C_4 durch eine auf ihr existierende, relativ zu ihr nirgends verzweigte Funktion s in der Weise abzubilden, daß die Kanten des abbildenden Bereiches durch lineare Substitutionen von s, welche einen festen Kreis in sich überführen, zusammengeordnet sind, worauf die durch die Substitutionen entstehenden ferneren Reproduktionen des Bereiches das Innere des Kreises mehr und mehr, aber überall einfach überdecken. Die C_4 ist durch die Funktion s in einfachster Weise uniformisiert, indem die Abbildung überall konform ist. Die s-Ebene

[1]) Klein: Ges. Abh. Bd. 3, S. 90ff. [2]) Klein: Ges. Abh. Bd. 3, S. 186ff.

(oder vielmehr das Innere des Grenzkreises der s-Ebene) wird sich dabei umgekehrt über der C_4 als eine Riemannsche Fläche darstellen, welche das Gebiet der C_4 unendlichvielfach *überlagert*, dabei aber relativ zu diesem Gebiet keinerlei Verzweigung darbietet!

Unwillkürlich fragen wir uns nun: Sollte etwas Derartiges bei einer beliebigen C_4 möglich sein? So erscheint vor uns in unbestimmten Umrissen das „*Zentraltheorem der automorphen Funktionen*", wie ich es, in Wechselwirkung mit den 1881 erscheinenden Poincaréschen Publikationen, 1882 in den Math. Ann. Bd. 20 unter dem 27. März mitgeteilt habe[1]).

Wollen wir uns hier erst nur überzeugen, daß eine erste Abzählung stimmt. — Wir denken uns den Grenzkreis der s-Ebene gegeben, der dann noch durch ∞^3 lineare Substitutionen (mit 3 reellen Parametern) in sich übergeht.

Wir konstruieren uns nun ein beliebiges 14-Eck, dessen Kanten paarweise durch lineare Substitutionen dieser Schar zusammengeordnet sein sollen, als Fundamentalbereich für eine C_4. Die Summe der Winkel in den beiden ideellen Scheiteln O und O' (vgl. S. 369) muß natürlich 2π sein, damit s auf der zugehörigen Riemannschen Fläche $p = 3$ unverzweigt ist. Daß die Kanten siebenmal zu zwei zusammengeordnet werden können, ergibt sieben Bedingungen, die Angabe der Winkelsumme in O und O' deren zwei.

Das Polygon hängt somit von $2 \cdot 14 - 7 - 2 = 19$ reellen Konstanten ab, von denen aber nur 16 zählen, weil sich an der C_4 nichts ändert, wenn ich das Polygon als Ganzes durch irgend eine der ∞^3 linearen Substitutionen, welche den Grenzkreis in sich überführen, transformiere.

Genau auf dieselbe Zahl 16 komme ich aber von der anderen Seite her, wenn ich die allgemeinste Kurve vierter Ordnung in Betracht ziehe. Die Kurve hängt nämlich, wie wir früher sahen (S. 311), von $3p - 3 = 6$ Riemannschen „Moduln", d. h. 6 absoluten Invarianten ab. Das sind komplexe Zahlen, also 12 reelle Konstanten. Ferner haben wir noch die beiden Punkte O, O' auf der C_4 zur Verfügung, die, durch sieben Querschnitte verbunden, diejenige Zerschneidung der zur C_4 gehörigen Riemannschen Fläche liefern sollen, der das 14-Eck unserer s-Ebene entspricht. Jeder dieser Punkte hängt aber auf der Riemannschen Fläche der C_4 noch von zwei reellen Konstanten ab. Ergo bekommen wir $12 + 2 \cdot 2$ reelle Konstanten, und das ist in der Tat wieder 16. —

Fassen wir nun das Wesentlichste zusammen, so werden wir sagen, daß uns die Modulfunktionen, oder allgemeiner die Dreiecksfunktionen zu allgemeinen automorphen Funktionen geführt haben, welche innerhalb eines Kreises eindeutig sind und diesen Kreis als Grenzkreis haben!

---

[1]) Später als „*Grenzkreistheorem*" bezeichnet. Vgl. Klein: Ges. Abh. Bd. 3, S. 627 ff.

Sie sind selbst nicht die einzigen eindeutigen automorphen Funktionen, sondern es gibt noch unbegrenzt viele Arten. Vgl. nur die Funktionen, die aus Riemanns Nachlaß 1876 bekannt wurden, und die unabhängig davon Schottky (Diss. Berlin 1876, Crelle, Bd. 83, 1877) aufgefunden hat: Es handelt sich dort um einen Diskontinuitätsbereich, der von n getrennt liegenden Vollkreisen begrenzt ist, und der an jedem dieser Kreise gespiegelt wird. Wird diese symmetrische Reproduktion des Ausgangsbereiches unbegrenzt fortgesetzt, so erhält man eine Überdeckung der ganzen Ebene bis auf eine Menge von unendlich vielen Grenzpunkten, die nicht abzählbar ist. (Wir finden allerlei solcher Figuren z. B. bei Fricke-Klein: Automorphe Funktionen, Bd. 1, S. 418, 432, 439, 435).

Aber nun ist es Zeit, daß ich von dem Auftreten H. Poincarés erzähle und von den persönlichen Beziehungen, die sich zwischen uns entwickelt haben, und die für die Weiterentwicklung der ganzen Theorie die Grundlage gegeben haben[1]).

Zunächst muß ich noch einige Bemerkungen über die Terminologie vorausschicken: Poincaré, der die Verhältnisse innerhalb Deutschlands, als er begann, sehr mangelhaft kannte, hat die Gruppen mit Grenzkreis „groupes fuchsiens" genannt, trotzdem Fuchs hier keine Verdienste hat. Als ich ihn auf die allgemeinen Funktionen aufmerksam machte, nannte er diese „fonctions kleinéennes". Es herrscht hier also eine große historische Konfusion. Es hat denn auch in Deutschland mein Vorschlag, von allen Personalbezeichnungen abzusehen und den Term „automorphe Funktionen" einzuführen, nachgerade allgemeine Zustimmung gefunden. Wir unterscheiden dann automorphe Funktionen mit Grenzkreis, mit unendlich vielen Grenzpunkten usw.

Bei der überragenden Bedeutung, welche Henri Poincaré in der Folge für unsere Gesamtwissenschaft gewinnen sollte, darf ich es hier nicht unterlassen, einige biographische Daten anzugeben.

Henri Poincaré wurde, wie Hermite, in Nancy (1854) geboren, — der bekannte Präsident der französischen Republik ist sein Vetter. Schon auf der Schule und Hochschule zeichnete er sich durch hervorragende Leistungen aus und unterscheidet sich darin in merkwürdiger Weise von anderen bahnbrechenden Talenten. 1873 wurde er auf Grund des bekannten strengen Aufnahmeexamens als Erster in die École Polytechnique und entsprechend 1875 in die École des Mines aufgenommen (wohin immer die hervorragendsten Absolventen der École Polytechnique abgegeben werden, weil ihnen von dort aus der Weg zu den bevorzugtesten Staatsstellungen offensteht). Doch konnte ihn

[1]) Für das Folgende vgl. man auch die ergänzenden Bemerkungen von Klein anläßlich der Herausgabe seiner Ges. Abh., insbesondere Bd. 3, S. 577ff., sowie den Briefwechsel Klein—Poincaré: loc. cit. S. 587ff. Anm. d. Herausg.

die praktische Beschäftigung, für die er wenig Veranlagung zeigte, nicht fesseln. 1879 ging er vielmehr zur Hochschullaufbahn über, zunächst als Chargé des cours an der Faculté des Sciences in Caen. (Es ist dies der übliche Anfang an einer Provinzuniversität.) Von 1881 an lebte er dann in verschiedenen Stellungen in Paris, zunächst als Vertreter der Analysis, dann von 1885 an der mathematischen Physik und mit 1896 der Astronomie. Schon aus diesen Daten ist ersichtlich, wie er mit der Zeit immer neue Gebiete in den Bereich seiner Arbeit zieht. Seit 1887 war er Mitglied des Institut (d. h. der Académie des Sciences) und ist dann in immer neue Ehrenstellungen hineingewachsen, so daß er bald als der anerkannte Hauptvertreter der französischen Mathematik dastand, weithin bekannt und bewundert, der Ruhm seines Vaterlandes. 1912 starb er plötzlich infolge einer Operation.

Biographische Nachweise sind in großer Zahl vorhanden: So aus dem Jahre 1909: E. Lebon in den Savants du jour[1]), desgl. die Schrift von Toulouse, welche Poincarés geistige Eigenart psychologisch analysiert[2]).

Ich will nun versuchen, Poincaré als Mathematiker zu charakterisieren.

Er ist von ganz außerordentlicher Fruchtbarkeit und Vielseitigkeit, die an Cauchy erinnert. Auch noch in späteren Jahren erfaßt er mit wunderbarer Leichtigkeit die Probleme, die sich irgendwie auf dem Gebiete der exakten Wissenschaften regen und gestaltet sie schöpferisch aus, überall neue Wege weisend.

Einen Anteil an dieser Vielseitigkeit hat ohne Zweifel die gründliche Vorbildung durch das festgegliederte französische Unterrichtssystem, das in jungen Jahren die traditionellen Teile der Gesamtmathematik allseitig erfassen läßt — ganz anders als in Deutschland, wo sich der heranwachsende Mathematiker gern an einen einzelnen Meister anschließt, was für rasche Produktion ad hoc förderlicher ist aber dann oft nicht weiterträgt. — Im persönlichen Verkehr war Poincaré einfach und entgegenkommend, aber mehr aufnehmend als mitteilsam.

Im übrigen ist Poincaré der eigentlich geniale Typ, der überall mit einem Blicke das Wesentliche erfaßt. Geometrie und Analysis sind bei ihm gleich ausgebildet, Erfindungsgabe und Beweiskraft halten sich das Gleichgewicht. Nur das Gebiet der eigentlichen Anwendungen der Mathematik läßt er beiseite, im Gegensatz zu Forschern wie Archi-

---

[1]) Paris 1909 bei Gauthier-Villars.

[2]) H. Toulouse, H. Poincaré, Paris 1910. — Eine Zusammenstellung von Nachrufen usw. findet man in den Rendiconti del Circolo matematico di Palermo Bd. 36, 1913 im Supplement S. 13—32; ferner einen Nachruf von Darboux als Einleitung zu Bd. II der Oeuvres. Schließlich sind die Bände 38 (1921) und 39 der Acta Mathematica Henri Poincaré gewidmet.

medes, Newton, Gauß, die auch die experimentelle Arbeit und die Messung handhabten und deren Leistung ich daher noch höher stelle. Es fehlen bei ihm natürlich auch nicht Schattenseiten. Wie Cauchy, publizierte Poincaré sehr rasch und darum nicht sorgfältig in der Form. Ja, es findet sich in den ersten stürmischen Publikationen nicht nur viel Vorläufiges, sondern auch manches Falsche oder Übertriebene. — Dementgegen entwickelte sich bei ihm späterhin immer mehr ein glänzender abgeklärter Stil, der, verbunden mit der Fülle tiefgreifender Gedanken, u. a. den großen Erfolg seiner allgemein bekannten mathematisch-philosophischen Werke zuwege gebracht hat.

In alledem steht er in vollem Gegensatz zu seinem Lehrer Hermite, bei dem die gewissenhafte Durcharbeitung des Einzelnen so in den Vordergrund trat, daß er darüber gelegentlich den Kern der Fragestellung beiseite lassen und Nebenwege ausgiebig verfolgen konnte. (Ich denke da insbesondere an seine umfangreiche Arbeit von **1866** über Gleichungen fünften Grades, in der er diese Theorie unnötigerweise mit der Invariantentheorie der binären Formen fünften Grades verquickt.)

Zur vollen Geltung werden Poincarés Leistungen erst in späteren Abschnitten dieser Vorlesung gelangen können[1]). Hier will ich nur, im Zusammenhang mit meinen eigenen Arbeiten, über die Frühzeit der automorphen Funktionen, 1881—82, referieren. Die Abhandlungen aus diesen Gebieten bilden so ziemlich den Anfang von Poincarés Veröffentlichungen, abgesehen von der vorausgehenden Dissertation 1878—79 über partielle Differentialgleichungen. 1880 reichte er eine Preisarbeit bei der Akademie ein, die sich schon auf automorphe Funktionen bezieht. Zunächst folgte dann eine stürmische Publikationsserie in den Comptes Rendus von 1881, t. 92, 93; in dem einen Jahre hat Poincaré nicht weniger als 13 Nummern veröffentlicht, deren Ergebnis er dann in Math. Ann. Bd. 19, S. 553—564, unter dem Titel: „*Sur les fonctions uniformes, qui se reproduisent par des substitutions linéaires*" zusammengefaßt hat[2]).

Es handelt sich hauptsächlich um Funktionen mit Grenzkreis. Das Neue ist hier: erstens, daß Poincaré mutig den allgemeinsten Fundamentalbereich konstruiert, wie ich es das vorige Mal mit dem 14-Eck $p = 3$ zu schildern suchte; natürlich hatte ich selbst vorher an allgemeine Fälle gedacht, aber an der Erzeugung durch Spiegelung nach dem Prinzip der Symmetrie zu sehr festgehalten. — Dann aber, daß er ein analytisches Bildungsgesetz für automorphe Funktionen aufstellt, die sog. *Poincaréschen Reihen* (die er selbst θ-Reihen nennt). Gegeben seien die Substitutionen der Gruppe (wir schreiben jetzt ζ statt des früheren s)

---

[1]) Klein hatte noch ein besonderes Kapitel über Poincaré (ebenso wie über Lie) geplant. Anm. d. Herausg.

[2]) Poincaré: Oeuvres, Bd. II, S. 12ff.

$$\zeta' = \frac{\alpha_i \zeta + \beta_i}{\gamma_i \zeta + \delta_i}, \qquad \alpha_i \delta_i - \beta_i \gamma_i = 1.$$

Nimmt man den Grenzkreis als Achse der reellen Zahlen, so sind die $\alpha, \beta, \gamma, \delta$ selbst reelle Zahlen. Die Gruppe sei eigentlich diskontinuierlich, d. h. sie besitze einen endlichen Diskontinuitätsbereich. Poincaré betrachtet dann, wenn wir wieder zu einem ganz im Endlichen gelegenen Grenzkreis zurückkehren, die Summen

$$\sum_i \frac{1}{(\gamma_i \zeta + \delta_i)^{2m}},$$

welche an die Eisensteinschen Summen aus der Theorie der elliptischen Modulfunktionen erinnern (den genaueren Vergleich siehe bei Rausenberger in Math. Ann. Bd. 20, 1882), und von denen er zeigt, daß sie für $m \geqq 2$ absolut konvergieren. Schreibt man homogen:

$$\sum \frac{1}{(\gamma_i \zeta_1 + \delta_i \zeta_2)^{2m}},$$

so sieht man, daß man hier automorphe Formen vor sich hat, und es ist klar, wie man aus solchen Formen durch Quotientenbildung automorphe Funktionen herstellt. Es besteht hier also eine genaue Analogie mit der Herstellung des J bei den elliptischen Modulfunktionen $\left(J = \frac{g_2^3}{\Delta}\right)$.

Schließlich: Er erkennt weitgehend die uniformisierende Kraft der neuen Funktionen. Insbesondere stellt er für die schlichte z-Ebene das von mir so genannte *erste Fundamentaltheorem*, das *Grenzkreistheorem* auf.

Es seien $\alpha_1, \ldots, \alpha_n$ irgend n Stellen der z-Ebene, $l_1, \ldots, l_n$ beliebige reelle, ihnen in dieser Reihenfolge zugeordnete ganze Zahlen, die im Grenzfall unendlich werden dürfen. Dann gibt es immer eine (und im wesentlichen nur eine) eindeutig-umkehrbare Funktion

$$\zeta\left(\frac{1}{l_1}, \ldots, \frac{1}{l_n}; z\right)$$

(die als Grenzfall $\zeta(0, \ldots, 0; z)$ einschließt). Die Umkehrfunktion $z(\zeta)$ existiert dann nur in einem „Grenzkreis" der ζ-Ebene; ein Winkel in der z-Ebene mit dem Scheitel in α_i wird bei der Abbildung auf den l_i-ten Teil verkleinert.

Jede dieser Funktionen uniformisiert einen weit ausgreifenden Funktionenkreis; im Grenzfall, wo alle l_i unendlich sind, hat man sogar Uniformisierung aller Funktionen von z, die nur bei $\alpha_1, \alpha_2, \ldots, \alpha_n$ verzweigt sind! Die Art der Verzweigung kann dabei ganz beliebig sein.

Man sieht, wie das Verallgemeinerungen unserer früheren Angaben über

$$s\left(\frac{1}{l_1}, \frac{1}{l_2}, \frac{1}{l_3}; z\right)$$

(l_1, l_2, l_3 bzw. zu 0, 1, ∞ gehörig) sind. Der Unterschied ist aber der, daß die Differentialgleichung der s-Funktion — also wenn nur drei singuläre Punkte vorhanden sind — in völlig bestimmter Form gleich hingeschrieben werden kann, während für $n > 3$ nach Vorgabe der α_i und l_i noch $n - 3$ unbekannte Konstante in der Differentialgleichung auftreten, deren eindeutige Bestimmtheit durch die Forderung eindeutiger Umkehrbarkeit innerhalb eines Grenzkreises bewiesen werden muß ($n = 3$ ist andererseits der niederste Fall, bei dem die l_i willkürlich angenommen werden können).

Auf die zusammenfassende Darstellung Poincarés in Bd. 19 der Math. Ann. ist die Korrespondenz, in die ich mit Poincaré vom Juni 1881 an getreten war, schon von einigem Einfluß gewesen. Poincaré hatte, als er seine Veröffentlichungen in den Comptes Rendus begann, weder von der Riemannschen Theorie, d. h. weder von der Zahl p der Flächen, geschweige denn von der Neubegründung der Theorie durch Schwarz noch von unseren Arbeiten in den Math. Ann. klare Kenntnis, die er dann aber mit bewundernswerter Schnelligkeit erfaßte. Auch habe ich ihn erst darauf aufmerksam gemacht, daß neben den Funktionen mit Grenzkreis noch unendlich viele andere Arten automorpher Funktionen existieren[1]).

Darf ich nun — z. T. in Ergänzung früherer Angaben — von meinen eigenen anschließenden Arbeiten erzählen. Ich war damals, 1881, damit beschäftigt, den Grundgedanken der Riemannschen „Theorie der algebraischen Funktionen und ihrer Integrale" so herauszuarbeiten, wie das in meiner Schrift vom Herbst 1881, die Weihnachten zur Versendung kam, aber die Jahreszahl 1882 trägt, dargestellt ist. Diese Arbeit enthält u. a. die wesentlich neue Einsicht: daß die Riemannschen Flächen desselben Geschlechtes p eine zusammenhängende Mannigfaltigkeit bilden (was Schwarz noch lange bezweifelte, da er gewohnt war, die algebraischen Gebilde nach den von Weierstraß herrührenden Normalformen zu klassifizieren). Von hier aus wurde es mir möglich, das Fundamentaltheorem, welches Poincaré für die schlichte z-Ebene aufgestellt hatte, für Riemannsche Flächen von beliebigem p und zugleich für automorphe Funktionen, die nicht notwendig einen festen Grenzkreis haben, zu verallgemeinern.

Meine erste Note, die ich hierüber Neujahr 1882 in Math. Ann. Bd. 19[2]) veröffentlichte, kombiniert beides. Ich will hier nicht darauf eingehen, sondern gleich von der zweiten Note, Math. Ann. Bd. 20[3]), vom 27. März 1882 erzählen, in der ich jenes Fundamentaltheorem des Grenzkreisfalles publizierte, das ich oben seiner besonderen Einfachheit wegen das *Zentraltheorem* (*Grenzkreistheorem*) genannt habe, daß man

[1]) Über eine Unrichtigkeit von Poincarés Arbeit vgl. Klein: Ges. Abh. Bd. 3, S. 714ff.

[2]) Klein: Ges. Abh. Bd. 3, S. 622ff. [3]) Klein: Ges. Abh. Bd. 3, S. 627ff.

nämlich jede Riemannsche Fläche mit $p \geqq 2$ ohne alle Verzweigungspunkte durch automorphe Funktionen mit Grenzkreis auf eine und im wesentlichen nur eine Weise uniformisieren kann.

Das Theorem, wie die spätere Zusammenfassung meiner ganzen Theorie vom Herbst 1882, Math. Ann. Bd. 21[1]) ist nur unter den schwierigsten äußeren Verhältnissen zustande gekommen, wovon ich gerne einmal erzähle, weil ich nicht möchte, daß die Erinnerung mit mir zugrunde geht; — es ist das auch schon so lange her, daß ich den Einzelheiten objektiv gegenüberstehe.

Seit dem Herbst 1880 war ich in Leipzig und wurde dort neben meinen wissenschaftlichen Arbeiten durch eine Fülle organisatorischer und pädagogischer Aufgaben stark in Anspruch genommen. Den Herbst 1881 verbrachte ich dann zu meiner Erholung an der Nordsee (in Borkum), wo ich die Schrift über Riemann zu Papier brachte und das Fundamentaltheorem von Bd. 19 fand, das ich dann aber erst in den Weihnachtsferien niederschrieb. Entsprechend der damaligen Anschauung der Ärzte faßte ich den Entschluß, Ostern 1882 wieder an die Nordsee zu gehen, und zwar nach Norderney. Ich wollte dort in Ruhe einen zweiten Teil meiner Schrift über Riemann schreiben, nämlich die Existenzbeweise für die algebraischen Funktionen auf gegebenen Riemannschen Flächen in neuer Form ausarbeiten. Ich habe es dort aber nur acht Tage lang ausgehalten, denn die Existenz war zu kümmerlich, da heftige Stürme jedes Ausgehen unmöglich machten und sich bei mir starkes Asthma einstellte. Ich beschloß, schleunigst in meine Heimat Düsseldorf überzusiedeln. In der letzten Nacht vom 22.—23. März, die ich wegen Asthma auf dem Sofa sitzend zubrachte, stand plötzlich um 2 1/2 Uhr das Zentraltheorem, wie es durch die Figur des 14-Ecks in Bd. 14 ja eigentlich schon vorgebildet war[2]), vor mir. Am folgenden Vormittag in dem Postwagen, der damals von Norden bis Emden fuhr, durchdachte ich das, was ich gefunden hatte, noch einmal bis in alle Einzelheiten. Jetzt wußte ich, daß ich ein großes Theorem hatte. In Düsseldorf angekommen, schrieb ich es gleich zusammen, datierte es vom 27. März, schickte es an Teubner und ließ Abzüge der Korrektur an Poincaré und Schwarz und beispielsweise an Hurwitz gehen. — Schwarz war übrigens infolge mangelhafter Konstantenzählung zunächst der Meinung, das Theorem müsse falsch sein; er hat dann aber später zu neuen Beweismethoden wesentliche Grundgedanken geliefert.

Mit dem Beweise lag es in der Tat sehr schwierig. Ich benutzte die sog. *Kontinuitätsmethode*, welche die Mannigfaltigkeit der Riemannschen Flächen eines gegebenen p der entsprechenden Mannigfaltigkeit automorpher Gruppen mit Grenzkreis gegenüberstellt. Ich habe nie gezweifelt, daß die Beweismethode richtig sei, aber ich stieß überall

---

[1]) Klein: Ges. Abh. Bd. 3, S. 630ff. [2]) Klein: Ges. Abh. Bd. 3, S. 126.

auf Unfertigkeiten meiner funktionentheoretischen Kenntnisse bzw. der Funktionentheorie überhaupt, deren Erledigung ich vorläufig nur postulieren konnte, und die in der Tat erst 30 Jahre später (1912) durch Koebe voll erledigt worden sind.

Dies konnte mich nicht abhalten, im Sommer 1882 noch allgemeinere Fundamentaltheoreme aufzustellen, welche die Resultate aus Bd. 19 und 20 gemeinsam umfassen, und die Ausarbeitung der ganzen Konzeption zunächst durch Seminarvorträge vorzubereiten, die Study damals niederschrieb. Ich habe die große Mehrzahl meiner Arbeiten in der Weise fertiggestellt, daß ich zunächst diesbezügliche Vorlesungen hielt und in den Ferien dann die Redaktion folgen ließ. In den Herbstferien 1882 in Tabarz (Thüringen) ist dann die Abhandlung des Bandes 21 entstanden und am 6. Oktober 1882 abgeschlossen worden. So unvollkommen und unerledigt dort auch manches ist, die Konstruktion des Gedankenganges im großen ist geblieben und auch durch die zunächst folgenden Abhandlungen Poincarés in den Bänden 1, 3, 4, 5 der eben damals gegründeten „Acta Mathematica" nicht verschoben worden[1]).

In der Tat gelang es mir wieder, Poincaré um ein kleines zuvorzukommen, indem meine Separata Ende November 1882 versandt wurden, während das erste Heft der Acta, das die erste Abhandlung von Poincaré brachte, Anfang Dezember 1882 erschien. Dieses Heft enthält auch nur das erste Stück der Theorie, die Konstruktion der Diskontinuitätsbereiche im Falle, wo ein fester Hauptkreis vorhanden ist.

Der Preis, den ich für meine Arbeit habe bezahlen müssen, war allerdings außerordentlich hoch, er war, daß meine Gesundheit vollends zusammenbrach. Ich habe im kommenden Jahre wiederholt längeren Urlaub nehmen und auf alle produktive Tätigkeit verzichten müssen. Erst im Herbst 1884 ging es wieder aufwärts, aber den früheren Grad der Produktivität habe ich nicht mehr erreicht. Ich habe mich mehr der Bearbeitung meiner früheren Ideen und später, als ich in Göttingen war, der Ausdehnung meines Arbeitsbereiches und allgemeinen Aufgaben der Organisation unserer Wissenschaft zugewandt. So kann man es verstehen, daß ich späterhin die automorphen Funktionen nur noch gelegentlich berührt habe. Meine eigentliche produktive Tätigkeit auf dem Gebiet der theoretischen Mathematik ist 1882 zugrunde gegangen. Alles, was folgt, betrifft, soweit es sich nicht um Ausarbeitungen handelt, nur noch Einzelheiten.

So hatte Poincaré freies Feld und veröffentlichte bis 1884 in den Acta Mathematica seine fünf großen Abhandlungen über die neuen Funktionen. In Bd. 1 findet man neben der bereits genannten Erzeugung der allgemeinsten von ihm betrachteten Fundamentalbereiche noch die Theorie der zugehörigen Reihen. Von den Fundamental-

---

[1]) Poincaré: Oeuvres Bd. II, S. 108ff.

theoremen behandelt Poincaré überhaupt nur den Fall mit Grenzkreis, und dies auch erst ein Jahr später, Bd. 4. Er hat hier den Beweis wesentlich vervollständigt, aber auch noch nicht vollkommen zum Abschluß gebracht (vgl. die Mitteilungen von Fricke an den Heidelberger Internationalen Kongreß 1905, S. 246ff.). Im übrigen benutzt Poincaré ebenfalls die Kontinuitätsmethode, und sein Beweis ist im wesentlichen gleich gegliedert wie der meinige. — Bei den anderen Fällen aber hatte Poincaré vorläufig unübersteigbare Schwierigkeiten gefunden, weil er fand, daß es sich bei ihnen um offene Mannigfaltigkeiten handelt (denen kein bestimmter Rand zugeordnet werden kann).

Es ist mir besonders wichtig, hier im Zusammenhang eine Bemerkung über Poincarés Stellung zu Riemann zu machen. Die Existenz der automorphen Funktionen erschließt Poincaré nicht aus Riemanns Prinzipien, sondern aus ihrer Darstellung durch (Poincarésche) Theta-Reihen. Aber beim Kontinuitätsbeweis muß er sich doch auf den Satz stützen, daß die Gesamtheit der algebraischen Gebilde eines gegebenen p ein Kontinuum bildet, was bisher doch nur auf Riemannscher Grundlage bewiesen worden ist. Also es besteht an der entscheidenden Stelle doch eine Abhängigkeit.

Es ist denn wohl der Titel, den ich meiner Abhandlung in Bd. 21 der Math. Ann. gab: „*Neue Beiträge zur Riemannschen Funktionentheorie*" der adäquate Ausdruck der historischen Entwicklung. Über all die wichtigen funktionentheoretischen Bestrebungen hinaus, die wir im Laufe der vorangehenden Kapitel berührten und die sich an die Namen Weierstraß, Clebsch, Brill-Noether und Dedekind-Weber, Kronecker, Hilbert anknüpfen, hat sich Riemanns Auffassungsweise immer noch als triebkräftiges Ferment auf dem Gesamtgebiet der Funktionentheorie bis auf den heutigen Tag in unvergleichlicher Weise bewährt.

Namenverzeichnis.

Vorbemerkung: Im Hinblick auf das ausführliche Inhaltsverzeichnis am Eingang des Buches schien den Herausgebern ein besonderes Sachregister überflüssig. Diejenigen Stellen des Buches, an denen sich die wichtigsten Angaben über die im Register genannten Personen finden, sind durch **kursive Typen der Seitenzahlen** hervorgehoben; umgekehrt sind solche Stellen, an denen ein Name nur in einem Literaturzitat oder sonst in einem für den Träger des Namens bedeutungslosen Zusammenhange vorkommt, im Register nicht angeführt.

DIE GRUNDLEHREN DER

MATHEMATISCHEN WISSENSCHAFTEN

IN EINZELDARSTELLUNGEN MIT BESONDERER BERÜCKSICHTIGUNG DER ANWENDUNGSGEBIETE

GEMEINSAM MIT

W. BLASCHKE HAMBURG — M. BORN GÖTTINGEN — C. RUNGE† GÖTTINGEN

HERAUSGEGEBEN VON

R. COURANT

GÖTTINGEN

BAND XXV

VORLESUNGEN ÜBER DIE ENTWICKLUNG DER MATHEMATIK IM 19. JAHRHUNDERT

TEIL II

VON

FELIX KLEIN

BERLIN

VERLAG VON JULIUS SPRINGER

1927

FELIX KLEIN

VORLESUNGEN ÜBER DIE ENTWICKLUNG DER MATHEMATIK IM 19. JAHRHUNDERT

TEIL II

DIE GRUNDBEGRIFFE DER INVARIANTENTHEORIE UND IHR EINDRINGEN IN DIE MATHEMATISCHE PHYSIK

FÜR DEN DRUCK BEARBEITET VON
R. COURANT UND ST. COHN-VOSSEN

MIT 7 FIGUREN

BERLIN
VERLAG VON JULIUS SPRINGER
1927

Vorwort.

Der vorliegende zweite und letzte Band dieser Vorlesungen entstammt den Jahren 1915 bis 1917, der Zeit, als die allgemeine Relativitätstheorie die Gedanken aller Mathematiker und Physiker auf sich lenkte. Felix Klein als Siebzigjähriger hat die neuen Theorien mit einer außerordentlichen Energie durchgearbeitet. Die aus dieser Forschungsperiode stammenden Seminarprotokolle, Korrespondenzen, Vortragskonzepte, Notizen und Ausarbeitungen füllen, von Klein selbst geordnet, sieben umfangreiche Aktenmappen. Nur der kleinere Teil davon bildet die Grundlage dieses Bandes. Anderes findet sich in einzelnen Abhandlungen Kleins wieder. Vieles aber, was schon bis zum ausführlichen Entwurf ausgearbeitet ist, hat Klein nicht mehr zum Abschluß bringen können.

So ist auch dieser zweite Band Fragment geblieben. Geplant war ein systematisches Vordringen von den ersten invariantentheoretischen Ansätzen in der Geometrie bis zur Einsteinschen Gravitationstheorie. Kleins persönliche Anteilnahme war mehr bei der mathematischen Vorgeschichte der Einsteinschen Lehre, als bei ihrer endgültigen physikalischen Ausprägung. Diese Vorgeschichte hat er zu einer Darstellung in drei Kapiteln gebracht, die er so noch nicht für den Druck bestimmt hatte. Sie ist es, die im Folgenden zu fast ungeändertem Abdruck gelangt.

Das vierte Kapitel sollte die allgemeine Relativitätstheorie behandeln, sowie die Hamiltonsche Mechanik unter besonderer Würdigung der Lieschen Theorien der Berührungstransformationen und der kontinuierlichen Gruppen. Dieses Kapitel ist leider nicht fertig geworden. Es sind aus verschiedenen Jahren zahlreiche Entwürfe dafür vorhanden, keiner aber in einer Form, die den Herausgebern es ermöglicht hätte, sie druckreif zu machen, ohne in unzulässiger Weise Kleins Ansätze mit eigenen Formulierungen zu vermischen.

Das Fehlen des vierten Kapitels beeinträchtigt freilich mehr den Aufbau des Buches in sich, als seine Bedeutung für die Öffentlichkeit. An Darstellungen der Relativitätstheorie als solcher besteht kaum ein Mangel. Die gedankliche und auch die historische Verwachsenheit der modernen Ansätze mit der Mathematik des 19. Jahrhunderts findet dagegen im vorliegenden Buche ihre erste ausführliche Behandlung. Vorkenntnisse, Schulung und selbständige Mitarbeit setzt der zweite Band vielleicht in etwas höherem Maße voraus als der erste; das Biographische tritt gegenüber dem ersten Bande zurück.

Für die Fertigstellung des Textes trägt der jüngere der Herausgeber allein die Verantwortung. Wie im ersten Bande war das leitende Prinzip, so wenig an dem Kleinschen Manuskript zu ändern wie möglich. Dennoch erschienen einige stilistische Änderungen unumgänglich; ein Buch kann nicht durchweg dieselbe Sprache sprechen wie eine Vorlesungsausarbeitung, die für einen beschränkten Leserkreis bestimmt war. Sachlich ist der Text nirgends geändert. Die Fortentwicklung der Wissenschaft in dem Jahrzehnt, das seit dem Abschluß des Kleinschen Manuskripts vergangen ist, machte aber einige Zusätze erforderlich; es sind das erstens manche der Fußnoten, die wie im ersten Band durch ein hinzugefügtes (H.) von Kleins eigenen Fußnoten unterschieden sind, zweitens Erläuterungen am Kapitelschluß, auf die im Text gewöhnlich durch das Zeichen * verwiesen ist. Auch die Erläuterungen sind für geschulte Leser bestimmt und knapp gehalten.

Beim Lesen der Korrekturen haben die Herren Neugebauer, Friedrichs, Lewy und Grell wertvolle Hilfe geleistet. Herrn D. J. Struik verdanken wir wichtige sachliche Anregungen bei der Durchsicht des Manuskripts.

Göttingen, Oktober 1927.

R. Courant,
St. Cohn-Vossen.

Inhaltsverzeichnis.

Drittes Kapitel.

Gruppen analytischer Punkttransformationen bei Zugrundelegung einer quadratischen Differentialform.

A. Die allgemeinen Lagrangeschen Gleichungen der klassischen Mechanik.

Seite

B. Die Lehre von der inneren Geometrie zweidimensionaler Mannigfaltigkeiten auf der Grundlage von Gauß' Disquisitiones circa superficies curvas.

C. Riemanns n-dimensionale Mannigfaltigkeiten. I. Die formalen Grundlagen.

D. Riemanns n-dimensionale Mannigfaltigkeiten. II. Normalkoordinaten. Geometrische Deutungen.

E. Einiges von der Weiterentwicklung über Riemann hinaus.

Einleitung.

Der erste Band hatte mit einer Darlegung der Bedeutung geschlossen, welche die Lehre von den *diskontinuierlichen* Transformationsgruppen und den bei ihnen unveränderlichen, den „automorphen" Funktionen in den letzten Jahrzehnten für die verschiedensten Zweige der Mathematik gewonnen hat.

Wir wenden uns jetzt der nicht minder weitreichenden Entwicklung und Bedeutung zu, welche die *kontinuierlichen* Transformationsgruppen in demselben Zeitraum gewonnen haben. Aber wir werden für unsere Berichterstattung keine streng chronologische Anordnung wählen. Die weitergehenden Arbeiten von Lie, die 1870 mit rein geometrischen Untersuchungen begannen und bald für das Gesamtgebiet der Differentialgleichungen von weitreichender Bedeutung werden sollten, schieben wir einstweilen noch zurück. Wir knüpfen vielmehr an das Referat an, das in Bd. 1, Kapitel IV über die Entwicklung der „algebraischen" Geometrie gegeben wurde. Nach den Grundsätzen, welche ich in meinem Erlanger Programm (1872) entwickelte, lassen sich die verschiedenen Richtungen der dabei benutzten Ansätze dahin charakterisieren, daß es sich jeweils um die *Invariantentheorie einfacher linearer Transformationsgruppen* handelt. Nun hat sich etwas sehr Merkwürdiges begeben. Die Klassifikation der geometrischen Theorien nach der Art der zugrunde gelegten Transformationsgruppe hat nämlich auf den Bereich der Mechanik und mathematischen Physik übergegriffen und sich auch hier als sicherer Leitfaden zur Erfassung heute im Vordergrunde stehender Ideen erwiesen. Ich meine diejenigen Spekulationen, welche man unter dem Namen *Relativitätstheorie* zusammenfaßt. Sie sind zunächst gänzlich unabhängig von den Arbeiten der Geometer entstanden: durch Entwicklung der Fragestellungen, die sich an Maxwells elektromagnetische Auffassungen anschlossen. Daß sie unbewußt zu ganz ähnlichen Formulierungen hingeführt haben, wie unsere rein mathematischen Ansätze, ist eines der merkwürdigsten Beispiele für die von Zeit zu Zeit immer wieder hervortretende, trotz aller Spezialisierung der neueren Arbeitsrichtungen bestehende Einheitlichkeit der wesentlichen Fortschritte des mathematischen Denkens. Diesen Parallelismus hervorzukehren liegt zu sehr im Interesse meiner Gesamtdarstellung, als daß ich ihn hier mir entgehen lassen dürfte. Ich darf um so mehr darauf eingehen, als ich ohnehin schon — Bd. 1, Kapitel V —

die Entwicklung der Mechanik und mathematischen Physik bis zum Einschluß der Maxwellschen Arbeiten geführt habe. Als Inhalt der im folgenden zu gebenden Darstellung kann geradezu der Zusammenschluß der zwei Kapitel bezeichnet werden, die in Bd. 1 lose nebeneinander gestellt worden sind. Zugleich gewinne ich, indem ich die Grundgedanken des Erlanger Programms solcherweise an einfachen Beispielen erläutere, eine gute Basis für die später zu gebende Besprechung der Lie'schen Arbeiten.

Die Erreichung des so gesetzten Zieles verlangt freilich gewisse Vorbereitungen. Soll es nicht nur bei ganz allgemeinen Aussagen bleiben, so muß eine genauere Kenntnis wenigstens der Elemente der allgemeinen linearen Invariantentheorie vorausgesetzt werden, als vermutlich vorhanden ist. Ich beginne also mit einigen einschlägigen Erörterungen, die ich dadurch im Sinne meiner Gesamtdarstellung zu beleben suche, daß ich überall Bemerkungen über die historischen Zusammenhänge einschalte. Eine gewisse Überdeckung mit den Darlegungen von Bd. 1 ist nicht ganz zu vermeiden, doch wird die Auswahl des Stoffes ganz anders getroffen und es tritt auch die Würdigung der Persönlichkeiten als solcher mehr zurück.

Erstes Kapitel.

Elementares über die Grundbegriffe der linearen Invariantentheorie.

A. Ausführungen über allgemeine lineare Invariantentheorie.

§ 1. Lineare Substitutionen. Invariantenbegriff[1]).

Wir führen zunächst irgendwelche n Größen

$$x_1, x_2, \ldots, x_n$$

---

[1]) Als ein kompendiöses und für unsere Zwecke besonders geeignetes Lehrbuch ist Bôchers *Einführung in die höhere Algebra* zu empfehlen (zuerst englisch, New York 1907, deutsch Leipzig 1910, 2. Aufl. 1925). Andererseits nenne ich den ersten Band der Gesammelten Werke von Sylvester (Cambridge 1904). Dort steht auf S. 198—202 eine kurze Note aus dem Cambridge and Dublin Math. Journal IV (1851), betitelt „On the general Theory of associated algebraical forms", wo zum ersten Male der Terminus „Invariante" eingeführt ist. Dann ferner von S. 284 an eine längere, leider unvollendet gebliebene Arbeit „On the principles of the calculus of forms" (Cambridge and Dublin Math. Journal VII [1852]), wo die Ausdrücke „kogredient" und „kontragredient", sowie manche andere, die wir fernerhin gebrauchen, zum ersten Male vorkommen. — Anm. d. Hg.: Inzwischen neu erschienen: Weitzenböck: Invariantentheorie. Groningen 1922.

als Urvariable ein. Sie sollen beliebigen, unimodularen *, homogenen linearen Substitutionen

$$(1)\quad \begin{array}{c} x_1 = s_{11} x_1' + \cdots + s_{1n} x_n' \\ \cdots\cdots\cdots\cdots \\ x_n = s_{n1} x_1' + \cdots + s_{nn} x_n' \end{array} \qquad |s_{ik}| = 1$$

unterworfen werden. „Kogredient" heißen dann zunächst solche Variabelnreihen

$$y_1, y_2, \ldots, y_n$$

oder

$$z_1, z_2, \ldots, z_n \text{ usw.}$$

welche jeweils dieselben Substitutionen (1) erleiden.

Zu den hierzu „kontragredienten" Variabelnreihen kommt man, wenn man eine lineare Form

$$u_1 x_1 + u_2 x_2 + \cdots + u_n x_n$$

betrachtet, die durch die Substitution (1) in

$$u_1' x_1' + u_2' x_2' + \cdots + u_n' x_n'$$

übergehen mag. Indem wir für die x aus (1) ihre Werte in den x' eintragen und die Koeffizienten der einzelnen x' vergleichen, bekommen wir:

$$(2)\quad \begin{array}{c} u_1' = s_{11} u_1 + s_{21} u_2 + \cdots + s_{n1} u_n \\ \cdots\cdots\cdots\cdots \\ u_n' = s_{1n} u_1 + s_{2n} u_2 + \cdots + s_{nn} u_n. \end{array}$$

Gegenüber (1) erscheinen die neuen Variabeln mit den alten, und die Horizontalreihen des Koeffizientenschemas mit den Vertikalreihen vertauscht und eben hierin liegt das Wesen der Kontragredienz. — Offenbar ist das Verhältnis der Substitutionen (1) und (2) zueinander ein gegenseitiges. Wir hätten statt mit den x ebensogut mit den u (oder irgendwelchen zu ihnen kogredienten Größenreihen, die wir in der Folge v oder w, ... nennen) beginnen können (Prinzip der Dualität).

Aus Größenreihen von der Art der x oder u werden wir fortschreitend jetzt andere zusammensetzen, die infolge von (1) bzw. (2) ebenfalls homogene lineare (unimodulare) Substitutionen erfahren. Dahin gehören z. B. die Terme 2. Grades

$$x_1^2,\ 2x_1 x_2,\ x_2^2,\ \ldots,\ x_n^2,$$

oder auch die bilinearen Verbindungen aus zwei Reihen kogredienter Variabeln:

$$x_1 y_1,\ (x_1 y_2 + x_2 y_1),\ x_2 y_2,\ \ldots,\ x_n y_n,$$

bzw. die anderen

$$(x_1 y_2 - x_2 y_1),\ (x_1 y_3 - x_3 y_1),\ \ldots,\ (x_{n-1} y_n - x_n y_{n-1}).$$

Wir nennen die linearen Substitutionen, die sie infolge von (1) bzw. (2) erleiden, durch (1) bzw. (2) *induziert*. Diese induzierten Substitutionen sind nicht mehr notwendig die allgemeinsten linearen Substitutionen ihrer Art. Im übrigen überträgt sich auf sie der Begriff der Kogredienz und der Kontragredienz.

Nimmt man z. B. eine quadratische Form heran:

$$f(a, x) = a_{11} x_1^2 + 2 a_{12} x_1 x_2 + a_{22} x_2^2 + \cdots + a_{nn} x_n^2,$$

und verlangt, daß $f(a, x)$ mittels (1) in $f(a', x') = a'_{11} x_1'^2 + \cdots + a'_{nn} x_n'^2$ übergeht, so erweisen sich die

$$a_{11},\ a_{12},\ a_{22},\ \ldots,\ a_{nn}$$

zu den

$$x_1^2,\ 2 x_1 x_2,\ x_2^2,\ \ldots,\ x_n^2$$

kontragredient. Ein spezielles Beispiel einer solchen quadratischen Form ist das Quadrat einer Linearform:

$$(u_1 x_1 + u_2 x_2 + \cdots + u_n x_n)^2;$$

wir schließen, daß die

$$u_1^2,\ u_1 u_2,\ u_2^2,\ \ldots,\ u_n^2$$

zu den

$$a_{11},\ a_{12},\ a_{22},\ \ldots,\ a_{nn}$$

kogredient sind. (Die Einzelheiten des Ansatzes wolle man durchdenken. Es kommt in Betracht, daß die x_1^2, $x_1 x_2$, ..., sowie die u_1^2, $u_1 u_2$, ..., obgleich nicht voneinander unabhängig, doch *linear* unabhängig sind*.)

Jeden Inbegriff nun von irgend N linear unabhängigen Größen, welche infolge von (1) bzw. (2) homogene lineare Substitutionen erleiden, nennen wir mit Sylvester einen *Komplex* (Plexus)[1]. Das Ziel der allgemeinen linearen Invariantentheorie, wie es von ihren Begründern ins Auge gefaßt wurde, läßt sich dann so bezeichnen: Es sind irgendwelche Größenkomplexe vorgelegt. Man soll aus ihnen in allgemeinster Weise Ausdrücke zusammensetzen, die in den Größen jedes einzelnen Komplexes rational, ganz und homogen sind, und die Eigenschaft haben, sich bei den unimodularen Substitutionen (1) bzw. (2) nicht zu ändern.

Als niederstes Beispiel bietet sich sofort die Determinante aus n Reihen kogredienter Größen

$$\begin{vmatrix} x_1 \, x_2 \ldots x_n \\ y_1 \, y_2 \ldots y_n \\ \cdot\ \cdot\ \cdot\ \cdot\ \cdot\ \cdot \\ t_1 \, t_2 \ldots t_n \end{vmatrix} \quad \text{bzw.} \quad \begin{vmatrix} u_1 \, u_2 \ldots u_n \\ v_1 \, v_2 \ldots v_n \\ \cdot\ \cdot\ \cdot\ \cdot\ \cdot\ \cdot \\ w_1 \, w_2 \ldots w_n \end{vmatrix}$$

dar, wie sich durch einfache Anwendung des Determinantenmultiplikationssatzes ergibt. Die Leistung der Theorie aber muß sein und ist es in der Tat, auf solche einfachste Beispiele die Bildung *aller* gesuchten „Invarianten" durch systematische Algorithmen zurückzuführen.

Es ist unmöglich — und für das Folgende auch nicht nötig —,

---

1) Neuerdings auch *lineare Größe* genannt. Vgl. Weyl l. c. S. 205. (H.)

von dem so umrissenen Programm der allgemeinen linearen Invariantentheorie hier eine genaue Ausführung zu geben. Weitergehendes, was sich auch in der Form an die folgenden Erörterungen gut anschließt, findet man z. B. bei Hurwitz in Bd. 45 der Math. Annalen (1894). Es muß genügen, daß wir einzelne einfachste Beispiele von Komplexen und zugehörigen Invarianten betrachten und uns bei ihnen sowohl von dem Sinn als von der Zweckmäßigkeit der aufgestellten Fragestellung überzeugen.

Zuerst werden wir als typische Beispiele von „Komplexen" die von Graßmann in seiner linealen Ausdehnungslehre (1844 bzw. 1862) eingeführten *Stufen geometrischer Größen* einordnen.

§ 2. Die Graßmannschen Stufen.

Neben der Determinante aus n Reihen kogredienter Veränderlicher $(x), (y), \ldots$, bzw. $(u), (v), \ldots$, die eine Invariante ist (also für sich einen Komplex ausmacht), nannten wir bereits als Beispiel eines Komplexes den Inbegriff der zweigliedrigen Determinanten, die sich aus dem rechteckigen Schema

$$\begin{vmatrix} x_1 x_2 \ldots x_n \\ y_1 y_2 \ldots y_n \end{vmatrix}$$

zusammensetzen lassen. Wir würden solche zweigliedrige Determinanten natürlich auch aus Größen u, v zusammensetzen können.

Graßmanns allgemeiner Ansatz geht nun dahin, überhaupt die Komplexe zu betrachten, die sich aus μ Reihen kogredienter Veränderlicher $(x), (y), \ldots$, bzw. $(u), (v), \ldots$ zusammensetzen lassen, wo μ der Reihe nach gleich $0, 1, 2, \ldots, (n-1)$ genommen sein soll.

Wir bekommen also, wenn wir vorläufig nur von den $(x), (y), \ldots$ ausgehen, die folgende Reihe von n *Stufen*[1]):

$\mu = 0$ die reine Zahlgröße (wie Graßmann sagt), zusammenfallend mit dem, was wir Invariante nennen;

$\mu = 1$ die n Größen x_i selbst;

$\mu = 2$ den Komplex der $\frac{n(n-1)}{2}$ zweigliedrigen Unterdeterminanten $(x_i y_k - x_k y_i)$;

$\mu = n - 1$ die n Determinanten aus $(n-1)$ Reihen $(x), (y), \ldots$.

Da die n-reihige Determinante, wie wir bemerkten, eine Invariante ist, so schließt sich die hiermit aufgezählte Reihe von Komplexen zyklisch.

[1]) Daß es sich immer um „Komplexe" handelt, ergibt sich wieder aus dem Determinantenmultiplikationssatze, der in der Tat als das eigentliche Fundament aller linearen Invariantentheorie angesehen werden kann. — Die Graßmannschen Stufen sind erst verhältnismäßig spät der Invariantentheorie explizite eingefügt worden, nämlich durch Clebsch 1872 (Über eine Fundamentalaufgabe der Invariantentheorie, Bd. 17 der Göttinger Abhandlungen).

Genau so werden wir von den (u) ... ausgehend n Stufen bekommen, deren Beziehung zu den Stufen, die wir aus den (x) ... ableiteten, aufzuklären bleibt.

Die genauere Behandlung knüpfen wir, damit die Darstellung nicht zu abstrakt ausfällt, an die niedersten Zahlenbeispiele an.

Bei $n = 2$ haben wir natürlich noch nichts Neues.

Zu $n = 3$ bemerken wir, daß die zweigliedrigen Determinanten

$$\begin{vmatrix} x_1 & x_2 & x_3 \\ y_1 & y_2 & y_3 \end{vmatrix}$$

zu den kontragredienten Größen

$$u_1, \; u_2, \; u_3$$

beziehungsweise kogredient sind. Dies folgt daraus, daß die dreigliedrige Determinante

$$\begin{vmatrix} x_1 & x_2 & x_3 \\ y_1 & y_2 & y_3 \\ z_1 & z_2 & z_3 \end{vmatrix}$$

die doch eine Invariante ist, folgendermaßen als Linearform in den z geschrieben werden kann:

$$z_1 (x_2 y_3 - x_3 y_2) + z_2 (x_3 y_1 - x_1 y_3) + z_3 (x_1 y_2 - x_2 y_1).$$

Man sieht zugleich, daß bei beliebigem n das entsprechende Theorem für den Komplex der $(n-1)$-reihigen Determinanten gilt.

Betrachten wir nun insbesondere den Fall $n = 4$ (der wegen seines Auftretens in den Spekulationen der modernen Physik für uns besonders wichtig ist). Von den viererlei Stufen $\mu = 0, 1, 2, 3$ können $\mu = 0, 1, 3$ als erledigt gelten, so daß sich unsere Aufmerksamkeit auf $\mu = 2$ richtet.

Wir setzen

$$p_{ik} = x_i y_k - y_i x_k \tag{3}$$

(also $p_{ik} = -p_{ki}$).

Indem wir die identisch verschwindende Determinante

$$\begin{vmatrix} x_1 & x_2 & x_3 & x_4 \\ y_1 & y_2 & y_3 & y_4 \\ x_1 & x_2 & x_3 & x_4 \\ y_1 & y_2 & y_3 & y_4 \end{vmatrix}$$

nach zweigliedrigen Unterdeterminanten entwickeln, schließen wir, daß der Ausdruck

$$P = p_{12} p_{34} + p_{13} p_{42} + p_{14} p_{23} \tag{3'}$$ [1])

[1]) Gedächtnisregel für die Indizes der Summanden: erstes Glied 12; 34. Dann zyklische Vertauschung der letzten drei Indizes unter Festhaltung des ersten Index 1. (H.)

den Wert Null hat. Die induzierten Substitutionen, welche die p_{ik} bei den linearen Substitutionen der x, y erleiden, müssen also die Gleichung $P = 0$ in sich selbst überführen. In der Tat bemerkt man, daß die p_{ik} an keine andere Bedingung, als eben $P = 0$ geknüpft sind*. Von hier führt nun ein weiterer Schritt zu der Einsicht, daß für irgendwelche (unabhängige) Größen b_{ik} die mit den p_{ik} kogredient sind, der entsprechend gebildete Ausdruck

$$B = b_{12} b_{34} + b_{13} b_{42} + b_{14} b_{23} \tag{4}$$

eine Invariante ist. Wir wollen diesen Schritt näher ausführen, weil analoge Überlegungen in der Invariantentheorie sehr häufig benutzt werden[1]) und er zudem ein Zwischenresultat umschließt, auf das wir uns weiterhin berufen müssen.

Zu dem Zwecke gehen wir von der viergliedrigen Determinante aus:

$$\begin{vmatrix} x_1 & x_2 & x_3 & x_4 \\ y_1 & y_2 & y_3 & x_4 \\ z_1 & z_2 & z_3 & z_4 \\ t_1 & t_2 & t_3 & t_4 \end{vmatrix}$$

die wir nach zweigliedrigen Unterdeterminanten

$$p_{ik} = x_i y_k - y_i x_k, \quad p'_{ik} = z_i t_k - t_i z_k$$

entwickeln, was

$$p_{12} p'_{34} + p_{34} p'_{12} + \cdots = \sum p'_{ik} \frac{\partial P}{\partial p_{ik}} \tag{5}$$

ergibt. Dieser Ausdruck ist also — wie unsere viergliedrige Determinante — eine Invariante, vorausgesetzt, daß die p_{ik} der Gleichung $P = 0$ und die p'_{ik} der entsprechenden Gleichung $P' = 0$ genügen. Nun überzeuge man sich aber von der Tatsache, daß diese quadratischen Gleichungen $P = 0$ bzw. $P' = 0$ irreduzibel sind, d. h. nicht in Faktoren gespalten werden können, die in den p_{ik} bzw. p'_{ik} linear sind. Aber die Invariante (5) enthält die p_{ik} bzw. p'_{ik} ihrerseits nur linear. Wir schließen, daß die invariante Natur von (5) nicht beeinträchtigt wird, wenn man die p_{ik} durch irgendwelche (nicht an die Gleichung $B = 0$ gebundene) kogrediente Größen b_{ik}, die p'_{ik} ebenso durch irgendwelche kogrediente Größen b'_{ik} ersetzt. Läßt man schließlich diese (beliebig zu wählenden) b'_{ik} mit den b_{ik} zusammenfallen, so hat man die invariante Natur des Ausdruckes B erwiesen.

Das Zwischenresultat, welches aus der so skizzierten Überlegung

---

[1]) Vgl. unsere Bemerkung oben über die Kogredienz der u_1^2, $u_1 u_2$, ... mit den a_{11}, a_{12}, ...

herausgehoben werden sollte, ergibt sich aus der invarianten Natur des Ausdrucks (5), der in den p_{ik}, wie in den p'_{ik} linear ist. Er besagt, daß die p'_{ik} (und damit die p_{ik} selbst) den $\frac{\partial P}{\partial p_{ik}}$ kontragredient sind, d. h., ausführlicher geschrieben, die

$$\begin{array}{llllll} p_{12}, & p_{13}, & p_{14}, & p_{34}, & p_{42}, & p_{23} \\ | & | & | & | & | & | \\ p_{34}, & p_{42}, & p_{23}, & p_{12}, & p_{13}, & p_{14}. \end{array}$$

sind kontragredient zu den (untere Zeile).

Wir untersuchen nun (immer bei $n = 4$) die Graßmannschen Stufen, die man aus Größen (u), (v), ... aufbauen kann. Daß die (u), ... selbst den dreigliedrigen Unterdeterminanten von Größen (x), (y), (z) kogredient sind, wissen wir bereits und schließen aus dem Prinzip der Dualität, daß die dreigliedrigen Unterdeterminanten aus Größen (u), (v), (w) ihrerseits mit den (x), ... kogredient sind.

Bleiben die zweigliedrigen Unterdeterminanten $q_{ik} = u_i v_k - v_i u_k$ zu betrachten (die natürlich der Gleichung $Q = q_{12} q_{34} + \cdots = 0$ genügen); sie erweisen sich als den p_{ik} kontragredient. Dies folgt daraus, daß die Summe

$$\sum_{i,k} p_{ik} q_{ik}$$

eine Invariante ist. In der Tat ist sie gleich:

$$u_x v_y - v_x u_y$$

(wo u_x, ... in üblicher Abkürzung[1]) für $u_1 x_1 + u_2 x_2 + u_3 x_3 + u_4 x_4$ steht), ist also aus lauter Invarianten aufgebaut.

Kombinieren wir dies noch mit dem, was wir über die Selbstkontragredienz der p_{ik} wissen, so haben wir schließlich: die

$$\begin{array}{llllll} q_{12}, & q_{13}, & q_{14}, & q_{34}, & q_{42}, & q_{23} \\ | & | & | & | & | & | \\ p_{34}, & p_{42}, & p_{23}, & p_{12}, & p_{13}, & p_{14} \end{array}$$

sind zu den (untere Zeile) kogredient.

Summa: die Größenkomplexe, welche man aus den (u), (v), ... durch Determinantenbildung ableiten kann, ergeben keine anderen Typen induzierter linearer Substitutionen, als die anderen, die man aus den (x), (y), ... gewinnt.

Obengenannter fundamentaler Satz, den wir hier nur für $n = 4$ beweisen haben, tritt bei Graßmann, in Nr. 112 der Ausdehnungslehre von 1862, für beliebiges n in viel konkreterer Form auf. Dies werde hier (wieder nur für $n = 4$) auseinandergesetzt und in Anknüpfung an unseren bisherigen Gedankengang bewiesen.

---

[1]) Siehe z. B. Weitzenböck l. c. S. 2, Fußnote. Eine Verwechselung mit der Abkürzung $u_x = \frac{\partial u}{\partial x}$ ist hier ausgeschlossen.

Wir gehen von 4 Systemen kogredienter Komplexe (x), (y), (z), (t) aus, deren Determinante

$$\begin{vmatrix} x_1 & x_2 & x_3 & x_4 \\ y_1 & y_2 & y_3 & y_4 \\ z_1 & z_2 & z_3 & z_4 \\ t_1 & t_2 & t_3 & t_4 \end{vmatrix}$$

gleich 1 sein soll. Graßmann denkt sich dann kontragrediente Systeme (u), (v) geradezu durch die dreigliedrigen Unterdeterminanten der rechteckigen Matrizes

$$\left\| \begin{matrix} x_1 & x_2 & x_3 & x_4 \\ y_1 & y_2 & y_3 & y_4 \\ z_1 & z_2 & z_3 & z_4 \end{matrix} \right\| \quad \text{und} \quad \left\| \begin{matrix} x_1 & x_2 & x_3 & x_4 \\ y_1 & y_2 & y_3 & y_4 \\ t_1 & t_2 & t_3 & t_4 \end{matrix} \right\|$$

definiert und behauptet, *daß die aus ihnen zu bildenden* q_{ik} *den korrespondierenden Größen* $p_{ik} = x_i' y_k' - y_i' x_k'$ *gleich seien* (genauer $q_{ik} = \frac{\partial P}{\partial p_{ik}}$).

Das ist im Grunde ein Satz über sogenannte adjungierte Determinanten. Wir können ihn aber im Anschluß an unsere früheren Betrachtungen in anderer Weise erledigen; wir beweisen ihn für einen speziellen Fall, auf den man den allgemeinen Fall durch eine geeignete lineare Substitution (1) reduzieren kann.

Man setze nämlich

$$(x) = 1,\ 0,\ 0,\ 0 \qquad (z) = 0,\ 0,\ 1,\ 0$$
$$(y) = 0,\ 1,\ 0,\ 0 \qquad (t) = 0,\ 0,\ 0,\ 1 \,.$$

Man hat dann gewiß

$$\begin{vmatrix} 1 & 0 & 0 & 0 \\ 0 & 1 & 0 & 0 \\ 0 & 0 & 1 & 0 \\ 0 & 0 & 0 & 1 \end{vmatrix} = 1\,.$$

Ferner folgt aus der Betrachtung der beiden ersten Zeilen dieses Schemas, daß alle p_{ik} bis auf $p_{12} = 1$ verschwinden, sodann aus der Betrachtung der drei ersten Zeilen, bzw. der 1., 2., 4. Zeile, daß die (u) bzw. (v) folgende Werte haben:

$$(u) = 0,\ 0,\ 0,\ 1, \qquad (v) = 0,\ 0,\ -1,\ 0;$$

hieraus wieder, daß alle $q_{ik} = 0$ sind bis auf $q_{34} = 1$. Es bestehen also in der Tat im speziellen Falle die Gleichungen

$$q_{ik} = \frac{\partial P}{\partial p_{ik}}; \tag{6'}$$

wir schließen, daß sie eben darum auch im allgemeinen (von Graßmann betrachteten) Falle bestehen müssen. Denn die q_{ik} sind den $\frac{\partial P}{\partial p_{ik}}$ bei beliebigen Substitutionen (1) kogredient, und durch beliebige Substitution (1) entsteht aus unserem speziellen Falle der allgemeine*.

§ 3. Von der geometrischen Deutung unserer Größenkomplexe (insbesondere der Graßmannschen Stufen).

Die Größensysteme (Komplexe), welche in der Invariantentheorie homogenen lineraren Substitutionen unterworfen sind, werden gemäß einer wohl auf die Salmonschen oder auch die Hesseschen Lehrbücher zurückgehenden Tradition[1]) meist in der Weise geometrisch interpretiert, daß man nur die Verhältnisse ihrer Komponenten geometrisch deutet. Also (um bei $n = 4$ zu bleiben): die $x_1 : x_2 : x_3 : x_4$ als sogenannte homogene Punktkoordinaten des dreidimensionalen Raumes, die $u_1 : u_2 : u_3 : u_4$ als ebensolche Ebenenkoordinaten, die Verhältnisse der p_{ik} als Linienkoordinaten* usw. Die linearen Substitutionen (1) ergeben dann die Kollineationen des R_3, und das geometrische Korrelat der algebraischen Entwicklung ist die projektive Geometrie.

So fruchtbringend diese Interpretation ist (und so wichtig die projektive Geometrie als selbständige Disziplin erscheint), so streift sie doch die eigentlichen Feinheiten der Invariantentheorie ab. Denn sie kann nie die Invarianten selbst, sondern nur ihr Verschwinden interpretieren. So gibt $u_x = 0$ die „vereinigte Lage" von Punkt und Ebene, der Ausdruck u_x selbst aber bleibt ohne adäquate Deutung. Oder die Determinante $| x\ y\ z\ t |$ ergibt durch ihr Verschwinden die Bedingung, daß vier Punkte in einer Ebene liegen, sie selbst entzieht aber sich der Interpretation.

Demgegenüber scheint es zweckmäßig (und ist durch die physikalischen Anwendungen, die wir im Sinne haben, geradezu geboten), zu der naiven Interpretation zurückzukehren, die auch Graßmanns Ausdehnungslehre zugrunde liegt, daß man nämlich x_1, x_2, x_3, x_4 als gewöhnliche Parallelkoordinaten eines Punktes im vierdimensionalen Raum deutet. Die Substitutionen (1) ergeben dann affine Transformation des R_4 bei festgehaltenem Koordinatenanfangspunkte O; wir können darum x_1, x_2, x_3, x_4 auch als Koordinaten der Strecke auffassen, welche vom Punkte O zum Punkte (x) hinreicht. Die Determinante $| x\ y\ z\ t |$ aber bedeutet den Inhalt des „Parallelopentatops", welches durch die vier von O nach den Punkten (x), (y), (z), (t) laufenden Strecken be-

[1]) Vgl. Bd. 1, S. 159—164.

stimmt ist. Entsprechend finden die zweigliedrigen Determinanten des Schemas

$$\begin{vmatrix} x_1 & x_2 & x_3 & x_4 \\ y_1 & y_2 & y_3 & y_4 \end{vmatrix}$$

oder die dreigliedrigen Determinanten von

$$\begin{vmatrix} x_1 & x_2 & x_3 & x_4 \\ y_1 & y_2 & y_3 & y_4 \\ z_1 & z_2 & z_3 & z_4 \end{vmatrix}$$

ihre Deutung als Komponenten des Flächeninhalts eines von O auslaufenden Parallelogramms bzw. Parallelepipeds.

Wir sind eben im Bereich der affinen Geometrie des R_4 bei festgehaltenem O und brauchen nur die Vorstellungsweisen dieser Geometrie zu entwickeln, um ein adäquates Bild der sämtlichen invariantentheoretischen Prozesse für $n = 4$ zu haben. In dieser Geometrie ist von Kugeln oder rechten Winkeln, i. e. von den näheren Attributen der metrischen Geometrie noch nicht die Rede: diese kommen erst dann hinzu, wenn wir eine quadratische Form adjungieren (also, um mit Graßmann zu reden, wenn wir von der linealen Ausdehnungslehre zur vollständigen Ausdehnungslehre fortschreiten). Der Begriff der Komponenten eines räumlichen Inhaltes aber ist noch näher zu untersuchen. Nehmen wir die p_{ik}, also die Unterdeterminanten des Schemas

$$\begin{vmatrix} x_1 & x_2 & x_3 & x_4 \\ y_1 & y_2 & y_3 & y_4 \end{vmatrix}.$$

Nach den Grundsätzen der Determinantenrechnung bleiben sie dann und nur dann sämtlich ungeändert, wenn man die (x) und (y) bzw. ersetzt durch

$$\varkappa \cdot (x) + \lambda \cdot (y), \qquad \mu \cdot (x) + \nu \cdot (y),$$

vorausgesetzt, daß $\begin{vmatrix} \varkappa & \lambda \\ \mu & \nu \end{vmatrix} = 1$ ist. In der Sprache der Sylvesterschen Invariantentheorie wird man sagen: sie sind *Kombinanten* der (x), (y). Geometrisch heißt dies, daß das Parallelogramm O, (x), (y) in einer Ebene durch seine Komponenten nicht völlig festgelegt ist, sondern in bestimmter Weise (indem seine eine Ecke immer in O bleibt) abgeändert werden kann. Entsprechendes gilt für die Größen höherer Stufe.

Diese „affine" und die „projektive" Deutung der Invariantentheorie sind natürlich nicht in prinzipiellem Gegensatz, sondern können geometrisch — nach dem sogenannten Prinzip des Projizierens und Schneidens — auseinander abgeleitet werden. Die projektive Deutung im R_3 entsteht aus der affinen Deutung im R_4, indem man die dort von O auslaufenden Figuren eben von O aus auf irgend einen im R_4 verlaufenden R_3 projiziert. Da ergibt denn die von O auslaufende Strecke im R_3 einen Punkt, das zweidimensionale von O auslaufende lineare Gebilde im R_3 eine gerade Linie usw. Schließlich kann man die Deutung im R_3 auch noch so ausgestalten, daß auch sie ein volles Bild der analytischen Entwicklungen gibt. Man greift am besten auf die partikuläre Deutung zurück, welche Moebius in seinem baryzentrischen Kalkul (1827)[1]) den homogenen Koordinaten gab. Man interpretiere $\frac{x_1}{x_4}, \frac{x_2}{x_4}, \frac{x_3}{x_4}$ als gewöhnliche Parallelkoordinaten eines Punktes im R_3 und nenne x_4 sein Gewicht. Setzt man insbesondere $x_4 = 1$, so werden hierbei die p_{ik} Bestimmungsstücke für Linienteile des R_3, die dreigliedrigen Determinanten für Ebenenteile; die viergliedrige Determinante gibt einen Raumteil. Das ist diejenige Interpretation der Graßmannschen Stufen, die ich Bd. 1, Kap. IV erläuterte und von der ich beispielsweise in Teil II meiner Vorlesungen über Elementargeometrie (1908)[2]) ausging; sie ist in der Mechanik der starren Körper überaus vorteilhaft.

Dieselben analytischen Prozesse finden eben je nach dem Gesichtspunkte, den man verfolgt, verschiedene Arten zweckmäßiger Interpretation. Es bleibt bei der Auffassung, welcher Plücker 1831 in der Vorrede zum zweiten Bande seiner „Analytisch-geometrischen Entwicklungen" folgendermaßen Ausdruck gibt:

„Ich möchte mich zu der Ansicht bekennen, daß die Analysis eine Wissenschaft ist, die, unabhängig von jeder Anwendung, selbständig für sich allein dasteht, und die Geometrie, wie von einer anderen Seite die Mechanik, bloß als bildende Vorstellung gewisser Beziehungen aus dem großen erhabenen Ganzen erscheint."

Wir werden diesen Ausspruch in der Folge nur noch insofern zu erweitern haben, als für uns neben die Mechanik, diese umfassend, die gesamte mathematische Physik tritt. Dabei würde es uns viele Arbeit sparen, wenn das, was beispielsweise in der projektiven Geometrie erarbeitet ist, auch den Physikern geläufig wäre, bzw. von diesen ohne weiteres in ihre Sprache übersetzt werden könnte. Dies kann natürlich nicht vorausgesetzt werden; ich werde aber doch an einzelnen Stellen darauf hinweisen.

§ 4. Quadratische Formen und ihre Invarianten.

Von linearen Formen u_x ist schon in § 1 hinreichend die Rede gewesen; sprechen wir nun von quadratischen Formen

$$(7) \qquad f_{xx} = \sum_{(i,k)}\sum a_{ik} x_i x_k = a_{11} x_1^2 + 2 a_{12} x_1 x_2 + a_{22} x_2^2 + \cdots \quad (a_{ik} = a_{ki}).$$

Wir bemerkten bereits, daß hier

$$a_{11},\ a_{12},\ a_{22},\ \ldots$$

---

[1]) Ges. Werke Bd. 1, 1885.

[2]) Elementarmathematik vom höheren Standpunkt aus. Bd. II, Geometrie. 2. Aufl. Berlin 1925.

als kontragredient zu

$$x_1^2, \ 2x_1x_2, \ x_2^2, \ \ldots$$

aufgefaßt werden müssen: indem wir f geben, nehmen wir eben den Komplex dieser Größen a_{11}, a_{12}, a_{22}, ... zu unseren sonstigen Komplexen — den (x), den (u), den Graßmannschen Stufen — hinzu, und wir werden in dem so erweiterten System f selbst als einfachste neue Invariante an die Spitze stellen.

Um an bekannte Dinge anzuknüpfen, sei an die geometrische Bedeutung von f in den Fällen $n = 3$ und $n = 4$ erinnert:

Bei projektiver Deutung bedeutet $f = 0$ für $n = 3$ einen Kegelschnitt, für $n = 4$ eine Fläche 2. Grades.

Bei affiner Deutung werden wir, der Anschaulichkeit wegen, die Gleichungen $f = \text{const}$ betrachten und haben dann bei $n = 3$ eine Schar ähnlicher und ähnlich gelegener Flächen 2. Grades, welche um O als Mittelpunkt in der Weise herumgelegt sind, daß sie alle in denselben „Kegel" $f = 0$ einbeschrieben sind. Analog für $n = 4$ im R_4.

Ein einfacher Prozeß führt uns jetzt zu derjenigen *bilinearen Invariante* von f, welche (um bei $n = 3$ zu bleiben) bei projektiver Deutung die „Polarenverwandtschaft" hinsichtlich des Kegelschnitts $f = 0$, bei affiner Deutung, für die Flächen 2. Grades $f = \text{const}$, den Zusammenhang zwischen „Durchmesser und konjugierter Diametralebene" angibt. Wir setzen für die (x) in f ihnen kogrediente Größen $\lambda \cdot (x) + \mu \cdot (y)$ ein. Ordnen wir dann nach Potenzen der λ, μ so erhalten wir

$$\lambda^2 f_{xx} + 2\,\lambda\,\mu\, f_{xy} + \mu^2 f_{yy},$$

wo wir abkürzend

$$\sum_{(i,k)}\sum a_{ik} x_i y_k = f_{xy} \tag{7'}$$

gesetzt haben; die mit λ^2, $2\lambda\mu$, μ^2 multiplizierten Terme sind notwendig Invarianten. Die bilineare Invariante f_{xy} nennt man auch in der Algebra gewöhnlich die *Polare* von f.

Die Koeffizienten der in f_{xy} linear auftretenden y_k sind zu diesen notwendig kontragredient. Wir können sie also gleich Größen u_k setzen, d. h. schreiben

$$\begin{aligned} u_1 &= \sum_k a_{k1} x_k \\ &\cdots\cdots\cdots \\ u_n &= \sum_k a_{kn} x_k\,. \end{aligned} \tag{8}$$

Man nennt diese Formeln gemeinhin (der projektiven Deutung entsprechend) die zu f gehörige Polarenverwandtschaft.

Weitere einfache Invarianten von f erhält man durch Determinanten bildung.

Man kann dabei in zwei Weisen vorgehen:

Entweder man betrachtet zuerst die Koeffizientendeterminante

$$(9) \qquad D = \begin{vmatrix} a_{11} & \dots & a_{1n} \\ \cdot & \cdot & \cdot \\ \cdot & \cdot & \cdot \\ a_{n1} & \dots & a_{nn} \end{vmatrix}$$

und reiht an sie eine Kette weiterer Bildungen an, indem man D mit Größen u, bzw. u und v usw., wie der Kunstausdruck heißt „rändert“:

$$(10) \quad D' = \begin{vmatrix} a_{11} & \dots & a_{1n} & u_1 \\ \cdot & \cdot & \cdot & \cdot \\ a_{n1} & \dots & a_{nn} & u_n \\ u_1 & \dots & u_n & 0 \end{vmatrix} \qquad D'' = \begin{vmatrix} a_{11} & \dots & a_{1n} & u_1 & v_1 \\ \cdot & \cdot & \cdot & \cdot & \cdot \\ a_{n1} & \dots & a_{nn} & u_n & v_n \\ u_1 & \dots & u_n & 0 & 0 \\ v_1 & \dots & v_n & 0 & 0 \end{vmatrix} \quad \text{usw.}$$

Offenbar erhält man so Formen 2. Grades in den u_i, den $u_i v_k - v_i u_k$ usw., mit Koeffizienten, welche Unterdeterminanten von D sind.

Oder man beginnt wie vorhin bei der Polarenbildung, indem man der Reihe nach für die (x) in f bzw. $\lambda(x) + \mu(y)$, $\lambda(x) + \mu(y) + \nu(z)$, ... usw. einsetzt und so zunächst die Ausdrücke erhält:

$$\lambda^2 f_{xx} + 2\lambda\mu f_{xy} + \mu^2 f_{yy}$$

$$\lambda^2 f_{xx} + 2\lambda\mu f_{xy} + \mu^2 f_{yy} + 2\lambda\nu f_{xz} + 2\mu\nu f_{yz} + \nu^2 f_{zz}, \text{ usw.},$$

die quadratische Formen der λ, μ bzw. der λ, μ, ν usw. sind. Indem man von diesen quadratischen Formen wieder die Determinanten bildet, erhält man eine Reihe von Ausdrücken, die ich f', f'' nennen will:

$$(11) \qquad f' = \begin{vmatrix} f_{xx} & f_{xy} \\ f_{yx} & f_{yy} \end{vmatrix} \qquad f'' = \begin{vmatrix} f_{xx} & f_{xy} & f_{xz} \\ f_{yx} & f_{yy} & f_{yz} \\ f_{zx} & f_{zy} & f_{zz} \end{vmatrix} \quad \text{usw.}$$

Von diesen Bildungen ist an sich klar, daß sie Invarianten sind, — sind sie doch aus lauter Invarianten aufgebaut. Dagegen bedarf es einer gewissen Überlegung[1]), daß es sich bei ihnen um Formen 2. Grades der sukzessiven Graßmannschen Größen $x_i y_k - y_i x_k$ usw. handelt, deren Koeffizienten wieder Unterdeterminanten von D sind.

Die Sache ist nun die, *daß die $f, f', f'', \dots, f^{(n)}$ in umgekehrter Reihenfolge genommen mit den mit abwechselnden Vorzeichen versehenen D, $-D'$, $+D''$, $-D'''$, ... übereinstimmen, sofern man nur die aus den (x), (y), ... abgeleiteten Stufengrößen nach dem in § 3 ausgesprochenen Graßmannschen Satz durch die komplementären Stufengrößen der (u), (v), ... ersetzt.*

Statt dies allgemein nachzuweisen, was uns hier viel zu weit führen

[1]) D. h. schließlich nur einer wiederholten Anwendung des Determinantenmultiplikationssatzes.

würde, wollen wir es an dem Beispiele, das uns im zweiten Kapitel am meisten beschäftigen wird, nämlich an der quadratischen Form mit 4 Veränderlichen:

$$f = k_1 x_1^2 + k_2 x_2^2 + k_3 x_3^2 + k_4 x_4^2$$

durchrechnen.

Man findet:

$$\begin{aligned} +D &= k_1\, k_2\, k_3\, k_4 \\ -D' &= k_1\, k_2\, k_3\, u_4^2 + \cdots \\ +D'' &= k_1\, k_2\, (u_3 v_4 - v_3 u_4)^2 + \cdots \\ -D''' &= k_4 \begin{vmatrix} u_2 & u_3 & u_4 \\ v_2 & v_3 & v_4 \\ w_2 & w_3 & w_4 \end{vmatrix}^2 + \cdots \end{aligned} \tag{12}$$

und andererseits:

$$\begin{aligned} f &= k_1 x_1^2 + \cdots \\ f' &= k_1\, k_2\, (x_1 y_2 - x_2 y_1)^2 + \cdots \\ f'' &= k_1\, k_2\, k_3 \begin{vmatrix} x_1 & x_2 & x_3 \\ y_1 & y_2 & y_3 \\ z_1 & z_2 & z_3 \end{vmatrix}^2 + \cdots \\ f''' &= k_1\, k_2\, k_3\, k_4 \begin{vmatrix} x_1 & x_2 & x_3 & x_4 \\ y_1 & y_2 & y_3 & y_4 \\ z_1 & z_2 & z_3 & z_4 \\ t_1 & t_2 & t_3 & t_4 \end{vmatrix}^2, \end{aligned} \tag{12'}$$

was mit unserer Behauptung übereinstimmt*.

Dem Projektiviker sind diese Bildungen wohl bekannt. Ist $f = 0$ die Gleichung einer Fläche 2. Grades in Punktkoordinaten, so ist $f' = 0$ ihre Gleichung in Linienkoordinaten, $f'' = 0$ ihre Gleichung in Ebenenkoordinaten usw.

Die hiermit aufgestellten Invarianten von f finden sich in allgemeiner Weise, für beliebiges n, wohl erst bei Cayley und Sylvester. Im besonderen aber gehen sie weit zurück, wie denn die Determinante D' sich für $n = 3$ bereits in den Disquisitiones Arithmeticae von Gauß findet (1801), wo sie (Nr. 267) als „forma adjuncta" bezeichnet wird[1]).

Notieren wir noch für später, daß wir bei 4 Veränderlichen bei Zugrundelegung* unseres f jetzt zwei in den $x_i y_k - x_k y_i = p_{ik}$ quadratische Invarianten kennen. Nämlich von früher her

$$P = p_{12} p_{34} + p_{13} p_{42} + p_{14} p_{23} \tag{13}$$

und jetzt

$$\sum k_i k_k \cdot p_{ik}^2 . \tag{13'}$$

---

[1]) Werke Bd. 1, S. 301.

§ 5. Von der Äquivalenz der quadratischen Formen.

Das eigentliche Ziel aller Invariantentheorie ist die Erledigung des *Äquivalenzproblems*, d. h. der Aufgabe, ob irgendwelche vorgelegte Komplexe, hier also zwei quadratische Formen, durch lineare Substitution der Urvariabeln bzw. durch die mit ihnen gegebenen induzierten Substitutionen ineinander übergeführt werden können. Man wird dabei Grade der Äquivalenz unterscheiden, indem man zuerst noch von der Bedingung absieht, daß die Substitutionsdeterminante gleich 1 sein soll, dann diese Bedingung einführt, später vielleicht eine Beschränkung auf reelle Werte der Substitutionskoeffizienten eintreten läßt, oder sie schließlich, wie in der Zahlentheorie, als reelle ganze Zahlen voraussetzt, usw.

Wir meinen nachstehend Äquivalenz zunächst im allgemeinsten Sinne und können dann hinsichtlich der Äquivalenz zweier quadratischer Formen eine sehr präzise Aussage machen. Zu dem Zweck legen wir der einzelnen quadratischen Form noch ein Attribut bei, das wir, nach der von Frobenius eingeführten Ausdrucksweise, ihren *Rang* nennen. Der Rang ist 1, wenn in der Folge der Funktionen $f, f', f'', \ldots$ bei unbestimmten Werten der $x, y, \ldots$ nur f von Null verschieden ist, während f' und alle folgenden identisch verschwinden (wenn also alle zweigliedrigen Unterdeterminanten, die man aus dem Koeffizientenschema von f bilden kann, und daher auch alle dreigliedrigen Unterdeterminanten usw. Null sind). Der Rang ist 2, wenn f und f' von Null verschieden sind, aber f'' und die folgenden verschwinden, usw. Ist schließlich die Koeffizientendeterminante D selbst $\neq 0$, so ist der Rang n.

Dies vorausgesetzt haben wir das Theorem:

Zwei quadratische Formen sind dann und nur dann (im allgemeinsten Sinne) äquivalent, wenn sie denselben Rang haben.

Daß die Gleichheit des Ranges eine notwendige Bedingung der Äquivalenz ist, erkennt man sofort, wenn man überlegt, daß die zweigliedrigen, dreigliedrigen, ... Unterdeterminanten der a_{ik} bei linearen Substitutionen der (x) je ihrerseits homogene lineare Substitutionen erleiden (daß sie je für sich einen „Komplex" bilden).

Daß das Kriterium aber auch ausreichend ist, ergibt sich aus einer Transformation der vorgelegten quadratischen Form, die dem Wesen der Sache nach auf Jacobi zurückgeht[1]) und eine kanonische Gestalt der Form herstellt, die nur von dem Range r abhängt.

[1]) Vgl. eine nachgelassene Abhandlung „Über eine elementare Transformation eines in bezug auf jedes von zwei Variabelnsystemen linearen und homogenen Ausdrucks", die in Crelles Journal 53 (1857) = Werke, Bd. 3 abgedruckt ist. Jacobi behandelt dort übrigens nur den sog. „allgemeinen" Fall, wo $r = n$ ist (oder besser: wo man die a_{ik} als unbestimmte Größen, die frei veränderlich sind, ansieht). Es hängt das mit seiner ganzen Darstellungsweise zusammen, die sich — im Gegensatz zu dem von Gauß gegebenen Vorbilde — für eine genaue Be-

Um alle Fälle zu umfassen, bringe man die vorgelegte Form zunächst durch eine Hilfstransformation in eine solche Gestalt, daß in dem Schema

$$\begin{vmatrix} a_{11} & a_{12} & a_{13} & \ldots & a_{1n} \\ a_{21} & a_{22} & a_{23} & \ldots & a_{2n} \\ a_{31} & a_{32} & a_{33} & \ldots & a_{3n} \\ \cdot & \cdot & \cdot & \cdot & \cdot \\ a_{n1} & a_{n2} & a_{n3} & \ldots & a_{nn} \end{vmatrix}$$

von den umrandeten Unterdeterminanten (links oben) so viele nicht verschwinden, als überhaupt möglich, nämlich die r ersten. Daß dies möglich ist, überblickt man bequem bei projektiver Deutung von $f = 0$. Daß $a_{11} \neq 0$, heißt dann, daß die erste Ecke des Koordinatensystems nicht auf $f = 0$ liegt; $\begin{vmatrix} a_{11} & a_{12} \\ a_{21} & a_{22} \end{vmatrix} \neq 0$ heißt, daß die erste von dieser Ecke auslaufende Kante des Koordinatensystems $f = 0$ nicht berührt, usw.

Dies vorausgesetzt bringe man f in die Gestalt

$$\begin{aligned} f &= \frac{(a_{11}x_1 + \cdots + a_{1n}x_n)^2}{a_{11}} + f_1(x_2 \ldots x_n)\,, \\ &= \frac{y_1^2}{a_{11}} + f_1(x_2 \ldots x_n)\,, \end{aligned}$$

wo in f_1 das x_1 nicht mehr vorkommt. Das erste Glied in f_1 ist vielmehr

$$\frac{a_{11}a_{22} - a_{12}^2}{a_{11}}\, x_2^2\,,$$

wie denn auch die anderen Koeffizienten sich als zweigliedrige Unterdeterminanten der a_{ik} mit dem Nenner a_{11} herausstellen.

Nun fahren wir mit f_1 entsprechend fort, indem wir die Glieder mit x_2 herausziehen. Und so weiter fort, bis das Verfahren mit r Gliedern von selbst abbricht. Schließlich haben wir eine r-gliedrige Summe:

$$f = \frac{y_1^2}{a_{11}} + \frac{y_2^2}{a_{11}\begin{vmatrix} a_{11} & a_{12} \\ a_{21} & a_{22} \end{vmatrix}} + \frac{y_3^2}{a_{11}\begin{vmatrix} a_{11} & a_{12} \\ a_{21} & a_{22} \end{vmatrix}\begin{vmatrix} a_{11} & a_{12} & a_{13} \\ a_{21} & a_{22} & a_{23} \\ a_{31} & a_{32} & a_{33} \end{vmatrix}} + \cdots \tag{14}$$

---

handlung der Einzelfälle keine Zeit nahm. Dieses Verhalten Jacobis hat bei den Mathematikern für lange Zeit nachgewirkt; auch bei Cayley und Sylvester werden die Ausnahmefälle immer mehr beiläufig angeführt. Erst die neuere Berliner Schule (unter dem Einfluß von Weierstraß und Kronecker) ist zu der Genauigkeit der Gaußischen Darstellung wieder zurückgekehrt. Beides hat natürlich seine Vorzüge; man könnte darüber lange Erläuterungen geben. Das eine Mal kommt mehr das formale Denken (welches vor allem Übersicht anstrebt), das andere Mal mehr das konkrete Denken (welches an Anwendung im Einzelfalle denkt) zur Geltung.

Hier werden wir nun noch

(14a) $$\frac{y_1}{\sqrt{a_{11}}} = z_1, \quad \frac{y_2}{\sqrt{a_{11}\begin{vmatrix} a_{11} & a_{12} \\ a_{21} & a_{22} \end{vmatrix}}} = z_2, \ \ldots$$

setzen und haben f damit in eine Gestalt gebracht

(15) $$f = z_1^2 + z_2^2 + \cdots + z_r^2,$$

die in der Tat nur von r abhängt, indem die $z_1, z_2, \ldots, z_r$ linear unabhängige Funktionen der $x_1, \ldots, x_n$ sind, also gegenüber linearen Substitutionen von beliebiger Determinante nichts Individuelles darbieten.

Damit aber ist das Äquivalenzproblem in der allgemeinen Form, die wir voranstellten, erledigt. Die Jacobische Transformation ist für $r = n$ bei projektiver Deutung nichts anderes als die Beziehung eines Kegelschnitts auf ein Polardreieck, einer Fläche 2. Grades auf ein Polartetraeder, — bei affiner Deutung die Einführung eines Systems konjugierter Durchmesser. Der Unterscheidung der Formen f nach dem Range aber entspricht (um bei $n = 4$ und der projektiven Deutung zu bleiben) die Unterscheidung der Flächen 2. Grades in eigentliche Flächen, Kegel, Ebenenpaare und Doppelebenen.

Nun drängt sich von selbst eine weitere Fragestellung auf: es ist möglich, daß die Formeln (14a) imaginäre Quadratwurzeln enthalten. Wie steht es mit der Normalform für f und damit dem Äquivalenzproblem, wenn wir uns auf durchaus *reelle* Substitutionen beschränken?

Wir werden in diesem Fall in (14) positive und negative Koeffizienten unterscheiden und, indem wir die positiven Glieder voranehmen, abkürzend schreiben

$$f = k_1^2 y_1^2 + \cdots + k_s^2 y_s^2 - k_{s+1}^2 y_{s+1}^2 - \cdots - k_r^2 y_r^2.$$

Hier setzen wir nun

$$k_1 y_1 = z_1, \ \ldots, \ k_s y_s = z_s, \ k_{s+1} y_{s+1} = t_1, \ \ldots, \ k_r y_r = t_{r-s}$$

und haben dann vermöge reeller Substitution

(16) $$f = z_1^2 + \cdots + z_s^2 - t_1^2 - \cdots - t_{r-s}^2 \text{ [1]}.$$

Man hätte nun, um zu dieser reellen Normalform zu kommen, den Reduktionsprozeß auf sehr verschiedene Weise leiten können (was sich bei uns hinter der Hilfstransformation verbirgt, durch die wir $a_{11} \neq 0$, $a_{11}a_{22} - a_{12}^2 \neq 0$ usw. erzielten). Und hier gilt nun das wunderbar einfache Gesetz, welches Sylvester im 4. Bande des Philos. Magazine

[1] Die Zahl der Minuszeichen ist offenbar gleich der Zahl der Zeichenwechsel, welche in folgender Reihe auftreten:

$$+1, \ a_{11}, \ \begin{vmatrix} a_{11} & a_{12} \\ a_{21} & a_{22} \end{vmatrix}, \ \ldots, \ \begin{vmatrix} a_{11} & \ldots & a_{1r} \\ \\ a_{r1} & \ldots & a_{rr} \end{vmatrix}.$$

(1852) unter dem Namen des *Trägheitsgesetzes der quadratischen Formen* bekannt gab (= Werke I, S. 381), und das sich auch in den hinterlassenen Papieren Jacobis vorfand (Crelles Journal 53 (1857) = Werke III, S. 591). Auch findet man es im Riemannschen Nachlaß, wo es aus Gaußschen Vorlesungen über die Methode der kleinsten Quadrate stammt, die Riemann wahrscheinlich 1846/47 hörte. Werke, Nachträge (1902), S. 59.

Das Gesetz besagt:

Die Anzahl s der positiven Quadrate (bzw. r—s der negativen) ist bei gegebenem f stets dieselbe, wie immer man auch durch reelle lineare Substitutionen die Form (16) *herstellen mag.*

Der Beweis erfolgt sehr einfach indirekt. Wir wollen uns dabei wieder geometrischer Sprechweise bedienen, aber dieses Mal an die affine Deutung anknüpfen (weil es sich um das Vorzeichen von f selbst handelt).

Sei f durch einen zweiten Reduktionsprozeß auf die Gestalt gebracht

$$f=\zeta_1^2+\cdots+\zeta_\sigma^2-\tau_1^2-\cdots-\tau_{r-\sigma}^2.$$

Hier sollen die $\zeta_1 \ldots \zeta_\sigma$, $\tau_1 \ldots \tau_{r-\sigma}$ genau so linear unabhängige Verbindungen der ursprünglichen $x_1 \ldots x_n$ sein, wie in (16) die $z_1 \ldots z_s$, $t_1 \ldots t_{r-s}$. Das will sagen, daß die Gleichungen

$$\zeta_1=0, \quad \ldots, \quad \zeta_\sigma=0, \quad \tau_1=0, \quad \ldots, \quad \tau_{r-\sigma}=0$$

zusammen im R_n der $x_1 \ldots x_n$ eine lineare Mannigfaltigkeit von ebensoviel, nämlich $(n-r)$ Dimensionen festlegen, wie die Gleichungen

$$z_1=0, \ \ldots, \ z_s=0, \ t_1=0, \ \ldots, \ t_{r-s}=0$$

ihrerseits.

Wir setzen nun die beiden so erhaltenen Ausdrücke für f einander gleich, schieben die negativen Terme auf die andere Seite und haben als identische Gleichung:

$$z_1^2+\cdots+z_s^2+\tau_1^2+\cdots+\tau_{r-\sigma}^2\equiv\zeta_1^2+\cdots+\zeta_\sigma^2+t_1^2+\cdots+t_{r-s}^2.$$

Hier stehen linker Hand $(r+s-\sigma)$, rechter Hand $(r-s+\sigma)$ Quadrate. Wären diese Zahlen nun nicht einander gleich, so würde eine von beiden, etwa $(r-s+\sigma)$, die kleinere sein, also $s-\sigma>0$. Die Gleichungen: $\zeta_1=0, \ldots, \zeta_\sigma=0, t_1=0, \ldots, t_{r-s}=0$ legen nun zusammen im R_n der $x_1 \ldots x_n$ eine reelle lineare Mannigfaltigkeit von mindestens $(n-r+s-\sigma)$ Dimensionen fest. Längs dieser Mannigfaltigkeit müßten, da es sich bei unserer Identität um die Quadrate von lauter reellen Größen handelt, auch $z_1 \ldots z_s$, $\tau_1 \ldots \tau_{r-\sigma}$ verschwinden. Also $z_1 \ldots z_s$, $t_1 \ldots t_{r-s}$ (um nur bei diesen zu bleiben) müßten längs einer linearen Mannigfaltigkeit von mindestens $(n-r+s-\sigma)$ Dimensionen Null sein, während sie es doch nur längs einer Mannigfaltigkeit von $(n-r)$ Dimensionen sein sollen! — Man sieht, daß man auf einen Widerspruch kommt, sofern man nicht $s = \sigma$ nimmt; was zu beweisen war.

Gegenüber reellen linearen Substitutionen von nicht verschwindender Determinante zerfallen also die quadratischen Formen von n Veränderlichen in so viele Arten, wie es Zahlenpaare r, s gibt, die den Ungleichungen genügen:

$$1 \leqq r \leqq n, \quad 0 \leqq s \leqq r.$$

So erhalten wir bei $n = 4$ folgende Aufzählung von $\frac{n(n+3)}{2} = 14$ Arten bzw. Normalformen:

Rang $r = 1$: Normalform z_1^2 bzw. $-t_1^2$,

„ $r = 2$: „ $z_1^2 + z_2^2,\ z_1^2 - t_1^2,\ -t_1^2 - t_2^2$,

„ $r = 3$: „ $z_1^2 + z_2^2 + z_3^2,\ z_1^2 + z_2^2 - t_1^2,\ z_1^2 - t_1^2 - t_2^2,$
$-t_1^2 - t_2^2 - t_3^2$,

„ $r = 4$: „ $z_1^2 + z_2^2 + z_3^2 + z_4^2$, ... bis hin zu $-t_1^2 - t_2^2 - t_3^2 - t_4^2$.

Nach dem Vorgange von Gauß (Disquisitiones Arithmeticae Nr 271)[1]) werden wir diejenigen Formen, welche in die Gestalt

$$z_1^2 + z_2^2 + z_3^2 + z_4^2 \text{ bzw. } -t_1^2 - t_2^2 - t_3^2 - t_4^2$$

gesetzt werden können, als *positiv-definite* bzw. *negativ-definite* bezeichnen, weil sie nämlich für reelle Werte von $x_1 \ldots x_4$, die nicht sämtlich verschwinden, nur positive bzw. negative Werte annehmen können. Die Formen niederen Ranges, deren Normalformen nur positive oder nur negative Vorzeichen aufweisen, pflegt man *semidefinit* zu nennen; sie haben, wenn sie nicht Null sind, zwar auch für reelle nichtverschwindende $x_1 \ldots x_4$ bestimmtes Vorzeichen, aber sie können für reelle nichtverschwindende $x_1 \ldots x_4$ eben auch verschwinden. Im übrigen mögen wir die Zahl s der positiven Quadrate allgemein den *Trägheitsindex* nennen.

Bei projektiver Deutung wird diese ganze Einteilung der reellen Formen f etwas verwischt oder, besser gesagt, zusammengeschoben, weil $f = 0$ dieselbe Fläche vorstellt, wie $-f = 0$. Man erhält die Tabelle:

Rang 1. 1 Fall: Doppelebene.
Rang 2. 2 Fälle: imaginäres oder reelles Ebenenpaar.
Rang 3. 2 Fälle: imaginärer bzw. reeller Kegel.
Rang 4. 3 Fälle: imaginäre Fläche, reelle Fläche ohne reelle Geraden, reelle Fläche mit reellen Geraden. —

Die so geschaffene Klassifikation der Formen bzw. Flächen ist zwar sehr schön und nützlich, solange man von dem einzelnen Individuum spricht, über alledem aber schwebt der Kontinuitätsgedanke, der

[1]) Werke Bd. 1, S. 305.

die Koeffizienten a_{ik} selbst als veränderliche Größen betrachtet*. Dann erscheint z. B. $z_1^2 + z_2^2 + z_3^2$ als Grenzfall von $z_1^2 + z_2^2 + z_3^2 \pm \varepsilon z_4^2 = 0$ für $\varepsilon = 0$ und damit als Übergangsfall zwischen den beiden Formenarten

$$z_1^2 + z_2^2 + z_3^2 + z_4^2 \quad \text{und} \quad z_1^2 + z_2^2 + z_3^2 - z_4^2.$$

Auch hiervon werden wir später Gebrauch zu machen haben.

§ 6. Affine Maßbestimmung durch eine quadratische Form.

Will man die Begriffsbildungen der elementaren Maßgeometrie auf den R_n übertragen, so liegt es nahe, die Entfernung eines Punktes (x) von O durch $\sqrt{x_1^2 + x_2^2 + \cdots + x_n^2}$, und den Winkel, den zwei von O auslaufende Strecken (x), (y) miteinander bilden, durch

$$\arccos \frac{x_1 y_1 + x_2 y_2 + \cdots + x_n y_n}{\sqrt{x_1^2 + \cdots + x_n^2}\,\sqrt{y_1^2 + \cdots + y_n^2}}$$

zu definieren. So hat es in der Tat auch Graßmann in der 2. Auflage seiner Ausdehnungslehre (1862) gemacht und ebenso selbstverständlich als Analogon zu den elementargeometrischen Drehungen des R_3 um O diejenigen homogenen linearen Substitutionen der x von der Determinante 1 betrachtet, welche $\sum x_i^2$ in sich selbst überführen[1]. Eben hierdurch verwandelt sich seine „lineale" Ausdehnungslehre (von der wir bisher allein sprachen) in seine „vollständige" Ausdehnungslehre. Bei all diesen Festsetzungen handelt es sich nur um das Hinzunehmen einer quadratischen positiv-definiten Form (eben der $\sum x_i^2$) und die Inbetrachtnahme ihrer Invariantentheorie, d. h. der Substitutionen, die die Form ungeändert lassen. Insbesondere ist das Senkrechtstehen zweier Richtungen durch das Verschwinden der Polare: $\Sigma x_i y_i = 0$ gegeben. Die Polarenverwandtschaft (8) aber nimmt folgende einfache Form an:

$$u_i = x_i .$$

Für die geometrische Betrachtung ist damit nicht nur jedem Größensystem der (x) ein solches der (u), und umgekehrt, eindeutig zugeordnet, sondern auch jedem Komplex von Determinanten eines Schemas

$$\left|\begin{matrix} x_1 & x_2 & \cdots & x_n \\ y_1 & y_2 & \cdots & y_n \\ \cdot & \cdot & \cdots & \cdot \end{matrix}\right|$$

ein Komplex von Determinanten des entsprechenden Schemas

$$\left|\begin{matrix} u_1 & u_2 & \cdots & u_n \\ v_1 & v_2 & \cdots & v_n \\ \cdot & \cdot & \cdots & \cdot \end{matrix}\right| .$$

[1] Statt von „Drehung um O" spricht Graßmann von „zirkulärer Änderung".

Graßmann nannte dies den Übergang von einem Grundgebilde zu seiner „Ergänzung".

Daß man die positiv-definite quadratische Form gleich in der Normalgestalt $\sum x_i^2$ einführt, ist dabei natürlich nichts als die Zugrundelegung eines besonders einfachen („durchaus rechtwinkeligen") Koordinatensystems.

Von dem so gewonnenen Standpunkte aus liegt es nahe, eine Verallgemeinerung der metrischen Geometrie des R_n in der Weise zu suchen, daß wir statt $\sum x_i^2$ irgend eine quadratische Form von nicht verschwindender Determinante, $\Sigma a_{ik} x_i x_k$, zugrunde legen. Die Determinante soll nicht verschwinden, damit die Polarenverwandtschaft (8)

$$u_i = \sum a_{ik} x_k$$

eindeutig umkehrbar bleibt (Fälle verschwindender Determinante mag man hinterher als Grenzfälle interpretieren). Im übrigen gilt als Winkel zweier von O auslaufender Richtungen

$$\arccos \frac{\Sigma a_{ik} x_i y_k}{\sqrt{\Sigma a_{ik} x_i x_k} \sqrt{\Sigma a_{ik} y_i y_k}},$$

als Drehung um O jede lineare Substitution von der Determinante $+1$ welche $\Sigma a_{ik} x_i x_k$ in sich überführt, usw.

Dies wäre die allgemeine affine Maßbestimung, bei deren Ausgestaltung man vor allem unterscheiden wird, welcher Vorzeichenkombination $\Sigma a_{ik} x_i x_k$, aber auch $\pm \Sigma a_{ik} x_i x_k$ im Sinne des Trägheitsgesetzes zugehört. Um ein Beispiel für die hier auftretenden Beziehungen zu geben: Ist $\Sigma a_{ik} x_i x_k$ nicht gerade eine definite Form, so gibt es reelle Richtungen, die in ihrer Polarebene liegen, und umgekehrt.

Von anderer Seite gesehen, nämlich projektiv im R_{n-1} interpretiert, deckt sich dieser Ansatz mit Cayleys allgemeiner projektiver Maßbestimmung von 1859, die in Bd. 1, Kap. IV ausführlicher besprochen ist. Dabei zeigt sich (wie ich selbst 1871/72 ausführlich nachwies), daß die beiden Arten Nichteuklidischer Geometrie, welche man nach Riemann und Bolyai-Lobatscheffsky zu unterscheiden pflegt, hier eingeschlossen sind und den beiden Fällen entsprechen, wo die quadratische Form f definit ist oder ein abweichendes Vorzeichen enthält.

§ 7. Von den bilinearen Formen mit kogredienten und denjenigen mit kontragredienten Veränderlichen.

Bilinearformen sind Formen, die in zwei Reihen Veränderlicher je linear (und homogen) sind. Dabei ist zu unterscheiden, ob die beiden Reihen kogredient oder kontragredient sind. Wir nennen die Variabelnreihen im ersten Falle (x) bzw. (y), im zweiten (x) bzw. (u) und haben demnach die Form

$$\sum a_{ik}\, y_i\, x_k \quad \text{bzw. die andere} \quad \sum \alpha_{ik}\, u_i\, x_k$$

an die Spitze zu stellen.

1. Kogrediente Variable.

Wir werden hier zwei Unterfälle unterscheiden (die bei kogredienter Transformation der (x) und (y) in der Tat getrennt nebeneinander stehen), daß nämlich das Schema der Koeffizienten a_{ik} entweder symmetrisch ist $(a_{ik} = a_{ki})$ oder antisymmetrisch* $(a_{ik} = -a_{ki};\ a_{ii} = 0)$. Im letzteren Falle wollen wir der Deutlichkeit halber statt a_{ik} lieber λ_{ik} schreiben.

Die *symmetrische* Bilinearform mit kogredienten Veränderlichen ist nichts anderes als die Polare der quadratischen Form $\Sigma a_{ik}\, x_i\, x_k$ und also im Vorhergehenden bereits mit erledigt.

Die *antisymmetrischen* oder *alternierenden* Bilinearformen

$$\sum \lambda_{ik}\, y_i\, x_k \tag{17}$$

bieten dagegen wesentlich Neues. Sie sind den Mathematikern zuerst vor rund 100 Jahren bei dem sogenannten *Pfaffschen Problem* entgegengetreten[1]), das ich hier, in etwas unhistorischer Fassung, dahin aussprechen will, daß es sich darum handelt, die Differentialausdrücke folgender Art:

$$\Xi_1\, d\,\xi_1 + \Xi_2\, d\,\xi_2 + \cdots + \Xi_n\, d\,\xi_n$$

(wo die Ξ Funktionen der ξ sind), zu klassifizieren. Man fand, daß der Ausdruck

$$\sum\sum\left(\frac{\partial\,\Xi_i}{\partial\,\xi_k} - \frac{\partial\,\Xi_k}{\partial\,\xi_i}\right) d\,\xi_i\,\delta\,\xi_k$$

dabei in den Vordergrund zu stellen ist (unter $d\xi_i$, $\delta\xi_i$ beliebige kleine Änderungen der Variabeln verstanden). Da hatte man also (die $d\xi$, $\delta\xi$ mit unseren (x), (y) parallelisiert) eine antisymmetrische Bilinearform mit kogredienten Veränderlichen, und infolgedessen nennt man die Hauptinvariante, welche bei der (rein algebraischen) Behandlung unserer Bilinearform (17) in Betracht kommt, noch immer ein *Pfaffsches Aggregat* (englisch: *Pfaffian*). Freilich haben erst Jacobi und Cayley in zwei Jugendarbeiten[2]) die algebraischen Eigenschaften dieses Aggregats klar herausgearbeitet.

---

[1]) Abhandlungen der Berliner Akademie **1814—15**: Joh. Friedr. Pfaff: Methodus generalis, aequationes Differentiales ...complete integrandi.

[2]) Jacobi, Crelles J. **2** (1827) = Werke, Bd. 4, S. 19. Cayley, Crelles J. **38** (1849) = Werke Bd. 1, S. 410.

Besagte Pfaffsche Aggregate Λ existieren nur bei geradem n. Es sind rationale ganze homogene Funktionen $\frac{n}{2}$-ten Grades der Koeffizienten λ_{ik} unserer Bilinearform, die nach Einführung der Bezeichnung

(18a) $$\Lambda = (1, 2, \ldots, n) \quad \text{für} \quad (i, k) = \lambda_{ik}$$

dem rekurrenten Gesetz unterliegen:

(18b) $$(1, 2, \ldots, n) = (1, 2)\,(3, 4, \ldots, n) + (1, 3)\,(4, \ldots, n, 2) + \cdots + (1, n)\,(2, 3, \ldots, n-1).$$

Dies gibt für $n = 4$

$$\Lambda = \lambda_{12}\lambda_{34} + \lambda_{13}\lambda_{42} + \lambda_{14}\lambda_{23},$$

was uns als Invariante der bezüglichen Form schon von § 2 her wohlbekannt ist. In der Tat schreibt sich unsere Bilinearform (17) allgemein als einfache Summe

$$\sum_{i,k} \lambda_{ik}\,(y_i x_k - x_i y_k),$$

sie ist also bei $n = 4$ nichts anderes als eine lineare Verbindung der p_{ik}

$$-\sum \lambda_{ik} p_{ik},$$

und die λ_{ik} erweisen sich als den p_{ik} kontragredient, womit der Anschluß an die damaligen Entwicklungen gegeben ist.

Die Bedeutung aber, welche der Ausdruck Λ allgemein für unsere Bilinearform besitzt, wird klar, wenn wir $\sum \lambda_{ik}\, y_i$ für $k = 1 \ldots n$ als kontragredient zu den x_k auffassen, also, wie früher in (8) bei der Polare einer quadratischen Form, die Beziehungen schreiben:

(20) $$u_i = \sum \lambda_{ik}\, x_k.$$

Die hiermit gegebene „dualistische Verwandtschaft" repräsentiert ein sogenanntes „Nullsystem", indem

$$\sum u_i x_i = \sum \lambda_{ik}\, x_i x_k = \tfrac{1}{2} \sum (\lambda_{ik} + \lambda_{ki})\, x_i x_k$$

indentisch Null ist. Ihre Determinante ist, wie man sagt, schiefsymmetrisch:

(21) $$\begin{vmatrix} 0 & \lambda_{12} & \cdots & \lambda_{1n} \\ \lambda_{21} & 0 & \cdots & \lambda_{2n} \\ \cdot & \cdot & \cdots & \cdot \\ \lambda_{n1} & \lambda_{n1} & \cdots & 0 \end{vmatrix} \quad \text{mit } \lambda_{ik} = -\lambda_{ki}.$$

Sie ist daher für ungerades n notwendig 0; bei geradem n aber erweist sie sich, wie Cayley l. c. bemerkt hat, als Quadrat eben des Pfaffschen Aggregats Λ (mit dessen Hilfe man denn auch die Auflösung der Gleichungen (20) nach den x_k leicht bewerkstelligt).

Ich kann leider auf diese interessante Theorie nicht näher eingehen. Ebenso kann ich über das Kriterium der Äquivalenz unserer Bilinearformen nur historisch berichten. Gemäß der wichtigen Arbeit von Frobenius in Crelles Journal 84 (1878) dürfen wir auch hier von einem Range r sprechen, der aber notwendig eine gerade Zahl ist. Die Formen vom Range r sind alle auf dieselbe Normalform

$$(x_1 y_2 - x_2 y_1) + (x_3 y_4 - x_4 y_3) + \cdots + (x_{r-1} y_r - x_r y_{r-1})$$

reduzierbar, also untereinander äquivalent[1]). Sie sind dadurch charakterisiert, daß in der Determinante (21) alle Unterdeterminanten von höherem als r-tem Grade verschwinden.

2. Kontragrediente Variable.

Die Theorie der Bilinearformen mit kontragredienten Veränderlichen

$$\sum \alpha_{ik} u_i x_k \tag{22}$$

verläuft nach ganz anderen Linien. Bemerken wir gleich, daß an Stelle von (20) jetzt die Formeln treten

$$x' = \sum \alpha_{ik} x_k\,, \tag{23}$$

also die Formeln einer linearen Substitution schlechtweg. Wir können abkürzend schreiben:

$$x' = A(x).$$

Übt man hier auf die (x'), (x) — ihrer kogredienten Natur entsprechend — simultan irgendeine weitere lineare Substitution S aus, so bekommt man

$$S(x') = A\,S(x) \quad \text{oder} \quad x' = S^{-1} A\,S(x).$$

Alle solche lineare Substitutionen gelten für unsere Betrachtung also als gleichberechtigt, die sich aus irgend einer A vermöge dieses Ansatzes ergeben.

Was nun die Invarianten von (22) angeht, so bemerke man, daß neben (22) von vorneherein immer die triviale Bilinarform u_x als gegeben angesehen werden muß. Wir betrachten daher die Formenschar

$$\sum \alpha_{ik} u_i x_k + \lambda \sum u_k x_k\,,$$

und bekommen als deren Determinante

$$\begin{vmatrix} \alpha_{11}+\lambda & \alpha_{12} & \cdots & \alpha_{1n} \\ \alpha_{21} & \alpha_{22}+\lambda & \cdots & \alpha_{2n} \\ \cdots & \cdots & \cdots & \cdots \\ \alpha_{n1} & \alpha_{n2} & \cdots & \alpha_{nn}+\lambda \end{vmatrix} \tag{24}$$

---

[1]) Eine einfache Reduktionsmethode gibt E. Cartan: Leçons sur les invariants integraux (Paris, 1922), S. 53. (H.)

(die man neuerdings meist abkürzend

$$|\alpha_{ik} + \lambda\delta_{ik}|$$

schreibt, indem man ein für allemal mit Kronecker verabredet, daß $\delta_{ii} = 1$, $\delta_{ik} = 0$ für $i \neq k$ sein soll).

Nach Potenzen von λ entwickelt sei diese Determinante:

$$\lambda^n + \Delta_1\lambda^{n-1} + \Delta_2\lambda^{n-2} + \cdots + \Delta_n. \tag{25}$$

Dann erweisen sich die $\Delta_1, \Delta_2, \ldots, \Delta_n$ *als Invarianten von* (22), *die zugleich ausreichen, um die Form* (22) *gegenüber linearen Substitutionen im allgemeinen zu charakterisieren.*

Aber das Wort „im allgemeinen" meint hier, daß im Speziellen noch Ergänzungen hinzukommen müssen. Diese greifen nur Platz, wenn das Polynom (25) als Funktion von λ mehrfache Linearfaktoren $(\lambda - \lambda_i)$ besitzt. Es ist dann möglich, daß derselbe Teiler $(\lambda - \lambda_i)$ mit einer gewissen Multiplizität auch noch in sämtlichen ersten Unterdeterminanten von (24) steckt, vielleicht auch noch in sämtlichen zweiten usw. Umgekehrt hat das Vorhandensein eines gemeinsamen Faktors aller Unterdeterminanten ersten Grades, oder zweiten Grades, ..., jedenfalls zur Folge, daß dieser Faktor auch in (25) steckt. Über die Gesamtheit der hier vorliegenden Möglichkeiten, durch deren einzelne dann in jedem Falle die gegebene Bilinearform gegenüber beliebiger Substitution charakterisiert ist, gibt die sogenannte Theorie der *Elementarteiler* Aufschluß, die von *Sylvester* 1851 begonnen[1]), von *Weierstraß* 1868 vollendet[2]), schließlich von *Frobenius* 1879 in rationale Form gesetzt wurde (so daß man nicht mehr die einzelnen Linearfaktoren von (25) zu bestimmen braucht)[3]). Näheres in den Lehrbüchern, z. B. bei Bôcher[4]). Es ist eine besonders wichtige Theorie, weil sie eine in den verschiedensten Formen auftretende Fragestellung der Analysis endgültig erledigt.

Die Betrachtung der Determinante (24), bzw. der durch deren Nullsetzen entstehenden Gleichung wird gewöhnlich an die Nebeneinanderstellung eines Paares quadratischer Formen:

$$\sum \alpha_{ik} x_i x_k \quad \text{und} \quad \sum x_i^2$$

angeknüpft. So geschieht es z. B. in der Geometrie, wenn man die Hauptachsen eines Kegelschnitts oder einer Fläche zweiten Grades sucht, oder in der Himmels-Mechanik bei der Berechnung der säkularen Störungen, welche die Bahnen der verschiedenen Planeten aufeinander ausüben. Diese astronomische Fragestellung ist sogar historisch

---

[1]) Phil. Magazine (4), 1 = Werke Bd. 1, S. 219ff.

[2]) Berliner Monatsberichte 1868 = Werke Bd. 2, S. 19ff.

[3]) Crelles Journal 86 (Theorie der linearen Formen mit ganzen Koeffizienten).

[4]) Eine klare Darstellung der Leitgedanken findet man in *F. Klein*, Vorlesungen über höhere Geometrie (Berlin 1926), S. 379ff. (H.)

die Quelle der ganzen Theorie; sie geht bis auf Lagrange und Laplace zurück; ihretwegen nennt man die betreffende Gleichung auch in rein mathematischen Untersuchungen meist die *Säkulärgleichung*[1]. — Der Zusammenhang aller dieser Ansätze mit unserer Darstellung besteht darin, daß mit der quadratischen Form $\sum x_i^2$ die dualistische Transformation $x_i = u_i$ gegeben ist, und daß durch diese aus der anderen quadratischen Form $\sum \alpha_{ik}\, x_i\, x_k$ bzw. deren Polare $\sum \alpha_{ik}\, x_i\, y_k$ die Bilinearform $\sum \alpha_{ik}\, u_i\, y_k$ hervorgeht, die wir an die Spitze der Betrachtung stellten. Es liegt dabei nur insofern eine Spezialisierung vor, als $\alpha_{ik} = \alpha_{ki}$ ist, was bei uns nicht vorausgesetzt wurde. Man hat dann das Theorem, daß bei reellen α_{ik} die Wurzeln der charakteristischen Gleichung alle reell und die Elementarteiler einfach sind.

Es ist leider unmöglich, den so weit berührten interessanten Fragenkomplex hier weiter zu verfolgen.

B. Freiere Erfassung der linearen Invariantentheorie, mit Einordnung der Vektoranalysis[2].

§ 1. Vom Erlanger Programm.

Die Entwicklungen des Abschnitts A geben vom Inhalte und namentlich auch von den Methoden der allgemeinen linearen Invariantentheorie selbstverständlich nur einen sehr unvollkommenen Begriff. Inhaltlich haben wir uns auf das Notwendigste beschränkt, was wir im späteren Verlauf der Darstellung gebrauchen. In methodischer Hinsicht aber haben wir uns mit der bloßen Anführung von Beispielen begnügt. Es war unmöglich, auseinanderzusetzen, wie man sich bei einer vorgelegten Funktion überzeugt, ob sie invariant ist, — daß man alle Invarianten, die in den Komponenten der in Betracht kommenden Komplexe einen bestimmten Grad nicht übersteigen, vermöge einer geeigneten Symbolik gleich hinschreiben kann — daß man Methoden hat, um alle zwischen den Invarianten bestehende Identitäten anzugeben, insbesondere aber in jedem Einzelfalle ein kleinstes Invariantensystem abzugrenzen, durch dessen Formen sich alle anderen Invarianten rational und ganz ausdrücken lassen.

---

[1] Vgl. z. B. Tissérand: Traité de Mécanique céleste, Bd. 1, Kapp. 26, 27. Die Säkulargleichung ist, wenn man sich auf die 8 Hauptplaneten beschränkt, eine numerisch vorliegende Gleichung 8. Grades. Sieht man vom Neptun ab, so ist es eine Gleichung 7. Grades, mit deren zweckmäßiger Auflösung sich noch Jacobi (Crelles Journal 30, 1845 = Werke Bd. 7, S. 97ff.) ausführlich beschäftigt hat. Es ist die bedauerliche Folge der immer breiter werdenden Ausdehnung unserer Wissenschaft, daß so viele jüngere Mathematiker diese Dinge nur noch vom Hörensagen oder auch gar nicht mehr kennen.

[2] Der Kleinsche Text ist in diesem Abschnitt vom Herausgeber teilweise geändert und gekürzt. Vgl. Anmerkung 10 am Schluß des Kapitels. (H.)

Diese Andeutungen mögen zeigen, daß es sich um eine weitentwikkelte, geschlossene Disziplin handelt, deren Beherrschung gegenüber vielen in der Mathematik sich darbietenden Problemen wirkliche Macht verleiht und deren Kenntnis daher keinem Mathematiker völlig verschlossen bleiben sollte. Inzwischen bedarf es, um die volle Tragweite der Theorie zu erreichen, noch einer Verbreiterung der ursprünglichen Grundlage, wie ich sie zuerst Juni 1872 in meinem zweiten Aufsatz über die Nichteuklidische Geometrie skizziert und bald darauf, Oktober 1872, in meinem Erlanger Antrittsprogramm[1]) dargestellt habe. Die dort entwickelte Auffassung ist nicht nur die Grundlage für meine eigenen späteren Arbeiten geblieben, sondern namentlich auch von Sophus Lie, mit dem ich damals zusammenarbeitete, aufgenommen und im Kreise seiner Schüler verbreitet worden, so daß sie allmählich Gemeingut ausgedehnter mathematischer Kreise geworden ist. Ich muß hier genauer darauf eingehen, weil in der Tat die verschiedenen Entwicklungen der Physiker, von denen ich weiter zu berichten habe, als Einzelausführungen der dort formulierten allgemeinen Fragestellung angesehen werden können.

Das Prinzip ist kurz anzugeben. Wir begannen in A damit, die Urvariablen einer beliebigen homogenen linearen Transformation von der Determinante 1 zu unterwerfen. Die jetzt vorzunehmende Verallgemeinerung liegt darin, daß wir die Gesamtheit dieser Transformationen unter den Gruppenbegriff fassen. So ergibt sich eine Problemstellung, die ich auf S. 7 des Programms in die Worte kleidete:

„Es ist eine Mannigfaltigkeit und in derselben eine Transformationsgruppe gegeben; man soll die der Mannigfaltigkeit angehörigen Gebilde hinsichtlich solcher Eigenschaften untersuchen, die durch die Transformationen der Gruppe nicht geändert werden."

Einige Zeilen weiter wird statt dessen gesagt:

„Man entwickele die auf die Gruppe bezügliche Invariantentheorie."

Schreibt man statt dessen:

„die Theorie der Beziehungen, welche *relativ zur Gruppe* invariant sind,"

so ist nur noch ein Schritt bis zu dem Worte *Relativitätstheorie*, welches die modernen Physiker für die in ihren Bereich gehörigen Fälle der allgemeinen Zielsetzung gebrauchen.

Das Erlanger Programm gehört zu denjenigen Schriften, welche zu Neuem anregen wollen, indem sie Vorhandenes ordnen. Ich habe es

---

[1]) Vergleichende Betrachtungen über neuere geometrische Forschungen, Erlangen, ausgegeben Dez. 1872, also vor der genannten Abhandlung, die infolge eines großen Setzerstreikes erst 1873 in Math. Ann. Bd. 6 herauskam. Das Erlanger Programm ist später in Bd. 43 der Math. Ann. (1893), Klein: Ges. Abh. Bd. 1, S. 460 und sonst mehrfach abgedruckt bzw. übersetzt worden.

also immer sehr begrüßt, wenn weitere Ausführungen hinzugetreten sind. Neben der Entwicklung der Lehre von den diskontinuierlichen Gruppen sei hier als wichtigster Fortschritt die allgemeine Theorie der kontinuierlichen Gruppen genannt, welche Lie nach 1872 geschaffen hat, dann aber auch die explizite algebraische Behandlung einzelner linearer Gruppen durch verschiedene jüngere Mathematiker. Ich habe im Jahre 1892—93 in meiner autographierten „Einleitung in die höhere Geometrie"[1], so gut das im Rahmen einer Jahresvorlesung gelingen wollte, eine Übersicht über den damals vorliegenden Gesamtstoff gegeben. Manches weitere findet man im 3. Bande der Math. Enzyklopädie (III AB, 4b) in Fanos Artikel: „Kontinuierliche geometrische Gruppen. Die Gruppentheorie als geometrisches Einteilungsprinzip". (1907.)

Trotzdem glaube ich, daß das Erlanger Programm als ein Einschnitt in der Entwicklung speziell der Geometrie oder, um den allgemeinen Graßmannschen Ausdruck anzuwenden, der Ausdehnungslehre angesehen werden kann. Indem an Stelle der engherzigen Auffassung, in der ich aufgewachsen war: daß eigentlich nur die projektive Behandlung geometrischer Fragen als wissenschaftlich angesehen werden könne, eine liberalere Doktrin gesetzt wurde, trat an die Stelle der projektiven Geometrie der Gedanke einer mannigfach abgestuften Transformationsgeometrie. Kein Wunder, daß das Programm bei den Vertretern der früheren Auffassung zunächst vielfachen Widerspruch fand. Ich war namentlich begierig, wie mein verehrter Lehrer Clebsch sich stellen würde. Aber hier griff ein außerordentliches Schicksal ein, indem Clebsch, als mein Programm eben im Druck war, erst 39 Jahre alt, plötzlich einem Diphteritisanfall erlag (am 7. Nov. 1872). Dieser Umstand hat damals für meine wissenschaftliche Arbeit nach den verschiedensten Richtungen neue erschwerende Bedingungen geschaffen, worauf ich vielleicht einmal bei anderer Gelegenheit eingehen werde.

§ 2. Besondere Inbetrachtnahme des dreidimensionalen Raumes.

Übergang zur homogenen orthogonalen Gruppe.

Von den verschiedenen Möglichkeiten, welche der Ansatz des Erlanger Programms für die Geometrie des R_3 einschließt, wollen wir hier vorab nur die einfachsten Typen *linearer* Substitutionsgruppen nennen. Ich knüpfe einfach an die Formeln Bd. 1, S. 168, an. Indem ich ein gewöhnliches rechtwinkliges Koordinatensystem mit der üblichen Bezeichnung x, y, z zugrunde gelegt dachte, schrieb ich damals der Reihe nach hin:

---

[1]) Inzwischen als Buch erschienen: F. Klein, Vorlesungen über höhere Geometrie. Berlin 1926. (H.)

1. Die Gruppe der „projektiven“ Geometrie:

$$(1)\qquad \begin{aligned} x' &= \frac{\alpha x + \beta yy + \gamma z + \delta}{\alpha''' x + \beta''' y + \gamma''' z + \delta'''}\,, \\ y' &= \frac{\alpha' x + \beta' y + \gamma' z + \delta'}{\alpha''' x + \beta''' y + \gamma''' z + \delta'''}\,, \\ z' &= \frac{\alpha'' x + \beta'' y + \gamma'' z + \delta''}{\alpha''' x + \beta''' y + \gamma''' z + \delta'''}\,. \end{aligned}$$

2. Die Gruppe der affinen Geometrie:

$$(2)\qquad \begin{aligned} x' &= \alpha x + \beta y + \gamma z + \delta\,, \\ y' &= \alpha' x + \beta' y + \gamma' z + \delta', \\ z' &= \alpha'' x + \beta'' y + \gamma'' z + \delta''\,. \end{aligned}$$

3. Die Gruppe der metrischen Geometrie:
(3), dieselben Formeln wie (2), nur daß die Substitution

$$\begin{vmatrix} \alpha & \beta & \gamma \\ \alpha' & \beta' & \gamma' \\ \alpha'' & \beta'' & \gamma'' \end{vmatrix}$$

eine „orthogonale“ Substitution sein, d. h. $x^2 + y^2 + z^2$ in sich selbst überführen soll.

Um durchweg *homogene* lineare Substitutionen zu haben, kann man sich natürlich, wie zuerst Plücker tat und jetzt in allen Lehrbüchern zu finden ist, des Kunstgriffs bedienen, statt

$$x, \quad y, \quad z \qquad \text{bzw.} \qquad \frac{x_1}{x_4}, \quad \frac{x_2}{x_4}, \quad \frac{x_3}{x_4}$$

zu setzen und dann Zähler und Nenner zu trennen. Wir wollen hier, indem wir uns auf die Fälle (2), (3) beschränken, das einfachere (völlig triviale) Mittel anwenden, daß wir die in den Substitutionsformeln auftretenden additiven Konstanten weglassen. Wir haben dann statt (2) die affinen Transformationen bei festgehaltenem Koordinatenanfangspunkt

$$(2')\qquad \begin{aligned} x' &= \alpha x + \beta y + \gamma z\,, \\ y' &= \alpha' x + \beta' y + \gamma' z\,, \\ z' &= \alpha'' x + \beta'' y + \gamma'' z\,, \end{aligned}$$

desgleichen statt (3) die orthogonalen Transformationen bei festem Koordinatenanfangspunkt, gegeben durch (2′) und die hinzutretende Formel

$$(3')\qquad x'^2 + y'^2 + z'^2 = x^2 + y^2 + z^2\,.$$

Indem wir solcherweise die Formeln (2), (3) spezialisiert haben, verzichten wir auf die allgemeine Betrachtung der affinen Geometrie (oder der mit ihr solidarischen Statik und Kinematik der starren Körper). Dafür nehmen wir im Falle (2') an die bisher betrachtete allgemeine lineare Invariantentheorie bei drei Veränderlichen direkten Anschluß[1]), im Falle (3') aber an das, was wir orthogonale lineare Invariantentheorie (bei drei Veränderlichen) nennen werden.

Zunächst noch eine genauere Angabe, was homogene orthogonale Substitutionen bei n Veränderlichen sind. Wir schreiben etwa zunächst (im Anschluß an A § 1):

(4) $$x_i = s_{i1}x'_1 + \cdots + s_{in}x'_n \quad \text{mit} \quad \sum x_i^2 = \sum x_i'^2 .$$

Es ist dann eine sehr bekannte Theorie, die dem Wesen der Sache nach auf Euler und Lagrange zurückgeht, daß zwischen den n^2 Koeffizienten s_{ik} die $\frac{n(n+1)}{2}$ Gleichungen bestehen:

(5) $$\sum_i s_{ik}^2 = 1, \quad \sum_i s_{ik}s_{il} = 0, \quad (k \neq l) \; (k = 1, \ldots, n), \quad (l = 2, \ldots, n),$$

daß dementsprechend die Gruppe der homogenen orthogonalen Substitutionen (4) $\frac{n(n-1)}{2}$ Parameter enthält — daß ferner die Auflösungen von (4) so lauten:

(6) $$x'_k = s_{1k}x_1 + \cdots + s_{nk}x_n ,$$

so daß man statt (5) auch die Gleichungen (7) schreiben kann:

(7) $$\sum_k s_{ik}^2 = 1, \quad \sum_k s_{ik}s_{jk} = 0, \quad (i \neq j) \; (i = 1, \ldots, n), \quad (j = 1, \ldots, n).$$

Man betrachtet ferner insonderheit die Substitutionsdeterminante

(8) $$r = | s_{ik} | .$$

Indem man sie nach dem folgenden Schema mit sich selbst multipliziert:

$$\begin{vmatrix} s_{11} \ldots s_{1n} \\ \\ s_{n1} \ldots s_{nn} \end{vmatrix} \cdot \begin{vmatrix} s_{11} \ldots s_{n1} \\ \\ s_{1n} \ldots s_{nn} \end{vmatrix}$$

folgt, daß $r^2 = 1$ ist. Mehr aber ist aus den Gleichungen (5) oder (7) nicht zu schließen. Es kann also $r = +1$ oder $r = -1$ sein, und man wird dementsprechend zwischen *eigentlichen* und *uneigentlichen* orthogonalen Substitutionen unterscheiden. Da sich bei der Zusammensetzung zweier linearer Substitutionen ihre Determinanten multiplizieren, folgt, daß nur die eigentlichen Substitutionen für sich genommen eine Gruppe bilden, die sich dann als *kontinuierliche* $G_{\frac{n(n-1)}{2}}$ erweist[2]). — Die eigentlichen und uneigentlichen Substitutionen zusammen bilden dagegen eine sogenannte *gemischte* Gruppe (der-

[1]) Wobei die Determinante der Substitutionskoeffizienten aber zuvörderst noch nicht notwendig gleich 1 ist, wie wir oben, S. 3, der Einfachheit halber voraussetzten.

[2]) G_k bezeichnet im folgenden eine kontinuierliche Gruppe von k Parametern.

selben Parameterzahl). In der Tat enthalten die uneigentlichen Substitutionen keine sog. unendlich kleine Substitution (die „unendlich wenig" von der „Identität" verschieden ist). Das einfachste Beispiel einer uneigentlichen Substitution hat man, wenn man nur eine der Veränderlichen $x_1 \ldots x_n$ im Vorzeichen ändert. Geometrisch bedeuten die eigentlichen Substitutionen „Drehungen" um O, die uneigentlichen die anderen Transformationen, welche Study allgemein „Umlegungen" nennt (Math. Ann. 39).

Es ist nun eine für alles Folgende grundlegende Frage, ob wir bei der Invariantentheorie der orthogonalen Substitutionen nur eigentliche oder auch uneigentliche Substitutionen in Betracht ziehen wollen. Das Erstere ist das Bequemere (wie wir ja auch bei den Erläuterungen über allgemeine lineare Invariantentheorie der Kürze halber immer $r = 1$ genommen haben). Das Zweite aber gibt gewisse feinere Unterscheidungen, welche sich auch in der modernen Physik bei genauerer Arbeit als wesentlich erwiesen haben, z. B. die Unterscheidung von Vektoren erster und zweiter Art; wir werden uns darauf beschränken, bei Gelegenheit darauf hinzuweisen.

§ 3. Einschaltung über Quaternionen.

Hamiltons Quaternionenrechnung wurde schon in Bd. 1, Kap. IV, näher erörtert. Ich möchte aber hier, um später darauf zurückgreifen zu können, noch angeben, wie sich mit Hilfe der Quaternionenmultiplikation die orthogonalen Substitutionen der Determinante $+1$ bei drei und vier Veränderlichen in einfachster Weise darstellen.

Ich erinnere kurz: Quaternionen sind viergliedrige komplexe Zahlen

$$q = d + ia + jb + kc\,,$$

für deren Multiplikation das Schema gilt:

$$\left.\begin{matrix} jk = i, & ki = j, & ij = k \\ kj = -i, & ik = -j, & ji = -k \end{matrix}\right| \quad i^2 = j^2 = k^2 = -1.$$

Die Gleichung

$$t' + ix' + jy' + kz' = q\,(t + ix + jy + kz)$$

ist danach mit der linearen Substitution gleichbedeutend:

$$\text{(A)} \qquad \begin{aligned} t' &= dt - ax - by - cz \\ x' &= at + dx - cy + bz \\ y' &= bt + cx + dy - az \\ z' &= ct - bx + ay + dz\,, \end{aligned}$$

die einer orthogonalen Substitution von der Determinante $+1$ sehr nahe steht, weil erstens, wie man durch Ausrechnung findet:

$$t'^2 + x'^2 + y'^2 + z'^2 = (t^2 + x^2 + y^2 + z^2)\,(d^2 + a^2 + b^2 + c^2)$$

wird, zweitens die Determinante den Wert $(d^2 + a^2 + b^2 + c^2)^2$ erhält.

Von hier aus ist nun nur noch ein Schritt zu der merkwürdigen Formel für die allgemeine Darstellung der eigentlichen orthogonalen Substitutionen bei 4 Veränderlichen, welche Cayley in Crelles Journal, Bd. 50 = Werke II, S. 192, 202 gegeben hat:

$$(37)\qquad t' + i x' + j y' + k z' = \frac{q\,(t + i x + j y + k z)\,q'}{\sqrt{(a^2 + b^2 + c^2 + d^2)}\,\sqrt{(a'^2 + b'^2 + c'^2 + d'^2)}},$$

unter $q' = d' + i a' + j b' + k c'$ irgend eine zweite Quaternion verstanden. Zur allgemeinen Darstellung der eigentlichen orthogonalen Substitutionen von 3 Veränderlichen aber kommt man, wenn man hier q' insbesondere gleich $d - ia - jb - kc$ nimmt. In der Tat wird dann, wie man nachrechnet, $t' = t$, und es bleibt für die Drehungen um einen Punkt:

$$(38)\qquad i x' + j y' + k z' = q\,(i x + j y + k z)\,q^{-1},$$

eine Formel, welche Hamilton und Cayley schon im Jahre 1844 aufgestellt haben.

Daß diese Formeln (37), (38) die richtige Zahl von 6, bzw. 3 unabhängigen Parametern enthalten, zeigt die einfache Abzählung. Nun soll noch Formel (37) aus der Zusammensetzung binärer Matrizes erklärt werden (wozu ebenfalls schon Bd. 1, Kap. IV, S. 196 einiges Einleitende gesagt ist).

Man setze vorübergehend — um eine Verwechselung mit dem i der Quaternionentheorie zu vermeiden — die gewöhnliche $\sqrt{-1}$ gleich ε. Man schreibe ferner

$$d + \varepsilon a = \alpha\,,\quad b + \varepsilon c = \beta\,,\quad -b + \varepsilon c = \gamma\,,\quad d - \varepsilon a = \delta$$

und analog

$$t + \varepsilon x = \xi\,,\quad y + \varepsilon z = \eta\,,\quad -y + \varepsilon z = \zeta\,,\quad t - \varepsilon x = \tau\quad (t' + \varepsilon x' = \xi' \text{ usw.}).$$

Dann lassen sich die Substitutionsformeln (A) folgendermaßen als Zusammensetzung zweier binärer Matrizes schreiben:

$$\begin{pmatrix} \xi' & \eta' \\ \zeta' & \tau' \end{pmatrix} = \begin{pmatrix} \alpha & \beta \\ \gamma & \delta \end{pmatrix} \cdot \begin{pmatrix} \xi & \eta \\ \zeta & \tau \end{pmatrix} = \begin{pmatrix} \alpha\xi + \beta\zeta & \alpha\eta + \beta\tau \\ \gamma\xi + \delta\zeta & \gamma\eta + \delta\tau \end{pmatrix},$$

wobei die Horizontalreihen der ersten Matrix mit den Vertikalreihen der zweiten kombiniert sind. Daß hierbei die Determinante

$$\begin{vmatrix} \xi' & \eta' \\ \zeta' & \tau' \end{vmatrix}$$

gleich dem Produkt der Determinanten

$$\begin{vmatrix} \alpha & \beta \\ \gamma & \delta \end{vmatrix} \quad \begin{vmatrix} \xi & \eta \\ \zeta & \tau \end{vmatrix}$$

wird, ist eine unmittelbare Folge des Determinantenmultiplikationssatzes. Genau entsprechend erhält man:

$$\begin{pmatrix} \xi & \eta \\ \zeta & \tau \end{pmatrix} \begin{pmatrix} \alpha' & \beta' \\ \gamma' & \delta' \end{pmatrix} = \begin{pmatrix} \alpha'\xi + \gamma'\eta & \beta'\xi + \delta'\eta \\ \alpha'\zeta + \gamma'\tau & \beta'\zeta + \delta'\tau \end{pmatrix}.$$

Jetzt sind die Elemente, welche in der Matrix

$$\begin{pmatrix} \xi & \eta \\ \zeta & \tau \end{pmatrix}$$

derselben Horizontalreihe angehören, miteinander linear verbunden. Formel (37) aber schreibt sich so:

$$(37')\quad \begin{pmatrix} \xi' & \eta' \\ \zeta' & \tau' \end{pmatrix} = \begin{pmatrix} \alpha & \beta \\ \gamma & \delta \end{pmatrix} \begin{pmatrix} \xi & \eta \\ \zeta & \tau \end{pmatrix} \begin{pmatrix} \alpha' & \beta' \\ \gamma' & \delta' \end{pmatrix} : \sqrt{(\alpha\delta - \beta\gamma)(\alpha'\delta' - \beta'\gamma')},$$

und die auf sie bezügliche Behauptung reduziert sich offenbar darauf, daß man die allgemeinste lineare Umsetzung der Matrix $\begin{pmatrix} \xi & \eta \\ \zeta & \tau \end{pmatrix}$ bei welcher ihre Determinante sich bis auf einen Faktor reproduziert, erhält, indem man einerseits die Elemente ihrer Vertikalreihen, andererseits ihrer Horizontalreihen linear kombiniert. Durch diese Umsetzung wird die Quaternionenmultiplikation und damit die orthogonale Substitution der Determinante $+1$ auf binäre lineare Substitutionen bezogen (wobei man α und δ, sowie β und $-\gamma$ konjugiert imaginär nehmen muß, wenn man reelle Drehungen darstellen will). Die Invariantentheorie der reellen orthogonalen Transformationen bei 3 und 4 Veränderlichen läßt sich unter Berücksichtigung der hiermit angedeuteten Beschränkung auf die allgemeine binäre Invariantentheorie gründen. Dies ist der Gedanke, den Wälsch in seiner „Binäranalyse" zunächst für $n = 3$ systematisch verfolgt hat. Ich verweise auf seine zusammenfassenden Artikel in Bd. 143 und 144 der Comptes Rendus (1906, II; 1907, I). Die Entwicklungen, welche vielfach denjenigen des weiter unten zu nennenden Schoutenschen Buches von 1914[1]) parallellaufen, gehen auf ihrem Gebiete — eben wegen Heranziehung der in der Invariantentheorie entwickelten allgemeinen Hilfsmittel — weiter als dieses. Aber ich fürchte, daß sie nur sehr wenige Leser finden werden, weil sie einerseits mannigfache Vorkenntnisse (auch nach mathematisch-physikalischer Seite) voraussetzen, andererseits der Kürze halber auch wieder von einer besonderen Stenographie der Formeln Gebrauch machen. Man könnte die Untersuchungen auch auf uneigentliche orthogonale Substitutionen ausdehnen, wenn man zu den binären Substitutionen die Vertauschung von ε mit $-\varepsilon$ hinzunehmen wollte. Neuerdings hat sich Wälsch auch

[1]) Siehe S. 45.

mit dem Falle $n = 4$ beschäftigt, dabei aber vorgezogen, sich explizite an den Quaternionenkalkül anzuschließen.

Diese wenigen Andeutungen mögen hier genügen. Auf die geometrische (projektive) Deutung des in (37) enthaltenen algebraischen Resultates (bei der die beiden Scharen geradliniger Erzeugender der Fläche 2. Grades $\xi\tau - \eta\zeta = 0$ nacheinander linear transformiert werden) bin ich u. a. in Bd. 37 der Mathem. Annalen (1890) eingegangen.

Man sieht jedenfalls, wie genau die Quaternionen an die Betrachtung der orthogonalen Substitutionen bei 3 und 4 Veränderlichen angepaßt sind. Überall, wo von diesen Substitutionen die Rede ist, wird darum ihre Verwendung nützlich sein können. Dagegen wird wohl niemand mehr, wie es Hamilton und seine Schüler zeitweise wollten, in ihnen ein Allheilmittel für alle Desiderate der Geometrie erblicken.

§ 4. Übergang zu den Grundbegriffen der Vektor- und Tensoralgebra *.

Unsere Aufgabe soll jetzt nicht sein, eine systematische Invariantentheorie der homogenen orthogonalen Substitutionen zu entwickeln, sondern nur zu erläutern, wie man vom invariantentheoretischen Ansatz aus bei $n = 3$ und $n = 4$ ohne weiteres zu all den Begriffen der Vektoralgebra kommt, die den Physikern geläufig sind[1]).

1. $n = 3$.

Wir bezeichneten den Inbegriff der drei Variablen

(9) $$x, y, z,$$

insofern wir die Gruppe der homogenen affinen Transformationen zugrunde legten, seither als eine von O auslaufende „Strecke". Beschränken wir uns auf die Gruppe der homogenen orthogonalen Substitutionen, so deckt sich dieser Begriff mit dem, was die Physiker in Anlehnung an Hamilton einen (von O auslaufenden) *Vektor* nennen. Wir haben dann, da es sich nur um orthogonale Substitutionen handeln soll, in

(10) $$x^2 + y^2 + z^2$$

das einfachste Beispiel einer zugehörigen Invariante (Zahlgröße); die Physiker sagen, wieder im Anschluß an Hamilton, *Skalar*. Aber auch die Polare von (10)

(11) $$x'x + y'y + z'z$$

[1]) Eine besondere Schwierigkeit liegt dabei in der Verschiedenheit der von den einzelnen Autoren gebrauchten Terminologie und Formelsprache. Indem ich letztere vorläufig ganz beiseite lasse, beziehe ich mich nur auf solche Termini, welche zur Zeit, jedenfalls bei den deutschen Physikern, allgemein verständlich sein dürften.

wird, unter (x, y, z) bzw. (x', y', z') Vektoren verstanden, eine Invariante sein. Wenn die Physiker sie als *inneres* oder als *skalares Produkt* der beiden Vektoren bezeichnen, so liegt das daran, daß Graßmann wie Hamilton ihre Theorien von vornherein mit der Lehre von den mehrgliedrigen komplexen Zahlen verbanden, die bei uns zurücktritt; siehe Bd. 1, Kap. IV, S. 173 ff.

Grundlegend für unsere Auffassung ist, daß gemäß der Invarianz von (11) die x', y', z', welche doch zu den x, y, z kogredient sind, auch als ihnen kontragredient aufzufassen sind. *Allemal, wenn es sich um homogene orthogonale Substitutionen eines Größenkomplexes handelt, fällt der Unterschied von Kogredienz und Kontragredienz weg.*

Wir betrachten jetzt die aus verschiedenen Vektoren aufzubauenden Graßmannschen Stufen und beginnen mit der Determinante

$$\begin{vmatrix} x & y & z \\ x' & y' & z' \\ x'' & y'' & z'' \end{vmatrix} . \tag{12}$$

Je nachdem wir orthogonale Substitutionen von der Determinante $+1$ oder -1 heranziehen, wird sie ungeändert bleiben oder ihr Vorzeichen wechseln; die Physiker sprechen, wenn sie letzteren Umstand betonen wollen, von einem Skalar zweiter Art oder Pseudoskalar. Indem wir ferner (12) nach den Elementen der ersten Horizontale entwickeln:

$$x\,(y'z'' - z'y'') + y\,(z'x'' - x'z'') + z\,(x'y'' - y'x''),$$

erkennen wir, daß die Größen zweiter Stufe:

$$y'z'' - z'y'', \quad z'x'' - x'z'', \quad x'y'' - y'x'', \tag{13}$$

weil zu den x, y, z kontragredient, bei eigentlichen orthogonalen Substitutionen selbst wieder Vektorcharakter haben, bei uneigentlichen aber überdies einen simultanen Zeichenwechsel aufweisen. — Die Physiker sprechen von dem *äußeren* oder *vektoriellen Produkt* der beiden Vektoren x', y', z' und x'', y'', z'' und bezeichnen den Inbegriff seiner drei Komponenten als Vektor zweiter Art oder als „axialen" Vektor im Gegensatz zu dem ursprünglich auftretenden „polaren" (9).

Gehen wir zu quadratischen Formen von Vektorkomponenten über

$$a\,x^2 + b\,y^2 + c\,z^2 + 2\,d\,y\,z + 2\,c\,z\,x + 2\,f\,x\,y\,. \tag{14}$$

Dem Umstande entsprechend, daß sie bei der Deformation der Kontinua eine Hauptrolle spielen, nennt man nach einem Vorschlag von Voigt das Koeffizientensystem

$$a, b, c, d, e, f \tag{15}$$

einen *Tensor*. — Gegenüber affinen Transformationen werden sich die

Tensoren nach ihrem *Range* und wenn man nur reelle Koeffizientensysteme betrachtet, nach ihrem *Trägheitsindex* unterscheiden; siehe A § 5. Beschränkt man sich auf orthogonale Substitutionen, so tritt neben (14) von selbst die quadratische Form $x^2 + y^2 + z^2$, was zur Betrachtung der „charakteristischen Determinante"

$$(16)\qquad \begin{vmatrix} a+\lambda & f & e \\ f & b+\lambda & d \\ e & d & c+\lambda \end{vmatrix}$$

Anlaß gibt. Indem wir sie nach Potenzen von λ entwickeln:

$$(16')\qquad \lambda^3 + (a+b+c)\,\lambda^2 + (bc+ca+ab-d^2-e^2-f^2)\,\lambda + \begin{vmatrix} a & f & e \\ f & b & d \\ e & d & c \end{vmatrix}$$

haben wir in den drei dabei auftretenden Faktoren von $\lambda^2, \lambda^1, \lambda^0$ die drei fundamentalen orthogonalen Invarianten des Tensors. Aus ihnen setzt sich u. a. die Invariante

$$(17)\qquad (a+b+c)^2 - 2(bc+ca+ab-d^2-e^2-f^2) = a^2+b^2+c^2+2d^2 + 2e^2+2f^2$$

zusammen. Indem wir aus den für zwei Tensoren $a, b, c, \ldots$ bzw. $a', b', c', \ldots$ aufgestellten Ausdrücken (17) die Polare bilden

$$(18)\qquad aa' + bb' + cc' + 2\,dd' + 2\,ee' + 2\,ff',$$

erkennen wir, daß die Größen

$$a,\ b,\ c,\ \sqrt{2}\cdot d,\ \sqrt{2}\cdot e,\ \sqrt{2}\cdot f$$

mit sich selbst kontragredient sind. Gemäß (14) sind sie aber auch zu den

$$(18')\qquad x^2,\ y^2,\ z^2,\ \sqrt{2}\cdot yz,\ \sqrt{2}\cdot zx,\ \sqrt{2}\cdot xy$$

kontragredient; wir schließen, daß sie eben diesen Verbindungen der x, y, z auch kogredient sind. Vielleicht würde es sich empfehlen — was übrigens Ansätzen entspricht, die in der allgemeinen Invariantentheorie wohlbekannt sind, — als Tensorkomponenten durchweg die Größen (18) einzuführen.

Mit den quadratischen Formen (14) sind zugleich deren Polaren und damit die symmetrischen bilinearen Formen (bei denen wir jetzt nicht mehr zu unterscheiden haben, ob in ihnen kogrediente oder kontragrediente Variabelreihen auftreten) für uns erledigt. Eine antisymmetrische bilineare Form wird sich so schreiben:

$$(19)\qquad A\,(yz' - y'z) + B\,(zx' - z'x) + C\,(xy' - x'y)\,.$$

Das Koeffizientensystem A, B, C bezeichnet also einen Vektor zweiter Art. Eine allgemeine Bilinearform (die man nicht in einen symmetrischen und antisymmetrischen Bestandteil gespalten hat) ist für uns mit der allgemeinen homogenen affinen Transformation:

$$
\begin{aligned}
x' &= \alpha\ x + \beta\ y + \gamma\ z\,,\\
y' &= \alpha'\ x + \beta'\ y + \gamma'\ z\,,\\
z' &= \alpha'' x + \beta'' y + \gamma'' z\,,
\end{aligned}
\tag{20}
$$

gleichbedeutend. Die deutschen Geometer nennen daher neuerdings das System ($\alpha, \ldots, \gamma''$) einen *Affinor*, bei Hamilton tritt die Transformation unter der Bezeichnung „lineare Vektorfunktion" auf (die Komponenten des einen Vektors sind lineare Funktionen der Komponenten des anderen). Eben hierher gehört, was Gibbs „Dyaden" nennt; vgl. S. 47.

2. $n = 4$ (kürzer gefaßt). Die Variablen mögen x_1, x_2, x_3, x_4 genannt werden. Im übrigen seien, nach dem Vorgange von Sommerfeld (Ann. d. Physik [4], Bd. 32, 1910), bei $n = 4$ die für $n = 3$ üblichen Benennungen Skalar, Vektor, Tensor beibehalten und zur Unterscheidung mit einem Zusatzwort, welches die Zahl der Komponenten angibt, versehen.

Ein Wertesystem x_1, x_2, x_3, x_4 (das beliebigen homogenen orthogonalen Substitutionen unterworfen gedacht wird), heiße dementsprechend *Viererverktor*; aus ihm leitet sich als einfachster Skalar

$$\sum x_i^2$$

ab.

Das Koeffizientensystem einer quadratischen Form $\Sigma a_{ik}\, x_i x_k$ (oder auch einer symmetrischen Bilinearform) werde jetzt *Zehnertensor* genannt. Ein Zehnertensor hat vier Hauptinvarianten (Skalare), die man bekommt, indem man die Determinante $|\, a_{ik} + \lambda \delta_{ik} \,|$ — Kroneckersche Bezeichnung — nach Potenzen von λ entwickelt.

Das Koeffizientensystem einer antisymmetrischen Bilinearform $\sum \lambda_{ik} (x_i y_k - y_i x_k)$ heiße *Sechsertensor*; es gibt zwei zugehörige einfachste Skalare: $\sum \lambda_{ik}^2$ und

$$\Lambda = \lambda_{12}\lambda_{34} + \lambda_{13}\lambda_{42} + \lambda_{14}\lambda_{23}*.$$

§ 5. Einführung der Vektoranalysis* (Tensoranalysis).

Kehren wir wieder vorläufig zu $n = 3$ zurück. Es gilt, allen unseren bisherigen Entwicklungen einen neuen Begriff von größter Tragweite einzufügen, den *Feldbegriff*.

Wir haben seither die Skalare, Vektoren, Tensoren..., die wir betrachteten, auf den Koordinatenanfangspunkt bezogen (indem wir von homogenen orthogonalen Substitutionen der x, y, z sprachen); es handelt sich jetzt darum, j e d e m Raumpunkte x_0, y_0, z_0 einen Skalar, oder Vektor, oder Tensor... beizulegen und damit zum

Begriff des *Skalarfeldes*, des *Vektorfeldes*, des *Tensorfeldes*... aufzusteigen. Die Komponenten eines solcherweise dem Punkte x_0, y_0, z_0 zugeordneten „Komplexes" werden sich dann bei homogenen orthogonalen Substitutionen der

$$x - x_0, \quad y - y_0, \quad z - z_0$$

als Komponenten eines Skalars, Vektors... erweisen müssen.

Der Feldbegriff hat sich ganz von selbst dargeboten, seit es eine mathematische Physik gibt. Zunächst explizite vielleicht als Skalarfeld in der Wärmelehre, indem man die Temperatur als Funktion des Ortes auffaßte. Hinterher kann man natürlich bemerken, daß Felder der verschiedensten Art von je in der klassischen Mechanik aufgetreten sind (Potentialfelder, Kraftfelder...). Die Mechanik der Kontinua lieferte dann weitere Beispiele in Fülle. Aber erst in der modernen Lehre vom Elektromagnetismus (welche das räumliche Medium als Träger der elektromagnetischen Erscheinungen betrachtet) hat der Begriff seine klare Ausprägung erfahren: Man findet das Wort „Feld", soviel ich weiß, zuerst in den ausgedehnten Arbeiten von W. Thomson über Magnetismus (1851 im Philophical Magazine = Reprint of Papers on Electricity and Magnetism, S. 473). — Andererseits kann man den Feldbegriff in verallgemeinerter Form in die abstrakte Invariantentheorie einführen, indem man die Komplexe, mit denen man sich beschäftigt, von irgendwelchen Parametern abhängig denkt.

Ich will das Wort „Vektoralgebra" hier in der allgemeinen Weise gebrauchen, daß es die algebraische Lehre von den Skalaren, den Tensoren usw. mitumfaßt. Aus der so verstandenen „Vektoralgebra" wird dann vermöge des Feldbegriffs die „Vektoranalysis" entstehen, indem man Differentiation oder Integration nach den Parametern x_0, y_0, z_0 mit unter die Operationen aufnimmt, denen man die Komponenten der zu betrachtenden Komplexe unterwirft. Der abstrakte Mathematiker würde sagen, daß man neben die algebraischen Invarianten *Differentialinvarianten*, *Integralinvarianten* setzt. — Übrigens werde ich statt x_0, y_0, z_0 jetzt kurz x, y, z schreiben und dafür die Koordinaten eines dem Punkte x, y, z angehefteten Vektors u, v, w nennen. Ich werde auch (wie es bei Hamilton immer, und meist auch bei Maxwell der Fall ist) nunmehr auf die Unterscheidung von Skalaren, Vektoren usw. der ersten und zweiten Art verzichten, mich also auf die Invariantentheorie der eigentlichen orthogonalen Substitutionen beschränken.

Das einfachste Beispiel für die neu zu betrachtenden Bildungen ist wohl, daß man bei gegebener Ortsfunktion $f(x, y, z)$ die Unabhängigkeit der beiden Ausdrücke

$$\left(\frac{\partial f}{\partial x}\right)^2 + \left(\frac{\partial f}{\partial y}\right)^2 + \left(\frac{\partial f}{\partial z}\right)^2 \quad \text{und} \quad \frac{\partial^2 f}{\partial x^2} + \frac{\partial^2 f}{\partial y^2} + \frac{\partial^2 f}{\partial z^2}$$

vom Koordinatensysteme einsieht und damit aus einem ersten Skalarfeld zwei neue ableitet. Der französische Mathematiker Lamé (1795 bis 1870), der diesen Prozeß prinzipiell erfaßte (vgl. seine Leçons sur les Coordonnées Curvilignes, Paris 1859) nannte die beiden Ausdrücke eben wegen ihrer Invarianz *Differentialparameter* der ersten, bzw. der zweiten Ordnung (l. c. S. 6). Aber ihm lag das vektorielle Denken noch fern. Dieses hat in der für uns hier in Betracht kommenden Form zuerst Hamilton ausgebildet (vgl. seine Lectures on quaternions, 1853 sowie Bd. 1, Kap. IV, S. 187). Geschult in den symbolischen Methoden des englischen Analysten, betrachtet er nicht nur

$$\frac{\partial f}{\partial x}, \quad \frac{\partial f}{\partial y}, \quad \frac{\partial f}{\partial z} \tag{22}$$

(also den „Gradienten", wie man mit Maxwell sagt) als Vektor, *sondern geradezu die Symbole selbst:*

$$\frac{\partial}{\partial x}, \quad \frac{\partial}{\partial y}, \quad \frac{\partial}{\partial z}. \tag{23}$$

Da ist es denn ganz klar, daß

$$\left(\frac{\partial}{\partial x}\right)^2 + \left(\frac{\partial}{\partial y}\right)^2 + \left(\frac{\partial}{\partial z}\right)^2 \tag{24}$$

aber ebensowohl auch

$$\frac{\partial^2}{\partial x^2} + \frac{\partial^2}{\partial y^2} + \frac{\partial^2}{\partial z^2} \tag{25}$$

Skalare sind, d. h. Operationen, die auf einen anderen Skalar angewandt (mit ihm multipliziert, wie Hamilton sagt) wieder einen Skalar ergeben. Er hätte ebensowohl bemerken können, daß die 6 zweiten Differentialquotienten

$$\frac{\partial^2}{\partial x^2}, \quad \frac{\partial^2}{\partial y^2}, \quad \frac{\partial^2}{\partial z^2}, \quad \frac{\partial^2}{\partial x \partial y}, \quad \frac{\partial^2}{\partial z \partial x}, \quad \frac{\partial^2}{\partial y \partial z} \tag{26}$$

einen Tensor vorstellen, und daß (25) nichts anderes ist, als die lineare Invariante, die jeder Tensor besitzt.

Man sieht, wie die rein formale Auffassung, welche wir vertreten, hier durchschlägt (während die anschauungsmäßige versagt, mit der die Lehrbücher gewöhnlich beginnen):

$\frac{\partial}{\partial x}, \frac{\partial}{\partial y}, \frac{\partial}{\partial z}$ bezeichnen einen Vektor, weil sie sich bei orthogonalen Substitutionen der dx, dy, dz wie die Komponenten eines Vektors verhalten, und dieses wieder ist der Fall, weil

$$df = \frac{\partial f}{\partial x} dx + \frac{\partial f}{\partial y} dy + \frac{\partial f}{\partial z} dz$$

mit f zusammen ein Skalar ist. Daß Hamilton bei solchen Betrachtungen von seiner Quaternionenbezeichnung Gebrauch macht und die Komponenten (23) zu einem Symbol

(27) $$\nabla = i\frac{\partial}{\partial x} + j\frac{\partial}{\partial y} + k\frac{\partial}{\partial z}$$ [1])

zusammenzieht, kann hier für uns außer Betracht bleiben.

In der Tat hat ja auch Maxwell in seinem Treatise on Electricity and Magnetism (1873), durch welchen in erster Linie die Vektorvorstellungen bei den Physikern verbreitet worden sind, von dem äußeren Formalismus der Quaternionen keinen Gebrauch gemacht. Er hat insbesondere darauf aufmerksam gemacht, daß wenn

$$u, \; v, \; w$$

ein gegebenes Vektorfeld ist, der Ausdruck

(28) $$\frac{\partial u}{\partial x} + \frac{\partial v}{\partial y} + \frac{\partial w}{\partial z}$$

ein zugehöriges Skalarfeld definiert, andererseits aber

(29) $$\frac{\partial v}{\partial z} - \frac{\partial w}{\partial y}, \quad \frac{\partial w}{\partial x} - \frac{\partial u}{\partial z}, \quad \frac{\partial u}{\partial y} - \frac{\partial v}{\partial x}$$

ein zugehöriges Vektorfeld ergeben[2]). Es ist dabei interessant, zu verfolgen, wie sich bestimmte Namen für die (28), (29) erst allmählich durchgesetzt haben. An hydrodynamische Vorstellungen anknüpfend nennt Maxwell den Ausdruck (28), negativ genommen, Konvergenz und der heute herrschende Term *Divergenz* [für (28) selbst] entsprang erst aus einem ganz beiläufigen Vorschlag von Clifford auf S. 209/210 seines Buches „Kinematic" (1878). Den Vektor (29) nannte Maxwell ursprünglich *Rotation* (trotzdem er den *doppelten* Betrag der Drehung des Flüssigkeitsteilchens vorstellt); in seinem Treatise heißt er „curl", ein Term, der in seiner englischen Form, stellenweise ins Deutsche übersetzt als „Quirl", auch in die deutsche Lehrbuch-Literatur vielfach eingedrungen ist. Neuerdings ist man aber doch wieder zu *„rot"* zurückgekehrt, was manche nach Clifford „Rotor" aussprechen.

Die Benennung besonderer Vektorfelder, für welche die Ausdrücke (28) oder (29) identisch verschwinden, als *solenoidal* und *lamellar* findet sich schon bei W. Thomson l. c., andere sagen, in Festhaltung des hydrodynamischen Bildes, *quellenfrei* und *wirbelfrei*. Es ist von vorneherein klar, daß der Ausdruck (28) nur bei orthogonalen Substitutionen invariant ist, die Ausdrücke (29) aber bei beliebigen affinen

---

[1]) Dem sog. „Nabla" der Quaternionisten, wegen der Ähnlichkeit des Zeichens ∇ mit einem hebräischen Musikinstrument dieses Namens.

[2]) Beides klar nach unseren früheren Ansätzen, wenn man nur $\frac{\partial}{\partial x}, \frac{\partial}{\partial y}, \frac{\partial}{\partial z}$ selbst als Vektor gelten lassen will, den man mit u, v, w skalar oder vektoriell multipliziert.

Substitutionen der Determinante $+1$ (weil sie zweigliedrigen Graßmannschen Unterdeterminanten entsprechen). Wir schließen weiter, daß

$$u\left(\frac{\partial v}{\partial z}-\frac{\partial w}{\partial y}\right)+v\left(\frac{\partial w}{\partial x}-\frac{\partial u}{\partial z}\right)+w\left(\frac{\partial u}{\partial y}-\frac{\partial v}{\partial x}\right) \tag{30}$$

eine affine Invariante vorstellt. Es ist natürlich nicht zufällig, daß die (29), (30) gerade auftreten, wenn es sich in der allgemeinen Analysis darum handelt, lineare Differentialausdrücke (Pfaffsche Ausdrücke):

$$u\,dx+v\,dy+w\,dz \tag{31}$$

nach ihrem Verhalten gegenüber beliebigen Punkttransformationen:

$$x=\varphi\,(\xi\eta\zeta),\quad y=\psi\,(\xi\eta\zeta),\quad z=\chi\,(\xi\eta\zeta)$$

zu klassifizieren[1]). Denn die in dem Skalar (31) auftretenden dx, dy, dz werden ja bei einer solchen Transformation affin substituiert. Nun ist eine der merkwürdigsten Leistungen von Graßmann, daß er in seiner Ausdehnungslehre von 1862 diese Formeln auf beliebiges n übertragen, d. h. die n-gliedrigen Pfaffschen Ausdrücke überhaupt nach ihrem Verhalten bei beliebigen Punkttransformationen klassifiziert hat. Man wird sagen können, daß er damit zugleich das Studium der n-dimensionalen Vektorfelder, soweit affine Eigenschaften in Betracht kommen, auf eine feste Basis gestellt hat.

Um ein Beispiel von Integralinvarianten zu geben, erweitern wir die Darstellung eines beliebigen Vektorfeldes u, v, w durch die Überlagerung eines lamellaren und eines solenoidalen Feldes, welche dem Wesen der Sache nach bereits 1850 von Stokes[2]) gegeben wurde. Man setzt

$$\begin{aligned} u&=\frac{\partial f}{\partial x}+\frac{\partial V}{\partial z}-\frac{\partial W}{\partial y},\\ v&=\frac{\partial f}{\partial y}+\frac{\partial W}{\partial x}-\frac{\partial U}{\partial z},\\ w&=\frac{\partial f}{\partial z}+\frac{\partial U}{\partial y}-\frac{\partial V}{\partial x} \end{aligned} \tag{32}$$

und bedingt außerdem:

$$\frac{\partial U}{\partial x}+\frac{\partial V}{\partial y}+\frac{\partial W}{\partial z}=0. \tag{32'}$$

---

[1]) Das Verschwinden der Ausdrücke (29) bedeutet bekanntlich, daß (31) ein exaktes Differential df ist, das Verschwinden von (30), daß es sich durch Multiplikation mit einem Faktor in ein solches verwandeln läßt.

[2]) Stokes: Cambridge Trans. 9 = Papers Bd. 2, S. 255ff. — Ich gebe die meisten dieser Zitate nach dem Enzyklopädieartikel IV, 14 von Abraham, wo man auch viele interessante Einzelbemerkungen findet, die ich hier unmöglich reproduzieren kann.

Man findet für das „skalare" Potential f:

$$(33)\qquad \nabla f = \frac{\partial^2 f}{\partial x^2} + \frac{\partial^2 f}{\partial y^2} + \frac{\partial^2 f}{\partial z^2} = \frac{\partial u}{\partial x} + \frac{\partial v}{\partial y} + \frac{\partial w}{\partial z}$$

und für das „Vektorpotential" (U, V, W):

$$(34)\qquad -\nabla U = \frac{\partial v}{\partial z} - \frac{\partial w}{\partial y}, \quad -\nabla V = \frac{\partial w}{\partial x} - \frac{\partial u}{\partial z}, \quad -\nabla W = \frac{\partial u}{\partial y} - \frac{\partial v}{\partial x},$$

d. h. Differentialgleichungen, die nach bekannten Methoden der Potentialtheorie unter geeigneten Voraussetzungen über das Verhalten der u, v, w im Unendlichen und die Art der sonst bei ihnen auftretenden Singularitäten — durch bestimmte Integrale integriert werden:

$$(35)\qquad f(a,b,c) = \frac{1}{4\pi} \iiint \frac{\left(\frac{\partial u}{\partial x} + \frac{\partial v}{\partial y} + \frac{\partial w}{\partial z}\right) dx\, dy\, dz}{\sqrt{(x-a)^2 + (y-b)^2 + (z-c)^2}} \quad \text{usw.}$$

§ 6. Die invariantentheoretische Darstellung in der Vektorlehre.

Wenn wir vorstehend die Vektorlehre usw. als eine Art Korollar zur Invariantentheorie der orthogonalen Substitutionsgruppe dargestellt haben (statt sie auf anschaulich-geometrische Betrachtungen ad hoc zu stützen), so dürfen wir nicht verschweigen, daß eine solche Darstellung in der Literatur nur selten hervortritt.

Mir sind in dieser Hinsicht nur wenige Ausnahmen bekannt, von denen ich zwei anführe.

Die eine bezieht sich auf eine auch sonst sehr interessante Abhandlung, welche der hervorragende englische Physiker und Ingenieur Rankine schon 1855/56 in den London Philosophical Transactions, Bd. 146, veröffentlichte[1]). Die Verzerrung, welche die Umgebung irgend einer Stelle eines elastischen Körpers bei unendlich kleinen Verschiebungen u, v, w seiner Punkte erleidet, ist bekanntlich durch die 6 Komponenten

$$(36)\qquad \frac{\partial u}{\partial x},\ \frac{\partial v}{\partial y},\ \frac{\partial w}{\partial z},\ \frac{1}{2}\left(\frac{\partial v}{\partial z} + \frac{\partial w}{\partial y}\right),\ \frac{1}{2}\left(\frac{\partial w}{\partial x} + \frac{\partial u}{\partial z}\right),\ \frac{1}{2}\left(\frac{\partial u}{\partial y} + \frac{\partial v}{\partial x}\right)$$

gegeben. Diesen „Tensor" behandelt nun Rankine, in direkter Bezugnahme auf Sylvesters damals neue, grundlegende Entwicklungen, genau so mit invariantentheoretischen Methoden, wie wir dies heute tun würden.

Ferner nehme ich eine Arbeit von Burkhardt im 43. Bande der Math. Ann. (1893)[2]). Drude hatte kurz vorher in seinen optischen Untersuchungen die Frage gestellt:

---

[1]) On axes of elasticity and crystalline forms.

[2]) Über Funktionen von Vektorgrößen, welche selbst wieder Vektorgrößen sind.

„Gegeben seien eine beliebige Anzahl von Vektorgrößen, Funktionen der Lage eines oder mehrerer Punkte; man soll auf die allgemeinste Weise Funktionen derselben und ihrer Differentialquotienten nach den Koordinaten bestimmen, welche selbst wieder Vektorgrößen sind," — die Burkhardt zunächst dahin präzisiert, daß es sich nur um rationale ganze Funktionen der gegebenen Vektorkomponenten handeln soll, die in den nach den x, y, z genommenen Differentialquotienten linear sind; worauf er die Frage mit Hilfe methodischer Reihenentwicklungen, wie sie in der linearen Invariantentheorie üblich sind, erledigt. Hierdurch ist eine verbesserte Einsicht in den Aufbau der in der mathematischen Physik der Kontinua auftretenden linearen Differentialgleichungen gewonnen. Es ist also wirklich nützlich, Kenntnisse aus der Invariantentheorie heranzuziehen.

Warum gibt es so wenige derartige Publikationen? Warum insbesondere mußte sich der Anstoß von Rankine, der allgemein auf eine Verbindung der mathematisch-physikalischen Arbeiten seiner Landsleute mit der formal algebraischen abzielte, totlaufen? Wir finden bald hernach in England einen scharfen Gegensatz der beiden Schulen: Die Invariantentheorie mit ihrer projektiven Deutung erschien den Physikern als etwas gänzlich Überflüssiges, wie mich denn der Edinburgher Physiker Tait eines Tages betreffend Cayley fragte: Ist es nicht ein Jammer, daß ein so hervorragender Mann seine Kraft für so völlig nutzlose Fragen einsetzt?

Ich berühre diese mißlichen Verhältnisse um so lieber, als sie in der modernen Mathematik nichts Singuläres sind, sondern in ähnlicher Weise in den verschiedensten Kreisen bei den verschiedensten Anlässen immer wieder hervortreten.

Die Hauptquelle liegt wohl in der großen Ausdehnung, welche die Wissenschaft je länger je mehr genommen hat. Der einzelne Forscher hat nicht mehr die Zeit — oder glaubt sie nicht mehr zu haben — sich eine umfassende mathematische Bildung anzueignen. Er schafft lieber das, was er nötig hat, von Fall zu Fall von sich aus durch besonderen Ansatz und ist dabei mehr, als ihm bewußt ist, von den Traditionen der Schule, innerhalb deren er aufgewachsen ist, innerlich eingeengt. Darüber geht dann leider das Bewußtsein für die Solidarität aller Arten mathematischer Forschung verloren.

Im Falle der Vektoranalysis muß noch in Betracht gezogen werden, daß das in Betracht kommende Gebiet durch die symbolischen Methoden von Hamilton und Graßmann bereits, sozusagen, vorweg besetzt war. Wer einmal an eine bestimmte Art von Formeln gewöhnt ist, entschließt sich nur schwer, das Wesen und die etwaigen Vorteile anderer Schreibweisen durchzudenken und gar zu deren Verbreitung beizutragen. Bei der weiteren Entwicklung der einschlägigen Literatur, die wir im folgenden allerdings nur streifen können, hat sich dies nur zu sehr bestätigt. Infolgedessen erfolgt ein ganz unnötiger Kräfteverbrauch: dieselben Gedankenreihen werden immer wieder auf andere Weise neu konstruiert. Und es entsteht ein Wirrsal, wie wenn ein Fluß, welcher der Schiffahrt die größten Dienste leisten könnte, sich ins Unbegrenzte verästelt.

Eine wesentliche Absicht dieses Buches ist es, den hiermit angedeuteten Mißständen entgegenzuwirken[1]).

§ 7. Von der Entwicklung der Vektorlehre in den verschiedenen Ländern über Maxwells Treatise hinaus.

Die Entwicklung, von der hier die Rede sein soll, läßt sich kurz dahin charakterisieren: daß sich aus den Auffassungsweisen der Physiker und den Graßmannschen Ideen Kombinationen bilden, welche bald mehr von der einen, bald von der anderen Seite beeinflußt scheinen.

Wir haben hier in erster Linie von den Arbeiten von J. W. Gibbs zu berichten, und da sonst in diesem Buch von amerikanischen Mathematikern noch nicht die Rede war, so mögen wir ein wenig weiter ausholen.

Es ist noch keine 50 Jahre her, daß Amerika an der Entwicklung der reinen Mathematik selbständigen Anteil nimmt. Einen ersten Anfang dazu machte 1870 der Astronom Benjamin Peirce (der auch als Lehrer vielfach anregend wirkte), indem er der National Academy in Washington seine „Linear Associative Algebra" vorlegte, in welcher er die verschiedenen Möglichkeiten mehrgliedriger komplexer Zahlen zu umgrenzen sucht. Auch der glänzende Aufschwung der theoretischen Astronomie in Amerika, wie er durch die Namen Newcomb und Hill belegt wird, geht auf seine Lehrtätigkeit zurück. Immerhin blieb Amerika noch lange Jahre ein Land für mathematischen Import, sei es, daß die jungen Mathematiker von dort nach Europa kamen, um bei uns zu lernen, sei es, daß man einzelne Mathematiker von uns dorthin berief. Außerordentlich wirksam war es insbesonders, daß

[1]) Im Zusammenhange hiermit ist die Schrift des Holländers J. A. Schouten (Grundlagen der Vektor- und Affinoranalysis, 1914) zu erwähnen. Indem sich der Verfasser prinzipiell auf die allgemeine Auffassungsweise des Erlanger Programms bezieht, unternimmt er es, den verschiedenen Entwicklungen der Hamiltonianer und Graßmannianer usw. je ihren besonderen Platz anzuweisen. Das ist an sich genau, was hier gewünscht wird, und es ist um so mehr zu begrüßen, als der Verfasser durch genaue Betrachtung auch der Größenverbindungen höheren Grades weit über die von uns hier allein berührten Elemente der Theorie hinausgeht. Leider aber macht er bei der Durchführung nicht von den längst feststehenden Prozessen der linearen Invariantentheorie, sondern von neu eingeführten Multiplikationszeichen ausgiebigen Gebrauch, in einem solchen Maße, daß z. B. ich für mich es unmöglich finde, ihm in die Einzelheiten zu folgen.

1876—1883 Sylvester an der neu entstandenen John Hopkins Universität in Baltimore wirkte. Er hat dort u. a. die erste der führenden mathematischen Zeitschriften Amerikas, das „American Journal of Mathematics" begründet. Nehmen wir als weitere Daten, daß 1891 die New-Yorker Mathematische Gesellschaft entstand, die sich bald zur „American Mathematical Society" erweiterte, daß mit der Weltausstellung 1893 in Chikago u. a. auch ein Mathematischer Kongreß verbunden war[1]), und daß seit 1900 eigene „Transactions" der Mathematischen Gesellschaft erscheinen. In diesen Angaben sehen wir als Ergebnis einer systematischen Aneignung europäischer Wissenschaft eine immer weiter gehende Entwicklung zu mathematischer Selbstständigkeit, vermöge deren sich heute Amerika als gleichberechtigt neben die älteren Kulturnationen stellt.

Aber hiermit sind nur einige der nach außen hervortretenden Momente genannt. J. W. Gibbs, von dem ich hier insbesondere zu erzählen habe, hat sich daneben in stiller Zurückgezogenheit entwickelt. Von 1866—69 hat er in Europa studiert, insbesondere 1868—69 bei Kirchhoff und Helmholtz in Heidelberg. Im übrigen hat er sein ganzes Leben (1839—1903) in seinem Heimatsstaat Connecticut verbracht. Erst 1873 erschienen seine ersten beiden Veröffentlichungen (über die Diagramme der mechanischen Wärmetheorie), denen dann 1876 bzw. 1878 die große Abhandlung „On the Equilibrium of Heterogeneous Substances" folgte, welche eine der Hauptgrundlagen der physikalischen Chemie werden sollte[2]). Über Vektoranalysis hat Gibbs zuerst 1881 bzw. 1884 einen Leitfaden für seine Studenten (an der Universität New-Haven) erscheinen lassen, der später (1901) in erweiterter Form von Wilson als Lehrbuch herausgegeben wurde. Kurz vor seinem Tode hat Gibbs noch sein Werk über Statistische Mechanik (1902) veröffentlicht. Alles, was Gibbs geschrieben hat, ist innerlich ausgereift und in vortrefflicher Ordnung dargestellt. So kann es nicht wundernehmen, daß er sich von vornherein zu der streng gegliederten Logik der Graßmannschen Ausdehnungslehre hingezogen fühlte. Es hat ihn das in vielfache Diskussionen mit den Quaternionisten, in deren Tradition er aufgewachsen war, geführt[3]).

Gibbs' Darstellung der Vektoranalysis, die weithin auf die physikalischen Kreise wirken sollte, läßt in der Tat den Begriff der (4 teiligen) Quaternion ganz beiseite und operiert von vornherein mit dem Vektor (des dreidimensionalen Raumes) als solchem. Er hat dabei der all-

---

[1]) Die Sammlung der dort vorgelegten Arbeiten enthält noch vorwiegend auswärtige, insbesondere deutsche Namen. Ich selbst hielt damals die Vorträge, welche 1894 unter dem Titel „The Evanston Colloquium" herausgegeben worden sind. Vgl. F. Klein, Ges. Abh. Bd. 2, S. 5.

[2]) Siehe Bd. 1, S. 242.

[3]) Vgl. überall The Scientific Papers of J. Willard Gibbs, 2 Bde., London 1906.

gemeinen linearen Vektorfunktion Hamiltons, also in unserer Ausdrucksweise der allgemeinen Bilinearform $\sum \alpha_{ik} x_i y_k$ seine besondere Aufmerksamkeit gewidmet. Es kann sein, daß eine solche Bilinearform in das Produkt zweier Linearfaktoren zerfällt: $\sum b_i x_i \cdot \sum c_k y_k$. Gibbs bezeichnet sie dann als *Dyade*. Es scheint ihm einfacher, zunächst eine „Dyadenrechnung" zu begründen und die allgemeine Bilinearform, die er daraufhin „Dyadic" nennt, als Summe verschiedener Dyaden zu fassen. Offenbar entspricht der Dyade eine solche Bilinearform, bei der sämtliche Unterdeterminanten der Matrix

$$\begin{vmatrix} \alpha_{11} & \alpha_{12} & \alpha_{13} \\ \alpha_{21} & \alpha_{22} & \alpha_{23} \\ \alpha_{31} & \alpha_{32} & \alpha_{33} \end{vmatrix}$$

verschwinden. Ich kann die Sache nicht weiter ausführen.

Mit der Form, welche die Vektoranalysis bei Gibbs genommen hat, stimmen im wesentlichen die Ausführungen von Heaviside in England[1]). Heaviside ist den Physikern als einer der ersten bekannt, welche Maxwells elektromagnetische Theorie auf zahlreiche Einzelprobleme erfolgreich anwandte; u. a. finden sich bei ihm zum ersten Male die nach Maxwell benannten Differentialgleichungen des elektromagnetischen Feldes, die Maxwell selbst nur mit Worten umschrieben hatte, explizite hingeschrieben. Von Hause aus Telegrapheningenieur, dann als Privatmann lebend, ist Heaviside nie von des Verstandes Blässe angekränkelt gewesen, sondern hat, wo er Gelegenheit zu haben glaubte, den gesunden Menschenverstand mit Humor hervorgekehrt. So sind denn gerade seine Ausführungen über Vektoranalysis mit den eingestreuten polemischen Erörterungen sehr amüsant zu lesen.

An Heaviside wieder knüpft die erste selbständige Darstellung, welche die Vektorlehre in Deutschland gefunden hat, an. Das ist A. Föppls „Geometrie der Wirbelfelder" (1897), eine Ausführung zu den kürzer gefaßten bez. Darlegungen in desselben Autors „Einleitung in die Maxwellsche Theorie" (1894). Aus diesen beiden Veröffentlichungen ist später die von Abraham bearbeitete zweibändige „Theorie der Elektrizität" entstanden, die jetzt eines der verbreitetsten Lehrbücher dieses Gebietes ist. Zugleich ist die Vektoranalysis in der einen oder anderen Form in fast alle Lehrbücher der mathematischen Physik oder Mechanik eingedrungen. Daneben sind kleinere Kompendien ad hoc in größerer Zahl entstanden; ich nenne hier in alphabetischer Reihenfolge Bucherer, Gauß, Jahnke, Ignatowski, Valentiner[2]). Um-

---

[1]) Vgl. insbesondere Heaviside, Electromagnetic Theory (1894), Bd. 1, S. 132 bis 305: „Elements of vectorial algebra and analysis".

[2]) Das Buch von Budde: Tensoren und Dyaden im dreidimensionalen Raum, 1913, hat mehr monographischen Charakter.

fangreicher ist das neu erschienene, für Techniker bestimmte Lehrbuch von Spielrein.

Es kann nicht meine Aufgabe sein, diese einzelnen Darstellungen zu besprechen. Aber hervorgehoben muß werden, daß in ihnen mehr oder minder die Vektorlehre als etwas aufgefaßt wird, was der traditionellen analytischen Geometrie, d. h. der Koordinatengeometrie, entgegengesetzt ist und unabhängig von ihr entwickelt werden muß, vielleicht gar als Grundlage der Koordinatengeometrie zu betrachten ist. Das ist also genau das Gegenteil von der invariantentheoretischen Behandlung der Geometrie, die wir hier vertreten haben und die den Gebrauch der Koordinaten durch das Intermedium der Substitutionsgruppe mit der Beweglichkeit unserer Raumanschauung verbindet. Der Gegensatz, um den es sich handelt, ist in England entstanden, wo der „poor old Cartesian with his axes" in den polemischen Darlegungen eine stehende Rolle spielt[1]).

Wir haben nun noch von den Italienern zu sprechen. Man konnte von vornherein voraussetzen, daß die Graßmannschen Doktrinen, sobald sie erst bekannt geworden waren, bei ihnen eine gute Aufnahme finden mußten, insofern der Sinn für geometrische Darstellungsweise wie für logische Gliederung in Italien beide sehr allgemein verbreitet sind. So veröffentlicht denn schon 1888 Peano in Turin ein beachtenswertes Lehrbuch: „Calcolo geometrico secondo l'Ausdehnungslehre di H. Grassmann, proceduto delle operazioni della logica deduttiva."

Von der „logica deduttiva", welche die aus der Vieldeutigkeit unserer gewöhnlichen Sprache entstehenden Unsicherheiten durch Einführung bestimmter Formelzeichen für die verschiedenen Arten logischer Verknüpfung beseitigen will, werden wir in einem späteren Abschnitt dieser Darstellung zu handeln haben[2]). Hier sei nur bemerkt, daß sich Peano in seinem Buche auf den Raum von 3 Dimensionen beschränkt und den Physikern so weit entgegenkommt, daß er die Bezeichnungen Vektor usw. aufnimmt.

Aus der Peanoschen Schule sind dann insbesondere die beiden heutigen Vorkämpfer der Vektorlehre in Italien hervorgegangen: Burali Forti (in Turin) und Marcolongo (in Neapel). Ihnen verdanken wir an Lehrbüchern u. a. die beiden 1909 erschienenen Werke: die „Elementi di calcolo vettoriale con numerose applicazioni alla geometria, alla mechanica è alla fisica matematica" und die „Omografie

[1]) Ursprünglich bei Sir Robert Ball 1887 in seiner amüsanten Rede über die Bedeutung der Schraubentheorie für die Mechanik starrer Körper (British Association, Manchester). Merkwürdig, daß die Herren, welche die Achsen verpönen, trotzdem dem Koordinatenanfangspunkt eine bevorzugte Stellung belassen.

[2]) Klein hat diesen Abschnitt nicht mehr vollenden können. (H.)

vettoriale" (unsere Affinoren). Die beiden Veröffentlichungen sind neuerdings (1912/13) in einer zusammenfassenden französischen Übersetzung als „Analyse vectorielle générale" erschienen[1]).

Erläuterungen zum ersten Kapitel.

1. S. 3: „unimodular" — d. h. mit der Substitutionsdeterminante $|s_{ik}| = 1$. Setzt man nur $|s_{ik}| \neq 0$ voraus, so ist es aus arithmetischen Gründen zweckmäßig, den Invariantenbegriff zu verallgemeinern; man sieht als Invarianten alle Polynome $J(x_1, \ldots, x_n)$ an, die vermöge (1) die Bedingung erfüllen:

$$J(x_1, \ldots, x_n) = J(x'_1, \ldots, x'_n) \cdot |s_{ik}|^p \qquad (p \geqq 0, \text{ ganz}).$$

Nur für $|s_{ik}| = 1$ erhält man also die nächstliegende Invariantendefinition $J(x) = J(x')$. Entsprechend verfährt man bei Kovarianten und Simultaninvarianten. Deutet man die (x), (x') als kartesische Punktkoordinaten im n-dimensionalen Raum und betrachtet (1) als Punkttransformation in ihm, so ist insbesondere jeder Rauminhalt eines n-dimensionalen Quaders als Funktion des Koordinaten seiner Ecken eine Simultaninvariante von (1) (vgl. § 3); er multipliziert sich vermöge (1) mit $|s_{ik}|$, bleibt also nur für $|s_{ik}| = 1$ ungeändert. Daher nennt man die unimodularen Substitutionen auch „inhaltstreue" (vgl. W. Blaschke, Vorlesungen über Differentialgeometrie II, Berlin 1923).

2. S. 4, Z. 20. Diese Überlegung ist keineswegs ein einmaliger Kunstgriff; vielmehr ist die Methode, Formen n-ten Grades mit n-ten Potenzen von Linearform zu vergleichen, eine der wichtigsten der Theorie; sie führt zum *symbolischen Kalkül* (vgl. Weitzenböck l. c. S. 2). Die Textbehauptung sei deshalb genauer erläutert.

S sei die durch (1) induzierte allgemeine Substitutionsmatrix der a_{ik}.

$$S = \begin{pmatrix} S_{11} & \ldots & S_{1N} \\ \cdot & \cdot & \cdot \\ S_{N1} & \ldots & S_{NN} \end{pmatrix} \qquad \left(N = \frac{n(n-1)}{2}\right)$$

T sei die Substitutionsmatrix der $u_i u_k$, wenn man die (u) kontragredient zu dem (x) substituiert; zu beweisen ist $S = T$.

Zu diesem Zweck beachte man, daß sich die $u_i u_k$ außer nach T jedenfalls auch nach S substituieren; sie sind ja eins der möglichen Systeme a_{ik}. Man hat also $u_i u_k = T(u'_i u'_k) = S(u'_i u'_k)$. Durch Subtraktion erhält man daraus N Gleichungen der Form

$$0 = (S_{l_1} - T_{l_1}) u'^2_1 + (S_{l_2} - T_{l_2}) u'_1 u'_2 + (S_{l_3} - T_{l_3}) u'^2_2 + \cdots + (S_{lN} - T_{lN}) u'^2_N \qquad (l = 1, \ldots, N)$$

[1]) Inzwischen erschienen: Marcolongo: Relativitá. Messina 1923. Vgl. auch Anmerkung 1 zum 3. Kapitel. (H.)

Wäre nicht $S = T$, so gäbe es unter diesen Gleichungen eine, in der nicht alle Koeffizienten der $u'_i u'_k$ verschwinden; das wäre in der Tat eine lineare Beziehung zwischen den $u'_i u'_k$; also eine quadratische Gleichung in den u'_i selbst, im Widerspruch dazu, daß die u'_i unabhängig veränderlich sein sollen.

3. S. 7, Z. 4: Wenn also sechs Zahlen $p_{12}, \ldots, p_{34}$ die Gleichung $P = 0$ erfüllen, so gibt es immer acht Zahlen $x_1, \ldots, x_4, y_1, \ldots, y_4$, so daß $p_{12} = x_1 y_2 - x_2 y_1$ usw. Beweis siehe Anmerkung 5.

4. S. 10, Z. 4: Ein Verfahren, das sowohl in der Invariantentheorie als insbesondere auch in der Geometrie sehr wirksam ist. Aus der Linearität und Homogenität der Substitutionen, die die Komponenten eines Komplexes erleiden, folgt nämlich:

a) Ein Komplex *verschwindet identisch* (d. h. seine sämtlichen Komponenten sind in jedem Koordinatensystem Null), wenn seine Komponenten in irgendeinem Koordinatensystem Null sind.

b) Addiert man kogrediente Komplexe nach der Regel der Matrizenaddition, so ist die Summe ein den Summanden kogredienter Komplex, man „darf" also Komplexe addieren; analog „darf" man Komplexe mit Konstanten bzw. Invarianten multiplizieren.

Aus a) und b) ergibt sich: Haben zwei kogrediente Komplexe in einem speziellen Koordinatensystem S_0 gleiche Komponenten, so in jedem; denn dann hat die Differenz der beiden Komplexe in S_0 verschwindende Komponenten, also verschwindet sie identisch. Die Komplexe sind gleich.

Wie im Text kommt es daher, um Gleichungen zwischen Komplexen aufzustellen, immer darauf an, ein Koordinatensystem zugrundezulegen, in dem die Komplexkomponenten möglichst einfache Werte haben.

5. S. 10, Z. 15: Hieraus folgt der Beweis der in Anmerkung 3 formulierten Behauptung:

Die p_{ik} stellen eine Gerade dar, wenn sie nicht alle Null sind; die Zahlen $x_1 \ldots x_4, y_1 \ldots y_4$ müssen die homogenen Koordinaten zweier Punkte dieser Geraden sein. Diese Punkte müssen sich auf der Geraden noch verschieben lassen; man wird sie zweckmäßig auf zwei Koordinatenebenen wählen. Setzen wir an $x_2 = 0$, $y_1 = 0$, dann hat man die Gleichungen zu erfüllen:

$$\begin{aligned} p_{12} &= x_1 y_2 & \qquad p_{23} &= -x_3 y_2 \\ p_{13} &= x_1 y_3 & p_{24} &= -x_4 y_2 \\ p_{14} &= x_1 y_4 & p_{34} &= x_3 y_4 - x_4 y_3. \end{aligned}$$

Nehmen wir $p_{12} \neq 0$ an (sonst hätte man andere Koordinatenebenen auszeichnen müssen). Setzen wir $x_1 = 1$, so bestimmen sich die noch freien y_2, y_3, y_4, x_3, x_4 eindeutig und endlich aus den ersten fünf Gleichungen. Die letzte ist wegen $P = 0$ von selbst erfüllt.

Verschwinden alle p_{ik}, so läßt sich die Forderung $p_{ik} = x_i y_k - x_k y_i$ offenbar bei willkürlichen x_i und mit willkürlichem ν durch $y_i = \nu x_i$ erfüllen.

6. S. 15, Z. 16 v. u.: Nach dem in Anmerkung 4 erklärten Prinzip folgt daraus der Satz für $n = 4$ allgemein, wenn man zeigt, daß die Ausdrücke D', D'', . . . Invarianten sind; dies ist mit Hilfe des Determinantenmultiplikationssatzes leicht nachzurechnen.

7. S. 15, Z. 5 v. u.: „Zugrundelegung" — d. h. unter Beschränkung auf Substitutionen, die dieses f unverändert lassen.

8. S. 21, Z. 1: „Kontinuitätsgedanke". — Hierauf gründet sich das „Hesse-Kleinsche Übertragungsprinzip". Man deutet die Koeffizienten einer Form bzw. die Komponenten eines Komplexes als Koordinaten in einem neuen Raum, dem „Formenraum". Jeder Punkttransformation des ursprünglichen Raumes entspricht dann eine Punkttransformation des Formenraumes. So erhalten die „induzierten Substitutionen" ein geometrisches Bild. Eine erfolgreiche Anwendung des Verfahrens macht z. B. die Arbeit von P. J. Myrberg: Untersuchungen über die automorphen Funktionen beliebig vieler Variabeln, Acta math. 46, S. 215—336. 1925.

9. S. 23, Z. 9: Die Unterscheidung von symmetrischen und antisymmetrischen Komplexen ist grundlegend. Es zeigt sich, daß die linearen Größen allgemeinster Art sich additiv, und zwar im allgemeinen eindeutig zusammensetzen lassen aus symmetrischen, alternierenden und anderen Komplexen, die durch gewisse allgemeinere Permutationsregeln gekennzeichnet sind; alle diese Regeln sind wirkliche *Eigenschaften der Komplexe*, unabhängig vom Koordinatensystem. Vgl. B. v. d. Waerden: Identitäten der Invariantentheorie. Math. Ann. 95. 1926.

10. S. 27: Klein hatte für den Formalismus geometrischer Darstellung und Rechnung lebhaftes Interesse, und gewisse Polemiken über den Wert der projektiven Geometrie, über das Erlanger Programm, über die vektorielle Schreibweise und ähnliches kehren in seinen Schriften und Vorlesungen mehrfach wieder.

Der Herausgeber glaubt, das meiste hiervon in diesem Buch um so mehr unterdrücken zu dürfen, als die formale Entwicklung der Relativitätstheorie und Differentialgeometrie den Zustand, den Klein vor Augen hatte, überschritten hat.

Fortgelassen ist in diesem Abschnitt der Schlußparagraph des Manuskripts: „§ 8. Moderne Versuche zur Vereinheitlichung der Vektorbezeichnungen." Stark gekürzt sind §§ 1, 2. § 3 folgte ursprünglich auf § 6. Diese Anordnung war wohl nur in der zwangloseren Form der Vorlesung gerechtfertigt, aus der dieses Buch erwachsen ist.

11. S. 35: Zu §§ 4, 5. Seit dem Durchdringen der allgemeinen Relativitätstheorie hat sich der Sprachgebrauch geändert, weil durch sie

der Riccikalkül stärkere Beachtung gefunden hat als vorher; die Begriffe *Vektor, Tensor* usw. bleiben nicht mehr auf die orthogonale Gruppe beschränkt, sondern werden durch den Riccikalkül in die *Differentialgeometrie der allgemeinen Punkttransformationen* eingeführt. Auch die Art, wie in §§ 4, 5 Invarianten, Vektoren und Tensoren berechnet werden, läßt sich vom Riccikalkül her leichter übersehen. Vgl. Anmerkung 1 zum dritten Kapitel.

12. S. 38, Z. 31: Herleitung: λ_{ik} ist kontragredient zu $x_i y_k - y_i x_k = p_{ik}$. Da nach S. 15 Formel (13') $\sum p_{ik}^2$ invariant ist, *substituieren sich die p_{ik} orthogonal.* Daher ist nach der Schlußweise S. 36 λ_{ik} auch kogredient zu p_{ik}, $\sum \lambda_{ik}^2$ und Λ sind in der Tat Invarianten, und die λ_{ik} substituieren sich orthogonal.

Zweites Kapitel.

Die spezielle Relativitätstheorie in Mechanik und mathematischer Physik.

Es wird sich nunmehr um die Anwendung handeln, welche sich den einfachen im vorigen Kapitel auseinandergesetzten Theorien neuerdings in Mechanik und mathematischer Physik erschlossen hat. Wir werden dabei dem herrschenden Sprachgebrauch der Physiker die Konzession machen, daß wir durchweg nicht mehr von der Invariantentheorie relativ zu einer vorgelegten Gruppe linearer (später auch nichtlinearer) Substitutionen, sondern von der Relativitätstheorie einer Gruppe reden. In der Tat ist, wenn man den Dingen auf den Grund geht, das Wort „Relativitätstheorie" immer mit Rücksicht auf eine vorgelegte Gruppe zu verstehen und es liegt nur an der Ungenauigkeit unserer Sprache, wenn sich daneben, auch bei hervorragenden Autoren, immer wieder gelegentlich die Auffassung geltend macht, als handele es sich schlechtweg darum, Bewegung als etwas „Relatives" aufzufassen.

Ehe wir uns dem Hauptgegenstand dieses Kapitels, der *Relativitätstheorie der Lorentzgruppe,* zuwenden, müssen wir lernen, wie in der klassischen Mechanik (insbesondere der Himmelsmechanik, die man als den Anfang aller mathematischen Physik anzusehen hat), von jeher, d. h. seit ihrer Begründung durch Galilei und Newton, in entsprechender Weise *eine ausgeartete Form der Lorentzgruppe* zur Geltung gekommen ist. Selbstverständlich ursprünglich so, daß man sich dessen nicht bewußt war. Um so reizvoller ist es, gewisse Hauptsätze der Himmelsmechanik nun hinterher entsprechend den uns geläufigen gruppentheoretischen Gesichtspunkten zu ordnen.

A. Die klassische Himmelsmechanik und die Relativitätstheorie der Galilei-Newton-Gruppe.

§ 1. Definition und Bedeutung der Gruppe, von den Differentialgleichungen des n-Körperproblems aus.

Wir wollen hier nicht mit allgemeinen Erörterungen über das Trägheitsgesetz (aufgestellt von Galilei um 1602) oder mit Newtons allgemeiner Gravitation (Philosophiae naturalis principia mathematica, 1687) beginnen, sondern gleich in medias res treten. Die Differentialgleichungen des n-Körperproblems, wie man sie heute in allen Lehrbüchern findet, lauten:

$$\text{I.}\qquad \left\{\begin{aligned} \ddot{x}_i &= \varkappa^2 \sum_{k=1}^{n} m_k \frac{x_k - x_i}{r_{ik}^3} \\ \ddot{y}_i &= \varkappa^2 \sum_{k=1}^{n} m_k \frac{y_k - y_i}{r_{ik}^3} \\ \ddot{z}_i &= \varkappa^2 \sum_{k=1}^{n} m_k \frac{z_k - z_i}{r_{ik}^3} \end{aligned}\right. \qquad (i = 1, \ldots, n).$$

Hier ist $\varkappa^2$ die sogenannte Gravitationskonstante:

$$\varkappa^2 = 6{,}675 \cdot 10^{-8}\ [\mathrm{cm}^2\ \mathrm{gr}^{-1}\ \mathrm{sec}^{-2}].$$

An diese Gleichungen gehen wir sofort mit der Frage heran, bei welchen linearen Substitutionen der Veränderlichen x, y, z, t sie ungeändert bleiben.

Am nächsten liegt es für den Physiker vielleicht, mit sogenannten Dimensionsbetrachtungen zu beginnen. Die Gleichungen I bleiben bei der „Ähnlichkeitstransformation":

$$(1)\qquad x_i' = \lambda^2 x_i, \quad y_i' = \lambda^2 y_i, \quad z_i' = \lambda^2 z_i, \quad t' = \lambda^3 t$$

ungeändert und jedermann sieht, wie diese bei dem sogenannten 3. Keplerschen Gesetze („die Quadrate der Umlaufszeiten verhalten sich wie die Kuben der halben großen Achsen") durchleuchtet. Indessen zeigt sich, daß gerade dieser Ansatz (1) später nicht verallgemeinerungsfähig ist, und so mag er, so bedauerlich das erscheinen mag, weiterhin beiseite bleiben.

Ferner aber bleiben unsere Gleichungen ersichtlich ungeändert:

a) bei einer beliebigen Parallelverschiebung des (x, y, z)-Systems:

$$(2)\qquad x_i' = x_i + \xi_1, \quad y_i' = y_i + \xi_2, \quad z_i' = z_i + \xi_3,$$

b) bei seinen „Drehungen um den Koordinatenanfangspunkt" oder auch seinen „Umlegungen bei festgehaltenem O“, d. h. bei den orthogonalen Substitutionen:

$$(3)\qquad \begin{cases} x_i' = \alpha_1 x_i + \beta_1 y_i + \gamma_1 z_i \\ y_i' = \alpha_2 x_i + \beta_2 y_i + \gamma_2 z_i \\ z_i' = \alpha_3 x_i + \beta_3 y_i + \gamma_3 z_i \end{cases}$$

von der Determinante $+1$ oder -1.

c) weiterhin aber bei Substitutionen, welche t enthalten, nämlich bei der trivialen Operation:

$$(4)\qquad t' = \pm t + \xi_4$$

und bei den Substitutionen:

$$(5)\qquad x_i' = x_i + \varepsilon_1 t\,,\quad y_i' = y_i + \varepsilon_2 t\,,\quad z_i' = z_i + \varepsilon_3 t\,,$$

welche eine mit der Zeit gleichförmig fortschreitende Parallelverschiebung des Koordinatensystems der x, y, z bedeuten (während bei den Änderungen (2), (3) die Zeit überhaupt nicht beteiligt ist; unsere Sprache ist wieder zu unbeholfen, um den hier vorliegenden prinzipiellen Gegensatz mit einem kurzen Wort klar zu bezeichnen).

Hier geben die Formeln (2) und (3) (deren jede 3 unabhängige Parameter enthält) zusammen diejenige G_6, welche man neuerdings wohl als *euklidische Gruppe* bezeichnet, d. h. die Gesamtheit der kongruenten Umänderungen des (x, y, z)-Systems. Durch die Operationen (4) und (5) wird sie zu einer G_{10} erweitert, und diese G_{10} ist es, welche man die *Galilei-Newton-Gruppe* nennt. Indem man festhält, daß die

$$\begin{pmatrix} \alpha_1 & \beta_1 & \gamma_1 \\ \alpha_2 & \beta_2 & \gamma_2 \\ \alpha_3 & \beta_3 & \gamma_3 \end{pmatrix}$$

eine orthogonale Matrix bilden sollen, wird sie durch das Formelsystem gegeben sein:

$$\text{II.}\qquad \begin{cases} x_i' = \alpha_1 x_i + \beta_1 y_i + \gamma_1 z_i + \varepsilon_1 t + \xi_1 \\ y_i' = \alpha_2 x_i + \beta_2 y_i + \gamma_2 z_i + \varepsilon_2 t + \xi_2 \\ z_i' = \alpha_3 x_i + \beta_3 y_i + \gamma_3 z_i + \varepsilon_3 t + \xi_3 \\ t' = \qquad\qquad\qquad\quad \pm\, t + \xi_4 \end{cases}$$

Die innere Bedeutung dieser zehngliedrigen Gruppe aber wollen wir gleich in die Worte fassen, daß man aus der klassischen Himmelsmechanik (die in den Gleichungen I ihren reinsten Ausdruck findet), nur solche Eigenschaften des Sonnensystems gewinnen kann, welche *relativ zur Gruppe invariant* sind. Dies ist, was die euklidische Gruppe (2) (3) angeht, kaum je als eine besondere Erkenntnis empfunden worden. Mehr Interesse haben immer die Substitutionen (4) und (5) gefunden. Daß man bei t das Vorzeichen umkehren darf, hat man als „Reversibilität" der Bewegungen bezeichnet: ich darf Vergangenheit und Zukunft vertauschen; denke ich mir in einem Moment alle Geschwindigkeiten umgekehrt, so läuft die Bewegung genau so rückwärts, wie sie vorher vorangeschritten war. An die Substitutionen (5) hat man vielfach die Aussage geknüpft, daß der „Schwerpunkt des Sonnensystems mit unbekannter Geschwindigkeit in unbekannter Richtung gleichförmig fortschreite". Über gleichförmige Translation läßt sich eben infolge der Substitutionen (5) keinerlei absolute Angabe machen.

Ganz anders ist es mit gleichförmiger Rotation. Orthogonale Transformationen wie diese:

$$x' = x \cos\psi + y \sin\psi, \quad y' = -x \cdot \sin\psi + y \cdot \cos\psi,$$

wo ψ mit t proportional wäre, kommen eben in unserer Gruppe nicht vor.

Ich erörtere noch beiläufig einen anderen Punkt. Man bezeichnet die Kraftwirkung der Gravitation gemäß I oft als „Fernwirkung", im Gegensatz zu einer durch das räumliche Medium vermittelten Nahwirkung. Es heißt dies wirklich, die äußere Darstellungsform überschätzen. Schreibe ich etwa (um mich hier kürzer ausdrücken zu können) statt I:

$$m_i \ddot{x}_i = -\frac{\partial U}{\partial x_i} \quad \text{usw.},$$

so läßt sich jeder Term der hier auftretenden potentiellen Energie

$$U = -k^2 \sum_{ik} \frac{m_i m_k}{r_{ik}} \tag{6}$$

als „Grundlösung" einer partiellen Differentialgleichung $\Delta = 0$ interpretieren. Indem wir die partielle Differentialgleichung heranziehen, sind wir im Bereich der Nahewirkungstheorien. Nicht ein Wechsel in der logischen Grundlage, sondern in den psychologischen Begleitvorstellungen hat stattgefunden. Das kann für bestimmte Zwecke, z. B. für den Experimentator oder den konstruierenden Techniker sehr förderlich sein, aber im abstrakt mathematischen Sinne ist nichts geändert.

Als wesentlich für die Gleichungen I werden wir vielmehr ansehen, daß in ihnen das t nicht explizite auftritt, daß bei ihnen die Gravitation als „Instantanwirkung", die nur von der augenblicklichen Konstellation des Systems abhängt, nicht als „retardierte Wirkung" erscheint. Das ist ein Gegensatz, auf den wir in der Folge wiederholt zurückkommen werden.

Die Variable t spielt ja auch ersichtlich bei der Galilei-Newton-Gruppe II ihre besondere Rolle. Wir wollen der Anschaulichkeit wegen x, y, z, t als Punktkoordinaten eines vierfach ausgedehnten Raumes interpretieren; in ihm liegt „übereinander geschichtet" die einfach unendliche Schar der dreidimensionalen Räume $t = \text{const}$. Wir wollen ferner die Substitutionen unserer Gruppe nicht mehr als Wechsel des Koordinatensystems im Raum deuten, sondern als Transformationen des Raumes in sich bei festgehaltenem Koordinatensystem. Es ist dann freilich möglich, jeden Punkt x, y, z, t in jeden anderen x', y', z', t' überzuführen, aber die Mannigfaltigkeiten $t = \text{const}$ vertauschen sich dabei untereinander nur wie die Blätter eines Buches bei umgeänderter (eventuell auch invertierter) Paginierung. Die Gruppe ist *transitiv*, aber sie ist nicht *primitiv*. Dadurch bekommt die Geometrie unseres Raumes einen besonderen Charakter. Bei allen Transformationen bleibt $(t_1 - t_2)^2$ ungeändert. Ist es insbesondere von Anfang an 0, so bleibt es 0: *der Begriff der Gleichzeitigkeit zweier Punkte ist der Gruppe gegenüber etwas Absolutes.*

Diese einfachen Verhältnisse werden hier selbstverständlich nur besprochen, um auf die davon abweichenden Beziehungen bei der Lorentzgruppe vorzubereiten. Im übrigen hat die Sonderstellung, welche der Variablen t bei der Galilei-Newton-Gruppe zukommt, auf die geschichtliche Entwicklung der Mechanik entschieden hemmend eingewirkt. Trotzdem bereits Lagrange die Mechanik als eine Geometrie von 4 Dimensionen bezeichnete, hat man von dieser Auffassung erst neuerdings wirklichen Gebrauch gemacht. Alle älteren Autoren hatten immer nur die Euklidische Gruppe vor Augen und brachten die Transformationen (4) und (5), obwohl sie sie natürlich kannten, nicht mit ihr in Zusammenhang. So ist es mir selbst gegangen, als ich mein Erlanger Programm schrieb. Ich erinnere mich deutlich, daß ich die Bemerkung von Lagrange nicht etwa übersehen hatte, aber glaubte, sie in mein Gruppenprinzip nicht einordnen zu können[1]. Erst das Hervorkommen der Lorentzgruppe hat die Mathematiker auf eine richtigere Einschätzung der Galilei-Newton-Gruppe geführt. Eine höchst merkwürdige Sache, die wir uns nun noch an einem besonderen Beispiel klarmachen wollen.

§ 2. Von den 10 allgemeinen Integralen des *n*-Körperproblems der klassischen Mechanik.

In Jacobis Vorlesungen über Dynamik (gehalten 1842—43 in Königsberg, herausgegeben von Clebsch 1866, Werke, Supplementband, Berlin 1884) — auf die ich mich hier beziehe, weil sie das Vorbild der meisten modernen Darstellungen sind, — werden die bekannten

[1]) Ich hatte früher immer, wenn ich mich recht erinnere, von der (an sich gänzlich trivialen) Substitution $t' = t + \xi_4$ abgesehen, wodurch dann für mich der Eindruck entstand, daß es sich im Raume der x, y, z, t um eine nicht-transitive Gruppe handele! Mit dieser ließ sich dann freilich keine eigentliche Geometrie des R_4 machen.

10 allgemeinen Integrale der Differentialgleichungen I in der Reihenfolge abgeleitet, daß zuerst von der Erhaltung der Bewegung des Schwerpunktes, dann vom Prinzip der lebendigen Kraft, endlich von der Erhaltung der Flächenräume die Rede ist.

Wir haben also zunächst die 3 ersten Schwerpunktsintegrale (die „Impulssätze"), die ich so schreibe

$$\sum m_i \dot{x}_i = A_1, \quad \sum m_i \dot{y}_i = A_2, \quad \sum m_i \dot{z}_i = A_3, \tag{7}$$

aus denen sich durch unmittelbare Integration die 3 zweiten Schwerpunktssätze ableiten:

$$\sum m_i x_i = A_1 t + B_1, \quad \sum m_i y_i = A_2 t + B_2, \quad \sum m_i z_i = A_3 t + B_3. \tag{8}$$

Sodann den Satz von der Erhaltung der Energie:

$$T + U = h \tag{9}$$

$$\left(\text{wo } T = \frac{1}{2} \sum m_i (\dot{x}_i^2 + \dot{y}_i^2 + \dot{z}_i^2) \quad \text{und} \quad U = -k^2 \sum \frac{m_i m_k}{r_{ik}}\right).$$

Endlich die 3 Flächensätze, die ich ebenfalls ausführlich hinschreibe:

$$\begin{gathered} \sum m_i (y_i \dot{z}_i - z_i \dot{y}_i) = C_1, \quad \sum m_i (z_i \dot{x}_i - x_i \dot{z}_i) = C_2, \\ \sum m_i (x_i \dot{y}_i - y_i \dot{x}_i) = C_3. \end{gathered} \tag{10}$$

Die Ableitung dieser Sätze geschieht bei Jacobi nur zum Teil in modernem Sinn systematisch, nämlich bei den Gleichungen (7) und (10), bei denen die *infinitesimalen Transformationen* herangezogen werden, welche die euklidische Gruppe enthält. Indem ich mit dem Buchstaben δ immer unendlich kleine Zuwüchse bzw. unendlich kleine Konstante bezeichne, habe ich zunächst die infinitesimalen Verschiebungen

$$\delta x = \delta \xi_1, \ \delta y = \delta \xi_2, \ \delta z = \delta \xi_3,$$

sodann die infinitesimalen Drehungen

$$\begin{array}{ll|ll|ll} \delta y = & z \cdot \delta\varphi & \delta z = & x \cdot \delta\chi & \delta x = & y \cdot \delta\psi \\ \delta z = & -y \cdot \delta\varphi & \delta x = & -z \cdot \delta\chi & \delta y = & -x \cdot \delta\psi. \end{array}$$

Diese infinitesimalen Inkremente der Koordinaten trägt nun Jacobi in den Satz für die virtuellen Verrückungen ein und gewinnt eben dadurch die Gleichungen (7) und (10). Die Gleichungen (8) und (9) werden darauf, was natürlich ganz einfach ist, durch formale Integration gewonnen, wodurch sie aber unverbunden, als isolierte Tatsachen, neben (7) und (10) stehen.

Demgegenüber hat die Betrachtung der Lorentzgruppe den prinzipiell wichtigen Fortschritt ergeben, daß die Energiegleichung (9) den ersten Schwerpunktssätzen angereiht werden muß, die zweiten Schwerpunktssätze (8) aber den Flächensätzen[1]), entsprechend den

[1]) Vgl. die Angabe bei Herglotz, Ann. d. Phys. (4), Bd. 36, 1911, S. 512—513 (Über die Mechanik des deformierbaren Körpers usw.).

infinitesimalen Transformationen, welche die Galilei-Newton-Gruppe über die Euklidische Gruppe hinaus enthält. Und zwar hat man das Integral der lebendigen Kraft mit der infinitesimalen Transformation zu koordinieren

$$\delta t = \delta \xi_4,$$

die zweiten Schwerpunktssätze aber den folgenden drei:

$$\delta x = t \cdot \delta \varepsilon_1, \ \delta y = t \cdot \delta \varepsilon_2, \ \delta z = t \cdot \delta \varepsilon_3.$$

In direkter Weise ist dies auf meinen Wunsch neuerdings von Engel durchgeführt worden[1]). Es ist aber leider unmöglich, den Engelschen Ansatz hier zu reproduzieren, weil dazu ein längerer Exkurs über die Lieschen Integrationstheorien solcher Differentialgleichungssysteme, welche eine bestimmte kontinuierliche Gruppe von Transformationen zulassen, notwendig sein würde. Wir müssen uns in der gegenwärtigen Darstellung darauf beschränken: 1. weiter unten nachzuweisen, daß sich die in Rede stehende Auffassung in der Tat ergibt, wenn man die Galilei-Newton-Gruppe als einen Grenzfall der Lorentzgruppe betrachtet, 2. hier nachzuweisen, daß gemäß den Substitutionen (5) in der Tat ein Zusammenhang zwischen den Flächensätzen und den zweiten Schwerpunktssätzen besteht.

Was zunächst die lebendige Kraft angeht, so hat bereits Ignaz Schütz den betreffenden Zusammenhang in einer merkwürdigen Note in den Göttinger Nachrichten von 1897 (die den Titel trägt: Prinzip der absoluten Erhaltung der Energie) dargelegt. Setzt man in die Formel

$$\frac{1}{2} \sum m_i (\dot{x}_i^2 + \dot{y}_i^2 + \dot{z}_i^2) + U = h$$

für x, y, z bzw. $x + \varepsilon_1 t$, $y + \varepsilon_2 t$, $z + \varepsilon_3 t$ und verlangt, daß die neue Summe

$$\frac{1}{2} \sum m_i ((\dot{x}_i + \varepsilon_1)^2 + (\dot{y}_i + \varepsilon_2)^2 + (\dot{z}_i + \varepsilon_3)^2) + U$$

bei beliebigem ε_1, ε_2, ε_3 ebenfalls konstant sei, so stehen darin von selbst die drei ersten Schwerpunktssätze (Impulssätze):

$$\sum m_i \dot{x}_i = A_1, \quad \ldots, \quad \ldots.$$

Denselben Ansatz machen wir jetzt bei den Flächensätzen:

$$\sum m_i (y_i \dot{z}_i - z_i \dot{y}_i) = C_1 \text{ usw.}$$

Wir erhalten dann linker Hand als Zusatzglieder:

$$\varepsilon_3 (\sum m_i y_i - t \sum m_i \dot{y}_i) - \varepsilon_2 (\sum m_i z_i - t \sum m_i \dot{z}_i), \quad \ldots, \quad \ldots.$$

Wir verlangen wieder, daß trotzdem die linken Seiten Konstanten

---

[1]) Gött. Nachr. 1916, H. 2.

gleich sein sollen (wie auch die ε_1, ε_2, ε_3 gewählt sein mögen). Dies gibt Gleichungen von der Form:

$$\sum m_i x_i = t \sum m_i \dot{x}_i + B_1$$

$$\cdots\cdots\cdots\cdots\cdots$$

$$\cdots\cdots\cdots\cdots\cdots$$

und wenn wir hier noch für $\Sigma m_i \dot{x}_i$, ... ihre Werte aus den ersten Schwerpunktssätzen eintragen, haben wir die zweiten Schwerpunktssätze, was zu beweisen war.

Der Fortschritt über die Jacobische Darstellung hinaus ist unverkennbar. Man kommt zu der Forderung: Jemand möge nun überhaupt eine systematische Invariantentheorie (Relativitätstheorie) der Galilei-Newton-Gruppe ausarbeiten, wie wir dies für die homogene orthogonale Gruppe gelegentlich der Burkhardtschen Arbeit auseinandersetzten (Kap. I B, § 6). Darin würde eingeschlossen sein, was u. a. Study und Weitzenböck für die Euklidische Gruppe geleistet haben[1]). Niemand wird natürlich erwarten, daß dadurch die praktische Behandlung des n-Körperproblems I irgend geändert werden würde. Aber vielleicht bekäme man einen verbesserten Einblick in die innere Zweckmäßigkeit der elementaren Ansätze betr. Variablenwahl usw., wie man sie dem natürlichen Gefühl folgend von jeher getroffen hat.

B. Die Maxwellsche Elektrodynamik und die Relativitätstheorie der Lorentzgruppe.

Wie oben unter A werden wir wieder statt sonstiger, weiter ausgreifender Überlegungen ein System einfachster Differentialgleichungen an die Spitze stellen und nach den linearen Substitutionen der vorkommenden Variablen fragen, bei denen es ungeändert bleibt. Überhaupt werden unsere Überlegungen — auch die historischen Exkurse, die wir einflechten — wesentlich mathematischer Art sein und von der Beziehung auf die Physik nur Richtung und Interesse bekommen. Vielleicht, daß die so entstehende in sich geschlossene Darstellung wegen der Einheitlichkeit des Gedankenganges gerade auch für den Physiker Interesse hat.

I. Einleitendes.

§ 1. Die Maxwellschen Gleichungen für den freien Äther.

Von Maxwell selbst ist schon in Bd. 1, Kap. V ausführlich die Rede gewesen und es ist dort insbesondere schon gezeigt worden, daß die

---

[1]) Study, E.: Geometrie der Dynamen. Leipzig 1903. — Weitzenböck, R.: Über Bewegungsinvarianten. Wiener Sitzungsberichte 1913ff.

Maxwellschen Gleichungen für den freien Äther — welche Ausgangspunkt und Grundlage für die gesamten Entwicklungen unseres neuen Kapitels sein sollen — in mathematischer Hinsicht mit den Gleichungen übereinstimmen, welche Mac Cullagh 1839 für das von ihm erdachte optische Medium, sofern wir dieses isotrop nehmen, aufgestellt hat. Wir schreiben die Gleichungen hier gleich in der Form hin, die ihnen Heaviside und Hertz erteilt haben.

Heaviside bedient sich der vektoriellen Schreibweise. Die beiden Vektorfelder, deren Träger der Äther ist: der elektrische Vektor E[1]) und der magnetische Vektor H nach Maxwells Bezeichnung[2]), sind dann durch folgende Gleichungen verbunden:

$$\text{a)}\quad \frac{\dot{E}}{c} = \operatorname{curl} H \qquad\qquad \text{b)}\quad \frac{\dot{H}}{c} = -\operatorname{curl} E\,,$$

zu denen, mit ihnen verträglich, noch die beiden Divergenzbedingungen treten

$$\text{a)}\quad \operatorname{div} E = 0 \qquad\qquad \text{b)}\quad \operatorname{div} H = 0\,.$$

Hertz macht von der ausführlichen Schreibweise in Komponenten Gebrauch, woran wir uns hier mit Rücksicht auf die durchzuführenden Einzelrechnungen anschließen. Er benutzt dabei ein Linkskoordinatensystem. X, Y, Z ist der elektrische, L, M, N der magnetische Vektor. Man hat dann die 2 Reihen von jedesmal 4 Gleichungen:

$$\text{I}\left\{\begin{aligned} \frac{1}{c}\frac{\partial X}{\partial t} &= \frac{\partial M}{\partial z} - \frac{\partial N}{\partial y} \\ \frac{1}{c}\frac{\partial Y}{\partial t} &= \frac{\partial N}{\partial x} - \frac{\partial L}{\partial z} \\ \frac{1}{c}\frac{\partial Z}{\partial t} &= \frac{\partial L}{\partial y} - \frac{\partial M}{\partial x} \\ 0 &= \frac{\partial X}{\partial x} + \frac{\partial Y}{\partial y} + \frac{\partial Z}{\partial z} \end{aligned}\right. \qquad \text{II}\left\{\begin{aligned} -\frac{1}{c}\frac{\partial L}{\partial t} &= \frac{\partial Y}{\partial z} - \frac{\partial Z}{\partial y} \\ -\frac{1}{c}\frac{\partial M}{\partial t} &= \frac{\partial Z}{\partial x} - \frac{\partial X}{\partial z} \\ -\frac{1}{c}\frac{\partial N}{\partial t} &= \frac{\partial X}{\partial y} - \frac{\partial Y}{\partial x} \\ 0 &= \frac{\partial L}{\partial x} + \frac{\partial M}{\partial y} + \frac{\partial N}{\partial z} \end{aligned}\right.$$

Die Abhängigkeit aber, die zwischen den vier Gleichungen der einzelnen Reihe besteht, schreibt sich so:

$$\frac{\partial(\;)}{\partial x} + \frac{\partial(\;)}{\partial y} + \frac{\partial(\;)}{\partial z} = \frac{1}{c}\frac{\partial(\;)}{\partial t}\,. \tag{1}$$

In I und II treten die X, Y, Z und L, M, N, wie man sieht, durchaus koordiniert auf. Dies ist aber nur der Fall, weil wir uns auf die Gleichungen für den freien Äther beschränken. Wir werden von dieser Koordinierung also weiterhin keinen Gebrauch machen.

---

[1]) Electrician.

[2]) Ich zweifle nicht, daß Maxwell bei der Wahl dieser Bezeichnungen die griechischen Buchstaben Epsilon und Eta einander entgegenstellen wollte. Aus dem Eta bzw. dem englischen Etsch ist dann das bei unsern Physikern übliche deutsche $\mathfrak{H}$ geworden.

Wir setzen noch die einfachen Formeln her, die sich aus I und II ergeben, wenn man aus ihnen durch Differentiation den magnetischen oder den elektrischen Vektor eliminiert (vgl. Bd. 1, S. 244). Wir wollen dabei, nach einem auf Cauchy zurückgehenden Vorschlage, den in der Folge immer wieder auftretenden Operator

$$\frac{\partial^2}{\partial x^2}+\frac{\partial^2}{\partial y^2}+\frac{\partial^2}{\partial z^2}-\frac{1}{c^2}\frac{\partial^2}{\partial t^2}=\square \tag{2}$$

setzen. Man findet dann für den elektrischen Vektor die aus der traditionellen Optik wohlbekannten Gleichungen

$$\square X=0,\quad \square Y=0,\quad \square Z=0;\quad \frac{\partial X}{\partial x}+\frac{\partial Y}{\partial y}+\frac{\partial Z}{\partial z}=0, \tag{3}$$

und natürlich ebenso für den magnetischen Vektor:

$$\square L=0,\quad \square M=0,\quad \square N=0;\quad \frac{\partial L}{\partial x}+\frac{\partial M}{\partial y}+\frac{\partial N}{\partial z}=0. \tag{4}$$

Nun aber bringen wir den Gedankengang der bisherigen Betrachtung heran und fragen:

Gibt es lineare Substitutionen der x, y, z, t und der X, Y, Z, L, M, N, bei denen unsere Gleichungssysteme invariant sind?

Die Form des Operators $\square$ gibt einen ersten Ansatz. Nach unseren invariantheoretischen Anschauungen ist $\square$ die forma adjuncta[1]) des folgenden quadratischen Differentialausdruckes:

$$ds^2 = dx^2 + dy^2 + dz^2 - c^2 dt^2. \tag{5}$$

Daher wird jede einzelne Gleichung $\square = 0$ für sich erhalten bleiben, wenn man die dx, dy, dz, dt einer sonst beliebigen, homogenen linearen Substitution unterwirft, welche die Gleichung $ds^2 = 0$ in sich überführt. Da wir von Ähnlichkeitstransformationen auch hier (wie früher bei der Galilei-Newton-Gruppe) absehen wollen, beschränken wir uns auf diejenigen homogenen linearen Substitutionen der dx, dy, dz, dt, welche ds^2 (und also auch $\square$) selbst ungeändert lassen. Es ist eine Gruppe mit 6 Parametern, aus der eine Gruppe mit 10 Parametern wird, wenn wir die entsprechenden linearen Substitutionen der x, y, z, t bilden (wobei 4 additive Konstanten hinzutreten). Dies ist die *Lorentzgruppe*, die uns damit zum ersten Male begegnet.

Die Frage ist aber noch, wie sich die X, Y, Z, L, M, N verhalten sollen, wenn wir die x, y, z, t irgend einer Substitution der Lorentzgruppe unterwerfen. Hätten wir nur mit den Gleichungen

$$\square X = 0,\quad \square Y = 0,\quad \ldots,\quad \square N = 0$$

zu tun, so könnte man die X, Y, Z, L, M, N noch einer beliebigen linearen Substitution ihrerseits unterwerfen, wodurch noch 36 neue

---

1) Vgl. S. 15.

Parameter in unsere Betrachtung hineinkämen. Aber nun gelten noch die Divergenzbedingungen

$$\frac{\partial X}{\partial x}+\frac{\partial Y}{\partial y}+\frac{\partial Z}{\partial z}=0 \quad \text{bzw.} \quad \frac{\partial L}{\partial x}+\frac{\partial M}{\partial y}+\frac{\partial N}{\partial z}=0$$

und schließlich die Maxwellschen Gleichungen I und II selbst. Die Folge wird sein, daß die X, Y, Z, L, M, N — abgesehen von einer Ähnlichkeitstransformation, die wir wieder beiseite lassen wollen — entsprechend jeder einzelnen Lorentzsubstitution der x, y, z, t ihrerseits eine ganz bestimmte lineare Umsetzung erfahren müssen. Will man dies durch direkte Umrechnung der Maxwellschen Gleichungen beweisen, so stößt man zunächst auf unübersichtliche Rechnungen. Wir werden aber die Untersuchung im folgenden Paragraphen mit einem Schlage zu Ende führen, indem wir mit Minkowski eine versteckte Symmetrie der Maxwellschen Gleichungen hervorkehren.

§ 2. Die Lorentzgruppe in orthogonaler Form.

Der Kunstgriff, mit dem wir hier beginnen müssen, besteht darin, daß wir für die Zeit t die neue Variable

$$ict = l \tag{6}$$

einführen und dann noch, damit aus den Differentialgleichungen das Imaginäre verschwindet,

$$iX = U, \quad iY = V, \quad iZ = W \tag{7}$$

setzen.

Der Differentialausdruck ds^2 und der Operator $\square$ nehmen dann die einfache Gestalt an:

$$\begin{aligned} ds^2 &= dx^2+dy^2+dz^2+dl^2 \\ \square &= \frac{\partial^2}{\partial x^2}+\frac{\partial^2}{\partial y^2}+\frac{\partial^2}{\partial z^2}+\frac{\partial^2}{\partial l^2}; \end{aligned} \tag{8}$$

die Lorentzgruppe reduziert sich, soweit sie auf die Differentiale dx, dy, dz, dl wirkt, auf deren orthogonale Transformation.

Die Maxwellschen Gleichungen I und II aber schreiben sich bei übersichtlicher Anordnung der Terme so:

$$\text{I}'\left\{\begin{aligned} 0 &= \quad\cdot\quad +\frac{\partial N}{\partial y}-\frac{\partial M}{\partial z}+\frac{\partial U}{\partial l} \\ 0 &= -\frac{\partial N}{\partial x}+\quad\cdot\quad+\frac{\partial L}{\partial z}+\frac{\partial V}{\partial l} \\ 0 &= +\frac{\partial M}{\partial x}-\frac{\partial L}{\partial y}+\quad\cdot\quad+\frac{\partial W}{\partial l} \\ 0 &= -\frac{\partial U}{\partial x}-\frac{\partial V}{\partial y}-\frac{\partial W}{\partial z}+\quad\cdot \end{aligned}\right. \qquad \text{II}'\left\{\begin{aligned} 0 &= \quad\cdot\quad +\frac{\partial W}{\partial y}-\frac{\partial V}{\partial z}+\frac{\partial L}{\partial l} \\ 0 &= -\frac{\partial W}{\partial x}+\quad\cdot\quad+\frac{\partial U}{\partial z}+\frac{\partial M}{\partial l} \\ 0 &= +\frac{\partial V}{\partial x}-\frac{\partial U}{\partial y}+\quad\cdot\quad+\frac{\partial N}{\partial l} \\ 0 &= -\frac{\partial L}{\partial x}-\frac{\partial M}{\partial y}-\frac{\partial N}{\partial z}+\quad\cdot \end{aligned}\right.$$

L, M, N und U, V, W treten jetzt ganz gleichmäßig auf. Zugleich bekommt die Abhängigkeit der 4 Gleichungen I bzw. II voneinander die ganz symmetrische Gestalt:

$$\frac{\partial(\;)}{\partial x}+\frac{\partial(\;)}{\partial y}+\frac{\partial(\;)}{\partial z}+\frac{\partial(\;)}{\partial l}=0\,. \tag{9}$$

Die in I′ bzw. II′ nebeneinander stehenden Terme aber sind so gebaut, wie die Glieder einer schiefsymmetrischen Matrix.

Es wird das alles noch deutlicher werden, wenn wir jetzt zur Unterscheidung der Variablen durch Indizes übergehen. Wir schreiben für die

$$x,\ y,\ z,\ l \;\rightharpoonup\; x_1,\ x_2,\ x_3,\ x_4 \tag{10}$$

und für die

$$U,\ V,\ W,\ L,\ M,\ N$$

abwechselnd

$$\lambda_{14},\ \lambda_{24},\ \lambda_{34},\ \lambda_{23},\ \lambda_{31},\ \lambda_{12} \tag{11}$$

bzw.

$$\mu_{23},\ \mu_{31},\ \mu_{12},\ \mu_{14},\ \mu_{24},\ \mu_{34}.$$

Um die wünschenswerte Beweglichkeit der Formeln zu heben, setzen wir ferner fest: $\lambda_{ik}=-\lambda_{ki}$, $\mu_{ik}=-\mu_{ki}$, $\lambda_{ii}=\mu_{ii}=0$. Unsere Gleichungen I′ und II′ schreiben sich dann in den λ_{ik}:

$$\text{I}''\left\{\begin{array}{l}
0=\quad\cdot\quad+\frac{\partial\lambda_{12}}{\partial x_2}+\frac{\partial\lambda_{13}}{\partial x_3}+\frac{\partial\lambda_{14}}{\partial x_4}\\
0=\frac{\partial\lambda_{21}}{\partial x_1}+\quad\cdot\quad+\frac{\partial\lambda_{23}}{\partial x_3}+\frac{\partial\lambda_{24}}{\partial x_4}\\
0=\frac{\partial\lambda_{31}}{\partial x_1}+\frac{\partial\lambda_{32}}{\partial x_2}+\quad\cdot\quad+\frac{\partial\lambda_{34}}{\partial x_4}\\
0=\frac{\partial\lambda_{41}}{\partial x_1}+\frac{\partial\lambda_{42}}{\partial x_2}+\frac{\partial\lambda_{43}}{\partial x_3}+\quad\cdot
\end{array}\right.
\qquad
\text{II}''\left\{\begin{array}{l}
0=\quad\cdot\quad+\frac{\partial\lambda_{34}}{\partial x_2}+\frac{\partial\lambda_{42}}{\partial x_3}+\frac{\partial\lambda_{23}}{\partial x_4}\\
0=\frac{\partial\lambda_{43}}{\partial x_1}+\quad\cdot\quad+\frac{\partial\lambda_{14}}{\partial x_3}+\frac{\partial\lambda_{31}}{\partial x_4}\\
0=\frac{\partial\lambda_{24}}{\partial x_1}+\frac{\partial\lambda_{41}}{\partial x_2}+\quad\cdot\quad+\frac{\partial\lambda_{12}}{\partial x_4}\\
0=\frac{\partial\lambda_{32}}{\partial x_1}+\frac{\partial\lambda_{13}}{\partial x_2}+\frac{\partial\lambda_{21}}{\partial x_3}+\quad\cdot
\end{array}\right.$$

und in den μ_{ik} gerade umgekehrt:

$$\text{I}'''\left\{\begin{array}{l}
0=\quad\cdot\quad+\frac{\partial\mu_{34}}{\partial x_2}+\frac{\partial\mu_{42}}{\partial x_3}+\frac{\partial\mu_{23}}{\partial x_4}\\
0=\frac{\partial\mu_{43}}{\partial x_1}+\quad\cdot\quad+\frac{\partial\mu_{14}}{\partial x_3}+\frac{\partial\mu_{31}}{\partial x_4}\\
0=\frac{\partial\mu_{24}}{\partial x_1}+\frac{\partial\mu_{41}}{\partial x_2}+\quad\cdot\quad+\frac{\partial\mu_{12}}{\partial x_4}\\
0=\frac{\partial\mu_{32}}{\partial x_1}+\frac{\partial\mu_{13}}{\partial x_2}+\frac{\partial\mu_{21}}{\partial x_3}+\quad\cdot
\end{array}\right.
\qquad
\text{II}'''\left\{\begin{array}{l}
0=\quad\cdot\quad+\frac{\partial\mu_{12}}{\partial x_2}+\frac{\partial\mu_{13}}{\partial x_3}+\frac{\partial\mu_{14}}{\partial x_4}\\
0=\frac{\partial\mu_{21}}{\partial x_1}+\quad\cdot\quad+\frac{\partial\mu_{23}}{\partial x_3}+\frac{\partial\mu_{24}}{\partial x_4}\\
0=\frac{\partial\mu_{31}}{\partial x_1}+\frac{\partial\mu_{32}}{\partial x_2}+\quad\cdot\quad+\frac{\partial\mu_{34}}{\partial x_4}\\
0=\frac{\partial\mu_{41}}{\partial x_1}+\frac{\partial\mu_{42}}{\partial x_2}+\frac{\partial\mu_{43}}{\partial x_3}+\quad\cdot
\end{array}\right.$$

Jede dieser Schreibweisen hat ihre Vorteile. Für das nächstfolgende ist es aber am besten, daß wir die I″ und II‴ herausgreifen, die wir schließlich so schreiben können:

$$\sum_k\frac{\partial\lambda_{ik}}{\partial x_k}=0\,,\quad \sum_k\frac{\partial\mu_{ik}}{\partial x_k}=0 \qquad \text{für } i=1,\ 2,\ 3,\ 4. \tag{12}$$

Und nun spricht sich das Theorem, um welches es sich handelt, so aus: Jedes einzelne Quadrupel der hingeschriebenen Gleichungen bleibt ungeändert richtig, wenn man bei orthogonaler Transformation der dx_i die λ_{ik} bzw. μ_{ik} wie die Komponenten eines zugehörigen Sechsertensors substituiert, d. h. wie die Unterdeterminanten

$$dx_i\,\delta x_k - dx_k\,\delta x_i$$

zweier kogredient gedachter Differentialsysteme dx und δx.

Der Beweis ist in der Tat, auf Grund unserer früheren invariantentheoretischen Entwicklungen, unmittelbar. Sind die λ_{ik} bzw. μ_{ik} die Koordinaten eines Sechsertensors und u_k diejenigen eines beliebigen Vierervektors, so ergeben die Summen

$$\Sigma u_k\,\lambda_{ik} \quad \text{bzw.} \quad \Sigma u_k\,\mu_{ik} \quad \text{für } i = 1,\ 2,\ 3,\ 4\,^*$$

selbst wieder die Koordinaten eines Vierervektors. Wählt man hier für die u_k die Operationssymbole $\frac{\partial}{\partial x_k}$, so hat man gerade die linken Seiten der Gleichungen (12). Die Gleichungen (12) sagen aus, daß zwei bestimmte, aus dem Sechsertensor λ_{ik} bzw. μ_{ik} abzuleitende Vierervektoren identisch verschwinden (d. h. lauter verschwindende Komponenten haben). Und dies ist gewiß etwas, was bei orthogonaler Substitution der Viererkoordinaten invariant ist. Denn die Substitution ist doch in den Viererkoordinaten homogen; sind also die Koordinaten vor der Substitution sämtlich Null, so sind sie es auch hinterher.

Hiermit ist im Prinzip die ganze Fragestellung erledigt; es handelt sich im folgenden Paragraphen nur noch darum, das erhaltene Resultat für die ursprünglichen Variablen x, y, z, t bzw. X, Y, Z, L, M, N anzusetzen[1]).

§ 3. Rückgang zu den x, y, z, t.

Indem ich für x_1, x_2, x_3, x_4 zunächst wieder x, y, z, l schreibe, werden die Substitutionen der Lorentzgruppe, unter $|\alpha\beta\gamma\varepsilon|$ eine orthogonale Matrix verstanden, folgendermaßen lauten:

$$(13\qquad \begin{cases} x' = \alpha_1 x + \beta_1 y + \gamma_1 z + \varepsilon_1 l + \zeta_1 \\ y' = \alpha_2 x + \beta_2 y + \gamma_2 z + \varepsilon_2 l + \zeta_2 \\ z' = \alpha_3 x + \beta_3 y + \gamma_3 z + \varepsilon_3 l + \zeta_3 \\ l' = \alpha_4 x + \beta_4 y + \gamma_4 z + \varepsilon_4 l + \zeta_4 \end{cases}$$

[1]) Bei genauerer Darlegung ist natürlich zu zeigen, daß die beiden Quadrupel der Maxwellschen Gleichungen *nur* dann gegenüber orthogonaler Transformation der dx_i ungeändert bestehen bleiben, wenn man mit den λ_{ik} bzw. μ_{ik} verfährt, wie im Text angegeben. — Die Nebeneinanderstellung der Bezeichnungen λ_{ik}, μ_{ik} entspricht übrigens derjenigen der p_{ik}, q_{ik} bei unserer Einführung der Graßmannschen Stufen (Kap. I, A, § 2); sie erscheinen hier kogredient, weil auch für sie bei orthogonalen Substitutionen der Unterschied von Kogredienz und Kontragredienz wegfällt [vgl. Anm. 12 zum 1. Kapitel. (H.)].

Hier werden wir nun für l und l' bzw. ict und ict' einsetzen. Verlangen wir dann, daß in der so geschriebenen Gruppe, den physikalischen Anwendungen entsprechend, alle Substitutionskoeffizienten reell ausfallen, so erkennen wir, daß in (13) ε_1, ε_2, ε_3 und α_4, β_4, γ_4 rein imaginär genommen werden müssen.

Im übrigen werden wir für die λ_{ik} nach der unter (11) gegebenen Regel wieder U, V, W, L, M, N schreiben und schließlich für U, V, W die Werte iX, iY, iZ substituieren. Wir erkennen dann, daß wir die X Y, Z, L, M, N den folgenden zweigliedrigen Determinanten des Schemas

$$\begin{vmatrix} dx & dy & dz & dt \\ \delta x & \delta y & \delta z & \delta t \end{vmatrix}$$

kogredient zu nehmen haben:

$$(14)\quad \begin{cases} X \sim c\,(dx\,\delta t - \delta x\,dt)\,,\ Y \sim c\,(dy\,\delta t - \delta y\,dt)\,,\ Z \sim c\,(dz\,\delta t - \delta z\,dt), \\ L \sim (dy\,\delta z - \delta y\,dz)\,,\ M \sim (dz\,\delta x - \delta z\,dx),\ \ N \sim (dx\,\delta y - \delta x\,dy). \end{cases}$$

Damit haben wir alles, was über die linearen Transformationen der ursprünglichen Maxwellschen Gleichungen I und II in sich selbst zu sagen ist.

Man denkt unwillkürlich an die Thesis zurück, die einst Jacobi (1832) beim Antritt seines Ordinariats in Königsberg verteidigte (vgl. Bd. I, S. 114) und die sich im Laufe dieser Darstellung immer wieder bewahrheitet: *Mathesis est scientia eorum, quae per se clara sunt.* So ist es, wenn man das Resultat hinterher betrachtet. Aber die historische Entwicklung, von der wir nun berichten wollen, liebt krummlinige Pfade. Wir beginnen mit einer Berichterstattung mehr allgemeinen physikalischen Inhaltes.

§ 4. Zur Entwicklung der Elektrizitätslehre und des Atombegriffs seit Maxwells Treatise (1873).

Wir haben von Maxwell und seinem Treatise schon in Bd. 1, Kap. V ausführlicher gesprochen.

Maxwell stellt sich im Treatise durchaus auf den sogenannten *phänomenologischen* Standpunkt, d. h. er betrachtet den Äther und die in Betracht kommenden materiellen Körper als Kontinua, innerhalb deren für die elektromagnetischen Felder charakteristische partielle Differentialgleichungen gelten, zu denen an den Trennungsflächen der verschiedenen Medien noch bestimmte Grenzbedingungen treten. Bei dieser Darstellung ist der Ursprung der jeweiligen Felder letzten Endes eben in diesen Grenzbedingnugen zu suchen.

Der phänomenologischen Auffassung gegenüber steht von je (seit es eine mathematische Physik gibt) die tiefergehende, aber mathematisch kompliziertere *atomistische*. Ihr zufolge besteht die Materie oder die Elektrizität aus sehr kleinen, getrennten Teilchen. Die partiellen Differentialgleichungen der phänomenologischen Physik beschreiben nur das Verhalten dieser Teilchen *im Mittel*, aber es gibt Erscheinungen die Menge, wo die Betrachtungen solcher Mittelwerte nicht ausreicht, wo man vielmehr die Teilchen *einzeln* verfolgen muß.

Von diesen beiden Auffassungen hat im Laufe des 19. Jahrhunderts bald die eine, bald die andere im Vordergrund der Entwicklung gestanden. In der englischen mathematischen Physik ist von Green bis Maxwell die phänomenologische Darstellung die herrschende gewesen. Es ist aber gar kein Zweifel, daß Maxwell im Herzen Atomist war. Ehe er seinen Treatise schrieb, hat er auf alle Weise versucht, einen feinen inneren Mechanismus zu erdenken, welcher das Substrat für die elektromagnetischen Erscheinungen sein möchte, welche wir im großen beobachten. Ich erinnere auch an seine grundlegenden Betrachtungen zur Gastheorie. Wenn sich Maxwell in seinem Treatise doch ausschließlich der phänomenologischen Darstellung bedient, so erblicke ich hierin eine bewußte Resignation.

In der Tat konnte Maxwell mit der atomistischen Auffassung der Elektrizität, wie sie Wilhelm Weber seinerzeit entwickelt hatte, indem er kleinste positive und negative Teilchen instantan aufeinander wirken ließ, nichts anfangen. Denn die Grundauffassung Maxwells ist doch die, daß die elektromagnetische Wirkung Zeit gebraucht, um sich auszubreiten. So benötigt er ein Medium, welches die Wirkung vermittelt: den „Äther".

Nun ist es höchst merkwürdig, daß die weitere Entwicklung der Elektrizitätslehre in der sogenannten Elektronentheorie den Gegensatz von Phänomenologie und Atomismus nicht entschieden, sondern überbrückt hat. Man hat einerseits die atomistischen Träger der elektrischen Ladung, nämlich die negativen Elektronen und die positiven Atomkerne, und andererseits das elektromagnetische Feld im freien Raum, das die Wirkungen der materiellen Träger der Ladungen aufeinander vermittelt.

Das Geschichtliche kann hier nur in großen Umrissen angedeutet werden.

Wie schon in Bd. 1 gelegentlich erwähnt (S. 230), hat unter anderem Helmholtz 1882 in seiner Faraday-Lecture nachdrücklich darauf hingewiesen, daß die Tatsachen der Elektrolyse zur Annahme einer atomistischen Konstitution der Elektrizität zwingen. In dieselbe Richtung wies dann die weitere Untersuchung der bereits 1869 von Hittorf klar konstatierten Erscheinung der Kathodenstrahlen (bei den elektrischen Entladungen in hoch evakuierten Röhren). Die mathematische Entwicklung der Elektronentheorie nahm dann ihren Anfang in England, aber ihr eigentlicher Vorkämpfer wurde je länger je mehr der Holländer H. A. Lorentz, dessen Name mit ihrer Entwicklung dauernd verbunden bleiben wird und insbesondere bei den von uns hier zu gebenden Entwicklungen voransteht. Als besonderes historisches Dokument sei hier die klare Darstellung des Sachverhaltes genannt, welche Wiechert in der Gauß-Weber-Festschrift von 1899 (Teubner) gegeben hat. (Wiechert war hierzu um so mehr berufen, als er die Grundvorstellungen der Elektronentheorie ursprünglich unabhängig von Lorentz (bald nach diesem) aufgefunden und viel zu ihrer Entwicklung beigetragen hat). Zu nennen ist ferner, als Seitenstück dazu, und als Beleg für die Entwicklung, welche die Theorie im Vaterlande Maxwells genommen hat, das Buch von Larmor „Aether and Matter" (Cambridge, 1900).

Allgemein haben sich die Ideen, soviel ich sehen kann, je länger je mehr dahin entwickelt, daß die Träger der elektrischen Ladungen auch die letzten Bausteine der Materie sind. Wie schon erwähnt, hat man einerseits die positiv geladenen Kerne der Atome, in denen der Hauptteil ihrer Masse konzentriert ist, und andererseits die sehr viel leichteren Elektronen[1]), die Elementarteile der negativen Elektrizität. Die Ausdehnung der Kerne und Elektronen ist dabei jedenfalls verschwindend klein gegenüber der Dimension der Atome, d. h. der Abstände zwischen den einzelnen Teilchen, so daß das Bild des Atoms das eines Planetensystems im kleinen ist. Die Wechselwirkung zwischen den Elektronen und Kernen gehorcht aber sicher nicht exakt den Gesetzen der klassischen Elektronentheorie, so daß diese dem Stande der heutigen physikalischen Forschung nicht mehr völlig entspricht[2]). Im großen gibt sie zwar eine sehr gute Beschreibung der elektrischen Erscheinungen, jedoch müssen in atomaren Distanzen grundsätzliche Abweichungen von dem mathematischen Ansatz der durch die Elektronenhypothese erweiterten Maxwellschen Theorie bestehen. Dies soll uns nicht abhalten, bei der folgenden Darstellung an der klassischen Maxwell-Lorentz-Theorie, also an der Grundlage der Maxwellschen Gleichungen, festzuhalten. Später werden wir mit Einstein in bestimmter Richtung weitergehen[3]). Die Auffassung muß doch die sein, daß die verschiedenen physikalischen Theorien immer nur Annäherungen an die Wirklichkeit der Dinge vorstellen, und daß der Mathematiker seine Pflicht tut, wenn er je eine bestimmte Auffassung klar in ihren Konsequenzen verfolgt.

[1]) Das Wort „Elektron" wird zum ersten Male von dem irischen Mathematiker Stoney in Vorschlag gebracht (R. Irish Transactions (2). 4. 1891). Es ist offenbar so zu verstehen: Die kleinsten geladenen materiellen Teilchen, die man in der Theorie der Elektrolyse betrachtet, nennt man nach Faraday *Ionen* (d. h. wandernde Teilchen). Dementsprechend wird man die kleinsten, in der modernen Elektrizitätslehre zu betrachtenden Teilchen Elektro-Ionen nennen und hieraus ist dann durch Zusammenziehung das Wort „Elektronen" entstanden.

[2]) Vgl. Anmerkung 2 am Schluß des Kapitels. (H.)

[3]) Das sollte im vierten Kapitel dieses Buches geschehen, das Klein nicht mehr vollendet hat. Vgl. das Vorwort. (H.)

§ 5. Von der mathematischen Bearbeitung der Maxwellschen Theorie bis zum Beginn des 20. Jahrhunderts.

Maxwells Auffassungen haben bei uns, und überhaupt auf dem Kontinente, lange Zeit hindurch keine rechte Wurzel zu fassen vermocht, weil sie den traditionellen Ansätzen zu sehr zuwider liefen, auch der Treatise kein logisch geschlossenes System vorstellt, sondern von verschiedenen Ansatzpunkten aus induktiv vorgeht. Es ist dann auch die mathematische Bearbeitung der Maxwellschen Theorie jahrelang sozusagen ein Reservat der Engländer geblieben. Von Heaviside haben wir schon wiederholt gesprochen. Neben ihn stellen sich bald Vertreter der Cambridger Schule. Ich nenne neben dem etwas älteren Poynting (geb. 1852) vor allem J. J. Thomson und Larmor (beide 1857 geboren). Von Larmors „Aether and Matter" war ja schon oben die Rede.

Die so geschilderte Sachlage hat sich nun völlig geändert, als es Hertz 1887 gelang, die von Maxwell nur postulierten elektrischen Schwingungen im Dielektrikum experimentell sicherzustellen[1]). Nun setzt allerwärts auch die theoretische Behandlung der Maxwellschen Ideen ein. Hertz selbst war der erste, der bei uns eine geschlossene Darstellung gab[2]). Ihm stellt sich sofort Boltzmann zur Seite, der mit der ganzen Wucht seiner begeisternden Vorträge auch den Unentschlossenen fortriß. (Vorlesungen über Maxwells Theorie der Elektrizität und des Lichtes 1891—93.) Die Maxwellschen Gleichungen für den reinen Äther sind ihm, wie Hertz, der in seiner Einfachheit endgültige Ausdruck des physikalischen Geschehens. „War es ein Gott, der diese Zeichen schrieb?" zitiert er frei nach Goethe. Nun folgen viele andere, die es unmöglich ist, hier aufzuführen. Poincaré von französischer Seite aber müssen wir nennen. Ich habe bereits in Bd. 1, Kap. VIII dieses außerordentlichen Mathematikers ausführlich gedacht und beabsichtige noch in späteren Teilen dieses Vorlesungszyklus[3]) auf die singuläre Stellung zurückzukommen, die er für die neuzeitliche Entwicklung der Mathematik überhaupt besitzt. Hier

---

1) Heinrich Hertz, geb. auch wieder 1857, war ein ebenso glänzender Experimentator wie Theoretiker; es ist ein Jammer, daß ein so außerordentliches Talent bereits im Alter von 37 Jahren dahingehen mußte. Man wird es immer als ein besonderes Verdienst von Helmholtz preisen, Hertz auf die richtige Bahn gestellt zu haben. Was Hertz' Entwicklung angeht, vgl. die Einleitung zu Bd. 1 seiner Ges. Werke (verfaßt von Lenard 1895) oder auch das Vorwort, welches Helmholtz selbst dem bereits 1894 erschienenen Schlußbande (der die Mechanik von Hertz enthält) vorausgestellt hat.

2) Über die Grundgleichungen der Elektrodynamik, Teil I (für ruhende Körper) in den Gött. Nachr. von 1890, abgedruckt in Ann. d. Phys. u. Chemie N. F., Bd. 40, 1890; Teil II (für bewegte Körper) Bd. 41. 1890.

3) Klein hat diese Teile nicht mehr vollendet. (H.)

handelt es sich darum, daß er 1885—1896 den Lehrstuhl der mathematischen Physik an der Universität Paris übernahm und zunächst daran ging, in wechselnden, in Lehrbuchform weit verbreiteten Vorlesungen die Kenntnis der modernen mathematischen Physik zu verbreiten, um deren fernere Entwicklung fortan durch das Schwergewicht seines mathematischen Könnens zu stützen. Es ist schwer zu sagen, was dabei mehr zu bewundern ist: Seine nie versagende Produktivität oder die immer rege Rezeptivität, die ihn alle von physikalischer Seite neu hervorkommenden Ideenbildungen gleich aufnehmen und weitergestalten ließ.

Als Führer aber im Gebiet dieser neuen Ideen bezeichneten wir schon oben den Holländer H. A. Lorentz. Geboren 1853 in Arnheim, ist Lorentz in kleinen Verhältnissen wesentlich durch selbständige Studien in die Höhe gewachsen, immerhin angeregt durch die erfolgreichen molekulartheoretischen Arbeiten von van der Waals (geb. 1837), der als erster den alten Ruhm Hollands als einer Pflanzstätte hervorragender physikalischer Forschung erneuert hatte. 1872 finden wir ihn als Lehrer an einer kleinen Abendschule seiner Vaterstadt, 1875 promoviert er, 1878 wird er Nachfolger von van der Waals auf dem Lehrstuhl für mathematische Physik in Leyden, seit 1912 ist er Kurator der Teylerstiftung in Haarlem, wo er ganz seinen theoretischen Forschungen leben kann. Als er 1900 sein 25 jähriges Doktorjubiläum feiern konnte, haben bereits Forscher aller Nationen zu einer inhaltreichen Festschrift beigetragen, die als Band 6 der zweiten Serie der Archives Néerlandaises erschienen ist.

Lorentz geht immer vom konkreten physikalischen Experiment aus, das er molekulartheoretisch zu verstehen sucht. Darum hat seine Mathematik etwas Umständliches, von der Eleganz allgemeiner phänomenologischer Darstellung verschiedenes. Indem er, wo immer kleine Größen auftreten, gleich nach Potenzen entwickelt und mit niederen Gliedern abbricht, ist er lange an der mathematischen Einfachheit der jetzt nach ihm benannten Transformationen vorbeigeführt worden. Um so eindringlicher hat er deren allgemein-physikalische Bedeutung (nicht für die Kräfte elektrischen Ursprungs) zur Geltung gebracht und ist eben dadurch der Vater der hier vertretenen relativistischen Auffassung geworden. Er selbst ging aber zunächst durchaus von einem absoluten, d. h. ruhenden Äther aus, innerhalb dessen sich die Teilchen der gewöhnlichen Materie und die Elektronen herumbewegen. Auf Grund dieser Vorstellung das elektrische bzw. optische Verhalten bewegter Körper zu erklären, war sein ursprünglicher Zielpunkt. Die Ansätze, welche Hertz hierfür geliefert hat, konnten nicht als genügend anerkannt werden.

Die Hauptveröffentlichungen von Lorentz, welche wir in diesem Zusammenhang nennen müssen, sind:

1. La théorie électromagnétique de Maxwell et son application aux corps mouvants, 1892. Leyden, Bd. 26 der Archives Néerlandaises.

2. Das deutsch geschriebene Buch: Versuch einer Theorie der elektrischen und magnetischen Erscheinungen in bewegten Körpern, Leyden 1895.

Hierzu vergleiche man noch die beiden großen Enzyklopädieartikel Bd. V, 2. Teil, Nr. 13, 14: Maxwells elektromagnetische Theorie; Weiterbildung der Maxwellschen Theorie: Elektronentheorie.

§ 6. Von dem allmählichen Hervorkommen der Lorentzgruppe.

Es soll sich hier nicht um die experimentellen Entdeckungen und Messungen handeln, welche für die Entwicklung der Ideen maßgebende Bedeutung erlangten — ihretwegen kann auf die weitverbreiteten Darstellungen der Bücher verwiesen werden —, sondern um die Geschichte der mathematischen Formulierungen[1]). Soviel ich sehen kann, läßt sich das Wesentliche vielleicht unter folgende Nummern bringen:

1. Voigt: Über das Dopplersche Prinzip. Göttinger Nachrichten 1887.

Die Maxwellschen Gleichungen werden, der damaligen Zeit entsprechend, noch nicht berücksichtigt, sondern es wird gleich mit den Schwingungsgleichungen begonnen, die wir in unserer Bezeichnung so schreiben:

$$\Box X = 0,\ \Box Y = 0,\ \Box Z = 0, \tag{15}$$

mit der Nebenbedingung

$$\frac{\partial X}{\partial x} + \frac{\partial Y}{\partial y} + \frac{\partial Z}{\partial z} = 0. \tag{15'}$$

Wir haben bereits bemerkt, daß jede einzelne der Gleichungen $\Box = 0$ durch ∞^7 lineare Substitutionen der x, y, z, t in sich übergehen, die wir dadurch auf ∞^6 reduzierten, daß wir die Substitutionsdeterminante $= \pm 1$ nahmen (wodurch wir eben erhielten, was wir, vorbehaltlich kleinerer weiterer Einschränkungen, die Lorentzgruppe nannten). Nun hat auch Voigt im Grunde die ∞^7 Substitutionen, er schränkt sie aber dadurch auf ∞^6 ein, daß er die Transformationen des t von vornherein in der Gestalt annimmt:

$$t' = t - (ax + by + cz). \tag{16}$$

Es wird also nur der Anfangspunkt der Zeit abhängig von x, y, z verschoben, nicht aber der Maßstab der Zeit abgeändert (wie dies weiter-

[1]) Ich zitiere dabei aus Jacobis bereits S. 65 berührter Antrittsrede von 1832 noch die Worte, welche ausgezeichnet hierher passen: „Crescunt disciplinae lente tardeque, per varios errores sero pervenitur ad veritatem; omnia praeparata esse debent diuturno et assiduo labore ad introitum veritatis novae; jam illa, certo temporis momento, divina quadam necessitate coacta, emergit ....“

hin für die prinzipielle Auffassung wesentlich ist). — Weiterhin folgen spezielle Fälle, bei denen man die Nebenbedingung (15′) und ihre Aufrechterhaltung gegenüber (16) durch geeignete Annahmen betreffend die Abhängigkeit der X, Y, Z von den x, y, z, t befriedigt.

2. Lorentz 1892 (siehe das Zitat am Ende des vorigen Paragraphen). Hier stehen die Maxwellschen Gleichungen als solche voran, neben die Transformation der x, y, z, t tritt die der X, Y, Z, L, M, N. Aber auch hier wird der Ansatz (16) benutzt; daß er als wesentlich angesehen wird, ergibt sich aus der Einführung eines besonderen Terminus für die Zeit t': „Ortszeit". Wie bei Voigt wird der Spezialfall einer bloßen Verschiebung längs der x-Achse bevorzugt. Die exakten Substitutionsformeln für die x, y, z, t heißen dann so:

$$(17)\qquad x' = x - vt,\quad y' = y\sqrt{1-\frac{v^2}{c^2}},\quad z' = z\sqrt{1-\frac{v^2}{c^2}},\quad t' = t - \frac{vx}{c^2}$$

(unter v die Geschwindigkeit der Verschiebung, unter c die Lichtgeschwindigkeit verstanden). Aber hier wird nun, wie schon oben angedeutet, die Quadratwurzel durch den Näherungswert $1-\frac{v^2}{2c^2}$ ersetzt, wodurch man nur noch eine approximative Formel hat.

3. Die spezielle Transformation (17) spielt in der ganzen Literatur betr. die Lorentzgruppe eine solche Rolle, daß wir über sie noch einiges Nähere sagen müssen. Die einfachste Einsicht bietet natürlich die orthogonale Schreibweise, mit $l = ict$. Man setze:

$$(18)\qquad \left.\begin{aligned} x' &= \cos\varphi\cdot x + \sin\varphi\cdot l \\ l' &= -\sin\varphi\cdot x + \cos\varphi\cdot l \end{aligned}\right|\; y' = y,\quad z' = z,$$

dann ist, da die U, V, W, L, M, N gemäß früherer Verabredung den Unterdeterminanten des Schemas:

$$\begin{vmatrix} dx & dy & dz & dl \\ \delta x & \delta y & \delta z & \delta l \end{vmatrix}$$

kogredient sein sollen:

$$U' = U,\quad L' = L$$

$$(18')\qquad \begin{aligned} V' &= \cos\varphi\cdot V + \sin\varphi\cdot N, & W' &= \cos\varphi\cdot W - \sin\varphi\cdot M, \\ M' &= \cos\varphi\cdot M + \sin\varphi\cdot W, & N' &= \cos\varphi\cdot N - \sin\varphi\cdot V, \end{aligned}$$

Hier wird man für l jetzt ict und für U, V, W bzw. iX, iY, iZ substitutieren. Will man dann reelle Substitutionskoeffizienten haben, so muß man, damit $\cos\varphi$ reell bleibt und $i\sin\varphi$ reell wird, $\varphi = iw$ nehmen. Es verwandeln sich dann die trigonometrischen Funktionen in die hyperbolischen Funktionen von w:

$$\cos iw = \mathfrak{Cof}\, w,\quad i\sin iw = \mathfrak{Sin}\, w$$

mit

$$\mathfrak{Cof}^2 w - \mathfrak{Sin}^2 w = 1$$

und die Formeln werden:

$$(19)\qquad \left.\begin{aligned} x' &= \mathfrak{Cof}\, w \cdot x + c\, \mathfrak{Sin}\, w \cdot t \\ &= \frac{\mathfrak{Sin}\, w}{c} \cdot x + \mathfrak{Cof}\, w \cdot t \end{aligned}\right| \quad y' = y, \quad z' = z$$

bzw.

$$(19')\qquad \begin{aligned} &X' = X, \quad L' = L, \\ &Y' = \mathfrak{Cof}\, w \cdot Y - \mathfrak{Sin}\, w \cdot N, \quad Z' = \mathfrak{Cof}\, w \cdot Z + \mathfrak{Sin}\, w \cdot M, \\ &M' = \mathfrak{Sin}\, w \cdot Z + \mathfrak{Cof}\, w \cdot M, \quad N' = \mathfrak{Cof}\, w \cdot N - \mathfrak{Sin}\, w \cdot Y. \end{aligned}$$

Nun ist aber bei den Physikern der Gebrauch der hyperbolischen Funktionen nur wenig verbreitet. Man setze also, unter q einen echten Bruch verstanden:

$$\mathfrak{Cof}\, w = \frac{1}{\sqrt{1-q^2}} \qquad \mathfrak{Sin}\, w = \frac{q}{\sqrt{1-q^2}}.$$

Wir bekommen dann:

$$(20)\qquad \left.\begin{aligned} x' &= \frac{x + cqt}{\sqrt{1-q^2}} \\ t' &= \frac{\frac{q \cdot x}{c} + t}{\sqrt{1-q^2}} \end{aligned}\right| \quad \begin{aligned} y' &= y \\ z' &= z \end{aligned}$$

bzw.

$$(20')\qquad \begin{aligned} &X' = X, && L' = L \\ &Y' = (Y - qN) : \sqrt{1-q^2}, && M' = (M + qZ) : \sqrt{1-q^2}, \\ &Z' = (Z + qM) : \sqrt{1-q^2}, && N' = (N - qY) : \sqrt{1-q^2}. \end{aligned}$$

Und nun unterscheiden sich die (20) von den (17), wenn man $\frac{v}{c} = q$ setzt, nur dadurch, daß sie auf die Determinante $+1$ gebracht sind, während die (20') die für die Invarianz der Maxwellschen Gleichungen notwendigen Ergänzungsgleichungen geben.

Wir werden die (20), (20') in der Folge kurzweg die *spezielle Lorentz-Transformation* nennen.

4. Allerdings ist Lorentz nicht der erste, der diese Formeln aufgestellt hat, sondern Larmor; vgl. S. 167, 174, 176—177 seines S. 67 genannten Buches von 1900: „Aether and Matter". Er benutzt sie auch, genau wie alle späteren Autoren, um einem gleichförmig (mit der Geschwindigkeit v) längs der x-Achse fortschreitenden System ein ruhendes zuzuordnen, für welches man die Lösung der Maxwellschen Gleichungen kennt, um diese dann rückwärts auf das bewegte System zu übertragen. Die bezüglichen Entwicklungen von Larmor aber haben keine Beachtung gefunden. Vielmehr setzte die stürmische Weiterentwicklung, von der wir nun zu berichten haben, erst ein, als Lorentz den ganzen Ansatz (der bei Larmor zwischen anderen Be-

trachtungen etwas versteckt ist) seinerseits wiederfand (siehe den Verslag der Amsterdamer Akademie Bd. 12, 1904, S. 986—1009). Daß er ihm schon 1892 nahe genug gewesen war, wurde bereits oben unter 2. bemerkt. Es läßt sich also immerhin einiges dafür sagen, daß sich bei uns an das Gleichungssystem (20), (20') ausschließlich sein Name angeheftet hat.

5. Nun kommt das Jahr 1905 mit den entscheidenden Veröffentlichungen von Poincaré und Einstein, die unabhängig nebeneinander hergehen, trotzdem sie beide von dem „Postulat" oder dem „Prinzip" der „Relativität" sprechen.

Poincaré macht den Anfang mit einer Note, „Sur la dynamique de l'électron" in den Comptes Rendus der Pariser Akademie vom 5. Juni, die dann als längerer Aufsatz dem Circolo Matematico in Palermo am 23. Juni vorgelegt wurde, aber als solcher erst 1906 erschienen ist („Sur la dynamique de l'électron", Palermo Rend., Bd. 21).

Einsteins Arbeit aber „Zur Elektrodynamik bewegter Körper" ist der Redaktion der Annalen der Physik am 30. Juni überreicht und schon am 26. September daselbst in (4) Bd. 17 herausgegeben worden.

Es ist sehr interessant, die solcherweise konkurrierenden Veröffentlichungen zu vergleichen. — Poincaré stellt das mathematische Rüstzeug klarer hervor: er bemerkt, daß die Lorentztransformationen in ihrer Gesamtheit eine Gruppe bilden (für die er dann die Bezeichnung Lorentzgruppe prägt); er benutzt schon zwischendurch die Vereinfachung, die entsteht, wenn man als vierte Variable ict wählt usw. Er sucht sodann vor allen Dingen die Probleme der Himmels-Mechanik, also die Lehre von der Gravitation, der Invariantentheorie („Relativitätstheorie") der Lorentzgruppe anzupassen, wobei sich ergibt, daß gegenüber der klassischen Theorie nur Abweichungen von der Größenordnung $\frac{v^2}{c^2}$ eintreten, unter v die Geschwindigkeit des jeweils betrachteten Himmelskörpers verstanden. Die klassische Theorie erscheint geradezu als Grenzfall der neuen für $c = \infty$. Wir werden auf diese Fragen weiter unten noch ausführlich zurückkommen. — Bei Einstein tritt dafür das naturphilosophische Denken in den Vordergrund. Er bemerkt, daß in den Lorentztransformationen eine ganz neue Auffassung des Zeitbegriffes enthalten ist. Es gibt keine Gleichzeitigkeit zweier Ereignisse schlechthin, sondern nur eine solche relativ zu einem unter unendlich vielen gleichberechtigten herausgegriffenen Koordinatensystem. Und so groß ist das Vertrauen des jugendlichen Forschers zu der transienten Bedeutung der Mathematik, daß er voraussagt, eine Uhr, die sich bewegt (also vielleicht die Schwingungszahl einer bewegten Lichtquelle) messe für einen im System x, y, z, t ruhenden Beobachter nicht (um es mathematisch auszudrücken) das

$$\int dt,$$

sondern das

$$\int \sqrt{dt^2 - \frac{dx^2 + dy^2 + dz^2}{c^2}}\,,$$

sie gehe also für den ruhenden Beobachter in dem Maße langsamer, als

$$\frac{dx^2 + dy^2 + dz^2}{dt^2} = v^2$$

größer wird[1]).

6. Endlich die Jahre 1907/08 mit den abschließenden Arbeiten von Minkowski. Es sind dies vor allen Dingen folgende zwei, deren Veröffentlichung er noch selbst besorgte[2]):

a) Die Grundgleichungen für die elektromagnetischen Vorgänge in bewegten Körpern. (Gött. Nachr. 1908, vorgelegt am 21. Dez. 1907 = Ges. Abh. Bd. 2.)

b) Raum und Zeit (Vortrag, gehalten auf der Naturforscherversammlung in Köln am 21. Sept. 1908). Ges. Abh. Bd. 2.

An sie schließt sich in Bd. 2 der gesammelten Abhandlungen, von Born aus dem Nachlasse herausgegeben:

c) Eine Ableitung der Grundgleichungen usw. vom Standpunkte der Elektronentheorie (zuerst in Bd. 68 der Math. Annalen 1910).

Dann aber ist noch 1915 aus seinen Papieren das Manuskript des Vortrages veröffentlicht worden, den er am 5. Nov. 1907 in unserer Göttinger mathematischen Gesellschaft gehalten hat:

d) Das Relativitätsprinzip (Ann. d. Phys. (4), 47 oder Jahresberichte der Deutschen Mathematikervereinigung 24). Die Darstellung in d) ist mir die liebste von allen. Denn hier spricht Minkowski, weil er zu Fachgenossen redet, seine innersten mathematischen, insbesondere invariantentheoretischen Gedanken unverhüllt aus, während er z. B.

---

[1]) Einstein ist im Jahre 1879 in Ulm geboren. Seine Schulbildung war unregelmäßig, zum Teil in der Schweiz und in Italien. Er hat dann in Zürich studiert, wo er mit einer Arbeit über die innere Reibung der Gase promovierte, um dann eine kleine Stelle am Patentbüro in Bern zu übernehmen. Hier ist es, wo er seine Arbeit von 1905 schrieb, die ihm dann zur Habilitation in Bern und unmittelbar darauf zu einem Extraordinariat an der Universität Zürich verhalf. 1911 wurde er Ordinarius in Prag, 1912 am Polytechnikum in Zürich. Seit 1914 ist er der gefeierte Akademiker in Berlin. Einstein ist jüdischer Provenienz wie Hertz und Minkowski. — Wunderbar ist es, wie hier wieder ein ursprüngliches Talent sich außerhalb der regulären Schule entwickelt, ganz anders als Poincaré, der den fest umgrenzten französischen Bildungsgang für höhere Studien, unter Einschluß der École Polytechnique, durchlaufen hat. Zusammenhängend damit sind Einsteins mathematischen Vorkenntnisse anfänglich nur geringe gewesen; er hat sie im Verkehr mit anderen Mathematikern erst allmählich erweitert. Dafür hat die irreguläre Ausbildung ihm die Originalität eigenen Nachdenkens bewahrt. Ob dies für ihn nicht ein überwiegender Vorteil gewesen ist?

[2]) Minkowski ist am 12. Januar 1909 an den Folgen einer Operation im Alter von nur 44 Jahren gestorben.

in a), um keine spezifischen Vorkenntnisse voraussetzen zu müssen, die kühle Darstellung durch einen ad hoc ersonnenen Matrizenkalkül wählt, dessen äußere Einzelheiten zwar elementar zugänglich sind, dessen inneres Zustandekommen aber unzugänglich bleibt.

Wir haben bei Minkowski beides: die volle Beherrschung des mathematischen Apparates der Relativitätstheorie der Lorentzgruppe und deren in lapidaren Sätzen festgelegte naturphilosophische Tragweite. In ersterer Hinsicht werde hier vorweg bemerkt, mit Rücksicht auf die von uns selbst in den vorigen Paragraphen gegebene Darstellung: daß erst Minkowski die wahre Natur der X, Y, Z, L, M, N als der Komponenten eines Sechsertensors klar erkannt und damit den inneren Aufbau der Maxwellschen Gleichungen völlig verstanden hat[1]). Im übrigen wird unsere ganze folgende Darstellung von den Minkowskischen Auffassungen getragen sein, wobei wir uns dem Plane der gegenwärtigen Darstellung entsprechend leider ganz auf die elementaren Anfänge beschränken müssen.

In der äußeren Form schließen wir uns dann vielfach an die wiederholt genannten und von den deutschen Physikern viel gelesenen Kommentare von Sommerfeld, 1910 an: Zur Relativitätstheorie, Teil 1: Vierdimensionale Vektoralgebra, Ann. d. Phys. (4), 32; Teil 2: Vierdimensionale Vektoranalysis, ebenda 33. Nur ersetzen wir die geometrischen Analogien, mit denen Sommerfeld arbeitet, lieber durch die uns schon geläufigen invariantentheoretischen Rechnungen und Begriffsbildungen. Dies hat auch schon v. Laue in seinem Lehrbuch: „Das Relativitätsprinzip" (Bd. 1, Braunschweig 1911, 2. Aufl. 1913[2])) getan, doch glaube ich manches präziser oder auch einfacher darstellen zu können. Diese größere Einfachheit ist namentlich dadurch erzielt, daß ich ganz darauf verzichte, die vorliegenden Experimente zu besprechen und ihre ursprünglich dreidimensionale Erfassung allmählich vierdimensional umzudeuten, sondern daß ich von vornherein das vierdimensionale Denken deduktiv zur Geltung bringe. So ist es bekanntlich bequemer, zuerst das Kopernikanische Weltbild zu entwickeln, statt von den geozentrischen Beobachtungen aus auf dem Wege über die Ptolemäische Darstellung zu ihm aufzusteigen. Freilich bleibt der ein halber Astronom, der sich nun mit der Kopernikanischen Auffassung in abstracto begnügt und sich nicht eingehend bemüht, die Einzelheiten der geozentrischen Beobachtungen von dort aus genau durchzudenken.

---

[1]) Leider hat Minkowski in a) für das, was wir hier Sechsertensor nennen, das völlig farblose Wort „Vektor zweiter Art". In d) dagegen hat er dafür die neue, aber meinem Gefühl nach ganz zweckmäßige Bezeichnung „Traktor" vorgeschlagen.

[2]) Der 2. Bd. (1921 bzw. 1923) behandelt die allgemeine Relativitätstheorie. (H.)

§ 7. Von der Weiterverbreitung der neuen Doktrin. Die Entwicklung seit 1911 bzw. 1909.

Als „neue Doktrin" soll hier die Auffassung bezeichnet sein, daß die Relativitätstheorie der Galilei-Newton-Gruppe in allen Teilen der Physik durch die Relativitätstheorie der Lorentzgruppe ersetzt werden müsse.

Die Mehrzahl der älteren Physiker hat sich ihr nur zögernd, wenn überhaupt, angeschlossen, wie psychologisch verständlich ist. Wer Dezennien hindurch in sich eine bestimmte Denkweise ausgestaltet hat, kann sich nicht plötzlich umschalten. Jedenfalls wird er immer versuchen, auf dem Wege über seine früheren Ansätze hinüber die neuen Formulierungen zu erfassen, was zu allerlei Umständlichkeiten führen muß. So ist es z. B. mit Lorentz selbst. Ganz anders die jüngere Generation. Vieles, was in der Elektrodynamik kompliziert erschien, wurde jetzt plötzlich einfach; wir werden darauf noch mannigfach zurückkommen und manche Einzelnamen nennen. Es entstand ein vielseitiges enthusiastisches Vorwärtsstreben. Als prinzipielle Fortschritte aber will ich nennen, daß es Planck schon 1907 gelang[1]), die thermodynamischen Lehren mit der neuen Auffassung in Verbindung zu setzen, und daß Herglotz 1911 die Mechanik der deformierbaren Körper, für welche Minkowski schon Ansätze gegeben hatte, in abschließender Weise behandelte[2]).

Doch dieses sind Dinge, die wir hier nur beiläufig berühren können. Wichtiger für uns ist es, zu konstatieren bzw. zu erklären, daß die Mathematiker in großer Zahl sich sofort der neuen Bewegung anschlossen. Auf der einen Seite kann hierzu gesagt werden, daß derjenige, der durch die Schule der Nichteuklidischen Geometrie gegangen war, von vornherein prädisponiert war, die Galilei-Newton-Gruppe, sobald dies wünschenswert schien, gegen die Lorentzgruppe, von der sie ein Grenzfall ist, zu vertauschen. Es fiel in dieser Hinsicht eben jede innere Hemmung fort. Aber viel wichtiger war noch, daß die Mathematiker die neuen Gedankenreihen, die jetzt verlangt wurden, vermöge ihrer invariantentheoretischen (oder geometrischen) Untersuchungen, wenn auch in anderer Form, ohne es zu wissen, bereits fertig in sich herumtrugen. Niemand hat dies lebhafter empfunden und die dadurch gegebene Sachlage höher eingeschätzt als Minkowski selbst, der in seinem oben unter d) genannten Vortrag vor der Göttinger mathematischen Gesellschaft sich zu Eingang folgendermaßen äußert:

„Der Mathematiker ist besonders gut prädisponiert, die neuen

---

[1]) Sitzungsberichte der Berliner Akademie 1907 = Ann. d. Phys. (4), Bd. 26 (1908).

[2]) Ann. d. Phys. (4), Bd. 36 (1911).

Anschauungen aufzunehmen, weil es sich dabei um eine Akklimatisierung an Begriffsbildungen handelt, die ihm längst äußerst geläufig sind, während der Physiker jetzt diese Begriffe zum Teil neu erfinden und sich durch einen Urwald von Unklarheiten mühevoll einen Pfad durchholzen muß, indessen ganz in der Nähe die längst vortrefflich angelegte Straße des Mathematikers bequem vorwärtsführt. Überhaupt würden die neuen Ansätze, falls sie tatsächlich die Erscheinungen richtig wiedergeben, fast den größten Triumph bedeuten, den je die Anwendung der Mathematik gezeigt hat. Es handelt sich, — so kurz wie möglich ausgedrückt — darum, daß die Welt in Raum und Zeit in gewissem Sinne eine vierdimensionale Nichteuklidische Mannigfaltigkeit ist. Es würde zum Ruhme der Mathematiker, zum grenzenlosen Erstaunen der übrigen Menschheit offenbar werden, daß die Mathematiker rein in ihrer Phantasie ein großes Gebiet geschaffen haben, dem, ohne daß dieses je in der Absicht dieser so idealen Gesellen gelegen hätte, eines Tages die vollendete reale Existenz zukommen sollte."

Zu diesen Worten Minkowskis kann ich nur erklären, daß sie zugleich die Auffassungen und die Vorbedingungen genau treffen, von denen aus die gegenwärtige Darstellung unternommen wurde. Und sie werden noch weiter reichen. Sie werden auch deren kommenden Teile noch umspannen, sofern es uns gelingt, zu den weiteren physikalischen Ansätzen Stellung zu nehmen, die durch Einsteins gedankenreiche Arbeiten von 1911 ausgelöst worden sind[1]. Indem Einstein nach einem Formalismus suchte, der eine innere Einfügung der Lehre von der Gravitation in die Theorie der elektromagnetischen Erscheinungen ermöglichte, kam er spontan dazu, die Relativitätstheorie der Lorentzgruppe, also einer linearen Gruppe mit einer beschränkten Zahl von Parametern, durch die Relativitätstheorie der Gruppe aller Punkttransformationen, also einer unendlichen kontinuierlichen Gruppe nach der von Lie eingeführten Bezeichnungsweise — zu ersetzen. Wir werden nachher, um das zu verstehen, weit ausholen und namentlich der tiefgründigen Ideen gedenken müssen, welche Riemann in seiner Habilitationsvorlesung von 1854 „Über die Hypothesen, welche der Geometrie zugrunde liegen" entwickelt hat. Daß Riemann dabei ganz wesentlich von naturphilosophischen Interessen geleitet war, wurde schon in Bd. 1 hervorgehoben.

Im übrigen nenne ich gerne noch einen andern in unserer Richtung liegenden Fortschritt, der 1909 von mathematischer Seite gewonnen wurde. Es trifft sich so, daß ich wieder an das Erlanger Programm anknüpfen kann. An die Betrachtung der Euklidischen Gruppe des R_3 mit ihren 6 Parametern schließt sich dort die Betrachtung derjenigen

[1] Vergleiche S. 67, Anm. 3 (H.).

erweiterten Gruppe, welche aus ihr durch Hinzunahme der Transformation durch reziproke Radien entsteht. Es ist eine G_{10}, die ich später kurzweg die konforme Gruppe genannt habe, weil sie sich (wie dies der Sache nach schon 1845 von Liouville erkannt wurde) mit der Gesamtheit derjenigen Raumtransformationen deckt, welche $(dx^2 + dy^2 + dz^2)$ in ein Multiplum seiner selbst überführen. Auch sie läßt sich als eine homogene lineare Gruppe schreiben, wenn man nämlich

$$x = \frac{\xi}{w}, \quad y = \frac{\eta}{w}, \quad z = \frac{\zeta}{w}$$

und

$$x^2 + y^2 + z^2 = \frac{\varrho}{w}$$

setzt: sie ist dann durch diejenigen homogenen linearen Substitutionen der 5 Variablen $\xi, \eta, \zeta, \varrho, w$ dargestellt, welche die quadratische Gleichung

$$\xi^2 + \eta^2 + \zeta^2 - \varrho w = 0$$

in sich überführen. Alles das läßt sich auf n Dimensionen übertragen; es entsteht eine $G_{\frac{(n+1)(n+2)}{2}}$, im R_4 also eine G_{15} [1]). — Andererseits hat W. Thomson in seinen ersten Arbeiten (1845) bekanntlich nachgewiesen und weitgehend benutzt, daß aus jeder Potentialfunktion $V(x, y, z)$ des R_3, d. h. jeder Funktion, welche die Gleichung $\Delta = 0$ befriedigt, durch Inversion am Koordinatenanfangspunkt und Division durch r eine neue Potentialfunktion, nämlich

$$\frac{1}{r} V\left(\frac{x}{r^2}, \frac{y}{r^2}, \frac{z}{r^2}\right)$$

hervorgeht. Auch dieses läßt sich mit leichter Modifikation auf beliebig viele Dimensionen übertragen und dabei dann die ganze zugehörige konforme Gruppe heranziehen; ich darf wegen dieser Sachlage auf die beiden Bücher von Pockels[2]) und Bôcher[3]) verweisen. — Nun lernten wir, daß die Maxwellschen Gleichungen nach Einführung von l für $i\,c\,t$ auf das engste mit der Potentialtheorie des vierdimensionalen Raumes (die durch die Gleichung $\Box = 0$ gegeben wird), zusammenhängen. Es ist also fast selbstverständlich, daß man sich fragt, ob man die Maxwellschen Gleichungen nicht durch geschickte Anwendung allgemeiner konformer Transformationen der x, y, z, l in sich verwandeln könne. Trotzdem scheint

---

[1]) Hiermit haben sich Darboux, Lie und ich selbst in den Jahren 1869—1872 viel beschäftigt; siehe z. B. die zusammenfassende Darstellung in meinen „Vorlesungen über höhere Geometrie", Teil 1 (Berlin, 1926).

[2]) Über die partielle Differentialgleichung $\Delta U + k^2 U = 0$ und ihr Auftreten in der mathematischen Physik, Leipzig, 1891.

[3]) Über die Reihenentwicklungen der Potentialtheorie, Leipzig, 1894.

niemand an diese Möglichkeit gedacht zu haben, bis sie 1909 von den englischen Mathematikern Cunningham und Bateman in vollem Umfange bestätigt wurde; insbesondere hat Bateman sehr interessante invariantentheoretische Entwicklungen hierzu gegeben (siehe Proceedings of the London Mathematical Society (2), VIII, 1910ff.). Man hat die X, Y, Z, L, M, N jeder einzelnen konformen Transformation des R_4 entsprechend selbst einer homogenen linearen Substitution zu unterwerfen, deren Koeffizienten nur keine konstanten Größen, sondern bestimmte einfache Funktionen von x, y, z, t sind.

Die Methode der Relativitätstheorie hat also für die Maxwellschen Gleichungen eine noch wesentlich über die Lorentzgruppe hinausgehende Bedeutung. Die wunderbare Harmonie aber, welche zwischen den alten Entwicklungen der reinen Mathematiker und den Gedankenkonstruktionen der neueren Physiker besteht, bewährt sich aufs neue auf einem erweiterten Gebiete. — Merkwürdigerweise haben diese Untersuchungen jedenfalls bei uns in Deutschland bisher nur wenig Beachtung gefunden und auch wir werden darum nur gelegentlich auf sie zurückkommen können.

II. Behandlung der Lorentzgruppe in orthogonaler Form.

Unsere weiteren Ausführungen über die Relativitätstheorie der Lorentzgruppe gliedern sich von selbst in zwei Teile. Wir werden zuerst, um die innere Symmetrik der Ansätze hervorzukehren, von der orthogonalen Schreibweise der Substitutionen Gebrauch machen, also von den x_1, x_2, x_3, x_4 usw. (gemäß § 2 der vorigen Abteilung) ausgehen. Wir werden dann zweitens den besonderen Realitätsverhältnissen der Lorentzgruppe Rechnung tragen. Diese Trennung läßt sich allerdings, wenn man Wiederholungen vermeiden will, nicht völlig durchführen, aber wird doch für die folgenden Abteilungen II und III im ganzen charakteristisch sein.

§ 1. Elemente der zugehörigen Viereranalysis.

1. Die Punktkoordinaten x_1, x_2, x_3, x_4 (oder auch y_1, y_2, y_3, y_4 usw.) der vierdimensionalen „Welt", für die sich die Lorentzgruppe als Inbegriff derjenigen ∞^{10} nicht-homogenen linearen Substitutionen darstellt,

$$(1) \qquad x_i' = \alpha_i x_1 + \beta_i x_2 + \gamma_i x_3 + \varepsilon_i x_4 + \zeta_i, \quad (i = 1, \cdots, 4)$$

bei denen die α_i, β_i, γ_i, ε_i eine orthogonale Matrix von der Determinante 1 bilden.

2. Die *Vierervektoren*, d. h. Komplexe von 4 Größen, welche die

homogenen Substitutionen erleiden, die von (1) übrig bleiben, wenn man die Glieder ζ_i wegstreicht. Einfache Beispiele bilden die Differenzen zweier Reihen von Punktkoordinaten:

$$x_1 - y_1, \quad x_2 - y_2, \quad x_3 - y_3, \quad x_4 - y_4$$

und insbesondere die Differentiale:

$$dx_1, \; dx_2, \; dx_3, \; dx_4;$$

ebenso aber auch die partiellen Differentialzeichen:

$$\frac{\partial}{\partial x_1}, \quad \frac{\partial}{\partial x_2}, \quad \frac{\partial}{\partial x_3}, \quad \frac{\partial}{\partial x_4}$$

(weil bei orthogonalen Substitutionen der Unterschied von Kogredienz und Kontragredienz fortfällt).

Wir werden es im folgenden nicht nur mit einzelnen Vektoren, sondern mit Vektorfeldern zu tun haben. Wir bezeichnen daher die Vierervektoren, damit ihre Komponenten nicht mit Punktkoordinaten verwechselt werden können, durch

$$(2) \qquad u_1, \; u_2, \; u_3, \; u_4 \text{ bzw. } v_1, \; v_2, \; v_3, \; v_4 \text{ usw.}$$

Die einfachsten in der Vektoranalysis auftretenden *Skalare* haben wir dann in der quadratischen Form

$$(3) \qquad u_1^2 + u_2^2 + u_3^2 + u_4^2 \quad \text{bzw.} \quad v_1^2 + v_2^2 + v_3^2 + v_4^2$$

und in der zugehörigen Polare vor uns:

$$(4) \qquad u_1 v_1 + u_2 v_2 + u_3 v_3 + u_4 v_4.$$

Es ist nun nur ein besonderer Fall von (4), wenn wir bei einem Vektorfelde $u(x)$ von der *Großdivergenz*

$$(5) \qquad \frac{\partial u_1}{\partial x_1} + \frac{\partial u_2}{\partial x_2} + \frac{\partial u_3}{\partial x_3} + \frac{\partial u_4}{\partial x_4} = \operatorname{Div}(u)$$

sprechen; die Vorsilbe „Groß“, die wir nach Sommerfeld gebrauchen, soll hier und in ähnlichen Fällen daran erinnern, daß wir es mit vier, und nicht mit drei Variablen zu tun haben.

3. Sei $f(x)$ irgend ein Skalar, dann ist

$$\frac{\partial f}{\partial x_1}, \quad \frac{\partial f}{\partial x_2}, \quad \frac{\partial f}{\partial x_3}, \quad \frac{\partial f}{\partial x_4}$$

ein Vierervektor, der *Großgradient* von f. Aus ihm entstehen als neue Skalare einerseits

$$\left(\frac{\partial f}{\partial x_1}\right)^2 + \left(\frac{\partial f}{\partial x_2}\right)^2 + \left(\frac{\partial f}{\partial x_3}\right)^2 + \left(\frac{\partial f}{\partial x_4}\right)^2,$$

andererseits

$$\frac{\partial^2 f}{\partial x_1^2} + \frac{\partial^2 f}{\partial x_2^2} + \frac{\partial^2 f}{\partial x_3^2} + \frac{\partial^2 f}{\partial x_4^2},$$

welch letzteren wir wieder mit

(6) $$\Box f$$

bezeichnen.

4. Die *Sechsertensoren*, d. h. Komplexe von je 6 Größen λ_{ik} (oder auch μ_{ik}), die sich wie die zugehörigen Unterdeterminanten p_{ik} (bzw. q_{ik}) einer zweigliedrigen Komponenten-Matrix von Vierervektoren

$$\begin{vmatrix} u_1 & u_2 & u_3 & u_4 \\ v_1 & v_2 & v_3 & v_4 \end{vmatrix}$$

substituieren. Wir haben für die λ_{ik} *zwei Invarianten*:

(7) $$\begin{cases} \Lambda = \lambda_{14}\lambda_{23} + \lambda_{24}\lambda_{31} + \lambda_{34}\lambda_{12} \\ \Omega = \sum \lambda_{ik}^2 \end{cases}.$$

Die „dualen" μ_{ik} sind am übersichtlichsten durch die Gleichungen gegeben:

(8) $$\mu_{ik} = \frac{\partial \Lambda}{\partial \lambda_{ik}},$$

worauf Λ den Wert annimmt:

(9) $$M = \mu_{14}\mu_{23} + \mu_{24}\mu_{31} + \mu_{34}\mu_{12}.$$

Also ist auch umgekehrt:

(10) $$\lambda_{ik} = \frac{\partial M}{\partial \mu_{ik}}.$$

Im übrigen werden wir wieder, je nach Bedürfnis:

(11) $$\lambda_{ki} = -\lambda_{ik}, \quad \lambda_{ii} = 0$$

(und ähnlich für die μ_{ik}) in die Formeln einführen. Im besonderen bevorzugen wir freilich immer den Index 4.

5. Wichtig ist weiterhin der besondere Sechsertensor, der — unter u irgend ein Vierervektor verstanden — aus der Matrix

$$\begin{vmatrix} \frac{\partial}{\partial x_1} & \frac{\partial}{\partial x_2} & \frac{\partial}{\partial x_3} & \frac{\partial}{\partial x_4} \\ u_1 & u_2 & u_3 & u_4 \end{vmatrix}$$

hervorgeht, also:

(12) $$\lambda_{ik} = \frac{\partial u_k}{\partial x_i} - \frac{\partial u_i}{\partial x_k}.$$

Wir nennen ihn Rot u, die *Großrotation* des Vektorfeldes (u).

Aus den Koordinaten λ_{ik} bzw. μ_{ik} eines beliebigen Sechsertensors und einem beliebigen Vierervektor u_i lassen sich, wie schon in I, § 2 erwähnt, zwei neue Vierervektoren nach dem einfachen Schema zusammensetzen:

(13) $$v_i = \sum_k \lambda_{ik} u_k \quad \text{bzw.} \quad v_i' = \sum_k \mu_{ik} u_k.$$

6. Um nun doch etwas Neues zu geben, bemerken wir, daß sich aus den Koordinaten λ_{ik} zweierlei Größentripel zusammensetzen lassen, die wir *Dreiertensoren* nennen.

Bildet man nämlich die beiden Skalare

$$\Omega \pm 2\Lambda,$$

so erhält man 2 ternäre Invarianten:

$$(\lambda_{14} \pm \lambda_{23})^2 + (\lambda_{24} \pm \lambda_{31})^2 + (\lambda_{34} \pm \lambda_{12})^2;$$

daraus folgt, daß sich die beiden Größensysteme:

(14) $$\lambda_{14} + \lambda_{23}, \quad \lambda_{24} + \lambda_{31}, \quad \lambda_{34} + \lambda_{12}$$

bzw. $$\lambda_{14} - \lambda_{23}, \quad \lambda_{24} - \lambda_{31}, \quad \lambda_{34} - \lambda_{12}$$

je ternär orthogonal (übrigens nicht etwa kogredient) substituieren; auf die Einzelheiten werden wir in § 2 zurückkommen. Hier sei an die ursprüngliche elektromagnetische Bedeutung der λ_{ik} erinnert. Wir hatten

$$\lambda_{23} = L, \quad \lambda_{31} = M, \quad \lambda_{12} = N,$$
$$\lambda_{14} = iX, \quad \lambda_{24} = iY, \quad \lambda_{34} = iZ.$$

Es handelt sich also bei den Dreiergrößen (14) um die komplexen Verbindungen

(15) $$L \pm iX, \quad M \pm iY, \quad N \pm iZ,$$

die man bei der Behandlung der Maxwellschen Gleichungen schon oft eingeführt hat, ohne gerade das hier zutage tretende Prinzip hervorzukehren.

7. Endlich die *Zehnertensoren*, die schon oben (Kap. 1 B, § 4) erwähnt waren. Es handelt sich um den Inbegriff der Koeffizienten a_{ik} irgend einer aus den Koordinaten eines Vierervektors gebildeten quadratischen Form, also um Größenkomplexe a_{ik}, die sich bei der Lorentzgruppe so substituieren, daß

(16) $$\sum a_{ik} u_i u_k$$

invariant ist. Wir nannten a. a. O. auch schon den besonderen Zehnertensor mit den Koeffizienten

$$\delta_{ik} = 0 \ (i \neq k), \quad \delta_{ii} = 1.$$

8. Es gibt eine einfache Methode, aus einem Sechsertensor λ_{ik} einen Zehnertensor abzuleiten. Schreiben wir gemäß (13):

$$v_i = \sum_k \lambda_{ik} u_k,$$

so haben wir einen neuen Vierervektor. und ebenso, wenn wir diese Substitution wiederholen:

$$w_h = \sum_i \lambda_{hi} v_i.$$

Ziehen wir zusammen, so haben wir:

$$w_h = \sum_i \sum_k \lambda_{hi} \lambda_{ik} u_k ,$$

und in dem hier auftretenden Koeffizientensystem, weil es zur Hauptdiagonale symmetrisch ist, einen Zehnertensor *. Es verlohnt sich, dies Koeffizientensystem ausführlich hinzuschreiben. Wir erhalten bei geeigneter Anordnung der Indizes:

$$\begin{pmatrix} -\lambda_{12}^2 - \lambda_{13}^2 - \lambda_{14}^2 & \lambda_{13}\lambda_{32} + \lambda_{14}\lambda_{42} & \lambda_{14}\lambda_{43} + \lambda_{12}\lambda_{23} & \lambda_{12}\lambda_{24} + \lambda_{13}\lambda_{34} \\ \lambda_{23}\lambda_{31} + \lambda_{24}\lambda_{41} & -\lambda_{23}^2 - \lambda_{24}^2 - \lambda_{21}^2 & \lambda_{24}\lambda_{43} + \lambda_{21}\lambda_{13} & \lambda_{21}\lambda_{14} + \lambda_{23}\lambda_{34} \\ \lambda_{32}\lambda_{21} + \lambda_{34}\lambda_{41} & \lambda_{34}\lambda_{42} + \lambda_{31}\lambda_{12} & -\lambda_{34}^2 - \lambda_{31}^2 - \lambda_{32}^2 & \lambda_{31}\lambda_{14} + \lambda_{32}\lambda_{24} \\ \lambda_{42}\lambda_{21} + \lambda_{43}\lambda_{31} & \lambda_{43}\lambda_{32} + \lambda_{41}\lambda_{12} & \lambda_{41}\lambda_{13} + \lambda_{42}\lambda_{23} & -\lambda_{41}^2 - \lambda_{42}^2 - \lambda_{43}^2 \end{pmatrix}$$

Addieren wir hier noch überall $\frac{1}{2}\,\delta_{ik}\cdot\Omega$, so bekommen wir folgende Matrix *, die bei den Untersuchungen über das elektromagnetische Feld der λ_{ik} eine große Rolle spielt und die dementsprechend mit dem besonderen Buchstaben F bezeichnet sein soll:

$$\text{17)}\quad F = \begin{pmatrix} -\frac{1}{2}\begin{pmatrix} \lambda_{12}^2 + \lambda_{13}^2 + \lambda_{14}^2 \\ -\lambda_{34}^2 - \lambda_{42}^2 - \lambda_{23}^2 \end{pmatrix} & \text{---} & \text{---} & \text{---} \\ \text{---} & -\frac{1}{2}\begin{pmatrix} \lambda_{23}^2 + \lambda_{24}^2 + \lambda_{21}^2 \\ -\lambda_{41}^2 - \lambda_{13}^2 - \lambda_{34}^2 \end{pmatrix} & \text{---} & \text{---} \\ \text{---} & \text{---} & -\frac{1}{2}\begin{pmatrix} \lambda_{34}^2 + \lambda_{31}^2 + \lambda_{32}^2 \\ -\lambda_{12}^2 - \lambda_{24}^2 - \lambda_{41}^2 \end{pmatrix} & \text{---} \\ \text{---} & \text{---} & \text{---} & -\frac{1}{2}\begin{pmatrix} \lambda_{41}^2 + \lambda_{42}^2 + \lambda_{43}^2 \\ -\lambda_{23}^2 - \lambda_{31}^2 - \lambda_{12}^2 \end{pmatrix} \end{pmatrix}$$

Der Term rechts unten nimmt, wenn wir ihn noch durch c^2 dividieren, in den X, Y, Z, L, M, N geschrieben, folgende Gestalt an:

$$\frac{1}{2\,c^2}\,(X^2 + Y^2 + Z^2 + L^2 + M^2 + N^2)\,.$$

Diesen Ausdruck pflegen die Physiker die spezifische (auf die Einheit des Volumens berechnete) Energie des elektromagnetischen Feldes zu nennen. Von hier das besondere Interesse, welches man dem Zehnertensor F zugewandt hat (so daß man ihn gelegentlich geradezu als „Welttensor" bezeichnet). Die spezifische Energie ist also gegenüber der Lorentzgruppe keineswegs etwas Invariantes, sondern eben nur eine der Komponenten eines Zehnertensors. Auf die physikalische Bedeutung der übrigen Komponenten werden wir später zurückkommen.

9. Aus den Komponenten a_{ik} eines Zehnertensors und den u_k eines Vierervektors entsteht allgemein in der Gestalt

$$\sum_k a_{ik} u_k ; \qquad i = 1,\ 2,\ 3,\ 4$$

ein neuer Vierervektor. Als besonderen Fall haben wir wieder:

$$(18) \qquad \sum_k \frac{\partial a_{ik}}{\partial x_k} \qquad (i = 1, \ldots, 4).$$

Diesen Vektor bezeichnet Sommerfeld als die *Vektordivergenz des Zehnertensors* a_{ik}. Für den elektromagnetischen Zehnertensor F verschwindet die Vektordivergenz vermöge der Maxwellschen Gleichungen identisch (wie man aus dem Bildungsgesetz von F ablesen oder auch hinterher durch wirkliche Ausrechnung verifizieren mag). Wir werden darauf in § 6 eingehen.

§ 2. Neue Einschaltung über Quaternionen.

Die Entwicklungen des vorigen Paragraphen gehen in ihrem Wesen alle auf Minkowskis große Arbeit von 1907/08 zurück. Minkowski erwähnt dort gelegentlich auch, daß der Formalismus der Quaternionen Dienste leisten könne, ihm aber zu schwerfällig scheine. Ich möchte aber angeben, wie einfach sich die Grundformeln der Theorie in Quaternionen schreiben lassen.

Bereits Kap. I B, § 3 wurde gezeigt, wie man die allgemeinen orthogonalen Substitutionen von der Determinante 1 bei 4 und bei 3 Veränderlichen durch Quaternionen darstellen kann. Wir haben jetzt nur einige neue Bezeichnungen hinzuzunehmen. Zunächst schreiben wir einen Vierervektor (u) als Quaternion:

$$(u) = i\,u_1 + j\,u_2 + k\,u_3 + u_4.$$

Wir bezeichnen ferner die Quadratsumme $a^2 + b^2 + c^2 + d^2$ der Koeffizienten einer Quaternion $q = i\,a + j\,b + k\,c + d$ mit Nq, d. h. Norm von q. Dann schreibt sich für den Vierervektor (u) die allgemeinste unimodulare orthogonale Substitution, d. h. die allgemeine Lorentzsubstitution in orthogonaler Form in der Gestalt:

$$(1) \qquad (\overline{u}) = \frac{q \cdot (u) \cdot q'}{\sqrt{Nq \cdot Nq'}}.$$

Hier sind q, q' zwei beliebige Quaternionen. Nehmen wir aber insbesondere $q' = q^{-1}$, so wird $Nq \cdot Nq' = 1$, $\overline{u}_4 = u_4$, und wir behalten in der Formel

$$(2) \qquad (i\,\overline{u}_1 + j\,\overline{u}_2 + k\,\overline{u}_3) = q\,(i\,u_1 + j\,u_2 + k\,u_3)\,q^{-1}$$

die allgemeinste ternäre unimodulare orthogonale Substitution der 3 Variablen u_1, u_2, u_3.

Nun wurden doch im vorigen Paragraphen Dreiertensoren genannt, d. h. Komplexe, welche bei Ausübung der quaternären Substitution (1) auf die u selbst ternäre orthogonale Substitutionen erleiden. Diese Substitutionen sind nun dem Wesen nach durch (2) gegeben. Man findet nämlich, bei Voraussetzung der Formel (1), für den Dreiertensor

$$\lambda_{14} + \lambda_{23}, \quad \lambda_{24} + \lambda_{31}, \quad \lambda_{34} + \lambda_{12}$$

die Substitution

$$\begin{aligned}(3) \qquad & i(\bar{\lambda}_{14} + \bar{\lambda}_{23}) + j(\bar{\lambda}_{24} + \bar{\lambda}_{31}) + k(\bar{\lambda}_{34} + \bar{\lambda}_{12}) \\ & = q'^{-1}\big(i(\lambda_{14} + \lambda_{23}) + j(\lambda_{24} + \lambda_{31}) + k(\lambda_{34} + \lambda_{12})\big)\, q',\end{aligned}$$

aus der q ganz herausfällt, und für den anderen Dreiertensor

$$\lambda_{14} - \lambda_{23}, \quad \lambda_{24} - \lambda_{31}, \quad \lambda_{34} - \lambda_{12}$$

die entsprechend gebaute Substitution

$$\begin{aligned}(3') \qquad & i(\bar{\lambda}_{14} - \bar{\lambda}_{23}) + j(\bar{\lambda}_{24} - \bar{\lambda}_{31}) + k(\bar{\lambda}_{34} - \bar{\lambda}_{12}) \\ & = q\big(i(\lambda_{14} - \lambda_{23}) + j(\lambda_{24} - \lambda_{31}) + k(\lambda_{34} - \lambda_{12})\big)\, q^{-1}.\end{aligned}$$

Hiermit sind ersichtlich auch die Substitutionen, welche die λ_{ik} einzeln bei Anwendung der Lorentzsubstitution (1) erleiden, in einfachster Weise explizite hingeschrieben.

Aber auch die Maxwellschen Gleichungen selbst lassen sich jetzt in knappster Weise zusammenfassen. Wir haben zu dem Zwecke nur den Operator zu bilden:

$$(4) \qquad i\frac{\partial}{\partial x_1} + j\frac{\partial}{\partial x_2} + k\frac{\partial}{\partial x_3} + \frac{\partial}{\partial x_4} = \Diamond.$$

Dann schreiben sich die beiden Reihen der Maxwellschen Gleichungen, wie man durch Nachrechnen bestätigt, einfach folgendermaßen:

$$(5) \qquad \begin{cases} \text{I.} & \Diamond\big(i(\lambda_{14} + \lambda_{23}) + j(\lambda_{24} + \lambda_{31}) + k(\lambda_{34} + \lambda_{12})\big) = 0, \\ \text{II.} & \big(i(\lambda_{14} - \lambda_{23}) + j(\lambda_{24} - \lambda_{31}) + k(\lambda_{34} - \lambda_{12})\big)\Diamond = 0. \end{cases}$$

Der Beweis aber, daß diese Gleichungen bei den Substitutionen (1) bzw. (3) und (2) invariant bleiben, ergibt sich ohne jede Zwischenrechnung. Es genügt aus Symmetriegründen, daß wir den Faktor $\frac{q}{\sqrt{Nq}}$ von (1) in Betracht ziehen, und $q' = 1$ setzen. Dann bleiben die Gleichungen I ungeändert, weil besagter Faktor $\frac{q}{\sqrt{Nq}}$ dem Symbol $\Diamond$ vorzusetzen ist, der andere Faktor $i(\lambda_{14} + \lambda_{23}) + \cdots$ aber überhaupt keine Änderung erleidet. Die Gleichungen II aber nehmen zunächst die Gestalt an:

$$q\big(i(\lambda_{14} - \lambda_{23}) + j(\lambda_{24} - \lambda_{31}) + k(\lambda_{34} - \lambda_{12})\big)\overbrace{q^{-1}\frac{q}{\sqrt{Nq}}}\Diamond = 0$$

und hier heben sich die beiden durch die horizontale Klammer zusammengefaßten Faktoren (die man nach dem assoziativen Gesetz der Quaternionen-Multiplikation zusammenziehen darf) bis auf den nicht weiter in Betracht kommenden Nenner $N(q)$ gegenseitig weg, so daß nur q vorn als Faktor zugesetzt erscheint, wodurch die Gültigkeit der Gleichungen nicht aufgehoben wird.

Formel (1) läßt noch eine Verallgemeinerung zu, die uns für später nützlich sein wird. Im Nenner von (1) steht die Quadratwurzel

$$\sqrt{(a^2+b^2+c^2+d^2)(a'^2+b'^2+c'^2+d'^2)}.$$

Um rationale Darstellung zu erzielen, wollen wir, was ersichtlich keine Einschränkung ist,

$$a^2+b^2+c^2+d^2 = a'^2+b'^2+c'^2+d'^2 \tag{6}$$

nehmen und, um auch diese Bedingung durch rationale Funktionen unabhängiger Parameter zu erfüllen, in scheinbar unsymmetrischer Weise

$$\begin{aligned} &\frac{a-a'}{2}=A_1, \quad \frac{b-b'}{2}=B_1, \quad \frac{c-c'}{2}=C_1, \quad \frac{d+d'}{2}=D_1, \\ &\frac{a+a'}{2}=A_2, \quad \frac{b+b'}{2}=B_2, \quad \frac{c+c'}{2}=C_2, \quad \frac{d-d'}{2}=D_2 \end{aligned} \tag{7}$$

setzen. Wir haben dann, (6) entsprechend,

$$A_1A_2+B_1B_2+C_1C_2+D_1D_2=0, \tag{8}$$

so daß in der Tat eine dieser 8 Größen durch die 7 andern rational ausgedrückt werden kann. Die Symmetrie würde leiden, wenn wir dies wirklich ausführten. Wir werden darum die 8 Größen $A_1, \ldots, D_2$ sämtlich beibehalten und fordern, daß sie an die Bedingungen (8) gebunden sein sollen. Im übrigen wird nun, wenn wir

$$\begin{aligned} iA_1+jB_1+kC_1+D_1&=Q_1\\ iA_2+jB_2+kC_2+D_2&=Q_2 \end{aligned}$$

setzen,

$$\begin{aligned} q&=i(A_1+A_2)+j(B_1+B_2)+k(C_1+C_2)+(D_1+D_2)=(Q_1+Q_2),\\ q'&=-i(A_1-A_2)-j(B_1-B_2)-k(C_1-C_2)+(D_1-D_2), \end{aligned}$$

also

$$\begin{aligned} \frac{q'}{a^2+b^2+c^2+d^2}&=\left(i(A_1-A_2)+j(B_1-B_2)+k(C_1-C_2)+(D_1-D_2)\right)^{-1}\\ &=(Q_1-Q_2)^{-1}. \end{aligned}$$

Daher schreibt sich die Formel (1) jetzt in der Form

$$(\bar{u})(Q_1-Q_2)=(Q_1+Q_2)(u) \tag{9}$$

(wo die 8 Größen $A_1, \ldots, D_2$, die wir der Bedingung (8) unterwarfen, ersichtlich homogen vorkommen, so daß wir in unserer Formel die richtige Zahl von 6 wesentlichen Parametern haben). Übrigens findet sich die kleine Zwischenrechnung, die uns von (1) zu (8) und (9) führte, bereits in Cayleys ursprünglicher Veröffentlichung; nur gerade in umgekehrter Reihenfolge (so daß Formel (1) den Schluß abgibt; siehe

Crelles Journal 50. 1855 = Cayleys Werke II, S. 202 ff., insbesondere S. 213—215 daselbst). Nun mögen folgende Bemerkungen angeschlossen werden:

1. Will man nicht $u_1^2 + u_2^2 + u_3^2 + u_4^2$ durch eine lineare Substitution mit reellen Koeffizienten in sich transformieren, sondern $u_1^2 + u_2^2 + u_3^2 - u_4^2$, so muß man die Formeln (9) so umschreiben:

$$(10)\qquad \begin{aligned}&(\bar{u}_4 + \varepsilon(i\bar{u}_1 + j\bar{u}_2 + k\bar{u}_3))(Q_1 - \varepsilon Q_2)\\ &\quad = (Q_1 + \varepsilon Q_2)(u_4 + \varepsilon(iu_1 + ju_2 + ku_3)),\end{aligned}$$

wo ε die gewöhnliche imaginäre Einheit ist: $\varepsilon^2 = -1$.

Die Formeln (3), (3') für die Transformation der Dreiertensoren aber werden dann so lauten:

$$(11)\qquad \begin{aligned}&(Q_1 - \varepsilon Q_2)(i(\bar{\lambda}_{14} + \varepsilon\bar{\lambda}_{23}) + j(\bar{\lambda}_{24} + \varepsilon\bar{\lambda}_{31}) + k(\bar{\lambda}_{34} + \varepsilon\bar{\lambda}_{12}))\\ &\quad = (i(\lambda_{14} + \varepsilon\lambda_{23}) + j(\lambda_{24} + \varepsilon\lambda_{31}) + k(\lambda_{34} + \varepsilon\lambda_{12}))(Q_1 - \varepsilon Q_2),\end{aligned}$$

$$(11')\qquad \begin{aligned}&(i(\bar{\lambda}_{14} - \varepsilon\bar{\lambda}_{23}) + j(\bar{\lambda}_{24} - \varepsilon\bar{\lambda}_{31}) + k(\bar{\lambda}_{34} - \varepsilon\bar{\lambda}_{12}))(Q_1 + \varepsilon Q_2)\\ &\quad = (Q_1 + \varepsilon Q_2)(i(\lambda_{14} - \varepsilon\lambda_{23}) + j(\lambda_{24} - \varepsilon\lambda_{31}) + k(\lambda_{34} - \varepsilon\lambda_{12}))\end{aligned}$$

2. Wir werden diese Formeln mit den früheren zusammenfassen, indem wir freistellen, $\varepsilon^2 = \pm 1$ zu nehmen, ja wir werden sie noch so verallgemeinern können, daß

$$u_1^2 + u_2^2 + u_3^2 \pm c^2 u_4^2$$

in sich übergeht, indem wir $\varepsilon^2 = \pm c^2$ nehmen.

Hierin liegt die Möglichkeit, nicht nur der Lorentzgruppe in ihrer auf die Lichtgeschwindigkeit c bezüglichen reellen Form gerecht zu werden, sondern auch die Galilei-Newton-Gruppe als den für $c = \infty$ herauskommenden Grenzfall glatt hinzuschreiben. Wir haben nur bei (10) die Bedingung $\varepsilon^2 = 0$ hinzuzufügen, also mit ε so zu rechnen, wie man dies bei unendlich kleinen Größen zu tun pflegt.

Wir sind hiermit in den Bereich der sogenannten *Biquaterionen* gelangt, der seitens der Geometer schon lange bearbeitet wurde — nur daß von ihnen u_1, u_2, u_3, u_4 natürlich nicht physikalisch gedeutet wurden, sondern als Verhältniskoordinaten im Raum von 3 Dimensionen. Die Substitutionen (10) geben dann, je nach der Verfügung über das ε^2, die „Bewegungen" des elliptischen, hyperbolischen und parabolischen R_3 (um die Benennungen zu gebrauchen, die ich selbst seinerzeit für die verschiedenen Arten von Cayleys projektiver Maßbestimmung vorschlug[1]); es heißt unnötigerweise höhere Gedankenverbindungen heranziehen, wenn man statt dessen meist, in Anlehnung an Riemanns allgemeine Ansätze, von Räumen konstanter positiver oder negativer oder verschwindender Krümmung spricht).

---

[1]) Vgl. Bd. 1, S. 151—155.

Man pflegt die Unterscheidung der dreierlei Arten von Biquaterionen (je nachdem $\varepsilon^2 = +1, -1$ oder 0 ist) auf Clifford zurückzuführen, der in einigen unvollendet gebliebenen Abhandlungen 1873 und 1876 hierüber sehr anregende, aber nicht abgeschlossene Bemerkungen hinterlassen hat (Werke, Nr. 20 und 42). Wie man die Bewegungen des Euklidischen Raumes vermöge (10) unter der Annahme $\varepsilon^2 = 0$ nach allen Richtungen bequem beherrschen kann, hat insbesondere Study untersucht (Math. Ann. 39, 1891). Genaueres über die nicht unbeträchtliche Literatur der Biquaternionen — gerade auch in ihrer Beziehung zu den orthogonalen Substitutionen von 4 Veränderlichen — findet man in dem Artikel I, 5 der französischen Enzyklopädie „Nombres complexes" von Study und Cartan (vgl. Nr. 35—36 daselbst) [1]).

§ 3. Vom Ersatz der Maxwellschen Gleichungen durch Integralbeziehungen.

Die Quaternionen sind nur eines der Hilfsmittel, durch die man die Symmetrie der Maxwellschen Gleichungen bequem hervorkehren kann. Maxwell selbst hat in seinem Treatise, wie wir schon wiederholt bemerkten, überhaupt keine Differentialgleichungen hingeschrieben, sondern Integralbeziehungen aufgestellt — ein Verfahren, welches das Ergebnis der experimentellen Messungen zweifellos unmittelbarer zum Ausdruck bringt und überhaupt mancherlei Vorzüge hat, indem es z. B. den Fall einfacher im elektromagnetischen Felde auftretender Unstetigkeiten mit umfaßt. Von mathematischer Seite ist man, wie es scheint, erst neuerdings hierauf genauer eingegangen; ich beziehe mich insbesondere auf die schon genannte Arbeit von Bateman in (2) VII der Proceedings der London Mathematical Society von 1909/10.

Wir werden auch vielfache Integrale zu betrachten haben und schreiben sie in diesen Paragraphen unter Benutzung der Graßmannschen Stufen; so also, daß wir ein „Flächenelement" durch die Unterdeterminanten des aus 2 Reihen von Differentialen gebildeten Schemas:

$$\begin{vmatrix} dx_1 & dx_2 & dx_3 & dx_4 \\ d'x_1 & d'x_2 & d'x_3 & d'x_4 \end{vmatrix}$$

---

[1]) Ich verweise noch auf einen auch dort nur beiläufig genannten und sonst so gut wie unbekannten Geometer, den Wiesbadener Gymnasiallehrer Unverzagt. Schon 1871 beschäftigte er sich mit den Versuchen, die Quaternionenlehre für die allgemeinen Maßverhältnisse des Euklidischen R_3 fruchtbar zu machen, um dann mit einer ausführlichen Darstellung hervorzutreten (Theorie der goniometrischen und longimetrischen Quaternionen, Wiesbaden 1876). Die Darstellung ist natürlich eine andere, meines Erachtens ungelenkere, als wir sie gewohnt sind. Niemand hat das Buch von Unverzagt damals beachtet. Es ist tragisch zu sehen, wie ein zweifellos hochbegabter Mann, dem die Verbindung mit Gleichstrebenden fehlte, zur Wirkungslosigkeit verurteilt gewesen ist.

festlegen, ein „Raumelement" durch die entsprechende dreigliedrige Determinante, ein „Weltelement" durch eine viergliedrige Determinante. Das Verhalten der Integrale bei Einführung neuer Veränderlichen läßt sich so bequemer verstehen, als bei der gewöhnlichen Schreibweise.

Sei beispielsweise ein vierfaches Integral (erstreckt über irgendein Weltstück) vorgelegt, das wir so schreiben:

$$(12)\qquad \iiiint f(x_1, x_2, x_3, x_4) \begin{vmatrix} dx_1 & dx_2 & dx_3 & dx_4 \\ d'x_1 & \ldots & \ldots & d'x_4 \\ d''x_1 & \ldots & \ldots & d''x_4 \\ d'''x_1 & \ldots & \ldots & d'''x_4 \end{vmatrix}.$$

Wir setzen nun etwa

$$(13)\qquad x_i = \varphi_i(y_1, y_2, y_3, y_4),$$

wobei $f(x_1, x_2, x_3, x_4)$ in $\bar{f}(y_1, y_2, y_3, y_4)$ übergehen möge. Es ist dann ohne weiteres klar, daß das transformierte Integral lautet:

$$(14)\qquad \iiiint \bar{f}(y_1, y_2, y_3, y_4) \frac{\partial(\varphi_1, \varphi_2, \varphi_3, \varphi_4)}{\partial(y_1, y_2, y_3, y_4)} \begin{vmatrix} dy_1 & \ldots & dy_4 \\ d'y_1 & \ldots & d'y_4 \\ d''y_1 & \ldots & d''y_4 \\ d'''y_1 & \ldots & d'''y_4 \end{vmatrix},$$

unter $\frac{\partial(\varphi_1, \varphi_2, \varphi_3, \varphi_4)}{\partial(y_1, y_2, y_3, y_4)}$ die bezügliche Funktionaldeterminante verstanden. Handelt es sich bei (13) um eine Substitution der Lorentzgruppe, so ist diese Determinante gleich eins und wir haben insbesondere: *Ist $f(x_1, x_2, x_3, x_4)$ eine Invariante der Gruppe (ein „Skalar"), so auch das Integral; wir haben eine Integralinvariante der Gruppe.*

Analoge Bemerkungen werden bei dreifachen, zweifachen, einfachen Integralen am Platze sein. Ein dreifaches Integral wird sich so schreiben:

$$(15)\qquad \iiint \begin{vmatrix} f_1 & f_2 & f_3 & f_4 \\ dx_1 & dx_2 & dx_3 & dx_4 \\ d'x_1 & \ldots & \ldots & d'x_4 \\ d''x_1 & \ldots & \ldots & d''x_4 \end{vmatrix}$$

und wird Integralinvariante der Lorentzgruppe sein, wenn f_1, f_2, f_3, f_4 einen Vierervektor bezeichnet. Ein zweifaches Integral können wir so ansetzen:

$$(16)\qquad \iint \sum_{i,k} f_{ik}(dx_i\, d'x_k - d'x_i\, dx_k);$$

wir haben eine Integralinvariante der Lorentzgruppe, wenn die f_{ik} einen Sechsertensor vorstellen. Bei allgemeiner Substitution (13) aber wird hervorkommen:

$$(17)\qquad \iint \sum_{m,n} \bar{f}_{m,n}(dy_m\, d'y_n - d'y_m\, dy_n),$$

wo sich die $\bar{f}_{mn}$ aus den f_{ik} so zusammensetzen:

$$\bar{f}_{m,n} = \sum_{i,k} \frac{\partial(\varphi_i, \varphi_k)}{\partial(y_m, y_n)} f_{ik} \tag{18}$$

(und in den f_{ik} die $x_1 \ldots x_4$ natürlich durch $y_1 \ldots y_4$ auszudrücken sind).

Hieran reihen sich die Sätze, welche man bei 3 Dimensionen nach *Gauß* und *Stokes* zu benennen pflegt und die in allgemeinster Form (für m-fache Integrale in n-fach ausgedehnten Räumen) z. B. bei Poincaré[1] und Goursat[2] aufgestellt sind. Ich will mich hier auf den Fall eines Doppelintegrals beschränken. Das Integral sei über eine geschlossene Fläche genommen, welche einen dreidimensionalen Raum einschließt. Das über die Fläche erstreckte Integral kann durch ein über den Raum erstrecktes dreifaches Integral ersetzt werden. Schreibt man, da f_{ik} ein Sechsertensor sein soll, λ_{ik} für f_{ik} und führt, wie früher, $\mu_{ik} = \frac{\partial \Lambda}{\partial \lambda_{ik}}$ ein, so gilt die Formel:

$$\iint \sum_{i,k} \lambda_{ik} \begin{vmatrix} dx_i & dx_k \\ d'x_i & d'x_k \end{vmatrix} = \iiint \begin{vmatrix} \sum_k \frac{\partial \mu_{1k}}{\partial x_k} & \sum_k \frac{\partial \mu_{2k}}{\partial x_k} & \sum_k \frac{\partial \mu_{3k}}{\partial x_k} & \sum_k \frac{\partial \mu_{4k}}{\partial x_k} \\ dx_1 & dx_2 & dx_3 & dx_4 \\ d'x_1 & d'x_2 & d'x_3 & d'x_4 \\ d''x_1 & d''x_2 & d''x_3 & d''x_4 \end{vmatrix}. \tag{19}$$

Es folgt, daß das Doppelintegral, erstreckt über eine beliebige geschlossene Fläche, immer 0 ist, wenn im ganzen R_4 die Differentialgleichungen bestehen:

$$\sum_k \frac{\partial \mu_{1k}}{\partial x_k} = 0, \quad \sum_k \frac{\partial \mu_{2k}}{\partial x_k} = 0, \quad \sum_k \frac{\partial \mu_{3k}}{\partial x_k} = 0, \quad \sum_k \frac{\partial \mu_{4k}}{\partial x_k} = 0.$$

Und auch den Rückschluß wird man machen können, wenn anders die λ_{ik} die dazu erforderlichen Stetigkeitsbedingungen erfüllen*.

Damit sind wir von selbst an die Maxwellschen Gleichungen herangekommen. In der Tat hatten wir diesen früher die Form gegeben:

$$\text{I. } \sum_k \frac{\partial \lambda_{ik}}{\partial x_k} = 0, \qquad \text{II. } \sum_k \frac{\partial \mu_{ik}}{\partial x_k} = 0 \quad \text{für} \quad i = 1, 2, 3, 4.$$

Wir werden statt ihrer jetzt die Integralbeziehungen setzen:

$$\left\{ \begin{array}{l} \text{I. } \iint \sum_{i,k} \mu_{ik} (dx_i d'x_k - d'x_i dx_k) = 0 \\ \text{II. } \iint \sum_{i,k} \lambda_{ik} (dx_i d'x_k - d'x_i dx_k) = 0, \end{array} \right. \tag{20}$$

die Integrale genommen über eine beliebige geschlossene Fläche. Und

[1] Acta Mathematica 9 (1887).

[2] Liouvilles Journal (6), Bd. 4 (1908).

damit haben wir ohne weiteres eine Einsicht in die Invarianz der Maxwellschen Gleichungen bei beliebiger Lorentztransformation, falls wir die λ_{ik} bzw. μ_{ik} als Bestimmungsstücke eines Sechsertensors ansehen (und dementsprechend transformieren). Wir finden aber auch mit leichter Rechnung, daß unsere Gleichungen bei beliebiger *konformer* Transformation der $x_1 \ldots x_4$, also bei der ganzen G_{15}, von der wir oben (B I, § 7, Ende) sprachen, ungeändert bleiben, nicht aber bei sonstigen Transformationen. Hierüber vergleiche man die S. 79 genannte Arbeit von Bateman.

§ 4. Das Viererpotential und der zu ihm gehörige Variationsansatz.

In unmittelbarer Verbindung mit den Entwicklungen des vorigen Paragraphen steht die Einführung des sogenannten *Viererpotentials* (q_1, q_2, q_3, q_4). Da unser invariantes Doppelintegral

$$\iint \sum_{i,k} \lambda_{ik} (dx_i\, d'x_k - d'x_i\, dx_k),$$

genommen über eine beliebige geschlossene Fläche, 0 ist, wird es, genommen über eine berandete Fläche, gleich einem längs des Randes erstreckten einfachen Integrale sein:

$$\int (q_1\, dx_1 + q_2\, dx_2 + q_3\, dx_3 + q_4\, dx_4), \tag{21}$$

woraus man nach dem verallgemeinerten Stokesschen Satze schließt, daß

$$\lambda_{ik} = \frac{\partial q_k}{\partial x_i} - \frac{\partial q_i}{\partial x_k} = \operatorname{Rot} q \tag{22}$$

gesetzt werden kann (womit dann die Maxwellschen Gleichungen II identisch erfüllt sind). Dabei wird man, ohne die λ_{ik} zu ändern, die $q_1 \ldots q_4$ noch um $\frac{\partial f}{\partial x_1}, \frac{\partial f}{\partial x_2}, \frac{\partial f}{\partial x_3}, \frac{\partial f}{\partial x_4}$ vermehren können, unter f eine beliebige Funktion der x verstanden, die den nötigen Eindeutigkeits- und Stetigkeitsbedingungen genügt. Infolgedessen kann man die q durch geeignete Wahl dieser Funktion der Bedingung unterwerfen, daß ihre Großdivergenz verschwindet:

$$\frac{\partial q_1}{\partial x_1} + \frac{\partial q_2}{\partial x_2} + \frac{\partial q_3}{\partial x_3} + \frac{\partial q_4}{\partial x_4} = 0. \tag{23}$$

Die q haben dann gegenüber Lorentztransformationen, wegen der invarianten Bedeutung von (22), den Charakter von Vektorkomponenten.

Dieser ganze Ansatz, der außerordentliche formale Vereinfachungen bietet, ist im Keime schon bei Maxwell selbst vorhanden, voll hervorgekehrt aber wurde er erst, wie es scheint, 1898 von Liénard (Bd. 16 der Eclairage électrique). Aber natürlich noch in unsymmetrischer

Form, deren sich auch Lorentz in Nr. 4 seines Enzyklopädiereferates V,14 bedient, wenn er schreibt:

$$(24)\qquad \begin{aligned}(X, Y, Z) &= -\frac{1}{c}\frac{\partial a}{\partial t} - \operatorname{grad}\varphi\,,\\ (L, M, N) &= \operatorname{rot} a\,,\end{aligned}$$

— unter a ein dreigliedriges „Vektorpotential" (a_1, a_2, a_3), unter φ ein Skalarpotential (des dreidimensionalen Raumes) verstanden. Schreibt man hier nach unsern früheren Festsetzungen

$$\begin{aligned} iX &= \lambda_{14}, & iY &= \lambda_{24}, & iZ &= \lambda_{34},\\ L &= \lambda_{23}, & M &= \lambda_{31}, & N &= \lambda_{12},\end{aligned}$$

ferner für x, y, z, ict bzw. x_1, x_2, x_3, x_4 und nimmt endlich

$$(25)\qquad a_1, a_2, a_3, \varphi = -q_1, -q_2, -q_3, i\,q_4\,^{1)}\,,$$

so fällt man genau auf die Formeln (22) zurück. Diese symmetrischen Formeln sind natürlich von Minkowski eingeführt; man vergleiche seinen Vortrag vor der Göttinger Mathematischen Gesellschaft vom Nov. 1907 [2]).

Wir tragen jetzt die Ausdrücke (22) in die Maxwellschen Gleichungen I ein. Wir erhalten dann die 4 Gleichungen:

$$(26)\qquad \Box q_i - \frac{\partial\,\mathrm{Div}\,q}{\partial x_i} = 0\,,$$

und daraus, indem wir (23) zu Hilfe nehmen:

$$(27)\qquad \Box q_i = 0\,.$$

Die Differentialgleichungen des elektromagnetischen Feldes sind hiermit wohl auf ihren einfachsten Ausdruck gebracht [3]).

Ein weiterer Schritt ist, daß wir die Maxwellschen Gleichungen I:

$$\sum_k \frac{\partial \lambda_{ik}}{\partial x_k} = 0 \quad \text{für} \quad i = 1, 2, 3, 4$$

in einen *Variationsansatz* zusammenziehen. Wir haben zu schreiben:

$$(28)\qquad \delta \iiiint \sum_{i,k} \lambda_{ik}^2\, dx_1\, dx_2\, dx_3\, dx_4 = 0\,^{4)}\,,$$

wo

$$\lambda_{ik} = \frac{\partial q_k}{\partial x_i} - \frac{\partial q_i}{\partial x_k}$$

---

1) Die Minuszeichen bei q_1, q_2, q_3 entsprechen dem Umstande, daß Lorentz ein Rechtskoordinatensystem (x, y, z) benutzt, wir aber im Anschluß an Hertz ein Linkskoordinatensystem.

2) Siehe S. 74.

3) Man beachte die formale Analogie mit S. 61, Formel (3) und (4). (H.)

4) Wir kehren zur üblichen Bezeichnung des Volumelements durch $dx_1 \cdot dx_2 \ldots dx_n$ zurück.

zu setzen ist und die Variation so gebildet werden soll, daß wir die $q_1 \cdots q_4$ um beliebige $\delta q_1 \ldots \delta q_4$ ändern (die nur an den Grenzen verschwinden müssen, was durch die Horizontalstriche beim Integralzeichen angedeutet wird). In der Tat finden wir die Variation δJ unseres Integrals nach den gewöhnlichen Regeln:

$$(29) \qquad \delta J = \overline{\iiiint} \left[\sum_i \delta q_i \left(\sum_k \frac{\partial \lambda_{ik}}{\partial q_i} \right) \right] d x_1 d x_2 d x_3 d x_4 ,$$

was sofort zu den Maxwellschen Gleichungen I führt.

Die Invarianz der Maxwellschen Gleichungen gegenüber Lorentztransformationen liegt hier ohne weiteres zutage, weil $\sum_{i,k} \lambda_{ik}^2$ gegenüber diesen Transformationen ein Skalar ist. Aber auch die zwischen ihnen bestehende differentielle Abhängigkeit:

$$\sum_i \frac{\partial}{\partial x_i} \left(\sum_k \frac{\partial \lambda_{ik}}{\partial q_k} \right) = 0$$

erkennt man unmittelbar. Die λ_{ik} bleiben doch ungeändert, wenn man die q_i um irgendwelche $\frac{\partial f}{\partial x_i}$ vermehrt. Schreibt man dementsprechend in die Variation (29) für die δq_i die Werte $\frac{\partial \delta f}{\partial x_i}$, so bekommt man die identische Gleichung:

$$\overline{\iiiint} \left[\sum_i \frac{\partial \delta f}{\partial x_i} \left(\sum_k \frac{\partial \lambda_{ik}}{\partial q_i} \right) \right] d x_1 \, d x_2 \, d x_3 \, d x_4 = 0 ;$$

durch Umgestaltung vermöge partieller Integration für ein beliebiges δf ergibt das:

$$\overline{\iiiint} \delta f \left[\sum_i \frac{\partial}{\partial x_i} \left(\sum_k \frac{\partial \lambda_{ik}}{\partial q_k} \right) \right] d x_1 \, d x_2 \, d x_3 \, d x_4 = 0 ,$$

wo nun die genannte Abhängigkeit hervorleuchtet.

Es ist interessant, diesen völlig symmetrischen Variationsansatz mit dem unsymmetrischen zu vergleichen, den wir Bd. 1, Kap. V nach Mac Cullagh gaben. Wir haben, um letzteren zu bekommen, in unseren nunmehrigen Entwicklungen nur $q_4 = 0$ zu setzen (was an sich keine Einschränkung ist, aber nur die Variationen δq_1, δq_2, δq_3 zur Geltung kommen läßt).

Variationsansätze sind immer besonders brauchbar, wenn es sich um Einführung neuer Veränderlicher handelt. Diese Regel wollen wir noch benutzen, um uns zu überzeugen, daß die Maxwellschen Gleichungen bei der allgemeinsten konformen Transformation der $x_1 \ldots x_4$, also bei der ganzen G_{15}, welche

$$(30) \qquad (d x_1^2 + \cdots + d x_4^2) = \varrho^2 (d y_1^2 + \cdots + d y_4^2) \qquad (\varrho \neq 0)$$

bewirkt, invariant sind. Unser Beweis beruht einfach darauf, daß der Variationsansatz (28):

$$\delta \iiiint \sum_{i,k} \lambda_{ik}^2 \cdot dx_1\, dx_2\, dx_3\, dx_4 = 0$$

bei beliebiger konformer Transformation nicht geändert wird.

Sei, wie in (13),

$$x_i = \varphi_i (y_1, y_2, y_3, y_4).$$

Dann ist zunächst, wie seinerzeit Jacobi darlegte, und wir in (12), (14) vermöge der Graßmannschen Schreibweise des Differentials noch anschaulich gemacht haben,

(31) $$dx_1 \cdot dx_2 \cdot dx_3 \cdot dx_4 \quad \text{durch} \quad D \cdot dy_1 \cdot dy_2 \cdot dy_3 \cdot dy_4$$

zu ersetzen, unter D die Funktionaldeterminante

$$D = \frac{\partial(\varphi_1 \ldots \varphi_4)}{\partial(y_1 \ldots y_4)}$$

verstanden.

Bleibt zu untersuchen, wie sich

$$\sum_{i,k} \lambda_{ik}^2 = \sum_{i,k} \left(\frac{\partial q_k}{\partial x_i} - \frac{\partial q_i}{\partial x_k} \right)^2$$

umsetzt.

Wir haben zunächst für die dx_i die homogenen linearen Substitutionen:

(32) $$dx_i = \frac{\partial \varphi_i}{\partial y_1} dy_1 + \cdots + \frac{\partial \varphi_i}{\partial y_4} dy_4$$

(deren Determinante eben die Funktionaldeterminante D ist). Die Operation $\frac{\partial}{\partial x_1}, \ldots, \frac{\partial}{\partial x_4}$ und ebenso die q_i verhalten sich natürlich zu den dx_i kontragredient (letzteres, weil $q_1 dx_1 + \cdots + q_4 dx_4$ invariant sein soll). Wir haben beispielsweise (indem wir die transformierten q durch Horizontalstriche bezeichnen):

(33) $$\bar{q}_i = \frac{\partial \varphi_1}{\partial y_i} q_1 + \cdots + \frac{\partial \varphi_4}{\partial y_i} q_4.$$

Es kommt nun darauf an, die transformierten λ, also die Größen

(34) $$\bar{\lambda}_{ik} = \frac{\partial \bar{q}_k}{\partial y_i} - \frac{\partial \bar{q}_i}{\partial y_k}$$

zu berechnen. Man könnte zunächst meinen, daß in die Formeln die zweiten Differentialquotienten der φ nach den y eingingen. Aber die Rechnung zeigt, daß sich die betreffenden Terme gerade wegheben. Alles geht vor sich, wie wenn die Koeffizienten der linearen Substitutionen (32), (33) konstant wären. Insofern sind wir, wie früher, im Bereich der elementaren Invariantentheorie: die λ_{ik} verhalten sich wie die Determinanten aus zwei Reihen zu den dx kontragredienter Größen.

Wir sind sogar im Bereich der orthogonalen Substitutionen, nur daß $\sum dx_i^2$ vermöge (30) nicht in $\sum dy_i^2$, sondern eben in $\varrho^2 \sum dy_i^2$ übergeführt wird. Eine kurze Überlegung zeigt, daß die Substitutionsdeterminante D nun nicht ± 1, sondern $\pm \varrho^4$ ist, daß andererseits $\Sigma \lambda_{ik}^2$ in $\sum \bar{\lambda}_{ik}^2 : \varrho^4$ übergeht. Die beiden unter dem Integralzeichen hinzutretenden Potenzen von ϱ kompensieren sich also gerade gegenseitig und das Integral bleibt bis auf einen etwaigen Vorzeichenwechsel ungeändert. Dieser Vorzeichenwechsel ist aber bedeutungslos, wenn wir die Variation des Integrals $= 0$ setzen wollen. Die Maxwellschen Gleichungen bleiben also in der Tat ungeändert.

§ 5. Beispiele für die Anwendung unserer Viereranalysis auf besondere Probleme.

Wir haben als Transformationsgruppen, welche die Maxwellschen Gleichungen invariant lassen:

1. die Lorentzgruppe,
2. diese umfassend die konforme G_{15},

und es entsteht die Frage, welchen Nutzen wir hieraus ziehen können.

In allen solchen Fällen bieten sich für das mathematische Denken zwei Stufen:

a) die Benutzung der Transformationen, um aus bekannten Beziehungen neue zu machen,

b) die Entwicklung der Denkgewohnheiten bis zu dem Grade der Abstraktion, daß man nur noch auffaßt, was bei der Gruppe invariant ist. Dieser Entwicklungsprozeß wurde am Beispiel der neueren Geometrie, was die projektiven Umformungen des Raumes angeht, schon in Bd. 1, Kap. IV geschildert: der durchgebildete Projektiviker läßt alle die Übertragungen durch Projektion, welche frühere Geometer vollzogen und als wesentliche Resultate ansahen, nur mehr als Selbstverständlichkeiten gelten; sie sind für ihn verschiedene Fassungen desselben Grundgedankens.

Genau die beiden Stufen sind bei der Lorentzgruppe, wie schon oben angedeutet, durchlaufen worden. Ursprünglich — bei Lorentz selbst, bei Larmor u. a. — nur ein Hilfsmittel im Sinne von a), wurde sie durch Poincaré und vor allem durch Einstein und Minkowski die Grundlage einer neuen, dem Standpunkt b) entsprechenden „Weltanschauung".

Anders bei der G_{15}, die überhaupt noch nicht viel Aufmerksamkeit auf sich gezogen hat. Sie ist bisher nur im Sinne von a) benutzt worden, und das Gefühl der Physiker, die ich danach fragte, sträubte sich durchaus dagegen, den Übergang zu b) zu vollziehen.

Dem referierenden Charakter dieses Buches entsprechend werde auch ich weiterhin fast ausschließlich die G_{10} behandeln; dabei will ich nicht erst Kompromisse mit dem überkommenen dreidimensionalen Denken schließen, sondern der jeweilige vierdimensionale Ansatz soll von vornherein in seiner ganzen Einfachheit zur Geltung gebracht werden.

Sprechen wir in diesem Paragraphen von der Verwendung der Lorentzgruppe im Sinne a). Ich werde nur zwei Aufgaben heranbringen, die beide ein einzelnes Elektron betreffen. Seine jeweiligen Koordinaten mögen mit $x_1 \ldots x_4$ bezeichnet sein. Wir müssen dann, um nicht unsymmetrisch zu sein, den Begriff der Geschwindigkeit fallen lassen (welcher eine Bevorzugung des x_4 implizieren würde). Vielmehr wollen wir $x_1 \ldots x_4$ nach dem invarianten Bogenelement

$$ds = \sqrt{dx_1^2 + dx_2^2 + dx_3^2 + dx_4^2} \tag{35}$$

differenzieren und den Inbegriff der Differentialquotienten:

$$\frac{dx_1}{ds} = x_1', \ \ldots, \ \frac{dx_4}{ds} = x_4' \tag{36}$$

als Richtungsvektor bezeichnen; selbstverständlich ist dabei

$$x_1'^2 + \cdots + x_4'^2 = 1\,. \tag{37}$$

Wir kommen der gewöhnlichen Auffassung entgegen, wenn wir durch geeignete Lorentztransformationen im einzelnen Augenblicke

$$x_1 = x_2 = x_3 = x_4 = 0 \quad \text{und ebenso} \quad x_1' = x_2' = x_3' = 0$$

machen, wobei $x_4' = +1$ genommen sein soll. Minkowski nannte dieses Nullsetzen der 3 ersten Richtungskomponenten: *das Elektron auf Ruhe transformieren.* Wir ziehen dann für ein solches ruhendes Elektron die traditionellen physikalischen Kenntnisse heran, um aus ihnen mittels einer beliebigen Lorentztransformation allgemeinere Gesetze herzuleiten.

Erste Aufgabe: *Einwirkung eines gegebenen elektromagnetischen Feldes auf ein beliebig bewegtes Elektron.*

Gegeben sind die λ_{ik}, die mit den gewöhnlich gebrauchten X, Y, Z, L, M, N nach unseren früheren Festsetzungen so zusammenhängen:

$$\begin{aligned} \varepsilon X &= \lambda_{14}, & \varepsilon Y &= \lambda_{24}, & \varepsilon Z &= \lambda_{34} \qquad (\varepsilon = \sqrt{-1}) \\ L &= \lambda_{23}, & M &= \lambda_{31}, & N &= \lambda_{12}\,. \end{aligned}$$

Wir bilden uns daraus den Begriff der *Viererkraft*, d. h. eines auf das Elektron wirkenden Vierervektors, dessen drei erste Komponenten P_1, P_2, P_3 den Kraftkomponenten der gewöhnlichen Mechanik entsprechen sollen, während die vierte, P_4, so zu berechnen sein wird, daß alleweil

$$x_1' P_1 + x_2' P_2 + x_3' P_3 + x_4' P_4 = 0 \tag{38}$$

sein soll. Für ein ruhendes Elektron von der Ladung e haben wir dann gemäß den traditionellen physikalischen Gesetzen im gegebenen elektromagnetischen Felde die Viererkraft anzuschreiben:

(39) $$P_1 = eX, \quad P_2 = eY, \quad P_3 = eZ, \quad P_4 = 0\,,$$

also in den λ_{ik}:

(39′) $$P_1 = -\varepsilon e \lambda_{14}, \quad P_2 = -\varepsilon e \lambda_{24}, \quad P_3 = -\varepsilon e \lambda_{34}, \quad P_4 = 0\,.$$

Ferner werde postuliert, daß bei einem bewegten Elektron die Viererkraft nur noch von den ersten Differentialquotienten $x_1' \ldots x_4'$ abhängt, und zwar linear. Dann ist klar, daß die Formeln (39) als Spezialfall folgenden allgemeinen Ansatzes anzusehen sind:

(40) $$P_1 = -\varepsilon e \sum_k \lambda_{1k} x_k', \quad \ldots, \quad P_4 = -\varepsilon e \sum_k \lambda_{4k} x_k'$$ [1].

Hiermit ist unsere Aufgabe bereits gelöst; wir wollen aber noch einiges wenige über die Bewegung des Elektrons im gegebenen Kraftfelde sagen. Nach Analogie mit der gewöhnlichen Mechanik setzen wir an (unter m die träge Masse verstanden, die mit dem Elektron verbunden ist):

(41) $$m x_i'' = P_i = -\varepsilon e \sum_k \lambda_{ik} x_k'\,.$$

Drückt man hier die λ_{ik} durch das Viererpotential q des Feldes aus, so lassen sich diese Differentialgleichungen wieder elegant in einen Variationsansatz zusammenziehen (der dem Hamiltonschen Prinzip der gewöhnlichen Mechanik entspricht):

(42) $$\delta \overline{\underline{\int}} \left(\frac{m}{2} \sum_i x_i'^2 + \varepsilon e \sum_i q_i x_i'\right) ds = 0\,,$$

(die x_i sind zu variieren; die Horizontalstriche beim Integralzeichen sollen, wie früher, andeuten, daß die Variationen an den Integralgrenzen verschwinden). In der Tat, bilden wir aus (42) nach den allgemeinen Regeln der Variationsrechnung die Gleichungen

$$\frac{d\,\dfrac{\partial(\;)}{\partial x_i'}}{ds} - \frac{\partial(\;)}{\partial x_i} = 0\,,$$

so fallen wir genau auf die Formeln (41) zurück. — Da $\sum x_i'^2 = 1$ ist, können wir das Prinzip (42) auch durch das folgende ersetzen, welches für bestimmte Auffassungen Vorteile bietet,

(43) $$\delta \overline{\underline{\int}} \left(m \sqrt{\sum_i x_i'^2} + \varepsilon e \sum_i q_i x_i'\right) ds = 0\,.$$

---

[1]) Denn nach (13) S. 81 stellt (40) jedenfalls einen Vektor $P_1, \ldots, P_4$ dar, und $\sum_{i=1}^{4} x_i' P_i$ ist invariant. Für das spezielle System $x_1' = x_2' = x_3' = 0$, $x_4' = 1$ haben die Komponenten die durch (39′) gegebenen Werte, die $\sum_{i=1}^{4} x_i' P_i = 0$, also (38), erfüllen. Folglich gilt (38) in jedem System.

Hier sind alle Terme homogen erster Ordnung in den x'_i, wir können also auch schreiben:

$$(43') \qquad \delta \overline{\underline{\int}} \left(m \sqrt{\sum_i dx_i^2} + \varepsilon e \sum_i q_i \, dx_i\right) = 0 .$$

Zweite Aufgabe: *Von dem elektromagnetischen Felde eines gleichförmig bewegten Elektrons.*

Ich will, um nicht zu viele Indizes nebeneinander schreiben zu müssen, statt x_1, x_2, x_3, x_4 wieder x, y, z, l setzen, und für x'_1, x'_2, x'_3, x'_4, kurzweg $\alpha, \beta, \gamma, \delta$ (wobei natürlich $\alpha^2 + \beta^2 + \gamma^2 + \delta^2 = 1$ ist). Ein Elektron wird gleichförmig bewegt heißen, wenn es im R_4 eine gerade Linie beschreibt, wenn also seine Koordinaten sich in die Gestalt setzen lassen:

$$(44) \qquad x_0 + s\alpha, \quad y_0 + s\beta, \quad z_0 + s\gamma, \quad l_0 + s\delta .$$

Zwecks Bestimmung des Feldes suchen wir das zugehörige Viererpotential auf.

Wieder wählen wir als Ausgangspunkt des Elektrons zunächst den Koordinatenanfangspunkt und transformieren auf Ruhe, setzen also

$$x_0 = y_0 = z_0 = l_0 = 0; \quad \alpha = \beta = \gamma = 0, \quad \delta = 1 .$$

In diesem Koordinatensystem mögen die laufenden Koordinaten $\bar{x}, \bar{y}, \bar{z}, \bar{l}$ heißen. Den elementaren physikalischen Anschauungen wird dann folgendes Viererpotential entsprechen:

$$(45) \qquad \bar{q}_x = 0, \quad \bar{q}_y = 0, \quad \bar{q}_z = 0, \quad \bar{q}_l = -\frac{\varepsilon e}{\bar{r}},$$

wo $\bar{r} = \sqrt{\bar{x}^2 + \bar{y}^2 + \bar{z}^2 + \bar{l}^2}$ und $\varepsilon = \sqrt{-1}$ ist. In der Tat sind dadurch die Gleichungen

$$\Box \bar{q}_x = \cdots = \Box \bar{q}_z = 0, \quad \operatorname{Div} \bar{q} = 0$$

erfüllt. Nun berechnen wir aus (22) S. 91 die Komponenten des elektromagnetischen Feldes:

$$\bar{X} = -\varepsilon \bar{\lambda}_{14} = \frac{e\bar{x}}{\bar{r}^3}, \quad \bar{Y} = -\varepsilon \bar{\lambda}_{24} = \frac{e\bar{y}}{\bar{r}^3}, \quad \bar{Z} = -\varepsilon \bar{\lambda}_{34} \frac{e\bar{z}}{\bar{r}^3},$$
$$\bar{L} = 0, \qquad \bar{M} = 0, \qquad \bar{N} = 0,$$

was mit der traditionellen Auffassung übereinstimmt.

Es kommt jetzt nur darauf an, das Viererpotential (45) auf den allgemeinen Fall der Gleichungen (44) zu übertragen. Ich behaupte, daß die Lösung die folgende ist:

$$(46) \qquad q_x = -\frac{\varepsilon e \alpha}{R}, \quad q_y = -\frac{\varepsilon e \beta}{R}, \quad q_z = -\frac{\varepsilon e \gamma}{R}, \quad q_l = -\frac{\varepsilon e \delta}{R},$$

wo R sich so darstellt:

$$(46') \qquad R = + \sqrt{((x - x_0)^2 + \cdots + (l - l_0)^2) - (\alpha (x - x_0) + \cdots + \delta (l - l_0))^2}.$$

Zum Beweise genügt es zu bemerken, daß (46) einen Vierervektor festlegt (weil R aus lauter Skalaren zusammengesetzt ist), und daß (46) in speziellen Fällen in (45) übergeht. Man wird übrigens R, wie man im besonderen Falle leicht sieht, als senkrechten Abstand des Punktes x, y, z, l von der vom Elektron beschriebenen Weltgeraden (44) interpretieren können.

Der auf der Weltgeraden zufällig herausgegriffene Punkt x_0, y_0, z_0, l_0 spielt in (46), (46′) keine besondere Rolle. Denn man sieht, daß R sich auch folgendermaßen schreiben läßt:

$$R = \sqrt{\Sigma p_{0ik}^2},$$

wo die p_{0ik} die zweigliedrigen Determinanten des Schemas

$$\left|\begin{matrix} x-x_0 & y-y_0 & z-z_0 & l-l_0 \\ \alpha & \beta & \gamma & \delta \end{matrix}\right|$$

sind, die ihrerseits gewiß ungeändert bleiben, wenn man x_0, y_0, z_0, l_0 durch die allgemeinen Ausdrücke (44) ersetzt.

Man kann diesen Umstand benutzen, um die Formeln (46), (46′) noch zu vereinfachen. Man wähle nämlich den Punkt x_0, y_0, z_0, l_0 auf der Weltgeraden so, daß

$$(x-x_0)^2 + (y-y_0)^2 + (z-z_0)^2 + (l-l_0)^2 = 0\,[1].$$

Dann wird

$$(47) \qquad q_x = -\frac{e\alpha}{P}, \quad q_y = -\frac{e\beta}{P}, \quad q_z = -\frac{e\gamma}{P}, \quad q_l = -\frac{e\delta}{P},$$

wo

$$(47') \qquad P = \big(\alpha\,(x-x_0) + \beta\,(y-y_0) + \gamma\,(z-z_0) + \delta\,(l-l_0)\big).$$

Das so geschriebene Resultat ist ein besonderer Fall der Formeln, welche Liénard 1898 (Bd. 16 der Eclairage électrique) und unabhängig von ihm Wiechert 1900 (Archives Neerlandaises, 1900, S. 549) für das Viererpotential eines beliebigen gewählten (punktförmig gedachten) Elektrons aufgestellt haben; wir kommen auf diese Formeln zurück (S. 115).

Die behandelten beiden Beispiele mögen für die Verwendung der Lorentzgruppe G_{10} in dem oben mit a) bezeichneten Sinne genügen. Wollte man, bei unserm zweiten Beispiel, statt ihrer die konforme G_{15} verwenden, so würde man den Fall eines Elektrons erhalten, welches sich im R_4 der x, y, z, l auf einem Kreise, im Raum der x, y, z, t daher auf einer Hyperbel bewegt, deren Asymptoten zwei Erzeugenden des Kegels $dx^2 + \cdots - c^2dt^2 = 0$ parallel laufen. Es ist dies der Fall der von Born so genannten „Hyperbelbewegung" (eines Elektrons). — Ich muß es mit dieser Andeutung hier bewenden lassen. —

[1]) Hierdurch ist x_0, y_0, z_0, l_0 erst bis auf ein unbestimmtes Vorzeichen festgelegt, eine eindeutige Verabredung werden wir im nächsten Abschnitt treffen.

§ 6. Die Relativitätstheorie der Lorentzgruppe.

Wir haben nun den Punkt b) des vorigen Paragraphen etwas auszuführen. Von Bedeutung soll also nur noch sein, was gegenüber der Lorentzgruppe invariant ist; etwa, daß ein Skalar einen bestimmten Zahlenwert hat, daß ein Vierervektor oder ein Zehnertensor oder die Vektordivergenz eines Zehnertensors identisch verschwindet usw. Alle Aussagen der Physik müssen so zusammengefaßt werden, daß sie diesen Charakter haben. Das ist die eigentlich relativistische Denkweise, welche wir als das Endergebnis der Theorie anzusehen haben.

Die physikalischen Entwicklungen der gegenwärtigen Darstellung gehen leider nicht weit genug, um hierfür eine größere Zahl von Beispielen zu haben.

So werde hier nur betont, daß gegenüber der traditionellen Auffassung der Physik, was sonst als Skalar erschien, jetzt entweder ein Skalar bleiben, oder die vierte Komponente eines Vierervektors, oder die letzte Komponente eines Zehnertensors sein kann (wie man sofort sieht, wenn man die Lorentz-G_{10}, indem man $l' = l$ setzt, auf die gewöhnliche Euklidische G_6 reduziert; die vierte Komponente eines Vierervektors und die letzte Komponente eines Zehnertensors werden dadurch etwas für sich stehendes).

Skalare bleiben z. B. die Masse m und die Ladung e (eines Elektrons), wenn wir sie so einführen, wie dies in (41) des vorigen Paragraphen geschehen ist.

Komponente eines Vierervektors wird das skalare Potential des elektromagnetischen Feldes (das φ der Formel (24) in § 4), Komponente eines Zehnertensors (wie schon am Schluß von § 1 erwähnt) seine spezifische Energie.

Diesen besonders wichtigen Zehnertensor (Formel (17) des § 1) möchte ich noch, damit die Verbindung mit der traditionellen Physik klarer zutage tritt, in den Komponenten X, Y, Z, L, M, N anschreiben, unter Abspaltung des Faktors εc aus den Gliedern der letzten Horizontal- und Vertikalreihen. Er lautet dann so:

$$(48)\quad \left(\begin{array}{ccc|c}
\frac{1}{2}\begin{pmatrix} L^2-M^2-N^2 \\ +X^2-Y^2-Z^2 \end{pmatrix} & LM+XY & LN+XZ & \frac{NY-MZ}{c} \\
LM+XY & \frac{1}{2}\begin{pmatrix} M^2-N^2-L^2 \\ +Y^2-X^2-Z^2 \end{pmatrix} & MN+YZ & \frac{LZ-NX}{c} \\
LN+XZ & MN+YZ & \frac{1}{2}\begin{pmatrix} N^2-L^2-M^2 \\ +Z^2-X^2-Y^2 \end{pmatrix} & \frac{MX-LY}{c} \\
\hline
\frac{NY-MZ}{c} & \frac{LZ-NX}{c} & \frac{MX-LY}{c} & -\frac{1}{2c^2}\begin{pmatrix} L^2+M^2+N^2 \\ +X^2+Y^2+Z^2 \end{pmatrix}
\end{array}\right)$$

Seine Komponenten sind zu

$$dx^2,\ 2\,dx\,dy,\ dy^2, \ldots, dt^2$$

kontragredient. Ich habe die Terme durch Querstriche gleich so voneinander abgetrennt, wie es die traditionelle physikalische Auffassung verlangt:

Der letzte Term bedeutet, wie schon gesagt — jetzt mit umgekehrtem Vorzeichen — *die spezifische Energie.*

Die 3 anderen Terme der letzten Horizontal- oder Vertikalreihe werden wir als *elektromagnetischen Impuls* bezeichnen.

Die ersten neun Terme aber sind das, was man sonst die Maxwellschen Spannungen des Mediums nannte.

Nun war doch eine wesentliche Eigenschaft das Zehnertensors (48), daß seine Vektordivergenz identisch verschwand.

Für die vierte Horizontalreihe schreibt sich das jetzt so:

$$(49) \qquad \frac{\partial\left(\frac{NY-MZ}{c}\right)}{\partial x}+\frac{\partial(\;)}{\partial y}+\frac{\partial(\;)}{\partial z}=\frac{\partial}{\partial t}\left(\frac{L^2+M^2+N^2+X^2+Y^2+Z^2}{2c^2}\right).$$

Dies drückt in der Form, welche Poynting zuerst gegeben hat (Phil. Transactions 1884) das *Gesetz der Erhaltung der Energie* aus: Die Impulskomponenten sind als „Strömungskomponenten" der Energie anzusehen (weshalb man auch von einem Poyntingstrom redet).

Aber zugleich ergibt sich hier, daß dieser Satz nur einer von 4 koordinierten ist; die drei andern besagen, daß entsprechend die Maxwellschen Spannungen der einzelnen Horizontalreihe als Strömungskomponenten der einzelnen Impulskomponente anzusehen sind.

Der Energiesatz und die drei Impulssätze verschmelzen also wieder zu einer Einheit, wie dies für das Gebiet der klassischen Mechanik schon in A, § 2 gezeigt (oder in Aussicht gestellt) wurde.

Genug dieser allgemeinen Auseinandersetzungen! — Wir älteren Forscher vollziehen die innere Umschaltung der physikalischen Auffassung, wie sie die konsequente Relativitätstheorie der Lorentzgruppe verlangt, immer nur mit einer gewissen Mühe; es ist die Aufgabe der jüngeren Generation, vollends in die neue Denkweise hineinzuwachsen [1]).

---

[1]) Es fragt sich, ob die Relativitätstheorie der konformen Gruppe G_{15} für das physikalische Denken jemals dieselbe Rolle spielen wird. Ich glaube dies nicht. Die Lorentzgruppe hat bei allen Abweichungen im einzelnen immer noch eine gewisse Verwandtschaft zur Galilei-Newton-Gruppe der klassischen Theorie, die sich am deutlichsten darin ausspricht, daß letztere als Grenzfall der ersteren für den Fall unendlich großer Lichtgeschwindigkeit anzusehen ist (Siehe S. 87, § 2). Der Übergang zur Relativitätstheorie der konformen G_{15} würde viel radikaler wirken. Man bedenke nur, daß die G_{15} jede beliebige Tranformation durch reziproke Radien in sich begreift, daß es also bei ihr möglich ist, jeden beliebigen Raum-Zeitpunkt x_0, y_0, z_0, t_0 ins Unendliche zu werfen. — Eben deshalb (weil sie den Unterschied des Endlichen und des Unendlichweiten aufhebt) hat auch die Denkweise der projektiven Geometrie in der Physik keine rechte Wurzel schlagen können.

III. Hervorkehrung der Realitätsverhältnisse der Lorentzgruppe.

Wir haben uns jetzt mit den Festsetzungen und Umänderungen zu befassen, die nötig sind, wenn wir für x, y, z, l wieder $x, y, z, \varepsilon c t$ setzen (unter c die Lichtgeschwindigkeit verstanden) und uns dann auf reelle Werte der x, y, z, t beschränken. Den Inbegriff dieser reellen x, y, z, t nennen wir mit Minkowski die *Welt*.

§ 1. Einleitendes.

1. Die fundamentale quadratische Form, deren Invarianz die homogenen Lorentztransformationen bestimmt, heißt jetzt:

(1) $$f = (x - x_0)^2 + (y - y_0)^2 + (z - z_0)^2 - c^2 (t - t_0)^2.$$

Indem wir $\sqrt{f}$ als *Entfernung* zweier Weltpunkte bezeichnen, erhalten wir für den Abstand ds zweier unendlich naher Punkte:

(2) $$ds^2 = dx^2 + dy^2 + dz^2 - c^2 dt^2.$$ [1])

Neben die *Länge* des Bogenelementes ds setzen wir — dem indefiniten Charakter der quadratischen Form entsprechend — zweckmäßigerweise seine *Dauer* $d\tau$. Wir setzen:

(3) $$d\tau^2 = dt^2 - \frac{dx^2 + dy^2 + dz^2}{c^2}.$$

2. Kogredienz und Kontragredienz fallen jetzt nicht mehr genau zusammen. Wir haben nämlich als Skalar jedenfalls die Polare der Differentialform (2):

(4) $$dx\, d'x + dy\, d'y + dz\, d'z - c^2\, dt\, d't.$$

Andererseits möge die Linearform

(5) $$u\, d'x + v\, d'y + w\, d'z + \overline{w}\, d't$$

ein Skalar sein. Die zu dx', dy', dz', dt', also auch zu dx, dy, dz, dt kontragredienten $u, v, w, \overline{w}$, substituieren sich ersichtlich wie $dx, dy, dz, -c^2 dt$. Für sie gilt als fundamentale quadratische Form:

(6) $$u^2 + v^2 + w^2 - \frac{\overline{w}^2}{c^2}.$$

Wir müssen dementsprechend jetzt durchweg zweierlei (zueinandre duale) Vierervektoren unterscheiden.

[1]) Natürlich kann man diese Differentialform an die Spitze stellen, was die Schreibweise abkürzt; ich betone aber, daß wir es bei der Lorentzgruppe noch mit den algebraischen Ansätzen der elementaren Invariantentheorie, also mit den Auffassungen von Graßmann-Cayley zu tun haben, und es keinen Zweck hat, mit Riemann ein allgemeines $ds^2 = \sum a_{ik} dx_i dx_k$ (mit „irgendwie" von den x abhängenden a_{ik}) an die Spitze zu stellen.

3. Insbesondere werden die Symbole

$$\frac{\partial}{\partial x}, \quad \frac{\partial}{\partial y}, \quad \frac{\partial}{\partial z}, \quad \frac{\partial}{\partial t}$$

jetzt zu den dx, dy, dz, dt kontragredient sein. So lautet der Skalar erster Ordnung, den wir aus einem gegebenen Skalar f ableiten können, jetzt

$$\left(\frac{\partial f}{\partial x}\right)^2 + \left(\frac{\partial f}{\partial y}\right)^2 + \left(\frac{\partial f}{\partial z}\right)^2 - \frac{1}{c^2}\left(\frac{\partial f}{\partial t}\right)^2 \tag{7}$$

und mit $\square$ wird der Differentialoperator 2. Ordnung zu bezeichnen sein:

$$\square = \frac{\partial^2}{\partial x^2} + \frac{\partial^2}{\partial y^2} + \frac{\partial^2}{\partial z^2} - \frac{1}{c^2}\frac{\partial^2}{\partial t^2}. \tag{8}$$

Die Großdivergenz eines Vektorfeldes 2. Art aber wird lauten:

$$\frac{\partial u}{\partial x} + \frac{\partial v}{\partial y} + \frac{\partial w}{\partial z} - \frac{1}{c^2}\frac{\partial \bar{w}}{\partial t} = \text{Div}\,(u). \tag{9}$$

4. Die früheren orthogonalen Substitutionen:

$$d'x = \alpha_{11}\,dx_1 + \alpha_{12}\,dx_2 + \alpha_{13}\,dx_3 + \alpha_{14}\,dx_4$$

$$\cdots\cdots\cdots\cdots\cdots\cdots\cdots\cdots$$

schreiben sich jetzt folgendermaßen:

$$\begin{aligned} d'x &= \alpha_{11}\,dx + \alpha_{12}\,dy + \alpha_{13}\,dz + \varepsilon c\,\alpha_{14}\,dt.\\ d'y &= \alpha_{21}\,dx + \alpha_{22}\,dy + \alpha_{23}\,dz + \varepsilon c\,\alpha_{24}\,dt,\\ d'z &= \alpha_{31}\,dx + \alpha_{32}\,dy + \alpha_{33}\,dz + \varepsilon c\,\alpha_{34}\,dt,\\ d't &= \frac{\alpha_{41}\,dx + \alpha_{42}\,dy + \alpha_{43}\,dz}{\varepsilon c} + \alpha_{44}\,dt. \end{aligned} \tag{10}$$

Da wir die Lorentzgruppe fortan auf *reelle* Substitutionen der x, y, z, t beschränken, so müssen $\alpha_{14}, \alpha_{24}, \alpha_{34}$ und $\alpha_{41}, \alpha_{42}, \alpha_{43}$ rein imaginär, die übrigen α_{ik} reell genommen werden, wie man leicht durch Einsetzen spezieller Wertsysteme $dx, \ldots, dt$ erkennt.

Die independente Darstellung der so definierten homogenen Lorentzsubstitution durch Biquaternionen ergibt sich aus § 2 des vorigen Abschnittes folgendermaßen: Sei

$$\varepsilon' = \frac{\sqrt{-1}}{c}.$$

Seien ferner Q_1, Q_2 reelle Quaternionen[1]):

$$Q_1 = iA_1 + jB_1 + kC_1 + D_1,$$

$$Q_2 = iA_2 + jB_2 + kC_2 + D_2,$$

[1]) D. h. $A_1, \ldots, D_2$ reell.

welche der „Orthogonalitätsbedingung“ unterliegen:

$$A_1 A_2 + B_1 B_2 + C_1 C_2 + D_1 D_2 = 0\,.$$

Dann schreiben sich die Substitutionen (10) in der Form:

$$(11)\qquad \big(d't + \varepsilon\,(i\,d'x + j\,d'y + k\,d'z)\big)\,(Q_1 - \varepsilon\,Q_2) = (Q_1 + \varepsilon\,Q_2)\,\big(dt + \varepsilon\,(i\,dx + j\,dy + k\,dz)\big)\,.$$

5. Sprechen wir jetzt vom Viererpotential q_x, q_y, q_z, q_t und der dadurch ermöglichten Schreibweise der Maxwellschen Gleichungen. Unsere neuen q werden als Vektor 2. Art anzusehen sein, weil doch, wie auf S. 91 bemerkt, $q_x dx + q_y dy + q_z dz + q_t dt$ skalar sein soll. Die Beziehung zu den früheren q_1, q_2, q_3, q_4 ist also:

$$(12)\qquad q_x = q_1,\quad q_y = q_2,\quad q_z = q_3,\quad q_t = \varepsilon\,c\,q_4\,.$$

Die Divergenzbedingung lautet:

$$(13)\qquad \frac{\partial q_x}{\partial x} + \frac{\partial q_y}{\partial y} + \frac{\partial q_z}{\partial z} - \frac{1}{c^2}\frac{\partial q_t}{\partial t} = 0\,.$$

Die elektromagnetischen Feldgrößen sind jetzt durch die Determinanten des Schemas

$$\left|\begin{matrix} \dfrac{\partial}{\partial x} & \dfrac{\partial}{\partial y} & \dfrac{\partial}{\partial z} & \dfrac{\partial}{\varepsilon\,c\,\partial t} \\[2ex] q_x & q_y & q_z & \dfrac{q_t}{\varepsilon\,c} \end{matrix}\right|$$

gegeben. Berücksichtigen wir, daß wir

$$\lambda_{14} = \varepsilon X,\quad \lambda_{24} = \varepsilon Y,\quad \lambda_{34} = \varepsilon Z,\quad \lambda_{23} = L,\quad \lambda_{31} = M,\quad \lambda_{12} = N$$

gesetzt haben, so ergibt sich:

$$(14)\qquad \begin{aligned} X &= \frac{\partial q_x}{c\,\partial t} - \frac{\partial q_t}{c\,\partial x},\quad \ldots, \\ L &= \frac{\partial q_z}{\partial y} - \frac{\partial q_y}{\partial z},\quad \ldots, \end{aligned}$$

was mit den auf S. 92 angegebenen Formeln von Lorentz übereinstimmt, wenn wir sein (dreidimensionales) Vektorpotential $a = -(q_x, q_y, q_z)$ und sein „skalares“ Potential $\varphi = \frac{q_t}{c}$ setzen (siehe Formel (25) ebenda). Für unsere neuen q aber gelten außer (13) die Gleichungen:

$$(15)\qquad \Box q_x = 0,\quad \Box q_y = 0,\quad \Box q_z = 0,\quad \Box q_t = 0,$$

unter $\Box$ den Operator (8) verstanden.

§ 2. Geometrische Hilfsvorstellungen.

Wir werden nun mit Minkowski, aber vielfach über ihn hinausgehend, die „vierdimensionale Welt“ der x, y, z, t durch gewisse geometrische Hilfsvorstellungen beleben.

a) Algebraische Beziehungen[1]).

1. Entsprechend der Formel (1) des vorigen Paragraphen läuft von jedem Punkte x_0, y_0, z_0, t_0 ein „Hyperkegel"

$$(1) \qquad f = (x - x_0)^2 + (y - y_0)^2 + (z - z_0)^2 - c^2 (t - t_0)^2 = 0$$

aus. Alle diese Kegel sind „parallel gestellt"; sie schneiden den unendlich fernen R_3 unserer vierdimensionalen Welt in demselben *fundamentalen Gebilde*. Um dies reinlich darzustellen, führen wir vorübergehend homogene Koordinaten sein, indem wir setzen:

$$(2) \qquad x = \frac{\xi_1}{\xi_5}, \quad y = \frac{\xi_2}{\xi_5}, \quad z = \frac{\xi_3}{\xi_5}, \quad t = \frac{\xi_4}{\xi_5}.$$

Das betreffende Gebilde wird dann durch die Zusammenstellung der beiden Gleichungen dargestellt sein:

$$(3) \qquad \xi_5 = 0, \quad \xi_1^2 + \xi_2^2 + \xi_3^2 - c^2 \xi_4^2 = 0,$$

in (kontragredienten) Ebenenkoordinaten $\nu_1, \nu_2, \nu_3, \nu_4, \nu_5$ werden wir mit der einen Gleichung von verschwindender Determinante:

$$(4) \qquad \nu_1^2 + \nu_2^2 + \nu_3^2 - \frac{\nu_4^2}{c^2} = 0$$

ausreichen. Für alle Realitätsverhältnisse maßgebend ist die in diesen Gleichungen auftretende Vorzeichenkombination. Wir werden unser Fundamentalgebilde (3) dementsprechend als Ellipsoid bezeichnen. Die Hyperkegel $f =$ const enthalten alle dieses Ellipsoid und sind eben dadurch gekennzeichnet.

2. Anschaulicher wird dieses Sachverhältnis, wenn wir um eine Dimension herabsteigen und uns etwa auf $z = z_0$ beschränken, x, y, t aber als rechtwinklige Koordinaten eines R_3 interpretieren. Wir haben dann lauter Rotationskegel:

$$(5) \qquad (x - x_0)^2 + (y - y_0)^2 - c^2 (t - t_0)^2 = 0.$$

Sie haben zur t-Achse parallele Rotationsachsen, und wir dürfen sie, wenn wir das Zentimeter und die Sekunde als Einheiten zugrunde legen, als *sehr flach* bezeichnen; hat doch die Lichtgeschwindigkeit c dann den „sehr großen" Wert $3 \cdot 10^{10}$ cm/sec. Dies hat abstrakt mathematisch natürlich wenig auf sich, psychologisch aber um so mehr. Denn es macht infolgedessen der Anschauung keine Schwierigkeit, den Fall $c = \infty$, wo (5) in die doppeltzählende Ebene $t = t_0$ übergeht, als *Grenzfall* aufzufassen.

3. Wir erkennen bei dieser Einschränkung auf 3 Dimensionen, daß es mit den geradlinigen Erzeugenden der Hyperkegel (1)

$$(6) \qquad x = x_0 + \varrho\alpha, \; y = y_0 + \varrho\beta, \; z = z_0 + \varrho\gamma, \; t = t_0 + \varrho\delta$$

---

[1]) Wegen der mehrdimensionalen Ausdrucksweise vergleiche man etwa den zusammenfassenden Artikel von Segre: Enzyklopädie, Bd. 3 C, 7.

(wo $\alpha^2 + \beta^2 + \gamma^2 - c^2\delta^2 = 0$ sein soll) eine besondere Bewandtnis hat. Eine solche Erzeugende ist für jeden ihrer Punkte Kegelerzeugende. Mehr noch; alle die Kegel, welche von den Punkten der Erzeugenden auslaufen, berühren sich längs der Erzeugenden. Indem wir die sämtlichen Punkte der Erzeugenden mit der zugehörigen, in diesem Falle festen, Tangentialebene:

$$\nu_1 = \alpha,\ \nu_2 = \beta,\ \nu_3 = \gamma,\ \nu_4 = -c^2\delta \tag{7}$$

zusammennehmen, haben wir ein einfachstes Beispiel für das, was wir später[1]) mit Lie einen Streifen nennen werden (nur daß im allgemeinen bei einem Streifen mit dem Punkt der Streifenkurve die zugehörige Tangentenebene wechselt).

4. Indem in (1) nur die Quadrate der Differenzen $(x-x_0), \ldots, (t-t_0)$ auftreten, werden die x-, y-, z-, t-Achsen des Koordinatensystems zu irgend 4 „konjugierten Durchmessern" unseres Hyperkegels parallel. Offenbar bleibt diese Sachlage bei beliebiger Lorentztransformation ungeändert, und wir können die einzelne Lorentztransformation so wählen, daß irgend ein Quadrupel konjugierter Durchmesser von (1) zu den Achsen parallel wird.

Dabei ist es wichtig, die von x_0', y_0', z_0', t_0' auslaufenden reellen Vektoren:

$$(x-x_0),\ (y-y_0),\ (z-z_0),\ (t-t_0) \tag{8}$$

in *raumartige* und *zeitartige* zu trennen. Ein Vektor heißt raumartig, wenn für ihn $f > 0$ ist (wenn er also in dem „flachen" Weltteil „außerhalb" des Kegels (1) verläuft), zeitartig, wenn für ihn $f < 0$ ist. Im Übergangsfall, wo er in eine Kegelerzeugende fällt, $f = 0$, heißt er *singulär*. Es ist nur eine andere Ausdrucksweise für das Trägheitsgesetz der quadratischen Formen, wenn wir sagen, daß von 4 reellen konjugierten Durchmessern des Hyperkegels (1) immer 3 raumartig, 1 zeitartig sind.

5. Dadurch, daß wir $\sqrt{f}$ als Entfernung zweier Weltpunkte bezeichnen, kommen wir in den Bereich der allgemeinen affinen Maßbestimmung. Die „Länge" eines raumartigen Vektors ist dann reell, die eines zeitartigen rein imaginär, die eines singulären Null. Die Punkte des fundamentalen Gebildes (3) haben von einem beliebigen Raumpunkte eine Entfernung $\frac{0}{0}$. Zwei von x_0, y_0, z_0, t_0 auslaufende Vektoren werden senkrecht zueinander heißen, wenn sie in bezug auf (1) konjugiert sind, d. h. wenn der eine in der Polarebene des anderen liegt usw.

---

[1]) Dieser Hinweis bezieht sich auf das geplante vierte Kapitel, das unausgeführt geblieben ist. Vgl. das Vorwort. (H.)

b) Die einfachsten Ansätze der Infinitesimalgeometrie.

1. Wir werden jetzt x, y, z, t und x_0, y_0, z_0, t_0 als benachbart voraussetzen. Der Vektor (8) soll dann durch den anderen:

$$dx,\quad dy,\quad dz,\quad dt \tag{9}$$

ersetzt werden. Die quadratische Form (1) verwandelt sich in das Quadrat des Bogenelementes

$$ds^2 = dx^2 + dy^2 + dz^2 - c^2\,dt^2. \tag{10}$$

Sollte dieses negativ ausfallen, so führen wir, wie bereits in (3) des vorigen Paragraphen, ein

$$d\tau^2 = dt^2 - \frac{dx^2 + dy^2 + dz^2}{c^2}, \tag{11}$$

wo $d\tau$ nunmehr (nach Minkowski) das Element der *Eigenzeit* heißen soll. Wir setzen noch fest, daß ds bzw. $d\tau$, falls sie reell ausfallen und nicht gerade verschwinden, immer positiv genommen werden sollen. Natürlich unterscheiden wir die Vektoren (9), je nachdem daß $ds^2 \gtrless 0$, als raumartige, zeitartige und singuläre. Den Hyperkegel, den die singulären Fortschreitungsrichtungen (9) erfüllen:

$$dx^2 + dy^2 + dz^2 - c^2\,dt^2 = 0 \tag{12}$$

pflegt man, im Zusammenhang der folgenden Infinitesimalbetrachtungen, einen *Monge*schen Kegel zu nennen, weil Monge in seiner grundlegenden „Application de l'analyse à la géometrie"[1]), zuerst derartige nichtlineare Differentialbeziehungen geometrisch gedeutet hat, natürlich unter Beschränkung auf 3 Dimensionen. Die singulären Fortschreitungsrichtungen müssen im folgenden immer gesondert betrachtet werden.

2. Bei irgendwelchen in der Welt x, y, z, t verlaufenden Kurven werden wir raumartige und zeitartige, evtl. auch singuläre Stücke unterscheiden; bei den ersteren werden wir von einer Länge $s = \int ds$, bei den zeitartigen Stücken von einer Eigenzeit $\tau = \int d\tau$ sprechen (wobei die Integralgrenzen auf dem Stück beliebig genommen werden können).

3. Wir können die „Richtung" der Kurve in einem ihrer Punkte dementsprechend durch

$$x' = \frac{dx}{ds},\quad y' = \frac{dy}{ds},\quad z' = \frac{dz}{ds},\quad t' = \frac{dt}{ds} \tag{13}$$

---

[1]) Zuerst erschienen 1808. Die zweite, von Liouville besorgte Ausgabe (= „5. Auflage"), 1850, in welche neben vielen interessanten anderen Einzelheiten insbesondere auch Gauß' Disquisitiones circa superficies curvas (1827) aufgenommen sind, ist sozusagen die Bibel der modernen Differentialgeometrie: auf ihr ruht die großartige Entwicklung, welche die genannte Disziplin bei allen Nationen genommen hat. Vgl. Bd. I. S. 77.

festlegen, oder auch durch

$$\dot{x} = \frac{dx}{d\tau}, \quad \dot{y} = \frac{dy}{d\tau}, \quad \dot{z} = \frac{dz}{d\tau}, \quad \dot{t} = \frac{dt}{d\tau}, \tag{14}$$

wobei jenachdem

$$x'^2 + y'^2 + z'^2 - c^2 t'^2 = 1, \quad \text{oder} \quad \dot{t}^2 - \frac{\dot{x}^2 + \dot{y}^2 + \dot{z}^2}{c^2} = 1. \tag{15}$$

Analog wird man die „Krümmung" der Kurven durch die zweiten Differentialquotienten

$$x'', y'', z'', t'' \quad \text{bzw.} \quad \ddot{x}, \ddot{y}, \ddot{z}, \ddot{t} \tag{16}$$

festlegen. Dabei ist

$$x'x'' + y'y'' + z'z'' - c^2 t't'' = 0 \quad \text{bzw.} \quad \dot{t}\ddot{t} - \frac{\dot{x}\ddot{x} + \dot{y}\ddot{y} + \dot{z}\ddot{z}}{c^2} = 0. \tag{17}$$

Richtungs- und Krümmungsvektor stehen also immer aufeinander senkrecht.

Als „Krümmungsradius" ϱ wird man den reziproken Wert der Quadratwurzel

$$\sqrt{x''^2 + y''^2 + z''^2 - c^2 t''^2} \quad \text{bzw.} \quad \sqrt{\ddot{t}^2 - \frac{\ddot{x}^2 + \ddot{y}^2 + \ddot{z}^2}{c^2}} \tag{18}$$

bezeichnen.

4. Es ist wichtig, sich zu überzeugen, daß die raumartigen bzw. zeitartigen Geraden der Welt zugleich ihre geodätischen Linien sind, d. h. die Lösungen der Variationsprobleme

$$\delta \int ds = 0 \quad \text{bzw.} \quad \delta \int d\tau = 0 \tag{19}$$

bilden. Die kleine Rechnung sei nur für die raumartigen Linien durchgeführt. Wir werden dann (19) ausführlicher schreiben:

$$\delta \int \sqrt{x'^2 + y'^2 + z'^2 - c^2 t'^2}\, ds = 0 \tag{20}$$

und hier x, y, z, t bei Festhaltung der Grenzen als Funktionen von s beliebig variieren. Dies gibt nach den Regeln der Variationsrechnung:

$$\frac{d\left(\dfrac{x'}{\sqrt{x'^2 + y'^2 + z'^2 - c^2 d t^2}}\right)}{ds} = 0, \ldots$$

und hieraus, indem wir (15) heranziehen, durch direkte Integration:

$$x' = \alpha, \quad y' = \beta, \quad z' = \gamma, \quad t' = \delta$$

oder in Übereinstimmung mit (44), S. 98:

$$x = x_0 + s\alpha, \quad y = y_0 + s\beta, \quad z = z_0 + s\gamma, \quad t = t_0 + s\delta\,^{1)}. \tag{21}$$

Für die singulären Geraden versagt dieser Ansatz, weil bei der Zwischen-

---

[1]) Wobei jetzt natürlich $\alpha^2 + \beta^2 + \gamma^2 - c^2\delta^2 = 1$ zu wählen ist.

rechnung der Ausdruck $\sqrt{x'^2+y'^2+z'^2-c^{2'}t^2}$, der für sie verschwindet, in den Nenner tritt. Wenn wir sie trotzdem später kurzweg als singuläre geodätische Linien bezeichnen, so kann das nur meinen, daß sie zwischen den raumartigen und den zeitartigen geodätischen Linien den Übergang bilden.

5. Mit Rücksicht auf spätere Entwicklungen werde hier in Form eines bloßen Referates noch einiges über Scharen geodätisch äquidistanter Hyperflächen angeführt. Schon *Gauß* hat in seiner oben genannten grundlegenden Abhandlung von 1827 den Fall von 2 Dimensionen in Betracht gezogen: Kurvenscharen, deren orthogonale Trajektorien geodätische Linien sind, sind immer auch geodätisch äquidistant. Dabei legt Gauß natürlich ein definites ds^2 zugrunde. *Beltrami* hat diese Theorie 1869 auf n-fach ausgedehnte Räume mit beliebig vorzugebendem definiten $ds^2 = \sum a_{ik}\, dx_i\, dx_k$ übertragen; natürlich handelt es sich dann um Scharen $(n-1)$-fach ausgedehnter äquidistanter Mannigfaltigkeiten. Bei unserm ds^2 (10) tritt als neues Moment hinzu, daß es indefinit ist, so daß wir zwischen raumartigen und zeitartigen Hyperflächenscharen unterscheiden und den zwischenliegenden Übergangsfall als singulär einer besonderen Betrachtung vorbehalten müssen. Raumartig werden wir die Schar der Hyperflächen nennen, wenn ihre orthogonalen geodätischen Trajektorien zeitartig sind, und umgekehrt. Nach der anderen Seite ist unser Fall besonders einfach, weil ja unsere geodätischen Linien gerade Linien sind.

Die zentrale Bedeutung dieser geometrischen Theorie liegt darin, daß die Bedingung für die geodätische Äquidistanz der Flächenschar:

$$F(x, y, z, t) = k \tag{22}$$

durch die einfache partielle Differentialgleichung 1. Ordnung gegeben ist:

$$\left(\frac{\partial F}{\partial x}\right)^2 + \left(\frac{\partial F}{\partial y}\right)^2 + \left(\frac{\partial F}{\partial z}\right)^2 - \frac{1}{c^2}\left(\frac{\partial F}{\partial t}\right)^2 = K, \tag{23}$$

wobei positives K die raumartigen Fälle, negatives K die zeitartigen charakterisiert (während $K=0$ den hier noch ausgeschlossenen singulären Fall ergibt). Das Stück der orthogonalen Trajektorie, welche von irgend einem Punkte der Fläche $F = k_1$ bis zu $F = k_2$ hinreicht (und dabei eine geodätische Linie ist), hat die Länge

$$s = \frac{|k_1 - k_2|}{\sqrt{K}}, \tag{24}$$

bzw. die Eigenzeit

$$\tau = \frac{k_1 - k_2}{c\sqrt{K}}. \tag{24'}$$

Man mache sich dies an dem einfachen Falle deutlich, der dem Fall konzentrischer Kugeln der Elementargeometrie entspricht, wo nämlich F durch die Formel gegeben ist:

$$F = \sqrt{K[(x-x_0)^2 + (y-y_0)^2 + (z-z_0)^2 - c^2(t-t_0)^2]}\,. \tag{25}$$

c) Die Differentialgleichung $\left(\frac{\partial F}{\partial x}\right)^2 + \left(\frac{\partial F}{\partial y}\right)^2 + \left(\frac{\partial F}{\partial z}\right)^2 - \frac{1}{c^2}\left(\frac{\partial F}{\partial t}\right)^2 = 0.$

Ersichtlich definiert vorstehende Differentialgleichung solche Hyperflächen

$$F(x, y, z, t) = 0\,, \tag{26}$$

die in jedem ihrer Punkte von dem von diesem auslaufenden Mongeschen Kegel $dx^2 + dy^2 + dz^2 - c^2 dt^2 = 0$ berührt werden. Um unsere Darstellung derjenigen von Monge selbst näher zu bringen, denken wir uns (26) nach t aufgelöst und schreiben:

$$t - \Phi(x, y, z) = 0\,. \tag{27}$$

Setzen wir dann noch

$$\frac{\partial t}{\partial x} = p\,, \quad \frac{\partial t}{\partial y} = q\,, \quad \frac{\partial t}{\partial z} = r\,,$$

so schreibt sich unsere partielle Differentialgleichung:

$$p^2 + q^2 + r^2 = \frac{1}{c^2}\,. \tag{28}$$

Mit (27) ist auch $t - \Phi = \text{const}$ eine Lösung. Als nächstliegendes Beispiel haben wir den vom Punkte x_0, y_0, z_0, t_0 auslaufenden Hyperkegel $f = 0$ selbst; nur müssen wir seine Gleichung jetzt so schreiben:

$$t - \sqrt{\frac{(x-x_0)^2 + (y-y_0)^2 + (z-z_0)^2}{c^2}} = t_0\,. \tag{29}$$

Ebenso erfüllen (28) alle Hyperebenen, welche einen solchen Kegel (oder, was dasselbe ist, das fundamentale Ellipsoid) berühren, d. h. die Hyperebenen

$$\nu_1 x + \nu_2 y + \nu_3 z + \nu_4 t + \nu_5 = 0$$

mit

$$\nu_1^2 + \nu_2^2 + \nu_3^2 - \frac{\nu_4^2}{c^2} = 0$$

(vgl. Gleichung (4) oben).

Die allgemeine Theorie der partiellen Differentialgleichungen 1. Ordnung soweit wir sie im folgenden brauchen, ist für den Fall dreier Variablen von Lagrange geschaffen und von Cauchy (1819) auf n Variable ausgedehnt worden. Monge hat dann, zunächst für 3 Variable, die geometrische Deutung hinzugefügt, (siehe sein Werk von 1808, l. c. S. 107), die Lie um 1870 herum auf n Variable ausdehnte und dadurch vervollständigte, daß er prinzipiell nicht nur von den „Punkten“

$x, y, z, t \ldots$ einer Integralmannigfaltigkeit, sondern von ihren „Elementen“ $x, y, z, t, \ldots, p, q, r, \ldots$ sprach. An die Stelle irgendwelcher auf der Integralmannigfaltigkeit gezogenen „Kurven“ treten dann, wie schon oben angedeutet, „Streifen“.

Aus dem ausgedehnten mathematischen Gebiet, welches wir hiermit berühren, wollen wir — mit Rücksicht auf die Bedürfnisse des Folgenden — nur einen einzigen Punkt herausgreifen bzw. an der partiellen Differentialgleichung (28) erläutern. Das ist die Lehre von den *Charakteristiken* (wie Monge sagte) oder, in Liescher Ausdrucksweise, von den *charakteristischen Streifen*. Wir wollen bei 4 Variablen x, y, z, t bleiben und die vorgelegte partielle Differentialgleichung 1. Ordnung allgemein mit

$$\Omega(x, y, z, t, p, q, r) = 0 \tag{30}$$

bezeichnen. Es handelt sich dann um Streifen, welche durch das System gewöhnlicher Differentialgleichungen gegeben sind:

$$\begin{aligned} dx:dy:dz:dt:dp:dq:dr &= \frac{\partial\Omega}{\partial p} : \frac{\partial\Omega}{\partial q} : \frac{\partial\Omega}{\partial r} \\ &: \left(p\frac{\partial\Omega}{\partial p} + q\frac{\partial\Omega}{\partial q} + r\frac{\partial\Omega}{\partial r}\right) : -\left(\frac{\partial\Omega}{\partial x} + p\frac{\partial\Omega}{\partial t}\right) \\ &: -\left(\frac{\partial\Omega}{\partial y} + q\frac{\partial\Omega}{\partial t}\right) : -\left(\frac{\partial\Omega}{\partial t} + r\frac{\partial\Omega}{\partial t}\right). \end{aligned} \tag{31}$$

Der „Streifencharakter“ ist dabei dadurch gewährleistet, daß ersichtlich

$$dt - (p\,dx + q\,dy + r\,dz) = 0$$

ist.

Dann gilt folgendes merkwürdige Theorem: Alle Integralmannigfaltigkeiten von (30) (im allgemeinen, weil wir 4 Variable haben, selbst dreifach ausgedehnte Gebilde) werden von ∞^2 charakteristischen Streifen überdeckt; und man erhält geradezu alle Integralmannigfaltigkeiten von (30), indem man solche ∞^2 charakteristische Streifen zusammenfaßt, welche eine beliebig vorgegebene Hyperfläche (die sich im besonderen Fall auf eine zweidimensionale Fläche, oder auf eine Kurve oder auch auf einen einzelnen Punkt reduzieren kann) berühren. Die volle Lösung der partiellen Differentialgleichung 1. Ordnung (30) kommt also auf die Lösungen der gewöhnlichen Differentialgleichungen (31) hinaus.

Es ist nicht möglich, diese Theorie hier zu begründen, wohl aber, sie auf die partielle Differentialgleichung (28) anzuwenden. Wir haben für ihre charakteristischen Streifen

$$dx:dy:dz:dt:dp:dq:dr := p:q:r:p^2+q^2+r^2:0:0:0, \tag{32}$$

wobei man nach (28) $p^2 + q^2 + r^2$ durch $\frac{1}{c^2}$ zu ersetzen hat. Die p, q, r

sind also konstant. Wir setzen, um den Anschluß an frühere Entwicklungen zu erhalten:

$$p = \frac{\alpha}{c^2 \delta}, \quad q = \frac{\beta}{c^2 \delta}, \quad r = \frac{\gamma}{c^2 \delta} \tag{33}$$

also wegen (28): $\alpha^2 + \beta^2 + \gamma^2 - c^2 \delta^2 = 0$. Die weitere Integration der Gleichung (32) gibt dann:

$$x = x_0 + \frac{\alpha (t - t_0)}{\delta}, \quad y = y_0 + \frac{\beta (t - t_0)}{\delta}, \quad z = z_0 + \frac{\gamma (t - t_0)}{\delta}. \tag{34}$$

Das sind genau die Streifen, welche von den Erzeugenden (6) der Hyperkegel (1) bzw. den zugehörigen Tangentialebenen (7) gebildet werden. Anders ausgedrückt: Die charakteristischen Kurven fallen mit den singulären Geraden (die wir auch die singulären geodätischen Linien nannten), die ihren Punkten zugeordneten Hyperebenen mit den durch diese Geraden hindurchgehenden Tangentialebenen an das fundamentale Ellipsoid zusammen.

Zum Schluß wollen wir die vorliegende Theorie auf die allgemeine partielle Differentialgleichung (23) ausdehnen. Zu diesem Zweck müssen wir uns in den Raum von 5 Dimensionen x, y, z, t, u begeben und Hyperflächen dieses Raumes mit der Gleichungsform

$$u = F(x, y, z, t) \tag{35}$$

suchen. Schreiben wir für die partiellen Differentialquotienten kurz:

$$\frac{\partial F}{\partial x} = \pi, \quad \frac{\partial F}{\partial y} = \varkappa, \quad \frac{\partial F}{\partial z} = \varrho, \quad \frac{\partial F}{\partial t} = \sigma,$$

so haben wir die Differentialgleichung vor uns:

$$\pi^2 + \varkappa^2 + \varrho^2 - \frac{\sigma^2}{c^2} = K. \tag{36}$$

Für die zugehörigen charakteristischen Streifen aber erhalten wir, indem wir die Rechnungen etwas zusammenziehen:

1. Die Differentialgleichungen:

$$dx : dy : dz : dt : du : d\pi : d\varkappa : d\varrho : d\sigma = \pi : \varkappa : \varrho : -\frac{\sigma}{c^2} : K : 0 : 0 : 0 : 0. \tag{37}$$

2. Sodann, indem wir die hiernach konstanten Werte der $\pi, \varkappa, \varrho, \sigma$ mit $\frac{\alpha}{\sqrt{K}}, \frac{\beta}{\sqrt{K}}, \frac{\gamma}{\sqrt{K}}, \frac{c^2\delta}{\sqrt{K}}$ bezeichnen und unter s einen geeigneten Parameter verstehen:

$$x = x_0 + \alpha s, \quad y = y_0 + \beta s, \quad z = z_0 + \gamma s, \quad t = t_0 + \delta s, \quad u = u_0 + \sqrt{K} s. \tag{38}$$

Lassen wir hier die Gleichung mit u weg, so heißt dies, daß wir die Kurve (38) des fünfdimensionalen Raumes auf den uns geläufigen vierdimensionalen Raum der x, y, z, t „projizieren". Wir haben dann genau die Gleichungen (21) der raumartigen bzw. zeitartigen geodätischen Linien der „vierdimensionalen Welt"[1]). Diese geodätischen Linien erscheinen also als Projektion der charakteristischen Kurven des fünfdimensionalen Raumes. Zugleich ist $u - u_0$ nichts anderes als die mit $\sqrt{K}$ multiplizierte Länge des gerade betrachteten geodätischen Kurvenstückes.

Wir können diese Beziehung natürlich weiter ausführen, indem wir auch die $\pi, \varkappa, \varrho, \sigma$ vierdimensional deuten und darauf die Integration der Gleichung (36) durch die zugehörigen charakteristischen Streifen mit den unter b) gemachten Annahmen über die Integration durch geodätische Linien in volle Verbindung bringen. Wir haben immer nur die Mannigfaltigkeit $u = F(x, y, z, t)$ des R_5 im R_4 durch die Schar der „Niveauflächen", längs deren F konstant ist, zu veranschaulichen. Ist F eine Lösung von (35), so werden diese Niveauflächen im R_4 geodätisch äquidistant sein usw. Es ist eine Art darstellende Geometrie, welche die Verhältnisse des R_5 im R_4 zu studieren gestattet.

Es ist unmöglich, daß ich diese an sich hochinteressanten Beziehungen, die von den Genannten nach vielen Richtungen ausgebaut sind, hier noch weiter verfolge. Wir werden ihnen in unseren späteren Exkursen über analytische Mechanik wieder begegnen[2]).

§ 3. Physikalische Ergänzungen unseres Weltbildes, mit weiteren geometrischen Ausführungen.

Um dem Standpunkt der modernen Physik vollends gerecht zu werden, habe ich die Entwicklungen des vorigen Paragraphen nach einigen Richtungen zu vervollständigen.

a) Nähere Festlegung der physikalischen Grundbegriffe.

Es handelt sich um zwei Festsetzungen, welche mit den bisherigen Betrachtungen zwar verträglich, aber nicht durch sie gegeben sind.

Das erste ist, daß die Physiker, trotz aller einschneidenden Änderungen, welche das Relativitätsprinzip der Lorentzgruppe betreffend unsere Vorstellungen über Raum und Zeit mit sich bringt, an dem *Unterschiede von Vergangenheit und Zukunft*, was die einzelne Raumstelle angeht, festhalten müssen. Genauer gesagt: Es sollen nur solche Substitutionen (10) zulässig sein, bei denen einem positiven Inkrement von t bei festgehaltenem x, y, z ein positives Inkrement von t' entspricht, bei

[1]) Nur daß immer t statt l geschrieben ist und dementsprechend δ eine modifizierte Bedeutung hat.

[2]) Siehe Note 3, S. 67.

denen also der Koeffizient α_{44} positiv ist! — Die Verträglichkeit dieser Festsetzung mit den relativistischen Ideen, wie wir sie hier voranstellen, liegt darin, daß diejenigen reellen Substitutionen (11), welche ein positives α_{44} haben, für sich eine Gruppe bilden[1]).

Wir erkennen auch, daß die Beschränkung auf positive α_{44}, an der wir fortan festhalten, eine Voraussetzung dafür ist, daß die zugehörigen reellen Lorentzsubstitutionen ein *Kontinuum* bilden.

Infolge dieser Beschränkung kann jeder der in (1), S. 105 definierten Kegel:

$$(x-x_0)^2+(y-y_0)^2+(z-z_0)^2-c^2(t-t_0)^2=0$$

wie Minkowski es ausdrückt, in einen *Vorkegel* und einen *Nachkegel* eindeutig zerlegt werden (von denen der erstere der „Vorwelt" ($t<t_0$), der letztere der „Nachwelt" ($t>t_0$) angehört). Auf jeder zeitartigen Kurve aber (und schließlich auch auf jeder singulären Kurve) können wir einen positiven Sinn festsetzen, der in jedem Punkte der Kurve von der Vorwelt zur Nachwelt weist.

Nun aber eine zweite physikalische Einschränkung der bis jetzt entwickelten Denkweise: Aus der gewöhnlichen Physik soll der *Begriff des materiellen Punktes* (der im Laufe der Zeit mit sich selbst, wie man sagt, identisch bleibt — mag es sich dabei um ein Teilchen ponderabler Materie oder um ein Elektron handeln) übernommen werden. Während man sonst sagte, daß ein solcher Punkt sich im Raume beliebig bewegte, so werden wir nun — wieder mit Minkowski — von der *Weltlinie* sprechen, die er in dem vierdimensionalen Gebiete der x, y, z, t beschreibt. Wir werden ferner festsetzen, daß, im Sinne der gewöhnlichen Sprechweise, die Geschwindigkeit eines materiellen Punktes niemals $> c$ sein soll. Dies heißt hier, daß die Weltlinie immer zeitartig und nur im Grenzfall singulär sein soll[2]). — Wir müssen uns das Bild machen, daß im Gebiete der vierdimensionalen Welt so viele dieser Linien nebeneinander

---

[1]) Sehr hübsch kommt dies bei der independenten Darstellung der Substitutionen durch Biquaternionen heraus, wie wir sie in Formel (11), § 1 erwähnten. Der Koeffizient a_{44} hat dabei nämlich den Wert

$$(1)\qquad \frac{A_1^2+B_1^2+C_1^2+D_1^2+A_2^2+B_2^2+C_2^2+D_2^2}{A_1^2+B_1^2+C_1^2+D_1^2-A_2^2-B_2^2-C_2^2-D_2^2},$$

wo der Zähler (bei reellen $A_1 \ldots A_2 \ldots$) an sich positiv ist und der Nenner die Norm der Biquaternionen $Q_1 \pm \varepsilon Q_2$ vorstellt. Nun setzen sich unsere Substitutionen zusammen, indem man die zugehörigen Biquaternionen miteinander multipliziert. Bei der Multiplikation zweier Quaternionen multiplizieren sich aber auch ihre Normen. Ergo usw.

[2]) Je größer die Geschwindigkeit eines materiellen Punktes x, y, z (im Sinne der gewöhnlichen Ausdrucksweise) ist, um so flacher verläuft seine Weltlinie. Jedes Stück der Weltlinie besitzt seine „Eigenzeit". Es ist die kühne Idee Einsteins, daß eine vom materiellen Punkte mitgeführte Uhr eo ipso diese Eigenzeit registrieren würde.

herlaufen (ohne einander zu treffen), als wir eben materielle Punkte unterscheiden wollen, und daß alles physikalische Geschehen sich durch Beziehungen zwischen diesen Weltlinien ausdrücken läßt. Wir werden dabei an dem gewöhnlichen *Kausalitätsprinzip* festhalten, d. h. voraussetzen, daß immer nur die Vergangenheit auf die Zukunft wirkt, nicht umgekehrt. Die einzelne Stelle einer Weltlinie I kann dann nur von demjenigen Stück einer anderen Weltlinie II beeinflußt werden, das innerhalb oder auf ihrem Vorkegel liegt. Dabei beweist man leicht, daß bei zeitartigem Verlauf von II immer nur ein Punkt auf II vorhanden ist, in welchem II von dem Vorkegel der auf I angenommenen Stelle geschnitten wird. Wenn wir uns denken — ich falle auf die traditionelle Ausdrucksweise zurück —, daß von den verschiedenen Punkten II eine Wirkung ausgeht, die sich mit Lichtgeschwindigkeit c fortpflanzt, so ist es nur diese eine Stelle von II, von der die auf I angenommene Stelle beeinflußt wird. Deshalb nannte Minkowski diese Stelle auf II den zur Stelle von I gehörigen Lichtpunkt.

Die größere Bestimmtheit, welche unsere physikalischen Vorstellungen mit diesen Festsetzungen gewonnen haben, wollen wir hier nur verwenden, um die früheren Angaben über das von einem gleichförmig bewegten Elektron emittierte Viererpotential zu vervollständigen. Das Elektron soll sich mit einer Geschwindigkeit $< c$ bewegen. Zu jedem Weltpunkte x, y, z, t gehört dann auf seiner Weltlinie nach dem eben Gesagten gerade ein Lichtpunkt x_0, y_0, z_0, t_0 (wobei $t_0 < t$). Wir werden ferner nach der Formel (14) S. 108 von den zugehörigen Richtungskomponenten $\dot{x}_0, \dot{y}_0, \dot{z}_0, \dot{t}_0$ sprechen (die bei einem gleichförmig bewegten Elektron natürlich für alle Stellen seiner Weltlinie denselben Wert haben) Dabei ist $\dot{t}_0$ nach der neuerdings getroffenen Verabredung > 0. Die Komponenten des zugehörigen Viererpotentials, die auf S. 99 (Formel 47) nur bis aufs Vorzeichen angegeben werden konnten, werden jetzt

$$(2) \qquad q_x = -\frac{e\,\dot{x}_0}{c^2 P}, \quad q_y = -\frac{e\,\dot{y}_0}{c^2 P}, \quad q_z = -\frac{e\,\dot{z}_0}{c^2 P}, \quad q_t = +\frac{e\,\dot{t}_0}{P},$$

wobei P den immer positiven Wert bedeutet:

$$(2') \qquad P = \dot{t}_0 (t - t_0) - \frac{\dot{x}_0 (x - x_0) + \dot{y}_0 (y - y_0) + \dot{z}_0 (z - z)}{c^2}.$$

In der Tat liegt x, y, z, t immer auf dem Nachkegel von x_0, y_0, z_0, t_0. Ich verzichte auf die Einzelheiten der Nachrechnung und will nur angeben, daß diese Formeln wesentlich übereinstimmen mit den unsymmetrisch geschriebenen, die seinerzeit (wie S. 99 berichtet) von Liénard bzw. Wiechert für den Fall eines beliebig mit Unterlichtgeschwindigkeit bewegte Elektrons aufgestellt worden sind. Daß man hierbei auf dieselben Formeln (2) kommt, wie im Falle eines gleichförmig bewegten Elektrons, ist eine merkwürdige Tatsache, auf die man geführt wird, wenn man die Theorie der partiellen Differentialgleichung, von der wir im folgenden Paragraphen handeln werden, etwas weiter verfolgt, als es dort möglich ist. Man vergleiche etwa die Darstellung in der wiederholt genannten Arbeit von Sommerfeld vom Jahre 1910.

b) Weitere geometrische Ausführungen.

Die merkwürdige Harmonie, die zwischen den früheren Gedankenschöpfungen der mathematischen Theoretiker und dem heutigen Rüstzeug der mathematischen Physiker besteht, wurde wiederholt hervorgehoben. Ich kann mir nicht versagen, noch auf zwei besondere Punkte einzugehen, bei denen sich diese Harmonie erneut bewährt hat. Handelt es sich doch um geometrische Auffassungsweisen, welche in den Jahren 1869/71 von Darboux, von Lie und von mir selbst, zum Teil in persönlichster Zusammenarbeit, entwickelt worden sind. Man wolle etwa die Abhandlungen von Lie und mir in Bd. 5 der Math. Ann. (1871) oder auch die zusammenfassende Darstellung in Bd. 1 meiner autographierten Vorlesung über höhere Geometrie (1893) vergleichen[1]).

1. Abbildung der vierdimensionalen Welt x, y, z, t auf die Kugeln des dreidimensionalen Raumes x, y, z.

Wir ersetzen einfach den Punkt x_0, y_0, z_0, t_0 durch den Schnitt, welchen der von ihm auslaufende Hyperkegel

$$(3) \qquad (x-x_0)^2+(y-y_0)^2+(z-z_0)^2-c^2(t-t_0)^2=0$$

mit dem dreidimensionalen Raum $t=0$ gemein hat. Es ist dies die Kugel, welche $x_0, y_0\ z_0$ zum Mittelpunkte und $\pm ct_0$ zum Radius hat. Die Beziehung wird völlig eindeutig, wenn wir auch noch Kugeln von positivem und negativem Radius (sogenannte „orientierte" Kugeln) unterscheiden, wie dies in der Lie'schen „Kugelgeometrie" (oder auch bei Laguerre und anderen modernen Geometern) durchaus üblich ist.

Was wird bei diesem Übertragungsprinzip aus der Weltlinie von x_0, y_0, z_0, t_0? Eine Schar von Kugeln oder, um es noch physikalischer auszudrücken, von kugelförmigen Lichtwellen, welche in dem irgendwie mit Unterlichtgeschwindigkeit bewegten Raumpunkte $x_0, y_0\ z_0$ ihren Mittelpunkt haben. Solange $t_0 < 0$ (Vergangenheit), haben wir Lichtwellen, die sich auf ihren Mittelpunkt zusammenziehen, sobald $t_0 > 0$, Lichtwellen, die sich von da aus (immer mit der Geschwindigkeit c) ausbreiten. Im übrigen werden sich die Kugeln für $t_0 < 0$ wie die für $t_0 > 0$ bzw. umschließen (ohne einander in reellen Punkten zu schneiden).

---

1) Siehe Note 1 S. 29.

Es wird manchem lieber sein, sich mit diesem Bilde, statt mit dem einer vierfach ausgedehnten Punktmannigfaltigkeit (x_0, y_0, z_0, t_0) zu beschäftigen. So hat es Timerding im 21. Jahresberichte der Deutschen Mathematikervereinigung 1912 in Vorschlag gebracht. Aber auch Bateman in der S. 79 genannten Abhandlung von 1909 hat es bereits benutzt, und dabei bemerkt, daß die Substitutionen der G_{15}, welche $dx^2 + dy^2 + dz^2 - c^2dt^2 = 0$ in sich verwandeln, gleichorientierte Kugeln des R_3, die sich berühren, in ebensolche transformieren und umgekehrt. Er nennt besagte Transformationen daher „spherical wave transformations"[1]).

2. Die Lorentzgruppe als Grenzfall einer allgemeineren Gruppe.

Nach den allgemeinen Grundsätzen Cayleys von 1859, wie sie in Bd. 1, Kap. IV, dargelegt wurden, läßt sich die Lorentzgruppe bzw. die zugehörige „affine" Maßbestimmung auf die projektive Betrachtung des in (4) S. 105 genannten Gebildes 2. Klasse

$$v_1^2 + v_2^2 + v_3^2 - \frac{v_4^2}{c^2} = 0 \tag{4}$$

gründen. Dieses Gebilde wurde dort (da wir es mit 5 homogenen Variablen zu tun hatten) als solches von verschwindender Determinante bezeichnet. Dem geschulten Geometer macht es keine Schwierigkeit, an seine Stelle das allgemeinere Gebilde zu setzen

$$v_1^2 + v_2^2 + v_3^2 - \frac{v_4^2}{c^2} + \frac{v_5^2}{R^2} = 0\,, \tag{5}$$

aus welchem (4) als Grenzfall für $R = \infty$ hervorgeht. Wir haben dann auch in homogenen Punktkoordinaten statt der zwei Gleichungen (3) S. 105 eine einzige quadratische Gleichung

$$\xi_1^2 + \xi_2^2 + \xi_3^2 - c^2\,\xi_4^2 + R^2\,\xi_5^2 = 0 \tag{6}$$

zugrunde zu legen. Indem wir die Einheit der Entfernung schicklich wählen, mögen wir als „Entfernung zweier Punkte" in der zugehörigen projektiven Maßbestimmung den Ausdruck

$$R \cdot \arccos\left(\frac{\xi_1\eta_1 + \xi_2\eta_2 + \xi_3\eta_3 - c^2\xi_4\eta_4 + R^2\xi_5\eta_5}{\sqrt{\xi_1^2 + \cdots + R^2\xi_5^2}\,\sqrt{\eta_1^2 + \cdots + R^2\eta_5^2}}\right) \tag{7}$$

wählen, der sich in

$$R \arcsin \frac{\sqrt{D_{\xi\eta}}}{\sqrt{\xi_1^2 + \cdots}\,\sqrt{\eta_1^2 + \cdots}} \tag{8}$$

---

[1]) Bateman ist im allgemeinen über die in Betracht kommende Literatur ausgezeichnet orientiert. Aber hier ist ihm entgangen, daß besagte Kugeltransformationen sachlich und formell zusammenfallen mit denjenigen der Lie'schen Kugelgeometrie.

umsetzen läßt, wo $D_{\xi\eta}$ die doppelt geränderte Determinante bedeutet:

$$(9)\qquad \begin{vmatrix} 1 & 0 & 0 & 0 & 0 & \xi_1 & \eta_1 \\ 0 & 1 & 0 & 0 & 0 & \xi_2 & \eta_2 \\ 0 & 0 & 1 & 0 & 0 & \xi_3 & \eta_3 \\ 0 & 0 & 0 & -c^2 & 0 & \xi_4 & \eta_4 \\ 0 & 0 & 0 & 0 & R^2 & \xi_5 & \eta_5 \\ \xi_1 & \xi_2 & \xi_3 & \xi_4 & \xi_5 & 0 & 0 \\ \eta_1 & \eta_2 & \eta_3 & \eta_4 & \eta_5 & 0 & 0 \end{vmatrix}$$

Diese Formel (8) bzw. (9) wird hier angeführt, weil sie am einfachsten erkennen läßt, daß (7) bei Übergang zu $R = \infty$ den Entfernungsbegriff der Lorentzgruppe liefert. In der Tat entsteht für $R = \infty$ aus (8)

$$(10)\qquad \frac{\sqrt{(\xi_1\eta_5 - \xi_5\eta_1)^2 + (\xi_2\eta_5 - \xi_5\eta_2)^2 + (\xi_3\eta_5 - \xi_5\eta_3)^2 - c^2(\xi_4\eta_5 - \xi_5\eta_4)^2}}{\xi_5\eta_5},$$

und das ist bei inhomogener Schreibweise nichts anderes als der uns wohlbekannte Ausdruck

$$\sqrt{(x - x_0)^2 + (y - y_0)^2 + (z - z_0)^2 - c^2(t - t_0)^2}.$$

Ich würde diese ganz beiläufige Auseinandersetzung hier nicht eingeschaltet haben, wenn nicht Einstein in seiner neuesten Veröffentlichung (Sitzungsberichte der Berliner Akademie vom Februar 1917) von kosmologischen Betrachtungen aus zwar nicht in völlig durchgebildeter Form, aber doch dem Wesen der Sache nach genau zu dem Ansatz (7) gekommen wäre [1]). Ihm lag daran, die „Weltanschauung" der Lorentzgruppe dahin zu modifizieren, daß die Welt zwar zeitlich unendlich ausgedehnt bleibt, nicht aber räumlich. Dies aber wird genau durch den Ansatz (7) erreicht (ich brauche für den Geometer nicht auseinanderzusetzen, daß es sich, im Sinne meiner alten Terminologie, darum handelt, an die Stelle der „parabolischen" Maßbestimmung des Lorentzfalles eine „elliptische" Maßbestimmung zu setzen).

§ 4. Historisches über die Integration der partiellen Differentialgleichung $\frac{\partial^2 F}{\partial x^2} + \cdots - \frac{1}{c^2}\frac{\partial^2 F}{\partial t^2} = 0$.

Wir haben die Integration der Maxwellschen Gleichungen durch Einführung des Viererpotentials auf das Gleichungssystem

$$\Box q_i = 0$$

[1]) Wie Klein selbst an dieser Stelle handschriftlich nachgetragen hat, ist diese Angabe nicht genau. Formel (7) entspricht einem Ansatz de Sitters, nicht Einsteins. Vgl. F. Klein: Über die Integralform der Erhaltungssätze und

zurückgeführt. Jetzt wird es sich also für uns um die einzelne Gleichung

$$(1) \qquad \frac{\partial^2}{\partial x^2} + \frac{\partial^2}{\partial y^2} + \frac{\partial^2}{\partial z^2} - \frac{1}{c^2}\frac{\partial^2}{\partial t^2} = 0$$

handeln, die wir die dreidimensionale Schwingungsgleichung nennen können; sie steht überall im Mittelpunkte, wo es sich um Schwingungsprobleme dreidimensionaler (isotroper) räumlicher Kontinua handelt. Sie ist bereits 1759 bei Untersuchungen über Schallbewegung von Euler aufgestellt worden[1]).

Eine volle historische Würdigung des Entwicklungsganges ist natürlich nur möglich, wenn man einerseits auf die eindimensionale Schwingungsgleichung

$$\frac{\partial^2}{\partial x^2} - k^2 \frac{\partial^2}{\partial t^2} = 0,$$

andererseits auf die Differentialgleichung des Potentials

$$\frac{\partial^2}{\partial x^2} + \frac{\partial^2}{\partial y^2} + \frac{\partial^2}{\partial z^2} = 0$$

zurückgreift. In beiderlei Hinsicht bringen die bis jetzt erschienenen Teile des zweiten Bandes der math. Enzyklopädie, insbesondere aus der Feder von Burkhardt, reiches Material; man vergleiche auch den umfangreichen Bericht von Burkhardt in Bd. 10; 2, a, b der Jahresberichte der Deutschen Mathematikervereinigung (1908).

Hier kann nur sozusagen die persönliche Seite der historischen Entwicklung (die sich nun über mehr als 150 Jahre hinzieht), gekennzeichnet werden. Es ist gerade umgekehrt, wie bei den Theorien, die wir bisher im Zusammenhang mit der Lorentzgruppe behandelten. Bei letzteren ist es die rein mathematische Spekulation, welche vorangeht, und die mathematische Physik hat, wenn sie ökonomisch verfahren will, die Möglichkeit, sich fertig vorliegender Gedankenreihen für ihre Zwecke zu bedienen. Bei unseren partiellen Differentialgleichungen ist das Sachverhältnis genau umgekehrt. Hier haben die mathematischen Physiker die grundlegenden Gedankenansätze von sich aus geschaffen und die reinen Mathematiker erst hinterher begonnen, die genauen Bedingungen, unter denen diese Ansätze möglich sind, herauszuarbeiten.

Sprechen wir, was die Integrationstheorie der Gleichung (1) angeht, zunächst von ihrer Grundlösung, d. h. derjenigen Lösung, die im Raume der x, y, z eine möglichst einfache Punktsingularität hat und sich im Unendlichen möglichst unschuldig verhält. Bei der Differentialgleichung

$$\frac{\partial^2 F}{\partial x^2} + \frac{\partial^2 F}{\partial y^2} + \frac{\partial^2 F}{\partial z^2} = 0$$

---

die Theorie der räumlich geschlossenen Welt. Gött. Nachr. 1918, S. 394 = Ges. Abh. Bd. 1, S. 586. (H.)

[1]) Gesamtausgabe, 3. Serie, Bd. 1, S. 480.

ist dies, wenn wir den singulären Punkt x_0, y_0, z_0 mit einer Masse ω ausstatten, bekanntlich

$$\frac{\omega(x_0, y_0, z_0)}{r},$$

wo $r = \sqrt{(x-x_0)^2 + \cdots + (z-z_0)^2}$; denkt man sich die Masse ω auch noch von der Zeit t abhängig, so wird dies

$$\frac{\omega(x_0, y_0, z_0; t)}{r}.$$

Als Grundlösung von (1) ergibt sich nun die nur wenig kompliziertere Form

$$\frac{\omega\left(x_0, y_0, z_0, t - \frac{r}{c}\right)}{r}, \tag{2}$$

die man heute als *verzögertes* (*retardiertes*) Potential bezeichnet (es kommt eben diejenige Masse des singulären Punktes zur Geltung, die sich dort zu der „früheren" Zeit $t - \frac{r}{c}$ befand). Im Prinzip findet sich diese Lösung schon in den sogleich zu nennenden Arbeiten von Poisson; die moderne Bezeichnung treffe ich zum ersten Male in der zweiten Auflage von Poincarés Electricité et Optique, Paris, 1901 (S. 455 daselbst, wo sie aber als bekannt vorausgesetzt wird).

Im übrigen dürfte, was die Integrationstheorie von (1) angeht, die folgende Aufzählung die Hauptfortschritte treffen:

1. Voran stehen die Arbeiten von Poisson aus den Jahren von 1808 bis 1819. Es wird vor allen Dingen eine Formel gewonnen, welche die zeitliche Ausbreitung einer irgendwie im Raum zur Zeit $t = 0$ gegebene Anfangsstörung behandelt. Es ist jeweils über die Hauptlösungen (2) bzw. ihre nach t genommenen Differentialquotienten zu summieren, die sich auf diejenigen Raumpunkte x_0, y_0, z_0 beziehen, für welche $t - \frac{r}{c} = 0$ ist[1]). Die Formel besteht dementsprechend aus der Summe zweier Doppelintegrale[2]).

2. Die Poissonsche Formel kann als Lösung einer besonderen „Randwertaufgabe" angesehen werden. Denn die Mannigfaltigkeit $t = 0$, für welche F und $\frac{\partial F}{\partial t}$ gegeben werden, ist als Rand der „Halbwelt" $t > 0$ aufzufassen (der „positiven Halbwelt", wie sich Minkowski gern gesprächsweise ausdrückte), für welche die Lösung gesucht wurde. Es hat dann volle 40 Jahre gedauert, ehe Helmholtz („Theorie der Luftschwingungen in Röhren mit offenen Enden", 1859, Crelles Journal Bd. 57) unter Heranziehung insbesondere der von Green für die Poten-

---

[1]) Welche für x, y, z, t „Lichtpunkte" sind.

[2]) Sie findet sich in allen einschlägigen Büchern der mathematischen Physik, z. B. in Rayleighs „Theory of sound" (London, 1. Aufl. 1877/78. 2. Aufl. 1894).

tialtheorie entwickelten Methoden, allgemeinere Randwertaufgaben in Angriff nahm. In denselben Gedankenkreis, nur noch mehr vierdimensional ausgeprägt, gehört Kirchhoffs berühmte Begründung des Huyghensschen Prinzips (Berliner Sitzungsberichte 1882). Es handelt sich um die Bestimmung von F in einem zylinderartigen Weltstück, welches irgend ein Raumstück als Basis und lauter Erzeugende parallel zur t-Achse hat.

3. In Rayleighs eben zitierter „theory of sound", findet sich sodann vieles weitere Material. Unter andern wird dort das dreifache Integral behandelt

$$\iiint \frac{\omega\left(x_0, y_0, z_0, t - \frac{r}{c}\right)}{r}\, dx_0 dy_0 dz_0, \tag{3}$$

welches über den Vorkegel eines beliebigen Weltpunktes x, y, z, t erstreckt wird; es zeigt sich, daß (3) der partiellen Differentialgleichung:

$$\frac{\partial^2 F}{\partial x^2} + \frac{\partial^2 F}{\partial y^2} + \frac{\partial^2 F}{\partial z^2} - \frac{1}{c^2}\frac{\partial^2 F}{\partial t^2} = -4\pi\omega \tag{4}$$

genügt, woraus man rückwärts die Bedeutung der Grundlösung (2) und ihr Auftreten in der Poissonschen Formel ableiten kann. (Dieselbe Entwicklung in elektromagnetischer Deutung später unter anderm bei Lorentz, La théorie électromagnetique de Maxwell, Leyden, 1892.)

4. Die Angaben aus 2. sind noch dahin zu vervollständigen, daß in ihnen wegen der Anwendung auf Akustik sehr bald

$$F = \varphi(x, y, z)\, e^{ikt} \tag{5}$$

gesetzt wird, wodurch an Stelle von (1) die partielle Differentialgleichung mit nur 3 unabhängigen Veränderlichen tritt:

$$\frac{\partial^2 \varphi}{\partial x^2} + \frac{\partial^2 \varphi}{\partial y^2} + \frac{\partial^2 \varphi}{\partial z^2} + \frac{K^2}{c^2}\varphi = 0. \tag{6}$$

Über die hier anknüpfende umfangreiche Literatur vgl. die von mir veranlaßte Monographie „Die Differentialgleichung $\Delta u + \lambda u = 0$" von Pockels (1891), sowie das interessante Referat von Sommerfeld in Bd. 2, A 7c der math. Enzyklopädie (1900), das inzwischen selbst durch die moderne Entwicklung bereits überholt ist.

5. An den hiermit zitierten Stellen ist bei Behandlung der Randwertaufgaben nicht nur von der Verwendung der Hauptlösung (1) und ihrer Verallgemeinerung, der „*Greenschen Funktionen*" gegebener Bereiche, sondern auch von der *Methode der Reihenentwicklungen* die Rede, die auf (1) angewandt, über (5) hinausgehend, für jeden Bereich eine unendliche Kette von Partikularlösungen

$$F_i = \varphi_i(x) \cdot \chi_i(y) \cdot \psi_i(z) \cdot \omega_i(t) \tag{7}$$

suchen wird, um die angestrebte Lösung F in der Gestalt

$$F = \Sigma c_i F_i \tag{8}$$

herzustellen. Der französische Forscher Lamé hat der hiermit angedeuteten Fragestellung für die zu seiner Zeit im Vordergrund des Interesses stehenden partiellen Differentialgleichungen der Physik einen guten Teil seiner Lebensarbeit gewidmet. An ihn anknüpfend habe ich später für zahlreiche Reihenentwicklungen der dreidimensionalen Potentialtheorie das formale Gesetz aufweisen können; man vergleiche das daran anknüpfende Buch „Reihenentwicklungen der Potentialtheorie" von Bôcher, 1894. Es fehlte noch der Konvergenzbeweis der hervorkommenden Reihen, aber auch dieser ist durch die moderne Forschung erbracht worden. Kein Zweifel, daß man bei dem Ansatz (7), (8) in entsprechender Weise vorgehen kann[1]).

Erinnern wir daran, daß unsere partielle Differentialgleichung (1) nicht nur bei den Substitutionen der zehngliedrigen Lorentzgruppe, sondern auch bei denjenigen der fünfzehngliedrigen Gruppe in sich übergeht, so haben wir eine ganze Reihe von Methoden zur Verfügung, um geeignete Partikularlösungen von (1) bzw. geeignete Lösungen der Maxwellschen Gleichungen zu finden[2]).

§ 5. Die elementare Optik, insbesondere die geometrische Optik als erste Näherung der Maxwellschen Gleichungen.

In diesem Parapraphen will ich entwickeln, wie die allgemeine Optik, d. h. die Lehre von der allgemeinen Integration der Maxwellschen Gleichungen bei geeigneten Annahmen und dreidimensionaler Interpretation in die gewöhnlichen Ansätze der elementaren Wellenoptik bzw. der geometrischen Optik, übergeht.

Die allgemeine Optik hat es, wie wir gerade bemerkten, mit den Differentialgleichungen:

$$\Box q_i = 0 \qquad \mathrm{Div}\, q = 0 \tag{1}$$

[1]) Bei den Reihenentwicklungen der dreidimensionalen Potentialtheorie macht man nirgends von der allgemeinen hypergeometrischen Funktion Gebrauch, wie sie nach Gauß oder Riemann definiert wird, sondern immer nur von Spezialfällen und Grenzfällen (Kugelfunktionen, Besselschen Funktionen usw.). Es folgt aber aus den formalen Ansätzen, die ich eben erwähnte, daß dies bei sinngemäßer Aufgabenstellung für die Differentialgleichung (1) anders wird. In der Tat hat Bateman in Bd. 7 der 2. Serie der Proceedings der London Mathematical Society (1909) hierher gehörige Formeln gegeben.

[2]) Es müßte sehr interessant sein, zu untersuchen, wie weit diese Methoden in ihrer Anwendung auf praktische Fälle reichen bzw. wie weit sich die Entwicklungen, welche die Physiker für solche Einzelfälle gemacht haben, sich hier einordnen. Aber es ist unmöglich, dieser Fragestellung hier nachzugehen.

zu tun. Wir finden den Übergang zur gewöhnlichen Wellenoptik, indem wir

$$(2) \qquad q_i = c_i e^{\frac{2\pi\varepsilon c}{\lambda}(t-\varphi(x,y,z))} \qquad (\varepsilon = \sqrt{-1})$$

setzen und hier die „Wellenlänge“ λ als kleine Größe betrachten, derart, daß wir in allen vorkommenden Gleichungen niedrige Potenzen von $1/\lambda$ gegen höhere wegwerfen dürfen.

Dann ergibt sich aus den Gleichungen $\Box q_i = 0$ übereinstimmend:

$$(3) \qquad \left(\frac{\partial\varphi}{\partial x}\right)^2 + \left(\frac{\partial\varphi}{\partial y}\right)^2 + \left(\frac{\partial\varphi}{\partial z}\right)^2 = \frac{1}{c^2}.$$

Das ist die partielle Differentialgleichung 1. Ordnung (28) von S. 110. Ist φ eine Lösung von (3), so stellen die Flächen

$$(4) \qquad t = \varphi(x, y, z) + \text{const}$$

des dreidimensionalen Raumes für die verschiedenen Werte von t Lichtwellen eines zusammengehörigen Wellenzuges dar. Es sind — im elementaren Sinne — äquidistante Flächen mit einem gemeinsamen Normalensystem, wobei der längs einer solchen Normalen gemessene Abstand zweier, den Werten t_1 und t_2 entsprechenden Flächen $c\,|\,t_1 - t_2\,|$ beträgt. Die Normalen selbst nennen wir die zu dem Wellenzuge gehörigen Lichtstrahlen. Sie sind die Projektionen der singulären geodätischen Linien (der „Charakteristiken“), welche im Raume der x, y, z, t die Mannigfaltigkeiten (4) überdecken.

Das wäre das Werkzeug der geometrischen Optik. Um zur vollen Wellenoptik zu kommen, entnehmen wir der Divergenzbedingung (1)

$$(5) \qquad c_1 \cdot \frac{\partial\varphi}{\partial x} + c_2 \frac{\partial\varphi}{\partial y} + c_3 \frac{\partial\varphi}{\partial y} + \frac{c_4}{c^2} = 0$$

und berechnen dann nach der Formel (14) S. 104 den elektrischen Vektor (X, Y, Z) und den magnetischen Vektor (L, M, N). Wir finden:

$$(6) \qquad X = \frac{2\varepsilon\pi}{\lambda} e^{\frac{2\varepsilon\pi c}{\lambda}(t-\varphi)} \cdot \left(c_1 + c_4 \frac{\partial\varphi}{\partial x}\right) \quad \text{usw.}$$

$$(7) \qquad L = \frac{2\varepsilon\pi}{\lambda} e^{\frac{2\varepsilon\pi c}{\lambda}(t-\varphi)} \cdot \left(c_2 \frac{\partial\varphi}{\partial z} - c_3 \frac{\partial\varphi}{\partial y}\right) \quad \text{usw.}$$

Hieraus als identische Folgerung

$$(8) \qquad L\frac{\partial\varphi}{\partial x} + M\frac{\partial\varphi}{\partial y} + N\frac{\partial\varphi}{\partial z} = 0$$

und vermöge (5) ebenso:

$$(9) \qquad X\frac{\partial\varphi}{\partial x} + Y\frac{\partial\varphi}{\partial y} + Z\frac{\partial\varphi}{\partial z} = 0.$$

Die magnetische, wie die elektrische Schwingung, sind also beide zur Wellenfläche tangential. Ferner:

$$XL + YM + ZN = 0; \tag{10}$$

die zweierlei Schwingungen stehen aufeinander senkrecht.

Endlich berechnen wir noch:

$$X^2 + Y^2 + Z^2 = L^2 + M^2 + N^2 = -\frac{4\pi^2}{\lambda^2}\left(c_1^2 + c_2^2 + c_3^2 - \frac{c_4^2}{c^2}\right) e^{\frac{4\pi\varepsilon c}{\lambda}(t-\varphi)}, \tag{11}$$

woraus sich nach (48), S. 100 für die spezifische Energie des Feldes ergibt:

$$\frac{4\pi^2}{\lambda^2 c^2}\left(c_1^2 + c_1^2 + c_3^2 - \frac{c_4^2}{c^2}\right) e^{\frac{4\pi\varepsilon c}{\lambda}(t-\varphi)}. \tag{12}$$

Der Poynting-Vektor aber ((48) ebenda), der wegen (9), (10) längs des Lichtstrahls und natürlich im Sinne der fortschreitenden Wellenbewegung gelegen ist, bekommt die Länge:

$$\frac{4\pi^2}{\lambda^2 c}\left(c_1^2 + c_2^2 + c_3^2 - \frac{c_4^2}{c^2}\right) e^{\frac{4\pi\varepsilon c}{\lambda}(t-\varphi)}. \tag{13}$$

Alles dies ist einfach genug; ich führe gern an, daß ich auf den genauen Grenzübergang, der von (1) zu (3) führt, erst von Debye aufmerksam gemacht worden bin.

C. Von der Anpassung der Mechanik an die Relativitätstheorie der Lorentzgruppe.

Nachdem wir die Lorentzgruppe für sich und in ihren grundlegenden Bedeutung für die Elektrodynamik einigermaßen haben kennen lernen, wird es sich darum handeln, die klassische Mechanik, die nach unseren Darlegungen unter A. dem Relativitätsprinzip der Galilei-Newton-Gruppe angepaßt ist, so umzuformen, daß sie sich dem Relativitätsprinzip der Lorentzgruppe einfügt. Die theoretische Möglichkeit hierfür liegt darin, daß die Lorentzgruppe, wie schon erwähnt, für $c \to \infty$ in die Galilei-Newton-Gruppe übergeht.

§ 1. Der Grenzübergang von der Lorentzgruppe zur Galilei-Newton-Gruppe.

Man pflegt den Übergang zur Galilei-Newton-Gruppe gewöhnlich an die spezielle Lorentztransformation anzuknüpfen, die wir oben (S. 72) so schrieben:

$$x' = \frac{x + cqt}{\sqrt{1-q^2}}, \quad y' = y, \quad z' = z, \quad t' = \frac{\frac{qx}{c} + t}{\sqrt{1-q^2}}.$$

Setzt man nämlich hier $cq = v$ und vernachlässigt die Terme $\frac{v}{c^2}$ und $\frac{v}{c^2}$, so bekommt man:

(1) $$x' = x + vt, \quad y' = y, \quad z' = z, \quad t' = t,$$

was eine Substitution der Galilei-Newton-Gruppe ist. Man müßte hier anschließend nun einen entsprechenden Grenzübergang für ein volles System erzeugender Operationen der Lorentzgruppe machen. Wir hier können alle solche Betrachtungen beiseite lassen, indem wir uns darauf berufen, daß aus der independenten Darstellung der Lorentzgruppe durch Biquaternionen die Galilei-Newton-Gruppe hervorgeht, indem man ε^2 nicht $= -\frac{1}{c^2}$, sondern $= 0$ setzt; vgl. die Angaben von S. 87.

Hierbei wird, wie schon oben (S. 56) ausgesprochen, die G_{10} der vierdimensionalen Welt imprimitiv, indem sich bei ihr die Mannigfaltigkeiten

(2) $$t = \text{const}$$

nur mehr untereinander vertauschen. Die früheren, durch $dx^2 + \cdots - c^2\,dt^2 = 0$ gegebenen „Mongeschen Kegel" gehen dabei in die diesen Mannigfaltigkeiten angehörigen doppeltgezählten Elemente $dt^2 = 0$ über. Damit ändert die „affine" Maßbestimmung der Lorentzgruppe durchaus ihren Charakter. Die Gleichung des „fundamentalen Ellipsoids" in Ebenenkoordinaten, die nach S. 105 die Gestalt hatte:

$$v_1^2 + v_2^2 + v_3^2 - \frac{v_4^2}{c^2} = 0$$

geht nun in die quadratische Gleichung von doppelt verschwindender Determinante (vom Range 3 über):

(3) $$v_1^2 + v_2^2 + v_3^2 = 0\,.$$

In Punktkoordinaten verlangt dies ausgeartete Gebilde zu seiner Darstellung nicht weniger als 3 Gleichungen:

(4) $$\xi_4 = 0\,, \quad \xi_5 = 0\,, \quad \xi_1^2 + \xi_2^2 + \xi_3^2 = 0\,,$$

es ist nichts anderes als der Kugelkreis der gewöhnlichen dreidimensionalen metrischen Geometrie, aufgefaßt als ein Gebilde der vierdimensionalen Welt. Der Ausdruck für den zeitlich genommenen „Abstand" zweier Elemente:

$$\sqrt{(t_1 - t_0)^2 - \frac{(x_1 - x_0)^2 + (y_1 - y_0)^2 + (z_1 - z_0)^2}{c^2}}$$

degeneriert jetzt zu

(5) $$t_1 - t_0\,,$$

und nur, wenn $t_1 - t_0$ verschwindet, wird der im gewöhnlichen Sinne den Abstand bezeichnende Ausdruck:

(6) $$\sqrt{(x_1 - x_0)^2 + (y_1 - y_0)^2 + (z_1 - z_0)^2}$$

eine invariante Bedeutung behalten.

Die Vorstellung von Weltlinien, welche das vierdimensionale Kontinuum der x, y, z, t durchfurchen und dabei einen bestimmten Fortschreitungssinn haben, können wir natürlich festhalten. Das Element

$$d\tau = \sqrt{dt^2 - \frac{dx^2 + dy^2 + dz^2}{c^2}}$$

wird einfach dt, so daß zwischen der „Eigenzeit" eines materiellen Punktes und der „Zeit schlechthin" kein Unterschied mehr zu machen ist. An Stelle des „Richtungsvektors" der Weltlinie (S. 108), nämlich $\dot{x}, \dot{y}, \dot{z}, \dot{t}$, tritt nun

$$\frac{dx}{dt}, \quad \frac{dy}{dt}, \quad \frac{dz}{dt}, \quad 1, \tag{7}$$

an Stelle ihres Krümmungsvektors $\ddot{x}, \ddot{y}, \ddot{z}, \ddot{t}$ (ebenda)

$$\frac{d^2x}{dt^2}, \quad \frac{d^2y}{dt^2}, \quad \frac{d^2z}{dt^2}, \quad 0. \tag{8}$$

Ich habe bei diesen Angaben die gewöhnliche Darstellung bereits so umgeformt, daß ich die der Lorentzgruppe entsprechenden symmetrischen Begriffsbildungen voranstellte. Dies scheint mir bequemer als das umgekehrte Verfahren, von den traditionellen Begriffen ausgehend jeweils ad hoc die richtige Lorentzformel zu suchen[1]).

[1]) Vielleicht darf ich den Gegensatz noch genauer an dem skalaren Begriff des Krümmungsradius erläutern: Hierfür gab ich auf S. 108 bereits die Formel:

$$\frac{1}{\varrho} = \sqrt{\ddot{t}^2 - \frac{\ddot{x}^2 + \ddot{y}^2 + \ddot{z}^2}{c^2}} \tag{9}$$

(die Dimension dieses ϱ ist die einer „Zeit", und es wird für eine zeitartige Weltlinie reell). Als Parameter aber, nach dem differenziert wird, ist die der Weltlinie zugehörige „Eigenzeit" genommen. Führt man statt ihrer irgend einen anderen Parameter ein und bezeichnet die nach ihm genommenen Differentialquotienten der x, y, z, t vorübergehend durch Akzente, so ist (9) durch die allgemeinere Formel zu ersetzen:

$$\frac{1}{\varrho} = \sqrt{\frac{(x'x'' + y'y'' + z'z'' - c^2 t't'') - (x'^2 + y'^2 + z'^2 - c^2 t'^2)(x''^2 + y''^2 + z''^2 - c^2 t''^2)}{(x'^2 + y'^2 + z'^2 - c^2 t'^2)^3}} \tag{10}$$

(die sich im Falle der Eigenzeit auf (9) reduziert). Wir wollen nun das Koordinatensystem x, y, z, t insbesondere so wählen, daß wir die Tangente der Weltlinie an der gerade betrachteten Stelle als t-Achse nehmen und damit x', y', z' als 0 vorsetzen (also auf „Ruhe transformieren", wie wir es S. 96 mit Minkowski nannten). Das Koordinatensystem mag ferner um die t-Achse so gedreht werden, daß auch x'', y'' gleich Null sind. Endlich soll als Parameter der Weltlinie das t des so eingeführten Koordinatensystems selbst gewählt werden. Dies gibt:

$$t' = 1, \quad t'' = 0, \quad z'' = \frac{d^2z}{dt^2}.$$

Aus Formel (10) wird aber

$$\frac{1}{\varrho} = \frac{i}{c}\frac{d^2z}{dt^2} \tag{11}$$

§ 2. Dynamik eines Massenpunktes.

Die Dynamik des einzelnen Massenpunktes entwickeln wir genau so, wie es schon S. 96 bei der Einwirkung eines elektromagnetischen Feldes auf ein Elektron geschah, indem wir nämlich dem Punkte eine skalare Masse m beilegen, von einer auf ihn wirkenden „Viererkraft"

$$P_x,\ P_y,\ P_z,\ P_t$$

reden, die ein kogredienter[1]) Vektor sein soll, und

$$(1)\qquad m\ddot{x} = P_x, \quad m\ddot{y} = P_y, \quad m\ddot{z} = P_z, \quad m\ddot{t} = P_t$$

setzen. Da die Gleichung gilt

$$\dot{x}\ddot{x} + \dot{y}\ddot{y} + \dot{z}\ddot{z} - c^2\dot{t}\ddot{t} = 0,$$

müssen wir die Kraftkomponente stets der entsprechenden Bedingung

$$(2)\qquad \dot{x}P_x + \dot{y}P_y + \dot{z}P_z - c^2\dot{t}P_t = 0$$

unterworfen denken: Die Viererkraft steht also immer (im Sinne unserer Maßbestimmung) auf dem Richtungsvektor des Massenpunktes senkrecht.

Wir werden der Gleichung (2) identisch genügen, indem wir, unter Aufnahme des beim Elektron geltenden Ansatzes (S. 97), jetzt rein formal 6 Größen, X, Y, Z, L, M, N einführen, die nur noch von den x, y, z, t des Massenpunktes abhängen:

$$(3)\qquad \begin{cases} P_x = \dfrac{M\dot{z} - N\dot{y}}{c} + X\dot{t} \\[2mm] P_y = \dfrac{N\dot{x} - L\dot{z}}{c} + Y\dot{t} \\[2mm] P_z = \dfrac{L\dot{y} - M\dot{x}}{c} + Z\dot{t} \\[2mm] P_t = \dfrac{X\dot{x} + Y\dot{y} + Z\dot{z}}{c^2} \end{cases}$$

Insbesondere werden wir von einem Viererpotential reden, wenn wir diese 6 Größen, wie damals, als Großrotation eines Vierervektors darstellen können. Bei Zugrundelegung der x, y, z, t schreiben sich die betreffenden Formeln, wie schon auf S. 104 angegeben, so:

$$(4)\qquad \begin{cases} X = \dfrac{1}{c}\dfrac{\partial q_x}{\partial t} - \dfrac{1}{c}\dfrac{\partial q_t}{\partial x}, & Y = \dfrac{1}{c}\dfrac{\partial q_y}{\partial t} - \dfrac{1}{c}\dfrac{\partial q_t}{\partial y}, & Z = \dfrac{1}{c}\dfrac{\partial q_z}{\partial t} - \dfrac{1}{c}\dfrac{\partial q_t}{\partial z} \\[2mm] L = \dfrac{\partial q_z}{\partial y} - \dfrac{\partial q_y}{\partial z}, & M = \dfrac{\partial q_x}{\partial z} - \dfrac{\partial q_z}{\partial x}, & N = \dfrac{\partial q_y}{\partial x} - \dfrac{\partial q_x}{\partial y} \end{cases}.$$

Hier ist $\dfrac{d^2 z}{dt^2}$ das, was Minkowski die *Ruhebeschleunigung* des gerade betrachteten materiellen Punktes nannte. Dieser Ausdruck ist dann von vielen Autoren aufgenommen worden. Mir scheint es viel überzeugender, die Formel (9) bzw. (10) voranzustellen.

[1]) Zu dieser Terminologie vgl. Note 1 S. 167. (H.)

Es scheint aber von vornherein keine Notwendigkeit vorzuliegen, diese q_x, q_y, q_z, q_t auch noch, wie im Falle der Maxwellschen Gleichungen, den Bedingungen $\Box q_i = 0$, Div $q = 0$ zu unterwerfen. Im übrigen können wir die Ansätze (3), (4), wie auf S. 97, zu einem „Hamiltonschen Prinzip" zusammenfassen

$$(5) \qquad \delta \int \left(\frac{cm}{2} (c^2 \dot{t}^2 - \dot{x}^2 - \dot{y}^2 - \dot{z}^2) + (\dot{t} P_t + \dot{x} P_x + \dot{y} P_y + \dot{z} P_z) \right) d\tau = 0 \, ,$$

auch diejenigen Modifikationen anschließen, von denen damals die Rede war.

Das Wichtigste bei diesen Ansätzen ist jedenfalls das Auftreten von 4 koordinierten Bewegungsgleichungen (1) nebeneinander. Nennen wir

$$(6) \qquad m\dot{x}, \quad m\dot{y}, \quad m\dot{z}, \quad m\dot{t}$$

die 4 *Impulskomponenten*, so können wir aus (1) die 4 Impulssätze herauslesen:

$$(7) \quad d(m\dot{x}) = P_x d\tau, \quad d(m\dot{y}) = P_y d\tau, \quad d(m\dot{z}) = P_z d\tau, \quad d(m\dot{t}) = P_t d\tau$$

und in ihnen den genauen Ausdruck für das in unserer Mechanik geltende Trägheitsprinzip erblicken. Die drei ersten dieser Sätze entsprechen natürlich den 3 Impulssätzen der gewöhnlichen Mechanik; es ist nun höchst bemerkenswert, daß der vierte beim Grenzübergang zur gewöhnlichen Mechanik direkt den Satz der lebendigen Kraft liefert; damit wird die Zusammengehörigkeit des letzteren mit den üblichen Impulssätzen, von der wir schon oben S. 57 gehandelt haben, aus einer natürlichen Quelle gewonnen. Die Rechnung verläuft ganz einfach. Schreiben wir unseren neuen (vierten) Impulssatz so:

$$(8) \quad d\left(m\sqrt{1 + \frac{\dot{x}^2 + \dot{y}^2 + \dot{z}^2}{c^2}}\right) = \frac{P_x dx + P_y dy + P_z dz}{c^2} \sqrt{1 - \frac{x'^2 + y'^2 + z'^2}{c^2}}$$

(wo $\dot{x}, \dot{y}, \dot{z}$, wie bisher, $\frac{dx}{d\tau}, \frac{dy}{d\tau}, \frac{dz}{d\tau}$ und x', y', z' im Gegensatz dazu $\frac{dx}{dt}, \frac{dy}{dt}, \frac{dz}{dt}$ bedeuten sollen; es ist bei der Umsetzung nur von der Beziehung $d\tau^2 = dt^2 - \frac{dx^2 + dy^2 + dz^2}{c^2}$ Gebrauch gemacht). Lassen wir bei den Quadratwurzeln nunmehr Reihenentwicklungen Platz greifen, so ergibt sich:

$$(9) \quad d\left(\frac{m(\dot{x}^2 + \dot{y}^2 + \dot{z}^2)}{2} + \cdots\right) = (P_x dx + P_y dy + P_z dz)(1 + \cdots).$$

Hier nun werden die sämtlichen mit ... angedeuteten Glieder beim Grenzübergang zu $c = \infty$ wegfallen, während $\dot{x}, \dot{y}, \dot{z}$ in x', y', z' übergehen, so daß in der Tat der gewöhnliche Satz der lebendigen Kraft

$$(10) \qquad d\left(\frac{m(x'^2 + y'^2 + z'^2)}{2}\right) = P_x dx + P_y dy + P_z dz$$

herauskommt.

Die gleiche Koordinierung der 3 Impulssätze mit dem Energiesatz war uns im Gebiet der Maxwellschen Gleichungen bereits auf S. 101 entgegen getreten.

Für die geschichtliche Auffassung der Mechanik aber ergibt sich ein merkwürdiges Resultat. Es ist zwei Jahrhunderte her, daß zwischen den Cartesianern und den Leibnizianern der lebhafteste Streit tobte, ob die „Quantität der Bewegung" oder „die lebendige Kraft" der wichtigere Grundbegriff sei, ob also, in moderner Weise ausgedrückt, die Impulssätze oder der Energiesatz den Vorrang haben. Jetzt lernen wir, daß überhaupt kein Gegenstand des Streites da war, daß vielmehr die beiden Gegner dieselbe Sache, nur von verschiedenem Standpunkt aus, vor Augen hatten.

§ 3. Zur Theorie des starren Körpers.

Die große Rolle, welche der Begriff des starren Körpers in der klassischen Mechanik spielt, braucht nicht weiter betont zu werden. Es lag also nahe, diesen Begriff irgendwie auf die Lorentzmechanik zu übertragen. Für manchen Physiker scheint es hinterher allerdings fast selbstverständlich, daß kein rechtes Analogon gefunden werden konnte, weil man doch mit dem Begriff der Starrheit die Idee instantaner Kraftübertragung im Innern des Körpers verbindet, was mit dem Relativitätsprinzip der Lorentzgruppe unvereinbar scheint. Die Schwierigkeit der Übertragung beginnt aber nicht erst bei der Einführung des Kraftbegriffs, sondern liegt bereits in den kinematischen Verhältnissen. Es scheint mir nützlich, dies klarzustellen und dabei auch den Versuchen, welche die Aufstellung eines Analogons bezweckten, im Einzelnen nachzugehen.

Der starre Körper der klassischen Mechanik ist ein Aggregat von Anfang an gleichzeitiger Punkte, das irgendwelchen Galilei-Newton-Transformationen unterworfen werden kann. Die Zahl dieser Transformationen ist, wie wir wissen, ∞^{10}, aber in der vorausgesetzten Gleichzeitigkeit der Ausgangslagen seiner Punkte liegt, daß der zugrunde gelegte starre Körper in der vierdimensionalen Welt x, y, z, t doch nur ∞^7 Lagen annimmt. In der Tat ziehen sich die in den bezüglichen Substitutionsformeln (II, S. 54) vorkommenden 3 Aggregate:

$$\varepsilon_1 t + \xi_1, \quad \varepsilon_2 t + \xi_2, \quad \varepsilon_3 t + \xi_3$$

für Punkte, welche von Hause aus dasselbe t haben, auf dieselben 3 Einzelterme zusammen. Es kommt dies darauf hinaus, daß die Mannigfaltigkeit

$$(1) \qquad t = t_0$$

bei den dreifach unendlich vielen Galilei-Newton-Transformationen

$$
(2)\qquad
\begin{aligned}
x' &= x + \varepsilon_1 (t - t_0)\,,\\
y' &= y + \varepsilon_2 (t - t_0)\,,\\
z' &= z + \varepsilon_3 (t - t_0)\,,\\
t' &= t
\end{aligned}
$$

punktweise ungeändert bleibt. — Indem man die Zeit t nicht weiter mitzählt, drückt man die hiermit berührte Tatsache in der traditionellen Mechanik gewöhnlich dahin aus, daß der starre Körper 6 Grade der Freiheit besitzt.

Nun ist a priori klar, daß bei der Lorentzgruppe hierzu kein unmittelbares Analogon existiert. Denn eine Substitution, welche die Mannigfaltigkeit (1) punktweise ungeändert läßt, ist notwendigerweise von der Form $x' = x,\quad y' = y,\quad z' = z,\quad t' = t;$ geht doch auch (1) bei beliebigen Lorentztransformationen in ∞^4 Lagen

$$(3)\qquad \alpha_4 x + \beta_4 y + \gamma_4 z + \varepsilon_4 t + \zeta_4 = 0$$

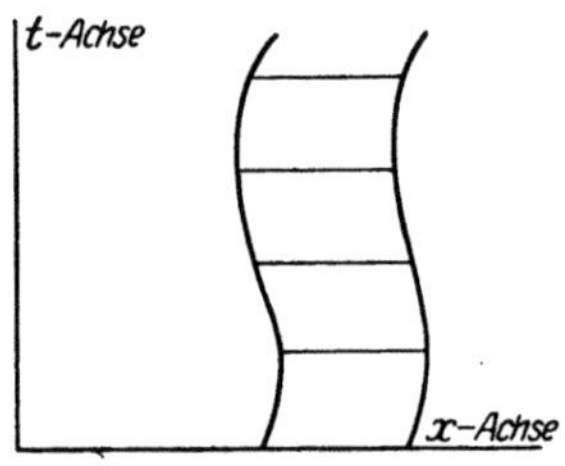

Fig. 1.

über. Wollten wir den starren Körper als irgend ein in (1) oder in (3) gelegenes Punktsystem definieren, auf das sämtliche Lorentzsubstitutionen angewandt werden sollen, so würde er in der Welt x, y, z, t notwendigerweise ∞^{10} verschiedene Lagen annehmen. — Die Sachlage ist also gründlich verschieden und es ist nur noch die Frage, ob wir die auf den einzelnen starren Körper auszuübenden Lorentzsubstitutionen nicht doch noch einschränkenden Bedingungen unterwerfen können, welche für die Kinematik im engeren Sinne eine gewisse Analogie aufrechterhalten.

In der „Kinematik im engeren Sinne" betrachtet man Scharen von ∞^1 Lagen, welche ein starrer Körper nacheinander annehmen kann. Um hierfür ein plastisches Bild zu haben, wollen wir die Weltlinien betrachten, welche die einzelnen Punkte des starren Körpers bei einer solchen „Bewegung" beschreiben.

In Figur 1 sind unter der vereinfachenden Annahme, daß alle diese Weltlinien in der x, t-Ebene liegen, zwei solche Weltlinien eingetragen. Dann ist ohne weiteres klar — wir sind bei der Galilei-Newton-Gruppe —, daß sie wegen der Starrheit des Körpers in horizontaler Richtung gemessen äquidistant sind, und daß diese Äquidistanz die einzige Bedingung ist, der sie genügen müssen. Dies kann man nun in einer gewissen künstlichen Form ausdrücken, welche eine Verallgemeinerung gestattet. In der Welt x, y, z, t der Lorentzgruppe wird man irgend 2 Richtungen orthogonal nennen, wenn die Bedingung:

$$(4)\qquad dt\,d't - \frac{dx\,d'x + dy\,d'y + dz\,d'z}{c^2} = 0$$

erfüllt ist. Dies geht für $c = \infty$ in die triviale Gleichung über:

$$dt\,d't = 0 \tag{5}$$

(wie auch geometrisch klar ist, wenn man die Mongeschen Kegel der Lorentzwelt in die doppeltzählenden Ebenen $t = t_0$ der Galilei-Newton-Welt übergehen läßt). In letzterer kann man also zwei Richtungen zueinander orthogonal nennen, wenn längs der einen $t =$ const ist (wenn die eine in der Figur horizontal verläuft). Wir werden im Sinne dieser Ausdrucksweise sagen dürfen, daß im Galilei-Newton-Falle die Weltlinien irgend zweier Punkte eines starren Körpers orthogonal äquidistant sind[1]).

Diese Formulierung ist zwar in hohem Grade willkürlich, aber man hat an sie angeknüpft, um die Beweglichkeit des starren Körpers für den Fall der Lorentzgruppe zu definieren.

So ist es zunächst von Born 1909 geschehen (Ann. d. Phys. [4] 30) und es sind dann von Ehrenfest (Physikalische Zeitschr. X, 1909), Herglotz und Fritz Noether (Ann. d. Phys. [4] 31, 1910) aus diesem Bornschen Ansatze die näheren Konsequenzen gezogen worden. Sollen die Weltlinien der Punkte eines starren Körpers auch im Lorentzfalle „normal äquidistant" sein, so sind, wie insbesondere Herglotz zeigt, für die Bewegung des starren Körpers noch zwei Fälle möglich:

(a) Die Reihe der unendlich vielen Ortsänderungen in der vierdimensionalen Welt besteht aus den Wiederholungen einer und derselben infinitesimalen Lorentztransformation.

(b) Die Weltlinien der verschiedenen Punkte des starren Körpers treten in jedem Augenblicke senkrecht aus der ihn tragenden linearen Mannigfaltigkeit hervor.

Ad (a) dürfen wir als Beispiel die Schraubenbewegung ansetzen:

$$\left|\begin{aligned} x' &= \cos\omega\cdot x - \sin\omega\cdot y,\\ y' &= \sin\omega\cdot x + \cos\omega\cdot y,\\ z' &= z,\\ t' &= t.\end{aligned}\right. \qquad (\omega \text{ ein Parameter.}) \tag{6}$$

Für die dreidimensionale Auffassung „rotiert" dann der starre Körper mit konstanter Geschwindigkeit um die z-Achse (an deren Stelle man durch Koordinatentransformation natürlich eine beliebige Gerade setzen kann). Eine beschleunigte Rotation dagegen, also auch eine von der

[1]) Der Winkel, den die Weltlinien des starren Körpers im Galilei-Newton-Falle mit den Mannigfaltigkeiten $t =$ const bilden, muß keineswegs $= \frac{\pi}{2}$ gesetzt, sondern kann beliebig angenommen werden. Denn der für die Lorentzgruppe geltende Ausdruck des Winkels zweier Fortschreitungsrichtungen:

$$\arccos \frac{c^2\,dt\,d't - dx\,d'x - dy\,d'y - dz\,d'z}{\sqrt{c^2\,dt^2 - dx^2 - dy^2 - dz^2}\,\sqrt{c^2\,d't^2 - d'x^2 - d'y^2 - d'z^2}}$$

wird für $c = \infty$ und $dt\,d't = 0$ unbestimmt.

Ruhe beginnende, würde unser starrer Körper nicht ausführen können, weil die Weltlinien seiner Punkte, Schraubenlinien von wechselnder Steighöhe, normal nicht äquidistant sein können (wie man durch Nachrechnen bestätigt).

Mehr Interesse hat der Fall (b) gefunden, den wir Normalenbewegung nennen wollen. Trotzdem dadurch gewisse Feinheiten verwischt werden, wollen wir uns zu seiner Behandlung wieder der „orthogonalen" Koordinaten

$$x, y, z, l = ict$$

bedienen und uns so ausdrücken bzw. die Figuren so zeichnen, als wenn diese Größen reell wären.

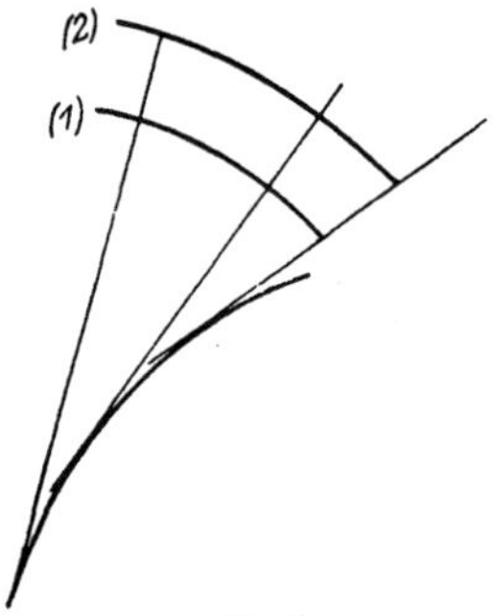

Fig. 2.

Figur 2 mag wieder den Fall erläutern, wo y und z konstant sind. Die Zeichenebene ist also die x, l-Ebene. Die Weltlinien der einzelnen Punkte des starren Körpers erscheinen dann als orthogonale Trajektorien irgend einer Geradenschar, d. h. sie sind die zu einer vorgegebenen Evolute gehörigen Evolventen.

Was die Mannigfaltigkeit von (a) und (b) angeht, so gibt es nur ∞^{10} Bewegungen (a) — weil doch durch die zugrundegelegte infinitesimale Transformation der Lorentzgruppe der ganze Verlauf der Bewegung bestimmt ist; — im Falle der Normalenbewegung aber ist die Bewegung festgelegt, wenn die Weltlinie eines beliebigen Punktes des starren Körpers beliebig vorgegeben ist.

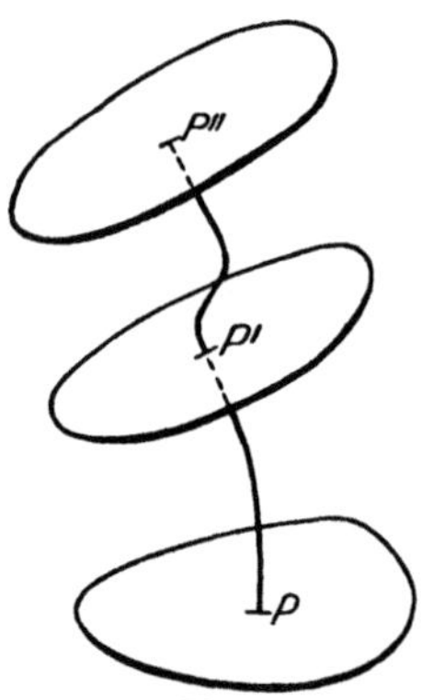

Fig. 3.

Um dies einzusehen, werde wieder eine Figur, dieses Mal im Raum der x, y, l betrachtet (Figur 3). Wir haben erstlich die Weltlinie P, P', P'', dann als Normalebenen zu ihr die linearen Mannigfaltigkeiten (3), welche die Punkte des starren Körpers tragen. Alle anderen Weltlinien (und damit die ganze Bewegung des starren Körpers) ergeben sich dann eindeutig als normale Trajektorien der damit gegebenen Schar linearer Mannigfaltigkeiten.

Hiermit ist die „Normalbewegung" in ihrem allgemeinen Charakter festgelegt; wir wollen noch ihre infinitesimalen Transformationen und dann die von ihnen erzeugten endlichen Transformationen betrachten.

Mögen wir die instantane Lage des starren Körpers innerhalb $l = 0$ nehmen. Jeder Punkt des starren Körpers soll nun aus $l = 0$ senkrecht hervortreten, es soll also für ihn $\delta x = 0$, $\delta y = 0$, $\delta z = 0$ sein. Mithin lautet die infinitesimale Transformation (wenn wir gleich dafür sorgen, daß es eine orthogonale Transformation wird):

$$
(7) \qquad
\begin{aligned}
x' &= \quad x + \quad 0 + \quad 0 + \delta\varepsilon_1 \cdot l + 0\,, \\
y' &= \quad 0 + \quad y + \quad 0 + \delta\varepsilon_2 \cdot l + 0\,, \\
z' &= \quad 0 + \quad 0 + \quad z + \delta\varepsilon_3 \cdot l + 0\,, \\
l' &= -\delta\varepsilon_1 \cdot x - \delta\varepsilon_2 \cdot y - \delta\varepsilon_3 \cdot z + \quad l + \delta\zeta_4\,.
\end{aligned}
$$

Da hier 4 infinitesimale Inkremente ($\delta\varepsilon_1$, $\delta\varepsilon_2$, $\delta\varepsilon_3$, $\delta\zeta_4$) zur Verfügung stehen, werden wir sagen:

Der starre Köper besitzt im Falle (b) im Unendlichkleinen 3 Freiheitsgrade.

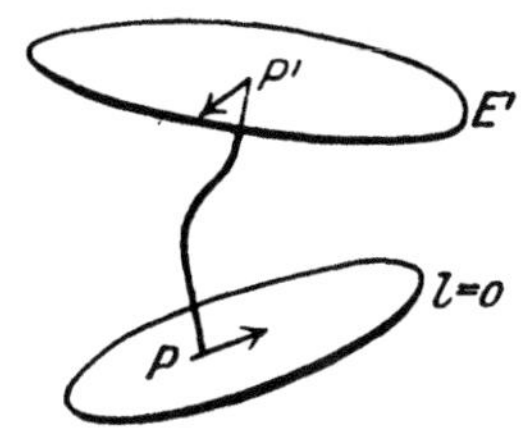

Fig. 4.

Es liegt nun der Fehlschluß nahe, daß der starre Körper im Endlichen nur ∞^4 Lagen annehmen könne. Dem ist aber nicht so. Vielmehr kann er alle durch Lorentztransformationen herstellbaren Lagen erreichen. Da ich diesen Punkt in der Literatur nicht besonders behandelt finde, will ich etwas näher darauf eingehen und knüpfe dabei an Figur 4 an.

Ich sage zunächst: ich kann (durch eine Normalenbewegung) jeden Punkt P von $l=0$ in jedem Punkt P' und gleichzeitig die durch P hindurchgehende „Ebene" $l=0$ in jede durch P' gehende Ebene E' überführen. Zu diesem Zweck habe ich nur durch P irgendeine gegen $l=0$ senkrechte Kurve zu ziehen — welche in P' senkrecht gegen E' mündet — und diese Kurve als Weltlinie von P zu nehmen. Aber noch mehr! Ich kann bei der großen Willkür in der Wahl der Kurve PP' auch noch jedes durch P innerhalb $l=0$ laufende Azimut in jedes durch P' in der Ebene E' laufende Azimut überführen (was in der Figur durch die kleinen, den Punkten P und P' beigesetzen Pfeile angedeutet sein soll).

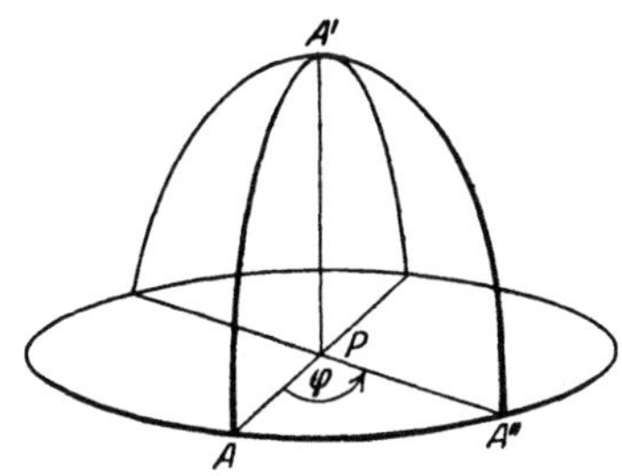

Fig. 5.

Um das zu zeigen, genügt es nachzuweisen, daß bei festgehaltenem P die Ebene $l=0$ durch eine Reihe von Normalenbewegungen schließlich in sich selbst um einen beliebigen Winkel verdreht werden kann.

Man betrachte, um das einzusehen, Figur 5. Gemeint ist: Man drehe die Ebene $l=0$ zunächst um die Richtung des Ausgangsazimuts PA als Achse, bis sie auf ihrer ursprünglichen Lage senkrecht steht, bringe sie von da aus durch Drehung um die Normale PA' ihrer ursprünglichen Lage in der Richtung des neuen Azimuts PA'' und lege sie durch abermalige Drehung um 90^0, jetzt um die Achse PA'', derart in ihrer Anfangslage $l=0$ zurück, daß sie mit dieser gleichstimmig zusammenfällt.

Daß die Zahl der Freiheitsgrade im Endlichen solcherweise mit der im Unendlichkleinen nicht stimmt, darf nicht überraschen. In seiner nachgelassenen Mechanik (l. c. S. 68) hat Hertz Entsprechendes ausführlich für die auf fester Unterlage rollende Kugel auseinandergesetzt. Sie hat nur 3 Freiheitsgrade im Unendlichkleinen, 5 im Endlichen. Hertz hat für dieses Verhalten den Terminus geprägt, daß die Bedingungen, welche die Beweglichkeit der Kugel im Unendlichkleinen einschränken, nicht „*holonom*" seien. Schließlich ist die Sache dem Mathematiker, der sich mit der Theorie des Pfaffschen Problems beschäftigt hat, wohlbekannt. Bedinge ich (um beim einfachsten Falle von 3 Variablen zu bleiben)

$$X\,dx + Y\,dy + Z\,dz = 0,$$

so ist der Punkt x, y, z durch diese Bedingung nur dann an eine bestimmte Fläche $F = \text{const}$ gebunden, wenn sich die linke Seite durch Multiplikation mit irgendeinem M in die Gestalt df setzen läßt, was die Bedingung

$$X\left(\frac{\partial Y}{\partial z} - \frac{\partial Z}{\partial y}\right) + Y\left(\frac{\partial Z}{\partial x} - \frac{\partial X}{\partial z}\right) + Z\left(\frac{\partial X}{\partial y} - \frac{\partial Y}{\partial x}\right) = 0$$

erfordert; andernfalls kann unser Punkt noch an jede beliebige Stelle des Raumes gebracht werden.

Resumieren wir, so hat auch die mit der Annahme der Lorentzgruppe verträgliche zweite Möglichkeit für die Bewegung eines starren Körpers, die „Normalenbewegung", mit derjenigen, die im Falle der Galilei-Newton-Gruppe auftritt, wenig Ähnlichkeit. Um wenigstens im Unendlichkleinen die Übereinstimmung zu sichern, hat Born 1910 in den Göttinger Nachrichten einen anderen Vorschlag gemacht, der sich etwa so formulieren läßt:

„Jeder starre Körper besitzt einen Zentralpunkt P_0, dessen Weltlinie stets senkrecht auf der linearen Mannigfaltigkeit (3) steht, welche den starren Körper enthält. Um diesen Punkt aber kann sich der starre Körper innerhalb dieser Mannigfaltigkeit beliebig drehen."

Diese Definition würde also, wenn wir wieder mit der linearen Mannigfaltigkeit $l = 0$ beginnen, die infinitesimale Transformation mit 7 unendlich kleinen Inkrementen zulassen:

$$(8)\quad \begin{aligned} x' &= x + \delta\chi\cdot y - \delta\psi\cdot z + \delta\varepsilon_1\cdot t + 0\,,\\ y' &= -\delta\chi\cdot x + y + \delta\varphi\cdot z + \delta\varepsilon_2\cdot t + 0\,,\\ z' &= \delta\psi\cdot x - \delta\varphi\cdot y + z + \delta\varepsilon_3\cdot t + 0\,,\\ t' &= -\delta\varepsilon_1\cdot x - \delta\varepsilon_2\cdot y - \delta\varepsilon_3\cdot z + t + \delta\xi_4\,. \end{aligned}$$

Die Paradoxien sind damit aber nicht aus der Welt geschafft; denn im Endlichen behält der Körper gewiß seine Fähigkeit, die er schon vorher besaß, ∞^{10} Lagen anzunehmen.

Es ist mir nicht bekannt, daß jemand diesen Ansatz weiter verfolgt hätte. Die allgemeine Auffassung ist wohl immer mehr die geworden, daß man den Begriff des starren Körpers, den noch Hertz zum Fundament seiner Mechanik machen wollte, in der Lorentzmechanik kurzer Hand beiseite lassen soll. Man sieht, welche Änderungen unsere physikalischen Grundanschauungen erleiden.

Schlußbemerkung.

Die letzten Paragraphen zeigen, daß in der Lorentzmechanik doch mancherlei anders zu fassen ist, als in der klassischen Theorie. Überall da, aber auch nur da, wird ein prinzipieller Unterschied eintreten, wo in der letzteren die Vorstellung zeitloser Übertragung grundlegend ist. Deshalb läßt sich die Mechanik der Kontinua der Lorentzgruppe unmittelbar anpassen. Ich muß mich aber hier darauf beschränken, dieserhalb erneut auf die wichtige Arbeit von Herglotz über Elastizitätstheorie (Ann. d. Phys. [4], **36**, **1911**) zu verweisen. Wir selbst müssen uns, dem Zweck dieser Darstellung entsprechend, auf die elementaren Anfänge der Mechanik beschränken (wie wir dies auch bei der Elektrodynamik getan haben). Unser Ziel kann nicht sein, ein Lehrbuch der mathematischen Physik zu ersetzen. Vielmehr handelt es sich nur darum, fühlbar zu machen, daß die Physiker die mathematischen Hilfsmittel, deren sie bei der Durchführung ihrer modernen Spekulationen bedürfen, in der Mathematik des **19.** Jahrhunderts fertig ausgebildet vorfinden.

Erläuterungen zum zweiten Kapitel.

1. S. **64** Z. **10**: Hier liegt ein im Riccikalkül allgemein angewandtes Verfahren vor, das „Überschiebung" oder „Verjüngung" genannt wird (vgl. Eddington l. c. S. **205**).

2. S. **67**: Daß die Gleichungen der Elektronentheorie nicht endgültig richtig sein konnten, folgt bereits aus der Existenz der Elektronen selbst, die nach den alten Feldgleichungen zunächst nicht zu verstehen ist. Man hat nun versucht, die Feldgleichungen so abzuändern, daß die Elektronen als spezielle Lösungen aus ihnen herauskommen[1]) (Mie, Einstein, Hilbert, Weyl, Eddington). Jedoch erlangte man auf diesem Wege keine befriedigenden Resultate. Inzwischen war aber die klassische Elektronentheorie auch noch von einer anderen Seite her erschüttert worden, nämlich durch die Entdeckung der Quantenerscheinungen (Planck, Einstein) und die daran anschließende Erforschung der Atomstruktur[2]) (insbesondere durch Bohr). Der Ausgangspunkt lag

[1]) Einen zusammenfassenden Bericht gibt W. Pauli jr. in seinem Artikel über Relativitätstheorie in der Enc. d. Math. Wiss. Bd. V (19), S. **749**ff. Siehe ferner noch F. Jüttner: Math. Ann. Bd. **87**. **1922**; A. Einstein: Berl. Ber. **1922**—**1924**; S. A. Eddington: Relativitätstheorie. Berlin **1925**.

[2]) Zusammenfassende Darstellungen: A. Sommerfeld: Atombau und Spektrallinien, 4. Aufl. Braunschweig **1924**; M. Born: Atommechanik. Berlin **1925**.

dabei allerdings weniger auf Seiten der Elektrodynamik als auf Seiten der klassischen Mechanik, welcher noch zusätzlich gewisse Beschränkungen (die Quantenbedingungen) auferlegt wurden. In neuester Zeit hat endlich eine Entwicklung der Quantentheorie begonnen, die sich eine einheitliche Beschreibung aller Strahlungs- und Atomvorgänge zum Ziele setzt[1]) (Heisenberg, Born, Jordan, Schrödinger, Pauli, Dirac). Da diese Entwicklung sich noch im Fluß befindet und auch die Elektrodynamik selbst vorläufig nicht völlig mit eingearbeitet ist, kann zur Zeit nicht zusammenfassend darüber referiert werden.

3. S. 83 Z. 4: Schlußverfahren der „Quotientenregel". Vgl. Eddingten (l. c. S. 205) S. 70—73.

4. S. 83 Z. 12: Die Addition von $\frac{1}{2}\delta_{ik}\Omega$ ist erlaubt, weil $\frac{1}{2}\delta_{ik}\Omega$ ein zum vorher angegebenen kogredienter Tensor ist. Vgl. Anmerkung 4 zum ersten Kapitel.

5. S. 90 Z. 8 v. u.: Wäre nämlich an einer Stelle $\sum_k \frac{\partial \mu_{ik}}{\partial x_k} = 0 \; (i = 1, \ldots, 4)$ nicht erfüllt, so könnte man, ähnlich wie das bei bekannten Schlüssen der Variationsrechnung geschieht, das Integrationsgebiet so um die Stelle herumlegen, daß das Integral von Null verschieden wird.

Drittes Kapitel[2]).

Gruppen analytischer Punkttransformationen bei Zugrundelegung einer quadratischen Differentialform.

A. Die allgemeinen Lagrangeschen Gleichungen der klassischen Mechanik.

Vorbemerkung.

Bisher betrachteten wir nur Gruppen *linearer* Substitutionen irgendwelcher Veränderlicher $x_1, \ldots, x_n$. Unser Fortschritt soll jetzt sein, daß wir Gruppen *beliebiger* Substitutionen:

$$(1) \qquad x_1 = \varphi_1(y_1 \ldots y_n), \quad \ldots, \quad x_n = \varphi_n(y_1 \ldots y_n)$$

---

[1]) Die grundlegenden Arbeiten sind: W. Heisenberg: Zeitschr. f. Phys. Bd. 33, S. 879. 1925; M. Born und P. Jordan: Zeitschr. f. Phys. Bd. 34, S. 858. 1925; Heisenberg, Born und Jordan: Zeitschr. f. Phys. Bd. 35, S. 557. 1926; M. Born: Zeitschr. f. Phys. Bd. 40, S. 167. 1926; Jordan: Zeitschr. f. Phys. Bd. 40, S. 809. 1927; E. Schrödinger,: Verschiedene Arbeiten in den Ann. d. Phys., auch in Buchform: Abhandlungen zur Wellenmechanik. Ferner zahlreiche Abhandlungen von P. A. M. Dirac in Proc. of the roy. soc. of London.

[2]) Man vergleiche Anmerkung 1 am Kapitelschluß. (H.)

ins Auge fassen. Indem wir die $x_1 \ldots x_n$ zumeist als Punktkoordinaten in einem n-fach ausgedehnten Raume auffassen, sprechen wir kurzweg von Punkttransformationen. Es steht dabei frei, sich entweder das Koordinatensystem als fest und den Raum bzw. die in ihm gelegenen Gebilde als transformierbar anzusehen, oder, wie es zunächst bequemer ist, den R_n als fest und das Koordinatensystem als veränderlich (so daß also die (1) eine „Koordinatentransformation" vorstellen).

Die $x_1 \ldots x_n$ bzw. $y_1 \ldots y_n$ denken wir uns dabei bis auf weiteres als reelle Größen und beschränken unsere Betrachtungen auf ein solches Raumstück, innerhalb dessen die Funktionen φ, die wir der Einfachheit halber als analytisch voraussetzen werden, durchaus regulär verlaufen und eine nicht verschwindende Funktionaldeterminante haben[1]). Die Substitutionen (1) lassen sich dann innerhalb des uns interessierenden Bereiches eindeutig umkehren, der Gruppenbegriff also so fassen, daß in der Gruppe neben der Substitution (1) immer auch die inverse auftritt. Während aber die Gruppen linearer Substitutionen, die wir früher betrachteten, nur endlich viel Parameter enthalten, werden es nunmehr, allgemein zu reden, unendlich viele sein. Wir werden die φ_i sogar zumeist keinen anderen Beschränkungen unterwerfen, als den bereits voraufgeschickten; wir sprechen dann von der Gruppe aller Punkttransformationen und bezeichnen diese vielfach kurzweg als G_∞.

Immerhin besteht mit der Gruppe der linearen Substitutionen von n Veränderlichen der Kontakt, daß sich gemäß (1) die Differentiale dx_i homogen linear substituieren:

$$(2)\qquad \begin{aligned} dx_1 &= \frac{\partial \varphi_1}{\partial y_1} dy_1 + \cdots + \frac{\partial \varphi_1}{\partial y_n} dy_n \\ &\cdots\cdots\cdots\cdots \\ dx_n &= \frac{\partial \varphi_n}{\partial y_1} dy_1 + \cdots + \frac{\partial \varphi_n}{\partial y_n} dy_n , \end{aligned}$$

ebenso auch die Differentiationszeichen $\frac{\partial}{\partial x_i}$, die sich einfach zu (2) kontragredient umsetzen:

$$(3)\qquad \begin{aligned} \frac{\partial}{\partial y_1} &= \frac{\partial \varphi_1}{\partial y_1} \cdot \frac{\partial}{\partial x_1} + \cdots + \frac{\partial \varphi_n}{\partial y_1} \frac{\partial}{\partial x_n} \\ &\cdots\cdots\cdots\cdots \\ \frac{\partial}{\partial y_n} &= \frac{\partial \varphi_1}{\partial y_n} \frac{\partial}{\partial x_1} + \cdots + \frac{\partial \varphi_n}{\partial y_n} \frac{\partial}{\partial x_n} . \end{aligned}$$

Hiermit ist der eigentliche Ausgangspunkt für alle folgenden Betrachtungen gegeben. Überall knüpfen wir an die Invariantentheorie der linearen Substitutionen an, wobei nur von vornherein beachtet werden muß, daß die Determinante der linearen Substitution (2) bzw. (3) — die Funktionaldeterminante der x nach den y — im allgemeinen nicht,

[1]) Diese Beschränkungen werden weiterhin, wo nicht das Gegenteil gefordert wird, immer stillschweigend vorausgesetzt.

wie wir bisher gewöhnlich von der Substitutionsdeterminante voraussetzten, gleich 1 sein wird.

Als geeignete Objekte unserer invariantentheoretischen Untersuchung erscheinen dementsprechend neben irgendwelchen (analytischen, in unserem Bereich eindeutigen) Funktionen $f(x_1 \ldots x_n)$ in erster Linie *Differentialformen*

$$F(x_1 \ldots x_n;\ dx_1 \ldots dx_n) \tag{4a}$$

oder auch

$$F\left(x_1 \cdots x_n;\ \frac{\partial}{\partial x_1} \cdots \frac{\partial}{\partial x_n}\right), \tag{4b}$$

die in den Differentialen bzw. den Differentiationszeichen homogen (im einfachsten Falle rational, ganz und homogen) sind — daneben dann allgemeinere Formen, welche mehrere Reihen von Differentialen dx_i, $d'x_i$, ..., jede homogen, bzw. von Differentiationszeichen $\frac{\partial}{\partial x_i}$, $\frac{\partial}{\partial x_i'}$, ..., jede Reihe homogen, oder auch, in geeigneter Homogenität, beiderlei Arten von Symbolen nebeneinander enthalten.

Natürlich ist es keineswegs unsere Absicht, eine Invariantentheorie dieser Formen bei Zugrundelegung unserer G_∞ systematisch zu entwickeln. Vielmehr beschränken wir uns auf solche verhältnismäßig einfachen Ansätze, welche für die mathematische Physik von besonderer Bedeutung geworden sind. Indem wir ihren historischen Werdegang, wie wir ihn auffassen, und ihre Tragweite in großen Zügen möglichst eindringlich auseinandersetzen, hoffen wir auch für weitere Kreise etwas Nützliches zu leisten.

Wir wenden uns zunächst nur zur Betrachtung einer einzelnen quadratischen Differentialform:

$$\sum a_{ik}\, dx_i\, dx_k \tag{5}$$

(die a_{ik} „in unserem Bereiche" eindeutige, regulär verlaufende analytische Funktionen der $x_1 \ldots x_n$; die Determinante der a_{ik} ebenda von Null verschieden). Mit der so vorangestellten Beschränkung schließen wir ersichtlich an die Betrachtungen des vorigen Kapitels an, für welche die besondere quadratische Form

$$dx^2 + dy^2 + dz^2 - c^2 dt^2 \tag{6}$$

fundamental war. In der Tat ist es eine unserer Hauptabsichten, auseinanderzusetzen, wie sich aus der an (6) anknüpfenden, auf die Lorentzgruppe bezüglichen niederen („speziellen") Relativitätstheorie der modernen Physiker in den letzten Jahren eine höhere („allgemeine") Relativitätstheorie entwickelt hat, welche eine allgemeinere quadratische Differentialform von 4 Veränderlichen zugrunde legt und als Gruppe die G_∞ aller Punkttransformationen heranzieht[1]). Das

[1]) Das sollte im vierten Kapitel dieses Buchs geschehen, das Klein nicht mehr vollendet hat. (H.)

Sachverhältnis ist wieder dieses, daß der mathematische Apparat hierfür in der Hauptsache seit langem ausgebildet vorlag und nur der Inanspruchnahme durch neue physikalische Ideenbildungen bedurfte. Um dies klarzustellen, müssen wir mehr als ein Jahrhundert zurückgehen, bis zu der klassischen Formulierung, welche Lagrange der analytischen Mechanik in seinem Fundamentalwerk erteilt hat (Mécanique analytique, 1. Auflage 1788).

§ 1. Einführung der Lagrangeschen Gleichungen und ihrer Gruppe G_∞.

Wir stellen nur die Hauptpunkte, auf die es uns ankommt, in knapper Aufzählung zusammen. Dabei bedienen wir uns, wo es angezeigt ist, moderner Terminologie, beschränken uns überhaupt nicht auf Lagranges eigene Entwicklungen.

1. Die allgemeinen Lagrangeschen Gleichungen beziehen sich auf Systeme irgendwelcher Massenpunkte

$$m_i;\ x_i,\ y_i,\ z_i, \tag{1}$$

welche an irgendwelche „Bedingungsgleichungen"

$$\Phi = 0,\ \Psi = 0,\ \cdots \tag{2}$$

gebunden sein können derart, daß sich die x_i, y_i, z_i innerhalb des Bereiches, der uns gerade interessiert, als reguläre analytische Funktionen von n unabhängigen Parametern

$$q_1 \cdots q_n \tag{3}$$

darstellen lassen. Auf den einzelnen Punkt (1) soll eine Kraft mit den Komponenten X_i, Y_i, Z_i wirken; gesucht werden die Differentialgleichungen, denen unter diesen Umständen die $q_1 \cdots q_n$ als Funktionen der Zeit t genügen.

2. Die von Lagrange gegebenen Formeln verlangen bekanntlich nur, daß man einerseits die lebendige Kraft des Systems:

$$T = \frac{1}{2} \sum m_i (\dot{x}_i^2 + \dot{y}_i^2 + \dot{z}_i^2) \tag{4}$$

durch die q_α, $\dot{q}_\alpha$ ausdrückt, andererseits die Arbeit, welche die Kräfte bei einer virtuellen Verrückung der Angriffspunkte leisten, also

$$\delta A = \sum (X_i \delta x_i + Y_i \delta y_i + Z_i \delta z_i) \tag{5}$$

in $\sum P_\alpha \delta q_\alpha$ umrechnet. Die Bewegungsgleichungen werden dann einfach:

$$\frac{d\left(\frac{\partial T}{\partial \dot{q}_\alpha}\right)}{dt} - \frac{\partial T}{\partial q_\alpha} - P_\alpha = 0.$$

3. Um die außerordentliche Tragweite dieser Gleichungen abzuschätzen, muß man sich klarmachen (was bei Lagrange merkwürdiger-

weise nicht ausdrücklich hervorgehoben ist, was aber im Anschluß an Lagrange immer mehr oder minder bekannt gewesen ist), daß die Formeln, welche die x_i, y_i, z_i durch die q_α ausdrücken, neben den q_α gern auch die Zeit t enthalten können (wie dies beispielsweise notwendigerweise eintritt, wenn die Bedingungsgleichungen (2) ihrerseits bereits das t enthalten)[1]). Man hat nur bei der Berechnung von δA das t nicht mitzuvariieren, vielmehr allgemein zu setzen:

$$\delta A = \sum P_\alpha \delta q_\alpha . \tag{7}$$

Bei der Berechnung von T bzw. der nach der Zeit genommenen Differentialquotienten $\dot{x}_i$, $\dot{y}_i$, $\dot{z}_i$ kommt diese Abhängigkeit von t aber natürlich zur Geltung. Dementsprechend wird das umgerechnete T, allgemein zu reden, eine Gestalt haben:

$$T = \frac{1}{2} \sum a_{\alpha\beta}\, \dot{q}_\alpha \dot{q}_\beta + \sum b_\alpha \dot{q}_\alpha \tag{8}$$

(unter den $a_{\alpha\beta}$, b_α Funktionen der q_α und des t verstanden). Neben dem in den $\dot{q}$ quadratischen Term tritt also ein Linearterm auf, der dann bei Ausrechnung der Gleichung (6) diejenigen Zusatzglieder liefert, welche man nach dem Astronomen Clairaut (1742) oder dem Techniker Coriolis (1832) zu nennen pflegt.

4. Der Beweis der Gleichungen (6) kann natürlich durch direkte Umrechnung der in den x, y, z geschriebenen Bewegungsgleichungen geleistet werden. Statt dessen bedient man sich meist des Variationsansatzes, den wir hier dahin formulieren, daß

$$\overline{\underline{\int}} (\delta T + \delta A)\, dt = 0 \tag{9}$$

sein soll, wofern wir im Integrationsintervall die q_α beliebig variieren, an den Grenzen aber festhalten[2]).

In der Tat haben wir in dem Term

$$\overline{\underline{\int}} \delta T\, dt = \overline{\underline{\int}} \left(\sum \left(\frac{\partial T}{\partial q_\alpha} \delta q_\alpha \right) + \sum \left(\frac{\partial T}{\partial \dot{q}_\alpha} \delta \dot{q}_\alpha \right) \right) dt \tag{10}$$

den zweiten Bestandteil nur in bekannter Weise durch partielle Integration umzuformen und die Definition von δA gemäß (7) heranzuziehen, um aus (9) die Formel zu erhalten:

$$\overline{\underline{\int}} \left[\sum \left(\frac{\partial T}{\partial q_\alpha} - \frac{d \left(\frac{\partial T}{\partial \dot{q}_\alpha} \right)}{dt} + P_\alpha \right) \delta q_\alpha \right] dt = 0 , \tag{11}$$

die unmittelbar zu den Gleichungen (6) hinführt.

---

[1]) Vgl. zu den Angaben des Textes überall den einführenden Artikel des Bandes 4 (Mechanik) der Math. Enzyklopädie: A. Voß, Die Prinzipien der rationellen Mechanik.

[2]) Das Verschwinden der Variation an den Integrationsgrenzen wird wieder durch die Querstriche beim Integralzeichen angedeutet.

5. Wir fragen vor allem, wieso der Komplex der Lagrangeschen Gleichungen (6) gegenüber beliebigen Transformationen der Parameter q_α, genauer gesagt: gegenüber der G_∞ aller in unserem Bereiche regulären analytischen Substitutionen:

$$
\begin{aligned}
q_1 &= \varphi_1 (q_1' \cdots q_n', t') \\
&\cdots\cdots\cdots\cdots \\
q_n &= \varphi_n (q_1' \cdots q_n', t') \\
t &= t'
\end{aligned}
\tag{12}
$$

invariant ist. Die präzise Antwort hierauf gibt unser Variationsansatz. Wir haben bei unserer Frage T und damit δT, andererseits δA von vornherein als gegeben und damit als invariant anzusehen. Wir schließen, daß gleicherweise der unter dem Integralzeichen (11) stehende Integrand, also

$$\Sigma\left(\frac{\partial T}{\partial q_\alpha} - \frac{d\left(\frac{\partial T}{\partial \dot q_\alpha}\right)}{dt} + P_\alpha\right)\delta q_\alpha \tag{13}$$

eine Invariante ist. Die linken Seiten der Gleichungen (6) sind nichts anderes als die mit negativem Zeichen genommenen, mit den verschiedenen δq_α in dieser Invariante verbundenen Koeffizienten. Nun werden wir den Komplex der δq_α selbst nach Analogie mit unseren früheren Entwicklungen einen *Vektor* nennen. Unsere Koeffizienten bezeichnen dann einen *kontragredienten* Vektor und die Invarianz unseres Gleichungskomplexes erscheint danach kurzweg darin begründet, daß er *das identische Verschwinden eines kontragredienten Vektors* verlangt.

6. Wir wollen unsere Auffassung von der in ihrer Wirkung vielleicht nicht ganz durchsichtigen partiellen Integration unabhängig machen. Wir erreichen dies, wenn wir den Term, der bei der partiellen Integration wegfällt, unter dem Integralzeichen beibehalten, nämlich statt (13) einfach schreiben:

$$\delta T - \frac{d}{dt}\left(\Sigma \frac{\partial T}{\partial \dot q_\alpha}\delta q_\alpha\right) + \Sigma P_\alpha \delta q_\alpha \tag{14}$$

$\left(\text{was mit (13) übereinstimmt, weil } \delta \dot q_\alpha = \delta \frac{d q_\alpha}{dt} = \frac{d\delta q_\alpha}{dt}\right)$.

Der Ausdruck (14) ist invariant, weil er aus lauter Invarianten (der Gruppe (12)) zusammengesetzt ist.

Wir haben damit genau Anschluß an die Art und Weise genommen, wie Lagrange selbst in seiner Mécanique analytique, I, 3. Aufl., S. 326[1]) vom Prinzip der virtuellen Verrückungen aus ohne Benutzung der Variationsrechnung zu seinen allgemeinen Gleichungen vordringt. In der Tat setzte er (ich halte dabei unsere Bezeichnungen fest), die durch das genannte Prinzip gegebene Gleichung

$$\Sigma\left((X_i - m_i \ddot x_i)\,\delta x_i + (Y_i - m_i \ddot y_i)\,\delta y_i + (Z_i - m_i \ddot z_i)\,\delta z_i\right) = 0 \tag{15}$$

[1]) Ges. Werke, Bd. 11.

direkt in folgende um:

$$(16)\quad \Sigma(X_i\delta x_i + Y_i\delta y_i + Z_i\delta z_i) - \frac{d}{dt}(\Sigma m_i(\dot{x}\delta x_i + \dot{y}\delta y_i + \dot{z}_i\delta z_i)) + \delta\Sigma\left(\frac{m_i}{2}(\dot{x}_i^2 + \dot{y}_i^2 + \dot{z}_i^2)\right) = 0,$$

wo nun die linke Seite mit (14) begrifflich direkt übereinstimmt. Herr Heun, der sich um das Verständnis von Lagranges analytischer Mechanik so große Verdienste erworben hat, nennt den Übergang von der linken Seite von (15) zu der von (16) geradezu *Lagranges Zentralgleichung*[1]). Zugleich hat er dem gedanklichen Inhalte von (16) folgende prägnante Form gegeben: Die virtuelle Arbeit der am System angreifenden Kräfte ist gleich der Änderungsgeschwindigkeit der „virtuellen Impulsarbeit" vermindert um die virtuelle Änderung der lebendigen Kraft.

§ 2. Die G_∞ der Lagrangeschen Gleichungen und die Galilei-Newton-Gruppe.

Kopernikanische und Ptolemäische Koordinaten.

Einstein hat bekanntlich die Forderung aufgestellt, allen Naturgesetzen eine solche Form zu geben, daß sie von beliebigen Transformationen der zur Festlegung eines Weltpunktes dienenden Koordinaten, also von x, y, z, t unabhängig erscheinen. Die Entwicklungen des vorigen Paragraphen lassen erkennen, wie weit dieser Forderung — auf dem Gebiete der Mechanik — bereits durch Lagranges allgemeinen Gleichungen entsprochen ist. Der Ansatz von Lagrange greift nach der einen Seite über das Einsteinsche Postulat hinaus, indem er statt des einzelnen Massenpunktes Punktsysteme betrachtet, er bleibt andererseits in den üblichen Darstellungen dahinter zurück, indem in den Gleichungen (12) die Zeit t gewöhnlich nicht mittransformiert wird. Die Zeit t in die allgemeinen Transformationen mit einzubeziehen, ist in der Tat ein neuer physikalischer Gedanke, der durch die Lorentzgruppe der modernen Elektrodynamik herangebracht wurde. Es ist Einsteins eigenstes Verdienst, diesen Gedanken in seiner prinzipiellen Tragweite erfaßt zu haben. Im übrigen aber wolle man die Leistungen von Lagrange nicht übersehen.

Suchen wir noch klar herauszuarbeiten, wie eigentlich die Invarianz der Lagrangeschen Gleichungen gegenüber der durch (12) definierten G_∞ sich zu der Invarianz gegenüber der Galilei-Newton-Gruppe verhält, die wir im vorigen Kapitel insbesondere für das Vielkörperproblem der Astronomen erläuterten. Wir haben die Differentialgleichungen des Vielkörperproblems damals in den gewöhnlichen recht-

[1]) Vgl. z. B. Math. Enzyklopädie IV, 11, S. 447.

winkligen Parallelkoordinaten der Himmelsmechanik — sagen wir, in „Kopernikanischen" Koordinaten — aufgestellt:

$$m_i \ddot{x} = -k^2 \sum_k m_i m_k \frac{x_k - x_i}{r_{ik}^3} \quad \text{usw.} \tag{17}$$

Diese Gleichungen als solche bleiben bei der zehngliedrigen Gruppe linearer Substitutionen der x, y, z, t, die wir nach Galilei-Newton nannten, aber nicht etwa bei der G_∞ der Gleichungen (12) ungeändert. Um den Vergleich der beiden Gruppen zu erleichtern, wollen wir in der G_{10} der Galilei-Newton-Gruppe, wie sie auf S. 54 definiert ist, die Substitution $t = \pm t' + \xi_4$ durch die identische Substitution ersetzen. Es liegt dann nur mehr eine G_9 vor, welche direkt eine Untergruppe der durch (12) gegebenen G_∞ ist.

Wir denken uns jetzt, sofern r Himmelskörper zu betrachten sind, die $3\,r$ Koordinaten x_i, y_i, z_i irgendwie als Funktionen von t und von $n = 3\,r$ Parametern $q_1 \ldots q_n$. Die Aufstellung der für diese q_α geltenden Lagrangeschen Gleichungen (6) ist besonders einfach, weil sich die in (14) auftretenden Kraftkomponenten in bekannter Weise als die partiellen Differentialquotienten $-\frac{\partial U}{\partial x_i}$, $-\frac{\partial U}{\partial y_i}$, $-\frac{\partial U}{\partial z_i}$ der potentiellen Energie

$$U = -k^2 \sum \frac{m_i m_k}{r_{ik}} \tag{18}$$

darstellen lassen; wir haben also nur dieses U als eine Funktion der der $q_1 \ldots q_n$ umzurechnen und

$$P_\alpha = -\frac{\partial U}{\partial q_\alpha} \tag{19}$$

zu nehmen.

Und nun tritt uns vom invariantentheoretischen Standpunkt aus die Frage entgegen: wie ist es zu verstehen, daß die neuen Gleichungen nicht nur bei der G_9, von der wir gerade sprachen, sondern bei der G_∞ (12) ungeändert bleiben? Offenbar nur so, daß wir uns neben den $q_1 \ldots q_n$ auch T und U bzw. deren Differentialquotienten (soweit sie vorkommen) den Gleichungen (12) entsprechend transformiert denken müssen. Wir haben es bei der in Rede stehenden Invarianz unserer Lagrangeschen Gleichungen gar nicht schlechtweg mit der G_∞ der Gleichungen (12) zu tun, sondern mit der „erweiterten" Gruppe, die dadurch entsteht, daß wir die Ausdrücke der T und U als Funktionen der transformierten q'_α hinzufügen. Je nachdem wir diese Transformation wählen, ändern die T und U ihre Gestalt, und die in q_α, $\dot{q}_\alpha$ geschriebenen Differentialgleichungen ebenfalls. Sie erscheinen nur dadurch in der einheitlichen Form der Lagrangeschen Gleichungen, weil wir in sie neben den q_α die Symbole T und U eingeführt haben.

Dabei behält neben der G_∞ die G_9 natürlich ihr Recht. Seien die

Substitutionen derselben, in den ursprünglichen Koordinaten geschrieben, allgemein durch

$$x_i, y_i, z_i = S(t; x_i', y_i', z_i')$$

bezeichnet. Seien ferner die Formeln, durch die wir das einzelne System der q einführen:

$$x_i, y_i, z_i = V(t; q_1 \dots q_n);$$

die nach den $q_1 \dots q_n$ genommenen Auflösungen dieser Gleichungen seien durch

$$q_1 \dots q_n = V^{-1}(t; x_1, y_1, z_1, \dots, x_r, y_r, z_r)$$

bezeichnet. Die Lagrangeschen Gleichungen des Vielkörperproblems, die wir für dieses einzelne System der $q_1 \dots q_n$ aufstellen, werden dann in q_a geschrieben immer gerade bei derjenigen G_9 ungeändert bleiben, die wir in leicht verständlicher Symbolik so schreiben:

$$q_1 \dots q_n = V^{-1} S V (t; q_1' \dots q_n'). \tag{20}$$

Die Invarianz im erweiterten Gebiet der G_∞ aber tritt, wie schon gesagt, erst nach „Adjunktion" der Funktionszeichen T und U ein[1]).

An diese Erörterungen knüpfen sich wichtige historische Erinnerungen.

Das nächstliegende Koordinatensystem, dessen sich der beobachtende Astronom naturgemäß bedient, ist das „Ptolemäische", nämlich Höhe und Azimut des Gestirns, wie sie sich dem Beobachter darstellen, und die Entfernung des Gestirns vom Standpunkt des Beobachters. Um in den so definierten Koordinaten die Bewegungsgleichungen für die verschiedenen Körper des Sonnensystems anzuschreiben, haben wir nur auf das allgemeine Schema unserer Lagrangeschen Gleichungen zurückzugreifen. Das Resultat ist natürlich viel komplizierter als unser obiger Ansatz in Kopernikanischen Koordinaten, und wir mögen daran ermessen, welcher ungeheure Fortschritt durch Kopernikus erreicht worden ist. Er selbst empfand

[1]) Das ganze Sachverhältnis, um welches es sich hier handelt, kennen wir von einem einfachen Beispiel her, das in Kap. 1, S. 22ff. ausführlich besprochen wurde. Es handelte sich damals um die Beziehung zwischen den Invarianten der orthogonalen und der allgemeinen linearen Gruppe. Eine orthogonale Invariante (die als solche nur bei denjenigen linearen Substitutionen ungeändert bleibt, welche $x_1^2 + \cdots + x_n^2$ in sich selbst überführen) konnte sofort als eine Invariante der allgemeinen linearen Gruppe angesehen werden, wenn wir den vorgelegten Variabelnsystemen (Komplexen) noch die quadratische Form hinzufügten, welche aus $f = x_1^2 + \cdots + x_n^2$ bei der jeweiligen allgemeinen linearen Transformation hervorgeht. Für die geometrische Auffassung führte das zur allgemeinen affinen oder auch (wenn man die Verhältnisse $x_1 : x_2 : \dots : x_n$ als Punktkoordinaten in R_{n-1} interpretierte) zu Cayleys allgemeiner „projektiver" Maßbestimmung. — Die Dinge werden immer entsprechend liegen, wenn man von der Invariantentheorie irgendwelcher Substitutionsgruppe zur Invariantentheorie einer umfassenden Gruppe übergeht.

wohl nur die große Vereinfachung des räumlichen Bildes, in welches man die Bewegungen der Sterne nunmehr rein qualitativ einordnen konnte. Die Arbeiten von Galilei und Newton haben dann gezeigt, daß man so auch das Quantitative der Erscheinungen, die wirkenden Kräfte, d. h. eben die Bewegungsgleichungen in einfachster Weise formulieren konnte. Die ganze Lehre von den planetaren Störungen ist von hier aus entstanden. Aber die suggestive Kraft des gewonnenen dynamischen Ansatzes ging in der Folge noch weiter, z. B. war es nur von da aus möglich, die Erscheinungen des Foucoultschen Pendels vorauszusagen. Alles dies wird von uns nur an dem einfachen Schema begriffen, welches die Kopernikanischen Koordinaten vermitteln und immer erst hinterher, für die Zwecke der Beobachtung, in Ptolemäische Koordinaten umgesetzt.

Die Forderungen Einsteins oder die Bedeutung der allgemeinen Lagrangeschen Gleichungen sind also nicht dahin zu verstehen, als wenn es schlechtweg einerlei wäre, welches Koordinatensystem man benutzt. Hätte man die allgemeinen Lagrangeschen Gleichungen vorweg gekannt, so wäre es einer der größten Fortschritte gewesen, wenn jemand hinterher entdeckt hätte, daß es besondere Koordinatensysteme gibt, für welche die Differentialgleichungen des Vielkörperproblems die einfache Form (17) annehmen und für welche sich infolgedessen die immer in der Gestalt (20) vorhandene Galilei-Newton-Gruppe linear darstellt. Vom allgemeinen Standpunkte aus werden die Kopernikanischen Koordinaten durch diese mathematische Tatsache geradezu definiert.

§ 3. Vereinfachte Variationsprinzipe, Übergang zur Geometrie.

Wenn wir uns, wie dies beim Vielkörperproblem der Fall ist, die auf unser mechanisches System wirkenden Kraftkomponenten P_α gemäß den Gleichungen (19) durch die partiellen Differentialquotienten $-\frac{\partial U}{\partial q_\alpha}$ einer potentiellen Energie U gegeben denken (die außer von den $q_1 \ldots q_n$ auch noch von t abhängen kann), so verwandelt sich der Variationsansatz (8) in denjenigen, den man in Deutschland gewöhnlich das *Hamiltonsche Prinzip* nennt[1]):

$$\delta \int (T-U)\,dt = 0 \tag{21}$$

Indem wir jetzt weiter voraussetzen, daß weder in T noch in U das t explizite auftritt, nehmen wir vollends den Ideenkreis auf, der schon in

[1]) Wegen der eigentümlichen historisch-literarischen Verhältnisse siehe Bd. I, Kap. V.

Bd. 1, Kap. V ausführlich dargelegt wurde. Die lebendige Kraft T wird zur homogenen quadratischen Form der $\dot{q}_\alpha$

$$T = \frac{1}{2} \sum a_{\alpha\beta} \dot{q}_\alpha \dot{q}_\beta , \tag{22}$$

und wir haben als eine Folge der Lagrangeschen Gleichungen das Integral der lebendigen Kraft

$$T + U = h, \tag{23}$$

mit dessen Hilfe wir die Gleichung (21) durch den Jakobischen Variationsansatz ersetzen können:

$$\delta \int \sqrt{(h-U) \cdot T}\, dt = 0. \tag{24}$$

Hier tritt das t nur noch formal auf. In der Tat haben wir, indem wir das dt mit unter die Quadratwurzel nehmen

$$\delta \int \sqrt{\frac{1}{2} \sum (h-U)\, a_{\alpha\beta}\, dq_\alpha\, dq_\beta} = 0, \tag{25}$$

so daß die Bahnkurven unseres Systems im „Raume der q" mit den geodätischen Linien dieses Raumes zusammenfallen, wenn dessen „Bogenelement" ds durch die Formel gegeben ist:

$$ds^2 = \sum \frac{h-U}{2} a_{\alpha\beta}\, dq_\alpha\, dq_\beta . \tag{26}$$

Die Zeit aber, binnen deren irgend ein Stück einer solchen geodätischen Linie durchlaufen wird, ergibt sich nach (23) durch die Quadratur:

$$t = \int \sqrt{\frac{\sum a_{\alpha\beta}\, dq_\alpha\, dq_\beta}{2\,(h-U)}} = \int \frac{ds}{h-U} . \tag{27}$$

Den vollen Anschluß an die Riemannsche Geometrie des n-dimensionalen Raumes erhalten wir schließlich, indem wir das U überhaupt konstant voraussetzen (so daß auf unser mechanisches System keinerlei „Kraft" mehr wirkt) und dann der Einfachheit halber noch $h - U = 1$ nehmen. Die Bahnkurven unseres Systems fallen dann einfach mit den geodätischen Linien desjenigen R_n zusammen, dessen Bogenelement

$$ds = \sqrt{\frac{1}{2} \sum a_{\alpha\beta}\, dq_\alpha\, dq_\beta} \tag{28}$$

ist, während die Zeit t gemäß (27) direkt mit der Bogenlänge des durchlaufenen Stücks zusammenfällt.

Wir haben diese allbekannten Dinge hier nur reproduziert, damit von vornherein deutlich ist, wie die geometrischen Untersuchungen von Gauß und Riemann, zu deren Besprechung wir uns nun hinwenden, auf dem Mutterboden der Lagrangeschen Gleichungen erwachsen sind.

Im übrigen können wir die Aufgabe, die uns nun bis auf weiteres beschäftigen soll, so resümieren. Indem das in den Substitutionen (12) vorkommende t nicht mehr explizite auftreten soll, haben wir in den Formeln

$$
\begin{aligned}
q_1 &= \varphi_1 (q_1' \cdots q_n') \\
&\cdots\cdots\cdots\cdots\cdots \\
q_n &= \varphi_n (q_1' \cdots q_n')
\end{aligned}
\tag{29}
$$

die G_∞ aller Punkttransformationen des von den q erzeugten R_n vor uns. Wir sollen eine quadratische Differentialform $ds^2 = \sum a_{\alpha\beta}\, dq_\alpha\, dq_\beta$ im Sinne der zugehörigen Invariantentheorie behandeln. Dabei kann man der Anschaulichkeit halber ds als das Bogendifferential des R_n deuten.

B. Die Lehre von der inneren Geometrie zweidimensionaler Mannigfaltigkeiten auf der Grundlage von Gauß' Disquisitiones circa superficies curvas.

§ 1. Zur Orientierung.

Gauß' große Abhandlung, die wir in vorläufiger Form schon in Bd. 1, Kap. I, besprachen und die für unsere ferneren Entwicklungen den Ausgangspunkt bilden wird, ist nach den verschiedensten Seiten von bahnbrechender Bedeutung gewesen. Erwachsen aus Gauß' geodätischen Arbeiten und getragen von seinen philosophischen Spekulationen über die Natur unseres Raumes hat sie nach theoretisch-mathematischer Seite der gesamten Differentialgeometrie den wichtigsten Impuls gegeben.

Ich darf, was das historische Zustandekommen der Disquisitiones angeht, mich auf die eben nun erscheinende, auf genauestes Quellenstudium zurückgehende Darstellung von Stäckel berufen[1]). Die Entwicklung nach theoretischer Seite ist zunächst die gewesen, daß sich die Gaußischen Gedanken mit denjenigen, die Monge von 1800 an in seiner *Application de l'analyse à la géometrie* gegeben hatte, verbanden, wie u. a. Liouvilles fünfte Ausgabe der „Application" von 1850 beweist, in der neben zahlreichen weiteren Ausführungen von Liouville selbst ein Abdruck von Gauß' Abhandlung Platz gefunden hat[2]). Die Differentialgeometrie als selbständige Disziplin hat dann sehr bald bei allen Kulturnationen eifrige Pflege gefunden. Es genüge hier, auf die einschlägigen Artikel in III, 3 der Math. Enzyklopädie wie insbesondere auf die großen Lehrbücher hinzuweisen, die gegen Ende des 19. Jahrhunderts entstanden sind:

---

1) Gauß' Werke, Bd. 10, IV.
2) Vgl. S. 107.

1. Das inhaltsreiche, vierbändige Werk von Darboux „*Leçons sur la théorie générale des surfaces*“ (Paris 1887—96, 2. Aufl. 1914), dessen Fortsetzung die 1898 in erster, 1910 in zweiter Auflage erschienenen „Leçons sur les systèmes orthogonaux et les coordonnées curvilignes“ desselben Verfassers bilden.

2. Das Lehrbuch von Bianchi „Lezioni di geometria differenziale“ (Pisa 1894), in deutscher Übersetzung 1899 in erster, 1910 in zweiter, erweiterter Auflage von Lukat herausgegeben.

3. Die „Einleitung in die allgemeine Theorie der krummen Flächen“ von Knoblauch (Leipzig 1888), 1913 zu einer umfassenderen Darstellung „Grundlagen der Differentialgeometrie“ erweitert[1]).

Aus dem ganzen Interessenkomplex, der mit diesen Angaben umspannt wird, kann hier nur ein bestimmter Ausschnitt zur Geltung gebracht werden. Gauß hat in seiner Abhandlung zwischen der *äußeren* und der *inneren* Geometrie einer Fläche unterschieden, wobei die erstere die Gestalt der Fläche im dreidimensionalen Raum behandelt, die innere Geometrie aber nur diejenigen Fragen herausgreift, welche bei einer beliebigen „isometrischen“ Transformation der Fläche ungeändert bleiben. Man denke sich die Koordinaten des Flächenpunktes durch zwei Parameter u, v dargestellt. Die Entfernung zweier unendlich naher Flächenpunkte wird dann nach Gauß durch eine Formel gegeben

$$ds^2 = E\,du^2 + 2F\,du\,dv + G\,dv^2, \tag{1}$$

(wo die rechter Hand stehende quadratische Differentialform positiv definit ist) — und die innere Geometrie der Fläche hat sich mit allen Beziehungen zu beschäftigen, welche sich unter Zugrundelegung dieses ds^2 bei beliebigen Transformationen der Parameter u, v als invariant erweisen. Sie ist also die geometrische Ausgestaltung des am Ende der vorigen Abteilung (S. 147) aufgestellten allgemeinen Problems im niedersten Falle $n = 2$.

Diese geometrische Ausgestaltung erscheint bei unserer Darlegung als das eigentlich Neue. Gauß setzt dabei stillschweigend voraus, daß man es nur mit einer solchen Flächenkalotte zu tun hat, auf der je zwei Punkte nur durch eine einzige geodätische (oder, wie er sagt: kürzeste[2])) Linie verbunden werden können, und verfolgt dann den Gedanken, unter Benutzung dieser geodätischen Linien auf der Fläche genau so eine Geometrie, insbesondere Trigonometrie, zu gründen, wie

[1]) Inzwischen erschienen: Blaschke: Vorlesungen über Differentialgeometrie. Bd. 1, Berlin 1921; Bd. 2, Berlin 1923. (H.)

[2]) Die Benutzung des Ausdruckes „geodätische Linie“ (bei Zugrundelegung irgend einer die Linie tragenden Fläche) ist nach Stäckel (Leipziger Berichte 1893: Zur Geschichte der geodätischen Linien) erst mit Liouville (1850) allgemein üblich geworden, also merkwürdigerweise seit der Zeit, wo die Beziehung zur wirklichen Geodäsie, die bei Gauß noch so lebendig war, für die theoretischen Geometer völlig zurücktrat.

dies in der Ebene unter Benutzung der geraden Linien geschieht. An die Stelle des Abstandes zweier Punkte schlechthin tritt dann ihr „geodätischer Abstand", d. h. die Länge der sie verbindenden geodätischen Linie.

Wir können diesen Entwicklungen noch eine abstraktere Form geben, indem wir von der Vorstellung einer im dreidimensionalen Raum verlaufenden Fläche ganz absehen und die Variablen u, v kurzweg als Koordinaten in der Ebene interpretieren. Wir betrachten dann (1) als Definition des Bogenelementes einer in der Ebene zu entwerfenden Quasigeometrie (bei der vom dreidimensionalen Raume gar nicht mehr die Rede ist). Die zwei Punkte verbindende geodätische Linie definieren wir durch die Forderung, daß das an ihr entlang erstreckte Bogenintegral $\int ds$ bei festgehaltenen Grenzpunkten einen stationären Wert haben (eine verschwindende erste Variation besitzen) solle. Der Wert des dadurch festgelegten Integrals heißt die geodätische Entfernung der beiden Punkte.

Dieser an sich farblosere Ansatz hat den Vorzug, daß die Aufmerksamkeit von dem, was wir oben die innere Geometrie der Fläche nannten, in keiner Weise abgezogen wird. Wir haben damit die Freiheit, für das ds^2 beliebige, auch indefinite, Differentialformen heranzuziehen. Bei den späteren Verallgemeinerungen Riemanns und den neuen Entwicklungen der Physiker werden wir das brauchen. Die Beziehung zur Mechanik ergibt sich, wenn wir

$$\frac{1}{2}(E\dot{u}^2 + 2F\dot{u}\dot{v} + G\dot{v}^2)$$

als „lebendige Kraft" eines in der Ebene u, v bewegten Punktes von der Masse 1 deuten.

So zeigt sich ein merkwürdiger Parallelismus zwischen Gauß' Gedankenentwicklung und den gleichzeitigen Arbeiten von Hamilton über „*Strahlensysteme*" (Transactions of the R. Irish Academy, vgl. Bd. 1, S. 194). Es war schon lange vor Hamilton bekannt, daß man den Verlauf des Lichtstrahls in irgendwelchem Medium, dessen optische Dichte von Ort zu Ort beliebig wechseln mag, durch das Nullsetzen der ersten Variation eines am Strahl entlang erstreckten Integrals bestimmen kann (Fermats Prinzip). Bezeichnen wir den Integranden dieses Problems mit ds, so ist ds^2 (wenn wir uns auf isotrope Medien beschränken) als irgendwelche definite ternäre quadratische Differentialform der Differentiale der Raumkoordinaten dx, dy, dz zu denken. Soweit illustriert die geometrische Optik das mechanische Prinzip der kleinsten (oder wie Hamilton vorsichtiger sagt: der *stationären*) Wirkung. Aber nun faßte Hamilton den Wert des längs des Lichtstrahls hin erstreckten Integrals als Funktion seiner beiden Grenzpunkte auf. Die Art, wie sich das Integral bei Verschiebung der

Grenzpunkte ändert, nannte er das Prinzip der *variierenden* Wirkung[1]).

Das ist im Grunde derselbe Schritt, den Gauß bei $n = 2$ vollzog, indem er den Begriff der geodätischen Entfernung zweier Punkte in den Mittelpunkt seiner Betrachtung rückte.

§ 2. Von den Differentialgleichungen der geodätischen Linien.

1. Für die zum Bogenelement (1) gehörigen geodätischen Linien haben wir zunächst den Variationsansatz

$$\delta \int \sqrt{E\,du^2 + 2F\,du\,dv + G\,dv^2} = 0, \tag{2}$$

wo man nach Wahl bald u, bald v als unabhängige Variable betrachten mag. Wie auf S. 145, 146 ausgeführt, ist (2) mit

$$\delta \int (E\dot{u}^2 + 2F\dot{u}\dot{v} + G\dot{v}^2)\,dt = 0 \tag{3}$$

äquivalent; damit sind die geodätischen Linien als Bahnkurven eines keinen Kräften unterworfenen Punktes eingeführt. Wir haben also zur Bestimmung der geodätischen Linien die beiden Lagrangeschen Differentialgleichungen

$$\begin{aligned} 2\,\frac{d(E\dot{u} + F\dot{v})}{dt} &= E_u\dot{u}^2 + 2F_u\dot{u}\dot{v} + G_u\dot{v}^2 \\ 2\,\frac{d(F\dot{u} + G\dot{v})}{dt} &= E_v\dot{u}^2 + 2F_v\dot{u}\dot{v} + G_v\dot{v}^2, \end{aligned} \tag{4}$$

die ausgeführt folgendermaßen lauten:

$$\begin{aligned} 2E\ddot{u} + 2F\ddot{v} + E_u\dot{u}^2 + 2E_v\dot{u}\dot{v} + (2F_v - G_u)\,\dot{v}^2 &= 0 \\ 2F\ddot{u} + 2G\ddot{v} + (2F_u - E_v)\,\dot{u}^2 + 2G_u\dot{u}\dot{v} + G_v\dot{v}^2 &= 0. \end{aligned} \tag{5}$$

Die Konstanz der lebendigen Kraft ergibt sich, indem wir die linken Seiten bzw. mit $\dot{u}$ und $\dot{v}$ multiplizieren und addieren; man erhält dann in der Tat

$$\frac{d}{dt}(E\dot{u}^2 + 2F\dot{u}\dot{v} + G\dot{v}^2) = 0.$$

Wir dürfen (vgl. oben S. 146) insbesondere

$$E\dot{u}^2 + 2F\dot{u}\dot{v} + G\dot{v}^2 = 1 \tag{6}$$

setzen. Dann fällt t mit der Bogenlänge der geodätischen Linie zu-

[1]) Ich habe das in Bd. 1, Kap. V ausführlich auseinandergesetzt und insbesondere geschildert, wie von diesem Ansatz aus seine späteren Beiträge zur allgemeinen Mechanik entstanden sind.

sammen, und die nach t genommenen Differentialquotienten $\dot{u}$, $\dot{v}$, $\ddot{u}$, $\ddot{v}$ bekommen eine einfache, rein geometrische Bedeutung.

2. Nachdem alles so vorbereitet ist, wird es bequemer, bei den genannten Differentialquotienten nicht nur zu der Leibnizschen Schreibweise $\frac{du}{dt}, \ldots, \frac{d^2u}{dt^2}, \ldots$ zurückzukehren, sondern mit der im Nenner stehenden Potenz von dt heraufzumultiplizieren und mit den Differentialen

$$du,\ dv,\ d^2u,\ d^2v$$

direkt zu operieren. So ist es im 18. Jahrhundert immer gemacht worden und in der Differentialgeometrie seit Gauß allgemein üblich. Der Strenge der Begriffsbildungen wird damit nichts vergeben, wohl aber eine unnötige Schwerfälligkeit der Bezeichnungen vermieden.

Demgemäß wollen wir in den Gleichungen (5) mit dt^2 heraufmultiplizieren und die entstehenden linken Seiten mit $2\Psi_u$, $2\Psi_v$ bezeichnen:

$$(7)\qquad \begin{aligned} 2\Psi_u &= 2E\,d^2u + 2F\,d^2v + E_u\,du^2 + 2E_v\,du\,dv + (2F_v - G_u)\,dv^2 \\ 2\Psi_v &= 2F\,d^2u + 2G\,d^2v + (2F_u - E_v)\,du^2 + 2G_u\,du\,dv + G_v\,dv^2. \end{aligned}$$

Das Verhalten der Gleichungen (5) gegenüber beliebigen Punkttransformationen wird jetzt in Anlehnung an A § 1 (S. 141, 142) folgendermaßen charakterisiert werden können:

a) Versteht man unter δu, δv eine beliebige „Variation" der u, v, so ist

$$(8)\qquad \Psi_u\,\delta u + \Psi_v\,\delta v$$

eine Invariante (also Ψ_u, Ψ_v ein zu δu, δv kontragredienter Vektor).

b) Man erkennt dies am einfachsten, wenn man sich überlegt, daß (8) gemäß Lagranges Zentralgleichung auch so geschrieben werden kann:

$$(9)\qquad d\left(E\,du\,\delta u + F\,(du\,\delta v + \delta u\,dv) + G\,dv\,\delta v\right) - \delta\left(\frac{E\,du^2 + 2F\,du\,dv + G\,dv^2}{2}\right).$$

c) Die Differentialgleichungen der geodätischen Linien besagen, daß der Ausdruck (9) für beliebig gewählte δu, δv verschwinden soll (Prinzip der virtuellen Verrückungen).

d) Eben hierin liegt am unmittelbarsten ausgesprochen, daß die geodätischen Linien nach Adjunktion der Differentialform ds^2 eine von der Wahl des Koordinatensystems unabhängige Bedeutung haben.

§ 3. Die einfachsten Sätze und Begriffe aus Gauß' Disquisitiones in invariantentheoretischer Fassung.

Die Begriffe und Theoreme, die hier kurz zusammengestellt werden sollen, sind aus den Lehrbüchern allgemein bekannt.

1. Invarianten, welche zwei kogrediente Vektoren d und δ (d. h. du, dv und δu, δv) enthalten:

a) die „Polare"

(11) $$P = E\,du\,\delta u + F\,(du\,\delta v + dv\,\delta u) + G\,dv\,\delta v,$$

mit deren Hilfe sich der Winkel zwischen den beiden Vektoren so darstellt:

(12) $$\varphi = \arc\cos \frac{P}{ds\,\delta s}.$$

b) Entsprechend wird

(13) $$\sin \varphi = \frac{\sqrt{EG - F^2}\,(du\,\delta v - dv\,\delta u)}{ds\,\delta s},$$

so daß der Inhalt des von den beiden Vektoren begrenzten Dreiecks durch die wichtige Formel

(14) $$2\,\Delta = \sqrt{EG - F^2}\,(du\,\delta v - dv\,\delta u)$$

gegeben ist.

2. Invarianten, welche einen kontragredienten Vektor enthalten. Wir beschränken uns hier auf den einfachsten Fall, daß (neben ds^2) irgend eine Funktion $f(u, v)$ gegeben ist, wo dann

$$\frac{\partial f}{\partial u}, \quad \frac{\partial f}{\partial v}$$

einen kontragredienten Vektor vorstellt.

a) Die gewöhnliche Theorie der quadratischen Formen ergibt als einfachste Invariante diejenige Größe, welche Beltrami später (im Anschluß an die von Lamé für die mathematische Physik ausgebildete Terminologie) den *ersten Differentialparameter* von f genannt hat:

(15) $$D_1(f) = -\begin{vmatrix} E & F & \frac{\partial f}{\partial u} \\ F & G & \frac{\partial f}{\partial v} \\ \frac{\partial f}{\partial u} & \frac{\partial f}{\partial v} & 0 \end{vmatrix} : (EG - F^2).$$

b) Die partielle Differentialgleichung

(16) $$D_1(f) = 1$$

definiert die Kurven $f = C$ als *Parallelkurven* unserer Maßbestimmung, in der Weise, daß die Kurven $f = C + dC$ und $f = C$ überall in normaler Richtung um das konstante Stück dC voneinander abstehen.

c) Nimmt man die Kurven $u = C$ selbst als solche äquidistante Kurven, die Kurven $v = C$ aber als ihre rechtwinkligen Trajektorien, so erhält man

(17) $$ds^2 = du^2 + G\,dv^2$$

(*Gaußsche Koordinaten*).

d) Der Vergleich mit den Differentialgleichungen des § 2 gibt dann, daß die Kurven $v = \text{const}$ *geodätische Linien* sind. Umgekehrt wird durch die rechtwinkligen Trajektorien einer Schar geodätischer Linien eine Schar äquidistanter Kurven $u = \text{const}$ gegeben.

Diese Wechselbeziehung zwischen der partiellen Differentialgleichung (16) und den Scharen der geodätischen Linien fällt unter die allgemeine Lehre vom Zusammenhang der Lösungen einer partiellen Differentialgleichung 1. Ordnung mit ihren Charakteristiken, wie wir diese im 2. Kap. B III, § 4, 5 dieses Bandes und Bd. 1, Kap. V nach verschiedenen Richtungen hin ausgeführt haben.

§ 4. Zur Einführung des Gaußschen Krümmungsmaßes.

1. Ein besonderer Fall des Gaußschen Koordinatensystems sind die von irgend einer Stelle O unseres Gebietes auslaufenden *geodätischen Polarkoordinaten* ($\varphi = \text{const}$ die von O unter dem „Azimut" φ auslaufenden geodätischen Linien, $r = \text{const}$ die um O herumgelegten geodätischen Kreise). Wollen wir für sie die Formel (17) ansetzen, so müssen wir beachten, daß O ein singulärer Punkt des neu eingeführten Koordinatensystems ist, für unser ds^2 aber an sich selbstverständlich keine singuläre Bedeutung haben soll. Die Überlegung zeigt, daß infolgedessen das in (17) vorkommende G hier folgende Form haben muß:

$$G(r, \varphi) = r^2 + r^4\, \mathfrak{P}(r\cos\varphi,\, r\sin\varphi), \tag{18}$$

wo $\mathfrak{P}$ irgend eine nach den beigesetzten Argumenten fortschreitende, in der Umgebung des Anfangspunktes konvergente Potenzreihe sein wird; nennen wir ihr konstantes Glied α, so werden wir für kleine Werte von r mit Annäherung haben:

$$ds^2 = dr^2 + (r^2 + \alpha r^4)\, d\varphi^2. \tag{19}$$

2. Der Sinn der Formeln (18), (19) wird noch deutlicher, wenn wir sogenannte *Riemannsche Normalkoordinaten* einführen, indem wir

$$r\cos\varphi = x, \quad r\sin\varphi = y \tag{20}$$

setzen. Wir bekommen dann aus (18):

$$ds^2 = (dx^2 + dy^2) + \mathfrak{P}(x, y)\,(y\,dx - x\,dy)^2 \tag{21}$$

und der Annäherungsformel (19) entsprechend:

$$ds^2 = (dx^2 + dy^2) + \alpha\,(y\,dx - x\,dy)^2 \; [1]. \tag{22}$$

3. Die Riemannschen Normalkoordinaten sind durch ihren An-

[1]) Eben in dieser Umrechnung auf Normalkoordinaten liegt begründet, daß $G(r, \varphi)$ die besondere in (18) angegebene Bauart besitzen muß. Wir würden bei der Annahme eines allgemeineren $G(r, \varphi)$ kein in der Umgebung von O gleichzeitig endliches und eindeutiges ds^2 bekommen, wie wir es in (21) vor uns haben. Vgl. W. Blaschke: Vorlesungen über Differentialgeometrie, 2. Aufl., S. 96—97. Berlin 1924.

fangspunkt natürlich nur bis auf eine orthogonale Substitution (eine Drehung um O bzw. eine Spiegelung an einer durch O gehenden Achse) bestimmt. Aber hierbei bleibt nicht nur $dx^2 + dy^2$, sondern auch $(ydx - xdy)^2$ ungeändert. Die in (22) auftretende Konstante α hat also einen von Zufälligkeiten unabhängigen Charakter: sie mißt die *Abweichung*, welche unsere Maßbestimmung in der nächsten Umgebung des Punktes O von einer *Euklidischen* Maßbestimmung besitzt.

4. Solcherweise sind wir nun zum Begriff des *Gaußschen Krümmungsmaßes* gekommen. In der Tat ist dieses von unserem α nur um einen Zahlenfaktor verschieden:

$$K = -3\alpha \tag{23}$$

(wo das -3 nur zugesetzt ist, um den Anschluß an die von Gauß der äußeren Geometrie einer Fläche entnommene ursprüngliche Definition von K als Produkt der Hauptkrümmungen zu gewinnen). Das Krümmungsmaß erscheint unmittelbar als eine nur von dem ds^2 selbst abhängende Invariante der einzelnen Stelle O gegenüber beliebigen Transformationen der u, v.

5. Die hier gegebene Einführung des K ist dieselbe, welche Riemann in seinem *Habilitationsvortrage* von 1854[1]) gleich für Räume von n Dimensionen gegeben hat. Wir haben, um den Vergleich vollständig zu machen, nur noch zu bemerken, daß $(ydx - xdy)^2$ gemäß (14) das Quadrat des doppelten Dreiecksinhaltes ist, der durch die Ecken O, (dx, dy) und den bei Formel (22) dem Punkte O gleichfalls unendlich naheliegenden Punkt (x, y) gebildet wird. Das Charakteristische der Betrachtung gegenüber der gewöhnlichen an Gauß unmittelbar anknüpfenden Darstellungsweisen ist, daß wir gar nicht aus dem zweidimensionalen Gebiet der u, v herausgetreten sind, daß also dieses Gebiet in keiner Weise als eine krumme Fläche eines Raumes von 3 Dimensionen interpretiert zu werden braucht. Die Benennung „Krümmungsmaß" trägt diesem Umstande nicht genügend Rechnung, sondern ist geeignet, Mißverständnisse herbeizuführen. Trotzdem werden wir, da sie allgemein verbreitet ist, an ihr festhalten müssen.

6. Eine geometrische Interpretation des Krümmungsmaßes ergibt sich zwanglos aus (19). Wir erhalten von da aus als Peripherie des mit dem kleinen Radius r um O beschriebenen Kreises:

$$\Pi = \int_0^{2\pi} \left(r + \frac{\alpha}{2} r^3\right) d\varphi = 2\pi r + \alpha \pi r^3, \tag{24}$$

also

$$\alpha = -\frac{K}{3} = \lim_{r \to 0} \left(\frac{\Pi - 2\pi r}{\pi r^3}\right). \tag{25}$$

---

1) „Über die Hypothesen, welche der Geometrie zugrunde liegen". Riemanns Werke, 2. Aufl., S. 272. Selbständig erschienen mit Erläuterungen von Weyl, Berlin 1919.

Im Interesse der später für beliebiges n zu treffenden Verallgemeinerung schreiben wir diese Formel noch so:

$$(25') \qquad \alpha = -\frac{K}{3} = 2 \lim_{r \to 0} \left(\frac{\Pi - 2\pi r}{r^2 \cdot 2\pi r}\right).$$

Wir können statt der Kreispheriperie Π hier auch leicht den Kreisinhalt J einführen (der $\int_0^r \Pi\, dr$ ist). Wir erhalten dann:

$$(26) \qquad J = \pi r^2 + \frac{\alpha \pi r^4}{4}$$

also

$$(27) \qquad \alpha = -\frac{K}{3} = 4 \lim_{r \to 0} \left(\frac{J - \pi r^2}{r^2 \cdot \pi r^2}\right).$$

Diese Formeln, welche Umfang und Inhalt eines geodätischen Kreises (von dem verschwindenden Radius r) mit dem Umfang und Inhalt eines mit demselben Radius beschriebenen Euklidischen Kreises in Verbindung setzen, sind um **1860** herum von den französischen Geometern aus den Gaußischen Entwicklungen abgeleitet worden. Schließlich hätten wir die Integration mit gleichem Erfolge statt auf die ganze Peripherie des Kreises auf irgend ein Segment desselben bzw. den zugehörigen Kreissektor beziehen können.

§ 5. Von der analytischen Darstellung des Krümmungsmaßes K bei beliebig gegebenem ds^2.

Nachdem wir die Größe K geometrisch definiert haben, wollen wir sie für ein beliebig gegebenes $ds^2 = E du^2 + 2F du\, dv + G\, dv^2$ analytisch darstellen.

Gauß selbst hat dafür, nicht ohne Mühe[1]), auf Grund längerer Rechnung die folgende Formel gefunden (welche neben E, F, G nur deren erste und zweite Differentialquotienten nach u und v enthält):

$$\begin{aligned}(28) \quad 4\,(EG - F^2)^2 K = {} & E\,(E_v G_v - 2F_u G_v + G_u^2) \\ & + F\,(E_u G_v - E_v G_u - 2\,E_v F_v + 4F_u F_v - 2G_u F_u) \\ & + G\,(E_u G_u - 2\,F_v E_u + E_v^2) \\ & - 2\,(EG - F^2)\,(E_{vv} - 2\,F_{uv} + G_{uu}).\end{aligned}$$

Um das Bildungsgesetz dieses Ausdrucks zu verstehen, wenden wir uns wieder zu Riemann, — in diesem Falle zu der *Preisschrift*, die er **1861** der Pariser Akademie einreichte und die erst **1876** aus seinem Nachlaß in seinen gesammelten Werken veröffentlicht worden ist[2]). Dort finden sich inmitten anderer Entwicklungen knappe Angaben, wie man das Analogon für K bei einem beliebigen von

[1]) Vgl. Stäckel: l. c. S. 147.

[2]) Commentatio mathematica, qua respondere tentatur quaestioni ab illustrissima Academia propositae . . . (2. Aufl. der Werke, S. 391—404).

n Variablen abhängenden ds^2 zu bilden habe[1]). Indem wir uns vorerst auf $n = 2$ beschränken, reproduzieren wir diese Angaben in etwas breiterer Darstellung.

1. Vorbereitendes. Um den Wert von K in O zu finden, hatten wir vorhin das ganze Büschel der von O auslaufenden geodätischen Linien herangezogen. Eigentlich benutzt wurde aber nur ihr Verlauf in der nächsten Nähe von O. Dieser Verlauf wird durch die Differentialgleichungen (5) bzw. die Ausdrücke (7) des § 2 beschrieben und an diese werden wir nunmehr anknüpfen. Wir ziehen von O aus zwei Vektoren, die wir abkürzend mit d und δ bezeichnen: ein beliebiger von O auslaufender Vektor ist dann durch $\varkappa d + \lambda\delta$ gegeben. Außer den Zeichen d^2 und δ^2 werden wir noch das Zeichen $d\delta = \delta d$ zu benützen haben; das zweite Differential, welches sich an den Vektor $\varkappa d + \lambda\delta$ anreiht, ist dann mit $(\varkappa d + \lambda\delta)^2 = \varkappa^2 d^2 + 2\varkappa\lambda d\delta + \lambda^2\delta^2$ zu bezeichnen. Man hat auch diese Ausdrücke — und alle ähnlichen, die wir in der Folge benutzen, — immer als Zähler geeigneter Differentialquotienten aufzufassen. Hierbei stört nur die heutzutage übliche Bezeichnung der bei Funktionen mehrerer Variablen in Betracht zu ziehenden Differentialquotienten. Hat man z. B. eine Funktion von zwei Variablen t und τ, so sollte man die Inkremente von t und τ mit dt und $\delta\tau$ bezeichnen und dementsprechend die ersten und zweiten Differentialquotienten so schreiben:

$$\frac{d}{dt}, \quad \frac{\delta}{\delta\tau} \quad \text{bzw.} \quad \frac{d^2}{dt^2}, \quad \frac{d\,\delta}{dt\,\delta\tau}, \quad \frac{\delta^2}{\delta\tau^2}.$$

(Eine ähnliche Bemerkung betreffend die unter einem mehrfachen Integral auftretenden Differentiationssymbole machten wir schon im Kap. II.)

Mit diesen Schreibweisen gehen wir nun in die Differentialgleichungen (5): $\Psi_u = 0$, $\Psi_v = 0$ ein. Wir ersetzen also die dort auftretenden du, dv, d^2u, d^2v durch

$$(\varkappa d + \lambda\delta)\,u, \quad (\varkappa d + \lambda\delta)\,v, \quad (\varkappa d + \lambda\delta)^2 u, \quad (\varkappa d + \lambda\delta)^2 v.$$

Wir ordnen nach $\varkappa^2$, $\varkappa\lambda$ und λ^2 und setzen die Koeffizienten dieser Terme einzeln $= 0$. Wir erhalten so 6 Gleichungen, die wir in sofort verständlicher Weise durch folgende Abkürzungen benennen:

$$\begin{aligned}
&0 = \Psi_u(d,d) = E\,d^2u + F\,d^2v + \frac{E_u\,du^2 + 2E_v\,du\,dv + (2F_v - G_u)\,dv^2}{2},\\
&0 = \Psi_v(d,d) = F\,d^2u + G\,d^2v + \frac{(2F_u - E_v)\,du^2 + 2G_u\,du\,dv + G\,dv^2}{2},\\
(29)\quad &0 = \Psi_u(d,\delta) = E\,d\delta u + F\,d\delta v + \frac{E_u\,du\,\delta u + E_v(du\,\delta v + \delta u\,dv) + (2F_v - G_u)\,dv\,\delta v}{2}\\
&0 = \Psi_v(d,\delta) = F\,d\delta u + \ldots,\\
&0 = \Psi_u(\delta,\delta) = E\,\delta^2 u + F\,\delta^2 v + \frac{E_u\,\delta u^2 + 2E_v\,\delta u\,\delta v + (F_v - G_u)\,\delta v^2}{2},\\
&0 = \Psi_v(\delta,\delta) = F\,\delta^2 u + \ldots.
\end{aligned}$$

[1]) Werke, 2. Aufl., S. 402, 403.

Diese 6 Gleichungen zusammen stellen das dar, was wir die vom Punkte O auslaufende „Umgebung" geodätischer Bahnen nennen können. Sie gestatten, die 6 zweiten Differentiale $d^2u, d\delta u, \delta^2 u, d^2 v, \ldots$ durch die 4 ersten, nämlich $du, \delta u, dv, \delta v$ auszudrücken.

Fassen wir je 2 zusammengehörige der Gleichungen (29) nach dem Muster von (8) zusammen, indem wir noch einen dritten, willkürlich bleibenden Vektor δ' einführen. Statt $\Psi_u = 0$, $\Psi_v = 0$ verlangen wir, daß $\Psi_u \delta'_u + \Psi_v \delta' v$ (welches gegenüber beliebiger Koordinatentransformation eine Invariante ist) für alle Werte der $\delta' u$, $\delta' v$ verschwindet. Bedienen wir uns dann noch, wie in (9), der von Lagrange angegebenen Umsetzung, so haben wir statt der Gleichungen (29) die drei Formeln:

$$(30)\quad \begin{aligned} 0 &= 2d(E\,du\,\delta u' + F(du\,\delta' v + \delta' u\,dv) + G\,dv\,\delta' v) - \delta'(E\,du^2 + 2F\,du\,dv + G\,dv^2),\\ 0 &= d(E\,\delta u\,\delta' u + F(\delta u\,\delta' v + \delta' u\,\delta v) + G\,\delta v\,\delta' v)\\ &\quad + \delta(E\,du\,\delta' u + F(du\,\delta' v + \delta' u\,dv) + G\,dv\,\delta' v) - \delta'(E\,du\,\delta u + F(du\,\delta v + \delta u\,dv) + G_v\,dv\,\delta v),\\ 0 &= 2\delta(E\,\delta u\,\delta' u + 2F(\delta u\,\delta' v + \delta' u\,\delta v) + G\,\delta v\,\delta' v) - \delta'(E\,\delta u^2 + 2F\,\delta u\,\delta v + G\,\delta v^2). \end{aligned}$$

Der Übersichtlichkeit halber wollen wir die Variablen und die Koeffizienten E, F, G durch Indizes unterscheiden, also etwa

$$(31)\qquad ds^2 = \sum_1^2 a_{ik}\,dx_i\,dx_k$$

setzen. Wir haben dann statt (30):

$$(32)\quad \begin{aligned} 0 &= 2d\sum a_{ik}\,dx_i\,\delta' x_k - \delta' \sum a_{ik}\,dx_i\,dx_k,\\ 0 &= d\sum a_{ik}\,\delta x_i\,\delta' x_k + \delta \sum a_{ik}\,dx_i\,\delta' x_k - \delta' \sum a_{ik}\,dx_i\,\delta x_k,\\ 0 &= 2\delta \sum a_{ik}\,\delta x_i\,\delta' x_k - \delta' \sum a_{ik}\,\delta x_i\,\delta x_k. \end{aligned}$$

In dieser Form finden sich die Gleichungen bei Riemann l. c. (nur daß die Summen bei ihm immer von 1 bis n laufen, worauf wir erst später eingehen können).

2. Der entscheidende Ansatz.

Riemann bildet nunmehr einen Ausdruck in den Differentialen d, δ, der gewiß invariant ist und den wir Ω nennen wollen:

$$(33)\quad \Omega = \delta\delta \sum a_{ik}\,dx_i\,dx_k - 2\,d\delta \sum a_{ik}\,dx_i\,\delta x_k + dd \sum a_{ik}\,\delta x_i\,\delta x_k.$$

Hier ist jedes Glied rein formal zu berechnen, indem man nur von der Vertauschbarkeit der Operationen d und δ Gebrauch macht. Es ist also beispielsweise:

$$\delta\delta \sum a_{ik}\,dx_i\,dx_k = \delta\left(\sum \delta a_{ik}\,dx_i\,dx_k + \sum a_{ik}\,(\delta\,dx_i\,dx_k + dx_i\,\delta\,dx_k)\right),$$

wo δa_{ik} seinerseits $= \sum_r \frac{\partial a_{ik}}{\partial x_r}\,\delta x_r$ gesetzt werden wird.

Man erkennt, daß der Ausdruck so gebildet ist, daß bei der Ausrechnung alle Terme mit d r i t t e n Differentialen, z. B. $a_{ik}\,d\delta\delta x_i \ldots dx_k$

von selbst wegfallen. Es bleiben also nur Terme mit den ersten und zweiten Differentialen

$$d x_i, \ \delta x_i, \ d^2 x_i, \ d\delta x_i, \ \delta^2 x_i$$

stehen.

Wir tragen jetzt in (33) für die zweiten Differentiale diejenigen Werte ein, welche sich aus den Gleichungen (29) bzw. (30) oder (32) ergeben. Dann verwandelt sich Ω, wie man überschlägt, in einen neuen Ausdruck, der in den *ersten* Differentialen $d x_i$ wie in den δx_i homogen zweiten Grades ist und den wir $[\Omega]$ nennen wollen. Man erkennt auch, daß dieses $[\Omega]$, wegen der Gestalt des Ω selbst und der Gestalt der Gleichungen (29) bis (32) so gebildet ist, daß es sich nur um einen konstanten Faktor, nämlich um $(\varkappa\nu - \lambda\mu)^2$ ändert, wenn man d und δ bzw. durch $\varkappa d + \lambda\delta$, $\mu d + \nu\delta$ ersetzt. Ω bzw. $[\Omega]$ sind also *Kombinanten* von d und δ (siehe S. 11). Wir schließen, daß $[\Omega]$ sich in folgende Form setzen läßt:

$$(34) \qquad [\Omega] = [\text{———}]\,(d x_1\, \delta x_2 - \delta x_1\, d x_2)^2,$$

wo die Klammergröße [———] rechter Hand eine gewisse Verbindung allein der a_{ik} und ihrer nach den x genommenen ersten und zweiten Differentialquotienten ist.

3. Mit der Aufstellung dieser Invariante $[\Omega]$ haben wir nun gewonnenes Spiel.

Wir kennen nämlich eine zweite Invariante (Kombinante) mit dem Faktor $(d x_1\, \delta x_2 - \delta x_1\, d x_2)^2$, das ist das Quadrat des von den Vektoren d, δ umgrenzten Dreiecksinhaltes. In der Tat haben wir nach Formel (14), § 3 in jetziger Schreibweise

$$(35) \qquad 4\,\Delta^2 = \begin{vmatrix} a_{11} & a_{12} \\ a_{21} & a_{22} \end{vmatrix} (d x_1\, \delta x_2 - \delta x_1\, d x_2)^2.$$ [1]

Der Quotient von (34) und (35) wird also eine von den d, δ unabhängige Invariante sein. Und nun ist Riemanns Behauptung, daß dieser Quotient von dem Gaußischen Krümmungsmaß nur um einen Zahlenfaktor verschieden ist, genauer daß

$$(36) \qquad K = -\frac{[\Omega]}{8\,\Delta^2}$$

ist, — womit das Bildungsgesetz von K vollkommen klar liegt.

§ 6. Beweis der Riemannschen Formel und verschiedene Ausführungen dazu.

Den Beweis der Formel (36) brauchen wir nicht für ein beliebig gegebenes ds^2 zu führen; denn die rechte Seite von (36) ist jedenfalls

---

[1]) Das können wir übrigens, um mit Riemanns eigener Angabe in Übereinstimmung zu bleiben, auch so schreiben:

$$(35') \qquad 4\Delta^2 = \Sigma\, a_{ik}\, d x_i\, d x_k \cdot \Sigma\, a_{ik}\, \delta x_i\, \delta x_k - (\Sigma\, a_{ik}\, d x_i\, \delta x_k)^2.$$

eine Invariante, es genügt also, im Falle der Benutzung Riemannscher Normalkoordinaten ihre Übereinstimmung mit der in § 4 gegebenen, auf Benutzung eben dieser Koordinaten gegründeten Definition des K zu zeigen*.

Dieser Nachweis gelingt aber fast ohne Rechnung:

a) Wir können, da die höheren Glieder in x, y für die Kalotte der vom Koordinatenanfangspunkt auslaufenden geodätischen Bahnen doch nicht in Betracht kommen, gleich mit der angenäherten Form (22) § 4 des Bogenelementes arbeiten, die sich in jetziger Bezeichnung so schreibt:

(37) $$ds^2 = dx_1^2 + dx_2^2 + \alpha\,(x_2^2\,dx_1^2 + x_1^2\,dx_2^2 - 2\,x_1\,x_2\,dx_1\,dx_2).$$

b) Wir finden dann aus den Gleichungen (29), daß die zweiten Differentiale:

$$d^2x_1,\ d^2x_2,\ d\delta x_1,\ d\delta x_2,\ \delta^2 x_1,\ \delta^2 x_2$$

in unserem Falle sämtlich $= 0$ zu setzen sind.

c) Infolgedessen berechnet sich $[\Omega]$ so, daß wir in dem Ausdrucke

$$\Omega = \delta\,\delta \sum a_{ik}\,dx_i\,dx_k - 2\,d\,\delta \sum a_{ik}\,dx_i\,\delta x_k + d\,d \sum a_{ik}\,\delta x_i\,\delta x_k$$

die Variationen alle nur auf die a_{ik} werfen. Der Bestandteil $dx_1^2 + dx_2^2$ von (37) liefert dabei, weil er konstante Koeffizienten hat, keinen Beitrag. Bleibt, daß wir

$$\begin{aligned}\alpha\,\{&\delta\,\delta\,(x_2^2\,dx_1^2 - 2\,x_1\,x_2\,dx_1\,dx_2 + x_1^2\,dx_2^2)\\ &- 2\,d\,\delta\,(x_2^2\,dx_1\,\delta x_1 - x_1\,x_2\,dx_1\,\delta x_2 - x_1\,x_2\,\delta x_1\,dx_2 + x_1^2\,dx_2\,\delta x_1)\\ &+ d\,d\,(x_2^2\,\delta x_1^2 - 2\,x_1\,x_2\,\delta x_1\,dx_2 + x_1^2\,\delta x_2^2)\}\end{aligned}$$

in der angegebenen Weise berechnen. Und hier gibt nun jede der drei Horizontalen den gleichen Beitrag:

$$2\,\alpha\,(\delta x_2\,dx_1 - \delta x_1\,dx_2)^2,$$

so daß wir im ganzen

(38) $$[\Omega] = 6\alpha\,(\delta x_2\,dx_1 - \delta x_1\,dx_2)^2$$

erhalten.

d) Andererseits wird nach Formel (14), § 3:

(39) $$4\,\Delta^2 = (\delta x_2\,dx_1 - \delta x_1\,dx_2)^2,$$

so daß wir aus (36)

$$K = -3\,\alpha$$

erhalten, was mit der in Formel (23), § 4 gegebenen ursprünglichen Definition des K übereinstimmt.

Wir knüpfen an diesen Nachweis noch eine andere Deutung von K.

1. Wir betrachteten schon S. 152 sogenannte Gaußische Koordinaten, für welche $ds^2 = du^2 + G\,dv^2$ wird, wo die $u = \text{const}$ Parallelkurven, die $v = \text{const}$ aber ihre (geodätischen) orthogonalen Trajektorien sind. Wir wollen unsere Betrachtung auf die nächste Umgebung

von $u=0$ beschränken und dementsprechend eine Reihenentwicklung des G nach Potenzen von u ansetzen, die wir mit den Gliedern zweiter Ordnung abbrechen:

$$ds^2 = du^2 + (\varphi(v) + u\psi(v) + u^2\chi(v))dv^2. \tag{41}$$

Indem wir das v noch geschickt wählen, erreichen wir, daß hier $\varphi(v) = 1$ gesetzt werden kann. Man nehme nun an, daß speziell $u = 0$ selbst eine geodätische Kurve sei. Entlang $u = 0$ müssen dann die Gleichungen

$$\Psi_u(d, d) = 0, \qquad \Psi_v(d, d) = 0$$

(S. 156) erfüllt sein. Aber entlang $u = 0$ ist eo ipso $du = d^2u = 0$, dv ist gleich der Bogenlänge ds zu setzen und also $d^2v = 0$ zu nehmen. Wir folgern, daß G_v längs $u = 0$ verschwindet. Hiernach muß $\psi(v) = 0$ sein und wir haben:

$$ds^2 = du^2 + (1 + u^2\chi(v))\,dv^2. \tag{42}$$

2. Nun wollen wir der Berechnung von $[\Omega]$ Figur 6 zugrundelegen (wo der Vektor δ für die Punkte von $u = 0$ je durch das Stück der durch den Punkt hindurchgehenden Kurve $v = \text{const}$ zwischen $u = 0$ und $u = \delta u$ definiert sein soll, unter δu irgend einen von v unabhängigen Wert verstanden).

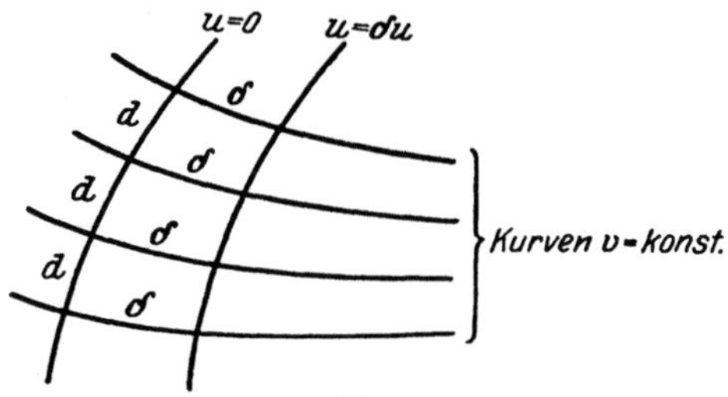

Fig. 6.

Wir hatten bereits (für das Fortschreiten längs $u = 0$) $d^2u = 0$, $d^2v = 0$; jetzt tritt $d\delta u = 0$ und (wegen $\delta v = 0$) $d\delta v = 0$ und $\delta^2 v = 0$ noch hinzu. Aber die Linie $v = \text{const}$ ist selbst eine geodätische Linie, und das an ihr hin erstreckte δs fällt mit δu zusammen. Daher ist auch $\delta^2 u = 0$ zu setzen. $[\Omega]$ ist also wieder so zu berechnen, daß wir nur die von den ersten Differentialen abhängigen Terme beibehalten.

3. Die direkte Ausrechnung des $[\Omega]$ ergibt jetzt einfach $\chi(v) = -K$, so daß (immer entlang $u = 0$):

$$ds^2 = du^2 + (1 - u^2 \cdot K)\,dv^2 \tag{43}$$

wird. Wir schließen beiläufig: ziehen wir zwischen irgend zwei Punkten von $u = 0$ eine Nachbarkurve, so wird das auf sie bezügliche Integral

$$\int \frac{ds^2}{dt^2}\,dt$$

das entlang $u = 0$ genommene Integral um

$$\int \left[\left(\frac{du}{dt}\right)^2 - Ku^2\left(\frac{dv}{dt}\right)^2\right] dt \tag{44}$$

übertreffen. Hierauf folgen bekannte Sätze über die zweite Variation der Bogenlänge der geodätischen Linie $u = 0$, insbesondere, daß diese Variation bei negativem K stets positiv ist (Jacobi)[1].

4. Vor allen Dingen aber ergibt sich eine einfache geometrische Interpretation des K, die von den früher gegebenen verschieden ist. Wir wollen, um die Bezeichnungen besser anschreiben zu können, das einzelne Viereck von Fig. 6 in vergrößertem Maßstabe zeichnen (Fig. 7). Formel (43) gibt uns dann $\frac{1}{2}\,\delta\delta\, ds^2 = -K\,\delta u^2\, ds^2$, also

$$K = -\frac{1}{2}\frac{\delta\delta\, ds^2}{\delta u^2\, ds^2}. \tag{45}$$

Die Formel ist unabhängig von dem Azimut, unter welchem die geodätische Linie $u = 0$ durch den Punkt, dessen K wir bestimmen wollen, verläuft. — Die hierin liegende Deutung des K (die ich Carathéodory verdanke) ist so schön, daß ich sie hier nicht übergehen wollte, trotzdem ich sie im folgenden nicht benutzen werde. Der Gegensatz gegen die frühere Deutung von K wird wohl am klarsten, wenn wir an das durch die Meridiane und Breitenkreise der Erdkugel repräsentierte Koordinatensystem denken. Beidemal betrachten wir die Längenänderung eines zwischen zwei Meridianen eingeschlossenen Stücks eines Breitenkreises: das erstemal in der Nähe des Pols, das zweitemal in der Nähe des Äquators.

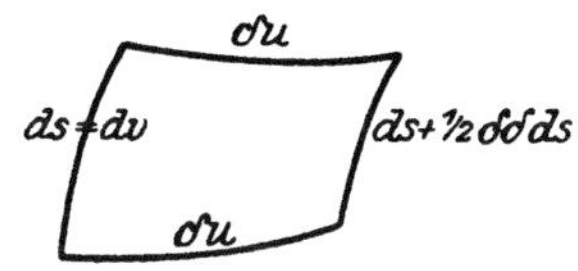

Fig. 7.

§ 7. Von der Äquivalenz zweier binärer ds^2. Genaueres über den Fall konstanten Krümmungsmaßes.

a) Mit jeder Gruppe von Transformationen ist selbstverständlich ein Äquivalenzproblem verbunden: Wann kann ich zwei vorgegebene Gebilde durch Transformationen der Gruppe ineinander überführen? Ebenso selbstverständlich ist der Zusammenhang des Problems mit der Invariantentheorie der Gruppe: alle Invarianten des einen Gebildes müssen denen des anderen gleich sein.

Daher ist es ein alter Gedanke, den Begriff der Invariante geradezu aus dem Äquivalenzbegriff zu deduzieren. So hat es z. B. für die allgemeine lineare Invariantentheorie Aronhold in seiner „*Fundamentalen Begründung der Invariantentheorie*" in Crelle 62 (1863) versucht. Doch zeigen sich hierbei Komplikationen, sofern man nicht im allgemeinen bleiben, sondern alle besonderen Fälle mitbeherrschen will.

Als Beispiel diene das, was in Kap. I (S. 25) über die Äquivalenz zweier Bilinearformen $\sum \alpha_{ik} u_i x_k$, $\sum \beta_{ik} u_i x_k$ (Bilinearformen

[1]) Werke IV, S. 39—55.

mit kontragredienten Veränderlichen) gesagt wurde. Sei δ_{ik} in bekannter Weise $= 1$ für $i = k$ und $= 0$ für $i \lessgtr k$. Dann genügt es im allgemeinen, wenn die beiden Determinanten $|\alpha_{ik} + \lambda\delta_{ik}|$ und $|\beta_{ik} + \lambda\delta_{ik}|$ als Polynome in λ aufgefaßt, übereinstimmen. Ausnahmen aber treten ein, wenn die genannten Polynome als Funktionen von λ aufgefaßt mehrfache Linearfaktoren darbieten. Man wird dann zu der interessanten, aber weitschichtigen Theorie der „Elementarteiler" geführt. Es heißt dies, invariantentheoretisch aufgefaßt: man muß neben den Determinanten $|\alpha_{ik} + \lambda\delta_{ik}|$ noch diejenigen Invarianten heranziehen, die aus diesen Determinanten entstehen, wenn man sie mit 1, 2... Reihen von unbestimmten Größen, welche sich je nachdem mit den x kogredient oder kontragredient substituieren, rändert.

Ähnlich in allen anderen Fällen. Man wird gewöhnlich besser fahren, wenn man nicht mit dem Äquivalenzproblem beginnt, sondern zuerst Bildungsgesetze für Invarianten aufstellt, um dann hinterher zu prüfen, ob man mit der Aufstellung der Invarianten hinreichend weit gegangen ist, um das Äquivalenzproblem in jedem Falle zu erledigen.

b) So ist es auch mit der Frage der Äquivalenz zweier (binärer) Differentialformen ds^2 und ds'^2 gegenüber unserer G_∞. Soll ds^2 durch eine Substitution $x_i = \varphi_i(x_1', x_2')$ in ds'^2 übergehen, so muß das Krümmungsmaß $K(x_1, x_2)$ gleich sein dem Krümmungsmaß $K'(x_1', x_2')$. Gleiches wird beispielsweise für die ersten Differentialparameter D_1K und $D_1'K'$ gelten. Hierdurch ist die Substitution, um die es sich handeln kann, bereits im allgemeinen bestimmt. Aber es gibt Fälle, wo man damit nicht auskommt (wenn D_1K eine Funktion von K selbst ist). Dann muß man weitere Kriterien heranziehen, die man in moderner Fassung (im Anschluß an Darboux' Lehrbuch) z. B. in Voß' Enzyklopädieartikel über die Isometrie der Flächen (= III D, 6a) in Nr. 19 findet.

Diese ganze Frage ist bald nach dem Erscheinen der Gaußschen Disquisitiones zuerst von Minding untersucht worden (Crelle 6, 1830). Minding hat insbesondere gezeigt, daß, wenn K konstant (d. h. von x_1, x_2 unabhängig) ist, die Gleichheit der beiderseitigen K die hinreichende Bedingung für die Äquivalenz der beiden ds^2 ist. Hiermit hängt zusammen, daß ds^2 dann in verschiedene Normalformen gesetzt werden kann, welche nur von K abhängen. Zugleich ergibt sich, daß jede solche Normalform und also das einzelne ds^2, durch eine kontinuierliche Gruppe von dreifach unendlich vielen Transformationen in sich selbst verwandelt werden kann. Von hier aus die Bedeutung, welche die Lehre von den ds^2 konstanter Krümmung in den Untersuchungen über die Grundlagen der Geometrie hat. Man kommt für $K = 0$ auf die Formeln der gewöhnlichen (Euklidischen) Planimetrie, für positives K auf die der sphärischen, für negatives K auf die der pseudosphärischen Geometrie.

c) Zu den Mannigfaltigkeiten „konstanter Krümmung" (und zwar nicht nur zu den zweidimensionalen) sind wir in früheren Teilen dieser Darstellung schon von anderer Seite geführt worden, nämlich von Cayleys projektiver Maßbestimmung aus (vgl. Bd. 1, S. **149—154**, oder auch die kurze Bemerkung in Bd. 2, S. 22). In Anknüpfung an die hier im Vordergrunde der Betrachtung stehenden projektiven Beziehungen haben Clifford und ich schon vor Jahren auf einen wesentlichen Umstand aufmerksam gemacht, auf den z. B. Enriques in seinem Enzyklopädieartikel über die Prinzipien der Geometrie (= III A, B I) ausführlich eingeht. Unsere Untersuchungen über die Gestalt des ds^2 betreffen nämlich zunächst nur einen *einfach zusammenhängenden Bereich* der Mannigfaltigkeit, die wir untersuchen, wo die Koordinatenwerte u, v den Punkten der Mannigfaltigkeit eindeutig zugeordnet sind. Erfaßt man dem entgegen den *Gesamtverlauf* der Mannigfaltigkeiten, so können sich diese, bei demselben Werte des K, ohne in ihrem Innern irgendwie singuläre Punkte zu besitzen, sehr wohl durch die *Zusammenhangverhältnisse* unterscheiden, welche sie darbieten. Um das von Clifford entdeckte charakteristische Beispiel zu nennen: Mannigfaltigkeiten konstanter verschwindender Krümmung (also mit durchweg Euklidischem Bogenelement) können sehr wohl geschlossen in sich zurückkehren, so daß sie nur endlichen Gesamtinhalt darbieten. Von den Lehrbüchern ist bisher, soviel ich weiß, nur das von Killing auf diese Dinge eingegangen (Einführung in die Grundlagen der Geometrie, I, **1893**)[1]. Und doch handelt es sich um eine Fragestellung, die für alle Differentialgeometrie fundamental ist und die sich sinngemäß auf beliebige höhere Differentialformen überträgt: um die Frage, welche Zusammenhangsverhältnisse der unbegrenzt fortgesetzten Mannigfaltigkeit mit einer vorgegebenen Form des ds^2 verträglich sind.

d) Wir halten im folgenden an der Annahme fest, daß die u, v nur reeller Werte fähig sein sollen. Infolgedessen können wir die Differentialformen $E\,du^2 + 2F\,du\,dv + G\,dv^2$ in ihrer Abhängigkeit von den du, dv nach den Gesichtspunkten einteilen, welche das Trägheitsgesetz der quadratischen Formen an die Hand gibt. Nehmen wir, wie bisher, das ds^2 als positiv definit an, so haben wir nur eine der hierbei zu unterscheidenden Klassen herausgegriffen. Schon das Studium der Lorentzgruppe hatte uns veranlaßt, indefinite Formen, wie $dx^2 - c^2\,dt^2$ (oder, bei 4 Variablen, $dx^2 + dy^2 + dz^2 - c^2\,dt^2$) heranzuziehen. Es wird zu untersuchen sein, wie sich unsere Entwicklungen auf solche indefinite Formen übertragen, und was bei ihnen abgeändert oder ergänzt werden muß.

---

[1]) Vgl. auch die inzwischen erschienene Arbeit von H. Hopf: Zum Clifford-Kleinschen Raumproblem. Math. Ann. **95** (1926). (H.)

Die Definitionen, welche wir für K gaben, unterliegen beim Übergang zu diesen indefiniten Fällen gewissen Beschränkungen. Beispielsweise können wir jetzt nicht, wie auf S. 155 geschah, über den vollen Umfang eines geodätischen Kreises integrieren, sondern wir müssen uns, gemäß der Schlußbemerkung des damaligen Paragraphen, auf ein Segment desselben beschränken.

C. Riemanns n-dimensionale Mannigfaltigkeiten.
I. Die formalen Grundlagen.

Die Entwicklungen, welche wir im Abschnitt B gegeben haben, sind bereits so zurechtgemacht, daß sie von selbst zu den Erweiterungen überleiten, die Riemann für n Dimensionen entwickelt hat. Wir tragen diese Erweiterungen so vor, daß einige ganz in Riemanns Sinne liegende Entwicklungen, welche sehr bald von anderer Seite gegeben wurden, gleich mit zur Geltung kommen.

§ 1. Historische Angaben.

Von Riemann selbst kommen für uns in Betracht:

1. Der *Habilitationsvortrag* (von 1854): *Über die Hypothesen, welche der Geometrie zugrunde liegen,* nach dem Tode Riemanns (1866) von Dedekind in Bd. 13 der Göttinger Abhandlungen (1868) veröffentlicht[1]).

2. Die *Pariser Preisarbeit* (von 1861): *Commentatio mathematica, qua respondere tentatur quaestioni ab ill. Academia Parisiensi propositae*[2]). Die Aufgabe behandelt ein Problem der Wärmeleitung, das uns als solches hier nicht interessiert; es findet sich aber darin ein kurzer Absatz, der von den quadratischen Differentialformen von n Veränderlichen handelt (vgl. S. 401—404 der Gesammelten Werke, 2. Auflage), und dieser ist für uns grundlegend. Die Arbeit (welche den Preis der Pariser Akademie nicht erhielt) wurde erst 1876 durch die von Dedekind und Weber besorgte erste Ausgabe von Riemanns gesammelten Werken bekannt.

Nr. 1 enthält, weil es sich um einen Vortrag vor der Gesamtfakultät handelte, kaum Formeln, aber um so mehr prinzipielle Begriffsentwicklungen. Was Gauß in seinen Disquisitiones sorgfältig verschwiegen hatte: daß es sich bei ihm nicht nur um Weiterentwicklung der Geometrie, sondern um ihre Grundlegung (und damit die Grundlegung der theoretischen Naturwissenschaft überhaupt) handle, steht hier voran. Davon wurde in Bd. 1 bereits einiges erzählt. Im jetzigen Zusammen-

[1]) Vgl. Note 1, S. 154. [2]) Vgl. Note 2, S. 155.

hang handelt es sich nur darum, daß Riemann in Nr. 1 die Grundlinien für eine systematische Behandlung der quadratischen Differentialformen mit n Veränderlichen: $ds^2 = \sum a_{ik} dx_i dx_k$ gegeben hat, insbesondere bei ihnen eine Invariante definiert, die als genuine Verallgemeinerung der im Falle $n = 2$ von uns mit $[\Omega]$ bezeichneten Invariante erscheint. Von hier aus dann, wie noch ausführlicher zu schildern, die von Riemann gegebene Verallgemeinerung des Gaußischen Krümmungsmaßes auf n Dimensionen. — Die Veröffentlichung von Nr. 1 fiel in die Zeit, als ich eben anfing, mich selbständig mit mathematischen Problemen zu beschäftigen. So habe ich noch lebhafte Erinnerung an den außerordentlichen Eindruck, den Riemanns Gedankengänge damals auf die jungen Mathematiker machte. Vieles erschien uns dunkel und schwerverständlich und doch wieder von unergründlicher Tiefe, wo der heutige Mathematiker, der alle diese Dinge von vornherein in seine Denkweise aufgenommen hat, nur noch die Klarheit und Prägnanz der Auseinandersetzung bewundert.

Nr. 2 bringt dann, in allerdings sehr knapper Fassung, die ergänzenden Formeln, insbesondere die Definition des Krümmungsmaßes bei beliebigem ds^2. Man fragt sich, wie Riemann so wichtige Entwicklungen einer Preisarbeit anvertrauen konnte, die dann unveröffentlicht liegen blieb (weil die Akademie mit dem neuen Gedankeninhalte nichts anzufangen wußte). Es ist hier einer der Punkte, wo die ökonomischen Verhältnisse in die Entwicklung unserer Wissenschaft hineinragen. Die Beteiligung an akademischen Preisbewerbungen war damals noch eines der wenigen Mittel, wie die mathematischen Forscher hoffen durften, ihre schmalen Einkünfte zu ergänzen. Preise, welche hinterher als Anerkennung für große wissenschaftliche Leistungen von akademischen Körperschaften oder Stiftungen frei vergeben werden, waren damals noch nicht Sitte.

Die Veröffentlichung von Nr. 1 im Jahr 1868 gab sofort zu einer großen Reihe weiterbauender Abhandlungen anderer Autoren Anlaß. Von Helmholtz' hierher gehörigen Arbeiten über die Grundlagen der Geometrie ist an gegenwärtiger Stelle nicht zu reden, ebensowenig von dem parallellaufenden Ausbau der projektiven Geometrie, an dem ich selbst beteiligt war. Es sind drei andere Autoren, die für uns in erster Linie in Betracht kommen: Beltrami, Christoffel und Lipschitz. Indem ich mir vorbehalte, auf die historischen Bedingungen der einzelnen Arbeiten noch zurückzukommen, gebe ich hier vorweg die äußerlichen Daten.

Von Beltrami kommen vor allen Dingen zwei Arbeiten in Betracht: seine allgemeine Theorie der Räume konstanter Krümmung (1868, Annali di Mat. [2], II = Werke, Bd. 1) und seine Untersuchung über Differentialparameter bei beliebig vorgegebenem Bogenelement (1869, Atti di Bologna [2], VIII = Werke, Bd. 2).

Christoffel stellt das Äquivalenzproblem zweier beliebiger Differentialformen $\sum a_{ik}\,dx_i\,dx_k$ und $\sum b_{ik}\,dy_i\,dy_k$ voran (Crelles Journal 70: Über die Transformation der homogenen Differentialausdrücke zweiten Grades, datiert 3. Jan. 1869). Wie weit er dieses erledigt, und welche Ausnahmefälle er ausdrücklich beiseite läßt, wird später zu besprechen sein. Hier sei vorab nur bemerkt, daß er die Riemannsche Invariante $[\Omega]$ seinerseits auffindet und in den Mittelpunkt der Betrachtung rückt.

Lipschitz hat eine größere Zahl von Arbeiten (alle in Crelles Journal). Die erste ist vom 4. Jan. 1869 datiert und unmittelbar hinter der Christoffelschen Abhandlung im ersten Hefte des 70. Bandes abgedruckt. Lipschitz untersucht dort insbesondere die (von Christoffel ausgeschlossene, aber von Riemann in Nr. 2 explizite beantwortete) Frage, wann sich $\sum a_{ik}\,dx_i\,dx_k$ in eine Form mit konstanten Koeffizienten und damit in die „Euklidische" Form $\sum dy_i^2$ verwandeln läßt. Von hier aus wird er ebenfalls zur Invariante $[\Omega]$ geführt und findet, daß ihr identisches Verschwinden die notwendige und hinreichende Bedingung ist. — Von den weiteren Lipschitzschen Arbeiten ist diejenige in Bd. 72 (1870) hervorzuheben, weil dort S. 16, 17 die invariantenerzeugenden Prozesse, deren auch wir uns bedienen, in übersichtlicher Weise zusammenstellt und weiterhin nach verschiedenen Richtungen hin verwandt werden. Wir nennen endlich die Arbeit in Bd. 82 (1877), die an das Erscheinen von Riemanns Preisschrift anknüpft und die volle Verbindung von Riemanns eigener Definition der Form $[\Omega]$ mit den von Lipschitz selbst entwickelten Formeln herstellt.

Ich gebe dem nunmehr zu erstattenden Berichte wieder eine weniger historische als systematische Form, wie sie sich an unsere früheren Darlegungen anschließt, im übrigen aber gerade als Ertragnis der vorgenannten Literatur anzusehen ist.

§ 2. Differentialformen mit nur ersten Differentialen.

Als Substrat unserer Betrachtungen haben wir fortan die Mannigfaltigkeit (den Raum) irgend n unabhängiger Veränderlicher $x_1 \ldots x_n$, welche wir der G_∞ aller Punkttransformationen (oder besser: aller Koordinatentransformationen)

$$x_i = \varphi_i\,(y_1 \cdots y_n) \tag{1}$$

im Sinne von S. 136 unterworfen denken. Da sich das System der Differentiale $dx_1 \ldots dx_n$ bei diesen Transformationen nach den Ausführungen auf S. 137 in jedem Punkt linear umsetzt

$$dx_i = \sum \frac{\partial \varphi_i}{\partial y_k}\,dy_k\,, \tag{2}$$

so nennen wir es einen *Vektor*, — können es uns auch, wie schon Cauchy in seiner Begründung der Differentialrechnung vorschlug, in jedem Augenblicke durch eine vom Punkte (x) auslaufende Strecke von endlicher Länge veranschaulicht denken. Die in Kap. I entwickelten Begriffe der linearen Invariantentheorie finden hier unmittelbare Anwendung, nur daß die Substitutionsdeterminante von (2) im allgemeinen von Eins verschieden ist (während wir in Kap. I unimodulare Substitutionen behandelten).

Als Objekt unserer Untersuchungen denken wir uns in erster Linie lineare Formen

(3) $$\sum u_i\,dx_i\,,$$

wo die u_i von den $x_1 \ldots x_n$ selbst abhängen werden, so daß wir einen „Pfaffschen Ausdruck" vor uns haben; der einfachste Fall ist, daß es sich um das Differential

$$df = \sum \frac{\partial f}{\partial x_i}\,dx_i$$

irgend einer Funktion f der dx handelt. Wir nennen das System der u_i — falls $\sum u_i\,dx_i$ eine Invariante ist — einen kontragredienten Vektor [1]).

Wir schreiten ferner zu Größensystemen, die sich bei den Transformationen (1) wie Verbindungen zweiten Grades der dx_i oder auch der u_i substituieren und die wir dann kogrediente bzw. kontragrediente Tensoren nennen. Dabei unterscheiden wir den symmetrischen und den antisymmetrischen Fall. Die Komponenten eines symmetrischen Tensors substituieren wir im kogredienten Falle wie die

(4a) $$dx_1^2,\; 2\,dx_1\,dx_2,\; dx_2^2,\; \ldots$$

oder auch, wenn d und δ zwei kogrediente Vektoren sind, wie die bilinearen Verbindungen

(4b) $$dx_1\,\delta x_1,\; dx_1\,\delta x_2 + dx_2\,\delta x_1,\; dx_2\,\delta x_2,\; \ldots$$

analog im kontragredienten Falle. — Als einfachster Fall eines antisymmetrischen Tensors werden uns die Unterdeterminanten aus den Komponenten zweier Vektoren d, δ beschäftigen

(5) $$p_{ik} = dx_i\,\delta x_k - dx_k\,\delta x_i;$$

man überlege sich die linearen Substitutionen, welche die Größensysteme (4) und (5) entsprechend den Transformationen (2) erleiden. Indem wir uns sogleich eine quadratische Form der dx_i gegeben denken

(6) $$\sum a_{ik}\,dx_i\,dx_k\,,$$

---

[1]) Statt „kontragredienter Vektor" sagt man heute „kovarianter Vektor", ebenso „kontravariant" statt „kogredient". Bei Tensoren ist der Sprachgebrauch noch schwankend. Vgl. auch S. 193, Note 1. (H.)

haben wir in den a_{ik} einen zu den Komponenten (4a) kontragredienten Tensor. Eine entsprechende alternierende Form

$$\sum \lambda_{ik} p_{ik} \tag{7}$$

wird uns viel beschäftigen.

Es hat keinen Zweck, hier systematisch von entsprechenden Differentialformen höheren Grades, insbesondere von den höheren Graßmannschen Stufen zu reden. Alles, was in der elementaren Invariantentheorie bei algebraischen Formen zu sagen ist, alle Formenarten, welche in der affinen oder projektiven Geometrie eine Rolle spielen, — kommen hier in der Invariantentheorie der Differentialformen mit nur ersten Differentialen ebenfalls in Betracht.

Ich möchte hier nur von der Form $[\Omega]$, welche den Zähler des Riemannschen Krümmungsmaßes einer quadratischen Form (6) abgibt, einiges Vorläufige sagen. Sie erscheint algebraisch als eine gewisse quadratische Verbindung der in (5) eingeführten Unterdeterminanten, die wir in der Folge so schreiben werden:

$$[\Omega] = \sum (ik, rs)\, p_{ik} p_{rs}\,. \tag{8}$$

Nehmen wir im Anschluß an Kap. II $n = 4$, so ist ein derartiges $[\Omega]$ in der projektiven Geometrie (wo die p_{ik} als homogene Linienkoordinaten des dreifach ausgedehnten Raumes interpretiert werden) die linke Seite der Gleichung eines „Linienkomplexes zweiten Grades". Daran knüpft sich für mich eine merkwürdige, persönliche Erinnerung, die zeigt, wie wenig die Zusammenhänge zwischen verschiedenen mathematischen Gebieten, die wir hinterher als selbstverständlich ansehen, im status nascendi den Nächstbeteiligten bewußt zu sein brauchen. Ich hatte mir im Herbst 1868, in Anknüpfung an die Untersuchungen meines verstorbenen Lehrers Plücker, die allgemeine Theorie der genannten Linienkomplexe als Thema gewählt. Referent war Lipschitz, der, wie vorhin bereits erwähnt, selbst damals mit der Aufstellung und Untersuchung der Differentialform $[\Omega]$ intensiv beschäftigt war. Lipschitz hat damals auch ausführlich mit mir über den Gegenstand meiner Dissertation gesprochen. Aber kein Wort über die Beziehung meiner Arbeit zu dem Riemannschen Habilitationsvortrag, der doch in jener Zeit für Lipschitz selbst sozusagen die tägliche Nahrung abgab! Und als ich einige Jahre später (1872) mein Erlanger Programm schrieb, mit der ausdrücklichen Absicht, über die nebeneinander herlaufenden Betrachtungen der Geometer eine Übersicht von einem einheitlichen Standpunkte aus zu gewinnen, habe ich zwar stark hervorgehoben, daß eine Punkttransformation (1) für eine unendlich kleine Partie des Raumes immer den Charakter einer linearen Transformation hat, aber ich bin an den Arbeiten von Riemann, Christoffel und Lipschitz, die den schönsten Beleg für meine Auffassungen gebildet hätten, immer noch vorbeigegangen.

§ 3. Vorbemerkungen über das Riemannsche Krümmungsmaß.

Wir denken uns fortan eine quadratische Differentialform adjungiert:

$$f(d,d) = \sum_1^n a_{ik}\, dx_i\, dx_k, \tag{9}$$

die wir als Quadrat eines Bogenelementes des R_n interpretieren und dementsprechend mit ds^2 bezeichnen. Die a_{ik} sind irgendwelche in dem für uns in Betracht kommenden Bereiche reguläre Funktionen der x. Dabei nehmen wir bis auf weiteres wieder an, daß nur reelle Werte der x_i (wie auch der a_{ik}) in Betracht kommen sollen und daß unter dieser Annahme ds^2 positiv definit sei. Die Determinante von (9)

$$|a_{ik}| = a \tag{10}$$

ist dann ebenfalls positiv.

Wir ziehen zunächst die algebraische Invariantentheorie der gewöhnlichen quadratischen Formen heran und stellen folgende Sätze zusammen:

1. Mit (9) ist auch die Polare

$$f(d,\delta) = \sum a_{ik}\, dx_i\, \delta x_k \tag{11}$$

eine Invariante. Ferner haben wir die elementare Kombinante:

$$F = \begin{vmatrix} f(d,d) & f(d,\delta) \\ f(\delta,d) & f(\delta,\delta) \end{vmatrix} \tag{12}$$

(die dem vierfachen Quadrat des unendlich kleinen Dreiecksinhaltes entspricht, der von dem vom Punkte auslaufenden Vektoren d und δ bestimmt wird).

2. Wenn wir dieses F ausrechnen, bekommen wir zunächst:

$$F = \sum (a_{ir} a_{ks} - a_{kr} a_{is}) \begin{pmatrix} dx_i\, dx_r\, \delta x_k\, \delta x_s + dx_k\, dx_s\, \delta x_i\, \delta x_r \\ - dx_i\, dx_s\, \delta x_k\, \delta x_r - dx_k\, dx_r\, \delta x_i\, \delta x_s \end{pmatrix}, \tag{13}$$

die Summe genommen über alle Kombinationen i, k bzw. r, s wo $r \gtrless s$. Wir können hier nach den Graßmannschen Größen zweiter Stufe (5) ordnen und erhalten:

$$F = \sum (a_{ir} a_{ks} - a_{kr} a_{is})\, p_{ik}\, p_{rs}. \tag{14}$$

Dabei beachte man, daß zwischen irgend 6 solchen p_{ik}, die zusammen dieselben 4 verschiedenen Indizes enthalten, quadratische Identitäten nach folgendem Muster bestehen (vgl. S. 6,7):

$$P \equiv p_{12} p_{34} + p_{13} p_{42} + p_{14} p_{23} = 0. \tag{15}$$

Wir können also die rechte Seite in (14) (indem wir die P mit beliebigen Konstanten multipliziert hinzuaddieren) verschiedentlich modifizieren. Unter all den so entstehenden Ausdrücken von F ist derjenige, der in (14) hingeschrieben ist, dadurch ausgezeichnet, daß er „normiert" ist, d. h. daß zwischen den Koeffizienten der Glieder $p_{ik}p_{rs}$ dieselben Identitäten bestehen, wie zwischen den $p_{ik}p_{rs}$ selbst. In der Tat hat man der Gleichung (15) entsprechend folgende Identitäten:

$$(16) \qquad \begin{vmatrix} a_{13} & a_{14} \\ a_{23} & a_{24} \end{vmatrix} + \begin{vmatrix} a_{14} & a_{12} \\ a_{34} & a_{32} \end{vmatrix} + \begin{vmatrix} a_{12} & a_{13} \\ a_{42} & a_{43} \end{vmatrix} = 0 \quad \text{usw.}$$

3. Die Determinante $|a|$ ist jetzt keine Invariante. Geht $\sum a_{ik}\,dx_i\,dx_k$ bei den Substitutionen (2) in $\sum b_{ik}\,dy_i\,dy_k$ über, so hat man vielmehr

$$(17) \qquad |b_{ik}| = r^2\,|a_{ik}|,$$

unter r die Funktionaldeterminante der $\left(\frac{\partial \varphi_i}{\partial y_k}\right)$ verstanden. Ebensowenig ist die „zugeordnete" quadratische Form (welche aus a durch „Ränderung" mit kontragredienten Variabeln u entsteht):

$$(18) \qquad \Phi = \begin{vmatrix} a_{ik} & u_i \\ u_k & 0 \end{vmatrix}$$

an sich eine Invariante. Man erhält aber eine solche, wenn man Φ durch a dividiert. Speziell wollen wir setzen

$$(19) \qquad -\frac{\Phi}{a} = \sum a^{ik}\,u_i\,u_k$$

$\left(\text{wo } a^{ik} = \frac{\partial \log a}{\partial a_{ik}}\right)$, und (19) als *reziproke* Form von f bezeichnen, weil sich zeigt, daß die Beziehung der beiden Formen zueinander eine durchaus gegenseitige ist.

4. Aus der Invarianz von (19) folgt, daß die a^{ik} zu den binären Produkten $dx_i\,dx_k$ kogredient sind. Wir werden also beispielsweise aus F (14) wieder Invarianten erhalten, wenn wir für die $dx_i\,dx_k$ oder auch die $\delta x_i\,\delta x_k$ oder schließlich für beide, die ihnen kogredienten a^{ik} eintragen. Dies gibt freilich nichts neues:

Bei dem ersten Schritte erhalten wir $(n-1)\,f(\delta,\delta)$ bzw. $(n-1)\,f(d,d)$ bei dem zweiten Schritt den Zahlenwert $n\,(n-1)$[1].

5. Wir gedenken noch des invarianten Ausdrucks, der bei Zugrundelegung des f für das Raumelement der n-dimensionalen Mannigfaltigkeit resultiert. Man denke sich von einem Punkte (x) auslaufend n linear unabhängige Vektoren:

$$d^{(1)}, d^{(2)}, \ldots, d^{(n)}.$$

---

[1]) Man kontrolliert solche Angaben am einfachsten, indem man $f(d, d)$, was sich immer durch Einführung linearer Verbindungen der dx erreichen läßt, gleich $\sum c_i\,dy_i^2$ nimmt. Die zugeordnete Form bekommt dann die Gestalt $\sum \frac{v_i^2}{c_i}$, F aber wird $\sum c_i\,c_k\,p_{ik}^2$.

Es wird sich dann einfach um die Determinante der bezüglichen $dx_i^{(k)}$, multipliziert mit der Quadratwurzel aus a handeln:

$$(20)\qquad d\omega = \sqrt{a}\begin{vmatrix} d^{(1)}x_1 & \cdots & d^{(1)}x_n \\ d^{(2)}x_1 & \cdots & d^{(2)}x_n \\ \cdots & \cdots & \cdots \\ \cdots & \cdots & \cdots \\ d^{(n)}x_1 & \cdots & d^{(n)}x_n \end{vmatrix}.$$

6. Wenden wir uns jetzt zur höheren Theorie unseres f. Es handelt sich bei ihr darum, daß die a_{ik} von den $x_1 \ldots x_n$ abhängen (daß man in ihnen ein Feld kontragredienter Tensoren vor sich hat[1]). Man wird nach Invarianten — Differentialinvarianten — suchen, welche neben den a_{ik} deren erste, zweite, ... Differentialquotienten nach den x enthalten* [für deren Invarianz statt der G_∞ (1) dann eine entsprechend erweiterte G_∞ maßgebend ist]. Als einfachste dieser Invarianten ergibt die nähere Untersuchung den Zähler des schon in § 2 genannten Riemannschen Krümmungsmaßes, den wir mit $[\Omega]$ bezeichneten:

$$(21)\qquad [\Omega] = \sum (ik, rs)\, p_{ik} p_{rs},$$

auf dessen Bildungsgesetz wir sofort eingehen werden. *Der Quotient*

$$(22)\qquad K_R = -\frac{1}{2}\frac{[\Omega]}{F}$$

ist dann die Definition des Riemannschen Krümmungsmaßes.

Für $n = 2$, wo nur ein einziges $p_{ik} = p_{12}$ vorhanden ist, welches dann im Zähler und Nenner von (22) als Quadrat auftritt, hebt sich dieses eben darum eo ipso weg, K_R wird eine Funktion der a_{ik} und ihrer Differentialquotienten, also eine *Ortsinvariante*; diese fällt mit dem *Gaußschen* Krümmungsmaß zusammen. Für größere Werte von n aber wird K_R außerdem von den p_{ik}, d. h. von der Wahl des Büschels der Vektoren $\varkappa d + \lambda \delta$ abhängen; wir nennen es darum eine *Büschelinvariante.*

Es gibt natürlich besondere Fälle, wo die Koeffizienten der $p_{ik} p_{rs}$ im Zähler den entsprechenden Koeffizienten des Nenners proportional sind, und unter ihnen ist wieder derjenige ausgezeichnet, wo K_R auch von den $x_1 \ldots x_n$ unabhängig, d. h. überhaupt eine Konstante wird. Dies sind die Mannigfaltigkeiten, welche Riemann insbesondere als *Mannigfaltigkeiten konstanter Krümmung*[2]) bezeichnet. Hat das konstante K_R insbesondere den Wert 0, so spricht man von einer *Euklidischen* Mannigfaltigkeit.

Wir wollen auf K_R hier gleich den unter 4. genannten Substitutions-

[1]) Siehe Kap. I, S. 38 ff.

[2]) Vgl. hierzu F. Schur: Räume konstanten Krümmungsmaßes II, Math. Ann. 27 (1886), S. 537.

prozeß einmal oder zweimal anwenden. Das erstemal erhalten wir eine Invariante, die wir als *Richtungsinvariante* bezeichnen (weil sie nur noch ein System von dx_i und zwar homogen vom nullten Grade enthält)

$$(23)\qquad \frac{\sum K_{ik}\,dx_i\,dx_k}{\sum a_{ik}\,dx_i\,dx_k} = -\frac{\sum (ik,rs)\begin{Bmatrix} a^{ir}\,dx_k\,dx_s + a^{ks}\,dx_i\,dx_r \\ -a^{is}\,dx_k\,dx_r - a^{kr}\,dx_i\,dx_s \end{Bmatrix}}{2\,(n-1)\,f(d,d)}.$$

Das zweitemal aber eine *Ortsinvariante*

$$(24)\qquad K = \frac{\sum K_{ik}\,a^{ik}}{n} = -\frac{\sum (ik,rs)\,(a^{ir}\,a^{ks} - a^{is}\,a^{kr})}{n\,(n-1)}.$$

(Der auf den linken Seiten von (23), (24) auftretende Ausdruck K_{ik} ist in leichtverständlicher Weise durch die rechten Seiten definiert). Beide Invarianten werden uns noch beschäftigen. Im besonderen Falle $n = 4$ bilden sie neben dem K_R den Ausgangspunkt der Einsteinschen Gravitationstheorie, bzw. der von Hilbert in seinen „Grundlagen der Physik" (Göttinger Nachrichten vom Dez. 1915) gegebenen Entwicklungen. Der Gedanke, die $dx_i\,dx_k$ usw. in K_R durch die ihnen kogredienten a^{ik} zu ersetzen, ist übrigens bereits von Lipschitz in seinen ersten Untersuchungen benutzt worden[1]).

§ 4. Die Gleichungen der geodätischen Linien und die mit ihnen zusammenhängenden Invarianten*.

Wir haben schon bei $n = 2$ im Anschluß an Riemanns allgemeinen Ansatz alles so weit vorbereitet, um die ferneren Entwicklungen glatt auf beliebiges n übertragen zu können.

Wieder betrachten wir statt der geodätischen Linien (die das Objekt der rein geometrischen Betrachtung sein werden) in erster Linie die sie definierenden Bewegungsgleichungen eines Punktes, der sich im R_n mit dem Bogenelemente ds^2 kräftefrei bewegt. Wir haben dementsprechend das Variationsproblem

$$(25)\qquad \delta\int\left(\frac{ds}{dt}\right)^2 dt = \delta\int\frac{\sum a_{ik}\,dx_i\,dx_k}{dt^2}\,dt = 0$$

und finden (siehe überall den § 2 des vorigen Abschnittes), daß für beliebige δx_k die Invariante verschwinden muß:

$$(26)\qquad 2d\,(\textstyle\sum a_{ik}\,dx_i\,\delta x_k) - \delta\sum a_{ik}\,dx_i\,dx_k.$$

Die bei der Ausrechnung dieses Ausdrucks zunächst auftretenden Glieder mit $d\delta$ heben sich gegenseitig weg; wir haben also ein lineares

[1]) Vgl. insbesondere Crelles Journal 72 (1870), S. 33 und 34, Fußnote. Was wir im Texte K nennen, heißt bei Lipschitz $-\frac{\Psi}{n\,(n-1)}$ und ebenso bei Hilbert $-\frac{K}{n\,(n-1)}$.

Aggregat der Differentiale δx_r, das wir mit Lipschitz folgendermaßen bezeichnen:

(27) $$2 \sum \Psi_r (d, d)\, \delta x_r .$$

Hier sind die Ψ_r folgende Verbindungen der dx, d^2x:

(28) $$\Psi_r(d,d) = \sum_i a_{ir} d^2 x_i + \sum_{i,k} \frac{1}{2}\left(\frac{\partial a_{ir}}{\partial x_k} + \frac{\partial a_{kr}}{\partial x_i} - \frac{\partial a_{ik}}{\partial x_r}\right) dx_i\, dx_k .$$

Wir bekommen also als Bewegungsgleichungen und damit als Definition der von dem kräftefreien Punkt durchlaufenen Bahnkurven, d. h. der geodätischen Linien, die Formeln:

(29) $$\Psi_r (d, d) = 0 .$$

Zugleich ergibt sich aus der Invarianz von (27), daß allgemein die Ausdrücke $\Psi_r (d, d)$ einen kontragredienten Vektor vorstellen.

Wir erhalten einen kogredienten Vektor, indem wir die Ψ_r mit den Koeffizienten a^{rs} der zur Grundform reziproken Form multiplizieren und addieren. Die Komponenten dieses Vektors werden:

(30) $$D x_s = d^2 x_s + \sum_{i,kr} \frac{a^{rs}}{2}\left(\frac{\partial a_{ir}}{\partial x_k} + \frac{\partial a_{kr}}{\partial x_i} - \frac{\partial a_{ik}}{\partial x_r}\right) dx_i\, dx_k .$$

Also nicht die d^2x_s selbst, sondern erst die solcherweise vervollständigten Ausdrücke haben Vektorcharakter.

Im übrigen ist deutlich, daß wir in diesen Sätzen statt der $\Psi_r (d, d)$ auch die etwas allgemeineren Ausdrücke

(31) $$\Psi_r (d, \delta) = \sum_i a_{ir}\, d\, \delta x_i + \sum_{i,k} \frac{1}{2}\left(\frac{\partial a_{ir}}{\partial x_k} + \frac{\partial a_{kr}}{\partial x_i} - \frac{\partial a_{ik}}{\partial x_r}\right) dx_i\, \delta x_k$$

setzen dürfen.

Die hier überall auftretenden Verbindungen erster Differentialquotienten der a_{ik}:

(32) $$\frac{1}{2}\left(\frac{\partial a_{ir}}{\partial x_k} + \frac{\partial a_{kr}}{\partial x_i} - \frac{\partial a_{ik}}{\partial x_r}\right) \quad \text{bzw.} \quad \sum_s \frac{a^{rs}}{2}\left(\frac{\partial a_{is}}{\partial x_k} + \frac{\partial a_{ks}}{\partial x_i} - \frac{\partial a_{ik}}{\partial x_s}\right)$$

haben sich natürlich jedem dargeboten, der sich mit den hier vorliegenden Problemen beschäftigt hat. So zunächst Riemann, Christoffel und Lipschitz. Jeder dieser Autoren hat auch für sie besondere Abkürzungen eingeführt. Die Einseitigkeit der literarischen Entwicklung hat es dann mit sich gebracht, daß einzig die von Christoffel gewählten Abkürzungen

(33) $$\begin{pmatrix} i\,k \\ r \end{pmatrix} \quad \text{bzw.} \quad \begin{Bmatrix} i\,k \\ r \end{Bmatrix}$$

Verbreitung gefunden haben und *Christoffelsche Symbole erster* bzw. *zweiter Art* genannt werden. Diese bieten sich also in der Theorie der geodätischen Linien von selbst dar. Die Invariante (26) könnte man aber auch, ohne von einem Variationsproblem zu sprechen, aus rein formalen Gründen als einfachste ihrer Art hinschreiben.

§ 5*. Das Riemannsche [Ω].

Wir beginnen, im Anschluß an Riemann, mit den Gleichungen $\Psi_r = 0$. Wir ziehen von einem Punkte (x) aus ein ganzes „Büschel" von Vektoren

$$\varkappa d + \lambda \delta$$

und denken uns jeden derselben geodätisch fortgesetzt. So entsteht, was wir eine durch (x) laufende „geodätische Fläche" nennen werden. Wir gebrauchen hier nur erst, was wir als ihr angehörige „Umgebung" des Punktes O bezeichnen können, und was, den Formeln (29) von S. 156 entsprechend, durch die $3\,n$ Differentialgleichungen gegeben sein wird:

$$\Psi_r(d, d) = 0, \quad \Psi_r(d, \delta) = 0, \quad \Psi_r(\delta, \delta) = 0. \tag{34}$$

Je drei nebeneinanderstehende dieser Gleichungen haben Kombinantennatur, d. h. sie bleiben zusammengenommen ungeändert, wenn man statt d und δ irgend zwei andere Vektoren des durch sie bestimmten Büschels $\varkappa d + \lambda \delta$ einführt. — Statt der Gleichungen (34) können wir der Formel (30) entsprechend auch schreiben:

$$\left\{\begin{aligned} & d^2 x_s + \sum_{i,k} \begin{Bmatrix} i\,k \\ s \end{Bmatrix} d x_i\, d x_k = 0, \\ & d\,\delta x_s + \sum_{i,k} \begin{Bmatrix} i\,k \\ s \end{Bmatrix} \frac{d x_i\, \delta x_k + \delta x_i\, d x_k}{2} = 0, \\ & \delta^2 x_s + \sum_{i,k} \begin{Bmatrix} i\,k \\ s \end{Bmatrix} \delta x_i\, \delta x_k = 0. \end{aligned}\right. \tag{35}$$

Der zweite Schritt zur Bildung des [Ω] wird nun sein, daß wir den Ausdruck

$$\Omega = \delta\delta \sum a_{ik}\, d x_i\, d x_k - d\delta \sum a_{ik}\, d x_i\, \delta x_k + d d \sum a_{ik}\, \delta x_i\, \delta x_k \tag{36}$$

ins Auge fassen. Es bieten sich genau dieselben Bemerkungen, die wir schon bei $n = 2$ machten: Ω ist eine Invariante gegenüber beliebigen Substitutionen (1), weil es aus lauter Invarianten zusammengesetzt ist. Es enthält ferner, ausgerechnet, neben den Differentialen d, δ nur noch solche der zweiten Ordnung $d^2, d\delta, \delta^2$. Es bleibt schließlich gegenüber linearen Substitutionen

$$d' = \varkappa d + \lambda \delta, \quad \delta' = \mu d + \nu \delta,$$

sofern wir $\varkappa\nu - \lambda\mu = 1$ nehmen, völlig ungeändert (was den genaueren Begriff der „Kombinante" als einer unverändert bleibenden Form, nicht nur eines geltend bleibenden Gleichungssystems ausmacht). Vielleicht mag man sich auch überlegen, daß Ω unter allen Ausdrücken, welche man diesen drei Aussagen entsprechend aufbauen kann, das einfachste ist.

Und nun erhalten wir das gesuchte [Ω]

$$[\Omega] = \sum (ik, rs)\, p_{ik}\, p_{rs}, \tag{37}$$

indem wir in (36) für die zweiten Differentiale $d^2, d\delta, \delta^2$ ihre Werte aus (35) eintragen. In der Tat entsteht dann eine Form, welche nur noch die ersten Differentiale $dx, \delta x$, — jede dieser Größenreihen homogen im 2. Grade — enthält, welche außerdem die Kombinanteneigenschaft besitzt und eben darum eine homogene Funktion zweiten Grades der Determinanten p_{ik} sein muß. Die Koeffizienten aber, welche wir kurzweg mit (ik, rs) bezeichnet haben, werden neben den a_{ik} selbst deren erste und zweite Ableitungen von den x enthalten. Ihre ausgerechneten Werte werden wir sogleich in allgemeiner Form angeben, bemerken aber vorweg, daß wir diese allgemeine Form nie gebrauchen, sondern in den Fällen, welche wir betrachten, uns das spezielle $[\Omega]$ lieber jedesmal direkt bilden.

Wir sind bei der Herstellung des $[\Omega]$ aus Ω durchaus Riemann gefolgt. Lipschitz hat in seiner schon oben genannten Arbeit in Crelle 82 (1877) den Prozeß vollends ins Formentheoretische emporgehoben, indem er die in Ω auftretenden zweiten Differentiale nicht durch die Gleichungen $\Psi_r = 0$, sondern durch Subtraktion einer geeigneten Verbindung der Ausdrücke $\Psi_r(d, d)$, $\Psi_r(d, \delta)$, $\Psi_r(\delta, \delta)$ entfernt. Sein Resultat schreibt sich in unserer Bezeichnung so:

$$(38)\qquad [\Omega] = \Omega - 2\left\{\sum a^{rs}\Psi_r(d,\delta)\,\Psi_s(d,\delta) - \sum a^{rs}\Psi_r(d,d)\,\Psi_s(\delta,\delta)\right\}.$$

Man überzeugt sich sofort, daß das rechter Hand zugesetzte Glied nicht nur eine Invariante der Vektoren d, δ, sondern auch eine Kombinante derselben ist[1]).

§ 6. Die ausgerechnete Formel für das Riemannsche Krümmungsmaß.

Ich verweise zum Schluß noch einmal auf die Definition des Riemannschen Krümmungsmaßes:

$$(22)\qquad K_R = -\frac{1}{2}\frac{[\Omega]}{F} = -\frac{\sum (ik, rs)\, p_{ik} p_{rs}}{2\sum (a_{ir}a_{ks} - a_{is}a_{kr})\, p_{ik} p_{rs}}$$

und teile die ausgerechneten Werte der Koeffizienten (ik, rs) mit,

[1]) Wir können im Text die Beziehungen zur Mechanik, welche Lipschitz voranstellt, leider nicht verfolgen. Immerhin wollen wir angeben: denkt man sich die x_i als Funktionen der „Zeit“ t, läßt also den Punkt (x) — den wir mit der „Masse“ 1 ausstatten wollen — eine bestimmte Bahn mit gegebener Geschwindigkeit und Beschleunigung durchlaufen, so hat man in

$$\frac{1}{dt^4}\sum a^{rs}\Psi_r(d,d)\,\Psi_s(d,d)$$

diejenige Größe, welche man nach Gauß als *Zwang* der Punktbewegung bezeichnet. Indem Lipschitz dementsprechend die Überschrift seines Aufsatzes wählte (Bemerkungen zum Prinzip des kleinsten Zwanges), ist dieser, wie es scheint, bisher von den Geometern nicht hinreichend beachtet worden.

wie sie Riemann (S. 402 der Werke, 2. Aufl.) in seiner Pariser Preisarbeit selbst angibt und man sie in vielen Büchern findet:

$$(39)\qquad (ik, rs) = \frac{\partial^2 a_{ir}}{\partial x_k \partial x_s} + \frac{\partial^2 a_{ks}}{\partial x_i \partial x_r} - \frac{\partial^2 a_{is}}{\partial x_k \partial x_r} - \frac{\partial^2 a_{kr}}{\partial x_i \partial x_s} + 2\sum_{t,u} a^{tu}\left(\binom{ir}{t}\binom{ks}{u} - \binom{is}{t}\binom{kr}{u}\right).$$

Man wird diese Formeln durch die quadratischen Identitäten $P = 0$, die für $u \geqq 4$ zwischen den p_{ik} bestehen (S. 6, 7), verschiedentlich modifizieren können. Die mitgeteilten Werte der (ik, rs) sind dadurch eindeutig festgelegt, daß man sie, wie die Koeffizienten des Nenners, „normiert" hat, d. h. so gewählt hat, daß zwischen drei (ik, rs) mit denselben vier untereinander verschiedenen Indizes dieselbe lineare Relation besteht, wie zwischen den entsprechenden $p_{ik}\,p_{rs}$. Von den (ik, rs) sind dann, wie man sofort abzählt, nur noch $\frac{n^4 - n^2}{12}$ linear unabhängig.

Analog wird für die Komponenten unserer einfachsten Richtungsinvariante:

$$(40)\qquad K_{ik} = \frac{1}{n-1}\left[\sum_r\left(\frac{\partial}{\partial x_r}\begin{Bmatrix} ik \\ r\end{Bmatrix} - \frac{\partial}{\partial x_i}\begin{Bmatrix} kr \\ r\end{Bmatrix}\right) + \sum_{r,s}\left(\begin{Bmatrix} ik \\ r\end{Bmatrix}\begin{Bmatrix} rs \\ s\end{Bmatrix} - \begin{Bmatrix} ir \\ s\end{Bmatrix}\begin{Bmatrix} ks \\ r\end{Bmatrix}\right)\right]$$

unter $\begin{Bmatrix} \ \end{Bmatrix}$ die Christoffelschen Symbole zweiter Art verstanden. Ausdrücke dieser Art, noch etwas verallgemeinert, finden sich zuerst in der Arbeit von Christoffel.

D. Riemanns n-dimensionale Mannigfaltigkeiten. II. Normalkoordinaten. Geometrische Deutungen.

Wir haben bisher die formalen Bildungsgesetze vorangestellt, wie sie in Riemanns Preisarbeit skizziert sind: statt dessen greifen wir jetzt auf die geometrischen Überlegungen zurück, die Riemann in seinem Habilitationsvortrag gegeben hat (1854).

§ 1. Riemannsche Normalkoordinaten und die Gestalt des zugehörigen ds^2.

Es handelt sich wieder um eine gewisse Erweiterung dessen, was wir schon bei $n = 2$ gemacht haben, zunächst die Einführung eines besonderen zweckmäßigen Koordinatensystems (vgl. S. 158, 159). Als Koordinatenanfangspunkt O wählen wir irgend einen Punkt des unserer Betrachtung unterliegenden Raumstückes. Wir denken uns ferner die sämtlichen, von O auslaufenden geodätischen Linien konstruiert, welche einen endlichen Bereich um O herum (auf dessen Betrachtung wir uns jetzt beschränken wollen) einfach überdecken werden. Jeder Punkt des Bereiches wird dann bestimmt sein, wenn wir seine geodätische Entfernung ϱ von O und das Azimut angeben, unter dem die ihn mit O verbindende geodätische Linie von O ausläuft. Um dementsprechende Formeln aufzustellen, denken wir uns die ursprünglichen Koordinaten x_i durch eine Hilfstransformation vorab so abgeändert, daß das ds^2 im Punkte O selbst die Gestalt $\sum dx_i^2$ annimmt (was natürlich auf unendlich viele Weisen erreicht werden kann). Die Richtung einer von O auslaufenden geodätischen Linie möge dann durch die Werte der $\left(\frac{dx_i}{ds}\right)_0$ fixiert werden. Unsere neuen Koordinaten (die *Riemannschen Normalkoordinaten*) sollen dann durch die Formeln definiert sein:

(1) $$y_i = \left(\frac{dx_i}{ds}\right)_0 \cdot \varrho \, .$$

Hiernach ist

(2) $$\varrho = \sqrt{y_1^2 + \cdots + y_n^2}$$

und es stellen sich die von O auslaufenden geodätischen Linien durch je $(n-1)$ homogene lineare Gleichungen zwischen den y_i dar; wir haben ein Analogon zu den von einem festen Punkte O auslaufenden rechtwinkligen Parallelkoordinaten eines Euklidischen (oder richtiger: eines Graßmannschen) Raumes. Insbesondere ist unser Koordinatensystem der y_i nur festgelegt bis auf eine beliebig anzunehmende homogene orthogonale Substitution.

Die nächste Begriffsbildung, welche sich hier anschließt, ist die eines von O auslaufenden geodätischen Unterraums von ν Dimensionen (R_ν). Wir verstehen darunter jede Mannigfaltigkeit, die durch $(n-\nu)$ linear unabhängige homogene lineare Gleichungen zwischen den y_i dargestellt ist — oder auch jede Mannigfaltigkeit von Raumpunkten unseres Bereichs, die aus ν linear unabhängigen Vektoren

$$d^{(1)}y,\ d^{(2)}y,\ \ldots,\ d^{(\nu)}y$$

in der Weise erwächst, daß man

(3) $$dy_i = \lambda_1 d^{(1)}y_i + \lambda_2 d^{(2)}y_i + \cdots + \lambda_\nu d^{(\nu)}y_i$$

setzt und jeden der so entstehenden Vektoren geodätisch fortsetzt. Der früher erwähnte Fall einer von einem Punkte auslaufenden geodätischen „Fläche" ist hier für $\nu = 2$ inbegriffen.

Einfachste Beispiele solcher geodätischer R_ν erhält man, wenn man $(n-\nu)$ der Koordinaten y_i, sagen wir $y_{\nu+1}, \ldots, y_n$, gleich Null setzt.

Man hat dann erstens den wichtigen Satz, daß die nicht verschwindenden Koordinaten, also $y_1, \ldots, y_\nu$ *für diesen R_ν selbst Normalkoordinaten* sind. Denn die von O auslaufenden geodätischen Linien des R_n, welche den R_ν erfüllen, sind für diesen selbst gewiß auch geodätische

Linien. Ferner aber, was ich das *Prinzip von der Beweglichkeit des Normalkoordinatensystems* nennen will: daß man nämlich jeden einzelnen R_ν, den man betrachten mag, durch geeignete Wahl des Systems der y gerade durch die Gleichungen $y_{\nu+1} = 0, \ldots, y_n = 0$ darstellen kann. Denn die orthogonale Transformation, der ich die y beliebig unterwerfen kann, enthält gewiß die hierfür erforderliche Zahl willkürlicher Parameter (die neuen y sind sogar nur bestimmt bis auf eine beliebige orthogonale Transformation, der ich die nicht verschwindenden $y_1 \ldots y_\nu$ und andererseits eine beliebige orthogonale Transformation, der ich die verschwindenden $y_{\nu+1} \cdots y_n$ unterwerfen mag).

Nach diesen Vorbemerkungen ist es leicht, die allgemeine Form anzugeben, welche das ds^2 bei Zugrundelegung der Normalkoordinaten y_i annehmen muß.

Wir betrachten zunächst den Unterraum von 2 Dimensionen, für welchen alle y_i bis auf y_1, y_2 verschwinden. Nach Formel (21), S. 153 muß für diesen Unterraum sein:

$$(4)\qquad ds^2 = (dy_1^2 + dy_2^2) + \mathfrak{P}(y_1, y_2)(y_2\,dy_1 - y_1\,dy_2)^2,$$

unter $\mathfrak{P}(y_1, y_2)$ irgendeine nach ganzen positiven Potenzen der y_1, y_2 fortschreitende, in der Umgebung von O konvergente Reihe verstanden. Auf diese Form muß sich also das ds^2 unseres R_n bei Nullsetzen von $y_3 \cdots y_n$ reduzieren. — Mehr noch, ds^2 muß sich nach dem Prinzip von der Beweglichkeit des Koordinatensystems immer auf diese Form reduzieren, nachdem wir vorher die $y_1 \ldots y_n$ irgend einer homogenen linearen orthogonalen Substitution unterworfen haben und hierauf die neuen $y_3 \ldots y_n$ gleich Null setzen. Ein rein algebraischer Schluß ergibt daraus, daß das ds^2 des R_n jedenfalls die Form haben wird:

$$(5)\qquad ds^2 = \sum dy_i^2 + \sum \mathfrak{P}_{ik,rs}(y_1 \ldots y_n)(y_i\,dy_k - y_k\,dy_i)(y_r\,dy_s - y_s\,dy_r),$$

wo die $\mathfrak{P}_{ik,rs}$ geeignete, in der Umgebung von O konvergente Potenzreihen der beigesetzten Argumente sein werden.

Und nun ist das Schöne, daß diese Potenzreihen, sofern sie nur konvergieren, beliebig angenommen werden können. Man verifiziert dies, indem man sich überzeugt, daß bei Zugrundelegung eines ds^2 von der Form (5) die früher aufgestellten Gleichungen $\Psi_r = 0$ der geodätischen Linien erfüllt sind, wenn man entsprechend (1) die dy_i den y_i proportional setzt und die d^2y_i gleich Null setzt, daß ferner die längs einer so bestimmten geodätischen Linie von O aus gemessene geodätische Entfernung gleich $\sqrt{y_1^2 + \cdots + y_n^2}$ wird.

Natürlich können wir die Formel (5) wieder entsprechend den zwischen den Unterdeterminanten $(y_i\,dy_k - y_k\,dy_i)$ bestehenden quadratischen Identitäten normieren, so daß also

$$(6)\qquad \mathfrak{P}_{12,34} + \mathfrak{P}_{13,42} + \mathfrak{P}_{14,23} = 0$$

wird usw.

Wir wollen im folgenden immer voraussetzen, daß diese Normierung vorliege. Sie gilt dann insbesondere auch für die konstanten Anfangsglieder der $\mathfrak{P}_{ik,rs}$, die wir $\alpha_{ik,rs}$ nennen.

§ 2. Beschränkung auf die nächste Umgebung von O. Die allgemeine geometrische Bedeutung des K_R.

Indem wir jetzt die Betrachtung auf die nächste Umgebung des Punktes O einschränken, ersetzen wir die Potenzreihen $\mathfrak{P}$ durch ihre Anfangsglieder und schreiben also statt (5):

$$ds^2 = \sum dy_i^2 + \sum \alpha_{ik,rs}(y_i\,dy_k - y_k\,dy_i)(y_r\,dy_s - y_s\,dy_r). \tag{7}$$

Für den Punkt O selbst wird hierbei

$$\begin{aligned} ds^2 &= \sum dy_i^2 \\ F &= \sum p_{ik}^2 \qquad (\text{wo } p_{ik} = dy_i\,\delta y_k - dy_k\,\delta y_i). \end{aligned} \tag{8}$$

Ferner findet sich für irgend ein Büschel $\varkappa d + \lambda\delta$ von O auslaufender geodätischer Linien aus den Gleichungen $\Psi_r = 0$:

$$d^2 y_i = 0, \quad d\delta y_i = 0, \quad \delta^2 y_i = 0.$$

Das $[\Omega]$ berechnet sich danach genau so einfach, wie es für $n = 2$ S. 158 geschehen ist. Das Schlußresultat ist, daß das Riemannsche Krümmungsmaß im Punkte O den einfachen Wert annimmt:

$$K_R = -3\,\frac{\sum \alpha_{ik,rs}\,p_{ik}\,p_{rs}}{\sum p_{ik}^2}. \tag{9}$$

Es hängt also, — wie im Falle $n = 2$ — auf das Genaueste mit der Abweichung zusammen, welche das ds^2 (7) gegenüber dem Euklidischen Falle darbietet.

Im übrigen aber ergibt sich nun sofort, indem wir die Invarianteneigenschaft des Riemannschen Krümmungsmaßes erwägen, durch Betrachtung eines einzelnen Falles dessen allgemeine geometrische Bedeutung. Wir betrachten den Unterraum R_2, für den sämtliche y_i bis auf y_1, y_2 verschwinden (für dessen geodätische Linien also auch alle dy_i, δy_i mit $i > 2$ gleich Null sind). Für das zugehörige ds^2 gibt (7):

$$ds^2 = (dy_1^2 + dy_2^2) + \alpha_{12,12}(y_1\,dy_2 - y_2\,dy_1)^2, \tag{10}$$

während das zugehörige Riemannsche Krümmungsmaß nach (9) den Wert annimmt:

$$K_R = -3\,\alpha_{12,12}, \tag{11}$$

also mit dem Gaußischen Krümmungsmaß des Differentialausdrucks (10), berechnet für den Koordinatenanfangspunkt, zusammenfällt. Wir schließen sofort:

Die Büschelinvariante, welche wir das Riemannsche Krümmungsmaß nennen, ist nichts anderes als das Gaußische Krümmungsmaß derjenigen geodätischen Fläche (Kalotte), welche aus dem Büschel der Vektoren $\varkappa d + \lambda \delta$ *durch geodätische Verlängerung entsteht.*

Genau so hat Riemann es in seinem Habilitationsvortrag definiert. Indem wir (im vorigen Abschnitt) das invariante Bildungsgesetz von K_R vorweg nahmen, haben wir die Angaben, wie sie sich aus der Nebeneinanderstellung des Habilitationsvortrages und der Preisschrift ergeben, geradezu umgekehrt. Wir haben damit erreicht, daß überall auch die Beweisgründe zutage treten.

§ 3. Die geometrische Bedeutung der Ortsinvariante *K*.

In § 3 der vorigen Abteilung (S. 172) haben wir aus dem Riemannschen Krümmungsmaß eine einfache Richtungsinvariante:

$$\sum K_{ik}\, dx_i\, dx_k : \sum a_{ik}\, dx_i\, dx_k$$

und eine ebensolche Ortsinvariante K abgeleitet. Indem wir ihre Definitionen entsprechend (7) für den Anfangspunkt O in Normalkoordinaten anschreiben, erhalten wir ohne weiteres die schönen Deutungen derselben, wie sie Herglotz neuerdings (im Dezemberheft der Leipziger Berichte von 1916) abgeleitet hat.

Beginnen wir mit K. Da vermöge (5) in O alle a_{ii} den Wert 1, alle anderen a_{ik} den Wert 0 haben, wird nach Formel (24) (S. 72) für den Punkt O:

$$K = -\frac{3 \sum \alpha_{ik,\,ik}}{n\,(n-1):2}. \tag{12}$$

Nun ist $\frac{n\,(n-1)}{2}$ gerade die Zahl der Büschel (i, k), welche dem „n-Bein" der $y_1 \dots y_n$ als „Verbindungswände zwischen den Beinen" eingelagert sind, $-3\,\alpha_{ik,ik}$ aber ist das dem einzelnen Büschel zugehörige Gaußische Krümmungsmaß. Wir werden daher sagen: K ist der Mittelwert aller dieser Gaußischen Krümmungsmaße. Dabei ist K seinem Wesen nach von der Auswahl des von O auslaufenden n-Beins der $y_1 \dots y_n$ unabhängig. Wir werden in diesem Sinne K geradezu als *mittleres Gaußisches Krümmungsmaß für den Punkt O* bezeichnen können[1]). Dies ist das erste Herglotzsche Resultat, das wir nun noch durch eine Nebenbetrachtung ergänzen:

In der Interpretation des K liegt, daß $\sum \alpha_{ik,\,ik}$ bei beliebiger orthogonaler Substitution der y invariant sein muß. Dies ist auch algebraisch ohne weiteres klar. Denn bei einer orthogonalen Substitution der y geht auch $\sum p_{ik}^2$ in sich über, d. h. auch die p_{ik} erfahren eine (natürlich spezielle) orthogonale Substitution, bei der sich dann $\Sigma \alpha_{ik,\,ik}$ als niederste Invariante der quadratischen Form $\sum \alpha_{ik,\,rs}\, p_{ik}\, p_{rs}$ dar-

[1]) Dieser Begriff hat natürlich nichts mit dem in der Flächentheorie üblichen Begriff „mittlere Krümmung" zu tun.

bietet. Im übrigen sind die in Rede stehenden linearen Substitutionen der p_{ik} so beschaffen, daß bei ihnen die Gesamtheit der Gleichungen $P = 0$ ungeändert bestehen bleibt, die Ausdrücke P also sich linear kombinieren. Zieht man die partiellen Differentialgleichungen heran, denen alle Invarianten genügen müssen, die bei orthogonaler Substitution der y ungeändert bleiben, so beweist man geradezu, daß bei „normierten" $\alpha_{ik,rs}$ (für welche die linearen Relationen bestehen, die den Gleichungen $P = 0$ parallel laufen, S. 179 oben) die $\sum \alpha_{ik,ik}$ sogar die einzige in den $\alpha_{ik,rs}$ lineare Invariante der quadratischen Form $\sum \alpha_{ik,rs} p_{ik} p_{rs}$ ist. Hiervon werden wir sofort Gebrauch machen, indem wir eine neue Deutung von K durch Heranziehen von Inhalt oder Oberfläche einer kleinen um O herum gelegten Kugel suchen. Eine solche Deutung liegt nach dem, was wir auf S. 155 für $n = 2$ ausführten, nahe und ist mir schon vor längerer Zeit von Runge vorgeschlagen worden. Inzwischen hat Vermeil auf meinen Wunsch die hierfür erforderlichen Rechnungen gemacht[1]), die ich folgendermaßen resumiere:

a) Man führe statt der $y_1 \ldots y_n$ Polarkoordinaten nach dem Schema ein, das ich der Kürze halber hier nur für $n = 4$ hersetze:

$$(13)\qquad y_1 = \varrho \cos\vartheta, \quad y_2 = \varrho \sin\vartheta \cos\varphi, \quad y_3 = \varrho \sin\vartheta \sin\varphi \cos\psi, \quad y_4 = \varrho \sin\vartheta \sin\varphi \sin\psi.$$

b) Man überzeugt sich dann leicht, daß das Volumen einer sehr kleinen geodätischen Kugel (bei dessen Berechnung wir die abgekürzte Form (7) des ds^2 zugrunde legen dürfen) mit dem Volumen J einer Euklidischen Kugel von demselben Radius durch eine Formel folgender Art zusammenhängt:

$$(14)\qquad V = J + (\text{homogene lin. Funktion der } \alpha_{ik,rs}) \cdot \varrho^2 J.$$

c) Nun gibt unser invariantentheoretischer Satz ohne weiteres, daß die hier auftretende lineare Funktion nur ein Multiplum von $\sum \alpha_{ik,ik}$ sein kann; es bleibt die Aufgabe, dieses Multiplum zu bestimmen, was durch Heranziehen eines möglichst einfachen Ausdrucks für die Inhaltsformel geschehen kann.

d) Indem ich die Ausführungen im einzelnen übergehe, setze ich hier nur das Endresultat her:

$$(15)\qquad V = J + \frac{\sum \alpha_{ik,ik}}{2(n+2)} \cdot \varrho^2 J = J - \frac{n(n-1)}{6(n+2)} K \cdot \varrho^2 J.$$

e) Wir haben hieraus als neue Interpretation des K:

$$(16)\qquad K = -\frac{6(n+2)}{n(n-1)} \lim_{\varrho=0} \left(\frac{V-J}{\varrho^2 J}\right)$$

(was mit der früheren Formel für $n = 2$ — (27) S. 155 — übereinstimmt).

f) Will man statt des Kugelinhalts die Oberfläche setzen, so braucht

[1]) Gött. Nachr., letztes Heft 1917.

man diese nur als nach ϱ genommenen Differentialquotienten des Inhalts einzuführen. So kommt heraus (unter F die Oberfläche der Euklidischen Kugel verstanden):

$$(17) \qquad K = -\frac{n}{n(n-1)} \lim_{\varrho=0} \left(\frac{O-F}{\varrho^2 F}\right).$$

g) Ich bemerke noch der Vollständigkeit wegen, daß J bekanntermaßen[1]) durch folgende Formeln gegeben ist:

$$(18) \qquad \begin{aligned} &1.\ \text{für gerades } n\ (n = 2\nu): && J = \frac{\pi^\nu \varrho^n}{1 \cdot 2 \cdots \nu}, \\ &2.\ \text{für ungerades } n\ (n = 2\nu + 1): && J = \frac{\pi^\nu \varrho^n}{\frac{1}{2} \cdot \frac{3}{2} \cdots \left(\frac{2\nu+1}{2}\right)}. \end{aligned}$$

Im übrigen ist es weiterhin zweckmäßig, das nun auf verschiedene Weisen interpretierte K, der Dimensionszahl des zugrunde gelegten Raumes entsprechend, mit $K^{(n)}$ zu bezeichnen. Es ist ohne weiteres klar, was man analog, im Punkte O, unter dem mittleren Gaußischen Krümmungsmaß $K^{(n-1)}$ eines durch O hindurchgehenden geodätischen Unterraumes R_{n-1} zu verstehen hat. Hiervon werden wir sofort Gebrauch machen.

Ich bemerke noch der Deutlichkeit halber, daß $K^{(1)}$ schlechtweg 0 ist. Denn für $n = 1$ werden V und J beide gleich 2ϱ.

§ 4. Die geometrische Bedeutung der einfachsten Richtungsinvariante. Übergang zur mittleren Krümmung $K^{(n-1)}$.

Wir berechnen jetzt aus (7) für den Punkt O den Wert unserer einfachsten Richtungsinvariante und finden:

$$(19) \qquad \frac{\sum K_{ik}^{(n)} dx_i dx_k}{\sum a_{ik} dx_i dx_k} = -3 \frac{dy_1^2 (\alpha_{12,12} + \cdots \alpha_{1n,1n}) + 2\, dy_1\, dy_2 (\alpha_{13,23} + \cdots \alpha_{1n,2n}) + \cdots}{(n-1) \sum dy_i^2}.^{*}$$

Nach dem Prinzip von der Beweglichkeit des Normalkoordinatensystems genügt es, die geometrische Interpretation für eine einzelne Richtung dy zu geben und das Resultat dann allgemein aufzufassen. Wir setzen etwa alle dy_i bis auf dy_1 gleich Null und erhalten für die rechte Seite von (19):

$$(20) \qquad -3\, \frac{\alpha_{12,12} + \cdots + \alpha_{1n,1n}}{(n-1)}.$$

Wieder ist es ein Mittelwert Gaußischer Krümmungsmaße, nämlich

---

[1]) Vgl. z. B. Schoute: Mehrdimensionale Geometrie. Bd. 2, S. 288. Leipzig 1905, Samml. Schubert.

derjenigen, die sich auf irgend $(n-1)$ zueinander orthogonal durch den Vektor $dy_1 \ldots dy_n$ hindurchgelegten Büschel beziehen.

Dies ist Herglotz' zweites Resultat, das wir nun noch, ebenfalls nach Herglotz, einer einfachen Umformung unterziehen. Wir ersetzen die Summe $\alpha_{12,12} + \cdots + \alpha_{1n,1n}$ durch folgende Differenz:

(21)
$$\sum_{i,k=1\ldots n} \alpha_{ik,ik} - \sum_{i,k=2\ldots n} \alpha_{ik,ik}.$$

Dadurch verwandelt sich (20) in

(22)
$$\frac{n}{2} K^{(n)} - \frac{n-2}{2} K^{(n-1)},$$

unter $K^{(n-1)}$ das mittlere Gaußische Krümmungsmaß desjenigen $R^{(n-1)}$ verstanden, das durch $y_1 = 0$ gegeben ist. Eine entsprechende Formel wird bei sinngemäßer Deutung für jede Richtung $dy_1 \ldots dy_n$ bestehen. Indem wir zu allgemeinen Koordinaten $x_1 \ldots x_n$ wieder zurückkehren, sprechen wir das Resultat gleich so aus:

Versteht man unter $K^{(n-1)}$ das mittlere Gaußische Krümmungsmaß desjenigen R_{n-1}, das auf der Richtung der $dx_1, \ldots, dx_n$ im Sinne unserer Maßbestimmung senkrecht steht, so haben wir:

(23)
$$\frac{\sum K_{ik}^{(n)} dx_i dx_k}{\sum a_{ik} dx_i dx_k} = \frac{n}{2} K^{(n)} - \frac{n-1}{2} K^{(n-1)}.$$

Indem wir nach $K^{(n-1)}$ auflösen, haben wir:

(24)
$$K^{(n-1)} = \frac{n K^{(n)} \sum a_{ik} dx_i dx_k - 2 \sum K_{ik}^{(n)} dx_i dx_k}{(n-2)\, a_{ik} dx_i dx_k}.$$

Also unser $K^{(n-1)}$ selbst ist ebenfalls eine Richtungsinvariante.

Wir wollen im Hinblick auf spätere Entwicklungen (wieder Herglotz folgend)

(25)
$$K^{(n-1)} = \frac{\sum G_{ik} dx_i dx_k}{\sum a_{ik} dx_i dx_k}$$

setzen, um damit anzudeuten, daß der Tensor G_{ik} für $n = 4$ in der Einsteinschen Gravitationstheorie eine wichtige Rolle spielt. Dabei sei gleich bemerkt, daß bei Einstein selbst nur der Tensor K_{ik} auftritt und der Tensor G_{ik} seine prinzipielle Stellung erst durch Hilberts Untersuchungen bekommen hat. Inzwischen wolle man alle diese Zitate nur cum grano salis verstehen, nämlich bis auf Zahlenfaktoren und Vorzeichen, welche bei unserer Darstellung durchaus eindeutig herauskommen, während die anderen Autoren über sie aus irgendwelchen bei ihnen vorliegenden Bequemlichkeitsrücksichten verfügt haben.

Noch eines muß erwähnt werden. Das der Annahme $n = 4$ entsprechende ds^2, welches der Einsteinschen Theorie zugrunde liegt, hat zwar (als Form der dx_1, dx_2, dx_3, dx_4) eine nicht verschwindende Determinante, ist aber indefinit: es entspricht, um es genauer zu sagen, im Sinne des Trägheitsgesetzes der Vorzeichenkombination $+ + + -$

(vgl. das im vorigen Kapitel immer betrachtete, mit der Lorentzgruppe zusammenhängende: $dx^2 + dy^2 + dz^2 - c^2dt^2$). Dies hindert nicht, daß wir von zugehörigen Normalkoordinaten und Mittelwerten sprechen; es ist nur immer dem einen abweichenden Vorzeichen Rechnung zu tragen. Dagegen fällt die Vermeilsche Integration über eine unendlich kleine Kugel weg, denn $ds^2 = \text{const}$ bedeutet jetzt eine hyperboloidartige Mannigfaltigkeit, die sich entlang $ds^2 = 0$ ins Unendliche zieht.

§ 5. Das Äquivalenzproblem in Räumen verschwindenden, bzw. konstanten Riemannschen Krümmungsmaßes.

Nach Analogie mit dem, was wir für $n = 2$ entwickelten, sollten jetzt einige Angaben über das Äquivalenzproblem zweier ds^2 (mit n Variablen) folgen. Aber wir müssen diese Erörterungen noch hinausschieben, weil uns bestimmte Hilfsbegriffe, die erst weiter unten erörtert werden können, noch nicht zur Verfügung stehen. Ebensowenig können hier schon allgemeinere Angaben über diejenigen ds^2 gemacht werden, welche durch kontinuierliche Scharen von Transformationen (die sich dann als Gruppen mit endlicher Parameterzahl erweisen) in sich übergehen. Nur von den Fällen, wo das Riemannsche Krümmungsmaß entweder identisch verschwindet oder (unabhängig von den p_{ik} und den $x_1 \ldots x_n$) einen konstanten Wert hat, soll hier die Rede sein.

Beispiele für derartige Fälle sind unmittelbar zur Hand:

1. *Der „Euklidische" Raum von n Dimensionen,* wo das ds^2, in Normalkoordinaten geschrieben, die einfache Form annimmt

$$ds^2 = \sum dy_i^2, \tag{26}$$

die ferneren Glieder der Formel (5) aber wegfallen, so daß das Riemannsche Krümmungsmaß gewiß identisch verschwindet. Das vorstehende ds^2 bleibt nicht nur bei orthogonalen Substitutionen der y_i, sondern auch bei Vermehrung der y_i um beliebige Konstanten c_i ungeändert, was zusammen eine Gruppe von $\frac{n(n+1)}{2}$ Parametern ergibt: die Gruppe der Euklidischen Bewegungen und Umlegungen. Ferner:

2. *Die innere Geometrie der im Euklidischen Raume von* $(n + 1)$ *Dimensionen gelegenen n-dimensionalen Kugel.* — Man denke sich in dem genannten Raume ein System gewöhnlicher, zueinander rechtwinkliger Parallelkoordinaten

$$z, z_1, z_2, \ldots, z_n$$

eingeführt. Wir haben dann als Gleichung einer um O herumgelegten Kugel

$$z^2 + z_1^2 + z_2^2 + \cdots + z_n^2 = a^2, \tag{27}$$

und die inneren Maßverhältnisse dieser Kugel werden gewiß bei der $G_{\frac{n(n+1)}{2}}$ der (homogenen, linearen) orthogonalen Substitutionen der $z, z_1, \ldots, z_n$ nicht geändert. Nunmehr wolle man (27) dadurch identisch befriedigen, daß man die $z, z_1, \ldots, z_n$ irgendwie als Funktionen von n unabhängigen Parametern $x_1 \ldots x_n$ anschreibt. Das ds^2 des $(n+1)$-dimensionalen Raumes, $ds^2 = dz^2 + dz_1^2 + \ldots + dz_n^2$, verwandelt sich dann in eine quadratische Form mit nur n Differentialen

$$(28) \qquad ds^2 = \sum a_{ik}\, dx_i\, dx_k,$$

welche durch eine Gruppe von Transformationen mit $\frac{n(n+1)}{2}$ Parametern in sich übergeführt wird. Diese Transformationen werden gestatten, jeden Punkt (x) in dem Raumstück der x, innerhalb dessen die z eindeutige Funktionen der x sein mögen, in jeden anderen und jedes von einem Punkte (x) auslaufende Büschel $\varkappa d + \lambda \delta$ in jedes andere derartige Büschel zu verwandeln. Daher erhält das Riemannsche Krümmungsmaß von (28) notwendigerweise in *konstanten* Wert.

Am einfachsten scheint es, als Parameter $x_1 \ldots x_n$ in gewöhnlicher Weise Polarkoordinaten einzuführen, also etwa nach dem Schema, das ich hier der Kürze halber nur für $n = 3$ hersetze (vgl. [13] S. 181):

$$(29) \qquad z = a \cos\vartheta, \quad z_1 = a \sin\vartheta \cos\varphi, \quad z_2 = a \sin\vartheta \sin\varphi \cos\psi,$$
$$z_3 = a \sin\vartheta \sin\varphi \sin\psi.$$

Unser ds^2 (28) nimmt dann folgende Form an:

$$(30) \qquad ds^2 = a^2 d\vartheta^2 + a^2 \sin^2\vartheta\, d\varphi^2 + a^2 \sin^2\vartheta \sin^2\varphi\, d\psi^2.$$

Wir werden nun zu Riemannschen Normalkoordinaten übergehen, indem wir setzen

$$(31) \qquad \varrho = a\vartheta, \quad y_1 = \varrho\cos\varphi, \quad y_2 = \varrho\sin\varphi\cos\psi, \quad y_3 = \varrho\sin\varphi\sin\psi,$$

wo ϱ, wie es sein muß $= \sqrt{y_1^2 + y_2^2 + y_3^2}$ wird. Man berechnet sofort:

$$(32) \qquad d\varrho^2 = \sum dy_i^2 - \frac{\sum (y_i\, dy_k - y_k\, dy_i)^2}{y_1^2 + y_2^2 + y_3^2},$$

$$(33) \qquad ds^2 = d\varrho^2 + a^2 \left(\sin\frac{\varrho}{a}\right)^2 \frac{\sum (y_i\, dy_k - y_k\, dy_i)^2}{(y_1^2 + y_2^2 + y_3^2)^2}.$$

Hier ist bei O nicht etwa eine Unstetigkeit vorhanden, vielmehr entwickelt sich das ds^2 nach ganzen positiven Potenzen der y_i in eine Reihe, deren Anfangsterme so lauten:

$$(34) \qquad ds^2 = \sum dy_i^2 - \frac{1}{3a^2} \sum (y_i\, dy_k - y_k\, dy_i)^2.$$

Man erkennt: *Das Riemannsche Krümmungsmaß hat für den Punkt O, unabhängig von der Auswahl des Büschels $\varkappa d + \lambda\delta$ und damit, wegen* *der* $G_{\frac{n(n+1)}{2}}$, *für jeden anderen Punkt* (y) *und jedes andere Büschel den Wert:*

$$K_R = \frac{1}{a^2}. \tag{35}$$

Die geometrische Einkleidung der Überlegung betrifft dabei nur die Form der Darlegung; das Resultat (35) muß sich aus den Formeln (32), (33), auch was die Gleichberechtigung eines beliebigen Punktes (y) mit dem Punkte O angeht, rein rechnerisch ergeben. Wir schließen daraus, daß wir eine Mannigfaltigkeit konstanter Krümmung vor uns haben, auch wenn das in (35) definierte K_R negativ, also der Radius der Ausgangskugel rein imaginär sein sollte.

Damit haben wir nun, wenn anders wir mit dem Bogenelement beginnen wollen, in (32), (33) den Ausgangspunkt zur Behandlung der Raumformen konstanter Krümmung, wie sie in der Nichteuklidischen Geometrie unterschieden werden. Der Fall verschwindender Krümmung ordnet sich als Übergangsfall ein, indem man a unendlich groß werden läßt. Im übrigen kommen, wie wir schon bei $n = 2$ andeuteten, wenn wir den Gesamtverlauf der Räume betrachten wollen, noch weitere Unterscheidungen hinzu, die man am besten faßt, wenn man nicht vom Infinitesimalen beginnt, sondern die Allgemeinauffassungen der projektiven Geometrie voranstellt[1]).

Mit den vorstehenden Entwicklungen haben wir nur die eine leichtere Hälfte der Angaben, welche Riemann in seinem Habilitationsvortrag gemacht hat, erledigt. Nicht daß (26) und (32), (33) zu $K_R = 0$ bzw. $K_R = \frac{1}{a^2}$ führen, sondern daß umgekehrt die Annahme $K_R = 0$ bzw. $K_R = \frac{1}{a^2}$ mit Notwendigkeit zu den hingeschriebenen Formen des ds^2 führen, ist die Hauptsache. Riemann hat sich mit einer bloßen Andeutung seines Gedankenganges und einer Angabe der Tatsache begnügt. Einen ersten, noch recht umständlichen Beweis gibt Lipschitz in Crelle 70, 72 (1869, 70). Einfacher sind die Erläuterungen, welche Weber diesbezüglich der Riemannschen Preisarbeit in der 2. Auflage von Riemanns Werken hinzugefügt hat (1892). Einen Beweis von Christoffels allgemeinen Untersuchungen betr. die Äquivalenz zweier quadratischer Differentialformen aus gibt Bianchi in (5), VII 2 der Rendiconti dell' Academia dei Lincei (1897). Ich werde hier den Beweis eines allgemeineren, ganz elementaren Satzes skizzieren, den ich mit Frl. Noether und Herrn Vermeil überlegt habe. Aus ihm folgen die Sätze betr. $K_R = 0$ und $K_R = \frac{1}{a^2}$ als bloße Korollare.

---

[1]) Es wird dies nur deshalb wiederholt vermerkt, weil verbreitete Lehrbücher der Nichteuklidischen Geometrie in dieser Hinsicht versagen (z. B. Bianchi-Lukat, Bonola-Liebmann usw.).

Wir haben bei Zugrundelegung von Normalkoordinaten nach (5), S. 178

$$ds^2 = \sum dy_i^2 + \sum \mathfrak{P}_{ik,rs}(y_i dy_k - y_k dy_i)(y_r dy_s - y_s dy_r),$$

wo wir für die $\mathfrak{P}_{ik,rs}$ irgendwelche noch positiven Potenzen der y fortschreitende Reihen nehmen dürfen (die nur der Bedingung unterliegen werden, für hinreichend kleine Werte der y zu konvergieren). Andererseits berechnen wir uns die Koeffizienten (ik, rs) der Krümmungs-Form $[\Omega]$

$$[\Omega] = \sum (ik, rs)(\delta y_i dy_k - \delta y_k dy_i)(\delta y_r dy_s - \delta y_s dy_r)$$

nach (37), S. 174 ebenfalls als solche Potenzreihen. Nun können wir die $\mathfrak{P}_{ik,rs}$ noch mannigfach modifizieren, ohne an dem ds^2 irgend etwas abzuändern. Hierzu dienen einmal die Identitäten, die zwischen den p_{ik}, p_{rs} mit verschiedenen Indizes bestehen

$$p_{ik} p_{rs} + p_{ir} p_{sk} + p_{is} p_{kr} = 0;$$

wir hatten sie schon früher in Betracht gezogen, als wir nur von den konstanten Gliedern der $\mathfrak{P}_{ik,rs}$ handelten. Ferner aber die noch einfacheren Beziehungen mit 3 Indizes:

$$y_i p_{kr} + y_k p_{ri} + y_r p_{ik} \equiv 0.$$

Man wird diese Identitäten benutzen können, um die $\mathfrak{P}_{ik,rs}$ in bestimmter, hier nicht auszuführender Weise zu normieren. Endlich kommt in Betracht, daß die Reihenglieder, welche bei der Entwicklung der (ik, rs) auftreten, eo ipso eine große Zahl linearer Beziehungen darbieten, die genau den Beziehungen zwischen den Koeffizienten der normierten $\mathfrak{P}_{ik,rs}$ entsprechen.

Aus dem Bildungsgesetz von $[\Omega]$ folgt dann das Theorem, um welches es sich hier handelt, *daß nämlich die einzelnen Reihenglieder der normierten $\mathfrak{P}_{ik,rs}$ aus den Reihengliedern der (ik, rs) eindeutig berechnet werden können.* Man hat für die aufeinanderfolgenden Glieder eine ganze Reihe von Formeln, deren niederste durch die Formel (9) S. 179 gegeben sind, wenn wir sie so schreiben:

$$a_{ik,rs} = \frac{1}{6}(ik, rs)_{0,0,\cdots,0}. \tag{36}$$

Insbesondere folgt, daß die normierten $\mathfrak{P}_{ik,rs}$ sämtlich verschwinden, wenn $K_R \equiv 0$ angenommen wird, und daß sie gerade die Werte (32), (33) annehmen, wenn man $K_R \equiv \frac{1}{a^2}$ setzt.

Man darf vermuten, daß durch die so skizzierten einfachen Überlegungen gerade der Gedankengang reproduziert wird, den Riemann bei seinem Habilitationsvortrage vor Augen hatte. Heißt es doch da kurz (S. 282 der Werke, 2. Aufl.), daß durch das Krümmungsmaß die Maßverhältnisse der Mannigfaltigkeit vollständig bestimmt seien: Auch die Reihenfolge der sonstigen Entwicklungen dort läuft mit der hier eingehaltenen parallel. Insbesondere wird verständlich, wenn er betreffend die Mannigfaltigkeiten konstanten Krümmungsmaßes l. c. fortfahrend sagt: „es sind daher um einen Punkt nach allen Richtungen die Maßverhältnisse genau dieselben, wie um einen anderen, und also um ihn dieselben Konstruktionen ausführbar, und folglich kann in den Mannigfaltigkeiten mit konstantem Krümmungsmaß den Figuren jede beliebige Lage gegeben werden." – Um die Existenz einer $G_{\frac{n(n+1)}{2}}$, welche die Mannigfaltigkeit konstanter Krümmung in sich transformiert, von vornherein verständlich zu machen, hatten wir zu Anfang des Paragraphen an die Betrachtung einer n-dimensionalen Kugel des $(n+1)$-dimensionalen Euklidischen Raumes angeknüpft. Dies hat nach der zitierten Angabe Riemanns natürlich nur pädagogischen Wert, die Existenz der Automorphien ergibt sich von selbst, ohne daß man aus der „inneren" Geometrie des R_n heraustritt. Übrigens aber hat Riemann sicher auch an das Kugelbeispiel gedacht. Denn die Form des Bogenelementes konstanter Krümmung, welches er l. c. des weiteren angibt

$$ds = \frac{1}{1 + \frac{K}{4}\sum x^2} \sqrt{\sum dx^2} \tag{37}$$

ergibt sich sofort, wenn man die Beziehung zwischen der Kugel und dem Euklidischen Raum der x durch gewöhnliche stereographische Projektion herstellt.

E. Einiges von der Weiterentwicklung über Riemann hinaus.

§ 1. Charakterisierung der um 1870 hervortretenden Persönlichkeiten und ihres nachwirkenden Einflusses.

Wir haben im Vorhergehenden schon verschiedentlich auf die Arbeiten von Beltrami, Christoffel und Lipschitz hingewiesen, auch mancherlei von der ausgeprägten formentheoretischen Auffassung, die die reifste Frucht der Lipschitzschen Arbeiten ist, zur Geltung gebracht. Indem wir jetzt unternehmen, darüber ausführlicher zu berichten, müssen wir zunächst von der Art ihrer Persönlichkeiten und von den Bedingungen, unter denen sie gewirkt haben, einiges sagen.

Beltrami geht ursprünglich von der Flächentheorie aus und wendet sich später, von 1869 an, wesentlich zur mathematischen Physik. Indem er unternimmt, auch hier die allgemeine Theorie der quadratischen

Differentialformen zur Geltung zu bringen, bevorzugt er bei der Entwicklung der Theorie diejenigen Fragestellungen und Methoden, welche in Physik und Mechanik ihre Entwicklung gefunden haben. Daher überall die Voranstellung der Variationsprinzipe und der Integralsätze, worüber wir noch genauer zu berichten haben werden.

Auch bei Lipschitz spielt die Beziehung zur Mechanik und Variationsrechnung eine große Rolle. Er setzt die ganze Entwicklung, welche diese Disziplinen über Lagrange hinaus durch Jacobi gefunden haben, fortgesetzt als bekannt voraus. Hierin mag einer der Gründe liegen, weshalb seine Arbeiten von seiten der Geometer und Algebraiker bis in die neueste Zeit nur teilweise Beachtung gefunden haben. Da scheint Christoffel bequemer, der nur algebraische Umformungen und Differentiationen benutzt. Aber es kommt noch ein weiteres dazu. Lipschitz ist zwar ein sehr pflichttreuer, aber kein anregender Lehrer gewesen, was Christoffel im höchsten Grade war; 1869 von der Berliner Gewerbeschule an das Züricher Polytechnikum berufen, hat er an beiden Orten dauernde Anregungen zur Weiterarbeit auf dem von ihm betretenen Gebiet hinterlassen. In Berlin lebt sein Andenken bis auf den heutigen Tag in der flächentheoretischen Schule nach, deren Haupt einst Weingarten gewesen ist. Von Zürich aus aber erstreckte sich sein Einfluß auf Italien, wo sich Bianchi an ihn anschloß und seine Gedanken durch Ricci eine sympathische Weiterbildung gefunden haben. Ricci hat für die Invariantentheorie der quadratischen Differentialformen einen besonderen Kalkül entwickelt, welchen er den „*Calcolo differenziale assoluto*" nannte; man findet eine ausgearbeitete Darstellung desselben mit zahlreichen Anwendungen auf die verschiedensten Fragen der Geometrie, Mechanik und Physik insbesondere in einer von ihm zusammen mit Levi-Civita verfaßten Abhandlung in Bd. 54 der Mathematischen Annalen (1900/01). Ricci verwirft die Ansätze seines Landsmannes Beltrami, die in der Tat nur besondere Invarianten liefern (s. u.), ausdrücklich als „troppo artificiosi".

Die Christoffel-Riccische Darstellung hat weithin Verbreitung gefunden. In der Monographie von Edmund Wright, „Invariants of a quadratic form" (Cambridge tracts, 1908) nimmt sie den Ehrenplatz ein (während von Riemann nur beiläufig und von Lipschitz gar nicht die Rede ist). Ebenso ist z. B. Einstein in der Christoffel-Riccischen Tradition aufgewachsen.

Wir haben diese Verhältnisse hier zur Sprache gebracht, weil ihre Kenntnis für ein wirkliches Verständnis der einschlägigen Literatur unerläßlich scheint. Trotz aller Jahresberichte und Enzyklopädien, trotz aller durch Kongresse ermöglichten persönlichen Bezugnahme zwischen den Mathematikern behauptet bei der Weiterführung der mathematischen Forschung die zufällige Tradition und die Schulbildung ihren Einfluß.

§ 2. Invariantenbildung bei Beltrami.

Die Methode der Variationsrechnung.

Es ist ein altes Problem der mathematischen Physik, den Ausdruck $\Delta_2 u = \frac{\partial^2 u}{\partial x^2} + \frac{\partial^2 u}{\partial y^2} + \frac{\partial^2 u}{\partial z^2}$ (den Lamé den „zweiten Differentialparameter" von u nannte) in beliebige krummlinige Koordinaten umzurechnen. Den einfachsten Ansatz dazu hat (in Verallgemeinerung Lagrangescher Methoden) Jacobi in Crelles Journal Bd. **36** (1848) gegeben (Über eine partikuläre Lösung der Gleichung $\Delta_2 u = 0$; Werke II, S. 193 ff.). Man berechne in den neuen Koordinaten zunächst $ds^2 = dx^2 + dy^2 + dz^2$ und daraus den „ersten" Differentialparameter $\Delta_1 u = \left(\frac{\partial u}{\partial x}\right)^2 + \left(\frac{\partial u}{\partial y}\right)^2 + \left(\frac{\partial u}{\partial z}\right)^2$. Zu der gesuchten Formel für Δ_2 kommt man dann durch die Bemerkung, daß

(1) $$\iiint \Delta_1 u \, dx \, dy \, dz,$$

erstreckt über irgend ein vorgegebenes Raumstück, eine Integralinvariante dieses Raumstücks ist, und daß dementsprechend auch die bei Festhaltung der Begrenzung gebildete Variation

(2) $$\delta \iiint \Delta_1 u \, dx \, dy \, dz = -2 \iiint \Delta_2 u \, \delta u \, dx \, dy \, dz$$

eine invariante Bedeutung haben muß.

Diesen Ansatz hat nun Beltrami 1868 (sulla theoria generale dei parametri differenziali, Memorie di Bologna (2) VIII = Werke I) auf n Variable und ein beliebig vorgelegtes Bogenelement $ds^2 = \sum a_{ik} \, dx_i \, dx_k$ übertragen. Wir bezeichnen, wie früher, die Determinante von ds^2 mit a, die Koeffizienten der reziproken Form mit a^{ik}. Der „erste Differentialparameter" einer Funktion u wird dann sein:

(3) $$\Delta_1 u = \sum a^{ik} \frac{\partial u}{\partial x_i} \frac{\partial u}{\partial x_k}.$$

An Stelle des Integrals (1) aber tritt:

(4) $$\iint \cdots \int \Delta_1 u \sqrt{a} \, dx_1 \ldots dx_n,$$

erstreckt über irgend ein n-dimensionales Raumstück. Den „zweiten Differentialparameter" $\Delta_2 u$ werden wir nun in der Weise definieren, daß wir die bei Festhaltung der Integrationsgrenzen gebildete Variation:

(5) $$\delta \iint \cdots \int \Delta_1 u \sqrt{a} \, dx_1 \ldots dy_n = -2 \iint \cdots \int \Delta_2 u \, \delta u \sqrt{a} \, dx_1 \ldots dx_n$$

setzen. Hier wird nach den Regeln der Variationsrechnung:

(6) $$\Delta_2 u = \frac{1}{\sqrt{a}} \sum_i \frac{\partial \left(\sqrt{a} \sum_k a_{ik} \frac{\partial u_i}{\partial x_k} \right)}{\partial x_i}$$

und ist, weil nur mit invarianten Größenverbindungen gerechnet wird, eo ipso eine Invariante.

Die hiermit erläuterte Methode der Invariantenbildung wird im folgenden noch mehrmals zur Geltung gelangen.

Wir wollen dabei von vornherein hervorheben, daß die Irrationalität $\sqrt{a}$ in $\Delta_2 u$ nur scheinbar auftritt, daß sie sich vielmehr bei Ausführung der in (6) angedeuteten Differentiationen von selbst weghebt. — Im übrigen kann man, wie dies Beltrami auch ausführt, die Invarianz von (6) gegenüber beliebigen Koordinatentransformationen natürlich durch direkte Umrechnung des Differentialquotienten bestätigen. Es müßte geradezu möglich sein, die charakteristische Umsetzung, welche die Variationsrechnung beim Übergang von (5) zu (6) durch partielle Integration bewerkstelligt, durch eine algebraische Identität zu ersetzen. So haben wir es auf S. 142 oben für das bei einem System einzelner Massenpunkte auftretende Integral der kleinsten Wirkung vermöge Übergangs zur Lagrangeschen „Zentralgleichung" gemacht. Indes scheint dies für mehrfache Integrale, wie wir sie hier und in der Folge vor uns haben, noch nicht ausgeführt zu sein.

Die Methode der Integralbeziehungen.

Eine Verallgemeinerung der gerade gelösten Aufgabe, den zweiten Differentialparameter einer skalaren Funktion u zu berechnen, ist die, für ein irgendwie gegebenes Vektorfeld des n-dimensionalen Raumes die Divergenz aufzustellen. Wir müssen jetzt nur, im Gegensatz zum vorigen Kapitel, wo wir ausschließlich mit orthogonalen Koordinaten operierten, festsetzen, ob unsere Vektorkomponenten zu den dx_i kogredient oder kontragredient sein sollen. Die Komponenten $\frac{\partial u}{\partial x_i}$ des zunächst erledigten speziellen Falles sind kontragredient, also mögen wir auch im allgemeinen Falle zunächst kontragrediente Komponenten annehmen, die wir

$$u_1,\ u_2,\ \ldots,\ u_n \tag{7}$$

nennen wollen. Das erste ist dann freilich, daß wir uns aus ihnen kogrediente Komponenten verschaffen, indem wir etwa

$$\xi_i = \sum a^{ik} u_k \tag{7'}$$

setzen. Im übrigen können wir etwa so vorgehen: Wir bilden uns unter Benutzung Graßmannscher Determinanten die Invariante:

$$d\omega = \sqrt{a} \begin{vmatrix} \xi_1 & \cdots & \xi_n \\ d^{(1)} x_1 & \cdots & d^{(1)} x_n \\ & & \\ d^{(n-1)} x_1 & \cdots & d^{(n-1)} x_n \end{vmatrix} \tag{8}$$

(wo die $d^{(1)} \ldots d^{(n-1)}$ die Symbole von irgend $(n-1)$ kogredienten

Differentialien sein werden). Hieraus wieder die über irgend eine $(n-1)$-dimensionale Mannigfaltigkeit erstreckte Integralvariante:

$$\int\int\cdots\int d\omega\,. \tag{9}$$

Diese Mannigfaltigkeit wähle man nun insbesondere geschlossen, in der Weise, daß sie ein bestimmtes n-dimensionales Raumstück umgrenzt. Dann können wir (9) in ein n-faches über dieses Raumstück erstrecktes Integral umsetzen, das bei üblicher Schreibweise des Raumdifferentials folgende Gestalt hat:

$$\int\int\cdots\int\left(\frac{\partial\sqrt{a}\,\xi_1}{\partial x_1}+\cdots+\frac{\partial\sqrt{a}\,\xi_n}{\partial x_n}\right)dx_1\,dx_2\cdots dx_n\,. \tag{10}$$

Indem wir im Nenner und Zähler noch $\sqrt{a}$ als Faktor hinzusetzen, erkennen wir, daß

$$\frac{\dfrac{\partial\sqrt{a}\,\xi_1}{\partial x_1}+\cdots+\dfrac{\partial\sqrt{a}\,\xi_4}{\partial x_4}}{\sqrt{a}} \tag{11}$$

eine Ortsinvariante ist. *Sie wird allgemein die Divergenz unseres Vektorfeldes* (7) *bedeuten, weil sie es im Falle rechtwinkliger Parallelkoordinaten tut.*

Auch diese ganze Umrechnung ist, soviel ich sehen kann, zuerst von Beltrami gegeben, freilich nur im speziellen Falle $n = 3$ in einer daran angepaßten geometrischen Begründung. Man sehe seine „Ricerche sulla cinematica dei fluidi", Teil I (Memoria di Bologna (3), I, 1871 = Werke II).

§ 3. Lipschitz und Christoffel: Invariantenbildung durch Differentiation und Elimination, insbesondere durch „kontragrediente Differentiation".

Die im vorigen Paragraphen besprochenen Methoden der Invariantenbildung mag man insofern als „transzendent" bezeichnen, als bei ihrer Entwicklung nicht nur Differentiationen sondern auch Integrationen benutzt werden. Demgegenüber kehren wir jetzt zu dem elementaren Ansatz zurück, der uns schon im Abschnitt C zu der fundamentalen Invariante $[\Omega]$ (der Riemannschen Krümmungsform) führte und dessen Grundgedanken wir etwa so formulieren können:

„Es möge sich um Bildung von Invarianten handeln, welche, wenn überhaupt, nur erste Differentiale der x_i enthalten. Hat man in J eine erste solche Invariante, so sind natürlich δJ oder $\delta\delta J$, ... oder irgendwelche Verbindungen solcher Ausdrücke, selbst wieder Invarianten. Enthält dann diese Verbindung keine höheren Differentiale der x_i als zweite, so wird man diese durch Subtraktion geeigneter Aggregate der in der Theorie der geodätischen Linien auftretenden Invarianten beseitigen können, wodurch man dann wieder eine Invariante mit nur ersten Differentialien hat."

So wurde das Verfahren von Lipschitz in Crelle 72, S. 16—17 (1870) dargelegt und in erster Linie zu einer möglichst direkten Berechnung einer quadrilinearen Invariante $\Psi(d'_x, \delta'_x, d_x, \delta_x)$ angewandt, aus der unser $[\Omega]$ entsteht, wenn man $d'_x = d_x, \delta'_x = \delta_x$ setzt. Lipschitz fährt dann fort: „Auf demselben Grunde ruht die Methode des Herrn Christoffel (Crelle 70, S. 57, 1869), um aus einer mit $f(x)$ kovarianten mehrfach linearen Form:

$$F(d^{(1)}x, d^{(2)}x, \cdots, d^{(n)}x)$$

eine von gleicher Eigenschaft abzuleiten, bei der die Zahl der Systeme von Differentialen um Eins größer ist."

Diese Methode soll hier dargelegt werden, weil sie für Christoffels eigene Entwicklungen, wie die ganze an ihn anschließende Literatur grundlegend ist. Insbesondere wurde sie von Ricci in seinem Calcolo assoluto in den Vordergrund gerückt und als „*kovariante*" Differentiation bezeichnet; wir selbst werden, entsprechend dem von uns festgehaltenen Sprachgebrauch, lieber kontragrediente Differentation sagen[1]).

Wir beginnen mit dem einfachsten Beispiele. Sei ein Pfaffscher Ausdruck

$$(12) \qquad \sum_i u_i\, d x_i$$

(d. h. ein kontragredientes Vektorfeld $u_1 \ldots u_n$) gegeben und damit eo ipso als eine der Grundformen in die Reihe der von uns niederzuschreibenden Invarianten aufgenommen. Wir bilden uns $\delta(\sum u_i\, d x_i)$, was wir so schreiben werden:

$$(13) \qquad \delta(\sum u_i\, d x_i) = \sum_{i,k} \frac{\partial u_i}{\partial x_k} d x_i\, \delta x_k + \sum_r u_r\, \delta\, d x_r .$$

Andererseits haben wir uns in der Theorie der geodätischen Linien (S. 173) den zu den $d x_r$ kogredienten Vektor hergestellt:

$$\delta\, d x_r + \sum_{i,k} \begin{Bmatrix} i\,k \\ r \end{Bmatrix} d x_i\, \delta x_k$$

(unter dem Klammerausdruck das sogenannte Christoffelsche Symbol zweiter Art verstanden). Wir haben danach die weitere Invariante:

$$(14) \qquad \sum_r u_r\, \delta\, d x_r + \sum_{i,k,r} \begin{Bmatrix} i\,k \\ r \end{Bmatrix} u_r\, d x_i\, \delta x_k .$$

---

[1]) Die Bezeichnung von Ricci hat sich heute fast allgemein eingebürgert. Vgl. Note 1, S. 167. Bei $a_{ik} = \text{const}$, d. h. für Euklidische Räume geht die kovariante Differentiation in die gewöhnliche Differentiation über. (H.)

Wir subtrahieren (14) von (13) und haben so als neue, nur erste Differentiale enthaltende Invariante die Bilinearform:

$$\sum_{i,k}\left[\frac{\partial u_i}{\partial x_k}-\sum_r\left\{\begin{matrix} i\,k \\ r \end{matrix}\right\}u_r\right]dx_i\,\delta x_k\,, \tag{15}$$

die wir abkürzend mit

$$(\delta)\,(\sum_i u_i\,dx_i) \tag{15'}$$

bezeichnen wollen.

Die Erweiterung des Ansatzes auf höhere Fälle geschieht, wie schon angedeutet, in der Weise, daß man statt der Linearform (12) eine Multilinearform zugrunde legt. Stellen wir etwa die Bilinearform

$$\sum_{i,k} u_{ik}\,dx_i\,d'x_k \tag{16}$$

an die Spitze. Wir haben dann als abgeleitete Invariante zunächst:

$$\begin{aligned}\delta\Big(\sum_{i,k} u_{ik}\,dx_i\,d'x_k\Big) &= \sum_{i,k,l}\frac{\partial u_{ik}}{\partial x_l}\,dx_i\,d'x_k\,\delta x_l \\ &+ \sum_{r,k} u_{rk}\,d'x_r\,\delta\,dx_r \\ &+ \sum_{i,s} u_{is}\,dx_i\,\delta\,d'x_s\,,\end{aligned} \tag{17}$$

ferner als Invarianten gemäß der Theorie der geodätischen Linien:

$$\begin{aligned}&\sum_{r,k} u_{rk}\,d'x_k\Big(\delta\,dx_r+\sum_{i,l}\left\{\begin{matrix} i\,l \\ r \end{matrix}\right\}dx_i\,\delta x_l\Big)\\ \text{bzw.}\quad &\sum_{i,s} u_{is}\,dx_i\,\Big(\delta d'x_s+\sum_{k,l}\left\{\begin{matrix} l\,k \\ s \end{matrix}\right\}d'x_k\,\delta x_l\Big).\end{aligned} \tag{18}$$

Indem wir von (17) die beiden (18) subtrahieren, bekommen wir die Trilinearinvariante:

$$\sum_{i,k,l}\Big(\frac{\partial u_{ik}}{\partial x_l}-\sum_r\left\{\begin{matrix} i\,l \\ r \end{matrix}\right\}u_{rk}-\sum_s\left\{\begin{matrix} l\,k \\ s \end{matrix}\right\}u_{is}\Big)dx_i\,d'x_k\,\delta x_l \tag{19}$$

usw. fort.

Natürlich steht nichts im Wege, in diesen Formeln verschiedene Differentialreihen dx_i, $d'x_i$, ... zusammenfallen zu lassen und dadurch zu Differentialformen überzugehen, welche in einzelnen Differentialen höheren Grades sind. Umgekehrt kann man vorgelegte Invarianten höheren Grades durch geeignete Polarenbildung immer durch multilineare Verbindungen verschiedener Reihen dx_i, $d'x_i$, ... ersetzen.

Als Einzelausführungen mögen noch folgende Angaben hier ihre Stelle finden:

1. Die kontragrediente Ableitung von ds^2 selbst bzw. seiner Polare

$$\Sigma\, a_{ik}\,dx_i\,d'x_k$$

ist identisch Null (Ricci und Levi-Civita, Math. Ann. 54, S. 138).

2. Setzt man in (15) für die dx_i, δx_k die ihnen kogredienten a^{ik}, so erhält man in

$$(20) \qquad \sum_{i,k} \left[\frac{\partial u_i}{\partial x_k} - \sum_r \begin{Bmatrix} i\,k \\ r \end{Bmatrix} u_r \right] a^{ik}$$

in rationaler Form die Divergenz des Vektorfeldes u (die wir oben, S. 192, in irrationaler Form abgeleitet hatten); vgl. Math. Ann. 54, S. 195.

3. Um die Koeffizienten (ik, rs) der Riemannschen Krümmungsform durch kontragrediente Differentiation zu gewinnen, bedarf es eines kleinen Umwegs, den wir von rückwärts durchlaufen wollen. Man leite nämlich aus dem Lipschitzschen Ψ, das wir oben (S. 193) erwähnten, durch Eintragung von $\sum_p a^{ik} u_p$ für die $d'x_i$ die neue Invariante ab:

$$(21) \qquad \sum_{i,k,r,s,p} (ik, rs)\, a^{ip} u_p\, \delta' x_k\, dx_r\, \delta x_s \,.$$

Eben diese, in den $\delta' x$, dx, δx trilineare Form erzeugt man aus $\sum_i u_i\, dx_i$ durch Bildung der Differenz

$$(22) \qquad (\delta)(\delta')\left(\sum u_i\, dx_i\right) - (\delta')(\delta)\left(\sum u_i\, dx_i\right).$$

Man vergleiche Math. Ann. 54, S. 143. (Es ist dieses die Art, wie Einstein in seiner Schrift über die Grundlagen der allgemeinen Relativitätstheorie, Ann. d. Phys. 49, 1916, zu den (ik, rs) vordringt.)

§ 4. Über Christoffels Abhandlung von 1869.

Wir haben nun alle Voraussetzungen, um Christoffels S. 166 genannte Abhandlung von 1869 nach ihrem Aufbau und ihren Resultaten zu charakterisieren; unser Bericht schließt sich mit den Schlußerörterungen des vorigen Abschnitts gut zusammen.

1. Wie schon früher erwähnt, macht Christoffel nirgendwo von Integralrechnung oder Variationsrechnung Gebrauch; seine einzigen Hilfsmittel sind Differentiation und algebraische Elimination.

2. Im übrigen beginnt er keineswegs damit, wie wir es seither taten, direkte Methoden zur Aufstellung von Invarianten (oder, wie er sagt: Kovarianten) der vorgelegten quadratischen Differentialform $\sum a_{ik}\, dx_i\, dx_k$ zu entwickeln. Vielmehr geht er von dem Äquivalenzproblem aus: wann kann $\sum a_{ik}\, dx_i\, dx_k$ vermöge einer Substitution $x_i = \varphi_i\,(x_1' \ldots x_n')$ in eine zweite vorgelegte Form $\sum a_{ik}'\, dx_i'\, dx_k'$ transformiert werden? Und erst von hier aus kommt er auf dem Wege komplizierter Elimination zu dem Begriff der Invariante (bzw. Kovariante) von ds^2, welche der entsprechenden Invariante von ds'^2 gleich sein muß, falls Äquivalenz stattfinden soll.

Hierzu ist zu bemerken: auch im Falle der elementaren (linearen) Invariantentheorie hat man versucht, die Äquivalenzfrage als Ausgangspunkt zu wählen (vgl. Aronhold in Crelle 62 (1863): Über eine fundamentale Begründung der Invariantentheorie). Man ist aber je länger je mehr davon zurückgekommen, nicht nur weil die Rechnungen sehr kompliziert ausfallen, sondern weil man nicht übersehen kann, wie weit die Betrachtungen, die sich ganz im allgemeinen halten müssen, im speziellen Falle ausreichend sein mögen. Wir haben das schon früher erörtert[1]).

3. Wie dem auch sei, es gelingt Christoffel durch Bewältigung eines sehr umfangreichen Formelapparates, aus der Bilinearform:

$$G_2 = \sum a_{ik}\, dx_i\, \delta x_k$$

(der Polaren von ds^2) eine *quadrilineare Kovariante* G_4 abzuleiten, die bis auf einen Zahlenfaktor mit dem vorhin erwähnten, bei Lipschitz auftretenden Ψ identisch ist und wie dieses als Polare der Riemannschen Krümmungsform $[\Omega]$ angesehen werden kann.

4. Aus seinem G_4 gewinnt dann Christoffel durch wiederholte Anwendung der kontragredienten Differentiation eine unendliche Zahl weiterer multilinearer Kovarianten. Wir haben so schließlich eine unendliche Reihe von Differentialformen:

$$G_2,\ G_4,\ G_5,\ G_6,\ G_7,\ \ldots$$

5. Und nun entwickelt er einen Satz[2]), den ich als das Hauptergebnis seiner Überlegungen ansehe und den *Reduktionssatz* nennen möchte, weil er die Frage nach der Äquivalenz zweier ds^2 vermöge beliebiger Substitution $x_i = \varphi_i(x'_1 \ldots x'_n)$ auf eine Äquivalenzfrage der linearen Invariantentheorie reduziert.

Die Sache ist folgende: Mit den Substitutionen $x_i = \varphi_i$ hat man für die Differentiale die linearen Substitutionen:

$$dx_i = \frac{\partial \varphi_i}{\partial x'_1} dx'_1 + \cdots + \frac{\partial \varphi_i}{\partial x'_n} dx'_n. \tag{24}$$

Aufgefaßt als Formen dieser Differentiale müssen also die

$$G_2, G_4, G_5, \ldots \quad \text{mit den} \quad G'_2, G'_4, G'_5, \ldots$$

linear äquivalent sein (wobei die $x_1 \ldots x_n$ bzw. $x'_1 \ldots x'_n$ die Rolle von Parametern spielen). Sei jetzt

$$dx_i = c_{i1}\, dx'_1 + \cdots + c_{in}\, dx'_n \tag{25}$$

eine lineare Substitution, welche tatsächlich die G_ν in die entsprechenden G'_ν überführt. Dann wird man zu einer zugehörigen Substitution:

$$x_i = \varphi_i(x'_1 \ldots x'_n) \tag{26}$$

---

[1]) Auch Riemann geht in seiner Preisarbeit zunächst von der Äquivalenzfrage aus: wann kann $\sum a_{ik}\, dx_i\, dx_k$ in ein ds^2 mit konstanten Koeffizienten übergeführt werden? Aber nachdem er so die Bedingungen $(ik, rs) = 0$ in ziemlich komplizierter Weise erhalten hat, wendet er sich mit den Worten: „Ut indoles harum expressionum melius perspiciatur" zu dem direkten Bildungsgesetze des $[\Omega]$, wie wir es oben in den Abschnitten B und C voranstellten.

[2]) Ohne ihn allerdings als solchen allgemein auszusprechen; dies ist erst durch Ricci geschehen.

doch nur dann aufsteigen können, wenn die c_{ik}, c_{il} die Integrabilitätsbedingungen befriedigen:

$$\frac{\partial c_{ik}}{\partial x_l'} = \frac{\partial c_{il}}{\partial x_k'}. \tag{27}$$

Christoffels Satz ist nun der, daß diese Bedingungen (im Falle unserer Formenreihe $G_2, G_4, G_5, \ldots$) von selbst erfüllt sind, so daß also die ganze Äquivalenzfrage in die Frage einer linearen Äquivalenz verwandelt ist.

Der genannte Satz erweitert, wie man sieht, den Herrschbereich der linearen Invariantentheorie. Aber man muß sein Resultat nicht etwa als besonders einfach auffassen. Denn schon die Frage, ob gegebenenfalls G_2 und G_4 mit G_2' und G_4' — was die Differentiale angeht — linear äquivalent sind, liegt jenseits der Leistungsfähigkeit der expliziten elementar-invariantentheoretischen Methoden.

6. Ehe wir das Begriffliche weiter verfolgen, müssen wir andeuten, wie Christoffel seinen Satz des weiteren benutzt. Er führt zu dem Zwecke eine fundamentale Fallunterscheidung ein:

α) entweder ds^2 geht (wie wir es heute ausdrücken) durch eine kontinuierliche Gruppe von Substitutionen $x_i = \varphi_i(x_1' \ldots x_n')$ in sich selbst über,

β) oder es gibt solche Substitutionen überhaupt nicht oder doch nur in diskreter Zahl.

7. Den Fall α), der gewissermaßen der interessanteste ist, weil er die beiden Fälle $K_R = 0$ und $K_R = \text{const}$ umfaßt, läßt Christoffel des weiteren bei Seite. Ich nehme an, daß dies ursprünglich nicht sein Plan, sondern die Folge späterer Resignation gewesen ist. Hatte er doch vorher die hierhergehörigen Fälle $n = 2$ bereits in Angriff genommen[1]). Aber schon bei $n = 3$ gibt es eine große Zahl von hier in Betracht kommenden Möglichkeiten. Es konnte dies erst klargestellt werden, als durch Lie eine allgemeine Theorie der kontinuierlichen Transformationsgruppen geschaffen war. Bei gegebenem ds^2 kommt immer nur eine Gruppe mit endlicher Parameterzahl in Betracht und eben diesen „endlichen" Gruppen hat Lie sein großes, von 1888—1893 erschienenes zusammenfassendes Werk gewidmet[2]). Im Anschluß daran hat Bianchi später alle bei $n = 3$ auftretenden Möglichkeiten aufgezählt[3]). Wir können diese Sache hier nicht weiter verfolgen.

8. Um so eingehender behandelt Christoffel den Fall β). Wenn überhaupt eine isolierte Substitution vorhanden ist, welche ds^2 in ds'^2 überführt, so muß sich dies schon an der linearen Äquivalenz einer end-

---

[1]) Allgemeine Theorie der geodätischen Dreiecke. Math. Abhandlungen der Berliner Akademie (= Christoffels Ges. Werke I, S. 297 ff.).

[2]) Theorie der Transformationsgruppen. 3 Bde., Leipzig, 188—93. Unter Mitwirkung von Fr. Engel.

[3]) Memoria della Società Italiana delle Scienze, ser. 3a, t. XI, 1897.

lichen Zahl der aufeinander folgenden Reihenglieder G_2, G_4, G_5, ... mit den bezüglichen G'_2, G'_4, G'_5, ... zeigen. Eine obere, in jedem Falle ausreichende Grenze für die Zahl dieser Reihenglieder wird aber nicht gegeben. Auch bedarf wohl das, was Christoffel über den Nachweis dieser Äquivalenz durch den Vergleich der beiderseits aufzustellenden Linearinvarianten sagt, der Nachprüfung.

Ich deute nun an, wie Christoffels Reduktionssatz mit den am Ende des vorigen Abschnitts gegebenen Betrachtungen (S. 187 ff.) zusammenhängt.

Es sei ds^2 mit ds'^2 in der Weise äquivalent, daß dem Punkte O des Raumes der x der Punkt O' des Raumes der x' entspricht.

Dann sind G_2, G_4, G_5, ..., berechnet für den Punkt O mit den G'_2, G'_4, G'_5, ... berechnet für den Punkt O', d. h. zwei Reihen von Differentialformen mit konstanter Koeffizienten, die wir zweckmäßigerweise

$$(28) \qquad G_2^0, G_4^0, G_5^0, \ldots \quad \text{und} \quad G_2'^0, G_4'^0, G_5'^0, \ldots$$

nennen, linear äquivalent. Wir werden sie vereinfachen, indem wir beiderseits Riemannsche Normalkoordinaten $y_1 \ldots y_n$ bzw. $y'_1 \ldots y'_n$ einführen. Es verwandeln sich dann G_2^0 bzw. $G_2'^0$, oder vielmehr die ihnen entsprechenden ds^2 und ds'^2, in $\sum dy_i^2$ bzw. $\sum dy_i'^2$, und die lineare Äquivalenz wird notwendigerweise eine orthogonale (nicht nur der dy_i, sondern auch, weil es sich um konstante Substitutionskoeffizienten handelt, der y_i selbst). Indem wir die Substitution ausdrücklich als solche bezeichnen, können wir fortan G_2^0 und $G_2'^0$ aus der Reihe der zu Vergleich gestellten Formen weglassen. Also G_4^0, G_5^0, ... und $G_4'^0$, $G_5'^0$, ... sollen durch eine orthogonale Substitution der y_i äquivalent sein.

Nun entspricht G_4^0, wie wir von früher her wissen, bis auf einen Zahlenkoeffizienten der quadrilinearen Polare des Riemannschen Differentialausdrucks:

$$(29) \qquad \sum (ik, rs)_0 \, (dy_i \, \delta y_k - \delta y_i \, dy_k) \, (dy_r \, \delta y_s - \delta y_r \, dy_s).$$

Eine einfache Überlegung, die wir hier leider nicht ausführen können, zeigt ferner, daß G_5^0, G_6^0, ... in ähnlicher Weise, — bis auf Terme niederer Ordnung, welche den Vergleich nicht stören —, den

$$(29') \qquad \begin{aligned} &\sum (ik, rs)_1 \, (dy_i \, \delta y_k - \delta y_i \, dy_k) \, (dy_r \, \delta y_s - \delta y_r \, dy_s) \\ &\sum (ik, rs)_2 \, (\text{———}) \, (\text{———}) \end{aligned}$$

usw. entsprechen, unter $(ik, rs)_1$, $(ik, rs)_2$, ... die Terme erster, zweiter usw. Ordnung verstanden, welche bei der Reihenentwicklung der (ik, rs) nach Potenzen der y_i entstehen. Der Christoffelsche Satz läuft danach darauf hinaus, daß diese sukzessiven Ausdrücke vermöge einer orthogonalen Substitution der y_i den entsprechenden akzentuierten Ausdrücken äquivalent sein sollen, das heißt aber, daß überhaupt

$$\sum (ik, rs)\,(dy_i\,\delta y_k - \delta y_i\,dy_k)\,(dy_r\,\delta y_s - \delta y_r\,dy_s) \tag{30}$$

dem entsprechenden Ausdruck in akzentuierten Buchstaben orthogonal äquivalent sein muß.

Nun kommt doch die orthogonale Substitution in diese ganze Fassung nur dadurch hinein, daß bei gegebenem O die Normalkoordinaten y_i immer noch bis auf eine orthogonale Substitution unbestimmt sind. Dem Wesen der Sache nach läuft daher der Christoffelsche Satz genau auf die Behauptung von S. 187 hinaus, daß das normierte ds^2 durch Angabe des Ausdrucks (30) völlig mitgegeben ist. Wir können sagen, daß der Christoffelsche Satz für ein beliebiges Koordinatensystem $(x_1 \ldots x_n)$ genau das ausspricht, was wir für das spezialisierte Koordinatensystem auf S. 187 entwickelt haben.

Ich habe diesen ganzen Gedankengang hier nur eben skizzieren können und hoffe sehr, daß er bald von anderer Seite eine ausführlichere Darlegung findet. Man sehe z. B. die am 25. Januar 1918 der Göttinger Societät vorgelegte Note von Frl. Noether: „*Invarianten beliebiger Differentialausdrücke.*“ [1])

§ 5. Charakterisierung von Invarianten durch infinitesimale Transformationen (Lie).

Infinitesimale Transformationen sind eigentlich nur eine besondere Art, Variationen irgendwelcher Parameter aufzufassen; das Neue gegenüber den Arbeiten aus den ersten Dezennien des 19. Jahrhunderts liegt in ihrer Verbindung mit dem Gruppenbegriff bzw. der Invariantentheorie.

Daß man die Invarianten der Gruppe linearer Substitutionen durch ihr Verhalten gegenüber infinitesimalen Transformationen charakterisieren könne, und daß hierauf das Bestehen linearer partieller Differentialgleichungen für die Invarianten beruhe, wurde wohl zuerst von Sylvester (1852) bemerkt. Ein einfachstes Beispiel mag genügen, um den Grundgedanken hervortreten zu lassen.

Wir betrachten eine binäre quadratische Form

$$f = a_{11}x_1^2 + 2a_{12}x_1x_2 + a_{22}x_2^2 \tag{31}$$

(mit konstanten Koeffizienten) und wollen untersuchen, ob es rationale ganze, homogene Verbindungen zweiten Grades der a_{ik} gibt, welche gegenüber unimodularen linearen Substitutionen:

$$\left.\begin{aligned} x_1 &= \alpha x_1' + \beta x_2' \\ x_2 &= \gamma x_1' + \delta x_2' \end{aligned}\right| \quad (\alpha\delta - \beta\gamma = 1) \tag{32}$$

[1]) Vgl. ferner: H. Vermeil: Differentialinvarianten bei quadratischen Differentialformen, Math. Ann. 79 (1919), sowie H. Weyl: Raum, Zeit, Materie; Anhang 1 der 5. Auflage, Berlin 1925.

invariant sind. — Zu dem Zwecke bemerken wir — ich verfahre ganz ohne Kunstgriff —, daß sich unter den Substitutionen (32) folgende infinitesimale befinden:

$$(33\text{a})\quad \begin{aligned} x_1 &= (1+\varepsilon)\,x_1' \\ x_2 &= (1-\varepsilon)\,x_2' \end{aligned}, \qquad (33\text{b})\quad \begin{aligned} x_1 &= x_1' + \eta x_2' \\ x_2 &= x_2' \end{aligned}, \qquad (33\text{c})\quad \begin{aligned} x_1 &= x_1' \\ x_2 &= \zeta x_1' + x_2' \end{aligned}$$

(aus denen sich die allgemeinsten (32) durch Wiederholung und Kombination zusammensetzen lassen). Wir können die Substitutionen (33) auch so schreiben:

$$(34\text{a})\quad \begin{aligned} \delta x_1 &= -\varepsilon x_1 \\ \delta x_2 &= +\varepsilon x_2 \end{aligned}, \qquad (34\text{b})\quad \begin{aligned} \delta x_1 &= -\eta x_2 \\ \delta x_2 &= 0 \end{aligned}, \qquad (34\text{c})\quad \begin{aligned} \delta x_1 &= 0 \\ \delta x_2 &= -\zeta x_1 \end{aligned}$$

Es handelt sich nun vor allen Dingen darum, die Substitutionen anzugeben, welche diesen (33), (34) entsprechend die Koeffizienten a_{ik} von f erleiden[1]). Wir finden:

ad a)

$$\begin{aligned} f &= a_{11}' x_1'^2 + 2a_{12}' x_1' x_2' + a_{22}' x_2'^2 \\ &= a_{11}(1+2\varepsilon)\,x_1'^2 + 2a_{12} x_1' x_2' + a_{22}(1-2\varepsilon)\,x_2'^2 \end{aligned}$$

und damit:

$$(35\text{a})\qquad \delta a_{11} = 2\varepsilon a_{11},\quad \delta a_{12} = 0,\quad \delta a_{22} = -2\varepsilon a_{22}.$$

Entsprechend kommt ad b) und c):

$$(35\text{b})\qquad \delta' a_{11} = 0,\ \delta' a_{12} = \eta a_{11},\ \delta' a_{22} = 2\eta a_{12}$$

$$(35\text{c})\qquad \delta'' a_{11} = 2\zeta a_{12},\ \delta'' a_{12} = \zeta a_{22},\ \delta'' a_{22} = 0.$$

Die Inkremente, welche eine Invariante $J\,(a_{11}, a_{12}, a_{22})$ bei diesen infinitesimalen Substitutionen gewinnt, müssen Null sein. Daher erhält man die drei partiellen Differentialgleichungen, welche zugleich J als Invariante charakterisieren[2]):

$$(36)\qquad \begin{aligned} a_{11}\frac{\partial J}{\partial a_{11}} - a_{22}\frac{\partial J}{\partial a_{22}} &= 0, \\ a_{11}\frac{\partial J}{\partial a_{12}} + 2a_{12}\frac{\partial J}{\partial a_{22}} &= 0, \\ 2a_{12}\frac{\partial J}{\partial a_{11}} + a_{22}\frac{\partial J}{\partial a_{12}} &= 0. \end{aligned}$$

Soll nun J (um bei unserem einfachsten Beispiel zu bleiben) irgend eine lineare Verbindung der Aggregate zweiten Grades sein:

$$a_{11}^2,\ a_{11}a_{12},\ a_{11}a_{22},\ a_{12}^2,\ a_{12}a_{22},\ a_{22}^2,$$

so findet man sofort, daß J bis auf einen Zahlenfaktor mit

$$(37)\qquad \Delta = a_{11}a_{22} - a_{12}^2$$

übereinstimmen muß.

[1]) Es ist natürlich immer so zu rechnen, daß man Potenzen höheren Grades der ε, η, ζ wegwirft.

[2]) Vgl. Weitzenböck (l. c. S. 2), S. 204ff. (H.)

Ähnlich in allen höheren Fällen. Man wird sofort verstehen, was die Methode hauptsächlich leistet: Die volle Ausrechnung höherer Invarianten kann kaum der Zweck sein, denn man kann mit den resultierenden langen Ausdrücken doch nicht operieren. Vielmehr liegt die Stärke der Methode nach seiten der Abzählung der linear unabhängigen Invarianten irgendwelcher Bauart.

Nun die Verallgemeinerung, die mein Jugendfreund, der Norweger Sophus Lie (der bei meinem Erlanger Programm Pate stand, und von dessen Arbeiten noch in einem späteren Kapitel dieses Buchs viel die Rede sein wird)[1]) in zahlreichen Veröffentlichungen von etwa 1875 ab diesem Gedanken gegeben hat. An Stelle der Gruppe (32), bzw. der sie erzeugenden infinitesimalen Transformationen (33) wird man eine beliebige kontinuierliche Substitutionsgruppe und die zu ihr gehörigen infinitesimalen Transformationen setzen, und dann für diejenigen Größen, aus denen man eine Invariante zusammensetzen will, die zugehörigen „induzierten" infinitesimalen Transformationen berechnen.

Wir wählen als Gruppe hier gleich diejenige G_∞, die uns überhaupt gegenwärtig beschäftigt, also die Gesamtheit aller analytischen Substitutionen

(38) $$x_i = \varphi_i(x_1' \ldots x_n').$$

Sie enthält als erzeugende infinitesimale Transformationen diese:

(39) $$\delta x_1 = f_1(x_1 \ldots x_n), \quad \ldots, \quad \delta x_n = f_n(x_1 \ldots x_n),$$

unter f sonst beliebige analytische Funktionen der $(x_1 \ldots x_n)$ verstanden, die man in dem Bereiche, in welchem man gerade operiert, wohlgemerkt, mit allen ihren Differentialquotienten, als unendlich kleine Größen behandeln darf.

Nehmen wir etwa der Einfachheit halber wieder $n = 2$ und als Objekt der Invariantenbildung eine quadratische Differentialform

(40) $$ds^2 = E\,dx_1^2 + 2F\,dx_1\,dx_2 + G\,dx_2^2,$$

so werden wir erstlich die induzierten Substitutionen berechnen, welche den Formeln (39) entsprechend die dx_i, dann die E, F, G, dann ihre nach den x_1, x_2 genommenen ersten und zweiten partiellen Differentialquotienten erleiden. Diese Substitutionen werden ziemlich umständlich, weil die in (39) auftretenden f_i nicht nur selbst, sondern mit ihren ersten und zweitenDifferentialquotienten eingehen. Mit ihrer Hilfe mag man dann beispielsweise konstatieren, daß das Gaußische Krümmungsmaß in der Tat bei Zugrundelegung unserer G_∞ eine Invariante von (40) ist. Neue induzierte Substitutionen (für die partiellen Differentialquotienten irgendwelcher vorgegebener Funktion $F(x_1 \ldots x_n)$ müssen wir heranziehen, wenn wir das Analoge für die Beltramischen Differentialpara-

[1]) Das Kapitel blieb unvollendet. (H.)

meter beweisen wollen, usw. So ist es im 16. Bande der Acta Mathematica von Lies Schüler, dem Polen Zorawski, ausgeführt worden.

Wollte man seine Rechnungen als bloße Verifikationen bekannter Resultate ansehen, so würde man ihnen vielleicht wenig Wert beilegen. Aber sie reichen tatsächlich weiter, indem sie zeigen, daß es, im vorliegenden Falle, einfachere Invarianten, als die genannten, überhaupt nicht gibt. Bei größeren Werten von n gibt es natürlich viel zahlreichere Invarianten. Abzählungen in dieser Hinsicht hat ein anderer Schüler von Lie, der Amerikaner Haskins, angestellt; vgl. Transactions of the American Mathematical Society, t. III, 1902.

Ich will hier nicht auf Einzelheiten eingehen. Wohl aber will ich im folgenden Paragraphen noch an einem Beispiele zeigen, wie nützlich eine Verbindung dieser Überlegungen mit den Integralmethoden der Variationsrechnung sein kann. Es ist ein Mangel der Lieschen Schule, daß sie dieser Verbindung immer ausgewichen ist.

§ 6. Von der vektoriellen Divergenz eines beliebigen Tensors t_{ik}.

Da mein nächstes Ziel ist, die Bedeutung der hier entwickelten Theorien für die moderne Physik darzulegen[1]) wähle ich das Beispiel in engem Anschluß an die physikalischen Betrachtungen des zweiten Kapitels. Wir hatten damals Anlaß, die Variabelnzahl $n = 4$ zu setzen und das Bogenelement in der einfachsten Weise zu definieren:

$$ds^2 = dx_1^2 + dx_2^2 + dx_3^2 + dx_4^2 \tag{41}$$

(wodurch der Unterschied zwischen kogredienten und kontragredienten Größen verschwand). War dann t_{ik} ein symmetrischer Tensor (ein Zehnertensor, wie wir damals sagten), so leiteten wir aus ihm einen zugehörigen Vektor ab, den wir seine *vektorielle Divergenz* nannten. Seine Komponenten waren einfach

$$\sum \frac{\partial t_{1k}}{\partial x_k}, \quad \ldots, \quad \sum \frac{\partial t_{4k}}{\partial x_k} \tag{42}$$

(siehe S. 84 und die auf S. 101 folgenden Erläuterungen über deren physikalische Bedeutung). Die Aufgabe soll sein, diese Entwicklungen nunmehr auf ein beliebiges $ds^2 = \sum a_{ik}\, dx_i\, dx_k$ (mit n Variabeln) sinngemäß zu übertragen.

Sei uns also wieder ein symmetrischer Tensor t_{ik} gegeben (den wir jetzt ausdrücklich als „kontragredient" bezeichnen, um anzudeuten, daß sich seine Komponenten ebenso umsetzen sollen, wie die a_{ik}).

Wir werden ferner neben den a_{ik} gleich die Koeffizienten a^{ik} der

---

[1]) Vgl. das Vorwort. (H.)

konjugierten Form einführen. Es ist dann $\sum t_{ik} a^{ik}$, oder, wenn wir uns auf unendlich kleine Werte der a^{ik} beschränken, die wir δa^{ik} nennen,

$$\sum t_{ik} \delta a^{ik} \tag{43}$$

eine Invariante, ebenso natürlich das über irgend ein Gebiet erstreckte Integral

$$\int \left(\sum t_{ik} \delta a^{ik}\right) \left(\sqrt{a}\, dx_1 \ldots dx_n\right). \tag{44}$$

Wir berechnen nun insbesondere die Werte der δa^{ik}, welche durch eine infinitesimale Transformation:

$$x_r = x_r' + f^r (x_1 \ldots x_n) \tag{45}$$

induziert werden.

Zu dem Zwecke müssen wir uns vor allen Dingen daran erinnern, daß sich, bei irgendwelchen Transformationen der x, die a^{ik} zu den Produkten $dx_i\, dx_k$ kogredient verhalten. Andererseits werden wir Terme höherer Ordnung in den unendlich kleinen f^r, bzw. ihren Differentialquotienten, von vornherein vernachlässigen. Wir finden dann durch kurze Zwischenrechnung, wenn wir

$$\frac{\partial f^k}{\partial x_r} = f_r^k$$

setzen:

$$a^{ik\prime} (x_1' \ldots x_n') = a^{ik} (x_1 \ldots x_n) - \sum_r a^{ir} f_r^k - \sum_r a^{kr} f_r^i. \tag{46}$$

Aber

$$a^{ik\prime} (x_1' \ldots x_n')$$

wird durch

$$a^{ik\prime} (x_1 \ldots x_n) - \sum_k \frac{\partial a^{ik\prime}}{\partial x_r} f^r$$

zu ersetzen sein. Solcherweise ergibt sich:

$$\begin{aligned} \delta a^{ik} &= a^{ik\prime} (x_1 \ldots x_n) - a^{ik} (x_1 \ldots x_n) \\ &= \sum_r \left(\frac{\partial a^{ik}}{\partial x_r} f^r - a^{ir} f_r^k - a^{kr} f_r^i\right). \end{aligned} \tag{47}$$

Mit diesen Werten der δa^{ik} gehen wir in das Integral (44) ein. Wir erhalten so als neue Integralinvariante:

$$\int \left(\sum_{i,k,r} t_{ik} \left(\frac{\partial a^{ik}}{\partial x_r} f^r - a^{ir} f_r^k - a^{kr} f_r^i\right)\right) \left(\sqrt{a}\, dx_1 \ldots dx_n\right). \tag{48}$$

Hier gestalten wir die Glieder mit f_r^k, f_r^i in der bekannten Weise durch partielle Integration um, indem wir zugleich annehmen, daß der sonst willkürliche Vektor f^r an den Integrationsgrenzen verschwindet. So bekommen wir, nachdem wir noch durch 2 dividiert haben, als Invariante

$$\int \frac{\left(\sum_r f^r \left\{\sum_{i,k} \frac{\partial (\sqrt{a}\, t_{ir} a^{ik})}{\partial x_k} + \frac{1}{2} \sqrt{a} \sum_{i,k} t_{ik} \frac{\partial a^{ik}}{\partial x_r}\right\}\right)}{\sqrt{a}} \left(\sqrt{a}\, dx_1 \ldots dx_n\right), \tag{49}$$

aber f^r ist ein ganz willkürlicher, kogredienter Vektor. Wir schließen, daß der Ausdruck

$$(50)\qquad \frac{\sum\limits_{i,k}\frac{\partial(\sqrt{a}\,t_{ir}\,a^{ik})}{\partial x_k}+\frac{1}{2}\sqrt{a}\sum\limits_{i,k}t_{ik}\frac{\partial a^{ik}}{\partial x_r}}{\sqrt{a}}$$

für $r = 1, 2, 3, 4$ einen kontragredienten Vektor definiert, den wir eben die vektorielle Divergenz von t_{ik} nennen.

In der Tat reduziert er sich, wenn die a^{ik} konstant sind, auf

$$\sum_{i,k}\left(a^{ik}\frac{\partial t_{ir}}{\partial x_k}\right)$$

und wenn speziell alle $a^{ii} = 1$, die anderen $a^{ik} = 0$ sind, auf

$$\sum_k \frac{\partial t_{kr}}{\partial x_k},$$

d. h. auf die Größen (42). Dies will heißen, daß der Vektor (50) aus (42) hervorgeht, sobald wir für die ursprünglichen x beliebige Funktionen derselben als neue x einführen und das aus $\sum dx_i^2$ dabei entstehende neue ds^2 mit $\sum a_{ik}\,dx_i\,dx_k$ bezeichnen. Wir erhalten hierbei natürlich nicht das allgemeinste ds^2, sondern immer nur ein solches von verschwindendem Riemannschen Krümmungsmaß. Immerhin wird es eine sinngemäße Verabredung sein, auch bei beliebig vorgegebenem ds^2 den Vektor (50) als vektorielle Divergenz des Tensors t_{ik} zu bezeichnen. Denn die Rechnungen, die wir anstellten, sind so elementar, daß sie durch Nullsetzen des Riemannschen Krümmungsmaßes an keiner Stelle eine Vereinfachung erfahren. — Es ist dies genau dasselbe Verfahren der Analogie, dessen sich Beltrami bediente, wenn er den Begriff des ersten oder zweiten Differentialparameters auf beliebige ds^2 ausdehnte — oder schließlich überhaupt dasselbe Verfahren, von dem Riemann selbst Gebrauch machte, als er ein beliebiges ds^2 als Grundlage für die Geometrie des n-dimensionalen Raumes an die Spitze stellte.

Schlußbemerkung.

Indem wir hiermit die Entwicklungen des dritten Kapitels schließen, wollen wir nicht unterlassen hervorzuheben, daß wir trotz großer Ausführlichkeit doch nur einen kleinen Teil der in der Literatur vorliegenden Entwicklungen, sei es der reinen Analysis, sei es der analytischen Geometrie oder analytischen Mechanik, in unsere Darstellung eingearbeitet haben. Aber vielleicht hat unsere Darstellung doch einiges Verdienst, weil wir bestimmte Ideenbildungen in den Vordergrund gestellt haben, die sonst nur hinterher und mehr beiläufig zur Geltung gebracht werden.

Erläuterungen zum dritten Kapitel.

1. Die moderne Differentialgeometrie in n Dimensionen hat über den Zustand hinaus, den Klein bei der Abfassung dieses Kapitels vor Augen hatte, zwei wesentliche Fortschritte gemacht.

I. Der neu entstandene Begriff „*Infinitesimale Parallelverschiebung*" hat die Theorie der geodätischen Linien und die des Gaußschen Krümmungsmaßes vertieft und hat die Bedeutung der „Dreiindizessymbole" geklärt.

II. Durch den *Ricci-Kalkül* ist das rein Rechnerische der Probleme so durchsichtig geworden, daß die wesentlichen geometrischen Fragen nicht mehr von Schwierigkeiten formaler Art verdeckt werden; das war früher anders.

Die schnellste Einführung in die moderne Differentialgeometrie gibt das zweite Kapitel des Werkes von *A.* S. *Eddington*: *Relativitätstheorie in mathematischer Behandlung* (Berlin 1925).

Mehr Arbeit erfordern die folgenden, tieferen Darstellungen des Gegenstandes:

H. Weyl: *Raum, Zeit, Materie.* Berlin, 3. Aufl. 1919, 5. Aufl. 1925.

T. Levy-Civita: *Lezioni di calcolo differenziale assoluto.* Rom 1925.

Einen gründlichen Bericht über alle einschlägigen Arbeiten findet man in dem Werk von D. J. Struik: Mehrdimensionale Differentialgeometrie. Berlin 1922.

Kleins Behandlungsweise des Gebietes hat auch heute nicht ihren Wert verloren. Sie legt das Fundament frei, auf dem die modernen Methoden stehen. Wer in ihnen schon aufgewachsen ist, läuft Gefahr, jene Grundlagen zu vergessen und nur noch „weiterzurechnen". Dem wird hier entgegengewirkt.

Die von Klein bevorzugte invariantentheoretische Formulierung verhält sich zum Tensorbegriff, der die anderen Darstellungen beherrscht, ähnlich wie die Gleichung

$$bx = a$$

sich zu

$$x = \frac{a}{b}$$

verhält.

Schnell rechnen kann man nur mit der zweiten. Aber an entscheidenden Stellen wird man auf die erste zurückgreifen müssen.

2. S. 159: Vgl. Anmerkung 4 zum ersten Kapitel.

3. S. 171: Offenbar kann man die Differentialinvarianten auffassen als Grenzfälle von Simultaninvarianten zweier oder mehrerer Punkte des Feldes, die man zusammenrücken läßt.

4. S. 172/174: Zu §§ 4, 5 vergleiche man besonders die Darstellung bei Eddington (l. c. Anmerkung 1); der Leser wird dort ohne weitere

leitung die Fortschritte erkennen, die die moderne Forschung über den Kleinschen Bericht hinaus erzielt hat.

5. S. 182: Formel (19) gibt die Möglichkeit, aus den Riemannschen Normalkoordinatensystemen, die ja nur bis auf eine orthogonale Substitution bestimmt waren, eine invariante Auswahl zu treffen: Man suche das System so zu wählen, daß die quadratische Form $\sum K_{ik}^{(n)}\, dx_i\, dx_k$ auf Hauptachsen transformiert ist, d. h. keine gemischten Glieder enthält. Das ist immer möglich, und zwar im wesentlichen nur auf eine Weise, wenn die Eigenwerte der Form alle verschieden sind.

Namenverzeichnis.

GPSR Compliance

The European Union's (EU) General Product Safety Regulation (GPSR) is a set of rules that requires consumer products to be safe and our obligations to ensure this.

If you have any concerns about our products, you can contact us on ProductSafety@springernature.com

In case Publisher is established outside the EU, the EU authorized representative is:

Springer Nature Customer Service Center GmbH
Europaplatz 3
69115 Heidelberg, Germany

Batch number: 10704711

Printed by Printforce, the Netherlands